Central Intelligence Agency

Secret Intelligence Service

National Intelligence Service

MOSSAD

국가 정보학

정보력은 국가브랜드

Bundesnachrichtendienst

Foreign Intelligence Service

최평길 지음

박영사

서 문

정보력은 국가 브랜드

전쟁으로 얻는 승리에는 폐허가 뒤따른다. 전쟁 수단을 빌리지 않고 파괴 없는 온전한 승리가 국가경영이나 안보전략의 최상책이라고 한다. 13편으로 전해오는 손무의 손자병법 중 시계편에서는 전쟁 명분, 기후, 지형, 지휘관 역량, 정치제도와 군 조직체계로 나누어 적군과 아군을 비교 우위 차원에서 분석한 후에 전쟁을 결심하라고 권유한다. 그런데 비교하려는 지표들은 상대국 적지에 들어가서 정찰하고 수집한 정보에서 얻을 수 있다. 모세가 가나안 진군에 앞서 12부족장의 아들로 정찰 팀을 꾸려 이동통로를 주지시키고 가나안 지역에 침투시켜 무화과, 석류 등 과수와 농산물 작황을 수집하고 국민 정서 등 무형 정보도 수집하여 비교 분석하게 된다. 또한, 침투한 12부족장의 아들 중에 모세 이후 세대를 이끌 차세대 지도자인 호세아를 여호수아로 이름을 바꾸어 정찰팀장으로 임명한다. 호세아를 그리스어로 구원자라는 의미의 여호수아로 이름을 바꾼 것은 구원자라는 차세대 지도자의 자부심을 주입하려는 명분도 있었겠지만, 혹시 정찰 중에 체포되었을 경우 차세대 지도자의 신분 탄로를 방지하고 살아서 귀환시키려는 정보 공작 배려로도 볼 수 있다.

15세기 르네상스 시대에 금융, 상업, 모직, 피혁산업으로 부강한 피렌체 공국의 마키아벨리는 대사와 정무보좌관 신분으로 인접 도시국가, 교황청, 스페인, 독일, 프랑스 정부에 순회 방문으로 정보수집 역할을 톡톡히 수행한다. 16세기 영국 여왕 엘리자베스 1세의 국무장관 월싱햄은 모교 케임브리지대학 출신과 무역상인 경험자, 유럽지역 언어 능통자 50여 명으로 첩보망을 조직한다. 정보팀은 스페인 무적함대 사령관실을 대상으로 공작 활동을 전개하여 함선은 크고 육중하며 짧고 큰 구경으로 사거리가 짧은 화포를 장착하고 육전에 능한 병력을 태운

함대라는 정보를 알아낸다. 드레이크 영국 함대 사령관은 이 공작 보고서를 기반으로 날렵하고 기동력이 좋은 함선에 장사정포를 장착하여 근접전을 피하는 대신, 스페인 함선을 치고 빠지는 기동 작전과 해상 보급로를 차단하여 스페인 함대를 섬멸한다.

17세기와 18세기 유럽 국가는 각기 암실(black chamber)이라는 비밀 정보공작 조직을 활용하여 정보를 수집하고 국가 전문 정보기관으로 발돋움하게 된다. 유럽국가의 암실 정보기관은 19세기 이후 영국의 해외정보부 MI 6와 국내보안부 MI 5를 태동하고, 러시아 이반 4세는 오프리치니나라는 정보기관을 창설, 이후 러시아 정보기관은 레닌 혁명 이래 KGB를 거쳐 오늘의 해외정보부와 국내보안부로 발전한다. 이 시기 동양에서는 정보를 국가 통치에 활용한 전형적인 예로 청나라 옹정황제의 밀정(密情)제도 운영을 들 수 있다. 옹정황제는 몽골, 티베트 지역을 평정하고 광역제국 건설과정에서 측근을 지방정부에 비밀리에 파견하여 조세 운영 공정성, 기후, 관개 치수, 농작물 작황 상태, 물가, 비단과 도자기 생산량, 교육, 군사 훈련, 지방 관리 보고서 내용의 사실 여부에 관한 정보를 수집하여 황제에게 직접 보고하는 제도를 운영한다.

1차 대전 당시에 독일 외무장관 짐머만이 독일의 참전 의사와 멕시코를 부추겨 미국지역에 전선을 구축하려는 비밀전문을 영국 정보부가 감청하여 윌슨 대통령에게 보고한다. 짐머만 비밀전문은 미국이 1차 대전에 참전하도록 유도하는 영국 정보공작의 성공 사례이다. 2차 대전에서는 영국 정보부와 군 정보기관을 위시한 연합군 정보기관이 독일군 암호체계에 침투하여 암호 해독기 에니그마를 복원하여 히틀러가 내린 최고위 암호전문을 해독한다. 공작명 울트라 사업이라고도 불리는 독일 암호 해독 작업은 도버해협에서 최단거리 지역에 있는 프랑스 파드칼레 지역에 연합군이 상륙할 것이라는 역정보를 터뜨리는 정보작전으로 연합군이 성공적으로 노르망디 상륙작전을 전개한다. 태평양 전선에서도 일본 해군은 독일 에니그마 암호전송 시스템을 보라색이라는 명칭으로 활용하였다. 미국 해군은 일본 해군 암호 시스템에 침투하여 미드웨이에 집결하는 일본해군 항공모함, 순양함, 구축함을 침몰시켜 진주만 공격 이후 태평양전쟁에서 전기를 잡았다. 2차 대전이 한창이던 시절에 아인슈타인의 건의로 루즈벨트 대통령이 실전용 핵무기를 개발하는 맨하탄 사업 추진을 허가한다. 22억 달러를 투자하여 오펜하이머, 페르미 박사가 주도하고 시팀손 전쟁부장관, 마샬 육군 총장, 그로버 장군이 관리한다. 맨하탄 사업은 미국, 영국, 캐나다, 오스트레일리아, 뉴질랜드가 학자, 기술자, 공병단, 기업, 미국 전역에 30개 부품 생산설비, 1만 2천 명이 참여하여 수행한 다국적 복합 사업이다. 트루먼 부통령도 보고체계에서 제외된 핵폭탄 제조 사업은 2차 대전 종식이라는 명분에 공동 신념을 갖고 극비에 진행된 보안 유지의 성공 사례이다.

2차 대전 이후 냉전 시대에는 유도무기, 인공위성이 보내는 영상정보가 인간정보와 더불어 과학기술정보, 신호통신정보와 함께 심화 발전된다. 냉전 기간에는 공산 이념에 동조하여 영국 젊은 지성인으로 핵심 정보 요원인 버지스, 킴필비 등이 러시아 공작원으로 변신하여 영국, 미국, 유럽이 구축한 서방세계 정보망을 러시아에 제공하고 망명한다. 러시아에서는 군 정보 요원 펜코브스키, 고디엡스키 대령이 영국으로 망명하여 영국과 미국에 러시아 핵무기, 미사일 재원, 공산당 정치국에 고르바초프의 등장을 알린다. 냉전체제 해체 후 9. 11 테러 참사는 정규전 대신에 이슬람 극단주의 단체가 전개하는 대량살상 테러 감행을 예고하여 이에 대응하는 주요 국가 정보시스템 변화를 가져왔다. 변화의 공통 특징은 정보 조정, 협의, 합동성 강화를 촉진하고 대통령, 수상에게 신속하고 정확하게 정보를 제공하는 대통령 정보지원시스템을 확립하는 것이다. 미국의 국가정보부, 영국 수상실의 정보실무위원회, 독일 수상실의 정보수석실, 이탈리아 수상실의 정보위원회 사무처, 프랑스 총리실과 대통령실의 정보실무위원회, 일본 수상실의 관방부 정보실무위원회 운영 등이다. 정치, 경제 측면에서도 정보와 연계된 국가안보 전략 수정이 태동한다. 힘의 축이 군사력에서 경제력으로 변화하고, 경제력은 다시 미국에서 중국, 유럽, 브릭스 권역으로 지형 이동을 하게 되면서, 미국은 군사비 절감과 경제력 회복에 주력하게 된다. 즉, 미국은 지역분쟁이나 테러 발생 지역에 군사개입, 무력제공보다는 인공위성이 보내는 영상정보, 레이더와 항공정찰에 의한 신호통신정보, 무인정찰폭격기 운용, 인간정보에 의한 정보공작 강화로 정보제공에 무게를 두는 상황이 점증하고 있다. 고비용, 위험감수에서 저비용, 고효율을 지향하는 정보 중시 전략을 구사하는 추세에 있다.

이런 맥락에서 9·11 테러 이후 비밀과 보안에 민감한 미국이나 영국 정보기관도 정보를 감추는 것보다는 필요한 부분은 공개하고 학계와 공동으로 정보학을 공동으로 연구하는 움직임이 태동하고 있다. 정보 실무가들이 이론지향의 정보학을 저술하고 학계에서도 실무 적용 정보학 저서를 창출하기 시작한다. 대통령학 측면에서 보면 대통령의 국정관리 중요 수단은 인사관리, 예산운용, 정보활용이다. 그런데 정보운용 연구는 미개척 분야이다. 정보수집, 분석, 공작, 방첩, 보안, 정보 통제 분야를 이론적으로 체계화하고 실용적인 정보이론을 정립하려는 지평에서 본 저서인 국가정보학을 저술하게 되었다. 여기에 소개하는 국가정보학은 크게 네 부분으로 나누어 정보학을 정립한다. 첫째는 역사적 맥락에서 숨은 정치사로서 고대, 중세, 근대, 현대의 정보 사례와 미래의 정보를 조망한다. 둘째는 정보학의 핵심인 정보 수집, 분석, 공작, 방첩, 보안, 정보 통제를 서술하고 있다. 셋째는 미국, 영국, 러시아, 독일, 프랑스, 일본의 국가정보기관을 현지방문 면접 조사로 정보운용, 조직관리 측면의 비교분석을 시도하고, 겸하여 이스라엘과 중국의 정보 조직시스템을 문헌분석, 전문가 면담으로 정리한다. 넷째는 정보이론, 역사적 조명, 주요 국가 정보시스템 비교분석으로 한국 정보공동체의 정보시스템 개혁 방안을 제시한다. 국가정보학 이론을 정립하면서 문헌분석과 실증조사를 병행하며 주요 국가 정보기관을 방문하여 면접과 토론으로 정리한 내용, 국회 정보위원회 위원 면접, 정보기관을 취재한 언론인 면담, 정보실무가 자문으로 가능한 실증연구에 무게를 두려 하였다.

본 연구가 뿌리를 내리는데 도움을 준 여러분을 기리고 싶다. 미국, 영국, 프랑스, 독일, 이탈리아, 러시아, 일본, 한국 정보기관에서 활동한 정보실무가, 학자의 면접과 조언에 감사한다. 1995-1997년 기간에 백악관 비서실장 토마스 맥라티(Thomas McLarty), 국가안전보장회의 사무차장 센스(Andrew Sens), 백악관 상황실장 리드(Jim Reed) 대령, 일본 수상실 관방부 요시다(吉田正嗣) 심의관, 카츠노(勝野堅介) 참사관, 프랑스 엘리제 궁의 행정실 차장 플로리앙(Pierre de Bousquet de Florian), 쥬아노(Daniel Jouanneau) 외무부 의전 국장, 영국 총리 비서실의 정책실 리스(Jonathan Rees) 보좌관, 관방부 제프리(Bill Jeffrey) 경제국장, 웹(Robin Webb) 담당관, 외무부 아시아 심의관 길란(John Gillan), 한국담당관 퍼첼(David Purchall), 독일 수상실 정무수석비서관 롤(Hans-Achim Roll) 박사, 정무비서관 부세(Volker Busse) 박사, 비난드(Günter Winands) 정무비서관, 바텐슈타인(Volly Mayer Bartenstein) 외교·안보비서관, 스타웁바서(Peter Staubwasser) 정보수석실 차석비서관 등 여러

분께 고마움을 전한다.

2004-2005년 어간의 대통령, 수상실 현지조사에서 바쁜 국정 계획을 잠시 접어두고 심도 있게 면접토론에 응한 다음 분들에게 감사한다. 레이건 대통령 정무, 인사보좌관 던롭(Becky Norton Dunlop), 프랑스 내무부 보안차관 플로리앙(Pierre de Bousquet de Florian), 부차관 클레어(Jean-Francois Clair), 경찰청 대테러본부장 렐리브아(Jean-Francois Lelievre), 총리실 정보위원회 사무총장 마틴빌(Edouard Scott de Martinville) 제독, 경찰청 요인경호 부실장 존스(Ashley Jones), 영국 국내보안부(MI 5) 정부 합동테러대책 팀장 펜리스(Alan Penrith), 관방부 정부합동정보위원회 실장 브루어(Jonathan Brewer), 외무부 대테러정책국장 팔햄(Philip Parham), 수상관저 비서실 공보관 프라트(John Pratt), 수상경호관 버나타(Sally Benatar), 독일 총리 비서실장 보좌관 타라프(Ralph Tarraf), 정보수석실 보좌관 시만드(Volker Cimander), 트레츠코우 박사(Rudiger von Treskow), 이탈리아 수상 비서실장 카트리칼라(Antonio Catricala), 차장 펜손타(Massimo Pensonta), 수상실 정보위원회 사무총장 메시(Emilio Del Mese), 러시아 외무부 신도전위협담당 부국장 안드레이예브(Vladimir V. Andreyev), 대통령 직속 행정연구원 국제행정연구부장 마르굴린(Andrey Margulin), 대통령실 안전보장회의 코브시긴(Anatoly N. Kovsigin), 우스펜슬리(Nikolai N. Uspenslsy) 보좌관, 해외정보부 차장 넬루빈(Victor V. Nelyubin), 대통령 경호실 행정 부국장 추다코브(Vadim E. Chudakov), 일본 외무성 아시아 대양주 심의관 니시미야, 야치 외무차관, 총리실 내각참사관 스즈키, 외정참사관 하야시, 우시지마 경찰청 경비국 경호실장, 국가안보위기관리 내각참사관 야마모토, 외무성 동북아시아 부국장 코세이, 내각정보조사실 참사관 마나부, 내각정보조사실 국제협력국 담당관 미쓰오 여러분이다.

백선엽 장군은 건국 초기 한국군 정보 기구와 활동, 경찰과의 협동체계를 말씀해 주셨다. 정보 분야 공직 생활로 헌신한 이상연 국가안전기획부장, 국가정보원 기조실장 안광복 박사는 정보 주기의 큰 틀을 그려 주었다. 배우곤 대사는 일본, 리비아의 정세, 문동석 대사는 공관장과 정보기관 요원과의 협동체계를 비교 시각에서 자문해 주었다. 장동립 쌍용건설 사장은 이란, 이라크, 요르단, 사우디에서 건설본부장 경험으로 현지 지형과 테러와의 관계를 도상으로 설명해 주었다. 계량통계 분석에서 서울여대 노승용 교수의 조력, 전자정보전 이해를 도운 연세대 전자공학과 박민용 교수, 서애 류성룡의 징비록에서 임진왜란 당시의 조선군과 일본군의 정보력 비교한 송복 연세대 명예 교수, 세계사 시각에서 정보를 이해하는 지평을 열어준 이화여대 학술원장 진덕규 교수의 도움에 감사한다. 국회 정보위원회의 정보통제에 관한 설명을 해준 정보위원인 박지원, 황진하, 권영세, 이범관, 신학용 의원, 언론의 정보 견제에 관한 배경 설명으로 이해의 폭을 넓혀준 동아일보 박민혁 기자 여러분에게 고마움을 표한다. 또한, 국가정보학 원고를 교정한 연세대 학부생 정다운, 대학원생 공인경, 편집을 맡아준 김민수 대통령 포럼 이사, 연세대 기획실 연구위원 백정미 박사, 파워포인트를 디자인 한 김민진 부장, 표지를 도안한 황경희 사장, 초고와 재고를 교정한 대통령 포럼 연구원인 진선여중 교사 손성훈, 출간에 도움을 준 안종만 박영사 회장, 조성호 부장, 박노일 부장, 김선민 부장, 그동안 아낌없는 성원을 보내준 가족에게 감사한다.

흔히들 국가를 상징하는 브랜드로 영국 신사, 아메리칸 카우보이, 러시아 곰, 일본 스시, 이스라엘 모사드를 든다. 소강국 이스라엘을 받쳐 주는 정보부인 모사드에 버금가고 K-POP과 병행하는 K-Intelligence(한국 정보공동체)를 한국 브랜드로 만들 수는 없을까. 필자는 가능하다고 본다. 지금은 정치 이념성을 배제한 품격 높은 해외정보 상품을 국가에 제공하고, 열린 시민시회에서 정보 전문성을 인정받아 국민의 지지를 받는 한국 정보공동체로 자리매김할 때이다. 학계는 학제간 융합연구로 국가정보학을 심화 발전시키는 사명이 있다. 여기 소개하는 국가정보학은 그런 지평에서 자리매김 할 것이다.

2011. 10. 29

저 자 씀

차 례

제1장
거시정보: 기원전후 고대국가의 정보

1. 테티스, 포세이돈, 아테나, 아폴로의 정보예측과 모세, 여호수아의 정보심리전

사람은 자기 발전을 도모하거나 전문분야의 지식을 쌓기 위해 독서를 하거나 신문을 읽고, TV를 보며 강연을 듣는다. 운동선수들은 시합에 대비하여 상대방 선수의 기량에 대한 비디오 분석을 실시하고, 그라운드에서 연습을 참관하거나 시합에서 맞붙어 기량을 테스트해 본다. 예비 신랑, 신부는 직접 데이트하면서 상대방의 인품, 능력을 자기 나름대로 파악하고, 상대의 가정, 학력배경도 수소문한다. 이렇게 자기 판단에 도움이 되도록 필요한 지식을 수집하고 분석하는 행위를 개인수준의 정보활동이라 할 수 있다.

대학은 우수한 학생을 선발하기 위해 수시모집을 하는데, 선발할 고교생 출신 학교의 총체적 학사평가를 공식·비공식적으로 수행한다. 학교평가정보는 우수 학생을 선발하기 위한 다양한 평가기준의 하나로 고려된다. 신제품개발기술을 확보한 기업은 경쟁사가 알지 못하게 보안에 각별한 신경을 쓴다. 때로는 그럴싸한 가짜 신기술을 경쟁사에 흘려서 그 기술을 사용하면 기존 생산시설마저 파괴하는 역정보로 골탕을 먹이기도 한다.

이런 역정보공작은 국가간에 다반사로 일어난다. 특히 오늘날의 글로벌시대에는 필요한 정보의 90% 이상을 인터넷에서 공개적으로 구할 수 있다. 그래서 인터넷으로 국가정보를 해킹하여 전산망에 침투하거나 바이러스를 풀어서 국가 전산망을 마비시키는 e-정보전을 펼치고 있다. 이렇게 보면 개인은 자기 발전을 위해 기업 및 사회조직은 지속적 성장을 위해 국가는 국민의 폭넓은 지지도 획득과 생존을 위해 시간과 장소를 가리지 않고 정보활동을 치밀하게 진행해 왔고, 또 앞으로도 계속할 것이다. 개인 및 기업 차원에서의 정보활동은 크게 보아 국가 수준, 세계정부 지평에서 이루어지고, 여기서 발생하는 정보활동은 국가생존과 세계정부 수준에서 고려되는 국가정보를 다루게 된다. 그래서 고대국가에서 중세, 근대, 현대 국가에 이르기까지 국가정보활동은 지속적으로 전개되고 발전되어 왔다. 이러한 역사 흐름 속에서 공개·비공개, 공식·비공식적으로 이루어진 국가스파이 사례를 데이터베이스화하고, 관찰분석하면 국가정보학을 정립하기 위한 첫단추를 끼울 수 있다.

기원전 7세기에 호머(Homer)가 에게해안 미노르(Minor)에서 장편서사시 일리아드와 오디세이(Iliad and Odyssey)를 집필하였다. 그러나 호머가 집필한 일리아드와 오디세이 장편서사시는 기원전 2000년 이상으로 거슬러 올라가는 희랍신화를 모사한 서사시이다.[1] 동시에 호머가 모사한 장편신화는 기원전 2000년 이상으로 거슬려 전개된 그리스 역사와 사회상을 담은 사실로 밝혀지고 있다. 그리하여 서구문화의 2대 지주를 고대 그리스문화와 모세에 이어 예수를 중심으로 한 기독교문화로 봤을 때, 그 한 축을 떠받치는 그리스문화의 기초, 즉 유럽문화의 원초가 호머의 일리아드와 오디세이이다.[2] 일리아드와 오디세이는 기원전 7

1) 서사시 일리아드에서는 영웅 아킬레스장군, 오디세이 서사시에서는 동시대의 영웅 오디세이 왕의 활약상이 소개된다. 이런 영웅들이 전쟁과 통합의 그리스 역사 신화를 창조하는동안 제우스, 비너스, 아테나, 포세이돈, 시빌 등 여러 신들의 전능한 예언으로 정보지원을 받는다. 역사적 사실로 밝혀진 트로이전쟁 등에서 다양한 신들은 전쟁영웅들을 지원하는 전략정보관 역할을 하는 등 일리아드와 오디세이 전쟁서사시는 신들이 예언하고 전쟁승리를 이끄는 한편의 정보전드라마이다. 호머의 장편서사시 일리아드와 오디세이(Illiad and Odyssey)는 그리스어로는 Homeri Opera이다(Homer; David B. Monro and Thomas W. Allen. 1920, 1978. *Homeri Opera*. Oxford: Oxford University Press; Lattimore, Richmond. (Trans). 1951. 1976. *The Iliad of Homer. The Odyssey of Homer*. 1958-1959. 1973-1974. Chicago: The University of Chicago Press).

2) Super, Robert H.(ed). 1960-1977. *The Complete Prose Works of Matthew Arnold*. Ann Arbor, Michigan: The University of Michigan Press. Eleven Volume.

세기에 저술하였다고 하나 서술대상은 2000년 이상으로 거슬러 올라가는 희랍시대의 전쟁과 국가통합에 한몫하는 전쟁영웅의 행적과 가족생활, 전쟁영웅과 왕들을 지원하는 신들의 예언설화이다. 제우스, 비너스, 아폴로, 아테나, 포세이돈, 시빌, 카산드라 등으로 대표되는 신들은 각자가 선호하는 전쟁영웅, 왕, 왕비를 예언으로 지원하는 천관(天官)으로서 오늘날로 치자면 조기경보 시스템을 발동하는 고위전략정보관이다. 따라서 장편서사시 일리아드와 오디세이는 전쟁영웅의 앞길을 예언해 주는 신들의 정보전이라고 볼 수 있다.

일리아드와 오디세이에서 트로이전쟁은 신들의 정보전을 보여 주는 대표적인 예이다. 트로이전쟁은 스파르타의 왕비 헬레나를 트로이의 왕자 파리스가 납치하면서 시작된 전쟁으로 10년 동안 지지부진하다가 목마를 이용하여 트로이성을 함락하였는데, 1871년 독일의 고고학자인 슐리만(Heinrich Schliemann)이 발굴에 성공함으로써 신화가 아닌 역사적 사실로 밝혀지기도 하였다. 트로이성은 현재 그리스와 터키를 연결하는 지역에 실제로 존재하는 성곽으로 고대 로마 전성기 이전에 로마 다음으로 번창한 도시국가였다고 한다.

고대 그리스신화가 일부 실화로 검증되면서 자기편의 신들이 조언한 예언은 오늘의 전투정보, 전략정보에 해당한다. 아마도 이런 신들은 보통사람이 생각할 수 없는 고도로 훈련된 전문정보가로 당시 평범한 고대인들은 이들 고위전략정보관을 지혜의 신, 평화의 신, 바다를 움직이는 신, 예언으로 인도해 주는 천신으로 일컬었는지 모른다. 호머의 서사시 일리아드와 오디세이가 전쟁영웅이 펼치는 서사시라면, 서사시에 전개되는 전쟁은 신들이 펼치는 정보전에 해당한다. 따라서 정확한 고급전략정보를 제공하는 천관, 천신을 많이 확보하고 활용하는 장수와 왕이 국가통합과 승리를 담보할 수 있었다. 반면에 왕이나 장군을 지원하는 신들은 변덕스럽고 시기와 질투로 가득 차서 왕이나 장군이 다른 신을 총애하고 주민이 다른 신들을 따르면 신들끼리 싸우기도 하였다. 그리고 자기 마음에 들지 않으면 납득할 수 없는 예언을 하기도 하였다. 고위정보전략가인 고대의 신은 적실성 있는 건전한 예언정보를 제공하기도 하였지만, 사심이 가득한 정치정보를 제공하는 양면성도 있었다고 한다.[3)]

3) 하버드와 프린스턴 대학교 학부와 대학원에서 영문학을 전공한 박형지 교수는 호머의 서사시 일리아드와 오디세이에서 활동하는 많은 신들은 적실성이 있는 예언, 지혜로운 지식과 정보를

트로이전쟁

트로이전쟁은 트로이의 파리스(Paris) 왕자가 스파르타 메넬라오스왕의 아내 헬레네를 납치하면서 시작된 전쟁으로 그리스군의 아킬레우스와 오디세우스, 트로이군의 헥토르와 아이네아스 등 숱한 영웅들과 신들이 얽혀 10년 동안이나 계속되었다. 파리스를 지원하는 비너스(Venus) 여신이 헬레나를 가까이 하면 트로이성에는 불기둥이 솟을 거라는 예언을 했지만, 파리스왕자는 이를 무시했다.

초기전쟁에서 그리스군 주역인 아킬레스(Achilles) 장군은 바다요정인 어머니 테티스(Thetis)와 미르미돈(Myrmidons)과 네레이드(Nereid) 지역 왕인 펠레우스(Peleus) 사이에서 태어났다. 바다요정인 어머니는 신들이 사용하는 스틱스강물(Waters of River Styx)에 목욕하면 강건하고 용맹한 인물이 된다는 것을 알고 스틱스강물을 관리하는 신들 몰래 아들 아킬레스 발목을 잡고 강물에 목욕을 시켰다. 그러나 그 사실이 신들에게 발각될지 모른다는 두려운 마음에 아들 아킬레스의 발목 부분을 미처 강물에 담그지 않은 채 들어 내어 아킬레스는 장대하고 용맹하면서도 발목 뒷쪽은 힘을 쓸 수 없었다. 트로이성 공략에 선봉장이 된 아킬레스는 사촌 파트로클루스(Patroclus)와 힘을 합쳐 트로이성주 프리암(Priam) 왕의 장자 헥토르(Hector)의 목을 베고 전쟁의 승기를 잡는다. 그러나 헥토르의 동생 파리스(Paris)가 아폴로신(Apollo)이 조종하는 화살을 날려 아킬레스장군의 발목 뒷부위를 명중시켜 영원한 불구자로 만들었다.

호머의 2부작인 오디세이(Odyssey)에서는 오디세이장군이 트로이성을 공략하고, 그리스를 통합하는 과정을 묘사하고 있다. 오디세이는 그리스의 이타카(Ithaca) 왕으로 그의 아버지는 레르테스(Laertes), 어머니는 안티클레이아

제공하면서도 변덕과 질투로 인한 평정심을 잃은 납득할 수 없는 사술(邪術)을 퍼트리는 양면성도 있다고 한다(박형지 교수 2009. 9. 14. 토론과 인터뷰; 국민대 영문학과 김현격 명예교수 2009. 8. 31. 토론과 인터뷰).

(Anticleia), 아내는 페넬로피(Penelope), 아들은 텔레마쿠스(Telemachus)이다. 오디세이는 이타카에서 가족과 떨어져 9년간 집으로 돌아오는 긴 여정 동안 리더십을 검증하는 시험대에 오른다. 해신 포세이돈에게 감금당하여 그의 외눈박이 아들 폴리피머스(Polyphemus)를 장님으로 만들고, 숫양의 배 밑에 숨어 탈출하면서 가지고 있던 12척 전함 가운데 11척을 잃었다. 많은 신들의 도움으로 9년 만에 이타카에 도착하여 안정을 되찾은 후에 트로이성 공략에 나선다.

오디세이에게는 지혜의 여신 아테나(Athena)가 있었다. 아테나는 오디세이가 잠을 잘 때 꿈에 현신으로 나타나 목마를 신에게 바치고, 그 목마 안에 40명의 특공대를 투입하여 트로이성문을 열라고 한다. 오디세이는 목마를 만들어 트로이성 앞에서 축제를 하고, 목마 속에 40명의 특공대를 몰래 넣어 놓고 물러난다. 트로이성에서는 축제 후에 오디세이군이 목마만 남긴 채 물러난 줄 알고, 그 목마를 성안으로 가져가서 축제를 벌이고 방심한다. 이때 목마 속의 40명이 기습하여 성문을 열고 트로이성을 함락하여 10년 전쟁의 종지부를 찍었다.

기원전 그리스를 중심으로 에게해안, 이집트에 이르는 지중해일대 지역은 고대국가정복전이 펼쳐진 전쟁광역권이었다. 이집트의 정찰대가 적정을 탐지하여 파라오에게 상형문자로 보고하고, 그리스 스파르타군은 스카이테일(Skytale)이라는 암호통신수단을 고안하여 사용하였다. 원통형 막대에 파피루스, 양피지를 감아 그 위에 비밀전문을 쓴 다음에 다시 풀어서 연락병에게 주어 정보를 전달하게 하였다. 파피루스에 담긴 정보내용은 똑같은 크기의 원통형에 다시 말아야 원문을 볼 수 있었다. 그리스극작가 폴리비우스(Polybius)는 아라비아숫자와 로마자를 합성한 암호체계를 만들어 정보를 전달하고, 줄리어스 시저(Julius Caesar)는 키케로 등 측근친구들에게 은밀한 내용을 전달할 때는 원문을 알파벳 배열순서에 따라 글자위치를 바꾸어 작성하는 암호체계를 만들었다. A를 표시할 때는 2글자 건너뛰어 4번째 글자 D로, B는 E로 시작하는 글자교체로 암호문을 만들어 중요정보를 교환한 것이다.[4)]

4) Owen, David. 2002. *Hidden Secrets: A Complete History of Espionage and the Technology Used to Support I*. New York: Fairefly Book. pp. 17-20; Mark Lloyd.

뒤를 이은 국가정보의 연원은 모세오경인 창세기, 출애굽기, 레위기, 민수기, 신명기에 구체적으로 기록되어 있다. 모세는 기원전 1450-1440년 사이에 70명의 이스라엘인을 이끌고 애굽땅에서 탈출하였다. 홍해를 건너 시내산 밑에 펼쳐진 광활한 평야, 산지, 늪지대에서 정착지 가나안땅으로 진출하던 중에 120세를 일기로 타계한다. 70명의 이스라엘인을 63만여 명 민족으로 일구고, 최대 100만 명규모의 전력화집단으로 만들었다. 거대집단을 이끌어 가나안땅으로 진군하는 동안 12지파족장을 설득하고 끌어모아 주위세력을 정벌하는 과정에서 적정을 탐색하는 스파이정보활동은 필수적이었다. 63만 명에서 100만으로 증가한 이스라엘민족의 전열을 재정비하는 과정에서 부족별, 군사대오별, 연령별로 인구조사를 실시하고, 잠재적국의 정세, 군사력을 정탐하는 것은 자연스런 필수사항이었다. 이런 인구파악, 정세파악을 주된 내용으로 하여 히브리어, 그리스어, 영어로 모세가 기록한 5경 중 하나가 민수기(民數記, Numbers)이다. 민수기 13장은 정탐기록이 주요 내용이며, 14장과 신명기 일부는 정탐으로 야기된 후속결과를 기록하고 있다.[5)]

민수기 13장 1~32절을 보면 여호아 하나님이 모세에게 가나안땅 정탐명령을 내린다. 가나안땅을 점령하여 이스라엘자손에게 물려 주어 정착시키려는 것이다. 가나안땅 선점에는 가나안지역 정찰이 필수적이다. 여호아 하나님은 이스라엘 민족집단을 구성하는 핵심부족인 12지파의 지휘책임자로 현지조사 정탐팀을 구성하라는 구체적 지시도 내린다. 여호아의 지시를 받은 모세는 즉각 행동명령을 내린다. 이렇게 민수기에는 정보과정의 최초 단계인 정보요구행위와 정보요구에 따른 정보활동기획, 지시사항이 포함되어 있다. 정보요구에 따른 기획지시사항은 첫째 정탐팀 선발, 둘째 이동통로, 셋째 정탐기간, 넷째 정탐대상이다.

먼저 기원전 1450년 기록으로 지금까지 남아 있는 선발된 정탐팀[6)]의 지휘책

1994. *The Guinness Book of Espionage. Middlesex*. UK: Guinness Publishing LTD. pp. 11-15.

5) Moses. BC 1450-1440. *The Numbers*(민수기). *Old Testament, Holy Bible. 1988 version*. Wichita, Kansas: DeVore & Sons, Inc. 영어판 원문은 부록에 수록(우리말은 저자가 정리하고 이 과정에서 한국어 구약성경의 민수기, 신명기는 큰글 성경 참고(이국진 편찬. 2007. 「아가페 큰글 성경」. 서울: 아가페출판사)).

6) 선발된 정탐팀 명단은 르우벤지파 부족장 삭굴의 아들 삼무아, 시므온부족장 호리의 아들 사밧,

임자는 12지파 부족장의 아들로 영향력이 있는 영민한 차세대 예비부족장 지도 그룹에 해당한다. 선발된 이들 정탐팀은 실전에 투입하여 현지적응력을 높이고, 경험을 쌓아 모세 이후 세대를 이끌어야 하는 차세대지도자이기에 반드시 살아서 돌아와야 할 생간(生間)이다.

이동통로는 하만으로 들어가는 르홉을 지나 네겝길로 접어들어 산을 타고 헤브론을 거쳐 에스골 골짜기를 돌아 바란평원에 있는 가데스에 도착하여 모세에게 보고하는 것으로 되어 있다. 12명의 정찰팀은 첩보를 수집함과 동시에 분석, 가공한 정보를 모세와 12부족장에게 전달하였다.[7] 그런데 12명 정탐팀이 종합한 정보내용이긴 하나 정보평가, 정보내용에 관한 정책판단은 다르다. 에브라임부족장 눈의 아들 여호수아, 유다부족장 여분네 아들 갈렙은 두 사람만 쳐들어가도 가나안 을 점령할 수 있다고 의견을 개진한다. 반면 나머지 10부족 지파를 대표하여 정탐하고 돌아온 젊은 차세대지도자 그룹은 가나안땅은 주민의 땅이고, 그 지역에 산재한 주민은 장대하고 강하여 함부로 진군하여 이길 수 없다고 주장한다. 정탐에서 돌아온 다른 10부족장의 아들로 구성된 정찰팀이 전하는 이 같은 의견개진에 이스라엘주민은 통곡하고 전의를 잃어 차라리 애굽으로 돌아가는 것만 못하다고 가나안땅 진군에 반기를 들게 된다. 정찰팀이 수집, 분석한 정보내용은 동일하나, 이 정보에 근거하여 실행하려는 가나안정벌에 대해서는 찬반양론으로 엇갈려 극심한 국론분열현상이 야기된 것이다. 이 때부터 정찰대의 임무는 수집, 분석한 정보제공으로 끝나는 것인지, 아니면 정보평가와 정책대안제시까지 정보영역을 확대해야 하는 것인지에 대한 정보수집과 정책판단개입 사이의 논쟁이 발생하게 되었다.

유다부족장 여분네의 아들 갈렙, 잇사갈부족장 요셉의 아들 이갈, 에브라임부족장 눈의 아들 호세아, 베나민부족장 라부의 아들 발디, 스불론부족장 소디의 아들 갓디엘, 요셉부족장 수시의 아들 갓디, 단부족장 그말리의 아들 암미엘, 아셀부족장 미가엘의 아들 스둘, 납달리부족장 웝시의 아들 나비, 갓부족장 마기의 아들 그우엘이다.

7) 보고한 내용은 다음과 같다. "가나안지역은 규모가 크고 지역주민의 사기는 높고 강인하며, 체격은 장대하다. 가나안성읍은 규모가 크고 견고하며, 주민은 남부평야, 야산, 요단지역, 해변에 산재하여 살고 있다. 젖과 꿀이 흐르는 아름다운 땅으로 가나안땅에서 거두어 온 농작물로 포도, 석류, 무화과가 있다."

여호수아(Jehoshua)

모세는 선발한 정탐팀 중 에브라임지파 부족장 눈(Nun)의 아들 호세아(Oshea)에게 여호수아(Jehoshua)라는 이름을 주었다. 히브리어로 여호수아(Jehoshua or Jeshua)는 구원자, 즉 구세주를 의미하고, 희랍어로 예수(Jesus)는 구세주, 구원자라 하여 아마도 모세는 미리 여호수아를 차기 이스라엘민족을 이끌 지도자로 점지했다고 본다. 신명기에는 모세가 여호수아에게 안수하고 지휘권을 넘긴다고 기록되어 있다. 곧이어 여호수아가 기록한 구약 여호수아 1장 1절에 여호아 하나님은 "모세가 죽었으니 여호수아 너에게 요단을 건너 내가 주는 가나안땅으로 이스라엘민족을 이끌고 진군하라"는 지시를 내렸다고 기록하고 있다. 그런데 흥미로운 점은 모세가 왜 정탐팀 중 호세아에게만 여호수아란 이름을 주었는가이다. 아마도 이 차세대 이스라엘지도자가 정탐도중 적에게 체포되었을 경우 원래 이름인 호세아로 알려져 에브라임부족장 눈의 아들인 것이 탄로나면 생명에 위험을 줄까 하여 암호명 여호수아(code name, Joshua)로 하지 않았을까 추측해 본다. 정보론의 시각에서 본다면 반드시 비밀임무를 완료하고 살아서 돌아와야 할 생간(生間) 중의 생간(生間)이 호세아이기에 호세아에게 여호수아라는 코드 네임을 부여한 것으로 볼 수도 있다.

기원전 1450년 경에 야기된 정보에 대한 해석, 평가, 그로 인한 정책결정, 정보의 정치적 논박이 어떻게 처리되는가를 오늘의 정보논리로 보면 매우 흥미롭다. 해결은 여호와 하나님의 응징적 계시와 명령, 모세의 결단, 여호수아와 갈렙의 지지행동으로 이어지는 신속한 결정에서 이루어진다. 가나안지역 정찰정보를 놓고 진군은 불가능하다는 비관론을 펴는 10부족장과 그들의 아들로 구성된 정찰대, 그리고 정벌반대론자에 대해 여호와는 반대론자 집안은 3-4세대까지 멸문지화를 당할 것이며, 전쟁터에서 전염병을 창궐시켜 가나안적군을 섬멸하고 가나안지역을 확실하게 정벌하여 주겠다고 예단한다. 모세는 하나님 말씀이 저러하니 두려워 말라, 주저하지 말라 하면서 가나안땅 진군을 설득하고 독려한다. 갈렙과 여호수아는 하나님이 선택한 차세대지도자로 선두에 나서서 지도력을 발휘하여 가나안진군을 수행하였다.

모세가 기록했다는 신명기에서도 모세의 뒤를 이을 지도자로 가나안땅 진군을 강력히 주장한 여호수아를 지명한다. 신명기에 여호아는 "여호수아에게 강하고 담대하라. 그리고 내가 맹세한 가나안땅으로 들어가게 하리라"라고 기록되어 있다. 가나안땅으로 들어가는 전후 과정을 보면 끊임없는 정탐활동이 수행된다. 모세는 가나안으로 진군하면서 홍해길을 따라 광야를 건너 세일산으로, 또 요단을 향하면서 중요한 전략거점을 하나씩 차례로 점령해야 할 때마다 거점별 지형, 지역정세, 기후조건, 농작물작황, 주민의 사기 등에 대한 정보수집 정찰활동을 펼친 정보의 대가였다.

모세로부터 지휘권을 이양받은 여호수아 역시 모세의 정보활동을 전수받아 요단을 건너 가나안을 점령하고 평정하는 동안 사전정보 수집분석을 작전의 필수요건으로 삼았다. 그 하이라이트가 가나안진격의 제1차 관문인 여리고성 함락이다. 여리고성 함락은 정보와 정보활동의 중요성을 보여 주는 중요한 사례이다.

여호수아는 군사를 동원하기 전에 주둔지인 싯담에서 조용히 2명의 정찰팀을 불러 은밀하게 여리고성을 정찰하라는 명령을 내린다. 여리고성에 침투한 정찰팀은 여인숙여주인 라합에게 접근하여 그곳을 은신처로 삼고 첩보를 수집한다.[8] 여리고성의 왕은 여리고성을 정탐하려는 이스라엘정보원이 라합의 여인숙에 유숙하고 있다는 보고를 받고 라합에게 정보원을 끌어내라 한다. 그러나 라합은 이미 여인숙지붕 위에 널어 놓은 아마포삼대 속에 이들 정보원을 숨겨 놓고 때마침 들이닥친 여리고왕 감시병에게 날이 저물어 성문을 닫기 전에 그들은 이미 성문을 빠져 나갔으며, 군사를 풀어 추격하면 생포할 수 있을 것이라 귀띔한다. 군사들이 요단지역 나루터까지 추격하는 동안 여인숙주인 라합은 이스라엘 정보원에게 근처 산으로 피신하여 사흘간 숨어 있다가 감시의 눈을 피해 임무를 완수하라고 조언한다. 이 때 라합은 정보원에게 협조한 대가로 자신과 부모, 형제자매, 종업원들의 생명보장을 다짐받는다. 동시에 정보원들은 라합과 그 가족이 정보를

8) 여인숙주인 라합이 이들 정찰팀에게 협조하여 정보활동을 도와주는 데는 2가지 동기가 있는데, 첫째 동기는 대세론이고, 둘째 동기는 정보원에 협조함으로써 자신의 가족과 재산을 보호하기 위함이다. 다음은 여인숙여주인 라합이 정보원에게 들려 준 여리고성주민의 심리적 공황상태이다. "여기 사는 여리고성주민이면 여호와 하나님이 홍해바다를 마르게 하여 너희 이슬라엘 민족을 무사히 애굽땅에서 탈출시키고 요단의 아모리지역을 평정한 것도 잘 알고 있다. 지역 민심은 이미 여리고왕에게서 떠났고, 주민은 혼이 나간 상태이다. 그래서 나는 당신들을 돕는다."

누설하지 말것과 공격군이 점령하러 올 때까지 문 밖 출입을 하지 말 것을 다짐받는다. 그리고 공격군이 진입하여 작전을 개시할 때 라합의 여인숙을 확실히 식별할 수 있게 정보원을 밧줄에 달아 탈출시킨 창에 붉은 줄을 매달아 드리우고, 모든 식구를 불러 모아 놓으라고 이른다. 무사히 귀환한 정보원은 사령관 여호수아에게 라합이 협조한 사실과 여리고성주민의 공황심리에 대한 정찰결과를 보고한다. 여리고성공격작전이 개시되자 무사귀환했던 여호수와의 젊은 정보원이 약속대로 붉은 줄이 드리워진 라합의 여인숙에 들어가서 라합, 부모, 가족, 종업원, 가재도구를 온전하게 이스라엘진영 후방 안전한 곳에 무사히 대피시킨다. 정찰대원이 무사히 정보활동을 완수하게 도와 준 라합의 협조에 대한 대가로 베푼 호의였다.

여호수아가 시도한 정보활동에서 두드러지게 나타난 정보사항은 공격목표인 여리고성주민의 공황심리(panic psyche)와 패배주의를 역이용한 향간활용, 신호정보(signal intelligence) 활용이다. 요단강을 건너 가나안지역을 정벌하는 전초기지인 여리고성주민의 패배주의 공황심리의 역이용은 앞으로 진군하여 격파할 다른 주요 전략거점주민의 심리이용에도 유용한 참고지침이 되는 것이다. 사령관 여호수아는 이를 십분 활용하여 공격군선봉 후미에 중위군 대신에 여호와 하나님의 언약궤를 제사장들이 메고 백성과 함께 따르게 하고, 최종대오는 병참수송과 후방경계를 맡은 후방예비군으로 구성했다. 현란한 단장을 한 제사장그룹이 하나님의 언약궤를 메고 공격군이 이를 뒤따르는 끝없이 펼쳐진 특이한 진형대오(陣形大伍)는 정벌대상인 거점지역을 지키는 방위군과 거주하는 주민을 공황심리에 빠지게 하는 데 한몫 톡톡히 한 것이다.

요 약

테티스, 포세이돈, 아테나, 아폴로의 정보예측

호머(Homer) 서사시 '일리아드와 오디세이(Illiad and Odyssey)'는 기원전 2천년 대의 실존하는 전쟁영웅과 전황예측, 운명예언을 하는 고위전략정보관인 神官, 天官들의 정보경쟁

- 요정 테티스(Thetis):
  - 아킬레스(Achiles)의 어머니로 스틱스강(Waters of River Styx)에 어린 아들을 넣으면 용맹 강건한 장군이 된다는 말에 아킬레스를 몰래 스틱스강에 넣었으나 강물을 지키는 신들에게 들킬가 두려워 아킬레스를 발목 부위까지만 넣었다가 건져냄. 후일 장군이 된 아킬레스는 취약한 발목을 가짐
  - 강건한 장군이 된 아킬레스는 트로이성의 왕 프리암(Priam)의 장자 헥토르(Hector)를 죽이고 트로이성 공략

- 아폴로(Apollo) 신관:
  - 전사한 헥토르의 동생 파리스(Paris)는 아폴로 신관의 조언과 위력으로 화살을 아킬레스 발목 뒷부분에 명중시켜 아킬레스를 불구로 만듦

- 아테나(Athena)천신녀:
  - 포세이돈(Poseidon)신관의 감금에서 탈출하여 돌아온 오디세이 왕에게 40명의 특공대를 실은 목마를 투입하도록 하여 트로이성 함락 유도

이집트, 그리스, 로마의 암호통신문 활용

이집트 파라오, 그리스군, 로마의 시저: 암호통신문을 이용한 정보활동

- 이집트: 원통형 막대나 대나무에 파피루스를 말아 종이 위에 통신문 작성하여 파피루스만 부대간에 전달, 전달받은 사령관은 원통형 막대에 파피루스를 다시 말아 통신문 확인. 원통형 막대에서 파피루스를 분리하면 글씨가 보이지 않아 암호통신으로 활용

- 로마: 줄리어스 시저(Julius Caesar)는 알파벳 문자를 숫자 단위 간격으로 암호화(encode)하여 문장 작성. 즉, 2번씩 건너뛰어 D는 A로, E는 B로 풀어서 이해됨(decode)

- 그리스: 극작가 폴리비우스(Polybius)는 아라비아 숫자와 로마자를 합성한 암호체계를 만들어 알파벳과 숫자를 섞어 암호사용(encode), 수신자는 약속된 그 암호체계에 따라 풀어서(decode) 판독

모세와 여호아의 정보활동

모세와 여호수아의 정탐활동과 정보심리전

- 민수기(The Numbers): 모세가 기원전 1450-1440년 경에 70명의 유대인을 데리고 이집트를 탈출하여 63만에서 최대 100만 부족을 규합하여 가나안에 진군한 기록
- 가나안 진군에 앞서 정찰팀으로 12부족장의 자손으로 힘깨나 쓰고 영민한 차세대 지도세력 중에서 선발
- 그중에 눈(Nun)의 아들 호세아(Oshea)를 여호수아(Jehoshua)라는 이름으로 바꾸어 팀장으로 임명. 그리스어로 구원자라는 의미의 여호수아를 실전에 투입하여 현지 적응력을 높이고 경험을 쌓아 모세 이후 세대를 이끌 차세대 지도자 양성. 여호수아는 정보활동에서 중요한 반드시 살아 돌아와야 할 생간(生間)임
- 모세는 이동통로와 귀환시 습득해야 할 물품을 구체적으로 지시: 하만-르홉- 네겝길-헤브론-에스골-바란 평원, 가데스에 도착 즉시 모세에게 보고

모세와 여호수아의 정보활동 cont.

40일 정찰 기간후 모세에게 보고한 정보수집과 분석 내용

- 가나안 지역은 규모가 크고 지역 주민의 사기는 높고 강인하며 체격은 장대함
- 가나안 성읍 또한 규모가 크고 견고하며, 주민은 남부평야, 야산, 요단지역, 해변에 산재하여 살고 있음
- 젖과 꿀이 흐르는 아름다운 땅으로 가나안 땅에서 거두어 온 농작물로 포도, 석류, 무화과 제시
- 12명의 정찰팀은 첩보를 수집함과 동시에 분석 가공한 정보를 모세와 족장에게 제시
- 정찰팀의 정보판단은 진군 포기와 진군 주장파로 분열됨
- 모세는 여호수아의 진군주장을 채택하고 진군할 것을 명령함

모세와 여호수아의 정보활동 cont.

모세로부터 지휘권을 이양 받은 여호수아의 정보심리전

- 여호수아는 가나안 진격의 제1차 관문인 여리고성 함락을 위해 2명을 1개조로 한 팀을 은밀히 침투시킴
- 정찰팀은 여인숙 여주인 라합의 협조로 여인숙을 은신처로 첩보 수집. 여인숙 주인 라합은 협조의 대가로 자신과 부모, 형제자매, 종업원의 생명 보장을 얻어냄
- 라합은 요단 나루턱까지 정찰팀을 추격한 여리고 군사들을 다른 길로 따돌려 근처 산에 피신시킨 후, 사흘간 잠복 후 감시를 피해 임무 완수 후 귀환하도록 조언
- 이스라엘 민족의 애굽땅 탈출과 요단의 아모리 지역 평정에 대한 주민의 공황심리를 이용하여 여리고성을 공격함. 정찰팀은 공격 군 진입시에 라합의 여인숙을 확실히 식별할 수 있게 여인숙 창에 붉은 줄을 드리워 안전하게 보호. 여호수아는 하나님의 언약궤를 멘 제사장 대오를 전투군 다음 대열에 배치하여 여리고 주민과 장병의 투항 심리 자극

2. 손자병법의 근간은 정보전, 용간편은 인간정보의 클래식

기원전 아시아 중원에서도 부족국가, 군소국가들이 병립하여 이합집산과 통합 과정을 거쳐 중앙집권 국가시대로 향했다. 기원전 6세기 중국의 춘추전국 시대에 지혜로운 전문전략가들은 전쟁정보, 국가전략정보를 수집하고 분석하여 활용했다. 문헌으로 전래되어 오늘날에도 동서양정보전에서 활용되고 학계에서 연구되는 손자[9]의 병법(孫子兵法)이 바로 그것이다. 손자병법의 핵심은 싸우지 않고도 이기는 것, 그러기 위해서는 싸우기 전에 이해득실을 따지고, 아군의 우세한 전력은 가능한 수면 아래로 감추고, 취약점은 일부러 강한 것처럼 과시하여 억지력을 보이는 데 있다. 그러므로 싸우기 전에 피아간의 실력을 면밀히 분석해야 한다. 나를 알고 나의 조직실체와 내가 속한 국가역량을 면밀히 분석하는 오늘날의 기업경영 관리, 정부 국정관리차원의 주제파악(self-awareness)이다. 그러나 적군, 경쟁기업, 상대국가의 역량파악을 위한 총체적 실체접근은 더욱 중요하다. 이런 실체접근과 주제파악의 핵심이 정보이다. 손자병법은 군왕이 국가를 통합하고 장수가 적군을 맞아 싸워 승리하는 전술, 전략, 전쟁기법, 밀리터리 리더십에 대한 것이나 그 저변을 살펴보면 정보력에 대한 이야기이다. 즉 대부분의 손자병법 이론은 적과 아군의 전력비교 분석에 따른 전쟁수행에 대한 것인데 이때 필요한 적군의 전력평가는 정보수집과 분석에 의해서 생성된다.

적의 허실을 살펴 적을 격파하는 기본전술과 응용술, 사지를 신속히 벗어나며 전진과 후퇴하기 쉬운 위치선정을 위한 전법을 구사하기 위해서는 적의 주요 기동로정찰, 적의 실체 및 형세파악이라는 정보 수집과 분석이 필수적으로 선행되

9) 손자병법 저자인 손무(孫武)는 중국 춘추전국 시대 강대국 제(齊)나라 장군 아들로 신흥소국 오(吳)나라 왕 합려(闔閭)를 도와 자신이 저술한 병법을 실전에 적용한 장군이다. 오나라 전선 사령관이 된 지 7년 만에 손무는 강국 초나라를 정벌하고, 노(魯)나라 항복을 받고, 제(齊)나라를 공격하여 춘추시대 양자강하류에서 중원을 제압하는 강대국 오나라를 만들었다. 후에 오왕 합려는 월(越)왕 구천(勾踐)에게 패하고, 합려 아들 부차(夫差)는 아버지 복수로 구천을 사로잡아 노예로 삼는다. 오나라에서 풀려난 월왕 구천은 오나라 사정을 현지 노예살이 경험을 해서 잘 알고 와신상담(臥薪嘗膽)의 자기관리로 오나라 부차를 정벌한다. 따지고 보면 오월(吳越) 사이 전쟁과 국가정벌의 연속과정은 손무가 손자병법을 전쟁교과서대로, 때로는 신축적으로 활용한 전략과 정보전에서 연유한다.

어야 한다. 손자병법 13편은 전쟁을 하기 전에 적과 아군을 비교하고 지형을 정찰하며, 도로상태를 점검하고, 부대가 기동하거나 공격할 때 일대일 보병전투로 할 것이냐 아니면 화공으로 할 것이냐, 적의 강약점을 따져 병력, 병참, 진지 등 목표물을 동시에 순차적, 집중적으로 공격선점할 것이냐 하는 판단은 전적으로 적군, 적진지, 전투지역에 대한 정찰정보에 달렸다는 내용이다. 손무는 이런 점에 착안하여 손자병법에서 정보의 중요성을 강조하였다. 이는 군쟁편에 잘 나타나 있으니 "정보력이 중요하다. 정보력은 눈에 보이지 않지만, 이것 없이는 군사행동도 무의미하다."라고 언급되어 있다.[10)]

손자병법은 시계편(始計篇), 작전편(作戰篇), 모공편(謀攻篇), 군형편(軍形篇), 병세편(兵勢篇), 허실편(虛實篇), 전쟁편(軍爭篇), 구변편(九變篇), 행군편(行軍篇), 지형편(地形篇), 구지편(九地篇), 화공편(火攻篇), 용간편(用間篇) 총 13편으로 되어 있다.

손자병법 13편

시계편: 전쟁을 시작하기 전 적군과 아군 비교분석위한 전법
작전편: 속전속결 등 기본전법
모공편: 가장 좋은 것은 적군전력을 평가하여 가능한 싸우지 않고 이기는 것
군형편: 이길 수 있는 만반의 준비를 갖추는 방책에 대한 전법
병세편: 전쟁승리를 담보하는 교과서식 정식병법논리인 정(正)과 이(利) 기본기를 신축적으로 활용하는 기(奇)를 효과적으로 병행 운용하는 내용
허실편: 적의 허실을 살피고 나의 허실을 숨겨 나의 강한 부분으로 적의 약한 부분을 공략하는 전법
전쟁편: 군대가 움직일 때는 질풍처럼, 멈출 때는 숲의 나무처럼 고요하고, 공격할 때는 불처럼, 움직이지 않을 때는 산처럼, 숨을 때는 어둠처럼 보이지 말아야 하고, 움직일 때는 번개처럼 빨라야 하는 풍(風), 림(林), 화(火), 산(山), 음(陰), 뇌정(雷霆)이라는 성어로 요약
구변편: 공격할 때와 말아야 할 때를 알고 장수의 성급함을 조절하는 등 전

10) 손무(孫武) 지음. 유동환 옮김. 1999. 「손자병법」. 서울: 슬기샘. 19-57쪽; 허준 엮음/해설. 2005. 「1시간 만에 읽는 손자병법과 병법 36계」. 서울: 카푸치노 문고. 63쪽.

쟁상황에 대처하는 장수가 경계해야 할 주의사항

행군편: 산, 하천, 늪, 평지에서의 부대의 기동전법

지형편: 적과 아군이 모두가 왕래할 수 있는 곳, 탁트인 곳, 전진하기 쉽고 후퇴하기 어려운 곳에 따른 대처방책

구지편: 전쟁상황과 연계시켜 싸움터의 위치를 산지(散地), 경지(輕地), 쟁지(爭地), 교지(交地), 구지(衢地), 중지(重地), 비지(圮地), 위지(圍地), 사지(死地) 9개로 나누고, 그에 따른 군의 기동양상 설명(산지는 아군지역으로 여기서 전투는 되도록 피하고 접경지역인 경지에서 싸워야 함. 그러나 접경지역인 경지보다는 적지역 깊숙한 중지에서 작전을 수행해야 함. 쟁지는 차지하는 쪽에 따라 유리한 지역이므로 아군이 먼저 차지해야 하며, 교지는 피아간에 왕래할 수 있어 교지 역시 먼저 차지하고 전후방연락로를 확보해야 함. 구지는 여러 국가가 국경을 접하고 있어 외교관계를 유지하고 있는 것이 유리하고, 비지는 산림과 늪으로 되어 있어 통행이 힘든 지역이므로 적의 기습에 대비하여 빨리 지나가야 함. 입구와 출구가 모두 좁아 빠져나오기 힘들어 소수의 적군에게 다수의 아군이 피해를 볼 수 있어 계략을 써서라도 빨리 벗어나야 하고, 신속히 싸우면 이길 수 있어도 장기전을 펼치면 패배하는 지역을 사지라 함).

화공편: 적의 병사, 양식, 수송물자, 창고, 진지 등 5가지 공격목표를 선정하고, 발화상태, 풍향속도, 적군동향, 낮과 밤 등 5가지 상황변화에 따른 화공전개설명

용간편: 정보를 수집하고 분석하는 세작, 스파이정보요원을 신원과 역할에 따라 분류

손자병법 13편은 모두가 사전정보획득을 전제로 하는 정보전법으로 그 하이라이트는 시계편, 모공편, 허실편, 행군편, 지형편, 구지편, 용간편이다. 그 중에서도 정보전의 핵심은 시계편, 모공편, 용간편에 있다.

시계편은 전쟁을 시작하기 전 반드시 적군과 아군의 전세 비교분석을 강조한다. 비교분석틀은 도(道), 천(天), 지(地), 장(將), 법(法)의 다섯 요소로 되어 피아간

어느 쪽이 유리한가를 비교한 후에 전쟁을 결정하라는 것이다. 도(道)는 왕이 백성을 설득하여 전쟁을 치를 수밖에 없는 전쟁명분을 정부와 백성이 함께 공유하는 신념이다. 천(天)은 계절, 밤낮, 맑음과 흐림, 더위와 추위, 자연환경을 활용하는 능력이다. 지(地)는 길의 멀고 가까움, 험한 곳, 평지, 탁트인 곳과 좁은 곳, 막힌 곳과 뚫린 곳 등 지형조건으로 활용에 따라 소수의 병력으로도 적군을 제압할 수 있다, 장(將)은 장수가 가져야 하는 리더십덕목으로 지혜(智), 부하가 지휘관에게 갖는 믿음(信), 장수의 자애로움(仁), 용맹성(勇), 공사구별과 자신통제에 엄격함(嚴)을 의미한다. 법(法)은 군대조직편제, 명령, 의사소통의 수단인 깃발과 악기의 운영규정, 계급체계에 따른 직무의 합리적 배분, 식량과 군수물자의 조달 공급 관리, 비용 등의 운용체계를 말한다. 이런 기본분석틀 내에서 7가지 구체적 지표로 나누어 적과 아군을 비교하는 것이다. 7개 비교지표는 어느 쪽의 군주, 장수, 병사, 무기체계, 상벌인사, 법률, 국정관리체계가 뛰어나며, 기상과 지형조건이 어느 쪽에 더 유리한가를 분석하는 것이다. 비교분석에서 우위를 장악하게 되면 어떤 전쟁이든 승리를 가늠할 수 있고, 전쟁결심에 왕, 장수, 병사, 백성은 하나가 되고, 백성은 물심의 기여를 하게 된다.[11] 그런데 비교대상이 되는 적국의 왕, 장수기량, 장병사기, 무기체계, 백성의 자신감, 전장의 지형, 기후조건에 대한 정보는 세작첩보원의 정보수집과 분석이 밑받침되어야 한다.

모공편에서는 정보의 활용력과 중요성이 극치에 달한다. 손무는 적을 이기는 최상의 방법은 무력을 사용하지 않고 머리를 써서 계략으로 적을 굴복시키는 것, 즉 싸우지 않고 이기는 것이라고 말했다. 그러기 위해서는 반드시 싸우기 전에 적의 총체적 의도를 간파해야 한다. 적의 총체적 의도파악, 정치, 외교, 경제, 사회면의 총체적 정보, 전장윤리의 신축적 운영상태 확인, 식견을 가진 장수기용, 지휘관과 병사의 혼연일체감 확립 등은 모두 총체적 탐색에서 나온다. 이는 '지피지기(知彼知己)면 백전불태(百戰不殆), 부지피이지기(不知彼而知己)면 일승일부(一勝一負), 부지피부지기(不知彼不知己)면 매전필태(每戰必殆)(적을 알고 나를 알면

11) 손무(孫武) 지음. 유동환 옮김. 1999. 전게서. 61-65쪽[시계편: 손자왈(孫子日), 병자(兵者), 국지대사(國之大事), 사생지지(死生之地), 존망지도(存亡之道), 불가불찰야(不可不察也), 고경지이오사(故經之以五事), 교지이계(校之以(七)計), 이색기정(而索其情). 일왈도(一日道), 이왈천(二日天), 삼왈지(三日地), 사왈장(四日將), 오왈법(五日法)].

백번 싸워도 위태롭지 않고, 적을 모르고 나를 알면 전투에서 한번은 이기지만 한번은 지는 반반승률이고, 적도 모르고 자기 주제파악도 못하면 싸울 때마다 매번 위태로워진다)'로 요약된다. 거시적인 상대국의 상황파악, 중범위적인 군사력판단, 미시적인 경쟁국군사 기동지표발굴은 손자병법의 정보전의 진수이다.

손무는 정보전의 핵심으로 상대방 국력판단, 군사력평가, 군기동력, 무기체계, 지형정찰, 군사기측정을 위해 반드시 정보원을 현지에 투입시켜 직접 보고 듣고 감지하게 하여 실체를 수집해야 한다고 하였다. 더 나아가 정보수집, 정찰 주체를 5가지 세작, 첩보원으로 분류하였다. 향간(鄕間, secret agent)은 적지의 현지민간인을 써서 스파이역할을 맡게 하고, 내간(內間, secret agent in place)은 적국관리를 매수하여 간첩으로 고용하고, 반간(反間, double agent)은 적국첩보원을 포섭하여 이중간첩으로 활용한다는 것이다. 사간(死間, deception and expendable agent)은 아군이 거짓정보를 주어 적에게 일부러 잡히게 하여 적이 거짓정보를 믿게 하는 것이며, 생간(生間, penetration agent)은 아군정보원을 적지에 보내어 정보를 수집한 후에 반드시 살아 돌아와 보고하게 하는 것이다. 향간, 내간, 반간은 적국정보원을 이용하는 것이며, 사간과 생간은 아군의 정보원이다. 이런 정보요원의 분류와 활용법을 기록한 손자병법은 2700년이 지난 오늘에도 세계정보계에서 활용되는 정보 고전(intelligence classic)이다. 손자병법은 아시아는 물론 유럽에도 전래되어 징기스칸, 마키아벨리, 나폴레옹, 클라우제비치, 최근 사막의 폭풍작전에도 응용되고 있다.[12)]

12) Pat M, Holt. 1995. *Intelligence and Public Policy*. Washington, D.C.: CQ Press. pp. 5-10.

요 약

손자병법의 근간은 정보전

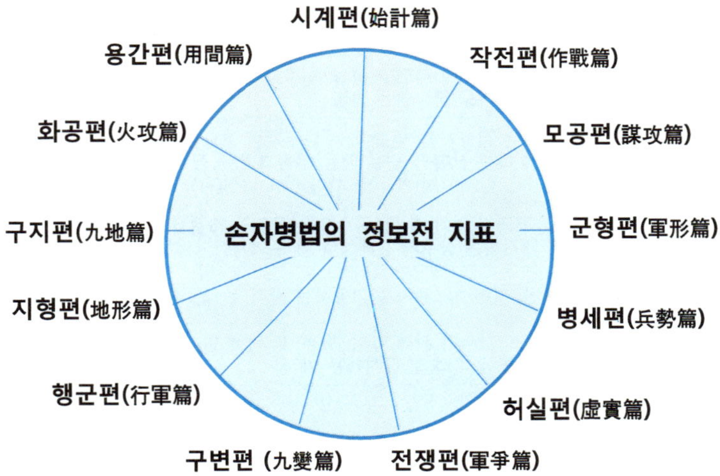

손자병법의 정보전 지표

손자병법 13편	내 용
시계편(始計篇)	전쟁 시작전 적과 아군의 전세를 도(道), 천(天), 지(地), 장(將), 법(法)으로 나눈 비교분석 틀 · 도: 군왕과 백성이 함께 공유하는 전쟁명분, 신념 · 천 : 계절, 밤낮, 맑음과 흐림, 더위와 추위, 자연환경 활용력 · 지: 길의 원근, 험한 곳, 평지, 탁 트인 곳과 좁은 곳, 막힌 곳과 뚫린 곳 등 지형 조건 활용력 · 장: 장수 리더십 덕목으로 지혜(智), 부하가 지휘관에게 갖는 믿음(信), 장수의 자애로움(仁), 용맹성(勇), 공사구별과 자신을 통제하는 엄격성 · 법: 군대조직편제, 명령, 의사소통의 수단인 깃발과 악기의 운영규정, 계급체계에 따른 직무의 합리적 배분, 식량과 군수물자의 조달공급관리, 비용 등의 운용체계
작전편(作戰篇)	속전속결이 기본 전법
모공편(謀攻篇)	적군전력 평가로 가능한 싸우지 않고 이기는 전략 전술
군형편(軍形篇)	이길 수 있는 만반의 준비를 갖추는 방책

손자병법의 정보전 지표 cont.

손자병법	내 용
병세편(兵勢篇)	전쟁승리를 담보하는 정식병법 논리인 정(正)과 이(利) 논리를 신축적으로 활용하는 기(奇)를 효과적으로 병행 운용하는 내용
허실편(虛實篇)	적의 허실을 살피고 나의 허실을 숨겨 나의 강한 부분으로 적의 약한 부분을 공략하는 전법
전쟁편(軍爭篇)	군대 기동은 질풍처럼, 멈출 때는 나무처럼 고요히, 공격시는 불처럼, 움직이지 않을 때는 산처럼, 숨을 때는 어둠처럼, 움직일 때는 번개처럼 빨라야 함을 풍(風), 림(林), 화(火), 산(山), 음(陰), 뇌정(雷霆)이라는 성어로 요약
구변편(九變篇)	공격 할 때와 말아야 할 때, 장수의 성급함을 조절할 수 있어야 하는 전쟁상황에 대처하는 장수가 경계해야 할 주의사항
행군편(行軍篇)	부대가 산, 하천, 늪, 평지를 기동하는 방책
지형편(地形篇)	적과 아군이 모두가 왕래 할 수 있는 곳, 탁 트인 곳, 전진하기 쉽고 후퇴하기 어려운 곳에 따라 잘 대처하는 방책

손자병법의 정보전 지표

손자병법	내 용
구지편(九地篇)	싸움터의 위치를 산지(散地), 경지(輕地), 쟁지(爭地), 교지(交地), 구지(衢地), 重地), 비지(圮地), 위지(圍地), 사지(死地) 9개로 나누고 그에 따른 군의 기동양상을 설명 •산지: 아군지역, 경지: 접경지역, 중지: 적지역 아군지역인 산지에서는 전투를 피하고, 접경지역인 경지에서 싸우고, 적 지역 깊숙한 중지에서 작전수행 •쟁지: 차지하는 쪽에 따라 유리한 지역, 교지: 왕래가능 지역, 구지: 국경이 접한 지역, 비지: 산림, 늪으로 통행이 힘든 지역, 위지: 입구와 출구가 모두 좁아 빠져 나오기 힘든 지역, 사지: 장기전을 펼치면 패배하는 지역 → 쟁지와 교지, 구지는 먼저 차지하고, 비지, 위지, 사지는 빨리 벗어나야 함
화공편(火攻篇)	적병, 양식, 수송물자, 창고, 진지 5가지 공격목표를 선정하고 발화상태, 풍향속도, 적군 동향, 낮과 밤 5가지 상황변화에 따른 화공전개 설명
용간편(用間篇)	향간(鄕間)은 적지의 현지 민간인을 스파이로 고용, 내간(內間)은 적국 관리를 매수하여 간첩 고용, 반간(反間)은 적국 첩보원을 포섭하여 이중간첩 활용, 사간(死間)은 아군이 거짓 정보를 주어 적에게 일부러 잡히게 하여 적이 믿게 하고, 생간(生間)은 적지에서 정보를 수집한 후 보고 할 수 있도록 반드시 살아 돌아오게 하는 아군 정보원. 2700년이 지난 오늘에도 인간정보 (human intelligence: humint)의 클래식

손자병법의 용간편은 인간정보의 클래식

3. 적벽대전의 정보전, 양산박의 준군사 공작

기원후부터 정보활동은 더욱 넓고 다양해진다. 무수한 전쟁에서 승패를 굳히기 위해 치열한 정보전이 전개된다. 정보력의 우위를 선점함으로써 우세한 국력과 군사력 흐름의 물꼬를 바꾼 전형적인 예가 서기 208년 중국 한나라 말기 위, 오, 촉(魏, 吳, 蜀) 삼국이 양자강유역 적벽에서 대결할 때이다. 한나라 승상으로서 정치적 영향력에서나 군사력에서 절대우위를 점한 위(魏)의 조조(曹操)는 오의 왕 손권(孫權)과 촉의 왕 유비(劉備)의 연합군과 양자강유역 적벽에서 자웅결판의 대회전을 펼친다. 적벽대전(赤壁大戰)에서 손권의 10만 군과 유비의 1만 군이 제휴한 11만 연합군이 조조의 80만 대군을 이길 수 있었던 것은 기만전, 반간계, 연환계를 활용하고, 지형과 기상조건을 분석하여 풍향변환을 이용한 화공전을 신속히 전개한 덕분이었다.

정보전과 작전운용을 성공적으로 이끈 주역은 촉의 군사(軍師) 제갈량(諸葛亮)과 오의 제독(提督) 주유(周兪)이다. 제갈량은 동문수학하고 유비진영에서 같이 일하는 방통(龐統)을 조조진영에 위장합류하게 한다. 그리고 방통은 군사들이 물 위에 떠있는 함상에서 오래 생활하면 열악한 환경과 불결한 위생으로 질병과 역병이 생기므로 군사기와 전투력이 저하되니 큰 함선 30척에 중간함선 50척을 쇠고리로 묶어 그 위에 판자를 올려놓으면 군사들이 편안한 생활을 할 수 있다고 건의한다. 함선을 묶어 거대함선을 만들면 심한 파도에도 견디고, 화살명중과 화공작전에도 정확도를 높일 수 있다고 하여 조조는 즉각 모든 배를 묶는 연환계에 말려들었다.

한편 주유는 조조에게 귀순한 그의 수군부하인 장윤(張允)과 채모(蔡瑁)를 반간계(反間計)를 써서 조조가 직접 죽이게 한다. 조조는 참모 장간(蔣幹)을 주유에게 보내 항복을 권유하였는데, 장간은 주유의 오랜 지기로서 주유진영에 머무는 동안 조조진영에 투항한 장수 장윤과 채모가 주유에게 보내는 정보보고서를 읽을 수 있었다. 이 보고서는 장윤과 채모가 평소 쓰는 필체와 똑같은 글자로 만든 위조친필로 일부러 떨어뜨려 장간이 읽어서 믿게 한 것이다. 장간이 조조진영에 돌아와서 오, 촉 연합군이 항복할 의사가 없다는 것과 장윤과 채모가 비밀리에 주유에게 보내는 위조편지내용을 보여 주며 장윤과 채모가 위장투항한 것이라고 보고한다. 같은 시간에 제갈량은 짙은 운무를 이용하여 밀집으로 만든 허수아비로 가득한 함선을 띄워 조조 수군진영으로 접근시켜 수군대장 장윤과 채모가 10만 개의 화살을 쏘아 소비하도록 하였다. 이에 조조는 밀짚 허수아비 함선에 화살 10만 개를 안긴 장윤과 채모를 참수한다.

양자강유역 서북에 진영을 꾸린 오, 촉 연합군은 서북에서 불어오는 서북풍을 안고 동남에 포진한 조조군을 상대로 싸우는데, 이는 처음부터 불리한 조건이었다. 그러나 양자강지역 계절기후와 지형에 따라 순간적으로 바뀌는 풍향을 분석한 제갈량이 새벽에 조조 진영으로 동남풍이 불자 전격적으로 화공전을 펼쳤다. 조조수군 역시 화공전에 대비하여 함선에 쌓아 놓은 유황과 기름에 불을 붙였는데, 연환계에 말려 묶어 놓은 거대함대는 분리할 시간도 없이 화공의 희생이 되었다. 피아간 100만 명에 가까운 병력이 참가한 대전에서 조조군 80만은 몰살당하고, 조조는 적벽대전 이후 양자강남부를 정벌하여 이루려는 중원통일의 야망을 접게 되었다.[13)]

적벽대전은 제갈량이 믿을 만한 인물을 조조에게 보내어 잘못된 진언과 거짓정보를 믿게 하고, 투항한 장수를 죽이고, 천지자연의 기후와 기상조건을 전쟁에 응용하는 등 고도의 정보전으로 전개된다. 손무의 손자병법 제 1편 시계편은 전쟁을 시작하기 전에 도, 천, 지, 장, 법의 5가지 요소를 피아간에 반드시 비교분석하여 아군이 우세할 때만 공격을 개시하라는 전법이다. 5가지 비교분석지표 중에서 제갈량은 적지역의 기후, 기상조건을 말하는 천(天)과 지형과 산세, 강물의 흐름인 지(地)를 면밀히 정찰하여 분석하고 작전에 활용하였다. 또한, 거짓정보를 제공하여 믿게 하는 손자병법의 36계 중 33편인 반간계를 사용하고, 복잡하게 얽힌 상황을 알려 자가당착적 논리로 모든 함선을 묶어 놓아 딜레마에 빠지게 하는 35계인 연환계(連環計)를 창의적으로 신축성이 있게 활용하는 등 군사력을 바탕으로 한 정규전과 정보력을 바탕으로 한 비정규전을 병합한 전승의 대표작

13) 사실 적벽대전 당시에는 위, 촉, 오의 삼국은 존재하지 않고, 오직 조조만이 한나라 황제를 등에 업고 천하제후를 호령하는 승상이었다. 그러나 적벽대전 이후 한나라 황제에게 강요하여 위나라를 세우고 왕의 칭호를 갖게 되었다. 한나라 황제가 붕어하고 조조 아들이 위의 황제로 자처하자 손권이 먼저 오나라, 유비가 나중에 촉나라를 세우고, 스스로 황제라 하여 삼국이 병립하게 된 것이다.

이라 할 수 있다.

수나라와 당나라 역시 동북으로는 고구려, 서북·서남으로 중앙·서남아시아를 공략하기 위해 군사전략 정보전을 전개하였다. 그런데 송나라에 와서 준군사 공작정보전(para-military and clandestine operation)이 전개된 사례를 문헌으로 볼 수 있다. 송나라(960-1279) 말기 북송과 남송으로 나누어진 정치혼란시기에 북송 말기 수도 개봉부(開封府)에서 집권하고 있는 선화(宣和) 황제와 기득권세력을 응징하는 수박(水泊)이 양산(梁山)에서 펼치는 송강(宋江)을 비롯한 108 두령의 활약상을 담은 시내암(施耐庵)의 수호지(水滸誌)가 그것이다. 양산박에 집결한 108 두령이 펼치는 활약상과 후일 북송황제 권유로 정부군으로 참여하여 북방 요(遼)나라와 남방지역 방랍(方臘)란을 평정하는 과정을 100여 년이 지난 1400년 경에 시내암에 의해 소설로 탄생되었다. 수호지는 픽션이 아닌 송대의 사기(史記)에 자세히 기록되어 있는 역사적 사실이며 사료인 것이다.[14] 서울과 경기도를 합한 크기로 산동성 서남, 황하중간 지류에 있어 강을 안고 있는 요새라 해서 수박이라 하고, 뒤에는 사방주위를 관망하기 좋은 양산이 있어 양산박(梁山泊)이라고 한다. 북으로는 북경, 서쪽에는 하남의 서경, 동쪽에 동경 개봉을 끼고 있는 양산박을 근거지로 불의에 저항하다가 삭탈관직당한 고급관리, 군관, 하급관리, 신망이 있는 지식인, 무예가 출중한 야인, 상인, 농민, 다양한 기예를 가진 비제도권 인물들이 펼치는 반정부 저항군운동을 기술한 것이다.

양산박두령 가운데 양산박 석갈촌에서 고기잡이와 자맥질에 능하고 몸놀림이 날쌘 선박업에 종사하는 원소이(阮小二), 원소오(阮小五), 원소칠(阮小七) 삼형제가 있다. 이 삼형제는 양산박산채의 정보를 책임지는 정찰부대를 운용하는 정보팀장들이다. 황하중간유역 일대와 양산박지류의 유속과 물길을 잘 파악하여 아군의 함선을 안전지대로 유도하고, 정부군함선을 급물살 속으로 유인하여 퇴로가 없는 섬으로 몰아 함대를 박살내는 전위군으로 활약한다. 원씨 삼형제는 쾌속선을 몰아 섬주위에 포진한 관군과 관군함대 기동을 양산박산채본부에 보고하고,

14) 중국인민경제대학과 고려대에서 한중언어학연구로 박사학위를 받은 중국국적 김춘희 연세대 중국학 교수는 자신이 직접 양산박을 답사하였는데, 수호지의 108 두령 활동무대 양산박은 경기도와 서울을 합한 크기로 이들 활약상은 역사적 사실이며, 장숙야(張淑夜)의 宋代 史記에 자세히 기록되어 있다고 하였다(2009. 9. 10-11일 김춘희 교수 인터뷰).

섬 사이를 왕래하며 본부와 우군함대 사이의 명령보고를 전달하는 통신연락을 담당하였다. 형인 원소이가 적군을 맞아 화살을 쏘고 적을 갈대숲으로 유인하고 사라지면 동생 원소오는 뭍으로 올라와 우왕좌왕하는 관군을 베고, 막내 원소칠은 자맥질로 물밑에 숨어 있다가 적함에 올라가 적장이나 군관을 낚아채어 물속으로 빠트려 기절시키고 생포한 후 안전지대로 옮겨 적군의 동태를 심문하고 파헤쳐 정보를 수집하였다. 관군이 대규모로 양산박을 토벌하러 왔을 때, 원씨 삼형제는 각기 5명의 정찰공격조를 구성하여 청호피로 둘러친 함선을 만들어 정부군함선이 쏘아대는 화살을 전부 수집하여 양산박병사가 사용토록 하였다. 또한, 수상전투가 벌어지면 쾌속선으로 신속하게 기동하며, 작살, 갈고리로 적군함선을 잡아당겨 나포하고, 자맥질로 물밑에서 적함선의 선복을 화약으로 폭파, 침몰시킨다.

원씨 두령 삼형제가 운용하는 수상전에 익숙한 정보공작조는 댓가지를 꼬아 만든 굵은 줄로 물밑에서 수면을 가로막아 관군함선을 좌초시키고, 조류 흐름과 지형을 잘 모르는 관군 함선을 쾌속선이 퇴로가 없는 섬 사이 갈대숲으로 유인하여 뭍에 올라 우왕좌왕하는 관군을 검으로 베어버린다. 이렇게 5명 1개 조 3개 팀 15명이 연합하여 유인하고 파괴하여 500명에서 1,000여 명을 몰살시키고 양산박 정규군을 앞세워 수천, 수만의 관군을 격퇴시켰다. 준군사적 파괴공작임무를 수행하는 원씨 삼형제는 양산박 U.D.T(Underwater Demonstration Team) 대원이었다. 13세기 정보정찰관점에서 보면, 이러한 전략은 소수정예병이 정부군대부대를 초전에 꺾고 전투에서 승기를 잡는 정찰파괴공작 정보활동으로까지 발전하고 있다.[15)]

이 무렵 징키스칸은 1300년 당시 몽골부족을 통합하여 파죽지세로 러시아, 동유럽까지 공략하고, 송나라를 멸하고 원나라를 건국한다. 징키스칸은 원정군이 공격을 감행하기 전에 미리 상인으로 가장한 정보원을 적국후방에 침투시켜 정보파악은 물론 심리전도 전개하였다. 상인으로 가장하여 침투한 정보원은 몽고원정군에 저항할 경우 남자는 물론 아녀자까지 모두 학살하고, 항복하면 관대히 처분한다고 전하면서 공포감을 조성하는 유언비어를 퍼뜨려 적지역 군장병과 시민을 공포감에 떨게 하였다. 모세나 여호수와처럼 적을 공격할 때에 공격군 다음

15) 시내암(施耐庵). 1990. 「수호지(水滸誌). 신역 2권」. 서울: 도서출판 청년사. 40-45쪽.

대열에 제사장들이 휘황찬란한 옷으로 치장하고, 여호와의 증언을 언약궤에 넣어 메고 공격하여 적군과 시민을 패배감에 빠지게 하는 공포심리전을 펴는 것과 비슷한 정보심리전을 구사하였다.[16] 징키스칸제국이 형성되는 기간에 유럽은 합리성과 이성이 지배하는 세속시대의 여명을 열게 된다.

16) Owen, David. 2002. *op. cit.* pp. 17-20.

요 약

적벽대전(赤壁大戰)의 정보전, 송대(宋代)의 양산박 준군사 공작

적벽대전의 정보전

오•촉의 승리 주역

오(吳)의 손권(孫權), 제독(提督) 주유(周兪)의 10만, 촉(蜀)의 유비(劉備), 군사(軍師) 제갈량 (諸葛亮)의 1만 군이 제휴한 11만 연합군

정보 작전 기법

손자병법 시계편의 도, 천, 지, 장, 법의 5가지 중 기후, 기상, 지형, 산세, 강물의 흐름 파악

반간계(反間計) 활용

조조에게 귀순한 오의 수군 제독 장윤(張允)과 채모(蔡瑁)가 주유와 내통한다고 믿게 하여 참수

연환계(連環計)와 화공전

큰 함선 30척에 중간함선 50척을 쇠고리로 묶어 거대 함선 구성, 유황 기름으로 화공전 전개, 함선 수장

전쟁 참패 주역

위(魏)의 조조(曹操) 80만 군

송대의 양산박(梁山泊) 준군사 공작

- 양산박(梁山泊)에 웅거한 송강(宋江) 이하 108 두령이 선화(宣和) 황제와 기득권 세력을 응징하고 후일 북송 황제 권유로 정부군으로 참여, 북방의 요(遼)와 남방 방랍(方臘)란을 평정하는 활약상을 담은 시내암(施耐庵)이 술한 수호지(水滸誌)는 송대사기(宋代史記)에 기록된 실화
- 양산박은 서울과 경기도를 합한 크기로 산둥성 서남, 황하 중간 지류에 북경, 서경, 동경 개봉을 끼고 있는 요새
- 108 두령은 불의에 저항하다 삭탈관직 당한 고급관리, 군관, 신망 있는 지식인, 야인, 무사, 기량 있는 상인, 농민으로 구성
- 두령 중 원소이(阮小二), 원소오(阮小五), 원소칠(阮小七) 삼형제는 양산박 산채에 3명 1개조의 정찰공작 부대 운용
  - 쾌속선으로 섬 주위에 포진한 관군과 관군 함대 정보를 양산박 산채본부에 보고하고, 섬 사이를 왕래하며 본부와 우군 함대 간 명령보고를 전달, 신호를 보내는 신호통신 정보연락 담당
  - 황하 유역 일대와 양산박 지류, 물길을 이용하여 아군의 함선은 안전지대로 유도, 적군인 정부군 함선은 급물살 속이나 퇴로 없는 섬으로 유인하여 함선 폭파하는 등 함대 기동 분쇄 공작 담당

제2장
거시정보: 르네상스, 중세봉건, 절대왕조 시대의 정보

1. 마키아벨리의 정보심리전

인간의 진화는 고대 호모 루덴스(Homo Ludens, 놀이하는 인간)에서 중세 호모 아베우(Homo Aveu, 고백하는 인간)로, 다시 15세기 르네상스시대에는 호모 사피엔스(Homo Sapiens, 생각하는 인간)로 변모되었다고 한다. 18세기 산업화시대에는 인간은 호모 에코노미쿠스(Homo Economicus, 경제적 인간)로 진화하고, 19세기 혁명의 시대에는 호모 파베르(Homo Faber, 노동하는 인간), 그리고 20세기 냉전시대의 호모 폴리티쿠스(Homo Politicus, 권력적 인간)로 시대의 요구, 상황에 부응하며 진화해 왔다는 것이다. 그리고 21세기는 호모 레시프로쿠스(Homo R eciprocus, 상호의존하는 인간)에서 호모 심비우스(Homo Symbous, 공생하는 인간)로 진일보하고 있다고 한다.

15세기 르네상스시대를 풍미한 생각하는 인간, 호모 사피엔스(Homo Sapiens)가 신의 섭리에서 인간이성으로 생활문화를 영위하고 전파한 활동무대는 이탈리아 지중해연안 도시국가들이었다. 동시에 이탈리아 도시국가, 로마교황청, 프랑스, 스페인은 유럽중원 이탈리아를 장악하기 위해 경제력, 군사력을 총동원하고, 때로는 양자간 혹은 다자간 동맹체제를 맺었다. 그런 정치행위, 군사력시위는 생존투쟁 그 자체였다. 그러다 보니 도시국가간, 도시국가와 로마교황청, 스페인,

독일, 프랑스와의 외교관계를 유지하려고 상주대사관을 설치하고 산업, 군사, 상대국공국, 왕실, 교황의 정치권력에 관한 총체적 정보수집활동을 공공연히 수행하였다. 금융, 상업, 모직, 피혁산업으로 부강한 피렌체공국이 르네상스시대를 열 때 마키아벨리(Niccolo Machiavelli, 1469-1527)는 피렌체에서 가난한 변호사의 아들로 태어났다. 29세에 피렌체공국 제2집정관 보좌관이 된 마키아벨리는 인접 도시국가, 교황청, 스페인, 독일, 프랑스 정부에 대사와 보좌관 신분으로 순회방문을 하며, 외교관, 정보관으로 역할을 톡톡히 수행한다.

메디치가문의 피에로공(Piero Di Medici)이 이끄는 피렌체공국의 안보를 담보하던 프랑스와 로마교황이 맺은 동맹체제가 붕괴되자 피렌체를 방어하는 메디치가, 로마교황청, 스위스용병의 연합군은 프랑스군에 의해 붕괴되고 말았다. 그러나 로마교황청과 프랑스의 재협상으로 원래의 메디치가문이 피렌체공국을 되찾았다. 시민참여에 의한 공화정을 지지하던 마키아벨리는 메디치가의 피에로공이 집정하는 피렌체공국을 탐탁하게 생각하지 않았다. 그래서 피에로공은 마키아벨리를 기피하여 공직에 채용하지 않았다. 마키아벨리는 시민사회로 발전하여 공화정을 수립하려던 공화파의 피렌체공국 전복음모에 연루되어 고문까지 당하고 풀려난다. 마키아벨리는 44세되던 1513년에 전원생활을 하며 14년간 「제왕학(The Prince)」과 「제왕학담론 2부(The Two Discourses)」를 저술하여 피에로공의 아들인 로렌조공(Lorenzo Di Medici)에게 제시하였다.

마키아벨리는 제왕학에서 대중의 합의를 기반으로 하는 민주공화정이 다른 어떤 체제보다 우위에 있어 절대권력체제도 대중의 지지를 받아야 하며, 대중지지가 국가결속, 안정, 생존의 고리라고 한다. 그래서 피렌체시민의 결속과 피렌체공국 생존을 추구하는 군사력의 성공적인 운용을 위해서는 응집력이 높은 종교활용과 대공의 리더십이 핵심관건이라고 보았다. 마지막으로 마키아벨리는 동양의 '화무십일홍(花無十日紅)이요 권불십년(權不十年)'이라는 경구같이 국가생존과 흥망의 부침이 주기적으로 이루어지는 가운데 시민사회가 발전해야 한다고 보았다. 또한 지도자 스스로의 몸가짐, 자기, 관리, 전략개발을 강조하였다. 장수의 리더십을 강조하여 "강장 휘하의 약졸은 강졸이 될 수 있으나 약장 휘하의 강졸은 하루아침에 약졸이 될 수 있다"고 하며, 능력이 있는 강력한 장수의 역량발휘를 제왕의 지도력향상과 연결하여 설명하였다. 국왕이나 대공, 무릇 핵심지위에 있는 지도자는 시민의 합의를 이끌어 내어 시민지지도를 극대화해야 한다고 주장했다. 시민합의에 의한 통치에는 암살자나 체제전복자도 스스로 부끄러움을 느끼고 파괴음모를 접고 물러난다는 것이다. 다분히 정치철학적인 방책에 수반하여 지도자는 동시에 자비를 베풀고 시민에게 믿음을 주며, 스스로 정직하고 겸허하며, 신앙인으로 자기 관리를 철저히 해야 한다고 말한다.

마키아벨리는 피렌체대사로 베네치아와 나폴리도시국가, 독일, 프랑스, 스페인을 순회하며 공식외교를 펼쳤다. 동시에 정치, 산업, 상업, 금융, 군사력을 은밀히 관찰하고, 집정관과 대공에게 보고하는 스파이역할을 수행하였다. 이런 대외정보활동과 피렌체내정을 살피면서 피렌체대공의 피살과 피렌체공국 체제전복을 미연에 막을 수 있는 방책을 내놓았다.

정보와 관련하여 마키아벨리는 제왕학에서 대외정치, 경제, 사회정보수집과 획득활동을 정치의 기본으로 보았다. 마키아벨리는 특히 대외정보를 궁극적으로 국내정치안정에 직결시켰다. 또한 시민참여와 합의로 국왕과 정치체제를 지지하는 것이 지도자시해, 체제전복예방의 지름길이라 하여 오늘날 말하는 국내방첩(counter-intelligence)에 치중하는 국내정보활동에 역점을 두는 특이성을 나타내고 있다. 시민이 울면 우는 흉내라도 내고, 종교도 필요하면 시민단합을 위해서 활용해야 한다. 시민의 사랑과 지지를 받으면 내부의 음모나 외국의 정보공작에도 왕이나 대공의 신변안전과 체제안전을 보장할 수 있다는 것이다.[1] 정치이념에 매달리고 정치권력을 주장하는 것보다는 정치이념을 구현하는 노하우를 갖고 실현하는 것이 중요하며, 시민의 자유구현을 위해 내부음모를 분쇄하고 외국침략에 대항하기 위해 필요하다면 무자비한 행동도 불사하고 정보를 수집하는 은밀한 공작도 수행해야 한다고 주장한다. 그리고 이러한 정보철학, 국정리더십이 로마 교황청에서 독립하여 도시국가를 통합하여 이탈리아를 통일하고 시민사회를 형성하여 공화정수립을 지향하는 마키아벨리의 제왕학이라 할 수 있다.

---

1) Machiavelli, Niccolo. 1950. *The Prince and the Discourses: With An Introduction by Max Lerner*. New York: The Modern Library, Random House. pp. 37-55. pp. 60-66. pp. 338-343. pp. 523-529(마키아벨리는 활발한 동서무역이 전개된 르네상스 시대에 당시 중국에서 수입된 공자, 노자를 비롯한 동양철학과 손자병법, 한비자철학도 접할 수 있었다. 플로렌스 박물관과 도서관에는 이 시대에 수입한 동양 중국원전이 소장되어 있다).

요 약

마키아벨리의 정보심리전

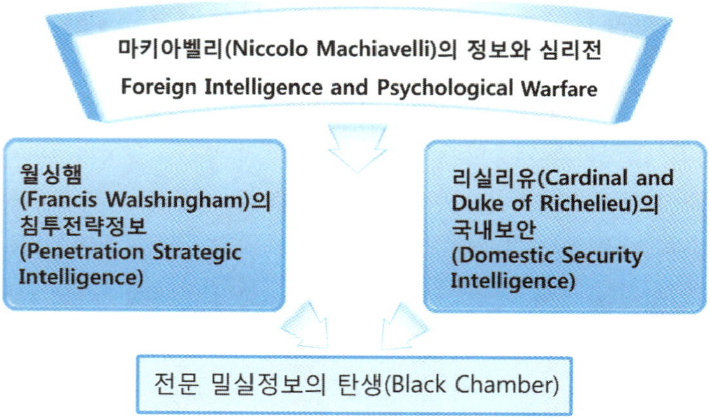

마키아벨리의 대외정보와 심리전

Foreign Intelligence and Psychological warfare

- 15세기 르네상스시대 지중해 연안 이탈리아 도시국가, 로마교황, 스페인, 독일, 프랑스는 생존 차원에서 상호 동맹체제, 외교관계 유지에 전력투구

- 금융, 상업, 모직, 피혁 산업으로 부강한 피렌체 공국의 마키아벨리는 29세에 피렌체 공국 제2집정관 보좌관과 대사 신분으로 인접 도시국가, 교황청, 스페인, 독일, 프랑스를 순회 방문. 산업, 상업, 금융, 군사력을 은밀히 관찰, 수집한 정보를 집정관과 대공에게 보고하여 피렌체 공국에 대한 주변국 외침예방, 공국체제 전복을 사전 예방한 전략 스파이 역할 수행

- 대중의 합의를 기반으로 하는 민주공화정 발전에는 '대중의 지지가 국가 결속, 안정, 생존의 고리'라고 보고, 피렌체 시민 결속과 피렌체 공국 생존 추구에 리더십을 발휘한 마키아벨리는 생존에 필요한 군사력 운용과 시민결속에 응집력이 높은 종교 활용을 주장

2. 월싱햄의 전략정보, 리실리유의 국내보안

15세기 르네상스에 이어 16세기에는 정보활동이 더욱 조직적으로 전개된다. 우선 영국이 스페인 무적함대를 격파하고 세계제해권을 갖게 되어 식민지를 확장하면서, 해가 지지 않는 대영제국을 이룩한 저변에는 조직적인 정보력이 있었기 때문이다. 영국의 정보력과 엘리자베스 1세 여왕(Queen Elizabeth Ⅰ)의 통합형 리더십발휘의 두 주역으로 월싱햄경과 드레이크경이 있다. 월싱햄(Francis Walsingham, 1537-1590)은 변호사인 아버지를 본받아 변호사가 되어 일하다가 국회의원으로 활동하면서 엘리자베스여왕 1세의 비서실장인 세실(William Cecil) 경의 눈에 들게 되었다. 재능을 인정받아 프랑스, 스페인, 네덜란드, 로마교황청, 나폴리, 피렌체공국에 파견되어 정보수집활동을 한다. 또한 런던에서 암약하는 외국스파이를 감시하는 정보관으로 임명된 월싱햄은 그의 모교 케임브리지대학 출신과 무역상경험자, 유럽지역 언어능통자 50여 명으로 스파이망을 조직하고, 암호로 보고서를 작성하고 상대방암호를 해독하는 정보전문성을 발휘한다. 그리하여 개신청교도인 엘리자베스 1세 여왕 정권을 붕괴하거나 여왕을 시해하려는 가톨릭계의 스페인, 로마교황청, 네덜란드의 스페인령, 그리고 프랑스정부의 시도를 분쇄하는 데 정보력을 집중하였다. 월싱햄 자신이 유럽 주요국가 언어에 능통하고 철학에 소양이 깊어 자연스럽게 유럽국가를 방문하여 다양한 계층의 인물을 만나 정보를 수집할 수 있었다. 또한 그가 이끄는 스파이조직은 유럽지역은 물론 지중해연안, 아프리카북부 알제리, 트리폴리, 콘스탄티노플에 이르는 정보망을 확대하였다.[2)]

또한 그는 프랑스주재 영국대사로 프랑스와 블로와(Blois, 1572) 조약을 체결하여 프랑스 앙리(Henry) 3세의 형제와 엘리자베스 1세 여왕과 혼인을 시도하는 등 프랑스와 우호관계를 맺고 스페인을 견제하려 하였다. 개신청교도인 엘리자베스 여왕은 유럽과 북남미, 남태평양에서 식민지를 개척하고 있는 가톨릭제국 스페

2) Levy, Joel. 2004. *Secret History*. London: Satin Publications. pp. 78-90; Encyclopedia Britannica. 1990. *The New Encyclopedia Britannica*. 15th(ed.). Vol. 12. London. p. 479.

인을 당면최대의 위협국가로 생각하였으며, 비슷한 사고를 가진 월싱햄을 여왕비서실장겸 외무장관에 임명한다. 월싱햄이 이룬 중요 정보활동공적 중 대표적인 것으로 연금상태에 있던 가톨릭계 스코틀랜드 메리 슈트어트(Mary Stuart) 여왕을 구출하려는 음모를 사전에 분쇄한 것을 들 수 있다. 3년 후 메리여왕이 다시 엘리자베스여왕을 암살하려는 계획을 세워 바빙턴(Babington)을 통해 스페인국왕 필립과 같은 혈통인 합스부르크왕가 형제인 오스트리아왕자 돈후안(Don Juan)에게 보낸다. 네덜란드의 왕자 윌리엄 오렌지(William of Orange)공과 월싱햄의 정보팀공조로 이 서한을 가로채서 암호로 기록된 내용을 해독하여 메리여왕은 처형당한다.

월싱햄의 빛나는 정보활동은 스페인과의 전쟁에서 적기에 정보를 수집하여 영국함대 승리에 결정적인 공헌을 한다. 월싱햄은 스페인이 공격해 올 것으로 예상하여 그의 정보망을 풀가동하여 스페인함대가 출항하는 날짜, 출항지, 출항지로부터 해상전투가 전개되는 예상지역인 영국 남부해안지역과 네덜란드해안, 칼레지역에 이르는 기상조건, 스페인무적함대의 공격진로, 해상전법을 집중적으로 수집한다. 그 중에서도 별미는 스탠턴(William Stanton)을 중심으로 한 정보팀이 토스카나대사에게 접근하여 그와 친분이 있는 플랑드로라는 인물과 플랑드로와 친한 스페인무적함대 사령관 산타 크루즈(Santa Cruz) 제독 부관의 형을 활용하여 함선의 설계도와 무장상태, 해상전진법에 관한 정보를 빼돌린 것이다.

이런 일련의 정보는 해상에서 스페인함선과 조우한 경험이 많은 드레이크(Sir Francis Drake, 1540-1596) 경이 정보진위 여부를 재검증하고 활용하여 해상전승리를 이끌어 내는 전위역할을 하였다. 그는 소작인 아들로 13세 때부터 영국 남부해안을 왕래하는 소형 여객선선원에서 시작하여 서인도제도로 가는 무역선 선장이 되었다. 후에 엘리자베스 1세 여왕은 드레이크의 해상활동을 높이 사서, 북남미, 서인도제도에서 영국상선을 공격하는 스페인함선에 대응하여 자국상선이 스페인무역선이나 무역기지를 공격하여 약탈을 감행해도 된다는 인증서를 발급했다. 이에 드레이크는 70톤급 파샤(Pascha)호와 25톤급 스완(Swan)호를 몰고 대서양을 건너 마젤란해협을 지나 남태평양까지 진출해 캐나다 밴쿠버, 샌프란시스코, 마닐라를 거쳐 다시 대서양으로 빠져나와 영국으로 귀환하였다. 많은 무역으로 교환한 상품, 수집품과 약탈품으로 가득찬 배 위에서 여왕이 작위를 주고

25척의 함대를 거느리는 정식 해군함장이 되었다.

스페인 상선과 함선을 무차별 공격하고 약탈하는 드레이크함대를 격파하고 영국남부에 상륙하여 본토를 점령하기 위해 스페인국왕 필립 2세(Philip Ⅱ)는 네덜란드의 스페인점령지에 있는 스페인육군 3만 명과 연합작전을 전개하기로 하고 스페인함대 총동원령을 내렸다. 스페인함대는 153척 함선과 1만9천 명의 보병으로 구성된 무적함대 아르마다함대(Armada)이다. 월싱햄이 수집한 스페인 함대의 설계도와 함대의 전술적 강약점은 서인도제도와 남태평양에서 스페인함대와 교전한 경험이 있는 드레이크가 직접 확인하여 이를 기반으로 영국전함을 개선하고 전략과 전술도 보완한다.[3)]

스페인전함은 거대하고, 장착한 함포의 구경이 크고 포신이 짧아 근거리에서 쏘면 명중률도 높고 파괴력이 컸다. 그리고 큰 전함을 이용하여 적함선에 접근하여 수병과 보병이 일시에 적함선에 승선하여 함선을 나포하는 해상전법을 썼다. 말하자면 함포로 적선기동을 저지하고 적선에 승선하여 제압하는 근접전에 강했다. 그러나 거대함대는 노를 저어 적에게 접근하고 포격하는 데 기동력이 떨어지고, 함포의 구경만 크고 유효사거리가 짧아 멀리 떨어져 있는 적함을 포격하는 데 한계가 있었다. 또한 무적함대는 리스본항을 출항하여 영국해협에 당도하는 멀고 긴 항해에 필요한 식수, 식량, 각종 병참, 부대장비를 가득 실어야 하고, 구경이 큰 무거운 포탄을 적재하여 신속한 기동력전개에 한계가 있었다.

이런 스페인의 취약점에 착안하여 영국은 월싱햄이 제공한 정보를 이용해 될수록 가볍고 기동력이 뛰어난 함선을 건조하고, 사거리가 긴 장사포를 함선 좌우에 넓게 연달아 탑재하였다. 그리고 함선끼리 충돌하여 승선하여 싸우는 근접전보다는 장사정포로 적함선을 파괴하는 원거리기동전을 전개하였다. 드레이크는 함대부사령관으로 최전선에서 전투를 지휘하면서 개전 초에 병참기지에 접근하여 불태우는 기습전투를 감행한다. 그러나 기본적으로는 리스본에서 영국 남동부해협으로 북상하는 동안 지친 스페인무적함대를 칼레에서 기다리다가 대응하는 기동전을 전개하였다. 네덜란드, 스페인 속령에 있는 3만 스페인보병과의 연

---

3) Encyclopedia Britannica. 1990. *op. cit.* Vol. 1. Armada. p. 527. Vol 4; Drake. p. 219; Williamson, James A. 1965. *The Age of Drake*. 15th ed. London: Adam & Charles Black. pp. 358-393.

합을 저지하면서, 밀집해상 전투대형으로 방어진형을 갖춘 스페인함대 중앙을 집중사격함으로써 진형을 깨트리고 중앙돌파를 시도하였다. 그리고 신속한 기동력과 집중화포로 주위적함선을 침몰시키는 해상전으로 스페인함대를 격침시킬 수 있었다. 드레이크사령관은 해상전이 개시되기 전에 정보활동을 통해 전투경험이 많은 스페인 무적함대사령관 산타 크루즈(Santa Cruz) 제독이 해상전 경험도 별로 없고 기량이 별로인 메디나백작(Duke de Medina)에게 보내는 정보를 입수한다. 또한 서북풍이 동남풍으로 바뀌는 계절풍향에 맞춘 함선위치변환과 포함사격으로 스페인무력함대는 전투력을 상실하고, 계속 북진하여 스코틀랜드북부와 아일랜드를 지나 남진하여 스페인으로 돌아왔다. 돌아온 함선은 80척으로 함대의 병력은 절반으로 줄었다. 스페인무적함대를 격파하는 데 동원된 영국해군 함선 197척은 전혀 피해가 없었고, 전사상자는 100명이었다. 영국은 월싱햄이 수집분석한 정보력을 밑바탕으로 해상전의 명수 드레이크가 펼친 신속기동전으로 스페인무적함대를 격파하였다. 이때 보여 준 전술은 200년 후 넬슨제독(Admiral Horatio Nelson)과 나폴레옹(Napoleon Bonaparte)이 해전을 치르는 데 지침이 되었다.[4)]

여왕 비서실장겸 국무장관으로서 월싱햄이 벌인 정보활동은 개신청교도인 엘리자베스여왕을 시해하려는 음모를 사전에 차단하는 국내정보활동에서 세계제해권을 놓고 대결하는 스페인과의 해전에서 무적함대에 관한 총체적 정보수집 및 분석결과를 제공하는 대외정보활동까지 확대되었다. 또한 월싱햄은 정보를 수집분석하여 제공하는 선에서 끝나고, 그 정보를 제공받아 해전을 승리로 이끄는 정책결정을 집행한 사람은 드레크전투사령관이었다는 점은 정보제공자와 정보를 받아 정책을 수립집행하는 인물이나 기관은 기능임무 면에서 뚜렷이 구별된다는 사실을 보여 준다.

16세기 영국에 효율적 국정운영과 적실성이 있는 정보활동으로 스페인무적함대를 격파하고 제해권을 장악하여 대영제국건설에 기여한 월싱햄이 있었다면, 17세기 프랑스에는 국정의 중심에 서서 국내외정보망을 자유자재로 운용하여 유럽대륙에서 프랑스를 산업경제 무역강국으로 발전시키고 프랑스절대왕정을 공

---

4) Williamson, James A. 1965. *op. cit.*; Levy, Joel. 2004. *op. cit.*(이 두 저서는 스페인무적함대를 와해시키는 정보, 해상전략전술 이해에 좋은 참고가 된다).

고히 한 리실리유(Armand-Jean du Plessies Cardinal et duc de Poitou, Cardinal and Duke of Richelieu, 1585-1642) 추기경이 있다. 리실리유는 일찍 아버지를 여의고 어머니가 어렵게 5남매를 키운 가난한 집안에서 자라 가난을 해결하고 집안을 돌보는 방안으로 성직자 길을 택한다. 그는 근면함과 총명성으로 대주교서품을 받고, 후에 루이 13세의 수석장관이 된다. 궁정 쿠데타가 발생하자 리실리유 추기경은 루이 13세 어머니인 마리에(Marie de Medicis)를 루이 13세 왕의 섭정으로 앉히고 왕실을 안정시키면서, 자신은 루이 13세 왕의 비서실장 겸 수석장관이 된다. 프랑스대주교, 수석장관으로서 성취해야 할 전략과제는 30년 종교전쟁 와중에서 절대왕정을 공고히 하여 국가안정을 도모하며, 경제대국으로 도약하여 강국 프랑스를 건설하는 것이었다.

프랑스의 정체성을 살리고 강국을 건설하기 위해서는 가톨릭국가인 스페인, 오스트리아, 주요 유럽국가 왕정을 장악한 합스부르크왕가를 몰아내고 로마교황 영향권에서 벗어나야 했다. 프랑스국경지역이며 개신청교도국가인 스위스 영토도 포함된 이탈리아북부 발텔리나(Valtellina) 지역을 장악하기 위해 로마교황과 가톨릭국가인 스페인이 연합하여 전쟁을 벌이자 리실리유는 과감한 속전속결로 로마교황군과 스페인군을 몰아냈다. 리실리유는 경제를 부흥시키기 위해 수입을 억제하면서 프랑스 실크, 장식용 융단, 유리제품, 설탕, 다양한 공산품의 생산을 장려하여 산업을 발전시켰다. 그리고 생산품을 유럽대륙과 해외에 수출하는 무역, 금융업을 장려했다. 이런 과정에서 프랑스국내의 가톨릭계층과 로마교황, 스페인, 오스트리아 등 가톨릭국가들의 견제와 함께 국왕과 리실리유의 제거, 실용노선을 걷는 프랑스왕정 전복음모가 대내외적으로 심화되었다.[5]

리실리유는 프랑스 국가발전, 왕권강화, 산업화된 프랑스라는 이념명분을 내걸고, 이런 이념명분에 동의하는 인물을 정보원으로 충원한 정보기구, 샹브르 누아(Chambre Noir, Black Chamber 암실, 暗室)를 은밀히 조직한다. 가톨릭종교 자체를 반대하는 것이 아니라 가톨릭국가인 스페인과 로마교황청으로부터 정치적으로 독립하자는 이념에 동참하는 정보원충원은 쉬운 일이 아니었다. 하지만 리실리유는 해박한 철학과 논리로 설득하고, 특히 무역과 금융업으로 자신이 쌓은 재원을 활용하여 충분한 재정지원과 보상을 약속하며, 유능한 정보원을 발탁하고

5) Owen, David. 2002. *op. cit.* pp. 17-20.

활용하였다. 그는 유럽각국에 주재하는 프랑스 대사관, 외교관 중에도 비밀정보원을 두어 주재국에서 프랑스왕정과 자신을 위해하려는 정보를 수집하여 정부전복공작을 사전에 예방하는 방첩활동을 전개하였다.[6)]

리실리유는 친구인 루제(Marshall Antoine Coiffier-Ruze) 장군이 사망하자, 그의 어린 아들 싱크마르(Cinq-Mars)를 양육하여 후에 왕의 시종무관으로 만들었다. 그러나 싱크마르는 오히려 리실리유를 제거하려 계획했고, 이는 정보망에 탐지되어 네덜란드로 망명한다. 싱크마르는 네덜란드에서 스페인왕 필립 4세와 프랑스국내 가톨릭계 반 리실리유귀족 조직과 연합하여 루이 13세 왕의 동생 가스통(Gaston)을 국왕으로 추대하려는 정부전복 계획을 실행에 옮기려 한다. 그러나 리실리유의 정보조직이 필립 4세 스페인국왕의 군사지원 협약문건을 사전에 입수하여 정부전복 거사기간에 모든 가담자를 체포하여 내란죄로 다스렸다. 특히 리실리유 수석장관 겸 추기경은 프랑스 소르본느대학 발전, 국립학술원 창립과 발전에 자기가 쌓은 부를 희사하였는데, 종교, 학계, 문화계 인사와 교유를 통해 문화발전에 기여하면서 자연스럽게 국내외 중요 정보를 입수하고 필요한 전략정보를 수립할 수 있었다.[7)] 이념과 정책에 동조하여 충성을 바치는 정보원에게 충분한 정보활동비와 경제적 보상을 제공하는 정보시스템을 운영하며, 국내 정부 전복예방에 초점을 둔 방첩정보활동이 루이 13세 왕과 리실리유 추기경 겸 수석장관이 집권하던 17세기 프랑스왕실 정보활동의 특징이라 볼 수 있다.

17세기 유럽은 프랑스를 중심으로 한 부르봉왕가의 절대왕조 정권확립, 영국의 올리버 크롬웰이 주도한 공화정수립과 명예혁명, 그리고 철학자 데카르트, 근대 국가수립이론의 정치철학자 토마스 홉스, 연극의 셰익스피어가 등장하는 다양한 정치체제, 문화예술, 시민문화가 싹트게 된 시대이다. 동시에 루소의 사회계약론 등이 18세기 계몽시대를 밝혀 주고 밀의 대의정치론이 19세기 대의제 시민사회의식을 고양하는 서곡을 펼친다. 이런 시대의 다양한 이념스펙트럼, 시민

---

6) Encyclopedia Britannica. 1990. *op. cit.* Vol. 10. pp 50-51; Owen, David. 2002. *op. cit.* pp. 17-20; Lloyd, Mark. 1994. ***The Guinness Book of Espionage. Middlesex***, England: Guinness Publishing Ltd. pp. 12-13(Chambre Noir 자체가 프랑스어로 Black or Dark Room으로 암실이라는 어둠속에서 일하는 조직을 의미한다).

7) Encyclopedia Britannica. 1990. *op. cit.* Vol. 10. pp. 50-51(리실리유의 무덤은 자기가 거금을 희사하고 발전시킨 프랑스 파리 소르본느대학 구내에 있다).

요구 분출, 국가와 지역 간의 이해관계 대립 등은 국가수준에서 정책수립과 집행에 정보수집, 분석 등 정보연계과정이 더욱 심화된다.[8)]

8) Hobbes, Thomas. 1968. ***Leviathan. Michael Oakeshott.*** ed. New York: Collier-Macmillan Company; Rousseau, Jean Jacques. 1950. ***G.D.H. Cole. Introduction.*** New York: E. P. Dutton and Company, Inc.; Mill, John Stuart. ***Consideration on Representative Government. Currin V. Shields.*** New York: The Bobbs-Merrill Company, Inc.

요 약

월싱햄(Sir Francis Walshingham)의 정보활동

전투정보 수집과 활용으로 스페인 무적함대 격파, 유럽 강국으로서의 영국위상 확립

◆ 정보활동 및 응용의 삼두마차(Troika):
- 통합형 지도자 엘리자베스 1세
- 전략•전투 정보 수집가이면서 여왕 비서실장 겸 국무장관 월싱햄
- 정보 활용으로 스페인 무적함대를 격파한 함대 사령관 드레이크

◆ 월싱햄(1537-1590)
- 초기에 정보관으로 모교 케임브리지 대학 출신, 무역상인 출신, 유럽지역 언어 능통자 50여명으로 스파이망 조직, 상대방 암호 해독, 암호 보고서 작성 등 정보 전문성 발휘. 유럽, 아프리카 북부, 콘스탄티노플까지 정보 조직망 확대

- 런던 암약 외국 스파이를 감시하여 가톨릭계의 스페인, 로마교황, 네덜란드의 스페인령, 프랑스정부의 개신 청교도인 엘리자베스 1세 여왕에 대한 정권 전복, 여왕 시해 시도 분쇄

- 월싱햄 자신이 유럽 주요국가 언어에 능통하고 철학에 소양이 깊어 자연스럽게 유럽 국가를 방문하고 다양한 계층의 인물을 만나 정보 수집, 분석

월싱햄의 스페인 무적함대 격파 정보수집, 분석, 활용과정

◆ 스탠튼(William Stanton)을 중심으로 한 월싱햄의 정보팀은 토스카나 대사에게 접근하여 그와 친분이 있는 플랑드로, 플랑드로가 친한 스페인 무적함대 사령관 산타 크루즈(Santa Cruz)제독 부관의 형을 활용하여 스페인 함선 설계도, 함선의 무장상태, 해상전 진법에 관한 정보를 입수

◆ 스페인 전함의 특징을 파악(거대하고, 큰 구경에 짧은 포신으로 높은 근거리 명중률이 높아 파괴력이 큼)하여 스페인 전함에 접근, 수병과 보병이 즉각 승선하도록 하여 함선을 나포하는 전법 파악

◆ 영국은 기동력이 좋은 경량 함선에 사정거리가 긴 장사포 좌우 장착, 스페인 함대 파괴 후 넓은 공간으로 스페인 함대를 유인, 재공격 하는 기동전 전개

◆ 정보망 풀가동으로 스페인 함대 출항 일시, 출항지, 전투 예상지역인 영국 남부해안 지역과 네덜란드 해안, 칼레지역의 기상조건, 스페인 무적함대의 공격진로, 해상 전법을 집중적으로 수집하여 드레이크 사령관에 전달

프랑스 절대왕정의 주역

전략정보관 리실리유 (Cardinal and Duke of Richelieu) 추기경: 루이 13세의 비서실장 겸 수석장관

- 17세기 유럽은 프랑스의 부르봉 왕가 절대왕조, 영국의 올리버 크롬웰 주도 공화정과 철학자 데카르트, 정치철학자 토마스 홉스, 세익스피어의 등장으로 다양한 이념, 정치체제, 문화예술, 시민문화 출현과 함께 시민요구 분출, 국가와 지역 간의 이해관계 대립으로 국가 수준의 정보수집 및 분석과 함께 정책수립, 집행에 정보연계 필요성 확대

- 프랑스의 리실리유 수석장관겸 추기경은 정보기구인 암실(暗室) 조직 '샹브르 누아(Chambre Noir, Black Chamber)'를 조직

- 암실 조직 샹브르 누아의 운영체계: 가톨릭 국가인 스페인과 로마교황으로부터 독립하고, 프랑스 국가 발전, 왕권 강화, 산업화의 이념명분에 동참하는 인물로 정보원 충원. 무역과 금융업으로 자신이 쌓은 재원을 활용하여 정보원이 정보활동에 몰두할 수 있도록 충분한 재정지원과 보상을 함

전략정보관 리실리유 (Cardinal and Duke of Richelieu) 추기경 : 루이 13세의 비서실장겸 수석장관 *cont.*

- 유럽 각국에 주재하는 프랑스 대사관 외교관 중에 비밀 정보원(undercover agent)을 두어 프랑스 왕정과 자신에게 위해를 가하려는 정보를 수집하여 정부전복 공작을 사전에 예방하는 방첩 활동 전개

- 리실리유 자신도 종교, 학계, 문화계 인사와 교유하면서 자연스럽게 국내외 중요 정보를 입수하여 정책수립과 집행에 반영하고 문화발전에 기여

- 궁정 쿠데타를 분쇄하고 30년 종교 전쟁으로 피폐해진 17세기 프랑스를 절대왕정으로 공고히 하는 등 국가안정에 기여

- 수집된 정보를 분석 평가하여 수입을 억제하고, 실크, 장식용 융단, 유리제품, 설탕 등 다양한 공산품을 생산하여 유럽과 해외 수출하는 등 무역과 금융업을 장려하여 프랑스 경제 발전 도모

3. 이반 4세의 오프리치니나, 유성룡의 척후론, 옹정제의 밀정제

한편 16세기 이후 러시아는 유럽에서 후발주자국가로 중앙집권체제를 통한 산업화에 주력한다. 로마 아우구스투스황제 혈통이라 주장하고 즉위한 이반 4세 황제(Ivan Ⅳ The Terrible, Tsar Ivan Ⅳ)는 최초로 러시아황제(Russia Tsar)라는 칭호를 사용한다. 그는 자신의 통치행위에 반항하는 귀족세력과 지방세력을 탄압하는 공포정치를 폈다. 그 탄압의 도구가 근위조직인 오프리치니나(Oprichnina)이다. 최소 1,000명에서 최대 6,000명으로 구성된 이 준군사조직인 근위대는 황제 신변경호, 정보수집, 황제명령에 따른 반대파제거에 이용되었다.[9] 그러나 1572년 크리미아 타타르군이 모스크바를 침공했을 때 오프리치니나 근위여단이 방어에 실패하고, 무고한 시민의 재산을 약탈한 점과 월권행위로 창단 7년 만에 해체되었다. 이후 피터대제(Peter The Great)는 강력한 중앙집권체제로 왕권을 강화하면서 러시아를 산업화로 이끌고 해군력도 강화하여 러시아 발틱함대의 기초를 다졌다. 피터대제는 청년기에 유럽을 여행하고, 네덜란드 조선소에서도 일해 본 경험을 토대로 재임하면서 끊임없이 유럽발전과 중국동향 등 국제 정보 수집에 관심을 기울였다.

다음으로 제정러시아 알렉산더 2세(Alexander Ⅱ Nikolaevich)는 통치를 위해 이반대제의 준공식, 비밀경찰 및 정보조직과 유사한 조직을 만들었다. 크리미아전쟁에서 러시아군이 영국과 프랑스군에 대패하자 알렉산더 2세는 낙후된 러시아를 선진화시키자는 개혁기치를 내걸었다. 이 기치 하에 농노를 해방하는 사회개혁, 프랑스법원을 본받은 사법제도개혁, 상하수도 개선과 의료서비스 향상에 초점을 둔 지방발전개혁, 철도건설확장 등의 교통인프라 개선, 의회 상하원제도 확립 등 내정개혁에 힘을 쏟아 부었다. 이 과정에서 기득권세력의 저항, 무정부주의자와 공산혁명주의자의 준동, 왕실내분으로 인한 정권와해와 황제타도의 위기에 직면하였다. 알렉산더 2세는 비밀결사조직원인 카라코조프(Dmitry Karakozov)의 권총암살 기도, 전용기차전복, 상트페르트부르크 겨울궁전폭파 등에 자극을

9) Encyclopedia Britannica. 1990. *op. cit.* Vol. 6. p. 439; Lloyd, Mark. 1994. *op. cit.* pp. 22-25.

받아 자신과 정권안보차원에서 국가보안부에 해당하는 오크란카(Okhranka, Department for Defense of Public Security and Order, 1881-1917)라는 비밀경찰 정보조직을 구축하였다. 오크란카는 10만 명 이상의 요원이 동원되어 혁명분자, 반역자, 황제암살음모자를 색출하는 임무를 수행하였다. 또한 런던, 파리, 로마, 베를린에 정보요원을 침투시켜 암호해독, 우편검색, 무선감청, 요인감시 등 정보사찰활동을 전개한다. 오크란카 비밀경찰 정보조직은 레닌이 주도한 1917년 공산혁명과정에서 해체되었으나, 조직, 비밀정보활동, 정치사찰 수행방법은 공산정권의 KGB에 전수되어 오늘의 러시아 대외정보부, 국내보안부로 이어지고 있다.[10)]

18세기에 와서 영국은 나폴레옹과의 전투, 대외식민지개척에서 정보활동을 심화시켰다. 영국도 프랑스 리실리유 수석장관이 구축한 것과 유사한 음지에서 일하는 조직암실정보망을 구축하여 프랑스, 스페인 해군기지에 침투하여 수집된 정보를 암호로 전달하고, 경쟁국 정부기관이나 정보원이 보내는 우편행낭을 가로채 그들이 사용하는 암호를 해독하여 역정보를 흘리기도 하였다. 그리하여 18세기 중반까지 프랑스, 영국, 스페인, 프러시아 등 유럽국가 대부분이 은밀한 비노출음지조직, 즉 암실(black chamber)인 정보기구를 가동하여 상대국이 보내는 우편을 개봉하여 복사하고, 가짜 봉인을 찍고 다시 보내는 비밀작업을 통해 정보를 수집했다. 수집된 내용은 국왕과 정부고위관리, 군부대사령관에게 보내고, 가로챈 내용 중에 암호로 된 문건은 암호해독과 동시에 암호로 된 위조문서를 작성하여 보내어 상대국을 혼란에 빠트리는 공작활동을 수행했다.[11)]

단군 이래 만주일대와 한반도에서는 삼국시대부터 고려, 조선, 남북한 대치 시대에 이르기까지 큰 전쟁 50여 건을 포함해 크고 작은 전쟁이 930건 이상 있었는데, 이는 평균 4-5년에 1번씩 전쟁을 치른 셈이다. 전쟁에 대비한 정보수집,

---

10) 모스크바대학 한국학과를 졸업하고 KGB 극동국 분석관, KGB 부장, 공산단 서기장을 역임한 안드로포브(Yuri Andropov)의 보좌관, 러시아 동방학연구소 교수를 역임한 티호미로브(Vladimir Tikhomirov) 박사는 러시아 차르시대의 비밀경찰, 정보기관의 조직, 활동행태와 스타일은 레닌시대 이후 오늘날 러시아 대외정보, 국내보안기구에도 전통으로 남아 있다고 한다(1991년 1월 15일 모스크바 동방학연구소에서 인터뷰; Lloyd, Mark. 1994. *op. cit.* pp. 23-25; Encyclopedia Britannica. 15th(ed). 1990. *op. cit.* Vol. 8. p. 900).

11) Herman, Michael. 2001. ***Intelligence Service in the Information Age. Theory and Practice.*** London: Frank Cass. pp. 10-20.

국가역량 비교측면에서 정보수집 내용, 방법도 다양했을 것이다. 군사안보 관련 정보활동도 있는가 하면 오늘날 말하는 산업스파이도 있었다. 고려 말 공민왕 당시 서장관으로 원나라에 파견된 문익점이 붓대 속에 금수품인 목화씨를 몰래 갖고 와서 경남 산청 단성면 사월리에서 시배하여 전국에 보급한 것이 그 예이다. 국가정보원 전시실에는 문익점이 비밀리에 목화씨를 반입한 공적을 전형적 국가스파이 표상으로 기록하고 있다. 16세기 말에 일어난 임진왜란 당시 영의정으로 선조를 대신하여 전시 민정, 군정을 책임지는 도체찰사(都體察使)로 군량조달, 전쟁독려로 전선을 누빈 서애 류성룡(西厓 柳成龍)이 전장 험을 토대로 남긴 서애전서가 있다. 서애전집은 징비록(懲毖錄), 진사록(辰巳錄), 근폭집(芹曝集), 군문등록(軍門謄錄), 녹후잡기(錄後雜記)로 구성되어 있다. 그 중에 근폭집에는 척후의 중요성, 척후방법과 함께 임진왜란에 대비한 철저한 척후활동이 기록되어 있다.

유성룡의 서애전서 근폭집에 실린 척후의 중요성

척후의 중요성: "척후는 군의 귀와 눈이고, 전쟁은 척후로부터 시작되고, 척후의 시작이 전쟁승패를 가름한다. 척후를 제대로 못쓰면 장님이 애꾸눈 말을 타고 야반에 깊은 못에 이르는 것과 같고, 적의 복병이 요해지를 점령해도 모르고, 적병이 영문에 이르는 것도 알지 못한다.[12]"

척후를 활용하는 방법: "망대를 높이 세우고 2명 일개조로 가까운 곳이나 멀리 있는 적군 움직임을 관찰하고 경계하라"라고 언급한다. 특히 "군대의 눈과 귀로서 척후는 적진에 침투하여 적의 동향과 기동을 상세히 보고 들어야 한다. 보고 듣는 관찰, 정탐방법은 적군과의 거리 최대 200여 리까지 침투하여 적군동태를 직접 보고 들어 관찰감시한다. 그리고 100리 거리에서는 적군의 소재를 정확히 탐지보고하고, 50리 거리에서 기동하는 왜군동태를

12) 류성룡의 근폭집(芹曝集)에 있는 기무 10조(機務10條)로 이는 선조에게 건의한 조선군사개혁 거대구상(grand design)에 해당한다. 기무 10조의 제1제안이 척후, 첩보활동에 대한 것으로 그 내용은 다음과 같다[軍中耳目(군중이목), 軍之耳目也(군지이목야), 以此觀支(이차관지), 一軍成敗之要(일군성패지요), 專在於斥候瞭望(전재어척후요망), 盲人騎瞎馬 (맹인기활마), 夜半臨深池(야반임심야), 先據要地不及知(선거요지부급지), 敵至營門不及知(적지영문불급지)].

발견할 시에는 즉각 알리고 경보를 발령하라는 것이다. 또한 전투가 나기 닷새 전에는 척후활동으로 이미 적의 동정을 모두 알고 있어야 한다.[13)]"

척후운용: "척후는 가능한 적군과 조우하는 지역출신으로 도로의 멀고 가까움, 산천을 둘러가거나 바로 가는 것을 잘 아는 자를 선발해야 한다. 또한 활용한 척후에게는 후한 상을 내려야 한다. 후한 상을 내리면 반드시 죽음을 각오하는 사람이 나올 뿐 아니라, 적국 사람도 우리가 이용하는 사람이 된다. 우리나라 사람도 진실로 주는 상이 없으면 도리어 적국에 이용당하는 사람이 된다"고 하였다.

특히 류성룡이 기무 10조 제1조 척후에서 밝힌 다음 대목은 국가정보차원에서 우리의 눈길을 끌고 있다. "왜군이 우리나라에 들어와 우리도 모르는 외딴 곳과 좁은 길까지도 다 알고 있었고, 가로 세로 종횡으로 거리낌 없이 누비고 다녔다. 훤히 익숙하게 지형, 도로, 지세를 꿰뚫고 기동하는 것은 척후를 잘 쓴 탓이었다."[14)]

임진왜란 전후 조선과 일본의 정보력은 전쟁의 승패를 가르는 무기였다. 정보활동은 국가생존의 기본이어서 경제력, 군사력이 취약할수록 집중적이고 체계적인 정보활동이 요구된다. 그러나 정보력은 국력이 밑받침되어야 제 기능을 수행할 수 있다는 점에서 정보력과 국력은 상호관계(inter action)를 갖는데, 임진왜란 시기나 조선말기 허약한 국가역량으로는 효율적이고 체계적 정보활동은 기대할

13) 송복. 2007.「서애 류성룡, 위대한 만남」. 서울: 지식마당. 212-213쪽(송복 교수는 저자에게 근폭집 기무10조의 제1조 척후부문 원문을 보여 주면서 상세히 설명해 주어 이를 토대로 본문의 척후를 정보학차원에서 정리하였다). 근폭집 제1조 척후활동에 관한 원문은 다음과 같다. 常先發遠候(상선발원후), 去敵二百里(거적이백리), 審知敵人所在(심지적인소재), 遠者百里(원자백리), 近者五十里(근자오십리), 卽有警急(즉유경급), 前後相知(전후상지), 又先戰五日(우서전오일), 發我遠候(발아원후), 往視其動靜(왕시기동정).

14) 상게서. 212쪽. 근폭집 제1조 척후에게 보상하는 원문은 다음과 같다. 且生長其處(차생장기처), 詳知道路遠近(상지도로원근), 山川迂直(산천우직), 故語云(고어운), 重賞之下(중상지하), 必有死夫(필유사부), 故苟有重賞(고구유중상), 則敵國之人(적국지인), 皆爲我用(개위아용), 苟無賞(구무상), 則我國之人(즉아국지인), 反爲敵用(반위적용), 倭敵入我境土(왜적입아경토), 凡絕境細路(범절경세로), 人所不知者(인소부지자), 無不縱橫貫穿(무부종횡관천), 若履諳熟之處(약이암숙지처).

수가 없었다. 이에 무관출신이 아닌 문신 류성룡은 도체찰사로 전장에서 군사를 독려하면서 척후병의 정보수집과 조기경보가 승리 이전에 장졸사활이 걸린 문제로 보고 군사개혁의 제 1 우선순위로 군사정보 체제정비에 착수하기도 하였다. 이 때 류성룡은 척후의 중요성을 강조하면서 동시에 왜군의 정보력을 언급하였다. 즉, 왜군은 조선의 지형지세, 간선도로 등 조선인도 잘 모르는 시골 길도 제집 드나들듯 거침없이 달린다고 하여 일본군의 조선반도 정보수집과 분석력에 주의를 돌린 것이다. 실제로 도요토미히데요시(豊臣秀吉)는 임진년 전쟁 이전에 이미 일본정탐꾼을 조선에 보내어 전술지도를 정확히 기록하여 도상연습까지 마친 상태였다. 따라서 임진년 전쟁을 도발하여 가득도 앞바다 동래에 상륙한 후 보름 만에 경복궁에 들이닥친 것이다. 16세기와 17세기 초 일본정보력은 동아시아 강국 일본의 국가브랜드라 해도 손색이 없을 것이다.

그러나 숭문경무(崇文輕武) 사상에 젖어 있는 조선조의 빈곤한 국력으로는 국가를 방어할 수준의 군사력확보는 불가능한 상황이었다고 볼 수 있다. 따라서 그에 걸맞은 정보조직과 정보수집활동은 아예 기대할 수가 없었다. 조선중기 이후 병력은 턱없이 약화되었는데, 양반자제는 병역에서 면제되고, 토호들은 군포세도 내지 않으면서 군역까지 면제받고, 머슴을 자식 대신에 군에 보내고, 군관에게는 일정한 보수도 없는 조선군은 잔챙이 군대이었다. 또한 군관은 많으나 병사가 없는 역피라미드식 군대조직이었다.[15] 이일장군이 상주에서 일본군에 패하고, 충주 탄금대에서 신립장군과 합류하여 고니시 유키나가(小西行長) 선봉군 1만 3,000을 대적한 조선군은 8천여 명이라 한다. 서울에서 류성룡이 모병하여 신립에게 인계한 장병은 80명이고, 나머지는 현지에 가는 도중에 모병한 훈련이 안된 병사이다. 따라서 조선군은 조총으로 무장한 사무라이 일본군의 적수가 아니었다. 더구나 척후를 보내어 수집하는 전투정보는 처음부터 기대할 수 없었다. 손자, 마키아벨리가 말했듯이 전쟁전략은 국왕의 지도력, 국민의 신념, 경제력, 군사력, 지형, 기후에 관한 총체적 정보분석능력에서 결정된다는 점을 상기해 볼 때 조선군은 일본군에 비해 열세였음이 분명하였다.

그런데 16세기 말 임진왜란 당시에 이순신(李舜臣) 장군이 남해안제해권을 장악하면서 왜군주도 전쟁양상도 달라졌다. 중국 명나라가 평안도, 함경도 이북 지

15) 상게서. 138-181쪽.

역을, 일본 도요토미히데요시가 경기, 강원 이남을 차지하는 분할론도 잠재우고 민족정체성도 되살아나게 된다. 이순신장군이 서남해상을 장악하여 왜군의 서해상을 통한 병력과 병참수송을 저지하고, 동시에 명나라 요동연안, 천진, 금주, 복주를 보호하여 육상과 해상 보급로, 병력수송을 용이하게 하였고, 이것이 왜군의 기동을 묶어 놓을 수 있었다. 임진왜란 해전은 이순신과 조선수군이 이룩한 23전 23승 전승으로 일방적 왜군승리를 저지하는 계기가 되었다. 이순신장군이 해전에서 승리한 배경에는 장군의 전략, 지모, 신속한 해상진법운용과 함선기동성, 섬과 조류를 활용한 왜군유인 섬멸작전술, 집약적 함포사격, 거북선의 돌파력, 전국 인근각지에서 모여든 난민의 단결력, 호남의 양곡지원, 특히 필사즉생의 장병독려 등으로 뭉친 총체적 조직단결력 등이 있었다. 그리고 이순신과 막료의 심층적 정보분석이 해전승리의 토대가 되었다. 탐망선을 이용하여 적정을 탐색하고, 원근지역의 적군을 정찰하는 등 활발한 정보활동을 수행했다. 이순신장군은 전투가 시작되기 전에 전쟁준비나 전투 후 다음 전쟁에 대비하는 평가에서 신중하였으나 전투가 시작되는 순간 전사이며 투사였다. 신중성은 20만 왜군을 수송하여 온 800-1,000여 척에 가까운 크고 작은 왜군함대를 상대하는 전쟁상황에 대처하는 자연스러운 적응일 것이다. 그러나 해상에서 전투가 벌어지는 순간 이순신은 집요하고 격렬한 검투사형 기질로 변하여 장병을 독려하고, 죽기 살기로 화살을 날리고, 지자포, 현자총통을 이용한 집중적 연속, 속사로 적함을 공격했다.[16)]

이순신장군의 23전은 정보전과 기동기습전으로 압축할 수 있다. 일본도 임진

---

16) 이순신(李舜臣). 이은상 역주해 1969.「난중일기(亂中日記)」. 서울: 현암사. 187쪽, 317-318쪽[정유년 9월 16일 이순신장군은 그가 치룬 명량해전을 난중일기에서 이렇게 기록하고 있다. “이른 아침 정찰부대가 적선 200여 척이 명량의 우리 진영으로 접근중이라 보고한다(早朝別進告內 賊船不知其數 鳴梁由入 直向結陣處云). 여러 함선에 명령을 내려 닻을 올려 바다로 나가니 왜군함선 130척이 우리 함선(13척)을 에워싼다(卽令諸船擧碇出海 則賊船百三十餘隻 回擁我諸船). 여러 장수가 적은 군사로 대적하니 낙심하여 회피할 생각만 한다(諸將等自度衆寡之勢便生回避之計 右水使金億秋所騎船 已在二馬場外). 나는 격군더러 노를 빨리 저어라 하여 돌진하면서 지자, 현자 등 각종 총통을 마구 쏘니(余促櫓突前 亂放地玄各樣銃筒), 탄환은 폭풍우 같이 쏟아지고(發如風雷), 군관들이 배 위에서 총총히 들어서서 화살을 빗발처럼 쏘니(軍官等麻立船上 如雨難射) 적의 무리가 감히 대들지 못하고(賊徒不能抵當) 가까이 오다가는 물러간다(乍近乍退)”].

년 전쟁에 대비한 육상정보수집 못지 않게 해상정보수집에도 노력을 기울였지만, 항상 변화하는 남해상의 조류, 계절풍, 태풍진로, 미세한 다도해의 섬위치, 연안과 대양으로 연결되는 섬 사이의 수로를 꿰뚫는 정보수집과 분석에는 한계가 있었다. 이순신장군은 이 점에 착안하여 다도해지역 출신인물이나 오랜 군 생활 경험자를 선발하여 정보수집, 정보분석 임무에 투입시켰다. 류성룡 도체찰사가 조선군개혁 기무 10조에서 최고우선순위를 척후개선에 두면서 척후 활동적임자나 정보수집에 적합한 인물로 "적과 대치한 지역에서 오랫동안 살아 온 지역인물을 선발기용해야 한다(且生長其處)"는 논리와 일맥상통한다. 다도해 물길을 소상히 아는 광양현감 어영담(魚泳潭)과 정찰, 복병, 유인 섬멸공작에 능한 사도첨사 김완(蛇渡僉使 金浣)은 대표적 정찰파괴 공작군관이다.[17]

어영담은 다도해의 물길, 계절풍, 외해와 내해를 빠지는 해로, 인근지역 곡식작황을 소상히 알아서 이순신함대를 선봉에 서서 안내하였다. 또한 이순신함대의 주력인 판옥선은 일본함대에 비해 크기는 작은 편이나 기동력이 뛰어나고, 일본함포에 대응하는 지자포(地字砲), 현자포(玄字砲)는 성능이 우수한 함포였다. 구끼 요시다카(九鬼嘉隆)[18]와 와키사키 야스하루(脇坂安治) 장수들이 이끌고 장사정포로 무장한 왜군함대에 맞서 수적으로 열세한 이순신장군의 조선수군은 지형지리와 함대의 특성을 이용해 일본함대를 유인하여 격파하였다. 이것이 유명한 한산대첩(閑山大捷)이다. 고니시 유기나가를 수행하여 종군기를 쓴 포르투갈신부는 이 빛나는 한산대첩에 대해 조선반도 "남해안 섬에서 정체불명의 조선해적이 나타나 일본함대 70여 척을 수장시켰다"고 기록하고 있다.[19]

---

17) 상게서. 32쪽, 214쪽[임진왜란이 일어난 다음해 계사년 2월 18일 이순신장군의 난중일기에 다음과 같은 기록이 있다. "사도첨사 김완으로 복병장에 임명하여(蛇渡僉使 伏兵將差定) 여도만호, 녹도가장, 좌우별도장, 좌우돌격장을 거느리고 송도에 복병하여 적을 유인하니 적선 10여 척이 뒤따라 나왔다(領呂島萬戶 鹿島假將. 左右別都將, 左右突擊將 光陽二船 興陽代將 防踏二船等 伏于松島 使諸船誘引 則賊船十餘隻 蹤後而出) 경상도 복병선 5척이 날쌔게 먼저 나가고, 다른 복병선이 둘러싸고 수없이 쏘아대니(慶常伏兵五隻 經發追逐之際 伏船突入回擁 多數放射) 왜군 죽은 것이 그 수효를 알 수 없다(倭人不知其數致死)"].

18) 구끼 요시다카(九鬼嘉隆)는 해군장수로 장사정포인 대철포(大鐵砲)를 새로 개발하여 이시야마(石山) 해전에서 다른 군벌영주를 제압하는 등 노부나가(織田信長)의 일본통일을 도운 인물이다.

19) 이순신장군의 한산도대첩은 난중일기에는 기록되어 있지 않으나 류성룡의 징비록, 충무공전서에 기록되어 있고, 포르투갈신부가 기록한 것도 있다. 여기서 임진왜란 당시의 포르투갈역할 보고서는 주한포르투갈 대사관이 발행한 포르투갈과 코리아 관계(2004) 저서를 참조하면 된다.

이순신장군의 한산대첩

수적으로 열세한 이순신장군의 수군은 거제도 견내량에서 일본함대를 유인한 다음 정면공격으로 돌파하는 전면전보다는 통영항과 거제의 여러 섬 사이의 좁은 수로에서 학익진(鶴翼陳)의 중앙군을 앞세워 함포로 적을 공격하고, 다시 좌우익 함대가 신속히 측면에서 포위공격하다가 물 때에 맞추어 한산섬 사이 장사진(長蛇陣)으로 유인한다. 왜군은 조선군이 먼 바다 외해(外海)로 후퇴하는 줄 알고 대해에서 해전을 감행할 좋은 기회로 생각하고 전함선이 공격해 들어갔다. 그러나 빠른 물길 따라 주위에 많은 한산도섬 사이로 공격해 들어가던 일본함대는 외해로 나가는 확트인 바다 대신 섬해안에 가로막히게 된다. 함선을 뒤로 돌릴 수 없는 상황에서 왜군함선끼리 부딪치고 후미에 나타난 이순신함대가 함포로 공격하여 왜군 73척 중에 12척은 나포되고 42척은 이순신장군이 이끄는 수군이 쏜 지자포, 현자포, 불화살에 불타버렸다. 불파는 함선을 포기하고 바다에 뛰어들어 한산도인근 해안 뭍에 오르는 왜군은 매복한 조선수병에 의해 공격을 당해 죽었다. 이 때 죽은 왜군이 헤일 수 없이 많다 하여 이 해안일대를 두억리(頭億里)라고 한다.

기상조건, 조류이동, 크고 작은 섬의 위치, 섬 사이 물살을 정확히 파악하고, 탐망선을 상시 활용한 정보력을 바탕으로 함상근접전을 피하여 병력과 함대손실을 최소화하면서 장사정포를 사용한 학익진, 일자진, 장사진의 신축적 진형 변화, 유인과 파괴 작전으로 이순신장군은 제해권을 장악할 수 있었다. 이순신장군의 작전은 월싱햄 국무장관이 제공한 스페인무적함대 정보를 기반으로 장사정포와 기동전으로 무적함대를 칼레에서 격파한 드레이크 사령관의 작전과 유사하다. 다만 이순신장군은 중앙정부의 조직적 전략정보 지원 없이 지형에 익숙하고 정보력이 뛰어난 주위막료와의 팀워크로 죽기 살기로 싸웠다는 점에서 다르다.

이 시기에 일본은 도구가와 막부(德川幕府)시절에 막부직속 하급무사 하타모도 고케닌(旗本 御家人)을 토자마 다이묘(外樣大名)의 영지에 은밀하게 스파이로 파견하여 도구가와 막부에 반기를 드려는 움직임이나 다른 영주들과의 비밀결사 조

직동향을 파악하여 보고하는 조직을 가동하였다.[20)]

한편 고종황제 말년에는 제국익문사비보장정(帝國益聞社秘報章程)이라는 규정집에 따라 제국익문사를 조직하여 은밀한 국가정보활동을 전개한다. 비밀리에 러시아, 중국, 일본 등 해외에서 정보를 수집하고, 국내 주요 개항지인 인천항과 부산항에 드나드는 외국인을 조사하였다. 또한 경성과 지방에서 일어나는 사건과 일본인을 비롯한 외국인과 접촉하는 조선관리의 동향파악도 중요 정탐대상이었다.

국내안전유지와 군사전략정보를 위한 정보활동이 전개되는 과정에서 19세기 절대왕조의 정권유지와 정책형성, 집행, 평가 과정에 정보수집과 분석을 체계적으로 활용한 황제가 있었다. 바로 청나라 옹정황제(擁正皇帝, 1678-1735)이다. 옹정황제는 독특한 정보시스템 관리로 국정을 운영한 대표적인 군왕으로 절대왕조 청제국 융성과 부국강병을 국가목표로 하여 치밀하고 냉정한 통치로 일관하였다. 비교적 나이가 들어 44세에 등극한 옹정황제는 군왕의 제 1지도력은 인내이며, 인내로 역경을 극복해야 최후승자가 된다고 했다(逆境能忍 强者泌勝).[21)]

옹정황제는 몽고, 티베트 지역을 평정하고 광역제국건설에도 기여하였지만, 내정개혁에 더욱 큰 힘을 쏟았다. 내정개혁의 주요 내용은 조세개혁, 건전재정으로 국고를 부유하게 하고, 서민생활향상에 주력하는 것 등이었다. 다음으로 옹정황제는 황하강과 장강의 수로를 개선하여 홍수범람에 대비하고, 관개치수로 농업생산량을 증가시켰다. 나아가 학문과 예술의 부흥, 무예군사력 향상에도 정책적 배려를 하였다. 또한 이 시기에 수출입을 활발히 하여 차, 비단, 도자기를 유럽, 중동, 미주지역에 수출하고, 멕시코의 은을 대량으로 수입하였다. 이런 부국강병, 튼튼한 재정기반확충에는 옹정황제 특유의 국정운영 기법이 동원되었다. 바로 밀정(密情) 제도의 운영이다.

---

20) 미야자키 이치사다. 「궁기시정(宮崎市定)」. 1950. 동경: 암파서점(岩波書店); 미야자키 이치사다. 차혜원 옮김. 2001. 「옹정제(擁正帝)-중국의 독재군주」. 서울: 이산. 116-120쪽.

21) 청나라 강희황제(康熙皇帝)의 4번째 아들로 그의 외할아버지는 중급관료출신이며, 어머니는 강희황제 후궁인 오아씨(烏雅氏)이다. 5대 황제로 등극할 때 장인이며, 군최고사령관인 보군통령(步軍統領) 융과다(隆科多)와 비서실장 겸 경호대장인 시위대신(侍衛大臣) 장정옥(張廷玉)의 지원과 미리 동원한 친위군대의 조직력이 큰 힘이 되었다. 후일 황제의 권한을 강화하기 위해 형제 등 왕실친인척의 정치참여를 배제하고, 왕위등극에 중요한 역할을 한 장인도 제거한다.

은밀하게 옹정황제에게만 보고하고 황제만이 지시를 내리는 비밀상소를 밀절(密折) 제도라고도 한다. 옹정황제는 천자 개인능력에는 한계가 있어 충성심과 재능이 있는 관료를 탄력적으로 운용하는 비밀정보정치로 국정을 관리하였다. 황제의 귀와 눈이 되는 밀정은 황제가 내린 지시사항과 중요 정책이 제대로 수행되는지를 확인하고 검증하는 모니터링정보 시스템이다. 주로 지방정부 정책집행과정을 체크하고 명령을 내리는 데 사용되었다. 정책은 중앙관서 6부 장관인 상서(尙書)와 지방정부 총독(總督), 순무(巡撫)라는 민정장관 사이의 협조로 집행되고, 최종적으로 황제에게 보고된다. 그러나 황제는 이런 국정수행과정에서 지방정부의 총독과 고위관리, 그리고 필요하면 하급관리로부터 중요 내용을 직접 보고받는다. 황제는 보고된 내용 중 확인이 필요한 내용에 대해 검증하라는 주비유지(硃批諭旨)를 제 3의 인물에게 내린다. 명령하달 즉시 현지에서 검증하여 동일한 내용으로 판명되면 비로소 지방관리가 보낸 원래의 보고서를 인정하게 된다. 밀정운영방식은 은밀하면서도 비노출을 기본으로 한 객관적이고 간결명료한 정보보고서작성을 기본으로 한다.

밀절은 매우 체계적으로 운영된다. 보고의 이원성이 그 핵심인데, 일차 보고의무자는 지방총독, 고위관리, 하급관리이다. 이 보고서를 읽고 옹정제는 전략적 핵심보고내용에 관해 신임하는 관리 혹은 제 3의 인물로 하여금 보고서 자체의 신빙성을 검증하여 황제에게 보고하게 하는 것이다. 일차 보고의무자인 지방총독이 보고하는 내용은 관내의 주민생활 상태, 치안확립정도, 경제상태, 적설량, 강우량, 보리, 쌀, 누에 작황, 양곡값 등락, 가뭄, 홍수 발생과 조치책 등 다양하고 광범위하다. 그리고 황제는 지방정부 하급관리에게도 직접 상소를 인정했는데, 상소내용은 지방사정과 지방총독, 고위관료, 지방관리의 업무자세, 정책시행 여부, 군대훈련과 기율상태, 기상, 기후, 농사일 진행상황, 지역주민의 생활과 풍속 등이다. 황제가 재확인이 필요할 때 현지에 은밀히 투입하는 제 3의 인물은 청대의 근위군인 8기(旗)군 중에서 충원하였다. 1기군의 규모는 연대병력으로 제일 신임하는 8기군은 만주출신 8기군으로 황제측근 경호근위군이며, 다음은 몽골출신 8기군, 한족출신 8기군이다. 옹정황제는 황족과 귀족 출신인 만주 8기군 중에서 황제를 측근에서 보필하는 시위(侍衛)를 임명하고, 시위 중에서 제 3의 인물, 즉 정보요원을 충원한다. 이런 비밀내용상소권자인 정보원이 1천 명이나 되어

직접 황제와 소통하였다.[22)]

보고는 철저히 황제와 보고자와의 1:1 관계에서 이루어진다. 보고서는 군졸과 역참을 경유하여 황제가 신임하여 선정한 태감, 황제의 형제, 태학사, 정승이 접수하여 받아 바로 황제에게 전달한다. 그러므로 지방총독이 보내는 보고서, 하급 관리가 보내는 보고서, 시위정보원이 검증하여 보낸 보고서들은 어느 것도 중간에 검열당하지 않고 바로 황제에게 직접 전달된다. 보고서는 특별히 제작된 상자에 넣어서 황제와 보고하는 관리인 시위 두 사람만이 열쇠를 가지고 이 상자를 개봉할 수 있다. 정보원인 시위에게는 특권이 주어지지도 않거니와 신분을 노출할 수 없고 보고서내용으로 인한 처벌도 받지 않게 되어 있다. 황제는 매일 20-30건, 많은 경우 50-60개의 지시내용을 담은 상자를 보낸다. 옹정제는 왕은 하루에 만 건의 사무를 처리한다(天子 一日萬機)고 하면서 보내온 모든 보고서를 베이징근교 서산별궁에서 자정까지 읽고 취침하였다. 평균수면시간은 4시간으로 자정에 취침하고 새벽 4시에 기상했다 한다.[23)] 이와 아울러 옹정제는 군기처(軍機處)를 설치하여 병부, 제독, 군총병관으로부터 군사안보정보를 수집하고, 나중에는 국가전체차원의 정책조정을 하였다.[24)]

정보원기밀유지는 너무 엄격하여 정보원인 시위가 자기 신분을 감추고 지방총독의 집사가 되어 3년간 곁에서 일거수일투족을 예리하게 살핀 보고서를 주기적으로 황제에게 보고한 사례가 있다. 그리고 3년 후 집사가 일을 그만두고 총독에게 작별인사를 하면서 곧 좋은 일이 있을 거라고 하면서 떠났다. 감시결과 긍정적인 평가를 받은 지방총독이 중앙정부의 정승으로 부임하게 되었고, 부임 신고를 하려 황제를 알현하니 황제 옆에 서 있는 시위장이 바로 3년 동안 옆에서 수족같이 일한 바로 그 집사였다. 황제는 지방정부 고위관리를 중앙정부고위직에 임명하려고 3년 동안 자기 심복 시위를 정보원으로 침투시켜 그의 정직성, 능

---

22) 등예쥔(東野君). 황보경 옮김. 2003. 「옹정원전 치국(擁正元典 治國)」. 서울: 시아출판사. 411쪽.

23) 황제의 일과는 4시 기상, 7시 식사, 식사 후에 대신과 정무논의, 오후에 학자를 불러 경제와 역사 강의를 듣고, 논의하고, 자정까지 정무보고서, 정보보고서를 읽고 주접을 쓰고 취침하는 것으로 되어 있다.

24) 미야자키 이치사다. 1950. 전게서; 미야자키 이치사다. 차혜원 옮김. 2001. 전게서. 116-130쪽, 201-202쪽(차혜원 박사가 옮기고 배경설명을 곁들인 이치사다 교수의 옹정제연구에서 정리된 정보보고 요령은 현대정부의 정보수집, 분석절차에 경험적 고전모델이 된다).

력, 충성심을 관찰검증한 것이다.

옹정황제가 자기 심복 시위군 중에서 유능한 인물을 정보원으로 기용하여 지방총독, 고위관리가 보낸 보고서를 확인검증하려 현지에 투입할 때 당부한 내용, 지방총독이 보낸 보고서를 읽고 지시한 내용은 정보수집, 분석, 평가 차원에서 매우 유익하고 흥미롭다. 그 내용은 다음과 같다. "사람은 견문이 넓어야 그릇된 판단을 하지 않는다. 짐은 너희에게 여러 정보수집을 요구한다. 지방관리의 근면함과 태만, 윗사람은 공평하고 아랫사람은 유능한지, 군대규율, 특이사항, 좋은 것과 나쁜 것, 확실한 증거, 풍문으로 들은 것 등을 나누어서 보고하라. 바쁠 때는 행서, 초서 가리지 말고, 날려서 써도 좋다. 보고의 적실성을 잊지 말라." 정보보고서를 알맹이 없이 잘 못 썼다고 직설적으로 꾸짖은 사례는 오늘의 정보요원에게 시사하는 점이 크다. "나는 알고 있다. 이제 겨우 이런 하찮은 보고서를 보내다니 중대보고서를 감춘다고 볼 수밖에 없다. 너는 목석이다. 바보는 고칠 수 없다는 것이 너를 두고 한 말이다. 금수라도 너보다는 나을 것이다. 양심을 뭉개고 수치를 모르는 소인배이며, 속임수로 눈가림하는 사기꾼이며, 목석처럼 무감각한 인간이다." 황제는 지방총독, 지방관리가 보내는 정무보고서나 시위가 보내는 정보보고서를 읽고 나무라는 데 미안하였던지, "항상 천하가 잘 다스려지고 않고는 나 하나의 책임이다(原以一人治天下). 이 한 몸 위해 천하를 고생시키지는 않으리(不以天下奉一人)"라는 글귀를 거실입구 양쪽 기둥에 걸어 놓았다.

한편 지방총독이 보낸 유익한 보고서를 읽을 때면 "경의 보고서는 꽤 길기는 하나 아무리 길어도 이처럼 유익한 보고라면 읽는 것이 즐거워서 피로를 잊어버린다. 수천 자의 긴 보고문이라도 길다고 해서 끝까지 읽지 않은 적은 한번도 없다. 짐은 스스로 특별한 군주라고 생각하지 않지만, 그렇다고 열등하고 우매한 군주라고 생각하지 않는다. 이 편지를 등불 아래서 쓰는 것이라 글자모양이 엉망인데, 비웃지는 말아 달라."

정보보고서 작성방식도 언급하고 있다. "보고서내용은 짐의 다망함을 살펴서 긴급한 것만 골라 간단명료하게 적어 보내라. 짐에 대해서 성인이니 뭐니 하면서 의례적인 말만 늘어놓는 것이 제일 싫다. 쓸데없는 글귀만 늘어놓은 편지를 읽는 시간이 아깝다. 어쩐지 주저하는 듯한 글귀가 있어 답장을 쓴다. 부하에게 시켜 탁상공리 작문짓기나 몇 냥, 몇 전 세세한 용돈 출납회계보고서는 짐에게 방해나

폐해가 된다. 지금 시각은 벌써 자정을 지나고 있다." 직접 보고서를 보낸 당사자를 지칭하면서 언급한 내용도 있다. "만바오(滿保)와 황궈차이(黃國材)한테서 온 주접(朱摺)은 완전무결하다. 짐도 그것에 깜박 속아서 길고 긴 답장을 써서 보냈다. 그들의 글을 보노라면 끝없이 하늘에서 춤추며 내려오는 것처럼 아름다워서 몇 번이나 칭찬하고 은전을 베풀었다. 그러나 뒤에 무슨 일을 하였는가를 살펴보면 한 가지도 실행한 것이 없었다. 이것을 떠올릴 때마다 짐은 부끄러워서 구멍에라도 들어가고 싶은 심정이다."[25] 주접은 황제가 답장을 쓰거나 보고서를 읽고 후속조치를 지시할 때 붉은 글씨로 쓴 거승로 주접정보보고서를 책자로 편집하여 정부관리가 행정업무를 수행하는 데 지침서로 사용하도록 하였다.

황제는 국가정보관리인 밀절제도에 관한 원칙을 다음과 같이 제시하고 있다. "비밀상소제도로 국가정보를 수집하려 한다(朕勵精圖治, 耳目甚廣). 그러므로 기밀유지에 만전을 기해야 한다(密文一字, 最爲緊要). 아울러 뜨거운 가슴은 숨기고 냉엄하게 나라를 다스리라(面冷心熱)." 옹정황제는 아버지인 강희황제(皇帝康熙)가 남긴 국가재정 은(銀) 800만 량을 그의 치세 13년 동안 은(銀) 6천만 량으로 국고를 풍성히 하여 아들 건륭황제(乾隆皇帝)에게 남겼다. 옹정의 밀절제도는 이렇게 확실한 국가목표달성에 초점을 맞추어 조직적으로 운영한 절대 왕조의 국가정보시스템이었다.

---

25) 미야자키 이치사다. 차혜원 옮김. 2001. 전게서. 161쪽.

요 약

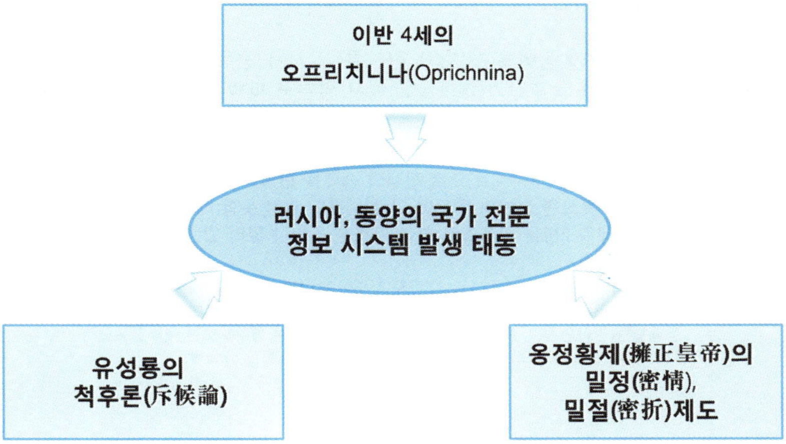

러시아 이반 4세의 오프리치니나,, 알렉산더 2세의 오크란카

- 피터대제 이후 이반 4세 황제(Ivan The Terrible, Tsar Ivn 4세): 강력한 중앙집권 왕조 구축. 통치도구로 근위조직인 오프리치니나(Oprichnina) 창설
- 알렉산더 2세(Alexander Nikolayevich): 오크란카(Okhranka, Department for Defense of Public Security and Order, 1881-1917)라는 비밀경찰정보조직 구축
- 오프리치니나 근위조직은 1000명에서 최대 6000명, 오크란카 비밀경찰 정보조직은 10만명으로 조직
- 오프리치니나 임무와 활동: 황제신변 경호, 정보수집, 황제명령에 따른 반대파, 귀족세력, 지방세력 제거
- 오크란카 임무와 활동: 런던, 파리, 로마, 베를린에 정보요원 침투하여 암호해독, 우편검색, 무선감청, 요인 감시 등 정보사찰 활동 전개. 1917년 레닌이 주도한 공산혁명과정에서 해체되었으나 조직, 비밀정보, 정치사찰 수행방법은 오늘의 러시아 대외정보부, 국내보안부로 이어짐

서애 류성룡(西厓 柳成龍)의 척후론(斥候論)

- 임진왜란 당시 영의정으로 전시 민정 살피고, 도 체찰사(都 體察使)로 군량조달, 전쟁독려 등 군정 책임.

- 전장경험에서 저술한 징비록(懲毖錄), 진사록(辰巳錄), 근폭집(芹曝集), 군문등록(軍門謄錄), 녹후잡기(錄後雜記)에서 일본군 파악위한 척후 방법 제시

- 척후론
  - 척후는 군의 귀와 눈(軍中耳目)으로 전쟁의 승패를 판가름함
  - 척후를 제대로 못쓰면 적병이 영문에 이르는 것도 알지 못함(敵至營門不及知)
  - 망대를 높이 세워 2명을 일개조로 하여 가까운 곳이나 멀리 있는 적군 움직임을 관찰 경계(근폭집).
    - → 척후는 최대 200여리 (去敵二百里) 까지 침투하여 적의 동향과 기동을 상세히 직접 관찰후 보고. 100리 거리에서는 적군의 소재를 정확히 탐지 보고, 50리 거리에서 기동하는 왜군 동태를 발견하면 즉각 알리고 경보발령(近者五十里, 卽有警急). 또한 척후활동으로 전투가 나기 닷새 전에는 적의 동정 파악)

- 척후운용방식:
  - 척후는 가능한 적군과 조우하는 지역 출신으로 도로의 멀고 가까움, 산천을 둘러가거나 바로 가는 것을 잘 아는 자를 선발(詳知道路遠近, 山川迂直)
  - 척후에게는 후한 상을 내려야 죽음을 각오하고 임무 완수함. 적국 사람도 이용가능하고 우군이라 하더라도 진실로 주는 상이 없으면 도리어 적국에 이용당할 수 있음(重賞之下, 必有死夫, 則我國之人, 反爲敵用)
  - 왜군이 우리나라에서 우리도 모르는 외딴곳과 좁은 길 까지도 다 알고, 가로 세로 종횡으로 거리낌 없이 누비고 다니며 익숙하게 지형, 도로, 지세를 꿰뚫고 기동하는 것은 척후를 잘 쓴 탓(倭敵入我境土, 凡絶境細路, 無不縱橫貫穿)

옹정황제(擁正皇帝)의 밀정(密情), 밀절(密折) 제도

- 19세기 절대 왕조 청제국 부흥:
  - 몽고, 티베트 지역 평정으로 광역제국 건설
  - 조세개혁, 재정 건전화, 서민 생활 향상
  - 황하강과 장강 수로 개선, 홍수범람 대비 위한 관개 치수로 농업생산량 증가 등 내정개혁
  - 학문과 예술 부흥, 군사력 향상정책
  - 차, 비단, 도자기의 유럽, 중동, 미주지역 수출과 멕시코에서 생산되는 '은' 대량 구매로 부국강병 기여

- 부국강병 정책 형성, 집행, 평가 과정에 정보 수집과 분석을 위해 밀정(密情), 밀절(密折) 제도를 체계적으로 활용

- 밀정제도 운영
  - 운영 기본 목표: 황제가 내린 지시 사항과 중요한 정책 수행상태에 대한 모니터링 정보시스템으로 주로 지방정부 정책집행과정을 체크하고 명령을 내리는데 사용
  - 보고의 이원성: 1차 보고의무자는 지방총독, 고위관리, 하급관리로 확인이 필요한 경우 검증하라는 명령(硃批諭旨)을 제 3의 인물(정보원)에게 하달, 현지에 가서 확인 검증. 중요 관직에 기용하려 할 때 능력과 인물검증 평가도 겸함
  - 정보원은 청의 핵심 군인 8기군 출신으로 은밀성과 비노출을 원칙으로 하여 객관적이고 간결명료한 정보 보고서를 상자에 넣어 전달. 개봉 열쇠는 정보원과 황제만 소유
  - 정보 보고서에 포함될 내용: 주민 생활상태, 치안 확립 정도, 경제상태, 적설량과 강우량, 보리, 쌀, 누에의 작황, 양곡 값 등락, 가뭄과 홍수 발생과 조치책
  - 지방정부 하급 관리에게도 황제에의 직접 상소를 인정. 상소내용은 지방사정, 지방총독, 고위관료, 지방 관리의 업무자세, 정책시행 여부, 군대훈련과 기율상태, 기상, 기후와 농사일 진행상황, 지역주민 생활과 풍속 포함

제3장
거시정보: 근대 시민사회국가와 1차, 2차 대전의 정보

1. 영미 신호통신 정보협력과 짐머만전문, 독일군 에니그마대 시민사회 국가와 1차, 2차 대전의 정보

인간은 고대에는 놀이하는 인간, 중세에는 고백하는 인간, 15세기 르네상스 시대에는 생각하는 인간, 다시 18세기 산업화시대에는 경제적 인간으로 진화했다고 한다. 18세기 유럽은 30년 종교전쟁이 막을 내리고, 절대군주 혹은 왕정국가에서 이성이 지배하는 시민사회, 시민참정권이 확대되는 근대국가로 발돋움하게 된다. 1789년 프랑스혁명은 자유, 평등, 박애를 지향하는 열린 시민문화국가이자 개별민족국가로, 그리고 같은 시기인 1789년 의회에서 워싱턴을 초대대통령으로 추대한 미국정부는 근대국가로 발을 내딛는 신호탄이었다. 아울러 증기기관발명과 기계공업으로 대량생산이 가능해진 19세기 영국산업혁명은 농촌경제, 가내수공업 사회에서 산업사회로 전환하는 계기를 마련한다.

동시에 19세기 마르크스(Karl Marx)는 생산수단공유 여부, 생산활동을 통한 결과물인 이윤배분과정을 중심으로 사회를 분류하였다. 인류는 생산수단을 공유하여 배분한 원시공동사회, 생산수단을 귀족소수집단이 점유하면서 대부분 주민을 통제한 고대 노예사회, 봉건영주가 생산과 이익배분을 전횡하는 중세 봉건사회, 소수부르주아 자본가계급이 생산과 이익창출의 배분을 통제독점하는 자본주의

사회라는 역사발전단계를 겪어 왔다고 하였다. 더 나아가서 1848년 공산당선언(Communist Manifesto)을 통해 자본주의를 해체하고 대다수의 무산자인 프롤레타리아계급이 주도하는 공산사회를 건설하자는 새로운 혁명패러다임을 제시하였다.[1] 그로부터 60년이 흘러 20세기 초에 러시아 공산혁명정부가 탄생하고, 뒤이어 모택동의 중국공산당 정부도 태동한다. 물론 근대국가 형성시기에 자유민주주의 국가를 근간으로 유사한 정부형태도 존재하고, 히틀러, 무솔리니가 이끄는 국가사회주의 정부도 생성되는가 하면, 어떤 형태의 정부도 반대하는 무정부주의자도 출현하게 된다.

계속해서 19세기 혁명의 시대에는 노동하는 시간(Homo Faber), 20세기 냉전시대에는 권력적 인간(Homo Politicus)으로 시대의 요구와 상황에 부응하며 진화해 왔고, 21세기는 상호의존하는 인간(Homo Reciprocus)에서 공생하는 인간(Homo Symbous)으로 진일보하고 있다 한다. 뉴턴의 만유인력 법칙, 모르스부호, 에디슨의 전기, 아인슈타인의 상대성이론으로부터 핵에너지, 우주선발사, 인터넷활용, 인간복제술에 이르는 과학업적은 실로 경이적 변화이다. 농경시대에는 수백 년이 걸리던 변화가 지금은 며칠 만에 이뤄지고 있다. 수백 년 전부터 1950년대까지 발전해 온 모든 인간사의 과학기술 정보는 2000년에는 1년 만에 바뀌며, 1900년 한 해의 발전된 과학이나 변화가 2000년에는 2주 만에, 그리고 2015년에는 1주일 만에, 2025년에는 2-3일 만에 바뀔 것이라고 한다. 한편 과학기술이 발달한 현재의 산업화, 근대화, 현대화 시대에 인류가 야기한 재앙은 과거 수천 년 인류역사에서 축적된 재앙보다 규모가 더 큰 것도 사실이다. 1차, 2차 세계대전과 냉전시대에 입었던 유사한 인적, 물적 손실이 21세기 벽두부터 종교분쟁, 대량살상 화생방무기사용 등 연계망테러가 도처에서 발생하고 있다.

근대국가형성에서 현재의 세계화시대에 이르는 현상을 국가정보학맥락에서 열린 시민사회에서 표출되는 다양한 이념스펙트럼 표출과 갈등해소의 국내정보대응, 1차, 2차 세계대전과 냉전에서 발전한 군사정보시스템, 극단적 종교분쟁으

---

1) Marx, Karl, Friedrich Engels, and Lenin. 1981. ***The Essential Left: Four Classic Texts on the Principles of Socialism***. London: George Allen & Unwin Ltd.; Engels, Frederic. (ed.). 1893. ***Karl Marx. Capital***. Vol. 2. New York: International Publishers. pp. 23-62. pp. 505-521.

로 이어지는 21세기 대량살상 테러예방정보로 정리할 수 있다. 그리고 과학기술 발달에 따른 정보수집과 분석방법의 다양화, 경제, 금융위기에 대응하는 산업정보, 지구온난화에 대비하는 예측과 예방정보, 정보민주화와 통제, 전문화된 정보공동체, 다양한 정보기구채널의 협력과 통합조정시스템 구축 등으로 압축된다.

18세기 후반에서 시작되어 19세기에 정착되어가는 근대국가는 20세기에 현대국가로 다시 진화된다. 이 시기에 가장 발전되고 앞서가는 국가정보력을 구사한 나라는 스페인무적함대를 누르고 세계식민지를 개척한 영국이다. 영국은 17세기부터 본격적으로 미국, 캐나다, 서인도 제도, 남태평양, 인도, 중국, 아프리카에 이르는 광역식민제국을 건설하는데, 항상 그 전위에는 영국군이 포진하여 식민국가통치에 무장력을 제공한다. 그래서 현지 주둔부대는 본국전쟁부(War Department)[2]에 군사정보를 보고하면서 식민지국가의 주민생활, 생필품가격, 농업과 산업 상황, 기후조건, 현지 정치정세 등 비군사분야에 이르기까지 다양한 정보를 제공할 필요성이 있었다. 따라서 다양한 정보를 수집, 분석, 관리하는 군사정보기구가 필요하게 되어 기능별로 순수군사정보는 제 1 군사정보기구(Military Intelligence 1: MI 1)가 수행하고 제 2 군사정보기구(MI 2)는 주민생활 조사, 제 3 군사정보기구(MI 3)는 농업작황, 제 4 군사정보기구(MI 4)는 비단, 향신료 생산량 조사, 제 5 군사정보기구(MI 5)는 정치정세 판단임무 등으로 확대되어 전성기에는 군사정보기구 19(MI 19)까지 있었다고 한다.[3] MI는 군사정보(military intelligence)의 첫 머리글자를 딴 약칭이다. 영국은 식민지 개척, 크고 작은 군사분쟁 개입, 특히 크리미아반도 전쟁 이후 세계 주요 지역의 지형에 익숙해야겠다는 판단에 따라 전쟁부에 지형통계국(Topographical and Statistical Department)을 설치하

2) 영국의 전쟁부(War Department)는 1794년 Secretary of State for War의 명칭에서 출발한다. 비공식적으로는 War Department라고 불리웠다. 여기에 식민지업무가 부가되면서 Colony Department가 되었다가 프랑스혁명과 함께 전쟁발발 후에는 Colony and War Department로 개명되었다. 다시 1815년 평화시기에는 Colonial Department로 명칭이 변경되었다. 1855년 Secretary of State for War와 Secretary at War의 업무가 통합되면서 War Department가 되었다가 1857년에 다시 War Office로 변경되었다. 1964년부터 지금까지 Ministry of Defence(국방부)로 불리고 있다.

3) 영국 내무부 국내보안부(MI 5) 정부합동테러대책 팀장 앨런 펜리스(Alan Penrith), 관방부 정부합동정보위원회 실장 조나탄 브루어(Jonathan Brewer)와 영국 정보조직 발전과정에 관해 인터뷰하였다(2004. 9.24일 수요일 오전 10-11:30).

였다. 1873년에는 전쟁부에 정보반(Intelligence Branch)을 설치하고, 영국의 동인도회사를 정부가 직접 통제하면서 1887년에 인도정보반(Indian Intelligence Branch)을 두었다. 해군에서도 해외정보위원회를 두고 1887년에 전쟁부에 종합적 군사정보 수집과 분석을 담당하는 정보부장(Admiralty Director of Military Intelligence: DMI) 직제를 두었다. 그러나 국가차원에서 종합적 정보수집과 분석 기능을 수행하는 정부기구가 최초로 탄생한 것은 1차, 2차 대전을 치르는 20세기이며, 그 기구는 내각 관방부(Cabinet Office, Duchy of Lancaster)에 설치한 정부정보본부(Government Communications Headquarters: GCHQ)이다.4)

이 시기에 영국 정보시스템은 제도적으로 정착되었다. 1909년 전쟁부에서 해외식민지정보와 국제정보를 다루던 기구는 민간정보기관으로 이관되면서 전쟁부는 순수군사정보만 다루기 시작한다. 그리고 전쟁부에 설치된 군사정보기관은 MI(Military Intelligence)라고 하는데, 이후 이 순수 군사정보기관은 정보참모부나 육해공군 정보부대로 재편되었다.

영국정부의 비밀정보 업무는 1909년 10월 대영제국 국방위원회(Committee of Imperial Defence)에 의해 전쟁부(War Office)와 해군본부(Admiralty) 산하에 만들어진 비밀정보국(Secret Service Bureau)에 의해 본격적으로 시작된다. 비밀정보국은 다시 업무를 분장하여 켈(Vernon G. W. Kell)의 국내과(Home Section)는 보안과 방첩, 커밍(Mansfield Cumming)의 해외과(Foreign Section)는 해외정보수집과 정보공작을 담당하게 된다. 1차 대전이 한창이던 1915년에 특히 해외과는 군작전 및 전쟁수행에 관한 정보수집과 공작에 주력하는데, 커밍 해군대령의 성명 첫 자를 따서 군사정보 1실 c(MI 1c)라는 코드명을 부여받는다. 해외과는 현재 비밀정보기관(Secret Intelligence Service, SIS)으로 발전했으며, 코드명군사정보 6실(MI 6)로 불린다. 한편 영국국내에서 암약하는 독일간첩과 공작원체포, 항만, 군수산업시설 파괴저지, 첩보원 정부침투 저지임무를 수행하던 국내과는 현재 국내보안실(Security Service, SS)로 발전했으며 코드명 MI 5로 불린다. MI 5, MI 6의 코드명은 해외식민지건설에 군이 전위역할을 하면서 사용한 전통을 그대로 계승한 데서 비롯된다. 그리고 1994년 성안된 정보법(Intelligence Service Act)에 따라 국내보안부(MI 5)는 내무부직속, 해외정보부(MI 6)는 외무부직속으로 제도화되었다. 또

4) Herman, Michael. 2001. *op. cit.* pp. 10-25.

하나의 중요한 정보기구로 국방부장관직속의 군사정보부(Defence Intelligence: DI)가 있다.[5)]

한편 영국은 세계최초로 경찰을 두게 되었는데, 1883년 북부 아일랜드 폭탄 테러와 연이은 종교민족분규로 인한 지역소요에 대비한 런던경찰청에 대내정보 수집, 보안담당 정보기구를 설치하게 된다. 최근 세계화된 국제테러에 대비 영국 정부는 관방부산하의 정부정보 본부, 내무부 MI 5, 외부무 MI 6, 런던경찰청의 테러대응 합동팀을 운영하고 있다. 그래서 해외정보부, 국내보안부, 군사정보부, 경찰정보국이 영국 4대 정부기구로 영국정부의 정보핵심 시스템을 이룬다.

17세기와 18세기에 밀실정보기구(black chamber)를 운영하던 유럽국가들은 19세기와 20세기에 전문정보기관을 제도적으로 운영하게 되는데, 영국정부의 정보기관이 그 중심에 있다. 스페인무적함대를 격파한 정보작전과 전세계 식민지개척 당시의 국제정보를 기반으로 1차 대전에 통신정보, 감청, 암호해독, 낙하산부대투입, 파괴공작활동, 지상공중 사진촬영, 심리전을 전개한다. 전쟁부 산하에 전쟁심리전국이 조직되어 영국 국민과 장병은 물론 연합군의 사기진작, 독일, 오스트리아, 헝가리, 터키 동맹군의 사기저하를 노리는 전단과 선전책자를 살포한다. 공상과학소설가로 투명인간(*Invisible Man*)의 저자 웰스(H. G. Wells), 인도 생활경험을 토대로 저술한 정글북(*Jungle Book*)으로 노벨상을 받은 키플링(Rudyard Kipling), 탐정가 셜록 홈즈(*Adventures of Sherlock Holmes*)를 쓴 범죄소설가 코난 도일(Herbert George Conan Doyle)은 이 때 모두 심리전국요원으로 한몫한다. 또한 2차 대전 당시에는 독일군 암호해독과 복원, 냉전시기와 최근 테러 위협에는 미국과의 인공위성 정보, 인간정보분야의 정보교류 협력으로 정보력을 풀가동하였다.

영국정보력이 발휘되는 하이라이트는 1차 대전 전후 제정러시아 몰락과 1917년 레닌의 볼세비크 공산혁명이 이루어지는 기간에 러시아주재 영국대사관 문화담당 공사자격으로 근무한 문학가 섬머셋트 모엄(William Somerset Maugham)이 벌린 정보활동이다. 그는 2차 대전 당시에 독일군 암호체계에 침투하여 암호해독기

5) West, Nigel. 1979. ***British Secret Intelligence in the Second World War***. New York: Cambridge University press. pp. 16-25; Andrew, Christopher. 1986. ***Secret Service: The Making of British Intelligence Community***. London: Sceptre Edition. pp. 42-59.

(enigma)를 복원하여 히틀러가 내린 최고위 암호전문도 해독하였다. 그리고 도버 해협에서 최단거리지역에 있는 프랑스 파드 칼레지역에 연합군이 상륙할 것이라는 역정보를 터뜨리는 정보작전으로 연합군이 성공적으로 노르망디 상륙작전을 전개할 수 있도록 하였다. 이것은 영국정보전의 빛나는 승리였다.

섬머셋트 모엄

섬머셋트 모엄은 1874년에 프랑스주재 영국대사관 법률고문의 막내아들로 태어나서 런던의 성 토마스의대에서 의사수업을 받았으나, 적성에 맞지 않아 산부인과의사를 접고 작가로 출발한다. 인생의 굴레(Of Human Bondage), 달과 6펜스(The Moon and Sixpence)의 저자이며, 많은 단편소설과 희곡을 쓴 모암(Maugham)은 1차, 2차 대전을 거치는 동안 인간운명을 성찰하는 코스모폴리탄적인 예술성향으로 20세기 영국을 비롯한 유럽과 세계에 큰 영향을 주었다. 특히 1915년에 집필한 인생의 굴레는 다리를 저는 젊은 의사 필립이 일방적 사랑의 덫에 걸려 방황하는 모암의 자전적 소설이다. 젊은 의사 필립은 사랑으로 접근하는 여인에게는 연민을 느끼지 못하면서도 오히려 관심을 보이지 않는 싸늘한 다른 여성에게는 일방적 사랑을 쏟는다. 보슬비내리는 길을 건너 저만치 걸어가는 도무지 관심을 보이지 않는 여인을 따라 마음으로 사랑을 절규하며 다리를 절면서 뒤를 쫓아가는 어쩔 수 없는 인생의 굴레를 동양적 전생업보인 것처럼 묘사한 소설이다.

모암도 아버지와 비슷하게 러시아주재 영국대사관 문화예술공사 겸 상트페테르부르크 영국문화원장으로 근무한다. 30대에 저술한 인생의 굴레, 달과 6펜스로 동서양의 문화, 정서를 넘나드는 예술성은 러시아 황실과 귀족, 유럽과 동양 각국에서 모여든 외교관, 문인, 예술가들의 관심을 끌기에 충분하였다. 러시아황제가 초청한 파티에서 황제와 개인적으로 만나 문학을 논하며, 러시아 귀족, 지도부, 외교사절, 기업인과 자기가 쓴 소설인 「인생의 굴레」에 대한 이야기를 나누면서 자연스럽게 들은 러시아정세와 각국 경제, 외교, 군사 대화내용은 좋은 전략정보이었다. 당대의 문호인 모암이 문학가로서 문화외교를 수행하면서 러시아 황제와 귀족, 러시아수도에 몰려든 주변국의 기업가, 외교관들로부터 중요 정보를 수집하고 외교동맹을 유지하는 최고위스파이인 줄을 상상이라도 했을까. 전문정보요원이 아닌 격조높은 예술문인을 기용하여 고급전략정보를 수집하고 적극적으로 정보외교를 다루게 한 희귀한 고전적 정보스파이 성공사례로 일컬어지고 있다. 모암은 MI 6 최고위전략 정보요원차원에서 일주일에 1회 상트페테르부르크의 최고급 레스토랑인 메드베드(Medved Restaurant)에서 파티를 열고 러시아 니콜라이황제의 건강, 러시아와 주변국의 1차 대전에 관한 동정, 레닌과 트로츠키와의 갈등, 공산혁명의 임박 등 다양한 고급정보를 수집하여 런던에 보냈다. 특히 러시아황제, 러시아과도정부 수장 케렌스키(Alexander Kerensky)와 체코, 슬로바키아 국가지도자를 설득하여 1차 대전에서 동맹국으로 이끌어 들이는 전략적 임무를 수행하였다. 모암은 자기를 러시아 전략스파이로 일하도록 설득하고 천거한 영국정보당국의 핵심인물이었던 와이즈만(William Wiseman)을 통해 경제학자인 당시 재무장관 케인즈(Maynard Keynes)를 거쳐 조지(Lloyd George) 수상에게 보고되는 정보라인을 구축하여 활용하였다.

한편 1차 대전 당시 영국 군사정보부대는 독일군이 교신하는 암호를 해독하고, 영국경찰과 국내보안부 MI 5는 영국에서 활동하던 독일정보요원 21명을 체포한다. 또한 미국에서 독일스파이가 영국, 프랑스, 동맹국에게 경제적 지원을 못하도록 미국 산업계와 금융권을 교란하거나 파업선동과 시설파괴를 시도할 때, 영국 정보기관이 미국 내에서 암약하는 독일스파이요원에 관한 정보를 미국 연방수사국(FBI)에 제공하여 대규모 파괴공작을 막을 수 있었다. 미국이 영국과 프랑스에 수출한 무역액은 1914년에 7억5천만 달러, 1916년에는 20억7천5백만 달러이고, 같은 시기에 독일수출액은 3억7천5백만 달러에서 200백만 달러로 격감하였다. 1차 대전 당시에 미국 윌슨대통령과 조지 영국수상을 연결하는 미국측 정보책임자는 윌슨대통령의 보좌관 하우스대령(Edward House)이며, 영국측 정보책임자는 워싱턴주재 영국대사관 정보주재관(station chief)인 와이즈만 경(William Wiseman)이었다. 당시 영국정부와 정보당국은 미국에서 암약하는 독일스파이들이 조직적으로 뉴욕, 보스턴, 샌프란시스코의 항구와 기간산업시설, 조선소, 금융가에 대한 파괴공작과 근로자를 충동한 사보타지확대에 큰 우려를 나타내었다. 미국국내의 혼란스런 상황에 의해 미국의 관심이 1차 대전에서 내부

사회질서유지로 관심을 쏟게 되는 상황과 미국이 유럽전선에 제공하는 경제원조와 군사원조를 감소할 것을 영국은 제일 걱정하였다.

이에 영국 전쟁부소속 군사대외정보부(MI 8)에서 홀(Reginald Hall), 곤트(Guy Gaunt), 커밍스(Mansfield Cummings) 등 3인의 정보장교를 대미담당팀으로 차출하여 와이즈만의 지휘 아래 대미관계첩보를 수집하였다. 이에 대응하여 미국 전쟁부 정보참모부소속 처칠(Marlborough Churchill) 장군과 정보보좌관, 전쟁부 암호해독반의 야들리(Herbert Yardley) 중위, 연방수사국장 후버와 수사관이 협조체제를 유지하며, 영국정보팀과 공조하여 미국에서 활동하는 독일정보요원을 찾아내고, 미국주재 독일대사관에서 베를린으로 보내는 암호전문을 감청하고 암호를 분석한다. 최종정책정보는 국무부장관 브라이언(William Jennings Bryan), 육군참모총장 마치(Peyton C. March)를 거쳐 윌슨대통령 보좌관 하우스대령과 주미영국대사관 정보지부장 와이즈만 경의 조율로 윌슨대통령에게 전달되었다. 영국 미국 정보팀들이 공동으로 착수한 방첩활동은 미국내 독일정보원을 통괄하는 주미독일대사관의 무관 파펜(Franz Von Papen) 소령의 정보활동을 추적하는 것이었다. 영국 정보팀요원 중 한 명인 홀 해군정보부대장이 파펜무관의 보좌관인 린텔런(Franz Von Rintelen)을 체포하여 조사하였다. 이 과정에서 독일 대사관에서 베를린으로 보내는 암호전문을 감청하고 해독하여 미국의 1차 대전 참전경위와 병력파병내용을 담은 짐머만전문보고서(Zimmerman Telegram Report)의 진위를 확인하였다. 독일무관 파펜 소령은 훗날 2차 대전 당시 히틀러의 부총통으로 정보와 군사작전에 관여한다. 짐머만보고서는 영국정보팀과 미국정보팀이 제휴하여 밝혀 내고 독일정보원의 미국 내 활동을 무력화시킨 방첩활동의 성공사례이다. 독일대사관은 본국수도 베를린에 보내는 암호전문을 비교적 감시가 소홀한 스웨덴주재 독일대사관에 보내고, 이를 다시 아르헨티나 수도 부에노스아이레스와 멕시코수도 멕시코시티를 경유하여 베를린으로 보내는 암호전문 세탁방법을 사용하였다. 그러나 영미정보팀이 독일암호전문을 추적하여 감청하는 과정에서 영국은 최종발송지인 멕시코시티에서 멕시코정부의 협조로 암호전문을 안전하게 입수할 수 있었다.[6)]

---

6) Andrew, Christopher. 1996. *For the president.'s Eyes Only. Secret Intelligence and American Presidency from Washington to Bush*. New York: HarperCollins Publishers

2차 대전에서 영국정보력은 연합군의 전위로 독일군 통신감청과 암호해독, 독일군 암호해독기(enigma) 입수, 노르망디 상륙작전에서 양동작전을 펼쳐 독일군을 교란시킨 역정보확산, 미국과 정보제휴에 집중한다. 영국이 연합군과 합동 정보작전으로 올린 개가로 울트라사업(Ultra Project)을 들 수 있다. 울트라사업은 독일군이 사용하는 비밀암호를 해독하여 독일암호기를 그대로 만들어 유럽전선과 태평양전선에서 사용한 것이다. 독일군이 보내는 암호전문을 미리 파악하여 독일군의 전술기동을 사전에 봉쇄하고, 히틀러의 지시문을 미리 파악하여 역정보로 교란시키는 2차 대전 최고의 정보전승리였다. 1930년대에 폴란드 암호해독전문가들이 독일 암호해독기 에니그마의 암호 일부를 파악하고, 폴란드수학자 마리안 리옙스키(Marian Rejewski)가 해독방법을 알아 낼 수 있었다. 독일암호기는 타자기를 사용하는데, 타자를 치면 타자기내부에 반사바퀴 타자기가 매번 다르게 알파벳글자를 표시하여 실제로 송신한 글자로는 내용을 알 수 없었다. 암호기 에니그마로 타자를 칠 때의 초기값을 설정하여 일정한 간격으로 달라지는 값을 알 수 있었다. 이 사실을 프랑스 정보부와 협조하여 프랑스는 1939년에 영국정보부 MI 6에 연락하여 암호분석결과를 넘겨 주었다. 영국 해외정보부 MI 6의 윈터보탐(Frederic William Winterbotham)이 단장이 되어 투링(Allen Turing), 이안 플레밍(Ian Flemming)[7]도 참여한 연합군 울트라정보사업단은 런던 템즈강변에 있는 블레츨리공원(Bletchly Park) 거리 일대의 빅토리아시대에 지어진 궁전 저택에서 암호해독시스템과 암호해독기를 만들어 히틀러와 독일군 최고사령부를 위시한 군기관에서 발송하는 지시전문, 통신내용을 정확히 파악하고 사전에 대비하거나 역정보로 독일군을 교란시킬 수 있었다.[8]

Inc. pp. 60-70(크리스토퍼 교수의 미국정보사는 미국뿐만 아니라 근대 이후 숨겨진 세계정치 군사 역사이며, 영미간 정보제휴, 냉전 이후 현재까지의 정보역사이기도 하다).

7) MI 6 팀에서 활약한 투링은 후에 컴퓨터설계원조가 되었고, 플레밍은 유명한 제임스 본드 시리즈 소설작가로 변신한다.

8) 울트라사업(Ultra Project)은 후에 비밀이 해제되어 사업단장 윈터보탐이 울트라비밀이라는 저서를 출간하면서 공개된다(Winterbotham, Frederick William. 1974. *The Ultra Secret*. New York: Harper & Row). 블레츠리공원거리 일대는 런던정부청사가 있는 지역으로 정보기관이 산재하여 있어 영국정보기관을 지역으로 표시할 때 흔히 블레츨리라고 한다. 미국 CIA를 랭글리(Langley), 과거 한국정보부를 남산이라고 한 것과 같은 명칭이다("Ultra." Encyclopæ-dia Britannica. 2009. Encyclopædia Britannica Online. 30 Oct. 2009 〈http://www.

독일이 암호송신기 에니그마를 일본에 넘겨 준 것처럼 독일 암호해독전담인 울트라정보단은 미국을 도와 태평양전, 즉 진주만공격전에 일본이 보라색을 역이용하도록 하였다. 미국정보팀은 일본판 암호전송기 에니그마를 "보라색(Purple)"이라는 명칭으로 활용하였다. 독일암호전송기를 활용하여 영국공군은 영국상공에 독일공군이 침투하거나 도버해협에서 조우하거나 독일영공에서 항공전을 펼칠 때 롤스로이스 빔으로 독일전투기 교신을 교란시켜 전투기기동을 무력화시켰다. 또한 독일기상관측 트롤선을 나포하여 독일해군암호문을 입수하고, 비스마르크전함 기동로를 무선첩보로 항공사진과 수중음파탐지기로 탐지하여 침몰시킬 수 있었다. 미국해군은 일본해군이 알류샨 열도를 공격하는 양동작전을 펼치면서 실제로 미드웨이지역을 공격하려는 기도를 담은 일본판 에니그마인 "보라색" 암호전문을 해독하여 사전에 미드웨이에 집결하여 일본해군 항공모함, 순양함, 구축함을 침몰시켜 진주만 공격 이후 태평양전쟁에서 전기를 잡았다. 이어서 해군사령관 야마모토 이소로쿠(山本 五十六) 대장이 솔로몬제도를 전용기로 방문하는 전문을 입수하여 전용기를 격추하기도 하였다.[9)]

계속해서 영국정보기관은 연합군과 보조를 맞춰 추진한 노르망디 상륙작전 실행에 양동작전을 펼친다는 역정보를 독일군에게 흘리는 정보전을 전개한다. 1944년 6월 연합군은 이탈리아남부 시칠리아에서 미군의 상륙작전을 펼치면서 독일군이 연합군공격로를 이탈리아로 하여금 믿게 하고, 또 한편 조지 패턴(George Patten)장군이 영국 런던동남부 지방에 기갑군단을 포진시켜 도버해안에서 가까운 파트 칼레지역을 연합군상륙지점으로 한다는 역정보를 독일정보기관에 흘린다. 동시에 극비리에 영국에 침투한 독일군 한서 크라머장군이 영국 서남부에 집결한 연합군군사집결지를 동남부지역으로 오인하도록 하여 파트 칼레를 상륙지점으로 판단하게 하여 유럽전선사령관 롬멜장군 역시 노르망디가 연합군 상륙지점이 아닌 것으로 믿게 하였다.

아울러 영국 처칠 수상과 미국 루즈벨트 대통령은 미군이 유럽전선에서 수행

---

britannica.com/EBchecked/topic/613385/Ultra>).

9) 울트라암호해독 정보작전은 Winterbotham과 Levy의 저서에서 구체적 활용사례를 파악할 수 있다(Winterbotham, Frederick William. 1974. *op. cit.*; Levy, Joel. 2004. *op. cit.*). 그리고 영국외무부 일층접견실에는 2차 대전에서 영국을 위시한 정보팀이 활용한 에니그마와 유사한 독일군에서 노획한 독일 에니그마를 전시하고 있다.

하는 군사작전과 미국본토로부터 병참보급의 안전한 수송, 중요 협조사안에 대한 보안유지 등 원활한 정보협조를 위해 미국측은 법무부 연방수사국장 후버(John Edgar Hoover)를, 영국측은 주미영국대사관 정보특사 스테펜슨(William Stephenson)을 연락책임자로 하였다. 처칠 수상 정보연락관인 스테펜슨은 보안을 유지하기 위해 인테르피드(code name: Intrepid)라는 코드 네임을 사용하였다. 나중에 미국측 대통령 정보연락책임자는 후버국장에서 도노반(William J. Donovan) 장군으로 교체되었다. 도노반 장군은 루즈벨트 대통령과 하버드대학 법대동기로 뉴욕시 변호사로 근무하다가 루즈벨트 대통령이 발탁하여 정보책임자임무를 맡겼다. 도노반변호사는 전략정보실(Office of Strategic Service: OSS) 수장직을 맡아 2차 대전 기간에 유럽과 중국전선에서 현역소장으로 활동하면서 군사첩보와 국제전략정보를 수집하고 분석하며, 비밀첩보공작도 수행한다. 특히 도노반장군은 루즈벨트대통령의 밀명을 받아 처칠 수상에게 직접 또는 스테펜슨 영국수상 정보좌관을 통해 간접적으로 양국 군사협조와 미국의 핵무기 개발에 관한 의견조율을 하였다.

요 약

근대 시민사회와 2차 대전까지의 영국 정보력과 영미 정보협력

- 근대 열린 시민사회에서 다양한 이념 표출과 갈등 표출에 대한 해결 방안으로 국내 보안 정보 활동 강화하고, 1차, 2 차 세계대전으로 과학기술 정보력 발전
- 영국은 17세기부터 미국, 캐나다, 서인도 제도, 남태평양, 인도, 중국, 아프리카에 이르는 광역 식민제국 건설

→ 전위에는 항상 영국군이 포진하고 본국 전쟁부에 군사정보와 식민국가의 주민 생활, 생필품 가격, 농업과 산업 상황, 기후조건, 정치정세 등 비군사 분야에 이르는 정보를 제공

- 다양한 정보를 수집, 분석, 제공하는 군사정보 조직(military intelligence: MI) 조직
  - 제 1 군사정보 기구(Military Intelligence 1: MI 1): 순수군사정보 담당
  - 제 2 군사정보 기구(MI 2): 주민생활 조사
  - 제 3 군사정보 기구(MI 3): 비단, 향신료 생산량 조사 등
  - 전성기에는 군사정보 기구가 19 조직(MI 19)까지 존재

- 1873년 국방부에 해당하는 전쟁부(War Department)에 지형통계국(Topographical and Statistical Department), 정보반(Intelligence Branch)설치
  - 전쟁부 산하 해군에서도 해외정보위원회를 두고 1887년에 정보부장 직제(Admirality Director of Military Intelligence: DMI)를 두어 종합 군사정보 수집, 분석
- 1차, 2차 대전을 치르며 국가차원의 종합 정보 수집과 분석 기능은 내각관방부(Cabinet Office, Duchy of Lancaster)에 설치한 정부정보본부(Government Communications Headquarters: GCHQ)로 이전
- 1909년 전쟁부 정보기구인 MI는 순수 군사정보만 다루고 그 외는 다른 정보기관으로 이관
- 1994년 정보법(Intelligenc Service Act)에 따라 해외정보부 (Secret Intelligence Service: SIS)는 외무부로 이관되나 MI 6 (Military Intelligence 6)로 부르고, 국내보안부(Security Service)는 내무부로 옮겨 계속 MI 5(Military Intelligence 5)로 통용

◆ 1차 대전의 영국의 정보활동

- 국내보안부인 MI 5는 영국 국내의 독일 간첩, 공작원 체포, 항만, 군수산업시설 파괴 저지, 첩보원 정부 침투 저지 역할 수행

- 해외정보부 MI 6, 해군정보부는 통신정보, 감청, 암호 해독, 낙하산부대 투입, 파괴공작 활동, 지상공중 사진촬영, 심리전 전개

- 전쟁부 산하 전쟁심리전국: 영국 국민, 장병, 연합군 사기 진작과 독일, 오스트리아, 헝가리, 터키 동맹군 사기저하를 노려 전단과 선전 책자 살포

  • 선전 요원: 과학공상소설 투명인간(Invisible Man) 저자 웰스(H. G. Wells), 인도 생활을 토대로 저술한 정글북 (Jungle Book)으로 노벨상 수상자 키플링(Rudyard Kipling), 셜록홈즈(Adventures of Sherlock Holmes)를 쓴 범죄소설가 코난 도일(Herbert George Conan Doyle) 등

◆영국 최고의 정보력 발휘:

- 인생의 굴레, 달과 6펜스의 저자 섬머셋 모엄(William Somerset Maugham)의 정보활동
  • 제정러시아 몰락과 1917년 레닌의 볼셰비크 공산혁명이 이루어지는 1차 대전 전후 기간 러시아 주재 영국대사관 문화담당 공사자격으로 근무하면서 러시아 정부 지도자를 상대로 러시아 정보 수집
  • 러시아 황실, 귀족, 유럽, 동양에서 온 외교관, 문인, 예술가, 기업인, 군인과 교유, 일주일에 1회 상트 페트르부르크의 최고급 레스토랑인 메드베드(Medved Restaurant)에서 황제와 고위인물 초청으로 니콜라이 황제 건강악화, 레닌과 트로츠키와의 갈등, 공산혁명의 임박 정보를 런던에 전달. 황제, 과도정부 수장 케렌스키(Alexander Kerensky), 체코, 슬로바키아 지도자 설득으로 1차 대전에 동맹국으로 참전 유도

- 영국 정보부 핵심 인물 와이스만(William Wiseman)인 조지(Lloyd George)의 정보활동
  • 수상에게 보고하는 정보라인을 구축하고 전쟁부의 홀(Reginald Hall), 곤트(Guy Gaunt), 커밍스(Mansfield Cummings) 등 3인의 정보장교의 지원을 받아 워싱턴 주재 영국 대사관 정보 책임자로 부임. 윌슨 대통령 보좌관 하우스(Edward House) 대령을 최고위 전략정보 파트너로 하여 조지수상을 대표하여 윌슨 대통령의 1차 대전 참전 유도, 전쟁 종료후 파리평화회의 의제 조정에 참여하여 영미 정보협력과 전략정책 조정 창구 역할 수행
  • 와이스만 정보팀, 미국 전쟁부 정보참모부 처칠장군(Marlborough Churchill), 암호 해독반의 야들리(Herbert Yardley) 중위, 연방수사국장 후버로 정보협조체제 유지

  -> 와이스만—하우스 정보협력체계로 1차 대전 당시 영국 군사정보부대는 독일군 교신 암호를 해독하여 미국에 전달하고 영국 정보부에서 파악한 미국 산업계와 금융권 교란, 파업 선동, 시설 파괴를 시도하는 독일 스파이 명단을 연방수사국(FBI)에 제공하여 사전 봉쇄

◆짐머만 보고서

- 1차 대전 당시 영국 해군정보부대는 각국 주재 독일 대사관, 군부대에 보내는 독일 통신, 전문을 감청, 암호문 해독함
- 1917년 1월 17일 해군정보부대 분실 40호실의 그레이(Nigel de Grey) 분석관이 감청 해독한 짐머만 전문에는 멕시코 정부가 미국을 공격하면 독일은 군사, 재정지원을 약속하면서 1차대전에서 승리하는 대로 과거 멕시코전쟁에서 미국이 차지한 텍사스, 뉴멕시코, 애리조나 주를 되찾아 주겠다는 내용과 2월 1일 부터 독일 잠수함의 적대국 선박에 대한 무차별 해상 공격 시작 내용이 포함됨
- 짐머만 전문은 영국 와이스만 정보팀인 해군 정보부대장이 미국내 독일 정보원을 통괄하는 독일대사관 무관 파펜(Franz Von Papen)의 첩보활동 추적과 파펜 보좌관 린텔런(Franz Von Rintelen) 체포 조사 과정에서도 확인됨
- 멕시코의 미국 남부 침공은 미국과의 전쟁을 의미하는데, 미국의 우세한 군사력으로 멕시코 제압이 가능하고 독일이 유럽전선 군수물자 조달에도 힘들고 영국해군이 독일 수송군단을 대서양에서 격퇴할 것이라는 예상이 가능한 가운데 카란자(Venustiano Carranza) 멕시코 대통령은 독일제의를 거절
- 영미 정보협조팀은 암호전문을 국무장관 브라이언(William Jennings Bryan), 육군참모총장 마치(Peyton C. March)를 거쳐 와이스만과 하우스가 조율하여 윌슨 대통령에게 보고. 미국의 1차 대전 참전 계기 마련

◆영미 신호통신 정보체계

-영국 전쟁부 산하 해군정보부 통신감청단 40호실의 기능과 유사한 통신정보조직인 신호통신실(sigint agency)이 1917년 미국 전쟁부의 정보참모부에 신설됨

-암호통신 분류와 암호 해독 전문가 야들리(Herbert O. Yardley)를 암호해독실장(Director of Code and Cipher Bureau)에 임명하고 암호 해독실을 위장 회사로 하여 뉴욕에서 비밀리에 활동하도록 함

-암호해독실의 기능

• 1918년 장교 18명, 민간암호전문가 24명, 타자수, 속기사 109명으로 보강

• 미국정부나 군부대에서 국내와 해외에 통신전문을 발송하거나 문서전달 요원이 보내는 중요 서신과 명령, 보고서를 암호화하는 암호문을 설정하고 화학약품처리로 수신자만 약품처리로 읽게 하는 신호통신임무를 수행함

• 미국에서 송수신되는 외국 기관의 전화 감청, 암호문 해독, 서신분석으로 파괴 공작 저지, 군내부의 외국 귀화 장병 특히, 독일 태생 군 장병의 간첩, 공작 활동 사전 분쇄

◆ 독일군 에니그마 입수 활용

- 1930년대에 폴란드 수학자 리옙스키(Marian Rejewski) 등 암호해독 전문가들이 독일 암호해독기 에니그마의 암호 일부를 파악
- MI 6의 윈터보탐(Frederic Winterbotham)단장과 투링(Allen Turing), 플레밍(Ian Flemming) 등이 참여한 연합군 울트라 정보사업단은 에니그마 암호해독시스템으로 히틀러, 독일군 최고사령부과 군 기관에서 발송하는 지시 전문, 통신내용을 정확히 파악하여 독일군 기동을 사전 차단하고 역정보로 독일군 교란, 포위 공격 수행
- 영국공군은 에니그마 암호체계를 이용하여 영국 상공, 도버해협, 독일 상공 항공전에서 독일 전투기 교신을 교란하고 비스마르크 전함을 공격하여 침몰시킴
- 일본판 에니그마 'blue' 암호전문을 해독하여 사전에 일본해군, 순양함, 구축함을 침몰시키는 등 일본 해군의 미드웨이 공격 기도를 차단, 진주만 공격 이후 태평양전쟁에서 전기를 잡음
- 2차 대전 당시 처칠 수상과 루즈벨트 대통령간 전략정보 연락창구는 주미 영국 대사관 정보특사 스테펜슨(William Stephenson)이고, 미국측은 후버(John Edgar Hoover)수사국장에서 도노반(William J. Donovan) 장군으로 교체

2. 미국의 국내정보 보안과 맨하탄 프로젝트

연합군의 유럽전선과 미군의 태평양해전 승리에 결정적으로 기여한 것은 신호통신, 항공기정찰, 인간정보활동이었다. 영국정보부와 미국 연방수사국이 협력하여 미국 내에서 암약하는 독일스파이의 파괴공작을 예방하고 분쇄하는 정보보안활동을 함으로써 미국대륙에서 안정적으로 병력, 군수물자를 유럽전선으로 수송하는 데 큰 기여를 하였다. 특히 정보보안차원에서 이루어진 성공적 결실은 2차대전이 한창이던 시절에 미국 뉴욕시 브로드웨이 270번 건물에서 도안된 맨하탄사업(Manhattan Project) 수행이다. 맨하탄사업은 고도의 비밀이 유지되어야 하는 보안사업으로 독일 등 적성국가공작원의 침투와 파괴공작을 예방하고 봉쇄해야 하는 방첩활동이 동원된 원자탄만들기 작업이었다.

1939년 8월 2일 아인슈타인(Albert Einstein)과 헝가리출신 물리학자 스질라드(Leo Szilard)는 루즈벨트대통령에게 보낸 편지에서 원자폭탄은 재래식 폭탄과 다른 가공할 위력의 고성능전략 무기이며, 독일이 먼저 개발하여 2차 대전에 사용하기 전에 미국이 제조에 앞서야 한다는 제안을 한다. 루즈벨트대통령이 2개월동안 응답이 없자 루즈벨트의 친구이며 조언가인 월가의 금융가 삭스(Alexander Sachs)의 도움을 받아 대통령을 설득하여 10월 11일 우라늄위원회(Advisory Committee)를 구성, 표준국(National Bureau of Standard)의 브리그스(Lyman Briggs)를 책임자로 임명한다. 원자탄제조사업이 본격화되면서 맨하탄지역사업(Manhattan District Project)이라는 명칭으로 조직이 정비되고, 육군공병단의 그로버(Leslie Grove) 대령이 시설, 물자조달, 교통, 통신, 보안유지 등 관리책임자가 된다. 또한 국방연구위원회(National Defense Research Committee)와 과학연구개발실(Office of Scientific Research and Development)이 구성되어 캘리포니아 버클리 주립대학 핵물리학자 오펜하이머(Robert Oppenheimer) 박사가 원자탄제조이론과 기술부문을 주도하게 된다. 맨하탄사업은 미국주도 하에 미국, 영국, 캐나다, 오스트레일리아, 뉴질랜드가 참여하는 다국적사업이고, 시설을 담당하는 공병단, 재원조달기업, 핵전문가, 기술자가 모인 복합사업이다. 따라서 보안유지와 함께 국가간 의견조정, 제조시설담당자와 제조기술자와의 조정협력이 매우 중요하였다. 특히 핵물리학자들의 핵융합연쇄반응 등 학문과 이론에 대한 서로 다른 접근을 조정하는 것은 어렵고도 민감한 쟁점이었다.

미국은 태평양과 대서양을 접하고 있어 독일공작원, 러시아, 일본 기술자들이 핵폭탄제조시설에 접근하기 어렵다는 점에서 보안상 유리한 지리조건을 갖고 있다. 이러한 자연적 조건과 더불어 원자폭탄을 제조하는 과정에 관여하거나 참여한 핵심인물은 극소수였다. 루즈벨트대통령, 시팀손 전쟁부장관, 마샬 육군총장, 그로브장군, 그리고 관련 군장병 약간명과 오펜하이머, 페르미(Enrico Fermi), 서버(Robert Serber) 등 핵과학자와 기술자들이다. 그리고 전국에 30개의 원폭제조시설기지가 있는데, 이 곳에서 일하는 대부분의 기술자들은 주어진 임무에 충실할 뿐 핵무기개발이라는 큰 밑그림 속에서 일하는 것은 아니었다. 철저한 차단으로 개별 기지에 주어진 임무수행에만 집중하였다. 예를 들어 테네시 주에 있는 오크리지(Oak Ridge)는 수력발전소의 풍부한 전기를 이용하여 농축우라늄추출에 전념하고, 워싱턴주의 리칠랜드(Richland)에 있는 핸포드(Hanford) 기지는 수량이 풍부한 강물을 원자로냉각에 사용하여 플루토늄을 추출하는 데 전력한다. 캐나다 온타리오주의 솜버그(Schomberg) 기지는 부근에 산업기계단지가 있어 핵폭탄제조에 필요한 기자재를 구입하고, 인근에 산재한 군부대에서 보호를 받을 수 있었다. 특히 로스알라모스 국립연구소(Los Alamos National Laboratory)는 뉴멕시코주의 외딴 사막에 위치하여 외부에 노출하지 않고 원자폭탄을 조립 제조하고, 부근의 핵실험장에서 폭발실험을 할 수 있어 기밀보호, 보안유지에 적합한 기지이다.[10] 1945년 4월은 정상급 정치인물이 연속으로 사망한 달이기도 하다. 1945년 4월 12일 루즈벨트 대통령 사망, 4월 28일 무솔리니(Benito Mussolini) 사망, 4월 30일 베를린 지하벙커에서 히틀러 사망으로 이어졌다.

미국의 경우 부통령은 헌법규정에 따라 투표권은 없지만 상원의장이다. 1945년 4월 12일 일리노어 루즈벨트(Eleanor Roosevelt) 대통령 부인으로부터 루즈벨트

---

10) Groves, Leslie. 1962. *Now it Can be Told: The Story of the Manhattan Project*. New York: Harper; Cynthia, Kelly. 2005. *Oppenheimer and the Manhattan Project: Insights into J. Robert Oppenheimer, Father of the Atomic Bomb*. New Jersey: World Scientific (필자가 원자력위원회 위원으로 2005년 3월 29일 화요일 오전 10시부터 오후 3시까지 미국 뉴멕시코주 핵실험장으로 사용되다가 고강도핵폐기물을 저장하는 처리장을 방문하여 핵제조와 실험과정을 핵전문가에게서 들은 내용을 요약정리하였다).

사망소식을 듣고, 부통령이던 트루먼은 즉시 그 자리에서 대통령취임선서를 하고 대통령직을 수행한다. 취임당일 저녁 각료회의를 열고 다음날 아침 백악관 집무실에서 최초로 보고받은 내용은 유럽, 태평양 전선에서의 미군장병 사상자 현황이고, 다음은 유럽에서 활용하는 울트라 신호통신정보와 태평양에서 은밀히 일본군동정을 감시하는 매직신호 통신체계에 관한 보고였다. 그리고 처음으로 원자폭탄 실험상황과 일본에 투하하여 조기에 태평양전쟁을 종식시켜야 한다는 기밀정보가 보고되었다. 스팀손 전쟁장관이 원자탄 제조, 실험, 전략적 사용을 브리핑할 때 트루먼대통령은 "상원 전쟁위원회 위원장으로 국방정책프로그램을 조사할 당시 무슨 큰 과제가 수행되고 있다는 느낌은 받았는데, 노아의 방주재앙처럼 도시 전체를 날려버리는 폭탄을 만들다니"라고 말했다고 한다. 곧이어 실무총책임자 그로브장군의 설명과 스팀손 전쟁부장관의 "핵폭탄을 일본에 투하하여 천황의 항복을 받아 전쟁을 조기에 종식시키느냐, 아니면 재래식 무기로 1-2년 이상을 끌어 수백만 미군병사, 민간인사상자를 내고 전쟁을 마무리할 것이냐는 전적으로 대통령결심에 달렸습니다"라는 말에 트루먼대통령은 결단을 내리고 원자폭탄 투하작전을 지시한다. 투하지점을 교토로 하면 일본 국민에게 경각심을 주게 되나 문화유산파괴가 우려되고, 동경 천황궁을 폭격하면 황궁은 잿더미가 되지만 군사전략면에서는 의미가 없어 결국 히로시마와 나가사키로 낙착된다.

원자탄제조과정은 제조에서 투하에 이르기까지 끝없는 의견조정, 협조와 보안유지의 연속이었다. 막스 베버는 인간이 대규모목표를 달성하려면 계층제관료조직이 효과적이라 하였고, 미국 뉴저지 벨전신전화국 회장이던 경영관리전문가 버나드는 인간의 협업(human cooperative endeavor)이 복합목표를 성취하는 현대조직관리의 핵심이라고도 했다. 1945년 7월 16일 뉴멕시코주, 알라모고르도(Alamo-gordo)에서 최초로 시행된 핵실험이 성공하자 B. 29폭격기에 농축우라늄을 주재료로 만든 원자탄을 탑재하고 8월 6일에는 일본서남부 군사산업도시 히로시마에, 8월 9일에는 나가사키에 원자탄을 투하해 일본의 항복을 받아냈다. 맨하탄 프로젝트는 과학기술과 경영행정관리의 측면에서 당시 22억 달러를 투자하여 30개 시설기지에서 1만2천 명이 참여하여 이룩한 협동체계의 진수였다.[11] 동시에

11) Barnard, Chester I. 1938. *The Functions of Executive*. Boston, Massachusetts: The Harvard University Press; Waldo, Dwight. 1980. *The Enterprise of Public*

트루먼 부통령조차도 모르게 진행된 극비보안작전의 전형이기도 하다.[12)]

Administration. *Novato*, CA: Chandler & Sharp Publishers, Inc. Ch. 1, Ch. 2, Ch. 10.

12) Truman, Harry S. 1956. ***Truman Memoir: Years of Decisions. Garden City***, New York: Doubleday. Truman, Harry S. 1957. ***Truman Memoir: Years of Trial and Hope***. Garden City, New York: Doubleday(6·25전쟁 당시 중국군의 개입에 대해 원자탄은 유프라테스강변에서 일어난 노아방주 같은 재앙이 될 것이라 본 트루먼대통령과 달리 만주에 원자폭탄투하를 주장하던 맥아더장군을 해임하기도 한다).

요 약

미국 국내 정보 보안과 맨하탄 프로젝트

- 2차 대전 당시 미국 뉴욕시 브로드웨이 270번 건물에서 수행된 원자탄 만들기 맨하탄 사업(Manhattan Project)은 국내 보안 정보의 성공 사례
- 독일 등 적성국가 공작원의 침투와 파괴공작 봉쇄와 방첩활동 속에 1939년 8월 2일 아인슈타인(Albert Einstein)과 헝가리 출신 물리학자 스질라드(Leo Szilard)가 독일에 앞서 미국 핵무기 선점하자는 제안 서한을 루즈벨트 대통령에게 발송
- 10월 11일 우라늄위원회(Advisory Committee)구성
  - 원자폭탄 제조 시설, 물자조달, 교통, 통신, 보안 유지 등 관리는 육군공병단의 그로버(Leslie Grove) 장군이 책임
  - 국방연구위원회(National Defense Research Committee)와 과학연구개발실(Office of Scientific Research and Development) 운영과 제조 이론, 기술부문은 캘리포니아 버클리 대학 핵물리학자 오펜하이머(Robert Oppenheimer) 박사가 주도

- 맨하탄 사업은 미국 주도하에 영국, 캐나다, 오스트레일리아, 뉴질랜드의 학자, 기술자가 참여하는 다국적 사업임
- 맨하탄 사업 관여 인물은 루즈벨트 대통령, 시팀손 전쟁부 장관, 마샬 육군총장, 그로브 장군, 관련 소수 군장병, 오펜하이머, 시카고대 페르미(Enrico Fermi), 일리노이대 서버(Robert Serber)교수 등 핵과학자와 기술자 극소수
- 미국 전역 30개의 원폭제조 기지에서 일하는 기술자들은 부분별 임무만 알뿐 핵무기 개발 밑그림은 모름
  - 테네시주 오크리지(Oak Ridge): 수력발전소를 배경으로 농축 우라늄 추출에 전념
  - 워싱턴주 리칠랜드(Richland)의 핸포드(Hanth) 기지: 수량이 풍부한 강물을 원자로 냉각에 사용하는 플루토늄 추출
  - 캐나다 온타리오주의 솜버그(Schomberg) 기지: 부근 산업기계단지에서 핵폭탄제조 기자재 구입
  - 로스알라모스 국립연구소(Los Alamos National Laboratory): 뉴멕시코주의 외딴 사막에 위치, 원자폭탄의 조립과 실험
- 트루만 부통령도 루즈벨트 대통령 사망으로 대통령직을 계승하여 원폭투하 결재 단계에서 알게 됨

3. 신흥정보력 구축국가: 이스라엘, 중국, 일본

• 이스라엘

2차 대전 이후 정보분야에서 새롭게 부상하는 나라는 이스라엘, 중국, 일본이다. 이스라엘민족은 신이 선택했다는 선민의식을 가지고 있다. 기원전 11세기에 아라비아사막에 거주하던 유대인의 일부는 팔레스타인에 정착하고, 파라오 왕정 시절 애급에서 여호와 하나님의 인도로 모세가 이스라엘민족을 가나안땅으로 이끌었다. 뒤이어 사울, 다윗, 솔로몬 왕이 세운 유대왕국은 바빌론왕국, 비잔틴제국, 로마제국, 오스만제국에 의해 점령되어 유대인은 2000년이란 세월 동안 세계 각지에 흩어져 살았다. 그러던 중 1882년 러시아에 거주하던 유대인을 중심으로 유대민족의 정체성을 확립하려는 조직적 움직임이 태동한다. 전세계에 흩어져서 박해받는 유대인을 하나로 묶어 유대국가를 건설해야 한다는 시오니즘(Zionism) 운동이 1929년 스위스 취리히에서 개최된 제1차 시온운동 유대민족회의와 함께 시작되었다. 1930년대 후반 히틀러와 나치주의자가 자행한 유대인학살은 시온주의운동에 불을 지피고, 본격적으로 로마제국 군단에게 죽음으로 끝까지 항거한 마사다옥쇄정신으로 국제연합이 영국에 위임하여 보호하던 팔레스타인에 정착하기 시작한다. 2차 대전 종전 후 미소 냉전 기간에 유대인을 팔레스타인에 정착시키는 '나라세우기' 운동 뒤에는 자발적으로 조직된 무장세력 하가나(Haganah)와 하가나의 눈과 귀가 된 정보조직 샤이(SHAI)가 있었다. 정착을 위한 공식기구는 이민담당 A(Immigration A) 조직으로 정식으로 정착한 해외이민자의 수는 1939- 1944년 기간에 7만 5천 명이었다고 한다.[13] 그 이상의 이민은 팔레스타인의 허가가 있어야 가능하여 더 이상의 공식적인 이민이 어려워졌다. 이 때부터 영국정부와 영국정보기관 몰래 비공식 이민담당 B(Illegal Immigration B) 조직을 만들어 위조여권작성, 잠입통로개척과 안가설치 등을 통해 유대인이민자 수를 급속히 증가시킨다. 이스라엘국가가 독립하여 정부가 구성되기 오래 전부터 이

13) Richelson, Jeffrey T. 1988. *Foreign Intelligence Organization*. Cambridge, Massachusetts: Ballinger Publishing Company. p. 192.

스라엘민병대와 정보조직이 생존차원에서 자생적으로 생성되고 활동한 것이다. 따라서 이스라엘 정보조직은 이스라엘정착민의 자발적 조직이며, 국가성립 이전에 활동한 정부 그 자체로서 독립민족국가 수립에 초석이 되었다.[14]

1948년 5월 14일 이스라엘은 예루살렘에 정부를 세우고, 지중해서안 텔아비브를 거점도시로 팔레스타인일대 정착지에서 독립을 선포한다. 정치사회발전론자들은 국가발전단계를 이념확립(nation-building), 체제확립(state-building), 경제발전과 사회발전에의 참여(participation), 복지배분(welfare distribution) 단계로 나눈다. 이념확립단계는 일정 영토에 거주하는 주민이 정치, 사회, 경제 전반에 걸쳐 지향하는 가치체계, 규범, 문화를 총체적으로 묶은 개념인 이념을 정착시키는 단계이다. 아랍계의 이슬람문화와 이스라엘의 유대문화권 내에서 국가지도이념으로 입헌왕정체제를 채택할 것인지, 아니면 자유시장 경제체제를 유지하면서 2개 이상의 정당이 국민의 자유선거로 정부를 구성하는 자유민주주의 이념 체제를 채택할 것인지에 대한 국민적 합의를 이끌어 내는 단계이다. 이스라엘은 자유시장 경제체제에 내각책임제를 구현하는 이념을 확립하게 된다. 체제구축은 이념을 현실화하는 정부기구, 국가관리절차와 메커니즘을 조직화하는 단계이다. 체제구축단계에서 행정부, 입법부, 사법부가 조직되고, 행정부기관으로 정보조직이 정식으로 태동한다. 그리고 전력투구하여 경제산업발전, 사회발전에 국민이 참여하는 단계에 진입한다. 마지막으로 산업과 사회발전 과정에서 축적된 정치, 사회, 경제적 국가의 총체적 산출물은 국민 개개인에 분배되는 복지배분의 단계에 도달하게 된다. 국가의 복지배분단계에서 체감하는 국민의 만족도는 국가를 지지하는 국가정통성 확립수준의 가늠자가 된다.[15]

---

14) 석재왕. 2004. "안보문화와 정보정책-이스라엘의 정보실패를 중심으로." 성균관대학교 대학원 국제정치전공 박사학위논문. 92쪽.

15) Almond, Gabriel and Bingham Powell. Jr. 1966. *Comparative Politics*. Boston, Massachusetts: Little, Brown & Co. pp. 109-207; Bendix, Rinehard. 1969. ***Nation-Building and Citizenship***. New York: The Free Press. pp. 6-7; Binder, Leonard. James S. Coleman, Joseph LaPalombara, Lucian Pye, Sidney Verba, and Myron Weiner. 1971. ***Crisis and Sequences in Political Development***. Princeton, New Jersey: Princeton University Press. p. 53. pp. 110-123. pp. 183-192.; Lipset, Seymour Martin. 1960. ***Political Man***. New York: Anchor Books. pp. 64-82. pp. 261-278; Dogan, Mattei and Dominique Pelassy. 1984. *How to Compare Nations: Strategies in*

1945년 2차 대전 이후 본격적으로 유대인들이 팔레스타인지역에 조직적으로 정착하고 지역을 잠식하게 됨에 따라 오래 전부터 이 지역에서 생활한 아랍 팔레스타인들은 하루아침에 날벼락을 맞은 셈이 된다. 그리하여 출발부터 이스라엘은 팔레스타인 아랍민족으로부터 공격을 받아 북쪽 레바논, 동쪽 시리아, 동북쪽 요르단, 남부이집트로부터의 군사공격과 테러에 시달리게 된다. 팔레스타인지역 아랍인은 민중봉기(Intifada)와 끊임없는 테러저항운동을 전개하여 여기서 자란 팔레스타인 젊은 세대는 대를 이어 아랍 근본과격주의 테러전사(Arab Fundamentalist Jihad Warrior)를 배출하는 지역이 되고 있다. 현재까지 통계로 팔레스타인 아랍인은 아랍 전체국가의 어느 아랍인보다 교육, 문화, 경제, 산업면에서 높은 수준을 영위하고 있었다고 한다. 교육자, 금융인, 석유재산가들이 사우디, 레바논, 시리아, 이란, 이라크, 이집트를 비롯하여 파리, 런던, 프랑크푸르트, 미국 주요지역에 포진하고 있다.[16)]

팔레스타인거주 아랍인의 저항, 주위 아랍국가의 이스라엘타도 연합전선은 이스라엘에게는 국가선포와 동시에 전방위국가 위협요소가 되었다. 따라서 이스라엘은 자유민주주의 이념과 체제구축, 산업발전에의 국민참여, 복지배분이라는 국가발전단계를 추진하면서 동시에 국가생존차원에서 군대와 정보기관을 정비하고 강화할 필요가 있었다. 이에 1948년 5월 14일 이스라엘은 독립국가를 선포하면서 군총참모부, 작전참모부에는 군사정보부, 외무부에는 정치부, 내무부에는 국내보안부를 설치하였다. 그러다가 주미정보공사로 미국 중앙정보부 직제를 연구한 실로아(Ruben Shiloah)는 초대수상 벤구리온(David Ben-Gurion)에게 건의하여 외무부소속 정치부를 폐지하고 1951년 9월 1일 수상직속기관으로 해외정보부인 모사드(Mossad Letafkidim Meouychadim, Central Institute for Intelligence and Special Operation)를 설치하고 자신이 초대부장이 된다. 히브리어로 '기관'을 의미하는 모사드는 해외정보의 수집과 분석, 공작, 준군사활동, 외국정보기관과 정보협력, 이스라엘 정보기관간 협조조정역할을 수행한다. 한편 국내보안과 방첩임

Comparative Politics. New Jersey, Chatham: Chatham House Publisher's, Inc. pp. 163-168.

16) Magstadt, Thomas M. 1994. ***Nations and Government, Comparative Politics in Regional Perspectives***. New York: St. Martin's Press. pp. 278-283. pp. 310-321.

무를 수행하던 국내보안부, 신베트(Shin Beth, General Security Service)는 같은 시기에 수상직속 정보기관으로 독립하였다. 국내외세력에 의한 정부전복과 사보타지 방지, 요인보호, 테러대응, 국내주재 외국공관의 정보수집과 감시가 주요 임무이다. 또한 군총참모부의 작전참모부 소속에서 수상직속기관으로 격상된 아만(Aman, Agaf Modiin, Military Intelligence Service)은 육해공군 정보취합, 군사정보 수집과 분석, 중동지역 지리와 경제정보 수집, 해외무관, 국내주재 외국무관과의 연락을 담당한다. 외무부에는 초기의 정치부가 폐지되면서 연구기획센터(Research and Political Planning Center)가 가동되어 미국국무부 정책기획국처럼 재외공관이 수집하여 보낸 정보와 외교사안을 분석전파한다. 페레스(Shimon Peres) 수상이 집권한 1960년대 중반에 국방부에 과학국(Leshkat Kesher Madao, LEKEM, Bureau of Scientific Relations)이 신설되어 해외공관에 과학주재관을 파견하여 주재국의 과학기술 정보를 수집하였는데, 특히 프랑스전투기 미라지설계도를 빼돌려 이스라엘제 전투기(F-151 Raam)의 성능향상에 도움을 주었다. 과학국은 미국 해군정보기관에 근무하는 유태계미국인 폴라드(Jonathan J. Pollard)를 매수하여 인공위성으로 촬영한 중동지역 각국군대 배치도를 입수하다 발각되어 미국의 거센 항의로 1985년 경에 폐지되었다.[17]

해외정보, 국내보안, 군사정보, 외교정보, 경찰정보가 이스라엘 5대 정보기구라면, 그 중에서도 해외정보, 국내보안, 군사정보기구가 이스라엘 핵심정보기구로 활동하고 있다. 이들 정보기관은 그 고유임무에 따라 성공적 결과를 창출하고 때로는 정보실패를 야기하기도 한다.

우선 모사드는 정보원을 침투시켜 아랍권과 관련 국가에서 정보를 수집할 뿐 아니라 공작, 파괴, 암살, 납치 등 은밀한 준군사활동도 전개한다. 정보원을 침투시켜 정보를 수집한 사례로는 1959년 독일인으로 위장하여 이집트의 정보를 빼낸 로츠와 1960년 시리아인으로 위장하여 시리아 등 아랍국가의 군사정보를 수집한 코헨이 있다.

모사드는 정보원을 침투시켜 아랍권과 관련 국가에서 정보를 수집할 뿐 아니라 공작, 파괴, 암살, 납치 등 준군사활동도 전개하였다. 1957년 히틀러 친위대 장교로 독일 나치수용소에서 유대인을 대량학살한 아이히만(Adolf Eichmann)이

17) Richelson, Jeffrey T. 1988. *op. cit.* p. 195.

아르헨티나에 살고 있다는 첩보를 입수한 모사드는 3년간의 추적 끝에 1960년 3월 21일 클레망(Ricardo Klement)이라는 이름으로 부에노스아이레스에 사는 아이히만을 확인하고 5월 11일에 납치하였다. 납치한 아이히만을 아르헨티나독립 150주년 기념 이스라엘축하사절단이 타고 온 비행기로 이스라엘로 데려와 공개 재판과정을 거쳐 1962년 5월 21일에 처형하였다.[18]

또 한 사례로는 팔레스타인의 검은 9월단에 대한 이스라엘의 보복조치가 있다. 요르단 후세인국왕이 팔레스타인난민으로 조직한 검은 9월단(Black September)이 1972년 9월 5일 뮌헨에서 개최된 하계올림픽에 참가한 이스라엘선수를 선수촌에서 납치하여 인질로 삼고 이스라엘감옥에 있는 아랍인 234명과 일본 적군파 테러리스트 오카모토 고조(岡本公三)[19]를 교환하자는 요구를 한다. 선수촌난입과정에서 선수 1명과 코치 1명을 사살한 인질범들은 이스라엘에 수감중인 아랍인과 고조를 석방하면 납치한 선수들도 풀어 준다는 조건으로 비행기를 공항에 대기시켜 인질범과 선수를 카이로로 보내 줄 것을 요구하였다. 이에 독일 테러진압특공대는 인질범과 선수 9명이 헬리콥터로 뮌헨공항에 도착하는 순간 사격을 개시했는데, 헬기에 있던 인질범들은 선수 9명 전원을 사살했고 인질범도 모두 사망하였다.

로츠와 코헨의 첩보활동

모사드는 1959년에 로츠(Wolfgang Lotz)라는 인물을 특수임무를 수행하기 위해 발탁하였다. 로츠는 독일 만하임에서 태어난 유대인으로 1933년 어머니와 함께 팔레스타인에 이주하였다. 영어와 독일어에 능통하여 2차 대전 당시에는 영국군에 입대하여 독일군포로를 심문하고, 전쟁 후에는 하가나에 가

18) Richelson, Jeffrey T. 1988. *op. cit.* pp. 205-206; Thomas, Gordon. 2007. ***Gideon's Spies. The Secret History of Mossad***. New York: St. Martin's Griffin/Thomas Dunne Books. pp. 78-85.

19) 오카모토 고조는 일본 적군파테러리스트로 아랍테러리스트와 공조하여 다른 테러범 2명과 함께 1972년 5월 30일 텔아비브시에 있는 로드공항에서 이스라엘항공사 엘-알(EL-AL) 비행기에 탑승한 승객 29명을 사살하였다. 이 과정에서 70여 명이 부상당하고, 테러범 2명은 사살되고, 혼자 살아남아 감옥에서 복역중이었다.

입하고 이스라엘군으로 근무하였다. 로츠는 정보원교육과 함께 승마 조련사 훈련을 받고 아리에(Zeev Gur Arieh)라는 히브리어이름으로 위장하여 1960년에 서독으로 간다. 그리고 독일에서는 2차 대전 당시 롬멜이 지휘한 아프리카 군단장교로 근무하다가 동독에서 나온 피난민으로 꾸민다. 이런 과거 배경으로 로츠는 1961년 이집트 카이로에 침투하여 승마학교를 운영하면서 이집트 상류계층인물과 교제를 시작한다. 친분관계를 맺은 인물로는 이집트 군정보국 부국장 라만(Abdel Rahman) 대령, 미사일부대 보안부대장 오스만(Favad Osman) 장군, 슐레이만(Salaam Suleiman) 장군, 모네임(Fawzi Moneim) 제독, 경찰간부 고랍(Youssef Ghorab)이 있었다. 비록 이들보다 친분관계가 두텁지는 않았으나 후에 대통령이 된 사다트(Anwar Sadat) 장군도 아리에로 위장한 로츠가 베푼 파티에 참석한다. 로츠는 미사일부대 보안부대장이던 오스만장군의 안내로 지대공 샘 미사일 기지를 방문하여 시나이반도와 네게브사막 전초기지에 설치된 미사일발사대를 볼 수 있어 관련 정보와 함께 신형 미사일 앞에서 포즈를 취한 오스만 보안부대장을 촬영한 사진을 고스란히 모사드에 보낼 수 있었다. 이 밖에도 카이로에서 일하는 독일과학자와 기술자 명단과 주소, 독일과 오스트리아에 거주하는 과학자가족 주소를 모두 파악하고, 이들이 수행하는 미사일 시스템 구축작업내용을 수집하였다. 그리고 작전계획 "333 사업(Project 333)"이라는 이집트 미사일 통제시스템 설계도를 마이크로필름에 담아 모사드에 보고하기도 하였다. 그러나 목욕탕에 설치된 송신기로 모사드에 정보를 보고하다가 1965년 2월 이집트방첩대의 송신전파 탐지로 체포되어 종신형으로 수감되었다. 1967년 이스라엘과 이집트의 6일 전쟁 후 이집트 군포로 500명과 로츠를 교환하였다.[20]

1960년에는 코헨(Eli Cohen)을 타베스(Kamil Amin Taabes)라는 이름의 시리아인으로 위장시켜 아르헨티나수도 부에노스아이레스에서 의류무역상으로 일하게 하였다. 부에노스아이레스에서 시리아무역상으로 성공하면서 시리아대사관 무관 엘-하페즈(Amin el-Hafez) 장군과 친분을 돈독히 하는데, 이런 친분은 훗날 엘-하페즈장군이 시리아대통령이 된 뒤에도 유지되었다. 성공한 사업가로 시리아수도 다마스쿠스에 귀환한 타베스는 엘-하페즈장군의 소개로

20) Richelson, Jeffrey T. 1988. *op. cit.* pp. 199-200; Thomas, Gordon. 2007. *op. cit.* pp. 65-70.

시리아 육군참모총장 조카 자레딘(Maazi Zahreddin) 중위를 만나게 된다. 그리고 골란고원의 시리아요새를 구경할 기회를 얻어 골란고원 서부전선참호에 설치된 러시아제 신형 122밀리 박격포 80문을 보고 요르단계곡을 사진촬영하였다. 이 정보를 토대로 이스라엘육군은 시리아군의 박격포진지와 사격목표를 정확히 파악할 수 있었다. 타베스는 또한 시리아전선 부대배치상태, 200대 이상의 러시아제 T-54탱크 도입사실, 전쟁발발시에 소련군이 마련한 이스라엘 북부군무력화, 이스라엘의 물 공급을 끊는 단수조치 작전계획, 도입된 소련 MIG 전투기사진 등을 모사드에 건네주었다. 초단파를 통해 1시간 넘게 모사드와 교신한 것이 시리아군 방첩부대에 탐지되어 1965년 1월에 체포되고 5월에 다마스쿠스 순교자광장에서 처형되었다.[21)]

계속해서 검은 9월단 행동대장 살라메(Ali Hassan Salameh)는 런던주재 이스라엘대사관 농업무관에 대한 우편폭탄테러와 더불어 이스라엘공관 대사, 저명한 유대인, 유대인사업가, 시온운동지도자, 심지어 미국대통령에 대한 우편폭탄 테러를 시도하였다. 검은 9월단은 브뤼셀에서 활동하던 모사드요원과 파리에 모사를 위해 활동하던 정보원을 살해하기도 한다. 당시 이스라엘수상 마이어(Golda Meier)는 중요 정보상황이 발생할 때 논의하는 X 위원회(X Committee)를 소집하여 최종적으로 검은 9월단 지도부암살을 결정했는데, 특히 행동대장 살라메를 핵심목표로 삼았다. 모사드는 신의 복수단(wrath of god)이라는 조직을 만들고, 예하에 지원팀이 배속된 여러 암살부대를 두었다.

암살부대는 9월단 로마기지의 책임자 와엘 아부 즈웨이터(Wael Abu Zwaiter), 9월단 프랑스조직 2인자인 마히문 함차리(Mahimun Hamchari) 박사, 9월단 사이프러스 거점요원 압둘 엘 히르(Abdul el Hir), 베이루트 아메리칸대학 교수로 검은 구월단에게 필요한 무기와 폭약을 구입하여 공급하던 바실 알-쿠바이시(Basil al-Kubaisi) 박사, 검은 9월단 두목 무함마드 나가르 아부(Muhammad Naggar Abu), 파타(Fatah) 조직지도자 카말 나사르(Kamal Nassar), 나사르보좌관 케말 아드완

21) Richelson, Jeffrey T. 1988. *op. cit.* pp. 198-199; Thomas, Gordon. 2007. *op. cit.* pp. 20-70; Volkman, Ernest. 1994. *The Secret Agents Who Changed the Course of History*. New York: John Wiley & Sons. pp. 140-160.

(Kemal Adwan), 검은 9월단 프랑스총책 모함마드 부디아(Mohammad Boudia)를 테러로 차례로 제거하였다.[22)]

모사드는 전투기와 핵물질 획득공작도 실행한다. 1963년 소련이 이집트, 이라크, 시리아 공군에 수출한 MIG 21 전투기의 속도, 장착무기, 비행능력, 계기 등에 대한 정보를 알 수 없었던 이스라엘 정보당국은 MIG 21 전투기에 대한 정보를 획득하기 위한 첩보활동을 당시 벤구리온수상, 라빈(Yitzhak Rabin) 참모총장의 승인 하에 수행하여 소련제 MIG 21 전투기를 획득하였다. 모사드는 이스라엘 파리대사관에서 접촉한 아랍인 살만(Salman)을 통해 이라크인 조셉(Joseph)을 이라크에서 만난다. 다시 이라크 공군조종사인 조셉의 조카 무니르 레드파(Munir Redfa)를 만나 50만 영국파운드(100만 달러)와 함께 가족의 안전을 조건으로 MIG 21 전투기의 양도를 제의한다. 이후 스위스은행에 50만 파운드를 송금하고, 바그다드주재 미국대사관 무관의 레드파의 신변안전을 보장하였다. 그 결과 1966년 8월 14일 이라크북부 산악지역에서 레드파가족이 헬기를 타고 터키로 피신하자 다음날 8월 15일 조종사 레드파는 MIG 21기를 몰고 터키국경을 넘어 미국 중앙정보부가 운영하는 터키기지에서 재급유를 받고, 지중해를 건너 이스라엘 전투기호위를 받으면서 이스라엘비행장으로 무사히 안착하였다.

또한 1969년 12월 27일 모사드가 운영하는 특공대는 홍해의 라스 갈렙(Ras Ghaleb) 이집트 해군기지에 침투한다. 특공대는 수에즈운하의 이스라엘측 항공기

---

22) 검은 9월단 로마기지의 책임자 와엘 아부 즈웨이터(Wael Abu Zwaiter)는 1971년 8월 지금의 벤구리온공항에서 이스라엘민항기 엘-알에 탑승한 승객을 무차별 학살한 장본인으로 1972년 10월 16일 저녁 친구와 함께 귀가하던 중 모사드암살부대원이 쏜 총탄 12발에 맞아 사망했다. 같은 해 12월 8일에는 검은 9월단 프랑스조직 2인자인 마히문 함차리(Mahimun Hamchari) 박사는 파리 아파트전화기에 설치된 원격조정폭약에 의해 사망한다. 몇 주 후에 모사드는 검은 9월단 사이프러스 거점요원인 압둘 엘 히르(Abdul el Hir)가 자는 침대 밑에 폭탄을 설치하여 그가 자는 틈에 폭사시킨다. 이라크인인 베이루트 아메리칸대학 교수인 바실 알-쿠바이시(Basil al-Kubaisi) 박사는 1973년 4월 유럽여행중에 파리에서 모사드요원에게 암살당한다. 같은 해 4월 9일 자정에 베이루트해안에 상륙한 모사드특공대는 4월 10일 새벽 1시 30분에 베르둔거리 아파트에 침투하여 검은 9월단 두목 무함마드 나가르 아부(Muhammad Naggar Abu), 파타(Fatah) 조직지도자 카말 나사르(Kamal Nassar), 나사르 보좌관 케말 아드완(Kemal Adwan)을 저격한다. 그리고 검은 9월단 프랑스총책 모함마드 부디아(Mohammad Boudia)가 여자친구 집에서 밤을 보내고, 다음날 아침 주차장에서 차를 열고 앉는 순간 좌석 뒤에 설치된 폭탄이 점화되어 폭사한다.

이륙을 탐지하는 중량 7톤의 이집트군 조기경보시스템인 소련제 P-12 스푼 레스트(SPOON REST) 레이더 시스템을 해체하여 레이더종사자와 함께 헬리콥터에 싣고 이스라엘로 철수하기도 하였다.

한편 1965년 미국 펜실베이니아주 아폴로시에 있는 소규모 핵처리시설을 갖춘 핵장비와 원료생산회사에서 381.6파운드 고농축우라늄이 분실된 사태가 발생한다.[23] 회사와 정부기관의 조사결과 핵무기 10기를 생산할 수 있는 양의 고농축우라늄은 핵처리과정에서 사라졌으며, 이는 이스라엘 모사드의 소행이라는 결론이 내려졌다. 이스라엘은 유럽에도 위장회사를 차려 이스라엘 디모나(Dimona) 핵발전소와 협조하면서 대형 핵물질가공회사와 계약하여 200백 톤의 우라늄산화물질을 구매하고, 필요한 장비를 유럽시장에서 구입하였다.[24]

모사드요원은 은밀하면서도 과감하고 신속한 정보활동과 파괴공작으로 성공적 결실을 얻기도 하지만, 국가운명을 좌우할 쓰라린 정보공작실패도 겪었다. 대표적인 사례가 9월단 테러범행동대장 살라메암살 테러시도이다. 모사드는 9월단 테러범행동대장 살라메를 암살하기 위해 그의 은신처라고 판단된 노르웨이 릴레함메르시에 요원을 침투시킨다.[25] 1973년 초에 그의 연락책 케말 베나메인(Kemal Benamane)이 릴레함메르에 있는 식당종업원 부치키(Ahmed Bouchiki)와 접촉하는 것을 목격하고 그가 살라메라고 판단한 모사드요원 2명이 집으로 가는 부치키를 총으로 쏘아 숨지게 하였다. 그러나 그는 테러와는 아무 관계없는 식당종업원이었다. 신원도 제대로 확인하지 않고 일반인을 살해한 모사드는 암살공작에 실패했을 뿐 아니라, 모사드공작팀이 노르웨이경찰에 체포되어 공작배후와 정보망정체가 폭로되어 조직의 위기를 가져왔다. 체포된 모사드행동요원과 지원팀요원이 공작팀신원, 조직첩보망, 비밀전화를 자백하여 스칸디나비아를 비롯한 유럽 전체 모사드비밀공작에 타격을 주었고, 이스라엘정부의 국가위신과 대외신용도에도 타격을 주었다.[26] 참고로, 모사드는 6년 후 1979년 초에 살라메를 베이

23) 창업자이자 사장은 잘만 샤피로(Zalma A. Shapiro)이다.

24) Thomas, Gordon. 2007. *op. cit.* pp. 48-60; Richelson, Jeffrey T. 1988. *op. cit.* pp. 200-202.

25) 살라메는 노르웨이 릴레함메르에서 검은 9월단의 스칸디나비아 조직을 장악하고 있는 것으로 알려졌다.

26) Richelson, Jeffrey T. 1988. *op. cit.* pp. 209-210.

루트에서 발견하고 살라메살해계획을 다시 세운다. 모사드는 살라메가 타고 다니는 셰비웨곤차가 지나가는 도로에 폭탄을 가득실은 폭스바겐을 세워 놓고 살라메가 탄 차가 세워 둔 폭스바겐 옆을 지나갈 때 원격조종으로 폭스바겐을 폭발시켜 살라메와 2명의 경호원, 그리고 주위에 있던 다른 4명을 폭사시켰다.27)

냉전체제가 종식되고 테러리즘이 창궐하는 현시점에 이스라엘은 팔레스타인 아랍테러리스트 침투활동감시를 가장 중요한 정보보안목표로 하고 있으나, 그 외의 정보활동도 게을리하지 않고 있다. 관련하여 대표적인 정보기관으로 신베트가 있다. 신베트는 국내방첩, 테러방지, 국내정보의 유출방지와 보안, 국내 주재 외국대사관과 외국기관의 활동감시와 정보수집을 주임무로 하며, 아랍, 비아랍지역 국가를 비롯하여 러시아와 동유럽국가를 목표로 한다. 신베트의 대표적인 정보보안활동사례를 보자.

우주에서 지구로 쏟아지는 입자로 된 강렬한 광선인 우주선28)과 복사열을 연구하던 하이파공대 핵물리학 교수 커르트 시테(Kirt Sitte)는 핵무기개발 핵심기술연구에 관여하면서 1954년부터 1958년까지 체코와 소련 정보기관에 우주선과 우주복사열과 연계된 핵무기폭발탐지, 핵무기개발에 관한 기술을 넘겨 주다가 신베트의 오랜 감시추적 끝에 체포되어 5년 징역형을 선고받았다.

다음으로 신베트는 소련에 정보를 제공하던 비어(Israel Beer)를 끈질긴 추적 끝에 체포하였다. "1912년 오스트리아 비엔나출생 유대인으로 비엔나대학을 졸업하고 1934년 나치에 대항해서 싸웠고, 비엔나사관학교에서 교육을 받은 후에 슈츠분드(Schtuzbund)에 있는 군에서 장교로 근무한 후 스페인내란중에는 국제혼성여단(International Brigade)에 가입하여 싸웠다"라고 밝힌 비어는 1938년 팔레스타인으로 돌아와 하가나군조직에 가입하여 대령이 되었다.29) 그 후 1950년 이스라

27) *Ibid*. pp. 208-210; Thomas, Gordon. 2007. *op. cit*. pp. 78-85.

28) 지구로 쏟아지는 입자로 된 우주선(cosmic ray)은 강렬한 에너지를 가지고 있는데, 그 에너지는 핵무기가 폭발할 때 발생하는 것으로 지구상에서 어떤 국가나 조직이 핵폭발을 실험해도 우주선연구기술을 이용하여 그 움직임을 즉각 감지할 수 있다. 한편 우주광, 복사열에 맞먹는 열량을 가진 지구상의 에너지는 핵폭발시에 발생하는 에너지로 이런 에너지를 저장하여 핵폭발 구조에 원초적 물질로 첨가하여야 핵폭발이 가능하다.

29) 그러나 나중에 이스라엘보안부에서 추적한 결과 1938년 팔레스타인으로 와서 군인이 되기 전 오스트리아에서 태어나 스페인내란에 참전한 경력까지 전부 허위임이 판명되었다.

엘군 장교를 그만두고 정치권에 들어가 수상 벤-구리온측근으로 군작전계획, 국방전략에 관한 회의에 참석하고, 1급 기밀을 직접 볼 수 있었다. 벤-구리온 수상이 이끄는 마파이(Mapai)당과 협력관계에 있던 공산당 마팜(Mapam) 당원이었던 비어는 마팜당이 분열되자 새로 조직된 좌파성향 마키(Maki)당이 아닌 우파성향인 마파이당에서 일하면서 벤-구리온수상과 더욱 친분을 갖게 된다. 1953년 모세 샤렛(Moshe Sharre)이 수상이 되었을 때도 그와 친분을 맺고 1955년 벤-구리온이 재집권했을 때는 더욱 공고한 유대관계를 맺었다. 국방담당비서로 근무하다가 1959년에 텔아비브대학 군사학 교수로 발령받아 군사전문가로 언론과 학계까지 활동영역을 넓히고, 국방차관 시몬페레스와도 친분을 두터이 하였다. 이 무렵에 군참모총장 모세 다얀은 비어가 소련과 동구공산권 대사관에 빈번히 출입하는 것을 수상하게 여겨 보안부장 이세르 하렐(Isser Harel)로 하여금 그의 행적을 추적하게 하였다. 하렐부장은 비어의 이념성향을 타진하기 위해 1955-1956년 어간에 발생한 이스라엘과 이집트 군사분쟁, 이집트와 체코 간의 무기구매에 대한 비어의 입장을 서면으로 제출받아 검토하기 시작한다. 이 무렵 1957년 모세 다얀참모총장과 시몬 페레즈국방부 부장관이 서독에 가서 독일제 잠수함 2척을 구매하려는 계획을 이스라엘공산당이 언론에 폭로하는데, 기밀누설 배후인물로 비어가 지목되었다. 이후에도 비어는 스트라우스(Franz-Joseph Srrauss) 독일국방장관을 만나고, 1960년에 2차 대전 당시 동부전선 독일군정보참모였다가 서독에 투항하여 미국의 협조로 당시 서독 해외정보부를 이끌며 소련과 동구공산국가의 정보를 가장 깊이 있게 꿰뚫고 있어 소련이 필사적으로 접근하려던 겔렌장군을 접촉한다. 당시 겔렌은 미국 중앙정보부의 협조로 이집트 정보시스템을 향상시키면서 이스라엘을 중동의 자유세계 전초기지로 강화하자는 계획을 세워 이를 실행에 옮기는 과정에서 이스라엘정보당국은 그를 주의 깊게 관찰하고 있었다. 그래서 이스라엘정보당국도 인가된 핵심요원만이 제한적으로 접촉하는 겔렌부장을 허가 없이 접촉한 비어를 의심하기 시작하여 감시하다가 아파트근처에서 소련정보원에게 이스라엘 군사기밀을 넘기는 것을 포착하여 체포되었다.[30] 이후

30) 하렐은 벤-구리온수상에게 비어의 간첩행위를 보고하였지만, 비어에 대한 믿음이 강했던 수상은 처음에는 하렐부장의 건의에 관심을 표시하지 않았다. 그러다가 1961년 3월 28일 저녁 비어가 그의 아파트에서 가방을 들고 나와 평소 자주 들리던 카페에서 코냑을 청해 마시며 말없

비어는 10년 형을 선고 받았으나 15년형으로 가중되어 복역중 사망하였다.[31)]

신베트보안부는 국내방첩과 테러예방에 많은 공을 세웠지만, 인권유린 등 폐단도 있어 국내외 비난의 대상이 되기도 하였다. 1984년 4월 12일 아랍계 팔레스타인 4명이 이스라엘점령지역인 가자지역부근 아쉬켈론(Ashkelon)에서 이스라엘버스를 납치하여 남쪽아랍계 팔레스타인 가자지역으로 이동하고 있었다. 다음날 신베트보안부대와 특공대가 버스를 기습하여 장악하는 과정에서 4명의 인질범은 모두 사살되었다고 발표하였다. 그러나 보안요원에게 끌려가는 인질범 2명의 사진이 공개되어 이들이 심문과정에서 살해되었다는 여론이 제기되었다. 여론의 압박에 조리아(Meir Zorea)를 위원장으로 한 위원회가 구성되어 조사를 진행하게 되었고, 조사과정에서 진압작전에 참여한 신베트보안요원은 상부로부터 버스와 승객을 납치한 테러범을 살해하라는 명령을 받은 적이 없었다고 진술하였다. 위원회는 인질범 진압작전상황을 이해하면서도 보안부요원의 월권행위에 대한 검찰사법조사가 필요하다는 결론을 내렸다. 법무부 검찰조사에서 신베트보안부요원은 보안부장의 명령 하에 인질범을 심문하면서 고문하였다고 증언하여 조리아위원회에서 상부로부터 가혹행위를 해도 좋다는 명령을 전혀 받지 않았다는 진술이 허위임이 판명되었다. 또한 법무부 검찰조사에서 소환된 보안요원은 고문과정의 증거인멸, 조리아위원회에서 허위진술, 실제 심문 기록물소각을 샬롬(Avraham shalom) 신베트보안부장이 명령하였다고 진술하였다. 이어 증언조작, 사건은폐를 지휘한 샬롬부장 외에 보안부 고위간부 3명 중 2명은 고문치사

이 앉아 있던 중 한 남자가 그의 앞에 나타나자 비어는 그가 가지고 있던 가방을 건네 주고 텔아비브 브랜다이스 거리 67번 자기 아파트로 돌아갔다. 자정이 되자 가방을 가지고 사라진 남자가 조금 전 비어에게서 받은 가방을 다시 가지고 비어가 사는 아파트로 들어갔다가 빈손으로 나오는 것을 발견한다. 그 남자는 소련정보원이었고, 그가 비어에게서 받은 가방에는 이스라엘 군사기밀서류가 담겨져 있었다. 소련정보원은 가방에서 서류를 들어 내고 현금을 가득채워 비어 아파트에 가지고 간 것이다. 이를 현장에서 덮친 신베트요원은 자정이 지난 다음날 새벽 2시에 법원영장을 받아 비어 아파트에 진입하여 군사기밀이 가득한 가방, 복원이 불가능하게 찢어진 벤-구리온수상의 일기장 일부도 발견하여 비어는 구속되었다. 벤-구리온수상은 이런 사태를 보고받고 "나는 주위에 나를 속이는 자들에게 둘러싸여 있었구나"라고 말하였다 한다.

31) Richelson, Jeffrey T. 1988. *op. cit.* p. 225; Black, Ian and Benny Morris. 1991. ***Israel's Secret Wars: A History of Israel's Intelligence Services***. New York: Groves Press; Gelter, Doron. 2009. ***Inside Israel Secret Service. A History of its Growth and Mission***. Jerusalem: Jewish Agency for Israel. Abstract of Doron Gelter's Book.

는 육군 고위장교가 저지른 짓이라고 하고, 더 나아가 샬롬 부장은 직속명령체계에 있는 당시 수상 샤미르(Yitzhak Shamir)에게 모든 책임을 돌렸다. 1984년 보수성향 리쿠드(Likud Party)당과 노동당(Labor Party)이 연정으로 페레스(Shimon Peres)를 수상으로 선출한 가운데 보안부 부부장과 간부 2명이 페레스수상을 방문하여 샬롬부장의 거취문제를 건의하자 페레스수상은 이들을 사임하게 하고, 1986년 각료회의를 거쳐 보안부장 샬롬과 간부 3인을 계속 조사하는 법무장관 자미르(Yitzhak Zamir)를 해임한다. 곧이어 헤르조그(Chaim Herzog) 대통령이 샬롬보안부장과 간부 3인에 대해 사면령을 내리고, 고등법원은 이 결정이 합법적이라는 판결을 내린다. 또한 샤론(Ariel Sharon) 상무부장관, 캍샤브(Moshe Katzav) 노동부장관은 이스라엘이 테러와의 전쟁상태로 정규법이 적용되기는 어려운 상황인 점을 고려하여 비록 기본법규를 위반했지만 보안부의 행위를 적법한 것으로 인정하자는 옹호론을 편다. 마리브(Maariv)지, 하렛즈(Haaretz)지 등 이스라엘 언론은 이에 대해 "앞으로 테러범은 모조리 살해해도 좋고, 보안부부장은 부하들이 위증하도록 강요해도 괜찮고, 그래서 가증스러운 행동을 저질러도 대통령은 묵시적 보장을 할 것"이라고 정부의 국내보안부 행동에 비판여론을 제기하였다. 아울러 1986년 이스라엘 TV에서 법무부 검찰당국은 2명의 인질범을 살해해도 좋다는 지시를 샤미르수상이 보안부장 샬롬에게 내린 적이 없으며, 따라서 전임 신베트보안부장 진술은 믿을 수 없다고 발표하였다.

한편 1980년 이스라엘국방부는 나프수(Izat Nafsu) 육군중위를 레바논 남부지역의 기독교동맹군과 이스라엘군의 연락장교로 임명하였다. 나프수중위는 이스라엘에 있는 시르카시언(Circassian)이라는 무슬림 소수파신도였다. 그런데 신베트는 나프수중위가 시리아에게 군기밀사항을 넘겨 주었다는 자백을 받고 군사재판에 회부하였다. 그러나 나프수중위는 1981년 비밀군사재판에서 신베트 요원이 불법감금과 가혹행위로 거짓증언과 자백을 강요하였다고 증언하며 자백을 번복하였다. 오랜 법정공방 끝에 1987년 이스라엘대법원은 전직 육군중위 나프수가 강요에 의한 비윤리적 수사로 자백한 점을 고려하여 기소한 내란음모죄를 파기하였다.[32] 이 사례는 이념 및 정책과 관련해서 야기되는 정당갈등 등 정치권갈등이 정보기관에 미치는 부정적인 영향, 정보전문가의 경직성과 정치권과의 야합,

32) Richelson, Jeffrey T. 1988. *op. cit.* pp. 228-229.

전문정보관의 경직된 시오니즘, 선민의식이 상호 연계되어 나타난 파행적 정보활동, 공작 및 인권유린의 전형적 사례라 볼 수 있다. 이스라엘군 정보활동에서도 이런 정보실패의 사례를 찾아볼 수 있다.

750만 이스라엘인이 주위 2억6천만 아랍인을 상대로 국가를 보위하는 기저에는 이스라엘군이 있기 때문이다. 이스라엘은 국가탄생 이전에 이미 생존보위차원에서 하가나 지하군사조직, 정보수집과 공작을 담당하는 샤이조직을 갖추고 있었다. 그리하여 1948년 5월 25일 초대수상 벤구리온이 하가나를 모체로 하여 이스라엘정규군을 창설하라는 명령을 내려 오늘날의 이스라엘국방군(Israel Defense Forces: IDF)으로 발전하게 된다.[33] 이스라엘군은 건국 이후 현재까지 국가생존을 위해 주변 아랍국가와 전쟁을 치러 왔는데, 최근에는 소규모국지전과 대량살상을 야기하는 테러전에 대응하고 있다. 이스라엘군이 그 동안 교전한 사례로는 1948년 아랍-이스라엘 전쟁, 1950년 시나이(Sinai) 전투, 1967년 6일 전쟁, 1973년 욤키푸르(Yom Kippur) 전쟁, 1982년 레바논전쟁, 2006년 레바논전쟁, 2009년 가자지역의 팔레스타인 해방기구(Palestinian Liberation Organization: PLO) 공격 등이 있다.

이런 전쟁승리의 기저에는 아만(Aman)의 군사정보력이 버티고 있었기 때문이다. 아만은 군사정보를 수집하고 분석한 결과를 군부대에 제공하며, 부차적으로 지도작성, 경제산업 정보수집, 특히 중동지역 정보수집에 집중하였다.[34] 그런데 아만은 아랍에 대응하는 이념과 정책에서 비롯된 일방적 정세판단, 정치권과 정보관료의 자기 중심우월성, 정보실무자가 가진 거울이미지로 인한 정보, 수집,

33) 이스라엘군은 한국처럼 징병제이며, 18세가 되면 여자는 2년, 남자는 3년 기한 군복무를 한다. 현역군은 현재 20만 명 정도이며, 유사시 45세 이하 예비군 40만 명을 24시간 내에 동원가능하다. 개인화기는 갈릴(Galil), 트레보르(Trevor) 소총과 우지기관단총(Uzi)이며, 육군 메르카바(Merkava) 전차, 공군 F-151 라암전투기, 해군 고속미사일함, 잠수함, 텔(THEL)레이즈 방공미사일 시스템, 무인정찰기, 군사정찰용 인공위성, 100기의 핵무기가 가동된다. 이스라엘 군 명령체계는 국방부장관, 국방총참모장, 육군, 공군, 해군 사령관, 전선사령관, 항공전단, 해군지역사령관으로 되어 있다.

34) 아만군정보부는 부장, 차장 조직산하에 야전보안 검열부대, 지역전선사령부 정보부대, 해군, 공군 정보부대, 정보분석과 생산국, 해외무관과 이스라엘주재 대사관무관을 관리하는 군사외교국, 통신, 감청, 신호처리 담당 정보단이 있다. 아만 이스라엘 군사정보부장은 조직상 국방장관, 국방총참모장에게 정보보고를 하나, 수상에게 직접 보고하는 수상직속기관 시스템으로 운영된다.

공작의 오류, 그로 인한 정보해석오판의 정보실패를 가져왔다. 정보실패는 수상사임, 각료경질, 정당파당 등의 정치권갈등, 정보기관 공동체혼란, 심각한 국력손실로 이어진다. 1954년 아만군사정보부 산하 13 정보부대가 이집트를 상대로 벌인 파괴공작이 그 전형적 사례이다. 당시 이스라엘 국내 정세는 정치권력이 집권마파이당의 초대수상 벤구리온에서 중도온건 샤레트(Moshe Sharett) 수상으로 이양되었다. 초대외무장관이었던 샤레트수상은 수상취임 이후에도 외무장관을 겸직하며, 서방세계와 이집트를 비롯한 주변 아랍국가 및 팔레스타인 아랍인과 경제협력 등 협상과 타협으로 이스라엘의 생존을 도모하려는 주화파(dovish stance)의 입장을 견지한다. 반면 국방부장관을 겸임한 전임 벤구리온수상, 샤레트수상이 이끄는 행정부각료인 국방장관 라본(Pinhas Lavon), 라본장관휘하의 국방총참모장 페레스(Shimon Peres), 군총참모장 다얀(Moshe Dayan), 군정보부장 기블리(Benjamin Gibli), 131정보부대장 벤주르(Mordechai Benjoor) 중령은 이스라엘의 생존은 공세적 군사력행사에 달렸다는 매파(hawkish stance)이었다.[35] 더구나 131정보부대의 공작 성격, 영역, 관할권에 관해 모사드와 군사정보부는 갈등관계에 있었다.

샤레트수상은 1952년 파루크왕조를 타도한 이집트 나세르(Gamal Abder Nasser) 군사정부가 영국으로부터 수에즈운하 관리와 방위권을 이양받은 협상에 주목한다. 또한 미국 아이젠하워대통령은 소련의 중동팽창정책 저지와 중동지역의 안

---

35) 라본국방장관은 1904년 우크라이나지방에서 태어나 법대학생시절부터 유태인조직운동에 발을 들여놓아 1929년 팔레스타인에 돌아와서는 본격적으로 유태인정착운동에 투신한다. 그는 이스라엘 국가수립과 함께 제헌의원, 다선의원으로 벤구리온정부의 농업장관, 무임소장관을 역임하고, 벤구리온수상 사임 후에 집권한 샤레트수상 정부에서는 국방장관으로 기용된다. 샤레트수상 역시 1894년 우크라이나에서 태어나 1910년 팔레스타인으로 이주하여 헤르즐리아 히브리(Herzliya Hebrew)고교를 수석으로 졸업하고, 이스탄불법대를 나왔다. 그리고 팔레스타인에서 언론인으로 활동하면서 제헌의원, 외무장관으로 일하다가 수상이 된 이스라엘건국 1세대이다. 벤 구리온 초대수상은 1886년 폴란드에서 태어나 바르샤바법대를 졸업하고 마르크스 유태주의 시온운동에 앞장서고, 1904년 팔레스타인에 정착한다. 1915년에 미국으로 건너가서 생활하다가 1차 대전에는 영국군 유태인부대에 지원하여 참전하고, 종전 후에 다시 팔레스타인으로 돌아와 노동당 우파성향인 마파이당을 창건한다. 초대총리로서 1954-1956년간 샤레트장관에게 수상직을 이양한 2년 기간을 제외하고는 다시 1956년에 국방장관, 수상에 취임하여 1963년까지 이스라엘을 이끌었다. 벤구리온수상은 후임 샤레트수상보다는 8년, 라본 국방장관보다는 18년 위인 이스라엘건국 1세대 원로이다.

정을 위해 미국과 대서양기구 주도로 중동방위기구 창설에 호의적인 아랍권에 외교적, 경제적으로 접근하고 있었다. 그러나 라본국방장관은 이집트와 아랍권의 서방세계와의 평화무드 조성과 수에즈운하의 이집트에의 이양이 이스라엘국익에 결정적 타격을 준다고 보았다.

건국 1세대 중에서 젊었던 라본장관은 아랍권과의 관계에 대해 주전 매파 성향으로 벤구리온과 호흡을 같이한다. 한편 다얀군총참모장, 페레스국방총참모장은 주화 비둘기파 샤레트수상을 의식하며, 독선적이고 공격성향의 라본국방장관과는 다소 거리를 두었다. 따라서 라본국방장관은 지휘라인에서 이들을 건너뛰어 군사정보부장 기블리대령과 산하 131부대장 벤주르중령에게 명령하여 이집트 사회불안 조성공작, 일명 수산나작전(Operation Susannah)을 실행하게 한다. 수산나작전은 영국이 이집트에 대한 수에즈운하 관리권이양을 번복하도록 유도하고, 이집트가 영국과 미국에 적대적인 국가인 것으로 보이게 하는 것이다. 이집트내의 영국, 미국 대사관 시설물과 군중이 운집하는 이집트공공건물을 파괴하여 공포와 혼란을 조성하고자 하였다. 여기에 131부대 공작대가 동원되고, 인명살상보다는 폭약사용으로 시설물을 폭발하여 파괴와 혼란조성을 극대화하는 공작에 초점을 맞추었다.

기블리 군사정보부장은 공작기획차원에서 다얀군총장, 페레스국방총장, 모사드 등 관련 정보부서와의 긴밀한 협조 없이 공작조선발, 폭약처리훈련, 공작조안전조치, 기동로확보 등에 허점이 많은 상태에서 벤주르 131부대장에게 행동명령을 내린 것이다. 1954년 군사정보부 요원 다르(Avraham Dar)를 지브랄타거주 영국기업인 달링(John Darling)으로 위장시켜 이집트에 투입시켜 유태계 이집트인과 아랍인들을 공작요원으로 포섭하였다. 또한 엘라드(Avri Elad) 또는 자이덴버그(Avrham Seidenberg)로 불리는 정보요원을 프랭크(Paul Frank)라는 독일 기업인 또는 전직 히틀러 게슈타포장교로 위장시켜 이집트에 보내서 이집트에서 암약하는 이스라엘 군사정보부 공작요원을 관리하는 임무를 부여한다.[36] 수산나 작전은 1954년 7월 2일 이집트 알렉산드리아 우체국폭발, 7월 14일 알렉산드리아와 카

36) Richelson, Jeffrey T. 1988. *op. cit.* pp. 214-215; Bar-Joseph, Uri. 1995. ***Intelligence Intervention in the Politics of Democratic States***. Philadelphia: The pennsylvania State University Press; Black, Ian and Morris, Benny. 1991. *op. cit.*

이로에 있는 미국문화원폭발, 카이로기차역폭발, 영국인소유 극장폭발 등으로 전개되었다. 그런데 프랭크로 위장한 정보요원 엘라드가 이집트에 이스라엘기밀을 팔아넘기면서 이집트에서 전개되는 수잔나공작을 귀띔해 주었다. 엘라드의 밀고로 이집트보안요원이 추적하는 가운데 1954년 7월 23일 19세의 공작요원 나탄선(Philippe Natanson)이 알렉산드리아극장에 폭발물을 설치하기 위해 극장정문에 들어설 때, 주머니에 넣어둔 폭약이 조기에 폭발하여 이집트보안요원이 체포되었다. 이후 공범자가 모두 색출되어 재판에 회부되었다.[37)]

기획단계에서 모사드, 신베트 등 정보기관과 긴밀한 협조 없이 진행된 수산나작전은 공작기술에서도 실패했다. 더군다나 수상 샤레트는 수산나공작실패를 언론보도로 알았다고 할 정도로 수상도 모른 상태에서 국방총장과 군총장이 방관한 채 국방장관 라본이 군사정보부장 기블리와 131부대장 벤주르중령과 함께 공작을 전개한 사실은 정치적 소용돌이를 몰고 왔다. 더군다나 영국과 미국은 이집트에 있는 우방국대사관 시설물에 폭약을 터트릴 정도로 냉엄한 정보공작을 수행하는 이스라엘의 국가이익 추구에 이스라엘이 과연 우방국, 정보동맹국가인가에 의심을 품는 계기가 되었다. 샤레트 수상을 면담한 후 라본국방장관은 자기는 명령을 내린 적이 없다고 했지만, 기블리 군사정보부장은 라본장관지시로 공작을 수행했다고 한다. 샤레트수상은 올샨(Isaac Olshan) 대법관, 이스라엘 군 제1참모부장 도리(Yaakov Dori) 장군 등으로 조사위원회를 구성하여 수산나공작에 대한 규명에 들어갔다. 다얀군총참모장과 페레스국방총장 역시 수산나공작에 관한 지시를 받거나 상의한 적이 없다 하여 라본장관과 기블리 군사정보부장이 서로

---

37) 나탄선의 실패로 부유한 유태인집안 딸인 니니요(Victorine Ninyo)가 체포되고, 송신기, 암호책, 수제폭탄 등이 모두 압수되었다. 이 와중에 공작원포섭을 담당한 다르대령, 공작원감독 담당 엘라드(자이덴버그)는 무사히 이스라엘로 복귀한다. 체포된 공작원 중 카르몬(Yosef Carmon)은 고문으로 사망하고, 비네트(Meir Max Bineth)는 자살하였으며, 마르주크(Moshe Marzouk)와 아자르(Shmuel Azar)는 교수형에 처하고, 메유하스(Meir Meyuhas)와 자프란(Meir Zaafran)은 복역중 1962년 석방되었다. 그리고 나머지 3명은 1967년 6일 전쟁으로 붙잡힌 이집트포로와 교환되어 살아남은 이들에게는 2005년 3월 카트사브(Moshe Katsav) 대통령이 공로인정서를 수여하였다(Richelson, Jeffrey T. 1988. *op. cit.* pp. 214-215; Bar-Joseph, Uri. 1995. *op. cit.*; Shabtai. Teveth. 2005. ***Ben-Gurion's Spy: The Story of Political Scandal that Shaped Modern Israel***. New York: The Columbia University press; Black, Ian and Benny Morris. 1991. *op. cit.*).

상충되는 견해를 피력하다 1955년 결국 둘다 사퇴하게 된다. 그런데 라본장관은 자신이 독단적으로 결행한 것이 아니며, 고위정치권의 지지가 있었다는 발언을 한다. 이 발언은 라본장관 뒤를 이어 국방장관에 임명되고 뒤이어 수상에 다시 취임한 벤구리온수상에게도 영향을 주어 정치권에 파장을 주게 되고, 결국 1956년 샤레트수상은 수상직을 사임하게 된다.

국방장관과 군사정보부장, 수상 사임으로 일단락되는 것처럼 보이던 수산나 공작사건은 5년 뒤인 1960년에 다시 불거져 정치권의 쟁점이 되었다. 1955년 조사위원회 보고서가 진실을 은폐하였다는 문제가 제기되자 벤구리온 수상은 1960년 4월 코헨(Chaim Cohen)대법관을 포함한 조사위원회를 구성하여 재조사를 하게 된다. 결론은 위증과 조작된 자료가 있었으나, 라본장관이 수산나공작을 지시하지 않았다는 일종의 타협적 결론을 내렸다. 이에 벤구리온수상이 크게 반발하였다. 이에 1960년 당시 이스라엘 상공인, 근로자, 주요 기업의 연합조직인 히스타드루트의 사무총장으로 있던 라본을 사임시켜야 한다고 강력히 주장한다. 결국 이스라엘노동당인 마파이당에서 탈당하여 근로자중심 라피당(Rafi Party)을 창당하여 총선에서 10석을 얻고, 다시 국가당(National List)을 창당하여 총선에서 4석을 얻은 벤구리온은 정계를 은퇴한다.

심각한 국내외파장을 몰고 올 해외공작을 수상도 모르게 국방장관과 군사정보부대장이 독단적으로 전개한 것은 국가권력에 도전하는 심각한 모반행위라고 보아도 될 것이다. 그리고 노동당 내의 이념과 정책의 괴리를 조정하는 수상의 정치적 리더십에도 치명적 결함이 있었다고 보아야 할 것이다. 이 사례는 은밀한 공작의 성공적 결실을 위해서는 수상과 각료수준의 이해와 결심 속에 정보공동체가 공작기획단계에서 실행단계에 이르기까지 완벽한 계획과 치밀한 협조가 밑받침되어야 한다는 교훈을 주고 있다. 특히 이스라엘의 경우 유대인선민의식이라는 경도된 일방적 열정에서 냉철한 판단력을 기반으로 한 정보공작으로 전환해야 하는, 정보요원이면 누구나 가져야 하는 덕목을 다시 한번 생각하게 하는 계기가 된다.

이스라엘군사정보 활동에서 반성해야 하는 실책은 아랍군을 압도하는 이스라엘의 군사력에 관한 자기 과신이다. 1948년 국가수립 이후 주변 아랍국가와 크고 작은 전쟁에서 이기고, 특히 1967년 이집트와 6일 전쟁에서 대승을 거두면서 이스라엘군은 막강과학기갑군, 아랍군은 재기불능의 낙타부대로 보는 거울이미지(mirror image)에 사로잡히게 된다. 이스라엘군의 이러한 자만은 1973년 10월 6-26일 동안 이집트와 시리아를 핵심으로 하는 아랍혼성군과 이스라엘 군 간에 벌어진 4차 이스라엘-아랍 전쟁인 욤 키푸르(Yom Kippur) 전쟁에서 패배함으로써 막대한 전쟁손실, 국민자신감상실, 정치혼란의 결과를 가져왔다.

1973년 욤 키푸르전쟁

이집트의 경우 1967년 전쟁패배 후 나세르에 이어 사다트(Anwar Sadat)는 절치부심으로 1970년부터 경제개발, 국민실망감회복, 아랍국 단결에 초점을 맞춘 이스라엘 보복군사력강화에 전력한다. 그리고 제일 먼저 전쟁기만작전에 착수하여 이스라엘 정부지도자나 군사정보부를 비롯한 정보공동체에서 이집트가 전쟁준비에 돌입하지 않고 있음을 믿게 하였다. 사다트는 1972년 2만여 명의 소련 군사고문단이 철수하게 하여 이스라엘군이 "이집트가 군사력을 스스로 약화시킨다"고 믿게 하였다. 1973년 10월 욤키프르전쟁 5개월 전인 5월 8일부터 9월 27일, 9월 30일에 걸쳐 연이어 이집트 예비군동원령을 내리고 수에즈운하를 도하하는 군사작전을 전개한 다음 동원령을 해제하여 단순 군사동원훈련인 것처럼 위장하였다. 동시에 극비로 구소련으로부터 MIG 21 전투기, SA-2, 3, 7 지대지, 지대공 단거리 미사일, T-55 탱크, RPG-7 대전차 로켓포 등을 구입하였다. 남부에서 수에즈운하를 건너 북부로 진격하는 이집트군과 동북부에서 남하하는 시리아 군이 합동으로 2개 전선을 형성하여 이스라엘군을 양분하는 대규모군사작전을 수행하는 기도를 처음부터 상상조차 할 수 없게 하는 기만전술을 편 것이다. 동시에 하나님께 사죄하고 화해하는 유태교의 가장 엄숙한 종교절기로 이스라엘군인이 휴가를 간 욤 키푸르기간을 D-day로 하여 전격기습전을 감행한 것이다.

이에 반해 이스라엘 아만군사정보 부장 자이라(Eli Zeira)를 위시한 참모요원의 전쟁예측 정보보고서는 간단명료하였다. "수에즈운하주위에 강력한 이집트군사력이 포진하고 있으며, 항시 공세적으로 전환할 준비태세가 되어 있다. 그러나 이집트와 이스라엘 군사력대비는 예전과 다를 바가 없다. 이집트가 공세적으로 전환하는 데 필요한 소련제 MIG 23 전투기는 아직 도착하지 않았고, 스커드 미사일은 겨우 불가리아에 도착하여 이집트군에서 수령하여 훈련조작하는 데는 수개월이 걸린다. 최근 수차례 실시한 이집트 예비군을 포함한 군사동원은 통상 훈련용으로 판단된다. 더군다나 시리아는 이집트가 남부지역에서 침공하여 북부로 진격하지 않으면 전쟁에 참여하지 않을 것이다. 그러므로 이집트의 이스라엘침공은 없을 것으로 판단된다." 수상 골다 마이어(Golda Meir), 국방장관 모세다얀, 군총참모장 엘라자르(David Elazar)는 이 정보를 그대로 수용하였다.[38] 다만 자미르(Zvi Zamir) 모사드부장과 모사드 이집트담당요원들은 이집트군의 기습공격이 10월 5-6일 사이에 감행될 것임을 예상하고 대응을 주문하였다. 그러나 마이어수상은 이집트에 대한 선제공격으로 인한 이스라엘에 대한 아랍석유 금수조치, 미국의 군사원조 원활화 차질, 소련의 전쟁개입을 우려해 선제공격 보류결정을 내린다.

그러나 1973년 10월 6일 오후 2시 5분에 이집트군의 수에즈운하 도하, 시리아군의 골란고원 진격작전이 감행된다. 기습공격이 개시된 10월 10일 최초 4일간 이집트는 시나이 이스라엘 방어진지를 무력화시키고, 시리아군은 골란고원으로 진격하여 승기를 잡았다. 그러나 이후 이스라엘군은 반격을 개시하여 남부지역은 수에즈운하 서안으로 진격하여 수도 카이로를 101km 남겨 놓았고, 북부에서는 골란고원에 진격한 시리아군을 물리치고 다마스커스로 진입하는 통로까지 확보하였다. 그러나 소련의 요구, 사다트의 제안, 키신저국무장관의 중재와 유엔결의로 1973년 10월 25일 휴전이 조인되었다.

1973년 욤키푸르전쟁으로 이집트와 시리아가 주축이 되고, 레바논, 이라크, 요르단, 파키스탄, 아프가니스탄, 리비아, 모로코, 북한까지 전투기조종사를 지원하고, 사우디와 쿠웨이트는 재정지원을 하는 형태로 결성된 아랍연합군은 이스라엘군과 맞겨룰 만 하다는 자신감을 갖게 된 계기가 마련되었다. 이스라엘은 1,320킬로톤급의 원자탄을 사용하려는 계획까지 세울 정도로 아랍군대공세에 힘

38) Richelson, Jeffrey T. 1988. *op. cit.* pp. 216-217; Herzog, Chaim. 2003. *The War of Atonement: The Inside Story of the Yom Kippur War*. London: Greenhill Books; Quandt, William B. 1976. *Soviet Policy in October 1973 War. Santa Monica*, CA: Rand Corporation; Rabinovich, Abraham. 2005. *The Yom Kippur War: The Epic Encounter That Transformed the Middle East*. New York: Stocken Books.

겨워 하여 욤키푸르전쟁 후에 아랍국가와의 새로운 관계를 모색하게 된다. 그리고 벤구리온수상 당시 신베트가 아랍 팔레스타인납치범을 고문한 가혹행위와 위증으로 정치권이 소용돌이에 휘말린 것처럼 욤키푸르 10월 전쟁 조기대응 및 정보판단실패에 대한 정치권, 군지휘부, 정보공동체 간 책임소재논쟁이 발생한다.

마이어수상은 대법원장 아그라나트(Shimon Agranat)를 위원장으로 하는 위원회를 만들어 욤키푸르전쟁 전말을 조사하도록 하였다. 아그라나트 위원회 조사결과에 따라 이스라엘군 총참모장 엘라자르(David Elazar), 아만군사정보부장 자이라(Eli Zeira), 부부장 겸 연구분석국장 샬레브(Aryeh Shalev), 고넨(Shmuel Gonen) 남부사령관이 해임되었다. 뒤이어 마이어수상이 사임하고 이후 라빈수상이 취임하면서 모세 다얀 국방장관도 사임하였다. 욤키푸르전쟁의 여파는 후일 1977년 물러난 라빈수상 뒤를 이은 베긴(Menachem Begin) 수상이 이끄는 우파 리쿠드(Likud Party)당이 집권정당으로 부상하는 데 영향을 주었다. 전쟁에 대한 조기경보체계의 가동실패로 선제공격기회를 상실하여 전쟁초기 기선을 제압당한 이스라엘은 9,000명의 부상자, 2,600여 명의 사망자라는 손실을 초래하였다. 이는 베트남전쟁 10년간 사망한 미군병사수보다 많았다.

욤키푸르전쟁에서 얻은 교훈은 군사정보에서 군사력만년우위라는 고정관념, 그런 자기 입장에서만 적군을 분석하는 거울이미지, 정보공동체에서 제기하는 다양한 정보경보체계를 무시하는 군사정보우위, 정보공동체와 정치권의 관료화된 군사우위 믿음을 철저히 경계해야 한다는 점이다. 특히 역대수상 가운데 벤구리온, 에쉬콜, 다얀, 페레스, 베긴, 샤론, 라빈, 샤미르는 국방장관을 역임하여 군사정보계통의 조언, 정보판단에 무게를 두는 점에 주의를 돌릴 필요가 있었다. 이스라엘 정보체계도 최근에는 수상실에 안보정책조정과 정보종합을 임무로 하는 수상보좌 국가안보위원회가 가동되고 있다. 그리고 이스라엘이나 아랍권도 전쟁을 통한 문제해결은 파멸이란 점을 인식하기 시작하면서 평화적 해결을 갈망하는 세계여론에 무게를 두고 있다. 그리고 선민의식에 사로잡힌 이스라엘건국세대에 비해 신세대는 안보와 정보 분야에서 기여하려는 열정이 맹목적이기보다는 합리적으로 접근하여 다소 완화된 상태이다.[39)]

---

39) 문정인. 전병준. 2002. "이스라엘 정보. 보안 체계." 문정인 편저. 「국가정보론」. 서울: 박영사. 452-453쪽.

이스라엘이 경제과학력, 국민응집력, 성숙한 정치사회체제에서 아랍보다도 우위에 있다고 볼 수 있을 것이다. 또 그런 총체적 국력기반 위에서 이스라엘정보력은 주변 아랍국가의 이스라엘 적대행위를 예견하고 필요한 군사안보대비책과 경제사회적 안정화시책을 펴나가는 것이다. 또한 이스라엘은 미국을 위시한 유럽의 지원을 받고 있지만, 750만의 이스라엘이 주도적으로 서방세계의 지원을 활용하면서 2억7천만의 주변 아랍연맹국가들을 효과적으로 상대하면서 체제를 유지하고 있다. 그런 체제유지의 내적 기반 중 하나가 바로 선민의식으로 똘똘 뭉친 이스라엘 정보시스템의 최대가용이다. 모사드가 수행하는 해외정보수집, 팔레스타인을 비롯한 주변 아랍국의 동태감시와 공작, 신베트가 펼치는 아랍테러리즘과 이스라엘내부파괴를 분쇄하는 국내보안, 남부이집트에서 서북부요르단, 동북부시리아, 이란에 이르는 전천후 군사도발감시와 공작을 수행하는 아만 군사정보 활동은 주변 아랍국 전체정보력을 능가하는 이스라엘의 국가경쟁력 지표이며 국가브랜드이다.

• 중 국

공산국가로 통일된 중화인민공화국은 청대 이후 중국특유의 정보시스템을 구축하고 있다. 중국공산당 정부의 정보시스템은 시기별로 3단계로 나누어 볼 수 있다. 1단계 시기는 1912년 선통제(宣統帝) 부의(溥儀)를 마지막으로 청나라가 멸망한 후 1949년 중화인민공화국이 설립되기까지이고, 2단계 시기는 정부수립 후 1979년 개혁개방 이전, 3단계 시기는 개혁개방 이후부터 현재까지이다.

제 1단계 정보시스템은 청멸망 후 모택동(毛澤東)을 위시한 중국공산당이 37년 동안 공산당지하활동을 전개하고, 장개석(蔣介石)의 국민당과 일본군에 맞서 공산정권을 중국본토에 세우는 데 공헌한 정보활동을 기반으로 한 것이다. 1838년 아편전쟁으로 중국은 서방세계에 의해 찢겨지고, 1912년 청의 마지막 황제 부의는 일본이 세운 만주국의 황제로 전락하면서 중국은 증국번(曾國藩), 강유위(康有爲), 손문(孫文)의 중국부활 운동에 이어 장개석이 이끄는 국민당과 모택동이 주축이 된 중국공산당 간 내전을 치르며 국가건설에 돌입한다. 종래에는 중국공산당이 중국본토에 국가를 세우는데, 1949년 중국대륙에 중화인민공화국을 설립하는 견인차는 1921년 창당한 중국공산당, 1927년 조직된 인민해방군이다. 국민당 토벌, 일본군공격에 대항하는 생존의 근간은 자발적 조직과 비밀유지로 중국공산당조직은 모두 지하에서 은밀히 움직이는 비밀결사체였다. 기밀을 유지하면서 일본군과 국민당군의 정세를 은밀히 파악하는 정보활동은 중국공산당 중앙특별공작위원회 산하 중앙특과, 공산당 중앙군사부, 공산당 사회부탄생으로 이어진다. 이스라엘 시오니즘 운동조직, 하가나군사조직, 샤이정보조직처럼 중화인민공화국이 설립되기 이전에 중국공산당, 인민해방군, 공산당사회부라는 정보조직이 활동한 것이다. 주은래(周恩來)가 이끄는 중앙특별위원회와 진운(陳雲)이 지휘하는 중앙특과는 당중앙군사부가 조직된 1926년 다음해인 1927년에 설립된다. 1934년 연안에서 대장정이 시작되어 1945년 항일전쟁이 막바지에 이르는 기간에 강생(康生)이 이끄는 사회부가 창설되어 국민당과 일본군에 관한 정보수집, 러시아와 미국 등 주변정세파악, 외부의 간첩침투 색출 및 역정보전파 등 방첩, 책반(策反)에 정보력을 집중한다.[40)]

1949년 중화인민공화국이 출범하면서 행정부인 국무원, 사법부인 최고인민법원, 입법부인 전국인민대표대회로 정부골격이 갖추어졌다. 그러나 국가최고 정책결정기구는 중국공산당이며, 당중앙위원회의 정치국이다. 정보기구도 당과 국무원 수준에서 형성되고 있다. 그리고 정책결정과 집행의 중복을 방지하고 조정협의로 정책집행의 효율성을 높이기 위해 국정관리, 정책관리의 계통제(系統制)를 구축한다. 당무계통(黨務系統), 조직계통(組織系統), 선교계통(宣教系統), 정법계통(政法系統), 재경계통(財經系統), 군사계통(軍事系統)으로 나누어 국가기관을 배열하고 기능을 조정관리한다. 중화인민공화국은 내전에서 승리하여 공산당 일당독재체제로 출범하였지만, 대만의 장개석정부를 비롯한 영국령인 홍콩, 포르투갈령인 마카오, 소련과는 국경분쟁, 유럽과 미국, 그리고 일본과는 냉전체제에 따른 비우호적 적대관계로 출범 당시부터 위기 속에 있었다. 그래서 국가목표는 자연히 공산국가 주권수호, 사회체제안정, 중국현대화로 정형화되었다. 중국 정보기관도 당연히 이런 국가목표달성에 초점을 맞춘 정보활동을 수행하게 된다. 중국 국가정보기관은 정법계통에 속한다.

중국공산정권은 국가건설 초기단계에 소련의 국가조직을 모델링하였는데 정

40) Richelson, Jeffrey T. 1988. *op. cit.* pp. 273-279.

보기구가 좋은 예이다. 초기단계에 활동하던 중앙특과와 사회부는 새로이 신설된 정보기구에 흡수된다. 국무원산하에 공공안전부(公共安全部)가 설치되어 국가안전, 국내외정보수집, 방첩, 체제전복방지, 해외공작, 경찰, 국경수비, 출입국관리, 소방, 산불예방, 홍콩, 마카오, 대만출입국관리 등 국내외정보수집, 공작, 보안업무를 담당한다. 한편 공산당 중앙위원회산하에 대외연락부와 통일전선공작부를 두었는데, 대외연락부는 소련, 동구권, 유럽, 쿠바, 북한의 공산당, 사회당, 형제당과의 친선, 정보교류협조, 외교정책조정, 공작활동을 전개한다. 통일전선공작부는 마카오와 홍콩을 비롯한 전세계의 화교단체와 연계하여 친중국공산정권 세력을 규합하고, 배타적, 반공산정권 세력은 회유와 협박으로 와해공작을 감행하고, 대만을 흡수하려는 정보수집, 공작을 담당한다. 그리고 인민해방군에는 제2부 군사정보부, 제3부 기술부, 제4부 전자부가 있는데, 군사정보부는 주변 군사력평가, 군전투, 전략정보를 수집하고, 기술부는 통신감청, 암호해독, 신호정보를 담당하고, 1993년에 신설된 전자부는 인공위성 영상정보, 전자정보, 사이버정보전에 주력한다. 중국군에는 이 밖에 군내부를 감시하는 군보위부와 중국군 자체로 국제정보를 수집하는 연락부가 있다. 1966년 모택동이 문화혁명소조를 앞세워 시작한 문화혁명으로 권력전면에 부상한 강청(江靑), 장춘교(張春橋), 요문원(姚文元), 왕홍문(王洪文)에 의한 개혁개방지향, 등소평(鄧小平)과 유소기(劉少奇) 등을 수정주의자로 비판하는 정치갈등와중에 중국 정보지도부도 비판대상이 되거나 퇴출당하는 직격탄을 맞아 정보시스템이 일시 다운되기도 하였다.

그러나 1976년 모택동의 사망과 4인방 퇴출 후 등소평이 주도하는 개혁개방정책에 동조하는 자오저양(趙紫陽), 호야오방(湖耀邦), 주룽지(朱鎔期), 장쩌민(江澤民), 후진타오(湖錦濤), 원자바오(溫家寶) 등이 중국의 현대화를 지속적으로 수행하였다. 이런 지평에서 중국 정보시스템도 재가동되면서 1986년 공공안전부의 국내외정보수집, 방첩, 테러예방과 진압, 군의 국제정보 수집기능 일부를 흡수하여 국가안전부를 설치한다. 1970년대에 시작하여 1980년대에 본격적으로 전개된 개혁개방정책은 중국의 현대화를 의미한다. 중국현대화는 농업과 공업 현대화, 과학기술발전, 군의 현대화이다. 그리고 현대화가 진행되는 과정에서 발생하는 부정적 결과물도 해결해야 할 과제이다. 부정, 부패 제거, 국유기업의 효율성 제고, 인플레억제, 범죄증가해결, 중앙과 지방 갈등해결, 농촌과 도시 생활격차, 지역, 계층 간 소득격차해소가 정치, 사회문제로 등장하였다. 또한 해외기업과 외국인 중국진출로 중국인의 시민사회 의식증대에 대한 대응책, 중국주재 외국 대사관과 외국기관의 정보수집 대응, 티베트와 위구르 독립자치운동 무력화, 서남부지역 소수민족 중 이슬람근본주의자의 테러위험 예방, 미국과 중국으로 대별되는 경제대국에서 배출되는 온실가스제한의 국제압박 등은 중국정부와 정보기관이 탄력적으로 대응해야 하는 과제로 부상한다. 중국은 변화하는 대내외상황에 적극적으로 대응하고 설정된 국가목표에 부응하는 정보활동을 시도할 수밖에 없게 되었다. 초기의 대내지향 정보활동 못지 않게 날로 커지는 중국의 국제위상만큼 해외지향 정보활동도 다양화된다. 7,400만 명의 중국공산당원이 22개 성, 5개 자치구, 4개 직할시, 1개 홍콩특별구와 그 아래 지구(地區), 현(縣), 향(鄕), 진(鎭), 촌(村)에 이르는 전국 사회정치인프라를 무소불위로 휘두르는 데도 한계가 있다.

개혁개방에 따른 체제유지와 한계를 극복하려는 중국정부 정보차원의 대응방안이 1983년 국가안전부 창설과 운용이다. 국가안전부는 17-18여 개의 국단위로 구성되어 있으며, 국별로 임무수행상황에 따라 재편된다. 임무별로는 국내, 국외, 홍콩-마카오-대만, 지방, 방첩, 공작, 과학기술, 전자컴퓨터, 자료관리, 연구조사, 요원모집훈련, 감사, 행정, 정치, 당서기실 등으로 분류된다. 국무원소속 정규부서로 공산당 중앙위원회에도 보고하는 국가안전부는 유럽, 미국, 러시아와 동유럽, 아프리카와 아시아, 오세아니아, 북중남미대륙에 걸쳐 군사안보, 과학기술, 산업금융, 저탄소배출 그린에너지기술 등에 관한 공개, 비공개 정보, 고급, 중급 정보를 가리지 않고 저인망식으로 수집, 분석하여 관련 기관과 기업에 제공한다. 방법은 인간정보를 우위로 하여 미국을 위시한 유럽, 아시아, 중동에 진출한 학자, 유학생, 기자에게 임무를 부여하고, 전 세계 화교에게 국민감정을 호소하여 때로는 중국거주 가족안위를 담보하거나 금전살포로 현지인을 매수하여 정보수집을 도모하였다.

특이한 것은 중국 국가안전부, 공공안전부, 당대외연락부, 통일전선부, 군정보부, 기술부, 전자부, 신화사통신, 외교부는 장기적으로 고급, 중급, 저급 정보도 오랜 기간을 두고 상대국정보기관이나 수집대상기관이 모르게 부분적으로 수집하고 짜깁기하여 정확한 큰 그림을 완성하는 것이다. 중국이 운용개발하고 있는 인공위성, 우주항법장치, 원자탄, 중성자탄, 중장거리미사일, 핵잠수함은 미국, 프랑스, 영국, 독일, 일본, 러시아에서 오랜 기간에 수집한 정보도 크게 한몫하고 있다. 특히 정보기관수장의 장기재임으로 인한 안정적 정보운영이 정보수집과 분석, 공작활동에 긍정적 요소로 작용하고 있다. 주은래수상이 1927년 중앙특별공작위원회 위원장으로 정보활동을 지휘하고, 강생은 사회부장, 이극농(李克農), 엽검영(葉劍英)은 부부장 등의 장기연속근무로 정보기관은 흔들리지 않고 일관성있는 정보활동을 수행할 수 있었다. 특히 국가안전부장은 한번 부장이 되면 10여년을 근무하여 장기정보공작에 안정적 기반을 제공한다. 1983년에 초대 국가안전부장으로 취임한 링윤(Ling Yun, 凌元)은 미국에 심어둔 고정간첩사건이 탄로나면서 책임을 지고 1985년에 사임하긴 하였지만, 후임인 지아충왕(Zia Chungwang, 賈春旺) 부장은 1985-1998년까지 13년을 근무한 후 공공안전부장으로 이동하였고, 슈용유에(Xu Yongyue, 許永躍) 부장은 1998-2007년까지 8년, 그리고 겡후이창(Geng Huichang, 耿惠昌) 부장은 2007년 이후 현재까지 재임중이다.[41]

중국의 대표적인 정보원을 통한 정보활동으로 중국계미국인 레리 우타이 친(Larry Wu-tai Chin, 金無怠)을 들 수 있다. 사회부는 1940년대 레리 우타이 친에 대해 배경조사를 하고 1950년대 초에 정보원으로 포섭하여 1970년대, 1980년대에 이르기까지 계속 관리하여 정보를 수집하였다. 1922년생인 레리 우타이 친은 21세 때인 1943년 중국주둔 미군연락부대 통역관으로 일한다. 1948년에는 상해주재 미국영사관 통역관, 1950년에는 홍콩대사관 통역관으로, 한국전쟁 당시에는 미군과 한국군이 붙잡은 중국군포로를 심문하는 통역관으로 일한다. 이 시기에 중국정보당국에 포섭된 것으로 보인다. 이후 1952년에는 미국 중앙정보부 통역요원으로 오키나와기지에서 중국방송을 청취하여 영어로 번역하는 임무를 수행하고, 정보부산하 외국방송청취정보원(Foreign Broadcast Information Service: FBIS)에서 중국자료번역에 종사한다. 은퇴 후에도 미국 종합자료발간연구처(US Joint Publications Research)에서 중국자료를 번역하면서 자연스럽게 비밀분류서류와 사진필름을 접하고, 이들 비밀자료를 비밀리에 중국정보원에게 넘겨 주었다.[42] 그

41) 김태호. 2002. "중국의 정보. 보안체계." 문정인 편저. 「국가정보론」. 서울: 박영사. 488-492쪽. 499쪽; http://www.globalsecurity.org/intell/world/china/mss.htm.

42) 1981년에는 홍콩, 마카오에서 공안부부부장을 만나 회합을 하고 1982년에는 북경에서 공안부

러다가 1985년 중국 국가안전부 정보과장 유캉셍(Yu Quiangsheng, 俞强聲)이 미국 정보당국에 망명을 신청하여 미국에 와서 중국 국가안전부가 관리하는 중국 정보요원, 첩보원 명단에서 레리 우타이 친을 확보하여 수사한다. 1985년에 체포하여 실형선고를 받고 복역하던 중에 감방에서 숨졌다. 레리 우타이 친의 사례는 손자병법에서 말한 적국의 관리를 매수한 내간(內間)으로 오랜 기간 깊숙이 숨겨두고 어떤 종류의 자료이던 정보가 될 만한 자료를 수집하는 심저어(深低漁)에 해당하는 인간정보활동에 해당한다.[43)]

국가안전부, 공산당 중앙위원회직속 대외연락부는 냉전체제종식 후에는 앙골라, 세네갈, 나이지리아를 위시한 아프리카국가의 공산당, 사회당 또는 우당(friendly party)과의 연합전선을 통해 중국의 영향력을 확장하다가 최근에는 정부간 재정지원을 통해 석유자원확보에 정보력을 가동하고 있다. 당직속 통일전선부는 홍콩, 마카오, 특히 대만에 통상(通商), 통항(通航), 통우(通郵)의 3개 개방으로 양안의 국가의 경제통합을 촉진하는 정보수집, 분석, 공작활동을 강화하였다. 또한 중국은 현대화의 표상으로 고강도 과학기술력향상에 전력하면서 우주항공기술, 레이저, 자동화산업, 생명공학, 정보기술, 청정에너지, 신소재발굴산업 등에 힘쏟고 있다. 자연히 중국정보활동도 이런 지표발굴에 우선순위를 두고 있다. 미국 정보공동체(intelligence community) 발표에 따르면 현재 미국에는 2,600명 이상의 외교관이 70여 개의 사무실에서 각종 명목으로 정보활동을 하고 있으며, 4만여 명의 중국학생이 유학중에 있고, 연간 27개 단체방문을 포함 10만여 명이 미국을 방문한다. 이들 중 일부는 공산당원으로 잠재적 정보수집가로 볼 수 있다. 중국정보기관은 자체적으로 운영하는 기업이나 중국기업을 앞세워 합작, 기업인수 형식으로 기술을 획득하거나 재미중국계과학자를 포섭하거나 미국과학자초청 혹은 중국학자의 학술회의를 위한 미국방문 등을 통해 과학기술을 습득하고 있다. 1985년과 1997년 2차에 걸쳐 국립연구원(National Laboratory)에서 과학자로 근무하는 대만계중국인 피터 리(Peter Lee)가 중국정보요원에게 소형 핵탄두 실험정보와 잠수함전술에 관한 자료를 넘기고, 1999년 로스 알라모스연구소

대외정보부국장도 만나면서 1950년대부터 1980년대까지 중국정보당국에서 받은 보상금이 100만 달러 이상이라고 한다.

43) Richelson, Jeffrey T. 1988. *op. cit.* pp. 298-300.

에서 일하는 대만계미국인 웬호 리(Wen Ho Lee, 李文和)에게 중국정보요원이 접근하여 핵탄두와 미사일 설계도를 빼돌린 혐의로 구속되었다. 이베이(e-Bay)에서 생산하여 미국 항공우주국이 사용하는 인공위성 순항제동장치를 중국정부에서 은밀히 구입하는 행위도 중국정보기관이 개입한 것이다.[44]

중국 국가안전부는 미국뿐만 아니라 유럽전역에 걸쳐 활발히 정보를 수집한다. 44세이던 클리멘트(Ian Clement) 런던 제 1부시장이 올림픽이 진행되고 있는 베이징에서 2012년 올림픽이 개최되는 런던에 중국투자를 유치하는 세일즈를 하고 있었다. 중국의 런던 투자유치계획서를 들고 설명회를 진행하던 중에 만난 중국여성이 저녁에 호텔방을 찾아와서 하룻밤을 지냈고, 아침에 보니 소지품은 그대로인데, 투지유치계획서가 원래의 자리에 있지 않음을 발견한다. 클리멘트 부시장은 영국 해외정보부 MI 6로부터 베이징에서 투지유치외교를 수행하면서 여성, 남성 가릴 것 없이 접근하는 확인 안 된 중국인을 조심하라는 주의를 받았다. 방심한 틈에 중국여성정보원이 런던올림픽에 대비한 중국투자유치 계획서원본을 복사하고 호텔방에 다시 가져다 놓은 것이다. 귀국 후에 보고도 하지 않은 채 있다가 사실이 발각된 클리멘트부시장은 사표를 제출하게 된다.

이런 인간정보와 공작에 의존하는 정보수집비율은 중국이 전세계국가 중에서 제일 높을 것이다. 1949년 국가수립 이후 1970년대까지 폐쇄정책을 고수하고, 1980년대 이후 본격적인 해외개방을 펴온 중국정부로서는 중요 대외정책으로 개발도상국의 정치상황 파악과 친선관계 유지, 자원과 에너지 확보, 선진국의 과학기술 도입을 설정하였다. 따라서 공개, 비공개자료를 불문하고, 고, 중, 저강도 과학기술을 가릴 것 없이 포괄적으로 획득하는 정보수집이 중국정보공동체의 당면과제이다. 공식인구통계로는 14억에 육박하는 중국인구규모, 해외주재 중국화교, 세계에 펴져 활동하는 기업인, 외교관, 유학생, 학자, 여행자는 중국 정보공동체가 지향하는 잠재적 정보요원이다.

그런데 최근에 중국은 인간정보에서 한 단계 더 나아가 인공위성과 과학기술 정보에 의거한 사이버정보활동을 펼치고 있다. 광범위한 상대방정보망침투로 정

44) U.S-China Economic and Security Review Commission, FBI Director William Webster 발표. Google, Chinese Intelligence. 2009. http://www.fas.org/irp/world/china/mss/org (인공위성 순항제동장치는 미국 정부통화와 군사통신을 모니터링할 수 있다).

보를 캐내거나 전산망을 마비시키는 사이버전쟁(cyber war)을 전개하는 정보활동을 강도높게 구사하고 있다. 한국, 일본, 유럽, 아랍, 아프리카에도 전산해킹을 하는 근원지는 중국정보전산망이라 하고, 북한도 중국현지에서 중국전산망 그늘에 위장하여 전산해킹을 시도하는 것으로 알려져 있다. 미국국방부는 2008년 한 해만 54,640건의 중국전산해킹이 있었고, 2009년에는 전년도에 비해 60%가 증가했다고 발표했다. 소형 핵탄두개발 계획사업을 탐색하기 위해 정보망에 침투할 뿐만 아니라, 심지어는 미국인스파이를 물색하려는 웹사이트도 운영하고 있다. 그래서 미국과 나토연합은 사이버방어센터를 설립하고, 미국의회는 2001년 중국과 관련된 무역, 경제교류가 미국안보에 끼치는 영향을 조사분석하여 의회에 건의서를 제출한 바 있다. 중국이 지향하는 군사안보차원의 비군사적 교류에 미국은 군사안보지평에서 법규적으로 대응하고 있다.[45]

그런데 기술정보와 인간정보를 동원한 저인망식 정보수집활동에도 허점은 있어 1985년 국가안전부 해외정보과장인 30대 후반의 유캉셍(Yu Quiangsheng, 俞强聲)이 미국으로 망명한 사건이 발생한다. 1930년대부터 모택동과 대장정을 함께 한 중국공산당 원로인 부모를 둔 유캉셍은 국가안전부 등 해외에서 암약하는 세계각국의 중국정보요원 명단을 미국정보당국에 넘겨 줘 중국의 해외정보 공작망에 큰 타격을 주게 된다.[46]

개혁개방으로 현대화를 지향하는 국가목표를 달성하기 위한 중국정부의 정보공동체는 정보활동을 전개하면서 인간정보에 무게를 두되 1990년대에 와서는 기술정보로 확대하고 있다. 국가안전부를 위시한 정보기관의 수장은 10-13년 기간 장기재임하면서 오랜 기간에 걸쳐 정보를 수집하여 퍼즐을 풀어 나가는 짜깁기식 정보 분석, 판단 모형을 제시한다. 또한 중요 국가의 군사, 산업기밀전산망에 접속하여 기밀을 빼돌리거나 전산망을 마비시키는 사이버전쟁수준으로 공작을 전개하여 미국과 유럽이 법규적, 조직적인 대응을 하고 있다. 냉전종식 이후에 중국의 산업화, 시장경제 흐름에 따라 공산주의 이념성향보다는 개인사정, 경

45) Swaine, Michael D. 1998. *The Role of the Chinese Military in National Security Policy Making*. Santa Monica, CA: Rand Corporation; National Defense Authorization Act for 2001; Google. Chinese Intelligence.

46) Richelson, Jeffrey T. 1988. *op. cit.* p. 287.

제실리추구 동기로 중국정보요원도 제3국으로 전향하는 관행이 유캉셩 사례처럼 발생하고 있다.

• 일　　본

일본 정보시스템은 국내상황과 국제정세에 유연하게 적응하려는 국가목표에 따라 가변적이었다. 시대상황과 국가목표에 따라 정보목표와 정보조직 및 정보활동이 변화되어 군사정보, 국내정치정보, 해외식민정보, 국제경제와 대외무역정보, 다시 군사안보정보로 진자(振子)가 요동치고 있다. 일본정부의 정보진자(intelligence pendulum)는 고대, 중세, 막부시대를 거쳐 명치유신부터 2차 대전, 다시 2차 대전 이후 현재까지 동적으로 변신하고 있다. 일본 정보시스템은 정부만이 아닌 기업, 연구소, 전문직, 사회기구가 참여하는 정부-민간복합체(government-civilian intelligence complex), 또는 군-산-정 복합정보공동체(military-industrial-government intelligence community)로 보아야 한다. 또한 일본은 고대로부터 한반도 해안지역에서 해적행위를 일삼고, 임진왜란, 20세기 초의 조선병합 등 한국과 충돌해 왔다. 그럴 때마다 일본은 정보전에서 한반도 어떤 왕조나 정부에도 우위를 점하여 왔다. 정보가 국력지표(national capability indicator)를 넘어 국가브랜드(national brand)라는 것을 감안할 때 한번 반추해 볼 필요가 있다.

일본 고대는 조문, 야요이 시대를 거치면서 천황지배체제를 이루고 있었다. 일본은 천황가계와 무사실력자 사이에 권력쟁탈전이 끊임없이 있어 왔다. 한반도에 고구려, 백제, 신라가 병립하고 있을 때 백제는 일본과 활발히 문물을 교류하여 일본천황가계와 혈통관계도 맺었다. 아스카시대에 소아씨(蘇我氏) 지배권을 타도하고 천황체제를 확립한 후 백제, 신라에서 건너온 유민동태를 감시하는 정탐행위를 하거나 중국과 백제문화 문물도입에 정보력을 쏟았다. 본격적인 정보활동은 천황에 도전하여 무인실력자가 바쿠후(幕府)정권을 세우면서 시작한다. 12세기 말 카마쿠라막부(鎌倉幕府), 14세기 중반 무로마치막부(室町幕府)를 거쳐 16세기 전국시대에 일본천하제패를 노리는 무장들의 군사정보 활동이 전개되었다. 그 중심에 오다 노부나가(織田信長, 1534-1582년)가 있었다.

오다 노부나가는 영주인 아버지 노부히데(信秀)로부터 물려 받은 영지를 확장하면서 외국문물을 도입하고, 국내외정세분석에 힘을 쏟았다. 그 과정에서 네덜란드상인이 다네가시다(鹿兒島縣 種子島)에서 전해 준 대포를 전술적으로 활용하고, 최초로 소총부대를 편성하여 전투에 투입하여 오와리일대 영지를 평정하고, 5천 명 병력으로 대영주인 다이묘(大名) 이마가와 요시모토(今川義元)의 군사 4만 명을 제압한다. 천하평정 전쟁과정에서 불교종파인 일향종(一向宗)과 각 지역 지원영주세력이 일으킨 잇코잇키(一向一揆) 반란평정과 같은 정규전으로 볼 수 없는 전투를 치르는 데도 10년이 걸렸다. 교토에 입성한 오다 노부나가는 쇼군(將軍)으로 천하대권을 거머쥐는 동안 전쟁에 필요한 군사정보뿐 아니라, 첩보원을 이용한 무장실력자 다이묘주변 정세를 파악하고 견제하는 정보정치로 권력균형을 유지하였다.

노부나가에 이어 일본을 제패하고 일본을 통치한 인물로 도요토미 히데요시(豊臣秀吉)가 있다. 도요토미 히데요시는 한때 짚신을 가슴에 품었다가 대령한 조리도리였으며, 노부나가를 위해 정세분석을 하는 전략정보관과 측근가신과 경쟁영주의 동태를 감시하는 보안수장역할을 수행하였다. 도요토미 히데요시는 노부나가의 측근으로 정변을 일으켜 노부나가를 시해하려 한 아케치 미스히데(明智光秀)를 응징한 야마자키(山崎) 전투와 연이은 전투에서 승리한 후 일본전국 영주를 통제하는 간바쿠(關佰)를 거쳐 1591년에 다이코(太閤)로 천하지배자가 된다. 1592년에는 조선을 침략하는 임진 7년 전쟁을 일으키는데, 이 전쟁을 준비하기 위해 조선에 대한 정보활동을 대대적으로 펼친다. 즉 조선침략에 앞서 조선에 정탐꾼을 파견하여 조선군사도 모르는 한반도샛길을 표시한 상세한 지도를 만들어 훗날 가또 기요마사(加藤淸正), 고니시 유끼나가(小西行長) 등이 이끄는 일본군이 보름 만에 서울에 입성하는 길라잡이가 된다.

도요토미 히데요시 사망 후에 세키가하라(関ヶ原の戦い) 전투에서 히데요시진영의 서군을 격파한 동군의 대표주자 도쿠가와 이에야스(德川家康)가 세이이타이쇼군(征夷大將軍)으로 봉직되어 일본을 통치하는 도쿠가와 바쿠후(德川幕府) 시대를 연다. 도쿠가와막부는 에도(江戶)에 천도하여 친족은 신판 다이묘(親藩大名), 가신은 후다이 다이묘(譜代大名), 반역 또는 저항가능한 영주는 도자마 다이묘(外樣大名)로 봉하였다. 이후 도쿠가와는 변방영주 다이묘는 물론 친족과 가신 다이묘동태도 감시하고, 지역기후, 지리조건, 농산물, 물가, 조세 등을 비밀리에 조사하는 정보원을 두었다. 아울러 유럽 난학(蘭學)도 선택적으로 도입하여 장거리 대포, 신식소총, 의학, 공산품무역에 역점을 두었다. 도쿠가와막부 264년간 통치의 큰 버팀목은 국내 보안과 방첩에도 역점을 두면서 외국과의 거래, 외국인 동향도 탐지하는 정보활동이었다.[47] 한편 막부시대에 사무라이정신으로 정보수집과 파괴공작을 수행한 정보원을 닌자(忍者)라 하였다. 닌자가 수집한 정보를 정보실무자급에 해당하는 직속상관 와카도시요리(若年寄)에게 보고하면 와카도시요리는 중간정보관리자인 오오메츠케(大目付)에게 보고하고, 중신인 로쥬(老中)가 정보를 취합, 최종적으로 막부쇼군에게 보고하는 계통으로 되어 있었다.[48] 닌자는 막부쇼군이 원하는 각 지역 다이묘 영주동태를 감시하지만, 역으로 지역 영주는 막부의 정세나 쇼군이 지역영주에게 기대하는 정책, 영주에 대한 쇼군의 신임을 막부에서 정탐하러 온 닌자를 통해 파악하였다. 이 경우 닌자를 일종의 이중첩자(double agent)로도 볼 수 있다.

도쿠가와 막부가 변화하는 국제정세에 적응하지 못하고 침체기에 접어들었던 시기에 아시아를 벗어나 서구의 동양강점(東漸期)을 극복하고 유럽서구와 교류하여(脫亞入歐) 일본근대화를 실현하는 명치유신(明治維新) 시대가 도래한다.[49] 명

47) 야마오카 소하치(山岡莊八) 원저. 이길진 옮김. 2007. 「오다 노부나가」. 서울: 솔 펴냄; 시바 료타로(司馬遼太郎). 권순만 옮김. 2005. 「도요토미 히데요시」. 서울: 에디터; 야마오카 소하치(山岡莊八). 박재희 옮김. 2005. 「대망-도쿠가와 이에야스」. 서울: 동서문화사; Totman, Conrad. 1993. *Early Modern Japanese History*. Berkely, CA: The University of California Press; Totman, Conrad. 1967. *Politics in the Tokugawa Bakufu 1600-1843*. Cambridge, Mass.: The Harvard University Press.

48) 김태호. 2002. 전게서. 459쪽.

49) 1853년 미국이 동인도함대사령관 페리(Matthew Galbraith Perry) 제독이 이끄는 함대를 앞세워 미일수교를 요청한 이래 일본은 1867년에 미국, 영국, 러시아, 네덜란드, 프랑스와 통상조약을 맺게 된다. 1867년에 포고령을 내려 막부정치에서 천황중심정치로 전환하였다. 그리고 오쿠보 도시미치(大久保利通), 기도 다카요시(木戸孝允), 사이고 다카모리(西鄕隆盛) 같은 유신 3걸이 개혁그룹을 형성하여 개혁성향의 번주, 영주를 설득하여 봉건신분을 타파하고(版籍奉還), 영주, 번주제도를 혁파하여 지방제도를 확립한다. 또한 조세제도를 개혁하고, 사무라이 무사계급몰락을 의미하는 무기소지를 금지하는 폐도령(廢刀令)과 징병제도를 확립한다. 명치천황(明治天皇)을 중심으로 도쿠가와막부를 무너뜨리고 1873년 이토 히로부미(伊藤博文)가 주동이 되어 천황중심 입헌군제의 내각책임제 헌법을 만들어 행정부, 입법부, 사법부를 구성한다. 1853년 시도된 미일수교 이래 메이지천황의 재위말기인 1912년까지 진행된 일본근대화 운동인 명치유신은 오늘의 일본 무역대국, 군사대국화의 기반이 된다.

치유신기간에 사무라이계급은 낭인(浪人)이 되어 만주, 중국, 조선에 진출하였는데, 이들은 기업인, 무역인과 연계하여 대동아공영권(大東亞共榮圈)을 형성하여 정보원으로 활약하게 된다. 국가정보수집, 공작활동에 민간낭인, 정보관료, 산업기업, 군사정보관으로 구성된 정보복합체 및 정보공동체가 형성된 것이다.[50)]

명치유신 이래 축적된 산업무역역량과 정보력이 밑받침된 일본군은 1894년 청일전쟁, 1904년 노일전쟁 승리로 아시아제패의 기반을 구축하고, 이어 2차 대전에서 독일과 동맹하여 아시아에 제2전선을 형성하였다. 군부입김이 강한 전시군사 내각체제로 2차 대전을 치르는 동안 정보활동도 군사정보모드로 전환하였다. 정보체계는 동경에 있는 일본군 대본영산하 육군 제2부인 정보참모부를 핵심으로 하여 구성되었다. 정보참모부를 핵심으로 하여 전략정보, 전투정보, 해외무관관리, 동맹국, 중립국, 적대국의 정세와 항공기, 군사장비, 병참 등의 군사력을 포함한 군사정보를 수집하고 분석하였다. 1878년에 조직된 정보참모부는 1차 대전을 거쳐 2차 대전이 종료될 때까지 꾸준히 증편되어 왔다. 정보참모부산하 1과인 정보종합과는 정보수집, 분석과 정보전파, 2과는 통신보안, 3과는 감청, 암호해독과 해외무관 및 국내주재 외국무관관리를 담당하였다. 1936년에는 대본영 정보참모부에 만주, 러시아, 중국, 한국, 동남아, 태평양 지역에 대한 정보수집, 감청, 암호해독, 파괴공작을 담당하는 부서들을 설치하였다. 우선 특무대는 점령지역 정치사찰과 파괴공작을 담당하였고, 연락부는 우호국가 단체 접촉과 정보수집을 담당하였다. 육군부는 만주지역 괴뢰정권수립, 점령지역 유력인사 포섭 임무를 수행하였고, 육군통신부는 통신감청과 암호해독을 담당하였다. 공군정보참모부는 항공기전력을 평가하고, 해군정보참모부는 적대국 함대기동현황과 해외무관을 통한 정보수집관리에 주력하였다. 워싱턴주재 해군무관은 미국 연방정부기관이 교신하는 내용, 미국이 수집한 노획문건, 미국, 러시아, 중국에 관한 문건, 특히 하와이해군함대가 교신하는 통신내용과 암호를 수집하였다. 유럽전선에서는 독일주재 일본대사관과 스페인주재 일본해군무관이 미국, 영국, 연합군에 관한 정보수집에서 핵심역할을 맡았다. 일본군부의 적대국정세와 군사정보 수집활동 대상국가는 중국, 러시아, 유럽, 미국이었는데, 러시아군사정보는 주로

50) Lamont-Brown, Raymond. 1998. *Kempeitai: Japan's Dreaded Military Police*. Stroud, UK: Sutton Publishing.

극동지역, 만주국경지대에서 고성능망원경, 인간정보로 수집하여 비교적 성과가 좋은 것으로 평가되나, 중국지역 정보수집은 기대수준에 미치지 못한 것으로 평가되기도 한다.[51)]

군사정보수집에 주력하는 대본영의 정보참모부가 군정보기관의 중추라면, 고등경찰, 헌병대, 특무대, 경찰이 명치유신 이후 2차 대전까지 조직된 국가정보시스템이다. 내무성소속의 고등경찰은 일본국내와 점령지역의 정보를 수집하고, 주민과 요인의 동태를 감시, 사찰하는 정보보안기관이다. 고등경찰은 일본군 대본영이 주도하는 군사정보활동을 보완하고 천황을 중심으로 결속한 전시 군사내각에 정보를 제공하였다. 군사정부를 지원하는 또 다른 정보사찰기관은 특무대와 일본헌병대이다. 경찰은 치안기능을 담당하나, 특무대와 헌병대는 군, 민간을 사찰하며, 정보를 수집하는 군정보기관으로 육군대본영 직속부대이다. 특무대는 일본군부 동향파악과 보안유지에 역점을 두는 임무를 수행하고, 헌병대는 일본국내 아니라 만주, 중국, 한국, 동남아시아 점령지에서 정보수집, 치안, 보안활동을 담당하여 고등경찰, 특무대, 헌병대는 히틀러 나치정권의 비밀경찰 게슈타포 역할을 수행하였다. 헌병대는 나가노(中野) 정보학교를 운영하여 대동아공영권 구상에 따른 일본과 아시아점령지에서 정보수집, 공작활동의 전위역할을 수행하였다.

일본 정보시스템은 군산민(軍産民) 혹은 민산정(民産政) 복합체로 민간인, 기업 등 사회조직이 적극적으로 참여하는 특징이 있다. 사무라이계급이 사라진 후에 낭인이 된 이들은 점령지와 일본에서 산업과 무역업계에 종사하거나 제휴하면서 현지사정에 대한 정보를 입수하여 무역업과 산업을 확장하고, 다시 획득한 정보를 국가정보기관이나 정부지도자에게 제공한다.

청일전쟁, 노일전쟁 후에 1906년 6월 7일 일본천황명의 142호령으로 만주에 철도를 건설하려고 하였다. 만주지역을 중화학과 경공업을 위한 원료확보 및 공산품판매시장과 중국, 러시아, 동남아 지역 팽창의 교두보로 만들려고 고토 신페이(後藤新平)가 초대총재가 되어 본사를 대련에 두고 1907년 자본금 2억 엔으로 안동, 봉천, 심양을 연결하는 철도를 부설하게 된다. 1940년에는 증가하는 물류

51) 리첼슨은 업무를 수행하는 지역국가의 정세를 분석하고 제공하는 일본 민간기업인, 무역인, 학자, 언론인을 아마추어 스파이라고도 한다(Richelson, Jeffrey T. 1988. *op. cit.* p. 249).

유통에 효과적으로 대응하기 위해 자본금을 14억 엔으로 증자한다. 확보한 철도 인근부지는 일본본토보다 넓은 482.9만 평방킬로미터로 이 지역은 국제항공선건설, 금채굴, 광업, 전기, 농림, 관광, 교육문화, 염업, 상업활성화로 만주의 일본국이 건설된 것처럼 보였다. 만주철도는 철도부설과 함께 1907년 조사부(調査部)를 설립하여 만주, 조선, 몽골, 러시아, 동남아시아, 중국에 관한 역사, 지리, 지질, 산업, 농업, 문화, 예술, 정치, 사회 전반에 걸친 연구조사사업을 수행한다. 동경대학출신을 위시한 두뇌집단이 대거 몰려들어 문화인류학적 접근방법으로 연구하면서 전략정세를 분석하여 관동군에 정보를 제공하고, 일본 기업에 투자컨설턴트를 하였으며, 정부를 상대로 경제, 산업, 군사에 걸쳐 정보를 제공하고 정책건의를 하였다. 말하자면 국가전략차원의 정보수집, 제공과 중국공략에 필요한 정보를 제공하는 군사정보 보완역할을 수행한 셈이다. 또한 만주사변, 중국공략, 동남아시아점령, 태평양전쟁 배후에 전략정보, 정세판단, 점령지역의 지리, 자원, 작황, 기상조건, 지역주민 동향파악 등 정보를 제공한 만주철도조사부와 조사요원이 있다.[52] 2차 대전이 종료되자 만철조사부자료 일부는 일본으로 이송되어 후일 통상성산하에 설립된 아시아경제연구소에 존안된다. 그리고 만주철도 조사부요원은 전후에 일본 정치계, 산업무역계, 행정부에서 지도급인물이 되고, 학계에도 입문하여 동양학적 패러다임을 정착시킨다. 특히 산업, 무역계에서 일했던 조사부요원은 종전 후 전세계에 주재하는 일본기업의 해외창구리더가 되고, 동시에 정부와 연계하여 주재국의 정치, 경제, 문화 정세를 종합하고 수집한 정보를 제공하는 아마추어 스파이가 된다.[53]

한편 일본은 2차 대전 당시에 독일이 사용하는 암호체계 에니그마를 받아 태평양전쟁에 사용하였다. 그러나 연합군이 유럽전선의 독일에서 입수판독한 에니그마암호체계를 미국 태평양함대사령부에서도 입수하여 이미 일본군작전 통신내용파악에 활용하고 있었다. 그런데 태평양함대사령부에서는 일본군이 에니그마암호체계 내에서 독자적으로 암호를 부여한 지명, 해로, 군부대 코드의 경우

52) 1931년 9월 18일 일본관동군 이마다(今田新太郎) 대위가 선양(瀋陽) 부근 류타오거우(柳條溝)에 있는 만주철도선로를 파괴하자 관동군 이타가키 세이시로(板垣征西郎) 대좌와 작전참모 이시하라 칸지(石原莞爾) 중좌는 이를 중국인소행으로 몰아 만주사변을 일으켜 중국을 공략하고 태평양전쟁을 일으키는 계기를 마련한다.

53) Richelson, Jeffrey T. 1988. *op. cit.* p. 249. pp. 249-251.

해독할 수가 없었다. 일본군은 태평양에 산재한 섬, 해로, 부대를 특정 영문 문자로 표기하여 사용하는데, 특히 전략거점이라고 판단되는 한 지역을 'AF'라는 문자로 표기되어 미국은 이 문자가 알류산열도인지, 아니면 미드웨이를 지칭하는 것인지를 확인하려 하였다. 전략거점지역을 확인하기 위해 태평양함대사령관 니미츠(Chester W. Nimitz) 제독은 미드웨이 해군부대장에게 사령부에 "미드웨이 주둔부대는 식수시설취약과 식수가 부족하니 사령부에서 식수시설개선과 식수를 공급해 달라"는 전문을 보내라 하였다. 미드웨이지역 해군부대장은 사령부요청대로 "미드웨이해군부대 식수시설보완, 조속한 식수공급요망"이라는 평문으로 된 전문을 보낸다. 이 전문을 감청한 일본군은 대본영에 보고하는 전문에 "AF가 담수시설부실과 식수부족에 처해 있음"으로 표기하였다. 이를 통해 미군은 일본군의 미드웨이 코드명이 'AF'임을 확인할 수 있었다. 곧이어 독일 에니그마암호체계로 총공격일자, 연합함대규모를 알아낸 미군 태평양함대사령부는 정찰비행으로 미드웨이를 공격하는 일본연합함대를 선제공격하여 일본항공모함 4척, 중순양 1척, 전투기 300여 대를 격추하고, 병력 3,500여 명의 손실을 내는 전과를 얻었다. 미국 태평양함대는 요크타운함모 1척, 구축함 1척, 항공기 140여 대, 전사자 300여 명의 손실을 보았으나, 일본연합함대는 미드웨이해전에서 회복불능의 전력손실로 전쟁종료까지 수세에 몰렸다. 통신정보, 보안, 항공정찰 등 정보전에서 일본이 미국에 허를 찔린 참패였다.[54]

2차 대전 종료 후 일본 정보시스템은 국가목표의 변화에 따라 새로운 면모로 탈바꿈한다. 1946년 11월 3일 공포하여 1947년 5월 3일 시행된 일본헌법은 한마디로 평화주의를 지향한다. 즉 헌법은 '천황은 국가상징, 국민통합상징'이며, '주권은 국민에게 있다'는 국민주권론을 명확히 했으며, 헌법 제9조에서는 전쟁포기, 군사전력 보유불가, 교전권포기를 명기하였다. 미국정부가 당시 맥아더(Douglass MacArthur) 장군이 이끄는 주일미군사령부를 통하여 평화주의를 강하게 밀어붙여 전쟁포기헌법이 탄생된 것이다. 냉전시대적응과 패전 후 국력회복

54) Parshall, Jonathan and Anthony Tully. 2005. ***Shattered Sword: The Untold story of the Battle of Midway***. New York: Barnes&Noble; Potter, E. B. 1976. ***Nimitz***. Annapolis, MD: The Naval Institute Press; Fuchida, Mitsuo and Misatake Okumiya, Clarke H. Kawakami (ed.) 1955. ***Midway: The Battle that Doomed Japan, the Japanese Navy's Story***. Annapolis, MD: United States Naval Institute.

을 위해 군사력 대신에 경제력강화를 기반으로 한 국가발전, 즉 경제강국을 국가목표로 삼았다. 미일안보강화 속에 일본을 경제강국, 무역대국으로 일으켜 세우는 정부정책에 부응하여 정보시스템도 새로운 정보목표설정과 함께 조직개편이 진행되었다. 정보기관들은 2차 대전 이전의 권위형, 군부주도 정부시절의 인권침해적 정보시스템을 지양하고, 특정 정파 정치이념에서 중립적인 전문정보시스템으로 변신했다.

일본의 정보시스템을 구성하는 중요한 기관으로 관방부산하의 내각정보조사실, 법무성외청인 공안조사청, 경찰청경비국, 외무성 국제정보총괄관, 방위청의 정보본부가 있다. 그중에서도 전문적인 정보수집, 분석 하드웨어기관으로는 내각정보조사실, 공안조사청, 정보본부를 들 수 있다. 내각정보조사실(內閣情報調査室)은 해외정보, 공안조사청은 국내보안정보, 정보본부는 군사정보가 기본활동목표이다.

미국의 CIA, 한국의 국가정보원에 해당하는 내각정보조사실은 일본총리의 비서실인 관방부에 소속되어 행정부수장인 총리를 정보제공면에서 보좌지원하며, 정보활동면에서 내각부서인 성(省), 청(廳) 활동을 협의조정하는 정보조정, 정보수집, 분석센터이다. 정보조정과 수집, 분석과 국가최고책임자 정보지원이라는 측면에서 독일수상실의 정보수석비서관, 이탈리아수상실 정보사무처장, 영국관방부 정보실무위원장과 유사한 기능을 담당하고 있다고 볼 수 있다. 1952년 8월 총리부설치령에 따라 내각관방소속으로 내각조사실로 출발했으나, 1976년 12월 내각법에 따라 내각정보조사실로 명칭을 변경하고, 2007년 7월에는 내각법에 따라 내각정보조사실 책임자를 내각정보관으로 호칭한다.[55] 따라서 일본 총리 비서실장의 위상은 최근 미국대통령 비서실장이 서서히 수면 위에서 대통령의 정치방패막이로 그 위상을 드러내는 것과 비슷한 맥락에서 이해되고, 직속 기관인 내각정보조사실도 전문적 정보수집, 분석, 조정, 협의기관으로서 힘이 실린다. 즉 내각정보조사실은 국내외정보를 수집, 분석, 생산하고 제공하여 적실성이 있는

55) 내각관방소속 참모기관은 총무관실, 내각정보조사실, 광보관실로 책임자를 내각총무관, 내각정보관, 내각광보관으로 호칭한다. 총무관은 총리부 인사, 예산, 조직, 총리관저를 관리하고, 광보관은 정부정책과 총리의 국정운영에 관한 여론조사를 실시한다. 그리고 정보관은 국내외 정보총괄과 함께 정보수집 분석결과를 관방부장관, 관방장관을 경유, 총리에게 보고하여 정보차원에서 총리를 지원한다.

정책판단을 하도록 지원하고, 총리직속의 공안위원회와 경찰청, 법무성산하의 공안조사청, 방위청 정보본부와 긴밀히 협의하면서 정보조정임무를 담당한다. 한편 내각정보관은 내각관방부의 경력직공무원 또는 경찰에서 경력을 쌓은 전문직공무원에서 기용된다. 관방부의 수석비서관 중에서 총리와 관방장관에게 정기적으로 보고하는 실장은 내각정보사실의 정보관이며, 중요 정보를 매주 1회 30분 동안 내각관방장관에게 보고하며, 관방장관, 부장관과 함께 매주 1시간가량 총리에게 보고하는데, 보고양식은 구두와 서면이다.[56]

총리비서실 내각관방부

총리가 이끄는 일본내각은 (연립)파벌계파정치와 수상에 과도한 권력집중을 금기시하는 정치문화로 인해 단명내각으로 끝나고, 총리 국정운영리더십은 소극적이고 수동적(reactive, receptive leadership)이었다. 그러나 최근 6년 이상 장기집권으로 안정 속의 국정을 운영한 고이즈미 준이치로(小泉 純一郎) 수상은 그 정치스타일과 행사하는 국정운영리더십이 적극적이며, 임무수행과 조직관리면에서 대통령형 내각책임제(presidential cabinet system) 총리의 권능을 행사한다. 상대적으로 볼 때 국민의 지지, 원내의원, 전국대의원의 지지가 높은 가운데 장기간에 걸쳐 안정적인 국정운영을 수행하는 정치형태로 변모한 것이다. 그래서 총리의 리더십이 적극적이며 총리를 보좌하는 총리비서실시스템이 규모면에서 조직전력화되고, 기능면에서 일사불란하게 작동되기 시작한다.

일본총리 비서실은 정규행정부처인 내각관방(內閣官房: Cabinet Office)이다. 내각관방은 내각이 지향하는 중요 정책의 기본방침과 틀을 기획하고, 내각의

56) 독일의 경우에는 정보수석비서관이 매일 비서실장과 국제담당 수상특별보좌관이 참석하는 수상주재 비서관회의에서 보고한다. 백악관에서는 국내외 정부 각 부처에서 상황실로 보고되는 각종 정보를 외교안보수석이 오전과 오후로 나누어 대통령에게 보고하고, 국가정보부장의 보고서는 외교안보수석이 요약하고, 원본은 별첨으로 하여 안보수석이 직접 대통령에게 보고한다. 그리고 미국 국가정보부장은 수시로 필요할 때나 부장의 요청으로 대통령과의 만남이 이루어진다. 한국의 국정원장이 대통령에게 매주 한번 직접 보고하는 관행은 일본 관방정보조사실 정보관이 수상에게 매주 한번 직접 보고하는 관행과 맥을 같이한다.

각 부처가 추진하는 정책을 총괄한다. 아울러 총리가 이끄는 내각의 정책일관성과 정체성유지, 전체구도의 통일과 통합을 이끌어 내고 각료회의를 주관한다. 내각관방에는 총리를 정책기능면에서 보필하는 관방장관, 부장관이 있고, 그 아래에 수석비서관격인 부장관보, 심의관이 있다. 전문기능 정책사안별로 관방장관, 부장관의 지휘로 총리를 보필하는 수석비서관실은 내각총무관실(內閣 總務官室, Cabinet Secretary Office), 내정부장관보실(內政副長官補室, Deputy Assistant Secretary Office on Internal Affairs), 외정부장관보실(外政副長官補室, Deputy Assistant Secretary Office on External Affairs), 안전보장 부장관보실(安全保障 副長官補室, Deputy Assistant Secretary Office on Security Affairs), 광보관실(廣報官室, Cabinet Public Relations Office), 정보조사실(內閣情報調査室, Cabinet Information Research Office), 내각위기관리감(內閣危機管理監, Cabinet Crisis Management Office)으로 구성되어 있다.

1986년 기구개혁으로 내각관방의 기능이 정착되고, 고이즈미총리가 집권하면서 조직이 확대강화되어 내각의제의 기획총괄, 일관성유지, 종합통일화 외에 전략정책, 시급한 쟁점별 정책을 추진하는 본부장제역할을 부차적으로 갖게 되었다. 고이즈미총리 이전 1995년에 관방직원이 165명이던 것이 2004년에는 648명으로 증원되었는데, 이 인원은 백악관의 각 수석실에서 근무하는 인원보다 많은 편이다. 한편 총리가 이끄는 1부 12개의 행정 부처가 수행하는 고유업무와 쟁점정책을 실현하기 위해 관방부는 추진본부나 위원회를 구성하여 관련 부처와 파트너십으로 협력, 조정, 후원한다. 이 추진본부나 위원회는 관방과 관련 부처가 공동으로 운영하는데, 주요 쟁점별 전략정책은 지구온난화 대책본부, 식량농업농촌 정책추진본부, 행정개혁 추진본부, 경제재정자문회의, 종합과학기술회의, IT전략본부, BT전략회의, 규제개혁 민간개방추진본부 등 20여 개나 된다. 이처럼 총리실은 관방장관을 주축으로 3명의 부장관, 3명의 내정, 외정, 안전담당 부장관보, 3명의 정보관, 광보관, 총무관, 그리고 총리직속 위기관리감, 5인의 장관급 보좌관이 관방 경력직원 혹은 행정부서에서 파견되어 온 600여 명이 전략정책을 쟁점별로 추진하고 있다.[57]

57) 최평길. 2007. 「대통령학」. 서울: 박영사. 266-268쪽.

총리 비서실장인 내각관방장관(Cabinet Secretary)은 총리를 위한 정책조정자, 내각회의주재, 총리대변인으로 일본 행정부각료 중에 실세 부총리역할을 한다. 내각관방장관은 총리의 오랜 정치동지로 다선의원이며, 차기총리로 유력한 후보자이다.[58] 그는 내각에 상정될 의제를 각부장관과 협의조정하여 각료회의의 간사로서 사실상 각료회의를 주재한다. 동시에 내각관방장관은 정부대변인이며, 국무조정실장 임무도 수행하여 내각부처의 임무나 정책을 조정하고 총괄하면서 총리를 측근에서 보필한다.[59] 즉 관방장관은 각 성청장관과 개별적으로 주요 쟁점사항에 관해 의논하고 결정하며 총리의 관심, 지시사항을 전달하고, 그 이행사항도 체크한다. 이렇듯 관방장관은 정부각료의 계선지휘관 역할, 그리고 총리의 비서실장으로서 막료기능을 수행하고 있다. 그리고 직업공무원으로 제도화된 관료경직화의 역기능을 초래할 우려가 있는 관방비서실을 항상 살아 움직이게 하는 유일한 정무직의 정치실세이다.

총리비서실의 관방사무 부장관은 실장 보좌의 고유업무와 비서실인사, 총무기능만을 수행하는 백악관 비서실차장과는 달리 비서실 전반을 지휘, 통제하는 관료로서 행정실세이다. 이는 국회의원중심의 정치와 직업공무원중심의 행정이라는 일본의 독특한 내각제시스템에 기인한 현상이라고 볼 수 있다. 관방사무부장관은 이 점에서 일본 직업공무원의 공무수행에 매우 중요한 보호장치의 상징이 되고 있으며, 총리, 관방장관, 부장관보, 각 성청 간의 가교역할을 하고 있다.

다음으로, 내각총무관실, 내정, 외정, 안정보장 부장관보실, 광보관실, 내각정보조사실, 위기관리감실을 책임관리하는 실장이 있다. 수석비서관에 해당

58) 이가라시관방장관은 1945년 이래 계속 사회당소속의 다선중진 국회의원으로 무라야마총리와 함께 일한 좋은 예이다. 과거 연립정당에서 선출된 사회당출신의 무라야마총리는 같은 당 출신의 다선의원인 60세의 이가라시관방장관을 실세부총리로 최측근에 두고, 공식정책결정과 정무보고 외에도 개인적 정치조언을 받고 있다. 하시모토총리 역시 자기의 오랜 동료국회의원을, 오부치총리는 노나카 히로무 중진의원을, 고이즈미총리 역시 자기 측근 중진의원 후쿠다 야스오(福田康夫)를 관방장관으로 기용하였다. 시오자키 야스히사(鹽崎恭久) 관방장관은 아베총리의 의회동지이다. 최근 민주당정권의 히라노 히로후미(平野博文) 관방장관 역시 하토야마 유키오(鳩山由紀夫) 총리의 오랜 의회정치동반자이다.

59) 관방장관은 매일 오전과 오후 각 한 차례씩 기자회견을 하여 국정현안과 주요 쟁점에 관해 의견을 발표한다. 그리고 각의가 있는 화요일과 금요일에는 각의결정사항에 대한 기자회견을 한다.

하는 이들은 직업공무원으로서 차관으로 승진할 선임 국장으로 기능면에서 차관급으로 일하고 있다. 수석비서관은 총리의 관심사항과 특별히 지시한 사항을 정책화시키고, 관련 부처와 연관된 복합정책을 소관별로 조정한다. 그리고 각료회의에 상정할 안건을 조정하고 준비하며, 내각 전체의 정책일관성 유지에 관심을 기울인다. 그런데 수석비서관인 이들 부장관보, 광보관, 총무관, 정보관은 관방사무 부장관과 관방장관에게 직접 중요 사항을 보고하고 승인을 받는다. 각 성청에서 제기한 정책이나 의제에 문제가 있거나 정책상 쟁점의 소지가 있을 때 사무부장관과 함께 관방장관에게 가서 의논하여 결정을 내리는 경우도 있다. 이에 앞서 수석비서관은 각 성청의 담당국장과 긴밀히 협의한다. 수석비서관이 긴급히 총리에게 보고할 때도 문서로 하지 않고 구두로 보고하는 것이 통례이며, 간혹 서면보고를 하더라도 3-4쪽 정도로 간략히 보고한다.

내각총무관실은 총리행정보좌, 관저정비관리, 총리연설문작성 담당과 수행비서역할을 수행한다. 1986년 관방기구개혁, 2007년 7월 1일 내각관방조직령에 따라 고이즈미총리 주도로 정착된 내정담당부장관보는 국내업무 전반을, 외정담당부장관보는 국제외교업무를, 안전보장담당부장관보는 군사와 국방, 국가위기관리를 관련 부서와 협조하여 정책조정, 지원을 한다. 부장관보는 대개 기능별 고유업무를 수행하는 행정부처 중진국장 중에서 발탁된다. 내정부장관보는 경찰청, 대장성, 외정부장관보는 외무성, 안정보장부장관보는 방위청직업공무원 중에서 기용되고, 대개 2-3년 근무 후 원래 임지로 돌아가나 계속 남아 근무하는 요원도 있다. 특히 안전보장부장관보실은 전부가 민간전문가인 경력직공무원으로 구성된다. 그들은 20-30년 동안 국방분야에서 경험을 쌓아 현역장교와 협의하여 일본방위청 중장기계획을 주도적으로 수립한다. 현역장병은 방위청 통합막료장이 지휘하는 조직 내에서 군작전 훈련에만 전념하게 되어 있다. 안전보장부장관보는 총리, 관방, 방위청, 외무성, 대장성, 경찰청, 경제기획청 장관으로 구성된 국가안전보장회의 운영을 책임지고 있다.

부장관보명칭으로 바뀌지 않은 수석비서관은 내각광보관실과 내각정보관실이다. 광보관실에는 광보관을 포함 52명이 근무하며, 실장은 경찰청에서 선발된 경찰출신도 있다.[60] 행정부 내에 광보부가 없고 지방정부나 중앙정부의 홍보과, 총무과 등에서 국민홍보를 담당하기 때문에 광보관실에서 관련 부처의 홍보담당자를 조정통제하면서 긴밀히 협의하여 언론기관, TV 등 홍보매체를 통한 정부와 총리에 대한 홍보, 광고선전을 하고, 그리고 민간 조사연구기관을 통하여 정부정책에 관한 시민의 여론조사를 실시하여 발표한다. 총리의 기자회견을 위한 사전자료준비, 보도자료제공도 광보관실이 담당하고 있다. 내각정보조사실 정보관은 다른 심의실장이 부장관보로 격상되어 있음에도 불구하고 그 직위와 직책이 그대로이지만 기능과 임무면에서 더욱 막중한 역할을 수행하고 있으며, 인공위성을 통한 신호, 영상정보를 직접 수집, 해석, 전파하는 임무도 새롭게 수행하고 있다. 이 밖에 지진, 홍수, 태풍, 그리고 안보위기관리에 대처하는 내각위기관리감을 총리직속으로 신설하여 총리가 국가안전을 직접 지휘하는 시스템을 만들었다.

관방부 내각정보조사실은 1,200여 명 정도 되는 소수인원으로 일본국내외 세계정보를 수집, 분석, 생산하고 있다.[61] 소수인원으로 5,000명에서 7,000명의 요원이 수행하는 정보활동이 프랑스, 독일, 한국 정보기관의 정보활동과 맞먹는 역할을 하는 비결은 무엇일까. 그 이유로 정보요원의 조직몰입도, 전문성기질 발휘, 시민 개인, 민간조직, 사회정보 인프라의 협조를 들 수 있다. 만주철도조사부의 정보분석 전통, 낭인의 기업인변신, 기업인, 학계의 정보협조 전통이 내각정보조사실로 하여금 소수정예인원으로 넓고 깊은 정보수집과 분석을 할 수 있는 배경이다. 거기에 더하여 전후 평화시기에 일본이 경제대국으로 발돋움하는 지평에서 내각정보조사실 요원은 직위고하를 막론하고 자기 위치와 역할에 부합하는 기업인과 기술인을 비롯한 무역업계, 언론계, 예술계, 학계에 걸친 일본 각계의 전문가를 자문위원으로 위촉하여 그들에게서 받은 다양한 조언전문지식, 중요

60) 일본경찰은 과거 군국주의시대부터 일종의 경찰통치에서 성장한 폭넓은 활동개념으로 보아 국가업무 관련 분야에서 다양한 인재가 많은 편이다. 종전 후에는 독재, 폭압, 경찰관료성을 배제한 민주화와 전문성확보에 노력하여 대장성, 외무성과 동격으로 젊은 관료지망생에게 인기 있는 공직으로 평가되고 있다.

61) 2004년 10월 15일 오전 10시 내각정보조사실 하야시 마나부(林學) 참사관, 국제협력국 스즈키 미쓰오(鈴木三男) 담당관과 면접에서 확인하였다.

국제상황을 정보자료로 수집, 분석, 정리하여 정보상품으로 생산하는 방식을 구사하고 있다. 대표적인 사례가 인도네시아 스카르노대통령 당시 수하르토장군의 쿠데타사실을 일본대기업 미츠이 자카르타지사 직원이 내각정보조사실에 알려 이후 일본총리, 미국 중앙정보부에 알린 일이다.[62]

내각정보조사실은 인간정보를 활용하는 정보수집과 병행하여 영상정보, 정보기관간 정보협조로 정보를 생산한다. 내각정보조사실은 1998년 일본영공을 통과한 북한미사일발사를 계기로 광학 1호 인공을 발사하고, 2005년 북한핵무기 실험을 계기로 다시 광학 2호를 지구궤도에 올려 러시아극동지역, 중국전역과 동남아해안을 정찰하고 한반도, 특히 북한지역을 24시간 관찰하며 미국정찰위성이 보내는 영상자료를 실시간으로 분석하여 수상관저 정보집약센터에 보낸다.

국내보안, 방첩, 테러대응임무를 수행하는 법무성외청인 공안조사청은 인원 2,000여 명으로 급진공산당, 좌파, 극우파, 소련, 중국, 재일조선인총연맹, 북한의 일본 내 공작정보 등을 수집한다. 그러나 탈냉전 이후에는 국제테러를 비롯한 동경지하철 옴진리교 독가스살포, 일본항공기 납치사건, 북한공작선사건, 1997년 일본근해 선박조난으로 인한 기름유출사건, 1998년 일본영공을 거쳐 발사된 북한미사일발사, 2001년 구주남서해의 괴선박도주 등 테러예방정보에 주력하고 있다. 일본경찰 역시 치안정보를 수집하는데, 1996년 페루 일본대사관 점거사건과

62) 인도네시아 스카르노대통령은 비동맹 공산블록국가를 대변하며 장기집권으로 통치한다. 그 결과 스카르노대통령과 좌파정권지도자, 군장성은 부패로 얼룩지고 사회는 깊은 경제침체에 빠졌다. 이러한 불안한 정국을 만회하기 위해 1965년 9월 30일 쿠데타가 전개되었다. 당시 수도 자카르타 방위전략사령관이던 수하르토장군이 1966년 3월 12일 대통령궁과 정부를 장악하는 군사정변으로 정권을 장악하였다. 이를 세계에 제일 먼저 알린 것이 일본이다. 아침 일찍 일본본사에 사업계약전문을 팩스로 보내려 대통령궁인근 사무실로 가던 일본대기업 미츠이 자카르타지사의 젊은 직원이 새벽에 수하르토 전략방위군탱크가 대통령궁정문으로 진입하는 것을 목격했다. 젊은 직원이 대통령궁정문으로 진입하는 탱크병에게 "지금 무슨 일이 생겼느냐"고 물으니 병사는 "우리는 지금 수하르토장군의 명령으로 대통령궁을 접수하고, 수카르노 대통령을 연금시키고 질서를 유지하러 가고 있는 중이다"라고 대답한다. 사무실에 도착한 직원은 본사에 인도네시아 군사쿠데타발생을 전문으로 보내고, 이는 다시 내각정보조사실과 총리에게 보고되었다. 동시에 내각정보조사실은 미국 중앙정보부에도 알렸으며, 요미우리신문, NHK 방송사는 수하르토장군이 이끄는 군사쿠데타가 성공했다는 보도를 세계에 최초로 알렸다. 이렇게 기업, 학계, 언론계 등 사회정보인프라 활용이 소수인원으로 내각정보조사실 임무를 수행하는 데 큰 힘이 된다고 한다(2004년 10월 15일 오전 10시 내각정보조사실 하야시 마나부(林學) 참사관, 국제협력국 스즈키 미쓰오(鈴木三男) 담당관과 면접).

조직폭력, 국제마약 관련 사건에 대해 인터폴공조로 정보를 수집분석한다. 그리고 외무성 국제정보총괄관실에서는 세계각국에 주재하는 일본대사관에서 수집한 정보를 분석한다. 각 국에 주재하는 일본대사관은 대사주재로 매주 1회 혹은 특정 사안별로 주재국에서 기업을 운영하거나 무역업을 하는 일본상사주재원과 회합하면서 정보를 교환하고 수집한다. 이는 어디까지나 방어적인 역할에 머무르는 것이었다.

일본은 2차 대전 후 평화헌법에 따라 공격적 국방무력확보에서 일본방위 자위군운영으로 전환하면서 통상명칭인 국방부를 방위청이라 하고, 산하 육해공군도 자위대라 한다. 그러나 탈냉전 이후 경제대국으로 중국이 부상하고 안보환경이 변함에 따라 미국은 국제분쟁에 일본자위대의 평화유지군 참여요구 등 국제사회에서 일본의 명분 있는 군사역할을 요구하고, 북한핵무기개발과 이슬람 극단원리주의자의 테러에 대응하는 지평에서 일본은 군사력강화를 시도하고 있다. 군사력증가에 당연히 수반되는 제도적 강구가 군사정보력강화를 시스템차원에서 추진하는 것이다. 미국국방부 정보본부(Defense Intelligence Agency)를 본딴 일본 육해공군 정보를 통합조정 운영하는 일본 방위청정보본부(Defense Intelligence Headquarters)가 1995년에 논의되기 시작하여 1997년에 설치되었다. 방위청정보본부를 중심으로 육해공군 정보참모부와 산하 정보부대가 전략정보, 전투정보를 수집분석하고 있다. 육군은 해안부대 레이더기지를 이용한 신호 정보수집, 해군은 잠수함, 이지스함, 해안레이더기지, 대잠항공기를 이용한 감청, 공군은 정찰기(AWACS)를 통한 신호정보, 인공위성을 이용한 영상정보수집에 역점을 둔다. 정보수집영역은 시베리아, 하바롭스크, 사할린, 중국전역, 대만, 필리핀, 괌에 이르는 동북, 동남아 광역권에 이른다. 레이더감청, 영상정보를 위한 기지로 일본북부 와카나이(稚內)기지, 중서부 도쿄(東京)기지, 중남부 미호(美保)기지, 이와쿠니(岩國) 항공기지, 남부 추시마(對馬島) 해군감청기지, 오키나와(忠繩縣) 레이더기지가 있다. 일본군사정보는 인공위성, 항공정찰, 해상 초계, 신호정보, 인간정보를 종합적으로 운영하면서 더욱 체계화되고 있다.

에니그마암호체계를 역이용당하는 등 2차 대전 정보전에서 패배한 일본군은 2차 대전 후에 자체적으로 기업, 언론, 학계 등과 제휴하고, 신호정보, 영상정보, 인간정보를 이용하여 정확하고 적실성이 있는 군사전략, 전투정보를 생산하여 군전투부대, 내각정보조사실을 위시한 정보기관에 제공한다. 1971년 9월 중국 육군 지상부대기동 일체중지, 공군전투기 이륙금지명령을 통신감청으로 파악하였다. 이는 국방장관 린뱌오(林彪)가 모택동에 대항하여 쿠데타를 일으켰는데, 이를 진압하는 과정에서 일체의 군사기동을 중지하는 조치로 확인되었다. 1986년 김일성사망 당시에는 일본 서북과 중남부 지역 해상초계, 잠수함, 지상, 항공감청을 통해 북한인민군의 대규모기동이 없는 것으로 파악하여 북한이 김일성 사후 과정에서 대외적 군사돌발행동을 기도하지 않는 것으로 판단하였다. 그리고 김정일국방위원장이 중국을 방문하여 상해경제특구를 시찰하고 선상유람을 하는 장면을 일본언론이 원격카메라, 비디오로 촬영하여 전세계에 톱뉴스로 방송할 수 있는 역량은 중국, 북한에서 활동하는 인간정보, 내각정보조사실, 공안조사청, 국방정보본부, 외무성 국제정보총괄관실, 경제산업성, 중국지역에서 산재한 일본 기업, 무역인, 언론인의 정보공조로 보아야 한다.

한국과 일본의 국가경쟁력은 정치, 경제, 군사, 학술, 문화예술, 국민성 등에서 비교분석될 수 있다. 국가경쟁력분석은 힘의 공백기에 한국이 역사적으로 주권을 상실하는 쓰라린 과거사를 되풀이 하지 않고, 한일간 공동번영의 기반이 되기 때문이다. 여기에서 빠지지 말아야 할 것이 국가정보력이다. 한국과 일본의 정보력은 여러 역사적 사건에서 비교될 수 있다. 일본은 한반도에 해적질을 하든, 정규군침공작전을 시도하든 취약지점을 찾아 침투하기 위해 사전에 정보를 수집하는 정보력이 있었다. 고려시대에 고려와 연합한 몽고군이 일본본토를 침공하지만, 일본군은 해안에서 몽고군상륙을 저지하였다. 임진왜란 당시 조선의 도체찰사 서애 류성룡이 일본군의 조선반도 정찰력에 놀라움을 표시하고 있다. 류성룡의 군사기무 제 1조 척후에서 "왜군이 우리나라에 들어와 우리도 모르는 외딴 곳과 좁은 길까지도 다 알고 있다. 가로, 세로, 종횡으로 거리낌 없이 누비고 다닌다. 훤히 익숙하게 지형, 도로, 지세를 꿰뚫고 기동하는 것은 척후를 잘 쓴 탓이다"[63]라고 기록하고 있다.

63) 근폭집 제1조 척후에게 보상하는 원문은 다음과 같다. 且生長其處(차생장기처), 詳知道路遠近(상지도로원근), 山川迂直(산천우직), 故語云(고어운), 重賞之下(중상지하), 必有死夫(필유사부), 故苟有重賞(고구유중상), 則敵國之人,(적국지인), 皆爲我用(개위아용), 苟無賞(구무상), 則我國之人(즉아국지인), 反爲敵用(반위적용), 倭敵入我境土(왜적입아경토), 凡絕境細路(범절경세로), 人所不知者(인소부지자), 無不縱横貫穿(무부종횡관천), 若履諳熟之處(약이암숙지처)

그런데 임진 7년 이후 병자호란을 겪었음에도 정보력부재에 관한 역사적 반성도 못한 상태에서 급기야 조선조정은 주권마저 일본에 넘겨 주는 국민재앙을 초래한다. 명치유신으로 근대화를 시작한 일본은 청일전쟁, 노일전쟁을 거치며 동아시아강국으로 부상하면서 조선에 관한 충분한 정보를 수집하면서 한반도를 접수하게 된다.

일본은 유럽, 미국의 일원이 되고자 하는 탈아입구(脫亞入歐)를 목표로 군, 산업, 정부 공동체를 활용하여 세계를 상대로 정보를 수집하고 분석하여 국가차원의 정책전략을 수립하고 추진해 나간다. 이런 흐름을 타고 일본은 조선반도를 치밀하게 수집분석한 정보를 기반으로 한반도를 침략한 것이다.

구한말 조선을 강점하려는 일본의 조선정탐 체계는 이토 히로부미(伊藤博文) 초대총리를 정점으로 외무대신 이노우에 카오루(井上馨) 지휘로 초대조선주재 일본공사 하나부사 요시타다(花房義質)가 현지사령탑으로 되어 있었다. 실무정보총책 스기무라 후카시(杉村濬) 서기관을 중심으로 부산왜관주재관 오쿠 요시노리(奧義制) 3등서기관이 조선정세와 왕실정보, 관계인맥을 체계적으로 정리하여 본국외무대신에 보고하였다. 특히 스기무라 후카시서기관은 조선과 인연을 맺고 근무하는 15년간에 갑신정변, 을미사변의 실무공작원이며, 명성황후를 시해한 을미사변 직전 타케조에공사를 이어 미우라공사가 부임하기 직전 1894년에는 대리공사를 역임한다. 조선은 일본의 보호를 받아야 한다는 그의 조선정세보고서는 후일 외무대신 무쓰 무네미쓰(陸奧宗光)의 회고록인 건건록(蹇蹇錄)에 기록되어 있다. 하나부사공사는 1872년 임시대리공사로 시작하여 대리공사, 공사직에 이르는 기간 스기무라서기관과 함께 정치공작을 전개하여 1882년 임오군란을 이용하여 제물포조약을 이끌어 냈다. 1882년 11월 하나부사 요시타다공사 후임으로 부임한 타케조에 신이치로(竹添進一郎) 공사는 1883년 12월 4일 우정국설립 기념모임에서 김옥균을 위시한 개화파가 주도한 3일 천하 갑신정변에 관여하고 광산권, 채굴권, 어업권, 철도부설권을 갖게 된다. 이 시기에 이노우에 카구고로(井上角五)는 언론인으로 한국에 와서 서울과 지방을 돌며 서민생활, 농촌실태, 정부관리의 복무자세 등을 소상히 기록하여 타케조에공사에게도 알리고 본국에 보고하였다. 1895년 타케조에공사 뒤를 이어 부임한 육군중장출신 미우라

(송복. 2007. 전게서. 212쪽).

고로(三浦梧樓) 공사는 일본 국익우선주의를 지향하는 국권파로 1895년 8월 20일 명성황후를 시해하는 을미사변(乙未事變)을 주도한다. 을미사변은 미우라공사가 주도하고 일등서기관 스기무라 후카시(杉村濬), 오카모토 류노스케(岡本柳之助) 대위, 무관 포병중좌 구스노세 유키히코(楠賴幸彦)가 일본정부요원으로 핵심역할을 해서 공사관근무 순사, 군인을 동원하여 명성황후를 시해한 사건이다. 이에 명성황후 살해 공작협동팀으로 조선에 나와 활동하던 한성신보(漢城新報) 사장 아다치 겐조(安達謙藏), 주필 구니토모 시게아키(國友重章) 등 언론인, 극우낭인단체 천우협(天佑俠), 현양사(玄洋社) 요원, 키타니(木谷)와 쇼오지(莊司) 선박회사, 잡화상, 무역상인들이 가세한다. 명성황후시해에 가담하고 조선병합에 힘을 보태고 2차 대전 당시 일본이 내세운 대동아공영권 모토를 실현하려는 데 몸을 던진 낭인은 사무라이의 후예로서 사서삼경 등 동양유학에 밝고 동경제국대학을 비롯한 하버드, 옥스퍼드, 소르본느 대학에서도 유학한 인텔리이기도 하다. 현재 이 시점에도 역량을 발휘하는 군, 산, 정 복합정보시스템(military industry government intelligence complex), 또는 민, 군, 정 정보공동체(civilian military government intelligence community)는 한일합방, 일제강점기 한국통치기에 그 근간이 마련되었다.

최근에도 일본의 정보력이 국가경쟁력지표를 넘어서 한국에도 도움을 주는 국가브랜드로 진가를 발휘한 사례가 있다. 1983년 9월 1일 새벽 3시 38분에 소련 수호이 15 전투기가 사할린상공에서 한국 대한항공여객기 007편을 미사일로 격추한 사실을 밝혀 내어 유엔과 국제사회에 알리고, 소련이 여객기를 격추한 사실을 인정하게 한 것이다. 대한항공 점보여객기 007편이 승객과 승무원 269명을 태우고 1983년 8월 31일 오후 케네디공항을 떠나 앵커리지를 거쳐 서울로 향했다. 캄차카반도를 거쳐 김포공항에 착륙할 예정이었던 여객기는 1983년 9월 1일 새벽 3시 27분 사할린상공에서 비행중 레이더에서 사라졌다. 9월 1일 아침 대한항공과 한국정부는 사할린상공에서 사라진 대한항공여객기 추락여부탐색을 일본정부에 부탁했다. 이에 일본정부는 모스크바대사관을 통해 소련외무부에 소련당국이 대한항공여객기를 사할린상공에서 강제착륙시켰는지를 문의하는 동시에 일본정보기관은 사할린상공에서 비행중이던 대한항공 여객기항로와 교신을 추적하기 시작했다. 북해도 와카나이(稚內) 기지 레이더부대는 야간에는 감청요원이 없이 당직병만 근무하는 가운데 야간교신내용은 자동으로 녹음테이프에 저장되었다. 한편 미공군기지가 있는 북해도남부 내륙에 위치한 아오모리(青森)현 미사와(三澤) 기지에서도 9월 1일 새벽 3시 26분부터 29분 사이에 소련 수호이 15 전투기 조종사와 사할린공군기지 사령관과의 교신 내용이 감청되었다. 일본 와카나이기지에서 분석요원이 교신내용을 분석하였는데, 내용은 다음과 같았다. "사할린상공을 지나가는 항공기를 요격하라"는 명령을 받고 발진한 소련 수호이 15 전투기 조종사는 지나가는 항공기를 확인한다. 확인보고를 하니 좀더 가까이서 확인하라는 지시로 육안으로 보니 여객기인 것 같다고 보고한다. 그러나 지상관제탑을 통해 기지사령관이 내린 명령은 요격하라는 것이었다. 수호이 15 전투기 조종사는 미사일을 발사해 명중시키고, 화염에 쌓인 여객기는 추락했다고 보고한다. 레이더에 사라진 것도 이 때이다. 동경관제소, 미사와미군기지, 와카나기일본기지에서 종합분석하고 내린 결론은 소련 전투기가 민간여객기임을 확인하고도 기지사령관의 명령에 의해 대한항공 007편을 격추시킨 것이다. 처음 일본 내각정보조사실과 정보본부는 녹음내용을 공개하면 소련이 주파수나 암호코드를 모두 바꿀 것으로 보아 공개에 난색을 보였다. 그러나 방위청장관을 역임한 나카소네 야스히로(中曾根 康弘) 총리지시로 와카나이기지에서 녹음한 소련공군기지사령관과 수호이 15 전투기 조종사 간의 교신내용이 세계에 공개되었다. 이에 유럽국가, 중국까지도 가세한 가운데 레이건대통령은 유엔에서 이 내용을 골자로 소련만행을 규탄했다.[64] 1983년 9월 1일에 발생한 대한항공 민항기격추사건은 레이건대통령이 제기한 재래식무기와 대량살상 핵무기감축제의, 소련경제피폐와 함께 소련공산당 정치국의 권력이동에 단초를 제공하게 된다. 즉 브레즈네프(Leonid Brezhnev), 체르넨코(Konstantin Chernenko), 유리 안드로포프(Yuri Andropov) 공산당서기장 뒤를 이어 고르바초프(Mikhail Gorbachev)가 최연소 공산당 서기장으로 선출되어 페레스트로이카개혁시동을 거는 계기를 마련한 것이다.

일본의 정보력은 한국정부와 정보공동체가 문제의식을 가지고 심각히 성찰해야 될 의제이다. 한국의 정보공동체, 민, 산, 정 정보복합체계(civilian industry government intelligence complex)가 한국을 상징하고, 열린 시민사회체제를 유지하며, 일본, 미국, 유럽, 러시아, 이스라엘 정보공동체와 선의의 정보시스템 경쟁주체로 발전하여 한국의 국가브랜드로 정착시킬 수는 없을까.

64) Richelson, Jeffrey T. 1988. *op. cit.* p. 249. pp. 267-268.

● 요 약 ●

이스라엘의 정보조직과 정보활동

◆ 이스라엘 모사드(Mossad), 신베트(Shin Beth), 아만(Aman)

◆ 2차 대전 후, 영국이 관리한 팔레스타인에 이스라엘인 정착은 영국의 허가 필요

◆ 영국정부 몰래 이민 정착을 돕는 무장 세력인 하가나(Haganah)와 정보조직 샤이(SHAI)가 자생

◆ 모세 이후 솔로몬왕 전성기를 거쳐 바빌론왕국 멸망 뒤로 유대인들은 2000년간 전 세계로 퍼져 살게 되었으나 성경에서 유래한 선민의식, 유태율법, 시온니즘에 따라 1948년 5월 14일 이스라엘은 예루살렘을 수도로 하는 독립국가를 팔레스타인에 발족

◆ 그 동안 정착해온 팔레스타인들은 이슬람 민중봉기(Intifada)와 테러로 저항하였으며, 테러와 저항문화에서 성장한 팔레스타인 젊은 세대는 대를 이어 오늘의 아랍 근본 과격주의 테러전사 (Arab Fundamentalist Jihad Warrior) 원조가 됨

◆ 신생 이스라엘은 생존을 위해 자생적 군사정보조직인 아만, 정보조직인 모사드, 보안조직인 신베트를 구성

◆ 이스라엘 모사드(Mossad)

- 미국 중앙정보부 직제를 연구한 주미 정보공사 실로아(Ruben Shiloah)가 초대 수상 벤구리온(David Ben-Gurion)에게 건의하여 1951년 9월 1일 수상 직속기관으로 해외정보부인 모사드(Mossad Letafkidim Meouychadim, Central Institute for Intelligence and Special Operation) 설치
- 모사드는 히브리어로 기관이란 의미로 해외정보 수집과 분석, 공작, 준군사활동, 외국정보기관과 정보협력, 이스라엘 정보기관 협조 조정 역할 수행
- 정보 사례 1) 타베스의 활동

1960년 모사드가 코헨(Eli Cohen)을 시리아인 타베스(Kamil Amin Taabes)로 위장시켜 아르헨티나 수도 부에노스아이레스에 의류무역상 위장 진출. 시리아 대사관 무관 엘-하페즈(Amin el-Hafez)장군과 친분을 유지하면서 엘-하페즈가 시리아 대통령이 된 뒤 성공한 사업가로 시리아 수도 다마스쿠스에 귀환

엘-하페즈의 소개로 육군 참모총장 조카인 자레딘(Maazi Zahreddin) 중위에게 접근하여 골란고원의 서부전선 참호에서 러시아 제 122밀리 박격포 80문, 200대 이상의 러시아제 T-54탱크 목격하고 시리아 군 박격포 진지 사진 촬영

타베스는 초단파로 1시간 이상 모사드와 교신하다가 시리아 군 방첩부대에 탐지되어 1965년 1월 체포되어 5월에 다마스커스 순교자 광장에서 처형

- 정보 사례 2) 로츠의 활동

모사드는 1959년 영어와 독일어에 능통한 독일 태생 유태인 로츠(Wolfgang Lotz)를 히브리어로 아리에(Zeev Gur Arieh)라고 위장하여 정보원 교육, 승마 조련사로 훈련시킨 다음 1960년 서독으로 보내 2차 대전 당시 롬멜이 지휘한 아프리카 군단 장교 근무 후 동독에서 나온 피난민으로 위장시킴

로츠는 1961년 이집트 카이로에 침투, 승마학교 운영하면서 군정보국 부국장 라만(Abdel Rahman)대령, 미사일 부대 보안부대장 오스만(Favad Osman)장군, 대통령이 되기 전 사다트(Anwar Sadat) 장군 등 이집트 중요 군정보 인물과 교제

로츠는 미사일 부대 보안부대장이던 오스만 장군의 안내로 지대공 샘 미사일 기지를 방문, 시나이 반도와 네게브사막 전초기지에 설치된 미사일 발사대 참관, 소련제 신형 미사일 앞에서 포즈를 취한 오스만 보안부대장을 카메라로 촬영. 또한 미사일 시스템 구축을 도운 카이로 거주 독일 과학자, 엔지니어의 명단과 주소 파악하여 이집트 미사일 통제시스템 설계도 333 사업(Project 333)계획서를 마이크로필름에 담아 모사드에 보고

1965년 2월 목욕탕에 설치된 송신기로 모사드에 보고하던 중 이집트 방첩대의 송신전파 탐지로 체포, 종신형 수감. 이스라엘이 1967년 이집트와 치른 6일 전쟁 후에 이집트 군 포로 500명과 로츠 교환

- 정보 사례 3) 기타

•검은 9월단(Black September)이 1972년 뮌헨 하계올림픽에 참가한 이스라엘 선수 전원 사살함에 따라 수상 마이어(Golda Meier)는 정보위원회를 소집하여 9월단 지도부 체포, 사살 결정

•1972년 로마 책임자 즈웨이터(Wael Abu Zwaiter)를 자택 밖에서 사살하고, 프랑스 조직책 함차리(Mahimun Hamchari)의 아파트 전화기에 폭약 설치 사살, 사이프러스 요원 엘 히르(Abdul el Hir)의 침대 밑 폭탄 설치로 폭사, 무기와 폭약 구입책 베이루트 아메리칸 대학 교수 알-쿠바이시(Basil al-Kubaisi)를 1973년 파리에서 암살

•베이루트 해안에 상륙한 모사드 특공대 검은 9월단 두목 아부(Muhammad Naggar Abu), 파타(Fatah) 지도자 나사르(Kamal Nassar), 보좌관 아드완(Kemal Adwan)을 저격하고 프랑스 총책 부디아(Mohammad Boudia)의 승용차 뒷 좌석에 폭탄을 설치하여 사살 , 1979년 선수 살해 행동 대장 살라메의 승용차가 지날 때 베이루트 도로에 세워 둔 폭탄 장착 폭스바겐을 원격조종하여 사살하는 등 테러 관련자를 7년간 추적하여 전원 암살

•미국 핵처리 공장에서 핵무기 10기 생산 가능 고농축 우라늄 381.6파운드 이스라엘로 반출

- 모사드 활동의 국제적 비난

•1989년 이스라엘 군인 2명을 사살한 하마스(Hamas) 군사지도자 알마부(Mahmoud al-Mabhouh)가 2010년 1월 19일 Dubai 소재 로타나(al-Bustan Rotana) 호텔에 투숙 중, 모사드 요원으로 보이는 11명 행동대에 의해 질식 사망. 요원은 전원 이스라엘로 복귀

•2007년 이란 핵무기 제조 센터(Isfahan)에서 근무했던 전자자기 전공 호세인포르(Ardeshir Hoseinpour) 2010년 1월 12일 가스중독사, 핵물리학자 아미리 (Sharon Amiri)가 2009년 사우디 메카방문시에 실종, 이란 핵무기 제조 핵심인물인 테헤란 대학 핵물리학 교수 모하마디(Massoud Ali Mohammadi)가 2010년 1월 12일 출근길에 옆에 세워둔 폭약이 장치된 오트바이 폭발로 사망. 이 모두 모사드 소행으로 추정

◆국내보안부 신베트(Shin Beth, General Security Service)

- 모사드 태동과 같은 시기에 조직된 수상직속 정보기관으로 국내보안과 방첩임무 수행. 국내외세력에 의한 정부전복, 사보타지 미연 방지, 요인보호, 테러대응, 국내 주재 외국공관의 정보수집과 감시가 주요 임무
- 핵폭발 구조에 원초적 물질인 입자 우주선(cosmic ray)을 전공한 커르트 시테(Kirt Sitte) 하이파공대 핵물리학 교수가 1954년-1958년 기간 간 체코와 소련 정보기관에 이스라엘의 우주복사열과 연계된 핵무기 폭발 탐지, 핵무기 기술 자료를 넘겨주던 것을 오랜 추적으로 체포
- 오랫동안 이스라엘 내부에서 간첩활동을 하여 군사기밀을 넘겨 온 이스라엘 비어(Israel Beer)를 체포
- 신베트의 인권유린
  - 1984년 4월 12일 팔레스타인 4명이 이스라엘 가자 점령지역 인근 아쉬켈론 (Ashkelon)에서 이스라엘 버스를 팔레스타인 지역으로 납치 이동. 신베트 보안부대와 특공대가 버스 탈취, 인질범 4명은 심문과정에서 살해, 언론 사진 공개
  - 조리아(Meir Zorea) 위원회, 검찰 조사에서 신베트 보안부의 인질범에 대한 조직적 고문 살해와 이의 은폐에도 불구하고 사면하여 국제사회 비난

◆아만(Aman): 이스라엘 군사정보조직

- 군사 정보 획득, 지도작성, 경제 산업, 중동 지역 정보 수집 기능을 가진 아만은 부장, 차장 산하에 보안검열부대, 정보부대, 해군, 공군 정보부대, 해외무관과 이스라엘 주재 대사관 무관 관리 군사외교국, 통신, 감청, 신호처리 담당 정보단으로 구성됨
- 군사정보 부장은 조직상 국방장관, 국방총참모장에게 보고하나, 수상에게 직접 보고하는 직속기관임
- 수상의 정치 리더십 결함, 정보공동체의 협조 부족, 계획 결여로 군사정보부 아만의 공작 실패
  - 샤레트 수상은 협상과 타협으로 아랍국가와 관계개선에 주력하고 있는데, 반해 매파인 국방장관 라본(Pinhas Lavon)은 국방총장, 군총장을 건너뛰어 이스라엘 군사정보부장 기블리 대령과 산하 131 부대장 벤주르 중령에게 이집트 사회불안 조성 파괴 공작, 일명 수산나 작전(Operation Susannah) 실행을 명령
  - 기블리 군사정보부장은 공작조 선발, 폭약처리 훈련, 공작조 안전 조치, 기동로 확보에 허점이 많은 상태에서 벤주르 131부대장에게 명령 하달, 군사정보부 요원을 영국 기업인과 독일 기업인으로 위장시켜 이집트에 투입
  - 1954년 7월 2일 이집트 알렉산드리아 우체국 폭발, 14일 알렉산드리아, 카이로 미문화원 폭발, 카이로 기차역 폭발, 영국인 소유 극장 폭발로 혼란 조성. 7월 23일 19세의 공작요원 나탄선(Philippe Natanson)이 알렉산드리아 극장에서 주머니에 넣어둔 폭약을 조기에 폭발하여 아브리 엘라드 이중첩자의 밀고로 이집트 보안요원이 추적하여 체포됨
  - 공작 기술의 실패, 기획단계에서도 모사드, 신바트 정보기관과도 협조 부재, 샤레트 수상 모르게 국방총장, 군총장 건너 뛰어 영국, 미국 우방국 대사관 시설물에 폭약을 터트리는 실패한 군 공작

중국의 정보조직과 정보활동

- 1949년 중화인민공화국 설립 견인차: 1921년 창당한 중국공산당, 1927년 조직된 인민해방군
- 국가건설 초기에 소련의 정보기구 모델링하여 중앙특과, 사회부는 국무원산하 공공안전부(公共安全部)에 흡수시켜 국가안전, 국내외 정보수집, 방첩, 체제전복 방지, 해외 공작, 경찰, 국경수비, 출입국관리, 소방, 산불예방, 홍콩·마카오·대만 출입국관리 등 국내외 정보수집, 공작, 보안업무 담당하도록 함
- 공산당 중앙위원회 산하 대외연락부는 소련, 동구권, 유럽, 쿠바, 북한의 공산당, 사회당, 형제당과의 친선, 정보교류, 외교정책조정, 공작활동 전개하고, 통일전선 공작부는 마카오, 홍콩, 전 세계 화교단체와 연계, 친 중국 공산정권 세력 규합, 반공산정권 세력은 회유와 협박으로 와해공작 감행, 대만 흡수 정보수집, 공작 담당
- 인민해방군에는 군사정보부, 기술부, 전자부가 있음
  - 군사정보부: 주변국 군사력 평가, 군 전투, 전략정보 수집
  - 기술부: 통신감청, 암호해독, 신호정보 담당
  - 전자부: 인공위성 영상정보, 전자정보, 사이버 정보전 주력

- 군 내부 감시용 군보위부와 중국군 국제정보 수집용 연락부 존재
- 등소평 등 개혁개방세력이 1986년 국가안전부를 설립, 공공안전부의 국내외 정보수집, 정부전복, 방첩, 테러예방과 진압, 군의 국제정보 일부 기능 흡수
- 국가안전부, 공공안전부, 당 대외연락부, 통일전선부, 군 정보부, 기술부, 전자부, 신화사 통신, 외교부는 장기적으로 고급, 중급, 저급 정보, 일부 혹은 전부 여부를 가리지 않고 상대국 정보기관 모르게 수집, 짜깁기 하여 정확한 큰 그림 완성
- 중국 인공위성과 우주항법장치, 원자탄 및 중성자탄 설계도, 중장거리 미사일, 핵잠수함 건조 기술은 미국, 프랑스, 영국, 독일, 일본, 러시아에서 오랜 기간에 수집한 정보에 크게 의존
- 정보기관장의 장기 재임을 통해 안정된 기반 위에서 정보수집, 분석, 공작활동이 이루어짐

-국가안전부장 임명 후 10여년 근무: 1983년에 임용되어 미국 고정간첩사건의 탄로로 1985년 사임한 초대 국가안전부장 링윤((Ling Yun, 凌元)을 제외하고 10여년 근무

  • 지아충왕(Zia Chungwang 賈春旺) 부장은 1985년-1998년 까지 13년 근무하였으며, 슈용유에(Xu Yongyue 許永躍)부장은 1998-2007년 까지 8년, 그리고 겡후이창 (Geng Huichang 耿惠昌)부장은 2007년 이후 현재 까지 재임

◆ 중국의 정보활동 사례

- 사회부는 1940년대 중국계 미국인 레리 우타이 친(Larry Wu-tai Chin, 金無怠)의 배경을 조사하여 1950년대에 정보원으로 포섭함. 1970년대 공공안전부, 1980년대 국가 안전부가 계속 관리하여 정보 수집함. 레리 우타이 친은 1922년생으로 21세 때인 1943년 중국 주둔 미군연락부대 통역관, 1948년 상해 주재 미국영사관 통역관, 1950년 홍콩 대사관 통역관, 한국전쟁시 미군과 한국군의 중국군 포로 심문 통역관, 1952년 미국 중앙정보부 통역요원의 경력을 갖고 은퇴 후 미국종합자료발간연구처(US Joint Publications Research)에서 중국자료 번역일을 하면서 중국을 위한 정보활동을 함

◆ 중국 정보 공동체는 해외주재 중국화교, 세계에서 활동하는 기업인, 외교관, 유학생, 학자, 여행자를 잠재적 기획 정보 요원으로 활용

◆ 중국은 최근 인간정보활동에서 더 나아가 인공위성 등의 과학기술 정보 활동과 세계전산망을 마비 침투하는 사이버 전쟁(cyber warfare) 전개

일본의 정보시스템

◆ 전국 시대의 오다 노부나가, 도요토미 히데요시, 도쿠가와 막부의 군사정보와 영주 동향파악, 네델란드 조총 및 대포 구입에 은밀한 정보력 구사

◆ 1907년 일본 만주철도 조사부(調査部)는 동경대, 대판대, 와세다 대학 출신의 두뇌집단(think tank)이 참가하여 만주, 조선, 몽골, 러시아, 동남아시아, 중국에 관한 역사, 지리, 지질, 산업, 농업, 문화, 예술, 정치, 사회 전반을 문화인류학적 접근으로 관동군에 정보제공, 오늘날에도 지속적 정보 자료 수집

◆ 일본 국가정보 시스템의 핵심 기관:

- 총리 비서실장격인 관방부 장관 휘하 내각정보조사실: 수석비서관인 내각정보관이 수장으로 해외정보 수집
- 법무부 산하 공안 조사청: 국내 방첩, 보안, 북한 담당
- 경찰청 정보국: 국내 범죄, 치안 정보 취급
- 내각 방위청 산하 정보본부: 군사정보, 국내외 무관 관리

- 일본 정보시스템 특징: 정부, 기업, 연구소, 전문직 참여로 군-산-정 정보공동체 형성. 1200명 정도의 내각조사실 정보요원은 자기 직급에 걸맞는 10명 정도의 민간 전문직 종사자를 자문위원으로 활용. 해외 산업과 무역업계 종사자, 해외 학회 참석 교수, 연구가들이 얻은 현지사정, 특정 정보를 국가정보기관, 정부 지도자에 제공
  - 1966년 3월 12일 인도네시아에서 군사 쿠데타로 집권한 수하르토 장군이 대통령궁을 장악했음을 전 세계에 알린 것은 일본 대기업 미츠이 자카르타 지사 젊은 직원이 대통령궁으로 진입하는 탱크병에게 들은 내용을 본사에 타전하고 내각정보조사실에 알린데서 발원
- 내각정보조사실은 인간정보 외에 신호통신정보, 영상정보로 정보 정확성 높임
  - 1998년 일본 영공 통과 북한 미사일 발사로 광학 1호 인공위성 발사, 2005년 북한핵무기 실험으로 광학 2호 발사 운영. 방위청 육군은 해안 레이더 기지로 신호 정보 수집 분석, 해군은 잠수함, 이지스함, 대잠항공기로 통신 감청, 공군은 정찰기(AWACS), 인공위성으로 영상정보 수집
    - 1971년 9월 중국 국방장관 린뱌오(林彪)의 쿠데타 진압을 지상부대 기동과 공군 전투기 이륙 금지 명령을 통신감청으로 파악하여 확인. 1986년 김일성 사망시에 일본 서북, 중남부 지역 해상초계, 잠수함, 지상, 항공 감청을 통해 북한 인민군 대규모 기동은 없는 것을 보고 휴전선에서 다른 대외 군사 도발 없는 것으로 파악/ 대한항공 007편 소련군 격추 교신 내용도 일본이 녹취

제4장
거시정보: 냉전시대 미소 정보전과 세계화시대의 테러정보

1. 냉전시대의 영국, 미국, 소련의 정보공작

2차 대전 이후 영국정부는 냉전시대를 맞아 대서양조약기구(NATO)의 일원으로 구 소련과 동구권 공산국가 정보수집에 집중하였다. 그러나 미국과 소련 중심의 냉전체제와 더불어 영국의 국제사회의 위상약화와 함께 정보력도 약화되었다. 특히 냉전시대에 자본주의와 공산사회주의 이념의 갈등 속에서 공산주의에 동조하는 영국의 젊은 지성인이 구소련 정보기관첩보원이 되어 나토동맹국가와 모국인 영국을 상대로 첩보공작을 펼치는 등 영국정보기관의 취약성이 드러나는 아픔을 겪기도 한다. "거물간첩 5인방(The Magnificent 5)" 또는 "케임브리지 5인방(Cambridge 5)" 사건은 케임브리지대학을 졸업한 영국 젊은이 5명이 영국 외무부, MI 5 국내보안부, MI 6 해외정보부 요원으로 근무하던 중에 변절한 사건이다. 이들은 구소련 KGB 정보원으로 동맹국인 미국을 상대로 간첩활동을 해 소련에 극비전략정보를 넘긴 일로 유명하다.

모국을 상대로 간첩활동을 한 케임브리지 5인방의 선임자격인 블란트(Anthony Blunt, 1907-1983)는 메리여왕의 먼 친척이며, 아버지는 성공회 주교로 파리주재 영국대사관 종교공사로 근무하였다. 어려서 아버지를 따라 파리에서 생활하여 프랑스어를 유창하게 구사하고, 케임브리지대학에서는 언어, 미술사학을 전공하여 우수학생으로 졸업하였으며, 그의 형제나 조카 역시 쟁쟁한 소설가, 시인이었다. 블란트는 케임브리지대학에서 마르크스 이념지향조직인 케임브리지사도(Cambridge Apostle) 동아리회원으로 활동중, 5-6살 아래인 버지스(Guy Burgess)의 권유로 공산당에 가입하고, 1933년 모스크바를 방문, 다음해에 구소련 정보기관 국내인민보안부(Peoples' Commissariat for Internal Affairs: NKVD) 요원이 되었다. 2차 대전 초기에는 영국군장교로 파리에서 프랑스군 정보부대와 활동하다가 독일군의 파리점령으로 런던으로 돌아와 국내보안부(MI 5) 요원으로 발탁된다. 국내보안부에서 일하게 되면서 알게 된 독일암호기(Enigma) 해독과 복원 및 활용사업(Ultra Project)을 고스란히 소련정보부에 보낸다. 넘겨 받은 독일암호해독기로 러시아군은 동부전선에서 교전중인 독일군의 군사작전 전문을 미리 파악하여 베를린에 먼저 진격할 수 있었다.[1)]

버지스(Guy Burgess, 1911-1963)는 사실상 케임브리지 5인방 중에서 정보요원으로 가장 민감한 직무를 수행하면서 변절하여 소련에 핵심전략정보를 유출한 인물로 알려져 있다. 영국해군함장 아버지를 둔 버지스는 이튼 칼리지(Eton College)를 졸업하고 아버지 뒤를 이어 해군사관학교에 들어갔으나, 근시로 생도 2년차에 퇴교한 후 케임브리지대학에 입학하여 현대사를 전공하였다. 케임브리지대학에서 재학중 블란트가 활동하는 동아리 케임브리지사도(Cambridge Apostle)에 가입하여 서구자본주의의 사악성을 열거하며, 스스로 공산주의자라 칭하고 소련정보요원으로 포섭되었다. 1936-1938년간 방송사 BBC 기자로 스페인 내란

1) 1951년 그를 소련정보요원으로 이끈 5인방 중 버지스와 매클린이 소련으로 도주한 사실이 밝혀지면서 블란트는 MI 5에서 면직당하고 수사대상이 된다. 그는 자기가 공산주의자가 되어 소련첩자로 일한 것은 실수라고 인정하면서도 히틀러의 국가사회주의 독재자를 응징하는 차원에서 한 일이라고 이념적 소신을 밝히기도 하였다. 영국 국왕과 여왕 초상화전문가이자 유럽, 중동, 아프리카 미술를 비롯한 피카소 현대미술에도 일가견이 있는 블란트는 런던대학 미술사 교수, 동대학부설 미술박물관관장(Director, Courtlaud Institute of Art)을 역임하고, 프랑스 예술과 건축(Art and Architecture in France) 등 많은 저서를 출간한다. 그의 제자 중에는 대영제국 박물관장 화이트(John White), 하버드대학 예술사학과장 시어만(John Shearman) 등 예술분야에 족적을 남긴 인물들이 많다. 1956년에 작위를 받았으나, 1979년 대처 영국수상이 블란트의 간첩행위를 거론하자 엘리자베스여왕은 블란트에게 수여한 작위를 박탈한다. 소련을 위해 간첩활동을 하던 버지스와 메클린의 행적이 발각되자, 이들이 소련으로 탈주하게 뒤에서 조종한 케임브리지 5인방의 맏형인 블란트는 과도한 음주와 스트레스로 인해 1983년 심장마비로 런던에서 사망하였다.

을 취재하고 1938-1941년에는 해외정보부(MI 6)에서 심리전분야요원으로 일한다. 이념적 변절로 소련에 정보를 제공하는 간첩활동을 한 기간은 1944-1951년으로 영국외무부에 근무하면서 장관비서관과 미국주재 영국대사관 서기관으로 일할 때이다. 맥닐(Hector McNeil) 장관 비서관으로 있으면서 장관실에 있는 외무부기밀문서를 밤에 집으로 가져가서 사진으로 복사한 후 다음날 일찍이 가져다 놓았다. 한때 주미영국대사관에서 킴 필비와 같이 기거하면서 영국, 미국, 캐나다 합동 핵무기개발문서를 영국주재 소련대사관 정보관이며 케임브리지 5인방 조정자인 모딘(Yuri Modin)에게 보낸다. 그러다가 같은 5인방인 매클린이 국내보안부(MI 5)에서 조사를 받게 되자 맥클린과 함께 1951년 모스크바로 잠적했다가 1963년 52세로 사망했다.

버지스의 동료 맥클린(Donald Maclean, 1913-1983)은 1차 대전 당시 영국 자유당당수의 아들로 케임브리지대학에서 언어학을 전공했다. 블란트소개로 소련 정보당국에 포섭되어 케임브리지대학 재학시절부터 침투간첩으로 활약했고, 영국외무부, MI 5, MI 6에서 근무하면서 소련에 정보를 유출한다. 1935년에 외무부 3등 서기관으로 주로 과학기술과 암호해독분야에서 일하다가 파리대사관근무를 거쳐 1944년 워싱턴주재 영국대사관 독일담당 일등서기관으로 일한다. 이 자리에 있으면서 맥클린은 미국, 영국, 캐나다 핵무기개발위원회 영국연락관으로 일하면서 핵무기정보를 영국주재 러시아대사관 유리 모딘에게 보낸다. 스탈린은 맥클린이 보낸 핵무기보고서에서 미국의 핵무기보유량과 위력을 분석하여 결코 미국이 핵공격을 할 수 없다는 판단을 하고, 베를린봉쇄를 실시하고 북한 김일성이 요청한 6·25 전쟁개시와 군수물자지원을 허락했다고 한다.[2] 맥클린이 소련에 보낸 처칠수상과 트루먼대통령, 애틀리수상과 트루먼대통령과의 회담내용을 보고 스탈린은 1943년 테헤란회담, 1945년 초에 열린 얄타회담, 1945년 중반기 포츠담회담에서 베를린양분, 동구권장악에 기선을 장악했다고 한다. 맥클린은 MI 5에서 버지스와 자기를 내사한다는 사실을 킴 필비에게서 듣고, 블란트의 도움과 소련대사관의 유리 모딘의 주선으로 1951년 소련으로 탈출하여 모스크바의 세계경제와 국제관계연구소, 소련외무부에서 대령신분으로 근무하다가 1983년에 사망했다.

2) Pat M, Holt. 1995. *op. cit.* pp. 126-130.

한편 워싱턴에서 버지스와 함께 근무한 킴 필비(1912-1988)는 인도 판잡에서 영국군 장교아들로 태어나 웨스터민스터고교를 졸업하고 케임브리지대학에서 역사와 경제학을 전공하였다. 케임브리지대학의 마르크스 경제학자 모리스 돕(Maurice Dobb)의 조언에 따라 오스트리아 비엔나에서 결성된 국제공산동맹(Communist International: Comintern)에 가입하고, 유대인구제사업에 참여하면서 독일공산당과도 교류를 할 수 있었다. 이 과정에서 필비는 소련정보부의 첩보원이 되고, 스페인을 거쳐 영국에 돌아와 1940년에 버지스도움으로 MI 6 흑색선전 담당요원으로 일하게 된다. 필비는 스페인, 포르투갈, 북아프리카, 이탈리아 담당요원으로 일하다가 MI 6 종합정보과 부과장이 되면서 소련에 위협이 되는 정보 혹은 중요한 전략정보를 소련정보원에게 넘겨 주었다. 이후 정보과장이 된 필비는 MI 5, MI 6, 군정보기관 요원명단과 중요 방첩문건을 소련에 넘겨 주었다. 1945년 소련정보부요원 볼코프(Konstantin Volkov)가 영국정보부에 귀순하여 소련에 동조하는 해외첩보요원 명단을 제시하였는데, 이 사건을 맡은 필비는 이스탄불로 볼코프를 유인하여 소련요원이 납치하게 하고, 자기는 런던으로 돌아와 사건을 마무리하기도 하였다. 그는 MI 6 이스탄불지부장으로 근무하다가 1949년 워싱턴 영국대사관에 부임하여 미국지부장으로 미국 중앙정보부와 정보공조 영국대표로 일하면서 미국, 영국, 캐나다 합동 핵무기개발위원회가 작성한 핵무기개발서류를 맥클린과 함께 공조하여 소련에 넘겨 주었다. 그런데 미국 중앙정보부와 영국 MI 6가 버지스와 매클린을 수사대상에 놓고 심문하는 과정에서 이들이 소련으로 탈출하자 필비는 집중내사를 받게 된다. 미국 중앙정보부장 스미스(Bedell Smith)는 "이중첩자가 근무하는 영국 정보기관과의 협조는 불가능하다"고 선언하고, 영미간의 정보공조가 위기에 처해 영국 맥밀란수상이 정보부장에게 개인적으로 전화하여 정보공조를 부탁하기도 하였다. 심문을 받던 필비는 MI 6 고위직에서 면직된 후 영국 이코노미스트기자로 중동에 일하다가 1963년 조사가 다시 시작되자 케임브리지 5인방을 조정하고 통제하는 런던주재 소련대사관 정보책임자 유리 모딘의 주선 하에 소련으로 잠적했다가 1976년 사망했다.[3)]

3) Philby, Kim. 2002. ***My Silent War***. New York: Modern Library; Knightly, Phillip. 2003. ***Philby: KGB Mastery***. London: Andre Deutsch Ltd.; BBC-History-The Cambridge Spies. BBC. 2008-02-17.

한편 케임브리지 5인방 중 케언크로스(John Cairncross, 1913-1995)는 스코틀랜드태생으로 경제학자 케언크로스 경(Sir Alexander Kirkland Cairncross)과 형제간이다. 케임브리지대학에서 언어학을 전공하고, 졸업 후 1937년에 MI 6에서 암호해독요원으로 일하면서 공산당원이 된다. 2차 대전 때에는 울트라사업단에서 운영하는 독일암호기 에니그마 시스템을 소련에 건네 줘 소련이 동부전선에서 승리를 거두는 데 일조한다. 케언크로스가 영국 핵무기제조문서를 소련에 제공하여 소련이 예상한 것보다 빨리 핵무기를 개발할 수 있었다고 한다. 1951년 MI 5 내사에서 스파이활동을 인정하였으나, 기소되지 않고 로마에 가서 유엔식량기구에서 일하다가 이탈리아 국립은행에서 중동지역 투자자문역을 맡았다. 1995년 82세로 프랑스 남부지역에서 사망했다. 소련 KGB 정보원 올레그 고르디엡스키(Oleg Gordievsky)가 변절하여 영국에 귀순하였을 때 케언크로스가 무려 5,820여 정보문건을 소련에 보냈음이 드러났으며 그 문건은 현재 러시아 정부문서보관소에 존안되어 있다.[4)]

이들 케임브리지대학 출신 변절자정보요원은 모두가 중상류층가정의 자제들이며, 영국최고의 명문고교와 대학출신으로 고교와 대학에서 우수한 성적으로 졸업한 역사, 경제, 어문학을 전공한 인문사회학도였다. 이들은 가난과 사회문제에 대한 반사회적 인물이라기보다는 학창시절에 공산이념 동아리에서 동지적 결속을 같이 하고, 히틀러의 유대인박해를 피해 독일에서 빠져 나온 유대인과 독일피난민을 보호하려는 낭만적 코스모폴리탄 공산주의 인생철학을 가졌다. 그래서 아무런 대가 없이 소련공산주의에 협력한 것이다. 특이한 점은 3명은 소련으로 탈주하여 알콜중독자로 전락하는 등 고통스러운 나날을 보냈고, 국내에 머문 2명 역시 극도의 스트레스로 알콜에 의지하거나 말년에 심장마비로 사망했다는 사실이다. 케임브리지 5인방 스파이사건은 이념에 경도되는 정보요원의 변절 등 정보보안문제의 심각성을 단적으로 드러낸 사건이다. 이 일을 계기로 영국정보부는 동맹국에서 정보협조를 받는 데 어려움을 겪게 된다.

한편 이에 따라 소련공산제국이 해체된 탈냉전시대에 극단적 종교 테러분자에

---

4) Andrew, Christopher. 1996. *op. cit.* pp. 429-431; Andrew, Christopher and Oleg Gordievsky. 1990. *KGB: The Inside Story of its Foreign Operations from Lenin to Gorbatchev*. London: Hodder and Stoughton. pp. 240-247.

대응하고자 영국정보부는 세계국가의 정보혁신 모델사례의 일환으로 정보력을 강화하고 있다. 그 한 단면이 내무부소속 MI 5에 경찰, MI 6, 외무부, 군, 기타 관련 기관요원이 모인 정부합동 테러대응센터(Joint Terrorism Assessment Center: JTAC)이며, 영국은 이를 통해 각종 테러에 체계적으로 대응하고 있다.

프랑스는 중세를 거쳐 절대왕조시절에 리실리유 수석장관 겸 추기경이 대외정보, 국내방첩조직을 구축한 정보전통을 가진 나라이다. 절대왕정시대를 지나 1789년 프랑스혁명을 거치고 나폴레옹대통령, 나폴레옹황제체제, 준입헌왕정체제, 공화정을 거쳐 2차 대전 이후에 안정된 민주정치체제를 정착시킬 수 있었다. 연합군의 일원으로 파리에 입성한 프랑스군지도자 드골은 1958년 헌법개정에 따라 대통령선거인단이 뽑은 간선제로 제 5공화국 대통령이 되어 임기 7년간 강력한 초월적 대통령, 군주형 대통령으로 프랑스를 이끈다.[5)] 프랑스는 다양한 정치체제를 거친 끝에 드골대통령이 집권한 2차 대전 이후의 제 5 공화국 이후부터 비로소 경쟁력을 갖춘 정보시스템을 구축할 수 있었다. 1962년에는 직선제개헌으로 대통령의 위상이 더욱 강화되었고, 2000년 임기 7년에서 5년 임기 대통령제로 헌법이 개정되면서 프랑스대통령제는 국민통합과 사회안정을 추구하면서 프랑스식 열린 시민사회의 성숙도를 심화시키고 있다. 프랑스의 정치체제는 대통령은 국정전반총람, 정책조정자로서 군사외교와 대외안보를 책임지고, 의회에서 다수당대표로 선출된 총리는 각료제청권을 포함하여 각료를 지휘하여 경제를 중심으로 한 내정을 전담하는 이원집정형 정치체제이다. 이런 정치사회체제 환경 속에서 현대정보시스템이 구축되었다.

프랑스국가정보는 대통령실에 설치된 국방위원회, 총리실에서 운영되는 국방위원회 사무부, 국방위원회 사무부산하 정보위원회, 내무부 국내보안청, 경찰정보국, 국방부 해외정보국, 군사정보국으로 구성된 정보기관의 협력시스템으로 가동된다. 국방위원회산하 정보위원회에서 관리조정하는 내무부소속 국내보안청(La Direction Surveillance de Territoire), 국방부소속 해외정보청, 역시 국방부소속

---

5) 제5공화국 헌법에 명기한 대통령권한을 행사하는 드골대통령에 대해 정당론 대가 모리스 두베르제는 군주적 대통령(monarchie republicaine)(1974)이라 명명하였으며(La Monarchie Republicaine), 조홍식 교수(2009)는 초월적 대통령이라고 명명하였다(조홍식. 2009. "프랑스 대통령 임기 5년제 개헌: 부분적 개헌의 성공사례." 「정치학회보」. 제43집 제3호. 177-178쪽).

군사정보청(La Direction Renseignement)이 프랑스의 3대 정보기관이다. 이 보다 앞서 2차 대전 당시에 독일군에게 점령된 프랑스전역에 전직군인, 사회주의자, 노동조직지도자, 지성인들이 독일군에 대항하는 저항운동을 전개하면서 레지스탕스를 결성했는데, 1943년에 레지스탕스 전국위원회(Council for National Resistance)가 조직되고, 곧이어 프랑스저항군(French Force of Interior Resistance: FFIR)으로 확대되었다. 유럽전역에서 활동하는 반독일군 저항세력의 중추가 되어 독일군 기지공격, 도로, 병참선 차단, 연합군정보제공, 공정부대안내, 노르망디 상륙작전 지원, 심리전에 적극 참여하였다. 레지스탕스활동은 적지에서의 정보수집과 함께 은밀침투, 공작파괴활동으로 확대되어 현대정보전의 다양한 지평을 여는 계기를 마련한다.

현재의 프랑스 국토안보청, 해외정보청, 군사정보청이 제대로 구축된 시점은 드골대통령이 집권한 제 5공화국 이후부터이다. 드골대통령은 미소강대국 냉전체제 속에서 한계가 있었지만, 독자적 외교노선인 중립데탕트(Detente) 외교로 나토군사동맹에 가입하지 않고 중국, 소련, 공산권국가와의 외교를 적극적으로 전개하였다. 이 과정에서 서방세계와 공산권국가의 가교역할도 하고 공산권국가의 정치, 군사 상황을 미국, 영국을 비롯한 서방세계에 전달하기도 한다. 그런 데탕트 외교를 소련, 중국, 남미와의 무역으로 확장하여 국가이익을 확대하였다. 이런 상업외교로 프랑스는 중동, 유럽, 남미, 아시아에 군사기술과 무기를 수출하였다. 엑소세 미사일(Exocet Missile)은 데탕트외교로 군사무역에서 성공한 전형적 사례이다. 1982년 아르헨티나는 영국령 포크랜드섬을 자국영토라고 하고, 침공작전을 감행하면서 인근에서 작전중이던 전함 세필드(Shefield)호를 프랑스제전투기 에탕달(Etendard)에 장착한 공대함미사일 엑소세 2발로 격침시킨다. 곧이어 최신전함 인빈스빌(Invincible)호에도 엑소세 미사일로 타격을 입혔다. 영국 대처수상(Margaret Datcher)은 파리로 날아와 프랑스 미테랑대통령을 만나 엑소세 미사일 방어시스템자문을 구하고, 영국 MI 6, 외무부, 국방부는 활동을 개시하여 엑소세 미사일판매망을 페루, 칠레 등 남미 다른 국가에 확대한다. 이는 아르헨티나 무기수출판매량을 감축시키는 결과를 가져왔다. 한편 국제환경단체 그린피스가 1985년 남태평양에서 실시하는 프랑스 핵무기실험을 반대하면서 뉴질랜드 오크랜드항구에 정박해 놓은 그린피스(Greenpeace)호를 프랑스 해외정보청 요원이 폭파시킨 사건이 발생했다. 더욱이 취재하던 사진기자 페르난드 피이나가 익사하자 국내외여론에 밀려 국방장관 에르뉘(Charles Hernu)와 해외정보청장 라코스테(Pierre Lacoste)가 사임한다.

프랑스 내무부산하 국내보안부는 한국의 국가정보원 국내담당차장실에 해당되는데, 내무부 경찰청정보국, 국경수비경찰과 합동으로 프랑스국내방첩, 테러예방, 보안임무를 수행한다. 북한의 오진우 인민무력부장이 암수술 후에 항암치료를 받으려 파리병원에서 체류할 때 병실에서 가족과 측근들이 김정일 이후 후계문제를 많이 거론하는 대화를 프랑스 국내보안청이 정리해 놓기도 하였다. 그 이후 김정일 국방위원장의 부인인 고영희가 암치료로 프랑스 파리병원에 입원하고 있을 때 역시 주위인물들이 병실에서 김정일일가의 북한정권후계자를 거론하는 내용을 국내보안부, 경찰정보국이 분석하였다. 그리고 최근 프랑스 심장외과 전문의사가 뇌졸중으로 입원한 김정일을 평양에 가서 치료한 전후내용을 프랑스정보기관에 설명해 주었을 것이다.

2004년 필자 연구팀이 프랑스대통령의 정보지원 시스템을 연구하면서 파리에 있는 내무부 국내보안청 차장, 총경, 외무부파견 대사와 면담을 한 바 있다. 인터뷰중에 필자가 "북한정치발전과 행정관리론"으로 박사학위논문을 썼다고 하니 오후에 따로 북한에 관한 토론시간을 가지자는 제안을 하였다. 북한정세토론중에 국내보안청 연구팀은 일관되게 북한 김정일 이후 권력승계에 관한 질문과 토론을 제기하였다. 본인이 북한실력자가 파리병원에서 치료받을 때 거론한 내용에 상당히 경도되어 있는 것으로 보인다고 하니 그들은 웃으며 북한정세에 관한 시야를 넓히려고 한국에서 방문한 북한 연구가나 실무자와 토론하려는 것이라 말한다. 그리고 토론과정에서 드골대통령의 데탕트외교 이래 프랑스중립외교로 북한이 김정일의 신병치료나 정변으로 인한 망명지로 프랑스를 택할 가능성이 있음을 거론하니 북한 관련 첩보분석팀은 비상한 관심을 드러내었다.[6] 한국이 G20 정상회의 개최국이 되면서 한국과 멀리 떨어져 있는 유럽, 남미 국가도 한국과 통일 이후의 한반도 흐름에 관심을 갖게 되고, 그만큼의 한반도 관련 정보

6) 2004년 8월 11일 수요일 오전 11시 필자 연구팀은 프랑스대통령의 정보지원 시스템을 연구하면서 프랑스내무부 국내보안차장 프랑수아 클레어(Jean-Francois Clair), 내무부파견대사 미셸 필홀(Michel Filhol), 그 외 북한정보분석관을 면담한 바 있다.

수집, 분석, 정책정보제시에 정보력을 쏟게 된다.

독일은 영주가 군림한 중세봉건시대를 지나 신성로마제국, 루터의 종교개혁, 1862년 비스마르크(Otto Von Bismarck)가 주도한 프러시아제국, 그리고 1차 대전을 치르면서 군사정보력증강에 힘을 쏟았다. 1866년에 프러시아 육군정보국이 창설되었다. 한편 1차 대전 당시 1914년에 러시아와 교전한 동북부전선 탄넨부르그(Tannenburg)에서 포로가 된 독일군장교는 러시아군이 암호를 사용하지 않고 교신한다는 정보를 입수하였다. 몰트케(Helmuth von Moltke) 참모총장 지휘 하에 힌덴부르그(Paul Von Hindenburg), 루덴도르프(Erich Von Ludendorf) 전선사령관은 러시아군 작전명령을 역이용하여 러시아 레넨캄푸장군 휘하 1군과 삼소노프장군이 지휘하는 2군을 공격하여 5만 병력을 사살하고 9만 명을 포로로 잡았는데, 이는 프러시아군의 정보전승리라고 볼 수 있다.[7)]

1차 대전은 유럽강국의 이해관계 갈등이 심화되는 과정에서 사라예보를 방문한 오스트리아-헝가리 제국의 차기국왕인 페르디난드(Francis Ferdinand) 대공을 세르비아계 민족주의자인 프린시프(Gavrilo Princip)가 저격하여 발단된 전쟁이다. 1914-1918년 4년간 독일, 오스트리아, 헝가리, 터키 동맹과 영국, 프랑스, 이탈리아, 러시아, 일본, 미국의 연합군간 전쟁이 유럽전선에서 전개되었다. 7천만 군인과 6천만 시민이 동원된 이 전쟁은 연합군과 동맹군 전체전사장병 880만 여 명, 부상자, 2,870만여 명, 민간인사망자 1,500만여 명이라는 전대미문의 참화를 가져왔다. 1차 대전 후 국제연맹(League of Nation)이 태동으로 인한 새로운 국제질서형성과 베르사이유조약 체결은 유럽왕가 혈통연계로 유럽제국을 형성한 호헨졸레른-합스부르그(Hohenzollern-Hapsburg) 왕가, 즉 독일 바이마르공화국의 몰락을 가져왔다. 1차 대전은 기관총, 탱크, 항공기, 잠수함, 독가스가 사용된 입체전이었으며, 전방참호를 깊이 파고 진행된 살육전이었다. 최전방전투부대가 인간정보로 수집하는 전투정보, 장거리정찰, 항공촬영, 잠수함을 이용한 통신감청, 암호전문해독을 통한 전술정보, 병사들의 사기저하 및 시민의 전쟁혐오감을 조장하는 심리공작정보전이 동시에 진행되었다. 그런 정보전전위에 독일과 영국이 대치하고 있었다.

바이마르공화국의 몰트케(Helmuth von Moltke, 1800-1891) 육군총참모장은 오

7) Levy, Joel. 2004. *op. cit.* pp. 189-215.

늘날의 소총소대, 중대, 전투연대, 사단, 전략군단 단위의 관료계층제 군편제를 창안한다. 이런 관료계층제 군편제로 전쟁에서 승리를 담보하기 위해서는 반드시 적국의 정세, 전투태세를 사전에 평가하는 군사전략정보가 필수적이라고 한다. 한편 같은 시기에 나폴레옹과 전쟁을 치른 병법이론가인 클라우제비치(1780-1831) 장군은 전쟁에 앞서 상대국과 주변국의 정세변화, 시민의 지지, 군조직과 장병사기를 비교분석하여 군조직전력을 극대화한 전격전으로 적군을 격파해야 한다는 전쟁론(Vom Krieg)을 제시한다. 클라우제비치 전쟁전략론은 손자병법 시계편(始計篇)의 도(道), 천(天), 지(地), 장(將), 법(法)의 다섯 요소로 나누어 피아간 어느 쪽이 유리한가를 비교한 후에 전쟁을 결정하라는 논리와 흡사하다. 클라우제비치와 같은 세대로 그의 전쟁전략론에 영향을 받은 몰트케장군은 군편제개혁과 군사정보 비교우위분석으로 전쟁을 치르는 전문직업군모델을 정착시킨다.

몰트케장군의 조카인 젊은 몰트케(Helmuth Moltke, 1848-1916)는 1차 대전 당시 독일 바이마르공화국 프러시아군과 오스트리아-헝가리 연합군총사령관으로 숙부 몰트케장군의 전술과 정보전법을 실전에 적용하여 개전초기에 승기를 잡는다. 또한 젊은 몰트케장군은 막스 베버(Max Weber, 1864-1920)의 합리적 관료제론에 주목했는데, 고도의 전문성에 입각한 업무배분, 상, 하보고 체계확립과 책임의 명확화, 모든 절차시행을 법규로 명문화하는 막스 베버(Max Weber)의 합리적 관료제논리는 젊은 몰트케장군으로 대표되는 독일군조직에 영향을 주었다.[8) 1차 대전에서 후에 독일군총사관이 된 독일군정보장교 헤이예(Wilhelm Heye) 소령은 1,300백만 러시아 루블(35만 독일 마르크)을 러시아군 후방교란심리전, 군사정보수집에 사용하면서 활발한 정보활동과 심리전을 전개하였다. 뒤를 이어 독일군 정보참모부소속의 니콜라이소령(Walter Nicolai)도 전선에서 군사방첩, 파괴공작, 심리전을 수행하였다.[9)]

8) Gerth, H. H. and C. Wright Mills. 1946. *From Max Weber: Essays in Sociology*. New York: Oxford University Press. pp. 196-266.

9) Richter, Rudwig. 2003. "Military and Civil Intelligence Services in Germany from World War 1 to the End of the Weimar Republic." Bungert, Heike, Jan G. Heitman, and Michael Wala. (ed.) *Secret Intelligence in the Twentieth Century*. London: Frank Cass. pp. 15-30.

2차 대전중에는 히틀러의 측근근위대(Schutzstaffel: SS)가 국내보안부대로 조직되어 유대인구금, 히틀러반대세력 체포, 군내부감시를 담당하였다. 그러나 히틀러근위대인 SS 부대는 점령지인 폴란드, 체코, 에스토니아, 라트비아, 우크라이나, 보스니아, 그리스, 프랑스, 이탈리아 등 외국에서도 경찰감시역할을 하면서 종합정보 수집활동을 한다. 2차 대전 패배로 제 3제국이 멸망할 때 독일군의 겔렌(Reinhard Gehlen) 장군은 소련 군사정보와 전투기록을 유럽전선 1군사령관이었던 브래들리(Omar Bradley) 장군에게 넘기고 투항하였다. 겔렌은 1946년 연합군과 미국의 협조 하에 소련과 동구권의 정보수집을 목적으로 한 정보조직을 가동하였는데, 미국 중앙정보부에서 1년간 훈련을 받고 돌아와 정보활동을 하다가 1955년 7월 11일 의회입법으로 아데나워(Konrad Adenauer) 수상실직속 국가정보기관이 되었다. 이 정보기관은 오늘날의 독일연방정부 대외정보부(Bundesnachrichten-dienst: BND)로 독일통일 이전에는 소련, 동구권, 동베를린 지역 정보를 수집하고, 통일 이후에는 테러, 조직폭력, 마약, 과학기술분야 정보수집에 집중하고 있다. 독일의 정보기관 3대축은 대외정보부, 국내보안과 방첩을 전담하는 헌법수호부(Budesamt fur Vergassungsschutz: BfV), 그리고 군사정보부(Militaerischer Abschirmdi-enst: MAD)이다.

1969년 총선에서 독일 사회민주당이 승리하여 서베를린시장출신 브란트(Willy Brandt) 수상이 집권하였는데, 그의 보좌관인 귀욤(Guenter Guillaume)이 동독간첩으로 판명되어 그는 수상직을 물러나게 되었다. 브란트수상은 소련, 동유럽 공산국, 동독과도 교류를 확장하는 동방정책(Ostpotik)으로 동서긴장완화, 동서독교류의 물꼬를 텄다는 공적으로 노벨평화상을 수상하였지만, 보좌관의 동독간첩활동으로 인해 집권 5년 만인 1974년 수상직에서 물러난 것이다[10]. 귀욤 간첩사건 이후 독일 사회민주당을 비롯한 정치권이 동독정보기관인 슈타시활동에 민감하게 반응하여 대외정보부는 테러에 관한 정보수집을 강화하고, 헌법수호부와 경찰은 국내방첩, 테러대응조직을 정비하였다.

10) 베를린에서 태어난 귀욤은 동독정보기관인 슈타시(Stasi)의 지령으로 서독시민이 되어 사회민주당원으로 정치권에 침투하였다. 서독 사회민주당 브란트의원의 보좌관으로 일하다가 브란트의원이 수상이 되자 수상보좌관으로 근무하던 중 헌법수호청, 경찰, 해외정보부의 오랜 추적끝에 동독간첩으로 확인되어 13년 형을 받고 구속되었다. 복역중에 동독정보부장 볼프(Markus Wolf)의 주선으로 동독에 구류중이던 서방정보원과 맞교환으로 1981년에 동독으로 귀환하였다.

한편 독일영토 내에서 한국정보부가 한국인을 강제로 서울로 압송한 사건으로 1970년대와 1980년대 중반까지 외교단절수준으로까지 악화된 한국과 독일 간 정보분쟁이 있었다. 1967년 한국정보부는 동베를린을 거점으로 북한을 위해 활동한 독일거주 한국인간첩단사건을 발표하였다. 서독에 거주하던 음악가 윤이상을 비롯한 유학생 일부가 평양을 방문, 금품을 받고 특수정보교육을 받았다는 사건으로 독일, 오스트리아, 프랑스, 한국 내에서 203명이 실정법위반으로 조사를 받고, 66명이 검찰에 기소되고, 23명이 간첩죄로 기소되었다. 냉전의 격화와 남북한의 격심한 대치상태에서의 시대비극이었다. 문제는 서독정부가 이 일을 독일영토 내에서 거주하는 시민을 불법적으로 송환한 주권침해로 보았다는 것이었다. 더군다나 국내방첩과 보안을 담당한 헌법수호부와 해외정보를 담당한 대외정보부는 매우 민감하게 반응하여 이 때 형성된 한국정보당국과 독일 간 정보교류와 협조의 소원한 관계가 1980년 중반까지 이어졌다.[11]

러시아는 유럽국가 중에서 후발제국에서 공산국가로, 다시 광역민주국가로 발전하는 과정에서 정보서비스를 정권유지와 국가통치수단으로써 활용하는 전형적 사례를 보여 준다. 러시아대통령이 국가체제를 유지발전하는 데 대통령비서실, 경호실, 대내외 국가정보기관의 3두마차를 초강력정권운영 체계로 활용하고 있다. 러시아정보시스템은 러시아발전과정에서 수많은 시행착오를 거치면서 생성된 축적물이라고 볼 수 있다. 1917년 10월 혁명으로 제정러시아황제가 운영하던 비밀정보조직인 오크라나(Okhrana)가 해체되고, 곧이어 국가보안조직(State Security Organization)으로 체카(Cheka)라는 비밀경찰이 조직된다. 1922년에는 다시 국가정보부(GPU), 국가보안부(People's Commissariat for Internal Affairs: NKVD)로 재편성된다. 1934년에는 국가보안부(Directorate for State Security), 1941년에는 국가종합보안부(People's Commissariate for State Security: NKGB), 1946년에는 정부부처형식의 국가보안부(Ministry of State Security: MGB), 1953년에는 내무부(Ministry of Internal Affairs), 1954년에는 국가보안위원회(Committee for State

11) 1980년 8월 필자연구팀은 주요국가원수 경호시스템을 연구하기 위해 서독수도 본을 방문하여 수상실경호경찰을 면담하려 하였으나, 베를린간첩단사건으로 당분간 국가안보에 관련된 수상경호 시스템연구와 같은 협조는 어렵다고 하여 대신 질의에 대한 서면답변서를 한국대사관을 경유하여 제공받은 적이 있다.

Security: KGB)로 조직이 확대된다. 초대 KGB 의장은 스탈린사망 후에 권력을 장악하려던 베리아(Lavrenty Beria)이다. KGB는 국내보안과 해외정보기능을 동시에 수행하는 국가정보조직으로 1991년 KGB의 핵심인물들이 고르바초프(Mikhail Gorbachev) 소련대통령을 쿠데타로 축출하려는 시도가 실패한 적이 있다. 그 후 옐친(Boris Yeltsin) 대통령은 당시 KGB 의장 바카틴(Vadim Bakatin)으로 하여금 KGB를 해체하고, 국내보안과 해외정보를 담당하는 2개의 기구로 분리하게 하였다. 1995년에는 의회입법으로 2개의 정보기관을 분리하여 기능과 임무를 규정하였다. 해외정보부(Sluzhba Vneshney Razvedki: SVR)는 국제군사외교, 과학기술, 테러, 조직범죄, 지구온난화 등에 관련된 정보수집활동을 주로 하고, 국내보안부(Federalnaya Sluzhba Bezopasnosti: FSB)는 러시아헌법수호, 테러예방, 조직범죄추적, 마약단속, 국경수비 등 국내안정에 관한 정보활동을 주로 한다.

러시아제국 당시 황제는 공산당조직을 와해하기 위해 비밀경찰을 동원하고, 해외공관에서 수집한 정보로 주요 국가정세를 항상 파악하고 있었는데, 이런 관행은 공산혁명 이후에도 유지되었다. 1896년 일본의 명성황후 시해사건 이후 대한제국 고종황제가 정동에 있던 러시아공사관으로 왕세자와 함께 피신한 아관파천(俄館播遷)을 주선한 주역은 초대 러시아공사인 이범진(李範晋)과 한국주재 러시아공사 베베르(K.I Veber)이다. 후에 이범진이 러시아공사로 부임하여 활동하던 중 러일전쟁에서 이긴 일본이 러시아황제에게 러시아주재 대한제국공사 이범진을 인정하지 말 것을 강력히 주장하나 러시아가 소극적으로 대응한다. 그리고 러시아정부는 국내와 단절된 채 프랑스, 독일, 오스트리아 겸임공사로 활동하는 이범진에게 러시아황제의 지원금을 주어 생활하도록 돕기도 하였다. 일본의 증대되는 대한제국에의 영향력행사, 러일, 청일관계, 유럽과 미국의 동북아시아 이해관계로 미묘해진 상황을 고려하여 러시아황제는 이범진공사에게 하사금을 제공하면서 보호와 주변감시차원에서 러시아외교관과 비밀경찰 오크라나요원이 가끔 방문접촉하게 하였다고 한다.[12)]

12) 동방학연구소 동북아시아, 한반도전문가 티코미로브(Vladimir Tikhomirov) 박사는 제정러시아 당시의 외교관이자 비밀경찰 정보기관인 오크라나요원이 한국, 일본, 청나라의 외교관을 수시로 방문하거나 동태를 관찰하는 것은 지금의 러시아보안부가 러시아 내 외국기관과 주재관을 정기, 부정기적으로 모니터링하는 관행과 유사하다고 말한 바 있다. 1990년 1월 25일, 1991년 2월 5일, 1993년 7월 18일, 그 외에 러시아방문 때마다 많은 한러관계 연구결과를 말해 주었다.

한편 소련국가보안부는 1945년 전후 한반도에서 정치공작과 정보활동을 수행하였다. 일제강점기인 1939년 서울에 개설한 러시아총영사관은 한반도를 동북아시아의 공산정권의 거점으로 보았다. 2차 대전 기간 동안 한반도정세를 면밀히 관망하던 러시아는 1940년 부임한 한국주재 샤브신(Anatoly Shabshin) 영사를 통해 조선반도내의 공산주의자와 접촉하였다. 그의 신분은 외견상 외교관이었지만, 실제로는 소련국가보안부 중령으로 1945년 일본패망 후에 남한공산주의 지도자인 박헌영을 도와 남조선노동당을 구축하고, 북한에 진주한 소련 25군 정치위원 레베데브(Nicholai Lebedev) 소장과 국가보안부 북한지부장 발사노브(Gliashin Balsanov)와 긴밀히 협조했다. 1945년 8월 15일 해방 후 러시아영사관의 샤부신 영사, 남로당의 박헌형과 그 지도부는 남한 전지역의 정세를 실시간으로 북한에 보고했다.[13)]

소련국가보안부는 공산당간부의 정적제거 등 국내정치에도 개입했다. 레닌과 함께 1917년 10월 공산혁명을 주도한 트로츠키(Leon Trotsky)는 외무부장(Commissar for Foreign Affairs)이자 혁명군 및 해군 부장(Commissar for Red Army and Navy)으로 1차 대전 후의 후유증처리와 함께 공산혁명 반대세력 및 제정 러시아 기득권세력과의 내전에서 사회를 안정시키는 데 결정적 역할을 수행한다. 공산혁명에서 제거해야 하는 과제는 공산당간부의 관료화로 이를 제거하고 무산자계급의 노동생산성을 향상시키는 길은 당내민주화, 의견통합, 당내합의점 모색이라고 하였다. 그리고 당내의 민주적 토론과 대중성확보는 전세계공산화와 연계되는 영원한 혁명이라고 주장하였다. 트로츠키는 전세계공산화라는 주장에서는 레닌이 주도한 공산혁명 주류세력(Volshevik)의 노선과 함께하나, 당내 민주화와 관련해서는 비주류세력(Menshevik)과 동조한다. 혁명전후 기간에 프랑스, 영국, 스위스, 오스트리아, 독일에서 생활하며 많은 공산혁명지지자와 교류하면서 국제시야를 넓혀 프라우다를 창간하고, 러시아혁명군의 지원을 받는 당내최

13) 필자는 1991년 1월 15일 모스크바대학과 연세대학과의 학술교류를 추진하러 모스크바를 방문하였을 때, 러시아호텔 인근 서점에서 한국판 [한국정세 1945-1949]라는 책자를 구입하였다. 일시와 시간별로 남한 내에 일어난 사건을 기술한 일지로 평양에서 발간되었지만, 남한에 관한 내용을 담고 있었다. 모스크바 동방연구소 학자들은 혼란한 시기에 이런 내용을 보고받아 차분히 정리할 수 있는 능력은 평양의 소련주둔군, 서울의 러시아영사관, 남로당 정도일 것이라고 보았다(1991년 1월 15일 동방연구소 방문 면접).

고의 이론가로서 자타가 공인하는 레닌을 계승하는 러시아의 차세대지도자였다. 그러나 트로츠키는 당내의 주류인 스탈린과 스탈린이 규합한 연합세력에 밀려 터키, 프랑스, 노르웨이를 거쳐 멕시코로 망명하였다. 2차 대전중에는 미국을 방문하여 미국노동자의 단결을 시도하였는데, 이도 실패하였다. 공산당 일당독재를 지향하는 스탈린으로서는 당내민주화를 통한 영원한 혁명(permanent revolution)을 주장하는 잠재적 경쟁자인 트로츠키를 좌시할 수 없었다. 1940년 8월 20일 러시아국가보안부(NKVD)의 사주로 스페인공산당원 메르카데르(Roman Mercader)가 멕시코 코유오칸 트로츠키 자택서재에서 트로츠키를 살해했다. 이는 정적을 외국으로 추방한 후 제 3국 공산당동조자로 하여금 살해하게 하는 소련보안조직이 보여 주는 전형적 공작활동의 한 단면이다.

2차 대전 당시에 사회주의 혹은 공산주의 이념에 동조하는 제 3국가의 지성인들이 소련에 정보를 제공하였다. 소련보안부는 이들을 관리하고 지원하였다. 그 중 대표적인 예가 프랑크푸르트학파[14]의 일원이었던 조르게(Rihart Jorge)의 비밀

14) 1920년대부터 1980년대까지 프랑크푸르트대학의 사회연구소 철학자들은 "마르크스-레닌이 주도한 사회주의는 끊임없는 변증법적 자기 쇄신으로 발전해야 한다"는 비판철학(Critical Theory) 논리를 전개한다. 비판철학을 도출한 최초인물은 프랑크푸르트대학 사회연구소장 호르크하이머(Max Horkheimer)이다. 호르크하이머는 인간의 합리성을 주관적, 객관적 합리성으로 보는 관점에서 추구하는 목표의 유용성과 실용성에 근거한 도구합리성이라는 관점에 분석의 초점을 두고 합리성의 상대성을 강조한다. 뒤를 이어 아도르노(Theodore Adorno)는 호르크하이머와 1947년에 공저한 계몽의 변증법(Dialectic of Enlightenment)에서 마르크스나 레닌을 포함한 전통공산주의자들이 산업생산수단과 임금체계로 인간과 사회를 보는 관점에서 벗어나야 한다고 주장한다. 따라서 문화와 인간의식, 예술은 공산주의 이념체계에서 분리하여 생각하는 별개의 사유작용으로 봐야 한다고 한다. 히틀러의 나치즘에 반대하여 2차 대전기간 미국 컬럼비아대학에서 연구한 아도르노는 개인이 상대적인 합리성을 지향하는 사유지평에 있어야 이념의 도그마에서 해방될 수 있다고 하였다. 다음 세대인 하버마스(Jurgen Habermas)는 도구합리성에서 나아가 행위합리성에 초점을 두고 의회주의는 부르주아의 정치산물로 현대 사회를 사회 모든 계층이 참여하는 담론과 적극적 의사소통으로 열린 시민사회를 만들어야 한다고 주장했다. 이런 시각에서 1960년대와 1970년대 미국, 일본, 유럽에서 시작된 좌파학생운동은 대학이 비판적 담론이 결여된 단지 지식을 생산하는 공장으로 전락했다는 비판에서 시작되었다. 더 나아가 미국대학에서 교수로 재직하던 마르쿠제(Herbert Marcuse)는 산업화는 인간으로 하여금 1차원의 사고와 행동만 유발하여 인간은 자본주의를 비판하는 안목을 상실한다고 한다. 그리하여 인간을 대중매체를 활용한 거대광고에서 상품소비, 생산체계의 일부로 통합시킨다고 한다. 마르쿠제는 사회가 표현의 자유를 억압해서는 안되며, 진정한 관용은 억압을 지지하지 않는 관용이어야 한다고 역설했다. 특히 마르쿠제는 마르크스-레닌 공산주의가 실패한 이

첩자활동이다. 조르게할아버지는 마르크스비서로 1차 대전에도 참전한 공산당 1세대이고, 아버지는 엔지니어로 소련에서 정유사업을 하다가 독일로 귀국하였다. 이런 배경 속에서 자라난 조르게는 프랑크푸르트대학 사회연구소멤버로 활동하다가 1928년 교사로 위장하여 미국 할리우드에 잠입하여 소련을 위한 정보활동을 전개한다. 소련보안부 버진(John Virgin)에게 발탁되어 1930년 중국 상하이에서 기자로 활동하면서 독일과 일본 사이에 맺은 조약내용을 파악하고, 마오쩌둥과 장제스의 반일군사 전략과 세력확장상황을 소련보안부에 보낸다. 조르게가 소련을 위해 본격적인 정보수집을 한 것은 1938년 프랑크푸르트신문(Frankfurt Zeitung) 특파원으로 일본에 파견되었을 때이다. 조르게는 독일은 소련을 침공하고, 일본은 하와이 진주만을 공격할 것이라는 정보를 일본주재 독일대사관 크레키머(Krechimer) 무관에게서 듣고 즉각 소련보안부에 연락하였다. 또한 일본군이 소련의 극동지역 공격을 포기하고, 석유를 비롯한 자원 확보를 위해 동남에 주력한다는 내용을 알려 주어 스탈린은 유럽전선에 병력을 집중시킬 수 있었다. 그러나 조르게는 간첩활동이 일본과 독일에서 발각되어 처형되었다.[15)]

독일의 조르게를 비롯한 영국의 케임브리지출신 5인방은 이념에 동조하여 아무런 대가없이 소련편에 서서 자기 조국과 연합세력의 정보를 수집분석하여 제공한 정보조력자였다. 그러나 스탈린이 소련을 일당독재체제로 몰아가고 주위 국가가 공산위성국가로 되는 현상에 체제적 환멸을 느껴 소련의 정보요원들이 서방세계에 정보를 제공하는 역류현상이 생기기 시작했다. 바로 소련정보기관의 핵심인물이 서방세계로 탈출하거나 정보를 제공한 사례들이 발생한 것이다.

펜코브스키(Oleg Penkovsky)는 1939년 키에프 포병사관학교를 졸업하고, 장교

유는 공산주의가 노동자, 농민, 무산자 계급이 주도하는 혁명이라고는 하지만, 실제로는 교육받지 못한 대부분의 노동자, 농민, 무산자를 소수의 엘리트 공산당간부가 지배하고 자유로운 진정한 비판을 허용하지 않는 자기들만의 혁명이었기 때문이라고 하였다. 그래서 앞으로의 공산사회주의 혁명은 기업관리자, 대학교수, 연구자, 엔지니어, 기자, 화이트 컬러봉급자, 대학생 등의 중산계층이 주도해야 된다고 한다. 이러한 마르쿠제의 사상은 1960년대의 서부 버클리대학에서 동부 컬럼비아대학까지 전국을 휩쓸었고, 유럽대학에서도 전개된 신좌파학생운동의 이론적 기반이 되었다(Marcuse, Herbert. 1964. *One Dimensional Man*. Boston, Massachusetts: Beacon Press; Marcuse, Herbert. 1978. *The Aesthethic Dimension*. Boston, Massachusetts: Beacon Press).

15) Levy, Joel. 2004. *op. cit.* pp. 116-125.

로 2차 대전에 참전하여 중령이 되었다. 1960년에는 국가보안부요원으로 터키 수도 앙카라주재 소련대사관 무관으로 근무한 그는 군인이자 정보요원으로 임무를 훌륭하게 달성한 능력 있는 인물로 평가되었다. 그러나 아버지가 공산혁명 후에 축출된 황제편에 서서 싸운 백계러시아장교여서 반공산혁명가계로 연좌제에 걸려 군사정보요원으로 진로가 밝지 않아 좌절하곤 했다. 이런 연유로 펜코브스키는 영국과 미국에 정보를 제공했는데, 이는 소련과 미국, 영국, 세계안보에 결정적 영향을 미치는 민감한 전략정보이었다. 그는 1961년 영국으로 출장을 가서 CIA, MI 6 요원과 만나 정보협의를 하고 모스크바에서 활동중인 MI 6 요원에게 당시의 소련핵무기 현황을 알려 주었다. 소련핵탄두는 알려진 것보다 소형이고, 운반체에 주입된 연료 역시 소량이며, 순항계기 시스템작동도 양호하지 못하다는 것이다. 또한 펜코브스키는 소련이 쿠바에 미사일을 설치중에 있다는 정보와 함께 미사일설치계획과 도면을 넘겨 주었다. 미국이 이 정보를 듣고 U2 정찰기로 촬영한 결과 사실로 확인되어 케네디 대통령은 단호한 태도로 후르시초프 소련수상에게 대응하였다. 펜코브스키는 영국 MI 6 이중간첩 블레이크(George Blake)의 밀고로 체포되어 1962년에 처형되었다.

또 한 가지 사례로 고디엡스키(Oleg Godievsky) 대령을 들 수 있다. 그는 모스크바 국제관계대학원을 졸업하고 외무부외교관으로 동베를린대사관에서 근무했는데, 자유를 부르짖던 체코와 헝가리 시민들이 소련군탱크에 짓밟히는 참담한 모습에 공산체제에 회의를 가졌다 한다. 1963년 KGB요원으로 덴마크수도 코펜하겐에서 근무하다가 1968년 런던대사관으로 옮겼는데, 이 때부터 영국 MI 6와 제휴하여 소련의 정보를 넘겨 주었다. 우선 소련정부가 1983년 NATO 군사훈련(작전명 Able Archer)을 '소련을 겨냥한 선제공격'이라고 여겨 이에 대한 대응조치를 강구한다는 정보를 제공했다. 이 적실성 있는 정보는 NATO가 소련의 오해를 불식시키는 데 주효하였다. 여기에 더하여 고디엡스키는 1980년대 후반에 이미 소련의 후계문제가 복잡하게 얽혀 있어 의외로 알려지지 않은 젊은 고르바초프가 정치국의 서기장으로 부상할 가능성이 있음을 알려 이에 대비하게 하였다. 1985년 소련보안부에 소환되어 심문을 받고 계속 감시를 받던 중 핀란드로 탈출한 그는 핀란드에서 MI 6 요원에 의해 구출되어 무사히 영국으로 갈 수 있었다. 후에 소련제국의 해체 후 모스크바를 방문한 대처(Margaret Thatcher) 수상이 고르바초프대통령을 만나 남아 있던 펜코브스키가족을 영국으로 데려 올 수 있었다.

공산혁명 초기에는 공산이념에 동조한 유럽지성인들이 정보요원으로 활동했으나 1960년대 이후에는 오히려 자유주의이념을 지향하는 소련정보기관 간부가 서방세계로 정보를 유출했다. 그리하여 러시아정보부는 금전으로 서방세계 정보원을 유혹하는 경향으로 흐르고 있다. 소련공산체제를 해체하는 단서를 제공한 고르바초프(Mikhail Gorbachev), 다당제헌법으로 선거를 통해 당선된 옐친(Boris Yeltsin), 푸틴(Vladimir Putin)을 거쳐 현재 메드베데프(Dmitry Medvedev) 대통령은 시장경제체제를 확장시키고 있다. 그러나 자유시장 경제체제로 변환하는 이 시점에서도 과거 공산당간부(nomenclatura)가 소련사회를 지배한 것과 유사하게 과거 공산당간부, 특히 물러난 KGB 정보요원, 보안간부가 러시아기업 등 사회인프라조직에 침투해 있다. 국영기업의 민영화, 러시아마피아와 연계된 부패는 러시아사회의 성장동력을 방해하는 파괴요소로 푸틴이나 메드베데프 정권, 미래 러시아에 암울한 그늘을 드리우고 있다. 이 와중에 과거 KGB에서 일한 경험이 있던 푸틴대통령은 옐친대통령이 분리해 놓은 해외정보부, 국내보안부에 유능한 인물을 포진시켜 국가관리의 지원세력이 되도록 하였다.

국가정보학 이론정립을 위해 세계역사의 흐름 속에서 주요 국가들의 정보활동, 특히 스파이 활동에 대한 데이터축적을 시도해 보았다. 이제 마지막 사례로 미국의 정보활동을 분석정리한다. 미국의 역사를 간단하게 보면 미국은 영국을 비롯한 유럽국가로부터 식민지에 종속국가에서 벗어나는 독립운동을 전개하면서 1774년 필라델피아에서 각 주의 대표가 모여 독립선언서를 발표한다. 그리고 독립전쟁을 치르고 프랑스혁명이 일어난 1789년에 독립국가로 출발한 미국은 21세기 전반기에 접어든 현재 230여 년의 역사로 세계최강 중심국가의 위상을 떨치고 있다.

국가정보력도 국가역량에 따라서 성장되는데, 정보역사를 크게 독립전쟁, 남북내전기간 후부터 1차 대전 이전 시기, 1차 대전과 2차 대전 후 냉전시기, 그리고 냉전시기 이후 종족분쟁과 극단적 종교원리주의자가 자행하는 테러리즘에 대비하는 현 시기로 나누어 볼 수 있다. 국가정보시스템은 각 단계마다 군사정보, 국내보안(1차 대전 이전), 군사정보와 전략정보(냉전시기와 현 시기)를 중시하는 과정을 거치면서 발전하는데, 그 중심에 정보를 유용하게 활용하는 대통령의 리더십이 있었다. 미국 국가정보체계 1단계 발전과정에는 독립군사령관으로 초대 대통령을 역임한 워싱턴대통령이 그 선봉에 있다. 그리고 남북전쟁을 국민통합으로 이끈 링컨(Abraham Lincoln) 대통령을 비롯한 대통령경호와 국내안보에 정보력을 쏟기 시작한 19세기 대통령들이 있다. 2단계 발전에는 1차, 2차 대전과 냉전시대에 국가정보시스템을 정비한 트루먼(Harry Truman) 대통령, 국가정보현대화에 기여한 아이젠하워(Dwight Eisenhower) 대통령을 위시하여 비정규전과 정보공작에 관심을 보인 케네디대통령의 역할이 컸다. 냉전체제 해체직전, 직후에는 부시대통령 부자가 21세기에 요구되는 정보시스템정비에 주력하였다.

독립군사령관 워싱턴은 병력수와 장비면에서 우세한 대영제국군을 맞아 정규, 비정규전을 배합한 기동전, 기습전, 기만전으로 승기를 잡기 위해 적극적으로 다양한 정보전을 감행해야 했다. 전문직업군인으로 교육을 받지 않았던 워싱턴장군처럼 많은 독립군장병은 신대륙에 생활터전을 마련한 다양한 배경을 가진 이민자들이었다. 따라서 민병대로 조직된 독립군은 다른 한편으로는 지역사정에도 밝고 자기 지역을 사수하려고 모인 지원자게릴라군대였다. 20대 청년시절에 영국군의 정보원역할을 했던 워싱턴은 좋은 정보만큼 적군을 교란하여 격퇴시키는데 중요한 것은 없다는 신념을 갖고 있었다.[16] 독립군에는 정규정보부대 편제나 전문정보요원이 없어 영국군기동정보를 알지 못한 상태에서 1777년 9월 브랜드와인(Brandwine) 개울가에서 영국군에 의해 독립군 11,000명 중 1,200명에서 1,300명 정도의 사망자가 발생한다. 1778년 메사추세츠주의 케임브리지 독립군부대장이 된 워싱턴은 영국군에 관한 정보수집을 가장 시급한 당면과제로 보고 정보원을 고용하여 보스턴 인근주둔 영국군동향을 집중적으로 수집하였다. 미국태생으로 런던에서 변호사로 일하는 아더 리(Arthur Lee)에게 200파운드를 지불하고, 영국군의 은밀한 작전계획을 알아보게 하기도 하였다. 또한 워싱턴 자신이 정보부대장역할을 수행하면서 정보요원을 영국군에 침투시켜 정보수집, 역정보전파, 공작을 감행하였다. 사령관이 된 이후에도 워싱턴은 정보를 적극 활용하여

16) 1753년 21세 청년 워싱턴은 인디언들과 함께 영국군에 고용되어 버지니아주 읍내에서 오하이오주 들판에 이르는 지역에 주둔하고 있는 프랑스의 군대병력, 주둔지, 요새, 통신시설 등을 관찰하고 보고하는 임무를 수행했다. 그리고 1775년 브래독(Edward Braddock) 장군이 지휘하는 영국군이 지금의 피츠버그에서 프랑스군의 전력을 과소평가하고 공격을 감행했다가 프랑스군에 대패하였다. 이 전투에서 죽을 뻔한 순간 워싱턴은 전쟁에서 정보의 중요성을 실감했다.

영국군의 위치, 병력, 화력을 파악하기까지는 영국군과 대규모정규전을 가능한 회피하고 기습전으로 전쟁을 승리로 이끌었다.[17] 이런 정보전에 따른 기습돌격전은 병력과 화력면에서 약세인 대륙독립군으로서는 병력손실을 최소화하는 효과적 전법으로 임진 7년 전쟁기간 동안 한산도대첩을 비롯한 명량대첩, 노량해전에서 이순신장군이 조류와 섬의 유리한 지형을 이용한 기동전으로 왜군을 격파한 전법과 유사하다.

워싱턴사령관의 독립전쟁 정보전

1779년 겨울에 워싱턴은 이중간첩을 이용하여 존재하지도 않는 보병과 기병 8,000명을 자신이 지휘하고 있다고 기만정보를 퍼뜨려 동절기에 영국군으로부터 기습공격을 피할 수 있었다. 한편 독립군을 지원하려 대서양을 건너온 장 로삼보(Jean Rochambeau) 장군이 지휘하는 프랑스군은 영국군의 저지로 선상에서 2개월을 보내고 있었다. 지친 프랑스지원군이 1780년 미국동북부 로드아일랜드주의 뉴포트항구에 상륙하려는 순간에 뉴욕에 주둔한 영국군사령관 클린턴(Henry Clinton)이 기습공격을 감행할 것이라는 정보를 입수한다. 워싱턴사령관은 독립군부대가 뉴욕에 주둔한 영국군을 공격할 것이라는 기만정보를 흘려 영국군의 클린턴장군은 뉴포트항구로 기동하는 작전을 포기하고 자체 방어에 힘쓰도록 한다.

1781년 10월 19일 버지니아주 요크타운에 주둔하고 있는 콘월리스(Lord Cornwallis) 장군의 휘하 영국부대는 프랑스와 대륙독립군 연합부대가 공격한다는 정보를 접한다. 그리고 뉴저지주 차탐기지에서 연합군부대가 해안을 따라 선박으로 이동하여 스테턴 아일랜드로 상륙준비를 마쳤다는 정보를 입수한다. 그러나 군병력이동은 위장술이었고, 모든 정보는 기만정보이었다. 영국군사령관 클린턴은 처음에는 역정보라고 믿지 않았으나, 결국은 이 위장술과 기만정보에 걸려 클린턴은 아무런 군사작전을 수립하지 못하고 속수무책으로 워싱턴사령관에게 항복하게 된다. 또한 워싱턴사령관은 요크타운에 있는 콘월리스장군이 뉴욕에 있는 클린턴 영국군사령관에게 보내는 서신을 영

17) Andrew, Christopher. 1996. *op. cit.* pp. 6-8.

국군전령에게서 탈취하여 보스턴학교 교사로 있는 라벨(James Lovel)로 하여금 서신암호문을 해독하도록 하였다. 그런 다음 서신암호문의 글자 하나를 수정하여 한 문장의 뜻을 워싱턴이 원하는 내용으로 고쳐 클린턴에게 전달하였다. 이는 독립군에게 전황이 유리하도록 이끄는 데 큰 도움이 되었다. 암호해독가 라벨에게 언급한 내용을 보면 워싱턴의 해박한 정보논리를 알 수 있다. "정보는 하나의 정보사항보다 전체정보구도가 중요하다. 따라서 무수한 첩보를 수집하여 사실에 입각해 비교분석을 해야 한다. 그러나 사실은 매우 복잡하게 뒤엉켜 있고, 때로는 숨겨 놓은 의도도 있어 단 하나의 사실, 첩보로 전체정보구도를 이해할 수 없다. 따라서 문화적 상황과 여러 가지의 상황을 상호 연계한 전체맥락에서 정보가 이해되어야 한다."[18] 한편 영국군으로 전향한 아놀드(Benedict Arnold) 독립군소장의 영국군으로 귀순권유에 분개한 탈마지(Benjamin Tallage) 소령은 해당 내용을 워싱턴사령관에게 보고하였다. 워싱턴은 그런 중요한 정보는 당분간 비밀에 부치라 하면서 정보보안에 대해 다음과 같은 이야기를 하였다. "좋은정보 획득이 필요한 것은 두 말하면 잔소리다. 동시에 수집한 정보를 동네방네 떠들고 다닐 필요도 없다. 좋은 정보일수록 보안유지가 어려운 법이지만, 가능한 비밀에 부쳐야 한다."

독립전쟁에서 승리하여 미국 초대대통령에 취임한 다음해인 1790년 1월 8일에 있었던 의회연두교서(State of Union)에서 워싱턴대통령은 정보비를 요청하였다. 정보비는 취임 첫해에 4만 달러, 3년차에 100만 달러로 연방정부예산의 12%를 차지하였으며, 이는 오늘날 연방예산에서 책정된 정보비예산액보다 훨씬 높은 액수이다. 사용처와 영수증은 보관하되 대외비로 하는 관행은 오늘날 미국 중앙정보부나 정보기관의 예산을 관리하는 관행과 같다.[19] 그런 연유로 역사가들은 워싱턴대통령을 미국최초의 정보총책(spy master)이라고도 한다.

한편 독립전쟁기간에 하드웨어정보망과 소프트웨어정보망을 구축한 조직과 인물들이 있다. 칼퍼 링(Culper Spy Ring)이란 자원비밀결사 정보조직은 탈마지

---

18) Andrew, Christopher. 1996. *op. cit.* pp. 11-12.

19) Lowenthal, Mark. 2003. *Intelligence from Secret to Policy*. Washington, D.C.: CQ Press. pp. 11-12; Andrew, Christopher. 1996. *op. cit.* p. 11.

소령을 주축으로 하여 수집한 정보를 워싱턴사령관에게 제공했다. 비밀결사 정보조직의 전위는 당시 예일대학졸업생인 헤일(Nathan Hale)이었다. 헤일은 고향 커네티컷주 대륙독립군대위로 당시 뉴욕에서 영국군에게 밀리는 독립군이 전열정비를 하는 사이 워싱턴장군의 요청으로 영국군후방에서 정보수집과 공작활동을 맡게 된다. 헤일은 롱아일랜드언덕에서 뉴욕항에 드나드는 영국 상선과 함선, 군사이동현황을 관찰하여 보고하는 등 공작활동을 전개한다. 정탐행위중에 영국군에 체포되어 1776년 9월 22일 21세의 젊은 나이로 오늘의 뉴욕시 3번 거리 66번가에서 교수형에 처해졌다. "나는 조국에 희생하는 일생이 단 한번만 주어진 것이 서럽다(I only regret that I have but one life to loose for my country)"라는 그의 말은 지금도 학교, 정부건물, 교과서에서 회자된다. 헤일대위는 미국최초의 정보공작요원으로 평가된다. 그의 교수형이 집행된 장소는 공원으로 조성되어 동상이 세워져 있고, 버지니아주 랭글리에 있는 중앙정보부 정문광장에 놓인 동상은 지나가는 정보요원들의 삶의 지향모델(role model)이 되고 있다.[20)]

소프트웨어차원의 정보공작은 대륙회의대표인 프랭클린(Benjamin Franklin)과 제퍼슨(Thomas Jefferson)이 유럽에서 수행한 외교정보활동에서 비롯된다. 프랭클린은 보스턴태생으로 신문발간, 피뢰침발견 과학자, 외교관으로 미국독립선언서 초안작성에 참여한 대표적 독립유공자이다. 프랭클린은 펜실베니아 주 외교관으로 런던에 파견되어 1757년부터 1762년까지 5년간 일한 적이 있는데, 다시 런던에 가서 근무하다가 영국과 미국 대륙간에 전쟁이 발생할 것으로 보고 1775년에 귀국했다가 다시 1776년 프랑스 파리로 가서 영국과의 독립전쟁에 필요한 군사, 재정 지원협상을 이끌어 낸다. 독립전쟁기간에 런던에 스파이망을 구축하여 영국군의 작전계획, 부대배치, 군수현황을 수집하여 대륙독립군에 제공한다. 전쟁후에 프랭클린은 영국과의 협상에 대표로 참여하고, 헌법을 초안하는 데 기여한다. 그는 워싱턴이 대통령으로 취임하던 다음해 1790년 84세로 서거한 독립유공원로이다.

한편 제 3대 대통령 제퍼슨은 33세에 대륙회의 버지니아대표로 참석하고, 독립선언서작성에 참여했으며 36세에 버지니아주지사를 역임한다. 미국대륙에서

20) Rose, Alexander. 2006. *Washington's Spies: The Story of America's First Spy Ring*. New York: Random House; Andrew, Christopher. 1996. *op. cit.* pp. 11-13.

독립전쟁중인 1785-1789년 기간에 파리대사로 임명되어 프랑스가 미국 대륙독립군에 경제, 군사원조를 제공하도록 외교노력을 기울이고, 런던을 중심으로 정치, 군사정보를 수집하여 본국에 알렸다. 워싱턴이 대통령에 취임하면서 초대국무장관으로 기용되어 프랑스를 위시한 유럽외교를 강화했다. 프랭클린, 제퍼슨 모두 런던과 파리를 거점으로 정보를 수집하여 대륙회의대표들과 독립군사령관 워싱턴에게 유익한 군사전략정보를 제공하였다.[21)]

18세기 독립전쟁중에 무게가 실린 군사정보활동은 19세기의 멕시코전쟁, 남북전쟁, 스페인과의 전쟁에서도 계속되어 국가정보의 중심에 있게 된다.

멕시코전쟁의 배경

1836년 텍사스혁명으로 공화국으로 있던 텍사스에 대해 1845년 3월 1일 미국연방상하원 합동회의에서 텍사스를 미국에 합병한다고 결의하고 7월 4일 텍사스공화국의회는 합병수용을 의결한다. 10대 대통령 타일러(John Tyler)가 추진한 텍사스합병은 11대 대통령 포크(James Polk)가 취임하면서 성사되어 텍사스는 28번째 미국연방의 주로 편입된다. 텍사스를 자국영토로 여겼던 멕시코는 미국과 단교하고, 텍사스와 인접한 뉴에이서스(Nueces)를 미국과 국경으로 한다고 주장한다. 반면 미국은 뉴에이서스를 훨씬 뛰어 넘어 서북부 리오그란데(Rio Grande)강을 국경으로 한다고 공포한다. 리오그란데강은 콜로라도주 남서부에 있는 로키산맥 남부에서 발원하여 텍사스주와 멕시코의 경계선을 만드는 멕시코만까지 3,034㎞를 흐르는 북미대륙에서 미시시피 다음으로 긴 강으로 캘리포니아주의 수원, 즉 산업, 축산용수, 감자·목화, 오렌지·과일·채소류를 포함한 농작물생산의 관개수로이자 관광과 휴양시설로 중요했다.

텍사스합병과 국경분규에서 비롯된 멕시코와 미국 사이의 분쟁을 해결하기 위해 포크대통령은 슬라이델(John Slidell) 무임소장관을 특사로 파견하여 리

21) Holt, Pat M. 1995. *op. cit.* pp. 17-25; Ridings, Jr. William J. and Stuart B, McIVER. 1997. *Rating The Presidents: A Ranking of U.S. Leaders, From the Great and Honorable to the Dishonest and Incompetent*. Kensington Books. p. 18.

오그란데강을 따라 국경을 확정하고, 캘리포니아를 3,000만 달러에 사들이는 협상을 시도하였다. 그러나 멕시코가 이 제안을 거부하자 포크대통령은 테일러(Zachary Taylor) 장군에게 뉴에이서스강을 넘어 리오그란데 강 유역지역을 점령하도록 명령한다. 이에 멕시코군이 리오그란데강을 건너와 테일러장군 부대를 공격하자 1846년 5월 13일 의회가 선전포고를 승인하고 테일러장군은 내륙으로, 스캇장군(Winfield Scott)은 해상으로 진군하여 멕시코시내로 진입, 전쟁은 종결된다. 미국은 1848년 2월 2일 과달루페이달고(Guadalupe Hidalgo) 조약으로 지금의 텍사스, 뉴멕시코, 네바다, 유타, 콜로라도, 애리조나, 캘리포니아 주를 병합하여 사실상 미국대륙의 서남부영토확장을 완료하였다.

텍사스와 국경분쟁으로 촉발한 멕시코와의 전쟁에서 사령관 테일러장군은 파이크(Zebulon M. Pike) 중위가 작성한 멕시코군의 전방적정에 관한 전투정보를 활용하고, 스캇장군은 도밍게즈산적패를 정보수집과 적후방공작에 활용한다. 스캇장군은 포크대통령, 마시(William Marcy) 전쟁부장관의 승인 아래 도밍게즈(Manuel Dominguez)가 이끄는 200명으로 추산되는 멕시코산적패에게 16,566.50달러를 지불하고 멕시코군의 일반적 군사정보뿐 아니라 베라크루스에서 멕시코시내로 진입하는 일대의 멕시코군배치, 무기화력에 관한 정보를 수집보고하도록 하였다.[22] 한편 멕시코전쟁에서 세운 공훈으로 전쟁영웅이 된 테일러장군은 포크대통령에 이어 12대 미국대통령에 당선된다.

이렇게 광대해진 미국남부는 흑인을 노예로 광활한 농장을 일구어 목화, 농작물 재배에서 큰 수확을 얻었다. 그러나 북부는 산업, 금융으로 개인생활이 다양화되어 미국독립선언서에 표현된 인간의 천부적 자유평등사상에 근거한 노예해방여론이 자연스럽게 제기되었다. 그 견인차가 대통령에 당선되면 노예해방을 실현하겠다는 링컨 공화당대통령후보였다. 1861년 3월 4일 링컨대통령이 대통령으로 취임하기 전에 사우스캐롤라이나, 미시시피, 플로리다, 버지니아, 텍사스주 등 남부 7개 주가 미국연방(American Union)에서 탈퇴하고, 11개 주가 남부동맹(Confederate State of America) 이름으로 데이비스(Jefferson Davis)를 대통령으로

22) Andrew, Christopher. 1996. *op. cit.* p. 14.

내세운다. 1861년 4월 12일 남부동맹군은 사우스캐롤라이나주의 포트 삼터(Fort Sumter) 연방군시설을 공격하면서 남북내전이 시작되었다. 개전초기 1, 2, 3 군단으로 구성된 남부군사령관 리(Robert E. Lee) 장군은 북부를 선점하고 진군했으나 저지당한다. 남부군이 집결하고 7개 보병군단, 1개의 기병군단과 포병대로 구성된 북부군이 갯티스버그(Gettysburg) 대회전에서 격돌하였으나 남부군은 패하고 만다. 1865년 4월 9일 아포마톡스(Appomattox)에서 리 장군이 북부군사령관 그랜트(Ulysses S. Grant) 장군에게 항복하면서 4년간 남부, 북부군 포함하여 62만 여 명의 사상자를 낸 내전은 종식된다. 특히 포토맥군의 미드(George G. Meede) 장군은 갯티스버그전투에서 남부군전투정보를 정확히 파악하여 북부군 승기를 잡는데 결정적 공을 세운다.

남북전쟁기간에는 군사전투정보와 아울러 전략정보, 역정보공작이 이루어졌고, 링컨대통령암살 전후에는 처음으로 국내보안 정보활동이 조직적으로 전개되었다. 전투정보 수집면에서는 수색대활용, 적후방침투병의 적정탐색이 주류를 이루었다. 그러나 남부군이나 북부군 모두 전투정보를 조정하고 종합하는 사령부급의 정보기관은 없었다. 다만, 워싱턴을 방어하는 북부군전략부대인 포토맥군사령관 후커(Joe Hooker) 장군이 1863년 포토맥군정보국(Bureau of Military Intelligence)을 만들어 샤피(George H. Sharpe) 대령을 정보국장에 임명한다. 어느 날 포트맥군정보국장 샤피대령은 전방에 리 사령관이 지휘하는 남부군 병력 6만 명이 북부군 13만 명을 상대하여 포진해 있다는 정보를 제공했다. 그러나 과거 상관이었던 리 장군과 그가 이끄는 남부군전력에 겁먹은 후커 포토맥군사령관이 소극적으로 대응하여 대패했다. 링컨대통령이 포토맥군사령관 후임으로 미드장군을 임명하면서 샤피정보국장은 정찰병운용, 첩보원침투, 남부 신문기사수집, 리치몬드에 지하공작조운영 등으로 정확한 정보를 적기에 제공한다. 미드사령관은 적실성 있는 정보, 우세한 화력, 병력으로 승기를 잡고 갯티스버그전투에서 남부군주력을 괴멸시킨다.

남부군수도 리치몬드에서 지하공작조를 운용한 밴 류(Elizabeth Van Lew)는 남부의 열성파여성 노예해방주의자로 그녀가 이끈 공작조에는 남부군 장병도 포함되어 있었다.[23] 그랜트북부군사령관이나 북부군의 서부지역담당 군사령관 셔만

23) *Ibid*. pp. 20-22.

(William T. Sherman)은 북부신문기자가 남부군전투상황을 현지취재한 기사나 남부기자가 남부군상황을 보도한 신문기사를 중요한 전투정보나 군사전략정보로 활용하기도 했다.[24] 셔만장군은 수색대의 전투정보, 적후방 지역신문 기자들이 취재한 남부군의 기동, 장병사기를 파악하면서 남부군 최후전략기지인 조지아주의 애틀랜타시를 공략하고, 조지아주, 사우스캐롤라이나주, 플로라다주를 점령하여 남부군을 침몰시켰다. 셔만장군은 그랜트장군 뒤를 이어 육군사령관에 임명되고 남북전쟁회고록을 저술한다. 직업군인, 전역 후 교육자, 저술가로서 그의 인품을 높이 사서 그의 이름은 '미군셔만탱크'에서 기억되고 있다.

링컨대통령도 전선에서 취재한 신문기사를 전황파악의 중요 요소로 활용했다.[25] 또한 링컨대통령은 남부군군사정보를 수집하기 위해 다양한 방법을 사용하였는데, 정보원고용, 열기구이용, 암호전문가활용 등이 대표적이다. 링컨대통령은 남부지역 철도와 여객선 소개, 관광지도책자를 발행하는 로이드(William Alvin Lloyd)를 월급 200달러에 고용하였다. 로이드는 비밀리에 남부지역에 잠입하여 남부군동태를 기록한 정보보고서를 그의 부인이 입고 있는 옷가장자리에 넣어 링컨에게 보내곤 했다. 그는 남부군수도 리치몬드헌병사령관에게 접근하여 1,200달러짜리 군복정장을 선물하고 정보를 얻어 내는 공작도 진행한다.

조직적으로는 핀커톤(William Pinkerton)이 운영하는 민간탐정회사를 정보수집, 공작에 투입한다. 영국 스코틀랜드 글라스고오태생인 핀커톤은 1849년 시카고 검사 락커(Edward Rucker)와 서북탐정부(North-Western Policy Agency)라는 민간탐정회사를 설립하여 운영한다. 그러다가 1850년대에 독립하여 핀커톤탐정부(Pinkerton National Detective Agency)라는 미국최초의 민간탐정회사를 설립운영한다. 핀커톤은 1861년 대통령에 당선된 링컨에게 암살음모정보가 있으니 이미 예정되어 있는 볼티모어행 기차를 바꾸어 여성탐정이 지키는 다른 기차로 갈아타고 볼티모어에 도착하도록 육군사령관 윈필드장군을 경유하여 링컨에게 조언한다. 그리고 링컨은 기차를 갈아타고 볼티모어를 거쳐 워싱턴에 도착한다. 이런

---

24) *Ibid*. pp. 14-15.

25) 링컨이 남부군수도 리치몬드(Richmond)에서 발간되는 신문이 제때에 배달되지 않는다고 그랜트장군을 재촉하면, 그랜트장군은 "어제, 오늘 신문에는 남부군전황에 관한 유익하거나 불리한 뉴스가 실리지 않아 보내지 않았습니다"라고 보고하기도 했다.

경위로 남북전쟁이 발발하였을 때 링컨대통령은 핀커톤을 육군사령부 매클렐란(George B. McClellan) 소장휘하의 정보책임자로 임명한다. 민간정보책임자는 시카고에 기반을 둔 핀커톤 외에도 캘리포니아 금광경비업에 종사한 베이커(Lafayette C. Baker)도 있었다. 그러나 매클렐란장군이 남부군군사력을 과대평가하여 전쟁에 소극적이어서 해임당하자 정보책임자 핀커톤 역시 사표를 제출한다.

링컨대통령은 인간정보분야뿐 아니라 신호정보에도 역점을 두어 백악관 옆 전쟁부전산실 암호반에 자주 들려서 각종 전투진행 보고전문, 남부군 암호전신을 해독한 내용을 읽고 보고받는다. 17세의 베이트(David Homer Bate), 20세인 챈들러(Arthur B. Chandler), 틴커(Charles A. Tinker)는 23세로 모두가 암호반에서 남부군암호를 해독하거나 암호전문을 평문으로 만들어 암호실에 들린 링컨에게 보고하였다. 젊은 비밀 3인방은 1863년 남부동맹정부가 비밀리에 남부화폐원판을 도안하여 뉴욕시에서 화폐를 제조한다는 암호전문을 입수, 해독하는 개가를 올린다. 남부동맹 재무장관이 도안된 화폐원판을 만족해 한다는 전문도 해독하여 경찰은 비밀화폐제조실을 급습하여 원판과 수백만 달러 남부화폐를 압수한다.

또한 링컨대통령은 28세의 열기구전문가 로우위(Thaddeus S. C. Lowe)가 열기구를 띄어 워싱턴과 인근 전투지역상공에서 실시간으로 관찰한 피아간 전투상황을 보고받았다. 2개월 후 로우위를 열기구부대장으로 임명하고 9명의 열기구 조종사를 훈련시켜 7개 기구를 공중에 띄워 버지니아 페어오크전투에 투입시킨다. 그러나 신속한 이동이 어렵고 열기구를 움직이는 가스 제너레이터오작동, 공중에서 신속히 기동하는 부대를 따라 관찰할 수 없는 기동력한계로 열기구 부대는 1863년 해산한다. 그러나 항공관측결과를 실시간으로 보고하는 오늘날의 항공촬영, 인공위성에 의한 영상정보의 시조로 입체정보전시발로도 볼 수 있다.[26] 한편 남부동맹은 프랑스, 영국에서도 지원을 받으려 사절을 파견하는 외교공작도 비밀리에 수행한다. 남부군은 북부군후방기지 파괴공작, 민심교란, 링컨대통령을 암살하려는 공작을 수행하려고 공작원을 침투시켜 캐나다, 버몬트 주, 북부산업지대, 메릴랜드주, 버몬트주에 거주하는 남부동맹지지자를 규합하여 기습파괴공작을 감행하였다.[27]

26) *Ibid*. p. 20.

27) Holt, Pat M. 1995. *op. cit*. pp. 20-25.

남부군사령관 리 장군이 항복한 지 5일 후 1865년 4월 14일 저녁 포드극장에서 배우 부스(John Wilkes Booth)가 공연을 관람하는 링컨대통령을 암살한다. 베이크는 자신의 탐정팀을 동원하여 뉴욕기병대, 경찰과 함께 추격하여 버지니아, 메릴랜드주 일대를 뒤져 버지니아주 포트로얄(Port Royal) 인근 담배농장에 은신 중인 부스를 찾아 그를 사살한다. 링컨대통령을 계승한 부통령 존슨(Andrew Johnson)은 부스를 사살한 공적으로 베이크탐정팀에게 3,750달러를 포상하고, 탐정요원을 대통령경호원으로 채용한다. 존슨대통령은 베이크에게 남부군반란행위 주모자사면주선자 중에 부정행위를 저지르는 자, 또는 부정, 부패자에 대한 정보수집임무를 부여한다. 후에 베이크가 코브(Mrs. Lucy Cobb) 부인이 반란자사면주선에 과도한 비리를 저지른다고 보고하였으나 존슨대통령과 의견이 달라 사임한다.[28]

남북전쟁 이후 재선된 링컨대통령이 암살되고, 국내정치변화, 경제력확대, 사회기능복잡화에 따른 상황변화에 대응하기 위해 정보활동도 군사정보중심에서 대내지향 보안, 방첩으로 서서히 무게중심이 이동하게 된다. 비밀경호국, 연방수사국 창설이 좋은 지표이다. 미국은 독립 이전에도 지역주민이 자체적으로 모은 비용으로 지방치안을 유지하고, 독립 이후에는 연방정부에 의한 지방정부간섭을 최소화하는 차원에서 철저한 지방자치경찰제를 유지한다. 특히 1863년 재무부가 연방화폐인 달러를 통용하기 전에는 주정부가 각기 고유한 화폐를 통용하였다. 1789년 워싱턴대통령 취임 후인 건국 후부터 76년이 지난 1865년 남북전쟁종료시까지 미국은 각 주별로 고유한 화폐를 발행하였다. 그 결과 7,000여 종의 화폐가 통용되고 4,000여 종의 위조화폐가 미국전역을 휩쓸어 위폐단속반이 필요하였다.

1865년 7월 5일 재무부의 계선조직으로 발족한 비밀경호국이 위폐단속과 금융질서확립에 앞장섰다. 1880년대에 연방국가 단일화폐가 통용되면서 연방단일화폐 보호를 일차 임무로 하면서도 금융질서확립과 함께 대통령위해요인 제거와 경호임무를 추가로 부여받게 되었다. 지방자치경찰의 협조를 받으면서 연방정부 차원에서 강력한 위조지폐근절 수사과를 1865년 링컨대통령의 재가로 머크로(Hugh Mccullough) 재무장관이 신설한다. 비밀수사(Secret Service) 조직 신설이 승

28) Andrew, Christopher. 1996. *op. cit.* pp. 19-21.

인된 그 날 링컨대통령이 암살범 부스에게 저격당하자 존슨 대통령이 그 해 7월 5일 비밀경호대를 재무부 산하계선조직인 국(局)으로 창설했다.

한편 1대 워싱턴대통령부터 44대 오바마대통령에 이르기까지 4명의 대통령이 암살되고, 5명의 대통령이 현장에서 저격당했으나 암살을 모면한 미수사건이 발생했다. 1881년 당선된 가필드(James A. Garfield) 대통령에게 선거운동에 기여한 공로로 직위를 요구하다가 거절당한 기도(Charles Guiteau)가 워싱턴기차역에서 대통령을 저격한다. 이 사건으로 의회도 요인경호에 관심을 표명했으며, 이후 클리브랜드(Grover Cleveland) 대통령이 휴가 등에 제한적으로 비밀수사대의 경호를 요구해 처음으로 경호를 받게 된다. 1901년 무정부주의자 촐고스(Leon Czolgosz)가 매킨리(William Mckinley) 대통령을 버팔로시 박람회장에서 저격한 사건으로 비밀경호팀활동이 본격적으로 가동되었고, 1913년 하딩(Warren Harding) 대통령의 요구로 의회는 백악관경호대(White House Police Force) 창설을 허가했다.

1963년 케네디대통령이 오스왈드(Lee Harvey Oswald)에게 저격당하고, 1969년 전 법무장관이었던 동생 로버트 케네디가 대통령후보로 민주당 예비선거유세중에 시란(Siran Bishara Siran)에게 암살당하면서 대통령뿐만 아니라 유력후보도 경호대상이 되었다. 미국대통령후보는 선거일 120일 전부터 비밀경호대와 경찰로부터 경호를 받도록 제도화되었다. 비밀수사대의 일부가 백악관에 파견되어 경호실을 구성하고 있는데, 경호법에 따라 백악관경호실장은 비서실장의 지휘를 받으면서 백악관의 정규기관으로 경호임무를 수행한다. 미국의 역사만큼이나 뚜렷한 임무와 조직관리면에서 전통이 있는 행정부부처 계선조직을 발전해 온 비밀경호대(Secret Service)는 현재 경호(Protection)와 수사(Investigation)를 2대 기본임무로 하고 있다.[29]

대통령위해상황 발생으로 대통령경호에 관해 19종의 법안이 의회에 제출되었으나, 1906년에 의회가 재무부 비밀경호국요원이 대통령을 경호하도록 허용했다. 그 이듬해 1907년 처음으로 선드리법안(Sundry Civil Expenses Act for 1907) 통과로 공식적으로 재무부 비밀경호국요원이 대통령을 경호하게 되었다. 그 후 경호법규가 추가되면서 오늘날은 전, 현직 대통령과 그 가족, 3부요인, 대통령후보, 미국을 방문하는 국빈, 백악관과 부통령관저, 기타 국내외상황에 따라 주요

---

29) 최평길. 2007. 전게서. 369-374쪽.

인물을 경호한다. 퇴임대통령은 퇴임 후 10년간, 자녀는 16세까지만 경호한다.

〈미국대통령 저격사례〉

사 망	미 수
Abraham Lincoln 대통령 1865. 4 .14 John Wilkis Booth가 암살	Andrew Jackson 대통령 1835. 1. 30 Richard Lawrence가 암살 시도
James Garfield 대통령 1881. 7. 2 Charles J. Guiteau가 암살	Franklin Roosevelt 대통령 1933. 2. 15 Guiseppe Zongra가 암살 시도
William McKinley 대통령 1901. 9. 6 Leon Czolgosz가 암살	Harry S. Truman 대통령 1950. 11. 1 Oscar Callaza가 암살 시도
John F. Kennedy 대통령 1963. 11. 22 Lee Harvey Osward가 저격	Gerald R. Ford 대통령 1975. 9. 5, 1975. 9. 22 Sara Gone Mose 암살시도
	Ronald Reagon 대통령 1981. 3. 30 John Hinckley 저격시도

〈주요 경호법안〉

1894	비공식 part time 경호요원 클리브랜드 대통령경호
1901	맥킨리대통령 피살 이후 의회에 경호 비공식요청
1902	2명의 경호원이 대통령경호
1907	Sundry Civil Expenses Act 발효
	의회에서 대통령경호 예산승인
1908	대통령당선자 경호, FBI 전신기구에도 파견
1951	Public Law 82-79. 대통령, 부통령, 가족경호, 당선자경호
1965	중요 대통령후보 경호
1971	외국국빈방문 원수경호
1992	대통령퇴임 후 10년간 경호
2000	Presidential Threat Protection Act
2001	Patriot Act

위폐근절, 독립선언서, 헌법원본, 유엔헌장원본, 링컨대통령 취임연설문원본 등 주요 문서보관업무도 수행하는 비밀경호대는 2001년 9·11 테러사건 이후 새로운 임무와 조직강화단계에 들어갔다. 미국국내보안과 안전을 총체적으로 담당하는 국토안보부(Department of Homeland Security)가 2003년 3월 1일자로 연방정부의 정규부처로 설치되면서 재무부 비밀경호국이 국토안보부로 편입되었다. 국방부가 해외군사침공으로부터 무력으로 국토를 방위한다면 국토안보부는 국내테러, 마약, 밀수, 불법이민 등 범죄를 방지, 분쇄하는 국내 안전을 책임지는 부서이다. 국토안보부는 해안경비, 이민관리, 마약단속, 국경수비, 도로교통안전, 민방위, 주, 지방정부 협조유지, 테러예방과 전담 등 국내안보 질서유지가 기본임무이며, 대통령을 위시한 요인경호와 백악관경비 테러대응을 책임지는 비밀경호국의 임무가 추가되었다.

그러나 1898년 스페인과의 전쟁, 1차, 2차 대전을 치르면서 다시 일선전투부대의 전투정보, 전략부대단위의 전략정보 등 군사정보가 주류를 이루게 된다. 쿠바의 스페인으로부터의 독립문제는 미국의 산업을 포함한 국가이익과 직결되어 있어 1896년 대통령선거전에서 맥킨리는 스페인으로부터 쿠바가 독립되어야 한다고 강력히 주장한다. 이로써 스페인과 미국의 일전은 예견된 것이었다. 1898년 2월 15일 오후 9시 40분에 쿠바의 하바나항에 정박중인 미국해군함정 메인(Maine)호를 스페인해군이 폭탄으로 침몰시키자 4월 20일 미국연방의회는 스페인에 선전포고를 결의한다. 스페인전쟁은 미국이 남미에서는 쿠바와 푸에트리코, 태평양에서는 괌과 필리핀을 점령하고, 12월 10일 파리에서 파리조약을 맺음으로써 전쟁은 종료된다. 전략적으로는 이 시대에 해군소장 마한(Alfred Tahyer Mahan)이 해군력의 중요성(The Influence of Sea Power upon History)을 강조했는데, 당시 해군차관보이던 루즈벨트(Theodore Roosevelt) 대통령이 영향을 받아 훗날 파나마운하개설, 텍사스주 영토확장에 힘쓰게 된다.

멕시코전쟁에 이은 스페인전쟁은 미국의 해외영토 확대와 국제사회에서 신흥제국주의 팍스 아메리카나 위상확립의 계기가 된다. 스페인과의 전쟁 전 1882년에 해군에 정보부대가 설치되어 영국, 프랑스, 스페인의 해군전함 건조기술정보를 수집하고, 1885년에는 육군, 해군이 유럽을 위시한 외국에 군사무관을 파견하여 군사정보를 수집하였다.[30] 따라서 스페인과의 전쟁은 준비된 전쟁으로 중남미와 서남태평양 2개 전장에서 동시에 전쟁을 수행할 수 있었다.

18세기와 19세기의 독립전쟁, 멕시코전쟁, 남북내전, 스페인전쟁과 함께 정보활동도 군사정보에 무게를 두었다. 동시에 미국국력의 대외신장, 미국사회의 다양성심화에 따라 국내보안, 방첩활동에도 관심을 두는 정보조직과 활동이 전개된다. 그러나 1차, 2차 대전을 치르고, 냉전체제를 거치면서 다시 한번 군사정보에 치중되고, 인간정보, 신호정보, 과학기술정보 등 다양한 정보수집기법이 입체적으로 개발운용된다. 아울러 이념과 체제보위 차원에서 전략정보와 종합정보시스템이 확립된다.

유럽강국의 이해관계 갈등으로 촉발된 1차 대전에 미국이 참전하게 되는데,[31] 영국은 윌슨(Woodrow Wilson) 대통령에게 독일의 전쟁음모를 설득력 있게 설명하고, 미국사회의 전쟁참여 여론을 확산시키는 데 통신감청 신호정보를 활용하였다. 윌슨대통령과 영국 조지 5세 왕(George Frederick Albert 5), 에스키드(Herbert Henry Asquith), 조지(David Lloyd George) 수상 간의 전략정보 교환 등 정보연락외교는 미국측 하우스(Edward M. House) 대령과 영국측 와이스만(William Wiseman) 대령이 책임졌다. 영국은 통신감청으로 독일의 미국에 대한 전쟁의도를 파악하여 언론에 흘리고 미국 내 참전지지여론이 형성되도록 하여 미국은 1차 대전 전쟁 막바지에 파병을 결정하게 된 것이다.

1917년 10월 러시아의 볼셰비키혁명에 의한 공산국가탄생과 함께 미국사회에 스며드는 공산주의사상과 1차 대전 전후에 독일이 배후에서 조종하는 파괴공작에 미국정부당국은 긴장하게 된다.[32] 독일은 미국과 영국을 위시한 유럽연합국

---

30) Holt, Pat M. 1995. *op. cit.* pp. 19-23.

31) 1914년 7월 세르비아수도 베오그라드를 포격하면서 오스트리아-헝가리, 독일, 터키의 동맹군이 서전에서 승기를 잡았다. 영국, 프랑스, 이탈리아 등 유럽의 동맹국이 대응하면서 전쟁은 많은 사상자를 내었다. 해전에서 독일잠수함에 고전을 하면서도 영국은 독일함대를 격퇴했다. 한편 러시아군은 동부전선에서 독일, 오스트리아-헝가리군을 밀어 붙이면서도 제정러시아 마지막 황제 니콜라이 2세(Nicholai Aleksandrovitchy Romanov Ⅱ)의 정국장악력 약화, 케렌스키(Aleksandr Kerensky)가 이끄는 임시정부의 불안정성, 레닌이 주도하는 공산혁명 등 내전양상으로 번지는 국내정세변화로 1917년에 동부전장을 떠난다. 프랑스 역시 독일군에게 밀리는 상황에서 프랑스와 영국은 미국이 참전해 주기를 진심으로 바랐다.

32) Engels, Friedrich(ed.). 1867. *Karl Marx, Friedrich Engels, Vladimir Lenin. The*

에 대한 산업, 금융지원을 차단하기 위해 집요한 시도를 하였다. 특히 미국에서 생산되는 상품, 무기류가 유럽연합군에게 공급되지 않도록 군수공장과 항구하역 작업 근로자의 태업유도, 생산시설파괴, 미국에서 유럽으로 출항한 상선에 대한 잠수함공격 등 다양한 파괴공작을 벌였다. 1차 대전이 한창이던 1915년 5월 대서양에서 영국상선 루시타니아(Lusitania)호가 독일잠수함(u-boat)이 발사한 어뢰에 의해 격침당하고, 미국승객 128명이 사망했으며, 1916년 7월 뉴욕항구에 있는 블랙톰(Black Tom Island) 섬에 정박중이던 거대화물선이 독일 공작원에 의해 폭발되었다. 이 화물선에는 독일에 대항하여 서부전선에서 싸우는 러시아에 보내는 2백만 톤의 폭약이 적재되어 있었다. 그럼에도 불구하고 미국의 영국, 프랑스 수출액은 1914년 7억5천만 달러에서 1916년 27억5천만 달러로 급신장한다. 반면에 같은 시기 미국의 독일수출액은 3억4천5백만 달러에서 2백만 달러로 급감한다. 미국 연방수사국(FBI)은 1915년 5월 윌슨대통령에게 주미독일대사 베른스토르프(Johann Heinrich von Bernstorff)가 대량의 미국 위조여권을 미국거주 독일인에게 배부하여 독일로 귀환시켜 독일예비군으로 참전하게 하는 공작을 수행한다고 보고한다. 또한 독일대사관 상무관 알베르트(Heinrich Albert)가 휴대한 가방을 기차에서 비밀경호대가 습득했는데, 가방에는 친독일 감정을 고양하는 문건이 가득히 들어 있다고 대통령에게 보고한다. 같은 해에 독일대사관 육군무관 파펜(Franz von Papen) 소령과 해군무관 보이에드(Karl Boy-Ed) 대령은 미국동북부 주요 항구에 폭탄을 설치하여 유럽연합군에게 공급되는 무기, 탄약류를 폭파하고, 조선소근로자를 태업에 동참시켜 선박건조를 중단하는 파괴공작을 획책하다가 발각되어 강제추방당하기도 했다. 파펜무관은 후에 독일 바이마르공화국 수상이 되고, 히틀러가 집권하면서 부총통이 된다.[33]

파펜무관팀이 수행하는 공작이 효과를 거두지 못하자 독일은 다시 은행가 겸 해군예비역 장교출신 린텔른(Franz von Rinteln)을 해군무관으로 워싱턴에 보내면서 파괴공작을 서두르라고 임무를 부여한다. 리텔른무관은 공작책임자로 미국

Essential Left. Four Classic Texts on the Principles of Socialism. London: George Allen & Unwin; Marx, Karl. Friedrich Engels(ed.). 1867. ***Capital,*** *Ⅰ, Ⅱ, Ⅱ.* New York: International Publications.

33) Andrew, Christopher. 1996. *op. cit.* pp. 32-35.

내 독일지하조직을 보강하여 항구에서 유럽연합군에게 수송되는 무기류를 폭파하였다. 또한 멕시코정부를 부추겨 미국에 대항하는 독일동맹국을 만들기 위해 음모를 꾀하였으나, 독일에서 그와 친분을 쌓은 링컨대통령 당시 국무장관 시워드의 조카 앤 시워드(Anne Seward)가 이를 수집하여 연방수사국에 알린다. 린텔른은 미국국무부의 항의로 독일로 소환되어 귀국중에 영국 전쟁부 해군정보부장 홀(Reginald Hall) 대령팀에 체포되어 수사과정에서 그의 공작을 실토하고, 영국상선 루시타니아호 격침에 자기가 관여했다는 내용을 자백한다. 미국 연방수사국은 앤 시워드의 진술내용과 영국 해군정보부의 린텔른자백과 일치하는 내용을 정보보고서로 윌슨대통령에게 보고한다. 그리하여 윌슨대통령은 국내불안을 잠재우는 데 정책우선순위를 두어 국내보안 방첩조직활동을 강화한다. 위조화폐, 금융사범척결과 대통령경호를 목적으로 재무부에 설치된 비밀경호국은 국내보안 정보수집은 물론 파괴공작방지에도 정보력을 쏟았다. 또한 1908년에 법무부에 신설된 수사국(Bureau of Investigation: BOI)은 비밀경호국에서 파견된 요원으로 구성되어 조직범죄수사, 정부부패조사를 일차적 목표로 하였으나, 1차 대전시기에는 공산당혁명운동, 독일의 비밀지하조직 준동과 파괴공작 정보수집과 예방에 전력한다. 1935년에 연방수사국(Federal Bureau of Investigation: FBI)으로 개편되어 인권보호, 정부전복과 내란음모 예방, 국내거주 외국기관, 외국인동태파악, 테러예방, 사이버범죄, 사이버 테러예방으로 수사 범위가 다양해지고 있다.[34)]

미국이 국내보안에 주력하면서 1차 대전 중반까지 중립자세로 평화주의를 견지하고, 전쟁종료 후에도 유엔동맹제안으로 평화주의를 지향한 지평에는 윌슨대통령의 개성, 종교신념, 정치철학이 자리하고 있다.

34) 후버(J. Edgar Hoover) 연방수사국장은 워싱턴대학(George Washington University)을 졸업한 변호사로 1차 대전 당시에 연방수사국에 들어가 적대국출신 외국인조사과와 정보과 책임자로 근무하면서 국내보안분야에서 공헌하였다. 1차 대전 후 1924년 5월 10일 쿨리지(Calvin Coolidge) 대통령이 28세인 후버를 6대 연방수사국장에 임명하여 2차 대전, 냉전시기, 베트남 전쟁기간까지 국내보안, 방첩수장으로서 근무한다.

우드로 윌슨대통령

목회자인 아버지와 외조부, 신실한 기독교인인 어머니의 영향을 받은 우드로 윌슨은 젊은 시절 데이비드선대학에서 신학을 공부하였다. 이러한 가정적 종교신앙은 정치인 윌슨에게 평화지향신념을 심어 주었다. 신학공부 이후 프린스턴대학을 졸업하고, 버지니아대학에서 법학을 전공하여 변호사가 되었다. 그 후 미국대학 중 최초로 사회과학부를 세운 존스 홉킨스대학에서 정치학박사를 받았다. 박사과정중 1880년대에 독일 하이델베르크대학에서 수학하고 돌아온 엘리(Richard Ely) 교수의 관방학과 같은 유럽파 아담스 교수(Herbert Adams)의 대의제에 대해 수학하게 된다. 엘리 교수는 유럽국가 중 봉건적 잔재를 가지고 비교적 후발국인 독일이 단시일 내에 발전한 근간은 정부업무의 효율적 추진방법을 잘 활용한 관방학(官房學, Cameralwissenschaft)에 있다고 했으며, 아담스 교수는 영국의 대의제와 여론정치, 지방정부의 자율성, 자치정부론을 강의했다. 윌슨은 이러한 독일과 영국의 정치, 사회 체제를 비교하는 학문적 소양에 입각한 유럽국가의 평화체제를 선호하게 된다. 그는 프린스턴대학에서 교수를 거쳐 개혁적 총장으로 지도력을 인정받아 인근 뉴저지주지사 민주당후보로 출마하여 주지사가 된다. 이후 1912년 28대 대통령에 당선되고, 1차 대전을 치워 내며 국제연맹 창설에 주역이 된다. 그는 연방준비은행법(The Federal Reserve Act of 1913)을 만들어 미국 내 12개 연방준비은행 지점을 설치하여 지방의 금융소통을 원활히 하고, 인플레와 경기침체를 예방하는 데 기틀을 다지고, 헌법을 개정하여 소득세를 신설하는 등 금융재정제도를 정착시켰다. 또한 연방통상위원회(Federal Trade Commission)를 설치하여 기업의 독과점금지, 노조활동보장으로 기업체질개선을 시도하였다. 외치면에서 윌슨은 1차 세계대전을 마무리 하고 국제연맹을 창안하여 오늘의 유엔을 있게 한 공을 인정받아 노벨평화상을 받게 된다.

윌슨은 프린스턴대학 교수시절에 젊은 시절의 이승만을 가르쳤고, 이승만은 윌슨에게 소수민족의 민족자결권을 역설하여 1차 대전 이후에 파리강화회의에서 윌슨대통령이 민족자결주의를 주창한 계기를 만들어 주었다.[35]

---

35) Clements, Kendericks A. 2004. *Woodrow Wilson and World War 1. Presidential Science Quarterly*. Vol. 34. No. 1; Tumulty, Joseph P. 1921. *Woodrow Wilson as I*

러시아 니콜라이황제, 영국 조지 5세 국왕, 독일 빌헤름 2세 황제와의 접촉에서 1차 대전을 평화체제로 변환시키려 한 윌슨대통령도 1917년 독일에 선전포고를 하고 유럽에 파병을 한다. 윌슨대통령이 정보면에서 유럽참전결심을 하게 된 결정적 계기는 독일외무장관 짐머만(Arthur Zimmerman)이 워싱턴주재 미국대사에게 보낸 암호전문이었다. 물론 윌슨대통령이 공산당준동, 독일지하조직의 파괴공작을 저지하고 국내보안체계를 굳건히 하면서 여론과 국회동의를 얻어가는 과정에서 내린 결심이기도 하지만, 영국의 파병권유와 설득, 그 중심에 영국과 미국 정보기관의 정보협조를 통한 짐머만전신문해독과 내용전파로 파병의 결정타를 보게 된 것이다.[36] 스페인무적함대를 무찌르고 세계대양을 제패한 영국해

---

know Him. N.Y.: The Country Life Press; 최평길. 2007. 전게서. 398-401쪽.

36) 1차 대전 당시 영국해군 정보부대가 신호통신 정보수집을 하였는데, 해군대령 홀(Reginald Hall)은 해군정보부대를 이끌며 독일이 세계각국 독일대사관과 전선배치군부대에 보내는 통신, 전문을 감청하고 암호문을 해독하는 핵심역할을 한다. 후에 해군제독이 된 홀정보부대장은 1917년 1월 17일 해군정보부대 분실 40호실(room 40)에서 통신전문을 감청하고, 암호를 해독하는 그레이(Nigel de Grey) 분석관으로부터 암호전문과 평문으로 해독한 전문내용을 건네받는데 이것이 짐머만전문이었다.

독일외무장관 짐머만이 보낸 암호전문을 미국이 아닌 영국해군 정보통신부대가 가로챈 비결은 어디 있을까. 당시 영국, 프랑스 등 연합군은 독일이 사용할 수 있는 전신, 전화선을 차단하였다. 그래서 독일은 우호국가인 스웨덴과 브라질, 중립성향의 미국과의 통신망을 사용했다. 독일이 사용하는 통신은 베를린-스톡홀름-리우데자네이루-워싱턴, 베를린-워싱턴을 연결하는 통신망이었다. 그러나 이 연결망은 영국 통신망통제 속에 있어 영국 해군통신부대가 워싱턴 회선, 스웨덴-브라질 회선을 동시에 이용하여 송신한 2개의 짐머만전신문을 모두 감청하여 해독한 것이다. 동시에 2개의 회선을 이용하여 보낸 2개의 전문내용이 일치하여 신뢰성이 있었다. 그러나 영국은 이 전문을 미국이 전적으로 신뢰하지 않을 것으로 보았다. 그래서 워싱턴의 베른스트 독일대사가 에카르트 멕시코주재 독일대사에게 보낸 짐머만외무장관의 암호전문을 멕시코 전신국직원을 매수하여 입수하고, 평문으로 정리한 전문은 멕시코주재 독일대사관에서 빼돌린 것으로 하였다. 해군정보부대장 홀대령은 2주일 동안을 기다리면서 2월 1일 독일이 짐머만외무장관이 전문에서 밝힌 대로 독일잠수함이 대서양을 항해하는 선박을 공격하자 2월 3일 윌슨대통령이 독일과 단교하는 것을 지켜보았다. 그러나 여전히 윌슨대통령이 전쟁에서 중립을 지키는 것을 보고 멕시코주재 영국대사관 공사에게 비공식적으로 멕시코 전신국 직원에게서 짐머만전보를 입수하여 본국에 보낸 것으로 하여 이 전문을 런던주재 미국대사관 벨(Eddie Bell) 공사에게 보여 준다. 이후 2월 23일 외무장관 벨푸르(Arthur Balfour)는 홀정보부대장과 함께 주영미국대사 페이지(Walter H. Page) 박사를 벨공사와 함께 장관실에 불러 멕시코에서 입수한 짐머만전문내용을 설명한다. 이에 페이지대사는 짐머만전문과 보고서를 랜싱(Robert Lansing) 국무장관에게 보낸다. 2월 24일 토요일 주말 휴가를 떠난 랜싱 국무장관을 대신하여 포크(Frank Polk) 장관대리 겸 국무부정보책임자가 윌슨대통령에게 페이지대사 보고서와 짐머만전

군은 당시 정보력에서 막강했다. 2차 대전 종료 후 미국이 국제사회에서 큰 힘을 발휘하고, 인공위성으로 영상정보수집 등 정보력이 최강이 되기 전까지는 영국의 정보지도력을 미국을 위시한 서방진영을 견인하는 데 큰 역할을 했다[37].

짐머만전문은 독일외무장관이 미국수도 워싱턴에 있는 베른스토프 독일대사에게 보내는 암호문으로 실제로는 베른스토프대사가 받아 멕시코주재 에카르트(Heinrich von Eckardt) 독일대사에게 보내고, 다시 에카르트대사는 멕시코 외무장관에게 보내야 하는 메시지였다. 내용은 멕시코정부가 미국을 공격하면 독일은 군사와 재정 지원을 할 것이며, 전쟁이 승리로 끝나는 대로 멕시코전쟁에서 미국이 차지한 텍사스, 뉴멕시코, 애리조나주를 되찾아 주겠다는 것이었다. 또한 2월 1일을 기하여 독일잠수함이 해상에서 국적, 선박종류 가리지 않고 적대국선박은 모조리 격침시킬 것이라는 무차별 선박공격내용도 포함되어 있었다. 카란자(Venustiano Carranza) 멕시코대통령은 미국 남부지역재공략은 미국과의 전쟁을 의미하는데, 미국의 우세한 군사력과 장비로 멕시코는 제압당할 것이며, 유럽전선에서 군수물자조달에 바쁜 독일이 설사 멕시코에 원조를 해도 대서양을 장악하고 있는 영국해군이 독일수송선단을 격퇴할 것이라 생각했다. 아울러 재탈환할 미국남부지역은 이미 영어권주민이 대부분이어서 멕시코와 동화도 힘들고, 남미국가관계도 소원질 것으로 보아 이 제의를 거절했다. 성사되지 않은 제안에도 불구하고 이 전문은 미국의 참전을 촉진하였다.

윌슨대통령은 1917년 4월 2일 상하양원 합동회의에서 민주주의를 지키는 안전과 평화, 자유를 위해서 독일과의 전쟁을 승인하도록 요청하는 연설을 한다. 4월 6일 의회의 승인을 받은 윌슨은 독일에 선전포고를 한다. 전쟁부산하 군사정보부(military intelligence division)에는 해군정보부대와 육군정보부대가 있었는데,

---

문을 제시한다. 윌슨대통령은 짐머만전문이 멕시코전신국에서 입수되고 멕시코에 보낸 발신자가 워싱턴소재 독일대사라는 것을 보고 "우리 통신회선을 이용하여 미국에 적대행동을 하는 암호문을 보내다니"라고 하면서 2월 29 AP통신으로 전세계에 독일의 미국적대행위 내용을 알리라고 한다. 언론공개는 유럽보다 미국시민에게 충격을 안겨 주었다. 더불어 3월 3일 짐머만 독일외무장관은 자기가 워싱턴대사관을 경유하여 멕시코정부에 전문을 보냈음을 인정하고, 대서양에서 독일잠수함의 무차별 선박공격을 계속 진행할 것임을 천명한다.

37) 영국은 전세계식민지에 포진한 인간정보로 수집한 정보와 세계최강의 신호통신 정보력을 바탕으로 2차 대전 당시 런던에 본부를 둔 아이젠하워장군이 지휘한 연합군사령부와 연합군에게 정보를 제공하기도 하였다.

1916-1918년 기간에 해군정보부대 인원은 3천 명 예비역과 지원장병으로 증편되었다. 그리고 전쟁부의 군참모부에 정보참모부가 들어서는데, 1916년 불과 3명의 요원에서 1918년에는 1,441명으로 증강된다. 미국이 본격적으로 유럽에 군을 파병하던 1917년에는 육군정보참모부내에 미국역사상 최초의 신호통신실(sigint agency)이 창설된다. 신호통신실은 짐머만암호전문을 감청해독한 영국해군정보부 통신감청단 40호 분실과 유사한 통신정보조직이다. 신호통신실은 암호, 해독실(Code and Cipher Bureau)로 군사정보 8(MI 8) 또는 밀실(Black Chamber)로 불리며, 위장회사로 뉴욕에서 비밀리에 활동한다. 암호, 해독실의 실장은 28세의 야들리(Herbert O. Yardley)로 그는 국무부에서 윌슨대통령이 사용하는 암호문을 해독하고 분석하는 암호해독전문가였다. 1918년 장교 18명, 민간암호전문가 24명, 타자수와 속기사 109명으로 보강된 암호, 해독실은 미국정부나 군부대에서 국내와 해외에 통신전문을 발송하거나 문서전달요원이 보내는 중요 서신, 명령, 보고서를 암호화하는 암호문설정, 화학약품처리로 수신자만 약품처리로 읽게 하는 신호통신임무를 수행한다. 또한, 미국에서 송수신되는 외국기관의 통신전화를 감청하거나 암호문을 해독하며 통신감청과 서신분석으로 군내부의 외국귀화 장병, 특히 독일태생 군장병의 간첩, 공작활동, 국내스파이, 공산당지하조직의 파악과 색출에도 기여한다.

암호해독실과 야들리

1919년 파리강화회의에 윌슨대통령을 수행한 40명의 대표 중 정보참모부장 처칠(Marlborough Churchill) 장군이 이끄는 정보팀 내에 있는 야들리소령이 지휘하는 암호해독반은 영국, 독일, 일본 대표가 본국과 의견을 교환하거나 지시받은 내용을 감청분석하여 윌슨대통령과 그의 대표팀의 적실성 있는 전략수립에 크게 기여하였다. 그래서 포크국무장관 대리와 마치(Peyton C. March) 육군참모총장은 예산공동투자로 암호, 해독실 조직 강화, 요원교육계획을 마련하여 야들리소령이 실행에 옮기게 한다. 1920년에 야들리소령은 일본교신회선에 침투하여 일본이 사용하는 암호 4개, 독일이 마련한 암호 2개를 해독하고, 워싱턴군축회담에 참석하여 본국과 교신하는 영국암호체계를 해독하는 개가를 올린다. 또한 러시아공산당이 획책하는 유럽, 미국 등 적대국가의 건물, 시설, 교량 파괴공작지령문도 입수하였다. 암호해독실의 활동은 1차 대전 이후까지 이어지다가 후버(Herbert Hoover) 대통령에 와서 중단된다. 1929년 후버대통령의 국무장관 스팀슨(Henry Stimson)은 "신사는 타인의 서신을 훔쳐보지 않는다"는 말과 함께 통신감청은 엄청난 비윤리적 정부행위라고 하면서 암호해독실의 예산동결과 조직해체를 명하여 일부기능은 육군통신부대로 이관되고 암호해독실은 해산한다. 스팀슨국무장관의 이 같은 발언과 후버대통령 승인으로 조직이 해체되는 데 충격을 받은 야들리소령은 그 후 2차 대전이 발발하여 신호정보분야의 수장으로 일하라는 거듭되는 정부요청을 거절하였다.[38]

한편 미국과 영국의 정보협조를 보면 영국의 비밀정보부가 미국의 대통령, 전쟁부, 국무부의 정책수행에 공헌하였다. 영국의 비밀정보부는 미국에 정보연락관을 파견하여 대통령정보안보 보좌관과 직거래로 윌슨대통령에게 1차 대전 전쟁 진행상황, 미국 내 암약하는 독일공작단, 공산당조직계보, 종전 후의 베르사유평화회의 대응에 관한 정보를 제공한다. 그 중심에 와이스만(William Wiseman) 영국정보연락관과 하우스(Edward M. House) 윌슨대통령 정보안보보좌관이 있었다. 1차 대전이 한창이던 1915년에 현 MI 6의 전신인 전쟁부산하 군사정보 1c실을 지휘하던 커밍실장은 30세인 와이스만을 미국주재 정보본부장으로 임명한다.[39] 뉴욕에 사무실을 개설한 와이스만은 독일에서 유학하고 New York World의 편집인 퓰리처(Joseph Pulitzer)의 비서를 지낸 트웨이티(Norman Thwaites)를 차장으로 임명하여 트웨이티는 뉴욕에서 근무하게 하고, 본인은 워싱턴에서 윌슨대통령보좌관 하우스대령과 접촉하며, 영국 조지(Lloyd George) 수상과 윌슨대통령 간 정보교환 연락관역할을 수행한다. 또한 당시는 미국 내에서 지하활동을 하는 독일과 오스트리아공작원과 공산당조직을 미국 정보기관보다 영국정보기관이 더욱 소상히 파악하고 있었기 때문에 영국군사정보 1c실 실장 커밍제독과 빈

38) Andrew, Christopher. 1996. *op. cit.* pp. 72-74; Holt, Pat M. 1995. *op. cit.* pp. 30-36.
39) 와이스만은 케임브리지대학을 졸업하고, 금융업에 종사하고, 연극에도 취미가 있었던 콘월경보병여단 중령출신이다.

번한 연락 속에 미국정보기관에게 미국 내 적대국 파괴공작정보를 적기에 알려주는 정보협조를 수행한다.

와이스만의 정보활동

와이스만은 미국이 필요로 하고 영국을 비롯한 프랑스 등 연합군에게도 도움이 되는 정치, 군사 전략정보지평에서 중요 역할을 수행했다. 먼저 와이스만은 뉴욕 롱아일랜드에서 베르스토프 독일대사가 수영복차림의 두 여성과 즐기는 사진을 찍어 신문사에 보내 웃음거리로 만들었다. 또한 러시아에서 공산당혁명을 주도한 레닌정권이 계속 동부전선에서 독일군을 압박하도록 공작을 진행하였다. 와이스만은 영국 커밍정보실장과 발포어 외무장관을 설득하여 7만5천 달러의 공작금을 지원받고, 다시 미국의 하우스대령, 포크 국무부장관, 랜싱국무장관을 설득하여 미국에서도 공작금 7만5천 달러를 제공하도록 유도했다. 와이스만은 미국, 영국이 공동출자한 공작금 15만 달러를 가지고 러시아로 가서 지금의 상트페테르부르크인 페트로그라드(Petrograd) 영국정보분실장 호어(Samuel Hoare)와 협조하여 니콜라이 황제와 교유하는 작가 모암을 러시아로 불러들인다. 그 후 그에게 자금을 주어 게렌스키 임시정부 수반에게 접근하여 러시아군을 동부전선에 묶어 놓는 공작을 하도록 한다. 모암은 페트로그라드에 있는 러시아 최고레스토랑인 메드베드(Medved)에 매주 한 번씩 게렌스키수반을 초청하여 향응을 베풀고 러시아가 계속 동부전선에서 독일군을 공격하기를 설득한다.

와인스만은 1917년 6월 26일 외교모임에서 만난 윌슨대통령의 신임을 얻어 윌슨대통령과 하우스보좌관을 설득하고, 조지수상과 로우(Andrew Law) 재무장관의 전폭적인 지지를 얻어 리딩(Lord Reading) 경이 이끄는 경제협력위원회를 만들어 워싱턴에 가서 미국의 재정지원을 끌어낸다. 수행 방문단에는 후일 경제학의 새로운 패러다임을 정립한 케인즈(John Maynard Keynes)도 있었다. 영국경제협력단과 함께 윌슨대통령을 만난 와이스만은 영국을 위한 미국의 경제원조가 순조롭게 이루어지도록 윌슨대통령이 혹할 만한 정보보따리를 풀어 놓는다. 그 중 하나가 영국군정보실이 아르헨티나주재 독일대사 룩스부르그(Karl-Ludwig von Luxburg)가 스웨덴을 경유하여 베를린외무부에 보낸 전문을 감청하여 해독한 내용이었다. 전문은 룩스부르그대사가 아르헨티나를 폄하한 내용으로 윌슨대통령은 이 내용을 언론에 발표하여 아르헨티나는 독일과 단교하게 된다. 또한 와이스만은 관할권이해 다툼으로 미국의 정보, 보안, 경찰기관인 육군정보부, 해군정보부, 비밀경호국, 뉴욕경찰청, 경찰정보국, 법무부수사국, 관세청, 미국보호시민단체 등의 상호 정보공유와 협조가 원활하지 않은 점을 알고 있었다. 그래서 영국의 미국정보본부가 미국의 서로 다른 정보기관과 접촉하여 수집한 정보를 필요로 하는 정보기관에 알려주는 교량역할도 하였다. 이 과정에서 미국 여러 정보기관에서 획득한 정보 중에 영국이 원하는 내용을 추려서 보낸 것은 물론이다.

한편 1918년 독일군의 춘계대공세로 전황이 불리해지자 윌슨대통령은 하우스보좌관과 의논하여 와이스만을 영국과 프랑스에 파견하여 전세를 점검하게 한다. 4월 24일 런던에서 와이스만은 하우스만보좌관에게 유럽전선에서 연합군전력의 건재함을 알리는 전문을 보내는데, 전문에서 전세분석 토론대상으로 면담한 인물로 조지 영국수상, 벨포어외무장관, 밀너전쟁부 장관 등을 거론하여 윌슨대통령은 전세점검보고서의 신빙성을 인정하고 와이스만을 더욱 신임하게 된다. 전쟁배상, 영토확정, 정치, 군사 문제 등을 집중토의하는 1919년 10월 파리강화회의에 윌슨대통령은 회의대표와 함께 육군정보부장 처칠장군이 이끄는 군간부 20명, 정보장교 20명을 대동한다. 윌슨대통령은 미국대표단에 와이스만 영국군사정보 1실 미국본부장을 참석시키고, 윌슨대통령이 제시한 국제연맹창설 평화원칙제의에 유럽입장에서 보는 견해를 듣고 자문을 받는다. 1919년 9월 윌슨대통령이 뇌졸중으로 쓰러지고 대통령부인이 수렴청정을 하면서 하우스보좌관의 역할이 끝나고 1차 대전이 종료되면서 와이스만도 미국과 윌슨대통령에게 영국을 대표하는 고위정치, 군사, 정보 창구역할을 종료하고 뉴욕 월가의 쿤뢉금융회사(Kun, Loeb & Co.) 경영진에 합류한다. 영국왕실에서 작위칭호를 받은 와이스만은 2차 대전을 맞아 그가 수행한 똑같은 임무를 담당하는 영국의 워싱턴주재 정보책임자 스테펜슨(William Stephenson)을 조언하고 스테펜슨의 미국파트너인 도노반(William Donovan) 장군을 다루는 지혜를 과거 경험에서 전수해 준다.[40)]

40) Thwaites, Norman. 1932. *Valvet and Vinegar*. London: Grayson; Andrew, Christopher. 1996. *op. cit.* pp. 60-65.

1차 대전에 이어 2차 대전[41]은 미국의 군사정보와 전략정보 발전에 새로운 국면을 조성한다. 2차 대전에서도 여전히 미국은 통신신호정보에서 영국의 지원을 받았고, 영국정보기관의 기관통합조정 모델에 영향을 받았다.[42] 미국보다 앞선 정보체계를 운영하던 영국은 2차 대전에서도 미국을 유럽전선에 끌어들이고, 미국과 군사, 전략정보를 공유하고 협조한다. 동시에 미국 내 파괴, 선동을 주목적으로 암약하는 독일공작원과 공산당 선동, 파괴에 관한 정보를 연방수사국, 비밀정보국, 뉴욕경찰청에 제공하고, 정부전복방지, 방첩활동에 도움을 주었다. 이렇듯 초기 미국의 정보전, 정보활동은 바로 영국과의 정보협력에서 생성된다. 정보협력의 중심에는 1차 대전 경험과 같이 신호통신정보가 있었다. 또한 노르망디상륙작전 전후에 전개된 기만정보, 정보양동작전, 노르웨이, 덴마크, 프랑스 레지스탕스와 연계한 공작활동, 미국의 핵무기개발과 나가사키, 히로시마 원자폭탄 투하과정의 보안이 전쟁기간 미국이 연합군과 함께 올린 정보전의 성과이다.

1935년 제정된 중립법에 따라 미국은 유럽전선이나 아시아전선에 미군을 파병하지 않았으나, 1939년에 수정된 중립법에 의해 군수물자나 공산품수출입이 가능해져 미국의 유럽, 중국 원조는 증가한다. 1940년 9월 독일, 이탈리아, 일본이 삼

41) 2차 대전은 1차 대전이 끝난 지 21년 만에 일어났다. 히틀러는 국가사회주의를 표방하는 나치당을 앞세워 혼란한 독일정국을 수습하여 정권을 잡은 1938년에 오스트리아를 병합하고 체코 일부도 점유한다. 1939년 9월 1일 독일이 폴란드를 점령하면서 시작된 2차 대전은 1941년 일본의 진주만기습공격으로 미군이 참전하여 1945년 4월 30일 히틀러자살, 8월 15일 일본 천황의 항복으로 종전될 때까지 군인과 민간사상자를 포함 7천만 명이 희생된 정치, 경제, 군사, 과학력이 총동원된 대전이었다. 유럽전선에서 영국과 프랑스가 독일에 선전포고를 하고, 독일은 북으로 노르웨이, 덴마크, 유럽중서부 벨기에, 네덜란드, 룩셈부르크, 프랑스, 아프리카를 공략하면서 2차 대전은 본격화된다. 일본은 중국공산당과 국민당군과 조우하면서 중국을 장악하고, 말레이시아, 싱가포르, 인도네시아를 점령하면서 유럽전선과 아시아-태평양 전선으로 나누어진 2개 전선이 형성된다.

42) 1차 대전 종료 직후인 1919년 영국은 내각정보위원회(Cabinet's Secret Service Committee)를 구성하여 정부 내 정보업무를 주관하는 육군정보부, 해군정보국, 외무부정보국을 통합하여 정부통신암호학교(Government Cipher Communication School: GCCS)라는 정보통합조정기구를 만들어 운영한다. 주로 신호정보, 암호해독, 인간정보를 주축으로 한 영국 최초의 정보통합조정기구이다. 이 기구는 2차 대전 당시에 신호정보기지국을 케냐, 뉴델리, 홍콩에까지 설치운영하고, 26개 국이 사용하는 외교통신망에 침투하여 150개 외교암호체계를 해독한다. 정보통신암호학교는 2차 대전 직후인 1946년 정부정보통합조정기구(Government Communications Headquarters: GCHQ)로 발족하여 관방부소속기관으로 수상을 위한 정보지원, 정부 내 정보공유, 협조, 조정업무를 수행하고 있다.

국동맹을 맺고 전쟁을 확전하자, 미국은 대여임차규정법(Lend-Lease Act of 1941)을 발동하여 미국이 영국령 캐리비안해안기지와 영국해안기지를 사용하는 조건으로 구축함 50척을 제공하고 중국에도 군수물자를 지원한다. 국민의 여론과 국내상황을 고려하여 파병을 유보했던 루즈벨트대통령은 처칠수상의 거듭된 권유와 호소, 일본의 진주만공격으로 단합된 미국민의 의지를 확인하고, 상하원합동회의 의결로 1941년 12월 8일에는 일본에, 3일 후 12월 11일에는 독일에 선전 포고를 하게 된다. 그러나 루즈벨트대통령의 선전포고 이전에 영국 수상 처칠, 군정보관계자, 영국의 미국주재 정보본부장의 조직적 파병설득이 큰 효과를 거두었다. 군사첩보수집, 전략정보운용에 소극적이던 체임벌린(Neville Chamberlain) 수상 뒤를 이어 1940년 5월 10일 정파가 연합한 연립정권 수상으로 취임한 처칠(Winston Churchill)은 달랐다. 그는 비밀정보부(SIS, MI 6)에서 파견한 미국주재 영국정보부 본부장 스테펜슨을 지원하여 루즈벨트대통령의 정보보좌관 도노반장군과 접촉하여 영국이 수행하는 전쟁상황을 루즈벨트대통령에게 알리도록 한다.[43)]

유럽에서 독일이 전쟁을 일으키고 영국은 미국참전을 요청하자 루즈벨트대통령은 지인으로 준정보팀(quasi intelligence team)을 구성한다. 뉴욕 부동산개발 사장 에스토르(Vincent Astor), 루즈벨트대통령 사촌이며 디오도르 루즈벨트대통령 아들 루즈벨트(Kermit Roosevelt), 은행가 앨드리치(Winthrop Aldrich), 판사 케르노챈(Frederic Kernochan), 자선가 라인랜더(William Rhinelander), 공군차관보 데이비슨(F. Trubee Davison), 부르스(David Bruce)가 그들이다. 부르스는 전쟁중 도노반이 지휘한 전략정보실의 간부였고, 전후에 영국대사가 된다. 이들은 대통령과 함께 오찬, 만찬을 하면서 각자 분야에서 수집한 정보, 예컨대 금융분야에서 모스크바은행의 소련정부 자금 흐름이나 스위스은행에서 나치독일의 입출금 현황을 들려 준다. 에스토르와 해군장관 녹스(Frank Knox)는 도노반변호사를 적극 추천하여 대통령의 정보지원을 담당하게 한다. 루즈벨트대통령은 영국에서 정보수집과 파괴공작을 시도하는 독일공작팀 제 5열(the fifth column)의 준동상태와 군사현황을 파악하여 보고하도록 1940년 7월 3일 도노반대령을 대통령특사로 영국

43) 도노반장군은 루즈벨트대통령의 콜롬비아법대 동기생으로 1차 대전에는 여단장교로 참전하였다. 종전 후에는 법무부에서 근무하다가 뉴욕지사로도 출마하나 월가의 변호사로 일한다. 2차 대전이 일어나기 전에 유럽을 여행하고 히틀러를 만나 담소를 나누면서 2차 대전이 일어날 징조가 농후하다고 판단한다.

에 파견한다. 도노반은 영국정보부의 미국본부장인 스테판슨과 함께 영국에 가서 처칠수상, 조지 6세 국왕, 멘지스(Stewart Menzies) 비밀정보부장, 정보담당수뇌부를 만나 영국정세, 유럽전황을 파악한다. 스테판슨이 미리 연락한 대로 처칠수상이 극진하게 도노반을 대우하고 진지한 전황설명을 한다. 귀국한 도노반은 루즈벨트에게 영국의 결의와 독일군을 격퇴할 능력이 있음을 알린다. 루즈벨트 대통령은 즉각 영국이 요청한 구축함 50척여 대를 영국에 보내고 영국의 군사, 전략정보교류 협력건의를 받아들인다. 또한 영국이 과학기술정보 공유를 제의한 상태에서 녹스해군장관, 스팀슨전쟁장관이 대통령에게 건의하여 기술정보도 공유하게 된다. 아울러 미국전쟁부 정보참모부장 스트롱(George Strong) 준장이 미국 군사사절단장으로 런던을 방문하여 영국군참모총장과 주기적인 군사정보교환을 협의한다. 영국은 뉴욕 록펠러빌딩 35층과 36층에 설치된 안보협력실(British Security Coordination)로 하여금 미국과 군사정보, 전략정보 공유와 협의조정을 책임지게 한다. 물론 영국대표는 스테판슨 정보부 미국본부장이며, 미국대표는 도노반장군이었다. 영국안보협력실은 국내보안부(MI 5), 비밀정보부(MI 6), 특별공작국요원으로 구성되어 미국 육해공군, 연방수사국, 뉴욕경찰청과도 협력관계를 유지한다.

1940년 12월 1일 루즈벨트는 도노반에게 영국군전력평가와 지중해일대에서 벌어지는 전황을 점검하라고 명령한다. 영국정보부 미국본부장 스테판슨은 정보부장 멘지스와 처칠수상에게 전문을 보내어 루즈벨트대통령 정책결정에 결정적 역할을 할 도노반대령에게 이번 만남에서 진솔하고 솔직담백한 영국의 전쟁수행상황을 알리라고 조언한다. 영국정보부경비로 스테판슨과 함께 런던에 도착한 도노반에게 처칠수상은 오찬을 함께 하며, 자세한 전황을 설명하고 독일, 이탈리아와 전투를 하고 있는 지중해지역과 중동전선을 시찰하게 한다. 영국군 카이로 정보센터를 거쳐 미국으로 귀환한 도노반대령은 루즈벨트대통령에게 상세한 전황보고와 아울러 처칠수상을 위시한 영국지도부의 결연한 전쟁 수행의지와 정보기관의 협력체계를 설명한다.[44] 대통령은 도노반대령에게 정보조정임무를 맡기려 했으나, 마샬육군참모총장의 의견도 있어 스팀슨전쟁부 장관, 녹스해군장관과 협의하여 미국정보기관의 조정책임자로 뉴욕의 준정보기관 멤버인 아스토르

44) *Ibid*. pp. 101-110.

를 임명한다. 1941년 5월 25일 영국 해군정보부장 고드프레이(John Godfrey) 해군제독이 정보협의차 제임스 본드 저자 프레밍해군대령과 함께 미국을 방문하여 정보기관수장들과 의견을 교환하는 가운데 정보시스템의 치명적인 결함을 발견하였다. 미국 육군정보참모부, 해군정보부, 연방수사국 등 정보기관에 상호협력, 정보공유공간이 없다는 것과 각 정보기관이 아프리카, 유럽에 파견한 미국정보원은 수적인 열세는 물론 정보수집력은 아마추어수준이라는 내용이다. 고드프레이해군정보국장은 스테판슨과 그의 전임자인 1차 대전 당시의 윌슨대통령 정보보좌관 하우스대령의 영국파트너인 와이스만의 조언을 받아가며 뉴욕타임스 편집인 살즈버그(Arthur Sulzberger)의 소개로 루즈벨트 대통령을 만나 만찬을 들며, 미국정보공동체의 문제점을 제기하고 해결책을 제시한다. 고드프레이제독은 미국정보기관에 조정협의기관의 설치필요성, 도노반장군이 그런 협의체기관장으로서 적임자임을 설명한다. 윌슨대통령시절 해군차관보를 지낸 루즈벨트대통령은 고드프레이제독의 의견을 경청하고 1941년 6월 10일 전략정보 조정책임자직함(Coordinator of Strategic Information)을 만들기로 하고 6월 18일 도노반장군을 정보조정자(Coordinator of Information: COI)직에 임명한다. 정보조정자라는 직책은 그 자체가 정보조정기구로써 오로지 대통령에게만 보고하고 예산이 주어지고, 정보조정자는 국내외에서 활동하는 정보를 다루는 모든 정보기관에게 정보를 제공하도록 지시하는 권한을 갖게 된다. 한편 미국주재 영국정보본부장 스테판슨은 미국이 유럽전선에 참전하도록 공작을 진행하여 곤경에 처하기도 한다. 그는 1차 대전에 미국이 참전하게 된 짐머만 전신문서 같은 내용을 위조하여 대통령에게 제공한다. 또한 베를린주재 볼리비아무관 벨몬테(Alias Belmonte) 소령이 히틀러에 추종하는 나치독재정권을 비아에 세우려 한다는 본국에 보낸 전문내용을 루즈벨트대통령에게 제시했다. 또한 베를린에서 보낸 이와 유사한 내용의 전문이 우루과이, 과테말라, 아르헨티나, 파나마에도 발송되었다고 허위전문을 제시한다. 1942년 2월 26일부터 3월 5일 기간에 버얼(Adolf Berle) 국무차관보, 비들(Francis Biddle) 법무장관, 후버연방수사국장, 육해군 정보부장은 스테판슨이 주관하는 미국주재 영국안보협의체가 미국 내에서 정보공작, 중요인사접근과 기밀수집을 자행한다는데 의견을 모으고, 영국대사 할리팍스(Lord Halifax)와 부대사 캄벨(Ronald Campbell)에게 이 사실을 알린다. 그러나 도노반의 도움으로 스테

판슨과 영국안보협의체는 존속하게 된다.[45)]

한편 대령에서 장군이 된 도노반이 런던에 출장중이던 1942년 6월 13일 루즈벨트대통령은 정보조정자(Coordinator of Information: COI) 직제를 없애고, 전략정보실(Office of Strategic Services: OSS)을 합동참모회의실에 두기로 한다. 도노반 장군은 대통령행정명령에 따라 전략정보실장에 임명되어 모든 정보를 대통령에게 보고하지 않고, 육군총장과 해군총장으로 구성된 합동참모회의실에 보고하도록 한다. 전략정보실은 전략정보를 수집분석하고, 특수공작을 수행하는 임무를 기본으로 한다. 주로 인간정보에 치중하여 전략정보실 연구분석반에는 하버드 역사학 교수 랭거(William Langer), 중앙정보부 부부장을 역임한 클라인 등 미국대학에서 선발한 교수, 신진학자, 분야별 전문가 2천 명이 전략정보실에 포진하고 있었다. 1942년 11월에 코드명봉화작전(Operation Torch)으로 북아프리카 프랑스령에서 전개한 상륙작전에 도노반은 공작대를 파견한다. 그리고 중립지대인 터키 이스탄불에 정보거점을 마련하여 독일에 대항한 기만, 방첩전을 전개한다. 전략정보실(OSS)은 히틀러 나치스에 반감을 가진 독일, 오스트리아 피난민, 유대인을 포섭하여 독일군을 기습하고, 후방에 침투시켜 군사정보를 수집하고, 프랑스, 벨기에, 덴마크, 노르웨이 레지탕스와 연합하여 군사시설파괴, 선전과 심리전을 수행한다. 노르망디상륙작전에는 칼레로 상륙한다는 기만정보전을 펴고, 2차 대전 종료 전후에 소련의 세계공산화에 대비한 소련군의 암호체계를 핀란드에서 탈취한다. 특히 아시아에서는 중국내전에서 장개석의 국민당군을 훈련시키고, 국민당과 공산당이 합작하여 일본군을 몰아 낼 때는 모택동의 공산당군을 훈련시키고, 미얀마, 인도네시아 독립해방군도 훈련시킨다. 특히 전쟁 막바지에 예일대출신 함용준 박사, 미국에서 독립운동하던 이승만의 비서 장기영, 장석윤, 김구주석의 주선으로 김준엽, 장준하도 참여하여 80여 명으로 구성된 한국 진군 특수부대를 훈련시킨다. 연세대설립자 언더우드 3세는 한국지역자문으로 참여하였다. 2차 대전 후 1945년 9월 20일 트루먼대통령이 대통령령(Presidential Executive Order)으로 전략정보실(OSS)을 해체하여 연구분석반요원 1,600여 명은 국무부 연구분석국으로, 공작요원은 전쟁부 특수공작부대로 전출된다.

전략정보실이 인간정보에 치중한 정보수집, 파괴공작, 심리전전개, 공작원 훈

45) Lowenthal, Mark. 2003. *op. cit.* pp. 15-18.

련에 치중한 반면, 신호통신정보전에서는 영국의 도움을 받아 결정적 공헌을 하게 된다. 그러나 일본이 진주만을 기습공격하여 6척의 순양함과 구축함, 188대의 전투기, 군인 2,400여 명, 민간인 1,280여 명이라는 전쟁피해는 일차적으로 신호통신정보의 실패에 있다고 본다. 진주만공격 당시에는 일본해군이 교신하는 빈도수가 증가하고 전문내용이 다양한 점을 태평양함대사령부에서는 파악하고 있었지만, 암호해독반 인력부족으로 정확한 분석과 판단이 어려워 진주만 공격을 정확히 예상할 수 없었다. 더군다나 일본군은 싱가포르, 말레이시아, 미얀마, 인도네시아, 오스트레일리아 지역침공과 동남아시아에 해군력투입을 강하게 표출하는 기만, 양동 작전으로 해상전이 발생하더라도 서남부태평양일 것이라고 미군이 믿게 하였다. 해상전대비부족은 일본의 평화협상 전략에 말려든 워싱턴정가에도 책임이 있었다. 디어도르 루즈벨트대통령 당시 전쟁부장관 태프트(William Taft)는 일본수상 겸 외무장관 카츠라 다로(桂太郎)와 1905년 7월 27일 동경에서 협약을 맺어 미국의 필리핀 점유인정과 일본의 조선반도 점유인정 등으로 미국은 태평양서안의 일본영향력을 인정하게 된다. 태프트-카츠라 협약은 2차 대전까지 이어져서 일본이 1941년에 이르러 영국과 네덜란드가 식민지로 통치하던 말레이시아, 싱가포르, 인도네시아를 점령하고, 만주와 중국을 장악하는 동안에도 루즈벨트대통령은 일본의 아시아 군사침략을 자제하는 외교노력을 꾸준히 진행하였다. 그리고 미국시민이 중립위치고수, 고립주의사고로 유럽전쟁이나 태평양전쟁 참여를 달갑지 않게 여기는 심리로 미국정부는 계속 유럽전선과 일본의 태평양연안 군사팽창을 예의주시하는 입장이었다.

그러나 80%의 오일을 미국에서 수입하는 일본은 미국이 유류금수조치를 취하여 군사적 견제를 시작하고, 독일과의 동맹으로 유럽전선은 독일이, 아시아-태평양 전선은 일본이 담당하는 2개의 전장맥락에서 일본전시내각은 미국과의 전쟁을 획책하게 된다. 이런 관점에서 일본은 해군주력부대를 동남아시아로 집중하는 듯한 양동작전을 구사하고, 1941년 12월 7일 진주만공격 개시일직전까지 동경의 전시내각 토죠 히데키(東條英機) 총리와 시마다 시케타로(嶋田繁太郎) 해군장관과 협의하면서 워싱턴주재 일본대사 노무라 기치사부로(野村吉三郎)는 국무장관 헐(Cordell Hull)과 평화회담을 진행하여 일본군의 공격예봉을 감춘다. 한편 전쟁부장관 스팀손, 해군장관 녹스, 해군총장 스타크(Harold Stark) 제독은 동경전

시내각, 대본영사령부, 태평양연합함대 간의 증가하는 교신내용을 주시하며 헐국무장관과 노무라 일본대사와의 토의내용 진의파악에도 관심을 가진다. 그러나 노무라대사는 12월 7일 진주만공격직전에 헐국무부장관을 방문하여 미국과의 회담결렬을 통고하고 진주만을 공격한다. 루즈벨트대통령은 단호하게 1941년 12월 8일은 일본에, 12월 11일에는 독일에 선전포고를 하면서 유럽 연합군사령관으로 아이젠하워(Dwight Eisenhower) 장군을, 태평양함대사령관에 니미츠제독을 임명한다.

1942년 6월 아이젠하워장군이 런던에 도착하자 처칠수상이 그를 맞아 제일 먼저 설명해 준 것이 영국의 울트라정보운용이었다. 울트라정보운용은 독일 암호체계를 해독하고 암호기계 에니그마를 획득하여 독일 육군통신, 잠수함, 전함, 전투기의 교신내용, 독일외무부를 비롯한 정부기관의 전문내용을 해독운용하는 신호통신 정보체계이다. 1943년 아프리카 카사블랑카에서 루즈벨트대통령과 처칠수상이 회동했을 때, 처칠은 영국정보부에서 울트라 통신신호정보로 히틀러지휘부와 독일군의 교신내용을 수집하여 분석한 정보보고서를 루즈벨트에게 원문과 함께 보여 주었다. 한편 독일 에니그마신호정보 체계는 독일이 일본에 전수하여 일본 정부와 군부에서 활용하고 있었다. 미국의 도노반장군, 영국의 스테펜슨미국정보본부장, MI 6 정보부장 멘지스 등이 협력하여 독일암호체계 에니그마를 미국의 아시아-태평양 전선에서 운용하도록 개발한 것이 매직(Magic)이라는 미국신호통신 정보체계이다. 유럽에서는 울트라, 미국에서는 매직으로 통하는 신호통신 정보체계는 2차 대전이 종료될 때까지 사용되었다. 특히 매직신호정보체계는 진주만공격 이후 수세에 몰린 미태평양함대사령부가 일본이 기도하는 미드웨이공격을 파악하여 나구모 주이치(南雲忠一) 중장이 이끄는 일본항모전단을 괴멸시킬 수 있었다.[46]

46) 태평양함대사령부 신호정보 암호해독장교 로쉬포르(Joseph Rochefort)는 진주만의 니미츠 사령관, 미드웨이지역 함대사령부 간에 평문으로 전문을 교환하여 일부러 일본군이 듣도록 한다. 평문으로 된 전문은 미드웨이미군기지에 해수를 담수로 전환하는 식수시설이 노후화되어 교체가 필요하며, 식수보급이 필요하다는 내용이었다. 얼마 후에 태평양전선 에니그마 버전인 매직신호통신 체계로 일본군암호체계(JN-25)에 침투하여 교신하는 전문을 감청하여 분석한 내용은 "AF는 식수난을 겪고 있음"이었다. 니미츠제독은 일본해군이 사용하는 AF 코드가 미드웨이섬이라는 것을 확인하고, 미드웨이에 3개의 항공모함으로 구성된 항모전단을 지휘할 사령관

매직신호통신 체계로 일본신호통신 체계(JN-25)를 감청하여 미국은 야마모토 연합함대사령관이 남태평양 일본함대와 군사기지를 시찰한다는 내용을 입수했다. 해전에서 계속되는 패배로 수세에 몰린 일본은 함대를 공세적으로 전환하려고 남태평양 일본해군기지를 수시시찰하기로 했으며, 방문지는 솔로몬제도 전진기지, 기착지는 발랄레(Ballalae) 비행장, 방문일자는 1943년 4월 18일 오전, 탑승 군용기는 Mitsubish G4M 수송기 2대라는 것이었다. 정보를 접한 루즈벨트대통령은 해군장관 녹스에게 명하여 야마모토제독이 탑승한 수송기를 격추할 것을 명령한다. 녹스장관은 즉시 니미츠태평양함대사령관에게 알리고 니미츠제독은 남태평양함대사령관 할시(Wiliam F. Halsey) 제독에게 격추임무를 부여한다. 진주만공격을 주도한 야마모토 이소로쿠 태평양연합함대 사령관은 일본 해군사관학교를 졸업한 해군장교로 미국 해군대학과 하버드대학을 졸업하고 주미워싱턴대사관 무관을 역임한 해외통으로 미국과의 전면전에는 회의적이었다. 그러나 진주만공격군사령관으로서 일본해군의 최고해전 전략가인 야마모토제독을 무력화시키는 것은 미군사기앙양이나 일본해군의 전략차질을 야기하는 데 필수적이었다. 따라서 1943년 4월 18일 할시제독이 지휘하는 18대의 P-38전투기가 야마모토제독이 탑승한 수송기 2대, 호위하는 제로전투기 6대를 격추시켜 야마모토제독이 탑승한 수송기는 밀림에 추락한다. 또한 일본해군이 자랑하는 18.1인치포를 장착한 6만5천 톤급 전함 야마토(大和)가 1945년 3월 오키나와 인근에서 전함 무사시(武藏)는 1944년 10월 격침당한 것도 매직신호 통신체계의 활약덕분이며, 일본해군 신호정보체계(JN-25)를 파고들어 수집한 전문과 정찰기의 표적탐지로 이루어진 개가이다.

건국 이후 미국은 고립, 중립노선으로 가능한 국제분쟁개입을 자제하면서 북미대륙을 신장하는 정책을 펴 왔다. 그러나 1차, 2차 대전에 참여하면서 국제분

으로 스푸루언스(Raymond Spruance)와 플레처(Frank Fletcher) 제독을 임명한다. 미해군 항모전단보다 야마모토연합함대 전력이 우세했지만, 신호통신정보 지속운용, 정찰기로 함대 위치 조기발견, 폭격기로 기습공격, 연계전술을 운용하여 일본해군이 보유한 6척의 항공모함 중에 미드웨이에 포진한 4대의 항공모함을 침몰시킨다. 미드웨이해전 승리로 태평양함대는 자신감을 얻고, 일본해군은 공세전술에서 수세전술로 전환할 수밖에 없게 된다(Hugh, Bicheno. 2001. *Midway*. London: Orion Publishing Group; Prange, Gordon W. Donald M. Goldstein, Catherine V. Dillon. 1983. *Miracle at Midway*. London: Penguin Book; Andrew, Christopher. 1996. *op. cit.* pp. 135-139).

쟁에 개입하여 조정하는 역할을 하게 된다. 특히 2차 대전 직후부터 시작된 러시아, 중국을 포함한 공산제국과 대치하는 자본주의 시장경제 수호국가로 전면에 나서게 된다. 6·25 전쟁, 베트남전쟁, 이스라엘과 아랍 전쟁 등 국지전을 제외하면 공산주의체제와 자본주의 자유체제 간에 벌어진 갈등은 냉전의 연속이었다. 따라서 군사력을 앞세운 미국의 국제적 역할에 따라 전쟁 없는 장막 뒤의 열전을 도맡은 정보공작 또한 고강도로 전개된다. 군사정보에는 적외선동영상 감시, 고공항공정찰, 인공위성 실시간 정찰, 무인항공기정찰, 로봇탐색으로 고강도 과학기술정보(Technical Intelligence, Technint)가 핵심으로 등장한다.

1989년 공산당 서기장 고르바초프(Mikhail Gorbachev)는 서기장신분이 아닌 의회의원으로 의회에서 러시아대통령으로 당선되면서 소련공산체제가 와해되기 시작한다. 동시에 베를린장벽이 무너지면서 동구제국의 자유화와 함께 냉전체제가 해체된다. 냉전체제해체 이후 국제사회는 종교와 인종갈등이 증폭되는데, 대표적인 예가 오사마 빈 라덴(Osama bin Laden)이 조종하는 이슬람국제테러단 알카에다(Al Qaeda)가 2001년 9월 11일 공중에서 납치한 항공기로 뉴욕 세계무역센터와 국방부를 폭파한 사건이다. 21세기에 시작된 대량살상테러는 인간정보와 함께 과학기술정보력을 더욱 향상시키게 된다. 동시에 대량살상을 야기하는 테러를 예방하기 위한 고강도정보공작 작전이 전개된다.

바로 이런 시기에 효과적으로 적응하기 위해 미국의 정보공동체에 기구개혁이 이루어진다. 트루먼대통령은 정보공동체의 조정기구 설치를 받아들여 국방조직과 정보기구 쇄신을 단행하였다. 트루먼대통령의 정보기구 개혁 이후 반세기가 지나 대량살상테러에 일사불란하게 움직이도록 부시(George W. Bush) 대통령에 의해 다시 한번 정보기구개혁이 이루어진다. 2차에 걸친 정보기구의 혁신은 다양한 정보기관의 협조, 정보활동의 조정과 협동, 대통령정보지원을 원활히 수행하는 중앙정보 조정기관의 위상, 역할에 관한 것이다. 트루먼대통령 이후 오바마대통령에 이르기까지 대통령정보지원 시스템강화와 함께 인간정보와 과학기술정보를 최대로 활용하면서 고강도의 공작정보를 진행하고 있는 것이 현대 미국정보의 특징이다.

1차 대전 당시에도 윌슨대통령은 육군, 해군, 국무부, 연방수사국 등 정보기관이 서로 협동하도록 유도하고 정보활동을 조정하며, 정보를 종합하여 대통령에게 보고하는 기구의 설치를 제의받았다. 2차 대전 기간에는 정보종합 조정기구를 모색하자는 거센 목소리가 있었다. 그러나 일부 정보기관이나 의회를 비롯한 여론이 히틀러 나치의 친위대인 비밀경찰(Gestapo)보다 더 강력한 정보기관(Super Gestapo)의 출현이라며 이에 비판적이었다. 그러나 영국 정보종합기구(GCHQ)의 설치와 영국정보기관의 조언으로 루즈벨트대통령은 1941년 6월 10일 전략정보조정책임자직함(coordinator of strategic information)을 만들기로 하고 6월 18일 도노반장군을 정보조정자(Coordinator of Information: COI)로 임명한다. 정보조정자는 자체 예산으로 정보활동을 수행하고, 육군, 해군, 연방수사국 등 정보기관이 수집한 정보를 제공받아 대통령에게 보고하는 권능을 갖게 된다. 그러다가 1942년 6월 13일 루즈벨트대통령은 정보조정자(Coordinator of Information: COI) 직제를 없애고 대신 전략정보실(Office of Strategic Services: OSS)을 마샬육군총장휘하에 두기로 한다. 그러나 이 전략정보실은 다시 트루먼대통령 때 해체된다. 트루먼대통령은 백악관에 설치된 전쟁상황실(Map Room)에 쏟아지는 국내외정보보고를 모두 소화하기도 힘들거니와 상충되는 내용도 많아 1946년 1월 22일 국가정보부서(National Intelligence Authority: NIA)를 두고 실무기관으로 중앙정보단(Central Intelligence Group: CIG)을 구성하였다. 국가정보부서(NIA)는 행정기관이라기보다는 국무부, 해군, 육군 장관 등 안보장관이 모여 정보에 관한 최고심의, 조정을 하는 위원회였다. 중앙정보단은 중앙정보부장(Director of Central Intelligence: DCI)이 지휘했다. 중앙정보단의 초대정보부장은 사우워스(Sidney Souers) 해군제독, 2대는 반덴버그(Hoyt Vandenberg) 공군장군이 맡아 정식으로 발족될 중앙정부의 기틀을 닦는다. 중앙정보단은 트루먼대통령이 원하는 일목요연한 정보보고서 종합작성과 정보브리핑에 무게를 두었다. 오늘날 매일 아침 대통령에게 보고하는 대통령일일보고서(presidential daily report)는 이렇게 탄생된다.[47] 그러나 부처간 의견충돌문제, 정보단이 독점하는 대통령일일보고에 대한 국무부의 견제를 극복하는 국가안보전략 지평에서 1947년 7월 26일 국가안보법(National Security Act of 1947)이 발효되어 국가안보기구 개혁과 임무조정이 이루어진다.

국가안보법에 따른 국가안보기구의 개혁과 임무조정으로 국방부, 중앙정보부,

47) Andrew Christopher. 1996. *op. cit.* pp. 188.-198; Holt, Pat M. 1995. *op. cit.* pp. 30-40.

국가안전보장위원회가 탄생된다. 전쟁부는 국방부(Department of Defense)로 개편되고, 그 밑에 육군, 해군, 새롭게 공군장관실이 신설되어 기능별로 국방장관을 보좌한다. 신설된 중앙정보부(Central Intelligence Agency: CIA)는 미국 시민을 보호하기 위해 적성국가가 기도하는 계획, 의도, 역량을 수집하고, 시의적절한 분석으로 정보를 생산하여 대통령과 정책결정자에게 제공하는 것을 주임무로 한다. 아울러 현저한 국가위협에 대비하고 국가정책수행에 필요한 정보공작을 대통령의 명에 따라 수행하도록 되어 있다.[48] 중앙정보부는 2005년 국가정보부(Director of National Intelligence)가 신설되기까지 57년간 매일 대통령에게 모든 정보기관이 보내 온 정보를 취합하여 일일정보를 브리핑하며, 정보기관의 협조체계를 유지하고 정보예산과 정보활동 조정역할도 수행하였다.

마지막으로 국가안보에 관한 정책수행, 조정, 협조체계를 위해 국가안보법에 따라 설치된 국가안전보장위원회(National Security)는 대통령을 위원장으로 하고 부통령, 국무, 국방, 재무장관, 안보수석비서관이 위원으로 되어 있다. 비서실장, 경제보좌관, 국가정보부장, 합동참모회의 의장은 배석하여 자문을 할 수 있다. 한편 미국의 국내담당 정보, 보안기관으로는 1865년 재무부에 위조지폐 단속과 근절에 목표를 두고 재무부산하에 설치된 비밀정보국(Secret Service Division)이 있다. 비밀정보국은 후에 대통령경호, 미국주재 외국대사관 경비에도 활동영역을 확대하고, 2003년에는 신설된 국토안보부에 편입된다. 비밀경호국은 위조지폐단속, 요인경호에 관한 정보수집활동을 편다. 또한 국내보안기구로 법무부의 수사부(Bureau of Investigation: BOI)가 1908년에 설치되었는데, 1938년에는 연방수사

48) 초대부장은 힐렌케터(Roscoe Hillenkoetter) 해군제독, 2대 부장은 2차 대전 당시 유럽연합군 사령관 아이젠하워장군의 참모장이었던 스미스(Walter Bedell Smith) 장군이고, 3대 부장은 덜레스(Allen Dulles)이다. 스미스부장은 6·25전쟁이 한창인 1950년 10월부터 1953년 2월까지 근무하면서 소련이 벌인 베를린봉쇄작전에 현지요원을 투입시켜 정보를 수집하고 공수작전으로 베를린 봉쇄를 무력화시키는 데 기여하고, 한국전에 개입한 중국과 소련에 관한 정보 수집, 북한지역에 공작원 침투, 정보수집, 파괴공작을 전개한다. 3대 정보부장은 순수 민간전문정보요원 출신으로 8년간 일한 최장수부장인 덜레스(Allen Dulles)인데, 그는 2차 대전당시 전략정보실(OSS) 뉴욕분실장을 거쳐 스위스거점장으로 반히틀러, 반나치 성향 독일군장교가 획책한 히틀러암살에 개입하고, 독일 V-1, V-2 미사일, 메서슈미트(Messerschmitt) 독일 제트기 설계도를 입수하며, 이탈리아군 항복을 이끌어 내는 데 공헌한다. 이 점을 높이 사서 아이젠하워대통령이 덜레스를 중앙정보부장으로 발탁하며, 같은 시대에 그의 형은 국무장관 존 포스터 덜레스(John Foster Dulles)로 한국휴전 전후에 한국의 안정화에 노력을 기울인다.

부(FBI)로 명칭이 변경되고, 50여 개 외국에도 주재관을 두는 등 활동영역을 확대하고 있다. 1952년에는 트루먼대통령은 신호통신 정보수집을 목표로 국가보안청(National Security Agency)을 설치하였다. 이렇게 트루먼대통령에 이르러 본격적으로 대외전략 정보기관, 국내보안 정보조직이 정비되고, 정보조정협의기구가 탄생하는 등 정보조직이 정비되고 제도화된다.

한편 트루먼대통령에서 부시대통령까지는 미국과 소련의 냉전대립 기간으로 미국은 정비된 국내외정보조직을 가동하여 입체적인 정보수집과 준군사적 침투공작을 전개한다. 1947년 3월 12일 트루먼대통령은 불안한 정세로 공산주의혁명 가능성이 있는 터키와 그리스에 대해 상하원합동회의에서 4억 달러 지원금을 요청하여 두 나라 정국을 안정시킨다. 다음으로 1948년 4월 총선거에서 공산당선전선동으로 다수의석을 확보할 가능성이 있는 이탈리아공산당에 맞서서 서구민주주의를 지키도록 이탈리아 기독교민주당을 지원하기로 국가안보회의에서 결정한다. 국무장관이 된 마샬장군은 트루먼대통령이 마샬의 이름을 따서 마련한 마샬원조계획(Marshall Plan)에 따라 유럽재건사업을 수행하면서 이탈리아선거기간에는 특히 서민위주의 원조에 집중한다. 이탈리아 국회의원 선거가 한창인 어느 날 농림부장관 앤더슨(Clinton Anderson)은 이탈리아에 양곡을 더 많이 보내라는 트루먼대통령의 지시에 따라 일단 선행지를 남미로 하여 남미에서 보낸 밀이 이탈리아항구에서 하역되게 한다. 이에 이탈리아 기독교민주당은 밀을 운반하는 트럭에 미국성조기를 그려 넣어 기독교민주당이 미국의 협조를 얻어 내어 양곡을 시민에게 배급하는 것으로 보이게 한다. 또한 2차 대전 당시 독일 나치정권으로부터 압수한 자금 중에서 1,000만 달러를 이탈리아에 제공하면서 일부는 이탈리아 기독교민주당 선거자금으로 지출하고, 일부는 공산당의 적화야욕, 공산당의 선동실태를 고발하는 심리전비용으로 사용한다. 마샬국무장관은 순수한 마샬원조계획의 이미지가 훼손될까 우려하여 트루먼대통령과 상의하여 선거자금사용은 중앙정보부가 맡게 하였다. 이러한 정치공작으로 총선에서 하원 574석 중 307석을 기독교민주당이 차지하게 된다.

1948년 유고슬라비아 티토(Marshal Josep broz Tito) 원수가 유고슬라비아는 소련위성국가가 아닌 자율성이 있는 공산국가라고 하며 소련의 스탈린과 대립각을 세웠을 때, 트루먼대통령은 "티토가 집권하는 유고가 소련에 편입되어 있는 것보다는 미국이나 자유민주주의 국가와 덜 적대적 관계만 유지된다면 그것으로 만족한다"라고 하여 공작팀을 티토에게 보내도록 한다. 트루먼대통령은 중앙정보부내에 공작부서를 설치하도록 허락했는데, 부서명칭은 정책협조실(Office of Policy Coordination)이었다. 공작계획수립과 공작수행을 기본임무로 하는데, 구체적 임무는 "선전선동, 경제전, 모든 사보타지나 사보타지 진압, 구출구조를 수행하는 예방작전, 지하조직이나 게릴라, 저항난민 등 자유세계국가를 위협하는 공산당에 대응하는 반공조직지원으로 적대국가 전복공작"이다. 2차 대전 당시 독일에 게릴라전을 펴던 티토진영에 전략정보실(OSS) 요원인 린지(Franklin Lidsay)가 잠입하여 미국군연락대표로 임무를 수행하였다. 이 인연으로 린지는 유고의 유엔대표부 요원 베블러(Ales Bebler)와 접촉하여 유고외무차관 벨레비트(Vladimir Velebit), 국무부대표 조이스(Robert Joyce)와 3자회동으로 스탈린의 유고침공 임박설에 의견을 같이하고 무기지원을 약속한다. 티토는 미국의 무기지원이 공개되면, 스탈린이 이를 빌미로 유고에 군사행동을 감행할 수 있다 하여 트루먼대통령은 기꺼이 5차례 무기를 선적하여 보낸다. 그 이후 1950년대에 이르기까지 10년간 미국은 군사, 경제원조로 유고에 10억 달러를 지원한다.

이란에 대한 미국의 지원 및 정보활동도 있었다. 1951년 4월 팔레비(Mohammad Reza Pahlavi) 국왕은 여론의 압력에 못 이겨 모사데크(Mohammad Mossadeq)를 수상으로 임명한다. 성격이 괴팍한 외골수형으로 알려진 민족주의자 모사데크수상은 취임하자 이란에 있는 앵글로-이란 석유회사를 국유화시킨다. 앵글로-이란 석유회사는 세계최대석유회사로 50%의 지분을 행사하는 영국은 당연히 국유화를 반대하였다. 타협이 안 되는 상태에서 미국 CIA와 영국 MI 6은 합작으로 모사데크수상을 축출하기 위한 공작을 계획한다. 트루먼대통령은 축출공작을 반대하였으나, 1953년 대통령에 당선된 아이젠하워대통령은 소련의 공산주의혁명 세계화에 적극 대응하는 차원에서 이에 적극 대응한다. 아이젠하워대통령은 이란의 공산화방지와 영국의 석유자원 보호지원을 위해 1953년 CIA 중동지부장 킴 루즈벨트(Kermit Kim Roosevelt)에게 모사데크수상 축출공작책임을 맡긴다. 디오도르 루즈벨트대통령 손자로 중앙정보부 중동전문가인 킴 루즈벨트는 이란과 외교가 단절된 영국의 해외정보부(MI 6, SIS)가 이란에 심어 놓은 정보요원의 협조를 받으며 공작을 수행하게 된다. 처음에는 이란경찰훈련 고문이며 걸프전 당시 중동원정군사령관 슈워즈코프장군의 아버지인 슈워즈코프(Norman Schwarzkopf) 준장이 팔레비국왕을 찾아가 공작내용을 알렸으나, 팔레비국왕은 반신반의한다. 마지막으로 킴 루즈벨트가 모사데크수상 요원이 감시하는 궁전에 담요를 뒤집어 쓰고 자동차로 몰래 들어가서 처칠수상과 아이젠하워대통령이 팔레비국왕을 지지한다면서 국왕과 사이가 좋은 자헤디(Fazlullah Zahedi) 장군을 새로운 수상으로 임명하면 좋겠다고 의견을 내놓았다. 또한 자정에 BBC 방송국에서 내보내는 "자정입니다"라는 콜사인을 "확실한 자정입니다"로 방송하며, "확실한"이라는 형용사추가사용은 처칠수상이 팔레비국왕을 지지한다는 암호라고 확신시킨다. 동시에 아이젠하워대통령은 샌프란시스코에서 팔레비국왕을 지원한다는 내용이 포함된 연설을 할 것이라며 축출거사에 동참할 것을 설득한다. 팔레비국왕은 이에 동의하여 모사데크수상을 해임한다는 공식서한을 모사데크에게 보낸다. 그러나 모사데크는 서한을 전달한 장교를 구금한다. 이에 공산주의 투데당(Tudeh Party)을 가장한 데모군중을 앞세워 모사데크축출을 외치자 진짜 투데당원으로 이루어진 군중이 팔레비국왕 축출을 구호로 외친다. 이것이 대규모군중집회로 번지자 친국왕군과 영국과 미국정보부 요원이 동원한 군중이 무력으로 진압하여 친모사데크군 300여 명이 사망하고, 1953년 8월 20일 자헤디장군이 수상으로 취임한다.

또 다른 공작은 중남미 과테말라 구즈만(Jacob Arbenz Guzman) 대통령의 암살공작이다. 구즈만대통령이 1953년 2월 과테말라에 있는 미국 과일재배회사를 접수하고, 소련에서 무기를 구입하는 친공산주의성향으로 나가자 미국은 구즈만 암살공작을 진행한다. 덜레스는 구즈만대통령에게 저항하다가 체포되어 감금 중에 탈출한 아르마스(Carlos Castillo Armas) 대령을 대통령으로 내세우려 한다. 아르마스대령이 이끄는 군병력과 CIA가 동원한 공작부대가 준군사작전을 펼쳐 정부군과 교전중에 교착상태에 빠진다. 그러나 과테말라육군총장 디아즈(Calrlos Enrique Diaz) 대령과 과테말라주재 미국대사 푸리포이(John E. Peurifoy) 간에 협상을 벌여 1954년 6월 27일 구즈만대통령이 사임하고 육군총장 디아즈가 대통령직에 내정되는 우여곡절을 거친 끝에 아르마스가 대통령에 취임한다. 구즈만대통령 제거는 미국정보기관이 개입한 남미좌파정권 전복의 효시가 된다.[49]

49) Lowenthal, Mark. 2003. *op. cit.* pp. 15-20; Andrew, Christopher. 1996. *op. cit.* pp. 170-176.

요 약

냉전시대의 영국, 미국, 소련의 정보공작

◆영국의 정보력 퇴조와 지식인의 변절 간첩활동

- 미소중심의 냉전체제 속에서 영국의 위상 축소만큼 정보력도 약화
- "거물 간첩 5인방(The Magnificent 5)" 또는 "케임브리지 5인방(Cambridge 5)"사건: 케임브리지 대학 출신 5명이 모국인 영국 외무부, MI 5국내보안부, MI 6 해외정보부 요원으로 근무하던 중 변절하여 소련 KGB 정보원으로 영국, 미국, 북대서양 조약국 극비 전략정보를 소련에 제공하는 간첩활동 전개

• 케임브리지 5인방 선임자 격인 블란트(Anthony Blunt 1907-1983)는 런던대학 미술사 교수, 동대학 부설 미술박물관 관장 역임하였는데, 케임브리지 대학 마르크스 이념 동아리 회원으로 활동하던 중 공산당에 가입하여 소련 정보기관 요원으로 영국 MI 5 요원으로 침투하여 2차대전 중에 독일암호기(Enigma) 정보를 소련 정보부 제공하여 러시아군의 베를린 최초 진격에 기여

• 버지스(Guy Burgess)는 영국 해군 함장 아들로 이턴고교(Eton College)를 졸업하고 케임브리지대학 공산주의 동아리 사도(Cambridge Apostle) 회원으로 활동. 영국 BBC 기자, 해외정보부 MI 6 심리전 요원, 맥닐(Hector McNeil) 외무 장관 비서관으로 일하면서 기밀문서 복사본을 소련 정보부에 넘기고, 미국주재 영국대사관 서기관 시절 영국, 미국, 캐나다 합동 핵무기 개발 문서를 영국 주재 소련대사관 케임브리지 5인방 조정자인 모딘(Yuri Modin)에게 보냄

• 맥클린(Donald Maclean)은 1차 대전 당시 영국 자유당 당수 매클린의 아들로 케임브리지대학에서 언어학 전공함. 블란트 소개로 소련 정보부에 포섭된 후 MI 5, MI 6에서 근무하면서 소련에 정보 유출. 과학기술, 암호해독가로 파리 대사관 근무 후 1944년 워싱턴 주재 영국대사관 일등서기관으로 미국 핵무기 보유량과 위력을 분석하여 미국의 소련 핵공격 불가능을 지적하고 소련의 베를린 봉쇄를 조언함. 소련의 김일성 6.25 전쟁 지원 결심에 일조하는 정보를 주영 러시아 대사관 유리 모딘에게 전달

• 킴 필비는 영국 군 장교아들로 케임브리지대학에서 역사, 경제학 전공. 경제학자 모리스 돕(Maurice Dobb) 교수 조언으로 비엔나 국제공산동맹(Communist International: Comintern)가입. 2차대전 당시 독일 피난민, 유태인 구제 사업참여과정에 독일공산당 접촉, 소련 정보부에 첩보원으로 포섭됨. 1940년 버지스의 도움으로 MI 6 흑색선전 담당 요원, MI 6 종합정보과장으로 근무하면서 MI 5, MI 6, 군 정보기관 요원 명단과 방첩문건을 소련에 넘겨줌. 1949년 주미 영국 대사관 정보지부장으로 미국, 영국, 캐나다 핵무기 개발위원회 서류를 소련에 제공

• 경제학자 케언크로스경(Sir Alexander Kirkland Cairncross)과 형제인 존 케언크로스(John Cairncross)는 케임브리지대학에서 언어학을 전공한 후 공산당원으로 1937년 MI 6 암호해독 요원이 됨. 울트라 사업단의 독일암호기 에니그마 시스템을 소련에 건네주어 소련의 동부전선 승리에 일조. 영국 핵무기 제조 문서를 소련에 제공하여 소련이 예상보다 빨리 핵무기를 제조하는데 일조

◆독일 지식인의 정보원 변절

- 비판이론과 행위합리성의 산실인 프랑크푸르트 사회과학 연구소 출신인 조르게(Rihart Jorge)는 소련 보안부 버진(John Virgin)에 포섭되어 1928년 교사로 위장하여 헐리우드에서 소련을 위한 정보활동을 함. 1930년 상하이에서 기자로 독일과 일본이 맺은 조약 내용과 마오쩌둥과 장제스의 항일 군사전략과 세력확장 상황을 소련 보안부에 보고함. 1938년 프랑크푸르트신문(Frankfurt Zeitung) 일본 특파원으로 독일의 소련 침공, 일본의 하와이 진주만 공격 정보를 일본주재 독일대사관 크레키머(Krechimer) 무관에게서 듣고 소련 보안부에 연락. 일본군의 소련 극동지역 공격 미개시와 동남아 석유 자원 확보 주력 정보로 스탈린은 유럽전선에 병력 집중 가능. 일본과 독일에서 비밀 첩자로 체포, 처형됨
- 1969년 서베를린 시장 출신 브란트(Willy Brandt) 수상의 보좌관인 귀욤(Guenter Guillaume)이 동독 정보기관인 슈타시(Stasi)의 동독 간첩으로 판명되어 수상직 사퇴. 동독에 구류 중이던 서방 정보원과 맞교환으로 1981년에 동독 귀환, 통일 후에 기욤은 일사부재리 원칙으로 법정에 서지 않고, 대신 동독 정보부 상관 볼프가 법정에 섰을 때 유리한 증언을 하기도 함

◆미소냉전체제의 정보전쟁

- 주영 소련 대사관 무관 펜코브스키(Oleg Penkovsky), 정보부 고디엡스키(Oleg Godievsky) 대령의 영국 망명
  - 키에프 포병사관 학교 출신인 펜코브스키(Oleg Penkovsky) 중령은 1960년 국가보안부 요원으로 터키 주재 소련대사관 무관으로 1961년 영국 출장 중 CIA, MI6 요원과 접촉, 모스크바 주재 MI6 요원에게 소련 핵탄두와 운반체 연료가 소량이고 순항계기 시스템 작동이 양호하지 않는 내용을 설명하고 쿠바에 설치중인 소련 미사일 현장 도면을 제시하는 등 간첩활동
  - 고디엡스키는 모스크바 국제관계대학원(State Institute of International Relations) 출신으로 외교관임. 체코와 헝가리 시민봉기를 소련 탱크가 유린하는 것을 보며 소련 체제이념에 회의를 느낌. 국가보안부 대령으로 1968년 런던 대사관 근무 당시 MI6와 제휴. 1980년대 후반 소련 정권 후계자는 정치국원인 젊은 고르바초프임을 알려 대비 강구하도록 함

- 미국 U-2 정찰기의 러시아 영공 침투와 파워즈(Gary Powers) 조종사 체포

• 아이젠하워 대통령의 지시로 고공비행에서 폴라로이드 카메라로 지상물체를 선명히 촬영하는 U-2 정찰기 운영. 1960년 중앙정보부 소속 파워즈 조종사가 U-2기로 러시아 영공 침투와 정찰 사진 촬영, 대륙간 탄도미사일 기지, 발사하는 미사일 종류와 위력, 핵실험과 플루토늄 생산 시설을 촬영, 중국, 중동, 베트남, 쿠바, 이집트, 시리아, 수에즈 운하, 대만 등 적대국 또는 분쟁지역 정찰에 유용성 확인. 결과를 영국 맥밀런(Harold Macmillan), 독일 아데나워(Conrad Adenauer) 수상에게도 제공. 파워즈가 조종하던 U-2 정찰기가 소련 샘미사일에 피격되어 낙하산으로 탈출 후 생포

• 파워즈의 U-2기는 파키스탄 패샤워(Peshawar) 비행장내 바다버(Badaber) 기지에서 이륙, 소련 남부 세미팔라틴스크(Semipalatinsk) 핵실험기지, 돌론(Dolon) 비행장의 전략폭격기(TU-95), 리샤간(Saryshagan)지역의 소련 방공사령부의 지대공 샘미사일(surface to air missile Sam)정찰, 노르웨이 보도(Bodo)비행장에 착륙하는 항공정찰 수행 중 샘미사일에 피격됨. 후르시초프(Nikita Khrushchev) 소련 수상은 5월 16일 파리에서 개최된 미국, 영국, 프랑스, 소련 4대국정상회의에서 미국 정찰기의 소련 영공 불법 스파이 행위 비난 후 아이젠하워 대통령의 사과 요구. 소련에서 복역 중이던 파워즈는 미국에서 복역 중이던 소련 간첩 아벨(Rudolf Abel)과 동서 베르린을 가르는 글리니케(Glienicke)다리에서 1962년 2월 10일 맞 교환

2. 인간정보, 신호통신정보에서 영상정보, 사이버정보로

냉전시대의 장막 뒤에서는 정보요원이 동원된 인간정보 공작열전이 전개되고, 공개된 정치적 안보전략무대에서는 보이지 않는 과학기술을 이용한 정보수집, 정보사찰이 고강도로 이루어진다. 과학기술정보(technological intelligence, Techint)에는 신호통신 정보수집에 활용되는 통화수신정보(telemetry intelligence, Telint), 전자파로 송수신을 감청하는 전자정보(electronic intelligence, Elint), 실제 현장을 확인하는 영상정보(imagery intelligence, Imint)가 있다. 아이젠하워대통령 때 국가안보청(NSA)[50]은 소련영내의 미사일기지, 군사기지, 핵무기실험장소에서 일어나는 상황을 파악하기 위해 1955년 터키북부 삼소운(Samsoun)에 레이더 기지를 설치한다. 그리고 이 곳에서 러시아 동남부지역 미사일기지에서 발사한 미사일을 통제하는 교신, 미사일에서 보내 오는 신호정보를 통화수신 정보시스템(Telint)으로 감청하게 된다. 또한 장거리폭격기에 전자통신장비를 설치하여 북부시베리아, 북극극지점에 날아가 전자파를 이용하여 군사기지, 미사일기지, 핵실험장소를 찾아낸다. 더불어 아이젠하워대통령은 이런 전자정보 신호통신기술을 넘어서 현장을 눈으로 확인하는 정보력이 있어야 한다고 하며, 1954년 7월 MIT(Massachusetts Institute of Technology)공대총장 킬리안(James R. Killian) 박사를 위원장으로 하는 연구팀에게 초고도 정찰비행기제작을 지시한다. 초고도정찰비행기는 전투기, 폭격기의 고공비행 제한 높이 21km 이상 진입하여 지상에서 발사하는 포격에도 자유롭고 아무도 탐지할 수 없어 무한대로(unlimited) 비행하여 촬영할 수 있고, 비밀분류를 할 필요도 없어(unclassified) U-2 정찰기라는 코드명이 부여되었다. U-2 정찰기에 노벨물리학수상자인 랜드(Edwin H. Land) 박사가 고안한 폴라로이드 카메라를 장착하여 고공에서 촬영해도 선명한 지상물체를 볼 수 있도록 하였다. 역시 노벨물리학수상자인 하버드 물리학 교수 푸어첼(Edward Purcell)도 가세하여 덜레스정보부장과 함께 백악관에서 대통령과 최종 조율을 하여 U-2기를 록히드(Lockheed) 항공사가 제조하여 1955년 7월 시험비행에 성공한

50) 트루먼대통령 당시 신호통신 정보수집을 목적으로 설립하였다.

다.[51] U-2기는 중앙정보부가 운영할 때는 민간조종사가 조종하고, 공군과 해군이 사용할 때는 전투기조종사가 비행한다.

U-2기로 러시아영공을 침투하여 미사일기지에서 발사하는 미사일종류, 위력, 핵실험을 정확히 분석하여 소련의 전략핵무기 체계가 일반적으로 알려진 위력보다는 취약하며, 미국보다는 뒤떨어져 있다는 판단을 할 수 있었다. 훗날 소련이 미국을 겨냥하여 쿠바에 몰래 설치한 중거리미사일기지를 폐쇄할 것을 케네디대통령이 요구한 배후에는 이런 소련의 핵미사일공격력이 취약하다는 영상정보에 기반을 두고 있다. 영상정보를 수집하는 U-2기는 소련, 중국, 중동, 베트남, 쿠바, 이집트, 시리아, 수에즈운하, 대만 등 적대국 또는 분쟁지역을 정찰하는 등 활동반경을 넓혀 갔다. 영국과 독일의 군사비행장에서 이륙한 U-2기가 소련상공을 비행하며, 중거리, 대륙간 탄도미사일 기지, 플루토늄생산 핵시설을 촬영하여 영국 맥밀런(Harold Macmillan), 독일 아데나우어(Conrad Adenauer) 수상에게도 보여 주어 정보유대를 강화했다. 그러나 격추되지 않는다고 장담하던 U-2기가 소련 샘미사일에 피격되어 낙하산으로 탈출한 조종사가 소련영내에서 체포되어 재판을 받는 공중정찰 스파이사건이 발생한다.[52] 후르시초프(Nikita Khrushchev)는 5월 16일 파리에서 개최된 미국, 영국, 프랑스, 소련 4대국 정상회의에서 미국 정찰기가 소련영공에서 자행한 불법스파이행위를 비난하고 아이젠하워대통령의

---

51) Pocock, Chris. 2005. *50 Years of the U-2: The Complete Illustrated History of Lockheed Legendary Dragon Lady*. Atglen, PA: Schiffer Publications, Ltd.; Andrew, Christopher. 1996. *op. cit.* pp. 221-230.

52) 1960년 5월 1일 중앙정보부에 고용된 파우워스(Francis Gary Powers)가 조종하는 U-2기가 파키스탄 패샤워(Peshawar) 비행장 내 바다버(Badaber) 기지에서 이륙하여 소련 내 영공을 정찰하고, 노르웨이 보도(Bodo) 비행장에 착륙하는 항공정찰계획을 수행한다. 그가 조종하는 U-2기는 파미르고원 아래 소련 남부 세미팔라틴스크(Semipalatinsk) 핵실험기지, 돌론(Dolon) 비행장에 배치되어 있는 전략폭격기(TU-95), 사리샤간(Saryshagan) 지역의 소련방공사령부에 포진한 지대공 샘미사일(surface to air missile Sam)을 촬영하는 임무를 수행중이었다. 미국은 1957년 10월 4일 스푸트닉 인공위성을 최초로 발사하여 인공위성, 대륙간 유도탄, 핵무기의 연계전술 체계에 미국정보당국을 긴장시켜 온 소련에 빈번한 U-2기 정찰을 시도하고 있었다. 소련도 비상명령을 발동하여 소련 전지역 샘미사일, 요격전투기를 가동하여 게리 파우워스가 조종하는 U-2기를 격추시키는 데 성공하였다. 이후 소련에서 재판을 받고 복역중이던 파우워스는 미국에서 복역중이던 소련간첩 아벨(Rudolf Abel)과 동서 베를린을 가르는 글리니케(Glienicke) 다리에서 1962년 2월 10일 맞교환된다.

사과를 요구하였다.

미국 정보 당국은 U-2기 격추 사건과 소련의 스푸트니크 인공위성발사에 자극을 받아 인공위성개발에 박차를 가한다. 1959년에 정찰위성 디스커버러(Discoverer)호를 최초로 우주궤도에 쏘아 올리고, 1959년 6월 카메라를 장착한 디스커버러 4호를 궤도에 진입시킨다. 1960년 8월에는 디스커버러 13호를 발사하여 다음날 위성캡슐을 회수하고, 같은 달 발사한 디스커버러 14호는 지상을 촬영한 필름상자를 낙하시켜 항공기가 회수한다. 캘리포니아주 반덴버그공군기지에서 디스커버러호 정찰위성을 발사하여 최초의 우주공간을 이용한 영상정보 시대 서막을 올린 이후 현시점에서는 전세계지역, 주요 식별물, 통화내용을 실시간으로 전송한다. 인공위성을 활용한 정찰, U-2기, 육해공군, 중앙정보부주관 항공정찰 등 영상정보를 조정하고 직접 운용하는 영상정보기구 설치의 필요성을 인식한 아이젠하워대통령은 1960년 8월 25일 국가안보회의 결의로 국가정찰실(National Reconnaissance Office)을 국방부소관으로 설치운용한다. 아이젠하워대통령은 아마도 적을 알고 나를 알아 대처하면 싸우지 않고도 이기는 손무형 모델을 넘어 전선배후에서 육해공 입체정보전으로 상대방의 전쟁의도를 무력화시키는 억지력을 보여 주지 않았나 생각된다.[53)]

미소의 냉전각축 속에서 정보시스템을 풀가동한 공작정보도 가끔은 성공과 실패의 갈림길을 오가고 있다. 1952년 쿠바에서 바티스타(Fulgencio Batista) 장군이 군사쿠데타로 정권을 장악하자, 의회진출을 꿈꾸던 변호사 카스트로(Fidel Castro)는 지하조직을 이끌고 1953년 6월 26일 바티스타정부의 몬카다기지(Moncada Barracks)를 공격했으나 실패하고 체포되었다. 2년 후 1955년 5월에 석방되자 동생 라울과 지하게릴라를 조직하고, 바타스타 정권타도 저항운동을 전개한다. 800명 무장조직으로 성장한 카스트로혁명군은 1957년 제 1제대(first column)는 체 게바라(Che Guevara), 제 2제대는 베가(Jaime Vega), 제 3제대는 시엔푸에고스(Camilo Cienfuegos)가 이끌면서 쿠바최대 지방도시 산타 클라라(Santa Clara)를 장악하고 수도 하바나로 진격한다. 군부마저 바티스타정부에 등을 돌리자 바티스타는 도미니카공화국으로 망명하면서 1959년 1월 1일 카스트로혁명군은 하바나

53) Chernus, Ira. 2002. *General Eisenhower. Ideology and Discourse. East Lansing*, Michigan: Michigan State University Press. pp. 291-304.

를 접수하고 새로운 정부를 수립하게 된다. 임시정부수립 후 군사령관이 된 카스트로는 1959년 2월 16일 수상으로 취임한다. 카스트로는 2월에 쿠바에 산재한 미국 과일재배회사 자산을 몰수해 버린다. 미국과 갈등조짐을 보이자 카스트로는 4월 15-25일 미국을 방문하여 자기는 민주주의를 지지하기 때문에 공산주의에 동의를 하지 않는다고 기자회견에서 밝힌다. 그러나 좌파성향으로 치닫는 카스트로를 아이젠하워대통령은 미국방문중에 만나지 않았다. 귀국 후 카스트로는 소련군사고문단을 초청하여 군사력과 소련과의 외교관계를 강화한다. 1960년 쿠바에서 영업을 하는 미국 정유회사가 석유생산을 거부하자 소련에서 유류를 수입하고 경제원조를 받기 시작한다. 아이젠하워대통령이 쿠바 사탕 수입쿼터제를 만들어 8백만 톤으로 수입을 제한하자 카스트로는 8억5천만 달러의 미국자산을 동결한다. 또한 집단농장을 조직하고 산업시설을 국유화하자 소작인들이나 저소득층은 환영하지만 중농, 기업인, 상류층은 미국으로 대규모 망명을 시도하고, 쿠바를 떠나 플로리다주 키웨스트, 마이아미 지역에 망명한 쿠바인들이 카스트로축출 무장조직을 결성한다.

중앙정보부 기획차장 비셀(Richard Bissell)이 카스트로를 축출하는 공작, 일명 자파타(Zapata) 기획총책이 되고, 정보부장 덜레스, 국방부장관 맥나마라, 국무장관 리스크(Dean Risk), 해군총장 버키(Arleigh Burke) 제독, 백악관안보보좌관 번디(McGeorge Bundy)가 지원하였다. 케네디대통령의 승인 하에 카스트로축출 공작이 전개된다.[54] 그는 취임 후 2년간 해외우호국가 지도자에게 자금지원을 하거나 준군사작전을 수행하는 공작을 550건이나 승인하였는데, 이는 연간 집계로 보면 아이젠하워대통령시대보다 많았다 한다.[55]

---

54) 모택동 전기와 체게바라 전기, 제임스 본드 시리즈를 즐겨 읽고, 연인과 러시아탈출(From Russia with Love)에 매료되어 저자 이안 플레밍을 백악관에 불러 오찬을 함께하며, 저자가 영국정보부요원으로 2차 대전에 참전한 활약상을 재미있게 듣기도 했다고 한다. 케네디대통령은 신호통신정보보다는 영상정보와 인간정보에 의한 공작작전에 매료되었다. 젊은 시절 케네디대통령은 런던경제정치대학(London School of Economics and Politics)에서 라스키(Harold Laski) 교수에게서 이론을 배워 영국정보부의 인간정보와 공작정보에 관심을 가졌다. 2차 대전에는 태평양에서 일본군전함을 어뢰로 공격하는 고속정장으로 근무하고, 종전 후 하원의원과 상원의원을 거처 대통령으로 당선된 후에 소련, 중동, 중남미, 특히 쿠바공산정권을 전복하는 공작에 깊은 관심을 표시한다.

55) Andrew, Christopher. 1996. *op. cit.* p. 258. p. 272.

중앙정보부는 마피아를 동원하여 카스트로수상이 먹는 음식이나 즐겨 피우는 하바나시가에 독극약을 넣는 살해공작도 시도한다. 그러나 이미 저소득층으로부터 지지를 받고, 대규모혁명군을 장악하고 있는 카스트로정권은 대세를 타고 역사의 전위에 서 있었다. 본격적으로 마이애미 등지에 모인 쿠바난민으로 구성된 카스트로타도 자파타공작대는 중앙정보부지원 속에 1961년 4월 15일 토요일에 피그만상륙전을 전개한다. 그러나 피그만상륙은 언론에도 보도되어 공개된 공작으로 카스트로군은 해안상륙공작대, 항공기낙하공작대를 육군과 공군공지작전으로 격퇴한다. 특히 상륙공작대가 교전중에 카스트로군이 반격하자 버키해군총장이 전투기를 출격시키고, 대통령에게 건의하여 쿠바해역에 경계중인 에섹스(Essex) 항공모함에 전투기출격명령을 내려 공작대를 지원하라 한다. 그러나 케네디대통령은 카스트로군이 공격하지 않으면 미군 역시 사격이나 폭격을 자제하라 하여 초계비행만 하다가 에섹스모함으로 돌아온다. 그리고 4월 15일에 상륙작전이 전개되었는데, 2만5천 정규군과 20여 만 민병대로 대기 중인 카스트로군에 의해 2천 명 미만의 쿠바난민 공작대가 사살되거나 포로로 붙잡혔다. 이것은 카스트로혁명군과 국민을 단결시키는 데 좋은 심리전홍보효과를 거두게 된다. 4월 19일에 상륙군잔류 공작대가 미군전함에 구조되어 복귀함으로써 카스트로제거 공작은 끝이 났다. 혁명초기에 저소득층은 카스트로를 지지하고 혁명군은 단합되어 있었지만, 공작부대원은 쿠바를 탈출한 중산층 이상의 무장단체에 불과하였다. 미국정보부가 가는 곳이면 승리한다는 거울이미지를 기반으로 쿠바문제에 접근한 미국의 실패는 어쩌면 자명한 것이었다. 이에 소련수상 후르시초프는 "케네디는 국가안보위기에 경험 없는 애송이 대통령"이라고 하였으며, 이는 케네디 대통령의 국정리더십에 큰 결함을 안겨 주었다. 1961년 9월 더레스정보부장과 비셀기획차장은 사임하고, 후임에 원자력위원회 위원장 매콘(John McCone)이 CIA 부장으로 기용된다.

피그만상륙작전에서 참패한 1961년은 케네디대통령으로서는 생각하기조차 싫은 한 해였다. 그러나 1962년은 피그만공작실패를 만회하고, 케네디대통령의 정치적 위상이 높아진 한 해이기도 했다. 후르시초프의 베를링봉쇄에 대해 케네디 대통령은 베를린을 방문하여 자기는 베를린시민의 한 사람이며, 소련의 어떤 위협에도 굴하지 않고 굳건히 지킬 것을 약속한다. 이런 과감한 대응과 배포는 중앙정보부, 정찰실, 국가안보청의 신호통신과 영상정보분석과 국가정세평가(national intelligence estimate: NIE)의 소련영내와 동구라파국가에 설치된 핵미사일기지에 대한 미국과 비교평가를 통해 소련이 열세에 있다는 판단에서 나왔다. 또한 소련군 대외정보과 부과장 펜코브스키(Oleg Penkovsky) 대령이 군사사절단과 무역사절단으로 1961-1962년 사이에 런던과 파리를 방문하였을 때 소련수상이나 바렌쵸브(Sergei Varentsov) 소련군총참모장, 말리노브스키(Rodion Malinovsky) 국방장관이 언급한 내용을 영국 해외정보부(SIS, MI 6)와 미국 중앙정보부(CIA)에게 알려 주었다. "소련군수뇌부는 핵무기선제공격으로 승리할 준비는 되어 있지 않으나, 강하게 밀어 붙이면 결국 미국도 협상에서나 군전략면에서 물러날 수밖에 없을 것으로 본다"라는 내용이다. 소련의 밀어붙이기 전략에도 케네디대통령은 1962년 8월에 시작된 소련의 쿠바영내 중거리핵미사일기지 건설을 포착하고 강력하게 폐쇄요구를 관철시킨다. 베를린위기에서 보여 준 이상의 일관되고 굳건한 위기관리 리더십발휘, 적실성 있는 군사전략정보, 조직적 군사외교대응으로 쿠바위기를 주도적으로 해결할 수 있었다.

쿠바미사일 철거

1962년 여름과 가을 쿠바에서 미국 플로리다로 몰린 망명자, 난민들은 쿠바에 소련미사일이 설치되고 있다고 알린다. 신임 메콘중앙정보부장은 대통령, 국방·국무장관, 대통령동생 로버트 케네디(Robert Kennedy) 법무장관에게 쿠바에 소련이 중거리핵탄두 미사일(medium-range ballistic missile)을 수출하고 있다는 징후를 보고한다. 8월 22일과 23일 연이어 메콘부장은 대통령과 안보장관, 대통령군사보좌관 테일러(Maxwell Taylor) 장군이 동석한 회의에서 소련의 쿠바 미사일기지설치를 보고한다. 8월 29일 U-2가 쿠바해안에 건설된 8개의 샘 미사일기지를 정찰한 사진을 31일에 케네디대통령에게 보인다. 쿠바에 설치된 소련미사일은 북미, 중남미 전체를 사정권에 두며, 쿠바는 소련의 위성국이 되는 결과를 초래한다고 미국은 믿게 된다. 9월 4일 케네디대통령은 최초로 쿠바에 소련제미사일이 도입되고 있다고 공식발표를 하자 소련대사 도브리닌은 법무장관 케네디에게 쿠바에 설치하는 소련미사일은 미국을 겨냥한 지대지미사일이나 공격형 미사일은 아니라고 한다. 계속해서 10월 14일 U-2기는 산크리스토발(San Cristoba) 해안에 건설된 중거리유도탄기지를 촬영한다. 중앙정보부 정보차장 클라인(Ray Cline)을 중심으로 모인 영국, 호주, 캐나다 정보요원과 사진판독전문가들이 사진을 분석하여 사정거리가 700-1,000마일인 중거리핵탄두 미사일이라고 결론을 내리고 10월 16일 대통령에게 보고한다. 케네디대통령은 쿠바에서 소련이 미사일을 철거하는 것이 가장 중요하다고 단언한다. 이 날로부터 후르시초프 소련수상이 쿠바에 설치된 미사일을 철거한다는 결정을 내린 10월 28일까지 중앙정보부, 국가안보청, 정찰실, 육해공군 정보부대는 쿠바 미사일 실체파악, 냉전이 열전으로 전환할 때 있을 수 있는 소련의 핵전쟁 능력 평가에 정보력을 집중한다, 그 중에서도 U-2기가 수행한 영상정보는 백미였다.

10월 20일 케네디대통령은 러스크국무장관, 맥나마라국방장관, 번디 안보보좌관, 테일러군사보좌관, 매콘 보부장, 클라인(Ray Cline) 정보차장, 룬달(Arthur Lundahl) 정보부영상국장이 모인 백악관집무실에서 쿠바미사일 위기해결방안을 최종조율한다. 그리하여 군사외교 협조차원에서 전 국무장관 에치슨(Dean Acheson), 정보부 켄트(Sherman Kent), 스미스(R. Jack Smith) 국장 등이 영국 맥밀란수상, 프랑스 드골대통령, 서독 아데나우어(Conrad Adenauer) 수상, 캐나다 디펜베이커(John Diefenbaker) 수상을 방문하여 U-2기가 촬영한 쿠바해안지대의 중거리핵미사일 영상정보를 보여 주며 설득하였다. 아울러 북중남미국가들의 협의체인 미주국가조직(Organization of American State: OAS)에 협조와 지지를 약속받는다. 이런 군사외교 협조체계를 유지하면서 상하원의회지도자들에게 사태를 설명하고 이해를 구하면서 전시군사 동원태세를 발동한다. 해군함대로 쿠바 해안을 봉쇄하고 제1 기갑사단을 위시한 5개 사단이 전투태세에 돌입하고, 공군 B-47전술, B-52전략 폭격기를 조지아주 군비행장, 남부지역 군비행장, 그리고 민간비행장에 이동배치한다. 이런 조치를 취한 후에 케네디대통령은 10월 22일 저녁 7시 전국 TV방송으로 연설을 하게 된다. 연설내용은 '소련의 군사력시위가 쿠바에 핵공격기지를 건설하여 서반구를 장악하려는 기도로 보며, 즉각 철거를 요구한다'는 것이었다. 동시에 케네디는 카스트로 같은 독재자축출에 쿠바시민이 앞장 서기를 호소한다.

10월 25일 쿠바를 항해하던 소련선박 6척이 미군봉쇄지역에서 회항하여 소련으로 돌아간다는 해군함선, 초계비행기, U-2기에서 확인교신을 받는다. 한편 후르시초프수상은 케네디대통령에게 서한으로 공해상 봉쇄는 해적행위로 좌시하지 않겠다고 비난하면서 동시에 이탈리아와 터키에 설치되어 있는 미국미사일기지를 철수하면 소련이 건설하는 쿠바미사일기지를 철수하겠다고 전문을 보내 온다. 워싱턴 소련대사관의 페클리소브(Alexandr Feklisov) KGB 소련정보부 파견관은 ABC 방송사 스칼리(John Scali) 기자에게 말하여 스칼리기자는 백악관에 이 사실을 알린다. 후르시초프수상과 소련 내 군부와 당내 강경파 간의 의견조율의 결과를 통보하는 것이 아닐까 하고 사태추이를 지켜 보려한다. 그러나 백악관 안보회의결과 쿠바미사일기지를 가동하려는 시간벌기 작전으로 보고 스칼리기자로 하여금 페클리소브정보관에게 시간벌기 작전은 미국이 용납하지 않는다는 단호한 의지를 알리게 한다. 10월 27일 저녁 7시 45분에 로버트 케네디법무장관은 소련대사 도브리닌을 자기 사무실로 불러 유엔이 참관하는 러시아핵미사일 기지철수, 미국의 쿠바봉쇄 해제, 쿠바불침공을 다짐하는 협상내용을 건넨다. 아울러 이런 협상이 완결되면 터키 내의 미국 미사일기지도 철수한다는 구두약속을 한다. 10월 28일 일요일 아침 후르시초프수상은 모스크바방송으로 쿠바 내 공격용 중거리핵미사일을 철거하고, 소련으로 재반입한다고 케네디대통령에게 통고한다.[56] 이것은 피그만상륙작전 실패를 만회하고 베를린봉쇄에 단호히 대처함으로써 케네디대통령의 국정관리 리더십을 확실하게 보여 주는 순간이었다.

케네디대통령은 쿠바침공 이후 백악관에 쏟아지는 엄청난 정보보고, 정리되지 않은 정보판단을 일관되게 정리하여 대통령에게 실시간으로 보고하게 하는 시스템을 확립하였다. 바로 오늘의 백악관상황실(White House Situation Room)이다. 대통령이 알고자 하는 정보를 관리하는 기구를 보면, 링컨대통령의 경우 남북전쟁 상황을 보고하는 조직을 백악관 옆 구청사에 두었으며, 맥킨리대통령은 백악관 2층에 상황실을 마련하여 스페인과의 전황을 관찰하고, 루즈벨트대통령은 백악

56) Dobbs, Michael. 2008. *One Minute to Midnight: Kennedy, khrushcheve, and Castro on the Brink of Nuclear War*. New York: Alfred Knopf. pp. 280-310; Andrew, Christopher. 1996. *op. cit.* pp. 295-305.

관 1층에 2차 대전 전쟁상황실(War Room)을 설치가동하고, 트루먼대통령은 차트실(Mapping Room)을 운영하였다. 케네디대통령은 상황실(Situation Room)을 마련하여 국가안보 관련 정보를 실시간으로 보고받고, 수석비서관, 관련 정부기관에 통고하면서 상황에 따라 관련 정부기관이 필요한 대안을 마련하도록 연락하였다.[57] 케네디대통령은 상황실에 전달되는 모든 보고는 반드시 작성자가 서명한 서면보고서야 한다는 정보실명제원칙을 세웠는데, 지금도 이 전통은 이어져 오고 있다. 백악관상황실은 대통령의 눈과 귀가 되고, 대통령보좌관과 관련 행정부처에 조기경보체계를 발동한다. 상황실은 중요 사건 발생인지, 사건발생으로 조성된 위기추적 정보전달, 위기해소차원의 백악관과 정부부처 회의 주선 및 회의장제공과 함께 정보홍수에 싸여 고민하는 대통령을 정보교통질서로 보좌하고, 대통령이 원하는 국내외통화연결 역할을 핵심임무로 하고 있다.[58] 1961년 10월 1일에는 육해공군, 해병대전투정보, 국방전략정보를 종합하여 국방장관, 합참의장, 군통수권자인 대통령에게 보고하는 제도적 장치로 국방부에 국방정보본부(Defense Intelligence Agency)가 설치된다.

1960년대와 1970년대는 미소의 냉전구도 속에서 강도높은 지역열전이 지속되는 가운데 미국은 간헐적으로 정치체제안정을 도모하기 위한 준군사공작을 수행하였다. 먼저 이집트를 중심으로 한 아랍국가와 이스라엘이 격돌한 6일 전쟁에서 카이로를 향해 진군하는 이스라엘에 경고하는 소련의 움직임에 미국은 이스라엘군사원조를 대가로 이스라엘이 이집트와 휴전하도록 유도한다. 다음은 베트남전쟁개입을 들 수 있다. 미국의 중앙정보부와 군은 베트남전과 관련하여 베트남정규군, 게릴라, 정치선동군 병력평가에서 큰 견해차이를 보였다. 먼저 게릴라 인원에 대해 중앙정보부는 대략 18만5천에서 24만 명으로 추산한 데 반해, 군은

57) 피델 카스트로 공산정권을 무너뜨리기 위해 미국중앙정보부가 망명한 쿠바인을 군사부대로 꾸려 1961년 쿠바 피그만에 상륙을 시도하고, 1963년에 쿠바에 러시아미사일설치로 야기된 위기해결과정에서 일관되고 정리된 정보를 실시간으로 보고받는 것이 필요하다고 판단하여 상황실(Situation Room)을 만든 것이다.

58) 최근에는 기상조건, 백악관에 가까이 있는 약국, 워싱턴지역에 있는 싸고 맛있는 음식점도 문의하면 대답해 주는 백악관직원의 도우미역할도 한다(1995년 5월과 1997년 7월 2차에 걸쳐 필자연구팀이 백악관 국가안전보장회의 사무차장 겸 안보수석실 비서관 앤드류 센스(Andrew Sens)를 면담하고, 백악관지하상황실을 방문하여 상황실장 짐 리드(Jim Reed) 대령이 상황실 운영절차를 설명하고 질의응답시간을 가졌다).

10만에서 12만 명으로 추산하고, 정치선동군에 대해 중앙정보부는 15만 5천에서 18만 명, 군은 6만3천 명으로 평가하였다. 맥나마라국방장관과 군부는 병력, 장비통계수치에 치중하여 군사력증원으로 베트남전에서 승리할 수 있다고 확신한 반면, 중앙정보부는 군사기, 게릴라전, 베트남인민의 지원, 민족성 등 사회, 경제, 문화인류학적 거시차원에서 명예로운 철군을 주장하였다. 또한 1960년대와 1970년대는 젊은 대학생을 주축으로 한 신좌파(New Left)의 체제개혁 운동이 베트남반전운동에 연결되어 정권비판, 대통령지지도하락, 공화당과 민주당의 대결 심화, 국론분열이 가중되는 상황이었다.

케네디대통령 잔여임기와 36대 대통령으로 당선된 존슨(Lyndon Johnson) 대통령은 위대한 사회(Great Society)를 표방하며 국내정치, 특히 사회복지개선에 힘을 쏟았다.[59] 존슨대통령은 국제정치에 익숙하지 않고, 특히 해외정보의 경우 자기노선과 차이가 나면 큰 관심을 보이지 않았다. 맥나마라국방장관과 메콘 중앙정보부장의 베트남전에 대한 견해차이에 대해 존슨대통령은 군사력에서 비용효과분석과 계량접근으로 미군이 베트남공산화를 막을 수 있다는 맥나마라 국방장관을 비롯한 매파의견에 동조하여 정치, 경제, 사회, 문화 맥락에서 베트남을 이해하고 철군을 포함한 신축적 대안을 제시한 비둘기파나 정보기관의 정보제공을 외면하였다. 존슨대통령은 1964년부터 중요 국가안보정책을 논의할 때 국가안보회의보다는 매주 화요일 오찬모임을 활용하였다. 그런데 화요일 안보오찬모임에는 러스크국무장관, 맥나마라국방장관, 로스토우(Walt Rostow) 국가안보보좌관만 참여하고, 메콘정보부장은 한 번도 초청되지 않았다.[60] 매년 작성하는 "소련의 전략의도" 보고서를 대통령에게 브리핑해야 하는데, 보고는 커녕 대통령면담도 못하고 보고서를 직접 제출할 수도 없었다. 베트남정규군을 다루듯이 베트콩게릴라도 정규기동전으로 섬멸하는 확전으로 전개되는 상황에서 메콘부장은 1965년 4월에 사임한다. 메콘부장에 이어 존슨의 동향출신 라본(William Raborn) 제독이 정보부장으로 임명되나 다음해인 1966년 6월 사임하고 후임은 2차 대전 당시 전략정보실(OSS) 요원으로 스위스, 오스트리아, 독일에서 활약한 경험이 있는 정보부기획차장인 정보베테랑 헬스(Richard Helms)가 부장으로 임명된다.

59) 존슨대통령은 텍사스 하원의원, 상원의원, 민주당원내대표를 역임한 전형적 의회 정치인이다.
60) Andrew, Christopher. 1996. *op. cit.* pp. 316-321.

존슨대통령이나 닉슨대통령은 모두 의회생활에 익숙하고 국제감각보다는 국내정치에 익숙하여 해외정보보다 국내보안정보에 무게를 두었다. 해외정보에 대한 판단과 정책결정 역시 국내정치연계 속에서 이루어진다. 대통령선거전에서 공화당대통령후보 골드워터(Barry Goldwater)는 존슨이 국가안보에 취약하며, 인공위성과 군사정보면에서 소련에 뒤지고 있다고 공격하였다. 이에 존슨대통령은 당선 후에 공화당의 안보정치공세를 잠재우기 위해 개발중이던 SR-71 전략정찰기를 취역시키기도 하였다.

닉슨(Richard Nixon) 대통령이 집권하면서 안보보좌관 키신저(Henry Kissinger)와 월맹정치국원이었던 리덕토(Le Duc Tho) 특사의 1973년 파리평화회의를 거쳐 포드(Gerald Ford) 대통령시절인 1975년 4월 30일 미군은 베트남에서 철수하고 전쟁은 종료된다. 베트남전쟁기간인 1971년 7월 키신저안보보좌관은 파키스탄을 거쳐 베이징을 방문하여 미국과 중국의 정상회담 개최를 협의하여 1972년 2월 21-28일 닉슨대통령이 중국을 방문하여 모택동, 주은래와 회동하여 상해공동선언을 발표하여 중국과의 외교관계를 수립한다. 이 때 중국과의 관계모색은 소련과 진행한 제 1차 전략무기감축협상(Strategic Arms Limitation Talks: SALT)의 빠른 진행으로 이어진다. 또한 이스라엘 유대교 욤키푸르 종교절기인 1973년 10월 6-16일 동안에 이스라엘에 이집트, 시리아 등 아랍국가 선제공격으로 시작된 2차 중동전쟁에서 선제공격을 받고 밀린 이스라엘군이 전열을 정비하여 북으로 시리아를 진격하고 골란공원을 함락하며, 남으로 수에즈를 건넌다. 소련은 이스라엘이 이집트수도 카이로로 진군하면 소련이 군사개입을 하겠다고 강력히 반발하여 닉슨대통령, 키신저보좌관이 이스라엘에 군사원조와 정보협조를 약속하고 2차 중동전을 종료한다. 한편 미국서북부 워싱턴주 시애틀(Seattle) 해군기지에서 일본 요코스카(横須賀) 사세보(佐世保)항으로 이동하여 1968년 1월 23일 동해일대에서 북한군의 신호통신, 소련해군, 항공기교신을 전파로 감청하던 미국해군 정보국소속 푸에블로함(Pueblo)이 북한전투기와 고속어뢰정에 나포되어 원산으로 강제구인된다.[61] 푸에블로정보함이 납북된 다음해인 1969년 4월 15일에는 북한공군 MIG 21 전투기가 동해상공에서 미국 EC-121정찰기를 격추하여 승무원

61) 부커(Lloyd Bucher) 함장과 승선 해군장병은 원산에서 평양으로 이송되어 재판을 받고 복역중 1968년 12월 23일 판문점을 통해 석방된다.

전원이 사망한다. EC-121정찰기는 북한 육해공군 신호통신을 감청하고 우라지보스토크에 기지를 둔 소련 태평양함대 사령부, 극동지역 소련 공군, 육군의 상호 교신감청과 전파감지를 주목표로 정보를 수집하고 있었다. 미국은 푸에블로 정보함 납북 당시 보다 강도높은 무력시위로 항공모함 엔터프라이즈호, 레인저호, B-52 폭격기, 중무장기동부대를 동원하여 동해에 집결하였다. 그러나 베트남전쟁으로 한반도에 또 다른 전선을 구축하는 것은 전술상 무리였고, 소련해군이 정찰기잔해를 수거해 주면서 유화제스처를 쓰고, 베트남반전무드에 휩싸인 국내상황을 고려하여 북한에 보내는 경고로 일단락짓는다. 이렇게 신호통신정보에도 주력하면서 베트남에서는 U-2기로 영상정보수집을 활발히 수행한다. 이런 일련의 군사, 외교안보 정책을 수행하면서 닉슨대통령은 중앙정보부나 다른 정보기관의 정보를 직접 접하기보다는 안보보좌관 키신저의 요약된 정세보고서나 정보보고서에 무게를 두어 헴스정보부장을 비롯한 정보공동체에서는 갈등을 빚었다. 특히 베트남전쟁 전후에 시작된 의회의 정보공동체 활동조사, 청문회진행으로 전문정보요원의 사기저하를 초래하였다.

한편 준군사공작은 1960년, 1970년, 1980년대에도 진행되어 도미니카공화국, 칠레공화국, 그레나다의 좌파정권 전복에 초점을 맞추어 진행된다. 1961년 독재자 투루히요(Rafel Tujillo)가 암살되고, 반투루히요혁명당 후안 보쉬(Juan Bosch)가 대통령에 당선된다. 그러나 보쉬가 1963년 집권하면서 토지재분배, 외국기업국유화로 좌파성향정책을 띄자 군부 웨신(Elias Wessin) 장군이 쿠데타로 집권한다. 군부내도 파벌싸움으로 갈등을 빚고 쿠바 카스트로성향의 좌파정권이 득세하는 것을 염려하여 미국은 1965년 4월 25일 미주국가협의회(OAS) 동의를 얻어 도미니카공화국해안을 봉쇄하고 해병대와 82공수사단을 투입시켜 정세를 안정시킨다. 동시에 미주국가협의회 의결을 거쳐 미군병력을 일부 철수시키고, 브라질, 파라과이, 온두라스, 코스타리카 군이 주둔하면서 미국 국무부, 정보부지원으로 미국에 망명하여 있던 발라거(Joaquin Balaguer)를 대통령에 당선시킨다.

한편 칠레정부는 미국헌법초안자의 하나인 메디슨 4대 대통령 당시부터 깊은 관계를 맺어 왔다. 메디슨대통령은 1811년 포인세트(Joel Roberts Poinsett)를 특사로 칠레에 보내어 스페인식민지에서 독립하려는 혁명운동을 파악하게 한다. 스페인에서 독립한 칠레정부는 영국영향력 속에 있다가 1차 대전을 거쳐 2차 대전

이후는 칠레 구리수출의 주요 고객인 미국의 영향권에 놓이게 된다. 그러나 1970년 선거에서 당선된 아옌데(Salvador Allende) 대통령이 미국인이 경영하는 산업시설과 구리광산을 국유화시키자 닉슨대통령은 아옌데정권의 전복을 결심하게 된다. 국무부는 외교적 고립정책을 펴고 키신저 대통령안보보좌관과 CIA는 1,000만 달러 자금살포로 독립적인 노동단체, 군을 포섭하여 아옌데정권 전복 공작을 수행하게 된다. 헌법을 준수하려고 쿠데타를 반대하는 슈나이더(Rene Schneider) 참모총장을 쿠데타군이 납치하여 살해하자 군내부갈등과 사회혼란이 가중되는 가운데 1973년 피노체트(Augusto Pinochet) 장군이 쿠데타로 집권한다. 이 과정에서 자유롭게 선출된 대통령과 군부쿠데타를 지원하는 미국정부, 정보공작 정당성문제가 미국국내에서는 물론 국제사회에서 물의를 일으켜 미국의회에서 조사위원회까지 구성된다.

아울러 닉슨대통령은 불길처럼 번지는 신좌파학생운동, 납치를 일삼는 10월혁명당, 베트남반전무드로 국내정치에 보다 무게를 실어 연방수사국(FBI)이 취합한 국내좌파운동권, 반전단체에 침투한 공작원의 정보보고에 큰 관심을 두었다. 특히 후버국장이 보내 온 미국 내 저명인사의 사생활보고서, 전화도청, 밀착취재로 수집한 정보에 흥미를 보인다. 후버연방수사국장이 닉슨대통령에게 설명해준 신좌파학생운동이나 베트남 반전주의자의 동향은 대통령선거전에 좌파를 공격하는 자료로 활용한다. 당선 후에는 후버국장에게 지시하여 키신저보좌관을 포함한 백악관참모가 기밀사항을 언론이나 야당에 흘리는지 도청을 하게 한다. 국내보안정보력을 과도하게 자기 위주로 사용하여 자기 스스로 국내보안 정보덫에 걸려드는 정치재앙을 겪게 된다.

워터게이트 사건

베트남반전운동이 한창이던 1971년 6월에 대통령 국내정무보좌관 에리크만(John Ehrlichman)이 국내정무보좌관실 행정관 크로그(Egil Krogh), 영(David Young)과 협의하여 2차 대전 당시 전략정보실요원이며 중앙정보부 공작요원이던 헌터(E. Howard Hunt)를 중심으로 마티네즈(Eugenio Martinez), 바커(Bernard

Barker)를 고용하여 캘리포니아주 비버리힐즈(Beverly Hills)에 있는 정신과의사 필딩(Lewis Fielding) 사무실에 몰래 들어가서 엘스버그(Daniel Ellsberg) 박사의 정신과 병력 차트를 훔쳐 오게 한다. 엘스버그 박사는 하버드대학 경제학 박사로 미공군전략연구를 수행하는 로스앤젤레스인근 산타모니카(Santa Monica)에 있는 랜드연구소(Rand Corporation) 연구원이었다. 그는 랜드연구소에서 아이젠하워, 케네디, 존슨, 닉슨 대통령에 이르는 기간에 걸쳐 베트남에 관련된 전쟁 관련 연구보고서작성에 참여하였다. 엘스버그는 역대대통령이 겉으로는 평화를 추구하려 하나 실제로는 베트남확전을 승인하였다는 보고서내용을 뉴욕 타임스, 워싱턴 포스트 등 주요 언론에 기고하여 베트남반전여론에 심대한 파장을 주었다. 그래서 백악관 국내정무보좌관이 주동이 되어 정신과 치료를 받은 엘스버그의 정신병력을 빼내어 정신병력이 있는 엘스버그 박사가 언론에 알린 베트남보고서는 신뢰할 수 없다는 여론을 조성하려 한 것이다. 그러나 사무실에 몰래 잠입하여 병력을 기록한 차트를 찾지 못하여 정신과의사 필딩자택에 숨어 들어가서 치료차트를 찾아보려 하는데, 에리크만 정무보좌관이 중지시킨다. 랜드연구소 연구원 엘스버그 박사를 정신병자로 몰아 붙이려 한 음모공작은 실패로 돌아갔지만, 워터게이트사건을 조사하는 과정에서 잠입죄, 문서탈취음모가 들어나 닉슨대통령을 탄핵하는 전주곡이 된다.[62)]

계속해서 1972년 닉슨대통령참모들은 대통령재선기간에 민주당 맥거번(George McGovern) 대통령후보를 지원하는 민주당 전국위원회사무실에 공작원을 침투시킨다. 수도 워싱턴시내 포트막강변에 위치한 주상복합건물인 워터게이트(Watergate)에 있는 민주당 전국위원회사무실은 민주당 선거전략, 맥거번대통령후보 유세일정표, 정치자금을 모금하는 민주당 대통령선거본부이다. 공작원들은 민주당 전국위원회위원장 오브라이언(Larry O'brien) 사무실전화기에 도청장치를 설치하여 민주당대통령후보 선거지원상황을 모니터링하려 한 것이다. 건물이름을 따서 붙인 워터게이트사건을 저지른 주역들은 기획단계부터 묵인한 닉슨대통령, 비서실장 홀드만(Harry Robbins Haldeman), 특별보좌

62) New York Times. 1971. *Pentagon Papers*. New York: Bantam Books; Andrew, Christopher. 1996. *op. cit.* p. 384.

관 콜슨(Charles Colson), 보좌관 딘(John Dean), 닉슨대통령재선위원회 위원장 미첼(John Mitchell), 부위원장 매그루더(Jeb Magruder), 국내정무담당 보좌관인 에리크만, 국내정무보좌관실 행정관 크로그, 영 등이다. 행정관 영과 크로그는 전 연방수사국 요원 리디(G. Gordon Liddy), 전 중앙정보부 공작요원 헌터를 고용하여 행동대를 편성한다. 1972년 5월 26일 야간에 워터게이트 주상복합건물에 있는 민주당 전국위원회사무실에 침투한 장본인은 헌트인데, 그는 자료획득과 도청장치설치 모두 실패하였다. 그리하여 리디와 헌트가 밖에서 지휘하고 엘스버그 박사의 정신병력기록을 훔치는 행동대인 바커, 마티네즈를 비롯한 5인의 침투조가 6월 16일 저녁에 민주당 전국위원회사무실에 몰래 들어가 출입문에 테이프를 붙여 놓고 문서를 뒤지기 시작한다. 순찰중이던 경비원이 사무실출입문에 걸쳐 있는 테이프를 수거하고 다시 돌아와 보니 이번에는 다른 테이프로 열어 놓은 출입문을 고정시켜 놓은 것을 발견한다. 경비원은 경찰에 알려 함께 사무실에 들어가서 문서를 수집하고 전화기에 도청장치를 설치하는 5인을 체포한다. 그리고 이들이 휴대하고 있던 사무실침입도구, 휴대무전기, 카메라, 최루가스총, 도청부품, 현금 5천 3백 달러를 압수한다. 그런데 이들이 휴대한 주소록에 헌트의 주소, 전화번호가 기록되어 있고, 백악관을 언급한 내용도 있어 경찰은 물론 연방수사국이 수사에 들어간다.

그리고 당시 연방수사국 부국장 펠트(William Mark Felt)는 .워싱턴 포스트지 부국장 우드워드(Bob Woodward)와 번스틴(Carl Bernstein) 기자를 은밀히 만나 닉슨대통령과 백악관참모가 민주당사무실 침투공작을 벌인 전모를 알려 준다. 계속해서 펠트는 닉슨대통령은 백악관에서 이런 회의를 주재할 때마다 녹음하여 둔 테이프가 있다는 사실도 알려 주어 이는 언론에 공개된다. 고등법원과 대법원은 민주당사무실 주거침입계획을 수립 시행하고 사무실침입 후에 사건은폐에 가담한 홀드만비서실장, 미첼재선위원장 등 모두를 사법처리한다. 또한 의회는 특별조사위원회를 가동하였는데, 범죄행위가 명백하여 상원 공화당의원마저도 닉슨대통령탄핵에 찬동한다. 결국 닉슨대통령은 1974년 8월 8일 저녁 사임을 발표한다. 닉슨대통령은 워터게이터 사건무마에 연방수사국이나 중앙정보부에 도움을 요청했으나 거부당했으며, 이들 정보수사기관은 될수록 거리를 두었다. 국방장관 레어드(Melvin Laird)는 대통령 사임 전후 기간에 군을 동원하는 비상사태를 야기하지 않을까 하여 전군에 어떤 군사동원도 하지 말 것을 명령한다. 워터게이트는 대통령국정운영에 필요한 안보사항이라면 국내보안을 담당하는 연방수사국에 공식적으로 요청하여 정보를 수집하면 될 일을 백악관 스스로 주거침입, 불법도청, 기물탈취를 주도한 비도덕적이고 불법적인 정치공작 센터가 된 20세기 후반 미국최대의 정치스캔들이었다. 워터게이트 정치스캔들은 해외정보수집에 고도의 정당성, 명분론이 요청되는 것 이상으로 국내보안 정보활동에도 고강도의 도덕성, 합법성, 객관성이 요구된다는 교훈을 남겼다.

닉슨대통령이 사임하면서 대통령을 승계한 포드대통령은 뉴욕주지사였던 록펠러(Nelson Rockefeller)를 부통령에 임명한다. 포드대통령은 점증되는 정보기관 개혁요구에 하원에 록펠러부통령을 위원장으로 한 정보개혁위원회(Blue Ribbon Commission)를 설치하고, 상원에는 처치(Frank Church) 의원을 위원장으로 처치위원회(Church Committee)를 구성하여 정보기관과 정보활동을 조사하게 된다. 이에 1970년대부터 1990년대는 의회가 주도하는 정보통제지향의 국가정보개혁의 시기이기도 하다. 이런 와중에서 1974년 6월 20일 소련의 핵미사일, 핵잠수함에 관한 초특급정보를 입수하게 된다.[63] 하와이 태평양함대사령부 해군정보부대는 인공위성과 음파탐지로 소련 핵잠수함위치를 파악하여 인양계획을 수립한다. 중앙정보부가 주동이 되어 포드대통령의 재가를 받아 휴즈사(Howard Hughes)에서 제작한 심해광물채취용 글로머(Glomar Explorer) 선박을 핵잠수함 인양에 투입한다. 소련이 반발할 것을 우려하여 침몰지역에 산재한 망간광물을 채취한다는 명목으로 인양함에 부착된 갈고리로 잠수함선체를 인양한다. 1974년 6월 20일 핵잠수함을 인양하던 중 함선 중요 부분이 수중으로 떨어져 나갔으나, 끌어올린 나머지 부분에서 중요한 기밀을 수집할 수 있었다. 인양잠수함선체에서 2개의 핵탄도미사일, 3개의 핵어뢰, 잠수함운용체계 코드, 암호문, 선박건조기술, 무기체계를 수거하게 된다. 선체에서 발견된 소련 해군장병 시신은 하와이해상에서 해군전사

63) 1968년 4월 11일 하와이에서 1,200km 떨어진 태평양에서 소련핵잠수함이 작전중에 수면에서 깊이 5,200m 떨어진 바닥으로 침몰하였다.

자 장례절차로 수장한다. 그로부터 15년 후 냉전체제가 해체되고, 동서화해무드가 싹트던 1990년대 초에 부시대통령(George H. W. Bush)이 임명한 게이트 중앙정보부장이 고르바초프 소련연방대통령에게 침몰한 소련핵잠수함에서 인양한 해군장병을 해군장으로 수장하는 모습을 담은 영상필름을 건네 주었다.[64)]

1970년대 후반에 인공위성에서 촬영한 선명한 해상도와 실시간전송으로 차별화되는 영상정보로 정보공동체에 정보혁명의 시대가 도래했다. 혁명적 영상정보는 신호통신정보와 인간정보의 상호 보완적 검증으로 더욱 정확하고 균형 잡힌 정보분석과 판단을 가능하게 했다. 더하여 영상정보, 인간정보, 신호통신정보는 정보기술(information technology)과 접목되어 21세기 정보혁신, 정보과학의 새로운 장을 열게 된다. 1976년 암호명 케난(Kennan), 통칭 열쇠구멍(Key Hole)이라 부르는 정찰위성(KH-11 satellite)을 궤도에 진입시켜 전세계 주요 지형지물, 군사이동, 핵무기실험, 미사일발사를 촬영하여 디지털 코드로 전산화하고 실시간 동영상으로 전송하게 된다. 그간의 정찰위성은 지상물체를 촬영한 필름을 인공위성에서 투하하면, 태평양상에서 항공기로 수거하여 다시 컴퓨터로 사진을 만들어 판독하는 과정을 거치게 된다. 그러나 KH-11 정찰위성이 촬영한 물체는 허블우주망원경으로 천체를 관측하는 수준의 선명도에 동영상형태로 실시간으로 전송되어 보다 정확한 실체판단이 가능하게 되었다. 1977년 1월 20일 카터대통령이 취임식을 하는 그 순간에 국방부산하 국가정찰국에서 쏘아 올린 KH-11 정찰위성이 소련미사일 발사장면을 동영상으로 보낸다. 취임 다음날 백악관에서 부시 중앙정보부장이 사임하여 부장대행인 노치(E. Henry Knoche)가 카터(Jimmy Carter) 대통령과 브레진스키(Zbigniew Brzezinski) 안보보좌관에게 동영상을 설명하니 카터대통령은 놀라움을 표시하며, 곧이어 진행할 전략무기감축 2단계(SALT II) 협상에 유용하게 쓰자고 한다. 한편 영국 해외정보부는 미국과 영국의 정보교류협약에 따라 KH-11 정찰위성 영상정보공유를 요청하나 커터대통령과 신임 터너(Stansfield Turner) 정보부장은 완곡히 거절한다.[65)] 이 시기에 영국 정보부,

64) Varner, Roy D. and Wayne Collier 1978. ***A Matter of Risk: The Incredible Inside Story of CIA's Hughes Glomar Explorer Mission to Raise a Russian Submarine***. New York: Random House; Burleson, Clyde W. 1997. ***The Jennifer Project***. Texas, College Station: The Texas A & M University Press; Andrew, Christopher. 1996. *op. cit*. p. 399.

65) 터너정보부장은 카터대통령과 해군사관학교 동기생으로 나토 남부해군사령관으로 근무하다가

외교부에 근무하다가 변절하여 소련에 정보를 넘긴 케임브리지대학 출신 5인방 중에서 버지스, 킴필비, 맥클린은 워싱턴주재 영국대사관 외교관신분으로 근무한 사실이 밝혀져서 터너정보부장은 영국 정보부, 외무부와의 정보교환을 주저하게 된다. 그러다가 중앙정보부 젊은 요원 캄파일(William Campiles)이 소련에 KH-11 운용매뉴얼을 넘겨서 공개적으로 알려지고, 칼라간(James Callaghan) 영국수상의 거듭된 영상정보 공유요청에 영국정보부에도 영상정보를 제공하게 된다. 2차 대전까지 정보수집과 분석에서 영국의 도움을 받았던 미국이 과학기술정보로 무장된 정보력으로 영국에게 도움을 주는 정보력의 이동이 진행되는 순간이었다.

그러나 인간정보, 신호통신정보, 과학기술정보를 입체적으로 활용하는 총체적 정보력은 복합적 정치상황에서는 한계가 있다. 특히 총체적 정보력을 동원하여 공작을 수행하려면 역사적 안목, 명분, 실리를 모두 고려해야 하고, 공작완료 후에도 일관성을 가지고 면밀히 관찰하고 공작후유증을 극소화해야 한다. 1953년 이란의 모사데크축출 후 팔레비국왕은 절대군주로 군림하면서 공식 나들이에 운집한 빈민들에게 금화를 던져 주어 자비를 베푸는 군주 이미지로 통치하였다. 이에 대해 미국이나 영국은 민주화, 시장개혁, 사회복지, 정부부패방지라는 제도적 개혁보다는 육군, 경찰, 사바크(SAVAK) 정보조직 강화로 공산주의 준동억제, 친서방주의 이해관계추구에 힘을 실어 주는 등 이란사회의 내적 치유를 소홀히하는 현상유지에 만족하는 경향을 보였다. 결국 친서방왕정체제로 복고한 공작실행 25년 후인 1978년 1월 이란수도 테헤란을 비롯한 전국에서 팔레비국왕 축출운동이 전개되었다. 신호통신과 영상정보를 아무리 동원해도 이란국민의 저항운동을 조망하는 데는 한계가 있었다. 현지 CIA가 인간정보로 수집한 정보도 부실하고 모호해서 카터대통령, 브레진스키 안보보좌관, 반스국무장관은 정확한 판단에 필요한 실체가 있는 정보를 필요로 하였다. 1978년 11월 9일 이란주재 미국대사 설리반(William Sullivan)이 현 소요사태에서 국왕 팔레비는 퇴위할 수밖에 없을 것이라는 전문을 보낸다. 국왕은 사태를 수습해 보려고 반팔레비 반대파 중에 온건론자인 바크티어(Shahpour Bakhtiar)를 수상으로 임명한다. 그리고 브레진스키 안보보좌관은 카터대통령에게 건의하여 후이저(Robert Huyser) 중장을 테헤

발탁되었다.

란에 보내어 이란군부로 하여금 현 집권내각을 지원하도록 하여 정치안정을 도모하려 하였다. 아울러 호메이니세력이 권력을 장악하지 못하도록 공작을 계획하였다. 반스국무장관은 브레진스키 안보보좌관의 공작개입을 반대하고, 카터대통령은 그의 도덕정치 노선에 위배된다 하여 망설였다. 기껏해야 데스텡(Giscard d'Estaing) 프랑스대통령을 매개로 호메이니와 간접대화를 시도한 정도였다.[66] 결국 실질적 개혁정책수단을 제대로 펼치지 못한 채 1979년 1월 16일 팔레비국왕 일행은 이집트로 떠난다. 곧바로 2월 1일 파리에 거주하던 이슬람 근본주의 종교지도자 호메이니(Ayatollh Khomeini)가 수도 테헤란으로 입성하여 바크티어정부를 맹공격하자 그는 사임한다.

호메이니는 이란의 정체성을 이슬람공화국이라 하고, 이를 4월 1일 국민투표로 확정한다. 호메이니주도로 이슬람 근본주의 성직자가 집권주체라는 종교헌법을 국민투표로 통과시키고 혁명위원회(Revolutionary Council), 혁명수비대(Revolutionary Guard), 혁명재판소(Revolutionary Tribunals), 이슬람공화당(Islamic Republic Party)을 국가통치근간으로 한다. 이슬람 근본주의자로 구성된 호메이니가 주도하는 혁명위원회는 직선제대통령을 통제하는 정치체제를 수립한다. 종교와 정치를 혼합한 신정체제로 건조된 이란함조타수 호메이니는 설리반대사와 반스국무장관이 예견한 민주주의항구로 항해하는 것도 아니고, 브레진스키 안보보좌관과 후이서장군이 생각한 공산주의항구에도 정박하지 않은 이슬람 근본주의와 이란민족주의가 혼합된 신정독재체제를 구축했다. 혁명의 전위세력은 서구자유주의 체제뿐만 아니라 공산주의도 배격하는 과격한 이란민족주의로 무장한 젊은 학생들이었다. 이들 젊은 대학생세력은 이집트에 망명한 팔레비 국왕이 신병치료를 받으려 미국에 도착하자 이에 항의하여 1979년 11월 4일 테헤란 미국대사관을 점거하고 66명을 인질로 잡아두었는데, 대사관을 빠져 나가거나 석방된 인원을 제외하고 나머지 52명은 인질로 감금된다. 아울러 소련의 미사일실험과 군이동통신을 감청하기 위해 미국 국가안보청이 운영하는 이란 카브칸(Kabkan) 지역과 바샤하르(Behshahr) 지역 신호통신 레이더기지가 폐쇄되어 소련의 미사일, 핵무기 실험을 감시하는 신호통신 정보수집이 제약을 받게 된다. 이란에서 운용한 소련감시 정보체계상실로 카터대통령은 소련 브레즈네프(Leonid Brezhnev) 공산당서

66) Andrew, Christopher. 1996. *op. cit.* pp. 441-442.

기장과의 2단계 전략무기감축(SALT II) 협상에서 어려움을 겪게 된다.

1980년 1월부터 3월 사이에 브레진스키 안보보좌관, 터너정보부장은 3차례에 걸쳐 이란대사관에 억류되어 있는 미국외교관을 구출하는 공작을 대통령에게 건의하나, 카터대통령은 크리스토퍼(Warren Christopher) 특사가 진행하는 외교관석방협상에 차질이 생길 것을 우려해 구출공작을 승인하지 않는다. 그러나 협상이 여의치 않자 구출작전을 승인하고, 독수리발톱(Operation Eagle Claw)이라는 구출작전을 실행하게 된다. 3월 22일 항공정찰로 공작침투지역을 탐색하고, 4월 11일 국가안전보장회의에서 공작작전을 승인한다.[67]

독수리발톱 작전지휘부는 사령관 보트(James Vaught) 육군소장, 공군수송대장 카일(James Kyle) 대령, 헬기운용대장 세이퍼트(Edward Seiffert) 해병대령, 델타포스 침투공작대장 베크위스(Charles Beckwith) 대령, 정보부요원 메도우(Richard Meadows)로 구성된다.[68] 4월 24일 새벽 3시 15분에 8대의 헬기, 6대의 수송기(C-130)가 사막 1로 출발하여 베크위스대령이 인솔한 델타포스대원 120명을 수송한다. 그러나 제1거점에 도착하기도 전에 예상치 못한 사막폭풍을 만나 헬기 1대는 계기고장으로 니미츠항공모함으로 회항하고, 또 다른 1대는 추진력이 약해져서 사막 1 집결지에 버려 둔 채 다른 헬기에 탑승하여 운행가능한 헬기는 5대로 축소된다. 동시에 근처를 지나가던 이란인버스와 유류운송차량을 발견하고 억류하던 중 유류차량이 폭발하여 노출되고, 착륙장소를 정리하던 헬기가 유류수송항공기(C-130) 날개에 부딪쳐 화재가 발생한다. 작전에 필요한 헬기부족, 유류수송기화재, 인근에 위치노출 등으로 보트사령관과 베크위스 공작단장이 협

67) 준군사공작 작전계획은 침투거점을 사막 1(Desert 1), 사막 2(Desert 2)로 나누어 사막 1은 침투조의 1차 집결지로 이란 야즈드(Yazd) 주의 타바스(Tabas)이다. 사막 2는 테헤란시 인근으로 1차 집결지에서 출발한 헬기에서 내린 델타포스(Special Forces Operational Detachment: Delta Force) 특수부대가 미리 대기하고 있던 CIA 요원이 준비한 트럭에 탑승하는 공격출발점이다. 트럭에 탑승한 델타포스특수부대가 테헤란시내 루즈벨트거리를 지나 미국대사관에 진입하여 경비병을 제압하고 신속히 대사관직원을 트럭에 싣고 테헤란시내 암자디헤(Amjadieh Stadium) 축구경기장에 도착한다. 도착과 동시에 착륙한 헬기에 억류된 외교관 52명, 특수부대원, 현지안내 CIA 요원이 탑승하여 테헤란외곽 만자리헤(Manzariyeh) 공군기지를 장악하여 기다리던 수송기(C-141)를 갈아 타고 이란을 벗어나겠다는 작전계획이다. 그로부터 2주일 후인 4월 28일에 억류외교관 구출작전에 돌입한다.

68) 메도우요원은 특수전부대장교 출신으로 테헤란현지에서 지하공작을 수행하면서 구출공작팀을 대사관으로 수송하고, 외교관을 구출하여 이동하는 트럭구입과 대사관안내임무를 담당하였다.

의하여 백악관에 작전중단을 건의한다. 카터대통령은 오후 8시에 백악관안보회의를 거쳐 작전중지를 명령한다.

전 해군총장 홀로웨이(James Holloway) 제독은 8명의 구출작전 요원, 이란통역인 1명이 사망한 독수리발톱작전 실패원인조사 결과를 합참의장에게 제출한 보고서에서 작전계획과 지휘통제시스템의 허술, 임무담당팀간의 긴밀한 협조부족이 실패의 원인이었다고 지적한다. 그러나 결과적으로는 카터대통령이 구출공작작전에 보여 준 우유부단성, 반스국무장관과 브레진스키안보보좌관의 구출공작작전에 대한 첨예한 찬반대립으로 야기된 지휘부의 혼란, 예행연습 한번 없이 실행에 옮긴 짧은 기간에 급조된 작전계획, 예기치 못한 사막폭풍 등이 외교관구출작전의 중요 실패요인으로 볼 수 있다. 그리하여 상원과 하원 모두 정보와 공작에 관한 검토와 대통령의 준군사작전 권한행사범위를 정치쟁점으로 부각시켰다. 결국 테헤란주재 미국대사관에 억류된 외교관구출 작전실패는 카터대통령이 재선에서 레이건(Ronald Reagan) 공화당대통령후보에게 패배하는 길을 터주는 셈이 된다.[69] 닉슨대통령은 국내정치공작 실패로, 카터 대통령은 해외공작실패로 대통령직을 내놓은 것이다.[70]

1980년대는 미국이 견인하는 서방세계의 자본주의 자유시장체제 발전과 소련이 주도하는 사회주의 공산체제 확산으로 냉전은 극에 달했다가 서서히 하강곡선을 그리며 냉전체제가 종식되기 시작한 시대이다. 그 역사의 무대전면에는 레이건 제40대 미국대통령과 고르바초프 소련연방공화국 대통령이 있고, 무대 뒤에서는 정보부를 위시한 다양한 정보공동체전위들이 기동하고 있었다. 무대 전면에 나선 주역이나 무대 뒤에서 행동하는 조연이나 간에 국가안보력을 결집하여 운용하는 주류무기는 선제핵공격력확보, 냉전시대특유의 공작, 준군사 은밀작전이었다. 제40대 대통령으로 취임한 레이건대통령은 캘리포니아주지사로 포

---

69) 억류된 지 444일이 되던 1981년 1월 20일은 미국 40대 레이건대통령 취임식날이다. 대통령선서가 끝나고 20분 후 인질로 억류되어 있던 인질 52명 전원이 탑승한 보잉 727민항기가 미국을 향해 테헤란공항을 이륙한다. 인질협상이 진행된 북아프리카 알제리아를 거쳐 서독미공군기지 라인마인(Rhein-Main)에 도착하였다. 이 때 신임대통령배려로 갓 퇴임한 카터대통령이 풀려 난 이들 억류미국인 52명을 영접한다.

70) Kyle, James Colonel. 1990. *The Guts to Try*. New York: Orion; Andrew, Christopher. *op. cit.* pp. 454-455.

드대통령이 제의하여 록펠러부통령이 위원장이 된 정보개혁위원회 위원으로도 참여하여 정보공작에 남다른 관심을 가진다. 그는 공화당특유의 정치 철학을 가지고 국내적으로는 공급자위주의 경제로 세금을 감면하여 구매력을 극대화하고, 일자리를 창출하면서 국제적으로는 소련의 공산사회주의 팽창저지에 안보력을 결집시킨다. 동시에 재래식 군사력의 우수성과 핵무기선제공격 우위확보(first nuclear strike superiority)를 통해 안보력을 표출했다. 미국의 핵무기 선제공격 우위확보의 목적은 신호통신정보, 고공정찰기와 인공위성에 의한 영상정보, 인간정보의 입체적 운용으로 소련의 핵공격징후를 미리 감지하는 데 있었다. 계속해서 핵선제공격 이후에 정밀타격 핵무기운송 수단과 핵탄두우위확보로 소련에 우세한 핵억지력을 보이면서 냉전대결이나 군비통제, 외교관계에서 협상력을 높이고자 하였다.

레이건대통령이 취임한 1981년 소련은 미국과 북대서양조약기구(NATO)가 보유한 핵선제공격력을 검증하고, 소련이 취할 수 있는 대응전략을 수립하는 코드명 라이안(Raketno-Yadernoye Napadenie: RYAN) 계획을 실행한다. 런던주재 소련대사관정보관 고르디엡스키는 라이얀계획 복사본을 영국정보부에 넘겨 주면서 브레즈네프수상, 안드로포브 KGB 부장, 와르소동구 동맹군(Warsaw Pact Force) 사령관 쿨리코브(Viktor Kulikov) 장군이 미국과 나토가 핵선제공격력을 실제로 행사할 수 있다는 현실적 위협감을 심각하게 느끼고 있다고 전해 준다. 영국정보부는 이런 내용을 라이안계획서와 함께 레이건대통령, 케이시 미국 정보부장에게 보낸다. 레이건대통령은 헤이그국무장관, 와인버그국방장관, 알렌안보보좌관과 협의하여 소련, 동구권과 미국을 중심으로 한 서방세계간의 핵 선제공격 우위성을 검토하는 소련의 의도를 예의주시한다. 그러면서 대통령은 미국 정보공동체가 서로 협력하고 정보수집활동을 강화하며, 설득력 있는 분석을 지속적으로 수행할 것을 주문한다. 한편 소련과 쿠바의 협조로 납치와 테러를 일삼는 리비아 국가원수 카다피(Muammar Qaddafi) 대령의 행보를 주시하고, 중미의 니카라과좌파 집권세력 산디니스타(Sandinista of Nicaragua)가 중남미에 끼치는 정치, 경제 영향력을 분석하고 대응책을 수립한다.

당시 리비아지도자 카다피대령은 소련과 비밀정보협약을 맺는다. 내용은 소련은 리비아에 무기를 수출하고, KGB가 운영하는 모스크바 유리 안드로포프 정보

대학원에서 리비아정보요원을 훈련시킨다는 것이다. 이에 지중해에 전개되는 미국정보활동을 트리폴리에 상주하는 KGB 요원이 카다피에게 전하고, 카다피는 소련에 이집트, 이스라엘, 북아프리카 국가에 관한 정보를 제공하고, 트리폴리주재 서방외교관을 정탐하는 소련정보요원을 도와 준다. 카다피는 1981년 4월 19일 니미츠항모에서 이륙한 미해군 F-14 전투기를 요격하고, 5월에는 시카고에서 리비아인이 시민을 살해하여 FBI는 레이건대통령이 옥외집회에서 방탄조끼를 착용할 것을 권유한다. 1985년 12월 27일에는 미국인 5명을 포함한 27명이 로마와 비엔나 공항에서 팔레스타인 아부 니달(Abu Nidal) 조직으로 보이는 테러범의 공격에 의해 사망한다. 테러범 중 3명은 리비아정부가 제공한 튀니지여권을 소지하여 카다피의 원격지원이 있었음이 판명된다.

1986년 1월 15일 백악관에서 안보기관협의를 거쳐 CIA가 조정하면서 영상정보, 신호정보, 인간정보를 가동하여 리비아동향을 분석하고, 준군사공작작전을 준비한다. 카터대통령 당시에 사전예행연습 없이 급조된 이란에 억류된 외교관 구출계획과 달리 공작수행 예행연습을 범안보기관차원에서 조직적으로 실시한다. 레이건대통령은 먼저 워싱턴주재 리비아대사관을 폐쇄시킨다. 더하여 카다피가 주도하는 테러와 납치에 대응하려 수도 트리폴리(Tripoli)가 내다보이는 시드라만(Gulf of Sidra)에 미 7함대소속 해군항모가 진입한다. 1986년 3월 24일 항공모함에서 발진하여 초계비행을 하는 미해군전투기에 리비아전투기 MIG 23, 소련제 샘 지대공미사일이 견제하면서 적대행위가 벌어진다. 같은 시간에 동베를린주재 리비아대사관이 로마, 마드리드 등 유럽에서 미군이나 미국인이 자주 드나드는 장소에 대한 폭탄테러지령을 미국국가안보청이 신호통신 정보 감청으로 입수한다. 4월 4일에는 동베를린주재 리비아대사관이 리비아수도 트리폴리에서 기뻐할 사건이 조만간 발생할 것이며, 모든 거사는 흔적 없이 깨끗이 처리하겠다는 내용을 전송하는 암호전문을 미국국가안보청(NSA)과 영국신호통신정보청(GCHQ)이 동시에 찾아 낸다. 다음날 4월 5일 서베를린시내 라벨레(La Belle) 디스코텍에서 폭발물이 터져 미군상사 1명, 터키여성 1명이 사망하고, 50여 명의 미군을 포함한 230명이 부상을 당한다. 리비아 테러리스트 소행임을 확인하고 레이건대통령은 정보부, 국가안보청, 합동참모본부의 협조체계로 수립한 준군사작전인 일명 엘도라도협곡작전(Operation Eldorado Canyon Operation) 수행을 승인한다. 1986년 4월 14일 해군, 공군, 해병대 합동으로 F-117 스텔스폭격기 등을 포함한 폭격기전대는 영국 라켄히드(Lakenheath), 어퍼헤이포드(Upper Heyford) 기지와 지중해해역에서 작전중인 사라토가Saratoga), 아메리카(America), 코랄(Coral) 항모에서 발진하여 트리폴리시내 카다피관저가 있는 아지자(Azizyah Barrack) 병영, 자마히리아(Jamahiriyah) 병영, 트리폴리공군기지, 베니나(Benina Airfield) 공군기지와 지대공미사일, 대공포진지를 공습한다. 의회의 동의를 얻어 진행된 폭격에서 특히 아지자기지 내에 있는 카다피관저는 지하로 연결되어 있어 벙커침투탄(Bunkerburster)을 발사하여 딸은 사망하고, 두 아들은 부상당한 카다피는 겨우 몸만 빠져 나와 한 동안 실의에 빠졌다고 한다.[71)]

한편 이 시기에 중미국가 니카라과(Nicaragua)는 독재자 소모자(Anastasio Somoza)를 몰아 내면서 정세가 불안해진다. 1979년 7월 소모자를 축출하는 과정에서 산디니스타(Sandinista) 좌파혁명세력이 소련, 동구권, 쿠바의 도움을 받아 정권을 주도하게 된다. 이에 대항하는 반산디니스타세력이 콘트라(Contra)이다. 산디니스타는 압제받는 계급을 해방시키는 혁명(liberation revolution)이라는 의미이다. 반면 콘트라는 계급해방혁명을 분쇄하는 대항혁명(counter revolution)이라는 스페인말이다. 1981년 레이건대통령이 취임하면서 니카라과좌파정권이 소련과 쿠바지원으로 인근 중남미국가에 미치는 영향을 우려하여 좌파산디니스타 세력을 제거하는 공작을 추진하려 한다. 그리하여 1천9백만 달러 공작금을 지원하여 중앙정보부후원 하에 온두라스(Honduras) 인근 국경지대에서 콘트라지원군병력으로 5백 명을 선발하여 군사훈련을 시킨다. 증강된 콘트라군사 게릴라집단은 산다니스타 군사병영, 병참시설, 주요 접근로, 교량파괴로 산디니스타세력을 무력화시키려 한다. 또한 니카라과 산디니스타좌파세력에게 제공하는 소련, 쿠바, 동구권 국가의 군수품지원을 원천봉쇄하려고 미국중앙정보부는 해군의 도움을 받아 콘트라를 앞세워 니카라과수도 마나과(Managua) 항구에 기뢰를 부설하여 봉쇄작전을 편다.

---

71) Stanik, Joseph. 2003. ***El Dorado Canyon: Reagans's Undeclared War With Qaddafi.*** Annapolis, MD: Naval Institute Press; Pollack, Kenneth. 2002. ***Arabs at War, Military Effectiveness, 1948-1991.*** Lincoln, Nebraska: The University of Nebraska Press; Andrew, Christopher. 1996. ***op. cit.*** pp. 482-484.

그러나 1982년 12월 8일 하원세출위원회에서 볼란드(Edward Boland) 하원정보위원장이 제안한 부대조건을 달아 1983년도 국방비를 심사하여 통과시키고 12월 21일 레이건대통령이 서명하여 1983년도 예산안은 집행된다. 볼란드의원이 제시한 부대조항은 미국중앙정보부(CIA)는 금후 좌파산디니스타 세력을 무력화시키는 콘트라반군세력에 군사훈련, 군사지원, 무장, 병참보급, 자금제공을 금지한다는 것이었다(Intelligence Authorization Bill of 1983). 이에 따라 레이건대통령은 기자회견에서 금후 산디니스타정권의 전복 같은 공작은 없을 것이라고 천명한다. 그러나 볼란드의원은 더 나아가 군에서 지원하는 군사훈련, 무기제공, 병참지원도 저지하려고 1983년에는 "국방부도 니카라과 콘트라반군에 군사지원을 해서는 안 된다"라는 금지조항을 제안한다. 그리하여 1984, 1985, 1986년 국방예산을 통과할 때 연속적으로 수정안을 내어 좌파산디니스타군을 공격하는 콘트라반군을 정보부나 국방부가 군사지원을 못 하도록 법적으로 규제를 한다.

따라서 니카라과좌파 산디니스타세력을 축출하려는 레이건대통령의 의도에 국방부나 정보부 등 정보기관의 적극적 협조가 어려워져서 대통령직속 국가안보회의 사무국이 우파콘트라반군을 지원하여 좌파산디니스타세력을 축출하려는 임무를 떠맡게 된다. 원래 카다피관저, 공항, 군사기지를 비롯한 리비아 폭격은 중앙정보부, 국가안보청 등 정보기관지원 속에 국방부 합참지휘로 해군, 공군, 해병대가 수행할 공인된 준군사작전이었다. 그러나 의회의 제안조치에 의해 정보부나 국방부 공식지원이 없이 대통령 개인의지가 강하게 투영된 콘트라반군지원은 국가안보회의 사무국이 수행하는 단독공작으로 문제를 안고 있었다. 백악관 국가안보회의 사무국간사는 대통령안보보좌관이다. 알렌, 클라크(William Clark)를 이어 안보보좌관으로 맥팔레인(Robert McFarlane)이 기용되어 부보좌관 포인덱스터(John Poindexter) 제독과 함께 케이시중앙정보부장, 와인버그(Caspar Weinberger) 국방장관의 지원 속에 레이건대통령의 최우선 안보쟁점인 콘트라반군지원계획 수행을 책임진다. 물론 콘트라반군지원 실무공작계획책임자는 국가안보사무국에 파견된 노스(Oliver North) 해병중령이었다. 그러나 배후에서 적극지원에 가담한 인물은 각료급인 케이시(William Casey) 중앙정보부장이다.[72] 케이

72) 케이시는 2차 대전 당시 전략정보실(OSS) 공작정보장교이며, 월가부호변호사로 레이건대통령 선거본부장을 역임한 인물이다.

시부장, 맥팔레인보좌관, 포인덱스터부보좌관이 팀이 되어 콘트라반군지원 자금을 해외에서 조성하기로 한다. 첫 접촉인물이 주미사우디대사 반다르 빈 술탄(Bandar bin Sultan) 왕자로 콘트라반군을 위한 지원금으로 매년 100만 달러를 내놓기로 한다. 그러나 슐츠국무장관은 베이커(James Baker) 비서실장에게 이 같은 공작은 대통령탄핵사유에 해당한다고 주의를 환기하고 게이트(Robert Gate) 정보부 정보담당 부부장은 우파콘트라반군은 응집력이 없고 주민지지가 결여된 조직으로 산디니스타군을 제압할 수 없을 것이라고 지원 자체에 회의적이었다. 결국 1984년 12월 쿠바와 소련지원으로 증강된 산디니스타군이 콘트라반군을 소탕하면서 산디니스타좌파세력은 니카라과집권세력으로 부상하게 된다.

한편 1984년 3월 16일 레바논 미국대사관의 정보부 베이루트주재관 버클리(William Buckley)가 헤즈볼라(Hezbollah) 이슬람조직에 납치당하여 살해되고, 1985년에는 미국인 5명이 납치된다. 레이건대통령은 납치범과의 협상, 납치범에게 석방금지불은 없다고 천명하면서도 중앙정보부, 국가안보회의 사무국에 인질을 구할 방도를 적극적으로 모색하라고 지시한다. 레바논의 영향력 있는 이슬람무장정치조직인 헤즈볼라는 원래 이란국가 및 종교지도자인 호메이니의 지원을 받고 이란공화국 혁명수비대의 군사원조로 1980년대에 강화된 정치군사조직이다. 1980년부터 1988년까지 진행된 이란과 이라크 전쟁에서 서방세계에서 첨단무기 구매가 필요하던 중에 이란은 이란무기중개인 고르바니파(Manucher Ghorbanifar)를 앞세워 레바논 헤즈볼라조직에 영향력을 행사하여 억류된 미국인석방을 돕겠다고 미국에 접근한다. 대신 이란은 미국에 토우대전차미사일(Tow missile), 호크지대공미사일(Hawk missile)과 부품판매를 요청한다. 콘트라반군 지원계획을 수행하는 국가안보회의 사무국의 노스해병중령은 케이시부장, 맥팔레인안보보좌관, 포인덱스터부보좌관과 협의하여 이란으로의 무기판매는 인질도 구하고 니카라과 콘트라반군을 지원하기 위한 재원도 조달할 수 있는 일석이조의 방안이라고 하여 실행에 옮긴다. 무기판매는 1차로 1985년 7-8월 사이 이스라엘정부의 승인으로 이스라엘무기상이 이스라엘이 보유하고 있는 토우대전차미사일 96기, 9월에 408기, 11월에 호크지대공미사일 18기를 이란에 판매한다. 그리고 노스중령은 미국이 직접 이란에 무기를 판매하는 통로를 개척하면서 1986년 2월에 2차에 걸쳐 토우미사일 1,000기, 5-10월에 토우미사일 1,000기, 호크미사일부품

240여 개를 이란무기상 고르바니파에게 판매했다. 노스중령은 이 판매대금으로 이스라엘이 이란에게 판매한 만큼의 토우미사일과 호크미사일 부품을 구입하여 이스라엘에 수송한다. 포인덱스터안보보좌관, 노스중령은 판매차익금을 니카라과 콘트라반군을 위한 군사지원금, 군수품, 병참제공으로 사용한다. 그리하여 1986년 7월 납치된 젠코(Lawrence Jenco) 신부가 1차로 석방되고, 이어서 마틴(Lawrence Martin), 제콥슨(David Jacobsen)이 풀려 나온다. 한편 1986년부터 콘트라반군지원은 강화되어 니카라과북부와 남부콘트라거점에 군수지원이 공수되고 국가안보보좌관을 사임한 맥팔레인은 노스중령과 함께 독일 프랑크푸르트와 마인에서 이란인협조자를 만나 테헤란을 직접 방문하여 이란국회의장 라프산자니(Akbar Hashemi Rafsanjani) 조카이며 혁명수비대요원인 바라마니(Hashemi Bahramani)와 회동하여 레바논에 억류되어 있는 다른 미국인석방교섭을 부탁한다.

미사일무기판매가 네다섯 차례 계속되던 중 레바논주간지 알시라(Al-Shira)가 맥팔레인 전 안보보좌관이 테헤란을 방문하여 무기거래, 인질석방을 의논하였다는 기사를 다루고, 이스라엘무기상 3명은 무기거래로 손실을 초래하였다고 케이시 중앙정보부장을 상대로 법원에 1,000만 달러 변제소송을 제기한다. 아울러 이 시기에 콘트라반군에게 제공하는 탄약 등 군수품을 적재한 수송기(C-123K)가 격추되어 승무원 1명이 산디니스타군에 생포되어 의회에서 정치쟁점으로 비화되었다. 레이건대통령은 1986년 11월 13일 이란에 무기를 판매했으나, 이란이 레바논에 억류되어 있는 미국인인질을 석방하도록 중재하는 조건으로 판매한 것은 아니라고 말한다. 곧이어 1986년 12월 1일 레이건대통령은 대통령특별조사위원회(President's Special Review Board)를 구성하여 이란에 무기를 판매한 사건전모와 무기판매이익금을 니카라과우파 콘트라세력에 제공한 과정을 파헤치게 한다. 타워(John Tower) 상원의원을 위원장으로 하여 일명 타워위원회라고 불리는 위원회 멤버는 카터대통령 당시 국무장관이었던 머스키(Edward Muskie), 포드대통령 안보보좌관을 역임한 스코크롭트(Brent Scowcroft) 3인으로 구성된다. 또한 의회의 민주당의원은 자체 조사보고서, 법무장관 미스(Edwin Meese)는 법무부조사보고서, 월시(Lawrence Walsh) 특별검사는 자체 조사보고서를 별도로 작성한다. 모든 보고서에서 제시된 공통점은 백악관 국가안보회의 사무국이 주동이 되어 콘트라반군에 중앙정보부나 국방부가 군사지원을 하지 못하도록 규정한 볼란드수정법을 교묘하게 빠져 나가려 했다고 지적하고 있다. 또한 이란-콘트라 사건에 개입한 부하감독불철저, 무기판매내역과 판매이익금지원의 구체적 내용을 보고받지 못하였다는 대통령의 국정관리 감독소홀과 함께 대통령 책임론을 제기하였다. 이란의 영향을 받고 있는 레바논 헤즈볼라조직에 억류된 미국인을 석방하려고 이란에 무기를 판매하면서 무기판매이익금을 니카라과우파 콘트라군에게 제공한 대통령과 국가안보회의 사무국의 단독비밀주의 행동에 많은 논란이 있었다. 당시 케이시중앙정보부장은 뇌종양으로 수술을 받고 요양 중에 있었다. 임종이 가까워지고 있다는 소식을 듣고 워싱턴 포스트 우드워드편집부국장이 문병하여 케이시부장에게 인터뷰를 하였다. 그리고 질문이 맞으면 고개만 끄덕여 달라고 했는데, "레이건대통령이 이란에 무기를 판매한 내용과 차익금을 니카라과의 콘트라반군에게 제공한 사실을 알고 있었느냐"는 질문에 케이시는 고개를 끄덕였다고 한다. 후에 와인버그국방장관, 노스중령도 자서전에서 이와 유사한 내용을 기록하고 있다.[73]

레이건대통령은 포인덱스터안보보좌관과 노스중령이 제출한 사표를 처리하고, 구체적 보고를 받지 못하고 철저한 감독을 하지 못한 책임을 통감하고 궁극적 책임은 대통령이 지겠다는 대국민성명으로 이란-콘트라 사건은 종료된다.[74] 그러나 정보부나 국방부는 콘트라세력을 지원해서는 안 된다는 금지규정을 포함한 정보허용법인 볼란드수정안은 내용이 모호하고, 국가안보회의 사무국은 정보부나 국방부가 아닌 3권분립체제 내의 대통령 고유지원조직이라는 법이론을 제시하여 논란이 일었다.[75] 대의명분이 뚜렷하고 바람직한 정보공작이 되도록 의회, 정보위원회, 국방위원회와 백악관, 정보부, 국방부가 긴밀한 토론, 합의를 도출하는 노력이 있어야 한다는 여론에 따라 행정부는 의회와 긴밀한 협의를 가지

73) Woodward, Bob. 1987. *Veil: The Secret Wars of CIA*. New York: Simon and Schuster. pp. 575-580; North, Oliver. *1992. Under Fire*. New York: HarperCollins; Weinberger, Caspar. *Fighting for Peace: Seven Critical Years in Pentagon*. New York: Grand Central Publishing.

74) 포인덱스터안보보좌관, 안보사무국 실무자 노스중령, 국방장관 와인버그, 맥팔레인 전 안보보좌관 등은 사법처리되었으나, 이후 부시(George W. H Bush) 대통령에 의해 사면된다.

75) Meese Ⅲ, Edwin. 1992. *With Reagan, The Inside Story*. Washington, D.C.: Regnery Publishing, Inc. pp. 272-303.

게 된다. 그리하여 부시대통령 이후 의회와 행정부 협조 속에 니카라과안정화에 기여하여 1990년 4월 25일 대통령선거에서 55% 득표율로 우파성향의 차모로(Violete Chamorro) 여사가 좌파후보 오르테가(Daniel Ortega)를 누르고 대통령에 당선된다. 그 이후 두 번의 우파대통령을 거쳐 오르테가좌파지도자가 2006년 대통령선거에서 37%의 득표율로 당선된다. 세계의 언론, 미국과 국제선거기구 참관으로 선거를 통하여 좌파정권이 제도적으로 안착하게 된다.

레이건대통령은 레바논에 감금된 인질을 구하고, 우파콘트라세력을 도우려는 2마리 토끼를 잡으려는 대통령안보팀의 폐쇄적 공작수행으로 곤경에 처하게 된다. 이처럼 냉전시대의 정보공작 성패는 대통령과 한 나라의 명운에 영향을 준다는 것을 역사는 말해 주고 있다. 그리하여 67%로 높았던 레이건대통령에 대한 국민지지도가 46%까지 떨어졌다.[76] 그러나 냉전의 장벽을 허무는 서방세계의 주역으로 임기 말인 1989년에는 64%의 국민지지도로 인기를 되찾았다. 바로 1985년 11월 레이건대통령이 제네바에서 떠오르는 소련지도자 고르바초프를 만나 "미래자손들을 위해서라도 이 끔찍한 군비경쟁에 종지부를 찍읍시다"라고 군비통제를 제의한 것이다. 다음해 10월 아이슬란드 레이캬비크(Reykjavik) 회담에서는 고르바초프 소련대통령이 동유럽에 배치된 소련중거리핵미사일을 전부 제거하고, 핵탄두를 절반으로 감축하며, 장차 미국과 소련의 핵무기를 제거하자는 제의를 한다. 겸하여 고르바초프는 미국이 수행하려는 전략방어 미사일체계(Strategic Defense Initiative: SDI)를 포기해야 한다는 조건을 제시한다. 레이건대통령은 단호하게 거부하면서 이렇게 응수한다. "우리에게는 군축이라는 단 하나 선택이 있을 뿐입니다. 군사력에서 소련이 미국을 이길 수가 없고, 군사력으로 소련이 미국을 압도하게 놓아두지 않을 것입니다. 그래서 우리 모두 다같이 군비경쟁을 끝내도록 합시다. 고르바초프, 당신이야말로 내가 대화할 적임자입니다." 그리고는 조건부핵무기감축을 반대하고, 재래식 무기와 중거리핵미사일 감축을 제의한다. 이는 냉전체제를 허무는 초석을 다지게 된다.[77] 다음해인 1987년 고르바초프 소련대통령은 아프가니스탄주둔 소련군에 철군명령을 내린다. 그리고

76) Andrew, Christopher. 1996. *op. cit.* pp. 490-493.

77) Meese Ⅲ, Edwin. 1992. *op. cit.* pp. 272-303; Thabi Books. 2001. ***Ronald reagan: An American Hero***. New York: Dorling Kindersley. pp. 205-206.

1987년 12월 미국을 방문하여 중거리핵미사일(Intermediate-Range Nuclear Forces Treaty: INF Treaty) 폐기협정조인식을 갖는다. 이에 대한 화답으로 1988년 5월 29일 레이건대통령이 모스크바를 방문하여 소련은 이제 악마 제국이 아니며, 세계평화를 의논할 수 있는 대화의 상대라고 공언한다. 레이건과 고르바초프는 모스크바회담에서 재래식 무기와 핵무기 감축에 이어 화생방무기 감축과 테러예방을 중요의제로 다루게 된다. 레이건대통령이 주도권을 갖고 강력하게 군비축소협상을 밀어붙이고, 냉전체제를 허무는 배경에는 신호통신정보, 영상정보, 그리고 인간정보를 총체적으로 동원하여 분석한 소련과 미국, 동구권과 유럽의 경제력, 군사력 비교평가에서 얻은 자신감이 있었다. 특히 영국으로 망명한 KGB의 런던지부장 고르디엡스키대령이 백악관에서 레이건 대통령에게 설명해 준 소련정세와 고르바초프지도력에 관한 인간정보력이 큰 힘을 발휘한다. 개혁개방정책인 페레스트로이카(Perestroika)를 실현하기 위해 미국과 군사력 대결이 아닌 대화로 진솔한 군축협상을 바라는 고르바초프리더십을 인지한 레이건대통령은 소련과의 대결에서 대화로 선회한 것이다.

한편 루마니아의 김일성으로 불리던 차우세스쿠(Nicolae Ceaucescu)가 1965년에 대통령에 취임하여 집권 25년이 된 1989년 북한의 김일성을 방문하고 돌아간지 2주 후에 시민에 의해서 권좌에서 쫓겨나 처형당한다. 불과 2주 전에 자기를 만나고 돌아간 차우세스쿠대통령이 처형되었다는 소식에 김일성은 대경실색한다. 이에 북한주민동태를 살피고 국내침투 공작원체포를 주목적으로 정권초창기에 설치되어 1960년대까지 존재한 국가정치보위부를 1980년대에 국가보위부로 바꿔 기능을 강화한다. 그러다가 국가보위부는 1993년에 다시 주민통제, 외부세력유입을 원천봉쇄하기 위한 대내지향 정보보안기구로 확대강화된 국가안전보위부로 재편된다.[78] 냉전체제해체로 동유럽의 공산권국가는 민주화와 시장경제

78) 김일성사망 후 김정일계승을 북한에서 지켜 본 평양주재 러시아대사 제니소브(Valeri Denisov)를 2002년 12월 10일 모스크바소재 한국관에서 면담하였다. 그리고 소련군총참모부 작전참모이자 독립국가연합군 수석참모차장 오말리체프(Bronislov Omalichev)를 1992년 6월 1-2일에 서울에서 열린 한반도군축 4개국 세미나 참석시 인터컨티넨탈호텔 객실에서 면담하였다. 마지막으로 이르게바예프(Amangeldy Irgevaev)를 1991년부터 공산당국제부 한국담당, 외교통상부 남북한담당관, 주한러시아대사관 정무공사로 재임할 때까지 그의 사무실과 필자의 연세대 연구실에서 토론하고 면담하였다.

체제로 전환하면서 국가정보시스템도 체질개선을 하게 된다. 그러나 중국의 정보시스템은 공산체제 내에서 점진적 변화를 겪는 반면, 북한의 정보시스템은 선군정치와 유교적 세습체제 사수에 전위로 나서는 정보기구로 일관하고 있다. 쿠바는 그 중간에 위치하고 있다.

동구권몰락과 냉전체제해체 후의 세계안정화에 기여한 전위세력은 적실성이 있는 정보수집, 분석으로 정보를 제공하는 다양한 미국정보공동체였다. 아울러 그러한 정보를 제공받은 부시대통령과 참모의 발빠른 대응조치가 뒤따랐다. 1989년 9월 18일 베를린장벽이 무너지면서 동유럽의 공산권국가는 1990년부터 1991년 기간에 소련 공산위성국 체제에서 민주화와 시장경제로 독립된 주권 국가로 발전한다. 폴란드는 1990년 1월 집권공산당이 해체되고, 에스토니아(Estonia), 리투아니아(Lithuania), 라트비아(Latvia) 발틱 3국은 1991년 민주화과정을 거치면서 내각제국가로 발전한다. 그리고 체코(Czech), 헝가리(Hungary), 슬로바키아(Slovakia), 크로아티아(Croatia), 세르비아(Servia), 슬로베니아(Slovenia), 불가리아(Bulgaria), 루마니아(Rumania), 발칸제국(the Balkan States), 아르메니아(Armenia), 조지아(Georgia)도 민주시장 경제체제국가로 발전하게 된다. 이 기간에 부시대통령은 고르바초프 소련대통령과 3차례 정상회담으로 냉전체제와해 이후의 동유럽공산국가의 민주화에 보조를 같이하고 전략핵감축협약을 체결한다. 1989년 12월 2일과 3일 간의 몰타회담(Malta Meeting)에 이어 1990년 5월 30일과 6월 2일 간 워싱턴회담, 그리고 1990년 7월 29일과 8월 1일 사이의 모스크바회담에서 전략핵감축(Strategic Arms Reduction Treaty: START) 조인식을 가진다. 이 조인식 이후 한결 가까워진 관계로 부시대통령이 고르바초프 대통령에게 소련공산당보수파가 고르바초프의 개혁노선에 반기를 들 가능성을 경고하면서 정보를 제공한다. 그러나 고르바초프대통령은 자기를 보호하려는 정보제공제의에 크게 개의치 않았다. 하지만 소련연방이 해체되어 새로운 국가체제를 갖추는 러시아공화국의 대통령이 된 옐친은 부시대통령이 제의한 정보차원의 지원을 받아들였다. 그리하여 부시대통령이 승인하여 모스크바에 파견된 정보요원이 옐친대통령의 신변안전과 통신보안조치에 도움을 주게 된다.

KGB 의장 쿠르츠코브(Vladimir Kryuchkov)가 주동이 되어 야조브(Dmitri Yazov) 국방장관, 푸고(Boris Pugo) 내무장관, 야나예브(Gennadi Yanayev) 부통령 등 공산

보수파가 고르바초프를 제거하려는 공작이 1990년 8월 19일 월요일에 진행된다. 월요일 아침 타스통신과 모스크바국영방송국은 고르바초프대통령이 건강상의 이유로 대통령직을 수행할 수 없어 부통령인 야나예브가 대통령직을 대행한다고 공포한다. 개혁이 한창인 소련에서 8인으로 구성된 국가비상대책위원회라는 이름으로 위장된 쿠데타팀에 동조하는 사회세력은 없었다. 특히 서방세계에서 영국 대처수상, 독일 콜수상, 미국 부시대통령은 이런 시대착오적인 공산보수파의 정권찬탈에 전세계가 일어나서 반대하고, 소련의 개혁개방정책을 지원해야 한다고 호소한다. 이미 모스크바에서 활동하는 미국정보요원은 부시와 옐친에게 흑해연안 별장에 감금되어 있는 고르바초프대통령주변에 군사적 위해상황은 없는 것 같다는 인공위성사진, 국방부장관 야조브가 내린 군사동원령에 관구사령관이 응하지 않는 통신내용을 알린다. 동시에 KGB 정보부 특공암살대 알파팀(Alpha Group)이 러시아의회의 옐친대통령 집무실로 가서 옐친을 체포하라는 쿠르츠코브 KGB의장이 내린 명령을 알파팀이 거부한 사실도 알린다. 이런 통신내용은 미국국가안보청이 감청하여 정리한 신호통신정보이다. 또한 미국 정보팀은 옐친대통령이 러시아전략부대 지휘관에게 군사동원을 자제하라는 통신내용이 쿠데타를 일으킨 공산보수파세력 모르게 전파되도록 통신보안을 유지하게 지원한다.[79] 8월 21일 공산보수파 정권찬탈은 실패하고, 참가자전원은 체포되었다. 그리고 감금상태에서 풀려 난 고르바초프는 모스크바로 귀환한다. 동시에 군대, 정보기관, 국내보안부대, 경찰을 안정시킨 옐친 러시아대통령이 새로운 러시아지도자로 부상한다. 러시아의 내부개혁 흐름, 국제사회의 주시, 미국의 지원, 특히 정보지원으로 고르바초프에서 옐친으로 러시아정권이 비교적 순조롭게 계승된 후인 1991년 크리스마스이브에 고르바초프는 부시대통령에게 다음과 같은 전문을 보낸다. "소련핵무기사용을 허가하는 대통령이 소지한 핵무기암호가방을 안전하게 옐친 대통령에게 전달하였습니다."[80]

---

79) Andrew, Christopher. 1996. *op. cit.* pp. 528-531.

80) Beschloss, Michael R and Strobe Talbott. 1993. *At the Highest Levels: The Inside Story of the End of the Cold War*. Boston: Little, Brown & Co. pp. 531-533.

요 약

인간정보, 신호통신정보에서 영상정보, 사이버정보로

- 1차 대전에서 영미간에 이루어진 인간정보, 2차 대전에서 노획한 독일 암호체계 에니그마를 활용한 울트라 사업의 신호통신 정보는 냉전 이후 미국의 U-2, SR 71 정찰기, 전자사이버 정보전으로 발전
- 2차 대전 이후 현시점에서, 영국 정보력 우위에서 미국 우위의 정보력 이동 현상(Intelligence Power Shift)

3. 이슬람극단주의 대량살상 테러대응정보기구 개혁

냉전체제해체 이후 군사력을 전유물 같이 행사하던 강대국을 제치고 민족, 종교, 국지적 이해충돌로 역사의 전면에 나서는 작은 국가들이 있다. 특히 이슬람 근본주의자의 고강도 테러행위가 새로운 세계안보의 위협요인으로 부상하였다. 1990년 사담 후세인(Saddam Hussein) 이라크대통령이 쿠웨이트를 침공하여 쿠웨이트유전을 접수한 것을 시발로 2001년 9월 11일 이슬람 과격민족주의자 오사마 빈라덴(Osama bin Laden)을 배후로 한 테러리스트들이 민간항공기로 뉴욕 무역센터를 붕괴시켰다. 냉전 이후 세계안보위협 세력으로 자리매김한 이슬람 과격근본주의의 대량학살 테러행위는 미국정보공동체에도 크나큰 변혁의 바람을 불러일으켰다.

1990년 8월 2일 사담 후세인은 친위군인 공화국수비대 12만 병력을 주축으로 50여 만 병력을 동원하여 탱크 850대와 스커드미사일로 무장하여 쿠웨이트를 침공한다. 침공명분은 쿠웨이트는 원래 오토만제국의 바스라(Basra) 지역일부로 이라크영토라는 것이었다.[81] 개전초기에 이라크는 헬기와 소형 함선으로 신속하게 공항과 군사기지를 파괴하면서 수도인 쿠웨이트시로 진입하여 침공 이틀 만에 쿠웨이트를 점령한다. 후세인 이라크대통령은 쿠웨이트를 이라크 19번째 성으로 병합하고, 그의 사촌 알마지드(Ali Hassan al-Majid)를 성장으로 임명한다. 후세인 대통령이 계속해서 인근 서부지역의 사우디를 공격하고 이어서 중동이슬람지역의 유전을 장악할 것을 우려한 사우디를 비롯한 중동국가들은 강대국의 군사력 개입을 요청하게 된다. 미국, 영국, 프랑스, 독일 등 유럽국가는 물론 아시아의

---

81) 쿠웨이트지역을 다스린 알사바(al-Sabah) 왕족은 주권국가로 독립하기 위해 1899년에 영국에 외교적 보호를 요청하였다. 2만 평방킬로미터의 영토와 340만의 인구를 갖고 있는 쿠웨이트는 세계석유비축량의 10%인 1천40만 배럴을 보유한 세계석유 5대 산유국이다. 무역의 95%는 석유수출이고, 정부지출의 80%는 석유판매에서 나온다. 그런 쿠웨이트를 보호령으로 만든 영국은 이라크와 쿠웨이트 지역을 분할하는 국경을 정하여 이라크의 접근을 차단하였다. 1961년 영국에서 독립한 쿠웨이트는 입헌군주제로 출발하여 1963년에 이라크도 공식적으로 쿠웨이트를 국가로 승인하게 된다. 쿠웨이트는 이라크와 이란 전쟁이 한창일 때 이라크에 650억 달러에 달하는 전비를 빌려 주었다고 알려져 있는데, 빚을 면제해 달라는 이라크요구를 묵살한다. 특히 쿠웨이트는 석유가격을 올리려고 석유생산량을 감산하자고 제안하는 이라크요구를 거부한다.

일본, 한국도 안정적 석유공급을 바라며 이라크의 쿠웨이트침공에 적극적 대응책을 강구하게 된다.

부시대통령이 주축이 되어 먼저 유엔안전보장이사회에서 이라크의 쿠웨이트 침공을 규탄하고 이라크를 경제적으로 고립시키고 봉쇄하는 유엔결정 665호 조치를 발동한다. 이어서 유엔은 이라크가 쿠웨이트에서 1990년 11월 29일부터 1991년 1월 15일 사이에 철군하지 않으면 어떤 군사조치도 할 수 있다는 유엔 660호에 따를 것이라는 새로운 유엔결정 678호 조치를 내린다. 유엔의 결정과 부시대통령의 요청에 따라 미국 상하양원도 미군파병을 결정한다. 사막의 방패 작전(Operation Desert Shield)은 이렇게 시작된다. 그러나 후세인이 유엔이 결정한 날짜에 철군하지 않고 쿠웨이트를 계속 점령하자 미국을 비롯한 34개국 군병력 95만여 명이 쿠웨이트탈환에 참여한다.[82] 미군은 사우디에 집결한 해병사단, 육군사단 병력을 포함한 수개의 군단급 전투병력과 걸프해역에 집결한 아이젠하워, 인디펜던스 항공모함, 미조리, 위스콘신 순양함으로 공군과 혼성항공전단을 꾸린 야전군수준의 병력 55만으로 구성된다. 중부군사령관 슈워츠코프(H. Norman Schwarzkopf) 장군이 미군과 다국적군을 총괄지휘조정하며, 작전명 사막의 폭풍(Operation Desert Storm)을 전개한다. 1990년 8월 2일 이라크군이 쿠웨이트를 침공한 직후 5개월이라는 작전준비기간을 거쳐 1991년 1월 21일 연합군공군이 이라크군 레이더기지, 공군기지, 통신시설을 파괴하고 23일부터 미군 해병대를 선두로 지상군이 투입되어 쿠웨이트를 탈환한다. 개전 후 한 달 만인 2월 22일 러시아가 휴전을 중재하고, 2월 26일 이라크군은 바그다드로 통하는 고속도로를 이용하여 퇴각할 때 연합군공중포화에 괴멸한다. 2월 28일 부시 대통령은 공식적으로 전쟁종료를 선포하고 걸프전쟁은 종식된다.

이 전투에서 미군항공기의 공중정찰, 특히 공중경보기(Airborne Warning and Control System: AWACS) 활용이 두드러진다. 또한 이라크군배후에 정찰팀을 침투시켜 공군기지와 통신시설 등 중요 군사기지위치를 공격군에게 알렸다. 인공위성과 연계한 표적확인추적 시스템(Global Positioning System: GPS)을 활용하여 항

82) 60억 달러의 전비 중에 사우디가 40억, 그 중 상당 부분은 쿠웨이트가 부담하고, 병력을 파견하는 대신에 독일은 10억, 일본은 6억6천만 달러를 분담하고, 나머지는 미국을 포함한 참가국 일부가 부담한다.

모전단에서 발사한 토마호크 순항미사일을 유도하여 레이더기지, 부대집결지를 정확하게 포격할 수 있었다. 적실성이 있는 전투, 전술정보와 병행하여 중앙정보부, 영국해외정보부, 독일정보부가 이라크내부정세를 수집하여 제공한 정보는 다국적 연합군진군작전에 도움을 주었다.83)

한편 이 시기에 중남미 파나마에서는 군참모총장으로 정부최고지도자가 된 노리에가(Manuel Noriega) 장군이 선거로 당선된 엔다라(Guillermo Endara) 후보를 무시하고 계속 정권을 장악한다. 관련하여 카터대통령 때 미국이 건설하여 운영하여 온 파나마운하관리권을 파나마에 넘겨 주면서 독립적이고 안전한 관리를 명기한 협정을 체결하였다. 그러나 1989년 12월 부시(George H. W. Bush) 대통령은 카터대통령과 토리요(Martin Torrijos) 파나마대통령 사이에 맺은 파나마운항관리조약이 파행을 빚고, 파나마운하를 지나가는 국제선박안전에도 문제가 있음을 알게 된다. 더구나 노리에가장군은 파나마운하 협약준수를 파기하고, 마약밀거래에도 관여하면서 파나마인은 물론 파나마거주 미국인들의 인권을 유린하였다. 이에 분노한 미국은 운하안전운영의 파행, 마약거래 범죄책임, 민주주의구현을 명분으로 노리에가제거를 계획한다. 1989년 12월 20일 CIA 정보, 국가안보청 신호통신정보, 인공위성에 보낸 영상정보를 입체적으로 가동하여 노리에가를 제거하는 작전명 위해소탕(Operation Just Cause)에 돌입한다. 육군공수부대, 육군, 해군, 해병대, 특수전부대, 헌병, 공병단, 항공모함전단 등 연합부대가 파나마에 상륙하여 파나마시를 장악하고 노리에가장군과 그를 추종하는 군부대를 무력화시킨다. 작전개시 2주 만인 1990년 1월 3일 은신중이던 가톨릭 사제관에서 항복하려 나온 노리에가를 체포하여 파나마군정은 종식된다.

이라크 후세인이 점령한 쿠웨이트를 탈환하는 사막의 방패작전, 노리에가를 제거하는 파나마안정화작전에서 얻은 교훈은 적실성이 있는 전투정보와 전략정보를 획득하는 데 중앙정보부와 미국정보공동체의 정보협조가 필수적이라는 것이다. 그리하여 부시대통령은 1991년 11월 12일 상원인준을 받은 게이트를 중앙정보부장에 임명하면서 2005년까지 변화하는 세계와 미국상황을 고려하여 20개

83) Hiro, Dilip. 1992. *Desert Shield to Desert Storm: Second Gulf War*. New York: Routledge; Smith, Jean Edward. 1992. *George Bush's War*. New York: Henry Holt; Andrew, Christopher. 1996. *op. cit.* pp. 523-525.

행정부처가 업무를 수행하는 데 필요로 하는 정보요구사항을 제출토록 한다. 전통적인 군사, 외교안보에 관한 정보수요 외에 환경, 의료, 생명공학, 자원 등 광범위한 영역에서 부처별로 얻고자 하는 정보를 나열해 보는 것이다. 부시대통령이 지시한 국가안보평가(National Security Review 29)는 냉전체제 이후 미래를 대비하는 미국정보활동 지표를 발굴하는 정보수요 예측조사라 할 수 있다. 게이트 정보부장은 4개월 후인 1992년 3월 국가정보 수요예측보고서를 제출한다. 미래정보수요 예측에는 소련은 해체되어 더 이상 군사안보상의 정보수집 임계치대상이 아니다. 그리하여 소련을 관찰하는 정보활동비는 15%로 감축된다. 그러나 소련연방공화국이 러시아, 우크라이나, 카자흐스탄, 키르키스탄 등으로 분리독립된 상황에서 각 공화국이 보유하고 있는 전략핵무기, 미사일, 화생방 무기의 철저한 통제가 필요하였다. 그리하여 미국정보공동체는 계속 이들 공화국을 정보관찰대상으로 두게 된다. 그리고 이란과 이라크의 핵무기, 화생방무기 생산시도를 저지하려는 노력에 정보력을 집중하게 된다.

미래정보예측에 따른 후속대책으로 미국 주요 정보기관이 모인 정보공동체의 정보활동 조정협조역할을 중앙정보부가 맡도록 하였다. 그리하여 정보부에 정보공동체협조관리실(Office of Intelligent Community Staff)을 두게 된다. 또한 정보예측과 정보평가를 담당하는 국가정보위원회(National Intelligence Council)와 국가정보관회의(National Intelligence Officers)를 정보부기구에서 분리하여 활동의 자율성을 가지게 한다. 신호통신정보 주무기관인 국방부산하 국가안보청, 영상정보를 다루는 국가정찰국이 다른 정보기관과 정보교류와 협조를 강화하도록 국방부내에 영상정보실을 두게 된다. 또한 아무리 과학기술정보가 효능을 최고도로 발휘해도 최종확인과정이나 심층침투로 정보를 검증하는 수단은 인간정보여서 인간정보활동도 강화하도록 한다. 이라크사막이나 이란의 협곡에 있는 핵무기시설을 영상으로 탐지해도 이라크지도부나 이란의 신권정치 핵심부의 의중을 인간정보로 탐지해야 예측가능한 정보, 즉 필요한 공작수행에 신빙성이 있는 체계적 정보를 생산하여 제공할 수 있다는 것이다. 그리하여 정보부내에 국방부 정보관, 국무부 정보조사국 요원이 파견되어 정보부정보차장실에 정보협의실이 설치 운영된다. 또한 사막의 폭풍작전, 파나마진공작전 군사책임부대에 정보부의 종합정보제공이 별로 없었다는 점에 착안하여 군작전단위 부대에 정보부의 적실성이 있는 정보제공이 제때에 유입되도록 정보부에 군사실을 설치하였다. 게이트부장은 폐쇄된 정보관행을 혁파하여 정보부간부가 언론사인터뷰에 응해 국민에게 알릴 정보내용을 알리고, 대학에서도 국가정보학을 이론적으로 다루도록 하고, 정보학회지 학술지원도 강화한다. 뿐만 아니라 정보공동체 수장이나 고위간부가 대통령이나 의회에 실체가 없는 화려하고 입맛에 맞는 보고서나 제출하는 정보의 정치화를 지양하고, 전문성에 입각한 독자적이고 사실에 입각한 진솔한 정보보고서 작성과 제공을 강조한다.[84)]

이러한 정보혁신은 이 시기에 발생한 정보보안의 허점으로 한때 먹구름이 끼기도 한다. 즉 대외첩보공작원을 관리하는 정보부중간간부, 에이미스(Aldrich Ames)가 러시아정보부에 매수되어 러시아에서 암약하는 정보부요원명단을 넘겨주어 공작원이 대량검거되는 사건이 발생한 것이다. 그러나 이런 와중에서도 정보공동체의 정보협조와 전문화혁신은 계속 시도되었다. 그러나 게이트부장을 비롯한 미국정보공동체 수장들이 추진하는 정보혁신에서도 국제테러를 사전예방하는 통합된 대응책은 구체화되지 않았다.

1990년대는 이슬람 과격근본주의자들이 펼치는 테러리즘의 서곡이 시작되는 시기로 테러리즘예방 정보를 심각히 고민해야 하는 단계이다. 미, 소의 핵전쟁위협이 사라지니 그 틈새에 과격종교단체, 종족분쟁국가, 핵무기와 화생방무기 개발로 대량살상테러를 자행하는 국가들이 자리매김하게 된다.[85)] 1998년에는 가톨릭, 희랍정교회, 이슬람집단과 국가로 나뉘어 종교와 종족분쟁이 혼합된 발칸반도의 분규로 유고슬라비아대통령 밀로세비치(Slobodan Milosevic)가 동원한 준군사조직이 알바니아 저항군과 주민을 대량학살하게 된다. 또한 지중해해안선을 접한 가톨릭계 크로아티아(Croatia)와 인접이슬람국가 보스니아(Bosnia)는 동부

84) 인디아나대학원에서 러시아를 전공하고 조지타운대학에서 러시아역사연구로 박사학위를 받은 게이트정보부장은 정보부차장, 백악관 안보차석비서관으로 일하다가 정보부장이 된다. 그의 정보부개혁 노력, 은퇴 후 부시대통령 기념도서박물관장, 텍사스주립대학 총장경력을 바탕으로 부시(George Walker Bush) 43대 미국대통령이 그의 집권후반기 국방부장관으로 게이트를 임명하고, 민주당 오바마대통령은 게이트장관을 계속 국방장관에 유임시킨다.

85) Pappas, Aris A. and James M. Simon, Jr. 2002. *The Intelligence Community: 2001-2015. Daunting Challenges, Hard Decisions. The Studies in Intelligence*. Vol. 46, No. 1.

희랍정교회국가 세르비아(Servia)와 전쟁을 하고, 뒤이어 크로아티아와 보스니아가 국경문제 등 이해관계와 함께 이슬람국가인 보스니아와 지역 내의 코스보분쟁을 필두로 발칸반도가 전쟁참화에 휘말린다. 미국, 영국, 프랑스, 독일, 벨기에, 스페인, 캐나다 등 대부분의 나토가맹국과 유엔평화유지군이 동원되어 발칸반도 지역의 군사적 갈등을 종식시킨다. 미국과 나토가맹국으로 구성된 다국적군은 미국이 제공하는 군사정보, 신호통신정보, 영상정보와 영국, 프랑스, 독일, 이탈리아 정부가 제공하는 지역정보, 인간정보를 결합하여 전쟁참화에서 발생한 비무장난민을 보호하고, 오폭으로 인한 주민살상을 최소화하고자 하였다.

발칸반도의 종교, 인종 분쟁과 병행하여 이슬람 극단과격주의자가 주도하는 국제테러가 부상한다. 1996년 알카에다(Al Qaeda) 테러조직이 스스로 자기 소행이라고 주장하면서 사우디수도 리야드(Riyadh)에 있는 코바 타워(Khobar Tower) 빌딩을 자살폭탄테러로 폭파한다. 코바 타워빌딩의 일부를 사우디주둔 미국 공군의 숙소로 사용하던 중 빌딩폭파로 미국공군과 외국인다수가 사망한다. 1998년에는 이집트 이슬람과격주의 단체 지하드(Jihad)가 폭탄을 탑재한 트럭을 탄자니아수도 다에스살람(Dar es Salaam)과 케냐수도 나이로비(Nairobi) 주재 미국대사관에 돌진시켜 대사관직원과 경비하던 해병대병사가 사망한다. 2000년에는 오사마 빈 라덴의 자살폭탄조가 소형 모터보트로 유류보급을 위해 예멘의 아덴(Aden) 항구에 정박중이던 미해군구축함 콜(USS Cole)을 들이받았다. 이에 구축함 콜좌현중간에 큰 구멍이 나서 예인선에 옮겨져 해군조선소 수리창신세를 진다.

20세기 이슬람중동국가와 이스라엘 간 테러와 카운터 테러가 테러의 전주곡이라면, 아프리카지역 미국대사관과 정박한 해군구축함에 대한 자살폭탄 테러 감행은 이슬람극단주의 테러의 2악장 전개부라고 할 수 있다. 그리고 2001년 9월 11일 항공기자살폭파조가 감행한 뉴욕의 세계무역센터 폭파는 21세기형 진주만기습공격으로 조직적인 대량살상테러 교향곡의 3악장 알레그로 미뉴엣이다. 9·11 테러는 신속하고 세밀하게 전개된 효과극대화를 노린 테러심포니의 핵심부로, 이런 21세기 테러는 2차 대전 이후 진행된 냉전기간만큼이나 오래 지속될 것으로 예상되고 있다. 따라서 21세기 국가정보시스템은 대규모 군사작전정보활동에서 다국적조직범죄, 마약범죄와 함께 국제테러 연계망 전쟁(net war) 예방과 대응에 걸맞게 변모되고 있다.

9·11 테러와 피해

아랍계폭파범 19명이 2001년 9월 11일 오전에 미국민항기 4대를 탈취하여 뉴욕 국제무역센터와 워싱턴 D.C 국방부청사에 돌진하여 무역센터가 붕괴되고, 국방부가 파손된다. 국회의사당을 폭파하려던 항공기는 승객과 항공기탈취범 간 격투로 비행도중에 펜실베이니아주 생스빌(Shanksville) 마을에 추락한다. 항공기를 폭파도구로 이용한 자살폭파로 탑승객 246명, 폭파된 건물과 건물 주위에 생활하던 주민 2,730명, 피해지역 소방과 인명구조중에 사망한 뉴욕시청소방관, 경찰관, 항만청직원 411명 등 3천5백 명 이상이 희생된다. 부모를 잃은 가족, 심리적 충격을 받은 피해자 역시 수천 명이고, 희생자국적은 90여 개 국가에 이른다. 연방수사국, 국방부산하 국가안보청, 독일 해외정보부, 영국 해외정보부와 국내보안부에서 7천 명의 정보요원이 분석한 결과 항공기자살특공대 배후는 알카에다조직이며, 조직총책은 오사마 빈 라덴이라고 밝힌다. 비행기잔해에서 수거된 여행가방에서 발견한 여권과 서류분석, 통신감청대화에서 자살특공대 19명은 이집트 출신 아타(Mohamed Atta)를 비롯하여 사우디출신 15명, 아랍에메리트출신 2명, 레바논인출신 1명으로 모두 아랍계이다.

1979년 소련이 아프가니스탄을 침공하였을 때 오사마 빈 라덴이 이끄는 알카에다조직을 주축으로 아랍무슬림 무자헤딘(Mujahideen)을 결성하여 소련침공군 대항세력으로 활동한다. 그들은 사우디에서는 자금을, 미국에서는 스팅어미사일 등 전술무기를 지원받아 소련군에 대항하여 싸웠다. 개혁 개방정책의 일환으로 군비를 축소하는 고르바초프정책에 따라 성과 없는 10년간의 전투에 종지부를 찍고 1989년 아프칸주둔 소련군은 철수하게 된다. 이 시기에 오사마 빈 라덴 지휘로 알카에다와 무자헤딘 조직은 주적개념을 소련에서 미국으로 돌리게 된다. 곧이어 이스라엘을 지원하고 사우디에 주둔하여 아랍을 영향권에 두려는 미국을 공격해야 된다는 이슬람과격주의자 지하드(Jihad)로 변신하게 된다. 그리하여 1996년 모하메드(Khalid Sheikh Mohammed)의 제안에 따라 미국본토의 핵심시설을 폭파하기로 한다. 오사마 빈 라덴은 알카에다조직을 가동하여 2000년에 알하즈미(Nawaf al-hazmi), 알미다르(Khalid al-Mihdhar)를 칼리포니아주의 샌디에고(San Diego) 비행학교에서 비행훈련을 받게 한다. 같은 해에 독일 함부르크에서 출발한 아타, 자라(Jiad Jarrah) 등은 샌디에고에서 합류하고, 이미 민항기조종자격증을 가진 한주르(Hani Hanjour)는 샌디에고에서 합류하여 애리조나주로 가서 비행연습을 하면서 조종감각을 익힌다. 이들은 각각 보스턴, 뉴욕에서 출발하여 샌프란시스코, 로스앤젤레스로 비행하는 장거리대형 민항기에 탑승하여 승객, 조종사, 승무원을 위협하여 무력화시키는 제압조와 조종실에서 비행하여 목표물에 충돌하는 조종팀으로 나누어 행동을 개시한다. 장거리 대형 민항기에는 많은 승객이 탑승하고 많은 양의 유류를 적재하여 비행하므로 무역센터나 국방부건물에 충돌하여 폭파하는 파괴력이 막대하여 극대화된 효과를 노릴 수 있다. 통계기록에 따르면 무역센터폭파 이후 일주일 동안 미국증권시장 손실액만 1조 달러 이상이고, 무역센터 손실과 복구비를 포함한 경제손실액만 30억 달러, 뉴욕시 GDP 손실액은 사건 후 3개월 동안 270억 달러에 달한다고 한다.[86]

미국은 즉각적으로 신속하게 테러피해를 복구하고, 부시대통령은 테러와의 전쟁(war on terrorism)을 선언한다. 테러발생 후 9일 동안 테러피해지역 복구, 사상자구출, 피해자가족보호, 테러리스트배경, 테러동기발표 등의 조치가 취해진다. 그리고 부시대통령은 즉각 9월 20일 상하양원합동회의에서 경과보고와 대응조치를 발표하여 초당적 지지를 끌어 낸다. 이 때 대통령지지율은 90%까지 상승하였다. 한편 유럽의 나토가맹국도 조약규정에 따라 미국공격은 나토 국가공격으로 간주하여 미국을 중심으로 한 다국적군사행동에 돌입한다. 9·11 테러의 책임을 물어 오사마 빈 라덴 체포, 알카에다조직와해, 이슬람극단주의자를 테러리스트로 훈련시키는 캠프를 운용하는 아프가니스탄의 집권세력 탈레반 축출을 1차 공격목표로 한다. 그리하여 미국은 9·11 테러발생 이후 1개월이 채 안 된 10월 7일 작전명 자유수호(Operation Enduring Freedom)를 전개하여 탈레반 축출과 오사마 빈 라덴 체포에 나선다. 영국도 군대를 투입하여 공동전선을 펴는데, 10월부터 11월 기간에는 현지 반탈레반세력을 규합한 미군과 정보부요원이 조직한

86) Federal Reserve Bank of Minneapolis Report. 2010. *Consumer Price Index. Minneapolis*, Minnesota: Federal reserve Bank of Minneapolis; Makinen, Gail. 2008. *The Economic Effects of 9/11: A Retrospective Assessment*. Washington, D.C.: Congressional Services, Library of Congress.

준군사조직과 특수부대를 주축으로 아파치헬기를 이용한 기동전으로 탈레반을 축출한다. 12월부터는 미해병대를 주축으로 정규군이 작전을 수행한다. 2001년 12월 유엔결의로 미국, 영국, 프랑스, 독일, 캐나다, 네덜란드, 터키 등 42개 국가의 병력 6만4천5백여 명의 다국적군을 국제안보협력단(International Security Assistance Force: ISAF)이라는 명칭으로 구성한다. 처음에는 탈레반거점, 무기창, 통신기지, 보급로를 헬기와 전폭기로 공격하고 수도 카불(Kabul), 탈레반 전략거점인 잘랄랄바드(Jalalalbad), 칸다하르(Kandhar)에서 탈레반을 공격퇴폐시킨다. 그러나 오사마 빈 라덴을 비롯한 알카에다조직과 탈레반이 파키스탄과 접경한 수도 카불동부지역 토라보라(Tora Bora) 산맥에 은거하여 저항하자, B-52 폭격기로 침투탄을 투하하여 동굴폭파전을 계속하는 등 아프간안정화에 다국적군을 활용하였다.

2001년 11월 25일 북부지역 탈레반섬멸작전 기간에 정보부요원 스팬(Johnny Michael Spann)이 탈레반포로 심문중에 피살당하게 된다. 탈레반은 오사마 빈 라덴의 지도 하에 파키스탄접경지역에서 게릴라훈련캠프를 여러 곳에 설치하여 5-10명으로 조직한 병력으로 치고 빠지는 게릴라전법을 펼치자 2005년, 2006년, 2007년에 다국적특수전부대를 동원하여 대규모소탕전에 나서게 된다. 미국은 라트비아의 수도 리가에서 보낸 보급품을 우즈베키스탄(Uzbekistan)의 나보이(Navoi) 공항에서 수송기로 러시아영공을 지나 아프가니스탄에 공수하는 보급로를 개척하여 군수물자보급을 용이하게 한다. 2009년 6월 독일군은 아프간북부 쿤드즈(Kunduz)에 공세를 가해 탈레반준동을 봉쇄하고, 다시 이 지역 일대에서 영국특수전부대, 미해병여단, 벨기에군이 가세하여 지역평정에 나선다. 다국적군이 아프간을 평정하면서 카르자이(Hamid karzai)를 아프간 과도정부수반에 임명한다. 카르자이는 소련이 아프간을 점령하고 있을 당시에 대항세력인 무자히딘게릴라를 파키스탄에서 지원하다가 소련군철수 후에는 새로 구성된 정부에서 외무차관을 역임하였다. 그러나 신정부의 급진정책에 반기를 들고 파키스탄에 망명하여 있던 중에 다국적군추대로 과도정부수반에서 2004년 12월 선거로 대통령에 당선되고, 2009년 8월 20일 대통령선거에서 재선된다.

한편 무역센터를 폭파한 모하메드는 미국정보부와 파키스탄정보팀의 노력으로 2003년 3월 1일 파키스탄 라왈핀디(Rawalpindi)에서 체포되어 미국법정에 서게 되었다. 2009년 정규전보다 정보부요원과 준군사공작팀 활용을 강조한 맥크리탈(Stanley McChrystal) 아프칸주둔 나토사령관은 최초로 무인정찰기(unmanned aerial vehicle: UAV)를 띄워 게릴라침투지역을 정찰하고, 병참고보급기지에 미사일공격을 하였다. 그러나 시간이 지나면서 미국 내에서 미군의 군사파병을 지지하는 여론이 낮아지기 시작했다. 2001년 10월 여론조사에서는 9·11테러에 대한 미군 및 다국적군의 군사개입에 대해 미국인은 88%가, 영국인은 65%가 지지하였다. 그러나 2009년 12월에는 미국국민 32%만이 미군의 아프간 군사력 증강을 지지하고 있다.[87] 한편 아프간인은 63%가 미군군사개입을 지지하며, 90%가 탈레반을 증오한다는 여론조사가 있었다. 그리하여 부시대통령에 이어 취임한 오바마대통령은 현존미군 9만5천 명에서 2010년 1월까지 3만4천 병력을 증파하고, 아프간을 안정화시킨 후 2011년 7월부터 미군을 철수한다고 발표한다. 이런 맥락과 결부하여 카르자이대통령은 탈레반과 대화를 하며, 아프간국정에 동참시키려는 노력을 기울이기도 하였다.

정보차원에서 보면 정규전보다는 비정규전, 준군사공작으로 정보요원을 침투시켜 탈레반반대세력을 규합하고, 미군통합 특수전부대를 위시하여 오스트레일리아공군 특수부대, 캐나다, 독일, 뉴질랜드 특수전병력, 영국 산악특수전 부대들을 동원하여 아프간반군을 소탕한다. 또한 아프가니스탄, 이라크전에 무인정찰기가 투입되었다. 무인정찰기는 600미터부터 5,500미터 고공까지 비행하며 최소 30시간에서 최대 80시간 체공하는 정찰, 공격 겸용 항공무기이다. 무인정찰기는 통제실에서 원격조종으로 탈레반반군을 정찰하고, 연합군에 실시간으로 영상정보를 제공하여 반군밀집지역, 보급로, 통신시설, 방공망을 미사일로 공격하는 첨단무기로 활용되고 있다. 즉 무인전투항공 시스템(Unmanned Combat Air System: UCAS)에서 무인정찰전투기를 조종하여 실시간으로 정보수집과 동시에 공격할 수 있는 정보와 전투연계 무기체계이다.

한편 2003년 3월 20일 미국과 영국을 주축으로 오스트레일리아, 이탈리아, 폴란드, 스페인, 포르투갈, 한국 등 49개국 다국적군은 대량살상무기를 개발(weapons for mass destruction: WMD)하며, 알카에다조직을 보호하는 이라크침공

---

87) American Enterprise Institute Public Opinion Study. 2008. *America and the War on Terror*. Washinton, D.C.: AEI.

작전에 돌입한다. 수십만, 수백만 인명을 일격에 살상할 수 있는 핵무기와 생화학무기를 개발하여 보유하고 있다는 명분 아래 이라크를 공격하기에 앞서 유엔안전보장이사회 결정 1441에 따라 UN 무기사찰팀 대표 한스 블릭스(Hans Blix)를 파견하여 이라크현지에서 무기사찰을 실시하게 한다. 한스 블릭스팀은 이라크는 대량살상무기와 미사일을 보유하지 않고 있으나 정확한 검증은 할 수 없다는 보고서를 유엔에 제출한다. 이라크의 대량살상무기 보유라는 이라크침공의 주요 명분이 희석되자, 차선책으로 이라크 사담 후세인대통령이 알카에다조직을 보호하고 팔레스타인 자살특공대에게 재정을 지원하는 테러지원을 규탄하고, 이라크인권탄압을 개선하여 민주주의를 구현하자는 명분을 내세운다. 그러나 나토동맹국가 중에 독일, 프랑스, 캐나다, 러시아는 이라크에는 대량살상무기가 없고, 따라서 무력사용은 최악의 사태를 초래할 것이라면서 군사파병에 응하지 않았다. 프랑스 시라크대통령, 빌팽(Dominique de Billepin) 외무장관, 독일 슈뢰더(Gerhard Schroeder) 수상이 이라크에 대량살상무기가 존재하지 않는다면서 파병을 하지 않겠다고 결정한 것은 프랑스정보위원회 정보분석과 정보위원회 사무총장의 건의, 독일대외정보부 정보분석, 독일수상실 정보수석의 정보건의에 따른 종합판단에 따른 것이다.[88]

이라크침공에 참여한 국가는 49개국이지만 최초 진공작전 참여국은 25만 명에 가까운 병력을 투입한 미국을 위시하여 영국(4만5천 명), 오스트레일리아(2천명), 그 외 소수병력으로 참여한 스페인, 포르투갈, 덴마크, 폴란드 등 6개국이다. 2002년 10월 미국상하양원의 이라크에 대한 미국군사력 사용허가(Joint Resolution to Authorize the Use of the U.S. Armed Forces against Iraq) 결의에 따라 부시대통령은 이라크에 미군을 진군시킬 수 있게 된다. 2003년 3월 20일 일명 이라크자유쟁취(Operation Iraqi Freedom), 즉 여명공격(Operation New Dawn) 군사작전이 시작되어 바그다드를 침공한다. 이미 2002년 7월 정보부요원을 침투시키고 미군통합특수전부대(joint special operations command)도 가담하여 후세인군부대를 심리전

88) 정보차원에서 이라크에 대량살상무기가 없으므로 대량살상무기 파괴가 전쟁참여명분으로는 설득력이 없다고 대통령, 수상에 건의하였다(2004년 8월 18일 오전 11-12시, 프랑스총리실산하 정보위원회 사무총장 에두알 스캇 드 마틴빌(Edouard Scott de Martinville) 해군제독 인터뷰. 8월 18일 오전 9시 30분-11시, 독일수상 정보수석실 정보보좌관 볼커 시만드(Volker Cimander), 루드비히 폰 트레츠코우 박사(Rudiger von Treskow)를 회의실에서 인터뷰).

으로 회유하고, 쿠르드족을 이용하여 북부전선을 압박한다. 미국중부군사령관 프랭크스(Tommy Franks) 장군의 지휘로 다국적군은 항모와 함선에서 발사한 토마호크 순항미사일, 전투기, 폭격기로 이라크공군기지와 레이더기지를 먼저 파괴하고 4기갑사단, 보병 3사단, 173공수여단을 비롯한 육해공군, 해병대를 신속히 전개하여 바그다드로 진격한다. 결과 2003년 4월 9일 바그다드를 함락하고, 4월 15일 이라크전역을 점령한다. 12월 13일 체포된 후세인은 법정에서 사형을 선고받아 2006년 12월 30일 교수형에 처해져서 집권 24년에 종지부를 찍는다. 최초 작전에서 이라크군 9천2백 명, 민간인 7천2백 명, 미군 139명, 영국군 33명이 피해를 입었다.[89)]

이라크점령 후 다시 투입된 무기조사팀도 대량살상무기를 발견하지 못하고, 이슬람종파 세력다툼으로 인한 게릴라전, 자살폭탄, 지뢰매설, 추진수류탄투척으로 민간살상과 다국적군피해가 증가하였다. 미군과 영국군을 위시한 다국적군은 이라크치안확보, 사회안정화에 주력한다. 그 결과 2005년에 헌법이 제정되고, 국민투표와 총선거로 누리 알말리키(Nouri al-Maliki)가 수상으로 취임한다. 그리하여 이라크안정화에 필요한 참전국가 잔류병력 외에 전투병력은 철수하기 시작한다. 오바마대통령은 아프가니스탄군사 철군과정과 비슷하게 이라크 경찰과 보안군을 훈련시키는 병력 5만 명은 잔류시키고, 2009년 2월을 기점으로 18개월이 지나면 미군은 철수한다고 발표한다.[90)]

9·11 테러 이후 미국은 테러예방과 대응용 군사 및 준군사공작을 수행하면서 제도적으로 국내보안강화를 위한 정보개혁조치를 취하게 된다. 국토안보부 설치, 테러예방애국법 시행, 국가정보부 설치운영이 그것이다. 9·11 테러 이후 중앙정보부 감찰실에서 자체 조사를 실시한 결과, 정보요원이 항공기납치폭파범 알 하즈미와 알 미다르가 미국에 입국한 정보를 입수하고도 연방수사국에 알리지 않은 정보부의 정보공유에 관한 폐쇄적 관료주의가 지적된다. 한편 미국 내 대규모 테러위험을 감지하여 테러발생가능성에 대응조치를 강구해야 된다는 법무부 연방수사국 지방분실 수사요원의 건의를 대수롭게 여긴 워싱턴본부도 책임을 벗어

---

89) Reuter. 2005. *Getting Amputees Back on their Feet* . Washington Post. Oct. 25.

90) O'Connell, Edward. 2008. ***Counterinsurgency in Iraq: 2003-2006***. Santa Monica, CA: Rand.

나기는 힘들다. 이리하여 의회는 조사위원회를 구성하여 의회차원의 조사를 하게 된다.[91] 행정부와 국회차원에서 9·11 테러 조사위원회가 구성된다. 의회제안으로 입법화되어 부시대통령이 서명한 테러조사위원회(The National Commission on Terrorist Attacks Upon the United States)는 전 뉴저지주지사 킨(Thomas Kean)을 위원장으로 하여 공화당, 민주당 각 5인으로 구성된다. 테러조사위원회는 2004년 7월 22일 정보기관조사, 의회조사, 연구기관의 보고서, 조사위원회의 자체 조사를 종합하여 테러발생경위를 밝히고 대안을 제시하였다. 핵심대안은 무슬림국가와의 대화와 관계유지, 무슬림극단조직의 활동추적, 해외정보기관과의 공조, 국내정보기관의 정보협조와 교류, 그리고 국토안보부의 지원과 업무강화이다.

이런 흐름 속에서 2002년 의회는 국토안보법(Department of Homeland Security Act of 2002)을 마련하여 2002년 11월 25일 대통령은 22개 정부부처의 일부기능을 흡수통합하여 21만6천 명 인원과 520억 달러 예산으로 테러예방과 대응, 천재지변재앙을 해결하는 초대형 행정부처인 국토안보부를 조직하였다. 20세기에 마련된 미국 대외안보군사기구가 국방부라면 대내안보와 미국에 영향을 끼치는 해외테러에도 대응하는 민간정부기구가 국토안보부이다. 아울러 1947년 국가안보법에 따라 국제안보 조정기구로 국가안보위원회가 백악관에 설치되었는데, 2002년 국토안보법에 따라 국내안보 정책조정기구로 국토안보위원회(Homeland Security Council)가 백악관에 추가로 운영된다. 국토안보부에는 장관, 부장관 예하에 18개 차관, 치관보급 정책부서가 있고, 7개의 실, 국이 일선업무를 수행한다. 차관, 차관보급 정책부서는 예산, 회계관리, 테러와 재난 관련 과학기술개발, 국토보호정책, 종합정책, 자문, 의회담당, 홍보, 감사, 의료, 업무조정, 이민, 인권보호, 마약퇴치, 국내파괴용 핵감시, 사이버테러방비, 요원훈련담당기관이 있다. 한편 일선기관으로는 교통안전, 이민, 세관과 국경수비, 이민관련 범죄수사, 해양경찰대, 위폐조사와 요인경호 담당인 비밀수사국(Secret Service), 연방재난청(Federal Emergency Management Agency: FEMA)이 있다. 정보차원에서는 차관급정책부서로 국내테러예방과 진압, 천재지변에 관한 자체 정보수집과 분석, 국내외정보기관에서 제공하는 정보를 수집분석하는 정보부서가 정보활동을 수행하고 있다.

---

91) Kean, Thomas. 2003. ***National Commission on Terrorist Attacks Upon the United States***. Washington, D.C.: Federal Archives.

특히 국토안보부와 산하정보실은 법무부 연방수사국, 의료복지부, 에너지부, 교통부, 농림부, 군, 지방정부와 긴밀하게 테러 관련 업무에 대해 협조하고 정보를 교환한다.

국토안보부가 태동하던 무렵인 2001년 10월 26일 테러예방, 분쇄조치책강구와 미국단합과 국력강화(Uniting and Strengthening America by Providing Appropriate Tools Required to Intercept and Obstruct Terrorism)를 위해 일명 애국법(Patriot Act)이 의회를 통과한다. 한시적 조항도 첨부된 미국판 국가보안법인 애국법은 문자 그대로 국내테러개념을 확대하여 미국과 세계 전지역에서 테러를 예방하고 분쇄하는 효과적 법규적용과 조치책을 포괄적으로 강구하고 있다. 그리하여 애국법에는 연방수사국 활동영역과 수사권강화, 법원영장을 발부받아 테러의심외국인 전화도청, e-mail 감시, 의료기록과 금융계좌 추적권제한규정 완화, 이민규제강화, 체포와 추방강화, 국내에서 암약하는 외국정보기관, 정보원사찰 제한규정완화, 재무장관의 외국인, 외국기관자금 흐름 분석규제강화 조항이 예시되어 있다. 1947년 국가안보법은 중앙정보부의 기본임무로 해외정보 수집과 분석을 규정했다. 이와 함께 중앙정보부는 국가정보수요를 정리집약하고 자체 정보와 다른 정보기관이 수집하고 분석한 정보를 종합하여 모든 국가정보기관에 정보를 두루 제공하는 국가정보조정, 협조기능을 수행하고 있다. 그런데 2001년에 제정된 애국법은 대내외정보를 수집분석한 정보기관은 테러방지와 테러분쇄를 담당하는 주무기관인 국토안보부, 법무부연방수사국을 위시하여 관련된 연방정부, 주정부, 지방정부에 정보를 제공해야 한다는 의무규정을 두고 있다. 또한 의회에도 정기적으로 정보를 제공하고 보고하도록 하고 있다.[92]

국토안보부신설, 애국법제정에 이어 정보협조, 조정, 공유의 통합관리기구가 바로 신설된 국가정보부(Director of National Intelligence: DNI)이다. 9·11 테러 이후 테러예방에 관해 수집되고 분석된 정보공유의 취약성이 드러났다. 중앙정보부는 해외정보수집의 핵심기관이자 정보공유의 센터이면서도 수집된 정보를 관련 국가정보기관과 테러진압 실행부서에 적실성이 있게 전파하지 않은 정보 폐쇄성을 보였다. 한편 법무부연방수사국 워싱턴본부는 주, 지방지역분실에서 수

92) Cole, Dave and James X. Dempsey. 2002. *Terrorism and Constitution: Sacrificing Civil Liberties in the Name of National Security*. New York: W. W. Norton & Co.

집한 예상되는 테러정보를 제공받고도 무시하거나, 분석에 따른 테러예방 건의안을 묵살하는 탁상정보관리의 관료성을 노출했다. 바로 이런 정보관리의 취약성과 허점을 극복하려는 지평에서 2001년 국토안보법제정에 이어 2002년 의회에서 통과된 정보개선과 테러예방법(Intelligence Improvement and Terrorism Prevention Act)에 따라 국가정보부가 탄생한 것이다. 국가정보부는 16개 정보기관을 정보활동차원에서 통합조정하고, 정보예산을 통제하게 된다. 또한 정보개선과 테러예방법은 테러예방과 타격에 필요한 해안, 국경, 항공 보안강화, 정보협조, 군의 협조, 테러자금봉쇄, 테러범 수사, 체포, 국가안보 관련 범죄행위를 광범위하고 상세하게 규정하고 있다.

국가정보부를 관장하는 국가정보부장은 국가안보에 관한 정보분야에서 대통령의 선임보좌관이며, 16개 미국정보기관의 최고책임자이다. 국가정보부장은 대외안보정책을 결정하는 국가안보회의와 대내안보정책을 심의하는 국토안보회의에 참석하여 정보브리핑과 정보자문을 한다. 동시에 매일 대통령에게 압축 요약된 국내외정보(presidential daily briefing)를 브리핑하고 16개 정보기관에서 수집된 정보를 종합하여 내각의 장관, 중요 부처장, 합참의장, 육해공군 중요 지휘관에게 제공한다. 특히 정기적으로 하원의장, 상하원원내대표, 상하원정보위원회 의원에게도 종합된 정보를 제공한다. 국가정보부장은 16개 정보기관을 관장하는 부처의 장관과 수장으로 구성된 정보공동체위원회의 의장(Chairman of Joint Intelligence Community Council)이기도 하다. 정보공동체위원회 위원은 국무장관, 국방장관, 재무장관, 법무장관, 에너지장관, 국토안보장관 등 중요 부처책임자로 되어 있다. 정보공동체위원회 위원장인 국가정보부장은 대통령이 제시하는 정보우선순위(presidential intelligence priorities), 모든 정보기관이 제시한 정보사업을 종합하여 국가정보지침(national intelligence program guidance)을 마련하고, 정보기관 예산을 조정하여 정보공동체위원회의 승인을 받아 국가정보 우선순위와 예산배정을 확정한다. 물론 16개 정보기관 예산편성은 관리예산부(Office of Management and Budget) 장관과의 협의, 각료회의와 대통령 승인, 의회예산심의 과정을 거쳐 확정된다. 16개 정보기관이 중요 정보활동을 수행하고 예산을 집행하는 과정에서 중요 내용을 변경, 수정하려면 국가정보부장이 승인하여 대통령에게 보고하고, 상하원정보위원회에서 내락을 받아야 된다. 이런 과정에서 국방 정보와 정보비수정은 국방위원회, 법무부연방수사국 정보비수정은 법사위원회에도 통고하고 내락을 받아야 된다.

새롭게 제정된 정보개선법은 행정부의 효율적 정보활동을 조장하도록 정보 수집, 분석, 제공 기능을 종합조정하는 권능을 국가정보부장에게 부여하여 대통령이 신속하고 정확한 정보판단을 내리는 데 필요한 정보를 제공하도록 하였다. 국가정보부장으로 하여금 대통령에게 보고한 내용을 상하양원 정보위원회에도 정기적으로 보고하도록 규정하고 있다. 아울러 대통령정보지원 핵심부서인 국가정보부를 대통령실에 위치하지 않고, 별도건물에서 업무를 수행하도록 규정하고 있다. 이러한 일련의 과정을 보면 의회가 정보예산항목별 사용승인권을 확보하여 의회의 정보통제권이 확대강화되고 있음을 알 수 있다. 의회와 대통령의 국가정보공유는 다른 한편으로 의회가 국민의 세금으로 대통령이 국가를 관리하는 경영비용을 심사승인할 뿐 아니라 직접 경영을 들여다 보겠다는 맥락에서 대통령중심제가 대통령-의회 공동대통령제화(president-congress co-presidency)로 변모되고 있다고도 볼 수 있다.[93]

국가정보부는 대통령과 중요 국가기관에 적기에 필요한 정보를 제공하는 핵심 임무를 효과적으로 달성하기 위해서나 정보수집목표 우선순위결정, 각 정보기관의 정보비승인과 조정권을 행사하기 때문에 모든 정보기관과 항상 업무상의 협조, 지원차원에서 밀접한 관계를 유지해야 한다. 협의를 해야 하는 정보기관은 정보개선법에 명기되어 있다. 이들 정보기관은 국방부산하 정보기관인 국가안보청, 국가정찰청, 국가지리정보청을 위시하여 국무부 정보조사국, 에너지부 정보국, 재무부 정보조사국, 연방수사국 정보차장보실, 국토안보부 정보차관보실이다. 그 밖에 대통령이 판단하여 필요한 경우는 명시되지 않은 정부기관이라도 국가정보부장에게 협의하도록 지시한다. 아울러 전략, 전투정보 우선순위선정이나 국가정보비배정에 정보공동체위원회에서도 이견이 있고, 국방장관과 국가정보부장 간에 합의가 이루어지지 않을 경우에는 대통령이 최종결론을 내리도록 되어 있다.[94] 20세기를 지나 21세기에 들어와서 미국은 성장하는 국력을 밑바탕으

93) Davidson, Roger H. 1997. "Presidential-Congressional Relations." in James P. Pfiffner and Roger H. Davidson (eds.). *Understanding Presidency*. New York: Addison-Wesley Educational Publishers Inc. pp. 336-347; 최평길. 2007. 전게서. 310-311쪽.

94) 초대국가정보부장 네그로폰테(John Negroponte)는 이라크대사였다. 그는 유엔대사를 역임한

로 16개 정보기관과 이들 정보기관을 조정하는 기구를 창설하여 연간 435억 달러 정보예산으로 미국과 세계안보를 주도하고 있다.

고대에는 군사정보, 심리전, 그리고 중세에는 군사정보, 무역, 군사, 외교 전반에 걸친 대외정보로 영역을 확대한다. 그리고 근대와 현대에 와서는 다양한 이념, 정치, 경제, 사회체제 변혁으로 국내보안, 대내정보력에도 역량을 쏟고 있다. 1차, 2차 대전을 거치고, 냉전체제를 지나 현 민족갈등과 이슬람근본주의자의 테러리즘은 21세기의 정보시스템 자체를 구조적으로 변혁시키고 있다. 동시에 정보수집 도구와 방법도 인간정보, 신호통신정보에서 영상정보로, 분석방법도 질적 정성분석과 양적 통계방법, IT기술과 접목한 접근으로 다양하게 발전하고 있다. 또한 글로벌인터넷시대에 국경을 초월한 정치, 경제, 사회, 과학, 환경 등이 상호연계되어 있어 정보목표선정, 정보 수집, 분석, 전파에 대통령, 수상, 의회, 정보공동체 간의 정보공감대를 가지는 의견조정, 협의과정을 거치는 성숙된 합리적 정보문화가 필요하다. 정보일선에서 임무를 수행하는 정보실무가에게 인본주의, 철학적 사유, 역사의식이 절실히 요구되는 것은 말할 것도 없다.

직업외교관이며, 국무부, 정보부, 백악관 안보팀이 공동정보공작을 수행할 때도 참여하였다. 국가정보부장 기반을 어느 정도 구축한 후에 부시대통령은 국무부부장관에 임명하여 라이스(Condoleezza Rice) 국무부장관을 보좌하게 한다. 후임으로 국가안보청장을 역임한 맥코넬(Mike McConnell) 해군중장, 태평양함대사령관을 역임한 블레어(Dennis Blair) 대장을 거쳐 현재는 클레퍼(James Clapper) 공군중장이 국가정보부장이다. 그는 국방정보본부장, 지리정보청장, 정보담당 국방차관을 역임한 군사정보가이다.

요 약

이슬람 극단주의 대량살상 테러 대응 정보기구 개혁

- 9·11 미국 무역센터 폭파 이후 국가정보공동체가 수행하는 정보활동의 조정, 협조, 통제와 정제된 종합정보를 대통령과 수상에게 제공 지원하는 정보기구의 기구 개편이 나라별로 시차를 두고 진행

  - 영국: 수상이 위원장인 정보조정위원회와 관방부 장관(Cabinet Office, Duchy of Lancaster)이 실무위원장으로 있는 정보실무위원회의 지침으로 설치되어 출발한 정부통신정보실(GCHQ)은 신호통신정보 기능에서 영국 국가정보공동체 정보활동의 조정, 협조, 통제와 수집, 분석된 정보를 정부기관에 제공하고 수상에게 보고하는 국가정보임무 수행(내무부 소속 보안정보부 MI 5, 외부부 소속 해외정보부 MI 6은 사안에 따라 장관 혹은 부장이 수상에게 별도 보고하나 대부분 GCHQ로 수렴)
  - 러시아: 옐친 대통령이 국내외정보를 총괄했던 정보부(KGB)를 국내보안부와 대외정보부로 분리하고, 대통령 정보지원. 정보 조정, 통제와 정부 기관에 정보 전파 등에 대한 핵심 결정은 대통령, 비서실장, 경호실장, 국내외정보부장이 참석한 합동회의에서 논의
  - 프랑스: 총리실 정보위원회 사무총장이 정보 조정, 협조를 하며 내무부 보안부장, 경찰 정보부장, 국방부 해외정보부장, 군사정보를 종합 정리하여 대통령과 총리에게 보고
  - 독일: 수상 비서실장이 정보부 장관으로 정보수석비서관을 실무책임자로 하여 헌법수호청, 해외정보부, 경찰정보국 활동을 조정, 협조, 지원하며 취합된 정보를 수상에게 보고
  - 이탈리아: 수상실 직속 정보위원회 사무총장이 내무부 국내보안, 외무부 대외정보, 경찰정보 활동을 조정지원하고 수집된 핵심 정보를 수상에게 제공
  - 일본: 내각관방장관이 비서실장으로 휘하의 정보조사실장(内閣情報調査室長)을 실무책임자로 하여 일본 정보공동체의 정보 조정, 협조임무를 수행하고, 관방장관, 사무담당 부장관과 함께 총리를 위한 정보 지원

- 미국:

- 현대적 정보기관, 정보조정, 공작기구로 1941년 6월 10일 전략정보 조정자 직함(Coordinator of Strategic Information)을 만들기로 하고, 6월 18일 도노반 장군을 정보조정관(Coordinator of Information: COI)직에 임명
- 1942년 6월 13일 루즈벨트 대통령은 정보조정관 대신에 대통령 행정명령으로 전략정보실(Office of Strategic Services: OSS)을 육, 해군 총장으로 구성된 합동참모 회의실에 둠. 도노반 전략정보실장은 군사정보, 공작, 전략정보를 합참회의에 보고 한 후에 대통령에게 보고
- 1945년 9월 20일 트루만 대통령이 대통령명령(Presidential Executive Order)으로 전략정보실을 해체, 1946년 1월 22일 국무부, 육군, 해군 장관과 비서실장을 위원으로 하는 국가정보부(National Intelligence Authority, NIA)를 설치하고, 실무기관으로 중앙정보부를 구성하여 중앙정보부장(Director of Central Intelligence, DCI)이 지휘하도록 함, 1947년 7월 26일 국가안보법(National Security Act of 1947)의 공포로 국방부, 중앙정보부, 국가안전보장회의가 탄생하였는데, 중앙정보부의 임무는 해외정보 수집, 공작, 정보공동체 정보 조정, 제공을 주로 함
- 2001년 9. 11 테러 이후 국토안보부를 신설하고, 애국법을 제정, 2002년 정보개선과 테러예방법(Intelligence Improvement and Terrorism Prevention Act)을 공포하여 9. 11 테러 이후 드러난 테러 예방에 관한 정보수집, 분석, 그리고 분석된 정보 공유의 취약성을 보완, 미국 16개 정보공동체간 정보협조, 조정, 공유, 통제를 위한 국가정보부(Director of National Intelligence: DNI) 신설
- 중앙정보부는 해외 정보 수집, 분석, 공작에만 집중, 법무부 연방수사국은 테러예방, 국내보안에 전력, 국방부, 재무부, 경찰, 국토안보부, 에너지부 등의 정보활동 상호 협조, 지원 필요성 증대
- 국가정보부는 정보공동체의 정보목표우선순위 확정, 정보 예산 통제, 정보종합의 역할을 수행하는 가운데, 국가정보부장은 대통령의 정보선임보좌관으로 대통령에게 일일정보보고, 국가안보회의와 국토안보회의의 정보자문, 정보공동체, 행정부처, 의회에 정보 제공

- 고대의 군사정보, 심리전에서 중세에는 군사정보, 무역, 군사, 외교에 이르는 대외정보로 영역 확대. 근현대에서는 다양한 이념, 정치경제사회체제 변혁으로 국내보안, 대내정보력에도 역량 투입
- 1차, 2차 대전을 거치고, 냉전체제를 지나 민족 갈등, 이슬람 근본주의자의 테러리즘은 각 국가의 21세기의 정보시스템의 구조적 변혁의 계기가 되어 대통령, 수상 지원 정보시스템 가동하도록 함
- 정보수집 도구, 방법도 인간정보, 신호통신정보에서 영상정보, 사이버 정보로 확대되고, 분석 방법도 질적, 정성적 분석과 양적 통계방법, IT기술 접목하는 등 다양한 방법 발전
- 글로벌 국경초월 인터넷 시대에는 정치, 경제, 사회, 과학, 환경이 상호연계됨 정보 목표 선정, 정보 수집, 분석, 전파에 대통령, 수상, 의회, 정보공동체간의 공감대 형성을 위한 의견조정, 협의과정을 거치는 성숙된 합리적 정보문화 필요
- 정보 실무가에게는 인본주의, 철학적 사유, 역사의식이 절실히 요구 됨

제5장
중범위정보와 미시정보: 수집-분석-제공의 정보순환체계

1. 정부의 순환 과정

1908년 언론인과 기업가로서의 경험이 있던 정치학자 벤틀리(Arthur F. Bentley)는 정치는 복합적인 정치과정, 정부과정(process of government)이라고 하였다. 복합적인 정치과정, 정부과정이란 사회의 많은 이해집단이 다양한 이익을 추구하는 행동, 이런 이해추구에서 파생된 갈등에 대한 여론, 언론플레이, 정부의 개입과 조정역할이 한데 얽혀 진행되는 흐름을 의미한다.[1]

그 이후 1951년 컬럼비아대학 부총장과 마운트 홀리요크(Mount Holyoke) 대학 총장을 역임한 트루먼(David Truman)은 정부과정을 정부가 정책을 형성하여 집행하는 정책결정과정으로 보았다. 정부정책 결정과정은 다양한 사회집단이 이익을 추구하기 위해 정부에 영향력을 행사하고, 이 과정에서 여론과 정당이 자신들의 이익을 여과하여 정부가 정책을 결정하는 과정이라는 것이다.[2]

이런 동태적인 정치, 정부과정과 함께 정부기구에 역점을 두어 비교론적 시각에서 정부를 설명하는 정태적 제도론도 있다. 1930년대에 정치학자 파이너

---

1) Bentley, F. Arthur. 1995. *The Process of Government*. Chicago: The University of Chicago Press. pp. 175-297. pp. 299-320. pp. 321-422.

2) Truman, David. 1951. *The Governmental Process: Political Interests and Public Opinion*. New York: Alfred Knopf. pp. 135-211. pp. 352-389.

(Herman Finer)는 현대 정부 특히, 영국, 프랑스, 독일, 러시아 등 유럽 강대국 정부의 국가 통합의 상징으로서 대통령과 국왕, 그리고 입법부, 사법부, 행정부를 조직제도 차원에서 서술하였다.[3] 정치행위와 통치행위를 정부, 이익집단, 정당, 언론, 여론이 표출하는 행위의 상호작용과정에서 이해하려는 정부과정은 제도이론과 연계되어 시민의 자유, 정부효율성을 높이는 상호과정으로 이해하려는 노력으로 전개되었다. 시민권익과 통치 구조를 규정하는 헌법은 입법, 사법, 행정부를 상위 제도로 규정하여 세 권력이 상호 견제하는 과정에서 시민자유는 증진되고, 상호균형 및 협조 과정에서 시민서비스를 창출하는 효율성은 증대된다고 한다. 그래서 정부과정은 입법부, 사법부, 행정부의 상호견제와 균형과정이다.[4]

1960년대와 1970년대에 선진국, 후진국, 강대국, 강소국, 약소국 정치체제를 모두 포함하는 객관적이고 합리적인 분석틀을 도출하여 비교분석하는 정치·행정 발전 이론이 전개되었다. 아몬드(Gabriel Almond)와 파월(G. Bingham Powell)은 국가체제를 분석할 때 정치·행정 구조인 입법, 행정, 사법부의 기능을 규칙제정(rule-making), 규칙실행(rule-application), 규칙심사(rule-adjudication)의 상호견제, 균형과정으로 보고 이를 현실 정치체제에 적용시켰다.[5] 이 과정에서 정책을 집행하는 행정부 활동을 조명하면 정부과정은 더욱 명확히 드러나게 된다. 행정부의 정책형성·집행·종료 및 평가과정, 예산편성·승인·집행·심사 과정, 정보요구·정보수집·정보분석·정보제공 과정은 행정부의 정부과정을 보여주는 좋은 예이다.

애플비(Paul Appleby)는 현대 정부는 시민사회, 정치권이 표출한 모든 의견을 넓은 시야로 수렴하여 정부 목표를 확실하게 설정해야 된다고 하였다. 명확한 정부 목표를 달성하는 데는 필요한 자원 즉, 인적·물적 재원과 정보가 밑받침 되어야 하고, 가능한 공정하고 일관된 절차로 달성해야하는 공적 책임감이 수반되어

---

3) Finer, Herman. 1932. *Theory and Practice of Modern Governmen*. London: Methuen & Co. Ltd.; Finer, Herman. 1956. *The Governments of Great European Powers*. London: Methuen & Co. Ltd.

4) Wheeler, Harvey. 1975. "Constitutionalism." Fred I. Greenstein and Nelson W. Polsby. (ed.). ***Handbook of Political Science***. Vol. 6. Ch. 1. Reading, Massachusetts: Addison-Wesley Publishing Company.

5) Almond, Gabriel A. and G. Bingham Powell, Jr. 1966. *op. cit.*

야 한다.[6] 정책을 집행하고 국민에게 서비스를 전달하는 핵심 정부 기구는 행정부이다. 정부론을 저술한 화이트(Leonard White)는 정부 행정은 끊임없이 전개되는 정부활동 과정(process)이며, 정부가 임무를 달성하는 행동(action) 그 자체이며, 목표 달성 기술(technique)이고, 법규 보다는 관리 지향적이며(management), 현대 정부의 심장(heart of government)이라 했다.[7] 이런 정부 과정은 예산과정에서 뚜렷이 표출된다.

모든 국가의 예산 담당 부처는 회계연도 개시 초기에 전년도 예산 집행상태와 감사결과를 토대로 내년 예산 지침서를 모든 정부부처에 통보한다. 각 정부부처의 예산담당관은 예산요구서를 작성하여 예산 담당부처 예산실에 보낸다. 모든 정부 부처가 내년도 예산안을 마련하여 예산 담당 부처에 보내면, 예산 담당부처는 본격적인 예산 편성 작업에 들어간다. 그리고 대통령, 국무총리, 관련 부처, 집권당이 참여한 심의 과정을 거쳐 내각에서 예산안이 심의, 결정된다. 행정부에서 의결된 예산안이 국회에 이송되면 의회 상원과 하원 예산위원회에서 심의하여 본회의에서 통과된다. 한편 의회에서는 예산안을 심의하는 동안 전년도 예산 집행 결과에 대한 감사를 실시한다. 이렇게 예산 편성, 심의, 감사, 집행의 연속 과정은 예산과 연계한 대통령·수상의 정책 비전 구현, 여야 정당 및 의회의 정치 협상, 정부 부처의 보다 많은 예산액 획득을 위한 로비, 예산의 효율적 운영을 극대화 하려는 예산 기법 활용이 투영된 복합적 정치과정이다. 그리고 예산과정은 입법부, 사법부, 행정부에 걸쳐 모든 정부 부처의 정책 형성, 집행, 평가과정과도 연결되어, 정보활동 과정도 자연히 예산, 정책결정 과정과 맞물려 전개된다.[8]

한편 예산과정과 연계된 정책과정은 정책형성, 집행, 평가 단계로 나누어지는데, 이러한 정책과정은 정책이 형성되어 집행되는 환경에 크게 영향을 받는다고 한다. 대통령실, 내각, 입법부, 사법부, 사회단체 등 정부·사회의 구조적 환경, 그

---

6) Appleby, Paul. 1945. *Big Democracy*. New York: Alfred A. Knopf, Inc. pp. 1-10, pp. 128-130

7) White, Leonard D. 1926. *An Introduction to the Study of Public Administration*. New York: Macmillan. Introduction Remarks.

8) Wildavsky, Aaron. 1975 ed. *The Politics of Budgetary Process*. Boston, Massachusetts: Little, Brown and Company.

리고 정책 수립이 가능한 경제적 여건, 사회·정치적 환경을 들 수 있다. 특히 여론과 언론 매체의 영향은 정책형성, 집행, 평가 과정에 영향을 주어 정책을 수정하고 보완하거나 국민의 지지를 불러 일으켜 정책 수행에 힘을 실어주는 촉매역할을 한다.[9] 정부의 국정수행 과정에서 톱니바퀴처럼 움직이는 정보활동 과정도 정치, 사회, 경제의 구조적 환경에 영향을 받으며, 특히 정보 세계화 시대에 세계의 정치, 경제, 사회 흐름, 지구 온난화, 청정에너지를 중심으로 한 신성장산업 동향에 정보활동 전 과정이 적응, 조정, 수정, 보완되는 작업이 거듭되고 있다. 이 책의 전반부에서 고대, 중세, 현대에 이르는 역사적, 거시적 맥락의 정보를 조명하여 정보 개념을 이해한바 있다. 이제는 국가관리, 정책수행과정에서 정보활동 과정을 연관시켜 중범위 차원에서 정보개념을 이해하기 위해 정부의 국가관리 과정, 정책수행과정에서 차지하는 정보과정을 구체적으로 살펴본다.

9) Jones, Charles O. 1984. *An Introduction to the Study of Public Policy*. Monterey, California: Brooks/Cole Publishing Company. pp. 214-224; Birkland, Thomas A. 2001. *An Introduction to the Policy Process*. Armon, New York: M.E. Sharpe. pp. 194-229.

요 약

정부의 순환과정

- 정치학자 벤틀리(Arthur F, Bentley)는 정치를 사회의 이해집단이 이익을 추구하는 과정에서 파생된 갈등을 정부와 여론의 개입과 조정역할로 얽혀 진행되는 복합적인 정부과정(process of government)이라고 정의(1908년)
- 정치학자 파이너(Herman Finer)는 정부과정을 국왕과 대통령, 입법부, 사법부, 행정부를 제도차원에서 서술하면서 정치 행위를 정부, 이익집단, 정당, 언론이 표출하는 행위의 상호작용과정으로 이해(1930년대)
- 트루먼(David Truman) 교수는 사회 이익집단이 이익을 추구하려 정부에 영향력을 행사하는 과정에 여론이 조성되고 정당도 작용하여 정부가 이익을 여과하여 정책을 결정하는 정부과정으로 정치를 정의(1951년)

- 알몬드(Gabriel Almond)와 파우웰(G. Bingham Powell)은 선진국, 후진국, 강대국, 강소국, 약소국 정치체제를 비교하는 분석틀을 입법, 행정, 사법의 기능을 규칙제정(rule-making), 규칙실행(rule-application), 규칙심사(rule-adjudication)의 상호견제, 균형과정으로 현실 정치체제에 적용(1960년대-1970년대)
- 화이트(Leonard White)는 정부론에서 정책집행으로 국민에게 서비스를 전달하는 행정은 전개되는 정부활동 과정(process), 정부 임무를 달성하는 행동(action), 목표 달성 기술(technique), 관리(management), 정부의 심장(heart of government)이라 함(1926년)
- 1945년 폴 애플비(Paul Appleby)는 정부는 시민, 사회, 정치권 의견을 수렴한 명확한 정부 목표를 인적, 물적 재원을 동원하여 공정하고 일관된 절차로 달성해야 하는 공적 책임감이 수반되는 정부과정으로 인식
- 행정부 정책 형성, 집행, 종료, 평가 과정, 예산편성, 승인, 집행, 심사 과정, 정보요구, 정보수집, 정부분석, 정보제공 과정에서 국정 과정, 주기 선명표출

2. 정보의 순환 체계

2차 대전 당시 미국 국회도서관 심리전 요원으로 일한 정치학자 라스웰(Harold Lasswell)은 정책결정 과정을 7단계로 설명한다. 1단계는 정보활동(intelligence function), 2단계는 지지획득(promotion), 3단계는 정책수립(prescription), 4단계는 정책선언(invocation), 5단계는 실행(application), 6단계는 종료(termination), 7단계는 평가(appraisal function) 단계이다. 어떤 정부정책이든 최초 단계는 정보수집, 분석, 제공을 아우르는 정보활동 단계로부터 시작한다. 정보활동 단계는 정책 수행의 필요성, 실현가능성, 재원마련, 주위의 관심여부, 성공실패의 결과와 후속조치 등을 다각도로 검토하는 과정이다. 정보활동 단계에서 정책실현 가능성이 보이면 재원의 최소 투입과 효과 극대화를 정부 안팎으로 알려 정책지지 세력을 동원하여 정책실현을 위한 긍정적 여론을 조성한다. 그리고는 정책기획안을 마련하는 단계를 거쳐 확실하게 정책 실현의지를 천명하는 단계를 거친다. 그러면 정책은 실현단계에 들어서고 일정 기간이 지나면 정책집행은 종료되고, 이어서 정책 전 과정에 대한 효과분석, 책임소재, 수정보완, 후속조치를 포함한 평가 단계를 거친다.

라스웰이 제시한 정책수행 7단계는 정보활동 전 과정에도 적용될 수 있다. 1단계 정보활동은 특정 정보 목표를 위해 해외정보기관, 국내보안방첩기관, 군 정보부대, 외교부 정보분석국 등 임무, 기능, 성격, 역량을 고려하여 적합한 정보기관을 선발하는 단계이다. 2단계는 선발된 정보기관이 관련 부서 내에서 임무수행에 필요한 관심을 불러일으키고, 지원과 협조를 얻기 위한 지지획득 과정이다. 3단계는 임무 수행 과제를 책임진 국, 과 또는 팀이 책임자를 중심으로 구체적 정보 임무수행 계획을 수립하는 과정이다. 4단계는 임무수행 계획을 천명하고 관련 부서의 지원, 협조를 확실하게 해두는 과정이다. 5단계는 정보수집, 분석, 처리와 판단, 생산된 정보를 전달, 배포하는 실행과정이다. 다음 6단계는 정보활동 계획을 수립하여 실행한 임무수행 부서가 정보활동을 완료하는 종료과정이다. 7단계는 임무가 종료되는 순간 자체적으로 또는 독자적 위원회가 구성되어 정보 임무 달성에 관한 효과 분석, 책임소재, 공과를 규명하는 평가과정이다. 최

종 평가 과정에서 새로운 정보활동 과제 창출, 연구기술개발, 조직정비, 법규 보완 등이 뒤따른다.[10)]

정보과정을 실무 차원에서 단계별로 보면 정보요구, 정보요구사항 실행을 위한 기획, 정보수집, 수집된 정보 자료 처리와 이용, 분석과 판단, 수용자에게 정보 제공, 계속적인 정보 환류로 이어진다. 정보요구(intelligence requirements)는 국가정책우선순위(priorities of national policy objectives)와 밀접히 연계된 국가정보목표우선순위(Priorities of National Intelligence Objectives: PNIO)에 따른 국가정보 요구와 정부부처의 고유한 임무수행, 정책집행에 필요한 정부부처별 정보요구(Essential Elements of Information: EEI) 또는 부처 첩보 요구로 나누어진다. 국민에게 공약한 국가 전략정책을 수립하고 집행하는 대통령, 대통령실, 행정부 각료, 의회, 중요 정부기관이 핵심 정보 수요자로서 정보를 요구하게 된다. 현재 국가정보목표 우선순위 작성자의 경우 한국은 국가정보원장, 미국은 국가정보부장, 독일은 수상비서실장 겸 정보부장, 이탈리아는 수상실 정보위원회 사무총장, 영국은 수상이 위원장인 정보위원회 간사 겸 정보실무위원장인 내각관방장관, 일본 역시 내각관방장관, 러시아는 대외정보는 해외정보부, 대내정보는 보안부이다.[11)] 정보요구사항이 접수·확인되면 해당 정보기관에서 실무 부서 책임자 주도로 정보수집 지침, 조정, 지원, 분석절차 등 정보생산계획을 수립하는 정보 기획과정을 거쳐 핵심정보수집 활동 부서가 본격적으로 정보를 수집하게 된다. 수집단계에서 획득된 정보는 처리 과정을 거치지 않은 생자료(raw information, unprocessed data)인 첩보 자료로 정리된다. 인공위성과 항공정찰에서 촬영된 영상자료를 판독하고, 지상, 해상, 해저 레이더에서 감청된 암호로 된 첩보는 평문으로 처리되고, 시기별 존안 자료는 시계열 별로 자료를 정렬하여 통계분석을 하는 등 분석에 용이하도록 처리된다. 처리된 첩보자료는 분석단계에서 정성, 정량 분

---

10) Lasswell, Harold D. 1975. "Research in Policy Analysis: The Intelligence and Appraisal Functions." Greenstein, Fred I. and Nelson W. Polsby. ed. ***Handbook of Political Science***. Vol. 6. Ch. 1. pp. 1-17.

11) 한국은 정보 및 보안 업무의 기획조정은 국가정보원 소관이라는 국가정보원법 3조 5항과 그에 따른 시행령인 대통령령 16211호에 따라 국가정보원장이 관련 정부 부처, 정부 정보기관과 협의로 국가정보목표우선순위를 작성한다. 중요국가의 정보목표우선순위는 대통령과 수상실 직속 국가정보조정관리 기관에서 법규에 근거하여 작성한다.

석, 집담회를 통해 신뢰도, 정확성, 객관성을 높이고 기만성 유무를 탐색하여 정보해석과 판단을 곁들인 정보상품으로 재탄생된다. 보고서, 단행본, 메모, 비디오나 파워포인트 브리핑 형식으로 수요자가 가장 잘 이해 할 수 있도록 정제된 첩보, 확인 검증된 이론으로서 정책에 참고 및 지표가 될 수 있는 정보, 즉각적 조치가 필요한 조기 경보용 정보를 대통령을 위시한 정부정책가, 수요자에게 제공한다. 그리고 계속해서 정보전달과 제공으로 수혜를 본 수요자의 요청, 정보기관 내부의 필요에 따라 지속적인 정보요구가 이어지는 환류과정(feedback)이 발생한다. 정보실무 차원에서도 정보활동과정은 세분화 된 정보주기(intelligence cycle or process)로 되어 있다.

미국 중앙정보부 국장에서 은퇴하여 대학에서 정보학을 연구하고 강의하다가 9·11 테러 후에 정보부 정보차장보로 현역 복귀한 로웬탈(Lowenthal)은 정보과정을 7단계로 분류한다. 정보요구(identifying intelligence requirements)-정보수집(collection)-처리, 활용(processing and exploitation)-분석, 생산(analysis and production)-전파(dissemination)-수요자 이용(consumption)-환류(feedback) 과정이 그것이다.[12] 트레버튼(Gregory Treverton)은 정보순환과정(intelligence cycle)을 정책결정에 필요한 요구제기(policy needs)-자료수집(collection)-처리분석(processing and analysis)-전파(dissemination) 과정의 4단계로 구분한다.[13]

정보를 요구하는 수요자인 정책결정자(users) 혹은 수집하는 정보의 종류(source)에 따라 정보과정을 구분한다. 정보를 제공받는 최고정책결정권자가 대통령, 의회, 사법부 지도자, 행정부 각료, 전문분야 실무가인지에 따라 그에 합당한 정보를 수집, 처리하여 제공하는 수준을 구분한다. 다음은 수집하는 자료의 종류에 따라 달라진다. 정부 통계, 기업재무제표, 언론·학술 발표 등 공개 자료(non-single source)를 수집, 분석하여 가공된 정보는 종합 정보로 구분하여 일반정보로 제공한다. 그러나 비공개 특수 자료(single-source)는 수집, 분석하여 종합정보와 별도로 국가정보 차원에서 최고위정책가에게만 제한적으로 제공하게 된다.[14]

12) Lowenthal, Mark M. 2003. *op. cit.* pp. 41-49.

13) Treverton, Gregory. 2003. ***Reshaping National Intelligence for An age of Information***. Cambridge, UK: Syndicate of the University of Cambridge. pp. 105-106.

14) Herman, Michael. 2001. *op. cit.* pp. 79-81.

7단계, 4단계에 관계없이 정보수요자의 수준별로, 정보자료의 종류별로 정보과정을 구분하는 정보과정에는 한 단계가 더 추가 되어야 된다. 그것은 정보평가 작업이다. 정보 생산이 정책을 수립하는 데 필요하고 즉각적인 조치를 취해야하는 조기경보 지표라면 정보 전 과정이 성공했는지 유무와 성공 실패의 요인 추출, 보다 나은 정보활동을 지향하는 인적, 물적자원 보강, 조직정비, 기술개발, 총체적 정보체계 보완을 마련하는 것이 필요하며 이것이 바로 정보평가 단계이다. 그리고 평가 단계에서는 정보라는 공적 상품을 제공 받은 정책기관이 그런 정보를 기반으로 정책을 집행하고 있는가를 관찰하고, 집행을 지원하는 정보 모니터링(intelligence monitoring) 노력이 포함 되어야 한다. 천안함 사건을 일례로 들자면, 천안함 피격침몰에 앞서, 서해지구 북한 잠수정의 어뢰공격 가능성에 사전 대비하는 정보를 수집하여 제공하는 것으로 정보기관의 임무는 완료된 것이 아니다. 지속적으로 조기경보정보를 제공함과 동시에 해당 해군 부대, 육해공 공지작전으로 대잠수함 훈련 작전이 이루어지는가를 모니터링 할 필요가 있다. 새로운 정보활동이 가동되는 단계에서 정보기관 자체의 평가, 수요자 평가, 의회 평가 통제는 정보과정에 포함되어야 할 단계이다. 이런 맥락에서 정보요구-수집-처리-분석-생산-제공-평가-환류 주기로 나누어 정보활동을 업그레이드 해 볼 필요가 있다.

한국의 정보실무가, 이론가들은 정보과정을 정보 요구가 제기되면 정보수집 및 분석 절차, 정보활동 주무부서, 팀 구성, 지원을 명기한 정보활동 기획과정과 수집-처리-생산-배포과정으로 정리한다. 또는 정보요구-수집-처리-분석-배포, 정보요구-정보수집-정보분석과 생산-정보배포 단계로 나누기도 한다.[15] 정책과정과 연계해서는 정책 수립에 필요한 정보요구(policy needs)-수집-처리, 분석(processing and analysis)-전파 단계로 나누거나, 사용자 요구(users need)-수집-처리-보고-전파-평가 단계로 구분하고, 고위 전략정책 수립자인 대통령, 각료, 의회의 요구로 시작되어 수집-분석-제공이라는 정보과정으로도 정리한다.[16]

15) 염돈재. 2002a. "정보의 순환과정과 첩보." 문정인 편. 「국가정보론」. 서울: 박영사. 82-83쪽.; 국가정보포럼. 2006. 「국가정보학」. 서울: 박영사. 36-49쪽; 김윤덕. 2006. 「국가정보학-이론과 실제」. 서울: 박영사. 68쪽.

16) Treverton, Gregory F. 2003. *op. cit.* pp. 105-106; Herman, Michael. 2001. *op. cit.* pp. 79-80; Holt, Pat M. 1995. *op. cit.* pp. 47-90.

세밀한 구분이나 압축한 범주로 표현한 정보과정 또는 주기는 역점을 두는 단계에 따라 다소 확장되거나 압축 요약된다. 그러나 공통된 정보주기나 과정은 정보요구-정보수집-처리-분석, 생산-배포-전파-평가-환류과정으로 정리된다. 그러나 다시 한 번 정보과정이나 주기 면에서 순수 정보활동 자체만으로 보면 정보수집-정보처리-분석생산-배포, 제공 과정으로 정리된다. 그러나 깊이 있게 성찰해보면 정보수집 후에 첩보자료를 처리하고 분석하는 것을 따로 나누는 것보다는 자료처리, 분석, 생산을 분석 또는 처리 과정으로 함축적으로 단순화 할 수 있을 것이다. 정제되지 않은 원초적 자료를 정리하고 분석하는 자체가 처리단계이고 분석 단계이며, 분석과 판단 자체가 정보라는 상품을 생산 하는 단계이다. 또한 대통령이나 전략정책 수립자에게 도움이 되는 정보제공이 당연한 정보과정이라면 정보실무 차원에서는 정보수집과 정보처리(분석, 생산)를 핵심 정보과정으로 볼 수 있다. 그래서 라스웰은 정보과정을 수집(gathering)-처리(processing)-전파(dissemination)로 압축하고, 정보 실무 CEO는 정보수집, 처리 과정으로 정보를 요약한다.[17)]

한편, 대통령 연구를 투입-전환-산출-환류 과정의 시스템 접근으로 조망할 수 있다. 이스튼(David Easton)은 정치는 살아 숨 쉬는 생물로 국제·국내 상황과 이념의 변화에 따라 국가정치공동체의 구성원은 새로운 요구를 하게 된다고 하였다. 이런 요구는 정부·사회체제의 재정, 인력 등 역량에 따라 여과된 투입요소가 된다. 투입요소는 정치·사회체제의 관리능력인 전환과정을 통해 생산품인 산출 요소가 된다. 생산품은 이스튼이 분류한대로 "잘 살아보세", "뉴 프런티어(New Frontier Spirit)"같은 구호로 표출된 선언적인 산출물(rhetoric statement)과 국민이 피부로 느끼는 임대주택 제공, 초중고교 급식 무료화 등 호혜적 실적(performance) 창출이 있다. 국민이 시혜적인 실적창출에 만족하면 국민은 정치시스템을 지지하게 되고, 이는 계속해서 정치시스템의 생존 역량 증대로 이어져 정치시스템은 발전하게 된다. 그러나 국민은 국가 예산과 맞물려 특정 연도에 창출된 산출물에 만족하여도 다음 연도에는 양과 질에서 더 향상된 요구-투입-산출물을 기대한다. 따라서 지난해 산출물에 만족했다 하더라도 현재의 산출물에 만

17) Lasswell, Harold D. 1975. *op. cit.* pp.1-17; 이상연 전 청와대 민정수석, 안기부장면담(2005. 12. 9. 오전 10-12시, 2010. 8. 4. 오전 10-12시).

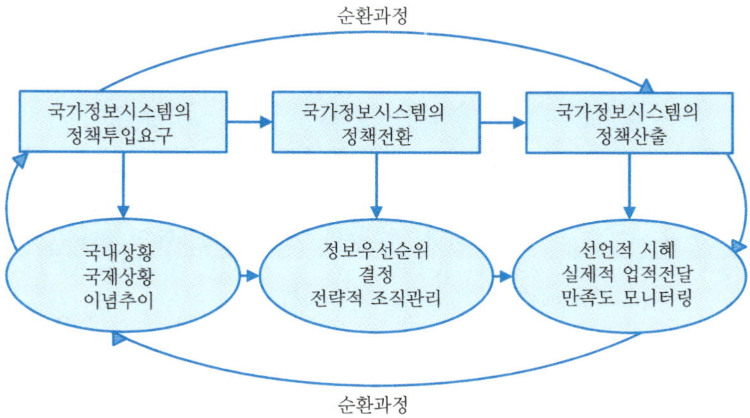

[그림 5-1] 국가정보시스템의 정보순환과정 체계접근

족하지 못해 정치체계가 미래에 창출할 산출물에 회의적이게 되면 국민의 정치체계 지지도는 약화되고 체계역량은 감소되어 와해될 수 있다.[18]

정보 과정이나 주기도 정치체계의 순환과정과 같아서 국가정보기관이 국내외 상황에 적절히 대처하는 정보요구와 정보 투입요소를 확인하고 전환과정에서 실현시켜야 한다. 국가정보기관의 조직정비, 전문정보요원 충원, 정보수집 팀 구성, 정부 부처와 정보기관 협조와 조정, 정보 처리와 생산, 제공, 평가, 환류를 관리하는 세계화 지평의 정보전문 리더십이 필요하다. 정보활동 전환 과정에서 구축된 정보 상품은 조기 경보, 문제해결 지표, 전략정책 수립 참고 사항으로서 대통령, 각료, 범정부 지평에서 공헌한다. 정확하면서 의미 있는 정보 상품을 적기에 제공하여 수요자가 만족하고 시민과 정부가 국가정보시스템을 지지하고 성원하면 국가정보시스템은 국민 정통성을 확보하게 된다. 그래서 국가정보기관은 특정시기에 창출된 정보 산출물에 만족하지 않고 점증되는 수요자 요구에 부응하여 지속적으로 시스템 발전, 역량 개발로 질 좋은 정보 상품을 창출 제공하여야 발전적 생존을 하게 되는 정보 순환과정에 놓이게 된다([그림 5-1]).

18) Easton, David. 1965. *A Systems Analysis of Political Life*. New York: John Wiley & Sons. pp. 37-40. pp. 85-100. pp. 343-360. pp. 430-460.

요 약

정보의 순환체계

라스웰 7단계 정책결정과정 모형의 정보순환체계에의 적용

◆ 라스웰(Harold Lasswell)의 7단계 정책결정 과정

1단계: 정보활동(intelligence function)

2단계: 지지획득(promotion) → **3단계: 정책수립(prescription)**

4단계: 정책선언(invocation) → **5단계: 실행(application)**

6단계: 종료(termination) → **7단계: 평가(appraisal function)**

◆ 라스웰(Harold Lasswell)의 7단계 정보활동

1 단계 정보활동: 특정 정보 목표 수행에 필요한 임무, 기능, 성격, 역량을 고려한 해외정보기관, 국내보안방첩기관, 군 정보 부대 등 특정 기관 선정

2 단계 정보활동: 선발된 정보기관이 관련 부서 내에서 임무수행에 필요한 관심을 불러 일으키고, 지원과 협조를 얻기 위한 지지를 획득하는 과정

3 단계 정보활동: 임무 수행 과제를 책임진 국, 과, 또는 팀이 책임자를 중심으로 구체적 정보 임무수행 계획을 수립하는 과정

4 단계 정보활동: 임무수행 계획을 천명하고 관련 부서 지원, 협조 획득 과정

5 단계 정보활동: 정보수집, 처리와 판단, 생산된 정보를 전달, 배포 과정

6 단계 정보활동: 정보 임무수행 부서가 정보활동을 완료하는 종료과정

7 단계 정보활동: 임무 종료 후 자체 또는 독립 위원회로 임무 달성 효과 분석, 책임소재, 공과 규명 평가 과정, 이후 신과제, 기술개발, 조직법규 보완 조치

실무차원의 정보과정

1. 정보요구

- 정보요구(intelligence requirements)는 국가정책우선순위(priorities of national policy objectives)에 연계된 국가정보목표우선순위(Priorities of National Intelligence Objectives: PNIO)에 따라 결정
- 정보요구는 국가정보 요구와 정부부처가 고유한 임무수행, 정책집행에 필요한 부처별 정보요구(Essential Elements of Information: EEI) 또는 부처 첩보 요구로 구분됨
- 국민에게 공약한 국가 전략정책을 수립하고 집행하는 대통령, 대통령실, 행정부 각료, 의회, 중요 정부기관이 핵심 정보 수요자로서 정보 요구
- 국가정보목표우선순위 작성자: 한국은 국가정보원장, 미국은 국가정보부장, 독일은 수상비서실장 겸 정보부장, 이탈리아는 수상실 정보위원회 사무총장, 영국은 수상이 위원장인 정보위원회 간사 겸 정보실무위원장인 내각관방장관, 일본 역시 내각관방장관, 러시아는 대외정보는 해외정보부, 대내정보는 보안부임

실무차원의 정보과정

2 정보 기획 과정

- 정보요구사항 접수, 확인으로 해당 정보기관의 실무 부서 책임자 주도로 정보수집
- 지침, 조정, 지원, 분석절차 등 정보생산계획 수립, 수집기관 통보

3. 정보 수집 과정

- 정보수집 활동 부서가 정보를 수집하여 획득된 정보는 생자료(raw information, unprocessed data)인 첩보 자료로 처리
- 인공위성 및 항공정찰에서 촬영된 영상자료, 지상, 해상, 해저 레이더에서 감청된 암호, 인간정보로 수집된 첩보 등은 평문으로, 시기별 존안 자료는 시계열 처리, 통계분석 등의 처리과정을 거쳐 이용되기 쉽도록 처리

4. 정보 분석 처리 과정

- 정리된 첩보자료는 분석단계에서 정성적, 정량석 분석, 집담회 등으로 신뢰도, 정확성, 객관성을 높이고 기만성 유무를 탐색하여 해석과 판단을 곁들인 정보상품 생산

실무차원의 정보과정

5. 정보 생산품 제공

- 정제된 첩보, 확인 검증된 정보이론은 수요자가 가장 잘 이해 할 수 있게 취향에 맞는 보고서, 단행본, 메모, 비디오, 파워포인트 브리핑 형식으로 제공
- 대통령을 위시한 정부 정책가, 수요자에게 정책참고, 정책판단 지표 제공
- 즉각적 조치가 필요한 정보는 조기경보용으로 제공

6. 환류 과정

- 정보전달, 제공으로 수혜를 본 수요자의 요청, 정보기관 내부의 필요에 따라 지속적인 정보요구로 이어지는 환류과정(feedback)으로 이어짐
- 정보주기(intelligence cycle) 연속으로 정보과정 성장

다양한 정보과정, 정보주기모형

◆ **로웬탈(Mark M. Lowenthal)의 정보 과정(미국 중앙정보부 국장에서 은퇴 후 대학에서 정보학 연구 강의 중 9·11 테러 이후 정보부 정보 차장보 복귀)**

1.정보요구((identifying intelligence requirements)-2. 정보수집(collection)-3. 처리, 활용(processing and exploitation)-4. 분석, 생산 (analysis and production)-5. 전파(dissemination)-6. 수요자 이용(consumption)-7. 환류(feedback) 과정

◆ **트레버튼(Gregory Treverton)의 정보순환 과정(intelligence cycle)**

1. 정책결정에 필요한 요구제기(policy needs)-2. 생자료 수집(collection)-3. 처리, 분석(processing and analysis)-4. 전파(dissemination) 과정

한국 정보이론 실무가의 정보과정, 정보주기 모형

◆**이상연(전국정원장)**
1. 정보요구 - 2. 수집 - 3. 처리, 판단 - 4. 제공

◆**염돈재(전국정원 차장, 성균관대 정보대학원장)의 모형**
1. 기획과정 - 2. 수집 - 3. 처리 - 4. 생산 - 5. 배포

◆**국가정보포럼의 국가정보학 모형**
1. 정보요구 - 2. 수집 - 3. 처리 - 4. 분석 - 5. 배포

◆**김윤득(정보이론, 실무가)의 모형**
1. 정보요구 - 2. 정보수집 - 3. 정보분석과 생산 - 4. 배포

다양한 정보과정, 정보주기 모형의 요약

◆**미세 정보주기나 과정: 7단계**
정보요구-정보수집-처리, 이용-분석, 생산-배포 또는 전파-평가-환류

◆**정보활동 중심으로 본 정보과정: 4단계**
정보수집-정보처리, 이용-분석생산-배포 또는 제공

◆**단순화한 정보과정: 3단계**
수집(gathering)-처리(processing)-전파(dissemination)

◆**압축한 정보과정: 2단계로 요약**
정보수집-정보처리
☞ **정보에서 수집과 처리(분석)는 정보라는 검의 양날**

3. 정보의 미시 개념

이제까지 고대, 중세를 거쳐 현대에 이르는 동안 전개된 스파이 활동을 분석 정리하면서 정보 역사 맥락에서 거시적으로 국가정보의 의미를 파악하고 정부활동과정과 예산과정과 같은 국정운영 과정을 국가정보 활동에 접목시켜 보았다. 이 과정에서 정보활동을 국정운영 과정에 접목시켜 국가정보 주기의 중범위적 정보 정의를 도출하였다. 이제는 정보활동의 실천, 행동 면에서 국가정보를 미시적으로 이해하는 정보 개념을 정리해 본다.

정보(intelligence)란 정책결정자가 구체적으로 명시하거나 요구하는 필요사항을 충족시켜주는 각종 정보(information)이다. 좀 더 쉽게 표현한다면 정책결정자가 정책형성, 정책집행, 정책평가로 이어지는 정책 순환과정에서 참고가 될 만한 정보를 정보기관이 수집하여 정확하고 알기 쉽게 분석, 정리하여 제공하는 생산제품이라고 이해할 수 있다.

로웬탈은 정보란 국가안보에 필요한 구체적 정보를 정책결정자가 요구하면 정보기관이 수집, 분석하여 제공하는 생산물이며, 이를 핵심으로 외부에 유출을 방지하는 보안유지, 방첩활동, 정보수집을 강화하는 공작활동, 정보과정 일체라고 한다.[19] 허만은 정보란 수집된 모든 자료를 처리하여 생산한 활용 가능한 보고서, 영상이라 한다. 부연하면, 정책에 활용하기 위해 정보를 수집, 분석, 해석, 판단하여 사용자가 원하는 특정 요구를 충족시켜 주는 것이 정보인 것이다. 그래서 정보는 객관적 사실(factual current contents), 실시간 베이스의 적실성(immediacy), 자료 기밀 유지(protection of sources and materials), 명확한 자료 출처(location), 심층분석 및 판단력과 예견력으로 충만한 정보전문성이 함축되어야 한다. 정보수집·분석의 대상이나 영역은 국가이익과 관련된 국방, 외교, 경제, 과학기술, 그리고 국내전복, 테러를 예방하는 방첩, 대외공작 모두를 포함한다. 생산된 정보는 한마디로 국가안보와 연관된 비밀리에 분석, 작성된 특수한 지식체계(particular kind of knowledge)이다.[20]

---

19) Lowenthal, Mark M. 2003. *op. cit.* p. 2. p. 8.

20) Herman, Michael. 2001. *op. cit.* p. 50-51.

로웬탈이나 허만은 정보를 보안, 공작활동, 그리고 정보기관이 연계된 체계로 보는 점에서 비슷한 미시적 정보 개념의 공간 궤도를 그리고 있다. 예일대 역사학 교수로 재직 중 2차 대전 당시 전략정보부(OSS) 유럽·아프리카 분석요원으로 활약하고, 냉전시대와 6·25 당시 중앙정보부에서 장기전략정보예측처(Office of National Estimate: ONE) 처장으로 15년을 근무한 켄트는 정보는 국가정보기관이 첩보활동으로 수집, 처리하여 국가 최고정책결정권자에게 제공하는 검증된 전략정보라 하고 국가존립의 사활이 달린 지식이라 한다. 즉 정보를 국가 존립, 최고 정책결정권자, 전략정보와 연계하여 정의하였다.[21] 주로 대통령이나 수상을 지칭하는 최고결정권자를 위한 정보 수집, 분석처리로 이루어진 비밀스런 내용이 정보라고 하는 심스(Jennifer Sims)의 정의와 맥을 같이 한다.[22]

특히 수학 전공학도로 미국 상원 정보위원회 전문위원을 역임하고 2003년 국방부 특수작전기획처장으로 2003년 이라크 전쟁에 전략 정보를 마련한 슐스키(Abram Shulsky)는 슈미트(Gary J. Schmitt)와 함께 정보는 '수집한 정보를 분석 처리하여 정책결정자에게 제시하는 정책 선택'이라고 하였다. 정보는 국가안보와 국가이익을 도모하고 외부위협에 대처하는 정책을 입안하고 시행하는 참고 사항이다. 군 정보참모가 분석 정리한 군사정보를 지휘관에게 제시하여 전투에서 승리할 수 있도록 돕는 것처럼, 정보의 핵심이 객관적 사실이나 진실 제시에 있지만 궁극적인 지향목표는 정보 제공으로 국가이익을 증진하는 맥락에 있다. 즉, 정책입안자의 정책성공을 담보하는 것이 정보의 목표이다.[23]

미국 의회 정보위원회 전문위원 경험을 갖고 있던 홀트(Pat M. Holt)는 정보 자료를 분석 정리하여 정책수립에 도움이 되도록 작성한 수준 높은 보고서를 정보

---

21) Kent, Sherman. (ed). 1965. ***Strategic Intelligence for American World Policy***. Princeton, New Jersey: Princeton University Press. pp. 1-50(중앙정보부는 켄트 사후 그가 이룩한 정보 분석 이론을 기려 2000년 정보부에 켄트정보분석대학원(The Sherman Kent School for Intelligence Analysis)을 설립하였다).

22) Sims, Jennifer. 1993. ***What is Intelligence?*** Washington, D.C.: Consortium for the Study of Intelligence.

23) Shulsky, Abram and Gary J. Schmitt. 2002. ***Silent Warfare: Understanding the World of Intelligence***. Dulles, Virginia: Potomac Books, Inc. pp. 1-50. pp. 112-151; Shulsky, Abram. 2000. ***Deterrence Theory and Chinese Behavior***. Santa Monica, California: The Rand Corporation.

라고 한다.[24] 반면에 버커위즈(Bruce D. Berkowitz)와 굿드만(Allen E. Goodman)은 과학기술정보에 기반하여 실시간으로 수집, 분석한 정확한 정보를 생산하는 과정에 역점을 두며, 영상, 전자, 핵반응, 적외선, 레이더, 원격측정 정보 등의 과학기술정보 활용 등 과학정보를 현대 정보의 핵심 축으로 강조한다.[25] 세계화시대에 과학기술정보 혁명으로 정보홍수에 묻힌 정보공동체는 정확하고 선별된 정보를 실시간으로 생산해야 되는 상황에서 자율성과 독립성을 견지하여 사실판단에 입각한 정보를 산출해야 한다.[26]

이제 정보기구의 활동을 중심으로 정보 개념을 정리해 본다. 1961년 케네디 대통령 당시에 창설된 미국 국방부 정보본부(DIA)는 육해공군 정보부대, 특수전부대, 국가안보청, 국가정찰청, 해외 무관 등 미국 국방부 산하 정보기관이 제공한 군사정보를 조정 취합한다. 외국군 전투 정보, 군사력을 평가, 분석 정리하여, 국방장관, 합참의장을 위시한 각 전투부대·군 부대장, 작전기획부서장, 국방정책결정자에게 제공하였다. 또한 국가정보부를 위시한 국가정보공동체, 정책결정자에게 종합된 군사정보를 제공하여 정세판단과 정책참고로 활용하게 한다. 정보본부는 적실성(timely), 객관성(objectively), 설득력(cogent)있는 정보를 생산하기 위해 인간, 신호, 과학기술 정보를 총체적으로 활용하여 가능한 표준화된 분석, 정리체계를 유지하려 한다. 설득력 있고 정확한 맞춤형 정보(right information)를 적기(right time)에 실수요자(right customer)에게 제공하기 위함이다.

그러나 9·11 테러이후 2004년 정보개혁과 테러예방법에 따라 모든 정보기관의 정보를 조정하고 종합하여 대통령에게 보고하는 중앙정보부의 기능은 신설된 국가정보부에 이양하고, 해외 정보수집에만 집중하게 된다. 국가정보부는 국가안보 최일선에서 잠재 적국의 국가안보기획, 의도, 잠재 역량을 수집 정리하여 대통령과 정책 결정권자, 미국 정보공동체에 제공하고 적국의 적대행위를 분쇄하는 공작활동을 비전과 임무로 명시하고 있다. 핵심 정보 수집 대상은 해외 군

---

24) Holt, Pat M. 1995. *op. cit.* p. 229.

25) Berkowitz, Bruce D. and Allen E. Goodman. 1991. ***Strategic Intelligence for American National Security***. Princeton, New Jersey: Princeton University Press. pp. 65-75.

26) Wark, Wesley K. "Canada and the Intelligence Revolution." in Heike, Bungert, Jan G. Heitman, Michael Wada(ed.). 2003. ***Secret Intelligence in the Twentieth Century***. London: Frank Casa. pp. 175-181.

사, 정치, 경제, 사회, 과학, 환경에 걸친 전 영역이며 국제범죄와 마약 퇴치, 테러 예방, 방첩·공작활동을 포함하고 있다. 특히 국가정보부의 정보활동 개념은 인간정보, 과학기술정보를 균형 있게 활용하여 잠재국의 의도된 은폐, 기만 정보 유출을 잘 가려내어 정보를 수집하는 것에 역점을 두고 있다. 수집된 정보는 계량적, 질적 분석을 지혜롭게 활용하되, 분석가의 자기본위 사고나 대통령 등 정책결정자 취향에 맞는 의도된 분석을 극복하는 객관적, 합리적 분석을 기반으로 해야 한다. 이렇게 보면 정보기관에서 다루는 정보는 잠재 적국의 기만 정보를 가려내어 가능하면 논리적 추론 과정을 거쳐 정확한 정보를 적실성 있게 정책가에게 제공하는 생산제품이며, 이와 함께 정보기관이 수행하는 방첩, 보안, 공작활동을 포함한 정보체계로 볼 수 있다.

한편 9·11테러 이후 국가정보 과정을 공개하고 학계에서 이론을 정립하는 노력이 싹트는 세계적 흐름에 따라 한국에서도 국가정보 현상을 이론적으로 정립하려는 학문적 결실이 나타나고 있다. 문정인 교수는 국가정보론에서 첩보의 수집, 분석, 배포의 과정과 그 결과물, 이와 관련된 일련의 방첩 및 공작활동을 수행하는 조직을 통틀어 정보라고 정의한다. 그리고 정보를 수집대상과 임무기능별로 정치, 군사, 경제, 사이버정보로, 수집방식에 따라 인간, 기술, 공개출처 정보로 분류한다. 또한 실무가, 학자의 견해를 종합하여 분석과 작성 유형에 따라 기본, 현용, 전략경보, 예측정보로 분류하고 있다. 정보 실무가인 김윤덕 박사는 첩보 수집, 분석 등 정보활동의 결과로 획득한 지식을 정보라고 정의한다.

정보기관과 학자들이 강조하는 정보의 질적 기준을 종합해 보면 정보는 정책결정에 필요한 적합성, 원하는 시기에 제시하는 적시성, 사실에 근접한 정확성을 갖춰야 한다. 이론을 토대로 실무면에서 접근한 정보포럼 회원들은 '정보는 비밀성을 갖고 은밀하게 국가정보기관이 각종 첩보를 수집하고 분석하여 생산한 지식'이라고 본다. 동시에 국가안전보장과 국가정책 수립 및 집행에 필요한 효용성 있는 지식을 강조한다. 그리하여 국가안전보장을 담보하는 특수한 지식인 정보생산, 생산된 정보의 보호, 외국 정보망의 침투·파괴를 저지하고 봉쇄하는 방첩·보안 등의 활동과 이런 활동을 전개하는 정보조직을 망라한 포괄 개념으로 정보를 정의한다. 국가정보원 전신인 국가안전기획부의 이상연 부장은 정보전문가 관점에서 대통령, 정책가의 요구, 정보기관 자체의 판단에 따라 정보기관이 수집, 처리하여 분석 판단한 생산품이 정보의 핵심이라 한다. 동시에 국가안전보장에 직결되는 공작, 보안, 방첩 등이 국가정보활동의 근간으로 첩보 출처의 신빙성, 분석의 신뢰성, 객관성, 타당성이 중요하다고 한다.[27)]

그런데 미시적 정보 개념을 구체적으로 설명하는데 정보 전문 용어인 정보와 첩보를 구분할 필요가 있다. 학술 연구나 정보(intelligence) 생산에는 분석대상인 자료(data)가 있어야 한다. 기상관측 통계, 농산물 생산량, 국민소득, 인공위성, U-2기, SR-71, 무인항공기에서 촬영한 영상 자료는 1차 자료인 생자료(primary raw data)이다. 그와 같은 자료를 정보생산 맥락에서 의도적으로 수집, 정리 하면 정보(information)가 된다. 이렇게 수집된 정보를 정보공동체나 정보학에서는 첩보(information)라는 용어로 사용한다. 즉, 신문, 방송, TV, 인터넷 댓글, 학술논문, 기업 자산 내용, 정부 통계 등 사회에서 통용되는 지식, 소식, 소문 등을 전문 정보공동체에서는 첩보라고 한다. 아무리 정교한 내용이라도 일단 전문 정보기구에서 정제되지 않으면 첩보(information)로 간주한다. 사회에서 통용되는 정보라 하더라도 전문 정보기관에서는 검증되지 않은 자료로 취급하여 수집 정리하면 첩보(information)인 것이다. 수집된 첩보를 정보기관에서 정보 용광로에서 넣어 정련하여 정책결정자 수요에 맞게 압축 요약한 내용이어야 비로소 정보(intelligence)가 된다. 즉, 온갖 첩보를 전문 정보기관 요원이 전문성을 발휘하여 정확하고 신뢰성 있는 내용으로 정리해 정책가에게 이해가 되고 도움이 될 때, 비로소 확실한 정보(intelligence)로서 진가를 발휘하게 된다.

이런 맥락에서 로웬탈은 정보(intelligence)는 넓은 의미에서 사회에서 통용 되는 정보(information), 즉 정보기관에서 규정하는 첩보의 부분집합으로 보아 "모든 정보(all intelligence)는 첩보(information)에서 나오나 모든 첩보(information)가 정보(intelligence)는 아니다"라고 한다. 이는 많은 첩보에서 정보가 여과 되어 나옴을 의미한다. 허만은 첩보는 수집은 되었으나 아직 처리되지 않은 자료(unprocessed data of every descriptive information)이고, 처리된 자료 혹은 처리된 첩보(processed data or information)가 정보(intelligence)라고 한다.[28)] 최근 심각한 기업 기술 유출

---

27) 문정인. 2002.「국가정보론」. 서울: 박영사. 24-54쪽; 김윤덕. 2006. 전게서. 18쪽. 15-30쪽; 국가정보포럼. 2006. 전게서. 12쪽. 3-17쪽; 이상연 전 청와대 민정수석, 안기부장 면담(2005. 12. 9. 오전 10-12시, 2010. 8. 4. 오전 10-12시).

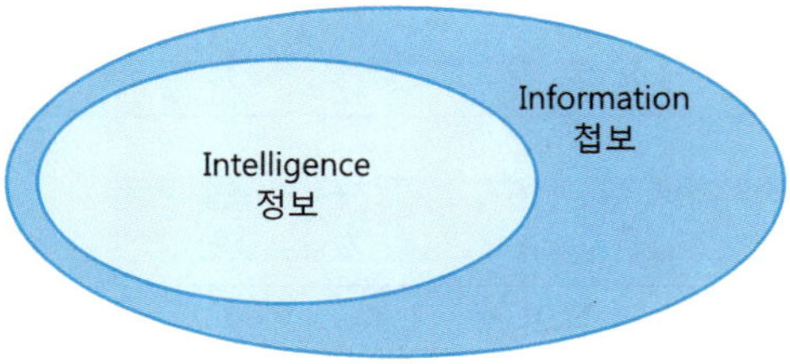

intelligence(정보) ⊂ Information(첩보)
정보는 전체 집합인 첩보의 부분 집합

[그림 5-2] 정보와 첩보 영역

로 인한 기업 보안에 경각심을 갖게 되고, 경쟁적으로 산업 기술을 획득 하려는 산업전선에서 산업정보와 관련하여 첩보(information)와 정보(intelligence)를 구분하고 정보기술을 접목시켜 국가정보공동체에서 사용하는 정보(intelligence) 용어와 운용 체계를 활용하고 있다.[29)]

이렇게 보면 정보는 국가정보기구가 국가안전 보장과 국익추구 지평에서 세계 또는 잠재적 적국을 상대로 군사, 경제, 사회, 과학기술, 환경 등에 걸쳐 전방위적으로 첩보를 수집하고 객관적으로 정확히 처리 분석하여 대통령, 국가안보 정책 수립가, 관련분야 정책가에게 적실성 있게 서면 또는 구두로 제공하는 공공이론 또는 공공재화이다. 결론적으로 정보 공공재화를 핵심으로 국가정보공동체가 수행하는 공작, 방첩, 보안 활동을 포함한 정보체계가 미시적 정보 개념이라고 할 수 있다.

---

28) 정보, 첩보, 자료 구분은 다음 저서와 논문에서 잘 설명하고 있다(Lowenthal, Mark M. 2003. *op. cit.* pp. 4-8; Herman, Michael. 2001. *op. cit.* pp. 5-9. 김민수.; 국가정보시스템 운용체계와 관리에 관한 연구- 대통령 정보지원 시스템을 중심으로 - 연세대학교 대학원 행정학과 석사 학위 논문. 표 2-2. VII.; 이상연 부장 면담(2005. 12. 9. 오전 10-12시, 2010. 8. 4. 오전 10-12시)).

29) Vibert. Conor. 2004. *Competitive Intelligence-Framework for Web-Based Analysis and Decision Making*. Thomson Mason, Ohio: Thomson. pp. 15-20. pp. 85-90. pp. 168-173.

요 약

정보의 미시개념

세계학자 및 기구의 정의

◆로웬탈(Lowenthal)의 정보 개념

- 정보란 국가안보에 필요한 구체적 정보를 정책결정자가 요구하면 정보기관이 수집, 분석하여 제공하는 정보 생산물. 정보의 외부 유출을 방지하는 보안유지, 방첩활동, 정보수집을 강화하는 공작활동 등 일체를 정보로 인식

◆ 허만(Michael Herman)의 정의

- 정보란 정책에 활용하는 목표로 수집된 자료를 처리, 해석, 판단하여 사용자요구를 충족시켜 주는 비밀리에 작성된 특수한 지식체계(particular kind of knowledge)
- 정보는 객관적 사실(factual current contents), 실시간 베이스의 적실성 (immediacy), 정보의 소스 명기, 자료 기밀 유지(protection of sources and materials), 명확한 자료 출처(location), 심층분석, 판단력, 예견력으로 충만한 정보전문성 함축을 요구. 정보수집, 분석의 대상, 영역은 국가이익에 관련된 국방, 외교, 경제, 과학기술, 그리고 국내전복, 테러를 예방하는 방첩, 대외공작 모두 포함

◆켄트(Sherman Kent)의 정의

- 중앙정보부에서 장기전략정보예측처(Office of National Estimate: ONE) 처장으로 15년을 근무한 역사학자로 정보를 국가정보기관이 첩보활동으로 수집, 검증 처리하여 국가 최고정책결정권자에게 제공하는 국가존립의 사활이 달린 지식으로 설명

◆심스(Jennifer Sims)의 정의

- 대통령이나 수상의 전략정책 수립에 필요한 정보 수집, 분석처리로 이루어진 비밀스런 내용

◆슐스키(Abram Shulsky)의 정의

- 미국 상원 정보위원회 전문위원, 국방부 특수작전기획처장으로 2003년 이라크 전쟁에 전략 정보를 입안한 슐스키는 국가안보, 국가이익 추구, 외부위협에 대처하는 정책 입안에 참고가 되는 사항을 수집, 처리한 정책선택 상품이라 정의함

◆홀트(Pat M. Holt)의 정의

- 미국 의회 정보위원회 전문위원 경험에서 정보를 첩보 자료를 분석, 정리하여 정책수립에 도움이 되는 수준 높은 보고서로 정리

◆버커위즈(Bruce D. Berkowitz)와 굿드만(Allen E. Goodman)의 정의

- 정보부 분석관의 경험을 바탕으로 정보를 영상, 전자, 핵반응, 적외선, 레이더, 원격측정 정보 등의 과학기술정보 활용으로 수집 분석하여 실시간으로 생산 제공하는 정보

◆ **미국 국방부 정보본부(DIA)의 정의**

- 미국 국방부 산하 정보기구의 군사 정보조정 취합기구
- 인간, 신호, 과학기술정보를 활용하여 가능한 표준화된 분석정리체계로 국방장관, 합참의장, 전투부대 지휘관에게 적실성(timely), 객관성(objectively), 설득력(cogent) 있게 제공하는 정확한 맞춤형 군사정보

◆ **미국 중앙정보부의 정의**

- 9. 11 테러 이후 2004년 정보 개혁과 테러예방법에 따라 해외 정보수집에만 집중하는 정보부는 정보를 국가안보 최일선에서 잠재 적국의 국가안보기획, 의도, 잠재 역량을 수집 정리하여 대통령과 정책 결정권자, 미국 정보 공동체에 제공하고 적국의 적대행위를 분쇄하는 공작활동으로 명시
- 핵심 정보 수집 대상은 해외 군사, 정치, 경제, 사회, 과학, 환경에 걸친 영역이며, 국제범죄와 마약 퇴치, 테러예방, 방첩, 공작활동을 포함
- 특히 정보부의 정보 개념은 인간, 과학 기술정보를 활용하여 잠재국이 의도적으로 은폐하고 기만하는 정보 유출을 잘 가려내고, 계량적, 역사서술적인 질적 분석으로 정보를 생산수집한 것임

한국 국가정보학계와 실무에서의 정의

◆ **문정인 교수의 정의**

- 국가정보론에서 첩보의 수집, 분석, 배포의 과정과 그 결과물, 이와 관련된 일련의 방첩 및 공작활동, 활동을 수행하는 조직을 통틀어 정보라고 정의

◆ **김윤덕 박사의 정의**

- 정보 실무 이론가로 정보를 첩보 수집, 분석 등 정보활동의 결과로 획득한 지식을 정보라고 정의

◆ **정보포럼의 정의**

- 이론적 기반으로 정보실무면에서 접근한 정보포럼 회원들은 정보를 비밀성을 갖고 은밀하게 국가정보기관이 첩보를 수집하고 분석하여 생산한 지식으로 정의

◆ **이상연 부장의 정의**

- 국가정보원 전신인 국가안전기획부의 이상연 부장은 정보전문가 관점에서 정보를 대통령, 정책가의 요구, 정보기관 자체의 판단에 따라 정보기관이 수집, 처리하여 분석 판단한 생산품이 정보의 핵심이며, 동시에 첩보 출처의 신빙성, 분석의 신뢰성, 객관성, 타당성을 중시하면서 첩보를 수집하고 국가안전보장에 직결되는 공작, 보안, 방첩 등이 국가 정보의 근간이라고 함

◆ **첩보와 정보의 구분**

- 정보학계나 정보공동체에서는 첩보(information)와 정보(intelligence) 라는 용어를 처리 분석 과정에서 구분
- 학문연구나 정보이론에서 분석 대상인 기상관측 통계, 농산물 생산량, 국민소득, 인공위성, U-2기, SR-71, 무인항공기가 촬영한 영상 자료 등 1차 자료인 생자료(primary raw data)와 이미 인용 된 학술논문 등 2차 자료가 존재
- 국가정보기관에서 1차 , 2차 자료를 정보생산 맥락에서 수집하면 첩보(information)로 존안 -> 수집된 첩보를 분석, 해석, 판단의 처리과정(processed)을 거치면서 정보(intelligence) 기능, 상품으로 제공
- 정보기관에서 정제된 정보(intelligence)는 넓은 의미에서 사회에서 통용 되는 정보(information), 즉 정보기관에서 규정하는 첩보의 부분집합
- 모든 정보(intelligence)는 첩보(information)에서 나오나 모든 첩보(information)가 정보(intelligence)는 아니라고 로웬탈은 규정하였으며, 허만은 첩보는 수집은 되었으나 아직 처리되지 않은 자료(unprocessed data of every descriptive information)이고, 처리된 자료, 첩보(processed data or information)가 정보(intelligence)라고 정의
- 산업기술 유출로 인한 산업 보안에 경각심을 갖게 되고, 경쟁적으로 산업 기술을 획득 하려는 산업전선에서도 첩보와 정보를 구분하기 시작

정보의 미시개념 요약

◆ 정보는 국가정보기구가 국가안전보장, 국익추구를 위해 세계 또는 잠재적국을 상대로 군사, 경제, 사회, 과학기술, 환경 등에 걸쳐 전방위적으로 첩보를 수집, 객관적으로 정확히 처리 분석, 판단하여 대통령, 국가안보 정책 수립가, 관련분야 정책가에게 적실성 있게 서면 또는 구두로 제공하는 공공이론 또는 공공재화

◆ 정보 공공재화를 핵심으로 국가정보공동체가 수행하는 공작, 방첩, 보안 활동을 포함한 정보체계를 미시적 정보 개념으로 정의

4. 정보의 존재 이유

정보의 존재 이유는 국가안전보장, 국가재난의 경보, 문제해결 위주의 정책참고 자료, 국가기밀유지, 특정 시기나 시대에 요구되는 정보 패러다임, 예컨대 테러예방 등으로 요약될 수 있다. 고대에서 현대에 이르기까지 대통령중심제, 내각책임제, 혼합형 정치체제 등 어떠한 정치체제든 정보활동은 국정운영에 있어서 필수적 기능으로 발전해 왔다. 대통령이나 수상실 국정운영에 필요한 정보를 국가종합정보, 정부 부처별 하위 기관에 도움이 되는 정보를 부문정보라고 하지만 부문정보, 국가종합정보여부에 관계없이 광범위하게 해석해서 국가안전보장을 위하여 최일선에서 활동하고, 수집, 처리하여 생산된 모든 정보는 국가정보이다. 따라서 국가정보는 국가안전보장을 담보하는 국가기능이며 역사적 산물이다. 국가안전보장을 광의로 해석하면 국가주권을 확보하고 체제를 수호함은 물론 국민의 투표로 선출된 대통령·수상의 정치력, 그들이 이끄는 정권의 존속까지 포함할 수 있다. 국가정보는 이런 광의의 국가안전보장을 위해 최일선에서 소리 없이 임무를 수행하는 국가 활동체계인 것이다.

국가존속과 국가안보를 위한 국가활동체계로서 정보활동은 역사적으로 계속 존재해왔다. 유럽의 경우 16세기 영국과 스페인의 세계 제해권 쟁취를 위한 전쟁에서 스페인 무적함대를 무찌르고 엘리자베스 여왕의 시해 음모를 차단한 영국 웰싱햄의 정보활동, 17세기 유럽대학에서 산업경제무역 강국으로 발전하고 절대왕정을 공고히 한 프랑스 리실리유의 정보활동 등을 들 수 있다.

19세기 청나라 옹정황제(擁正皇帝)는 밀정(密情) 또는 밀절(密折)이라는 정보시스템을 국정 운영에 활용하였다. 옹정황제는 청대의 근위군인 만주 8기(旗)군 중에서 제일 신임하는 황족과 귀족 출신으로 8기군 중에서 황제를 측근에서 보필하는 시위(侍衛)를 중심으로 정보 요원을 충원하여 전국 단위로 주민 생활상태, 치안 확립정도, 경제상태, 적설량, 강우량, 보리, 쌀, 누에 작황, 양곡값 등락, 가뭄·홍수 발생과 조치책에 걸쳐 다양하고 광범위한 정보를 수집하였다. 1천 명이나 되는 정보원이 황제와 직접 소통하며 제공한 청제국의 국가정보로 옹정황제는 아버지인 강희황제(皇帝康熙)가 남긴 국가재정 은(銀) 800만 량을 그의 치세 13

년 동안 은(銀) 6천만 량으로 국고를 풍성히 하여 아들 건륭황제(乾隆皇帝)에게 남겼다.

2차 대전 당시 태평양에서 미국과 해전을 겨룬 일본은 군사정보는 물론 만주 철도조사부의 정보 분석, 낭인에서 변신한 기업인, 학계의 정보협조에 힘입은 바 컸다. 일본 국가정보기관인 내각정보조사실은 1,200여 명 정도의 정보요원으로도 시민 개인, 기업인, 학계, 사회정보 인프라의 협조 전통으로 21세기 평화 시기에 일본이 경제대국으로 발돋움하는 정보 지평을 열고 있다.

1961년 1월 20일 35대 대통령으로 취임한 케네디 대통령은 4월 15일 카스트로가 집권한 쿠바에 쿠바 망명인으로 구성된 준군사부대를 마이애미에서 피그만으로 상륙시켜 카스트로를 제거하는 중앙정보부 공작기획안을 승인하였다. 미군과의 협조체계 없이 졸속으로 계획된 준군사작전은 사전 비밀 누설 등으로 해안에서 기다리던 카스트로 정규군 2만 5천 명과 민병대 20만 명에 의해 실패하였다. 이에 후루시초프 소련 수상은 당년 43세 케네디 대통령을 국가안보 경험이 없는 애송이라고 비꼬았다. 미국 내에서는 백악관 입성 3개월 만에 당한 국가적 치욕으로 케네디 대통령의 정치력에 대한 국내외의 우려가 고조되었다. 그로부터 1년 6개월이 지난 1962년 10월 28일, 미국은 소련이 쿠바에 설치한 중거리 미사일을 미국에 대한 도전으로 간주하여 중앙정보부의 지속적인 U-2기 항공정찰, 인간정보에 의한 미시일 기지 설치 현황 확인, 육해공군 합동작전으로 소련이 쿠바에 설치한 미사일기지를 폐쇄하고 미사일을 본국에 이송하도록 하였다. 후루시초프 수상은 이 사건을 계기로 소련 공산당 정치국에서 축출되었다.

냉전 해체 당시 국방장관 야조브, 푸고 내무장관, 쿠르츠코브 KGB 의장 등 보수파가 소련을 개혁과 개방으로 이끌던 고르바초프 대통령을 퇴출시키려는 정치 쿠데타 음모를 계획하자, 미국 국가안보청이 신호통신정보로 파악하여 부시 대통령에게 보고하였다. 부시 대통령은 고르바초프 대통령에게 거듭 쿠데타 음모 정보를 보냈지만, 고르바초프는 이를 간과하고 흑해로 휴가를 떠났다. 결국, 고르바초프는 휴양지 소치에서 쿠데타 세력에게 억류당한 후에 풀려나 모스크바로 귀환하여 대통령직을 사임하게 되었다. 같은 시기에 갓 출범한 러시아 대통령 옐친 역시 옐친 정권을 전복시키려는 쿠데타 음모가 있었으나, KGB를 감청한 미국 국가안보청의 정보 내용을 받아들여 군사 쿠데타를 막을 수 있었다. 이는 미소

간 냉전 해체 이후 최초의 합동 정보전의 한 양상이며 국가안보나 세계안전보장을 유지하는 미국 국가정보의 위력이다.

정보학계에서도 정보의 존재 이유를 국가안전에 위협이 되는 요인을 사전에 제거하거나 대비책을 세우도록 하는 국가안전보장을 위한 수단, 국가생존의 결정적인 정부기능으로 보는 데 의견이 일치한다. 따라서 정보는 국가재앙이 덮치기 전에 사전에 예방하기 위해 각종 위협을 제거하는 최일선에서 일하는 국가기능으로 볼 수 있다. 더불어 국가안전 보장을 위한 정보활동 영역도 정치, 군사외교안보에서 경제, 과학기술, 자원, 환경, 생태, 사회, 사이버 안보에까지 확대되고 있다.[30)]

정보의 존재이유를 더 구체적으로 보면 첫째, 정보는 국가재난에 대비한 경보체계를 위해 필요하다. 조기경보(early warning)든 중장기 전략경보(strategic surprise warning)든 국가안보에 관한 경보를 적시에 정확히 발동하는 기능을 의미한다. 조기경보는 국가생존에 위협을 주는 세력(forces), 사태(events), 상황(development) 발생을 미리 알리고 위협을 극복하는 정보활동이다. 조기경보, 전략경보 발동을 실기하여 국가적 재앙을 초래한 예로 1943년 일본의 진주만 공격, 1973년 제 2차 중동전에서 이집트를 비롯한 아랍 동맹군의 이스라엘 선제공격, 1950년 6·25 전쟁, 21세기 진주만 공격이라 할 수 있는 2001년 뉴욕 무역센터 폭파테러 등을 들 수 있다. 켄트(Sherman Kent)는 정보를 용도별로 기본정보(basic descriptive form), 현용정보(current reportorial form), 그리고 정세판단정보(evaluative form)로 나눈다. 기본정보는 정보공동체에서 경쟁국가 혹은 잠재적국의 정치, 군사, 경제, 과학기술, 환경, 사이버에 걸친 기본 정보 사항을 정기적으로 작성하여 정책결정권자, 관련정부부처, 기업, 사회조직에 제공하는 정보 형태이다. 기본정보의 전형적인 예가 대통령, 수상에게 제공하는 1일 정보보고(presidential daily report, or presidential daily briefing)이다. 국가원수에게 제공하는 1일 정보보고는 오늘날 주요 국가정보기관의 관례로 되어 있다.

한편, 1년 주기, 1-5년, 5년 이상 주기로 작성하는 세계정세 판단은 장기적인

---

30) Lowenthal, Mark M. 2003. pp. 2-3; 문정인. 2002. 전게서. 4-9쪽; 국가정보포럼. 2006. 전게서. 296-303쪽; 김윤덕. 2006. 전게서. 3-5쪽; Andrew, Christopher. 1996. *op. cit.* p. 5. p. 40.

관점에서 켄트가 분류한 정세판단정보이며, 국가 지도자가 장기적인 관점에서 염두에 두고 인식하는 경보라고 볼 수 있다. 냉전 해체 전에 미국 중앙정보부가 매년 발간한 소련 해군력 정세판단(Soviet Naval Power) 보고서나 켄트 박사가 주동한 정보부 정세판단실에서 작성한 국가정세 정보보고서(National Intelligence Estimate: NIE)는 장기적 관점에서의 정보 경보이다. 장기적 관점의 정세판단 정보는 객관성, 정확성, 신뢰성을 높이기 위해 정세판단 A팀과 B팀으로 나누어, A팀은 중앙정보부 전문가 그룹, B팀은 정보부 팀을 제외한 정보공동체 요원과 외부 전문가로 구성하여 정세판단 정보보고서를 작성하게 한다. 이러한 두 팀의 공통점과 차이점을 부각시켜 토론을 진행하고 보다 현실적인 정세판단을 내릴 수 있다.

정보가 필요한 또 하나의 중요한 이유는 국가안보정책 수립에 필요한 정보를 생산하여 정책가에게 제공하는 데 있다. 여기에 필요가 정보가 켄트가 분류한 문제해결 위주의 현용정보이다. 현대 국가 정보기관은 5년 이내로 임기가 끝나는 대통령과 정무직 종사자에게 정책결정에 필요한 중장기 정세판단 정보는 물론, 끊임없이 전개되는 정책결정과정에 필요한 현용정보를 제공하는 정보활동에 많은 시간과 역량을 투입하게 된다. 정책 결정자는 정책을 입안하여 집행하는 과정에서 특정 정책을 채택하는 배경, 정책결정 판단 자료, 경계해야 할 사항, 정책집행 결과에서 오는 이익, 위험감수 등에 관한 명쾌한 설명과 판단이 포함된 적실성이 있는 정보를 절실히 요구하고 있다. 특히 경쟁국이나 잠재적국과 관련된 정책 수립의 경우 정책가의 정보 전문가와 정보기관에 대한 의존 빈도는 커지게 된다. 트레버턴은 정보의 정치화를 방지하기 위해서 정보가와 정책가와의 긴밀성을 금기시 하는 발상은 9·11 테러이후 더 이상 통용되지 않는 낡은 정보 가이드라인이라고 한다. 따라서 정보분석에서 객관성, 자율성이 요구되나 정책가의 정보 필요성과 정보가의 정보제공은 순치의 관계라고 정보학계에서도 인정하기 시작하였다. 영국 MI 5, MI 6, 미국 국가정보부, 중앙정보부, 국방정보부의 부훈 모두 적기에 국가원수, 군 통수권자, 국가안보정책결정자에게 객관성있고 신뢰성이 있는 정보를 적기에 제공하는 것을 명기하고 있다.[31]

---

31) Lowenthal, Mark M. 2003. *op. cit.* pp. 2-6; Kent, Sherman. 1965. *op. cit.* pp. 111-68; Treverton, Gregory F. 2003. *op. cit.* pp. 2-5; 문정인. 2002. 전게서. 4-9쪽; 김윤덕.

정보가 필요한 세 번째 이유로 비밀유지를 들 수 있다. 정보요구, 첩보수집, 처리 단계에서 생산된 정보의 기밀 유지는 정보활동 전문기관의 고유 임무이며 기능이다. 정책수립에 필요한 정보나 국가안전보장에 기반이 되는 정보활동, 조기경보 발동과 관련한 비밀유지는 정보전문기관의 특수성을 보여주기도 한다. 같은 맥락에서 대규모 군사작전을 펼치지 않고도 국내 정부전복 행위 사전 분쇄, 조직범죄와 마약거래 소탕, 테러 예방, 그리고 해외에서 국가이익을 추구하는 공작 활동은 국가정보가 존재하는 기본 이유이다(raison d'etre).[32]

2006. 전게서. 3-5쪽; 국가정보포럼. 2006. 전게서. 3-15쪽.

32) Lowenthal, Mark M. 2003. *op. cit.* pp. 5-7; Herman, Michael. 2001. *op. cit.* pp. 205-210.

요 약

정보의 존재이유

제 1의 이유: 국가 안전보장 담보

◆ **국가정보는 국가안전보장을 담보하는 국가기능이며 역사적 산물**

◆ **국가안전 보장의 광의 개념은 국가주권 확보, 체제 수호, 국민이 선출한 대통령, 수상의 정치력, 그들이 이끄는 정권의 존속까지도 포함 가능**

- 1588년 영국 여왕 비설실장겸 국무장관인 월싱햄은 엘리자베스여왕 시해 음모를 사전 제거. 스페인 무적함대에 관한 총체적 정보수집, 분석결과를 드레이크 영국 함대 공격군 사령관에게 적기 제공으로 영국 동남부 해협에서 스페인무적함대 완파로 세계 제해권 쟁취
- 17세기 프랑스의 추기경 겸 루이 13세 왕의 비서실장 겸 수석장관인 월싱햄인 리실리유는 은밀 정보망(black chamber)을 가동하여 외교, 군사, 산업 정보 수집으로 유럽대륙에서 프랑스를 산업경제무역 강국으로 성장하는데 결정적 역할
- 19세기 청라 옹정황제(擁正皇帝)는 밀정(密情) 또는 밀절(密折)이라는 정보 시스템을 운영하여 전국 단위로 주민 생활상태, 치안 확립 정도, 경제상태, 적설량, 강우량, 보리, 쌀, 누에 작황, 양곡 값 등락, 가뭄, 홍수 발생과 조치책에 걸쳐 다양하고 광범위한 정보를 수집으로 아버지인 강희황제(皇帝康熙)가 남긴 국가재정 은(銀) 800만 량을 그의 치세 13년 동안 은(銀) 6천만 량으로 국부강화

- 2차대전 당시 아시아, 태평양 전선을 담당한 일본은 군사정보 수집은 물론 만주철도 조사부의 정보 분석, 낭인에서 변신한 기업인, 학계의 정보협조에 힘입은 바 큼. 이 전통은 지금도 수상실 직속 내각정보조사실에서 활용하여 경제, 무역대국으로 발돋움에 기여
- 1961년 35대 대통령으로 취임한 케네디 대통령이 승인한 카스트로 제거 피그만 상륙작전 실패. 후르시초프 수상은 43세 케네디 대통령을 국가안보 경험없는 애송이로 지적하여 지도력 손상 -> 1년 6개월이 지난 1962년 10월 28일 소련이 쿠바에 설치한 중거리 미사일 현황을 U-22기 정찰, 인간정보를 통해 현황 확인, 소련은 쿠바에서 미사일 철수하도록 함. 군사작전 패배로 후르시초프 수상은 소련 공산당 정치국에서 축출

< 냉전이후 미국, 러시아의 정보지원 >

- 소련을 개혁과 개방으로 이끌던 고르바초프 대통령을 당시 국방장관 야조프, 푸고 내무장관, 쿠르츠코프 KGB 의장 등 보수파가 퇴출시키려는 정치쿠데타 음모를 미국 국가안보청이 신호통신정보로 파악, 부시 대통령이 경보 메시지를 전달하나 이를 간과한 고르바초프는 휴양지 소치에서 쿠데타 세력에게 억류당한 후 풀려나 모스크바로 귀환하여 대통령직 사임
- 갓 출범한 러시아 대통령 옐친을 러시아 의회 사무실에서 체포하라는 KGB 의장의 명령을 거부한 KGB 알파 팀의 결정을 감청한 미국 국가안보청의 정보 내용을 부시 대통령이 옐친 대통령에게 알려 대응책을 강구하도록 조언, 동시에 옐친이 러시아 전략부대 지휘관에게 군사동원을 자제하라고 보낸 통신내용을 쿠데타 세력이 모르도록 통신 보안유지를 미국 정보팀이 지원

정보의 구체적인 존재이유

국가안전, 국가재난에 대비한 경보체계

- 정보는 국가 재앙을 사전에 예방하는 위협 제거 최일선에서 국가안보에 관한 경보를 적시에 정확히 발동하는 기능 담당, 정치, 군사, 외교, 경제, 과학 기술, 환경, 사회, 사이버 안보에까지 조기 경보(early warning), 중장기 전략경보(strategic surprise warning) 발동
- 1943년 일본의 진주만 공격, 1973년 제 2차 중동전에서 이집트를 비롯한 아랍 동맹군이 이스라엘 선제공격, 1950년 6·25 전쟁에 북한군 대거 남침, 2001년 뉴욕 무역센터 폭파 테러 등에서 정보 경보 중요성 감지
- 켄트: 정보를 용도별 기본 정보, 현용정보, 정세판단 정보로 분류
  - 기본 정보: 정보공동체에서 경쟁국가의 정치, 군사, 경제, 과학기술, 환경, 사이버에 걸친 기본 정보 사항을 정기적으로 작성하여 정책결정권자, 관련 정부 부처, 기업, 사회조직에 제공하는 정보 형태. 기본 정보의 전형적인 예가 대통령, 수상에게 제공하는 1일 정보(presidential daily report, or presidential daily briefing).
  - 정세판단정보: 1년 주기, 1년 이상 5년, 5년 이상 주기로 작성하는 세계정세 판단은 장기적인 관점에서 국가 지도자가 염두에 두어야 할 장기 지평에서 인식하는 경보. 냉전 해체 전에 미국 중앙정보부가 매년 발간한 소련 해군력 정세판단(Soviet Naval Power) 보고서나 켄트 박사가 주동한 정보부 정세판단실에서 작성한 국가정세 정보보고서(National Intelligence Estimate: NIE)는 장기적 관점에서 시사하는 정보 경보

국가안보정책 수립에 필요한 정보 생산과 정책가에게 제공

- 대통령과 정책가에게 정책결정 판단 자료, 배경, 경계해야 할 사항, 정책 집행 결과에서 오는 이익, 위험 감수 등에 관한 적실성이 있는 명쾌한 설명, 판단이 포함된 정보를 항시 제공하고 중장기 판단 정보도 제시(켄트의 현용정보에 해당)
- 트레버턴: 정보의 정치화를 방지하기 위한 정보의 정책접근이나 정책가와의 긴밀성을 금기시 하는 발상은 9. 11 테러 이후 대량 살상 테러, 세계화와 정보화 시대의 사이버 테러에 대응하는 21세기에는 더 이상 통용되지 않는 구태의연한 낡은 정보 가이드라인으로 인식
- 정책분석에서 객관성, 자율성이 요구과 함께 정책가의 정보 필요성과 정보가의 적실성 있는 정보제공은 순치의 관계라고 정보학계에서도 인정
- 영국 MI 5, MI 6, 미국 국가정보부, 중앙정보부, 국방정보부의 부훈 모두 국가원수, 군통수권자, 국가안보 정책결정자에게 객관적이고 신뢰성이 있는 정보를 적기에 제공하는데 있다고 명시

비밀유지

- 생산된 정보의 기밀 유지, 대규모 군사작전을 펼치지 않고도 국내 정부전복 사전 분쇄, 조직범죄와 마약거래 소탕, 테러 예방의 은밀한 수행, 해외에서 국가이익 추구 공작은 국가정보기구가 존재하는 기본 정당성(raison d ètre)

제6장
정보수집

1. 정보수집 절차

이 장에서는 정보수집 과정을 '정보를 주기로 파악'하는 중범위 개념과 연계하여 분석해 본다. 정보과정은 정보수집→정보처리 및 분석→정보제공→정보평가→정보수집의 순환과정이다. 정보수집은 국가목표와 국가정보목표에 의해 자체적으로 이루어지거나 정책결정자의 정보요구에 이루어진다. 이렇게 수집된 정보는 분석, 해석, 판단 등 처리과정을 거쳐 필요로 하는 정책결정기관에 제공한다. 아울러 제공된 정보의 유용성을 검토하는 평가과정을 통해 정보기능을 향상시키고 계속해서 새로운 정보활동을 수행한다. 이런 정보활동을 핵심으로 국가정보유출을 방지하는 보안과 국가안전과 국익추구를 위해 수행하는 비밀공작을 포함한 총체적 정보체계가정보이다. 정보과정에서 정보수집은 정보체계가 존재하고 성장하는 서곡이다. 인체체계와 비교하면 정보수집은 유아기에 해당한다. 즉 유아기에 성장을 하기 위해서는 영양섭취량이 많아야 하고, 청장년기에는 영양섭취량이 성장과 균형을 이루고, 노년기에는 영양섭취량이 줄어들고 성장은 둔화되고 인체체계는 서서히 소멸하게 된다. 정보체계가 성장을 계속하려면 끊임없는 정보수집(information intake), 정보섭취량증가가 뒤따라야 한다. 따라서 정보체계에서 정보수집은 알파요 오메가이다.

특히 오늘의 국가간, 지역간 분쟁을 강압과 일방적 요구가 아닌 상호공생으로 해결하려는 노력들이 나타나고 있다. 군사력보다는 경제원조와 교류, 합의 외교, 시민과 사회단체 등 비정부조직의 참여로 국제간 분쟁과 지역 갈등을 풀어 나가는 연성 파워(soft power) 즉, 지혜롭고 날렵한 힘(smart power)의 구사가 힘을 얻고 있다.[1] 종교·인종·지역 분쟁으로 야기된 얼굴을 가린 자살 특공대를 상대로 대규모 부대를 동원한 정규전을 치러야 하는 미국을 비롯한 국가들은 군사력 사용의 한계를 절실히 느끼고 연성 파워 구사에 매력을 느끼는 것이다. 예로 이라크와 아프가니스탄에서는 원주민이 치안 유지를 책임지고, 대신 이들 치안 유지군을 훈련시키는 임무를 미군과 다국적군이 맡고 있다. 미군과 다국적군은 도로와 교량, 학교 건설, 산업기반 조성, 사회 인프라 재건에 군사작전 핵심역량을 쏟고 있다. 자력에 의한 민주 국가 형성(nation-building)이 어려운, 낙후된 국가일수록 원주민 스스로 신속히 치안과 국방력을 장악하여 테러리스트를 제압하여 민족적 자존심을 갖게 하려는 것이다. 나토 혼성군과 미군은 2선에서 훈련과 자문에 치중하는 정치·경제·사회 자문군으로 이라크와 아프카니스탄에서 비정규전 전략전술을 전개하고 있다. 중동, 아프리카, 서남아시아를 관장하는 중부군 사령관에서 아프카니스탄 주둔 나토 국제안보지원군(NATO' s International Security Assistance Force)과 미군 사령관으로 부임한 페트레이어스(David Petraeus) 장군이 바로 그 중심에 서 있다. 연성 파워를 선호하는 오바마 대통령은 이라크, 아프카니스탄에 주둔하는 미군과 나토 다국적군의 철군을 바라는 유럽국가의 여론을 고려하면서 엄격한 직업군인 정신을 기반으로 아프칸 안정화, 탈레반 축출, 알카에다 괴멸을 주장하는 맥크리스탈 장군[2] 대신 유연한 정치적 대응을 수용하는

1) 국가정보위원장, 국방·국무차관보, 하버드 케네디 행정대학원 원장을 역임한 나이(Joseph Nye) 교수는 Soft Power를 제시하면서, 연성 파워(soft power)의 원천은 군사력이 아닌 경제원조, 사회문화 교류, 지도자의 행동양식 등 비군사적 것으로 이를 통해 국제·지역 분쟁 갈등을 해소하려 하였다(Nye, Joseph. 1990. *Bound to Lead: The Changing Nature of American Power*. New York: Basic Books.; Nye, Joseph. 2004. *Soft Power: The Means to Success in World Politics*. New York: Public Affairs.; Nye, Joseph. 2008. *The Powers to Lead*. New York: Oxford University Press).

2) 맥크리스탈(Stanley McChrystal) 장군은 페트레이어스 장군의 육사 2년 선배로 소대장 시절부터 공수부대에서 근무하고 육해공군, 해병대 특수전 부대 훈련을 통합 운영하는 특수전 통합사령부(Joint Special Forces Command) 사령관으로 특수전에 잔뼈가 굵은 지휘관이었다.

페트레이어스 장군을 아프칸 주둔군 사령관으로, 상원의 동의를 얻어 임명하였다.[3] 탈레반과 알카에다를 분쇄하기 위해서는 비정규전에 연성 파워를 구사해야 하는데 이러한 연성 파워를 구사하기 위해서는 총체적인 민군 정보력이 뒷받침 되어야 한다. 총체적 정보력은 연성 파워 행사의 표상이며, 정보수집은 유정에서 분출되는 원유이다.

세계화, 정보화 시대에 자살 테러에 대응하고 지역 안정화를 도모하기 위한 접근 방식, 즉 연성 파워를 구사하기 위해서는 더욱 내밀서 있는 정보 수집, 분석, 공작 활동이 요구된다. 과거에는 정보처리를 하는데 100명의 분석관이 1주일에 걸쳐서 했다면 과학기술이 발달한 지금 국방부, 정찰청 등 정보공동체는 인공위성이 보내는 동영상 처리 및 해석을 15분 만에 할 수 있고, 긴급사태 발생 시에는 그 이상 단축되어 거의 실시간으로 국방정보본부장, 국방장관, 국가정보부장, 백악관 상황실에 아프칸 작전 현황을 비롯한 세계정세를 파악할 수 있다.

정보수집(information collection)이라는 개념은 사회 통념으로 이해되는 용어이고 정보공동체에서는 분석처리 되지 않은 생자료를 첩보수집(information collection)이라 한다. 로웬탈은 정제된 정보수집은 첩보수집에서 비롯되는 만큼 많은 첩보를 수집할수록 많은 정보를 얻을 수 있다고 한다(The more information collected, the more intelligence collected). 따라서 첩보 수집 능력은 정보력의 원천으로 국가정보력은 첩보 수집 능력에서 비롯된다.[4] 첩보수집은 기획단계를 거치는데, 첩보수집 기획과정은 국가정책(National Policy Objectives: NPO), 국가정보목표 우선순위(Priorities of National Intelligence Objectives: PNIO), 정보기본요소(Essential Element of Intelligence: EEI)를 정립하고, 그 기반위에서 출발한다.

국가정책목표는 헌법에 명기된 자유민주주의 실현이라는 이념을 지향하고 선거에서 당선된 대통령, 의회 내 다수당에서 선출된 수상이 국민에게 공약한 정책을 정권인수과정을 거치면서 정부예산과 연계하여 확정한 정책을 말한다. 대통령이 염두에 두어야 할 전략정책은 대통령 정책우선순위(Priorities for the

3) 프린스튼대학교 우드로윌슨 행정·국제대학원(Woodrow Wilson School of Public and International Affairs)에서 행정학석사와 국제정치학 박사를 받은 페트레이어스 장군은 soft power 구사의 일환으로 아프간 주민이 스스로 치안 확보에 앞장서고, 나토군과 미군은 정치, 경제, 사회 인프라 구축에 집중하는 전략을 구사하였다.

4) Rowenthal, Mark M. 2003. *op. cit.* pp. 41-48.

President), 각료가 소관 부처에서 수행하여 할 과제는 각료 과제(The Cabinet Road Map)라 한다. 이들 정책 우선순위 지침서에는 국민연금, 지방정부, 사회복지개혁, 정부업무축소, 의료보험, 안보력 강화, 세계경제 대처 방안 등 수행해야 할 전략정책이 수록되어 있다. 이러한 정책에 기반하여 행위자는 정책 우선순위에 따라 필요한 정보를 정보공동체에 요구할 수 있다.

국가정보원을 비롯한 정보공동체에서는 국가 지향 목표에 따라 국가정보목표 우선순위를 정하고, 정부 부처는 국가정보목표 우선순위와 정보기본요소에 따라 부문정보목표를 세운다. 이런 정보목표를 기반으로 기본 정보 수집과 전문적 첩보 수집활동이 전개된다. 정보 실무 경험을 갖고 있는 정보학자들은 구체적 첩보 수집 목표로 정보기관이 반드시 알아야 할 정보 사항, 알아두는 것이 좋은 정보 사항, 대통령이나 정책부서 고위층이 필요로 하는 정보사항, 장래에 꼭 필요한 정보 사항, 의회에서 요구하는 정보사항으로 구분, 정립한다. 같은 맥락에서 정보목표, 국가정책목표, 대통령 전략정책 목표에 따라 첩보 수집이 이루어지고 부족한 부분은 새로운 첩보 수집으로 메우고, 지속적으로 추적하여 첩보수집의 완벽성을 기할 수 있다. 그래서 수집기획에는 구체적 첩보 수집 내용, 참여하는 정보요원, 수집수단, 예산, 분석부서, 정보제공부처, 첩보자료와 분석된 정보의 존안, 평가내용 등이 명시된다.[5] 첩보수집요원 인적 사항, 첩보 출처 등은 엄밀한 보안이 유지 되어야함은 물론이다. 첩보수집 활동이 개시되면 자연스럽게 제기되는 문제가 첩보 출처와 첩보 수집도구, 즉 수단이다.

5) 염돈재. 2002b. "첩보수집론." 문정인 편. 「국가정보론」. 82-113쪽.; Herman, Michael. 2001. *op. cit.* pp. 205-207.; Holt, Pat M. 1995. *op. cit.* 60-70.

요 약

정보수집 절차

- 정보수집: 정보체계가 존재하고 성장하는 서곡
- 21세기 정보혁명은 정보수집에서 비롯됨
  - 로웬탈: 정제된 정보생산은 첩보수집에서 비롯됨. 많은 첩보를 수집할수록 많은 정보 획득가능
- 첩보수집의 기획과정
  - 국가정책, 국가정보목표우선순위, 정보기본요소의 기반위에서 출발

2. 공개첩보와 비밀첩보

깊이가 있고 신뢰할 만한 많은 첩보(information)를 수집할수록 효용성이 높은 정보(intelligence)를 산출할 수 있다. 그래서 정보활동의 역량을 첩보수집에 집중하고 있다. 첩보수집의 출처는 크게 공개출처(open-source)와 비밀출처(covert source)로 나눈다. 공개출처에서 수집된 첩보를 분석 판단하여 생산된 정보를 공개정보(open-source intelligence: OSINT), 또는 공식정보라 한다. 공개출처에 의한 첩보수집대상은 인터넷 정보, 정부 발간물, 방송언론(mass media), 뉴스, 학술 연구, 산업정보 등이 있다.

먼저, 인터넷 정보는 내용의 다양성, 용이한 접근성, 비용경감과 맞물려 공개첩보수집의 가장 중요한 원천이며 집중 표적이다. 미국 정보기관 조직과 활동을 개관하기 위해 구글 사이트에서 국가정보부(DNI)를 검색하면 전체 소개에 이어 국내보안, 정보조정, 첩보수집과 분석, 테러대응, 사이버 정보, 정보대학운영 등에 대한 정보를 수집할 수 있다. 다시 중앙정보부(CIA)를 검색하여 켄트정보대학원으로 들어가면 정보실무가와 학자들이 정보세미나에서 발표한 논문을 볼 수 있다. 온라인 네트워크를 통해 다양한 정보를 얻을 수 있는데, 최근 각 국의 정보해커들은 국방부, 군사연구소, 정보기관의 기밀문서보관소에까지 침투하고 거짓자료를 유출하는 사이버정보전(Cyber Intelligence Warfare)으로 확대되고 있다.

인터넷 정보에 이어 공식적으로 첩보를 수집하는 공개출처는 미디어(mass media)이다. 현대 민주주의는 여론정치에서 나오고 대중 앞에 다가가는 대통령은 인쇄매체와 전파매체가 좌우하는 여론에 큰 영향을 받기도 한다. 영국 BBC 방송, 미국 CNN 방송은 실시간으로 세계 정치, 군사, 경제, 사회 중요 쟁점을 보도하며 때로는 러시아의 최근 군사력을 심도 있게 다룬다. 런던 타임즈(Times), 독일 디벨트(Die Welt)와 자이퉁(Deutsche Zeitung), 프랑스 르몽드(Le Monde), 이탈리아 레푸불리카(La Reppublica), 러시아 이스베스티야(Izvestiya), 일본 요미우리(讀賣), 미국 뉴욕타임즈(New York Times)와 워싱턴 포스트(Washington Post), 한국 조선, 중앙, 동아일보, 한겨레신문 등 각 국가의 일간지만 정독해도 세계정세와 개별국가 상황을 알 수 있다. 냉전시대에는 주 러시아 미국대사관 정원에 조간

관영 프라우다 일간지를 펼쳐 놓으면 인공위성이 촬영하여 워싱턴에 보내 그날 핵심 뉴스의 헤드라인을 대통령이나 안보각료들이 알도록 했다고 한다.

다음으로 각국 정부가 발간한 국가통계연보는 정보 차원에서 보면 공식적인 수집대상인 공개 첩보 생자료이다. 정부공식 간행물 역시 공개출처에 의한 중요 첩보수집의 원천이다. 미국, 러시아, 중국의 인구, 경제, 산업지수 통계 등 각종 국가통계연보, UN에서 발간한 세계 곡물 작황과 미래예측서, 미국 중앙정보부가 발표하는 미래국가정보예측(National Intelligence Estimate: NIE), 미국상하원에서 발간하는 중국, 러시아, 북한, 중동지역에 대한 지역정세 청문회 보고서 등은 연도별 변화 양상을 분석하면 거시 윤곽과 미래 흐름을 예측하는 지표가 된다.

북한 정권의 정책결정, 정책평가, 지도부 구성을 확정짓는 노동당 전당대회는 인민경제개발계획 성공과 밀접히 연관되어 있다. 1946년 8월 28-30일 동안 개최된 1차 전당 대회 이래 1980년 10월 10-14일까지 진행된 6차 전당대회 이후 더 이상 노동당 대회는 개최되지 않고 있다. 1947-1948년은 사회주의 경제체제로의 변환기간으로 1개년 인민경제계획, 1949-1950년은 2개년 인민경제계획, 6·25 전쟁이후 1954-1956년은 3개년 전쟁 복구 경제계획, 1957-1960년 5개년 계획, 1961-1967년 7개년 계획, 1971-1976년 6개년 계획, 미완성 계획의 조정 완충 기간 2년을 지나 1978-1984년 2차 7개년 경제계획을 달성하지 못해 1980년 6차 노동당 대회를 마지막으로 그 이후는 약식 당 대회인 노동당 대표자 대회로 대신하고 있다. 노동당 대회에서 발표한 지난 시절 경제개발 평가와 앞으로 진행할 인민경제계획 내용을 분석하면 북한 거시정책을 조망할 수 있다. 동시에 북한 노동당 일간지 노동신문을 정치, 경제, 군사, 사회복지 분야로 나누어 내용분석(content analysis)을 실시하면 북한 정권의 미시 정책 변화를 감지할 수 있다.

또한 공개출처 첩보 수집 대상으로 학술연구 발표 내용에 주의를 돌릴 필요가 있다. 특히 핵물리학 분야의 4세대 핵융합 이론 세미나와 로봇·인지공학·생명공학의 주요 논문, 저서와 함께 이론적 패러다임은 민감한 첩보수집 대상이다. 일본 관방부의 내각조사실에서 운영하는 방계기관인 동아시아 연구소는 대학, 학술연구소와 공동으로 동아시아와 연계한 학술 세미나로 공개첩보를 자연스럽게 수집한다. 미국 중앙정보부는 자체 기금으로 민간 전문가들과 계약해서 분야별 학술 정책 연구기관을 운영하여 공개첩보를 수집하고 있다. 중앙정보부 자금으로 국방연구소, 안보전략연구소를 민간전문가들이 설립하여 독자적으로 연구를 수행하거나 대학연구소, 민간연구소와 합동세미나를 개최한다. 예컨대 연구발표회, 세미나 개최로 현지 국가 핵전문가, 실무가와 토론회를 통해 중동, 동남아시아, 동북아시아 지역 국가의 핵무기 개발 잠재력을 평가하는 보고서를 정보부에 제출하는 것이다.

필자는 1979년 8월 모스크바에서 개최된 11차 세계정치학회에 참석하여 북한의 남북대화 전략 모델을 발표하였다. 분단이후 최초로 개최된 남북조절위원회에서 북한대표 김영주, 박성철과 남한대표 이후락 간에 나눈 대화록을 내용분석기법(content analysis)으로 계량 분석한 모형을 발표하였는데, 소련의 북한 전문가들이 이에 많은 질의를 하였다. 이 세미나에서 동방학연구소 남북한 전문가 티코미로브(Vladimir Tikhomirov) 박사, 바짐 박(Vadim Park) 교수, 공산청년대학 한 막스(Han Max) 교수와 친분관계를 맺게 되었다. 그들은 필자가 북한에서 소련에 보낸 자료를 보고 싶다고 하니 레닌 도서관을 안내해 주었다. 2시간 동안 레닌도서관에서 분류해 놓은 북한 학술자료를 저자, 논문, 저서, 발간 연도별로 기록하면서 흥미로운 점 두 가지를 발견하였다. 하나는 1949년 3월 김일성이 모스크바를 방문하여 조소경제문화협정을 체결하고 과학, 기술, 문화, 예술의 상호교류협정을 체결한 것이다. 이 시기는 주로 소련의 경제, 문화가 일방적으로 북한에 유입되고, 북한 젊은이의 소련 유학이 무상으로 이루어진 시기이다. 그래서 레닌도서관에는 북한이 보내온 이렇다 할 학술 논문이나 저서가 눈에 띄지 않았다. 그러나 6·25 전쟁 후, 1961년 7월 6일 모스크바에서 김일성과 후르시초프 수상이 조소우호협조 및 상호원조조약을 체결하였는데, 이때가 소련이 북한을 군사안보와 경제지원을 책임진다는 조약으로 본격적인 상호 교류가 시작된 시점인 동시에 레닌도서관에는 본격적으로 북한 자료가 유입되었다. 눈길을 끈 것은 1950년대 북한 인민군 총참모부가 발간한 "갱도의 원리"라는 교범이었다. 갱도의 원리란 교범은 인민군 공병대에서 지하 동굴을 굴착하는 도면, 방식을 정리한 서적이었다. 이 책을 통해 북한이 1970년대에 군사분계선 일대에서 남한으로 북한군이 기습할 수 있는 지하 통로로 땅굴을 파는 프로젝트가 하루 이틀에 걸린 게 아니라 1950년대 초반부터 시작한 것으로 가늠할 수 있었다. 그래서 북한 인민군 총참모부가 1950년대에 발간한 "갱도의 원리"는 북한군의 땅굴 시공능력을 가늠하는 초창기 첩보자료가 아니었나 싶다.

모스크바 대학 로구노브 총장은 1990년 인터뷰에서 다음과 같은 언급을 하였다. "나는 북한 물리학자, 젊은 북한 과학도가 연구나, 유학차 러시아에 오면 10명 중 7명은 핵물리학을 연구 하겠다는 행태를 이해 할 수가 없다. 모스크바 대학은 이론 핵물리학을 다루고 과학아카데미에서는 핵발전소, 핵무기를 다루는데, 북한 핵물리 학도가 모름지기 과학 아카데미 산하 두브나 핵발전연구소 등에서 연구하기를 고집하는 것도 이해가 안 된다. 우랄 산맥에 위치한 조그만 북한에 수력발전, 화력발전, 토목, 화학, 의학, 농학 분야에서 열심히 연구한 뒤 북한에 가서 인민 생활을 윤택하게 할 주택, 도로 건설, 에너지 개발, 기초 과학 발전에 집중해야 되지 않겠는가."[6] 동방학 연구소 한반도 전문가들은 이를 미루어 보아 북한의 핵 개발은 1950년대부터 시작되었고, 동독, 체코 등 동구권에도 북한 핵물리학 전공 연구가를 파견한 것 같다고 언급하고 있다. 첩보수집 목적으로나 학술연구 차원에서 1950년대부터 현재까지 북한에서 러시아의 주요 자연과학대학, 공과대학, 과학아카데미에 파견한 핵물리학, 핵공학도 프로필을 현지에서 공개자료 지평에서 추적, 분석해보면 시기적으로 연구중점분야, 연구자의 이론, 기술 축적, 현재 북한 핵개발을 주도하는 집단, 인물 윤곽을 파악할 수 있고 핵개발 대응책 수립에도 도움이 되지 않을까 생각된다. 같은 맥락에서 지이(GE), 지멘스(Siemens), 마이크로소프트(Microsoft), 유로 콥터(Euro Copter), 보잉(Boeing) 등과 같은 회사의 연도별 재무제표, 회사 현황 총괄 보고서 분석을 꾸준히 실시한다면, 국가별 군사력을 전망하거나 경제력을 전망하는데 용이할 것이다.

공개 출처에 의한 첩보 수집은 접근성이 용이하여 위험부담도 없고, 비용이 적게 든다는 장점이 있지만 허구 통계수치를 발표하여 기만공작의 덫에 걸릴 수 있는 위험이 있다. 21세기 세계정보공동체 실무가나 정보학자의 공통된 견해는 공개된 출처에 의한 정보는 90%정도이며, 비밀출처로 감추어진 정보는 10%라고 한다. 그리고 10%의 비밀정보·첩보를 수집하는데 90%의 정보 예산이 투입

---

6) 아나톨리 로구노브(Anatoly Logunov) 총장은 물리학자로 1990년 1월 15일 모스크바 대학 총장실에서 연세대와 모스크바 대학 교류에 필자와 긍정적 의견을 교환하고, 동년 3월 25일 연세대를 방문, 1990년 10월 양교 학생교류가 이루어졌다. 이 과정에서 필자에게 북한자연과학도의 러시아에서의 핵물리학 연구상황을 설명해주었다.

된다 한다.[7] 첩보수집의 하이라이트는 비밀출처에서 첩보를 수집하는 정보활동이다. 비밀첩보 수집 도구나 수단은 인간정보와 과학기술정보로 대별된다.

7) 러시아 해외정보부 차장 빅터 넬루빈(Victor V. Nelyubin)은 공개출처 첩보는 90%, 비밀출처 첩보는 10%라고 주장하였다(2004년 면담 재인용)(염돈재. 2002b. 전게서. 88쪽.; Herman, Michael. 2001. *op. cit.* p. 208).

요 약

공개첩보와 비밀첩보

- 깊이가 있고 신뢰할 만한 첩보를 수집할수록 효용성이 높은 정보산출 가능성이 높아짐
- 첩보수집 원천: 공개출처와 비밀출처로 구분
- 공개출처로부터 수집된 첩보를 분석판단하여 생산된 정보: 공개정보, 공식정보
- 공개출처에 의한 첩보수집대상: 인터넷 정보, 정부 발표, 방송 언론 뉴스, 학술연구, 산업정보 등
  - 인터넷정보: 내용의 다양성, 용이한 접근성, 비용경감 차원에서 가장 중요한 공개정보 원천임
  - 미디어: 세계 각국의 신문과 방송은 세계 정세와 개별국가 상황에 대한 실시간 원천
  - 정부와 국제기구 발간물: 정부 통계자료, 발간물과 UN의 세계 곡물 작황과 미래예측서 등
  - 학술 연구 발표 및 논문: 물리학 분야의 4세대 핵융합 이론, 로봇·인지공학·생명공학의 주요 논문과 저서 등
  - 산업정보: GE, 지멘스, 마이크로소프트 등 대기업의 연도별 재무제표, 회사 현황 총괄보고서

3. 비밀첩보 수집도구: 인간정보

첩보 수집의 출처 중 90%는 공개된 것이고, 나머지 10%는 공개되지 않은 비밀자료이다. 비밀출처에서 수집되는 10%의 첩보가 국가 안전보장, 국가생존의 핵심이다. 그래서 나라마다 비밀리에 은닉해 놓은 10%의 비밀 첩보를 수집하려고 국가정보 예산의 90%를 쓴다고 한다. 과거에는 전쟁이 국가안전보장, 국가생존과 직결되었지만, 오늘날에는 테러, 마약, 조직범죄, 국가경제력 쇠퇴가 바로 국가안전보장, 국가생존과 직결된다.

충성심이 충만한 훈련된 정보요원이 적지에 들어가 국민정서, 군의 사기, 농작물 생산, 기후, 지세, 부대 전투서열, 군병참 현황을 정탐하는 인간정보는 기원전부터 존재해 왔었다. 손무의 손자병법, 트로이전쟁, 구약성서 출애굽기 모두 인간정보의 중요성을 보여준다.

기원전 5세기 춘추전국시대에 손무는 그의 저서 손자병법 1편인 시계편(始計篇) 서두에서 "전쟁은 실로 나라의 대사이다. 국민 모두가 죽고 사는 마당이 되고 나라가 존속하고 멸망하는 갈림길이 된다. 그러니 신중히 살피지 않을 수 없다(兵者國之大事也, 死生之地, 存亡之道, 不可不察焉)." 용간편에서는 "10만 군사를 일으켜 천리 길을 원정하는데 소요되는 군사비는 하루 천금이며 이 비용은 백성과 정부의 부담이 된다. 전쟁으로 나라 안팎은 소동에 휘말리고 백성은 길거리에서 방황하고 생업에 종사하지 못하는 자는 70만호에 이르게 된다(凡興師十萬, 出征千里, 百姓之費, 公家之奉, 日費千金, 內外騷動, 怠於道路, 不得操事者, 七十萬家)"고 하였다. 계속해서 "수년간 싸우는 동안 적정을 살피는데 하찮은 급료로 비용을 아껴서 적의 정세를 제대로 알지 못하여 단 하루 만에 전투로 승리를 날려 버린다면 지극히 어질지 못한 어리석은 짓이다. 그런 사람은 장수가 될 수 없고 군왕의 보필자가 될 수 없으며, 승리를 거둘 주인이 못된다(相守數年, 以爭一日之勝, 而愛爵祿百金, 不知敵之情者, 不仁之至也, 非人之將也, 非主之佐也, 非勝之主也)." "명철한 군왕과 현명한 장수가 군대를 동원하면 적을 쳐서 이기고, 보통 사람들보다 뛰어난 공로를 이루는 까닭은 모든 실정을 먼저 알기 때문이다(故明君賢將, 所以動而勝人, 成功出於衆者, 先知也)." "여기서 실정을 먼저 안다는 것은 기도하거나 귀신에게 물어서 될 수도 없고, 일의 경험으로 추리하는 귀납적 사고나 법칙에 따라 헤아리는 연역적 사고로 되는 것도 아니며, 오직 사람의 힘으로 듣고 살핌으로서 적의 실정을 알게 되는 것이다(先知者, 不可取於鬼神, 不可象於事, 不可驗於度, 必取於人, 而知敵之情者也)[8]"라고 하였다. 이렇듯 손무의 용간편은 적국의 비밀 첩보를 수집하고 확인하는 궁극 수단은 사람이라는 인간정보를 강조하였다.

인간정보를 강조하는 손무는 정보의 중요성을 이렇게 강조하고 있다. "적을 알고 자기를 알면 백번 싸운다 하더라도 위태롭지 아니하고, 적을 알지 못하고 자기만 알면 한 번은 이기되 한 번은 질 것이며, 적을 알지도 못하고 자기도 알지 못하면 싸울 때마다 반드시 질 것이다(知彼知己 百戰不殆. 不知彼而知己, 一勝一負. 不知彼不知己, 每戰必敗)."[9] 전쟁을 대비하여 전략 전술 차원에서 신중히 살피는 지표를 손무는 5가지를 들고 있는데 도, 천, 지, 장, 법(道, 天, 地, 將, 法)이 그것이다. 이들 지표로 적군과 아군의 실력을 비교 분석하여 최종 결정을 해야 된다고 한다(故經之以五事, 校之以計, 而索其情). 적과 나를 비교하는 다섯 가지 기준 지표 중에 도(道)는 '전쟁을 할 수 밖에 없는 국민이 공감하는 정당한 명분, 단결력'이며 천(天)은 '맑고 흐리며, 춥고 더운 사시사철을 파악하여 전쟁에 유리하게 활용하는 기후, 기상 상태'이다. 지(地)는 '멀고 가까운 것, 험하고 평탄한 것, 넓고 좁은 것, 물러 날 곳 없는 몰살당할 곳인가 아니면 살아 날 길이 있는 곳인가를 구별 하는 지형에 관한 지식'이다. 장(將)은 '전쟁을 이끄는 장수의 지도력, 즉 지도자의 지혜, 믿음, 어짐, 용기, 위엄을 알아보는 것'이며 법(法)은 '군대의 편제, 군과 관의 직제, 군비보급'을 말한다. 이들 5가지 요소를 비교 분석하여 계책을 세운 다음 전쟁을 할 것이지 말 것인지를 결정해야 한다는 것이다. 여기서 상대 국가의 전쟁명분, 국민의 호응도, 군왕에 대한 충성심, 기후변화, 지형, 지세, 중요 도로망, 군왕의 지도력, 장수의 자질, 군 조직력과 편제, 보급품 조달능력을 전술상이나 전략적으로 비교분석 하기 위해서는 상대국에 은밀하게 침투하여 관찰하

8) 김학주 역. 1999.「손자(孫子), 오자(吳子)」. 서울: 명문당. 241-244쪽; 노태준. 2007.「손자병법」. 서울: 홍신문화사. 343-345쪽; 김재하. 2001.「손자병법」. 서울: 태을출판사. 296-300쪽; Sun Tzu, Cheng Lin. 1992. *the Art of War*. Taipei: Li Ming Cultural Enterprise Co. Ltd. Chapter XIII. Espionage. pp. 241-242(孫子兵法. 俞大維. 편 영역).

9) 김학주 역. 1999. 전게서. 66-67쪽; 김재하. 2001. 전게서. 83-84쪽; Sun Tzu, Cheng Lin. 1992. *op. cit.* pp. 103-104.

고 첩보를 수집하는, 충섬심이 높고 능력이 출중한 정보요원이 있어야 한다.[10]

호머의 장편 서사시 일리아드와 오디세이에서 활약하는 신과 요정들은 혜안을 가지고 미래를 예단하고 부족장과 군왕에게 지형, 접근 도로, 적군의 취약점을 알려 주는 정보요원이었다. 대중보다 많은 정보, 지식을 가지고 있어 지혜의 신, 미래를 예측하는 천관이라고 불렸다. 오디세이의 트로이의 목마도 인간정보를 이용해서 승리한 대표적인 예이다.[11] 트로이 목마 신화와 같이 자기편의 신들이 조언한 예언은 오늘의 전투정보, 전략정보에 해당한다. 아마도 이런 신들은 보통 사람이 생각할 수 없는 고도로 훈련된 고위 전문 정보가로 평범한 당시 고대인들은 이들 고위전략정보관을 지혜의 신, 평화의 신, 바다를 움직이는 신, 예언으로 인도해 주는 천신으로 일컬었는지 모른다. 호머의 서사시 일리아드와 오디세이가 전쟁영웅이 펼치는 서사시라면 서사시에 전개되는 전쟁은 신들이 펼치는 정보전이라 볼 수 있다. 따라서 정확한 고급 전략 정보를 제공하는 천관, 천신을 많이 확보하고 활용하는 장수와 왕이 국가 통합과 승리를 담보할 수 있었다.

구약성서 출애굽기에서 전개되는 모세의 활약상, 여호수아의 지도력에는 훈련된 엘리트 정보원이 수집한 첩보와 심리전 공작 전개가 밑받침되었다. 모세는 기원전 1450-1440년 사이에 70명 이스라엘인을 이끌고 애굽땅에서 탈출하여 홍해를 건너 시내산 밑에 펼쳐진 광활한 평야, 산지, 늪지대에서 정착지 가나안 땅으로 진출하면서 63만 여명 민족 집단을 형성하였다. 최대 100만 명 규모의 전력화된 집단을 만들어 가나안땅으로 진군하는 동안 12지파 족장을 끌어 모아 주위세력을 정벌하는 과정에서 적정을 탐색하는 스파이 정보활동을 벌인다.[12] 민수

10) 김학주 역. 1999. 전게서. 15-25쪽; 노태준. 2007. 전게서. 11-27쪽; 김재하. 2001. 전게서. 14-22쪽.

11) 트로이의 목마는 오디세이가 목마를 이용하여 트로이를 함락한 내용을 담고 있는데 그 내용은 다음과 같다. 지혜의 여신인 아테나는 오디세이가 잠을 잘 때 꿈에 현신으로 나타나 목마를 신에게 바치고 그 목마 안에 40명의 특공대를 투입하여 트로이 성문을 열라고 한다. 오디세이는 목마를 만들어 트로이 성 앞에서 축제를 열고 목마 속에 40명의 특공대를 몰래 넣어 놓고 물러난다. 트로이 성에서는 축제 후에 오디세이 군이 목마만 남긴 채 물러난 줄 알고 그 목마를 성안으로 가져가서 자기들이 축제를 벌이면서 방심 할 때에 목마 속의 40명이 기습하여 성문을 열고 트로이 성을 함락한 것이다. 고고학자들의 유물 발굴로 트로이 성이 그리스와 터키를 연결하는 지역에 실제로 존재하는 성곽으로 사실임이 증명되었고, 트로이는 고대 로마 전성기 이전에 로마 다음으로 번창한 규모의 도시국가였다고 한다.

12) Moses. BC 1450-1440. *The Numbers*(민수기). *Old Testament, Holy Bible.* 1988

기 13장 1절-32절을 보면 여호와 하나님이 모세에게 가나안땅 정탐 명령을 내린다. 여호아 하나님은 구체적 정찰 지시도 내리는데 이스라엘 민족 집단을 구성하는 핵심 부족인 12지파의 지휘 책임자로 현지 조사 스파이 정탐팀을 구성하라는 것이었다. 여호와의 지시를 받은 모세는 즉각 행동 명령을 내려 12지파 부족장의 아들로 정탐팀을 구성하였다. 이 배경에는 선발된 이들 정탐팀을 실전에 투입하여 현지 적응력을 높이고 경험을 쌓아 모세 이후 세대를 이끌어야 하는 차세대 지도자로 키우려 한 것으로 보인다.

흥미로운 점은 모세가 선발한 정탐 팀 중에 에브라임 지파 부족장 눈(Nun)의 아들 호세아(Oshea)를 여호수아(Jehoshua)라는 이름으로 바꾼 것에 주목할 필요가 있다. 히브리어로 여호수아(Jehoshua or Jeshua)는 구원자, 구세주를 의미하고 희랍어로는 예수(Jesus)이며 구세주, 구원자의 의미를 갖는다. 아마도 모세는 미리 여호수아를 차기 이스라엘 민족을 이끌 지도자로 점지하여, 이 차세대 이스라엘 지도자가 정탐 도중 적에게 체포되어 에브라임 부족장 눈의 아들인 호세아로 탄로 나면 생명에 위험을 줄까하여 오늘날 정보 논리로 말하자면 암호명 여호수아(code name, Joshua)로 한 것으로 볼 수 있다.

손자는 인간정보의 중요성을 강조하면서 정보요원을 다섯 종류의 간자(間者) 즉, 향간(鄕間), 내간(內間), 반간(反間), 사간(死間), 생간(生間)으로 분류하였다. 이들 다섯 스파이 간첩을 일시에 동원하여 투입하는데, 그 활동과 방법은 누구도 알지 못하는 것이어서 신령스런 기강이라 말할 수 있어 군왕의 보배라 한다(故用間有五, 有鄕間, 有內間, 有反間, 有死間, 有生間. 五間俱起, 莫知其道, 是謂神紀, 人君之寶也).

향간(local spy, agent)은 적지에 사는 주민을 꾀어서 사용하는 간자인데, 여호수아가 보낸 정탐팀이 포섭한 여리고성 내의 객줏집 여주인 라합이 그 좋은 예이다. 내간(inside spy, agent)은 적국 관리나 군사를 꾀어서 활용하는 것으로 '케임브리지 5인방'인 블란트, 버지스, 킴 필비, 케언크로스, 맥클린이 전형적인 예이다. 반간(converted spy, agent)은 적이 보낸 간첩을 잡아 전향시키고 역이용하여 적의 정보를 캐내는데 사용한다. 소련 정보부에 포섭되어 소련에서 암약하는 비밀정보원(covert agent, undercover agent) 명단을 제공하고 돈거래를 한 미국 중앙정보

version. Devours & Sons, Inc. Wichita, Kansas.

부 방첩과장 에임스와 소련이 쿠바에 미사일을 설치 중인 사실과 미사일 설치계획 도면을 영국 MI 6에 제공한 소련 정보부 펜코브스키 대령이 대표적인 반간의 예이다. 그리고 소련의 KGB의 간부였던 고디엡스키 대령 또한 반간의 예로 들 수 있다. 사간은(doomed spy, agent)은 거짓 정보를 주어 그대로 믿고 적지에 들어가 체포되어 죽어가면서도 사실이라고 말하여 적군은 거짓 정보를 진실로 믿고 작전을 개시하여 화를 입게 하는 스파이다. 사간은 고위 정보요원 중에서 선발되기 보다는 적지에서 체포되어도 정보 가치가 상대적으로 적은 정보원을 적지에 투입하는 소모용 스파이다. 춘추전국시대나 위·오·촉의 삼국정립 당시의 전투에서 흔히 볼 수 있다. 생간(missionary spy, agent)은 적지에 침투하여 첩보를 수집하거나, 침투시킨 사간의 신분을 일부러 노출시켜 붙잡히게 하여 거짓정보를 진실이라고 알리게 하는 기만 공작 등을 전개한 후 반드시 살아서 돌아와 보고하는 정보요원이다.[13] 모세가 에브라임 지파 부족장 눈(Nun)의 아들 호세아(Oshea)를 신변안전에 유의하여 여호수아(Jehoshua)라는 암호명으로 이름까지 바꾸어 가난안을 정찰하고 돌아와 보고 하도록 한 사례는 생간의 전형적 모델이다. 아리에라는 히브리어 이름으로 위장하여 이집트에 침투하여 이집트의 미사일 정보를 빼내는 등 정보활동을 한 로츠는 이슬라엘 모사드의 생간이다. 현대적 의미의 생간은 각국 대사관에서 근무하는 외교관이다. 대사관에 근무하는 외교관은 대사를 포함한 외무부 출신 외교관, 경찰, 무관, 정보관, 재정, 무역, 농수산 등 기능별로 정부 부처에서 파견된 주재관으로 구성되어 있다. 대사관 근무 외교관은 자기분야의 고유한 외교활동을 수행하지만 정보 맥락에서 보면 다양한 첩보를 수집 하는 공식 정보요원이다. 따라서 이들 외교관의 정보활동을 협의 조정하는 대사는 스파이 마스터(spy master)라고도 할 수 있다. 대사관 외교관 가운데서도 국가안보상 첩보수집의 중심에 있는 외교관은 자국의 정보기관에서 파견된 정보관이다. 정보관(intelligence office: I.O)은 문자 그대로 현지에서 정치 정세, 사회 상황, 외교, 군전력, 군수무기, 과학기술에 관한 첩보수집과 분석, 공작, 정보외교를 수행하는 전문 정보 책임자이고 정보활동의 조정관이다. 공식적으로는 외교관 신분이지만 민감하고, 은밀하면서도 구체적인 첩보를 수집하는 공작 임무를 띤 정

13) 김학주 역. 1999. 전게서. 245-260쪽; 김재하. 2001. 전게서. 301-313쪽; 노태준. 2007. 전게서. 346-359쪽; Sun Tzu, Cheng Lin. 1992. *op. cit.* pp. 242-246.

보관은 공작관(case officer, operator)이라고도 한다. 면책특권을 가진 외교관 신분으로 활동하는 노출된 정보관은 과도한 은밀성이 요구 되지 않아 자연스럽게 첩보 수집을 하여 "묽은 은폐 요원(thin cover agent)"으로 분류되어 백색 정보요원이라고도 한다. 백색 정보요원으로 자유롭게 직접 첩보를 수집하면서도 은밀성 유지, 효율성 확보차원에서 현지인 공작원 혹은 협조자를 물색 조종하여 첩보를 수집한다.

손자가 분류한 향간이나 내간에 해당하는 현지 공작원, 협조자는 비밀출처 조직에 심어놓은 정보원이라 하여 두더지(mole)라고도 한다. 이들 공작원, 협조자는 정보관이 제공하는 물질적 보상, 정보관이 속한 국가의 이념체제에 동의하거나 소속조직의 인사관리에서 부당한 처분을 받았다고 생각하거나 가족생활의 불만 등으로 전향한 경우이다. 정보관은 외교관 신분이어서 면책특권을 가지며, 활동자금이 본국에서 정식으로 송금되고, 주재국 정보관 접근과 주재국 국민 접촉이 용이한 점이 강점이다. 그러나 신분이 공개적으로 노출되어 주재국 정보요원의 감시 표적이 되고, 적대국으로 대치상태에 있는 주재국 정보기관과 시민에 접근이 제한되며, 정보활동이 과도하다고 판단되면 외교상 기피인물(per.so.na non grata)로 본국 추방 조치가 내려지기도 한다.[14)]

이런 점을 보완하는 지평에서 상대국의 비밀출처에 은밀히 접근하여 첩보를 수집하는 비노출 정보요원 시스템이 있다. 신문사 특파원, 주재국 기업 및 무역상사 직원, 본국 기업의 현지 법인 지사 사원, 현지에서 봉사하는 다양한 NGO 활동가, 학술연구 공동참여자, 학술회의 참가자로 위장하거나 현지인과 위장 혹은 정식 결혼하거나 장기 거주로 주재국 시민권을 획득하여 주류사회에 침투한 정보요원은 신분을 가장한 정보요원으로 흑색정보관이라고도 한다. 묽은 은밀 정보관(thin cover agent)이 아니라 깊이 침투 은폐한 정보관(deep cover agent)이다. 흑색정보관은 신분은폐가 용이하고 능력에 따라서는 사회 각 계층의 인사 접촉을 통하여 비밀출처 첩보수집이 가능한, 블루 오션을 항해하는 탐험가이다. 설사 국교관계가 단절되거나 외교관 추방령이 내려도 흑색정보관은 계속 현지에서 백색정보관처럼 본인이 직접 또는 현지 협조자나 공작원을 포섭하여 첩보수집·공

14) Shulsky, Abram N. and Gary J. Schmitt. 2002. *op. cit.* pp. 11-40; 염돈재. 2002b. 전게서. 88쪽.

작 활동을 계속할 수 있다. 그러나 흑색정보관은 외교관 면책특권이 없어 신분이 노출되어 체포, 구금되면 보호 장치가 없다는 위험이 있다. 비공식 정보요원을 구출하려면 본국 정부는 주재국에 사실을 인정하고 외교적 사과를 하거나 주재국 정보원이 모국에서 체포 역류되어 있는 경우에 맞교환을 하게 된다.[15)]

공식·비공식 정보관을 막론하고 협조자 혹은 공작원을 운용하여 첩보를 수집할 때 접선 연락 방법은 전화, 전신, 우편, 물품보관함 같은 일반적 방법인 정상선(normal line)을 사용하고, 사고나 이상 사태가 발생하면 사전 약속된 보조선(supplementary line), 예비선(reserved line), 최후 비상선(emergency line)으로 구분하여 안가, 무인 포스트, 암호화된 신문광고나 인터넷 메일 등을 사용한다. 또한 백색 정보관이든 흑색 정보관이든 협조자, 공작원 협조 속에서도 본인이 직접 첩보 수집 최일선에 나서야한다.

15세기 르네상스 시대에 지중해 연안 이탈리아 도시국가, 로마교황, 프랑스, 스페인, 독일은 각기 외교관계를 유지하려고 상주 대사관을 설치하고 산업, 군사, 정치권력에 관한 총체적 정보 수집 활동을 공공연히 수행하였다. 금융, 상업, 모직, 피혁산업으로 부강한 피렌체 공국이 르네상스 시대를 열 때, 29세의 나이로 피렌체 공국 제 2집정관인 된 마키아벨리는 인접 도시국가, 교황청, 스페인, 독일, 프랑스 정부에 대사와 보좌관 신분으로 순회 방문을 하며 직접 보고 경험하며 첩보를 수집하였다.

또한 미국 독립전쟁기간에도 인간정보 활동이 활발하게 이루어졌다. 워싱턴 대통령은 정보원이었으며, 하드웨어 정보망과 소프트웨어 정보망을 구축한 조직과 인물들도 있다. 탈마지 소령이 주축이 된 칼퍼 링(Culper Spy Ring)이란 자원 비밀결사 정보조직과 예일대학 졸업생으로 현대 정보요원들의 모델인 헤일(Nathan Hale)[16)]이 그 예이다.[17)] 그 밖에도 2차 대전 당시 미국 전략정보부대를

15) Holt, Pat M. 1995. *op. cit.* p. 74; 김윤덕. 2006. 전게서. 89-94쪽; 국가정보포럼. 2006. 전게서. 67-75쪽.

16) 예일대학 졸업생인 헤일(Nathan Hale)은 비밀결사 정보조직의 전위로 고향 커네티컷 주 대륙독립군 대위로 당시 뉴욕에서 영국군에게 밀리는 대륙 독립군이 전열정비를 하는 사이에 워싱턴 장군의 요청으로 영국군 후방에서 정보수집과 공작활동을 자원하여 맡게 된다. 헤일은 롱아일랜드 언덕에서 뉴욕항에 드나드는 영국 상선과 함선, 군사이동 현황을 관찰하여 보고하는 공작활동을 전개한다. 그러나 정탐행위 중 영국군에 체포되어 1776년 9월 22일 21세의 젊은 나

이끈 도노반(William J. Donovan) 장군은 유럽 최전선과 중일 전쟁, 중국내전 당시 모택동 군과 장개석 군과의 화해를 이끌어 내려고 현지에서 직접 정보공작을 수행했다. 2차 대전 당시 중립국으로 독일군 침략을 받지 않았으나 독일군과 연합군이 전개한 치열한 첩보전의 전구였던 스위스에서 덜레스(John Foster Dulles)는 미국 전략정보부 첩보전 거점장이었다. 덜레스는 종전 후 냉전체제 서막이 올랐던 1950년대에 트루먼 대통령 당시 창설된 중앙정보부의 기틀을 다져 냉전초기 정보전 총수가 되었다.

워싱턴 대통령의 정보활동

1753년 21세 청년 워싱턴은 인디언들과 함께 영국군에 고용되어 버지니아 주 읍내에서 오하이오 주 들판에 이르는 지역에 주둔하고 있는 프랑스 군대 병력, 주둔지, 요새, 통신 시설 등을 관찰하고 보고하는 임무를 수행하였다. 1775년 영국군을 지휘한 브래독 장군은 워싱턴이 보고한 프랑스군의 전력을 과소평가하고 피츠버그에서 프랑스군과 싸워 대패하였다. 워싱턴은 이 전투에서 좋은 정보만큼 적군을 교란하여 격퇴시키는데 중요한 것은 없다고 굳게 믿게 된다. 그 후 워싱턴은 독립군 사령관으로서 병력수와 장비 면에서 우세한 대영제국군을 맞아 정규, 비정규전을 배합한 기동전, 기습전으로 승기를 잡기 위해 적극적으로 다양한 정보전을 감행했다. 333달러 33센트를 주고 정보원을 고용하여 보스턴 인근 주둔 영국군 동향을 집중적으로 수집하거나 미국 태생으로 런던에서 변호사로 일하는 아더 리에게 200파운드를 지불하고 영국군의 은밀한 작전계획을 알아보게 하였다.[18] 1977년 겨울에 워싱턴은 이중간첩을 이용하여 존재하지도 않는 보병과 기병 8000명을 자신

이로 오늘의 뉴욕시 3번 거리 66번가에서 교수형을 받았다. 그가 남긴 말은 지금도 학교, 정부 건물, 교과서에 회자된다. "나는 조국에 봉사하려는 일생이 단 한번만 주어진 것이 서럽다(I only regret that I have but one life to loose for my country)." 헤일 대위는 미국 최초의 정보공작요원으로 평가되어 교수형이 집행된 장소가 공원으로 조성되어 그의 동상이 세워져 있다. 버지니아 주 랭글리에 있는 중앙정보부 정문 광장에 놓인 동상은 지나가는 정보요원들에게는 삶의 지향 모델(role model)이 되고 있다.

17) Rose, Alexander. 2006. *op. cit.*; Andrew, Christopher. 1996. *op. cit.* pp. 11-13.

18) Andrew, Christopher. 1996. *op. cit.* pp. 6-8.

이 지휘하고 있다는 기만정보를 퍼트려 동절기에 뉴욕에 주둔한 영국군 사령관 클린턴의 기습공격을 피할 수 있었다. 또한 1781년 10월에는 프랑스 군과 독립군 연합부대가 공격한다는 기만 정보를 흘려 버지니아 주 요크타운에 주둔하고 있는 콘월리스 장군의 영국 부대가 대규모 공격을 포기하게 한다. 워싱턴 장군은 독립군 암호 해독가 라벨에게 이렇게 언급한다. "정보는 하나의 정보사항 보다는 전체 정보 구도가 중요하다. 따라서 무수한 첩보를 수집하여 사실에 입각한 비교분석을 해야 한다. 그러나 사실은 매우 복잡하게 뒤엉켜 있고 때로는 숨겨놓은 의도도 있어 단 하나의 사실, 첩보로 전체 정보구도를 이해 할 수는 없다. 정보는 상호연계, 문화적 상황이라는 맥락에서 이해되어야 한다. 좋은 정보 획득이 필요한 것은 두말하면 잔소리다. 동시에 수집한 정보를 동네방네 떠들고 다닐 필요도 없다. 좋은 정보일수록 가능한 비밀에 붙여야 한다. 좋은 정보일수록 보안유지가 어려운 법이다."[19]

독립전쟁에서 승리하여 미국 초대 대통령에 취임한 다음해인 1790년 1월 8일에 의회에서 연설한 연두교서(State of Union)에서 워싱턴 대통령은 정보공작비를 요청하였다. 취임 첫해에 4만 달러, 3년차에 백만 달러로 연방정부 예산의 12%를 차지하여 오늘날 연방예산에서 책정된 정보비 예산액보다 훨씬 높은 액수이다. 사용처와 영수증은 보관하되 대외비로 하는 관행은 오늘날 미국 중앙정보부나 정보기관이 예산을 관리하는 관행과 같다.[20] 그런 연유로 역사가들은 워싱턴 대통령을 미국 최초의 정보 총책(spy master)이라고도 한다.

한편 정보전 최일선에서 첩보를 수집하는 정보관은 고도의 역사의식, 고전에 통달한 해박한 지성인의 자질을 가져야 한다. 손자가 강조한 스파이 자질론에 주목할 필요가 있다. "뛰어난 지혜가 있는 사람이 아니면 간첩을 부리지 못한다. 어질고 의로운 사람이 아니면 간첩을 부리지 못한다. 미묘한 통찰력이 있는 사람이 아니면 간첩의 실적을 얻어 이용하지 못한다. 미묘하고도 미묘한 것이니 스파

19) *Ibid*. pp. 11-12(The whole picture was usually more important than any single item of intelligence. Understanding Intelligence from its connections and cultural circumstances).

20) Lowenthal, Mark. 2003. *op. cit*. pp. 11-12; Andrew, Christopher. 1996. *op. cit*. p. 11.

이가 사용되지 않는 곳이 없다(非聖智, 不能用間, 非仁義, 不能使間, 非微妙, 不能得間之實, 微哉微哉, 無所不用間也)."[21]

1차 대전 전후 제정러시아 몰락과 1917년 레닌의 볼세비크 공산혁명이 이루어지는 기간에, 러시아 주재 영국대사관 문화담당 공사자격으로 근무한 문학가 섬머세트 모옴[22]이 벌인 정보활동은 해박한 지성과 교양으로 무장한 문화예술인이 수행한 첩보수집 사례의 고전이다. 즉, 전문정보요원이 아닌 격조 높은 예술문인을 기용하여 고급 전략정보를 수집하고 적극적 정보외교를 다루게 한 고전적 정보 스파이 성공사례이다. 모옴은 MI 6 최고위 전략 정보요원으로 일주일에 1회 상트페테르부르크의 최고급 레스토랑인 메드베드에서 파티를 열고 러시아 니콜라이 황제 건강, 러시아와 주변국의 1차 대전에 관한 동정, 레닌과 트로츠키와의 갈등, 공산혁명의 임박 등 다양한 고급 정보를 수집하여 런던에 보냈다. 특히 러시아 황제, 러시아 과도정부 수장 케렌스키, 체코, 슬로바키아 국가지도자를 설득하여 1차 대전에서 동맹국으로 참전하는 전략적 임무를 수행하였다. 모옴은 자기를 러시아 전략스파이로 일하도록 설득하고 천거한 영국정보 당국의 핵심 인물이었던 와이스만과 경제학자로 당시 재무장관인 케인즈를 거쳐 조지 수상에게 보고되는 정보라인을 구축하여 활용하였다.

한편, 인간정보에 의한 첩보수집과 활용은 나날이 발전하는 과학기술정보와 상호보완적으로 연계하여 운용되어야 한다. 항공사진 혹은 인공위성에서 실시간으로 보낸 영상첩보는 받는 순간 정보 그 자체로 치환될 수 있어 일견 환상적이다. 그러나 과학기술 첩보의 분석, 해석, 판단 과정에서 요구되는 전후 맥락관계는 인간정보에서 수집된 첩보가 함유하고 있는 의도를 해석함으로써 보다 풍요롭게 이해될 수 있다.

1961년 쿠바 해안 피그만 상륙작전의 실패로 국정운영 리더십에 상처를 입은 케네디 대통령은 1년 후인 1962년 정초부터 소련이 쿠바에 미사일을 설치하고 있다는 정보를 보고받았다. 최초 첩보는 전향한 소련 정보부 펜코브스키 대령이

21) 손무의 손자병법, 용간편 참조(김학주 역. 1999. 전게서. 245-260쪽; 김재하. 2001. 전게서. 301-313쪽; 노태준. 2007. 전게서. 346-359쪽; Sun Tzu, Cheng Lin. 1992. *op. cit.* pp. 242-246).

22) 인생의 굴레, 달과 6펜스, 많은 단편소설과 희곡을 쓴 모옴은 1차, 2차 대전을 거치는 동안 인간 운명을 성찰하는 코스모폴리탄적인 예술성향으로 20세기 영국, 유럽, 세계에 큰 영향을 주었다.

소련의 쿠바 미사일 설치계획과 도면을 영국 MI 6에 제공한 것이다. 곧이어 미국 중앙정보의 U2기가 촬영한 미사일 발사대 구조물이 펜코브스키 대령이 제출한 보고서와 일치한 것을 확인하였다. 다음은 미국 대서양 함대와 해병대가 주축이 되어 운영하는 잠수함과 정보함이 쿠바 인근 해역에 미사일 부품을 반입하는 소련 선박과 쿠바 군부, 쿠바 미사일기지 교신 내용을 토대로 중거리 지대지, 지대공 미사일을 설치한다는 첩보를 입수했다. 또한 쿠바 내의 반카스트로 지하세력이 보내는 미사일 설치 현장 첩보가 있다. 최종적으로는 국가정세평가(national intelligence estimate: NIE)에서 소련 영내, 동구권 국가에 설치된 소련 핵미사일 기지와 미국 영내, 나토군, 터키, 아시아에 배치한 미국 미사일 기지를 비교평가한 결과, 소련의 전력이 열세에 있다는 장기 첩보가 있었다.[23] 중앙정보부, 국방부 정찰실, 국가안보청, 육해공군, 동맹국에서 수행한 인간정보, 과학기술영상정보, 신호정보, 장기정보 판단이 융합된 첩보의 총체적 분석·판단에서 도출된 정보를 토대로 케네디 대통령은 제 3차 대전을 감수하는 단호한 태도로 소련 후르시초프 수상에게 쿠바에 설치하는 소련 미사일 철거를 요구하였다. 그리고 후르시초프는 쿠바에 설치 중에 있던 미사일 기지를 폐쇄하였다. 이는 인간정보와 과학기술정보의 상호보완작용(complementary feedback process of intelligence operational system)이 이룩한 정보전의 성공 사례로 볼 수 있다.

---

23) Lowenthal, Mark M. 2003. *op. cit.* pp. 54-56.

요 약

비밀첩보 수집도구: 인간정보

- 공개정보 90%, 비밀정보 10% -> 10%의 비밀정보, 첩보를 수집하기 위해 90%의 정보예산 투입
- 첩보수집의 꽃: 비밀출처에서 첩보를 수집하는 활동
- 비밀첩보 수집도구나 수단: 인간정보와 과학기술정보로 대별됨
- 인간정보
  - 손무의 용간편: 적국의 비밀첩보를 수집하고 확인하는 궁극수단으로 사람을 이용하는 인간정보 강조
- 인간정보 활동의 예
  - 호머의 일리아드와 오디세이에서 신과 요정이 정보요원 역할을 함.
    예) 오디세이의 트로이 목마
  - 구약성서 출애굽기에서 모세와 여호수아의 정보활동

  - 손자의 인간정보: 향간, 내간, 반간, 사간, 생간
    - 향간의 예: 여호수아가 보낸 정탐팀이 포섭한 여리고성 객줏집 주인 라합
    - 내간: 케임브리지 5인방
    - 반간: 미국 중앙정보부의 방첩과장이었던 에이스, 소련의 펜코브스키와 고디엡스키
    - 사간: 위, 촉, 오 삼국정립 당시 많이 이용
    - 생간: 여호수아, 모사드의 로츠, 각국 대사관에서 근무하는 외교관(정보관이 대표적)
- 정보관의 자질: 고도의 역사의식을 갖고 고전에 통달한 해박한 지성인의 자질 필요
  - 손자: '뛰어난 지혜가 있는 사람이 아니면 간첩을 부리지 못한다. 어질고 의로운 사람이 아니면 간첩을 부리지 못한다. 미묘한 통찰력이 있는 사람이 아니면 간첩의 실적을 얻어 이용하지 못한다. 미묘하고도 미묘한 것이니 스파이가 사용되지 않는 곳이 없다(非聖智, 不能用間, 非仁義, 不能使間, 非微妙, 不能得間之實, 微哉微哉, 無所不用間也)'
  - 영국의 섬머세트 모암

4. 비밀첩보 수집도구: 과학기술 전기전자정보

인간정보활동은 생명을 담보하는 개인 위험 감수는 물론 정보기관 정보력 노출, 국가 간 외교 분쟁까지 야기하게 된다. 또한 인간이 수집 보고하는 첩보여서 과도한 미사여구, 형용문구로 포장되는 경우도 있다. 그런 인간정보의 취약점을 극복하고 국가안전 보장에 사활이 걸린 자료를 은닉해놓은 비밀출처에 접근하여 첩보를 수집하는 도구가 과학기술정보이다.

과학기술정보(technical intelligence: Techint)는 대부분 컴퓨터 프로그램 등 전기전자시스템을 활용하여 첩보를 수집하는 정보수단이다. 이러한 전자정보는 전하, 전류, 전위, 전기장, 자기장등을 이용하여 자료를 옮기게 된다. 전자는 반도체, 회로, 메모리 등으로 시스템을 구성하여 센서나 전자파 등으로 많은 양의 자료가 집적되고, 컴퓨터 프로그램으로 의도하는 자료를 수집 분석한다. 높고 낮은, 짧고 긴 주파수에 따라 전자파는 물론 빛과 열, 적외선과 자외선이 발생하는 원리를 이용하여 첩보수집 대상, 종류에 맞는 전기전자정보 기법을 개발 활용하게 된다. 인공위성 운영, 신호, 레이더, 레이저, 원격측정, 컴퓨터에 의한 영상정보 처리, 암호해독, 암구호 설정, 무인항공기 운영에 의한 첩보 수집은 기술정보의 진수이다. 이런 기술정보는 사실상 전기전자의 하드웨어와 소프트웨어를 응용한 것이어서 오늘날의 기술정보는 전기전자정보(electricity, electronic, electromagnetic intelligence: Elint)라 할 수 있다. 전기전자공학은 하나로 통합된 학문으로 발전하여 물리학, 수학, 경영관리학에도 연계되고 전기전자 이론은 원격전화, 에너지 생산, 시설물과 각종 계기제어시스템, 의료서비스, 컴퓨터, 인터넷, 인공지능 로봇, 유비쿼터스 도시화(ubiquitous city), 군수항공산업, 군작전체계인 C4I(Command, Control, Communication, Computer and Intelligence), 신호처리, 디지털신호, 생명공학, 위치확인(Global Positioning System: GPS) 등 어느 것에도 활용되지 않은 것이 없다.

기술정보로 첩보를 수집하는 사례는 통신, 정보 송수신을 가로채는 신호통신 정보에서 시작되고 전자정보 수집방식에서 꽃을 피우고 있다. 그리고 전기전자 기술에 힘입은 현대 정보전은 전기전자정보전이라 할 수 있다. 전기전자정보로 수집한 첩보는 음성, 문서, 계측자료, 영상으로 표현되며 이를 신호정보(signal intelligence: Sigint)라 한다. 전기전자를 도구로 첩보를 수집하는 대표 도구인 신호정보는 전기전자의 하드웨어와 소프트웨어를 사용하여 도출하는 여러 방안, 세부 도구로 통신정보, 레이더, 원격측정, 계측확인, 레이저 등이 있다.[24)]

신호정보의 시작은 기원전 1410년 구약성서에 여호수아가 모세로부터 지휘권을 이양 받아 가나안을 평정하는 과정에서 중요 전략거점인 여리고성을 함락하기 위한 정탐활동에서 엿볼 수 있다. 여호수아는 주둔지인 싯담에서 2명의 정찰팀에게 은밀하게 여리고성을 정찰하라는 명령을 내린다. 2명 1개조 정찰팀은 여인숙 여주인 라합에게 접근하여 첩보수집 협조 대가로 라합 자신의 가족과 재산보호를 약속한다. 정보원은 여인숙 지붕위에 널어놓은 아마포 삼대 속에 숨어 체포하러 나온 여리고왕 감시병을 피해 날이 저물어 성문을 빠져 나와 근처 산에 사흘간 숨어 은신하며 정찰 임무를 완수하고 귀환한다. 여호수아 군이 여리고성을 함락하면서 정찰팀은 사전에 약속한데로 여곽주인 라합이 성벽위의 여인숙 창문에서 성벽 아래로 붉은 밧줄을 내려놓아, 붉은 줄이 드리워진 라합의 여인숙을 찾아 라합, 부모, 가족, 종업원, 가재도구를 온전하게 이슬라엘 진영 후방 안전한곳에 무사히 대피 시킨다. 붉은 밧줄은 신호정보의 고전 사례이다.[25)]

전기전자정보의 하위 속성 단위로서 통신정보(communication intelligence: comint)를 들 수 있는데, 고전적 사례로는 1차 대전 당시 영국 정보부 MI 6가 가로챈 짐머만 전신과 독일군 암호기 에니그마를 들 수 있다. 통신정보는 전화, 전신, 텔렉스, 인터넷, 유선, 무선을 활용하여 외교 군사 통신선, 주파수에 침투하여 감청, 도청, 암호해독, 기만 통신 유출로 첩보수집과 공작활동을 수행한다. 또한 통신 통로분석(traffic analysis)으로 발신자, 통신내용, 응답자를 추적한다. 1960년대부터 1989년 냉전체제 해체 시 까지 미국 국방부 산하 국가안보부(NSA)는 영국 정보통신본부(GCHQ), 캐나다 통신보안부(Communication Security Establishment), 오

24) 최근 미국, 아시아, 유럽 대학, 연구소는 전기전자를 통합(electricity, electronics, electromagnetics)한 학문으로 발전한지 오래이며 주요 대학의 전기전자학과(electrical and electronic department)에는 100여 명의 교수가 각기 세분화된 전공 영역을 책임지고 있다 (Institute of Electrical and Electronics Engineers, Institution of Electronics and Technolgy, Stanford 대학, Cornell 대학 School of Engineering 참고. 2010. 11월 13-15일, 연세대 전기전자공학과 박민용, 이철희 교수와 통화 면담).

25) Holt, Pat M. 1995. *op. cit.* pp. 20-40.

스트레일리아 국방부 통신청(Defense Signals Directorate), 뉴질랜드 통신보안부(Government Communications Security Bureau)와 공동으로 지상 통신기지 설치와 첩보위성을 연결하는 코드명 에셜런(Echelon) 통신정보 시스템을 운용한다. 그리고 소련, 동구권 통신망에 침투하여 발신자, 통신내용, 응답자, 위치확인, 암호를 해독한다.

냉전해체 이후에는 테러, 조직범죄, 마약 밀거래 추적에 사용하고, 세계 각국 정치, 외교관의 통화 내용, 사회기관, 기업, 금융권이 주고받는 통화내역, e-mail, 팩스, 상업용 위성 송수신 내용도 분석하여 정치, 경제, 사회, 군사 영역에서 광범위하게 활용하였다. 주로 라디오 주파수, 인공위성 중계, 마이크로웨이브, 광섬유통신(fiber-optic) 케이블로 원거리에 이르기 까지 소음이 없이 외부노출을 극소화 하는 신호 시스템 활용으로 에셜런(Echelon) 첩보수집 공작은 유럽의회, 미국 언론, 세계 각국에서 미국, 영국의 기업 보호에도 이용한다는 비난을 감수해야 했다.[26]

한편 2차 대전 종전 후에 시작된 냉전체제 기간에 전자정보전은 국력의 상징으로, 전쟁억지력의 방편으로 더욱 심화 발전 된다. 냉전체제 해체 후에도 민족, 종교분쟁으로 야기된 이슬람 원리주의 극단논자인 지하드, 알카에다, 오사마 빈 라덴 조직은 9·11 테러, 대량살상 테러를 감행하면서 냉전이 지속된 기간 보다 더 긴 테러 시대가 지속될 것이라고 내다본다.[27] 테러를 사전에 방지하거나, 테러의 예봉을 꺾는 기만, 기습전에 첩보수집 활동은 필수적이고 따라서 전기전자 정보전은 심화된다.

신호정보로 수렴되는 전기전자기술정보의 구체적 하위 도구인 통신정보에 이어 레이더정보(radar intelligence: Radint)가 있다. 레이더는 지상기지, 정찰기, 함정, 잠수함에 설치된 탐색 안테나를 설치하여 적국, 상대국의 주요 통신 주파수를 포착하여 교신인물, 교신내용을 수집한다. 또한 적성 국가 전투기, 정찰기, 함

---

26) Bamford, James. 2002. *Body of Secrets*. New York: Anchor.

27) 프랑스 내무부 보안 부칫관 쟝 프랑수아 클레어(Jean-Francois Clair), 경찰청 대테러본부장 쟝 프랑수아 렐리브아(Jean-Francois Lelievre), 2004년 8월 11일 10시-12시 사무실 방문면담. 영국 내무부 국내보안부(MI5) 정부합동테러대책 팀장 엘런 펜리스(Alan Penrith), 관방부 정부합동정보위원회 실장 조나탄 브루어(Jonathan Brewer), 외무부 대테러정책국장 필립 팔햄(Philip Parham), 2004년 9월 21일 9시 30분-12시 방문면담.

정, 주요 목표물, 지상기지에 전파를 발사하여 접촉 후에 되돌아오는 전파로 교신 시간과 목표물 위치, 거리측정, 전투기, 함정의 비행경로, 속도, 전술기동, 강하속도, 적외선 온도 감지로 전투기 기종, 출격 비행장 위치도 파악 할 수 있다. 레이더기지, 정찰 항공기에서 전파를 발사하여 전투기, 폭격기 재원을 파악한다면 원거리에서 비행하는 물체의 재원을 파악하는 첩보수집 방안이 있다.

원격측정 정보(telemetry intelligence: Telint)는 원거리에서 첩보를 수집하는 전자정보 장치의 위치, 실체 파악, 비행하는 미사일 재원을 탐색하는 전자정보 도구이다. 원거리에서 경쟁상대국, 적대국 미사일기지에서 미사일을 발사하면 미사일이 비행하면서 지상통제기지나 정찰항공기에 보내는 신호를 가로채서 포착하여 탄두 수, 탄두 크기, 탑재량, 미사일 엔진시스템, 비행속도, 미사일에서 분리된 탄두 궤적의 정확도를 파악하는 전기전자 첩보수집 방안이다. 이런 연장선상에서 적국이나 상대국 전기전자 하드웨어나 소프트웨어 시스템에 전파 발사로 작동하는 신호, 통신, 인공위성 단말기의 출력신호, 무선원격제어 신호, 내장된 컴퓨터 프로그램 소프트웨어를 포착하는 외국시스템신호정보(foreign instrumentation signal intelligence: Fisint)가 있다.

또한 화생방 무기 사용, 핵실험, 대량살상무기 생산 공장의 에너지, 가스 배기, 음향, 지진, 적외선, 레이더와 라디오 주파수를 탐색하는 징후계측정보(measurement and signature intelligence: Masint)가 있다. 징후계측정보는 적대국, 경쟁상대국의 대량살상화학무기 공장에서 배출하는 가스, 잔여물질, 핵폭발실험 징후를 탐지하는 기법으로 운용된다. 특히 통신, 신호, 레이더, 외국기계시스템신호정보, 원격측정 정보가 적대국, 경쟁상대국에서 수집한 첩보의 진위 여부, 기만정보 공작을 가리려고 징후계측정보가 광학센스(electro sensor, radar sense)와 화학전자경센스(chemical electroscopic sensor)로 검증차원에서 첩보를 수집 하는데 활용된다. 미국 국방부의 정보본부는 중국, 러시아는 물론, 북한, 이란, 파키스탄의 핵무기 생산과 실험, 대량 살상 화생방 생산 공장에서 발산하는 가스, 잔여물질, 미사일 발사, 전차, 장갑차의 엔진 재원, 교신하는 부대의 위치확인, 알카에다 조직의 테러 훈련장, 무기체계, 기만정보 유출 검증 등에 징후계측정보 활용을 적극 권장하고 있다.

이 밖에 레이저정보(laser intelligence: Lasint)는 레이저 파장을 이용하여 첩보를 수집하거나 레이저가 발산하는 에너지로 전략, 전술 무기를 파괴하는 첩보공작 도구이다. 레이저는 파장이 짧아 빛을 발산하여 육안으로 볼 수 있고 에너지를 만들어 낸다. 이 점에 착안하여 정찰기에서 레이저를 쏘아 항공기, 지상차량, 이동 물체를 촬영하여 영상으로 관찰 하고, 돌아오는 파장을 이용하여 교신, 적의 통신 교란에도 사용한다. 또한 레이저빔에서 발산하는 에너지를 활용하여 레이더 안테나, 전투기, 함정, 인공위성의 제어시스템을 파괴할 수 있다.

전기전자정보전에서 하이라이트는 항공정찰기와 인공위성을 활용한 영상정보(imagery intelligence: Imint)이다. 영상정보는 남북전쟁 당시 남군이나 북군 모두 관측용 기구를 타고 전장의 군 이동상황을 관찰하였다. 링컨 대통령이 임명한 28세의 열기구 전문가 로우위 열기구 부대장은 9명의 열기구 조종사를 훈련시켜 7개 기구를 워싱턴과 인근 전투지역, 버지니아 페어오크 전투 지역에 띄워 남군의 군사전개 상황을 관찰한다. 공중에서 관찰한 남군 군사 이동을 거의 실시간으로 알려준 정보는 링컨 대통령과 북군 지휘관들이 작전회의와 전술 기동에 큰 도움을 주었다. 그러나 신속히 기동하는 부대를 따라 관찰 할 수 없는 기동력의 한계, 열기구를 움직이는 가스 제너레이터 오작동으로 열기구 부대는 1863년 해산한다. 그럼에도 불구하고 로우위의 열기구 부대는 항공관측 결과를 실시간으로 대통령에게 보고하는 오늘날의 항공촬영, 인공위성에 의한 영상정보의 시조로 흥미로운 입체정보전 시발로도 볼 수 있다.[28] 영상정보는 항공기, 인공위성에 탑재된 촬영장비로 지상 물체를 촬영하여 지상에 기지에 보낸다. 암호화된 촬영내용은 컴퓨터에서 판독하여 실시간으로 필요한 정보기관이나 대통령에게도 보고된다. 영상정보는 1차, 2차 대전 당시 정찰항공기가 촬영한 군사기지, 부대주둔지, 군비행장을 촬영한 사진이 중요한 첩보자료로 분석, 판단 대상이 된다. 그러나 냉전체제 시절 1955년 아이젠하워 대통령이 재가하여 중앙정보부와 공군이 주도로 U-2 고공 정찰기를 개발하게 된다. 2만1천 미터의 고공에서 최대 속력 시속 805km로 12시간을 비행하며 카메라로 중요 지형, 지물을 촬영하고 각종 신호 정보를 수집하게 된다. 1956년 독일 비스바덴 비행장에서 최초로 작전에 투입되어 폴란드, 소련 발틱 영공을 정찰하고, 유럽, 아시아, 쿠바 지역 영상첩보수집을 수행하였다. 1998년 U-2 정찰기 보다 업그레이드 된 SR-71 정찰기

28) Andrew, Christopher. 1996. *op. cit.* p. 20.

가 영상 첩보수집에 투입된다. 동체를 티타늄으로 만들고 적국 전투기의 레이더 탐지를 피하는 스텔트 기능을 가진 SR-71은 고공 2만4천 미터에서 마하 3.2 최대 속도로 비행하면서 지대공 미사일도 즉시 감지하여 회피 비행한다. 인간이 조종하는 최고 고공에서 최대 속도로 공중급유를 받으며 정찰하는 SR-71 정찰기는 적외선 광학 촬영으로 지상 물체, 초음속으로 비행하는 전투기, 미사일, 핵실험, 화생방 무기 생산 공장을 촬영 분석하여 지상에 보낸다.

1957년 소련이 스푸트니크 인공위성을 발사하자 미국은 1958년 아이젠하워 대통령 재가로 코로나 위성을 개발 운영하게 된다. 첩보위성은 우주를 향한 탐색 임무와 달리 지구를 향해 공중, 지상, 해저에 이르는 다양한 군사, 국가안보에 관한 첩보를 수집한다. 수집하는 첩보에는 중요한 시설, 물체의 선명한 촬영, 통신감청, 기만 통신과 신호 공작, 미사일 발사와 실험 첩보 수집, 화생방 무기와 핵무기 실험 감지, 재래식무기와 전략핵무기 통제 협정 준수 이행 여부 감시 등이 있다.[29] 최초에는 필름에 담은 영상정보를 캡슐에 담아 대기권에 떨어트려 지상에서 회수하는 방식이었으나, 지상기지에 전송된 암호화 된 정보는 컴퓨터에 복사 되어 실시간으로 판독, 제공된다. 첩보위성은 저궤도, 중궤도, 고궤도에 위치하여 지구자전에 따라 돌며, 고궤도의 첩보위성은 지구중력상태를 벗어난 고공에서 지구의 광역에 산재한 목표물을 관찰, 조사하고, 다음은 중궤도에서, 그리고 보다 하위 수준인 저궤도에서 더욱 구체적인 목표물을 선명하게 조준한다. 한국의 무궁화 인공위성은 저궤도 정지위성으로 각종 관측, 통신, 신호를 중계한다. 2006년 10월 함북, 길주군 화대군 무수단리에서 실시한 10킬로톤급 북한 핵실험 이후로 일본 관방부 내각정보관실이 발사한 광학 2호 위성은 한반도 상공에서 24시간 북한 지역 전체를 감시하고 핵실험 징후, 군사 이동 첩보를 수집하고 있다.[30]

첩보위성은 군비통제 협약에 따른 재래식무기, 전략핵무기의 이동배치, 생산시설 감시, 신호·통신정보 수집, 전략자원 채굴 실태, 곡물수확량, 기습공격에 대비한 상대국 부대이동, 무기체계 변동, 미사일 발사, 핵무기 생산시설 가동, 무기판매 수송, 마약밀거래, 테러조직 움직임을 실시간으로 촬영 판독한다. 첩보위

29) Lowenthal, Mark M. 2003. *op. cit.* pp. 56-80.

30) 2004년 10월 15일 오전 10시 내각정보조사실 하야시 마나부(林學) 참사관, 국제협력국 스즈키 미쓰오(鈴木三男) 담당관과의 면접에서 확인하였다.

성은 수집한 통신, 신호첩보 내용, 촬영한 물체를 지상기지, 정찰기, 함정에 암호 코드로 보낸다. 수신기지나 정보기관은 다시 평문, 원래의 물체로 실시간으로 복화 시키고, 관련 정보기관, 정책결정권자에게 보낸다. 인공위성에서 촬영한 물체의 해상도는 상용, GPS 판독용인 경우는 1m 이내, 군사용으로는 1cm 이내로 선명한 정확도를 보인다. 열을 발산하는 미사일, 전투기, 무기체계에서 발사하는 화력은 열적외선 감지로 물체를 촬영하며, 태양에서 발산되는 것과 같은 방사광을 표출하는 지상 핵실험, 대량살상 화학무기 실험은 가스 자외선 감지로 촬영한다. 이를 통해 알카에다 테러조직의 훈련장에서 사용하는 개인화기, 차량번호, 훈련조직원의 훈련을 식별 할 수 있다. 첩보위성은 함정, 잠수함, 고공정찰기, Awacs 정찰기, 무인항공기와도 상호 신호, 통신정보를 교환하여 다차원 입체전에 중계역할도 수행한다. 오바마 대통령은 백악관 집무실에서 인공위성을 중계로 아프카니스탄 미군 사령관 페트레이어스 장군은 물론 토라 보라(Tora Bora) 산악에서 작전 중인 101전투비행단 아파치 헬기 조종사, 특수군 소대장, 중앙정보부 공작원과도 실시간으로 전황에 관한 통화를 한다. 첩보위성 1기를 개발 운용하는 비용은 대략 10억 달러이다. 항공기, 위성을 활용한 영상첩보는 그 자체가 반증, 설명의 필요가 없는 설득력 있는 간결 명료한 정보 그 자체여서 대통령을 위시한 고위 정책결정자에게는 매우 매력적인 정보도구이다. 그러나 개발에서 운용에 이르는 시간 장경이 너무 길고, 예산 규모도 크며, 원거리 촬영물체의 진위판정과 영상 판독 전문가 확보 어려움 등이 결점으로 제기된다.[31)]

마지막으로 신속하고 신뢰 할 수 있는 정확한 첩보를 수집하고, 위험 감수를 극소화하는 정보 공작은 과학기술정보인 전기전자정보 방안들을 상호보완 차원에서 운용하는 데 있다. 핵무기 실험, 미사일 시험 비행, 화생방 무기 생산의 징후, 테러조직의 동향, 조직적 마약 밀거래, 기후 이상변화와 자연재앙에 관한 첩보 수집 분석은 신호, 통신, 레이더, 원격측정, 외국기계시스템신호, 징후계측정보, 영상정보를 상호보완적으로 교차 검증, 이중, 삼중 검증 확인으로 첩보를 수집 정리(collection and exploitation)하여 분석, 해석, 판단으로 정보를 생산하는 단계로 신속히 전환시키는 것이다.

31) Berkowitz, Bruce D. and Allen. E. Goodman. 1989. *Intelligence and Collection*. New Jersey, Princeton: Princeton University Press. pp. 66-68. pp. 81-82.

요 약

비밀첩보 수집도구: 과학기술 전기전자정보

- 인간정보와 과학기술정보의 상호보완작용 필요
- 과학기술정보: 전기전자시스템과 전기전자를 응용한 컴퓨터프로그램을 활용하여 첩보를 수집하는 정보수단 -> 오늘날 기술정보는 전기전자정보라 할수 있음
- 전기전자정보로 수집합 첩보: 신호정보, 음성, 문서, 계측자료, 영상으로 표현됨
  - 신호정보의 고전사례: 여호수아의 여리고성 함락당시 이용했던 붉은 밧줄
  - 통신정보: 전기전자정보의 하위속성 단위- 짐머만 전신이 고전적 사례임
  - 레이더정보
  - 원격측정 정보
  - 징후계측정보
  - 레이저정보
  - 영상정보

제7장

정보분석

1. 정보분석과 규범이론, 실증이론: 정보보고서 작성 사례

이론(理論, Theory, Discipline)이란 사물, 실체, 자연현상, 사회현상, 정신세계를 상호연관 속에서 설명하는 설득력이 있는 압축된 선언(interrelated set of statements)이라고 정의할 수 있다. 압축된 선언이란 논리적으로 잘 정리되어 의미가 있고, 설득력 있게 받아들여져 이해가 되며, 때로는 검증 가능한 지식체계로 정의할 수 있다. 자연현상을 설명하여 이해할 수 있는 이론은 자연과학 이론이며, 사회현상을 설명하는 연구는 사회과학 이론이며, 인간, 도덕, 정신세계를 분석하는 이론은 인문학 이론이라 할 수 있다.

사회현상을 설명하는 이론을 도출하는 방법론은 실증이론을 비롯한 규범론 등 다양하다. 실증이론은 사물, 실체, 현상을 설명하면서 경험으로 관찰하고, 측정하여 상호 관련성이 있는 검증 가능한 일반화된 이론을 도출한다. 실증이론은 논리실증주의 이론이라고도 하며 서구사회의 주류를 이루는 학문이며 철학이다. 실증이론의 반대편에는 사물, 실체, 인간 현상의 존재자체, 행위자체에 관한 정당성, 옳고 그른 가치판단을 인간의 합리적 이성에 근거한 논리적 설명을 중심으로 하는 규범이론이 존재한다. 신학, 역사, 철학, 인문학에서 그 저류를 이루는 철학이라 할 수 있다. 그 밖에 규범이론, 실증이론이 가진 오류, 한계를 극복 하려는 학문적 노력, 철학적 논박으로 형성된 현상학, 실제론, 비판이론, 진화적 제한합리론이 등장했다.

실증이론, 규범론 또는 현상학, 실제론, 비판이론, 진화적 제한합리론 등 모든 이론은 그 자체가 갖는 공통된 기능, 효용상의 특성이 있다. 바로 이론이 내포한 설명력(explanatory power, accuracy), 예견력(predictive power), 처방적 통제력(prescriptive control power)이다. 이론이 내포한 기능성, 효용성은 방법론의 정교성에서 비롯된다. 방법론은 자료수집, 분석에서 사용되는 방법, 기법(method, technique)과 분석에서 도출된 결과를 서술하는 논리성(logic)이 결합된 합성어이다.

정보학에서 정보수집에 이어지는 정보 분석은 정보순환과정에서 또 하나의 하이라이트이다. 정보 분석은 다양한 이론과 방법론을 구사하여 의미 있는 정보를 생산하는 작업이다. 따라서 정보 분석을 통해 이루어진 정보생산은 정보이론으로 정립되는데, 이렇듯 정보 분석은 정보학이라는 독특한 학문의 근간이 된다. 흔히들 정치, 정책은 말로 하는 구두문화(policy or politics is oral culture)라 하고, 정보는 기술한 보고서로 표현하는 문서문화(intelligence is written culture)라고 한다.[1] 정보 분석을 통해 생성된 정보이론이 정보학의 기저를 이룬다면 정보 분석은 기존의 학문, 이론과 접목하여 정보를 분석, 생산함으로써 문서문화의 바탕에 입각한 국가정보학을 정립한다.

국가정보학은 다른 사회과학, 자연과학, 인문과학과 다를 것이 없다. 다만 다른 학문이나 이론에 비해 국가안전에 관한 목표지향성, 비밀스런 내용을 다룬다는 점에서 차별성을 보인다. 그래서 정보이론가, 실무가인 허만은 정보를 "특수한 비밀지식(special kind of secret knowledge)," 또는 "특수이론(particular kind of knowledge)"이라 했다.[2] 따라서 정보 분석에서 생성된 정보를 바탕으로 정립된 국가정보학은 특수이론으로써 실증이론, 규범론, 현상학, 실제론, 비판이론, 제한합리론과 접목하면 보다 체계적인 방법론, 풍요로운 이론으로 성숙할 수 있다.

먼저 규범이론(normative theory)은 사물, 실체, 현상을 분석, 설명하면서 무엇이 옳고 그르며, 바람직하거나 소망스럽지 못한 것을 따진다. 이론형성, 학문연구에 가치판단, 주관성의 개입을 통해 설명보다는 사회의 정의로움, 정당성을 주장하

---

1) Treverton, Gregory F. 2003. *op. cit.* pp. 182-184.

2) Herman, Michael. 2001. *op. cit.* pp. 1-5.

는 평가, 심사를 먼저 내세운다. 구약과 신약성서에 기술된 내용, 논어(論語), 맹자(孟子), 대학(大學), 중용(中庸)의 사서(四書)와 시경(詩經), 서경(書經), 역경(易經), 춘추(春秋), 예기(禮記) 등 오경(五經)에 기록된 내용은 규범기술적 접근(normative descriptive approach)으로 정리된 규범이론의 좋은 예이다. 모세의 계시, 예수의 말씀, 공자와 제자가 나눈 대화에서 제시한 공자의 어록, 소크라테스와 플라톤과의 대화에서 보여준 정당성이 있는 진실이 지식이라는 논리, 맹자의 사유, 사마천의 사기 등 역사기록에서 보여주는 인간의 도덕성, 사회규범은 그 나름의 논리가 있고 설득력이 있다. 또한 문헌분석(literature survey)과 명상으로 인간의 중용을 생각해보는 아우렐리우스(Marcus Aurelius) 황제의 명상록, 오긍(吳 兢)이 당 태종(唐太宗)이 정치의 도리를 언급한 내용을 정리한 정관정요(貞觀政要)는 규범이론의 고전이다. '군왕이 배라면 백성은 물이다. 고로 배인 군왕이 허튼 짓을 하면 물인 백성이 엎어 버릴 수 있다(君子舟也 庶人子水也 水測載舟 水側覆舟),' '성을 공격하여 탈취하기는 쉬워도 지키기는 힘들다(創業易 守城難)'는 논리는 정관정요에서 빛나는 명언으로 오늘날 민주정권이나 기업 창업주에게도 명심해야 할 경구이다.

규범이론은 15세기 르네상스 이후 보다 체계적으로 발전되어 수학자인 파스칼(Blaise Pascal)은 그의 명상록(Pense'e)에서 자연에는 자연법칙이 있듯이 정신세계에는 정신적 질서와 법칙이 있다고 하였다. 정신적 질서와 법칙은 형이상학 이론으로 인간의 존엄성은 공간에서 구하는 것이 아니고 인간자신의 사고에서 구하여 우주의 나약한 인간이 신의 존재를 믿는 지혜로운 삶을 선택한다고 하였다.

현대에 와서 인간은 모두가 평등하며 저마다 자유를 누릴 수 있는 천부인권적 권리를 갖고 있다는 미국 독립선언서나 유엔헌장, 대한민국 헌법 서문은 규범이론, 접근의 전형적 예이다. 20세기에 들어와서 공리주의(utilitarianism)가 발원하면서 인간의 자유와 권리추구라는 소망스러운 당위성과 행복추구권에 대한 관심이 높아졌다.[3] 공리주의는 인간의 자유, 평등, 배분 등에서 도덕적 규범, 생활철학, 규범적 윤리강령을 정립하려 했다.

---

3) Rawls, John. 1991. *A Theory of Justice. Cambridge*. Massachusetts. Harvard university Press.

규범이론은 21세기 초에 새운 여명을 맞이한다. 존 롤스(John Rawls)가 공리주의를 넘어 삶의 가치 규범을 정의론으로 발전시킨 것이다. 롤스는 질서 있는 안정된 사회에서 누리는 자유와 평등이 시민 개인의 정의라고 하였다. 여기서 평등은 공정한 기회균등을 의미한다. 그래서 공정성(fairness)을 정의로 본다. 더 나아가 기회를 균등하게 부여 받았지만 환경, 능력, 여러 요인으로 뒤쳐져서 불행한 시민에게는 유능한 시민에게 돌아간 이익을 활용하여 균등한 기회를 제공할 사회와 정부의 노력이 있어야 한다. 롤스는 또한 불행한 시민, 희생을 감수해야 하는 시민에게 재원을 지원하여 기회 상실을 만회하는 사회적 노력이 배분적 정의라 하여 자유, 공정한 기회균등 원칙, 후속적인 배분정의를 진정한 정의라고 정의 이론을 체계화 하고 있다.[4)]

이제 이런 규범론적 접근법을 통해 정보를 분석하여 정보 보고서를 작성한 사례를 보자. 1904년에 태어나 2005년 101세로 생을 마감한 케난(George F. Kennan)은 소련혁명의 근원(The Source of Soviet Conduct)이라는 보고서를 작성하였다. 케난은 프린스턴대학 졸업 후 국무부 외교관이 되어 1941년 12월 미국이 2차 대전에 참가하면서 베를린 대사관에서 6개월 간 억류생활을 하다가 풀려나 1942년에는 포르투갈 수도 리스본 주재 미국 영사로 외교업무와 정보수집 임무도 수행했다. 종전 당시에는 런던에서 전후처리위원회에 참가하고 해리만(Averell Harriman) 대사를 보좌하여 1946년 소련 부대사로 근무한 후에 트루먼 대통령은 그를 소련대사로 임명한다. 초대 국무부 정책기획처장(Director of Policy Planning)에 취임하여 국무장관 마샬(George C. Marshall)을 도와 유럽 전후 복구와 후진국 지원 프로그램인 마샬 플랜을 작성, 수행한다. 후에 유고슬라비아 대사로 티토 대통령이 소련 위성국가에서 독립한 독자노선을 밟는데 일조한다. 은퇴 후에 프린스턴대학 고등연구소 연구교수로 10년 주기로 3-4권의 저술을 하면서 미국대외정책의 거대 구상(overarch grand design)을 내놓아 대통령 자유훈장, 2회에 걸친 퓰리처 저술상을 수상했다. 케난의 위대한 미국외교전략 구상은 1946년 소련 부대사 시절에 왜 소련은 국제통화기금(International Monetary Fund)과 세계은행(World Bank) 가입을 계속 거부하는지 그 배경을 알아봐 달라는 재무부 요청에 케난이

4) Brandt, Richard B. 1992. *Morality, Utilitarianism, and Rights*. Cambridge, UK: University of Cambridge Press. pp.111-147. pp.158-175.

응답한 답변서에서 시작한다. 1946년 2월 22일 5,500자로 작성된 장문의 전문 내용 핵심은 다음과 같다.

〈 전문내용 〉

러시아는 역사적으로 오랜 기간 외침으로 인해서 스탈린을 비롯한 크렘린 위정자들의 마음속 깊은 곳에는 항상 본능적이며, 역사적인 안전 불안감이 형성되어 있다. 공산혁명을 진행하는 순간에도 공산혁명 이념, 동양적 비밀주의와 음모에 혼재 되어 안전 불안감은 증폭되고 있다. 따라서 체제불안감은 대외적 호전성, 증오심으로 표출되고 이는 국내 반대세력을 말살하는 독재체제를 정당화하는 대내 명분 축적용으로 사용되고 있다. 그리하여 스탈린을 위시한 공산혁명 지도부는 독재체제 외에는 달리 소련사회를 통치하는 방법을 알지 못하여 통치의 잔인함, 희생 강요에는 개의치 않는 것 같다. 마르크스-레닌주의는 소련의 국제 시각에서 보면 소련의 본능적인 대외 공포증을 가려주는 정당방위의 방벽으로 보면 된다. 그렇다면 은밀히 공산위성 국가를 구축하고 국제협력을 회피하는 소련공산제국에 대응하는 방안은 무엇인가. 한마디로 장기적 억제전략(containment policy)이다. 능숙하게 그리고 항상 경각심을 가지고 지정학적으로나 정치쟁점에 따라 구사하는 소련의 압박을 억제하는 것이다. 국제적으로는 서방세계 공조로 소련의 침투에 노출된 체제 취약성을 극복하고 소련공산체제가 해빙 되도록 기다리는 것이다. 그러므로 소련이 구사하는 제국주의 팽창 근성을 인내심을 가지고, 그러나 경각심을 가지고 굳건하게 대항력을 길러 장기적으로 대응하는 전략을 구사해야 한다.

이상이 소련에 대응하는 보고서이다. 이 보고서는 1947년 외교정책지에 논문으로 발표되어 냉전시대에 소련에 대응하는 장기전략 구상이 된다. 아이젠하워 대통령이후 적극적인 대응, 때로는 소련이 획책하는 세계 도처의 국지전에 무력으로도 대응하는 개입(engagement) 전략이 추가되어 케난의 억지전략개념은 억지와 개입 전략(containment and engagement strategy)으로 강화되어 미국의 대외 정책의 패러다임이 된다. 케난이 1946년 모스크바 대사관에서 재무부 요청에 따라 보낸 장문의 "소련 혁명의 근원"이라는 보고서는 규범적 이론 범주에서 분석된 장기전략 정보 보고서이다.[5)]

규범 이론을 큰 맥락에서 조명하면서 첩보수집과 분석을 동시에 시도한 우리나라의 정보보고서 사례를 관찰해본다. 한 문장으로 된 이 보고서에는 다양한 주어, 내용이 내포되어 있다. 상해 임시정부 의정원 의원이 워싱턴에서 독립운동을 하던 이승만에게 보낸 정보보고서가 대표적인 사례이다. 초대 집정관 총재, 국무경으로 호칭되던 이승만은 1919년 9월 상해 임시정부 의정원이 추대하여 대한제국 임시정부 대통령이 된다. 이승만이 1921년 1월 미국에서 상해로 건너가 같은 해 5월 17일 까지 6개월 동안 임시정부 대통령으로 시무하다가 다시 미국으로 돌아간 후 워싱턴에서 독립 외교 활동을 전개하고 하와이에서 은둔 중, 1925년 3월 상해 임시정부 의정원 탄핵으로 대통령직을 상실한다. 워싱턴에서 임시정부 대통령직 추대 통보를 받은 시기인 1919년 12월 3일 임시의정원 의원인 안현경 목사가 이승만 측근 인물로 상해에서 임시정부 요인의 동향을 관찰한 정보보고서를 전문으로 워싱턴에 있던 이승만에게 보낸다. 이승만 대통령 기록 문서에 남아 있는 이 정보보고서 내용은 상해 임시정부의 지도자 근황, 지역별 세력형성, 독립운동 전개, 지도자 활동 현황을 비교적 상세히 관찰, 분석하고 있다.

〈정보보고서〉

1919년 12월 3일
발신 : 상해임시정부 의정원의원 안현경
수신 : 워싱턴 이승만 임시정부 대통령

"현금 상해정부 형편을 말하면 삼파가 있는 바 리동휘씨는 함경도파요 안

---

5) 케난은 프린스턴대학에서 1950년대부터 2000년대 까지 장기적 억제 전략(containment policy)에 기반에서 저술 작업을 해왔다 (Kennan, George F. 1954. *Realities of American Foreign Policy*. Princeton, New Jersey: Princeton University Press.; Kennan, George F. 1996. *At a Century's Ending: Reflections 1982–1995*. New York: W. W. Norton & Company).

창호는 평안도파요, 리동령, 리시영씨는 경기도 파인데 이 세파가 서로 주권을 잃지 않으려는 바 근자에는 안 씨가 경기파를 도호하여 합동이 되는 것이 있으니 그 사실은 함경도파가 안씨 평안도파를 치고자 하는 고로 경기도파를 합동하는 모양이며 리동령, 리시영 양씨는 안씨파에서 장차 경기도파를 반항할 줄 아나 시방은 화평적 수단으로 원화롭게 대우하여 협력하나 장차 함경도, 평안도 부분에서 합하여 리박사에 반항 할 줄까지 다 알고 있어 리동령, 리시영 양씨는 현금 정부에 정권을 잡은바 혹 이동휘씨만 못하다 하겠지만 실상 국무총리는 자기마음대로 일을 이리저리 못하는 것은 국무회에 의결이 없이 모든 일을 하지 못하는 고로 실권이 없고 리동녕, 리시영 양씨로 말하면 내정권리와 재정권리를 가진 고로 실권이 있다 할 수 있는바 현금 리동령씨는 내무총장 책임으로 전일에 안창호가 연통제를 만들어 가지고 황해도 평안도에만 기관을 세운 것을 시방 연통제를 변경하여 내지에 관제 행정기관을 만들어 통일 주장함으로 자연적 주권을 잡게 되는바 따라서 재정권력도 리시영씨에게 잡혀지는바 안창호 리동휘 양씨 권리라는 것은 은연중 실패를 당하였으며 현금 직원들로 말하면 중임과 권리 가진 사람들은 거진 경기도 부분이 주장하고 그 여는 평안도 함경도들이외다.[6)]"

이 보고서는 주류세력인 함경도 파인 이동휘, 평안도파인 안창호 사이에서 경기 기호파인 이동녕과 이시영이 캐스팅 보트를 쥐고 재정, 조직 결재권을 이용하여 실무적으로 영향력을 행사한다는 내용을 워싱턴의 이승만에게 전문으로 전달하고 있다. 안현경, 현순, 이시영, 조소앙을 비롯한 상해 통신원이 워싱턴의 이승만 대통령에게 보낸 전문에 일본의 감시를 피하고 임정요원에게도 보안을 유지하기 위해 암호가 사용되기도 했다. 다음 전문은 다섯 글자를 묶은 암호로, 시작하는 문장의 첫 글자를 기준으로 다섯 번째 다음 글자 머리만 보면 핵심 내용을 알 수 있다.

6) 오영섭. 2009. "상해임정내 이승만 통신원들의 활동." 유영익 외 지음. 「이승만과 대한민국임시정부」. 서울: 연세대학교 출판부. 164-165쪽. 130쪽.

〈전문내용〉

"래년에는 세월이 좋아서 三四월 장장일에 남산 위에 이리저리 배회하는 안목이 종남산 사방에 좀 갈가. 우리는 심상히 객중에 해를 보내기로 종사하다가 늙고 말지니 진실로 가통 가련한 사정이라. 이러하다가 공 업시 죽고 말가오."

(암호해독: 래월 三일에 배목사가 상해로 가니 통정하시오).[7]

가치판단이 내포된 분석기술이론(normative analytical descriptive theory)은 그 나름의 체계적 분석과 논리적 기술로 이해가능하고 설득력이 있는 접근법과 이론으로 받아들여진다. 이런 분석기술 지평에서 생산된 최근의 정보보고서 사례를 음미해본다. 러시아 주재 미국 대사관은 루즈코브(Yuriy Luzhkov) 모스크바 시장이 선출직에서 임명직으로 전환되면서 장기 재임하는 과정에서 저지른 시정업무와 관련된 부정부패에 관한 첩보를 수집 분석하였다. 2010년 2월 12일 베이얼(John R. Beyrle) 대사가 모스크바 시장의 부패 행위와 관련된 첩보를 분석 정리한 정보보고서를 국무부와 백악관 상황실에 보냈다. 위키리크스(wikileaks)에는 루즈코브 시장 고민이라는 제목으로 2010년 12월 1일에 게시되었다. 루즈코브 시장의 부패에 관한 정무차원의 정보보고서는 요약(summary), 본론(overview), 결론(conclusion)과 평가(comments)로 구성되어 있다. 그리고 본론에서는 모스크바 범죄조직 현황, 루즈코브 시장의 범죄조직 연관, 모스크바 부패관행이 포함되었다. 보고서 전문을 간추려 본다.

정보 분석 결과를 논리적으로 정리한 정보보고서는 그 자체가 이론이다. 정보이론은 가치판단을 포함한 규범적 분석기술이론, 전통이론의 맥락에서 논의하고 정립 할 수 있다. 그러나 이러한 규범이론 반대편에 이론정립에 가치판단을 배제하며 사실을 기반으로 관찰과 계량적 검증에 근거해야 한다고 주장하는 실증이론이 있다.

7) 상게서. 130쪽.

보고서: 루즈코브 시장에 관한 크렘린 고민

1. 요약

루즈코브 시장은 러시아연합당(United Russia Party)의 유력 충성파이며, 재원을 활용하여 모스크바시정을 순탄하게 관리한다는 평판이 높음. 그러나 루즈코브 시장은 범죄조직과 연계되어 있고, 시청 직원은 업무와 관련이 있는 기업에 뇌물을 요구하며, 만연되는 부패가 모스크바 시정에 악영향을 준다는 여론이 높아짐.

2. 상황설명

• 루즈코브 시장의 부패행위에 관한 크렘린의 고민: 루즈코브 시장은 러시아연합당 창당 멤버로 지지자를 끌어 모으는 능력, 대기업, 중소기업과 연계망, 그에 연계된 자금 동원력, 일천백만 시민이 사는 모스크바 거리의 청결과 전철 정시운영, 질서 유지 등의 시정관리능력으로 확고한 지위 유지. 푸틴 총리는 필요할 때 루즈코브에 도움을 요청하고 메드베데브(Dmitry Medvedev) 대통령 조차도 그의 손목을 가볍게 치는 정도의 질책으로 끝남. 그러나 모스크바 시민은 2007년 시장이 선거직에서 임명직으로 전환된 이후 더욱 심화되는 시장의 부패를 거론하고, 시의원선거에서 저지른 부정을 시청공무원과 집권당에서 조차도 인지하고 있음. 야당인 국민연대(Solidarity Movement) 대표 냄초브(Boris Namtsov)가 루즈코브를 부패로 법원에 제소했으나 법원은 명예훼손이라고 루즈코브의 손을 들어줌. 2011년 시의회 선거, 2012년 대통령 선거에 루즈코브 시장의 유권자 결속 조직력 필요와 여권 내에 마땅한 시장 후보감이 없는 상황을 고려, 루즈코브의 부패 여론에도 불구하고 그는 시장 직을 고수하려함.

• 모스크바의 범죄세계: 범죄조직, 기업, 정부공직자가 이권으로 결합한 러시아 마피아인 절도관료제(Kleptocracy)가 모스크바 시정을 운영하는 기현상을 연출. 절도죄를 저지르는 도적관료제인 모스크바시의 러시아 마피아 조직 정점에는 루즈코브 시장이 자리하고, 중간조직은 내무부, 국내보안부, 보안군조직, 하부조직은 범죄조직, 경찰, 검찰, 감독, 조사기관 요원이 포진. 특히

루즈코브가 장악한 모스크바시의 집권당, 러시아 연합당 수뇌부가 이권에 개입하고 정치권 관여 인물을 선정한다고 함. 아르메니아, 조지아 소수 민족집단이 운영하는 사행도박업도 모스크바시 당국이 시설을 철거하자 은밀히 모스크바 시경찰청에 뇌물을 제공하고 경찰 비호 속에 영업지속.

• <u>루즈코브 시장과 범죄인물 연관</u>: 노비츠키(Yevgeny Novitsky)회장이 이끄는 러시아 최대 범죄조직 솔른체보(Solntsevo)와 루즈코브 시장 부인 바투리나(Yelena Baturina)가 연계되어 있음. 인터넷에 유포된 내용을 보면 솔른체보 모스크바 지부 산하 시스티마(Sistema Company) 회사 사장인 예브추센코(Vladimir Yevtushenko)는 모스크바 시장 부인 바투리나의 자매인 나탈랴와 결혼(Natalya Yevtushenko). 예브추센코가 이끄는 시스티마 회사는 모스크바시의 투자로 설립되어 시의 가스, 부동산을 민영화하는데 주력하고 모스크바 시정부에서 50% 출자한 여러 개의 회사에 참여하여 문어발식으로 접수 확장 하고 있다고 주장. 루즈코브 시장은 모스크바시 건설에 참여한 거대 건설회사에서 공사수주 헌금을 받아 세력 확장에 사용. 민족주의를 표방하는 소수당 대표인 지리노브스키(Vladimir Zhirinovsky)는 TV방송에서 루즈코브 시장이 이끄는 모스크바 시정부는 러시아 역사상 가장 사악한 범죄조직이라 하고 시장 사퇴를 요구. 모스크바 시장, 국내보안부, 내무부, 경찰, 검찰은 정기적으로 정부사업을 수행하는 기업, 범죄조직에게서 정기적 상납을 받고, 이 중 일부는 총리, 대통령실 핵심 간부에게도 건냄. 한마디로 모스크바는 러시아 정부 권력기관, 인허가 규제 담당기관, 의회의원이 범죄조직 및 상납 관행에 젖은 기업과 결탁한 부패 먹이사슬 시스템에 기반을 두고 있다고 봐야 됨. 그리하여 크렘린은 루즈코브 시장이 더 이상 범죄조직을 보호하는 행동을 하지 말 것을 명령. 그러나 크렘린의 대통령, 총리가 선거에서 집권당 득표를 모스크바 시장, 주지사, 경찰에 요구하면 주민에게 금전, 시혜를 제공할 수밖에 없어 검은 돈을 확보하는 것이 관행으로 만연. 최근 로즈코브 시장과 그의 부인의 과도한 이권개입, 범죄조직 결탁, 검은 돈 수수로 사임시켜야 한다는 여론이 높아지고, 경찰청 감사실장의 아들 콜로코체브(Vladimir Kolokotsev)는 경찰청 내사실의 당면 최대 과제는 루즈코브 횡령, 배임죄 수집과 시장 퇴출 작업이라고 함.

• <u>모스크바 시민은 비호세력 필요성 인정</u>: 무법천지 모스크바에서 영업에 비호세력은 필수. 카페 운영자는 타협가격으로 관내 경찰 서장에게 정기상납. 부패 사례를 발설하는 자유, 기회, 보호는 거의 없고 부패관리, 책임자 고발을 두려워함. 최근 개인, 기업, 단체가 비호세력으로 범죄조직보다 국가기관인 국가보안부, 경찰을 선호하는 경향이 짙은데, 그 이유로는 경찰, 국가보안부가 국가기관 합법성을 업고 공권력, 재원, 무장력에서 월등하기 때문. 대기업은 국가보안기관에, 중소기업은 경찰을 비호세력으로 의존하는 경향임. 그래서 초임 경찰관은 호화 자가용을 살 수 있어도 일반 시민은 엄두도 낼 수 없음. 껍질을 벗겨보면 솔른체브 같은 거대 범죄조직의 비호세력은 국가보안부 같은 국가권력기관임. 그래서 기업은 검은돈 비용을 영업비용에 포함하여 소비자, 이용자가 비용을 고스란히 부담하여 모스크바 물가는 아주 높으며, 검은 돈에 드는 비용은 연간 3천억 달러, 국내총생산의 18%로 추산.

3. 결론과 평가

러시아 부패고리의 대명사, 루즈코브 시장을 조치하는 현실적 대안은 부패를 억제하고 개혁하면서 루즈코브 시장을 유임 시켜 집권당 선거 득표력을 올리고 모스크바시를 순탄하게 운영하는 대안임. 그러나 종국에는 주지사 로셀(Edward Rossel)이나 타타르(Tatarstan) 자치구 대통령, 세이미예브(Mintmir Shaymiyev) 대통령을 직위에서 해임 하듯이 루즈코브 시장도 해임 될 것으로 판단.

대사 존 베이얼 보냄

논리실증주의 또는 실증주의 성격이나 개념은 다음 몇 가지로 정리 할 수 있다. 첫째, 과학적 연구는 자연현상을 연구하는 자연과학적 접근으로 사회현상, 인간 심리도 사실관찰과 분석에 입각하고, 가치판단이 배제된 몰가치적 연구여야 한다. 경험과 계량 분석을 기반으로 한 객관적 연구는 15세기 르네상스 시대를 거쳐 17세기 이성이 지배하는 시대에 본격적으로 자리를 잡기 시작했다. 신의 섭리로 지구와 우주가 생성되어 존재한다는 신학논리보다는 태양계와 행성체계로 우주가 존재한다는 검증과 반증의 과학논리가 설득력을 갖게 되는데, 태양 중심의 우주체계를 제시한 코페르니쿠스(Nicolaus Copernicus), 지구가 태양주위 궤도를 돈다는 지동설을 주창한 갈릴레오(Galileo Galilei), 행성체계를 제시한 케플러(Johannes Kepler) 모두 15세기 르네상스를 지나 16세기 여명기를 거쳐 17세기 자연과학, 수학, 천체우주이론이 성숙단계로 진입하는데 기여했다.

철학과 사회현상 연구에서 미세한 요인을 경험적으로 철저히 관찰 분석하여 점차 일반화된 이론에 이르는 귀납적 방법(inductive method)을 제시한 베이컨(Francis Bacon), 수학 논리로 사물, 현상, 실체를 분석하여 정리하는 연역적 방법(deductive method)을 선호한 데카르트(Rene' Descartes), 신과 자연은 인간의 마음과 존재이며, 자생적 존재(self-creating)로 끝없는 인과관계 선상에서 규명해야 할 대상이라는 스피노자(Baruch Spinoza), 수학적 논리로 자연 현상 차원에서 인간 윤리, 종교를 규명하려는 라이프니쯔(Gottfried Wilhelm Von Leibniz)는 모두 17세기 이성의 문을 연 인물들이다. 그로부터 19세기 오스트리아의 물리학자이자 철학자인 마흐(Ernst Mach)는 학문탐구에서, 특히 자연과학은 사실을 관찰하고 분석한 결과로 가장 간결하고 군살 없는 요약(simplest, economical, abstract on observing fact)이라 하여 실증주의 이론을 자연과학 연구에 접목시켰다.[8)]

둘째, 논리실증주의는 몰가치적 관찰과 검증 결과를 수학적 논리로 정리하는 이론 접근법을 주장한다. 그리하여 관찰, 검증, 수학 논리, 정확한 어휘 사용, 연역적 추론을 강조하는 실증이론은 형이상학적 철학, 전통이론을 배격한다. 세계 1차 대전 전 오스트리아 수도 비엔나에서 한스 한(Hans Hahn), 슐릭(Moritz Schlick) 등의 비엔나학파는 철학과 학문 연구에서 형이상학적 접근에 본격적 비판을 제기하면서 학문운동으로 확장되었다. 그리고 철학자이자 수학자이면서 언어학자인 비트겐슈타인(Ludwig Wittgenstein), 러셀(Bertrand Russell), 화이트헤드(Alfred North Whitehead), 카르납(Rudolf Carnap)으로 이어지며 논리실증주의는 심

8) Mach, Ernst. 1976. ***Knowledge and Error***. Dordrecht, Netherlands: D. Reidel Publishing Company.; Blackmore, John T. 1972. ***Mach: His Life, Work, and Influence***. Berkeley, California: The University of California, Berkeley Press.; Baker, G. P. and Hacker, P. M. S. 2009. ***Wittgenstein: Understanding and Meaning***. Hoboken, New Jersey: John Wiley-Blackwell.; Hampshire, Stuart. 1993. ***The Age of Reason***. New York: A Meridian Book.

화된다. 비트겐슈타인은 학문연구에서 지식체계나 이론은 통상적인 언어, 어휘가 아닌 부호화된 표준 언어로 대체되어야 한다고 강조하고, 미국으로 건너간 카르납(Rudolf Carnap)은 계량적으로 검증 받지 못하고 기호로 표시된 언어(logical syntax of language of science)로 정립되지 않은 형이상학이나 인문학은 사라져야 한다고 주장한다. 시카고 대학에서 카넵 교수의 강의를 들은 사이몬(Herbert Simon)은 행정행태론에서 계량적으로 관찰, 검증을 받아 일반화된 이론이 아니면 한낱 격언(proverb)에 지나지 않는다고 한다.

국가정보학에서 특수한 목적을 위해 은밀하게 수집된 첩보를 정확성과 신뢰성 있는 기법으로 분석함으로써 정보를 생산하는 결과물이 정보보고서이다. 찾으려는 정보실체에 정보요원이 직접 접근하든 영상으로 관찰하든, 객관적이고 계량적 분석으로 생산된 정보보고서는 가장 믿음이 가는 설득력 있는 정보 상품이며, 정보이론일 것이다.

셋째, 실증주의는 자료의 관찰과 검증·반증 과정을 통한 자연 법칙에 일치된 통합 이론(uniformity) 구현을 강조한다. 헴펠(Carl G. Hempel)은 실증이론에서는 경험, 관찰을 중심으로 관찰 가능한 실체를 분석 검증하여 단일한 연역적 이론모형(the deductive-nomological model of scientific explanation)을 정립하려 한다. 카플란(Abraham Kaplan)은 실증이론에서는 '모형은 모범이론이며 따라서 모형은 이론 그 자체'라고 한다. 그러므로 어느 한 변수가 사실이 아니라면 변수 간 사실 형성은 불가능하며 변수들이 무한하다면 사실관계는 사실관계의 확률분포로 까지 확대 된다. 이 수준까지 규명, 정리 되지 않으면 이론은 똑같은 내용의 의미 없는 반복이거나 형이상학에 머무른다고 한다.

넷째, 실증이론 도출 과정, 실증연구조사는 어느 정도 정형화 되어 있다.[9] 실

---

9) Ayer, Alfred J. (ed). 1959. *Logical Positivism*. New York: The Free press. pp. 61-81. pp. 81-107. pp. 247-281.; Hempel, Carl G. 1965. *Aspects of Scientific Explanation and Other Essays in the Philosophy of Science*. New York: Free Press.; Kaplan, Abraham. 2004. Fourth Printing. *The Conduct of Inquiry: Methodology for Behavioral Science*, New Brunswick, New Jersey: Transaction Publishers.; Pool, Ithiel de Sol. (ed). 1967. *Contemporary Political Science toward Empirical Theory*. New York: McGraw-Hill Book Company. Forward.; Bryman, Alan. 1988. *Quantity and Quality in Social Research*. Boston, Massachusetts: Unwin Hyman.

증연구에서 이론을 도출하기 위한 과정(research flow)은 대략 다음과 같다. 기존 이론의 비판(criticism of existing theory), 비판을 기저로 한 검증 차원의 가설설정(hypothesis), 가설을 검증하기 위한 관련 요인의 개념화와 변수 설정(operationalization of elements: variables), 변수에 따른 자료수집(data collection), 부호화된 자료 분석과 검증 과정을 거쳐 일반화된 이론(generalized theory)을 도출하게 된다. 일반화된 실증이론은 정확한 설명력(explanatory power), 예측력(predictive power), 문제해결을 제시하는 통제력(manipulative, prescriptive power)을 갖게 된다.

논리실증주의 이론 지평에서 정보 분석을 시도한 사례를 찾아본다. 1990년 8월 2일부터 1991년 2월 28일 까지 6개월에 걸친 이라크군과 다국적 연합군 간의 전쟁에서 전개된 첩보수집과 정보 분석은 전형적인 전장 중심, 실증적 전술정보 분석과 정보판단 사례이다.

사담 후세인(Saddam Hussein) 이라크 대통령은 1988년 8월 이란과의 전쟁을 휴전협정으로 끝내고 전비를 조달한 사우디와 쿠웨이트에게 채무 면제를 요청하나 거절당하고 만다. 겸하여 사우디와 쿠웨이트는 석유 값을 올리려고 원유생산량을 줄이자는 이라크 요청을 거절한다. 이에 이라크는 '쿠웨이트는 원래 이라크의 일부'라는 명분으로 1990년 8월 2일 새벽 2시 이라크 정예군 공화국수비대 3개 사단을 주축으로 쿠웨이트 고속도로를 따라 쿠웨이트시 남부까지 진격하고 걸프만의 쿠웨이트시 해변에 헬기와 함정으로 상륙전을 병행하여 침공 이틀 만에 쿠웨이트와 인근 유전지대를 전격 점령하였다. 그리고 사담은 그의 사촌 알 마지드(Ali Hassan al-Majid)를 쿠웨이트 지사로 임명했다. 이에 유엔은 이라크 점령군의 쿠웨이트 즉각 철군을 요구하는 결의안 660, 이라크 경제 제재안 661, 이라크 국경 봉쇄령 665를 잇따라 결의하고 마침내 1991년 1월 15일 까지 철군하지 않으면 관련국의 무력 사용권을 허용한다는 유엔안전보장이사회의 결의안 678(UN Resolution 678)을 발표했다.

미국, 영국, 프랑스, 독일, 이탈리아, 노르웨이, 포르투갈, 벨기에, 사우디아라비아, 시리아, 이집트, 카타르, 모로코, 캐나다, 아르헨티나, 일본, 한국 등 34개국으로 이루어진 다국적군을 구성하여 사우디아라비아 수도 리야드(Riyadh)의 비행장을 주요 발진 기지로 삼고 쿠웨이트에서 이라크군을 축출하기 위한 공세를 전개하였다. 이라크의 쿠웨이트 침공에 발벗고 나선 국가는 이라크와 국경을 접한 사우디아라비아였다. 이라크가 쿠웨이트 다음으로 노리는 대상은 유전이 풍부한 사우디아라비아이기 때문이다. 사우디아라비아 국왕 파드(Fahd)는 미국 부시 대통령에게 미군파병을 요청하였다. 6개월간 소요된 전쟁비용 60억 달러 중 사우디아라비아는 36억 달러, 군사파병 대신 일본이 10억, 독일이 6.6억 달러를 분담하고 미국이 분담한 전비는 7.4억 달러이다. 대신 연합군 병력 96만 명 중에 7할에 해당하는 70만 명이 미군 장병이었다.

걸프 전쟁이라지만 파월(Colin Powell) 미합참의장과 슈웨즈코프(H. Norman Schwarzkopf, Jr) 미군 중부군 사령관의 주도로 이라크의 쿠웨이트 침공 5일 만인 1990년 8월 7일 작전명 사막의 방패(Operation Desert Shield)라는 연합군 작전이 전개된다. 작전기간은 6개월이지만 사우디와 쿠웨이트 인근 지역에 미군을 비롯한 연합군 병력과 장비 집결에 5개월이 소용되고 실제 전투는 1개월 14일이 소요되었다. 1991년 1월 17일 새벽 2시 연합군의 공습을 시작으로 쿠웨이트의 탈환과 이라크 수도 바그다드에서 240Km 떨어진 내륙까지의 진격이 이루어졌다. 그리고 1991년 2월 28일 부시 대통령(George H. W. Bush)의 전쟁종료 명령으로 사막의 방패작전은 최단 시일 내에 종료되었다.

이라크군은 정예군 공화국수비대를 비롯하여 징집자, 훈련이 안된 급조 모병 병력으로 구성된 50만-60만 병력에 러시아·중국·북한·유럽·미국제 까지 동원된 혼란스런 무기체계를 갖고 연합군에 대항했다. 아이젠하워·인디펜던스 항공모함, 미군 해병대, 기갑군단, 영국과 프랑스 육군, 적진에 침투한 수색대, 인공위성과 정찰기에서 실시간으로 보내는 전투서열과 전장 정보, 정밀 타격 미사일로 무장한 연합군에 의해 이라크 군은 괴멸되고 만다.

그런데 1991년 1월 17일 전투가 개시되면서 종전까지 6주간 이라크군은 소련제 지대공 미사일 스커드(scud)와 샘(sam)을 발사하였는데, 대량 살상 피해를 주지 않았지만 전술적 차원의 심리전 효과를 크게 보아 연합군은 이라크 미사일 발사대를 찾는데 정찰력의 1/3을 쏟았다고 한다.[10] 1991년 2월 25일 저녁 이라크군이 발사한 스커드 미사일이 사우디아라비아의 다란(Dhahran) 미군 병참기지에 명중되어 28명의 미군이 전사하고 110명이 부상을 당하는 참변이 발생한다.

10) Rosenau, William. 2003. *Coalition Scud-Hunting in Iraq. Monograph*. Santa Monica, California: Rand Corporation.

소련 미사일 개발팀이 2차 대전 당시 독일군이 개발한 V-2 로켓을 참고하고 자체적으로 개발하여 완성한 탄도미사일 스커드는 소련에서는 R-1, R-11 등으로 호칭되고 북대서양연합군(NATO)은 질풍이라는 의미의 스커드 미사일이라고 부른다. 스커드 미사일은 순항거리, 정확도, 실전배치 연도에 따라 스커드 A, B, C, D까지 분류되며 재원은 공통적으로 길이 11-12미터, 직경 0.88미터, 중량 1톤 내외이고 연료는 등유와 질소액체, 사거리 150km-500km, 명중률 정확도 300미터-350미터로 알려져 있다. 육상에서는 차량에 탑재하고, 해상에서는 함정과 잠수함에 거치하여 발사한다. 1973년 이스라엘 욤키푸르 종교 휴식절기에 이집트, 시리아, 요르단을 비롯한 이슬람 연합군이 선제공격하여 벌어진 욤키푸르 전쟁에서 중동지역 국가들이 소련에서 구입한 스커드 미사일을 이스라엘 진지에 발사한 것이 최초이며, 1980년 9월에 시작된 이란과 이라크 사이의 전쟁에서도 스커드 미사일로 서로 공격했다.

그런데 쿠웨이트를 점령한 이라크 군이 연합군과 전투를 하면서 스커드 미사일로 사우디아라비아를 공격하고 이스라엘에도 발사를 했다. 공격을 받거나 테러를 당하면 반드시 보복한다는 이스라엘의 심리와 군사작전을 잘 알고 있는 이라크 군은 이스라엘에 미사일을 날려서 이스라엘이 보복 차원에서라도 이라크를 공격하기 위해 연합군의 사막의 방패작전에 참가할 것을 알고 있었기 때문이다. 이스라엘이 연합군에 참가하면 연합군내의 이집트, 시리아, 요르단, 모로코 등 이슬람 국가들은 모두 자국 군을 철수시킬 것이 불 보듯 하여 부시 대통령이 간곡히 이스라엘 샤미르(Yitzhak Shamir) 수상에게 호소하여 이스라엘군 진공을 막았다.

대신 미국은 패트리어트 미사일을 배치하여 이라크 지역에서 날아오는 미사일을 격추시키려 했다. 아울러 인공위성, 정찰기, 군 정보부대를 총동원하여 스커드미사일이 발사되는 이라크지역의 미사일기지를 찾아내는데 정찰력을 집중했다. 미군·영국군을 위시한 정보부대, 정보기관이 영상정보, 신호정보, 마신트, 레이더 추적 등으로 이라크 내의 스커드 미사일 기지를 탐색하던 중에 특히 이스라엘에 떨어지는 미사일이 이라크의 유일한 고속도로인 에스원(S1) 선상에서 있는 기지인 것을 알아냈다. 이라크는 지대공 스커드 미사일을 하수도, 지하수 관개수로, 교각 밑에 은폐해 놓고 주로 야간에 트럭에 탑재하여 잠시 이동하여 발사하다가 다시 지하로 숨어 버리는 발사와 잠적작전을 구사하였다. 1980년 9월에 시작되어 1988년에 종전된 이란과 이라크 전쟁 당시, 이라크는 국내 유일의 항구인 남쪽의 바스라(Basra)와 서부의 요르단 아카바(Aqaba) 항구에서 군수물자를 실어 나르는 고속도로가 필요하였다. 그래서 한국·일본·아르헨티나·독일 건설사가 참여한 다국적 고속도로 건설단을 구성하여 남부의 바스라 항구와 서부의 요르단 아카바에 접근하는 국경지대 아르 루트바(Ar rutba)를 잇는 1,700Km에 이르는 에스원 고속도로를 1980년에 시공하여 전쟁 중인 1984년에 완공하였다.

해외수주 경험이 많고 도로건설에 공신력이 높아 국제적 인정을 받고 있는 2개의 유수한 한국 대기업 건설회사 중 하나는 수도 바그다드에서 시작되는 고속도로 건설을 담당하고, 또 하나의 건설회사는 요르단과 시리아를 통과하는 서부고속도로의 마지막 구간을 공사하고 있었다. 서부고속도로 마지막 구간은 257km의 황량한 사막으로 주위에 보이는 것이라고는 끝없는 사막과 낙타가 전부이고 공사현장 캠프에서 서남으로 70-80km 떨어진 곳에 쿠르드 유목민이 거쳐 가는 아르 루트바(Ar Rutba)라는 고대 도시 잔해가 있을 뿐이다. 고대 도시 유적이 있는 아르 루트바 주위에 인근 시리아, 요르단, 이스라엘을 겨냥한 이라크 공군기지와 육군부대가 주둔하고 있었다. 이곳에서 이스라엘 텔아비브 까지는 300km 정도이어서 이스라엘은 유효사거리 300km-500km인 스커드 미사일 사정권 내에 있었다. 공사기간 중에는 한국 건설회사 근로자 직원 중에 중환자가 발생하여 멀리 떨어진 마을 병원으로 긴급 후송이 필요한 경우에 이라크 공군 헬기 지원을 받는 경우도 있었다. 그리고 공사장 캠프에서 서쪽으로 30km 떨어진 곳에서 낮에는 잠자고 밤에만 불을 켜고 공사를 하는 이라크 공사장이 있어 한국 근로자가 방문하여 라면이나 음료수를 주면서 사막 벌판에서 이야기를 나누면서 잠시 휴식을 취하기도 했다. 그러다가 어느 날 우리 한국건설회사 근로자가 "너희들은 밤에 여기서 무슨 작업하느냐"고 물으니, 이라크 근로자가 "우리는 시원한 밤에 지하수 관개공사를 한다" 라고 대답하였다. 이런 저런 대화를 하는 동안 친구가 되고 1984년 요르단, 시리아 접경에 이러는 서부고속도로 마지막 구간을 완공하고 철수했다.

사막의 방패작전이 개시되어 전투가 치열하던 1991년 1월 18일 목요일 새벽 3시경에 이스라엘 텔아비브와 하이파항구에 이라크 군이 발사한 스커드 미사일이 폭발하여 주민 2명이 사망하고 30여명이 부상당하였다. 이스라엘 군에서는 혹시 스커드 미사일 탄두에 화생방 무기를 장착하지 않았나 생각하여 국민에게 방독면을 착용하게 했는데, 노약자 2명이 방독면 착용과정에서 질식사를 당하는 사고도 발생했다.[11)]

이라크가 발사한 스커드 미사일 기지가 서부로 향하는 에스원 고속도로 마지막 구간에 있다는 첩보를 슈워즈코프 장군이 지휘하는 연합군 정보참모부가 파악하고 이 지역 일대를 영상정보와 인간정보로 탐색하게 된다. 첩보분석에 의한 정보의 검증단계에 돌입한 것이다. 그러나 257km에 이르는 고속도로 주변은 광활한 사막, 나지막한 모래 구릉이 있을 뿐 미사일기지로 보이는 지형지물과 참조가 될 만한 지표는 아무것도 없었다. 이스라엘은 계속 미사일과 항공기로 보복하겠다고 으름장을 놓는 동안 다급한 연합군 정보참모진은 미사일 기지를 탐색·확인하는 가능한 방안을 모색하던 중에 현실적 아이디어로 미시일 기지가 설치되어 있다고 판단되는 에스원 고속도로 구간을 착공한 건설 회사를 찾아 어떤 실마리를 알아보자는 결론에 도달하였다. 확인한 결과 서부지역 고속도로 마지막 구간을 완공한 건설사는 한국의 유수한 대기업 건설회사로 판명되어 사막의 방패 작전사령관 슈워즈코브, 미국합동참모본부의장 파월 장군은 주한 미군사령관 겸 한미연합사 사령관(U.S Forces, Korea/Combined Forces Command)인 리스카시(Robert C. RisCassi) 대장에게 한국 건설 회사를 찾아 도로 건설당시에 주변에서 이라크인들이 어떤 종류의 건설공사나 특이한 작업을 한 적이 없는지를 알아보도록 요청한다.

한미연합사 501정보여단장 스트라우드(Joe T. Stroud) 미군 대령이 통역관을 대동하고 이라크 서부지역 에스원 고속도로 마지막 구간 건설을 담당한 한국 대기업 건설회사 서울 본사를 찾았다. 마침 도로건설 공사현장에서 일한 노무반장은 정보여단장, 통역관과 함께 4년 동안 건설 현장에서 발견한 특이상황이 없었는가를 논의했다. 노무반장은 굳이 특이 상황이라면 이라크인 낮에는 잠자고, 밤에만 불을 켜놓고 지하수 관개 공사를 하였다는 사실을 이야기하며 그 지역을 지도를 펼쳐 놓고 확인했다. 스트라우드 정보여단장은 지하수 관개공사를 완료한 지

---

11) Rosenau, William. 2001. *Special Operations Forces and Elusive Enemy Ground Targets. Lessons form Vietnam and the Persian Gulf War*. Santa Monica, California: Rand Corporation(www.israeli-weapons.com/.../Desert_Storm.html).

역이 스커드 미사일 기지일 것이라고 추정하고 리스카시 사령관에게 보고하고 워싱턴 미 합참의장, 쿠웨이트 전장을 지휘하는 슈워즈코브 사령관에게 추정되는 스커드 미사일 발사 기지를 GPS로 보고한다. 사우디아라비아 리야드공항, 걸프지역에서 작전 중이던 아이젠하워·인디펜던스 항공모함에서 발진한 A-10, F-14A 톰캐트(Tomcat) 전폭기가 아르 루트바 지역에서 끝나는 서부고속도로를 중심으로 이 지역 고속도로를 공사한 한국건설회사 노무반장이 표시한 미사일 기지라고 예단한 일대를 폭격하기 시작한다. 그러나 결과는 효과가 없었다. 사막의 방패작전 지휘본부는 다시 한 번 한미연합사 미군 정보여단장에게 재확인을 부탁했다. 스트라우드 대령은 다시 이라크 서부 에스원 고속도로 건설을 담당한 한국건설회사 노무반장을 만나 폭격이후 항공사진에서는 아무런 폭발 흔적이 없으니 도로건설 당시 이라크인이 야간작업을 한 위치를 재확인 해 줄 것을 요청했다. 노무반장은 다시 확인하고 검토하여 원래의 위치가 확실하다고 했다고 한다. 정보여단장은 전문을 보내 원래의 목표물에 재 폭격을 건의하여 출격한 전폭기는 무게 천파운드 정밀직격탄(Joint Direct Attack Munition, JDAM), 고공 침투탄을 투하하니 지역일대가 굉음과 섬광을 내며 폭발하게 된다. 항공촬영과 영상정보 분석결과 및 인간정보 확인으로도 스커드 미사일 기지가 완전히 폭파한 것으로 확인되었으며, 그 이후 이스라엘과 사우디아라비아에 스커드 미사일은 날아들지 않았다. 수집된 첩보가 순간적 정보 분석으로 실증과 반증을 거쳐 확실한 정보생산이 되고, 전술효과를 극대화 하는 순간이었다. 스트라우드 정보여단장은 이듬해에 준장으로 진급되었고 한국 건설회사 노무반장은 정보여단장 표창장을 받게 된다.[12)]

정보 분석에서 실증성은 눈으로 보고, 손으로 만지고, 실제 작동으로 검증과 반증을 거치면서 확정된다. 동시에 정보 분석에서 실증성은 정보생산, 정보이론이 내포하고 있는 객관성, 신뢰성, 설득력이기도 한다.

이스라엘은 전쟁의 역사로 정보수집과 분석은 매우 중요하다. 1967년 이집트

12) 1980년 이라크 서부고속도로 공사 현장 장원락 노무반장은 그 후 현장 폭격 결과에 대해 리스카시 연합사 사령관으로부터 감사 인사와 정보여단의 표창장을 받았다(1980년 이라크 서부고속도로 공사 현장 소장이었고 후에 쌍용건설 사장을 역임한 장동립 사장 인터뷰, 2010. 10월 11일, 2011년 1월 9일).

를 주축으로 한 주변 이슬람 국가와 이스라엘이 교전한 6일 전쟁이후 1970년 휴전 체결까지 밀고 당기는 소규모 도발 행위는 지속되었다. 특히 6일 전쟁이후 원래 이집트 영토였던 시나이(Sinai Peninsula) 반도를 이스라엘이 점령하여 시나이 반도에 접한 수에즈 운하는 이스라엘이 통제하고 시나이 반도 건너 수에즈 운하는 이집트가 계속 장악하여 수에즈 운하 양안은 이스라엘과 이집트의 각축지대가 되었다. 그리하여 이 시기에 이스라엘은 미국에서 전투기, 미사일, 레이더를 도입하고, 이집트나 시리아, 이라크, 리비아는 소련에서 레이더 시스템, 전투기, 탱크를 제공 받는다. 특히 지중해에 면한 이집트 해안, 이스라엘 해안과 가자지구에 양국은 무력을 증강시킨다. 이스라엘은 지중해, 홍해에 면한 이집트기지에 소련제 레이더 기지가 신설되는데 주목한다. 이 지역 레이더 기지는 이집트 육해공군의 선제공격을 지원하고 이스라엘 공군 침투를 방어하는 전술 방공망으로 이스라엘 군으로서는 눈엣가시 같은 존재였다.

특히 이집트 홍해 해안 라스 갈렙(Ras Ghaleb)의 이집트 해군기지에 구축중인 레이더 기지는 이스라엘 공군 전투기, 정찰기, 해군 고속정이 침투하면 조기경보를 발동하여 이스라엘 군의 전술 운용에 위협 요인이 되었다. 이스라엘 정보 당국은 1969년 라스 갈렙 이집트 해군기지에 소련제 레이더(P-12 radar system)가 설치되었다는 첩보를 입수한다. P-12 레이더는 탐지 거리 250km이며 전투기 비행추적, 지대공 미시일 추적용 소련제 이동식 미사일로 1950년대에 개발되어 1960년대에 실전 배치된다. 주로 친 소련 동맹국에 제공되어 베트남전쟁에서는 북월맹이 이스라엘과 아랍전쟁에서는 이집트와 시리아가 사용한다. 이스라엘 대외정보부 모사드와 군 정보부대 아만은 홍해의 라스 갈렙 해군 레이더 기지를 전폭기로 폭파하기로 결정하였으나 특공대를 투입하여 레이더 시스템을 전부 탈취하려는 계획으로 작전을 변경한다.

1969년 12월 24일 이스라엘 정보부 아만 주도로 작전명 루스터 53(Rooster 53)을 기획하고 1969년 12월 26일 오후 9시에 작전을 개시하여 사어레트 잔카님(Sayeret Tzanchanim) 공수특전단 산하 나할(Nahal Brigade)여단의 50대대를 투입한다. 침투 과정에서 이스라엘 공군 전투기 스카이호크(A-4 Skyhawk)가 수에즈 운하를 면한 이집트 지역 인근 이집트 주둔군 진지를 공격하는 근접지원에 가담하고, 팬텀(F-4 Phantoms)기가 홍해지역 기지를 폭격하고 방공망을 강타하면서 프랑스제 프레롱(Super Frelons) 헬기 3대에 분승한 특공부대가 해군 레이더 기지로 침투했다. 12월 27일 새벽 2시에 기습을 감행한 이스라엘 공수특공대는 이집트 해군 레이더 기지 병력을 제압하고 P-12 레이더를 탈취하여 미국제 시코르스키 수송헬기(CH-53) 2대 중 1번기에는 P-12 레이더 통신장비와 안테나를 다른 헬기 2번 기에는 4톤 중량의 레이더 몸체를 분리하여 매달고 홍해를 건너 이스라엘 군사기지에 도착했다. 비행 중 2번 기는 매달아 놓은 레이더 몸체 중량으로 어려움을 겪었으나 무사히 착륙한다. 소련제 레이더 P-12 시스템을 완벽하게 조립하여 성능과 감청 기능을 파악하여 이집트 레이더 시스템을 교란하며 이스라엘 레이더 시스템을 보완하고 후에 미국에 소련제 P-12 레이더 시스템을 넘겼다. 이스라엘 군 정보부가 공수특공대와 공군의 도움으로 소련제 레이더 P-12 시스템을 탈취, 재조립, 운용하여 정보 수집, 분석에서 검증과 반증으로 도출한 정보는 실증차원의 정보생산품, 정보이론의 산 증언이며 사례이다.[13)]

실증이론 차원에서 이루어진 정보 분석의 마지막 좋은 사례로 북한경제성장 예측모형 도출과 정세 분석을 들 수 있다. 북한 경제의 거시지표를 취합하여 북한경제성장 예측모형을 만들어 북한경제의 현황, 취약점, 향후 북한의 체제 변화, 김 부자 3대 세습체제를 가늠하는데 좋은 정책 참고가 될 수 있다. 북한은 폐쇄사회이고 통계자료가 최근 마이너스 경제성장으로 거시 경제 지표를 신뢰 할 수준에서 취합하여 추정하는데 어려움이 있으나 한국 경제성장 예측 모형을 참고로 북한 경제 예측을 가늠 할 수 있다. 일반적으로 경제성장률이란 일정기간 동안 한 나라의 경제활동 결과로 경제가 성장한 비율을 말한다. 대체로 1년 동안 각 경제활동부문이 창출한 부가가치가 전년에 비해 얼마나 증가하였나를 보기 위한 지표로 설명된다. 더불어 한 나라의 경제규모를 나타내는 척도로서 국내총생산(Gross Domestic Product: GDP), 국민총생산(Gross National Product: GNP), 국민총소득(Gross National Income: GNI) 등 여러 지표가 사용되고 있다. 그러나 경제성장률과 관련해서는 국내총생산, 즉 GDP지표가 가장 널리 사용된다.

핵심 경제성장률을 분석하는 분석틀로는 다중회귀분석을 이용하나 정확히는

13) Richelson, Jeffrey T. 1988. *op. cit.* p. 202.; De Arcangelis, Mario. 1985. *Electronic Warfare: From the Battle of Tsushima to the Falklands*. Poole, Dorset, UK: Blandford. pp.182-185.; Jewish Virtual Library. Retrieved October 30, 2005.

〈표 7-1〉 한국경제 전망: 2010-2011년

한국경제 전망: 2010-2011년 (한국경제연구원, 2011. 1. 11)		
연 도	2010	2011
경제성장률	6%	4%
민간소비	4.2%	3.8%
설비투자	23.4%	7.6%
건설투자	-1.1%	0.6%
경상수지	$273	$145
소비자물가	2.9%	3.2%
시장금리	4.7%	4.9%
원/달러 환률	1,156원	1,095원

세계경제 동향지표와 한 나라의 경제지표를 비교분석하며 때로는 계량적으로, 다른 한편으로는 경제지표를 놓고 비교분석 지평에서 경제전문가의 전문 토론으로 예측하기도 한다. 그리하여 국내총생산(GDP)을 중심으로 민간소비, 설비투자, 건설투자, 경상수지, 소비자물가, 시장금리, 원/달러 환률 등의 지표를 1960년부터 현재까지 연간 베이스로, 또는 정리되어 사용 가능한 최근 10년간 경제지표를 활용하여 다중회귀분석 모형을 만들 수 있다. 실증적 차원에서 계량모형을 분석하여 보면 경제성장에 가장 민감하거나 영향을 주는 경제지표로 예컨대, 원유수입량과 국제유가, 무역수출입, 국제원화 가격 등이 부각됨을 알 수 있다 이런 모형으로 북한경제의 취약점, 정치안정, 후계체제, 남북한 경제교류의 현실적 타개점 등을 정보분석 차원에서 정리 할 수 있을 것이다.[14)]

$$Y = \alpha + \beta_1 X_1 + \beta_2 X_2 + \beta_3 X_3 + \ldots + \beta_n X_n + \mu$$

(Y: 국내총생산, α: 회귀기울기, X_1:원/달러 환율, β_1: 원/달러 환율 회귀계수, X_2: 경상수지, β_2:경상수지 회귀계수, X_3:설비투자, β_3: 설비투자 회귀계수 등등)

14) 한국 경제전망과 관련된 경제지표는 2011년 1월 한국경제연구원이 정리한 보고서에서 발췌 재정리하고 2010년 6월 북한경제 동향, 2010년 6월호 북한경제리뷰를 참고하였다.

요 약

정보 분석과 규범이론, 실증이론: 정보보고서 분석 사례

규범론, 실증론, 현상학, 실재론, 비판이론 등 관점에서 이론정의

- 이론(理論, Theory, Discipline): 사물, 실체, 자연현상, 사회현상, 정신세계를 상호 연관 속에서 검증된 논리적으로 설명하여 이해가 되고 설득력이 있는 압축된 선언(interrelated set of statements), 또는 지식체계
- 이론형성의 다양한 방법론 존재: 실증론, 규범론, 현상학, 실제론, 비판이론, 진화적 제한합리론 등
- 방법론에 상관없이 이론이 갖는 공통된 기능·효용성: 설명력 (explanatory power, accuracy), 예견력 (predictive power), 처방적 통제력 (prescriptive control power)
- 이론이 내포한 기능성과 효용성은 방법론의 정교성에서 비롯함. 방법론(Methodology)은 자료수집, 분석에서 사용되는 방법, 기법(method, technique)과 분석에서 도출된 결과를 이해가 되게 서술하는 논리성(logic)이 결합된 합성어

정보 분석과 규범이론, 실증이론: 정보보고서 분석 사례

- 사회과학, 자연과학, 인문과학과 마찬가지로 국가정보학은 이론정립에 있어서 다양한 방법론 활용
- 다만 국가정보학은 다른 학문과 목표지향성(국가안전)과 내용의 공개성(비밀스런 내용) 측면에서 차별성이 있음
- 정책은 '말로 하는 구두문화(policy or politics is oral culture)'이고 정보는 '기술한 보고서로 표현하는 문서문화(intelligence is written culture)'이고 "특수한 비밀지식(special kind of secret knowledge), 특수이론(particular kind of knowledge)"이라 정의할 수 있음
- 정보 분석은 다양한 이론과 방법론으로 정보를 생산하는 과정임. 정보생산을 통해 정보학이라는 독특한 학문의 근간을 이루는 정보이론으로 정립됨

⇩

정보분석에서 생성된 정보를 바탕으로 정립된 국가정보학은 특수이론으로서 실증이론, 규범론, 현상학, 실제론, 비판이론, 제한합리론과 접목하여 보다 체계적인 방법론을 구사함으로써 풍요롭고 정교한 이론으로 성숙 가능

정보 분석과 규범이론, 실증이론: 정보보고서 분석 사례

규범론의 사례

- 규범이론(normative theory)은 사물, 실체, 현상 분석에서 옳고 그름을 따지는 정의·정당성 주장, 평가·심사 등 학문연구에 가치판단과 주관성 개입 허용
- 규범론의 사례
  - 신·구약, 논어(論語), 맹자(孟子), 대학(大學), 중용(中庸)의 사서(史書)와 시경(詩經), 서경(書經), 역경(易經), 춘추(春秋), 예기(禮記)등 오경(五經)의 예립
  - 문헌분석(literature survey)과 명상으로 인간의 중용을 생각해보는 아우렐리우스(Marcus Aurelius)황제의 명상록, 당 태종(唐 太宗)의 제왕론을 오긍(吳 兢)이 정리한 정관정요(貞觀政要)
  - 15세기 르네상스 이후 보다 체계적으로 발전됨: 수학자인 파스칼(Blaise Pascal)은 명상록(Pense'e)에서 자연에는 자연법칙이 있듯이 정신세계에는 정신적 질서와 법칙이 형이상학 이론으로 존재한다고 함
  - 천부인권적 인간 평등권 자유를 기술한 미국 독립선언서, 유엔헌장, 대한민국 헌법 전문은 규범이론·접근의 현대적 사례
  - 공리주의(utilitarianism)를 주장한 존 롤스(John Rawls)는 평등, 자유와 함께 공정한 기회 균등, 공정성(fairness)을 포함한 정의 개념 도입. 또한 공정한 기회에서 뒤쳐진 시민에게 유능한 시민이 향유한 이익을 재분배하는 정부의 후속적 배분 정의의 규범이론 제창

정보 분석과 규범이론, 실증이론: 정보보고서 분석 사례

규범론의 사례

- **규범론에 입각한 정보보고서**
  - 케난(George F. Kennan)이 작성한 소련혁명의 근원(The Source of Soviet Conduct)이라는 정보 보고서
    - 1946년 소련 부대사에서 본국에 보고한 소련의 정황을 담은 것으로 이 보고서는 외교지(Foreign Affairs)에 논문으로 발표
  - 1919년 9월 상해 임시정부가 대한제국 임시정부 대통령으로 추대한 이승만이 1921년 1월 미국에서 상해로 부임 전 1919년 12월 3일 임시의정원 위원인 안현경 목사가 이승만 측근으로 상해에서 임시정부 요인의 동향을 전문으로 보낸 정보보고서
  - 2010년 2월 12일 베이얼(John R. Beyrle)대사가 국무부와 백악관 상황실에 보낸 모스크바 시장 루즈코프(Yuriy Luzhkov) 부패 행위와 전망에 대한 정무 보고서

정보 분석과 규범이론, 실증이론: 정보보고서 분석 사례

실증주의, 논리실증주의 접근법 전개과정

◆실증주의, 논리실증주의 접근법

- 자연현상을 연구하는 자연과학적 접근으로 사회현상, 인간 심리도 사실관찰과 분석에 입각하고, 가치판단이 배제된 몰가치적 연구 지향
- 관찰과 검증, 수학적 논리 혹은 정확한 어휘 사용, 연역적 추론을 강조하는 실증이론은 형이상학적 철학은 배격
- 경험, 몰가치적 관찰, 계량 분석, 검증 결과는 수학적 논리로 정리
- 자료를 관찰하여 검증·반증을 거쳐 자연 법칙에 일치된 통합 이론 구현
- 정형화된 실증이론 도출 과정: 기존 이론의 비판→ 검증 차원의 가설설정 → 가설 검증을 위한 관련 요인에 대한 개념적 정의와 변수 설정→ 변수에 따른 자료수집→부호화된 자료 분석과 검증→일반화된 이론(generalized theory)도출

정보 분석과 규범이론, 실증이론: 정보보고서 분석 사례

실증주의, 논리실증주의 접근법 전개과정

- 코페르니쿠스, 갈릴레이, 케플러 : 15세기 르네상스에서 17세기 이성의 시대에 태양계와 행성체계로 우주가 존재한다는 검증과 반증의 과학논리 전개
- 베이컨 : 철학과 사회현상 연구에서 요인을 경험적으로 관찰 분석하여 일반화된 이론에 이르는 귀납적 방법(inductive method) 제시
- 데카르트(Rene' Descartes) : 수학 논리로 사물, 현상, 실체를 분석하여 정리하는 연역적 방법(deductive method) 선호
- 신과 자연은 인간의 마음과 존재이며, 자생적 존재로 끝없는 인과관계 선상에서 규명해야 할 대상이라는 스피노자, 수학적 논리로 자연 현상 차원에서 인간 윤리, 종교를 규명하려는 라이프니쯔, 학문은 사실을 관찰, 분석한 가장 간결한 요약이라고 정의한 19세기 오스트리아 물리학이자 철학자인 마흐
- 1차 대전 전에 한스 한, 슐릭 등이 학문의 형이상학적 접근 대신 경험, 계량 분석, 몰가치적 관찰과 검증, 수학 논리를 지향한 비엔나 학파 탄생
- 학술 연구에 부호화된 표준 언어 사용을 주장한 철학자이자 수학자이면서 언어학자인 비트겐슈타인, 러셀, 화이트헤드, 계량적이고, 기호로 표시된 언어로 검증 되거나 정립되지 못한 형이상학은 살아져야 된다고 주장한 카르납
- 실증이론에서 경험, 관찰 가능한 실체를 찾아 분석 검증하여 단일한 연역적 이론 모형을 정립하려는 헴펠. 모형은 모범 이론이며 모형은 이론 그 자체라고 주장하는 카플란으로 연결

정보 분석과 규범이론, 실증이론: 정보보고서 분석 사례

실증주의, 논리실증주의 접근법 사례

- 1차 걸프전쟁 사막의 방패작전 당시 연합사 정보참모와 한국건설사 협동
- 이스라엘 정보부 아만 주도로 수행한 작전명 루스터 53(Rooster 53)
- 북한 경제 성장 모형과 요인 분석 : 계량 정보분석 사례
  - 북한 경제의 거시지표를 취합하여 북한경제성장 예측모형을 만들어 북한경제의 현황, 취약점, 향후 북한의 체제 변화, 김 부자 3대 세습체제를 가늠하는데 좋은 정책 참고
  - 폐쇄사회인 북한의 마이너스 경제성장 추세를 신뢰 할 수준에서 추정하는데 어려움이 있으나 한국 경제성장 예측 모형을 참고로 북한 경제 예측 가능
    - 경제성장률은 대체로 1년 동안 각 경제활동부문이 창출한 부가가치가 전년에 비해 얼마나 증가하였나를 보기 위한 지표
    - 국내총생산(GDP)을 중심으로 민간소비, 설비투자, 건설투자, 경상수지, 소비자물가, 시장금리, 원/달러 환률 등의 지표를 갖고 현재를 기준으로 연간 베이스로 다중회귀분석 모형
  - 계량모형 분석으로 경제성장에 가장 민감하거나 영향을 주는 경제지표로 예컨대, 원유수입량과 국제유가, 무역수출입, 국제원화 가격 등을 포착. 이런 모형으로 북한경제의 취약점, 정치안정, 후계체제, 남북한 경제교류의 현실적 타개점 등을 정보분석 차원에서 정리할 수 있음

$$Y=\alpha+\beta 1X1+\beta 2X2+\beta 3X3+\beta nXn+\varepsilon$$

(Y: 국내 총생산, α: X1: 경상수지, β1: X1 상관 계수, X2: 원/달러 환률, β2: X2 상관 계수, X3: 원유수입량과 국제 유가, β3: X3 상관 계수, ε: 설명 안된 그외 지표)

2. 실증이론 차원의 정보 분석기법

실증이론 차원에서 정보 분석에 도움이 되는 계량기법으로 베이지안 확률론(bayesian theorem), 의사결정나무(decision-tree), 추세분석(trend analysis), 시계열분석(time-series analysis), 인과고리법(causal looping method), 델파이 기법(delphi technique), 내용분석(content analysis), 시스템 다이나믹스(system dynamics) 기법 등이 있다.

❑ 베이지안 확률론(bayesian theorem)

베이지안(Bayesian) 확률론은 불확실한 상황에서 자료를 분석하여 의사결정에 도움을 주며 계량경제학에서 마르코프 모형(Markov Chain Model)의 상관계수 분석에 활용되고 매개변수의 불확실성을 약화시키는데 사용된다.[15]

베이지안 확률론에서 조건부 확률의 개념이 필요하다. 조건부 확률은 사건 A의 확률을 구하기 위해 사건 B의 발생에 관한 정보 P(B)를 사용한다. 이러한 개념은 어떤 사건 A의 확률을 새로운 정보에 입각하여 수정하는 문제로 확장될 수 있다. A라는 사건에 대한 정보 P(A)를 새로운 정보 P(B)에 입각하여 수정한 확률을 베이즈 확률이라 하며, $P(A|B)$로 표기된다. 여기서 P(A)를 사전적 확률(prior probability)라고 하며, 새로운 정보에 입각하여 수정된 확률 $P(A|B)$를 사후적 확률(posterior probability)이라고 한다. 이와 같이 사전적 확률을 이용하여 새로운 정보에 따라 사후적 확률을 계산하는 연산법칙을 베이지안 정리라 한다. 베이지안 정리는 앞의 조건부 확률의 정의로부터 도출된다.

$$P(A \cap B) = P(A|B) \cdot P(B) \text{ ---------- } (1)$$

$$P(A \cap B) = P(B|A) \cdot P(A) \text{ ---------- } (2)$$

방정식 (1), (2)로부터

15) Pratt, John W., Howard Raiffa, Robert Schlaifer. 1965. *Introduction to Statistical Decision Theory*, Preliminary edition. Cambridge, Massachusetts: MIT Press.

$$P(B|A) \cdot P(A) = P(A|B) \cdot P(B) \text{ ---------- } (3)$$

방정식 (3)의 양변을 P(A)로 나누면 다음과 같은 관계가 성립된다.

$$P(B|A) = \frac{P(A|B) \cdot P(B)}{P(A)}$$

그런데 여기서 P(A)는 결합사건의 확률로 구성된 주변확률(marginal probability)이므로 방정식 (4)로 표기할 수 있다. B_1, B_2,......, B_k는 K개의 상호배타적인 사건이다.

$$P(A) = P(A \cap B_1) + P(A \cap B_2) + \cdots + P(A \cap Bk) \text{ ---------- } (4)$$

방정식 (4)에 조건부 확률의 곱셈법칙을 적용하면 방정식 (5)가 성립된다.

$$P(A) = P(A|B_1) \cdot P(B_1) + P(A|B_2) \cdot P(B_2) + \cdots + P(A|B_k) \cdot P(B_k) \text{ ------ } (5)$$

이로부터 일반화된 베이지안 정리를 정리하면 다음과 같다.

[베이지안 정리]

$$P(B_i|A) = \frac{P(A|Bi) \cdot P(Bi)}{P(A|B1) \cdot P(B1) + P(A|B2) \cdot P(B2) + \text{.........} P(A|Bk) \cdot P(Bk)}$$

베이지안 정리에 의한 확률계산을 위해 아래의 예를 살펴보자. 환자이 질병을 진단하기 위해 병원에서 실시되는 여러 검사와 관련된 문제에 대한 예이다.

사건 D_1: B형간염 보균자

사건 D_2: B형간염 비보균자

사건 T: 양성의 검사결과

사건 T': 음성의 검사결과

이며 각 사건에 대한 확률은 다음과 같다고 한다.

$P(D_1) = 0.1$

$P(D_2) = 0.9$

$P(T| D_1) = 0.95$

$P(T| D_2) = 0.01$

이 경우 면역반응검사결과 양성반응이 나타난 한 사람이 B형간염 보균자일 확률은 얼마인가? 이를 베이지안 정리의 공식을 사용하여 계산하면

$$P(T| D_1) = \frac{P(T| D1)\cdot P(D1)}{P(T| D1)\cdot P(D1)+P(T| D2)\cdot P(D2)}$$
$$= \frac{0.1\times 0.95}{0.1\times 0.95+0.9\times 0.01}$$
$$= \frac{0.095}{0.104}$$

= 0.91이 된다.

북한에서 한국으로 온 탈북자를 상대로 간염 보균자를 조사하여 현재 북한 인구의 간염 보균 상태를 미루어 짐작할 수 있다. 젊은 층을 조사하여 북한군 병사의 감염상태와 북한군 병사의 신체, 체력상태를 조사할 수 있다. 아울러 베이지안 공식을 이용한 최초 탈북자의 영양상태, 젊은 층의 영양수준, 의료임상 상태의 분석은 북한군 병사의 신체사의 전투력을 평가하는 정보 분석에 도움이 될 것이다.

❑ 의사결정나무(decision tree)

베이지안 확률과 같이 복잡한 확률계산은 [그림 7-1]과 같이 의사결정나무(Decision Tree)를 사용하면 쉽게 풀 수 있다. 의사결정나무는 의사결정점(decision point, ㅁ), 상황발생점(chance point, ○) 및 가지(branch)로 구성되어 있다. 먼저 의사결정점에서 여러 사건(대안)은 가지에 의해 상황발생점으로 연결되고, 미래의

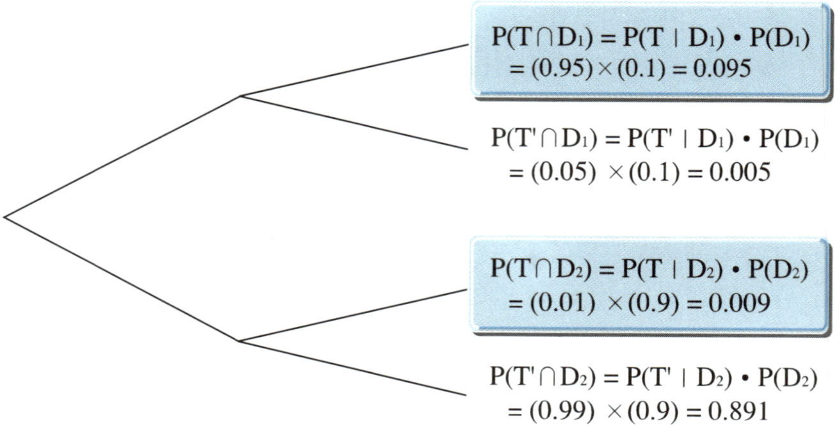

[그림 7-1] 의사결정나무: B형간염 보균자 예

상황은 상황발생점에 다시 가지에 의해 연결된다.

위의 예제와 관련하여 의사결정점에서 상황발생점으로 연결되는 가지는 B형간염 보균자($P(D_1) = 0.1$)이거나 B형간염 비보균자($P(D_2) = 0.9$) 둘이다. 여기서 B형간염 보균자($P(D_1) = 0.1$)인 상황발생점에서 면역반응검사결과가 양성반응($P(T| \ D_1) = 0.95$)과 음성반응($P(T'| \ D_1) = 0.95$)이 나오는 두 사건의 가지가 나타난다. 한편 B형간염 비보균자($P(D_2) = 0.9$)인 경우에도 상황발생점에서 면역반응검사결과가 양성반응($P(T| \ D_2) = 0.01$)과 음성반응($P(T'| \ D_2) = 0.99$ 두 사건이 발생된다. 결과적으로 양성반응이 나온 사건은 직사각형으로 그린 경우이다.

따라서 양성반응의 한 사람이 B형간염 보균자일 확률은 $\frac{0.095}{0.095+0.009} = \frac{0.095}{0.104} = 0.91$이 된다.

❑ 추세분석(trend analysis)

추세분석은 어떤 현상이 일정한 방향으로 진행하는 성향을 관련 변수로 분석하여 예견하고 때로는 통제하는 통계기법이다. 근본적으로 회귀분석과 같으며 시간에 따른 시계열 자료의 추세선을 유도함으로써 그 추세선상에서 미래의 수요를 예측한다. 비교적 수요패턴이 안정되어 있는 단기 내지 중기예측에 적합하고, 주로 시간의 선형함수가 사용되나 경우에 따라서는 시간의 비선형함수도 사용된다. 추세분석법의 장점은 패턴분석과 달리 객관적이며 계량화된 지표를 가지고 미래를 예측하여 짧은 기간의 예측에는 높은 정확성을 보장한다는 것이다. 반면에 추세분석법의 단점으로는 계량적인 지표를 이용해야 하는데 양질의 계량적 지표를 확보하기 쉽지 않으며, 계량적 자료를 확보했다 하여도 상당히 많은 자료를 필요로 한다는데 문제점이 있다. 아울러 자료의 단절성이 있을 경우에 활용의 어려움이 있으며, 장기간에 걸친 예측에는 정확성이 떨어진다.

❑ 시계열분석(time-series analysis)

시계열분석은 시계열 자료들 간의 계열 상관을 이용하여 동태적인 관계를 분석하는 방법이다. 시계열분석에서는 자료간의 인과관계나 시차분포형태에 대한 사전적인 제약이 최소화된 모형추정이 이루어진다. 한 시점의 변량은 그 이전 변량들의 영향을 받거나 또는 과거 오차의 영향을 받는다. 이를 이용한 것이 자기회귀모형(autoregressive model: AR)이다. 그리고 이동평균모형(moving average model: MA)은 오차가 무한대가 아니라 한정된 수에 종속된다는 가정을 나타낸다. 그리고 자기회귀모형과 이동평균 모형을 적용한 것이 자기회귀 이동평균모형(autoregressive moving average model: ARMA)이다. 실제 자기회귀 이동평균모형은 적용공분산 정상성(covariance stationary)을 만족시키는 과정을 거쳐 분석을 진행하게 되는데 이를 아리마(ARIMA) 모형이라고 한다.

시계열이 안정적이라면 시계열을 다양한 방법으로 모형화할 수 있다. 자기회귀(autoregressive: AR)과정을 살펴보면 다음과 같다.

Y_t가 시점 t에서의 GDP라고 하자. 만약 Yt를 다음과 같이 모형화할 수 있다

$$(Y_t - \delta) = \alpha_1 (Y_{t-1} - \delta) + u_t$$

단 δ는 의 평균이고, u_t는 평균이 0이고 분산이 1이면서 서로 상관관계가 없는 확률오차항인데, 이때 Y_t가 1차 자기회귀 또는 AR(1) 확률과정을 따른다고 한다. 여기에서 시점 t에서의 Y값은 바로 전 시점의 Y값과 확률오차항에 의존한다. Y값은 평균값으로부터의 편차로 나타나있다. 다시 말해서 이 모형이 의미하는 바는 시점 t에서의 Y예측치는 단순히 시점$(t-1)$에서의 Y값 일정비율(= α_1)과 시점 t에서의 확률적 충격 또는 교란의 합으로 이루어진다는 것이다.

$$(Y_t - \delta) = \alpha_1(Y_{t-1} - \delta) + \alpha_2(Y_{t-2} - \delta) + u_t$$

위의 모형은 Y_t가 2차의 자기회귀 또는 AR(2)과정을 따른다고 한다. 즉 t시점에서의 Y값은 직전 과거 두 기간에서의 Y값들에 의존하는데 Y값은 평균값 δ주변으로 표현되어 있다. 일반적으로,

$$(Y_t - \delta) = \alpha_1(Y_{t-1} - \delta) + \alpha_2(Y_{t-2} - \delta) + \cdots + \alpha_p(Y_{t-p} - \delta) + u_t$$

으로 표현할 수 있는데, 이때 Y_t가 p차의 자기회귀, 또는 AR(P)과정을 따른다고 한다.

여기에서 주의할 것은 현재와 과거의 Y값만이 모든 모형에 포함되어 있고 다른 설명변수는 포함되어 있지 않다는 것이다.

방금 논의했던 AR과정만이 Y를 생성할 수 있는 장치는 아니다. 이동평균(Moving Average: MA)과정을 살펴보자. 가령 Y를 다음과 같이 모형화했다고 하자.

$$Y_t = \mu + \beta_0 u_t + \beta_1 u_{t-1}$$

여기에서 μ는 상수이고, u는 백색잡음 확률오차항이다. 시점 t에서의 Y값은 상수와 현재 및 과거 오차항의 이동평균 합과 같다. 따라서 이 경우 Y가 1차의 이동평균 또는 MA(1)과정을 따른다고 한다.

이제 자기회귀 이동평균(autoregressive and moving average: ARMA)과정을 살펴보자. 물론 Y가 AR과 MA의 특성 모두를 지닐 수 있고 이 경우 ARMA라 한다.

따라서 Y_t를 다음과 같이 쓸 수 있다면,

$$Y_t = \theta + \alpha_1 Y_{t-1} + \beta_0 u_t + \beta_1 u_{t-1}$$

Y_t가 ARMA(1,1)을 따른다고 한다. 왜냐하면 1개의 자기회귀항과 1개의 이동평균항이 동시에 존재하기 때문이다. 여기서 θ는 상수항을 나타낸다. 일반적으로 ARMA(p, q) 과정에는 p개의 자기회귀항과 q개의 이동평균항이 존재한다. 시계열 자료에 기초해서 경제를 예측하는 접근법으로 4가지가 있다. 단일 방정식 회귀모형, 둘째, 연립방정식 회귀모형, 셋째, ARIMA 모형, 넷째, VAR 모형이 그것이다.

단일 방정식 회귀모형의 예로서, 자동차의 수요함수를 고려해 보자. 경제이론에 비추어 보면, 자동차 수요를 자동차 가격, 광고비 지출, 소비자의 소득(구입자금 융자비용의 척도로서), 이자율, 그리고 다른 적당한 변수들의 함수로서 상정할 수 있다. 시계열 자료를 사용하여 자동차 수요 모형을 추정하고, 미래의 자동차 수요를 예측하는데 이 추정모형을 사용할 수 있다. 물론 예측하고자 하는 미래가 멀면 멀수록 예측오차는 빠르게 증가한다.

1960년대와 1970년대는 연립방정식에 기초한 미국 경제의 정교한 모형이 경제예측을 지배했다. 그러나 1973년과 1979년의 석유가격 충격과 Lucas의 비판 때문에 그러한 예측의 마술은 퇴색되어 버렸다. Lucas 비판은 계량경제 모형으로 추정한 모수는 모형이 추정된 기간동안 진행되었던 정책에 의존하기 때문에 새로운 정책변화가 생기면 모수의 추정치도 변화할 것이라는 점을 강하게 지적하고 있다. 간단히 말해, 정책변화가 있는 경우 추정된 모수가 변화하게 된다는 것이다.

예를 들어 1979년 10월에 미국 연방준비은행이 통화정책에 변화를 주었다. 이자율 조정을 목표로 삼는 대신 앞으로는 통화공급 증가율을 감시하겠다고 발표한 것이다. 이와 같이 현격한 변화가 발생하는 경우 과거 자료에 의해 추정한 계량경제모형을 갖고 새로운 제도에서의 미래 값을 예측하는데 사용한다면 그 예측치는 의미가 없게 된다.

G.P.E Box와 G.M. Jenkins의 저서 *Time Series Analysis: Forecasting and Control*은

예측도구의 새로운 시대를 열었다. 통상적으로 Box-Jenkins(BJ)방법론으로 널리 알려져 있지만, 기술적으로는 ARIMA방법론이라고 부르는 이 예측방법은 단일 방정식 모형이나 연립방정식 모형을 구축하는 것이 아니라 "자료로 하여금 스스로 말하게 하라"라는 철학에 입각해 경제 시계열의 확률적 특성분석을 강조하고 있다. Y_t가 k개의 설명변수 X_1, X_2, X_3, …, X_k에 의해 설명된다는 회귀모형과는 달리, BJ형태의 시계열모형에서는 Y_t가 Y 자신의 과거값 혹은 시차값과 확률적 오차항에 의해 설명된다는 것이다. ARIMA모형을 가끔 비이론적 모형이라고 부르기도 하는데, 그 이유는 어떤 경제이론에서도 ARIMA모형을 유도해낼 수 없기 때문이다.

Var(Vector Autoregression, 벡터자기회귀)방법론은 겉으로 여러 개의 내생변수를 함께 고려한다는 점에서 연립방정식 모형화 방법과 유사하다. 그러나 각 내생변수는 자신의 과거 혹은 시차값과 모형 내 모든 다른 내생변수들의 시차값에 의해 설명된다. 일반적으로 모형 내에 외생변수는 없다. 한편, VAR모형화에 대하여 다음과 같은 문제점이 지적되고 있다. 연립방정식 모형과 달리 VAR모형은 사전적인 정보를 덜 안고 있기 때문에 비이론적이라는 점이다. 이 점을 더 잘 이해하

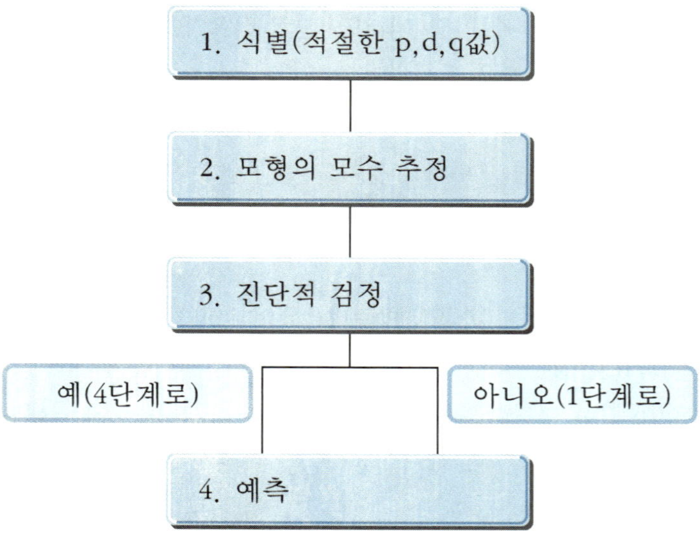

[그림 7-2] Box-Jenkins(BJ)방법론

기 위해서는 연립방정식모형에서 어떤 변수를 포함할 것인가 혹은 배제할 것인가가 모형의 식별에 결정적인 역할을 하고 있음을 상기하면 된다. 그리고 예측을 강조하기 때문에 VAR모형은 정책분석에 적합하지 않다는 점이다. VAR모형화에 있어 가장 큰 실제 운용상의 난관은 적절한 시차길이의 선택이다. 예를 들어 3변수 VAR모형에서 각 방정식에 있어 변수들이 8개의 시차변수를 포함하고 있다고 하자. 따라서 각 방정식은 24개의 시차모수와 상수항까지 포함하여 모두 25개의 모수를 포함하게 된다. 표본의 크기가 크지 않다면, 그렇게 많은 모수를 추정하는 것은 많은 수의 자유도를 잃게 되고 그에 따른 모든 문제점에 직면하게 된다. 하지만, VAR모형화 옹호론자들은 추정이 단순하다는 이유와 많은 경우에 있어 이 방법으로 구한 예측결과가 더 복잡한 연립방정식 모형으로 구한 예측결과보다 낫다는 이유로 VAR방법론을 선호한다.

❑ 인과고리기법(causal looping method)

인과고리기법은 분석의 대상이 되는 사실관계에 영향을 줄 수 있는 여러 가지 변수를 최대한 도출하고 이 관계를 인과관계에 따라 도식화함으로써 향후 추세까지 전망할 수 있는 기법이다. 가능한 모든 변수를 빠짐없이 나열하는 것이 중요한 관건이며 가능한 많은 전문가의 의견 수렴이 필요하다.

집단의사결정 과정 방법론에는 어떠한 의사결정 과정을 거쳐야 하는가를 밝히는 규범적 접근방법론(normative approach)과 실제 어떠한 과정을 통하여 의사결정에 도달하는가를 사실대로 밝히는 기술적 접근방법론(descriptive approach)이 있다. 기술적 접근방법론은 의사결정이 집단 구성원 간의 상호작용과정에서 이루어지는 실제 상황을 관찰로 밝히려는 것이다. 따라서 기술접근 연구 목적 중의 하나는 최종 의사결정에 이르기까지의 집단 구성원 간의 상호작용이 특성상 명확히 구분되는 일련의 단계들로 구분될 수 있는가를 밝히는 것이며, 구분될 수 있다면 그 각각의 단계가 어떠한 특성과 어떠한 순서를 거치는가를 밝히는 것이다. 그러한 연구의 결과로, 일군의 학자들은 집단 의사결정 과정이 일련의 단계들로 구분될 수 있다는 입장을 취하며 선형적인 기술모델을 제시한다. 상황파악(orientation), 대안평가(evaluation), 실행계획(control)으로 이루어지는 대표적인 3단계 모델을 비롯하여 여러 기술모델들이 있다. 이 기술모델들의 각 단계는 명칭 및 특성상 다양한 차이를 보이고 있음에도 불구하고 몇 가지 공통점을 지니고 있는데, 상황파악이 모델의 첫 단계를 이루고 있다는 점, 모델의 중간 단계에는 서로 다른 의견들이 표출되는 갈등의 시기가 존재한다는 점, 마지막으로 집단 구성원 간의 갈등이 해소되어 어느 한 대안이 유력하게 부각되고, 이 대안에 대한 지지 발언이 증가하게 된다는 점 등이다.[16)]

한편 규범적 접근방법으로 추진하는 연구에서 최선의 의사결정을 내리기 위해서는 체계적이고 합리적인 일련의 의사결정 단계를 제시하는데, 역시 다양한 변형이 존재함에도 불구하고 다음과 같은 5단계 모델이 일반적이라 할 수 있다. 첫째, 상황파악과 문제의 식별, 둘째, 의사결정 목표의 설정과 평가항목의 식별, 셋째, 실행 가능한 대안의 개발, 넷째, 대안의 평가, 다섯째, 최종 대안의 선택 및 실행 계획의 수립 등이 그것이다.

기술접근 선형모델을 규범적인 의사결정 단계들과 비교해 보면, 거시적으로는 상황파악, 다양한 해결책 개발 및 평가, 결론 도출의 순서를 유사하게 따르고 있다고 할 수 있다. 그러나 보다 세부적으로 들여다보면 기술적인 의사결정 프로세스와 규범적인 의사결정 프로세스간의 일치 정도, 즉, 개인 혹은 집단이 실제로 현실에 있어서 얼마나 체계적이고 합리적으로 의사결정을 내리고 있는가라는 질문에 대한 연구결과는 결코 긍정적이지 못하다. 쿠바 미사일 기지 건설에 대응한 케네디 대통령과 각료들의 의사결정 과정을 집중적으로 연구한 앨리슨(Graham Allison)은 '합리적 의사결정 모델에서 목표를 설정하는 것은 의사결정을 하기 위한 초기 단계이다. 그러나 집단의 의사결정 과정을 관찰해보면 목표는 대안들을 모색 평가하는 논쟁과 토론의 과정 중에 발견 된다'고 주장한다.

키니(Ralph Keeney)는 개인과 집단이 내리는 실제 의사결정 과정은 규범적인 의사결정 과정과 다르다고 주장한다.[17)] 즉, 상황파악이 끝나면, 문제해결을 위한

16) Mintzberg, Henry, Duru Raisinghani, Andre Theoret. 1976. "The Structure of Unstructured Decision Processes." *Administrative Science Quarterly*. Vol. 21.; Mintzberg, Henry. 1994. *The Rise and Fall of Strategic Planning*. New York: The Free Press. pp. 35-77. pp. 239-244.; Bell, David E. and Howard Raiffa, Amos Tversky. *Decision Making: Descriptive, Normative, and Prescriptive Interactions*. New York: Cambridge University Press.

17) Allison, Graham. 1971. *Essence of Decision: Explaining the Cuban Missile Crisis*.

보다 좋은 대안을 개발하고 보다 본질적인 의사결정 기회를 찾아내기 위해 목표와 가치체계의 실벽에 집중해야 함에도 불구하고, 의사결정자들은 우선 생각나는 대안에 대해 검토하는 것에만 급급한 나머지 의사결정의 질을 저하시키고 만다는 것이다.

기술접근, 규범접근으로 인과고리모형을 도출하여 세계정치, 기업 지도자, 특히, 북한 정권, 북한 군부 지도자 그룹이 내리는 정책결정 패턴 탐구에 효과적 사고, 판단 도구(thinking aid, evaluative aid)가 되며 객관적 정보 분석, 설득력이 있는 정보생산에 도움이 된다.

❑ 델파이 분석기법(delpi techique)

미국 국가정보위원회는 지속적으로 세계정세를 예측하고 있는데, 먼저 미국 정보공동체의 정보실무가를 상대로 2010년까지의 세계정세변화를 예측하는 연구조사를 하고, 뒤이어 미국 기업, 연구소, 학계 등에서 선발된 전문가들을 상대로 하여 2015년까지의 세계정세를 예측하였다. 그리고 최근 미국이 아닌 5대륙의 미래 전문가들이 6차에 걸친 회의를 통해 2020년의 세계변화를 예측하였다. 이 모든 연구 결과를 토대로 미국과 세계 주요 국가의 미래 전문가들이 모든 지혜를 짜내어 2025년까지의 세계변화를 조망하는 미래 예측 보고서를 작성하였다. 미래 예측은 국가정보차원에서는 장기정세변화, 장기정보예측이며 그에 따른 정보수요와 정보수집에 필요한 정보기구 증편 등 정보시스템 수정 보완도 점진적으로 이루어지는 계기가 된다. 동시에 정책 수립가에게는 장기정책 전망을 통한 지속적 정책 투입의 참고(policy reference)가 된다.

통계지표를 배열하여 다중회귀분석, 시계열 분석을 시도하고, 컴퓨터 프로그램으로 시뮬레이션 모형을 만들어 미래를 예측하고 대안을 모색한다. 한국에서도 '한반도는 어떻게 변화 할 것인가, 이러한 변화에 대하여 무엇을 준비하여야 하는가'를 모색하는 미래 예측 연구가 진행되어 왔다. 미국·일본·러시아·중국·한

Boston, Massachusetss: Little Brown.; Hammond, John S., Ralph L. Keeney, and Howard Raiffa. 2001. "The Hidden Traps in Decision Making." *Harvard Business Review*. June 1.; Hammond, John, Ralph keeney, Howard Raiffa. 2002. *Smart Choices: A Practical Guide to Making Better Decisions*. Portland, Oregon: Broadway Books.

국의 한반도 전문가를 상대로 2000년 까지를 예측한 조사, 2020년의 국토의 미래상을 예견하고 이에 대응하는 정책과제 모색, 21세기 더욱 치열해질 해양산업의 전망과 정책과제 모색 등은 미래에 대처하는 물음에 대답하는 다양한 시도들이다. 이러한 연구들의 공통된 특징은 미래에 일어날 가능성이 있는 다양한 사건들을 예상하는 미래예측과 이에 대응하는 정책을 개발하는 정책대안 탐색이며, 경향분석(trend extrapolation), 시뮬레이션(simulation), 시나리오(scenario), 델파이 기법(delphi technique) 등 다양한 미래예측 방법들이 사용되고 있다.[18]

델파이 기법은 여러 전문가들이 자기들의 전문적 의견을 기술한 내용을 수집, 종합하여 계량화 하는 즉, 인식론적 질적 투사를 실증론적 계량적으로 치환시키는 연구기법이다. 미래를 예측하고 정책대안을 탐색하는 것은 전문지식의 부족, 상황 및 유사 사례에 대한 정보의 부족 등으로 인해 어려움을 겪게 되는데, 이러한 상황에서 보다 나은 정책대안을 개발하고 그 결과를 예측하려고 전문가들이 인식하는 주관적·직관적 의견을 체계적으로 계량화하여 통계 추정 모형, 예측 모형을 도출하는 델파이 기법이 활용되고 있다.

2차 대전 후에 미 공군의 전략연구를 수행하려고 캘리포니아 남부 산타모니카에 세워진 랜드 연구소(RAND Institute)에서 미래예측 조사를 시작하고, 로마클럽, 허드슨 연구소에서 미래연구를 수행하면서 델파이 기법은 개발되고 활용된다. 미국 랜드 연구소의 달키(Norman Dalkey)와 헬머(Olaf Helmer)는 1953년에 정책결정에 정책참고를 제공하려고 선정된 전문가 집단의 의견을 반복적으로 수집하고 통계적으로 처리하는 델파이 기법을 본격 사용하였다.[19] 델파이 기법의 핵심은 전문가를 대상으로 반복적인 설문조사와 정리로 합의된 내용을 도출하려는데 있다. 합의된 내용이란 전문가들이 예측 또는 언급한 전문적 견해 중에 가장 많이 언급되거나 집중된 견해를 의미한다. 특히 제시된 의견은 정리되어 다른 모든 전문가들에게 제공되고 이를 바탕으로 자신의 의견을 제시하도록 함으로써 최종 합의에 도달한다. 대면(face-to-face) 방법인 브레인스토밍과는 달리 서면으

---

18) 최평길. 1993.「미리보는 코리아 2000」. 서울: 도서출판 장원.; 곽승준·유승훈·신철오. 2001. "해양산업의 전망과 정책과제: 델파이 접근방법."「해양정책연구」. 제17권 제2호.; 국토개발연구원. 1991.「2020년을 향한 국토의 미래상 변화 전문가 조사」. 서울: 국토개발연구원.

19) Dalkey, N. Rourke, D. L. Lewis, R. and Snyder, D. 1973. ***Studies in the Quality of Life: Delphi and Decision Making***. Lexington: D. C. Helath & Co.

로 조사가 이루어지기 때문에 누가 어떤 의견을 제시하였는지 알 수 없다는 점에서 익명성을 보장하면서 반복 및 환류의 과정을 거쳐 합의에 이르게 하며 수집된 자료를 근거로 통계적 표현도 가능하다는 특징을 지니고 있다.

델파이 기법은 한 장소에 모이기 힘든 전문가를 동시에 참여시킬 수 있고, 전문가의 참여로 제시한 내용의 질과 신뢰성을 제고하고, 익명성의 보장으로 자유로운 의견 제시가 가능하며, 조사과정에서 대략적인 결과 확인 및 판단이 가능하다는 장점을 갖고 있다. 그러나 델파이 기법은 반복적인 설문조사를 진행하는 데 많은 시간이 소요되고, 설문지의 구성과 결과 분석에 전문적인 지식이 필요하다는 제한점이 있다. 더불어 참여하는 전문가들의 적극적인 참여의지가 없을 경우 조사의 성과가 낮을 수도 있어 참여하는 전문가들이 자신의 의견을 명확하게 서술하는 능력이 필수적이어야 한다는 점은 델파이 기법이 극복하여야 할 과제이다.

델파이 기법은 일반적으로 수량적 델파이(numeric delphi), 역사적 델파이(historic delphi), 정책 델파이(policy delphi), 실시간 델파이(real-time delphi) 등이 있다. 수량적 델파이, 역사적 델파이, 정책 델파이 등이 전통적인 델파이 기법이라면, 실시간 델파이는 최근에 발전된 델파이 기법이다.

수량적 델파이는 어떤 이슈에 대한 수량적인 예측을 최소한의 범위까지 구체적으로 파악하는 것을 목적으로 하고 있다. 예를 들어, 2050년의 세계 인구규모, u-City가 한국에서 보편화되는 시기, 남북통일이 이루어질 시기 등과 같은 문제들이 수량적 델파이에 해당한다. 역사적 델파이의 조사대상은 정치·경제·사회·문화 등 각 분야의 역사적 인물을 연구하는 전문가들이다. 이러한 전문가를 대상으로 과거에 어떤 문제가 발생하였을 때 각 분야의 역사적 인물들이 어떻게 대응하였는가를 추정함으로써 과거의 정책에 대한 재조명과 더불어 현재의 유사한 문제에 대한 조언을 구하는 것을 목적으로 하고 있다.[20] 정책 델파이는 정량적인

20) 이 방법을 고안한 Strauss와 Zeigler는 10명의 철학자(Plato, Aristotle, Hobbes, Machiavelli, Swift, Burke, Rousseau, Locke, Marx, Freud)를 선정하고, 이 철학자들을 연구하는 전문가들을 대상으로 특정 문제에 대하여 어떻게 생각 하고, 만약 그러한 문제 발생 시 어떻게 대처하였을 것인지, 현대 상황에서는 어떤 방안을 강구할 것인가라는 연구를 하였다(Strauss, H. J., and Zeigler, H. 1982. "The Delphi Technique and Its Uses in Social Science Research". in Bingham, R. D., and Ethridge, M. E., Eds. ***Reaching Decision in Public Policy and Administration: Methods and Applications***. New York: Longman.; Strauss, H. J., and

자료에 의존하는 수량적 델파이와 달리 질적 자료에 의존하며, 정책문제에 대한 목표설정과 이를 달성하기 위한 정책내용 등에 대하여 주관적인 입장에서 정책 관련자들이 서로 대립되는 의견을 표출하고 수렴하는 것을 목적으로 한다. 정책 델파이는 정책문제를 분석하기 위한 기법이며 의견을 표출하는 공간의 역할을 하는 것으로, 객관적인 입장에서 어떤 문제에 대한 전문가적 견해를 수렴하고자 하는 일반적인 델파이와는 다르다.[21]

한편 실시간 델파이는 2006년 유엔미래포럼에서 개발한 기법으로 종래 3라운드까지 진행되던 전통적인 델파이기법의 가장 큰 약점인 연구수행 소요시간을 혁신적으로 해결할 방안으로 평가된다. 델파이 조사의 준비과정은 일반적으로 수행하지만, 델파이 수행에 필요한 모든 준비가 완료되면 선정된 참여자들에게 접속 코드가 부여된 초청장이 온라인으로 발송된다. 질문지 우편발송, 회수, 분석, 재발송과 같은 다단계 과정의 전달수단이 이제는 단지 컴퓨터를 켜고 'www.realtimedelphi.com'에 접속만 하면 모든 과정이 실시간으로 처리된다. 참여자의 방문 횟수는 제한이 없으며, 참여자수, 평균응답률, 참고문헌 연결, 서술적 반박 논증 등이 현장에서 바로 확인 가능하다. 피드백 또한 즉시 이루어져 참여자 자신의 견해와 다른 참여자 간의 계량적 답변이 크게 상이할 경우, 이를 알리는 메시지가 즉시 나타나 참여자는 자신이 몰랐던 새로운 연구 자료나 참고문헌, 반박 논증, 해명 등을 확인해 자신의 답변을 재평가할 수 있다. 이 과정들이 정해진 기간 내에서 실시간 통계로 반복 진행되면서 연구결과가 좁혀지게 된다.

조사 과정을 구체적으로 서술하면 조사 목적을 달성하기 위하여 전문가의 선정과 조사 횟수(round)를 결정해야 한다. 델파이 기법은 전문가의 주관적, 직관적 판단에 의존하여 합리적인 결과를 도출하는 것을 목적으로 하고 있기 때문에 전문가의 선정이 매우 중요하다. 참여하는 전문가의 수가 적은 그룹이 효과적이라는 주장도 있고, 전문가의 수가 많아야 신뢰도가 높아진다는 주장도 있다. 작게

Zeigler, H. 1974. *Delphi, Political Philosophy and the Future*. Institute of Policy Studies, University of Oregon).

21) 정책 델파이는 정책관계자에게 정책관련 정보 제공과 의견을 청취하고 정책대안이나 결과예측에서 익명성을 유지, 결과 종합에서는 다른 의견 도출 유도로 상반된 견해를 공개토론에서 정리, 적극 활용으로 다양한 정책대안의 도출과 결과 예측을 유도할 수 있다(정정길·최종원·이시원·정준금. 2003.「정책학원론」. 서울: 대명출판사).

는 4명에서 11명으로도 가능하다는 주장에서부터 100명이 넘는 전문가를 참여시킨 연구도 있으나, 전문가의 수가 15명 정도이면 중위수의 차이가 별로 없다는 주장도 있다. 그러나 조사비용, 시간, 전문가의 자발적 참여가 가능하다면 많을수록 조사 내용은 풍요롭고 정확도 역시 높다.

전문가의 수뿐만 아니라 몇 차례 설문조사를 실시할 것인가를 결정하는 것도 중요하다. 즉, 델파이 기법의 목표인 합의도출을 위하여 몇 차례의 라운드를 수행하는 것이 가장 합리적인지를 결정하는 것이 중요하다. 1-2라운드 사이에서 설문응답의 변화가 가장 크며, 4-5라운드 이후에는 응답의 변화가 거의 없어 예측 내용이 일반화되고 안정적이기 때문에 재조사가 필요없게 된다.

합의도출을 위하여 몇 라운드를 거쳐야 되는지에 대한 객관적인 평가가 필요한데, 이러한 측면에서 안정도(stability)의 개념이 제기되고 있다. 즉, 반복되는 라운드 사이에서 응답의 일치성이 높을 경우 안정도가 확보되었다고 말할 수 있다. 안정도를 측정하기 위한 방법으로는 변이계수(Coefficient of Variation)가 사용되는데, 변이계수는 표준편차를 산술평균으로 나눈 값이다. 이 변이계수가 0.5 이하인 경우 추가적인 라운드가 필요없으며, 0.5-0.8인 경우 비교적 안정적이라고 판단하고, 0.8 이상인 경우는 안정적이지 못한 수준으로 추가적인 설문조사가 필요한 것으로 판단한다.

델파이 조사의 주제를 명확히 설정하고, 설문조사에 응할 전문가를 선정하며, 전체적인 설문조사의 과정을 설계하는 사전 준비단계가 끝나면 두번째 단계로 설문서를 작성하여 조사를 실시하고 그 결과를 분석하여 다음 설문서를 개발하는 과정을 거치게 된다. 두번째 작성하는 설문서는 첫번째 조사에서 정리한 내용을 기술하여 동의를 구하고 동의 빈도수가 높은 순서대로 내용을 정리하는 것이다. 세번째 단계는 이렇게 몇 차례에 걸친 설문조사의 결과를 최종적으로 분석하여 정리하고 최종 보고서를 작성하는 과정이다. 여기에서 필요한 경우 평가 세미나를 개최할 수도 있다. 이러한 델파이 분석의 일반적 과정을 정리하면 〈표 7-2〉와 같다.

〈표 7-2〉 델파이 기법의 일반적 절차

단계	절 차	주의사항 등
준비 단계	연구 목표의 명료화 전문가 선정 설문조사 설계	연구 주제와 관련된 학문적 업적, 실무 경험을 기준으로 다양한 시각을 가진 전문가를 연구팀이 합의로 최소 10명 이상선정
설문 단계	1차 설문조사 실시 및 설문결과 분석 2차 설문서는 1차 조사 내용으로 작성 3차 설문서는 2차 조사내용으로 작성 4차 설문서는 3차 내용으로 작성, 분석 ※ 필요시 다음 설문조사 실시 (설문서 개발 → 설문조사 → 설문결과 분석)	1차 설문서는 개방형 설문을 제시하여 전문가의 자유로운 의견개진, 기술빈도수가 높은 유사 내용별로 정리하여 2차 설문서 작성 2차 설문서는 5점 척도 혹은 7점 척도를 활용하여 구조화된 설문서를 작성하는 것이 관례 같은 과정으로 3차, 4차 설문조사로 높은 빈도수를 가진 내용을 추려 분석, 판단
정리 단계	결과의 정리와 평가 최종 보고서 작성	빈도수에 따른 최종 예상사태, 발생 시기, 근거 등을 정리하고, 각종 통계기법 활용으로 분석 예측 필요하면 전문가 세미나로 평가 병행 보완

미국, 일본, 중국, 러시아, 한국의 남북한 전문가를 나라별로 10명씩 전체 50명 전문가들을 선정하여 1991년부터 2000년까지 남북한에서 발생할 수 있는 예상사태(most-likely event)를 기술하도록 요청하였다. 전문가는 남북한 관련 분야에서 학술 업적이 깊은 학자 및 연구가, 남북한 분야에서 근무하는 정부 공직자, 남북한에서 근무한 경험이 있는 외교관 및 무관, 특파원, 기업인으로 델파이 조사에 자발적 참여의사가 있는 사람으로 선정하였다. 전문가와 상의하여 만든 1차 조사 설문서는 〈표 7-3〉과 같다.

1차 답변서를 중심으로 가장 빈도가 높은 예상사태 순으로 정리하고 통계분석이 가능하도록 일어날 확률이 높은 척도를 주어 2차 설문서를 작성한다. 2차 설문서에서는 정리된 사태의 발생 가능성에 동의하는 척도에 표시 하도록 하여 사태의 발생 가능정도, 척도를 중심하여 요인분석(factor analysis)을 시도하였다. 전략적 요인, 요인상호관계를 검토하고, 핵심 전략요인을 종속변수(결과변수)로 하고 다른 요인을 독립변수(원인변수)로 다중회귀분석을 실시하여 북한의 정세예견, 정책대안 제시의 참고 자료로 활용하도록 하였다.

〈표 7-3〉 북한의 예상사태(1991-2000) 1차 설문서

예상 사태 기술 예상 사태 번호 예상 사태 명칭	예상 사태가 일어날 이유 기술	발생시기(연도) (상황에 따라 월별 기록도 환영)

〈표 7-4〉 북한의 예상사태(1991-2000) 1차 답변서

예상 사태 기술 예상 사태 번호 예상 사태 명칭	예상 사태가 일어날 이유 기술	발생시기(연도) (상황에 따라 월별 기록도 환영)
1. 경제특구 개설	경제난 해결 (가중빈도: 제일 많은 예측)	1993 (최빈 연도: 제일 많이 언급)
2. 김정일 권력승계	김일성 사망, 도전자 없음	1994
3. 김일성의 사망, 퇴진	자연사, 지병, 쿠데타 순	1995

〈표 7-5〉 북한의 예상사태(1991-2000) 2차 설문서

1991-2000년 까지 북한 예상 사태 델파이 2차 설문서											
예상 사태	발생가능성	연도별 응답비율(발생가능연도에 V)									파급효과 대응책
		1992	1993	1994	1995	1996	1997	1998	1999	2000	
김일성 사망, 퇴진	아주가능( ) 약간가능( ) 없다 ( ) 모른다 ( )		4.0	8.0	24.0	24.0	24.0	8.0	4.0	4.0	
김정일 승계	아주가능( ) 약간가능( ) 없다 ( ) 모른다 ( )	13.6	18.2	29.5	18.2	6.8	4.5	2.3	2.3	4.5	

2차 설문지의 빈도수가 높은 예상 사태를 응답 척도에 따라 변수화하여 요인분석(factor analysis)을 시도하였다. 요인분석에서는 아이겐 값이 1 이상인 인자행렬표에서 6개의 요인으로 분류되고 제 1요인은 북한체제와해에 관련된 변수로

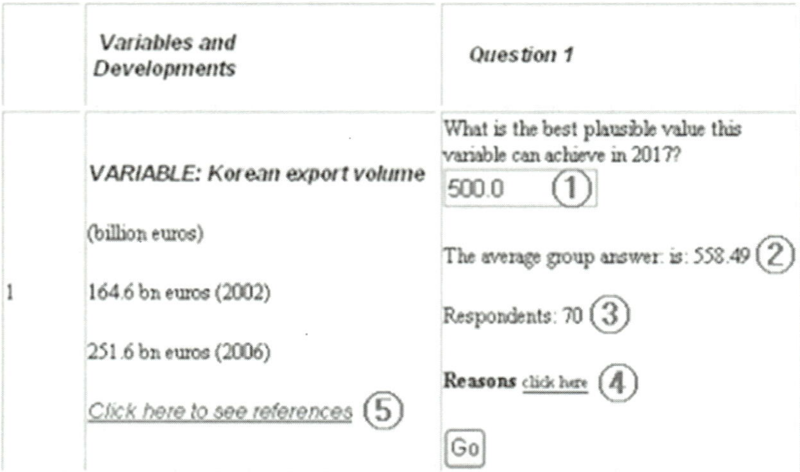

① 응답자가 리커트 방식과 비슷한 척도로 각 항목의 우선순위에 대한 수치적 예측을 기입할 공간
② 응답자의 소속 그룹에서 이제까지 접수된 모든 응답의 평균값
③ 이제까지의 응답 수
④ 다른 사람들이 자신들의 응답에 대해 제시한 이유를 보여 주는 윈도우
⑤ 응답자가 자신의 응답에 대한 고려사항을 기입할 윈도우

[그림 7-3] 실시간 델파이 질문지

구성되어 있다. 김정일 실권을 중심으로 하는 북한체제와해 요인을 종속변수로 하고 다른 요인을 설명변수로 하여 다중회귀분석을 하면 김일성 사망을 중심한 제 4요인으로 체제와해 과도요인과 남북한 교통로 복구를 포함한 제 2요인으로 남북교류 통일요인이 가장 상관성이 높은 것으로 나타난다.[22)]

최근 개발한 실시간 델파이 방법은 "제안된 연구 프로젝트의 우선순위는 얼마인가?"와 같은 수치적 질문들을 포함하고 있는 사례를 들어 설명하면 다음과 같다. 각 응답자가 진행 중인 조사에 로그인하게 되면, 그에게는 각각의 잠재적 연구 프로젝트에 대해 다음 사항들을 포함하고 있는 양식이 [그림 7-3]과 같은 화면에 제시된다.[23)]

---

22) 최평길. 1993. 전게서. 347-348 쪽. 329-330 쪽. 340-343 쪽.

23) 실시간 델파이과정에 대한 완전한 기술은 다음을 참조. Gordon, T and Pease, A. 2006. "RT Delphi: An efficient, 'roundless' almost real time Delphi method." *Technological Forecasting and Social Change*. Vol. 73. pp. 321-333.

각 질문에 응답할 내용을 생각하면서 응답자는 다른 사람들이 ④에서 제시한 이유를 참조할 수도 있다. 다른 응답자가 제시한 정보를 고려하면서, 응답자는 ①에 대한 수치를 입력하고, 컴퓨터가 이를 '저장'하도록 지시한다. 그룹 평균값과 중앙값은 즉각 업데이트되어 응답자와 현재 로그인 중인 다른 모든 사람에게 제시된다. 만약 응답자의 응답 수치가, 평균값과 중앙값으로부터 미리 설정된 특정 거리(distance)를 넘게 되면, 주의 촉구용(attention-getting) 지시자(indicator)가 그 질문의 플래그 값(flag)을 설정한다. 그 플래그의 값이 'up'이면 응답자는 자신의 응답⑤에 대한 이유를 입력하도록 요청받는데, 이 내용이 저장되면 '이유 윈도우'의 한 항목이 되고, 이후에 그 윈도우④를 연 모든 응답자가 이를 볼 수 있다. 이 조사에서는 명시적인 2차 라운드는 없다. 그 응답자가 이후에 다시 조사에 로그인하면, 원래의 입력 양식이 그에게 제시된다. 물론, 그 사이에 다른 응답자들이 자신들의 판단을 입력했을 수 있기 때문에, 평균값이나 중앙값이 바뀌었을 수도 있다. 또한 응답자의 마지막 응답 이후로 그룹의 응답이 충분히 변화되어, 응답자의 이전 응답 수치가 평균값이나 중앙값으로부터 미리 설정된 거리 밖으로 이동될 수도 있기 때문에, 다른 질문의 플래그 값이 설정되어 있을 수도 있다. 델파이조사에서 요청되는 익명성과 피드백은 이러한 방식으로 해결되며, 조사과정은 일단 진행되면 그룹의 응답들과 극단적 응답 수치에 대한 이유들의 분포를 산출하게 된다. 이 과정은 동기적(synchronous)이거나 비동기적(asynchronous)일 수 있고, 인터넷 사이트로 구현된다면 전 세계의 패널들을 포함할 수 있다. 관리자는 마감 시한(한 시간, 하루, 한 주, 또는 한 달 이후)을 공표하고 참여자들이 그 시한 이전까지 그 사이트를 방문하도록 장려할 수 있다. 각 참여자에게는 그들이 방문했을 때 항상 다시 제시되는 단 하나의 원래 양식(original form)이 제시되기 때문에 소위 '부정 투표(stuffing of the ballot box)'의 우려는 전혀 없다. 델파이 기법을 구체적 연구 사례를 들어 전개해 본다.

국토연구원 정책 델파이 조사 사례: 국토연구원에서는 국토에 대한 비전과 장기계획을 수립하기 위하여 국토의 미래상을 조망할 목적으로 델파이 조사를 실시하였다. 국토의 미래 모습에 대해서는 다양하고 상충된 의견이 존재할 수 있으므로 체계적인 국토의 모습을 전망하기 위해서는 이 분야에 대한 전문가의 의견을 수렴할 필요가 있다. 국토의 미래상에 대한 기존의 연구를 분석하고 그 약점을 보완하면서 환경의 변화에 적절한 조사설계를 수립하여 델파이 조사를 실시한다. 국토미래상 연구를 델파이 기법의 일반적 절차에 따라 정리하여 보면 <표 7-6>과 같다. 국토의 미래상 연구는 일반적인 델파이 분석의 절차에 따라 이루어진 연구로서 구체적 항목은 물론 항목별 발생 시기 등을 파악하였다는 점에서 정책 델파이를 근간으로 하면서 수량적 델파이를 보완적으로 활용한 사례라 할 수 있다. 1차 및 2차의 설문조사를 각각 약 15일 만에 신속하게 실시함으로써 델파이 분석의 단점으로 지적되는 설문조사의 순환속도가 느리고 시간이 많이 걸린다는 문제를 보완한 사례다. 특히 300명의 대규모 패널을 대상으로 하였다는 점에서 신속한 조사가 이루어졌다고 할 수 있다.

설문조사의 대상으로 선정된 대한국토, 도시계획학회, 한국지역학회, 미래학회 회원, 관련 공무원, 연구기관 종사자 등 전문가 규모가 300명이다. 300명 전문가들의 연구업적, 조사에의 자발적 참여 성향을 보다 구체적으로 파악하여 델

〈표 7-6〉 국토 미래상 전망 델파이 조사 내용

단계	절 차	국토 미래상 전망
준비 단계	이슈의 명료화	① 2020년 인구·경제활동 및 국토의 모습에 대한 전망, ② 2020년 강조될 국토정책의 방향, ③ 2020년까지 각 현상이 나타날 가능성과 발생가능 시기
	전문가 선정	대한국토·지역계획학회, 한국지역학회, 미래학회 회원, 관련 공무원, 연구기관 종사자 등 300명
	설문조사 설계	국토연구원 내 전문가 대상 사전조사 실시 후 설문항목 확정, 2라운드 설문조사 계획 수립
설문 단계	1차 설문조사 실시 및 설문결과 분석	1999년 2월 6일 - 2월 24일까지 전문가 300명에게 설문조사를 실시하여 192명(64%) 응답
	1차 분석에 의한 2차 설문서 개발	1차 설문조사 결과를 바탕으로 발생가능 현상 및 발생 가능 시기에 대한 평가
	2차 설문조사 실시 및 설문결과 분석	1999년 2월 27일 - 3월 15일까지 전문가 300명에게 설문조사를 실시하여 184명(61%) 응답
정리 단계	결과의 정리 및 평가	2020년 국토 미래상 총괄, 도시구조, 주거환경, SOC, 지역개발, 통일 분야로 정리, 분야별 발생 가능한 사건과 시기 제시, 1996년 연구와 비교 분석
	최종 보고서 작성	조사결과의 종합, 비교 분석 후 시사점 제시

파이 분석에 적합한 규모로 설문조사 대상을 선정하는 것이 더 바람직할 것이다.[24]

실시간 델파이 사례: 2007년 5월 대통령자문 교육혁신위원회의 지원으로 수행된 정책연구인 2030년 교육의 변화 예측과 정책의 대응전략 모색 연구 사업은 실시간 델파이 「Real-time Delphi」 기법을 이용하여 조사한 보고서이다. 2030년의 교육과 학습에 관한 미래의 여러 가능성에 대한 국제적 평가를 보다 바람직한 장기 교육정책 수립에 적용하기 위해 실시되었다. 〈표 7-7〉에서 볼 수 있듯이 2030년의 교육과 학습의 가능성을 규명하고 이러한 가능성들을 활용하기 위해 무엇을 해야 하는지, 이러한 가능성들을 긍정적으로, 부정적으로 만드는 요소들을 찾아내려 하였다. 전 세계 213명의 전문가들이 실시간 델파이 조사에 참여하여 미래교육에 대한 의견을 토론하고 제시하였다. 이 연구에서는 미래 교육과 학습 가능성이라는 주제에 대해 방대한 양의 자료를 다루었다. 연구에서는 이미 진행 중인 여러 변화에 대한 진부한 지식을 반복하는 일을 피하고, 앞으로 25년 후에 나타날법한 혁명적인 가능성들을 밝혀 보고자 하였다. 거의 3백 명에 이르는 응답자들이 실시간 델파이 질의서에 제시된 질문에 약 3천 개의 답을 제공하였고, 각 가능성에 대한 촉진 및 저해 요인, 가능성 실현에 따르는 결과에 대한 코멘트는 방대하였다. 이러한 서술식 답변에는 다양한 견해들이 표현되어 있지만, 각 가능성의 확률에 대한 수치적 분석은 합리적인 일치점을 보여 주고 있다.[25]

델파이 기법을 요약하면 미래를 예측하고 정책대안을 탐색하기 위하여 전문가의 전문적 견해를 수렴하는 효과적인 방법이다.[26] 델파이 기법은 계량적 분석에 질적 분석방법을 보완적으로 응용하는 방법으로 정책결정자가 유용하게 활용할 수 있는 적실성이 있는 정보를 제공한다는 장점이 있다. 이러한 장점에도 불구하고 전문가 기준설정, 조사에 참여하는 전문가의 열의, 참여하는 전문가의 인원수

24) 주성재. 1999. "델파이조사를 통해 본 국토미래상 전망." 「국토연구」. 제 28권. 29-44쪽.

25) 박영숙·제롬 글렌·테드 고든. 2007. 「전략적 사고를 위한 미래예측」. 서울: 교보문고.; 제롬글렌 외. 2007. "Real-time delphi를 이용한 2030년 교육의 변화 예측과 정책의 대응전략 모색" 대통령자문교육혁신위원회.

26) 델파이(Delphi)라는 용어는 그리스 신화의 태양신인 아폴로가 미래를 통찰하고 신탁을 하였다는 '델피이의 신전'에서 유래하고, 실제 그리스 서북쪽에 신탁 신전이 있는 델파이라는 명소가 있다.

〈표 7-7〉 2030년 교육과 학습전망에 대한 리얼타임 델파이연구의 질문과 조사결과 예시

Education and Learning: Possibilities by 2030

A Millennium Project Real Time Delphi Study

THE TIME LIMIT FOR THIS STUDY HAS PASSED. YOU ARE INVITED TO REVIEW THE INPUTS HERE BUT NEW RESPONSES WILL NOT BE ENTERED INTO THE DATABASE.

By pass introduction

Introduction

You do not have to complete this questionnaire in one visit. When you return to the questionnaire you will see your previous answers and may change them if you wish. You are encouraged to return to this questionnaire several times before the deadline of January 17, 2007.

Focus

This study requests that you provide judgments about important learning and educational possibilities over the next 25 years. The study is broad and all ideas are invited, even those that seem far out today but may become real in the next 25 years. As you will see the study includes the transfer of knowledge, improving intelligence, training, socialization, changes in technology, institutional change, and delivery methods. As you answer questions about the likelihood of future developments in the next 25 years, please consider what has happened in the last 25 years: the acceleration of systems that transfer information, growing knowledge of the functioning of the brain and the genetic basis for development. Things not dreamed of 25 years ago are commonplace today. You are encouraged to be adventurous in your thinking and speculate about the futures of education and learning that are based on an acceleration of today's acceleration.

The Questionnaire

Your answers will remain anonymous although your name will be listed as a participant. Please answer only those questions about which you feel comfortable. Leaving sections blank is acceptable.

You will note that the column calling for your judgments has several entries:

1) A place for you to enter your estimate of the likelihood that a given educational or learning possibility will be in use at least experimentally by 2030, in formal or informal settings, in schools, on line, by business- or in modes we may not have yet thought of- somewhere in the world. **Please enter a number between 0 and 100 which represents your judgment about the possibility's likelihood by 2030.**

2) The current group average assessment of likelihood.

3) The number of responses received so far

4) A "click here" button that takes you to a second page where you can provide a variety of judgments about each possibility, and see a list of inputs provided by other participants.

Finally

A box at the bottom of the questionnaire invites your further suggestions.

There are two ways to enter your answers. **1) You may enter your answers one at a time by pressing the "go" button in each cell or 2) you may press the "submit" button at the bottom of the form** to enter your answers all at once. If you choose to enter your responses one cell at a time by pressing "go" in each cell, please make sure that new inputs in other cells have been entered or they will be lost. In either case, your answers will be entered immediately, and the form will return to your screen. When you see the form it will contain your answers, the group's answers will have been updated to include your estimate, and you may change your answers if you wish.

Please return to the questionnaire often. When you come back you will to see how the group's answers have evolved and you will be able to change your answers if you wish.

This questionnaire is not like questionnaires with which you may be familiar. You need not complete it all in one sitting. It will be available to you through January 17, 2007.

Please remember to press SUBMIT at end of questionnaire.

Questionnaire

Number	*Possible Development*	*Likelihood by 2030 (%)*
1	***National programs for improving collective intelligence*** Some richer as well as lower income countries have (by this year of 2030) made improving collective intelligence a national goal: this includes improving individual as well as intelligence for their nations-as-whole. *Click here to see references*	Likelihood by 2030 65.0 Your answer has been entered, and you may change it at any time. The average group answer: 61.7 Respondents: 195 ***Comments on this possibility (page 2) click here*** Go

가 미래예측, 정책도출타당성, 신뢰성에 큰 영향을 주는 변수로 주의를 요한다. 비록 실시간 델파이는 예외이지만 전통적인 델파이 기법은 설문조사 회수, 내용분석, 정리에 시간이 많이 걸리며, 많은 비용이 소요 된다. 나아가 참여자의 익명성 때문에 오히려 응답 지연, 깊이 있는 전문적 견해 표현이 소홀히 되어 탐구적

사고를 방해하는 우려가 있고, 다양한 의견 제시 과정을 위축시킬 우려가 있다. 특히 전문가 집단의 선정에 있어서 동질적 집단일 경우 의견의 일치에 도달하기는 쉽지만 편향된 결론을 도출할 염려가 있고, 전문가에 의한 의견합의가 외양적인 합의에 지나지 않을 가능성도 있어 도출된 내용이 다양하면서도 풍요로운 의미를 제약 할 수 있다. 그럼에도 불구하고 델파이 기법은 오늘날의 불확실한 상황에서 미래를 예측하며 적절한 정책대안을 모색하고 그 효과를 예견할 수 있는 매우 유용한 기법이다. 전문가나 정책결정자가 심각하게 고려하지 못하였거나 생각하지 못한 부분들을 정책관련자들이 표출하고 이를 수렴하는 정책델파이는 정책문제를 분석하기 위한 기법으로서 중요한 의미를 지닌다. 따라서 델파이 기법을 적절히 활용한다면 다양한 의견을 수렴하고 새로운 정책의제를 창출할 수 있는 정제된 장기 전략 정보를 제공 할 수 있다.

❑ 내용분석기법(content analysis)

내용분석 기법은 다양한 분야에서 영향력을 발휘하는 지도자나 조직이 발표하는 기록문건(record of communication, document)의 내용을 분석하여 이념성향, 정책의도, 정책집행, 행동성향을 측정하고 판단하는 기법이다. 역사적으로 존재하는 정치지도자나 군부지도자의 성명서, 발언내용 분석은 국가간 전쟁, 지역분쟁의 성격, 배경을 보다 정확히 예견하고 파악하는 실마리가 된다. 냉전시대의 구소련 기관지 프라우다, 이스베치야에 실린 공산당 서기장의 정책 성명문, 군총참모장이 발표한 나토 연합군에 대응하는 군사전략, 합동훈련에 대한 내용분석은 소련의 유럽, 서방세계에 대한 안보군사 정책의지와 공세 파악에 유효한 정책지표가 된다. 정치권, 기업, 종교, 사회단체에서 발표하는 공식 성명서, 대통령과 수상의 연두교서, 국회의원의 원내 발언, 대법원의 대법관 판결문, 대기업 회장의 장기 경영비전, 교황의 사회 쟁점에 대한 성명서, 국경없는 의사회 대표의 발언, 반정부시위대 대표의 성명문, 북한국방위원장 발표문은 내용분석의 전형적인 분석 대상이다. 북한의 연간 정책방향을 가늠하는 정책 참고, 지표는 북한정권이 노동신문, 조선인민군보, 청년근위보 3개 신문이 공동으로 연초에 발표하는 사설이다. 구체적으로 내용분석 대상은 신년사, 기자회견문, 신문, 잡지에 실린 인터뷰기사, 정부 간행물, 비디오, 필름, 영상자료 문건 등 인쇄매체 문건이다. 내용분석은 크게 4단계의 절차로 나눌 수 있다. 첫째는 연구하려는 주제, 탐색하려는 목표, 찾아내려는 의도와 관심, 검증하려는 가설을 명확히 하고 확정 짓는 단계이다. 둘째는 연구 목표에 부합하는 정당한 문건을 규정하고 수집하는 단계이다. 셋째는 수집한 문건을 분석하는 기술적 단계이다. 분석기술단계는 문건을 분석하는 단위, 측정변수를 확정하고 계량화 하는 과정이다. 넷째는 측정단위인 계량변수를 분석하고, 적절한 통계기법으로 심층 분석을 하여 가설을 검증하거나 정책의도를 도출하고 평가하는 최종 단계이다.[27)]

연구하려는 주제선정, 검정하려는 가설설정은 연구자가 지향하는 연구 목표와 분석 대상인 문건 자료 존재와 접근에 크게 영향을 받는다. 또한 내용분석 이후에 도출될 계량자료를 예상하여 사용 가능한 통계기법도 고려해야 한다. 초대 워싱턴 대통령이후 44대 오바마 대통령에 이르기까지 국민에게 공약한 정책비전, 강령, 정책기획 내용이 구체화 되어 실천된 과정을 추적하여 달성된 정책을 탐색, 평가하는 연구는 역사적으로나 미래의 비전, 정책을 가늠하는데 좋은 지표가 된다. 아울러 1800년대, 1900년대, 2000년대로 100년 주기로 변화되는 대통령의 비전과 정책성격, 대통령마다 차별화되는 비전과 정책을 비교분석하여 비전과 정책 흐름, 특성을 규명할 수 있다. 그런 흐름과 특성은 다음 세대 대통령이 제시할 정책강령, 내용을 예측하는 정책참고가 된다. 미국 차기 대통령 국정비전, 장기 전략정책을 예견하는 분석 내용은 세계 모든 국가, 경제기업계에 정책참고지표(policy reference)가 되고 국가정보기관이 분석하여 제시한 보고서는 전략정보 보고서로 대통령과 각료, 관련 정부기관, 기업계에 정책시야를 넓혀주는 지혜, 지식체계가 된다. 또한 연초에 G20 국가의 대통령, 수상이 발표하는 연두교서, 국민에게 드리는 기자회견 발표문 분석과 비교분석은 G20 국가가 추구하는 정책 내용을 파악하고 정형화, 일반화 하여 전략정보 보고서로 만들어져서 한국정부는 물론 세계 각국 정부가 추진하는 연간 정책체계에 참고가 된다. 북한 정권

---

27) Manheim, Jarol B and Richard C. Rich. 1981. ***Empirical Political Analysis. Research Methods in Political Science***. Englewood Cliffs, New Jersey: Prentice-Hall, Inc. pp. 155-158. 내용분석 개념은 다음 저서를 참고할 수 있다(Berelson, Richard. 1952. ***Content Analysis in Communication Research***. New York: The Free Press.; North, Robert C. (ed). 1963. ***Content analysis in International Crisis***. Evanston, Illinois: Northwestern University Press).

이 수립된 1948년 9월 9일 이후 현재 까지 65년이 경과하였다. 특히 공산사회주의 국가에서 유래를 찾아 볼 수 없는 김일성 부자 3대 세습으로 불안한 북한 정권 앞날을 예측하는 연구분석방안의 하나가 제한된 정보, 연구대상자료 가운데 김일성 신년사로 시작된 북한 연간 연두교서 내용분석이다. 관련된 정책문건을 내용별로 계량화 하여 북한정권 미래의 정책 방향, 추진하려는 정책내용, 국정운영의 취약점을 파악하는 것이 내용분석이다.

연구과제, 검증하려는 가설이 설정되면 관련된 정책문건을 선정하는 작업이 내용분석에서 중요하다. 정책문건은 그 자체가 정치, 경제, 정책적 의지, 의도(political, economic, policy assertion)가 담긴 내용이어서 추진하려는 내용은 물론 실행의지와 강도까지 추출 할 수 있다.[28] 그러므로 내용분석에서는 연구 과제를 정확히 설명하여 이해가 되고, 때로는 가설 검증과 반증이 가능한 연관된 정책문건을 찾아 선정해야 한다. 정책문건은 모집단을 만들어 표본추출 차원에서 선정하도록 정리할 필요가 있다. 국가운영비전, 정책의지, 정책계획이 담긴 문건으로는 미국 대통령 취임사와 매년 1월 발표하는 연두교서가 있다. 초기 미국 대통령은 당선 후 4개월이 지나 3월 4일에 취임하면서 취임사를 발표한다. 1789년 4월 30일 워싱턴이 초대 대통령으로 뉴욕시청 홀에서 취임하면서 미국 국민에게 드리는 연설문이라는 이름으로 취임사를 발표한다. 그 이후 3대 제퍼슨 대통령이 수도 워싱턴에서 취임식을 가지고 취임사를 발표하는 전통을 답습하다가 1933년 헌법수정으로 대통령 취임 일자를 1월 20일 정오로 결정하고 국회의사당 정문 계단에서 취임식을 거행하고 취임사(presidential inauguration address)를 낭독한다. 초대 워싱턴에서 44대 오바마 대통령에 이르기까지 44명이 취임사를 발표하나, 44명 대통령 중에 22명이 4년 단임, 20명이 재선, 루즈벨트 대통령은 4선으로 대통령 취임사 모집단은 전체 67개로 추정된다. 그러나 재선 된 대통령이 재선 취임사를 발표하지 않거나 루즈벨트 대통령은 4선 당선에서 취임사가 없어 현존 취임사는 36개가 있다. 또한 매년 연초에 발표하는 연두교서(state of union)는 미국이 처한 상황, 대통령이 달성하려는 정책우선순위, 쟁점, 입법계획, 의회

28) Holsti, Ole R. 1963. "Evaluative Assertion Analysis." Robert C. North. (ed). *Content Analysis for the Study of International Crisis*. Illinois: Northwestern University Press. pp.92-93.

협조를 담아 국회 상원, 하원의원이 함께 참석한 상하원 합동위원회에서 발표한다. 현재 까지 253회로 예상되는 연두교서가 44명 대통령이 발표하여 연두교서 모집단은 253개로 추정한다. 취임사나 연두교서 모두 모집단 전체를 상대로 하는 전수조사로 내용분석을 할 수도 있고, 난수표, 계통표출로 표본을 추출하여 분석할 수 있다.

북한 정권이 추구하는 장기 전략정책은 노동당 전당대회에서 당 총서기가 발표하는 당 총화보고서에서 찾을 수 있어 내용분석기법의 좋은 연구 대상이 된다. 조선노동당은 1946년 8월 28일 북한의 모든 정당, 정파를 노동당으로 통합하는 1차 당 대회를 개최하고 6·25전쟁 후 본격적인 경제개발 계획을 발표하는 1956년 3차 당 대회에서 김일성 당 총비서가 당 총화보고서를 발표했다. 발표한 당 총화보고서를 통해 북한 정권이 수행하려는 장기 전략정책을 가늠할 수 있다. 그러나 연이은 경제개발 계획실패로 1980년 10월 10일 6차 당 대회에서 발표한 당 총화보고서를 끝으로 전당대회는 현재 까지 열리지 않아 당 총화보고서도 발표되지 않고 있다. 1980년 까지 발표된 당 총화보고서를 내용분석으로 정리하는 정책변화에 관한 후속 연구는 1980년 이후 매년 연초에 발표되는 김일성 신년사에서 정책추세를 탐색 할 수 있다.[29] 김일성 신년사는 1946년 1월 1일 신년을 맞으면서 '전국 인민에게 고함'이라는 연설문을 발표하고 조선 노동당 1차 당 대회에서 기관지로써 일간지인 노동신문을 1946년 9월 1일 발행하고, 1947년 1월 1일 김일성 신년사를 게재하고 계속 노동신문에서 신년사를 발표한다. 6·25전쟁 기간, 1957년, 1966-1970년 어간에 신년사는 중단되다가 다시 발표되고, 1994년 김일성 사망 이후에는 노동신문, 인민군보, 청년 근위보의 3개 언론 공동 사설로 신년사를 발표한다. 따라서 신년사 모집단을 56개로 산정하여 이를 전수조사나 무작위로 표본추출, 또는 2-3년 단위로 계통표본 추출이 가능하다.

내용분석 대상이 되는 정책문건을 선정하면 다음 단계는 분석단위를 결정한다. 분석단위(unit of analysis)는 내용단위(coding unit)와 측정단위(measuring unit)로

29) 내용분석기법으로 노동당 전당대회 총화보고서를 분석 정리한 저서로 다음을 참고(Pyung-Gil Chay. 1975. The Nation-Building Process and Administrative Development in North Korea. Dissertation. Syracuse, New York: Maxwell Graduate School of Citizenship and Public Affairs, Syracuse University).

구분할 수 있다.[30] 내용단위와 측정단위는 이론상, 그리고 실증차원에서 구분한다. 이론면에서 북한 신년사나 당총화보고서는 정치, 경제, 사회, 문화면으로 나누어 내용을 분석할 수 있다. 이렇게 분석대상을 내용별로 구분하는 단위를 내용구분단위(coding)라 하고 내용단위를 다시 세분화 하여 측정하는 수치 부여 단위를 측정단위(measuring unit)라 한다. 내용단위와 측정단위는 이론상 국정운영을 정치, 경제, 사회, 문화면으로 구분할 수 있고, 실증차원에서는 신년사, 당총화보고서를 정독하여 분석단위를 도출, 정리 할 수 있다. 중요한 점은 구분한 분석단위가 정책문건에 표출된 내용을 전부 분석해야 하는 포괄적 성격이어야 한다는 것이다. 김일성 신년사, 당총화보고서를 내용분석기법으로 계량화 하기위한 포괄적 내용단위는 당과 국가조직, 노동당 이념, 외교, 군사안보, 산업, 농수산, 통신교통, 문화예술등 13개 단위로 분류된다. 그리고 13개 분류단위는 각기 측정단위, 즉 계량화 되는 세부 변수를 포함하게 된다. 노동당과 국가조직이라는 내용단위는 세부변수인 측정단위를 갖게 되는데, 그 세부 변수 내용은 노동당조직 인사, 입법, 사법, 행정부, 행정관리와 공직자훈련으로 되어 있다. 외교라는 내용단위는 남한, 통일, 공산당연대, 비공산국가로 측정단위가 세분된다. 다시 내용단위로 산업은 인민경제계획과 산업생산, 기계, 화학, 전기, 석탄 분야, 섬유, 식료품, 소비품으로 측정단위가 범주화 된다.

연구 참여자와 연구주제에 정통한 외부 인사 중 3-4명을 선정하여 연구 주제를 설명하고, 분석하려는 정책문건, 여기서는 북한신년사, 노동당총화보고서를 읽게 한다. 그리고 이들로 하여금 선정한 내용단위와 측정단위 중에서 동의하는 단위를 합하여 참여자 수로 나눈 분석 단위 신뢰도 측정(reliability test)을 하여 신뢰도가 0.75 이상이면 내용분석 대상 단위로 수용한다(신뢰도 측정: 측정 참여자 1과 2가 동의하는 분석단위 개수/측정 참여자 1이 동의하는 분석단위 개수 + 측정 참여자 2가 동의하는 분석단위 개수). 75% 수준 이상의 분석단위 신뢰도를 유지하려면

30) Stone, Philip J. ed. 1966. *General Inquirer: A Computer Approach to Content Analysis*. Cambridge, Massachusetts: MIT Press.; Merritt, Richard L. 1966. *Symbol of American Community 1735-1775*. New Haven, Connecticut: Yale University Press.; Osgood, Charles E. 1959. "The Representational Model and Relevant Research Method." Ithiel de Sola Pool ed. *Trend in Content Analysis*. Urbana, Illinois: The University of Illinois press. p.44.

〈표 7-8〉 북한 신년사와 노동당 총화보고서 내용분석을 위한 내용분석 단위와 측정단위

북한 신년사와 노동당 총화보고서 내용분석을 위한 내용분석 단위와 측정단위 (13개 내용단위 중에 4개 내용단위와 측정단위 사례)	
내용단위(coding unit)	측정단위(measuring unit)
1. 노동당과 국가조직	1: 노동당조직과 인사(계량 수치 부여) 2: 입법, 사법, 행정부 3. 행정관리, 인사
2. 외교	1: 남한 2: 통일 3: 우호동맹국 4: 비우호국
3. 산업	1: 경제계획, 생산지수 2: 기계, 화학, 전기, 석탄 3: 섬유, 식료품, 소비품
4. 농수산이하 13개 내용 단위	1: 농촌경제와 생산량 2: 수산업(어획과 가공)

분석단위 선정에서 연구팀의 심도 있고 포괄적인 선정작업토론이 이루어져야 한다.

분석단위가 선정되면 표본이나 전수조사로 확정된 신년사, 노동당총화보고서를 문건마다 직접 읽어 가면서 문장에 표시된 내용이 노동당, 정부조직, 행정관리에 해당되면 노동당과 국가조직이라는 내용단위에 일치시키고, 구체적 내용이 노동당조직과 인사에 관련되면 노동당조직과 인사라는 측정변수에 접목하여 계량화한다. 측정단위는 측정단위를 표시하는 어휘, 주어를 언급한 빈도수(number of word), 측정단위를 나타내는 공간인 문장, 절의 크기를 가로와 세로로 계산한 수치, 또는 문장을 행위자나 실체인 주어, 행위자, 실체를 연결하는 동사, 그리고 형용사나 다른 실체인 보어를 결합한 수치로 계량화 하는 기법이다. 신년사, 노동당총화보고서의 측정변수를 문장 단위의 주어, 동사, 보어를 연결하여 측정하는 계량화 사례를 본다. '순천비날론 연합기업소는 목표를 초과 달성하여 우리 인민의 입는 문제를 해결하는데 혁혁한 공적을 세웠다' 주어, 동사, 보어의 명확한 정도, 주어, 연결어, 보어를 설명하는 형용사, 부사의 정도, 정책집행이 종료된

과거, 현재 미래 등에 따라 최대 3에서 최소 1의 수치를 부여한다. 문장은 '순천비날론 연합기업소가 목표를 초과 달성하였다'와 '우리 인민의 입는 문제를 해결하였다.'의 2개로 나누어진다. 2개의 문장은 내용구분으로는 산업이라는 내용단위에 해당하고, 다시 세부 하위 단위로 섬유, 식료품, 소비품 측정단위에 속한다. '순천비날론 연합기업소'는 가장 명확한 주어(행위자)여서 수치 3, 연결어 동사는 '초과적으로' 라는 부사에 수치 2, '달성하였다' 라는 과거형에 수치 3으로 18의 비중(3 X 2 X 3=18)으로 측정된다. 다시 문장 2는 '우리 인민의 입는 문제를 해결하였다'에서 '우리인민의 입는 문제'는 '우리'라는 대명사에 수치 1, '입는 문제'에 수치2, '해결하였다'에 수치 3, '혁혁한' 형용사에 수치 3, '일반적 공적'은 수치 1을 부여하여 곱한 측정값(1 X 2 X 3 X 3 X 1=18)은 18이다. 곱셈은 부정적 서술, 부정의 부정은 긍정, 정책의 성공과 실패, 상대방에 대한 긍정적, 부정적, 또는 적대적, 친밀한 관계를 측정하는데 유효하다. 이렇게 하여 노동당총화보고서의 내용분석단위인 산업의 하위 측정단위인 섬유, 식료품, 소비재산업에 36이라는 수치가 계량화된다. 모든 보고서가 측정단위별로 계량화 되면 측정단위별, 내용단위별로 분석되고 측정단위, 내용단위의 상관관계, 요인분석으로 북한정권의 정책변화 추이, 분야별 정책실패와 성공 점검, 정권의 취약성을 탐색하여 북한정권의 실체를 파악하는 전략정보로 정책참고가 된다. 내용분석은 상당한 수작업이 요구되나 측정변수가 점유하는 공간 크기, 문장의 주어, 동사, 보어를 구분하여 입력한 프로그램을 개발하여 응용하면 단시간 내에 계량화는 가능할 수 있다.

이 밖에 시스템 다이내믹스 기법은 인간이 관여하는 조직이 시간의 흐름에 따라 변화는 행동, 행태, 문제점을 설명하고 예측하며 해결하는 접근법이다. 생물학, 식물학, 문화인류학에서 시스템이라는 체계이론이 1950년대 이후 사회과학에 응용되고 정치체계, 사회체계론으로 발전 된다. 물리학, 수학, 컴퓨터에 힘입어 선형이론, 시뮬레이션 등으로 측정 가능한 제어시스템 기법으로 발전한다. 공학도로 제너럴 일렉트릭(General Electric: GE) 관리자에서 1956년 메사추세츠 공대(Massachusetts Institute of Technology: MIT)의 슬로안 경영대학원(Sloan School of Management) 교수가 된 포레스터(Jay Forrester)는 시스템 다이내믹스의 고전이라 할 수 있는 산업공학(Industrial Dynamics)을 발표하면서 최근에는 대규모 공장 제어이론으로 경영학에서 응용 발전되었다. 현재는 다양한 사회조직, 정부 인사관리, 군의 전력사업에도 적용된다. 시스템 다이내믹스 이론의 핵심은 시스템(system)과 시간(time)이다. 시스템은 인간이 관여한 조직이고, 시간의 흐름에 따라 인간조직이 활동하면서 변하는 행태, 야기하는 문제점 등을 역동성(dynamics)으로 총칭하여 시스템 다이내믹스(system dynamics)라 한다. 그리고 세부적으로는 인간조직인 시스템이 다른 조직, 요인, 시간의 흐름과 상호작용 관계를 가지게 하는 연계고리(feedback loop)가 있고, 연결고리가 맺어주는 연계과정에서 생성된 물질을 담아두는 축적상자(stock)가 있다. 주변 환경, 활동 영역, 조건, 정보를 감안하여 인간조직, 연계고리, 축적상자는 끊임없이 진행하는 흐름(flow)속에서 생성하고, 예측과 문제 해결을 제시한다. 예측, 문제해결을 위한 실제 운용 면에서 벤심(Vensim) 프로그램 등 소프트웨어를 사용한다.[31]

31) Forrester, Jay W. 1961. *Industrial Dynamics*. Waltham, Massachusetts: Pegasus Communications.: Morecroft, John. 2007. ***Strategic Modelling and Business Dynamics: A Feedback Systems Approach***. Hoboken, New Jersey: John Wiley & Sons.; Sterman, John D. 2000. ***Business Dynamics: Systems Thinking and Modeling for a Complex World***. New York: McGraw Hill.; 오영민. 2009년. 한국정책분석평가학회 동계학술대회에서 발표 자료. 시스템 다이내믹스 ppt 참조.

요 약

실증이론 차원의 정보분석기법

실증이론 차원의 정보분석에 도움이 되는 기법:
베이지안기법(bayesian theorem), 의사결정나무(decision-tree), 추세분석(trend analysis), 시계열분석(time-series analysis), 인과고리법(causal looping method), 델파이 기법(delphi technique), 내용분석(content analysis), 시스템 다이나믹스(system dynamis) 기법

베이지안 확률론(baysian theorem)

- 베이지안(Bayesian) 확률론은 불확실 상황에서 의사결정 분석, 계량경제학, 마르코프 모형(Markov Chain Model)의 상관계수 분석에 활용, 매개변수의 불확실성 약화 활용

- 주요개념: 조건부 확률, 사전적 확률, 사후적 확률

- 북한 탈북자 간염조사로 북한군 장병 간염 추정과 신체 전력평가 정보분석 가능

실증이론 차원의 정보분석기법

베이지안 확률론(baysian theorem)

- 베이지안 확률의 복잡한 계산을 의사결정나무로 간편히 계산
- 의사결정점, 상황발생점, 가지(branch)로 구성. 의사결정점에서 여러 사건(대안)은 가지에 의해 상황발생점으로 연결되고, 미래의 상황은 상황발생점에서 다시 가지에 의해 연결

- 의사결정점에서 상황발생점으로 연결되는 가지는 B형간염 보균자(P(D1) = 0.1)이거나 B형간염 비보균자(P(D2) = 0.9)의 둘.
- B형간염 보균자(P(D1) = 0.1)인 상황발생점에서 면역반응검사결과가 양성반응(P(T| D1) = 0.95)과 음성반응(P(T'| D1) = 0.95가 나오는 두 사건의 가지가 나타남.
- B형간염 비보균자(P(D2) = 0.9)인 경우에도 상황발생점에서 면역반응검사결과가 양성반응(P(T| D2) = 0.01)과 음성반응(P(T'| D2) = 0.99 두 사건이 발생하여, 결과적으로 양성반응이 나온 사건은 직사각형으로 그린 경우. 다. 따라서 양성반응의 한 사람이 B형간염 보균자일 확률은 0.91

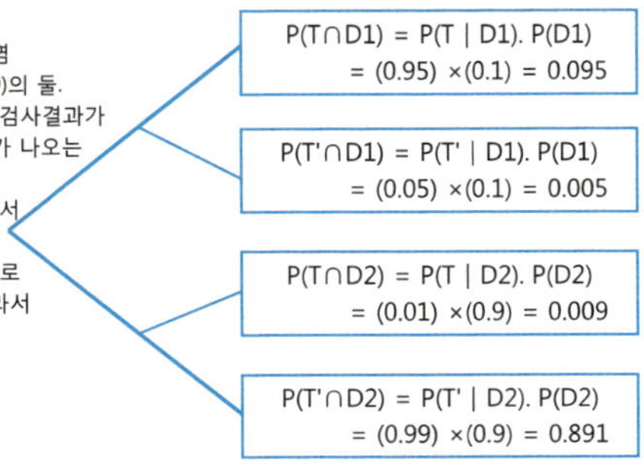

실증이론 차원의 정보분석기법

인과고리기법(causal looping method)

- 분석의 대상이 되는 사실관계에 영향을 줄 수 있는 여러가지 변수를 최대한 도출하고 이 관계를 인과관계에 따라 도식화함으로써 향후 추세까지 전망할 수 있는 기법임
- 기술접근과 규범접근으로 인과고리모형을 도출하여 세계 정치, 기업지도자, 특히 북한 정권, 북한 군부 지도자 그룹이 내리는 정책결정 패턴 탐구에 효과적 사고, 판단도구가 됨

실증이론 차원의 정보분석기법

델파이 분석기법(delpi technique)

- 델파이 기법: 2차 대전 후 랜드 연구소에서 미래예측 조사를 시작하면서 개발
- 전문가들이 자기들의 전문적 의견을 기술한 내용을 수집 종합하여 계량화하는 인식론적 질적 투사를 실증론적 계량기법으로 치환시키는 연구기법
- 델파이 기법 종류: 수량적 델파이, 역사적 델파이, 정책 델파이, 실시간 델파이 등
  - 정책 델파이: 정책목표 설정과 정책을 달성하기 위한 정책내용, 수단 등에 대하여 정책 관련자들이 서로 대립되는 의견을 표출하고 수렴하여 전문 의견 도출

    실시간 델파이: 선정된 참여자들에게 접속 코드가 부여된 초청장을 온라인으로 발송, 컴퓨터를 켜고 'www.realtimedelphi.com'에 접속하면 모든 과정이 실시간으로 처리
- 델파이 조사에서 핵심요소
  - 조사목표에 맞는 전문가 선정(10명 이상)-선정기준은 전문분야의 학문적 깊이, 실무가의 경력
  - 조사 회수(round): 안정도(stability)-반복되는 라운드 사이에서 응답의 일치성 정도

    →안정도 측정방법: 표준편차를 산술평균 으로 나눈 변이계수(coefficient of variation)가 사용됨. 변이계수가 0.5 이하인 경우 추가적인 라운드가 필요 없으며, 0.5-0.8인 경우 비교적 안정적으로 1-2차 조사 (라운드)에서 종료되고, 0.8 이상 인 경우 4-5차 라운드로 종료

실증이론 차원의 정보분석기법

델파이 분석기법(delpi technique)

단계	절차	주의사항 등
준비 단계	연구 목표의 명료화 전문가 선정 설문조사 설계	• 연구 주제와 관련된 학문적 업적, 실무경험을 기준으로 다양한 시각을 가진 전문가를 연구팀이 합의로 최소 10명 이상선정
설문 단계	1차 설문조사 실시 및 설문결과 분석 2차 설문서는 1차 조사 내용으로 작성 3차 설문서는 2차 조사내용으로 작성 4차 설문서는 3차 내용으로 작성, 분석 ※ 필요시 다음 설문조사 실시 (설문서 개발 → 설문조사 → 설문결과 분석)	• 1차 설문서는 개방형 설문을 제시하여 전문가의 자유로운 의견개진, 기술 • 빈도수가 높은 유사 내용별로 정리하여 2차 설문서 작성 • 2차 설문서는 5점 척도 혹은 7점 척도를 활용하여 구조화된 설문서를 작성하는 것이 관례 • 같은 과정으로 3차, 4차 설문조사로 높은 빈도수를 가진 내용을 추려 분석, 판단
정리 단계	결과의 정리와 평가 최종 보고서 작성	• 빈도수에 따른 최종 예상사태, 발생 시기, 근거 등을 정리하고, 각종 통계기법 활용으로 분석 예측 • 필요하면 전문가 세미나로 평가 병행 보완

실증이론 차원의 정보분석기법

델파이 분석기법(delpi technique)

북한의 예상 사태(1991-2000) 1차 설문서		
예상 사태 기술 예상 사태 번호 예상 사태 명칭	예상 사태가 일어날 이유 기술	발생시기(연도) (상황에 따라 월별 기록도 환영)

북한의 예상 사태(1991-2000) 1차 답변서		
예상 사태 기술 예상 사태 번호 예상 사태 명칭	예상 사태가 일어날 이유 기술	발생시기(연도) (상황에 따라 월별 기록도 환영)
1. 경제특구 개설	경제난 해결 (가중빈도: 제일 많은 예측)	1993 (최빈 연도: 제일 많이 언급)
2. 김정일 권력승계	김일성 사망, 도전자 없음	1994
3. 김일성의 사망, 퇴진	자연사, 지병, 쿠데타 순	1995

실증이론 차원의 정보분석기법

델파이 분석기법(delpi technique)

1991-2000년 까지 한반도 예상 사태 델파이 2차 설문서

예상사태	발생가능성	연도별 응답비율(발생가능연도에 V)									대응책
		1992	1993	1994	1995	1996	1997	1998	1999	2000	
김일성 사망 퇴진	아주가능( ) 약간가능( ) 없다 ( ) 모른다 ( )		4.0	8.0	24.0	24.0	24.0	8.0	4.0	4.0	
김정일 승계	아주가능( ) 약간가능( ) 없다 ( ) 모른다 ( )	13.6	18.2	29.5	18.2	6.8	4.5	2.3	2.3	4.5	

- 2차 설문지의 빈도수가 높은 예상 사태를 응답 척도에 따라 변수화 하여 요인분석(factor analysis) 실시. 요인분석에서 아이겐 값이 1 이상인 인자행렬표에서 6 개의 요인으로 분류
- 제 1 요인은 북한체제와해에 관련된 변수로 구성
- 김정일 실권을 중심으로 하는 북한체제와해 요인을 종속변수로 하여 다중회귀분석 실시
- 김일성 사망을 중심으로 한 제 4요인인 체제와해 과도요인과 남북한 교통로 복구를 포함한 제 2요인인 남북교류 통일요인이 상관성이 높은 것으로 나타남

실증이론 차원의 정보분석기법

델파이 분석기법(delpi technique)

실시간 델파이(최근 개발): 응답자가 진행 중인 조사에 로그인하면, 조사 연구 내용을 알려주는 양식이 있어 그에 따라 온라인으로 응답하여 실시간으로 조사 완료

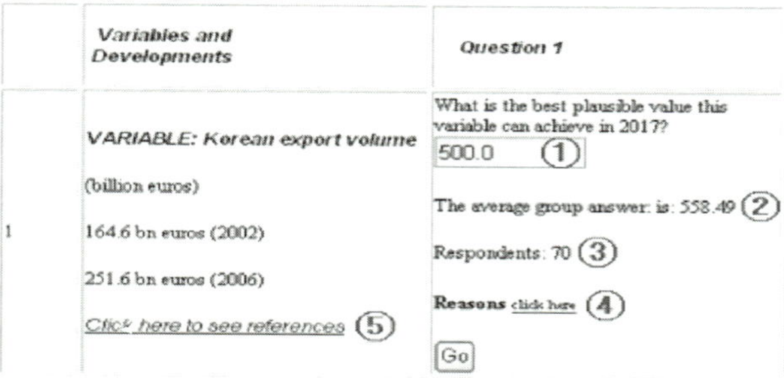

① 응답자가 Linkert 와 유사한 척도로 각 항목의 우선순위에 대한 수치적 예측을 기입할 공간
② 응답자의 소속 그룹에서 이제까지 수집된 응답의 평균값.
③ 이제까지의 응답 수
④ 응답자가 제시한 의견에 다른 사람들이 제시한 반응을 보여 주는 윈도우
⑤ 응답자가 제시한 자신의 의견에 고려 할 사항을 기입할 윈도우

실증이론 차원의 정보분석기법

델파이 분석기법(delpi technique)

델파이 기법과 정보생산

- 미래를 예측하고 정책대안을 탐색하기 위한 전문가의 전문적 견해를 수렴 방법
- 델파이 기법은 계량 분석에 질적 분석을 보완하여 정책가에게 적실성 있는 정보 제공
- 전문가 기준 설정, 조사에 참여하는 전문가의 열의, 참여하는 전문가의 인원수가 미래 예측, 정책 도출 타당성, 신뢰성에 큰 영향을 주는 변수로 주의를 요함
- 실시간 델파이 외에 전통 델파이 기법은 설문회수, 내용분석, 정리 시간, 비용 소요
- 다양한 의견 표출 집단 선정으로 도출된 내용이 다양하고 풍요로워야 함
- 델파이 기법은 불확실한 상황에서 미래 예측, 적절한 정책대안 모색이 가능하여 활용 에 따라 새로운 정책의제를 창출할 수 있는 정제된 장기 전략 정보 생산 도구 가능

실증이론 차원의 정보분석기법

내용분석기법(Content Analysis)

다양한 분야에서 영향력을 발휘하는 지도자나 조직이 발표하는 기록문건(record of communication, document)의 내용을 분석, 계량화 하여 이념성향, 정책의도, 정책 집행, 행동 성향을 측정하고 판단하는 기법

< 분석 단계 >

1. 연구 주제, 탐색 목표, 찾으려는 의도와 관심, 검증하려는 가설 설정: 국가운영비전, 정책의지, 정책계획이 담긴 문건분석
2. 연구 목표에 부합하는 정당한 문건을 규정하고 수집: 미국 대통령 취임사, 연두교서, 북한 신년사, G20 국가 대통령, 수상이 연두교서
3. 문건의 분석 계량화: 문건 분석 단위(unit of analysis), 내용구분단위(coding unit), 측정단위(measuring unit) 확정과 계량화: 이론과 실증 차원에서 정치, 경제, 사회, 문화 등으로 구분
4. 측정단위인 계량변수 분석: 측정단위인 변수를 분석, 통계기법으로 심층분석, 가설 검증, 정책의도 도출과 평가

실증이론 차원의 정보분석기법

내용분석기법(Content Analysis)

사례) 북한 신년사와 노동당 총화보고서 내용분석을 위한 내용분석 단위와 측정단위
(13개 내용단위 중에 4개 내용단위와 측정단위 사례)

내용단위(coding unit)	측정단위(measuring unit)
1. 노동당과 국가조직	1: 노동당조직과 인사(계량 수치 부여) 2: 입법, 사법, 행정부 3. 행정관리, 인사
2. 외교	1: 남한 2: 통일 3: 우호동맹국 4: 비우호국
3. 산업	1: 경제계획, 생산지수 2: 기계, 화학, 전기, 석탄 3: 섬유, 식료품, 소비품
4. 농수산 이하 13개 내용 단위	1: 농촌경제와 생산량 2: 수산업(어획과 가공)

실증이론 차원의 정보분석기법

내용분석기법(Content Analysis)

사례) 북한 신년사와 노동당 총화보고서 내용분석

- 신뢰도 측정(reliability test): 연구참여자와 연구주제 전문 외부 인사 3-4명 선정, 내용단위와 측정단위 중 동의하는 개수를 참여자 수로 나누어 75% 이상이면 내용단위와 측정단위 수용
- 문장 내용이 노동당, 정부조직, 행정관리에 해당되면 노동당과 국가조직이라는 내용단위로 분류, 세부 내용이 노동당조직과 인사에 관련되면 노동당조직과 인사라는 측정단위로 분류
- 측정단위 어휘의 언급 빈도수(number of word), 어휘 포함 공간인 문장, 절의 크기를 수치화, 문장을 행위자나 실체인 주어, 연결 동사, 형용사, 보어에 따라 수치화

  예) "*순천비날론연합기업소가 목표를 초과 달성하였다.*"와 "*우리 인민의 입는 문제를 해결하였다.*"의 2개로 분리. 내용구분 단위는 산업, 측정단위는 섬유, 식료품, 소비품

  - 문장 1: 순천비날론연합기업소는 명확한 주어(행위자)여서 수치 3, 연결어 동사는 '초과적'이라는 부사에 수치 2, '달성하였다'라는 과거형에 수치 3으로, 18의 비중((3 X 2 X 3= 18)으로 측정
  - 문장 2 : 우리인민의 입는 문제는 '우리'라는 대명사에 수치 1, '입는 문제'에 수치 2, '해결하였다'에 수치 3, '혁혁한' 형용사에 수치 3, '일반적 공적'은 수치 1을 부여하여 곱한 측정값(1 X 2 X 3 X 3 X 1 = 18)

실증이론 차원의 정보분석기법

내용분석기법(Content Analysis)

- 곱셈은 부정적 서술, 부정의 부정은 긍정, 정책의 성공과 실패, 상대방에 대한 긍정, 부정적, 또는 적대적, 친밀한 관계를 측정하는데 유효
- 계량화 후, 측정, 내용단위별로 분석, 측정, 내용단위의 상관관계, 요인분석으로 북한정권의 분야별 정책실패와 성공 점검, 정권의 취약성 탐색으로 북한정권의 실체 파악 전략정보 생산
- 내용분석은 상당한 수작업이 요구되나 측정변수가 점유하는 공간 크기, 문장의 주어, 동사, 보어를 구분하여 입력한 프로그램 개발로 단시간 내에 계량화, 분석 가능

3. 정보분석과 해석학, 현상학, 비판이론, 제한합리론, 정의론

자연현상, 사회현상, 인간행위를 역사와 문화 맥락 속에서 설명하고 이해하는 분석논리, 철학논리가 대두된다. 기계적 실증이론에 반론을 제기하고, 그 나름의 심도 있는 설명논리를 전개한 해석학, 현상학, 비판이론, 제한합리론, 정의론 및 행복론이 그것이다.

해석학(hermeneutics)은 인간 감성은 주관적이긴 하나 인간감성이 경험한 현실을 표현하고 기록한 사실을 객관적 실체로 인식한다는 분석논리를 제시하고 있다. 해석학이 제시하는 분석논리는 구두표현이든 기록 발표이든 간에 언어와 문법을 매개로 하여 문화적, 역사 맥락차원에서 인간 감성이 경험한 사실을 대화, 소통, 담론으로 객관화하는 이론, 지식체계를 구축하는데 있다. 때로는 분석과 해석과정에서 파생한 오류를 비판 담론으로 제거하고 정·반·합의 변증 과정을 거치면서 객관화된 지식은 그 자체가 실제로 존재하는 실체이고 현상이며, 인문학 관점에서는 실존으로 받아들여진다. 그래서 점진적 이론 진화과정에서 해석학, 현상학, 비판이론, 제한합리론은 실증이론과도 상호보완적 관계에 있다고 한다.

설명, 해석, 이해의 개념을 통해 인문학, 철학, 종교학, 문헌학, 법학, 성서 판독에 기여한 해석학은 현상학, 비판이론, 제한 합리론으로 전개되고 최근에는 정의론과 행복추구론에도 영향을 주고 있다. 해석학은 주관적인 인간감성과 경험에 의한 객관적 역사 인식을 문헌고증, 언어와 문법의 정확한 해석으로 일관성과 내밀성이 있는 지식체계를 확립하는 통합이론으로 정립하려 한다. 그리하여 목적론 차원에서 보는 인간의 주관적 감성을 존재론 차원에서 보는 객관적 조사로 언어와 문법을 매개로 역사적 맥락에서 분석가 또는 발표자와 청취자가 공동으로 이해하는 것이 해석학이다. 해석학에서는 자연과학은 인과관계로 설명하는 기계적 차원이며 인간학은 문화적, 역사적 맥락에서 언어와 문법을 매개로 이해하는 지식으로 본다.

현상학적 접근법은 경험이 객관적 분석의 원초이며 인간이 경험한 내용을 인식하는 과정에서 지식은 형성된다고 한다. 인간의 감성은 주관적이긴 하나 생생한 경험에 입각하여 대화와 소통이라는 상호 이해과정에서 표현된 객관적 인식

감성으로 변모하여 지식체계로 수립된다는 것이다. 즉 현상학 이론은 인간이 경험한 내용으로 상호 소통하여 실제로 외부세계 또는 실체가 존재하고, 인간이 인지하는 현상은 인간 상호간에 소통으로 이루어지는 간주관(間主觀)적 논리로 형성된다고 한다.

현상학적 접근법은 석학에서 전개된 현상학(phenomenology) 접근으로 인간, 사회를 분석하여 인간의 존재, 실존 현상을 실증적 지평을 넘어 확대 해석하고 이해하려는 것이다. 경험과 역사를 바탕으로 실존이라는 지평에서 인간과 사회를 해석하고 이해하려는 해석학을 현상학은 연설, 문장으로 표현하는 의미를 언어 소통 기법으로 이해한다. 더 나아가 타인과 언어 소통으로 사회생활 상호작용과정에서 설명하고 이해하며, 설득은 자성의 입장에서 집단 담론으로 주관성을 극소화 하여 객관성을 극대화하는 비판의식에서 비판이론으로까지 전개된다. 비판이론은 사회현상을 객관적으로 설명하려는 과학 방법을 아우르면서 역사와 이념 지평에서 전통과 의미, 합리와 비합리에 관한 비판과 변증법 중재 과정을 거치면서 통합된 지식체계이다.

한편 주관적인 인간정신 세계를 자연현상과 접목하여 상호교류하면서 경험위주로 추론하고 오류를 제거하는 변증법적 과정과 진화적 단계를 거치면서 인간과 사회문제를 해결하는 객관적 지식체계를 정립하는 분석이론이 등장하고 있다. 인간의 직감, 인간이 처한 조건, 주관적 가치와 합리성의 관계에서 인간이 선택하는 주관적 기대와 효용, 객관적 기대와 효용사이에서 인간의 제한된 합리성을 인식하고 점진적 진화, 변증법적 발전과정에서 인간의 선택행위를 분석하는 진화론적 이론이 등장한 것이다. 또한 인간이 자연과 사회의 상호과정에서 자연을 인간화하고 사회생산 활동을 전개하는 유기체적 창조 과정을 분석, 기술하여 해석하고 이해하려는 학문적 노력이 지속되고 있다. 롤스의 정의론에서 형평성과 공정성에 따른 정의로운 배분론을 제시하면서 인간 개인이 느끼는 행복감, 가족과 관계에서 오는 행복감, 소득에서 생성된 행복감, 자기발전과 사회기여에서 오는 행복감을 논리적으로 정리하였다. 이러한 행복추구론은 전통규범이론, 실증론, 해석학, 현상학, 제한합리론 등이 모두 동원된 분석이론이다. 국가정보를 분석하는 전통규범이론, 과학기술첩보를 분석하는 실증이론 접근에 해석학, 현상학, 제한합리론, 정의론, 행복추구론을 동원한 다기능 분석 접근은 생산된 정보의 정확성, 신뢰성을 심화시키고 그런 정보에 입각하여 정책결정자는 정책선택에서 자신감을 갖게 되고 정책집행에서 위험수위와 실패확률을 극소화하는 보다 자유로운 정책공간에 있게 된다.

해석학에서 행복추구론에 이르는 학자들의 분석논리를 정보분석과 연계하여 정리해 본다. 슐라이어마허(Friedrich Schleiermacher)는 주관적 인간감성을 객관적 인간경험에 연결하여 언어와 문법을 매개로 4가지 해석단계로 나누어 의미가 있는 이론을 정립할 수 있다고 한다. 4가지 해석단계는 언어문법 해석(grammatical interpretation), 기능영역 해석(genre interpretation), 개인 수준의 해석(individual interpretation), 역사적 맥락 해석(historical interpretation)으로 나누어 사물을 해석하고, 이들 4가지 해석단계가 상호 연계하여 해석한 이론이 보다 일관성이 있는 통합이론으로 성립 한다는 것이다.[32] 사물 해석에서 언어는 표현하는 사람과 이해하는 청중과의 공동 산물이며 청중이 이해 할 때 비로소 주관적 표현이 객관적 해석으로 변환된다고 훔볼트(Wlhelm von Humboldt)는 주장한다. 드로이센(Johann Gustav Droysen)은 자연과학과 인과관계 설명이나 문화맥락에서 이해하는 인문학은 역사맥락에서 이해되어야 하고, 역사맥락은 4가지 역사 서술 형태와 역사 맥락속의 해석 방식도 4가지가 있다고 한다. 역사서술 형태는 분석, 조사(analytical or investigation historical representation), 대화(narrative historical representation), 교훈(didactic), 담론(discussive)으로 나누어 전개 될 수 있다. 또한 역사맥락의 해석 방식은 실용해석(pragmatic interpretation), 조건부해석(conditional interpretation), 심리해석(psychological), 윤리해석(ethical)으로 구분 할 수 있다. 인공위성에서 보내는 북한 영상정보나 리비아 시민군과 카다피 친위대 간의 교전 영상을 분석하면서 이슬람 역사 맥락에서 거시적으로 이해하고, 이슬람 지역 정보관, 전문가와 대화, 담론이 영상을 폭넓게 해석하고 깊이 있게 이해하는 방편이 된다. 또한 정보의 실용성을 고려하여 현실적으로 분석 하면서 편향된 이념 논쟁에서 벗어나고, 상대방의 입장에서 심리분석을 하며 만약이라는 조건부 가정을 곁들려 다양한 추

---

32) Schleiermacher, Friedrich, Andrew Bowiew. (trans). 1998. ***Hermeneutics and Criticism and Other Writings***. Cambridge, UK: Cambridge University Press: Schleiermacher, Friedrich D. E. 1988. ***Foundations: General Theory and Art of Interpretation:*** Kurt, Mueller-Vollmer. (ed). 1988. ***The Hermeneutics Reader***. New York: Continuum. pp. 72-97.

론을 제시 할 수 있어야 한다는 것이다. 정보분석에서 역사의식, 인류문화의 발전과정에서 제기되는 민주주의 가치, 인간의 행복추구, 배분정의, 형평성을 고려하는 예지도 필요하다는 것이 드로이센의 역사 맥락에서 보는 사물 해석과 이해에서 얻을 수 있는 교훈이다.

딜타이(Wilhelm Dilthey)는 지식은 나와 타인이 일상생활에서 얻은 경험을 의사소통으로 상호 교류하고 언어와 문서로 정리하여 이해하면서 생성 된다고 한다. 그런 지식은 오랜 시일이 소요되는 역사 지평에서 인간만의 독특한 지식 체계로 축적되고 정립된다는 것이다. 후설(Edmund Husserl) 역시 모든 지식의 원천은 경험에서 유래하며 인간이 경험하는 세계는 인간이 의식하는 객관적 실체이며 현상이라고 한다. 자연현상에서 존재하는 객관적 실체와 달리 인간사회현상은 인간이 본능적으로 느끼는 주관적 의미를 가진 현상이다. 다만 주관적 인간사회현상은 소통과 대화, 그리고 논리적 연구조사로 간주관적 타당성이 있는 의미, 사회 실체로 부각 된다고 한다. 한편, 하이데거(Martin Heiddeger)는 인간이 경험하여 의미가 있다고 느껴서 수용하는 사회현상은 실체이며 실제로 존재하는 실존이라 한다. 현실적으로 의미가 있다고 해석하고 이해하는 실존은 경험으로 이해하기 이전에 먼저 생각하고, 직시하며, 추정하는 분석시각을 가져야 된다고 한다. 이런 전이해(前理解, pre-understanding)과정은 인간이 사물을 추론하는 행위자로 존재하며 추론과정에서 비로소 사물 해석과 이해를 도출하게 된다고 한다. 정보분석에서 수집된 첩보 자체를 놓고 첩보의 존재, 의미부여, 추론을 시도하면서 본격적인 정보분석과 해석을 시도하는 과정은 신뢰 할 수 있는 정보생산에서 거쳐야 할 분석 단계라 할 수 있다. 볼트만(Rudolf Bultmann)은 해석학을 성서해석에 적용하여 주관성과 객관성을 동시에 가늠하는 이해가 가는 종교, 성서 풀이를 하고 있다. 성서는 기록 당시의 장소와 시간에 따른 실존하는 신비스런 메시지라고 한다. 특정 시기와 장소에서 생성된, 실존하는 신비스런 메시지라는 성서 해석은 구세주의 존재와 의미를 설명하고 이해시키는 해설자의 몫이라 한다. 해설자가 설명하는 성서해석 자체는 역사적 사실이며 연구하고 조사하여 밝히는 것은 역사과학의 몫이며, 이런 하나님의 구원을 이해하여 받아드리는 여부는 전적으로 개인의 선택에 달렸다 한다.

가다머(Hans-Georg Gadamer)는 인간은 경험으로 이해하나 경험은 지나간 과거

사건으로 볼 것이 아니라 과거, 현재, 미래를 연계하여 해석하고 이해하며, 경험으로 이해하는 과정의 핵심매개체는 언어라고 한다. 정보학에서 정보생산은 근본적으로 기록 문서문화이며 구두문화는 보완적이라 한다면, 기록이든 구두 문화이든 문법, 언어 활용은 핵심요소로 등장한다. 유르겐 하버마스(Jurgen Habermas)는 과학에는 실증적 분석과학, 역사해석과학, 자성적 비판과학이 있다고 하고 저마다 추구하는 가치, 지향하는 이익이 있다고 한다. 실증분석과학은 객관적 사실을 분석하는 기술적 가치나 이해관계, 역사해석과학은 자명한 논리를 찾아내는 현실적 가치나 이해관계, 자성적 비판과학은 기술적 가치, 현실적 이해관계로 정립하려는 이론의 정당성을 비판적으로 검토하는 자유로운 해방적 가치나 이해관계를 지향한다. 특히 해석학은 경험한 내용을 언어로 표현하여 이해하는 지식이나 이론을 도출하는 기술로 본다. 그러나 철학적 차원에서 해석학은 기존 이론을 자성적 태도(reflective attitude)나 시각에서 보는 비판의식이라한다. 실증과학이나 역사해석과학을 이해하는 데는 언어를 매개로 역사지평과 경험한 사실을 토대로 변증법적 대화 과정을 거치면서 체계적 의사소통과 집단적 담론(systematic communication. colloquial normal discourse)으로 정확한 의미를 이해하고, 때로는 이해하도록 유도하고 설득하는 것이 해석학적 비판이론이라 한다.[33)]

포퍼(Karl R. Popper)는 존재하는 연구 대상을 자연세계(physical world), 정신세계(mental world), 지식세계(intelligible world)로 나눈다. 정신세계는 인간이 주관적으로 경험한 실체이며 객관적으로 존재하는 실체인 자연세계에 개입하여 상호관계를 유지하면서 논리적으로 해석하고 이해하여 인간과 사회문제를 해결하는 인간이 생성한 지적 산물이 지식세계라 한다. 따라서 지식세계는 상상, 추론, 논박 과정을 거치면서 인간사회문제를 해결하는 문제해결 체계로 본다. 지식세계는 인간사회문제가 발생하면 문제를 해결하려고 여러 가정과 추론을 앞세운 최초의 임시 이론, 또는 가설을 설정한다. 다음 단계는 임시로 세운 이론, 가설을 분석하

33) Kurt, Mueller-Vollmer(ed.). 1988. *op. cit.* pp.98-118. pp.119-131. pp.148-164. pp. 165-186. pp.214-240. pp.241-255: Gadamer, Hans-Georg. Trans by J. Weinsheimer and D. G. Marshall. 2004. ***Truth and Method***. New York: Crossroad. pp.256-292. pp.293-316.

고 증명하는 과정에서 제기된 각종 오류를 제거하여 문제해결 방안을 제시한 보다 객관적 타당성이 있는 이론을 도출하는 것이다. 이런 객관적 타당성을 띄는 이론 도출 세계가 지식세계 또는 지적세계라 한다. 객관적 지식체계를 구축하는 데는 임시 이론이나 가설을 분석하는 과정에서 오류제거 작업이 결정적으로 중요하다. 오류제거(error elimination)작업은 문서검증, 비판적 토론, 집단 담론, 핵심적인 추론과 가설의 비교평가, 해석과 이해로 이루어진다. 포퍼는 문제제기, 오류제거, 이론도출 과정을 다음 도식으로 표현하고 있다.

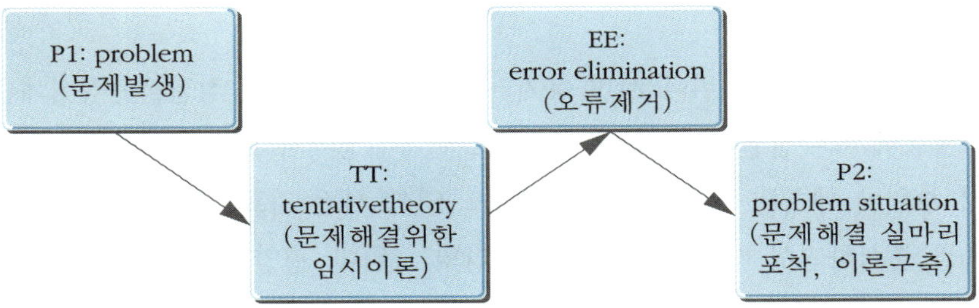

포퍼는 이런 오류제거로 문제를 해결하는 이론도출 과정이 상황 발생에 따라 끊임없이 제기되어 변증법적 과정, 순환과정, 진화론적 과정으로 전개된다고 한다.[34] 사이먼(Herbert Simon) 역시 인간의 이성은 제한성을 가지고 있어 이성적이며 객관적 판단을 하는데 한계가 있다고 한다. 그래서 인간이 지니는 가치, 행복추구, 효용성은 주관성을 갖고 있어 인간이 내리는 의사결정을 주관적 기대효용모델(Subjective Expected Utility Model)이라고 한다. 그런데 주관적 기대효용모델은 초자연적인 무소불위의 카리스마로 신령적 판단을 내리는 올림피안 모델(Olympian Model)이 있고, 인간의 직감으로 판단하는 감성모델(Intuitive Model), 제한된 합리적 이성으로 결정하는 행동모델(Behavioral Model), 그리고 진화 모델(Evolutionary Model)로 분류한다. 사이먼은 인간 감성, 시장에서 결정되는 한계효용 선택행위에 이어 끊임없는 인간의 노력으로 합리성의 지표를 찾고, 통제 할 수 있는 변수, 계량적 기법, 컴퓨터 시뮬레이션 개발로 인간의 합리적 의사결정을 개선하는 진화모델을 현실적으로 수용 할 수 있는 의사결정 모델을 들고 있

34) Popper, Karl R. 1979. *Objective Knowledge, An Evolutionary Approach*. Oxford, UK: Clarendon Press. pp.107-152. pp.242-255.

다.[35] 21세기에 논의되는 담론 주제의 하나는 정의론, 형평성, 공정성에 이은 행복론이다. 행동지향차원에서는 행복추구론이 적극 거론되고 생활철학으로 자리매김하고 있다. 인간이 삶을 즐기는 정신 상태 지평에서 논의되는 행복추구론은 인간의 감성, 경제지표, 가정생활, 자아성취, 사회기여, 문화역사 관점 등으로 나누어 생명공학, 심리학, 종교, 철학, 사회학적 접근으로 다양하게 해석하고 이해한다. 실증심리학, 정신의학, 가정의학에서는 개인의 낙관적 사고, 운동에서 오는 쾌감, 건강, 신앙, 교우관계, 결혼, 먹는 즐거움, 취업과 수입에서 오는 만족감, 행복한 사람들과의 일체감에서 오는 희열 등을 행복추구 지표로 측정하고 분석한다.[36]

최근 관심사항인 리비아 시민 봉기, 북한군의 호전성과 정권불안정성에 관한 정보활동에서 수집된 첩보 중에는 단연코 인공위성에서 보낸 카다피와 김정일의 관저 주위에 배치된 선명한 탱크, 대공포 영상 사진 자료일 것이다. 이런 영상자료를 분석하면서 리비아 수도 트리폴리의 시위대, 평양 창광거리에 오가는 시민의 모습, 다양한 첩보 문서를 중심으로 심리분석가, 중동, 북한, 경제, 사회, 군사 분야의 전문가가 펼치는 치열한 집단 담론, 비판 토론, 추론과 가설의 비교평가로 심도 있는 설명과 해석이 밑바탕이 된 신빙성과 신뢰가 가는 정보해석과 판단이 도출 될 수 있다. 이러한 정보판단은 정책가에게 안정적인 정책수립, 위험부담을 줄이는 자유로운 정책 활동 공간을 마련해줄 수 있을 것이다.

---

35) Simon, Herbert A. 1983. *Reason in Human Affairs*. Stanford, California: Stanford University Press. pp.20-74.

36) Seligman, Martin E .P. 2002. ***Authentic Happiness***, New York: Free Press: Cloninger, C. Robert. 2004. ***Feeling Good: The Science of Well-Being***. New York: Oxford University Press(행복추구를 인간의 감성, 경제지표, 자아성취, 사회기여, 문화역사 관점 등으로 다양하게 해석하고 이해).

요 약

정보분석과 해석학, 현상학, 비판이론, 제한합리론, 정의론

- 자연현상, 사회현상, 인간행위 설명에 대한 기계적 실증이론에 반론 제기, 역사와 문화 맥락 속에서 설명하고 이해하는 분석·철학논리 대두: 해석학, 현상학, 비판이론, 제한 합리론, 정의론 및 행복추구론

< 해석학 >

- 해석학 분석논리는 구두표현이던 기록이던 언어와 문법을 매개로 문화, 역사 맥락 차원에서 인간 감성이 경험한 사실을 대화, 소통, 담론으로 객관화하는 이론, 지식 구축
- 해석학은 주관적인 인간감성과 경험에 의한 객관적 역사 인식을 문헌고증, 언어와 문법의 정확한 해석으로 일관성과 내밀성 있는 통합이론의 정립 시도
- 해석학에서는 자연과학은 인과관계로 설명하는 기계적 차원이며 인간학은 문화적, 역사적 맥락에서 언어와 문법을 매개로 이해하는 지식으로 봄

< 현상학 >

- 경험이 객관적 분석의 원초, 인간의 감성은 주관적이나 생생한 경험에 입각한 대화와 소통으로 상호 이해하면서 객관 인식감성으로 변모한 지식체계 수립
- 상호 소통에서 간주관(間主觀)적 논리로 이해한 개관적 실체는 현상으로 존재. 해석학에서 전개된 현상학(phenomenology)적 접근으로 인간, 사회를 분석하여 인간의 존재, 실존 현상을 실증적 지평을 넘어 확대 해석하고 이해하려 함

정보분석과 해석학, 현상학, 비판이론, 제한합리론, 정의론

< 비판이론 >

- 자성의 입장에서 집단 담론으로 주관성을 극소화 하고 객관성을 극대화하는 비판의식에서 비판이론 전개. 사회현상을 객관적으로 설명하려는 과학방법을 아우르면서 역사와 이념 지평에서 전통과 의미, 합리와 비합리에 관한 비판과 변증법 중재 과정을 거치면서 통합된 지식체계 정립 시도

< 제한합리론 >

- 인간의 직감, 인간이 처한 조건, 주관적 가치와 합리성의 관계에서 인간이 선택하는 주관적 기대와 효용, 개관적 기대와 효용 사이에서 인간의 제한된 합리성을 인식하고 점진적 진화, 변증법적 발전과정에서 인간의 선택행위를 분석하는 진화론적 이론 등장

< 정의론 >

- 자연과 사회의 상호과정에서 자연을 인간화하고 사회생산 활동을 전개하는 유기체적 창조 과정을 분석, 기술하여 해석하고 이해하려는 학문적 노력으로 정의론, 형평성, 공정성, 배분론, 행복추구론 등장

▼

- 현상이론 진화과정에서 해석학, 현상학, 비판이론, 제한 합리론은 실증이론과도 상호보완적 관계로 기능
- 국가정보를 분석하는 접근법으로 과학기술첩보 중심의 실증이론에 전통규범이론, 해석학, 현상학, 제한합리론, 정의론, 행복추구론을 동원한 다기능 분석 접근은 생산된 정보의 정확성, 신뢰성 심화 제고. 이런 정보로 정책 결정자는 정책 선택에서 자신감, 정책집행에서 위험 수위와 실패 확률을 극소화하는 자유로운 정책공간에서 활동

정보분석과 해석학, 현상학, 비판이론, 제한합리론, 정의론

학자들의 이론을 중심으로

슐라이어마허
주관적 인간감성을 언어와 문법을 매개로 4가지 해석 단계로 객관적 인간 경험으로 이론화. 언어문법 해석, 기능영역 해석, 개인 수준의 해석, 역사적 맥락 해석 단계로 상호 연계하여 해석하고 이해하는 통합이론 수립

드로이센
인문학은 서술과 해석에서 4가지 역사맥락에서 이해되어야 함.
역사서술 형태는 분석, 조사, 교훈, 담론으로 전개.
역사맥락의 해석 방식은 실용, 조건가정, 심리, 윤리 해석으로 전개

딜타이
지식은 나와 타인의 일상생활에서 얻은 경험을 언어와 문서로 정리하여 상호 교류, 의사 소통으로 이해하며 생성. 그런 지식은 오랜 시일이 소요되는 역사 지평에서 인간만의 독특한 지식 체계로 축적되고 정립

후설
지식의 원천은 경험이며, 인간이 경험하는 사회현상은 인간이 본능적으로 느끼는 주관적 의미의 현상이나 소통과 대화, 논리적 연구조사로 간주관적 타당성이 있는 인간이 의식하는 객관적 실체

하이데거
인간이 경험하여 의미가 있다고 느껴서 수용하는 사회현상은 현실로 존재하는 실존으로 해석하고 이해. 실존은 경험으로 이해하기 이전에 먼저 생각하고, 직시하며, 추정하는 분석 시각을 가져야 된다고 하여 이런 전이해 前理解, pre-understanding) 과정을 통해 사물 추론, 해석, 이해를 도모

정보분석과 해석학, 현상학, 비판이론, 제한합리론, 정의론

학자들의 이론을 중심으로

볼트만
해석학으로 보면 성서는 기록 당시의 장소와 시간에 따른 실존하는 신비스런 메시지. 구세주의 존재와 의미를 설명하고 이해시키는 것은 해설자의 몫이며 사실을 조사하여 밝히는 것은 역사과학의 몫. 수용여부는 개인의 선택

가다머
인간은 경험으로 이해하나 경험은 지나간 과거 사건으로 볼 것이 아니라 과거, 현재, 미래를 연계하여 해석하고 이해하며, 경험으로 이해하는 과정의 핵심매개체는 언어

하버마스
실증적 분석과학은 객관적 사실 분석 가치, 역사해석과학은 자명한 논리 추구 가치, 자성적 비판과학은 이론의 정당성을 비판 검토하는 자유로운 해방적 가치 지향. 체계적 의사소통과 집단 담론으로 의미 해석과 이해 유도로 비판이론 정립

포퍼
자연, 정신, 지식세계로 나누고, 인간이 주관적으로 경험한 정신세계가 객관적 실체인 자연 세계와 교류로 지식세계 생성. 지식세계는 제기된 문제, 추론을 문서 검증, 비판 토론, 집단 담론, 추론과 가설의 비교 평가로 제기된 각종 오류를 제거하여 문제해결 방안인 지식 도출

사이먼
인간가치, 행복추구, 효용성은 주관성을 갖고 있어 인간은 주관적 기대효용 모델을 선택. 주관적 기대효용 모델에는 초자연적 신령적 판단을 내리는 올림피안 모델, 감성에 의존하는 감성모델, 제한된 합리적 결정인 행동모델, 진화 모델로 분류. 합리성의 지표 발굴, 변수, 계량적 기법, 컴퓨터 시뮬레이션 개발로 진화모델 선호

전통규범이론, 실증이론, 해석학 등이 동시에 활용된 정보분석 사례

필자의 연구팀이 2008년 1월부터 2009년 12월 기간에 세계 각국 정부 지도자 600명, 기업 지도자 500명을 선정하여 2020년 까지 지구상에 발생 할 수 있는 사건, 사태를 5가지 이상을 기술하여 미래를 예측하는 델파이 기법으로 연구를 수행하였다. 정부지도자는 팀장, 과장, 국장, 경찰 간부, 군장교, 장성, 차관, 장관, 국회의장을 비롯하여 유엔, 세계무역기구 간부, 기업 지도자는 팀장, 과장, 부장, 임원, 사장으로 규정한다. 세계적 규모의 정부와 기업 지도자 모집단이 공식적으로 존재하지 않아서 세계를 5개 지역으로 나누어 국가를 선정하였다. 서부, 동부, 북부 유럽의 영국, 독일, 프랑스, 이태리, 스웨덴, 러시아, 아프리카, 중동의 이집트, 아랍에메리트, 아시아의 인도, 중국, 일본, 한국, 오세아니아의 호주, 뉴질랜드, 북중남미의 캐나다, 미국, 멕시코, 아르헨티나, 베네수엘라를 선정하고 이들 국가의 정부와 기업 지도자를 선발하였다. 선정된 국가의 정부, 기업지도자를 접촉하거나 접근이 가능한 개인, 소속기관별로 면접, 선발하였다. 중소기업, 대기업은 면접과 접근이 가능한 지도자를 대상으로 선발하였다. 이들 지도자를 선발한 후에 델파이 설문서를 배부하여 기술하게 하였다. 최대 4회(interquartile)를 실시하나 지도자 1,100여 명 중에 미래에 일어 날 가능성이 있는 사건이나 사태를 기술한 무기명으로 응답한 700여 명에게 미래 예측 내용을 정리한 2차 설문서를 발송하여 일어 날 가능성이 있는 내용을 확인하는 조사는 가능하지 않았다. 그래서 조사 효율성과 많은 응답자가 기록한 미래 예측 내용을 1회로 한정하여 압축 분석하였다.

델파이기법을 주축으로 실증 조사를 하면서 심도 있는 연구 분석차원에서 미래 트렌드를 기술한 유엔 밀레니엄 프로젝트 보고서, 세계경제, 사회, 정치, 가치관 변화를 다룬 다보스 세계경제포럼 리포트, 미국 정보위원회 세계예측보고서, 아이비엠(IBM)이 작성한 세계기술혁신 변화 예측보고서(Global Innovation Outlook: GIO)를 비교검토 하였다. 또한 아버딘(Patrica Aburdene)이 저술한 메가트렌드 7, 미래연구회장 코니시(Edwaqrd Cornish)의 2040년, 드러커(Peter Drucker)

의 미래사회의 관리 등 미래학자의 혜안을 보완적으로 참고하였다. 이렇게 분석된 미래예측 보고서를 정보분석 보고서 형식으로 정리해본다.

세계와 한국의 미래예측 2020 보고서: 요약

■ 연구 접근법

○ 주된 접근법: 미래 예측 접근법인 델파이 기법(Delphi Technique)으로 한국을 비롯한 세계의 기업 지도자 600명, 정부지도자 500명을 상대로 현지방문 및 델파이 설문조사 실시

○ 문헌분석과 통계분석으로 델파이 분석 보완 검증: UN Millenium Project의 SOFI 등 기존 통계자료 분석, 미국 정보위원회(NIC)의 global mapping, Davos Forum Report, IBM의 보고서 검토, 패트리샤 아버딘, 에드워드 코니시, 피터 드러커 등 미래학자의 저서 분석 정리, 통계청, IMF, World Bank, OECD 등의 통계자료 분석

○ 연구범위: 2020년까지 경제, 정치군사, 사회문화 분야의 세계 흐름과 한반도 미래 예측

■ 거시차원의 세계예측 주요 내용

〈국제정치 예측〉

○ 정치, 경제, 군사, 사회문화 등 총체적인 부문에서 세계질서 견인차인 힘의 이동(power shift) 시작

○ 이동하는 힘과 권력(power)의 실체 변이: From Military Security to Economic Interest

○ 주된 이동목표와 경로: 미국에서 중국, 서구에서 아시아, 특히 BRIGs로 이어짐. 특히 유럽과 아시아권 연합으로 세계의 견인차 역할을 예상하는 견해도 있음에 유의

○ 힘의 이동은 2008년 이후 미국 비우량 주택채권에서 비롯한 미국 금융, 경

제위기이후로 더욱 가속화 될 전망임: Barack Obama 대통령이 향후 3년 내 경기진작에 실패하면 4년 후 대통령 재집권이 불가능 할 것이라고 언급한 내용은 민주당 대통령 실각에 이어 미국의 세계 지도력 상실로 이어질 것이라는 위기의식

모든 나라는 당분간 자국의 경제력 회복에 전력을 투구할 것이며 미국은 그런 지평에서 경제협력과 FTA 협상에 냉엄한 시장경제 논리로 접근 할 것임. 세계 주요 국가들이 경제적 보호주의로 전환(2009, 2010, 2011, DAVOS Forum에서도 제기) 가능성 커짐

○ 분쟁지역 개입과 관련하여 미국 일변도의 민주전사(crusade of democracy, pax Americana) 역할에서 다국적군의 일원으로 참여하는 저비용군사비 지출의 실용노선을 택할 것이라는 예측이 나오고 있음. 구체적으로 리비아 시민군 대처에서 표출되고 있음

〈세계 경제, 산업, 노동 예측〉

○ 세계경제 침체라는 부정적 전망이 지속되는 가운데 2025년에 세계무역 완전 자유화로 경제의 세계화가 완결될 것으로 보임

○ 녹색산업, 대체에너지, IT-BT-NT 융합산업, 로봇산업에서 주도권을 잡는 국가, 지역권이 21세기 이후 경제 강국이 될 것으로 봄

○ 미래는 인재전쟁의 시대로 기업의 지속적인 성장에 있어서 능력 있는 핵심인재 확보가 중요한 관건이 될 것임

○ 기업종업원의 수평적 경영공동체의식, 새로운 조직리더십 혁신과 노사개념을 초월한 상호존중, 상호의존, 발전의 co-evolution working culture 등 미래 기업, 공공조직의 혁신 필요

〈사회, 문화 예측〉

○ 미래 사회, 문화 변화 예측은 불특정 다수에 대한 테러로 사회불안 확대, 사회의 도덕실추, 과학기술 발달에 따른 과잉정보로 사회 위기 가속화 등 다양한 측면에서 사회문제 확대 우려

○ 과거 위기는 한 시기에 존재하던 것이 미래에는 위기가 상존하게 됨

○ 선진형 국가의 인구감소와 인구 노령화에 따른 고도 기술인력 부족과 부익부 빈익빈 심화에 따른 중산층 소멸, 새로운 가족개념 등장 등 인구학적 특징들이 세계 정치, 경제, 사회, 문화에 중요한 영향을 주게 됨

○ 미래 사회에서 인재의 중요성 확대, 인구학적 특징들의 변화, 정보통신기술 발달 등에 의해 교육체계변화

■ 한반도 예측 주요 내용

〈정치안보〉

○ 한반도에 대한 세계 주요 국가들의 정부와 기업 지도자들의 주된 관심은 정치안보와 남북한 관계

○ 남북한 통일은 소규모 군사갈등과 충돌 속에 남북 연합체를 형성하는 과정을 거치면서 이루어질 것으로 예상

○ 남북한 통일시기는 2020년 전후로 전망

○ 김정일 사망이 남북관계, 통일에 새로운 관계형성 기점이 되며, 김정일 사망 시기에 대한 예측은 75%의 응답자가 2015년 전후로 보고 있음

○ 국제관계를 보면 미국, 일본, 중국과는 갈등도 있으나 종래에는 경제 안보면에서 우호적 관계를 유지 예측

○ 권력구조 변화에 목표를 둔 헌법 개정에 대한 예측과 차기 대통령으로 여성 대통령을 예측하는 견해도 있음

〈경제, 산업, 노동〉

○ 2020년에는 세계경제 5위권에 들면서 2025년에 1인당 GDP 5만 달러 국가가 될 것으로 예측

○ 기술한국으로 세계의 지도국, 아시아의 정치경제 주도국으로서 한국 미래에 낙관적인 전망 개진

〈사회, 문화〉

○ 계층간, 도농간, 지역간 갈등 심화 예고

○ 여성의 산업계 CEO 진출이 두드러지고, 특히 문화산업에는 여성 CEO가

8할을 차지할 것이라는 예측 존재

○ 노후생활을 위한 호주, 동남아 등으로의 해외 이주가 증가하고, 대신 노동 인구의 해외유입이 증가하여 다문화 사회문제가 한층 심화될 것으로 예상

미국정보위원회, 국가정보부의 세계예측 2025(Global Trends 2025)

21세기 초에 들어서, 미국 국가정보부와 정보위원회가 4가지 세계예측(Global Trends) 보고서를 연속으로 내 놓았다. 미국 정보공동체의 정보전문가들이 작성한 2010년까지의 세계흐름, 미국 내 민간 정보전문가들이 발표한 2015년까지의 세계전망, 5개 대륙에 걸쳐 다른 지역 국가의 전문가들이 6차에 걸쳐 토론하여 만든 2020년을 내다본 세계전망보고서, 그리고 이들 전망보고서를 토대로 미국과 세계 각 국가의 정부, 대학, 연구소의 전문가들이 토론, 비판, 의견개진으로 세계전망 2025년 보고서를 작성한다. 이들 미래세계전망 보고서는 대부분 통계자료, 사실자료, 문서자료, 전문가의 담론, 전문가 상호소통, 해석으로 이해의 지평을 넓혀 합의점을 모색한 미래전망 보고서라 말 할 수 있다. 2008년 11월 작성한 변모되는 세계, 세계전망 2025(Global Trends 2025)보고서 핵심을 정보분석, 판단 차원에서 요약해 본다.

■ 세계전망 2025년 보고서 요약

세계전망 2025 보고서가 미래를 전망하며 다루는 핵심 영역은 세계화 성격, 세계 경제 양상, 인구와 이민 갈등, 신흥강국의 등장, 기존 국제기구의 쇠퇴, 기후변화와 지구온난화, 에너지, 식량, 물 부족 갈등과 지정학적 변화, 세계갈등의 원천인 아프카니스탄, 파키스탄, 이라크, 테러 양상, 다자협상이 없는 다극체제의 권력균점, 새로운 국제무대 역할자 등장, 미국의 국제역량감소와 그래도 여전한 국제지도역량 등임

2025년 전후에는 과거 체제, 과학기술, 생활방식의 단절이 발생하며 이는 시간문제임. 땔감 나무에서 석탄사용으로 야기된 산업혁명같이 전기 배터리 등 대

체에너지가 등장하면서 순식간에 일어날 수 있음. 그런 변화가 순식간에 일어나는 만큼의 변화 관리, 진행의 일관성, 안정속의 변화, 예측 궤도를 일탈하는 사태통제에 불확실성이 뒤따름. 특히 다극체제의 다원화는 합의 도출과 통합모색에 힘을 모아 할 지도력 창출에 큰 도전과 장벽이 될 것임

- ○ 2025년 까지 세계는 기존 강대국과 함께 중국, 인도, 기타 국가로 형성된 단일 다극체제로 변모되고 국가조직이 아닌 기업, 부족, 종교집단, 조직범죄 집단도 가세 예상. 그리하여 2025년이 되면 기존 국가들로 존속해온 하나의 국제사회 공동체는 존재하지 않고, 서구중심 역량은 감소하면서 권력행사 주체들이 새로운 국제규약을 형성 해 나갈 것이고 서구정치경제발전모델 추구보다는 다른 대안으로 국가자본주의(state capitalism)의 형태로써 중국발전모델 등에 매력을 느끼게 됨
- ○ 부와 경제력이 서양에서 동양으로 규모, 속도, 진행 방향에서 예상을 뛰어넘는 이동이 지속되고, 선진국, 발전도상국 격차가 줄어들면서 미국은 가장 강력한 개별 국가이긴 하나 영향력은 갈수록 약화. 몇몇 국가는 지속적으로 경제번영에 투자 할 것이나 세계 안정화에도 국력을 모울 것임. 이 과정에서 러시아 같은 나라는 기존 서구 질서체제에 반기를 들고, 미국은 약화되는 경제력, 군사안보력으로 국제개입과 국내문제 해결책의 균형점을 찾는데 어려움에 직면. 그리하여 2025년 어간은 서구 중심체제에서 불완전한 세계 단일다극체제로 전환하는 과정에 접어들 것임
- ○ 브라질, 러시아, 인도, 중국의 경제성장은 지속되어 2040년-2050년이 되면 세계시장에서 차지하는 이들 국가 전체의 GDP는 G-7국가의 총량과 맞먹게 됨. 그리하여 중국은 군사대국으로, 인도 뉴델리는 세계 다극체제의 한축이 될 가능성이 있음
- ○ 2025년이 되면 세계 인구는 12억 증가로 배가 되어 에너지, 식량, 식수 수요가 공급을 빠른 속도로 초과하여 에너지, 식량, 식수 해결에 어려움이 발생하고, 문제해결에는 기존 기술 수준을 뛰어 넘어 완전한 핵심 기술개발이 필수요건으로 등장
- ○ 천연가스, 석탄 비축, 다른 대안 모색으로 오일과 가스 의존도는 2050년이 되면 감소 될 것임. 한편 이 과정에서 오일과 가스 수출국인 이란, 러시아

의 국력은 증강되어 러시아 GDP는 영국과 프랑스에 근접하나 신에너지 등장으로 오일과 가스 가격은 하락하여 산유국은 세계와 지역의 역할자로서 영향력은 감소

○ 앞으로 에너지, 식량, 물 문제는 기후변화 가속화와 그 영향을 직접 받는 지역과 연관되며 식량은 인구증가, 소득증가로 풍요로운 생활, 서구식 식단 선호로 2030년에 식량수요가 공급에 비해 50%증가. 21개 국가는 6억 정도의 인구증가, 도시화로 경작지 감소와 물 부족에 직면. 2025년에는 36개국이 14억 인구증가, 경작지 감소로 식량과 물 부족에 고통. 그리하여 보호무역주의 도래와 세계시장 기능 약화 여부에 따라 자원민족주의 강화로 지구상 힘의 대치 위기 상태 발생 가능

○ 젊은 세대가 일자리를 찾지 못하여 조성된 불안요소는 감소할 것이나, 젊은 세대가 계속 늘어나는 국가도 상당수 되어 중동국가는 급속한 사회변화 속에서 치명적 불안요인으로 등장. 젊은 세대 일자리 창출이 획기적으로 이루어지지 않는다면 아프카니스탄, 나이지리아, 파키스탄, 예멘 등은 불안 요소가 가중되어 국가체제 괴멸도 예상. 그리하여 인접 러시아, 중국, 인도가 큰 역할을 해야 하지만 중동지역 안정화에 미국역할은 계속 증대될 것임

○ 러시아는 시장경제다변화가 결여된 상황에서 정치세력다원화로 표출되는 민주화는 미약하고, 중국은 중산층이 증가하면서 정치자유화가 표출되고 중화민족주의가 거세질 잠재성 내재

○ 테러는 2025년경에는 사라질 것으로 내다보며, 중동지역에서는 경제성장이 지속되어 젊은층 고용이 확대되면 테러충동은 사그라질 것임. 그러나 테러분자가 다양한 테러기술 수단, 예컨대 화생방무기, 가능성은 낮지만 핵무기를 사용하면 대량살상을 초래하여 테러의 전지구화로 심화

○ 세계 지역이 핵무장화 위협에 처한 상황에서 이란이 군비경쟁을 가속하고 군사국가로 진행하며 이런 핵무기 보유 국가는 그들 나름의 새로운 유대를 조직 할 가능성도 있음. 또한 핵우산 보호아래 저강도 군사 분쟁, 테러 발생은 예상치 못한 대규모 분쟁과 확전으로 진행

○ 중동, 특히 이라크가 안정되고, 아랍-이스라엘 분쟁이 평화적으로 해결되

면, 중동지역 전체가 안정권에 들어설 것임. 중동의 경제성장, 이라크 재건, 이스라엘-팔레스타인 분쟁 해결은 강력해진 이란과 협상이 가능하여 중동지역 안정화를 도모하고 세계는 오일과 가스 문제에서 다소 자유로워 짐. 그러나 여러 가상 속에서도 중동지역 불안은 여전히 상존

○ 유럽과 일본은 노년층 증가, 젊은 근로인구 감소로 야기된 경제, 사회 도전을 극복하게 되고, 유럽은 아랍 무슬림 소수 인종을 통합하여 생산 근로층을 확대하고 사회 불안요소를 극복. 그러나 유럽, 일본이 인구의 구조적 문제를 해결하는데 등한시 하면 장기적 국력감퇴 초래

○ 강대국이 다자간 공식접근으로 세계 지정학 변화 구도에 대처하는 동안, 신흥강국들은 유엔, 국제통화기금 같은 기존의 세계기구에 회의적이어서 새로운 제도 수립에 능동적 역할 표출

○ 아시아 통합이 강력한 지역기구로 등장하는 동안 나토 등 북대서양기구는 유럽의 군사력약화로 지역문제 해결에 제대로 대처 못하는 난관에 봉착하고 전통적 동맹관계도 약화 될 것임

요 약

전통규범이론, 실증이론, 해석학 등이 동시에 활용된 정보분석 사례

본 연구팀, 미국 국가정보 위원회 미래예측방법

문헌분석

유엔 밀레니엄 프로젝트, 다보스, NIC 리포트, IBM GIO 자료, 기타

실증통계분석

각종 통계수치로 본 미래예측

델파이 분석

미국, 각국의 정부, 대학, 연구소 전문가들의 미래예측과 브레인스토밍

전통규범이론, 실증이론, 해석학 등이 동시에 활용된 정보분석 사례

세계예측

◆ **국제역학관계 변화: 권력의 이동**

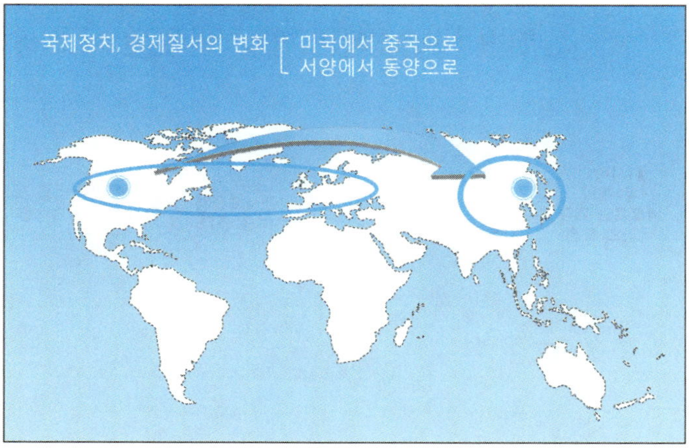

전통규범이론, 실증이론, 해석학 등이 동시에 활용된 정보분석 사례

세계예측

◆ 국제정치의 변화 :미국 중심의 단극 체제에서 단일 다극체제로 힘의 이동

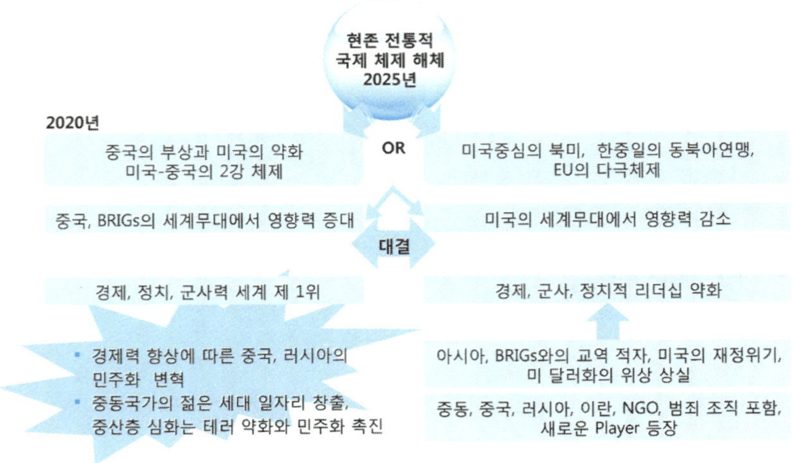

전통규범이론, 실증이론, 해석학 등이 동시에 활용된 정보분석 사례

세계예측

◆ 국제정치의 변화: 미국의 국제무대에서 영향력 변화

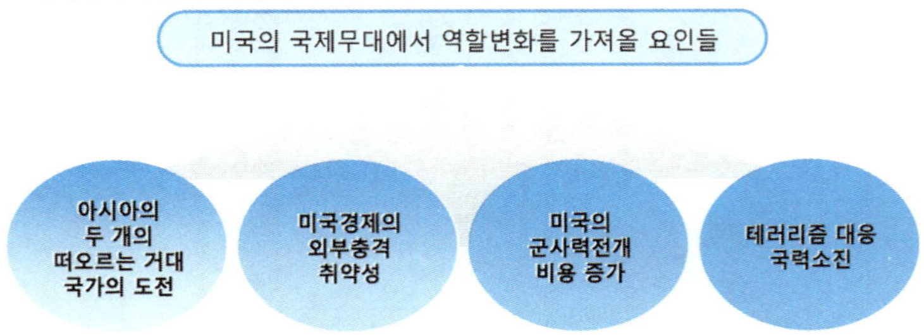

전통규범이론, 실증이론, 해석학 등이 동시에 활용된 정보분석 사례

세계예측

◆ **국제정치의 변화: 신흥시장의 부상**

예1) 중국의 경제성장(GDP규모)

자료: IMF(2008)

	2005		2006		2011
중국	프랑스 추월	➡	독일 추월	➡	일본 추월(예측)

예2) BRICs의 GDP규모성장

GDP규모 비교

자료: 골드만 삭스(2005)

2003	2025	2040
G6s의 18.7%	G6s의 50%	G6s을 역전

참고: G6s=프랑스, 독일, 이탈리아, 일본, 영국, 미국

전통규범이론, 실증이론, 해석학 등이 동시에 활용된 정보분석 사례

세계예측

◆ **국제정치의 변화: main player변화**

독일	❯	미국	❯	중국, 러시아, 인도
19C		20C		21C

- 중국: 이미 세계 시장에서 공급사슬의 한가운데 위치
- 인도: 아웃소싱 서비스에서 주된 플레이어
- 러시아: 프랑스, 영국의 GDP와 대등 예상

자료: NIC report(2025)

중국과 인도의 세계에 대한 수출

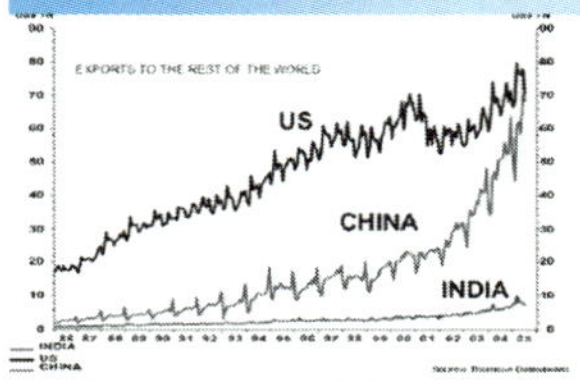

자료: World Economic Forum 2006

중국과 인도의 성장원천: 노동력

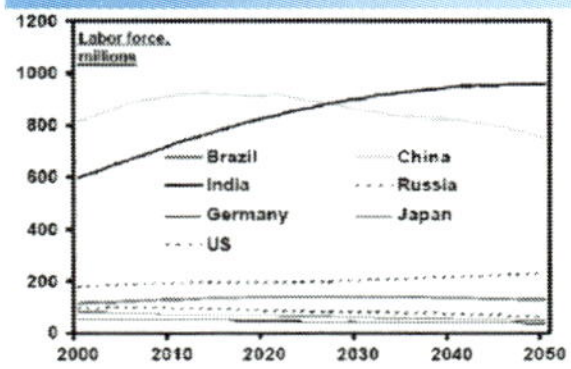

자료: US Census Projection

전통규범이론, 실증이론, 해석학 등이 동시에 활용된 정보분석 사례

세계예측

- 정치일반의 변화: 정치와 가버넌스
  - 민주주의 확산과 성장
    - 세계독재 국가 감소, 공산주의 완전 몰락
  - 민족주의의 대두 혹은 재부각
  - 국민국가의 개념 모호 및 변화
    - 1체제 다국가 형성(2020)
    - 새로운 정치적 이데올로기
    - **Political correctness:** 다문화 사회에서 성, 인종, 장애 등 불리한 여건에 있는 사회적 소수를 배려하는 신중한 태도 및 정책
  - 대통령의 리더십 약화
  - 사회정치 전문성 부족 ← 복잡성 증대
  - 현존 전통 국제체제 소멸
  - 권력이동: 정부에서 제 3섹터로

전통규범이론, 실증이론, 해석학 등이 동시에 활용된 정보분석 사례

세계예측

◆ 기업과 경영, 노동의 변화

산업, 기업 예측
- 주주중심의 시장경제 시스템에서 종업원 위주의 경제시스템
- 서비스 산업의 GDP우세
- 2015년 주요산업: 지식문화 엔터테인먼트 산업
- 기업활동의 주요 패러다임: 기업의 사회에 대한 기여(2015)

노동, 근무형태
- 인간의 노동 로봇이 대체
- 계약노동 급속히 확대
- 재택근무 활성화

전통규범이론, 실증이론, 해석학 등이 동시에 활용된 정보분석 사례

세계예측

◆**기업과 경영, 노동의 변화: 기업변화에 대응한 혁신의 핵심 내용**

인재 전쟁에 대응한 혁신	▪ 사회네트워크를 통한 인력 풀 형성 예) 포춘 500대 기업 인력 교환프로그램
기술진보에 따른 조직혁신	▪ 기술의 디지털화, 모바일화, 가상시스템에 따라 기업 재구조화 예) 수직적 명령체계-> 수평지향조직
위험관리를 위한 혁신	▪ 국가들간 혹은 기업간 협업적 혁신 (collaborative innovation) 필요

전통규범이론, 실증이론, 해석학 등이 동시에 활용된 정보분석 사례

세계예측

◆ **환경과 에너지: 에너지 문제와 대체에너지**

에너지, 식량, 물 공급이 전략 자원으로 부상

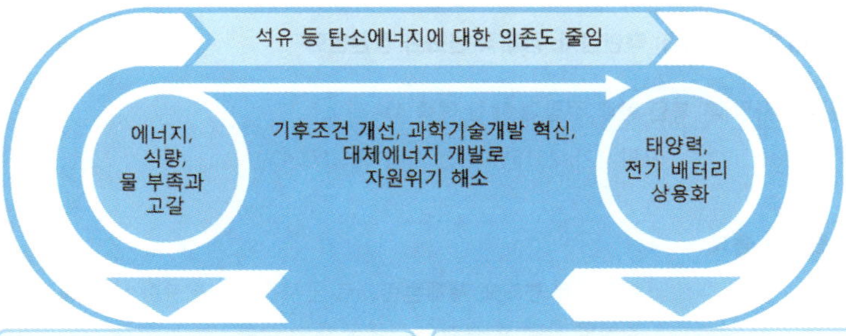

- 석유 등 에너지 가격 급등에 따른 에너지 파동
- 에너지 자원의 무기화와 지역 분쟁)
- 석유자원을 둘러싼 거대 수요국가들간의 갈등
- 석유, 가스 사용량 감소로 산유국 영향력 감소

- 태양, 풍력, 수력, 수소, 원자력 에너지
- 전기와 에탄올-자동차 연료

- 에너지 문제 해결

전통규범이론, 실증이론, 해석학 등이 동시에 활용된 정보분석 사례

세계예측

◆ **사회, 문화: 인구학적 특징과 가족**

인구학적 특징

- 전 세계적으로 인구 증가로 인구 위기
- 일부 선진국은 출산율 감소에 따른 인구감소 현상 두드러짐

결혼, 가족

- 결혼제도의 변화와 쇠퇴
  - 유럽에서 게이부부 인정
  - 결혼보다는 동거형태가 일반화
- 가족관계 변화
  - 기존 가족관계 붕괴되고 새로운 가족 탄생
  - 싱글 가구 일상화, 가족분산화

→ 국가적으로 세대 생산 차원에서 가족보호의 움직임 발생

전통규범이론, 실증이론, 해석학 등이 동시에 활용된 정보분석 사례

한반도 예측

◆ **미래 한반도 예측: 북한정치, 경제적 변화와 정권변화**

김정일 사망 후 북한 향후 전망에 대한 예측 1)

사망시기: 2015년 이전 사망 예단(71.4%)

북한정권 붕괴

- 북한체제 변화와 체제혼란으로 군사쿠데타와 북한 내전 발발
- 김정일 사망 후 북한의 대중국 종속 심화

전통규범이론, 실증이론, 해석학 등이 동시에 활용된 정보분석 사례

한반도 예측

◆ **미래 한반도 예측: 북한정치, 경제적 변화와 정권 변화**

김정일 사망후 북한의 정권변화 예측 2)

사망시기: 2015년 이전 사망에 사망할 것임(71.4%)

집단지도체제로 변하면서 대외개방

- 경제특구지역, 자유기업 등 자본주의 도입함으로써 중국식 개방과 변화 진행(2015~2020)
- 북한의 공산주의 포기 및 민주주의로의 전환 VS. 군 지배 아래에서 시장경제로의 변화

아시아 경제성장의 새로운 동력으로서 북한 부상

- 한국, 북한, 러시아 사이에 철도와 에너지 등의 공동작업 결성
- 국방비 지출대신 문화관광산업과 기간산업의 개선에 힘씀
- 북한의 관광객 개방-> 북한에서 개인여행 가능해짐

전통규범이론, 실증이론, 해석학 등이 동시에 활용된 정보분석 사례

한반도 예측

◆ 국제관계: 세계속의 한국

- 경제 세계 10위권(2010)→세계 7위권(2012)→세계 5위권(2015~2020)
- G9, G8 가입, OECD 선두국가
- 동북아 물류기지의 허브로서 한국(2014)
- 세계 BT산업의 중심국가로서 한국(2015)
- 세계 기술 리더로서 한국(2015)
- 아시아 정치 리더로서 한국
- 아시아 문화 선도하는 한국

전통규범이론, 실증이론, 해석학 등이 동시에 활용된 정보분석 사례

한반도 예측

- 한국국내 정치, 군사
  - 헌법개정
    - 대통령 선거제도 개정(2010)→임기조정(대통령 4년 중임제 혹은, 연임제) 개헌
    - 내각제 도입을 둘러싼 헌법개정 논란
    - 다민족 국가조항 헌법에 반영(2015)
  - 정책 정당 출현→새로운 정치 비전 등장
  - 여성대통령의 등장(2012~2027)

전통규범이론, 실증이론, 해석학 등이 동시에 활용된 정보분석 사례

한반도 예측

- **경제, 경영: 경제성장 전망**

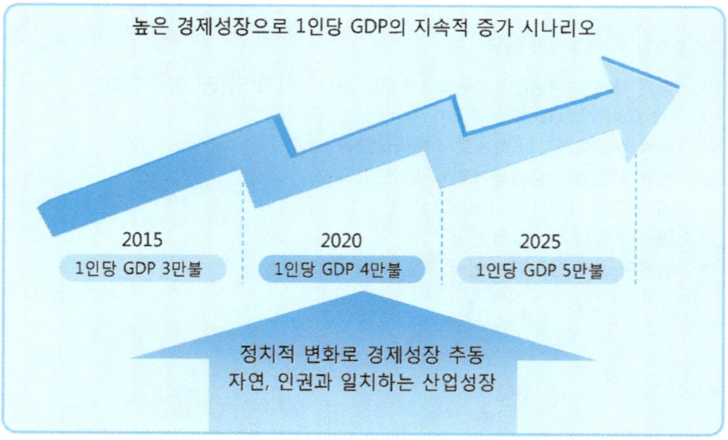

전통규범이론, 실증이론, 해석학 등이 동시에 활용된 정보분석 사례

한반도 예측

◆ **미래 한국의 사회문화**

양극화 심화

- 계층간-도농간 계층갈등
- 사회불안정
- 범죄율 증가

순자산계층별 점유율 변화

1999년	계층	2006년
9.7	상위 1%	16.7
30.9	상위 5%	39.8
46.2	상위 10%	54.3

단위 : %, 자료 : 한국노동 '한국노동패널조사'
*순자산 = (부동산자산 + 금융자산) − (부채

여성의 지위향상: 여성의 사회진출 확대

- 문화관련 산업 CEO중 여성 80%
- 여성관리자 증가
- 전업주부남편

4. 정보분석가의 정보정신: 진실추구, 정치성 배제, 정보분석가의 전문직업 윤리

정보 분석은 수집한 첩보를 분석하여 가공된 정보 상품을 제공하는 중간자, 매개역할을 한다. 동시에 정보 분석은 바로 정보를 생산하게되므로 정보 전체 과정의 최종 단계이다. 기업이 소비자 구매력을 높여 이윤창출을 극대화하려고 매력적인 제품을 생산하듯이, 국가정보기관은 국가를 위기에서 구하고 국민을 편안하게 하기 위해 적실성이 있고 신뢰 할 수 있는 효용성이 높은 정보 공공재를 밤낮으로 생산하고 있다. 뛰어난 정보 분석으로 국가정보기관에서 출고된 효용성이 높은 정보생산품은 국민의 높은 지지도를 이끌어 내어 대통령이나 수상이 집권당과 함께 안정된 국정관리를 지속할 수 있는 밑거름이 된다. 정보수집, 분석, 활용에서 총체적으로 패배한 대통령이나 수상은 국정운영 지도력을 상실하거나 권좌에서 물러나는 사례는 이미 현대 정보전, 20세기 정치무대 뒤안길에서 극명하게 보여주고 있다. 국가정보를 분석 생산하는 주체는 정보 분석기관에서 활동하는 정보 분석가(intelligence analyst)이다. 따라서 정보 분석가에게는 유념해야 할 쟁점, 원칙이 있다.

유념해야 할 원칙, 쟁점으로는 분석가 입장에서 견지해야 할 균형감각과 중용자세, 분석의 유연성: 분석 대상의 포괄성, 분석방법의 다양성, 경쟁과 협조, 외부 전문가 교류와 협력, 정보 보고서: 보고서 내용, 내용별 정보 종류, 정보 분석가의 정보 정신, 정보 분석에서 정치성 배제, 분석가와 정책가의 전문성 협조 등이 있다.

[분석가 입장에서 견지해야 할 균형감각과 중용자세]

분석가(analyst)는 연구가(researcher)이다. 연구가는 자료, 경험한 대상, 실존하는 실체를 분석하여 해석하고, 상호관계나 의미 있는 내용을 도출하는 이론 정립가이다. 따라서 국가정보 분석가는 정보라는 특수한 내용이나 지식을 도출하는 이론 정립가다. 자연과학자, 사회과학자, 인문학자가 옳고 그른 가치판단을 내리기 전에 분석대상을 객관적으로, 몰가치적으로 접근해야 한다는 논리는 정보분석가에게도 그대로 적용된다. 즉, 정보분석가는 수집된 첩보를 분석하면서 몰가치, 가치중립을 견지해야 하는 요구에 직면한다.

과학의 가치중립에 대한 논쟁은 자연과학, 사회과학, 인문과학에서 오랜 기간 지속되어 왔다. 전통이론, 실증이론, 해석학, 현상학, 제한합리론의 이론기반은 가치판단 논박에서 유래한다 해도 과언은 아니다. 막스 베버는 사회과학자가 가치판단을 거론하는 것 자체가 이미 객관성을 떠나 주관적 편견을 갖게 되는 시초라고도 한다. 사실판단은 실체, 존재를 기술하고 설명하면서 확인하거나 인식하는 것이지, 옳고 그름, 만족이나 불만족이라고 판단하는 것은 각자의 주관적 가치판단에 속한다고 한다. 따라서 사회과학자는 강연, 저술, 학술의견 개진에서 개인적 가치판단을 될수록 배제하고, 연구자의 개인 가치가 스며들지 않는 진실, 객관성 추구, 사실관계, 인과관계 분석에 집중할 것을 주문한다. 사회과학에서 진실, 사실 추구, 인과관계 분석으로 설명하고 해석하여 이해가되면 평가나 판단을 내리는 작업은 그 다음 문제라는 것이다.[37]

정보 분석에서 주관적 가치판단을 배제하는 학문적 논리에서 한 걸음 나아가, 정보를 분석하는 현실 상황에서 정보 분석가는 보수, 진보 이념을 아우르는 균형감각, 매파와 비들기파 시각도 끌어안는 중용자세가 필요하다. 또한 정보 분석대상을 자기관점, 자기체제, 이념에서 보려는 경직적 거울이미지(mirror image)에서도 자유스러워야 한다. 물론 열린 시민사회의 자유표현, 인권존중, 평등, 공정, 정의배분, 신축적 자유시장체제, 삼권분립, 의회주의에 입각한 자유민주주의 신장이라는 인류문화 발전과정에서 표출된 가치관의 수호의식 마저 완전히 저버리자는 것은 아니다. 다만 자기 체제와 이념에서 보려는 경직적 거울이미지(mirror image)에서 자유스러워야 하는 동시에 상대국가의 입장에서만 생각하고 분석하는 기계적인 거울이미지도 탈피해야 한다는 것이다. 정보 분석에서 중용 자세가 바로 여기에 있다.

이슬람 세계의 특수성만 고려하고, 이슬람 과격 근본주의자 테러리즘 예방에

---

37) Shills, Edward and Henry Finch. 1997. *Max Weber and the Methodology of Social Sciences*. New York: Free Press(사회과학방법론과 연구선택, 분석과정에서 가치판단 개입 설명). Keat, Russell and John Urry. 1975. *Social Theory as Science*. London: Routledge & Kegan Paul. pp. 196-227(분석과 연구결과에서 평가, 판단의 영역 규명).

열중하고 미래를 예측하다 보니, 튀니지, 이집트, 알제리, 리비아, 예멘에서 젊은 이의 일자리 창출, 세습제 폐지, 열린 민주시민사회를 부르짖는 튀니지의 쟈스민 시민혁명에 대해 미국 정보위원회와 국가정보부가 작성한 2025년까지의 세계전망 보고서에서 구체적 언급이 없는 것은 당연한 논리적 귀결이 아닌가 한다. 동시에 영국, 프랑스, 독일, 이스라엘 정보공동체는 전망조차도 시도 하지 않는 듯 보인다. 로웬탈이 제시한 정보분석에서 간과해서는 안 되는 쟁점과 원칙을 보면, 정보분석가는 첩보분류를 철저히 하고 객관적 시각으로 분석하여 정책가에게 도움이 되는 간결한 정보 보고서 제공을 요구하고 있다. 또한 항상 중용의 입장에서 자기 체제와 이념 위주로 분석하는 거울 이미지에서 자유로운 마음가짐(mind set)을 강조한다. 분석가의 마음가짐에는 정보공동체의 수장, 상급자, 정치인, 의회 정보위원회 의원의 눈길을 끌게 하는 미사여구(美辭麗句)로 가득 찬 실속 없는 왕겨, 콩깍지 정보 보고서 남발을 경고하는 메시지도 포함된다.[38]

[분석의 유연성: 분석 대상의 포괄성, 분석방법의 다양성, 정보공동체 경쟁과 협조, 외부 전문가 교류와 협력]

수집된 첩보나 첩보 출처의 신뢰성이 높아도 수집된 첩보량, 첩보의 진위 검증에는 어느 정도 한계가 있다. 예를 들면 2차 대전 중 연합군은 항공 촬영한 것을 분석하여 영국해협에서 최단 거리에 있는 프랑스 칼레지역이 콘크리트로 구축된 독일군 방어진지로 탱크와 비행장에 산개한 전투기를 확인하였다. 그러나 연합군의 상륙작전에 앞서 선제 폭격을 시도하기 전에 프랑스 레지스탕스 정찰대를 보내 확인한 결과 모조품인 것으로 판명되었다.

교차비교분석으로 분석의 효용성을 높여야 신뢰성이 높고 영양가가 높은 정보제품을 생산하게 된다. 특히 정보기관간의 협조, 외부 전문가와의 협력이 요구된다. 고도의 정밀하고 민감한 정보 실체를 분석할 때, 정보기관이 협동하고 기업연구소, 대학연구소의 전문가와 협의를 할 수록 정보분석가가하는 자신 있는 정보를 정책가에게 제시할 수 있다.

일본 정보관에 따르면 일본관방부 내각정보조사실이 미국, 영국, 독일, 프랑스, 러시아 대외정보기관에 비해 상대적으로 적은 정보인력으로도 정확하고 질 좋은

38) Lowenthal, Mark M. 2003. *op. cit.* pp. 92-93.

정보를 생산하는 비결은 전 세계에 흩어져 있는 일본 현지 법인 지사가 습득한 기업 정보 중에 국가안보에 도움이 되는 정보, 뉴스, 정세를 내각정보조사실에 제공하고, 많은 연구소가 연구 자료를 제공하고 자문하는데 있다고 한다. 물론 기밀 유출, 보안 문제를 고려하여 협조범위는 가능한 소수정예주의를 지향하는 것이 바람직하다. 그러나 홍수같이 쏟아지고 누구나 접할 수 있는 정보화 시대에 살고 있고, 전문영역이 확대 심화되어 외부 전문가 협조가 필수적이다.

21세기 미국정보기관의 혁신을 강조한 트레버턴은 물밀 같이 쏟아지는 다양한 정보를 정리 분석하기 위해 미국정보기관은 될수록 분권형, 개방형, 대외협조 수용형 조직으로 거듭나야 한다고 하였다.[39] 물론 국가정보기관은 고유의 정보활동 영역과 분석기능이 있어 상호 협조가 어려울 수 있다. 그리하여 효용성이 높은 정보를 생산하여 적시에 제공받으려는 취지에서 국가정보기관 간의 경쟁 심리를 적극 활용하는 대통령도 있다.[40] 그러나 지나친 경쟁은 정보기관의 폐쇄성을 부추기고 정보를 독점하여 정보공유 흐름을 막아 정보 뇌경색을 초래하게 된다. 21세기 진주만 공격 버전으로 불리는 뉴욕 세계무역센터 테러에 중앙정보부는 정보독점, 관료적 정보폐쇄성으로 테러 조기경보에 허점을 남겼다. 급기야는 중앙정보부는 구조조정 대상이 되어 해외정보 활동에 국한하고 정보조정 기구는 새롭게 탄생한 국가정보부가 담당하게 된다.

또한 21세기에는 사이버 정보전, 기만과 거부 정보전(deception and denial intelligence warfare)이 심화되어 정보 분석에서 수집된 첩보량과 첩보의 질적 가치에 한계를 느끼게 된다. 공개 된 첩보출처가 90% 이상인 현시점에서 정보기관이 수집한 내부 첩보 외에 인터넷상에 있는 정보, 기업, 전문 정보업체가 공개하는 정보도 정보 분석에서 점유하는 비중이 증가되어 분석가는 연관된 첩보, 공개 자료를 가능한 포괄하는 자세를 가져야 한다. 그러므로 자연스럽게 실증이론, 전통이론, 해석론, 제한합리론 등 다양한 접근법의 활용이 요구된다.

---

39) Lowenthal, Mark M. 2003. *op. cit.* pp. 108-110. pp. 224-225: Treverton, Gregory. 2003. *op. cit.* pp. 240-243.

40) 전두환 대통령은 보안사령관, 정보부장을 역임하여 대통령 취임 후에 적시에 영양가 높은 정보를 보고 받으려고 정보기관 간의 경쟁을 유발시켰다고 집필자에게 언급한바 있다(1986년 10월 15일 청와대 집무실. 1987년 3월 20일 청와대 집무실에서 면접).

[정보 보고서: 보고서 내용, 내용별 정보 종류]

많은 예산을 들여 수집한 과학기술 첩보, 생명을 담보로 수집한 인간정보, 잘 정리된 공개첩보를 정보기관 전문가 혼자 때로는 정부 부처내의 다른 정보기관의 협력과 외부 전문가 자문을 받아 다양한 접근법으로 분석한 정보는 국가정보기관이 생산한 정보 제품 중의 진수이다. 학문적으로는 비밀스런, 아주 독특한 이론이며 지식이다. 정보보고서에는 문제점, 실체파악내용, 원인규명, 광의의 해결책, 종합 판단 등의 내용을 포괄적으로 모두 담아야 하나, 1-3쪽의 제한된 지면에 간결하고 명확하며 심도 있는 구체적 내용을 담아서 대통령, 각료, 기업인, 사회지도자가 충분히 소화하여 쉽게 이해 할 수 있어야 한다. 그리하여 정부 정책결정자가 확신을 갖고 자신 있게 정책결정을 할 수 있게 해야 한다.[41] 정보분석에서 생산된 정보 제품은 고도의 신뢰성, 객관성, 타당성을 가져야 하기 때문에 분석과정에서 수집된 첩보 내용, 출처의 신빙성을 최고 단계에서 최저 단계까지 5단계로 나누기도 한다. 5단계의 첩보 내용 신빙성을 분석과정에서 신뢰도, 객관성, 타당성과 연계하여 신빙성이 있는 정확한 정보제품을 측정하려 한다. 이렇게 측정된 정보에 100% 확신이 가면 확신(certainty), 거의 확신(almost certain, 90%), 아마도 확신(probable certain, 75%), 절반(about even, 50%), 거의 불확신(almost certainly not, 10%), 불가능(impossibility, 0%)으로 신뢰, 신빙성, 정확도 판정을 내리기도 한다.[42]

정보보고서에 포함되는 내용이나 서식은 대통령의 취향, 요구사항, 정부기관과 기업의 요청내용, 정보기관이 국가안보에 필요하다고 독자적으로 판단한 정보내용에 따라 가변적이다. 생산된 정보 보고서 종류를 로웬탈은 내용, 기능별로 나누어 장기예측정보(long-term trends)와 전술적 운용쟁점 정보(tactical operational issues)로 나누고, 다시 전술적 운용정보는 현용정보(current intelligence)로서 위기처리정보(crisis intelligence)와 통상정보(normal intelligence)로 나눌 수 있다고 한다.[43] 홀트는 정보분석은 정책을 형성하여 집행하는 행정부 수장을 위시한 정부

---

41) Holt, Pat M. 1995. *op. cit.* pp. 80-81: Lowenthal, Mark M. 2003. *op. cit.* pp. 108-110.

42) 이상연 전 청와대 민정수석, 안기부장 면담에서 첩보 내용, 출처 신방도를 5단계, 5단계와 첩보 분석을 연계하여 신뢰도, 객관성, 타당성으로 구분하여 분석의 정확도를 추구했음을 알 수 있다 (2005. 12. 9. 오전 10-12시, 2010. 8. 4. 오전 10-12시)(Holt, Pat M. 1995. op. cit. p. 87).

정책가에게 의미있는 내용을 제시하는 정보가와 정책가의 합류지대라 하고, 정책가에게 제시되는 정보를 정보 전 분야를 커버하는 일상적인 분석 보고서인 현용정보(current intelligence), 상대국 정세, 과학기술 수준 등을 측정, 가늠해보는 평가정보(estimate intelligence), 장기정세예측과 경향을 분석 판단하는 예측정보(predictive intelligence)로 나누기도 한다.[44]

국가정보원, 국가정보부, 해외정보부, 내각정보조사실은 나라마다 다르긴 해도 거의 대통령, 수상 직속기관이여서 생산된 정보보고서, 정보제품은 대통령, 수상에게 보고된다. 매일 아침 대통령에게 보고되는 1-3쪽의 정보 보고서를 대통령일일보고서(presidential daily briefing: PDB)라고 한다. 2001년 9월 11일 뉴욕 세계무역센터 폭파 테러 전까지는 중앙정보부 브리핑 요원이 보고서를 지참하고 대통령 집무실에서 대통령, 비서실장, 국가안보좌관에게 보고한다. 그러나 동베를린 시민봉기와 장벽 제거, 동유럽 자유화, 고르바초프 실각, 북한의 국제핵협정 탈퇴, 북한 핵무기 개발, 이라크 후세인의 쿠웨이트 침공 등 급박 상황 발생 시에는 중앙정보부장이 직접 일일보고서와 관련 정보파일을 지참하고 국가안전보장회의에 참석하여 직접 보고를 한다. 부통령, 총리도 비슷한 시간에 따로 일일보고서를 접한다. 그러나 9·11 테러이후 새롭게 재편된 미국정보공동체 조직에서 신설된 국가정보부가 대통령에게 일일정보보고서를 제출하고 정보 브리핑을 하게 된다. 우리나라 역시 국가정보원에서 대통령에게 매일 정보보고서를 제출하고 일부 내용은 비서실장, 관련 수석비서관, 그리고 국무총리에게 배포한다. 아울러 정보 내용에 따라 소관 사항을 관장하는 장관, 부처 책임자에게 배포된다. 이 밖에 정부 부처에서 요청하는 정보 사항을 관련 정보기관이 수집, 분석하여 제공하고, 기업이나 민간 기구에 도움이 된다고 판단하면 민간 조직에도 배포선을 확대한다.

이런 맥락에서 보면 대통령이나 수상에게 정보 보고를 하는 체계는 국가마다 다양하나, 보고 내용이나 절차가 어느 정도 제도화 되어 있는 것이 공통적 특징이다. 정보보고 내용은 서면으로, 보고하는 절차가 공개적이고 투명성이 있으며, 보고하는 주체가 개인적 밀실 인물이 아니라 다수인의 합의된 공동 노작이고, 균형적 평가를 내리고 정책대안을 제시하는 점에서 제도화 되어있다. 영국은 내각관

43) Lowenthal, Mark M. 2003. *op. cit.* pp. 108-110.

44) Holt, Pat M. 1995. *op. cit.* p. 81.

방부에서 수상, 외무, 국방, 내무장관이 참석하는 대외정보정책조정회의를 소집하고, 이 과정에서 해외정보부, 국내방첩부장을 참석시키거나 정보보고서를 제출하게 한다. 정보정책조정회의는 내각에 정보관련 의안을 상정 통과시키는 준비조정회의이기도하다. 아울러 수상은 정보 · 방첩 · 군사정보기관이 보내온 다양한 정보보고서를 수상관저 비서실장이 원본과 함께 요약한 내용을 매일 읽고 파악하고 있다. 프랑스 엘리제궁의 군사안보보좌관이 정보부에서 보내온 원본과 함께 요약한 정보보고서를 보며 백악관에서는 매일 아침 국가정보부에서 보내온 일일정보보고서를 외교안보보좌관이 원본과 함께 요약한 내용을 대통령에게 제출한다. 또한 백악관 상황실에서는 국무·국방·정보부 관련 부서가 국내외 사건을 취합하여 보내온 내용을 오전과 오후로 나누어 요약한 보고서를 대통령에게 제출한다. 국가정보부장이 만나야 할 때나 대통령이 부장을 필요로 할 때 단독으로 또는 국가정보부 실무국장과 대통령의 보좌관이 합석하여 정보보고를 하거나 정보전략정책을 결정한다. 일본은 수상비서실인 관방부가 수상에게 매주 한번 중요정보를 보고하고 정책을 결정하는데, 관방부 장관, 관방부 부장관, 관방부의 내각조사실장이 수상집무실을 방문한다. 수상에게 정보보고를 할 때는 해외정보를 위시하여 공안청, 방위청의 관련정보를 취합하여 내각조사실장이 브리핑을 하고 관방장관, 부장관, 부장관보, 측근보좌관이 토의하여 전략정보정책을 결정하게 된다.

따라서 미국의 국가정보부장이 장관급인 점 외에는 미국, 영국, 독일, 프랑스, 일본의 정보책임자는 모두가 정보전문가로서 정확한 정보를 수집, 분석, 전달하는 정보전달자(intelligence briefing officer)이다. 수상이나 대통령에게 정보보고를 할 때는 비서실의 정보수석이나 정보를 담당하는 외교안보수석비서관이 정보 부서에서 제출되고 브리핑된 정보내용을 비서실장, 외교안보담당 특별보좌관이 참석한 합동회의에서 보고하는 것이 관례이다. 그렇게 함으로써 어느 개인의 정보, 국가원수가 선호하는 정보만 전달되는 병폐를 없애고, 합의되고 균형을 갖춘 정보전달과 이를 토대로 위험부담이 적은 정책을 선택하게 되는 것이다. 따라서 한국의 경우 대통령이 국정수행을 원활하게 뒷받침하는 정보제공의 전달 체계는 미국 국가정보부형이고, 운영 실태는 일본 관방부의 내각조사실 관행과 비슷하다. 그러나 내각조사실에서는 실장이 정보 상황을 설명하고 의견개진을 할 뿐, 수상, 관방장관, 관방부장관, 수상관저 고위보좌관이 참석한 대통체 형식의 정보

전략정책을 수립하는 것이 다르다.[45)]

[정보 분석가의 정보 정신: 정보 분석에서 정치성 배제, 분석가와 정책가의 전문성 협조]

정책가는 매일 같이 발생하는 크고 작은 자연재앙, 인간이 관여된 재난, 외교 군사 분쟁 해결 등 위기에 직면 하고 있다. 청와대는 대통령 실장과 수석비서관이 참여하는 일일현안점검회의로 매일 아침 공식 국정운영 일과가 시작된다. 사전 조기경보를 감지하고 문제를 해결하며, 국민을 위한 국가 서비스를 창출하는 정책 형성, 집행에 필요한 정책의 실체, 성격, 배경, 정책 채택 후에 가져다주는 위험과 효과를 정부 정책가는 조용히 심각하게 생각하여 확실한 문제해결 방안을 찾아내는데 시간적 여유가 많지 않다. 더구나 다양한 전문 분야에서 발생한 생소한 문제, 세계지역 분쟁해결에는 전문지식 결여로 구체적 대응책 강구나 사전 조기 경보를 인지하는 능력에 한계가 있다. 이런 맥락에서 정보 분석가를 위시한 정보공동체의 정보요원은 자체의 필요에 따라서 정보를 생산하면서도, 정책결정자인 대통령, 행정부 각료, 정부 부처의 정책가 요구에 따라 첩보를 수집하고 분석하여 생산된 정보를 제공하게 된다. 고도로 전문화된 열린 시민사회에서 정보기관은 기업, 연구소, 사회의 다양한 조직에게도 필요한 정보를 전달한다. 그래서 정보 생산자이며 공급자로서 정보분석가를 중심한 정보관은 정보 수요자이며 소비자로서 정부 정책가와 만남의 관계를 가지게 된다. 그러나 정보분석가, 정보관이 정책가와 만남에는 정보공동체가 가지는 고유한 정보정신, 정보관의 품위(ethos of intelligence) 유지가 선행한다.

정보정신은 진실 추구, 진실만을 말하는데 있다. 경험과 자료를 분석한 객관적 결과 제시로 말 할 뿐이다. 정보정신은 정보분석가, 정보관이 정책가의 정책형성, 집행과정에 정보를 제공하는 정보지원 임무를 객관적으로 수행한다는 고유한 전문 직업의식에 충만해야 한다. 정보실무가에서 정보이론가로 변신한 정보 전문가들은 정보정신, 정보관 품위는 정보 분석의 객관성 유지라는 직업윤리 확보, 대통령, 수상, 정부 정책결정권을 가진 정책가들에게 오로지 진실만을 말하는 자율 자화상 정립, 그로 인한 정보기관의 국제적 신임 획득에 있다고 한다.[46)] 정책

45) 최평길. 2007. 전게서. 257-258쪽.

가가 정책수행에 필요한 정보를 요구하면 정책 배경, 예상 효과를 곁들인 특정 정보 중심으로 연관된 주변 정보도 함께 제공하는 균형감각도 정보정신에 포함될 사항이다. 그래야 정책가는 현실성이 있는 정책을 선택하여 위험 부담을 극소화 할 수 있다. 칼 포퍼는 객관적 지식은 설정한 가설이나 처음 제시한 이론을 검증하려고 분석과정에서 제기되는 오류의 끝없는 제거작업(error elimination)에서 이루진다고 한다. 정책가가 요구한 특정 정보는 물론 연관된 주변 정보를 균형있게 정보 분석가가 제시해야 정책가는 숲과 나무를 동시에 보면서 정책 오류를 지속적으로 제거하여 정책집행에서 오는 위험 부담을 줄일 수 있을 것이다. 정책결정자가 자기 나름의 신념과 국민 앞에 공약한 정책을 달성하려는 정책몰입으로 연관된 정책 실현에 주는 제한 요소나, 다양한 정책 방안에 관련된 정보를 거부하면, 정보분석가는 정책가 입맛에 맞는 맞춤형 정보만 제공하게 되고, 종래에는 정보 신상품을 가공하게 된다. 대통령이 특정 정책 몰입으로 선호하는 정보만을 고집하고 정보기관 수장은 등달아 동조하면, 균형 잡힌 정보 제공, 진실만을 말하려는 정보관, 정보분석가는 전문적 윤리, 정보정신에 도전을 받는 실존의 위기에 처한다.

문민정부 시대에 김영삼 대통령은 정보 보고서를 정독하는 것 보다 구두보고를 선호하고, 김대중 대통령은 햇볕정책 추진에 관한 정보를 더욱 정독하고, 노무현 대통령은 자기가 임명한 국정원장의 정보보고조차 받으려 하지 않았다. 김영삼 대통령은 책상위에 보좌관이 올려놓는 긴박하게 돌아가는 환율과 경제위기를 다룬 경제동향 보고서를 슬그머니 밀치면서 하는 말은 "말로 해라" 이었다. 김대중 대통령은 집권당 안보전문가로 구성된 국회의원을 청와대로 초청하여 대화하면서 흥미로운 내용은 기록을 하는 습관이 있었다. 예비역 장군인 장태완 의원이 대화중에 북한에 지원하는 식량이 서민에게 배급되며 지원금은 산업 개발에 사용되는가를 확인해야 된다고하자 대통령은 기록을 멈추고 창밖만 물끄러미 바라보고 있었다. 그 이후 장태완 의원은 대통령과의 회합에서 북한문제에 관한 의견을 개진하지 않았다고 한다. 같은 시기에 정보기관 책임자는 북한의 정치, 경제, 군사에 관한 현용보고서를 제출하면 "지금이 어떤 시기인데 이런 보고서나 제출하나" 라고 핀잔을 주니, 그 이후 정보분석가, 정보관은 종합된 북한정세보

46) Lowenthal, Mark M. 2003. *op. cit.* p. 3: Herman, Michael. 2001. *op. cit.* p. 205.

고서 보다는 햇볕정책 지원정보 생산에 더욱 매달리게 되었다. 노무현 대통령은 초기에 정례 정보브리핑을 하려고 방문한 국정원장을 만나 주지도 않아 미안한 마음에 비서실장이 자기 집무실에 국정원장을 맞아 정보보고서를 대신 받아 대통령에게 보고하는 해프닝도 있었다. 박정희 대통령은 정보보고서에 미사여구 보다는 실증 사례를 포함할 것을 주문하고, 의심스럽거나 이해가 되지 않는 부분은 보고서 말미에 추가 조사와 보고 요망이라고 써넣기도 하였다. 전두환 대통령은 보다 넓고 깊은 다양한 정보에 접근하려고 국가정보기관 간의 정보 수집 경쟁을 의도적으로 부추겼다고 인터뷰에서 언급하였다.[47]

백악관에서는 대내, 대외 정책 쟁점이 각료급 수준에서 해결되지 못하여 대통령 수준의 정책조정이 필요한 경우에 대통령 주재 정책조정회의가 열리게 된다. 클린턴 대통령 집권 당시 외교안보문제를 다루는 정책조정회의에서 북한 핵무기가 의제로 제기된 적이 있었다. 참석자는 클린턴 대통령, 고어(Al Gore) 부통령, 크리스토퍼(Warren Christopher) 국무장관, 페리(James Perry) 국방장관, 레이크(Anthony Lake) 안보보좌관, 터넷(George Tennet) 정보부장, 샬리카쉬빌리(John Shalikashvili) 합참의장이다. 크리스토퍼 국무장관은 가능한 대화와 협상으로 북한 핵문제를 해결하자고 주장하고, 페리 국방장관은 핵무기 제조 시설로 지목되는 영변 지역을 고폭침투탄(JDAM)으로 파괴하는 군사작전을 펴야 한다고 주장한다. 이 과정에서 대통령을 비롯한 참여자들 간에 논쟁이 벌어졌는데, 흥미로운 것은 토론문화와 대화문화이다.[48] 여기서 두 가지 대화상 특징을 도출할 수 있

---

47) 필자는 2001년-2006년 기간에 장태완 장군이 민주당 전국구 의원, 제향군인회장을 역임하던 동안 수차례의 면담에서 대통령의 햇볕정책 몰입 현상을 언급하였다. 은퇴한 정보요원들이 말하는 정보 수집, 분석에서 관건은 정보수장이 객관적 정보활동의 분위기보장에 있다고 언급하였다.

48) 오전에 시작한 정책토론이 종결을 맺지 못하고 계속되자 클린턴 대통령이 "그럼, 크리스토퍼 국무장관 의견대로 일단 외교적 협상 전술을 구사 합시다."라고 결론을 내렸다. 그러자 페리 국방장관이 발끈하면서 대통령 면전에 대고 "쥐뿔, 당신이 북한을 뭐 안다고 그 따위 소리 하는 거요(God damn how do you know about North Korea)."라고 쏘아 댄다. 그러자 클린턴 대통령이 하는 말은 "야! 이 친구야, 나도 북한을 너만큼은 알아(For Christs Sake, I know about North Korea as much as you do)."로 응수하고 문을 박차고 자기 집무실로 들어 가 버렸다. 그러다가 몇 분후에 커피 잔을 들고 히죽이 웃으며 다시 들어온 대통령은 이번에는 터넷 정보부장에게 넌지시 "당신 같으면 어떻게 하는 것이 좋겠어요." 라고 물었다. 터넷 정보부장은 다음과 같이 말하였다고 한다. "우리 정보맨은 여기서 결정하면 그 합의된 정책수행에 필요한 모든 정보를 발굴 수집하여 정제된 정보만을 제공하는 것이 할 일입니다(Once you

다. 클린턴 대통령, 페리 국방장관 간의 토론 문화, 클린턴 대통령과 터넷 정보부장과의 대화 문화이다. 페리 국방장관은 대통령 선거전에 참모로 몸을 던져 주식을 투자한 민주당 주식회사의 주주로서, 대표이사인 클린턴에게 주가 하락을 부채질 하는 정책에 이의를 제기하는 토론문화로 이해할 수 있다. 반면, 대통령과 터넷 정보부장과의 대화는 대통령을 위시한 정책집단이 선호하는 정책 결정에 참여하는 것이 아닌 정책 선택을 하는 과정에서 필요로 하는 정보를 수집 제공하는 전문 직업윤리에 충실한다는 뜻으로 이해할 수 있다.[49)]

정책가가 요청한 특정 정보 수집에 정보관, 정보 분석가는 유혹이나 강압으로 진실에 입각하지 않은 검증되지 않은 특정 정책을 채택 또는 옹호하는 국가정보활동으로 정보공동체를 오염시키는 정치정보(politicized intelligence)는 배격해야 한다. 정치정보 배격은 국가정보의 존립, 실존적 명제와 직결된다는 생각을 항상 염두에 두어야 한다. 정치정보는 정권의 특정 정책을 옹호하거나 비호하는 것에서부터 대통령이나 정부 정책결정자가 선호하는 맞춤형 정보 생산, 미사여구나 불필요한 언어를 가미한 형식적 콩깍지 정보 보고서 생산, 현장 감각이나 실체가 없는 책상물림 정보 행위도 포함된다고 본다. 지미카터 대통령은 취임하면서 그의 아나폴리스 해군사관학교 1947년 동기생인 터너제독(Admiral Stansfield Turner)을 중앙정보부장으로 임명한다. 터너부장은 일일정보보고서를 백악관에 보내고, 매주 화요일, 목요일 오전 10시 30분부터 11시까지 카터 대통령에게 전 세계에서 일어나는 군사안보, 경제사회 전략정보, 신호정보, 인간정보, KH-11 인공위성이 최초로 실시간으로 전송하는 영상정보를 정리하여 부장이 직접 브리핑 하였다. 매주 1회 30분간, 2회에 1시간이 소요되는 대통령 정보 브리핑에 보고서

make a decision and bring a consensus, We will only dig out all the informations available and bring the intelligence we produce right here in front of you)." 군사작전 계획은 어떻게 되어 가냐고 대통령이 물으니, 샬리카쉬빌리 합참의장은 "대통령님, 우리는 북한 영변지역을 공격하라는 명령이 떨어지면 지체 없이 폭격작전에 돌입할 만반의 준비를 갖추어 놓았습니다(Once you decide and order us, we are ready to attack suspicious area of youngbyun, in accordance with our operational plan, sir)."라고 말했다.

49) 1994년 11월 15일부터 16일까지 이틀 동안 前비서실장 맥라티(Thomas McLarty), 국가안전보장회의(National Security Council) 차장(Deputy Executive Secretary)인 센스(Andrew Sens), 그리고 NSC 산하의 상황실장(Chief of White House Situation Room) 리드대령(Colonel Jim Reed)을 면담하였다.

작성, 예행연습에 소비하는 시간은 1회 보고에 10-12시간으로, 매주 2회 브리핑에 24시간, 꼬박 하루가 소요되었다. 터너부장은 형식주의에 얽매이지 않으려고 대통령 브리핑을 매주 1회로 줄이고, 다시 2주 1회로 축소하고, 대신 실속있는 정보 수집, 분석, 이란 혁명 사태 모니터링, 이란에 억류된 외교관 인질 구출 공작에 더 많은 시간을 할애 하였다.[50] 정보관은 전체를 조명하는 종합 정보, 균형 잡힌 정보를 기반으로 정책가들이 선호하는 실속과 실체가 있는 정보를 제공해야한다. 그래야만 정책가는 종합 정보와 선호하는 정보를 심도 있게 검토하여 선호하는 정보의 위상, 중요성, 실체를 파악하여 정책을 선택하고 집행하게 된다. 결국 정보책임자를 위시한 정보분석가, 정보요원은 광범위한 정보를 분석 생산하여 정책결정자가 위험부담을 줄이고 현실적이고 타당한 정책을 선택, 집행하도록 정책 참고지표를 제공하는 정보 도우미 역할 영역에 머물 것이 요망된다.

그러나 2001년 9월 11일 뉴욕의 세계무역센터 폭파 테러 이후 본능적인 정보보안, 정보 폐쇄성에서 탈피하려는 노력의 일환으로 정보기관도 대학, 연구소, 민간 정보 전문가에게 문호를 개방하고 정보이론을 자연, 사회, 인문과학에 접목시키려는 노력이 시도된다. 동시에 정보공동체도 대통령 수준의 정보조정과 통제, 기능보완, 조직개편, 정보공동체의 상호협동에 관한 제도 개혁이 이루어진다. 공개첩보가 90% 이고 상업위성, 트위터, 페이스북이 실시간으로 세상 뉴스를 전파하고, 어디서 터질지 모르는 대량살상 테러, 금융위기, 자연재앙에 국가정보도 정보공동체내의 협조, 기업과 시회조직과의 정보교류가 긴밀해야 살아있는 정보를 생산하게 된다. 그리하여 정책결정자와 정보생산자의 관계설정도 기계적 기능 분리 존중주의에서 정책과 정보 기능의 상호수렴, 긴밀한 협업(collaboration) 관계로 국가안보 틀 속에서 하나 되는 실체(physical proximity)로 지향하는 패러다임이 등장한다. 정치정보화를 막기 위해서라도 정보가 정책에 과도하게 접근해서는 안 된다는 기조는 더 이상 도움이 안 되는 낡은 사고, 현시점에 맞지 않는 독단이라고 한다.[51] 대통령, 각료, 정책가와 정보 전문가로 구성된 정보공동체와의 관계는 진실을 추구하는 정보 윤리를 상호존중하면서 생산된 정보 공공재화(public goods)를 국가안전보장을 위하여 최대로 활용하는 과정에서 공존하는 데 있다.

---

50) Andrew, Christopher. 1996. *op. cit.* pp. 426-427.

51) Holt, Pat M. 1995. *op. cit.* p. 104: Treverton, Gregory. 2003. *op. cit.* p. 2.

요 약

정보분석가의 정보정신

- 정보 분석은 수집한 첩보 분석으로 정보를 생산하는 최종 단계
  매력적 제품이 기업 생존임은 효용성이 높은 정보 상품이 국가생존, 정권흥망의 관건
- 정보분석의 원칙
  - 균형감각과 중용자세
  - 분석의 유연성: 분석 대상의 포괄성, 분석방법의 다양성, 정보 공동체 경쟁과 협조, 외부 전문가 교류와 협력
  - 정보 보고서: 보고서 내용, 내용별 정보 종류
  - 정보 분석가의 정보 정신(Ethos of Intelligence): 정보 분석에서 정치성 배제, 분석가와 정책가의 전문성 협조

정보분석가의 정보정신

분석가 입장에서 견지해야 할 균형감각과 중용자세

- 정보분석가는 자료, 경험한 대상, 실체를 분석, 해석하고, 상호관계나 의미 있는 내용을 도출하는 정보라는 특수한 내용, 지식을 도출하는 이론 정립가
- 자연과학자, 사회과학자, 인문학자처럼 정보분석가도 분석대상을 객관적, 몰가치적으로 분석하고, 옳고 그른 가치판단은 그 다음 문제
- 정보 분석가는 보수, 진보, 매파, 비들기파 시각도 끌어안는 균형감각, 중용자세 필요
- 정보 분석대상을 자기관점, 자기체제, 이념에서 보려는 경직적 거울 이미지(mirror image)에서도 자유로워야 함
- 열린시민사회의 자유표현, 인권존중, 평등, 공정, 정의배분, 신축적 자유시장 체제, 의회주의에 입각한 자유민주주의 신념을 기본으로 하는 가치관의 수호의식 필요

정보분석가의 정보정신

분석의 유연성: 분석 대상의 포괄성, 분석방법의 다양성
정보공동체의 경쟁과 협조, 외부 전문가 교류와 협력

- 분석 대상의 포괄성: 기관 내부 첩보, 사이버 정보, 기만과 거부 첩보, 90% 이상인 공개정보, 인터넷에 오른 정보, 기업, 대학, 연구소, 전문 정보업체 정보 분석 대상
- 분석방법의 다양성: 실증이론, 전통이론, 해석론, 제한합리론, 과학기술 접근 등 다양한 이론 접근법과 교차비교분석으로 분석의 신뢰, 효용성 확립
- 정보공동체 경쟁과 협조: 국가정보기관의 정보활동 영역과 분석기능의 고유성 존중
- 원칙 속에, 효용성이 높은 정보 생산을 위해 정보기관 간의 경쟁심리 활용. 지나친 경쟁은 정보기관의 폐쇄성, 정보 독점으로 정보 뇌경색 초래로 협동성 강조
- 21세기 진주만 공격이라는 뉴욕 세계무역센터 테러에 CIA는 정보독점, 관료적 정보 폐쇄성으로 테러 조기경보 전달에 허점을 남겨, 조직, 기능 개편으로 중앙 정보부는 해외 정보 활동에 국한하고 새롭게 탄생한 국가정보부가 정보조정, 통제 임무 담당

정보분석가의 정보정신

정보 보고서 작성: 보고서 내용, 내용별 정보 종류

- 과학기술 첩보, 인간정보, 공개 첩보를 정보기관 전문가, 다른 정보기관, 외부 전문가 협력, 다양한 접근법으로 분석 생산한 정보는 정보 중의 진수. 비밀스런 독특한 이론, 지식
- 정보보고서 내용은 문제점, 실체 규명, 원인규명, 해결 방안, 판단 등의 내용포함. 1-3쪽의 지면에 간결, 명확, 심도 있는 구체적 내용 명시. 대통령, 각료, 기업인, 사회지도자가 충분히 소화, 이해하고, 정부 정책결정자가 확신을 갖고 자신 있게 정책결정 하게 작성
- 정보보고서 서식은 대통령의 취향, 요구사항, 정부기관, 기업의 요청내용, 정보기관이 국가안보에 필요한 정보내용에 따라 가변적: 대통령 일일정보 브리핑(PDB)
- 정보 보고서 종류를 로웬탈은 장기예측정보(long-term trends)와 전술적 운용. 쟁점정보(tactical operational issues)로 분류, 전술 운용 정보는 현용 정보(current intelligence)로서 위기처리정보(crisis intelligence)와 통상정보(normal intelligence)로 나눔. 홀트는 현용 정보, 상대국 정세, 과학기술 수준을 가늠하는 평가정보(estimate intelligence), 장기 정세 경향을 판단하는 예측정보(predictive intelligence)로 분류

정보분석가의 정보정신

정보분석가의 정보 정신
: 정보 분석에서 정치성 배제, 분석가와 정책가의 전문성 협조

- 정보 생산자, 공급자인 정보분석가는 정보 수요자, 소비자인 정부 정책가와 관계에서 정보공동체가 가지는 고유한 정보정신, 정보관의 품위(ethos of intelligence) 유지 선행
- 정보정신은 진실 추구, 진실만을 서술하고 말하며 축적된 첩보와 자료의 객관적 분석
- 정책가가 요구한 특정 정보를 포함, 연관된 주변 정보를 균형 있게 정보분석가가 제시해야 정책가는 숲과 나무를 동시에 보면서 정책 오류를 지속적으로 제거하여 정책집행에서 오는 위험 부담을 줄일 수 있을 것임
- 대통령을 중심한 정책결정자가 정책 달성 몰입으로 정책 실현의 제한 요소, 다양한 정책 방안에 관련된 주변 정보를 거부하면, 정보분석가는 정책가 입맛에 맞는 맞춤형 정보, 정보 진상품만 가공하여 제공
- 대통령이 특정 정책을 위한 정보만 고집하고, 정보기관 수장은 덩달아 동조하면, 균형된 정보 제공, 진실만을 말하려는 정보관, 정보분석가는 실존의 위기에 처함

정보분석가의 정보정신

정보분석가의 정보 정신
: 정보 분석에서 정치성 배제, 분석가와 정책가의 전문성 협조

- 정보관, 정보 분석가는 유혹이나 강압으로 진실에 입각하지 않은 검증되지 않은 특정 정책을 채택 또는 옹호하는 국가정보활동으로 정보공동체를 오염시키는 정치정보(politicized intelligence) 배격
- 정치정보는 정권의 특정 정책 옹호와 비호에서부터 대통령, 정부 정책 결정자가 선호하는 맞춤형 정보 생산, 미사여구나 불필요한 언어를 가미한 형식적 콩깍지 정보 보고서 생산, 현장 감각이나 실체가 없는 책상물림 정보 행위도 포함
- 테러, 자연재앙, 세계적 경제금융 위기, 사이버 정보전으로 정책결정자와 정보생산자의 관계설정도 기계적 기능 분리 주의에서 정책과 정보 기능의 상호수렴, 긴밀한 협업(collaboration) 관계 패러다임으로 발전
- 국가안보 틀 속에서 정책가와 정보가가 하나되는 실체(physical proximity)로 지향
- 대통령, 각료, 정책가와 정보 전문가로 구성된 정보공동체와의 관계는 진실을 추구하는 정보 윤리를 상호 존중하면서 생산된 정보 공공재화(public goods)를 국가안전보장을위하여 최대로 활용하는 과정에서 공존

제8장

비밀공작, 방첩, 보안

1. 비밀공작: 기능, 유형, 원칙, 사례

첩보를 수집 분석하여 생산한 정보 공공재화는 정책결정자와 집행자에게 조기 경보 또는 정책 참고 지표로 제공된다. 정보생산품은 대부분 인접 국가와 해외 국가에서 수집하여 가공한 제품으로, 정보공동체는 시간이 지날수록 정책공동체로부터 더욱 양질의 적실성이 있는 정보공공재 생산 요구를 받게 된다. 그럴수록 정보공동체는 더욱 은밀한 인간정보 활용, 정교한 과학기술 정보자산을 비밀리에 개발 운용하게 된다. 더 나아가 자국의 국가목표, 외교정책을 달성하려고 상대국에 침투하여 민감한 국가안보 영역에 영향력을 행사하게 된다. 그런 정보활동, 수단이 비밀활동, 공작이다. 공개적인 외교 활동으로 국가이익을 추구하는데 역부족인 경우나 국가생존, 국민안전, 세계지역평화를 유지하는 데 대규모 전쟁 수단 대신에 비밀활동과 공작이 많이 활용된다. 동시에 경쟁상대국, 잠재 적국, 현존 대치 적국 역시 우리 국가에 침투하여 정보 수집과 비밀활동을 전개하려 한다. 이를 분쇄하며 자국의 정보자산을 보호하는 것을 방첩, 보안 기능이라 한다. 이러한 정보수집, 분석, 공작, 방첩 보안은 정보 기능의 4대 영역이라 한다.

비밀활동은 해외 국가나 상대국에 침투하여 자기나라의 국익을 증진하거나 바람직한 국가목표나 외교정책을 추진하는데 필요한 상대국의 정치, 경제, 군사 영역에 은밀하게 영향을 끼치는 활동을 말한다. 특히 상대국에서 수행하는 정보활동은 은밀한 내밀성이 요구되는 비밀활동(covert action) 이라한다. 비밀활동을 지휘하고 지원, 통제하는 주체를 비밀로 하여 감추고 노출시키지 않으며, 대신 활동 자체가 노출되어도 지원 주체를 공개하지 않고, 비밀활동 자체를 시인하지 않고 보호하는 것이다. 반면 쥐도 새도 모르게 은밀히 수행하는 정보활동을 공작(clandestine operation)이라 하고, 비밀공작은 공작자체가 존재하지 않고 베일에 가려지는 철저한 비노출, 공작 불인정의 숨기는 원칙을 고수한다. 모든 상대국에서 은밀하게 시도하는 정보활동을 크게 보아 비밀활동으로 정의하고 공작은 그런 비밀활동 영역에 속하면서 상대국이 눈치채지 못하도록 신속히 수행하는 내밀성이 있는 비밀작전으로 볼 수 있다. 2차 대전 당시 영국을 위시한 연합군 정보대가 독일에 침투하여 독일군 암호체계를 은밀히 획득, 운용하거나 미국 중앙정보부가 태평양에 침몰한 러시아 핵잠수함을 러시아 몰래 건져 올려 통신암호체계, 핵잠수함 설계, 핵무기운용 실태를 파악하는 비밀활동은 공작의 대표적인 사례이다.

로웬탈은 정보기관이 수행하는 비밀활동을 자국의 국익, 국가목표, 외교정책을 달성하기 위해 해외에서 정치, 경제, 군사적 영향력을 비밀리에 행사하는 정부 활동이라 한다. 구체적으로는 정책결정자가 공식적으로 정당하게 승인한 국가목표, 임무를 외교적으로나 다른 방법으로 달성할 수 없을 때 최후 수단으로 사용하는 은밀한 방안이며, 미국은 비밀활동, 공작, 영국은 특수활동이라고 한다. 비밀활동, 특수활동, 공작에는 항상 노출과 실패에서 오는 위험과 실패의 책임이 뒤따라서 정책결정 부서, 의회, 대통령에 이르는 책임소재를 확실히 해야 한다. 그렇지 않으면 위험과 실패의 책임에 따르는 정치적 파고와 국가위상에 주는 상처가 크다.[1] 홀트는 비밀활동을 외국에서 겉으로 드러나지 않게 소망하는 성과를 얻으려고 수행하는 행동 또는 역할이라고 한다. 그래서 소규모, 저비용으로 신속하게 이루어지고 그 효과 역시 상상을 초월하며, 실패 시에는 국가안보에 치

1) Lowenthal, Mark M. 2003. *op cit.* p. 124: U.S. National Security Act of 1949. Section. 503. The Department of Defense Dictionary of Military and Associated Terms (Joint Publication JP1-02): Carl, Leo D. 1990. ***International Dictionary of Intelligence.*** McLean, Virginia: International Defense Consultant Services, Inc. P. 63.

명적인 결과를 야기한다고 한다. 트레버턴은 비밀활동이 소규모이어야 한다는 의미는 목적이나 동기가 국가생존 수준에 이르는 고차원이어야 하고, 활동 목표의 범위는 가급적 좁혀 최단 시일 내에 신속히 완수해야 한다는 것이라고 말했다.[2] 정영철은 비합법적 공작을 포함한 비밀활동은 공작배후세력은 물론 공작주체도 비밀로 하여 정보기관만이 할 수 있는 고유 활동이라 한다. 김윤덕은 외국에서 공식적으로 국가목표를 수행하는 외교 활동에 비해 비밀공작은 대상국 내부에서 내국인과 연계하여 비밀스럽게 자국의 국가목표 달성에 영향을 주는 활동이라 한다.[3] 특히 비밀활동이나 공작은 상대국 국력, 경제력, 첨단 무기체계 정보를 비밀리에 입수, 자국의 취약 영역을 보강하여 경쟁국가, 잠재 적국, 또는 현재 적국이 도발을 자제하도록 유도하는 전쟁 억제력에 기여하고, 지역분쟁, 잠재 위협국에 선제적 공세로 호전성을 잠재우는 작전도 수행한다. 비밀활동, 공작은 대규모 군사작전 전개 대신에 은밀하게 소규모 인원과 정밀장비를 동원하여 최소 비용으로 경쟁국이나 적국의 국가안보 핵심 역량, 특히 정치, 경제, 사회, 군사의 민감한 영역을 무력화시키는 정보활동의 최전선 작전이다.

정보실무면에서 보면 비밀활동, 공작은 기능면에서 더욱 구체적으로 표현되고 있다. 기원전 5세기에 손무는 그의 손자병법 모공법 서두에서 적국을 온전한 채로 장악하는 것이 최상책 용병이며, 적국을 파괴하여 점령하는 것은 차선책 용병이라 한다(全國爲上, 破國次之). 그래서 적의 군단, 사단, 여단, 대대, 소부대, 분대에 이르는 적군을 싸워서 격파 하느니, 온전히 산채로 포섭하는 것이 최상책 용병술이라 한다(全軍, 全旅, 全卒, 全伍 爲上, 破軍, 破旅, 破卒, 破伍 次之). 따라서 백번 싸워 파괴하여 백번 이기는 것은 최선의 방법은 아니고(是故 百戰百勝, 非善之善者也), 싸우지 않고 적을 굴복시켜 온전한 채로 포섭하는 것이 상책이다(不戰而屈人之兵, 善之善者也). 적국, 적군을 굴복시켜 온전히 보존하여 장악하는 방법은 머리를 쓰고 모략으로 적의 전략, 책모를 분쇄하여 의도를 봉쇄하는 것이 최선이며, 외교 단절과 고립, 군사정벌, 요새공격은 하수라고 한다(故上兵伐謀, 其次伐交, 其次

2) Holt, Pat M. 1995. *op cit.* p. 135. p. 137: Treverton, Gregory F. 2003. *op cit.* pp. 140-141. p.155.

3) 정영철. 2002. "비밀공작론." 문정인편. 2002. 「국가정보론」. 서울: 박영사. 153쪽: 김윤덕. 2006. 전게서. 170-173쪽.

伐兵, 其下攻城). 그래서 손무는 싸우지 않고 경쟁국, 적국을 장악하거나 적군을 포섭하는 상책의 용병술은 지모(智謀)와 궤(詭)에서 온다고 한다. 지모는 지혜로운 전략과 계책을 개발하여 운용하는 역량이며, 궤는 없어도 있는 것처럼(無中生有), 남의 칼로 적을 죽이고(借刀殺人), 죽은 자도 이용(借尸還魂)하는 속임수 계략으로서, 비밀정보활동과 공작개념의 진수이다(intelligence activity, covert clandestine operation)이다.[4)]

전면전을 피하고 저비용 고소득의 정치효과를 극대화 하는 비밀활동, 비밀공작은 손무의 병법에서도 일반화 되었거니와 15세기 르네상스 도시국가 정보활동, 18세기 서구의 정치공작 스파이 암실(black chamber) 등으로 가동되었다. 또한 19세기 프러시아를 위시한 서구 국가의 무관 해외 파견, 20세기에 세계적으로 제도화 된 국내보안, 해외정보 기구 가동으로까지 발전되었다. 1차, 2차 대전을 거쳐, 냉전시대에 소련 주재 미국대사 케난은 X라는 필명으로 소련이 자체적으로 민주시민사회가 될 때까지 지속적으로 교류하고, 서구 동맹체제로 소련공산제국주의를 묶어두는 억제정책을 구현해야 한다고 주장한다. 그리고 국무부 정책실장으로 취임하여 국무장관 마샬 장군을 보좌하여 유럽, 아시아, 후진국을 재건하는 마샬 플랜(Marshall Plan)을 입안, 집행하면서 미국의 세계평화에 비밀활동 구사를 강조한다. 그는 2차 대전 후의 평화 시기는 소련이 국력을 풀가동하여 정치위기를 조성하는 시기이며, 평화 시기에는 클라우제비츠 전술인 정치전(political warfare) 전개를 주장한다. 평화시기의 정치전은 공식 정치전인 동맹외교, 경제원조 등 공개활동(overt acts) 구사와 같이 전면전을 피하는 대신, 국력을 동원하여 은밀히 소련과 소련의 위성국가에 친 서방, 친 미국 선전활동, 공산저항세력을 지원하는 비밀활동 수행을 일컫는다.[5)] 6. 25 전쟁 당시 제 4대 미국

---

4) 김학주 역. 1999. 전게서. 66-67쪽: 김재하. 2001. 전게서 83-84쪽: Sun Tzu, Cheng Lin. 1992. *op. cit.* pp. 103-104. 손자병법의 삼십육계(三十六計) 중 승전계(勝戰計), 적계(敵計), 공전계(攻戰計).

5) Kennan, George F. May 4, 1948. "Policy Planning Staff Memorandum: The inauguration of organized political warfare. Foreign Relations of the United States: 1945-1950." Nelson, Anna Kasten. 1983. ed. ***The State Department Policy Planning Staff Papers: 1947-1949***. Three volumes. New York: Garland Publishing: Papers written by the State Department's Policy Planning Staff, under the direction of George F. Kennan. Miscamble, Wilson D. 1993. ***George F. Kennan and the Making of American***

중앙정보부장 스미스(Walter Bedell Smith) 장군은 정보부의 비밀활동은 강간을 제외한 모든 범죄적 행위마저도 저지른다고 한다. 1976년 처치(Frank Church)의원이 이끄는 상원 정보 조사위원회에서 비밀공작(clandestine activity)이란 미국 외교정책 수행을 지원하려고 외국 정부, 조직, 사태에 영향을 끼치는 활동이라 하고, 공작 주체인 미국정부를 노출시키지 않고 수행하는 행위라고 한다. 한걸음 나아가 비밀공작 수행기관을 구체적으로 명시하는데 1978년 카터 대통령은 대통령 행정명령으로 해외 공작은 중앙정보부만 수행하도록 규정한다. 1981년 레이건 대통령은 행정명령 12333호를 발동하여 비밀활동은 해외에서 미국 외교정책 목표를 성취하도록 지원하는데 있고, 계획수립과 집행 주체인 미국정부는 비노출로 존재하지 않은 것으로 규정하고 있다. 부시 대통령 당시 성안된 1991년의 정보수권법(Intelligence Authorization Act)에서도 비밀활동은 미국정부가 의도하는 국가목표 달성을 위해 해외에서 정치, 경제, 군사적 영향력을 행사하는 행동, 역할이며, 미국정부가 비밀활동 주체임을 공시적으로 인정해서는 안 된다고 규정하고 있다.

21세기에 들어와서 인종 갈등, 이슬람 근본주의자의 대량 살상 테러, 국제마약거래, 조직범죄, 군사력에서 경제력으로 힘의 이동 경향, 세계화, 정보화 등으로 세계 각국은 공개적 외교활동과 더불어 준군사작전을 곁들인 비밀공작 활동을 진행하고 있다. 비밀활동은 정치, 경제, 준군사 활동으로 대별되고, 기능별로 선전공작(propaganda and agitation), 정치공작(political activity), 경제공작(economic unrest activity), 쿠데타(coupd'eta), 준군사작전(paramilitary operation) 등으로 분류될 수 있다. 정치적인 비밀공작을 수행하는 과정에서 선전, 쿠데타, 준군사작전이 동원되어 크게 보면 정치적 비밀활동에 선전, 쿠데타, 준군사 행동도 포함된다고 볼 수 있다. 그리고 경제 분야 비밀활동을 수행하다 보면 금융, 재정 혼란, 가격폭등 조장, 경제 모략선전, 국제입찰에서 경쟁국 기업의 정보 도청, 첨단기술 빼돌리기 공작도 전개되며, 쿠데타는 정치, 준군사활동이 필연적으로 개입 되고 준군사 활동은 비밀공작의 마지막 수단으로 폭력, 파괴가 수반된다. 따라서 폭력이 심화되는 정도로 보면 준군사작전, 쿠데타, 경제혼란공작, 정치공작, 선전선동 공작 순이며, 활동주체, 공작자체를 부인하는 강도별로는 반대로 선전선동공작, 정

Foreign Policy, 1947-1950. Princeton, New Jersey: Princeton University Press.

〈표 8-1〉 성능별 비밀공작

성능별 비밀공작	고강도 폭력	중강도 폭력	저강도 폭력
저강도 반박, 부인	준군사작전, 쿠데타		
중강도 반박, 부인		경제공작, 정치공작	
고강도 반박, 부인			선전선동

치공작, 경제혼란공작, 쿠데타, 준군사작전 순으로 볼 수 있다.[6)]

비밀활동은 그럴듯한 반박, 부정 논리로 지원세력, 활동주체는 물론 활동 자체를 밝히지 않는다. 은밀하게 임무를 수행하는 공작 역시 존재 자체를 숨기는 맥락에서 비밀활동이다. 또한 비밀활동과 공작을 크게 보아 비밀공작으로 정의 할 수 있다. 그래서 선전, 정치, 경제, 쿠데타, 준군사 활동을 비밀공작으로 부르기도 한다. 비밀공작은 성공해야 한다. 비밀공작이 실패하면 공작대원은 괴멸되고 공작 주체국은 국제적으로 신뢰감 상실, 대내적으로는 정치적 책임규명으로 혼란에 빠지며, 정권 담당자인 대통령이나 수상은 퇴진 압박의 기로에서 재집권이 무망해질 수도 있다. 비밀공작의 성공요건은 정당성 확보, 대통령, 수상, 정보 조직의 지휘 계통 상에 있는 결정권자의 적법한 결심과 책임소재 명확화, 의회와 연락유지, 정보 공동체와 작전 부처 간의 고강도 협조와 지원, 능력 있는 정보기관의 치밀한 계획과 완벽한 예행연습, 신속한 공작수행, 비밀공작 수행 후의 지속적 관찰(monitoring and follow up), 사태 파악(consequences)과 필요한 조치를 강구하는 후속적 조치, 그리고 공작 과정의 비밀보안 유지 등이다. 기능, 임무, 효과별로 나눈 선전선동, 정치, 경제, 쿠데타, 준군사 작전 등 비밀공작을 공작 성공요건과 결부하여 사례를 들어 분석해본다.

6) Johnson, Loch K. (ed). 2010. *The Oxford Handbook of National Security Intelligence.* New York & London: Oxford University Press: Carl, Leo D. 1996. ***CIA Insider's Dictionary of US and Foreign Intelligence. Counter-intelligence & Tradecraft.*** Washington, D.C.: NIBC Press, National Intelligence Book Center. pp. 126-130: Lowenthal, Mark M. 2003. *op cit.* p. 130: Pero, Mario del. 2003. "The Role of Covert Operation in the US Cold War Foreign Policy." Bungert, Heike, Jan G. Heitman, Michael Wala. (ed). ***Secret Intelligence in the Twentieth Century.*** London: Frank Cass. pp. 69-70.

비밀공작을 수행하는데 필요한 정당성은 비밀공작이 국가생존, 국가목표, 외교군사 정책목표 달성, 세계 평화와 안정에 기여하는 영향, 시민피해 최소화, 저비용 효과 극대화로 국민지지는 물론 대외적으로 용인되는 명분이 있어야 한다. 대외정책목표 달성과 수행 수단도 일관성이 있고 도덕적으로 용납 될 수 있는 정당한 공작수행(right conduct)이 요구된다. 정당한 공작수행은 공작수행으로 얻어지는 결과 평가(assessment of consequences)보다 더욱 중요한 선행 요건이 된다.[7] 2차 대전 당시 유대인 수용소에서 유대인을 대량 학살한 주범인 히틀러 친위대 중령 아이히만을 이스라엘 대외정보부 모사드와 국내보안부 신베트가 15년 동안 추적하였다. 그 결과, 1960년 5월 21일 아르헨티나 수도 부에노스아이레스 외곽에서 붙잡아 아프리카 다카를 경유 텔아비브로 호송하여 법정에 기소한다. 유엔 안전보장이사회나 아르헨티나 정부는 아르헨티나 영토에서 이스라엘 정부가 아이히만을 납치한 행위를 국제법상 아르헨티나 주권침해라고 이스라엘에 항의하고 유감을 표명한다. 그러나 이스라엘은 정보기관 개입이 아니고, 분노한 유대인의 자발적 행동이라는 그 나름의 그럴듯한 논리로 유엔과 아르헨티나에 외교적으로 호소하고 설득하여 아이히만 납치와 호송 공작에 관한 주권침해 논쟁을 무난히 해결한다. 아이히만 체포와 호송공작을 수행한 모사드와 신베트 정보기관에 이스라엘 시민이 보낸 찬사는 열광적이었으며 전 세계 국가 정보기관의 흥미를 끌기에 충분하였다.

오바마 대통령은 4월 29일 오사마 빈 라덴을 일컫는 암호명인 제로니모(Geronimo)를 생포하거나 사살하라는 비밀공작 작전 명령, 해신의 창(Neptune Spear)을 승인한다. 대통령 결심 3일후인 2011년 5월 1일 세계표준 시간으로 오후 8시, 파키스탄 현지 시간으로는 5월 2일 새벽 1시에 미군 합동 특수전 사령부(Joint Special Operations Command) 산하 해군 특수부대(Navy Seals: Sea, Air and Land Teams) 요원 24명이 아프가니스탄 바그람 기지에서 헬기로 이동하여 파키스탄 동북부 아보타바드(Abbottabad) 외곽에 있는 알카에다 지도자 오사마 빈 라덴의 은신처 건물을 급습한다. 건물 3층에 있던 오사마 빈 라덴을 사살한 비밀공작은 미국 국민은 물론 유엔, 테러를 배격하는 세계 각국의 지지를 받고 있다. 해군특수부대가 오사마를 사살한 후에 시신을 북아라비아 해역에서 작전 중이던

---

7) Herman, Michael. 2001. *op cit.* p. 202.

미국 항모 칼빈슨호(Carl Vinson)로 옮겨 수장한 이후, 오바마 대통령에대한 미국 시민 지지도는 60%를 상회하고 재선 승리에 한걸음 다가서고 있다. 물론 이슬람권의 근본주의자는 격렬히 항의하고 오사마 빈 라덴의 사살에 보복을 다짐하고 있다.

선전선동공작은 상대국 국민심리를 자극하여 국가나 정권 정통성에 의문을 가지고 이반현상이나 저항운동을 야기하고, 적국이 자행한 전쟁 부당성을 알리고 심리적으로 적군의 사기를 저하시킨다. 제갈량(諸葛亮)은 군사작전에서 적군을 공격하기에 앞서 적군의 마음을 사로잡아야 한다고 주장한다. 최우선 군사작전은 아군은 이기고 적은 질 수밖에 없다는 정신전력을 확보하는 심리전 수행이며, 물리적 군사 전개는 그 다음이라 한다(用兵之道, 功心爲上, 功城爲下). 제갈량이 말하는 공심(功心)은 아군은 이길 수 있다는 승리감에 충만하고 적은 패배감으로 주눅이 들게 하는 심리전으로 승기를 잡는 데 있다. 무기를 들기 전에 적은 이미 싸울 의지를 상실하게 하고 아군은 반드시 승리한다는 확신을 심어주는 것이다. 마음공략전쟁(功心戰)에서 우위를 차지하기 위해서는 정신전력 확보가 우선이며, 마음전쟁 승리는 선전선동, 심리전에서 온다고 한다. 선전이라는 뜻은 의사소통의 한 형식이다. 정확한 언어의 논리적 구사로 체계화된 내용을 상대방, 조직, 집단, 정부, 국민들에게 전하고 설득하여 그들의 마음을 사로잡아 생각, 행동, 태도를 바꾸게 하여 선전주체가 원하는 방향으로 유도하는 의도된 체계적 행동이라 한다.[8] 주관적인 인간감성과 경험에 의한 객관적 역사 인식을 통합하는 이론을 정립하는데 해석학은 문헌고증, 언어와 문법의 논리적 해석을 중시한다. 즉, 경험과 역사를 바탕으로 실존이라는 지평에서 인간과 사회를 해석하고 이해하려는 해석학, 현상학은 연설, 문장으로 표현된 의미를 타인과 언어 소통으로 설명하고 이해하며, 설득은 언어소통 기법으로 이해하려 한다.

딜타이는 지식은 나와 타인의 일상생활에서 얻은 경험을 언어와 문서로 정리하여 상호 교류, 의사소통으로 이해하고, 하버마스는 실증적 분석과학과 역사해

8) Lerner, Daniel. 1971. *Psychological Warfare Against Nazi Germany: The Sykewar Campaign, D-Day to VE-Day*. Cambridge, Massachusetts: The MIT Press; Cunningham, Stanley, B. 2002. *The Idea of Propaganda: A Reconstruction*. Westport, Connecticut: Praeger; Jowett, Garth S. and O'Donnell, Victoria. 2006. *Propaganda and Persuasion*. Thousand Oaks, California: Sage Publications, Inc.

석과학을 자유로운 해방적 가치지향, 체계적 의사소통과 집단 담론으로 비판이론을 정립하려한다. 해석학, 현상학에서 공통으로 강조하는 논점은 일상생활에서 얻은 경험을 논리적 언어 구사로 의사를 소통하여 담론으로 설득력이 있는 이론 정립을 시도하자는 것이다. 선전공작도 전달자(senders) - 선전메시지(message) - 수신자(receiver)로 이어지는 연계과정에서 이루어진다. 따라서 선전내용은 원래가 중립적이고 객관적이며 사실에 바탕을 둔 실존하는 진실이다. 다만 전달자인 선전선동원이 그가 의도하는 목표에 따라 논리적이고 설득력 있게 문장 내용을 변형하여, 상대방의 태도와 행동의 변화를 야기하는 것이다. 그래서 전달자의 정체를 밝히고 객관적 내용을 수신자에게 전달하여 의도하는 선전효과를 노리는 백색선전(white propaganda)이 있는가 하면, 전달자의 신분, 정체는 감추고, 때로는 상대방, 상대국, 조직의 이름을 도용하여 변형된 내용, 상대국, 조직, 개인에게 기만적인 내용을 전달하여 의도하는 선전효과를 달성하는 흑색선전(black propaganda)이 있다. 아울러 백색이나 흑색도 아닌 제3의 회색선전공작(gay propaganda)도 있다. 회색선전은 정체불명의 전달 매체가 다소 객관적인 선전내용을 전달하여 처음에는 상대국, 집단, 개인이 믿지 않으나 시간이 경과 하면서 사실로 판명되어 적들이 믿고 따르는 선전공작이다.

현장에서 정찰하고 분석한 정보를 바탕으로 알렉산더 대왕은 그가 이끄는 마케도니아, 그리스인 장병을 동방의 이민족과 결혼하여 하나의 민족으로 통합하려는 심리전으로 이방 인종의 마음을 사로잡으려 하였고, 징기스칸은 저항하면 남녀노소 모두와 주거지를 도륙 내는 공포분위기 조성으로 정복지를 넓혀 나갔다. 중세와 계몽시대 유럽은 가톨릭, 프로테스탄트, 유대교 모두 설득력 있는 교리 설명을 종교적 우위확보의 선전도구로 삼는 경향이 짙었다. 1차, 2차 대전을 겪으며 군의 사기 앙양, 기만심리전으로 적의 사기를 저하 시키는 흑색선전이 체계적으로 수행되었다. 1차 대전 후에 히틀러의 나치정권은 시종일관 협박, 회유, 선동공작으로 정권을 이끌었다. 나치정권이 수행한 선전선동공작은 대내적으로 게르만 민족의 우수성과 유대인 말살, 대외적으로 독일제국형성에 정당성과 명분론을 내세웠다. 괴벨스(Joseph Goebbels)가 국민계몽선전부 장관(Ministry of Public Enlightenment and Propaganda)으로 독일 점령지의 모든 방송, 신문기자, 작가, 음악가, 화가, 예능인, 영화, 극장, 예술조직을 휘하에 두고 선전선동 동원체계를 구축한다. 히틀러는 통치철학의 대중화, 우상숭배는 물론, 전선의 독일군 정신전력 강화에 선전선동 역량을 집중한다. 이런 선전 선동공작은 2차 대전 후에 러시아, 중국, 동구권, 쿠바, 북한, 베트남 공산 정권, 냉전해체 후의 이슬람 과격 원리주의자 테러조직에도 이어진다. 공산혁명이나 테러는 자유와 경제적 풍요로움이 결핍되어 상대적 박탈감을 느끼는 대중을 고난의 혁명대열에 참가, 테러에 동참하는 희생이 자기성취, 승화라는 정신적 보상으로 어느 정도 지탱되고 있다. 정신적 심리적 보상으로 공산혁명과 테러를 지속하는 저변에는 집요한 선전선동공작이 자리 매김하고 있다. 선전비밀공작이 성공하기위해서는 일회성으로 끝나는 것이 아닌 장기적으로 일관성이 있는 공작수행이 필요하며, 비밀공작 후의 사태 파악과 조치, 비밀공작 후의 지속적 관찰과 효과유지가 필수적이다.

선전선동에 활용되는 방안, 기법으로는 백색선전의 경우 국가 공식 홍보기관을 운영하여 정부통계, 정책서적을 발간하거나 교수, 연구소 연구원, 언론인, 여론지도층을 활용하여 방송, 언론매체로 선전내용을 발표하는 것이다. 냉전시대 공산진영에서는 소련의 백색선전선동은 모스크바 라디오(Radio Moscow), 이스베치아, 프라우다 신문이 견인차 역할을 하고, 미국은 해외홍보처(United States Information Agency)가 미국의 소리 방송(the Voice of America)으로 소련, 동구, 중국, 베트남, 북한, 그리고 아시아 개발도상국에 민주화, 산업화, 세계뉴스를 전파한다. 반면에 자유유럽방송(Radio Free Europe)과 자유방송(Radio Liberty)은 공산권, 독재국의 반발을 회피하면서 자연스럽게 서방세계의 소식, 친서방적 정서를 유도하는 회색선전의 효과도 보게 된다. 흑색선전은 특히 쿠바 침공, 폴란드, 헝가리, 체코, 동독의 민주화 시민봉기 당시에 유럽이나 미국은 선전주체, 뉴스소스를 은폐하면서 동구권, 소련에서 비밀리에 실시한 여론조사 내용을 라디오, 전단, 책자, 전문 학회지 발표로 동구권, 소련의 민주화, 자유화, 개방화를 촉진하는데 한 몫을 하게 된다.[9] 21세기에는 라디오, TV, 각종 인쇄물, 전단 살포, 정찰기의 방송전파 교란과 조작 외에도 인터넷, 페이스북, 트위터, 블로그, 스마트폰 등

9) 냉전시대 동구권, 러시아 내의 여론조사는 허용되지 않아 비밀리에 진행되었다. 냉전체제 후에 러시아, 동구권, 중국은 아직도 여론조사, 설문조사가 공개적으로 익숙하게 받아들여지지 못하고 있다. 1991-1997년 기간에 필자와 연구팀은 러시아, 헝가리, 중국의 대학생 의식행동 실증조사를 현지 방문 설문, 면접으로 수행하는데 주로 현지 한국 유학생이 대학생 개인별로 인간적 차원에서 면접형식으로 조사하는 것이 더욱 자연스럽고 효과적이었다.

이 실시간 뉴스 전파, 즉각적인 여론 형성에 전위 역할을 하며 북아프리카, 중동의 민주화에도 신선한 충격파를 주고 있다. 새로운 대중 미디어 기법과 체계구축, 지상파, 공중파 활용, 인터넷 사용이 선전선동 공작에 새로운 지평을 열게 된다.

정치공작(political activity)은 자국의 국가목표, 외교정책을 원활히 달성하려고 은밀하게 상대국이나 상대국 정부를 우호, 동맹, 지원세력으로 끌어들이거나 적대적 정치 세력을 제거하는 비밀공작이다. 미시적 정치공작은 상대 국가의 대통령, 총리, 장관, 국회의원, 언론계, 학계, 경제계, 이익단체, NGO의 지도자, 군간부, 전망이 있는 유력 후보, 해외 망명지도자를 우호세력으로 포섭한다. 반면에 부패한 장기집권 정치지도자, 자국 이익에 위해가 되는 정치지도자를 축출하는 정치공작도 자행된다. 중범위 공작은 자국에 우호적인 정치 지도세력, 정당으로 정권 교체를 하고, 대체세력을 양성하며, 정부 정책변환이나 법률제도 정비를 유도한다. 우호적 정권교체를 달성하기 위해, 상황에 따라서는 정치자금 살포, 체제전복 쿠데타, 준군사공작이 동원되기도 한다. 거시적 정치공작은 상대국 시민이 자국에 친밀한 성향을 갖도록, 자국의 정치이념에 동조하는 여론을 조성하는 장기간에 걸친 체계적 정치공작이다. 2차 대전 직후 공산, 자본주의로 대별되는 냉전체제가 형성된다. 소련 공산 체제의 영향력 아래에서 동유럽은 위성국가로 전락한다. 동유럽에 근접한 서독, 이탈리아, 그리스에는 공산당, 사회당이 우세한 정치세력으로 등장한다. 같은 맥락에서 동아시아의 일본, 한국, 중남미 국가인 엘살바도르, 과테말라, 온두라스, 니카라과, 파나마, 에콰도르, 우루과이, 칠레, 콜롬비아, 쿠바에도 공산당, 사회주의 좌파 정당이 집권 대체 세력으로 영향력이 증대된다. 이에 맞서 2차 대전 후에 미국은 영국, 프랑스, 이탈리아 등 유럽 국가와 일본에는 전시 복구를 위한 경제원조, 아프리카, 중동, 동아시아, 중남미 국가에는 경제 사회 발전을 지원하는 마샬 플랜을 수행한다.

미국은 마샬 플랜으로 경제원조를 제공하면서도 공산당이나 사회주의 좌파세력과 경쟁 관계에서 취약한 우파정치세력을 도와 정치 자금을 살포하고, 흑색선전으로 좌파세력을 견제하여 소련에 정치적으로 경도되는 국가를 친서방 정치체제에 묶어 두려 하였다. 유럽에서 서독, 이탈리아의 기독교민주당, 일본의 자유민주당 지원은 이의 전형적 예이다. 또한 미국, 서유럽, 친서방 국가에 정치경제적 위협을 주는 후진 국가의 집권 공산당, 사회주의 정당을 무력화시키는 쿠데타, 준군사공작도 감행된다. 이란, 니카라과, 에콰도르, 칠레 등이 좋은 사례이다. 이탈리아는 2차 대전 직후 1946년 6월 2일 국민투표로 공화국을 선포하고 1948년 1월 1일 내각책임제로 헌법을 제정한다. 아드리안해(Adriatic Ocean)를 사이에 두고 동부 지역의 유고슬라비아, 루마니아, 불가리아 등 소련 공산위성국가의 위협, 소련의 직접 개입 속에 이탈리아는 공산당, 사회당 좌파정당이 약진하고 있었다. 1948년 4월 18일 실시되는 총선에서 이탈리아 공산당, 사회당이 인민민주주의 전선(Popular Democratic Front)이라는 선거 연대를 결성하고 '부유층을 대변하는 기독교민주당이 집권하는 그 날, 경제력은 소수 계층 전유물로 전락'이라는 등식 선전으로 민중을 파고들었다. 소련의 재정지원으로 좌파연합 전선이 집권 세력으로 등장 할 것이 확실시 된다는 당시의 영국, 프랑스 등 유럽 국가의 정세판단, 뉴욕 타임스 기사, 로마 현지 미국 대사관, 정보당국의 판단을 참고하면서 백악관 보좌관, 국무부, 유럽주둔 미군, 전략 정보기관의 건의로 트루만 대통령은 이탈리아 우파 정당인 기독교민주당을 지원하기로 결정한다. 지원방법은 마샬플랜에 의거한 이탈리아 경제원조와 더불어 추가 경제지원과 비밀정치공작 자금을 지원하는 것이었다. 선거를 주관하는 연립정부 기독교 민주당 당수인 가스페리(Alcide De Gasperi) 수상이 미국을 방문하여 트루먼 대통령과 회담하고 추가 경제 지원을 얻어 낸다. 대신 연립정부의 공산당, 사회당 출신 각료가 장악한 외무, 재무장관등 각료를 전부 경질하여 확실한 우파정권 면모를 보여주게 된다. 추가로 지원 받은 경제원조는 미국에서 들어온 10억 달러 차관 탕감, 미국의회에서 승인한 1,870만 달러 추가 원조, 2차 대전 당시에 유럽 전선에서 잡혀 미국 포로수용소에서 일한 6만 여명의 이탈리아 포로에게 임금 4백30만 달러 지급, 미국 시민단체에서 보낸 유적유물 보존 지원금, 노동단체 지원금 등이다.

비밀정치공작 자금은 패망한 히틀러 나치정부에서 압수한 금액 중에서 1,000만 달러를 가스페리 기독교민주당 당수, 기독교민주당 유력후보, 근로자 단체, 언론방송매체, 친우파 시민단체 등에 제공하였다. 백색, 흑색 선전공작에도 자금을 투입하여 미국 할리우드 배우 게리 쿠퍼, 프랭크 시나트라, 루즈벨트 대통령 부인 엘리노어 루즈벨트 여사가 연달아 이탈리아 국민에게 보내는 '자유 선택 아니면 공산독재 노예의 기로에서'같은 공개적 백색선전 방송과 전단 살포, '이탈리아 국민의 주식인 밀가루 40%는 이탈리아 생산, 60%는 미국원조'라는 전단

천만장을 매일 이탈리아 전 가구에 우송하고 공산당 연합전선의 내부 갈등을 증폭시키는 흑색선전공작도 병행한다. 공화정 헌법제정 이후 처음 실시된 총선에서 우파 기독교 민주당은 48% 국민지지로 공산당, 사회당 좌파연대를 누르고 집권당이 된다. 그리고 좌파 연립정권이 들어서는 정권교체도 있었다.

그러나 1992년 이탈리아 북부 산업도시 밀란에서 보렐리(Francesco Saverio Borrelli), 피에트로(Antonio Di Pietro) 검사가 주축이 되어 세금 탈루, 부정거래, 뇌물죄로 정치인, 기업인, 관료, 마피아를 대거 체포하여 법정에 서게 하는 이탈리아 부패 청산운동(clean hand)이 들불처럼 번지게 된다. 정치권은 사회당, 공산당, 기독교민주당이고 가릴 것 없이 연루되어 수사를 받았고, 크락시(Bettino Craxi) 수상은 튀니지로 도망치고 유럽연합에서 이탈리아의 영향력은 프랑스, 독일, 영국, 다음으로 바닥이었다. 그리하여 1992년부터 1994년 기간에 부패와 무능으로 얼룩진 기독교민주당은 해체되고 국민의 폭넓은 지지를 상실한 사회당과 공산당도 해산한다. 밀란 법대 출신으로 TV방송 미디어 재벌인 베를루스코니(Silvio Berlusconi)가 주동이 되어 각 전문 분야의 관리자 계층, 언론인, 대학교수 등으로 구성된 중간우파 성향인 전진 이탈리아당(Forza Italia)을 만들어 총선에서 승리하였다. 베를루스코니 수상은 1994년 5월 10일 수상에 취임하여 그해 12월 22일까지 7개월 집권하고 다시 2001년 총선에서 승리하였다. 2006년 사회당 프로디(Romano Prodi) 수상집권 이후 다시 재기하여 현재까지 10년이란 최장수 수상을 역임 하고 있다. 이런 안정적 정치 발전의 이면에는 초기 정권 수립이후 24년간, 1990년 이후부터 지금까지 미국 국무부, 중앙정보부, 미국 의회, 나토 미군사령부에서 관심을 갖고 이탈리아 정치체제의 안정화를 지속적으로 관찰 해온 노력이 있었다.[10] 비밀공작 수행후의 지속적 관찰, 사태 파악과 필요한 조치를 강구하는 후속적 조치가 비밀공작 성공의 요건이라는 견해가 적용되는 사례이다.

한편 정치비밀공작을 수행한 후에 지속적 관찰로 발생할 수 있는 사태를 예상하고 적기에 필요한 조치를 내려야 하는 후속조치가 미흡하여 정치공작의 부정

---

10) Andrew, Christopher. 1996. *op. cit.* pp. 171-172: Church Committee. 1976. Final Report. Book Ⅱ. Conclusions: Holt, Robert T. and Robert W. van de Velde. 1960. *Strategic Psychological Operations and American Foreign Policy*. Chicago, Illinois: The University of Chicago Press. pp. 159-205.

적 역풍을 맞은 경우도 있다. 1951년 이란 모사데크(Mohammad Mossadeq) 수상 축출 공작과 그로부터 28년 후인 1979년 이슬람 종교혁명으로 집권한 호메이니(Ayatollah Ruhollah Khomeini) 신권정치 전개가 대표적인 예이다. 1951년 4월 팔레비(Mohammad Reza Pahlavi) 국왕에 의해 수상으로 임명된 모사데크가 앵글로-이란 석유회사를 국유화하고 좌파성향으로 흐르자 미국은 모사데크를 축출하는 공작을 실행한다. 결국 모사데크를 축출하고 영국은 석유이권을 계속 유지하고 중동지역에 소련이 확장하는 공산세력은 저지된다. 그러나 팔레비 국왕은 서구 민주화, 시장경제 추구, 세속적 중산계층 확립대신에 왕권을 강화한다. 그는 20세기에 자비스런 국왕의 면모를 보인다고 길거리 하층민에게 금화를 던져주는 봉건시대 전제 군주 행동을 보였다. 이슬람 종교 중심주의에서 왕권을 강화하고 팔레비 국왕 자신을 비롯한 왕족, 정부 관료는 석유 판매 대금으로 사치스러운 생활이나하고 부패하여 세속적 중산계층 확보와는 처음부터 거리가 멀었다. 시민과 농민, 이슬람 종교계의 요구를 묵살하고 이슬람 종교계, 시민의 봉기를 사바크 정보보안군(SAVAK)이 무자비하게 진압하여 1976년부터 호메이니의 이슬람 종교 신권 정치와 혁명의 깃발아래 모든 저항단체가 결속하기 시작하였다.

한편 이시기에 카터 대통령이 집권하여 그의 안보보좌관 브레진스키(Zbigniew Brzezinski), 슬레징거(James Schlesinger) 에너지 장관은 팔레비 국왕을 적극 지지하나 국무장관 벤스(Cyrus Vance)는 회의적이었다. 이란 주재 미국 대사 설리번(William Sullivan)은 계속 현지 상황을 보고하나 카터 대통령은 미온적이어서 현지 중앙정보부 요원도 적극적으로 정치공작을 전개할 처지도 아니었다. 파리에 망명하여 이슬람 종교계를 배후에서 지휘하여 신권 혁명을 이끄는 호메이니와 직접 담판하는 백악관의 선제적 움직임도 없었다. 드디어 1979년 1월 팔레비 국왕은 이집트로 망명하고 9월에 파리에서 호메이니가 귀국하여 이슬람 종교 지도자가 통치하는 신권헌법을 제정한다.[11] 호메이니는 서구자본주의나 소련 공산주의도 배격하며 오직 이란 이슬람 민족주의만 있다는 논리로 이란 주재 미국대사관을 폐쇄하고 외교관을 인질로 붙잡아두기까지 한다. 비밀정치공작이 성공하려

---

11) Kurzman, Charles. 2004. *The Unthinkable Revolution in Iran*. Cambridge, Massachusetts: Harvard University Press. pp. 131-160: Andrew, Christopher. 1996. op. cit. pp. 202-210.

면 정치공작이후 계속 추이를 관찰하고 필요한 후속 조치를 취해야 한다. 이란 대사관의 외교관, 정보관은 현지 사정을 본국에 보고하고 국가안보회의에서 많은 토론으로 합의를 보면서, 대통령은 단호한 결단으로 팔레비 국왕과 보좌 팀에게 이란의 세속적인 정치, 사회, 경제 발전 개혁을 수행하도록 조치를 취했어야 하고 이런 지평에서 필요하다면 새로운 비밀정치공작을 펼쳤어야 하지 않았는가 생각해 본다.

정치공작에 이어 경제비밀공작은 자국의 국가이익 성취, 시장경제의 경쟁력 확보, 금융, 산업분야의 우위 확보를 목적으로 비밀리에 상대국 경제에 영향력을 끼치는 공작이다. 군왕이 국가를 운영하는데 제일 위의 우선 정책은 백성이 풍요롭게 먹는 경제(足食)이며 그 다음이 국가안보(足兵), 국민의 지지(足信) 순으로 공자가 말한 것처럼 경제에 타격을 주는 비밀공작은 정당한 명분, 명확한 목표, 치밀한 계획, 후속조치 강구가 선행되어야 한다. 미시적으로는 상대국 과학기술자, 군사장비 기술자, 산업기술자, 개발자를 접촉하여 이념을 공유하는 파트너로 물질 보상, 회유, 협박, 자국에 이민 제공 등 다양한 방법으로 상대국 과학기술, 산업기술, 산업제품, 출시제품의 원형을 빼돌리는 공작을 수행한다. 1990년 초에 소련이 해체되고 공산체제에서 시장경제로 러시아 공화국이 출발하면서 우주, 항공, 무기, 미사일, 통신 산업과 물리, 화학, 수학 등 기초과학분야에서 미국, 독일, 영국, 프랑스, 특히 미국이 주도적으로 우수한 러시아 인재를 조용히 자국에 귀국 정착시킨다.[12] 중범위적 조직차원에서는 국가정보기관이 개입하여 상대국 경제기반 붕괴 목적으로 경제 혼란, 사회불안 야기, 궁극적으로는 정치체제 변화나 전복으로 연결시킨다. 1990년 초에 레이건 대통령은 고르바초프 대통령에게 탱크, 대포 등 재래식 무기나 미사일, 핵무기 등 대량살상 전략무기 감축을 제의한다. 만일 이 제의를 거부하고 소련이 계속 장거리 핵탄두 미사일을 증강하면

12) 1991년 10월 15일 필자는 모스크바 대학 로구노프 총장의 주선으로 러시아 국영 우주항공사 사장을 면담하고, 유리 가가린이 처음 지구 궤도를 따라 비행한 인공위성을 비롯한 시기별로 모아둔 인공위성 전시장을 관람했다. 우주항공사는 예산 감축으로 인공위성에 사용하는 경량의 견고한 특수금속을 지체장애자를 위한 인공보조기구를 독일 회사와 합작으로 제작 판매하고 있었다. 우주항공 산업분야의 과학기술자들은 해외로나가 직장을 가지면서 우주항공 기술이 이전된다고 현장전문가들은 말하고 있었다. 필자 역시 우주항공사장의 양해로 인공위성 건조에 쓰이는 특수금속세트를 얻어 포항제철 박태준 회장에게 분석용으로 전해 주었다.

미국은 세칭 '별들의 전쟁'이라는 미사일 방어 요격 시스템(strategic defense initiative)을 개발 할 것이라면서 연방정부 예산에 미사일 요격 연구개발비를 포함시킨다. 소련은 막대한 군사비 지출, 위성국 원조를 감내 할 수 없어 미국과 재래식 무기와 핵무기 감축 협상을 진행하고, 사회주의 통제 경제 시스템의 내부적 모순 등으로 공산제국 해체를 초래하고 러시아 공화국으로 체제를 변모시킨다.

경제공작은 공산국가의 경제 시스템 붕괴, 후진국 정치 시스템 변화, 테러조직 준동을 촉발시키기도 한다. 물가폭등, 생필품 부족, 암시장 거래 심화, 근로자 파업유도, 철도 폭파, 유류저장고 폭파, 전기와 수도 공급차단 등 재래식 경제파괴 공작을 수행한다. 그리고 세계 시장의 경제 혼란을 조장하려고 외환 투기, 위조지폐 사용, 컴퓨터 해킹과 사이버 테러로 기업 생산 차질과 산업기밀 빼내기, 금융 시스템 정지로 경제 질서를 세계차원에서 교란시키려 한다. 21세기에는 경제교란 뿐 아니라 과학기술, 산업정보를 컴퓨터 해킹으로 수집하며 산업, 금융, 영업, 물류, 해운, 항공, 철도 관리 시스템을 마비시키는 사이버 전쟁이 국가, 비정부조직, 개인 수준에서 심화 될 것으로 보인다.[13] 그런데 과학기술정보 수집을 바탕으로 경쟁국 기업의 산업 정보, 입찰단가 정보를 사전에 입수, 자국 기업에 제공하여 국제경쟁입찰에서 사업 프로젝트를 수주 받게 도움을 주는 경제공작도 수행한다. 미국 국방부 산하 국가안보청(NSA)이 주도하여 영국 관방부 정보본부(GCHQ), 캐나다 정보안전부(Communications Security Establishment), 호주 국방통신본부(Defence Signals Directorate), 그리고 뉴질랜드 정부통신안전부(Government Communications Security Bureau) 등 5개국 통신정보기관이 에셜론(Echelon)이라는 신호통신 정보 협력체계를 운영한다. 에셜론은 전 세계 통신감청, 감시시스템으로 냉전시대에는 소련, 동구권의 군사외교 통신을 감청하고, 냉전 해체 이후에는 테러예방, 마약거래, 국제범죄를 감시하는 신호통신정보를 비밀리에 작동하고 있었다. 인공위성에서 도청한 통신내용을 지상 레이더기지에서 수신하여 통신신호정보를 분석하고, 주로 공작 수행에 활용하였다. 그런데 앵글로 색슨 5개 국가들이 에셜론 시스템을 작동 하면서 자국 기업 활동에도 도움을 주는 경제공작을 수행하다가 공작 실체의 일부가 발각되어 전 세계 비판의 대상이 되기도 한다. 독일 터빈기계 공작사인 에너콘(Enercon)은 에너지절약 터빈기계 기술 정보,

13) Holt, Pat M. 1995. op. cit. pp. 135-150.

벨기에 음성기술회사인 러노(Lernout)는 자사의 기술이 전화 통화 과정에서 유출되고, 유럽 에어버스 항공사는 사우디에 항공기 판매 입찰 성사 단계에서 사우디 항공사에 뇌물 공여를 한 통화 사실이 유포되어 60억 달러의 판매계약이 취소되었다. 뇌물공여 내용은 통신감청에서 수집되고 경쟁 항공기 제작사에서 이 사실을 언론에 알려서 공론화 되었는데, 통신감청 내용 수집의 배후는 미국 국가안보청으로 알려져 있다.[14)]

비밀공작의 한 유형으로 쿠데타(coup d'état)는 주로 소수 정치세력, 군부가 이념, 정책, 이해관계 갈등에서 무력을 사용하여 초법적으로 기존 사회질서를 파괴하거나, 정치체제를 변혁하고, 정권을 전복하여 탈취하는 정치행위라 할 수 있다. 군부가 주동이 된 군사정변을 전형적인 쿠데타로 정의 할 수 있으나, 소수 정치세력이 무력을 사용하여 정권을 찬탈하는 정변(putsch)도 광의의 쿠데타이다. 헌팅턴(Samuel P. Huntington)은 쿠데타 유형을 소수 군부 소장 세력이 기존 정부를 전복하고 효율적 관료조직 정부를 수립하는 변혁 쿠데타(breakthrough coup d'état), 소수 군부 세력이 사회질서 확립과 부패 청산 명분으로 기존 정권을 전복하고 새로운 정권을 탄생시키는 수호형 쿠데타(guardian coup d'état), 시민봉기, 시민참여, 새로운 질서 창조를 거부하는 군부, 집권세력에 의한 거부 쿠데타(veto coup d'état)가 있다고 한다.[15)] 쿠데타 역사는 고대 이집트 파라오 왕조 정변, 중세 유럽, 중국, 고려, 조선 왕조의 왕실 권력 쟁취형 궁정 쿠데타, 18세기 프랑스 혁명 이후 나폴레옹을 위한 군부의 황제 옹립형 정변, 20세기 후진국 정치체제에 변혁을 가져온 이집트, 터키, 중남미, 한국, 파키스탄의 군부 쿠데타로 이어지고 있다. 한편, 자국의 국익을 확대하고, 외교안보정책을 구현하려는 비밀공작 차원

---

14) Richard, Aldrich J. 2010. ***GCHQ: The Uncensored Story of Britain's Most Secret Intelligence Agency***. New York: HarperCollins: James, Bamford. 2008. ***The Shadow Factory: The Ultra-Secret NSA from 9/11 to the Eavesdropping on America***. New York: Doubleday(뉴질랜드 기자 닉키 헤거(Nicky Hager)는 2001년 4월 유럽의회 청문회에서 에셜론 경제공작에 관해 증언하였다).

15) Huntington, Samuel. 1957. ***The Soldier and the State: The Theory and Politics of Civil-Military Relations***. Cambridge, Massachusetts: The Belinda Press of Harvard University: Huntington, Samuel. 1968. ***Political Order in Changing Society***. New Haven, Connecticut: Yale University Press: Huntington, Samuel. 1996. ***The Clash of Civilizations and the Remaking of World Order***. New York: Simon & Schuster.

에서 상대국의 정치세력, 군부를 움직여 기존 정치이념, 사회체제를 변혁하며 정권을 정복하여 새로운 정권을 탄생시키는 쿠데타 공작은 20세기 냉전시대에 뚜렷해졌다. 또한 과학기술정보제공, 최신 신호통신 기술제공으로 상대국내의 정권 전복을 미연에 방지하여 친밀한 외교관계를 증진하는 정보공작도 진행된다. 미국이 개입한 칠레의 군사 쿠데타, 러시아 공화국 탄생에 반대하는 공산보수 세력 쿠데타를 무산시키는데 과학기술정보, 신호통신정보를 제공한 미국의 비밀정보공작이 좋은 사례이다.

칠레의 아옌데(Salvador Allende) 대통령이 과격 마르크스 공산 사회주의 정책노선을 걷겠다고 선언하자, 미국이 개입하여 1973년 칠레 군부가 쿠데타로 민선 대통령을 축출하고 군부 장기집권을 획책 한다. 건국 초기부터 미국은 태평양을 접한 남미의 전략 요충지대에 위치한 칠레가 스페인의 식민국가에서 독립국가로 발전하는 과정에서 일어나는 내란, 정변, 유럽국가와의 국제관계를 끊임없이 관찰하고 영향력을 행사하려 하였다. 4대 대통령 메디슨(James madison)은 칠레 혁명세력이 칠레 독립을 성취 할 수 있는지를 현지조사와 정보수집으로 파악하면서 관심을 가지기 시작한다. 이런 미국과 칠레의 역사적인 관계는 20세기 냉전시대에 쿠데타 공작으로까지 변모된다. 1970년 좌파 대통령 후보의 당선 방해공작, 1973년 좌파 사회주의 정권 축출에는 미국 백악관과 정보부 지원, 그리고 칠레 군부가 행동대로나선 쿠데타 공작이 주효했다. 물론 축출 대상 중심에는 좌파 대통령 아옌데가 있었다. 아옌데와 그의 할아버지는 의사다. 저소득층에게도 혜택이 골고루 돌아가는 보건의료, 농지 상한제에 의거한 농지개혁, 국가 세수의 큰 부분을 차지하는 구리광산 국유화는 아옌데의 오랜 정책 개혁 목표였다. 그는 1933년 칠레 사회당 창당 멤버로 1938년 인민전선 연대로 하원의원, 1945년에는 상원의원, 보건부장관으로 국정에 참여한다. 그리고 1952년, 1958년, 1964년 대통령 선거에 연달아 출마하나 낙선하고 1970년 9월 4일 좌파 연합 인민행동전선(Popular Action Front) 후보로 출마하여 최다 득표자가 된다. 36.2%의 득표율로 우파 국가당 알렉산드리(Jorge Alessandri) 후보 34.9%와 기독교민주당 토믹(Radomiro Tomic) 후보 27.8%의 득표율을 누르고 대통령에 당선된다. 오늘날 남미의 대부분 국가는 대통령 선거에서 과반수를 얻지 못하면 최다 득표자 2명을 두고 국민은 다시 한 번 결선투표(run off election)를 한다. 그러나 1970년 당시에는 의회에서 최다 득표자 2명을 놓고 결선 투표를 한다. 아옌데는 기독교민주당과 연대하여 의회에서 최다 득표로 대통령으로 당선된다.

바로 대통령 선거 전후 과정에서 스스로 마르크스 사회주의자임을 선언한 아옌데 대통령 후보 당선을 저지하고 집권 후에는 대통령직에서 축출하려는 쿠데타 공작이 닉슨 대통령 승인 하에 레어드(Melvin Laird) 국방장관, 키신저 안보좌관 겸 국무장관이 주도하여 헴스(Richard Helms) 중앙정보부장이 주도한 공작이었다. 칠레 수도 산티아고 현지 공작단은 대사관을 중심으로 정보부 공작원, 대사관 육해공군 무관을 포함한 칠레 주재 미군군사고문단(U.S. Military Assistance Group)으로 구성된다.[16] 케네디 대통령은 제 2의 쿠바 카스트로가 칠레에 출현하는 것을 막기 위해 칠레 사회주의 정권 저지 특별 위원회를 구성하고, 존슨 대통령은 친 카스트로 마르크스 사회당 대통령 후보 아옌데를 낙선시키고 우파 기독교민주당 프레이(Eduardo Frey)를 당선 시키도록 중앙정보부에 260만 달러의 공작금 사용을 승인한다. 아옌데 후보 당선은 칠레의 공산화, 프레이 후보 당선은 칠레 번영이라는 흑색선전, 아옌데 후보 선거 참모 매수 등 미국은 기독교민주당으로 우파 진영 단결 공작에 공작자금을 뿌린다. 결과는 기독교민주당 후보 프레이의 당선이었다. 그러나 1970년 9월 4일 대통령 선거전은 좌파 연합전선 후보 아옌데가 유력하였다. 아옌데 후보 비토 공작에 국무부는 신중한 반응을 보이고 키신저 보좌관은 주도적으로 나서지 않는 상태에서 결과는 아옌데 후보의 승리였다.

닉슨 대통령은 칠레 공산화를 막기 위해 설사 10%의 성공 확률이라도 마르크스 사회주의자 아옌데 후보의 당선 저지 공작을 수행하라는 결단을 내리고, 정보부에 1,000만 달러 공작 예산을 승인한다. 헴스 정보부장, 키신저 안보보좌관 겸 국무장관, 레너드 국방장관은 1단계 계획(Track 1)과 2단계 계획(Track 2)을 세워 상황별 대응공작을 수행한다. 1단계 계획은 의회에서 결선투표를 실시할 때 2위 득표자인 국가당 후보 알렉산드리아를 밀어 아옌데 후보를 낙선시키려한 것이

---

16) Andrew, Christopher. 1996. op. cit. pp. 370-390.; Nixon, Richard. 1994. ***The Memoirs of Richard Nixon***. Miami, Florida: Buccaneer publishing Company. pp. 480-490: Kissinger, Henry. 1979. ***White House Years***. New York: Little, Brown and Company. pp. 670-675.

다. 의원을 매수하고 여론을 조성하였으나 아옌데 후보는 오히려 연정 구성을 조건으로 3위 득표자인 기독교 민주당 토믹 후보의 지지를 얻어 의회 결선 투표에서 당선된다. 따라서 아옌데 대통령 당선을 저지하려는 공작은 무산되어 대통령 취임 후 대통령직에서 축출 시키려는 2단계 공작계획에 착수하게 된다.

아옌데 대통령은 취임하자 칠레 사회주의 강령(Chilean Path to Socialism)을 발표한다. 이 강령에는 칠레의 주요 수입원인 구리강산, 전화전신 회사, 은행 등 기간산업을 국유화 하고 정부 주도 의료, 교육제도 개혁을 실시한다. 아나콘다(Aanaconda)와 케네코트(Kennecott) 구리회사는 자산이 10억 달러로 그중 미국기업 지분이 28%이고, 미국 전신 전화회사(International Telephone and Telegraph: ITT)는 칠레 전화전신회사에 2억 달러를 투자하여 지분 70%를 소유하고 있었다. 또한 초등학교 어린이 무료 급식과 빈곤가정 무료 배급, 대규모 농지 강제 수용과 무상배분, 공공사업과 국유화 산업 시설에 근로자 고용과 농민에게 보조금 확대, 정부정책에 시민의 참여 폭 확대, 18세 이상 성인에 투표권 부여, 정부 복지비 예산액 대폭 증액 등이 아옌데의 핵심 개혁 정책이었다. 그 결과 집권 초기에는 8.6% GDP 성장, 3.8%실업률 저하, 인플레는 34.9%에서 22.1%로 낮아진다. 그러나 미국을 비롯한 자본주의 시장경제 국가의 금융 제제, 4억 달러 원조에 그친 기대 이하의 소련 원조액, 수출입 감소, 기간산업의 생산성 저하, 기업인의 투자 활동 위축, 상류층의 소비의욕 감소, 가격고시제로 인한 암시장에서의 생필품 거래, 인플레이션으로 인한 농촌생활 어려움, 수입의존 심화, 외환보유액 감소 등으로 1971-1973년 기간의 경제성장은 마이너스 5%, 외채 증가로 경제는 취약하고 사회는 불안해지기 시작한다.

정부는 기간산업 시설, 공장에서 경제계획 목표를 달성하는 현황을 실시간으로 관찰하는 텔렉스, 컴퓨터 시스템을 고안하여 사회주의 통제경제 관리시스템을 강화한다. 1971년 쿠바의 카스트로는 칠레를 방문하여 1개월을 체류하고 남미 국가로는 최초로 중국공산정권을 승인하고 아옌데는 레닌훈장을 받는다. 이 무렵 1972년 5월 노동절에는 기업인, 고용주, 공직자, 노조는 아옌데가 펼치는 사회주의 정책에 반대 기치를 내걸고 시위를 이끌고 우파 국가당, 가톨릭, 기독교민주당, 외국, 다국적 기업인은 이에 동조하기 시작한다. 1972년 10월 노조가 파업하고 트럭운전사, 중소기업, 학생 등이 거리시위를 하자 아옌데 대통령은 육군총장 프라츠(Carlos Prats)를 내무장관에 임명하고 사회주의 지지자의 무장화, 군과 경찰의 재조직, 아옌데 친위부대를 조직하고 대통령명령, 긴급명령으로 국영방송을 장악하는 등 자의적 정치행위도 자행한다. 이무렵 미국은 칠레우파 국가당, 기독교민주당을 부추기고 정보부와 국무부는 아옌데 정권에 압력을 행사하게 된다. 최초의 시도는 칠레 통신사업에 투자하고 있는 미국 전신전화회사가 70만 달러를 정보부를 통해 칠레 우파 정당에 제공하고, 사장 기닌(Harold Geneen)은 백만 달러를 대통령 선거에서 아옌데가 낙선 되도록 정보부에 공작금을 제공한 것이다.[17]

미국으로서는 아옌데 당선은 칠레산업 국유화로 이어져 미국 기업이익 상실과 냉전 시절의 공산체제 확산으로 칠레가 제 2의 쿠바, 아옌데는 제 2의 카스트로가 될 것으로 보았다. 그리하여 닉슨 대통령은 처음부터 아옌데 대통령 당선을 적극 저지하려 했으나 실패하자 집권 후 불안한 칠레 경제사회 상황을 활용하고 우파정당과 군부를 부추겨 대통령직에서 아옌데를 축출하는 쿠데타 공작을 펼치기 시작한다. 그런데 1971년 랜드연구소 연구원인 경제학자 엘스버그(Daniel Ellsberg)가 베트남 전쟁과 관련한 국방부 기록(Pentagon Papers)이란 책자를 발간한다. 1968년 이래 미국이 개입한 베트남 전쟁에 관한 극비문서를 수록한 이 문건은 미국 정부의 대외정책, 군사전략을 적나라하게 노출하고 있었다. 닉슨 대통령은 백악관 보좌관 콜슨(Charles Colson)과 딘(John Dean)에게 엘스버그 박사 뒷조사를 지시하여 정신병력을 가진 그가 저술한 "국방부기록"이 신빙성이 없음을 알리려고 한다. 콜슨과 딘은 전직 중앙정보부 공작원 출신 헌터(E. Howard Hunt)와 전직 연방수사국 요원 리디(G. Gordon Liddy)를 고용한다. 이들은 쿠바계 미국인 3명을 동원하여 1972년 9월 노동절에 로스앤젤레스에 소재한 엘스버그를 치료한 정신과 의사 사무실에 몰래 들어가 엘스버그 정신과 임상기록을 뒤졌으나 별 성과가 없었다.

또한 1972년 닉슨 대통령 재선 출마 당시 닉슨이 지시하여 비서실장 홀드만(H.R. Haldeman)과 국내담당 보좌관 에리크만(John Ehrlichman)이 주도하고 미첼 법무장관(John Mitchell)보호 아래 백악관 보좌관 크로그(Egil Krog)와 존 딘이 선거공작반(plumbers)을 가동한다. 선거공작반은 엘스버그를 치료한 정신과 의사

17) CIA. 2000. ***CIA 2000 Report***. Washington, D.C.: National Security Archives.

사무실에 몰래 들어가 엘스버그 치료 파일을 찾아내려던 헌터와 리디를 다시 고용하여 워싱턴시 포트맥 강변에 위치한 워터게이트 빌딩에 있던 민주당 선거 대책본부와 대통령 후보 매거번(George McGovern) 사무실에 침입시켰다. 그리고 선거 유세 일정, 선거자금, 선거 유세단 서류를 훔치려 시도했다. 그러나 1972년 5월에 3차례 침입하고 6월 16일에 다수의 서류를 가져 나오면서 자신들이 가져간 카메라, 무전 수화기, 돈 뭉치, 선거공작 서류를 현장에 남긴 채 빠져 나온다. 다음날 빌딩 경비원이 이를 발견, 소지품을 경찰과 FBI에 넘긴다. 경찰과 연방수사국은 민주당 선거사무실에 침입하고, 엘스버그 정신치료 임상 서류철을 훔치려던 범인이 동일범이며, 이 사건이 백악관 지시로 감행된 것임이 밝혀진다. 이 선거 공작의 주도자로 닉슨 대통령, 홀드만 비서실장, 에리크만 국내정책 보좌관, 미첼 법무장관으로 밝혀져, 대통령은 사임하고, 나머지 주도자는 1년 6개월의 실형을 선고 받는다.

이런 와중에 닉슨 대통령은 아옌데 칠레 대통령 축출 쿠데타 공작에 신경을 쓸 여지가 없어 키신저 국가안보보좌관 겸 국무장관이 주도하고 레어드 국방장관, 헴스 정보부장이 쿠데타 공작 조정 책임을 진다. 칠레 수도 산티아고 현장 행동 실무팀은 현지 대사관의 대사, 중앙정보부 거점장, 국방부 파견 육해공군 무관, 칠레 주재 미국 군사원조고문단으로 구성되어 닉슨 대통령이 인가한 1,000만 달러 공작금 중 남아 있는 800백만 달러로 무기 구입, 칠레 군 동원, 우파 정당 지지획득, 여론 조성 선전비로 활용한다. 아옌데 대통령 축출 쿠데타 첫 시도는 전문직업 군인으로 정치중립을 지키는 육군 총장 슈나이더(René Schneider) 장군을 쿠데타 장애 인물로 여겨 그를 제거하는 작업이었다. 3차례의 시도 끝에 칠레 쿠데타군은 1970년 10월 26일 슈나이더 총장 관용차가 지나가는 교차로에 잠복 중 습격하여 살해한다. 대통령직을 인수하기 전이어서 현직에 있던 프레이(Eduardo Frei) 대통령은 프라츠(Carlos Prats) 장군을 육군총장으로 임명한다. 프라츠 장군은 전임 슈나이더 장군과는 달리 정치력을 발휘하여 아옌데 대통령을 지지하면서 내무장관직과 대통령 해외 출장 시에는 부통령 역할도 맡았다. 한편, 우파 정당, 정치인, 기업인, 군부에게는 아옌데 대통령의 사회주의 노선을 비판하며 환심을 사려 한다. 그런 이중 플레이는 좌파, 우파 모두에게 배척당하여 1973년 8월 22일 자택 앞에 운집한 시민, 군인들에게서 물러나라는 시위로 사임하고 다음날 후임에 피노체트 장군이 육군총장이 된다.

그로부터 3주 후인 1973년 9월 11일 군사쿠데타가 발생한다. 9월 11일 칠레 해군은 모든 함정을 장악하고 해병대는 해안과 방송국을 접수한다. 육군총장 피노체트, 공군총장 레이(Gustavo Leigh), 해군에서는 총장이 쿠데타를 반대하여 대신 행정참모부장 메리노(Jose Merino)가 나서고, 경찰군 사령관 세풀베다(Jose Sepulveda), 경찰 수사부장 조이난(Alfredo Joignant)이 여기에 합류하여 쿠데타 군을 동원하여 우선 라 모네다(La Moneda)가 대통령궁으로 진군, 대통령궁을 외부와의 연락으로부터 차단한다. 피노체트가 이끄는 육군 기갑군과 보병, 공군의 폭격으로 아옌데 대통령 친위대는 무력화 되고 국민에게 보내는 아옌데 대통령의 방송 연설도 무위로 끝나서 오후 2시 30분경에 아옌데 대통령은 권총으로 자살한다. 이리하여 미국이 배후에서 공작한 군사 쿠데타는 마무리 된다. 키신저 "우리가 아옌데 정권을 무너트리는 군사 쿠데타를 직접 감행하지는 않았습니다. 다만 우리는 쿠데타 군이 성공 할 여건이 조성되도록 최대한 도와주었습니다." 닉슨 대통령 "좋아요. 그런 공작 방법이 최선이 아니겠소." 워터게이트 사건으로 탄핵위기에 처한 닉슨 대통령과 키신저 안보 보좌관이 칠레 쿠데타 공작 성공이후 나눈 대화이다. [18]

1973년 9월 11일 쿠데타 성공 이후 피노체트 육군총장은 1980년 군사정권이 국민투표로 제정한 헌법에 따라 육군총장이면서 국가수반으로 그가 사임한 1998년 3월 10일 까지 17년을 통치한다. 피노체트 통치 기간에 1,200명에서 3,200명에 가까운 쿠데타 반대 인물이 살해되고 8만 명이 수감 당하고 3만 명이 체포, 구금, 고문으로 인권이 유린된다. 흔히 국가질서 회복, 경제안정 명분으로 헌팅턴이 말한 국가 수호 쿠데타는 결국 군사 독재정권, 장기집권으로 부패, 억압으로 얼룩지게 된다. 피노체트 정권역시 그런 궤적을 그리고 있었다. 그러나 쿠데타 공작을 감행한 미국은 이란 팔레비 왕정 때와는 다르게 지속적으로 관찰하고 상황에 따라 소극적, 적극적으로 관여하며 피노체트 군사정권 집권 17년 간 시장경제 지향의 국가질서 유지, 사회 안정을 유지하도록 힘을 보탠다. 국민이 뽑은 민선 대통령을 자국 이념, 정책에 반한다고 제거공작을 감행하는 것이 정당한가

18) United States Senate Report. 1975. *Covert Action in Chile*, 1963-1973. U.S. Government Printing Office Washington. D.C.

하는 대의명분에 남미 국민은 물론 세계지성인의 비판이 제기되었으나 그에 관계없이 비밀공작이 성공하는 과정은 더욱 세련되어 가고 있다.

쿠데타 공작을 방지하고 민주화를 지향하는 정권을 정상궤도에 올려놓는 반쿠데타 공작 성공 사례도 있다. 냉전 해체시기에 고르바초프 소련 대통령이 1987년 12월 미국을 방문하여 중거리 핵미사일 폐기 협정 조인식을 갖는다. 이에 대한 화답으로 1988년 5월 29일 레이건 대통령이 모스크바를 방문하여 "소련은 이제 악마 제국이 아니며 세계평화를 의논할 수 있는 대화의 상대"라고 공언한다. 뒤이어 부시 대통령은 고르바초프 소련 대통령과 냉전체제 와해 이후의 동유럽 공산국가 민주화에 의견 일치를 보고 1990년 7월 29일 모스크바 회담에서 전략핵감축 조인식을 가진다. 이 조인식 이후 한결 가까워진 관계로 부시 대통령이 고르바초프 대통령에게 소련 공산당 보수파가 고르바초프의 개혁 노선에 반기를 들 가능성을 경고하면서 정보제공을 제의한다. 그러나 고르바초프 대통령은 자기를 보호하려는 정보제공 제의를 크게 귀담아 듣지 않았다. 하지만 소련연방이 해체되어 새로운 국가로 체제를 갖추는 러시아 공화국의 대통령이 된 옐친은 부시 대통령이 제의한 정보 차원의 지원을 받아들인다. 부시 대통령이 승인하여 모스크바에 파견된 정보요원이 옐친 대통령의 신변 안전, 통신보안 조치에 도움을 주게 된다.

1990년 8월 19일 월요일에 고르바초프 대통령이 신임한 야조브 국방장관, KGB 의장 쿠르츠코프, 푸고 내무장관, 야나예브 부통령 등 공산 보수파가 개혁과 개방의 기수인 고르바초프를 제거하려는 쿠데타 공작을 진행한다. 월요일 아침 타스 통신과 모스크바 방송국은 고르바초프 대통령이 건강상의 이유로 대통령직을 수행 할 수 없어 부통령인 야나예브가 대통령직을 대행한다고 공포한다. 개혁이 한창인 소련에서 8인으로 구성된 국가비상대책위원회라는 이름으로 위장된 쿠데타 팀에 동조하는 사회세력은 없었다. 특히 서방세계에서 영국 수상 대처(Margatet Thatcher), 콜(Helmut Kohl) 독일 수상, 미국 부시(Geroge Bush) 대통령은 이런 시대착오적인 공산보수파의 정권찬탈에 전 세계가 일어나서 반대하고 소련의 개혁 개방 정책을 지원해야 한다고 호소한다. 이미 모스크바에서 활동하는 미국정보요원은 부시와 옐친에게 흑해연안 별장에 감금되어 있는 고르바초프 대통령 주변에 군사적 위해상황은 없는 것 같다고 인공위성 영상정보를 제공한다. 동시에 국방부장관 야조브가 내린 군사동원령에 관구 사령관이 응하지 않는다는 감청된 신호통신 정보도 알린다. KGB 특공암살대 알파팀이 러시아 의회의 옐친 대통령 집무실로 가서 옐친을 체포하라는 쿠르츠코프 KGB 의장이 내린 명령을 알파팀이 거부한 사실도 알린다. 이런 통신내용은 미국 국가안보청이 감청하여 정리한 신호통신정보이다. 또한 미국 정보팀은 옐친 대통령이 러시아 전략부대 지휘관에게 군사동원을 자제하라는 통신내용이 쿠데타를 일으킨 공산보수파 세력 모르게 전송되도록 지원한다.[19] 8월 21일 공산 보수파 정권찬탈은 실패하고 참가자 전원은 체포되었으며, 내무장관 푸고는 자살하고 감금 상태에서 풀려난 고르바초프는 모스크바로 귀환한다. 군대, 정보기관, 국내보안부대, 경찰을 안정시킨 옐친 러시아 대통령이 새로운 러시아 지도자로 부상한다. 러시아의 내부개혁 흐름, 국제사회의 주시, 미국의 지원, 특히 정보지원으로 고르바초프에서 옐친으로 러시아 정권이 비교적 순조롭게 계승된다.[20]

비밀공작의 하이라이트는 준군사공작일 것이다. 준군사공작은 대규모 병력을 전개한 전투나 전쟁 없이 저비용, 소규모 병력으로 최단시간 내에 국가의 명운이 달린 국가목표를 성취하거나 외교안보정책을 달성하는 방안이다. 그리하여 준군사공작이 성공하면 국가 영예, 정치적 자산가치는 상승하나 실패하는 경우는 국민의 자부심에 상처를 주고 되돌릴 수 없는 정책실패로 대통령이나 수상은 정치적 책임에서 자유로울 수 없는 위기를 맡게 된다. 또한 준군사차원의 비밀공작은 국가이익, 국가목표, 외교정책을 달성하려고 외국 정부, 조직, 사태에 영향력을 행사하는 행동이라 한다. 그러나 상대국이 모르게 민감한 정보를 수집하여 활용하는 행동 역시 비밀공작이라고 미국의회는 정의하고 있다.[21] 의회의 입법적 비밀공작에 관한 정의는 의회의 정보통제 뿐 아니라 정보예산 사용 목표와 범위를 분명히 하는데도 의미가 있다. 상대국의 정보를 은밀하게 수집하여 활용하는 준군사공작차원의 비밀공작 사례는 작전 중에 내부 폭발로 태평양 심해에 침몰한 러시아 핵잠수함을 극비에 인양한 공작이 대표적이다. 러시아 핵잠수함인양으로 러시아의 해군 암호 교신을 해독하고 핵잠수함 건조, 운항, 작전, 핵어뢰 등 핵잠

19) Andrew, Christopher. 1996. *op. cit.* pp.528-531.

20) Beschloss, Michael R and Strobe Talbott. 1993. *op. cit.* pp.531-533.

21) Holt, Pat M. 1995. *op. cit.* p.135.

수함 작전체계를 파악한 미국은 이를 미국 핵잠수함 체계발전에 접목시킨다. 1968년 4월 11일 하와이에서 1,200km 떨어진 태평양에서 소련 핵잠수함이 작전 중에 5,200m 심해로 침몰하였다. 하와이 태평양 함대 사령부 산하 해군 정보부대는 인공위성, 음파탐지로 소련 핵잠수함 위치를 파악하여 인양계획을 수립한다. 중앙정보부가 주동이 되어 포드 대통령의 재가를 받아 휴즈사(Howard Hughes)가 재작한 심해 광물채취용 글로머(Glomar Explorer) 선박을 2억 달러를 들여 핵잠수함 인양용으로 개조하여 심해에 투입한다. 인양 사실이 소련에 알려지면 공해상에서 침몰한 핵잠수함 소유권을 주장하고 이의를 제기하고, 파괴 할 수도 있어 침몰지역에 산재한 망간 광물을 채취한다는 명목으로 인양함에 부착된 갈고리로 잠수함 선채를 비밀리에 인양한다. 1974년 6월 20일 핵잠수함을 인양하던 중에 함선 중요 부분이 수중으로 떨어져 나갔으나 끌어올린 나머지 부분에서 중요한 기밀을 수집할 수 있었다. 인양 잠수함 선체에서 2개의 핵탄도 미사일, 3개의 핵어뢰, 잠수함 운용체계 코드, 암호문, 선박건조기술, 무기체계를 수거하게 된다. 선체에서 발견된 소련 해군장병 시신은 하와이 해상에서 해군전사자 장례절차로 수장한다. 그로부터 15년 후 냉전체제가 해체되고 동서화해 무드가 싹트던 1990년대 초에 부시 대통령(George H. W. Bush)은 게이트 중앙정보부장이 고르바초프 소련 연방 대통령에게 침몰한 소련 핵잠수함에서 인양한 해군 장병을 해군 장으로 수장하는 모습을 담은 영상 필름과 인적 사항을 건네게 한다.[22]

준 군사공작 차원의 비밀공작은 극비정보 수집과 활용은 물론 소련과 화해 외교 무드까지 조성하는데 일조하게 된다. 그러나 준군사 비밀공작 논리 면에서 많은 점을 시사하고, 공작실패 이후에 비밀공작, 특수군사작전체계를 개혁하는 계기가 된 사례가 있다. 1980년 4월 28일 감행된 이란 주재 미국 대사관에 인질로 억류된 외교관 구출 목적인 독수리 발톱작전(Operation Eagle Claw)이다. 정치비밀공작에서 언급된 것처럼 모사데크 수상 축출이후 팔레비 이란 국왕은 원내 다수당 대표가 수상이 되어 국정을 실질적으로 관리하는 입헌군주제로 내정개혁이나 시장개혁, 사회복지, 정부부패 방지라는 제도적 개혁 보다는 왕권강화에 역점을 두었다. 1978년 1월 이란 수도 테헤란을 비롯한 전국에서 반팔레비국왕 축출 저

22) Varner, Roy D. and Wayne Collier. 1978. *op. cit.;* Burleson, Clyde W. 1997. *op. cit.;* Andrew, Christopher. 1996. op. cit. p. 399.

항운동이 전개되었다. 그리고 저항운동은 이슬람 근본주의에 입각한 종교혁명으로 진화 되고. 그 중심에는 프랑스에 망명한 종교 지도자 호메이니가 있었다. 브레진스키 안보보좌관은 카터 대통령에게 건의하여 후이저(Robert Huyser) 중장을 테헤란에 보내어 이란군부가 현 집권내각을 지원하여 정치안정을 도모하였다. 아울러 이란 군부가 쿠데타로 호메이니 세력이 권력을 장악하지 못하도록 공작을 시도하도록 계획한다. 반스 국무장관은 브레진스키 안보보좌관의 공작개입을 반대하고 카터 대통령은 그의 도덕정치 노선에 위배된다하여 망설이고, 기껏해야 데스텡(Giscard d'Estaing) 프랑스 대통령을 매개로 호메이니와 간접 대화를 시도한 정도였다.[23] 해를 넘겨 1979년 1월 16일 팔레비 국왕 일행은 이집트로 떠나고 파리에 거주하던 이슬람 근본주의 종교 지도자 호메이니가 2월 1일 수도 테헤란으로 입성한다. 4월 1일 이슬람 근본주의 성직자가 집권주체라는 종교헌법을 국민투표로 통과시키고 혁명위원회, 혁명수비대, 혁명재판소, 이슬람공화당을 국가통치 근간으로 하여 직선제 대통령을 통제하는 신권공화제를 수립한다. 서구 자유주의 체제나 공산주의도 배격하는 과격한 이란 민족주의자들은 이집트에 망명한 팔레비 국왕이 신병치료를 받으려 미국에 도착하자 이에 항의하여 1979년 11월 4일 테헤란 미국 대사관을 점거하고 남아 있던 직원 52명을 인질로 감금한다.

그러나 구출 협상이 여의치 않자 4월 11일 국가안전보장회의에서 인질 구출 공작 작전을 승인한다. 준군사 비밀공작 작전계획은 침투 거점을 사막 1, 사막 2로 나누어 사막 1 거점은 이란 야즈드 주의 타바스에 두어 침투조의 1차 집결지로 한다. 사막 2 거점은 테헤란시 인근으로 1차 집결지에서 출발한 헬기에서 내린 델타포스가 미리 대기하고 있던 CIA 요원이 준비한 트럭에 탑승하는 공격 출발점이 된다. 트럭에 탑승한 델타포스가 테헤란 시내 루즈벨트 거리를 지나 미국 대사관에 진입하여 경비병을 제압하고, 신속히 대사관 직원을 트럭에 실어 테헤란 시내 암자디헤 축구 경기장에 도착한다. 도착과 동시에 착륙한 헬기에 억류된 외교관 52명, 특수부대원, 현지 안내 CIA 요원이 탑승하여 테헤란 외곽 만자리헤 공군기지를 장악하여 기다리던 수송기를 갈아타고 이란을 벗어난다는 작전계획이었다. 그로부터 2주일 후인 4월 28일에 억류 외교관 구출작전에 돌입한다.

23) Andrew, Christopher. 1996. *op. cit.* pp. 441-442.

작전 지휘부는 사령관 보트 육군소장, 공군 수송대장은 카일대령, 헬기 운용대장은 세이퍼트 해병대령, 델타포스 침투공작대장은 베크위스 대령, 정보부 요원 메도우로 구성된다. 메도우 요원은 특수전 부대 장교 출신으로 테헤란 현지에서 지하공작을 수행하면서 구출 공작팀을 대사관으로 수송하고 외교관을 구출하여 이동하는 트럭 구입과 대사관 안내 임무를 담당한다. 4월 24일 새벽 3시 15분에 8대의 헬기, 6대의 수송기가 사막 1 거점으로 출발하여 베크위스 대령이 인솔한 델타포스 대원 120명을 수송한다. 그러나 제 1 거점에 도착하기도 전에 예상치 못한 사막폭풍을 만나 헬기 1대는 계기고장으로 니미츠 항공모함으로 회항하고 1대는 기계고장으로, 또 다른 1대는 추진력이 약해져서 사막 1 거점 집결지에 버려둔 채 다른 헬기에 탑승하여, 운행 가능한 헬기는 5대로 축소된다. 동시에 근처를 지나가던 이란인 버스, 유류 운송차량을 발견하고 억류하던 중 유류차량이 폭발하여 인근을 밝히고 착륙 장소를 정리하던 헬기가 유류수송 항공기 날개를 부딪쳐 유류수송기에 화재가 발생한다. 작전에 필요한 헬기 부족, 유류수송기 화재, 인근에 위치 노출 등으로 보트 사령관, 베크위스 공작단장이 협의하여 작전중단을 인공위성 전화로 백악관에 건의한다. 카터 대통령은 오후 8시에 백악관 안보회의를 거쳐 작전중지를 명령하고 구출작전 실패 경위를 공식발표하려 한다. 한편 터너 정보부장은 테헤란에서 공작중인 정보요원이 무사히 빠져 나올 때까지 대통령 기자회견과 공식발표를 보류하는 건의를 하여, 다음날 4월 25일 새벽 1시까지 발표를 보류한다. 반스 국무장관은 억류구출 작전에 반대하며 작전 중에는 조용히 있겠으나 성공하든 실패하든 사임하겠다하여 종래에 사임한다.

전 해군총장 홀로웨이(James Holloway) 제독이 작전 실패를 조사한 결과를 합참의장에게 제출하였는데, 그 보고서의 핵심은 작전계획과 지휘통제 시스템이 허술하고, 임무 담당팀 간의 긴밀한 협조 부족이 실패의 원인이었다고 지적한다. 비밀공작 성공의 주요 요건은 대통령, 수상, 정보 조직의 지휘 계선 상에 있는 결정권자가 적법하고 확고한 결심과 책임소재를 명확히 하는 것이다. 그리고 정보기관의 치밀한 공작계획과 완벽한 예행연습, 정보 공동체와 작전 부처 간의 고강도 협조와 지원이 필요한 것이다. 불행스럽게도 카터 대통령이 보여준 인질 구출 준군사공작에서 보인 우유부단성, 반스 국무장관과 브레진스키 안보보좌관 사이의 공작 작전에 대한 첨예한 대립으로 야기된 지휘부의 혼란, 짧은 기간에 급조된 작전계획, 예행연습 한번 없는 실행으로 성급한 작전 실행이 중요 실패 요인으로 거론 될 수 있을 것이다. 인질을 구출하는 사막 공격대기지점, 시내 병력 강하지점, 진입지인 대사관, 축구장 집결지와 비행장 이륙지점으로 공작 작전팀이 거치는 지점만 다섯 곳이나 된다. 상원과 하원 모두가 정보와 공작에 관한 검토와 대통령의 준군사작전 권한행사 범위를 정치 쟁점으로 부각시켰다. 결국 1980년 소련의 아프간 침공에 체계적 대응 부족, 특히 테헤란 주재 미국 대사관에 억류된 외교관 구출 작전 실패는 카터 대통령이 재선에서 레이건 공화당 대통령 후보가 승리하는 길을 터주는 셈이 된다. 닉슨 대통령은 국내 정치공작 실패로, 카터 대통령은 해외공작 실패로 대통령직을 내놓은 것이다.[24]

그러나 인질구출 준군사공작 실패에서 얻은 것도 있었다. 의회에서 군 특수작전 부대 창설과 해외에서 전개하는 준군사공작 책임부서인 중앙정보부와의 협동을 강화하는 공작 시스템 확립을 입법화한 것이다. 1980년 이란 인질 외교관 구출 작전이 실패한 후에 상원 군사위원회 위원장 골드워터(Barry Goldwater), 위원인 넌(Sam Nunn), 코헨(William Cohen) 의원이 미래를 대비한 저강도 비정규전을 수행하는 특수부대 창설을 연구하기 시작한다. 동시에 하원 군사위원회 산하 군비태세소위원장 대니얼(Dan Daniel) 의원은 별도의 특수부대 창설 법안을 승인한다. 2년을 넘는 연구 끝에 단일 법안으로 수정되어 1986년10월 골드워터-니콜라스 국방조직개편법(The Goldwater-Nichols Defense Reorganization Act)이 의회에서 통과되고 1987년 4월 13일 레이건 대통령이 승인하여 미국 특수전 사령부(United States Special Operations Command: USSOCOM)가 발족한다. 이보다 앞서 1980년 창설된 미국 합동특수전 사령부(The Joint Special Operations Command: JSOC)가 가동되고 있었는데 특수전 사령부 예하부대 일원으로 임무를 수행한다. 특수전 사령부의 주 임무는 육군 특수전 부대인 델타포스(Delta force), 레인저(Ranger), 해군의 네이비 실(Navy SEALs), 공군의 특수전 부대, 해병대 특수전 부대를 통괄 조정 감독하고, 각 군에서 특수전 부대 지휘 경험을 쌓은 4성 장군이 3년간 지휘한다. 특히 특수전 사령부 구성부대인 합동특수전 사령부는 3성 장군이 지휘하고 육해공군, 해병대의 특수전 부대를 위한 합동 교리와 기술 개발, 특수전 작전계획 수립, 장비표준화, 훈련을 담당한다. 또한 합동특수전 사령부는

24) Kyle, James. Colonel. 1990. *op. cit.*: Andrew, Christopher. 1996. *op. cit.* pp. 454-455.

실제 상황에서 특수임무에 즉각 투입 될 수 있는 특수임무부대(Special Mission Unit)를 훈련, 양성하고 있는데, 이 부대는 각 군의 특수전 부대에서 차출된 정예 요원으로 구성된다. 특수임무부대는 1900년대 소말리아 내전 개입, 중남미 그라나다 침공 작전, 중동지역 테러조직 추적과 소탕, 2000년대 아프간 토라보라 산악 지대에 은신한 오사마 빈라덴 추적, 중남미와 아프간의 마약조직 와해 공작, 해적소탕, 대적 심리전도 수행한다. 주로 저강도 분쟁 지역에 신속히 투입하여 최단 시일 내에 임무를 완료한다.

오사마 빈 라덴은 2001년 9·11 뉴욕 무역센터와 국방부를 폭파한 조직은 알 카에다 조직이며 자신이 지도자라고 공식적으로 밝힌다. 쿠바의 관타나모(Guantanamo) 미군 기지에 수감 중인 알카에다 조직원, 미국 중앙정보부가 폴란드 기지에 억류한 알카에다 조직원 심문에서 알 쿠웨이티(Abu Ahmed al-Kuwaiti)라는 인물이 빈 라덴의 연락책이라는 사실을 알아내고 정보요원이 알카에다 조직에 침투하여 확인하기 시작한다.[25] 또한 인공위성, 지상 레이더, 신호통신 감청으로 통화내용과 위치를 파악하고, 연락책 이동 경로, 오사마 빈라덴의 은신처까지 확인한다. 무역센터 폭파 이후 10년이 지난 후이다. 확실한 정보 판단은 다음의 국가정보기관이 협동한 결과이다. 참여한 정보기관은 국토안보부(U.S. Department of Homeland Security), 재무부(Department of Treasury), 국가정보부(Office of the Director of National Intelligence), 중앙정보부(Central Intelligence Agency), 연방수사국(Federal Bureau of Investigation), 국방정보본부(Defense Intelligence Agency), 국가대테러센터(National Counterterrorism Center), 국가안보청(National Security Agency), 국가지구정보정찰청(National Geospatial-Intelligence Agency), 국가여론센터(National Media Exploitation Center) 등이다.

오바마 대통령은 2011년 4월 29일 오전 8시 20분에 오사마 빈 라덴 제거 작전인 해신의 창(operation neptune spear) 수행을 승인한다. 작전 계획은 3월 1회, 4월 4회에 걸친 회의와 오바마 대통령이 합동특수전 사령관 맥라벤(William McRaven) 장군을 면담하는 과정에서 확정되었다. 준군사공작 작전수행의 핵심은 오사마 빈 라덴 은신처인 3층 건물을 침투하여 빈 라덴을 제거하는 방안이었다. 고폭침

25) Mazzetti, Mark, Helene Cooper. May 2. 2011. "Detective Work on Courier led to Breakthrough on Bin Laden." *New York Times*.

투탄 투하, 무인비행기 공격은 민간인 살상위협과 빈 라덴을 확실히 사살할 가능성에 의문이 제기되고, 피키스탄 군과 합동 작전은 사전에 작전기밀이 누설되어 빈 라덴이 미리 도피할 가능성이 있었다. 최종 방안은 특공대 기습 투입이었다. 당연히 제기되는 것은 사전 예행 연습훈련과 보안 유지였다. 은신처와 비슷한 지형지물에서 다소 오랜 기간에 걸쳐 한 연습은 눈에 띄어 보안을 유지하기가 어려웠다. 그래서 실전에 언제라도 투입 될 수 있는 정예군을 선발하여 짧은 기간에 심도 있는 집약적 훈련을 실시하게 된다.

특수전 사령부 산하 합동특수전 사령부의 특수임무 부대가 작전을 수행한다. 특수임무 부대 중에서도 해군 특수전 부대(Navy SEALs)가 차출되어 현지에 투입된다. 1차 훈련은 미국 서부 해안에서 4월 7일-4월 13일, 2차 훈련은 아프간 바그람(Bagram) 미군기지에서 1주일 집중 훈련 후 작전에 투입된다. 아보타바드에서 공작을 수행하는 정보부 요원과 현지에서 고용한 정보원이 합류하고, 작전 개시 D-day는 4월 29일로 확정했으나 기상조건으로 5월 1일 저녁 8시 37분, 현지 시간은 자정이 지난 5월 2일 1시에 개시된다. 160 미육군 특수항공여단은 레이더에 잘 포착되지 않는 스텔스 기능을 가진 블랙호크(blackhawk) 헬기 2대와 지원용으로 6대의 치누크(chinook) 헬기로 79명의 대원을 수송한다. 이들은 모두 아프간 바그람 공군기지에서 이륙하여 잘랄랄바드(Jalalabad)에서 다시 정비하여 공격침투조는 블랙호크 헬기 2대에 각기 12명 해군특수부대가 탑승, 파키스탄 아보타바드의 오사마 빈라덴의 은신처를 급습하고 6대의 치누크 헬기는 잘랄랄바드와 아보타바드 중간지점에서 대기한다. 블랙호크기에 탑승한 해군특수부대 작전팀에는 탐지견 한 마리, 통역, 정보수집 요원, 통신신호요원, 영상정보 전문가가 참여하고, 개인 화기는 M4 칼빈, 권총, 야시경으로 무장한다. 달빛 조차 없는 어두운 밤에 블랙호크 1대는 공중에서 로프로 은신처 3층으로 하강하고, 다른 1대는 건물 내 지상에 착륙하여 인접 건물을 접수하고 은신처로 진입한다. 1층에서 호위병, 연락책, 연락책 부인으로 보이는 여인 1명을 사살하고 2층과 3층 계단에서 오사마 빈 라덴의 아들을 사살하고 3층 입구에서 방안으로 피신한 오사마 빈라덴을 막아서는 부인을 사격으로 발에 부상을 입힌 후, 에이케이47 소총(AK47)과 러시아제 마카로브(markarov) 권총이 있는 책상 부근에서 오사마 빈 라덴을 가슴과 왼쪽 눈에 사격을 가해 빈 라덴은 사망한다.

사망자는 빈 라덴을 포함 5명, 부상자를 포함한 현장에서 붙잡은 사람은 대부분 부녀자와 어린이로 10여명이라고 뉴욕 타임스, 로스앤젤레스 타임스, 워싱턴 포스트는 전하고 있다. 은신처에서 습득한 노획물은 컴퓨터, 하드 드라이브, DVD, 서류 등이다. 한편 블랙호크 1대는 은신처로 착륙하면서 기계고장을 일으켜 작전 완료 후 철수하면서 폭파시킨다. 이렇게 작전을 개시하여 오사마 빈 라덴 시신을 수습하여 습득물과 함께 블랙호크, 치누크 지원 헬기에 싣고, 현장요원이 이륙하여 철수할 때까지의 총 38분이 소요되었다. 그리고 바그람 기지로 이동하여 북부 아라비아 해에서 작전 중이던 칼빈슨 항모로 빈 라덴의 시신 옮겨 5월 2일 아침 10시-11시 까지 1시간 동안 시신을 수장하였는데, 은신처 급습에서 수장할 때까지 소요된 시간은 24시간 이내라 한다.[26] 이 사건에 대해 현장에서 오사마 빈 라덴이 무장하고 교전 태세를 취하여 사살하게 되었는지를 법정에서 다루어야 한다는 법률검토가 제기되고, 주권국가 영토에서 군사공작을 전개한 주권침해 여론도 등장한다. 그러나 미국 시민은 환호하고, 결과적으로 오사마 빈 라덴의 사살은 테러 근절의 일환으로 긍정적이라는 여론을 가져왔다. 준군사작전 측면에서 보면 오사마 빈 라덴을 제거하여 테러를 근절하려는 정당성, 오바마 대통령을 비롯한 국가안보 지휘 계선 상에 있는 정책결정권자의 적법한 결심과 책임소재 명확화, 의회와 연락유지, 정보 공동체와 작전 부처 간의 고강도 협조와 지원, 능력있는 정보기관, 군사작전 요원의 치밀한 계획과 완벽한 예행연습, 신속한 공작수행, 공작 과정의 비밀보안 유지가 서로 맞물리며 성공한 좋은 사례이다. 앞으로 지켜봐야 하는 사항은 빈 라덴 제거 준군사공작 수행 후에 발생하는 사태를 지속적으로 관찰하고 사태를 파악하여 필요한 조치를 강구하는 후속조치이다. 오사마 빈 라덴 제거라는 준군사 비밀공작이 성공한 후에 미국시민이 평가하는 오바마 국정수행 지지도는 50%-60%로 상승하고 있다.

26) Cooper, Helene. May 1. 2011. "Obama Announces Killing of Osama bin Laden." *New York Times.*: Miller, Greg. May 5. 2011. "CIA spied on bin Laden from safe house." *The Washington Post.*: Dilanian, Ken. May 2. 2011. "CIA led U.S, special forces mission against Osama bin Laden." *LA Times.*

요 약

비밀공작: 기능, 유형, 원칙, 사례

- 정보의 4대 영역: 정보수집, 분석, 공작, 방첩 보안
- 비밀활동(covert action)은 상대국에 침투하여 자기나라의 국익과 국가목표, 외교정책달성을 위해 상대국의 정치, 경제, 군사 영역에 은밀하게 영향을 끼치는 활동
- 비밀활동 지휘, 지원 통제 주체(sponsor)는 비밀로 감추고 비노출 원칙
- 비밀 활동이 적국, 상대국에 노출되었을 시 지원 통제 주체가 그럴듯한 반박논리(plausible denial)로 비밀활동 자체를 시인하지 않고 보호
- 비밀공작(clandestine operation)은 은밀히 수행하는 비밀정보활동이나 공작 자체를 베일에 가려, 비 노출, 공작 불인정의 숨기는 원칙(hidden principle) 고수. 따라서 신속히 수행하는 비밀공작은 비밀활동의 큰 개념, 큰 틀 속에 포함됨
- 비밀활동 및 공작은 상대국 국력, 경제력, 시민의식, 첨단 무기체계 정보를 비밀리에 입수하여 자국의 취약 영역을 보강하여 상대국 도발을 자제하도록 유도하는 전쟁 억제력에 기여

비밀공작: 기능, 유형, 원칙, 사례

- 비밀활동, 비밀공작의 정의
  - 로웬탈 : 정보기관의 비밀활동은 해외에서 정치, 경제, 군사적 영향력 행사로 자국의 국익, 국가목표, 외교정책 달성 활동. 정책결정자가 정당하게 승인한 국가목표, 임무를 외교적으로 달성할 수 없을 때 최후 수단으로 사용하는 은밀한 방안
  - 홀트: 외국에서 겉으로 들어나지 않게 소망하는 성과를 얻으려 수행하는 비밀행동 또는 역할. 소규모, 저비용으로 신속하게 수행하고, 성공시 효과 지대하지만 실패시 치명적임
  - 트레버턴 : 비밀활동의 목적, 동기는 국가생존임. 활동 목표, 범위는 구체적 단순 명료한 임무로 소규모 조직으로 최단 시일 내에 신속히 완수해야 함
  - 정영철 : 비합법적 공작을 포함한 비밀활동은 공작배후세력, 공작 주체도 비밀로 하여 정보기관만이 할 수 있는 고유 활동
  - 손무 : 손자병법 [모공법]에서 적국을 온전히 장악하는 것이 최상책 용병, 적국을 파괴 점령하는 것은 차선책 용병(全國爲上, 破國次之). 적의 군단, 사단, 여단, 대대, 소부대, 분대와 싸워 격파 하느니, 온전히 산채로 포섭하는 것이 최상책 용병술(全軍, 全旅, 全卒, 全伍 爲上, 破軍, 破旅, 破卒, 破伍 次之)이라 함. 따라서 백번 싸워 파괴하여 이기는 것 보다(是故 百戰百勝, 非善之善者也), 싸우지 않고 적을 굴복시켜 온전히 포섭하는 것이 상책(不戰而屈人之兵, 善之善者也)

비밀공작: 기능, 유형, 원칙, 사례

- 비밀활동, 비밀공작의 역사적 전개 사례
  - 손무: 손무는 싸우지 않고 적국 장악, 적군 포섭이 상책의 용병술로, 근본은 지모(智謀)와 궤(詭)에서 온다고 함. 지모는 지혜로운 전략과 계책을 개발, 운용하는 역량이며 궤는 없어도 있는 것처럼(無中生有), 남의 칼로 적을 죽이고(借刀殺人), 죽은 자도 이용(借尸還魂)하는 속임수 계략(deception)으로서, 비밀정보 활동과 공작개념의 진수
  - 15세기 르네상스 도시국가 정보활동에서 18세기 서구의 암실(black chamber) 정치공작 스파이 가동. 19세기 프러시아를 위시한 서구 국가의 무관 해외 파견 공작은 오늘날 무관 외교로 정착
  - 1, 2차 대전의 군사비밀공작을 거처, 냉전시대에 소련 주재 미국대사 케난은 소련의 공산제국주의 팽창정책을 묶어두기 위해 전면전을 피하고, 민주시민사회가 되도록 정치전(political warfare) 전개 주장
  - 냉전시기 정치전은 동맹외교, 경제원조 등 공개활동(overt acts)구사와 국력을 동원하여 은밀히 소련과 위성국가에 친 서방, 친 미국 선전활동, 공산저항세력을 지원하는 비밀활동 수행
  - 6. 25 전쟁 당시 제 4대 미국 중앙정보부장 스미스 장군은 정보부의 비밀활동은 강간을 제외한 모든 범죄적 행위 불사. 1976년 처치의원이 이끄는 상원 정보 조사위원회에 따르면 비밀공작(clandestine activity)은 미국 외교정책 수행을 지원하기 위해 외국 정부, 조직, 사태에 영향을 끼치는 활동으로 공작 주체인 미국정부는 비노출됨

비밀공작: 기능, 유형, 원칙, 사례

- 비밀활동, 비밀공작의 역사적 전개 사례 Cont.
  - 1978년 카터 대통령은 대통령 행정명령으로 해외 공작은 중앙정보부만 수행하도록 규정. 1981년 레이건 대통령은 행정명령 12333호를 발동하여 비밀활동은 해외에서 미국 외교정책 목표 성취를 지원하고 계획수립과 집행 주체인 미국정부는 노출하지 않음
  - 부시 대통령 당시의 정보수권법도 미국정부 국가목표 달성을 위해 해외에서 정치, 경제, 군사적 영향력을 행사하는 비밀행동으로 미국정부가 비밀활동 주체임은 인정하지 않음
  - 21세기의 인종 갈등, 이슬람 근본주의자의 대량 살상 테러, 국제마약거래, 조직범죄, 군사력에서 경제력으로 힘의 이동 경향, 세계화, 정보화 등으로 세계 각국은 공개적 외교활동과 더불어 준군사작전을 곁들인 비밀공작 활동을 입체적으로 진행
  - 비밀활동은 정치, 경제, 준군사 활동으로 대별되고, 기능별로 선전공작, 정치공작, 경제공작, 쿠데타, 준군사작전으로 분류
  - 정치적인 비밀공작에는 선전, 쿠데타, 준군사작전 행동이 있고, 경제 비밀활동에는 금융, 재정 혼란, 가격폭등 조장, 경제 모략선전, 국제입찰에서 경쟁국 기업의 정보 도청, 첨단기술 빼돌리기 공작 활동이 있음

비밀공작: 기능, 유형, 원칙, 사례

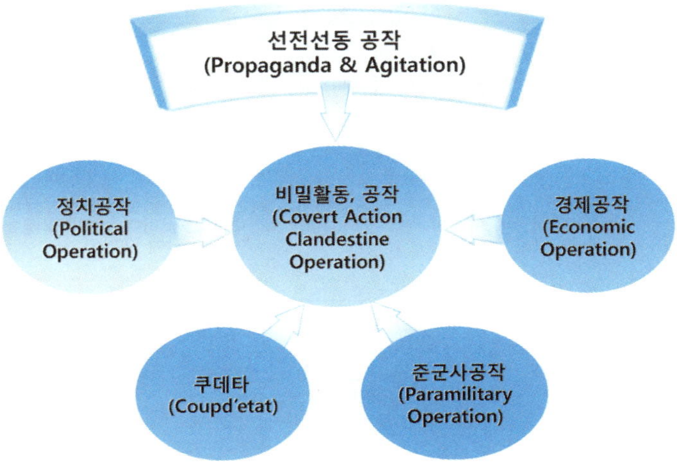

- 폭력 심화 정도: 준군사작전 > 쿠데타 > 경제혼란공작 > 정치공작 > 선전선동 공작
- 활동주체, 공작자체를 부인하는 강도: 선전선동공작 > 정치공작 > 경제혼란공작 > 쿠데타 > 준군사작전 순

비밀공작: 기능, 유형, 원칙, 사례

- 비밀공작 성공요건: 정당성 확보, 대통령·수상·정보 조직의 지휘 계선 상에 있는 결정권자의 적법한 결심과 책임소재 명확화, 의회와 연락유지, 정보 공동체와 작전 부처 간의 긴밀한 협조와 지원, 능력있는 정보기관의 치밀한 계획과 완벽한 예행연습, 신속한 공작수행, 비밀공작 수행후의 지속적 관찰, 사태 파악과 필요한 조치 강구, 공작 과정의 비밀 보안 유지 등
- 성공 사례
  - 2차 대전 당시 유태인 대량 학살 주범인 히틀러 친위대 중령 아이히만을 이스라엘 대외정보부 모사드와 국내보안부 신베트가 15년 동안 추적하여 1960년 5월 21일 아르헨티나 수도 부에노스아이레스 외곽에서 붙잡아 텔아비브로 호송하여 법정 기소. 분노한 유태인의 자발적 행동이라는 그 나름의 그럴듯한 논리로 유엔과 아르헨티나에 외교적 호소, 설득
  - 2011년 5월 2일 새벽 1시에 미 해군 특수전 팀 24명이 아프가니스탄 바그람 기지에서 헬기로 이동하여 파키스탄 동북부 아보타바드 외곽의 알카에다 지도자 오사마 빈 라덴의 은신처 건물 급습으로 오사마 빈 라덴 사살. 이 비밀공작은 이슬람권 근본주의자격렬 항의 속에 테러를 배격하는 유엔, 세계 각국, 미국 시민의 지지를 받음

비밀공작: 기능, 유형, 원칙, 사례

비밀공작유형: 선전선동, 정치, 경제, 쿠데타, 준군사공작

- 선전선동공작
  - 정확한 언어의 논리적 구사로 체계화된 내용을 상대방, 조직, 집단, 정부, 국민들에게 전하고 설득하여 그들의 마음을 사로잡아 생각, 행동, 태도를 바꾸게 하여 선전주체가 원하는 방향으로 유도하는 의도된 체계적 행동
  - 상대국 국민심리를 자극하여 국가나 정권 정통성에 의문 제기, 이반현상, 저항운동 야기, 적국이 자행한 전쟁 부당성 선전으로 적군의 사기 저하
  - 제갈량: 아군은 이기고 적은 질 수밖에 없다는 정신전력을 확보하는 심리전으로 공격전에 적군의 마음을 사로잡는것이 최우선 군사작전이며 실제 공격은 그다음 책략(用兵之道, 功心爲上, 功城爲下)이라 함
  - 전달자-선전메시지-수신자 연계과정에서 전달자의 정체를 밝히고 객관적 내용을 수신자에게 전달하는 백색선전, 전달자의 신분과 정체는 감추고 상대방(상대국, 조직)의 이름을 도용으로 상대국, 조직, 개인에게 변형된 기만적 내용을 전달하는 흑색선전, 백색이나 흑색도 아닌 정체불명의 전달 매체가 다소 객관적인 선전내용을 전달하여 상대방이 믿지 않으나 시간이 경과하면서 사실로 판명되어 믿게 되는 제3의 회색선전공작이 있음
  - 1차 대전 후에 히틀러의 나치정권은 게르만 민족의 우수성, 유대인 말살, 독일제국형성의 정당성과 명분론으로 선동공작 전개

비밀공작: 기능, 유형, 원칙, 사례

비밀공작유형: 선전선동, 정치, 경제, 쿠데타, 준군사공작

- 정치공작
  - 자국의 국가목표, 외교정책 수행을 위해 은밀하게 상대국이나 상대국 정부를 우호, 동맹, 지원세력으로 끌어들이고, 적대적 정치 세력 제거
  - 미시적 정치공작은 대통령, 총리, 장관, 국회의원, 언론계, 학계, 경제계, 이익단체, NGO의 지도자, 군 간부, 전망이 있는 유력 후보, 해외 망명지도자를 우호세력으로 포섭. 부패한 장기집권 정치지도자, 자국 이익에 위해되는 정치지도자 축출하는 정치공작 자행
  - 중범위 정치공작은 자국에 우호적인 정치 지도세력, 정당으로 정권 교체, 대체세력 양성, 정부 정책변환이나 법률제도 정비 유도
  - 거시적 정치공작은 상대국 시민이 자국에 친밀한 성향을 갖게 자국의 정치이념에 동조하는 여론을 조성하는 장기공작
  - 방안, 기법: 정치자금 살포, 체제전복 쿠데타, 준군사공작 병행
  - 정치공작 사례
    - 2차 대전 후 공산당, 사회당이 우세한 이탈리아에 대한 트루먼 대통령의 지원: 이탈리아 우파 기독교민주당 지원, 마샬플랜으로 이태리 경제원조
    - 1951년 미 중앙정보부의 이란 모사데크 축출 공작 성공(모사데크 수상은 이란 석유국유화, 기간 산업 국유화, 친소련 정책으로 영국, 서구 기업 손실 심화)하였으나 미국 대사관 직원 인질 사태로 이어진 정치공작 후속조치 실패로 정치공작은 실패

비밀공작: 기능, 유형, 원칙, 사례

비밀공작유형: 선전선동, 정치, 경제, 쿠데타, 준군사공작

- 경제공작
  - 자국의 국가이익 성취, 시장경제의 경쟁력 확보, 금융, 산업분야의 우위 확보를 목적으로 비밀리에 상대국 경제에 영향력을 끼치는 공작
  - 미시적: 상대국 과학기술자, 군사장비 기술자, 산업기술자, 개발자를 접촉하여 물질 보상, 회유, 협박, 자국에 이민 제공 등 다양한 방법으로 상대국 과학기술, 산업기술, 산업제품, 출시 제품의 원형을 빼돌리는 공작 진행
  - 거시적: 공산국가의 경제 시스템 붕괴, 후진국 정치 시스템 변화, 테러조직 준동을 촉발
  - 경제공작 방안, 기법: 물가폭등, 생필품 부족, 암시장 거래 심화 야기, 근로자 파업유도, 철도, 유류저장고 폭파, 전기와 수도 공급차단 등 재래식 경제파괴 공작 방안, 기법 활용. 한편 소프트 기법으로 외환 투기, 위조지폐 사용, 컴퓨터 헤킹, 사이버 테러, 기업 생산 차질과 산업기밀 빼내기, 금융 시스템 정지로 세계수준의 경제 질서 교란비밀리에 작동

비밀공작: 기능, 유형, 원칙, 사례

비밀공작유형: 선전선동, 정치, 경제, 쿠데타, 준군사공작

- 쿠데타
  - 소수 정치세력 및 군부가 이념, 정책, 이해관계 갈등에서 무력을 사용하여 초법적 기존 사회질서 파괴, 정치체제 변혁, 정권 전복, 탈취하는 정치행위. 소수 정치세력이 무력을 사용하여 정권을 찬탈하는 정변(putsch)도 광의의 쿠데타에 속함
  - 쿠데타 사례
    - 닉슨 대통령 승인으로 이루어진 칠레의 민선 아옌데 대통령을 추출하기 위한 피노체트에 의한 군부 쿠데타
- 준군사공작
  - 대규모 전쟁, 전투 없이 저비용, 소규모 병력으로 최단시간 내에 국가 명운이 달린 국가목표나 외교안보정책 달성. 미국의회는 준군사 작전은 국가이익, 국가목표, 외교정책 성취에 외국 정부, 조직, 사태에 영향력행사, 상대국이 모르게 민감한 정보 수집, 활용도 비밀공작이라고 정의
  - 준군사공작 성공은 국가 영예, 정치적 자산가치를 상승시키지만, 실패하면 국민의 자부심에 상처 주고 대통령, 수상은 정치적 책임에서 자유로울 수 없는 위기 직면

비밀공작: 기능, 유형, 원칙, 사례

비밀공작유형: 선전선동, 정치, 경제, 쿠데타, 준군사공작

- **준군사공작 *Cont.***
  - 준군사공작 사례
    - 1968년 4월 11일부터 1990년까지 러시아와 미국의 소련 핵잠수함 관련 군사작전
    - Operation Eagle Claw 작전: 카터 대통령 당시 1979년 11월 4일 테헤란 미국 대사관 점거 및 직원 52명 인질 구출작전 -> 작전실패는 카터 대통령이 재선에서 레이건에게 패배한 원인이 되기도 함
      - 인질구출 준군사 공작 실패 후 의회에서 군 특수작전 부대 창설과 해외에서 전개하는 준군사공작 책임부서인 중앙정보부와의 협동을 강화하는 공작 시스템 확립을 입법화(국방조직 개편법)
      - 1987년 4월 13일 레이건 대통령 승인으로 미국 특수전 사령부 발족. 이보다 앞서 1980년 창설된 미국 합동특수전 사령부는 신설된 특수전 사령부 예하부대로 임무수행
      - 특수전 사령부: 4성장군 지휘로 육군 특수전 부대인 델타 포스, 레인저, 해군의 네이비 실, 공군의 특수전 부대, 해병대 특수전 부대를 통괄 조정 감독
      - 특수전 사령부 산하 합동 특수전: 3성 장군이 지휘하고 육해공군, 해병대의 특수전 부대를 위한 합동 교리와 기술 개발, 특수전 작전계획 수립, 장비표준화, 훈련 담당. 또한 합동특수전 사령부는 실제 상황에서 특수임무에 즉각 투입 될 수 있는 특수임무 부대 양성 훈련
      - 특수임무부대: 소말리아 내전 개입, 중남미 그라나다 침공 작전, 중동 지역 테러조직 추적과 소탕, 아프간 토라보라 산악 지대에 은신한 오사마 빈라덴 추적, 중남미와 아프간의 마약조직 와해 공작, 해적소탕, 대적 심리전 수행. 주로 저강도 분쟁 지역에 신속히 투입하여 최단 시일 내에 임무를 완료. 오사마 빈 라덴을 사살한 네이비실은 특수임무부대 소속

비밀공작: 기능, 유형, 원칙, 사례

비밀공작유형: 선전선동, 정치, 경제, 쿠데타, 준군사공작

- **준군사공작**
  - 오사마 빈 라덴 제거 준군사 비밀공작의 성공요인
    - 세계 주요 국가, 유엔, 미국의 테러 소탕 지지와 정당성
    - 대통령을 비롯한 지휘부의 확고한 의지와 관련 국가안보부서의 체계적 협동성
    - 오사마 빈 라덴 제거 준군사작전계획의 간결, 치밀함, 지속적 예행연습
    - 실무작전팀의 합동성과 보안 유지

2. 방첩: 공세적 보안, 조직범죄, 테러, 사이버 테러 대응

방첩(counterintelligence)은 적대국 인물, 정부기관, 정보조직이 자국에 침투하여 정보를 수집하고, 국가 정보기관의 정보활동을 와해시키려는 공작을 자국 정부나 정보기관이 저지, 분쇄하여 국가와 정보기관을 보호하는 활동이다.[27] 홀트는 방첩은 자국을 겨냥한 적대적 외국 정보공작을 포착하고 섬멸하는 행위라 한다. 구체적 방첩 방법으로는 자국에 적대적인 외국 정보조직이 침투하여 전개하는 정탐활동 포착, 정부기밀 누설 예방, 국가전복 지향의 극단적 이념과 과격파의 행동 저지, 국내태업 획책을 저지하는 반태업(counter sabotage), 정부전복을 분쇄하는 반정부전복(counter subversion), 국론분열을 조장하고 국가 충성심을 약화시키는 심리전 공작 대비 등이 있다.[28] 그러므로 적대국가의 정보기관이 침투하여 자국정보를 수집하고 정보시스템을 교란하고 무력화시키는 활동을 저지 보호하는 정보활동이 방첩이다. 또한 적대국, 경쟁국 정보기관이 자국이 수행하는 정보활동을 어떤 방법으로 알고 있는가를 관찰하고, 의도를 사전에 파악하여 조기경보를 발동하고 기도를 봉쇄하고 분쇄하는 활동이 방첩이다. 아울러 국내에 침투한 적대국가의 공작원을 매수, 설득, 전향시켜 이중 공작원으로 역이용하여 적대국 정부 및 정보기관에 허위정보를 전달하여 정책 수행이나 군사작전 실패를 자초하게 한다.[29] 한마디로 방첩은 보안활동에 비하여 적극적(active), 선제적(preemptive), 공세적(offensive) 정보활동이다. 보안활동을 소극적 방첩활동의 상징으로써 방패로 본다면 방첩은 공격적 보안 활동인 창이라고 볼 수 있다.[30]

그런 맥락에서 방첩은 국내외에서 활동하는 적대국, 경쟁국의 정부, 정보기관, 기업, 사회조직, 개인, 그리고 이런 인물, 조직으로 구성된 협동체계가 전개하는 정보 공작활동을 감시하고 저지하며, 외국 정보조직과 협조하는 내국인과 국내 사회조직도 관찰 감시하는 정보활동이다. 외국인이나 외국 정보요원과 연루된 내국인, 내국 정보요원 활동도 국가이익, 국가안전 지평에서 관찰, 차단, 와해하

27) Lowenthal, Mark M. 2003. *op cit.* p. 113.

28) Holt, Pat M. 1995. *op. cit.* p. 109.

29) 김윤덕. 2006. 전게서. 207-208쪽; 국가정보포럼. 2006. 전게서. 128쪽.

30) 최운도. 2002. "외사·방첩론." 문정인 편저. 「국가정보론」. 서울: 박영사. 185-187쪽.

는 외사활동 및 대응행위 모두가 방첩 활동이다.[31] 구체적으로 적대국·경쟁국 정보 체계가 수행하는 국내 정보수집 현황 파악, 인적·기술적 정보수집능력 평가, 도청·감청으로 연락망 감시, 자국 정보기관으로 침투 차단 및 침투공작 봉쇄와 파괴, 정보공작 인물의 기동 및 접선방법 파악, 허위정보·허위문서·허위무선통신·위장 등으로 허위정보를 믿게 하여 적대국가 및 경쟁국가의 정보체계를 교란하고 파괴하는 공작활동 등이 있다. 국가 정부기관 요원이 갑자기 사라진다던가, 적군의 훈련 일정이 중지되거나 변경되고, 적대국이 사용하는 정상적인 유무선 통화가 중단되거나 전화 회선 사용이 중지되면 국가정보기관은 경쟁국, 적대국 정보요원이 자기나라 정보조직에 침투하여 정보를 수집하고 따라서 국가 방첩체계가 노출되고 침식되어 있다고 봐야한다. 국가정보망이 적국 정보조직에 노출된 것으로 보아 적국의 인간정보 활동이나 신호통신정보, 과학기술정보, 영상정보, 공작활동을 면밀히 추적하여 분쇄하거나 역정보를 흘려 정보활동을 교란시키면서 자국의 국가정보시스템을 정상궤도에 올려놓는 방첩활동을 지속적으로 강화하게 된다. 금전매수, 지향이념에 동조하는 심리적 호소, 자아 감성 자극 등 강온양면방법을 이용해서 적대국의 정보요원을 설득 회유하여 적대국가 정보공동체에 기만정보를 전달하여 믿게 함으로서 정보체계를 교란시키는 공작행위도 인간정보 방첩 활동이다(money, ideology, compromise/coercion, ego: mice). 한편 신호정보 방첩 공작에는 유무선 통화 안전 조치, 기만 주파수, 주파수 변경 등의 전자전이 있고, 영상정보 방첩 활동에는 송신 주파수 변경, 무인항공기에 의한 정찰, 영상 송수신 교란, 적대국 인공위성을 파괴하는 공작도 포함된다.

최근 방첩 활동에는 국내거주 외국인, 외국인과 연계된 내국인의 국가안전, 국가이익저해 행위 감시는 물론, 국가기밀과 기업비밀 유출 차단, 국제범죄단체의 마약, 밀수, 테러, 조직폭력 저지 공작도 포함된다. 레이건 대통령은 1981년 행정명령 12333호를 발동하여 중앙정보부는 해외공작 주도와 함께 적대적 외국세력, 국제테러조직, 마약조직이 수행하는 미국국익에 반하는 비밀활동, 공작을 조사하고 봉쇄하는 사법 활동에도 참여할 수 있다고 하여 방첩 활동에 연방수사국이나 외국 정보기관과 협조하는 길을 터놓았다.[32] 같은 맥락에서 1994년 프리

31) Shulsky, Abram N. and Gray J. Schmitt. 2002. op. cit. pp. 98-100.

32) Treverton, Gregory F. 2003. *op. cit.* pp. 170-180.

(Louis Freeh) FBI 국장은 처음으로 러시아 모스크바에 FBI 사무실을 개소하고 미국 국내에 국제범죄조직 침투를 해외에서 차단하고, 역으로 미국을 비롯한 서방세계 범죄조직이 러시아로 잠입하는 것을 러시아 국내보안청, 해외정보부, 경찰과 공조로 차단, 저지하고 있다. 방첩활동의 성공 실패는 결국 방첩 활동을 수행하는 정보요원에 달렸다. 인간정보는 물론 해외에서 활동하는 방첩공작요원을 지원 통제하는 정보관, 과학기술정보, 영상정보, 무인정찰기를 다루는 최종 정보자산은 정보요원이다. 따라서 정보요원의 허점노출이나 정보요원의 협조공백, 정보요원의 변절, 전향은 국가정보체계를 보호하는 방첩장벽이 장마철 둑이 무너지듯 허물어지게 된다.

2차 대전 전후와 냉전시기에 영국 정보공동체를 뒤흔들고 미국 정보공동체 마저 영국과의 정보공조를 외면하려는 정보 실책이 발생한다. 바로 영국 외무부, 국내보안부(MI 5), 해외정보부(MI 6) 요원들이 소련에 자진하여 정보를 제공하고 망명하여 영국 정보공동체를 교란시킨 것이다. 맥클린, 블란트, 필비, 버지스, 케언크로스로 구성된 거물 간첩 5인방 또는 변절자 모두가 케임브리지대학 출신으로 케임브리지 5인방으로 불리는 이들이 유럽, 미국, 캐나다, 호주, 뉴질랜드를 연계하는 냉전시기의 핵전략, 영국·미국·북대서양조약국 전략정보, 소련을 포위 압박하는 군사, 외교, 정보 체계를 소련에 넘겨주었다. 소련은 미국, 북대서양조약기구, 서방세계가 소련을 겨냥하여 펼치는 전략 파악은 물론 영국의 방첩활동을 저지하고 정보시스템을 교란하는 반방첩공작(counter-counterintelligence)도 전개하는 정보 성공도 거두게 된다. 영국의 케임브리지 5인방 사건은 아무런 금전 보상도 원치 않고 오직 자신이 지향하는 이념에 충실하여 소련에 협조하는 지식인의 간첩활동으로 영국 정보자산이나 정보공조 동맹국에 얼마나 큰 손실을 주는지를 여실히 보여주는 사례이다. 케임브리지 5인방 변절과 간첩 행위는 2차 대전 후에 세계 1위를 유지하던 영국 정보력의 퇴조를 가져오는 계기 중 하나이기도 하다.

중앙정보부 방첩망이 뚫려서 소중한 인간정보 자산이 희생되고 정보공동체가 교란되기는 미국도 예외일수가 없다. 에임스(Aldrich Ames)는 하위직인 1급에서 고위직인 18급(government schedule: GS)으로 되어 있는 미국 직업 관료제에서 비교적 하급직에 속하는 7급으로 중앙정보부에 입사한다.[33] 1972년 중앙정보부 소련동구권과에 근무하면서 소련 공작원을 추적하고 감시하는 공작임무를 수행하고 멕시코에 파견되어 해외근무를 한다. 1983년에는 소련동구권과에 복귀하여 미국에서 공작임무를 수행하는 소련, 동구권 정보요원을 추적하는 방첩업무를 담당하면서 워싱턴 주재 소련대사관 정보원 츄바킨(Sergey Chuvakhin)과 공식 접촉을 하게 된다. 츄바킨에게 포섭된 에임스는 소련 현지에서 미국 정보부와 연계되어 소련 정보를 수집하는 공작원 명단을 제공하기 시작한다. 모스크바에서는 미국 중앙정보부를 위해 정보 수집을 하는 현지 공작원의 행방이 갑자기 묘연해지고 통신이 두절되어 중앙정보부는 긴장하게 된다. 배경을 조사하던 중에 소련대사관 직원과 만나는 에임스를 주목한다. 특히 1983년 10월 아내와 이혼하고 1981년 멕시코 대사관에서 근무하면서 사귄 콜롬비아 문화담당 부영사 로사리오(Mara del Rosario)와 재혼하면서 연봉 7만 달러 수준의 중하급직 정보원이 54만 달러 저택을 현금으로 구입하고 5만 달러 재규어 승용차에 월급여액 보다 많은 신용카드 대금을 지불하는 등 호화생활을 하는 것을 수상히여겨 연방수사국과 정보부 내사과 팀이 본격 수사에 돌입한다. 내사과는 그가 근무하는 정보부 사무실, 자택, 자가용에 도청장치와 카메라를 설치하고 은행계좌를 추적한다. 1985년 내사과는 소련 대사관 정보요원 츄바킨을 만나 점심을 같이한 시간에 에임스의 은행 잔고에 예금이 입금된 것을 확인한다. 연방수사국은 에임스 아내가 보다 많은 사례비를 소련대사관에 요청하라고 에임스를 다그치는 대화를 녹음하고, 에임스가 현관 앞 쓰레기 수거함에 버린 찢어진 컴퓨터 프린트 용지를 찾아내어 소련 대사관 정보원에게 넘긴 정보 자료와 공작원 명단을 복원한다. 결국 1994년 모스크바 회의에 참석한다고 출국하려는 에임스를 체포하였다. 에임스는 사형, 아내는 5년 징역형을 선고 받았는데, 에임스는 최후 법정 진술에서 소련에서 암약하는 넘겨준 간첩 행위를 한 기본 동기는 돈이 필요해서였다고 하였다.[34]

소련 정보당국 입장에서는 전향한 케임브리지 5인방과 에임스 변절에서 얻은 정보 대차대조표는 나토조약국의 군사전략, 영국과 미국의 핵전략 정보 획득은

33) 워싱턴대학(George Washington University) 졸업 후 중앙정보부에 들어가 동료직원 낸시(Nancy Segebarth)와 결혼하고 터키 주재 미국대사관에서 소련 정보요원을 포섭하는 임무를 수행한다.

34) Holt, Pat M. 1995. *op. cit.* p. 114.

물론, 영미의 정보 방첩망을 무력화시키는 방첩 성공으로 기록되었다. 그러나 소련 역시 재정지원이나 물질적 대가를 바라지 않고 오직 자신의 이념, 자아 본능에 따라 서방세계에 소련의 일급비밀을 알린 소련 출신 고위 정보요원의 변절로 소련 방첩망이 뚫리게 된다. 펜코브스키(Oleg Penkovsky) 대령은 키예프 포병사관학교 출신으로 2차 대전에 참전하고 소련군 정보부 외사계장으로 1961년 런던, 파리 해외 출장에서 미국 중앙정보부, 영국 해외정보부와 접촉한다. 소련이 쿠바에 설치하는 미사일로 미소 간 긴장이 고조된 당시 펜코브스키 대령은 모스크바 주재 영국해외정보부 요원에게 소련 핵탄두와 운반체 연료가 소량이고 순항계기 시스템 작동도 양호하지 않다는 내용과 쿠바에 설치중인 소련 미사일 현장 설계 도면을 제공한다. 펜코브스키 대령은 후르시초프 수상의 리더십과 개성이 서방세계 정보당국이나 정치권이 생각하는 것 보다 현실 정치상황에서 비호전적이며 정책결정에서 보여주는 독단성은 낮다고 전해준다. 자기 이념과 자유의지에 따라 영국과 미국을 위하여 정보활동을 수행한다고 밝힌 펜코브스키 대령은 1962년 10월 22일 간첩죄로 소련 군정보부 방첩단에 체포되어 처형된다.[35]

소련 정보부에서 근무하던 고르디엡스키(Oleg Gordievsky) 대령은 체코 1968년 민주화 과정 중 시민을 탱크로 짓밟는 소련의 대응을 보고 소련 체제이념에 회의를 느끼면서 영국 해외정보부에 전향 의사를 밝힌다. 그는 계속 국가정보부(KGB) 정보요원으로 근무하면서 소련 정보를 계속 영국에 제공하였다. 그런데 1985년 5월 모스크바에서 소환령이 내려 국가정보부 본부에서 영국에 정보를 제공 한다는 혐의로 조사를 받게 된다. 국가정보부 자체 정보와 미국 중앙정보부 소련동구권과의 에임스가 워싱턴 주재 소련 대사관 정보요원 츄부킨에게 제공한 미국, 영국을 위해 소련 정보를 수집하는 소련 공작원 명단에 고르디엡스키 대령을 거론하였기 때문이다. 그러나 심문과정에서 가택연금상태로 풀려나 있던 중에 영국정보부의 도움으로 기차로 모스크바를 탈출하여 핀란드를 거쳐 영국으로 귀환한다.

이스라엘 해외정보부 모사드나 국내보안부 신베트는 방첩공작에서 끝까지 추적 섬멸하는 집요함을 보이고 있다. 국내외에서 이스라엘 정보시스템이 침투 당하고 이스라엘 인적, 물적 자산이 손상을 입거나 테러를 당하면 상대국 테러범,

35) Gordievsky, Oleg and Christopher Andrew. 1990. *KGB: The Inside Story*. London: Hodder & Stoughton: Andrew, Christopher. 1996. *op. cit.* pp. 267-290.

첩보요원을 끝까지 추적하고 방첩망을 분쇄하여 상대국 정보팀이 쉽사리 이스라엘 정보시스템에 접근하지 못하게 하는 심리적 정보 억제력(psychological intelligence deterrence)을 행사한다. 1972년 뮌헨 하계올림픽때 검은 9월단의 이스라엘 선수단에 대한 테러에 대해 이스라엘은 끝까지 테러단을 7년간 추적하여 전원 사살 또는 폭사시켰다. 한편, 빈 라덴의 알카에다 조직에 의해 2001년 9월 11일에 발생한 뉴욕 세계무역센터, 국방부 폭파는 미국 본토 보안 방첩 망이 뚫린 것을 의미한다. 그로부터 10년의 세월 동안 추적 끝에 파키스탄 아바타바드에서의 빈 라덴 사살은 미국에 침투하려는 준군사공작단의 예봉을 꺾는 미국 정보공동체의 방첩공작 성공 사례로도 볼 수 있다.

세계화, 정보화 시대에 국제조직범죄, 테러, 사이버 테러는 적극적, 공세적 보안 개념으로 방첩 공작의 대상이 된다. 조직범죄는 한 국가 내의 특정 지역, 특정 국가, 국가 경계를 넘어선 세계 지역을 활동무대로 불법적 기업운영 방식으로 경제 이득을 챙기는 범죄 집단이다. 이탈리아 시실리(Sicily) 섬에서 발원한 마피아(Mafia)는 지역범죄 집단이나 활동 무대를 이탈리아 전역으로 확대하고 유럽, 미국으로 뻗쳐 국제범죄조직이 된다. 미국 사회 지하조직으로 암약하는 마피아는 미국의 이탈리아 마피아 조직이라 한다. 공산정권 해체이후 러시아, 동구권 국가에서 일자리를 잃은 정보기관 요원, 정부관리, 공산당 간부인 공산당 귀족계급(nomenklatura)은 민영화하는 국유재산을 미리 확보한 정보로 조직적으로 헐값에 구입하고, 해외기업과 합작하여 유입된 자금으로 문어발 기업 확장을 획책한다. 또한 대기업과 중소기업 보호명목으로 이익금 공유, 돈세탁, 마약유통, 탈세 등으로 정치권과도 거래하면서 기업형 범죄조직을 형성한다. 범죄조직 운영이 마피아식이라 하여 러시아 마피아라고도 부른다. 마피아(Mafia), 일본의 야쿠자(ヤクザ, Yakuza), 홍콩을 거점으로 한 중국의 삼합회(三合會, Triad)를 세계 3대 조직범죄 집단이라 한다. 국제범죄조직이 취급하는 영역과 내용은 매우 다양한데 주식 내부자 거래, 작전 주식 관리, 대규모 투자로 기업 사냥, 자산 갈취, 위조화폐 주조와 거래, 밀수, 비인가 불법 도박, 여권 등 위조문서 작성, 밀입국 주도, 인신매매, 청부 살인과 방화, 총기 밀매, 마약 생산과 유통 네트워크 장악, 신용카드 사기, 사이버 해킹, 돈 세탁 등이 해당된다. 특히 미국 의회 발표로는 1990년대 국제범죄조직이 돈세탁으로 거래한 금액은 2천억 달러에서 6천억 달러, 2002년

유엔 보고서는 2000년대에는 5천억 달러에서 1조 달러로 추산된다고 한다.[36] 국가별로 정보기관은 국내 사회 경제 질서 유지, 때로는 국가안보 차원에서 국제, 국내 조직범죄를 관찰하고 제어하나 탈냉전이후 사이버 사회에서 다양한 조직범죄는 정보 방첩활동 수요를 증가시키고 정보임무 조정과 조직 개편을 야기하고 있다.

공세적 보안으로서 방첩은 탈냉전 시대 이후 대량살상 테러로 인해 정보수집, 비밀공작, 정보공동체의 유기적 협동작전을 요구하고 있다. 테러는 정치이념, 사상, 종교, 경제적 동인으로 몰입된 개인, 집단, 국가 조직이 비무장 개인, 단체, 국가에 살상을 초래하여 공포를 조성하고 의도하는 목표를 달성하는 폭력 범죄 행위로 본다. 테러는 1789년 프랑스 혁명당시 온건파에 속하는 지롱드 당(Girondins)에 비해서 과격한 자코뱅 당(Jacobin)이 앞장서서 루이 16세, 여왕 앙트와네트(Marie Antoinette), 기득권 계층을 단두대의 이슬로 사라지게하고 공포분위기를 조성하여 테러로 혁명정국을 주도하려 한다. 정치적 의도로 공포분위기를 조성하는 테러는 19세기 러시아 알렉산더 황제 암살, 20세기 러시아 공산혁명 당시 스탈린, 국가사회주의로 제 3제국을 형성하려한 히틀러 등이 자행한 정적 제거, 비판 지식인의 연행, 감금, 살해와 공포분위기 조성은 정치 테러의 전형적 모델이다. 냉전체제 해체이후 인종갈등, 급진 종교관, 이스라엘과 팔레스타인의 갈등분쟁은 이슬람 과격주의자의 테러로 점철되고 있다.

미국 국방부와 법무부 산하 연방수사국은 테러에 관해서 비슷한 정의를 내리고 있다. 정치적 동인으로 몰입된 비밀요원이나 문화권역별 집단이 비무장 개인, 시설, 목표물을 폭력, 무력으로 살상, 파괴하는 사전 계획된 범죄행위라 한다. 그리고 테러자행으로 공포감을 조성하여 이념, 정치, 종교, 경제적 목표를 성취하려 하며, 그 범위는 지역에서 세계 수준으로, 방법은 대량 살상 무기, 전자전으로 확대, 심화된다고 한다. 테러조직은 한 번 실행된 테러는 예측 할 수 없는 미래에 더욱 큰 규모로 심화 확대된다는 공포심 조장이 전략적으로 효과를 거둔다고 본다.[37] 그리고 20세기에 들어와서 테러 동기, 배경, 양상은 매우 복합적, 동태적이

---

36) Voslensky, Michael. 1984. *Nomenklatura: The Soviet Ruling Class*. New York: Doubleday: Sullivan, Robert(ed.). 2002. *Mobsters and Gangsters: Organized Crime in America, from Al Capone to Tony Soprano*. New York: Life Books.

37) Russell, D. Howard and Reid L. Sawyer(ed.). 2004. *Terrorism and Counterterrorism*. Guilford, Connecticut. pp. 5-45. pp. 182-197. pp. 374-391.

며 상황논리로 해석되어 테러리스트나 테러리즘이 상대적인 관점에서 재해석되기도 한다. 1962년 흑백인종 분리주의를 반대하는 남아프리카공화국의 만델라(Nelson Mandela)는 백인정부에서 내란음모의 테러 주동자로 종신형에 처하게 되나, 30년이 지나 1994년 민선 대통령으로 노벨 평화상을 수상한다. 레이건 대통령은 소련에 저항한 아프가니스탄 무자히딘(Mujahideen)을 자유전사로 치켜세우고 정보부를 앞세워 무기를 제공하나, 무역센터를 폭파한 알카에다 조직과 연계한 무자히딘 조직을 부시 대통령에 와서는 악의 축으로 규정하고 다국적군의 무력으로 정권에서 몰아낸다.

정치 테러와 아울러 사이버 테러 역시 21세기 사이버 공간 교란을 야기하는 국가안보의 주제로 클로즈업 되고 있다. 사이버 공간안보(cyberspace security) 침해 테러는 정보혁명과 정보기술에서 유래한다. 사이버 테러리즘을 기존 테러리즘 정의에 맞추어 정치 이념, 사상, 종교, 경제적 동기로 개인, 집단, 국가 조직이 비무장 개인 조직, 국가의 정보, 컴퓨터 시스템, 전산프로그램, 전산자료를 사이버공간을 활성화하여 공격하는 폭력 행위로 규정한다. 구체적 사례로 인터넷에 공격적 내용 댓글 달기, 음란 e-mail 보내기, 웹 페이지 손상, 신용카드 정보 빼돌리기, 인터넷에 신용카드 소지자 정보 공개, 인터넷 정보 흐름 차단, 컴퓨터 시스템에 접속한 혼란 초래 행위 등을 들고 있다.[38] 사이버 테러리스트들은 자체 웹사이트를 운영하여 인터넷에 댓글을 유포하고 인쇄매체에 유통시키고 대형 금융기관, 대기업, 정밀기계공업, 국방, 외교 등 안보기관 사이버공간에서 해킹, 공격으로 기밀자료를 빼돌리거나 변조하고, 악성코드, 바이러스 살포로 자기복원, 복제 능력을 약화시킨다. 특히 군 지휘부의 작전 계획을 절취하고 지휘, 통제, 통신, 전산시스템을 마비시키는 전자전을 수행하여 작전 개시 전에 상대국을 무력화시킬 수 있다. 게이트 미국 국방장관은 사이버 공간 전자전이 발생하면 전장공간에서 미사일전으로 대응 할 것이라고 공식 발표하고 파네타(Leon Panetta) 국방장관 내정자는 정부와 군에 가하는 사이버 공격은 제 2의 하와이 기습으로 간주할 것이라고 천명한바 있다. 21세기 테러를 과거 시대 테러와 비교하여 요약하면 〈표 8-2〉와 같다.

---

38) Conway, Maura. 2003. *op. cit.* pp. 271-285: Lynn, William J. III. 2010. op. cit. pp. 97-108.

〈표 8-2〉 과거와 현재 테러방식의 비교

구 분	과거 테러	21세기 테러
테러 도발 과격성	중, 저강도 과격 도발	고강도 과격 도발
테러 활동 효과범위	과시용 국지성, 개인 살상	세계화, 대규모 살상
자금규모와 동원력	소액, 모금형 조달	조직적 기업형 자금 동원
사용 무기 장비	재래식 무기 장비	화생방, 핵무기, 유전자 조작, 전자전
테러 전술전략	재래식 전술	연계 그물망 전쟁, 전자전, 사이버 전
침투 방첩 공작	단순 용이	복잡 난이, 합동성 공작 변환
전개 기간	간헐적 상황에서 발생	냉전체제 기간 이상으로 지속 전망

그렇다면 어떻게 테러를 방지할 수 있는가에 문제 해결의 초점이 모여진다. 방법은 원인규명에서 나온다. 테러 발생은 거시적으로 종교, 인종, 이념, 경제 갈등 등에서 연유된다. 특히 거시적 차원의 이념, 종교, 종족, 지역 갈등의 뿌리를 찾고 해결하는 정치 외교적 노력이 필요하다. 팔레스타인과 이스라엘의 국경문제와 팔레스타인 국가승인은 현대판 이슬람 형제국과 기독교 십자군의 대리 성전으로 비화되어 냉전체제 만큼이나 지속될 전망이다. 오바마 대통령이 테러로 점철되는 성전 종식 해결의 방안으로 1967년 아랍과 이스라엘 전쟁 이전의 국경상태로 되돌아가 갈등과 테러를 방지하는 거시적 시각에서 뿌리이론카드를 꺼내 들고 있다.[39] 테러를 제압하는 방안으로 거대전략, 전략, 전술로 분류하고 거대전략으로 테러의 뿌리 찾기를 시도한다. 전략으로는 자금, 무기 공급원 차단, 개인 테러리스트, 테러 집단 추적과 정보수집, 테러 발생 시의 효과 극소화와 민심 안정, 사용 무기와 훈련, 자금의 유입경로 등을 조사한다. 전술로는 테러를 무력화시키는 국가 간, 정부 간의 연계망, 테러 진압 합동성을 강조하고 있다.

테러 예방과 진압을 위한 통합정보수집과 분석, 정보공유, 방첩공작의 합동성, 대통령을 중심으로 한 체계적, 제도화된 신속한 테러 대응 정책결정과정이 새로운 패러다임 요소로 등장한다.[40] 특히 대량살상 테러 도구로 마약테러(narcoterrorism),

39) Russell, D. Howard, and Reid L. Sawyer. (ed). 2004. *Terrorism and Counterterrorism*. Guilford, Connecticut. pp. 36-38. pp. 464-469.

40) Pillar. Paul R. 2001. *Terrorism and U.S. Foreign Policy*. Washington, D.C.: The

화생방(biochemical terrorism), 핵무기테러(nuclear terrorism), 사이버테러(cyberterrorism), 유전자조작테러(genomic terrorism)로 복잡 다기화 되어 테러 방첩활동은 해외 정보, 국내정보, 공작과 보안, 준군사작전, 인간정보와 과학기술정보, 정부기관간의 협동성, 합동성을 절실히 필요 하게 된다.[41] 영국 국내보안부 MI 5는 통합테러요인판단센터(Joint Terrorism Assessment Center: JTAC)를 운영하고 있다. 범정부 차원에서 정보기관 요원이 모여서 합동 근무를 하면서 테러관련 종합 정보수집, 분석, 판단, 테러 공작기관에 체계적 종합 정보제공, 테러 예방, 진압에 관한 전략, 전술을 조언한다. 2001년 9·11 무역센터 폭파 테러 이후 2003년 부시 대통령의 행정명령 13354호로 테러대응통합센터(Terror Threat Integration Center: TTIC)를 발족한다. 그러나 테러대응통합센터는 국가정보부를 신설하면서 그 조직 산하에 국가대테러센터(National Counterterrorism Center: NTC)로 확대 개편 된다. 국가대테러센터는 자체에 정부합동테러위협평가협조단(Interagency Terrorism Assessment and Coordination Group: ITACG)을 두고 테러 정보를 연방, 지방정부, 기업, 사회조직과도 공유하며 테러 대응 업무를 총괄한다. 그러나 테러진압은 국토안보부, 경찰, 중앙정보부, 연방수사국의 일선조직이 군 특수부대의 협조를 받으며 협조체계로 수행한다.

Brookings Institution Press. pp. 123-129: Reich, Walter. 1990. *Origins of Terrorism*. Washington, D.C.: Woodrow Wilson Center Press. pp. 2261-284.

41) Russell, D. Howard, and Reid L. Sawyer. ed. 2004. *op. cit*. pp. 180-259.

요 약

방첩: 공세적 보안, 조직범죄, 테러, 사이버테러 대응

- **방첩**은 적극적, 선제적, 공세적 정보활동으로 보안 활동이 내밀성 있는 소극적 방첩활동의 상징으로 방패라면 방첩은 공격적 보안 활동인 창
- 방첩활동의 내용
  - 국내외에서 활동하는 적대국·경쟁국의 정부, 정보기관, 기업, 사회조직, 개인, 조직적 스파이 망이 전개하는 정보 공작활동 감시, 저지
  - 외국 정보조직과 협조하는 내국인과 국내 사회조직도 관찰 감시, 와해하는 외사활동, 대응행위
  - 적대국· 경쟁국 정보 조직에 허위정보, 허위문서, 허위무선통신, 위장 등으로 허위정보를 믿게 하여 적대국가, 경쟁국가의 정보체계 교란, 파괴하는 공작활동도 방첩임

방첩: 공세적 보안, 조직범죄, 테러, 사이버테러 대응

- **방첩활동의 구체적인 내용 및 방법**
  - 인간정보 방첩 활동, 적대국의 정보원 회유 방법: 금전 매수, 정보원의 지향 이념에 심리적 호소, 타협 또는 강압으로 강온 양면 설득, 정보원의 자아 감성 자극과 전향(money, ideology, compromise/coercion, ego: mice)
  - 신호정보 방첩 공작: 유무선 통화 안전 조치, 기만주파수, 주파수 변경 등의 전자전, 송신 주파수 변경, 무인항공기에 의한 정찰, 영상 송수신 교란, 적대국 인공위성 파괴 공작 등의 영상정보 방첩활동
  - 기만 방첩 공작: 적대국 정보공동체에 기만정보 전달로 정보체계 교란 공작 행위
  - 감시, 비밀 유출 차단 방첩 활동: 국내거주 외국인, 외국인과 연계된 내국인의 국가안전, 국가이익저해 행위 감시, 국가기밀과 기업비밀 유출 차단, 국제범죄단체의 마약, 밀수, 테러, 조직폭력 저지 공작 포함

방첩: 공세적 보안, 조직범죄, 테러, 사이버테러 대응

- **대표적 방첩활동 예**
  - **CIA와 FBI의 해외 방첩공조**:레이건 대통령의 1981년 행정명령 12333호로 중앙정보부의 해외공작 주도와 함께 적대적 외국세력, 국제테러조직, 마약조직의 미국국익에 반하는 비밀활동, 공작 조사, 봉쇄에 연방수사국과 사법활동 공조. 러시아 모스크바에 FBI 사무실 개소(프리 FBI 국장)하여 미국 국내에 국제범죄조직 침투를 해외에서 차단, 역으로 서방세계 범죄조직의 러시아 잠입을 러시아 국내보안청, 해외정보부, 경찰과 공조로 차단, 봉쇄
  - **영국 거물 간첩 케임브리지 5인방 변절**: 영국 상류사회 지식인 출신 정보요원, 외교관으로 금전 보상도 원치 않고 자신의 지향 이념과 자아본능으로 소련에 협조, 간첩활동 전개
  - **미국 중앙정보부의 에임스 변절**: 중앙정보부의 정보요원으로 워싱턴 주재 소련대사관 정보원 츄바킨과 공식 접촉을 하면서 츄바킨에게 포섭되어 소련 현지에서 미국 정보부와 연계되어 소련 정보를 수집하는 공작원 명단을 제공
  - **(구)소련 정보요원의 서방세계로 전향 사례**:
    - (구)소련의 펜코브스키 대령은 물질적 대가를 바라지 않고 오직 자신의 이념에 따라 소련군 정보부 외사계장으로 1961년 런던, 파리 해외 출장에서 미국 중앙정보부, 영국 해외정보부와 접촉하여 정보제공
    - 외교관과 대사관을 거쳐 정보부의 정보원으로 근무했던 고르디엡스키 대령의 전향과 영국과 미국에 (구)소련의 정보제공

방첩: 공세적 보안, 조직범죄, 테러, 사이버테러 대응

- 최근 국제조직 범죄, 테러, 사이버테러에 대한 방첩 필요성 증대
  - **국제조직범죄**
    - 지역, 국가를 넘어 세계 지역을 무대로 불법적 기업운영 방식으로 경제 이득을 챙기는 범죄집단 행위. 이탈리아 시실리섬에서 발원한 마피아 범죄 집단은 이태리에서 유럽, 미국으로 뻗쳐 러시아, 동구권 국가로 확대
    - 냉전체제 해체 이후 일자리를 잃은 러시아 정보기관 요원, 정부관리, 공산당 간부인 공산당 귀족계급은 미리 확보한 정보로 국유재산 민영화에 조직적으로 개입, 헐값 구입, 해외기업과 합작하여 유입된 자금으로 문어발 기업 확장 획책. 대기업, 중소기업 보호명목으로 이익금 공유, 돈세탁, 마약유통, 탈세 및 정치권과 거래 등 러시아 마피아 기업형 범죄조직 형성
    - 국제범죄조직 취급 영역과 내용: 주식 내부자 거래, 작전 주식 관리, 대규모 투자로 기업 사냥, 자산 갈취, 위조화폐 주조와 거래, 밀수, 비인가 불법 도박, 여권 등 위조문서 작성, 밀입국 주도, 인신매매, 청부 살인과 방화, 총기 밀매, 마약 생산과 유통 네트워크 장악, 신용카드사기, 사이버 해킹, 돈 세탁 등
    - 1990년대 국제범죄조직이 돈세탁으로 거래한 금액은 2천억 달러에서 6천억 달러(미의회 보고서), 2000년대에는 5천억 달러에서 1조 달러로 추산(2002년 유엔 보고서)
    - 국제조직범죄는 정보 방첩활동 수요 증가시켜 정보임무 조정과 조직 개편 야기

방첩: 공세적 보안, 조직범죄, 테러, 사이버테러 대응

- 최근 국제조직 범죄, 테러, 사이버테러에 대한 방첩 필요성 증대
  - **테러**
    - 테러는 정치 이념, 사상, 종교, 경제적 동인으로 몰입된 개인, 집단, 국가 조직이 비무장 개인,체, 국가에 살상과 공포 조성 등 의도하는 목표 달성을 위해 표적을 둔 폭력 범죄 행위
    - 미국 국방부와 법무부 연방수사국의 테러 정의: 정치적 동인으로 몰입된 비밀요원이나 문화권역별 집단이 비무장 개인, 시설, 목표물을 폭력, 무력으로 살상, 파괴하는 사전 계획된 범죄 행위
    - 탈냉전 시대 이후 대량 살상 테러로 정보수집, 비밀공작, 정보공동체의 유기적 협동작전을 통한 공세적 보안으로서 방첩활동 요구
    - 테러 사례: 19세기 러시아 알렉산더 황제 암살, 20세기 러시아 공산혁명 당시 스탈린, 제 3 제국을 형성한 히틀러 등이 자행한 정적 제거, 비판 지식인의 연행· 감금·살해와 공포분위기 조성은 정치 테러의 전형적 모델
    - 냉전체제 해체 이후 인종갈등, 급진 종교관, 이스라엘과 팔레스타인의 갈등분쟁은 이슬람 과격주의자의 테러로 점철

방첩: 공세적 보안, 조직범죄, 테러, 사이버테러 대응

- 최근 국제조직 범죄, 테러, 사이버테러에 대한 방첩 필요성 증대
  - **사이버테러**
    - 정보혁명과 정보기술에서 파생한 사이버 공간을 교란하는 사이버 테러는 정치 이념, 사상, 종교, 경제적 동기로 사이버공간에서 개인, 집단, 국가 조직이 개인, 조직, 국가의 컴퓨터 시스템, 전산프로그램, 전산자료를 공격하는 폭력 행위
    - 구체적 사례: 인터넷에 공격적 내용 댓글 음란 e-mail, 웹 페이지 손상, 신용카드 정보 빼돌리기, 인터넷에 신용카드 소지자 정보 공개, 인터넷 정보 흐름 차단, 컴퓨터 시스템에 접속 혼란 행위 초래
    - 사이버 테러리스트들은 웹사이트 운영, 인터넷 댓글 유포 및 인쇄매체에 유통, 대형 금융기관·대기업·정밀기계공업, 국방·외교 등 안보기관에 대한 악성코드 및 바이러스 살포 등 사이버 공격 및 해킹을 통한 기밀자료 탈취, 변조
    - 군 지휘부 작전 계획 절취, 지휘, 통제, 통신, 전산시스템을 마비시키는 전자전 수행으로 작전 개시 전에 상대국 전력을 무력화. 게이트 미국 국방장관은 사이버 공간 전자전이 발생하면 사이버 공간에서 미사일전으로 대응 경고, 파네타 국방장관 내정자는 정부와 군에 가하는 사이버 공격은 제 2의 하와이 기습으로 간주 천명

방첩: 공세적 보안, 조직범죄, 테러, 사이버테러 대응

- 최근 국제조직 범죄, 테러, 사이버테러에 대한 방첩 필요성 증대
  - **테러 방지 방안**
    - 거시적으로 이념, 종교, 종족, 지역 갈등의 뿌리를 찾고 해결하는 정치 외교적 노력이 필요→ 팔레스타인과 이스라엘의 국경문제, 팔레스타인 국가승인은 현대판 이슬람 형제국과 기독교 십자군의 대리 성전으로 비화되어 냉전체제 만큼이나 지속 될 전망
    - 오바마 대통령이 중동 테러 종식 방안으로 1967년 아랍과 이스라엘 전쟁 이전의 국경 상태로 되돌아가 갈등과 테러를 방지하는 거시적 뿌리 이론카드 제시
    - 테러를 제압 전략: 자금과 무기 공급원 차단, 개인 테러리스트 및 테러 집단 추적과 정보수집, 테러 발생 시의 효과 극소화와 민심안정
    - 테러 제압 전술: 테러를 무력화 시키는 국가 간, 정부 간 연계망, 테러 진압 합동성을 강조→테러 예방과 진압을 위한 통합정보수집과 분석, 정보공유, 방첩공작의 합동성, 대통령을 중심으로 한 체계적, 제도화된 신속한 테러 대응 정책결정과정이 새로운 패러다임으로 등장
      - 영국 국내보안부 MI 5는 통합테러요인판단센터(Joint Terrorism Assessment Center:JTAC)를 운영. 범정부 차원에서 정보기관 요원이 합동 근무로 테러 정보수집, 분석, 판단, 테러 공작 기관에 체계적 종합 정보제공, 테러 예방, 진압에 관한 체계적, 구체적 전략, 전술 조언
      - 2001년 9. 11 무역센터 폭파 테러 이후 2003년 부시 대통령의 행정명령 13354호로 테러대응통합센터(Terror Threat Integration Center: TTIC)를 발족. 테러대응통합센터는 국가정보부 신설로 산하에 국가대테러센터(National Counterterrorism Center: NTC)로 확대 개편

3. 보안: 방어적 방첩, 산업보안

각 국의 정보기관은 외국의 정부, 대사관, 정보기관이 요원을 침투시키거나, 통신, 무인정찰기, 인공위성을 운용하여 국내의 시설, 문서, 통신내용, 주요 인물, 정보공작에 관한 정보를 수집, 분석하고, 정세 예측과 정책결정에 도움이 되는 정보지표를 지속적으로 창출한다. 국내에서 수행하는 외국의 정보 수집, 공작 활동은 국가안보 저해 행위로서 사전에 차단하고 통제하는 정보활동이 방어적 방첩 활동인 보안이다. 보안을 국내 기밀 사항을 수집하려는 주체, 수집 방법, 수집 목표 측면에서 보면, 외국 정부가 인간정보, 신호통신, 과학기술 정보, 영상정보를 체계적으로 동원하여 국내의 전략시설물, 정부청사, 군 지휘, 무기체계 시스템, 항만, 공항, 산업시설, 국가자료, 정부통신, 중요 인물, 기업기밀, 정보 공작 등에 관한 사항을 획득하여 자기 나라 정부의 정책결정에 적실성 있는 정보를 제공하는 정보활동, 비밀공작을 차단, 봉쇄, 저지하는 정보활동이다. 따라서 보안은 국가안보 위해 요인으로 국내에서 이루어지는 외국의 정보정탐, 비밀공작을 분쇄하는 최후 저지선이다. 2001년 9월 11일 알카에다 테러리스트들이 자행한 뉴욕시 무역센터나 워싱턴의 국방부 청사 동시 폭파는 해외 주둔 미군, 중앙정보부, 연방수사국이 공격적 방첩 활동으로 미국에 대한 안보위해 요인을 사전에 해외에서 저지하는 공세적 방첩망을 뚫고 국내 최후 방첩 보루인 보안 장벽마저 무력화 시킨 사례로 보아야 할 것이다.[42] 보안에는 시설보안(physical security), 문서보안(document security), 통신보안(communication security), 인원보안(personnel security), 산업보안(industry security), 공작보안(intelligence operation security) 등이 있다. 전자, 컴퓨터보안은 사이버테러에서 설명되고 통신보안에서도 다루어진다.

시설보안은 정부 건물, 기간 시설물, 물자 비축창고, 유류저장고, 각종 정보 자료 집적 시설에 비인가자, 외부 침입자, 정보공작원이 접근하여 시설을 파괴하거나, 작동을 멈추게 하고 시설내의 비밀사항을 수집하는 것을 원천적으로 거부하는 활동이다. 시설보안은 건물, 시설을 설계할 때부터 접근이 용이하지 않게 도

---

42) Holt, Pat M. 1995. *op. cit.* pp. 109-110: 김윤덕. 2006. 전게서. 194-209쪽: 국가정보포럼. 2006. 전게서. 135-147쪽.

안하여, 건물 주위를 자연, 동물, 인공, 전기전자 방벽 등으로 보호 장벽을 에워싼다. 자연 장벽은 주위 산, 숲, 호수, 도로를 이용하여 친환경적으로 시민이 거부감을 느끼지 않게 자연스럽게 구축하는 방벽이다. 무역센터 폭파 테러 이후 도시 한가운데 위치한 백악관의 정면은 종심이 깊지 않고 공격자가 철책을 용이하게 뛰어 넘을 수 있어 정문 철책 앞에 도로를 개설하였다. 그리하여 다수 군중이 자연스럽게 거닐 수 있어 외부 침입자는 군중에게 쉽게 노출되고 시민 스스로 수상한 인물을 포착 할 수 있게 한다. 인공방벽은 자물쇠를 채우고 철책을 치는 것이며, 동물방벽은 경비견이 범인을 후각으로 수색하고, 전기전자 방벽은 경보, 감시카메라를 작동하는 보안시설이다. 통일 후에 베를린에 세운 독일 수상실 건물은 거리를 가로질러 있는 제국의회 의사당과는 다르게 외부에서는 들여다 볼 수 없게 유리장식이 없는 원통형의 초현대식 성곽같이 설계되어 있다. 바깥에서 보기보다는 내부가 넓고 밝은 공간 활용으로 정원, 각료 회의실, 집무실, 사무실, 기자회견실, 수상관저가 층별로 배치되어 있다. 수상실은 다양한 자동인식 보안시스템(sensory security system)이 은밀히 장착되어 건물 안팎의 위험경보 조기발견 등이 용이하게 되어 있다. 이슬람 과격 테러분자와 국제테러에 대비하여 정보부서와 협력하여 은밀, 비노출 차원에서 수상실 안팎 상황을 끊임없이 모니터링하고 있다.[43] 시설보안은 정부 청사, 군 시설물, 미사일 기지, 유류 저장고 등 전략시설을 제한지역, 제한구역, 통제구역으로 나누어 지역 단위 내의 시설물, 인원을 경비, 경호한다. 제한지역은 경비원이 출입자를 감시 관찰, 통제하면서 시설물과 인원을 보호하고, 제한구역은 출입이 허용되지 않은 비인가자 출입을 금지하고 관리책임자의 사전 허가로 시설물 출입을 허가한다. 통제구역은 관리책임자의 사전 허가로 안내를 받아 지정된 구역의 시설물과 인원을 방문한다. 극단적 종교 원리주의자, 이념에 경도된 과격분자, 조직범죄집단의 테러로 오늘날의 많은 국가 안보기관은 통제구역 설정으로 사전 안내로 허가된 시설, 인원만 방문하게 되어 있다.

문서보안은 정부문서, 군 작전계획, 암호와 무기체계, 정부자료, 역사유물, 지

---

43) 2004년 8월 16일-19일 기간에 수상 비서실장관 보좌관 타라프(Ralph Taraff), 정보수석실의 시만더(Volker Cimander) 헌법수호청 테러담당 국장과 수상실 보안시스템과 테러에 관해 면담하였다.

적재산, 사진, 외국에서 수집한 자료 등 인쇄 자료와 컴퓨터 저장 자료 등 전자기록이 누설되지 않도록 하는 조치이다. 국가의 기밀 문건은 보안 취급 대상으로 1급에서 3급 비밀문건으로 분류되어 있다. 그러나 국가마다 처한 상황, 역사적 맥락에서 비밀문건 분류기준이나 정의는 조금씩 다르다. 237년의 역사를 가진 미국 독립선언문은 달러화 원본 이상의 가치를 가졌다하여 재무부 비밀경호국이 경비를 하는 수장고에 보관되어 있었다. 그러다가 신설된 국토안보부에 비밀경호국이 편입되면서 이관되어 아직도 국가 보물로 1급 비밀 문서 이상의 경비 보안 대상이다. 미국은 보안 차원에서 중요 정부 문건, 군사 작전, 무기, 정보 자료를 비밀문건으로 분류 관리하여 왔으나 1982년 레이건 대통령 행정명령 12356호로 국가문건, 자료, 자산을 top secret(1급 비밀), secret(2급 비밀), confidential(3급 비밀, 또는 대외비)로 3개 비밀등급으로 분류한다. 세계 각국도 비밀 문건을 비슷한 보안 분류로 처리 하는데 한국도 1급, 2급, 3급 비밀문건으로 분류한다. 보안상 비밀문건으로 분류하는 기준은 비밀해제가 안된 문건(declassified document)을 공식허가 없는 비인가 공개(unauthorized disclosure)로 누설, 노출, 공개 된 경우에 국가안보에 치명적 손상(exceptionally grave damage)을 주는 문건, 자료, 자산을 top secret, 1급 비밀로 분류한다. 누설, 노출되면 관련 국가와 전쟁, 외교 단절, 세계 시장 경쟁력 상실 등 국가생존위기로 치닫는 상황을 초래하는 기밀이다. Secret, 2급 비밀에 해당하는 문건, 자료는 노출되면 국가안전에 심각한 손상(serious grave damage)을 가져다주고, confidential, 3급 비밀, 또는 대외비로 분류되는 문건, 자료, 자산은 국가 경쟁력에 단순한 손상, 상처(simple damage)를 초래한다고 정의한다.[44] 그리하여 비밀문건, 자료, 자산을 취급하는 정부공직자도 신원심사를 거쳐 1급, 2급, 3급 문건, 자료, 자산에 접근하거나 관리 운용하는 비밀취급인가자로 승인 받게 된다. 중요한 점은 정부 문건, 자료, 자산 관리 책임을 회피하거나 자신이나 조직의 권위를 고려하여 비밀인가, 분류를 남발(over inflation)하거나 지나친 보수적 접근 분류(over deflation)를 경계해야 한다. 정부자료의 지나친 감추기 습관이나 남발행태는 책임회피, 복지부동 행태를 야기하여 정책결정과정, 관료조직 운영에서 공세적 창발성이 결여되고, 정부와 국민과의 소통에 동맥경화 증세를 가져 올수도 있다.

---

44) Holt, Pat M. 1995. *op. cit.* pp. 109-110.

통신보안(communication security)은 유무선 통화, e-mail 교신에서 인가되지 않은 방해자, 도청자의 접근을 차단하고 송수신자간의 원활한 소통을 지속하는 노력이다. 기밀사항일수록 암호로 송수신하고 통화내용이 정상 채널로 안전하게 전달되었는지를 확인하는 작업이 통신보안이다. 그러므로 암호체계를 보호하고 송수신 보안, 전달과정 안전성 확보, 통신시스템의 하드웨어와 소프트웨어도 점검하는 일상적, 수시 보안 활동이 뒤따르게 된다. 송수신 전파지점 포착, 수신 장치 설치, 송수신 전선에서 전류 표출, 전류에서 생성되는 전자파 감지로 감청과 도청을 하고 암호체계도 파악 할 수 있다. 신호통신 내용이 감청, 도청되는 것을 방지하려고 전령이 직접 메시지를 휴대하거나 미래 정보전에서는 암호화된 교신 내용을 전달하는데 로봇도 한 몫 하는 시대가 열리게 된다. 이런 지평에서 조직 내의 통신보안 교육 훈련이 실전처럼 진행된다. 현대 정보전은 과학기술 전자전이 주류를 이루어 고궤도, 중궤도 인공위성은 물론, 정지 저궤도인공위성은 지상 1-3 센티미터 이동 물체도 확인하고 대화내용도 실시간으로 지상관제소에 연락하여 분석팀은 다른 정보기구, 관련 정부기관, 기업, NGO와 협동 네트워크로 상대국이 지향하는 내용과 의도를 추출 해낸다. 그러나 이런 네트워크에 접속하여 해킹으로 내용을 절취하고 컴퓨터 바이러스로 네트워크 시스템을 마비시키기도 한다.

인원보안(personnel security)은 비밀 보안 사항으로 분류된 시설, 문건, 자료, 재원, 통신, 공작에 관한 내용을 다루거나 접근하는 정부 공직자, 정보요원, 이에 준하는 인물의 신원을 관찰, 분석, 조사, 검증, 교육하는 수세적 방첩 활동이다. 수세적 방첩 활동이라 해서 소극적 대응 활동이 아니라 정확하고 체계적이며 치밀한 정보 방첩 활동으로서의 검증이다. 따라서 민감한 국가 기밀사항이나 정보를 다루는 공직자, 정보요원을 충원할 때 그들의 체력, 정신건강, 취향, 가족관계, 주변인물, 학력, 행태, 도박, 주벽, 언행, 정신적, 재정적 취약점 등을 철저히 검증하는 신원조회(clearance)를 일차적으로 실시한다.[45] 채용 후 정상 근무 중에 새로운 직무, 직책, 특수 임무를 부여 받을 때 마다, 과장, 부국장, 국장, 실장, 차관, 장관, 영관에서 장성 진급 시점에서 신뢰 검증 차원의 신원 검증을 받게 된다. 3급 대외비밀 사항을 다루는 위치에서 2급 비밀, 1급 비밀을 다루게 되는 신뢰 검증을 받을 때 거짓말 탐지기(polygraph) 테스트로 신뢰 여부 판정, 급여액에 비

45) Lowenthal, Mark M. 2003. *op cit.* p. 113: Holt, Pat M. 1995. *op. cit.* pp. 112-114.

한 과도한 지출, 갑작스러운 호화 생활, 가족 주변 동태, 동료와의 거친 다툼, 중용과 균형이 깨지는 업무 자세, 독단적인 판단, 예측 불허의 행동, 행동이 따르지 않는 선언적 잦은 정치 발언 등은 고위직 정보요원, 공직자에게 금기시 되는 검증 평가 항목이다. 또한 국가 기밀사항을 다루는 공직자, 정보요원이 외국 정보요원, 정보 네트워크에 접선되어 협조자가 될 수 있는 취약점을 미리 포착하여 사전에 차단하고 제거하며, 오히려 기만 공작으로 적대국 정보 네트워크를 활용하고 무력화시키는 공세적 보안으로 전환하는 민완성, 적실성이 있는 보안교육이 실제상황에서 이루어져야 한다. 거짓말 탐지기 테스트, 계좌추적, 정기 또는 부정기 신원 검증은 공직자, 정보요원 본인을 위해서도 필요하고, 여기에는 대통령, 정보수장, 각료, 국가 핵심 전략지위에 있는 공직자, 국가안보에 연관된 책임 있는 사회, 경제 기업지도자이면 예외일 수가 없다. 영국 수상이나 미국 대통령은 취임 후에 최초로 브리핑을 받는 내용 중 하나는 경호실이 수상이나 대통령에게 수상관저, 백악관, 기타 지역에서 같은 길을 홀로 반복하여 걷지 말것이며 그런 경우는 반드시 경호원을 대동하고, 잠자리에 들 때는 반드시 방문을 잠그는 습관을 가져야 된다는 수칙을 교육시킨다. 이런 개인 보안차원의 경각심 고취는 1979년 8월 27일 아일랜드 공화국 군인 맥메헌(Thomas McMahon)이 마운트바텐 공작(Louis Earl Mountbatten)이 낚시를 즐기던 나무 보트의 열린 방에 설치한 전화기 조종 폭약으로 마운트바텐 공작과 가족을 폭사 시킨 테러에서 유래 된다. 마운트바텐 공작은 엘리자베스 여왕 부군인 필립공의 숙부로 해군 전함을 이끌고 2차 대전당시에 독일 해군과 조우하고 후에 영국 해군총장, 국방총장을 역임한다.[46)]

냉전체제 당시에는 소련이나 미국, 영국 정보공동체에서 발생한 정보요원의 변절, 전향, 방첩망을 무력화 시키는 큰 요인은 정보요원의 이념, 철학이다. 소련 공산체제, 이념에 염증을 느끼고 열린 민주시민사회체제를 지지하는 정보요원 개인의 이념성향, 철학에 따라 아무런 대가 없이 서방세계에로 전향하는 것이다. 탈냉전시대에 냉전논리가 종족, 종교, 인권, 행복추구권 논리로 치환된 현시점에

---

46) 1981년 7월 13-15일 런던 경시청 경비국, 2004년 9월 21일-22일 영국 내무부 국내보안부(MI 5) 정부합동테러대책 팀장 엘런 펜리스(Alan Penrith), 수상경호관 샐리 버나타(Sally Benatar) 면담에서 수상 스스로 지켜야 할 경호, 보안 수칙을 교육시킨다 하였다.

서 새로운 이념 동기가 정보요원 변절 사태로 발전 할 것 같지만 그런 확률은 낮아 보인다. 대신 다원화된 가치가 공존하고 국가 개념이 변질되고 세계화, 정보화 시대에 재정, 금전, 물질적 동기로 정보 누설, 이중첩자, 정보원 변절 가능성이 더욱 높아 질것으로 예견된다. 아울러 정보공동체의 전문성과 전문 윤리성이 결여된 정치적으로 임명된 정보 책임자, 정보공동체 수장이 정치적 동기, 자기 과시용으로 언론계, 학계, 사회에 민감한 정보를 발설하여 국가안보를 저해하는 계기를 만들기도 한다.

냉전체제해체 이후, 러시아, 한국의 상호교류 희망이 맞물린 시점인 1991년 가을 러시아에 망명중인 이상조 장군이 인도주의 차원에서 한국을 방문하게 된다. 경남 동래 출신인 이상조는 부모를 따라 만주로 가서 일제 강점기에 남경군관학교를 졸업하고 김홍일 장군과도 교류한다. 그러나 중국공산당과 연대하면서 만주 하얼빈에서 조선의용군 창설 주역으로 일본군과 싸운 이상조는 해방 후 북한 정권 창설에 참여한다. 6·25 전쟁 당시 북한 군 정보 담당 부총참모장, 2대 북한 정전대표, 러시아 주재 북한 대사를 역임하면서 후르시초프 소련 수상이 제창한 정치개혁을 북한에도 소개하여 김일성 정권 교체 운동을 전개하다가 러시아에 망명한다. 그런 이상조 장군이 러시아 민스크에 거주 한다는 사실을 1979년 7월 모스크바에서 열린 15차 세계 정치학회에 참석하여 알게 된다. 1972년 7·4 공동선언문 채택 후에 전개된 남북대화록을 필자가 계량 분석한 "북한의 남북대화 전략 모형"을 모스크바 대학에서 발표한 자리에서 러시아 거주 한인 2세 한 막스 교수가 이상조 장군의 근황을 알려 주었다. 모스크바 대학을 졸업한 한 막스 교수는 휴전회담 북한 측 수석대표 이상조 장군을 만나면 6·25 당시의 북한 정권이 도발한 전쟁 과정, 정전 의도, 현재의 북한 대화 전략 실체 규명에 도움이 될 것이라고 알려 준다. 11년 후인 1991년 1월 러시아를 방문하여 모스크바 대학교와 연세대학교의 학술교류를 추진하고, 동방학연구소 남북한 부장 티호미로브 박사, 외무부 남북한 담당 이르게바예브 참사관, 제니소프 공사를 만나 이상조 장군의 한국 방문이 가능하도록 하였다. 티호미로브 박사는 고르바초프 대통령이 집권하기 직전 소련 수상을 역임한 체르넨코 정치위원이 KGB 의장을 역임 할 당시 보좌관이었고, 초기 한반도 공산주의 기원을 저술한 모스크바 대학 한국어과를 졸업한 인물이다. 이르게바에브는 후에 주한 러시아 공사, 제니소프는 북한 주재 러시아 대사로 김일성 사망과 김정일 등극을 현장에서 목격한 한반도 전문 외교관이다. 그들은 이상조를 한국에 보내면서 필자에게 간곡히 부탁한 내용이 있었다. 고르바초프 대통령이나 러시아 지도부, 외무부, 한반도 전문 외교관들은 한국과 러시아는 내실 있는 외교 지평을 열어야겠는데 이상조의 한국 방문은 그런 첫번째 시도라고 한다. 이점을 이해하여 이상조 방문은 인도주의 차원에서 한국측이 정치적으로 이용하거나 북한, 중국도 자극하지 말고 조용한 가족 방문, 강연 학술 행사로 일관하였으면 좋겠다고 조언한다. 이상조는 한국을 방문하여 가족도 해후하고 서울과 지역 나들이, 그리고 대학에서 강의를 하게 된다.

강연에서 자기는 지금도 공산주의자이긴 하나 김일성식 가족 공산주의는 반대하고 마르크스주의에도 어긋난다 하면서 6. 25 현장에 있었던 그가 볼 때 전쟁은 김일성이 주도하고 러시아와 중국이 지원한 것이라고 한다. 그는 유엔군이 신의주로 진격 할 때 북한 대표로 외무상 박헌영과 함께 북경에 가서 모택동, 주은래를 만나 중국군 출병을 요청한 인물로 당시 상항을 설명한다. 이상조의 이런 행간이 한국 사회에 관심을 불러 모았는지 정치권이 관심을 가지면서 도착 첫날부터 정보책임자는 저녁 모임에서 언론 사주에게 그의 도착을 알려주고, 대통령 보좌관은 기자들이 보는 앞에서 이상조와 공개면담을 하게 된다. 물론 이상조 장군의 한국방문은 정치권이나 정보공동체에서 조용히 지켜보는 것이 의미가 있다고 인식하고 정보실무가도 실제로 그런 지평에서 관조하고 있었다. 이상조 사례에서 한국 정보, 외교 실무진은 조용히 관찰하고 흐름을 분석하는 정보 전문 윤리성에 충실한 반면, 정치적으로 임명된 책임자들은 오히려 적극적 방첩이나 치밀한 보안의식, 예민한 국제 감각으로 정보와 외교를 다루는 프로의식이 결여된 단면을 볼 수 있었다. 한국 정보공동체에서 정보 정치인물과 정보 실무가 사이에서 일어나는 그런 반면교사 갈등 사례는 21세기에 접어든 현시점에서도 법정공방으로 확대 되어 언론에서 거론되고 있다.[47)]

산업보안(industry security)은 경제방첩과 함께 세계화 시대, 인터넷 시대에 과

47) 한국의 정보공동체를 관리하는 정치적으로 임명된 정무직 책임자 일수록 보안교육을 체계적으로 받아야하고 대통령은 가능한 내부 정보 실무가로 정보 공동체 수장들을 충원하거나 외부 충원인 경우는 전략적 보안의식, 국가관이 충만한 정보 분야의 일가견이 있는 인물들로 기용해야 될 것이다.

학기술에 관한 국부유출을 막고 산업 생산성 향상, 시장 경쟁력 유지와 강화로 경제적 국가안보를 담보하는 정보활동이다. 21세기에는 과학기술 주도권을 거머쥔 국가나 지역경제권이 세계를 주도 할 것이라는 데에 이견은 없는 듯하다. 그런 첨단 과학기술로는 태양광 전기 배터리, 풍력, 수력, 수소 에너지, 4세대 융합 원자력 에너지, 에탄올 자동차 연료를 포함한 청정에너지 기술 분야를 예시한다. 이어서 줄기세포 배양성공과 임상투입, 복제기술발달과 맞춤형 장기 생산과 이식, 장기에 컴퓨터칩 부착, 극저온 기술 활용으로 장기 세포막 냉동과 해동, 가사 노동 로봇, 로봇의 가전 도구화, 휴머노이드, 국경경비 로봇, 군인 로봇, 경찰 로봇, 사이보그 출현, 우주여행 생활화, 스텔스 전투기, 항모, 전함 건조 기술, IT-BT-NT 융합기술이 우선순위로 등장하고 있다. 전 세계 주요 국가 기업, 정부가 국운을 걸고 이런 첨단 과학기술을 개발하거나 다른 지역, 문화권, 국가, 과학기술 공동체에서 미래 전략 산업 과학기술을 수집하려 정보력을 집중하고 있다. 21세기 주요 국가의 국가정보기관에 설치된 공통된 정보수집, 방첩기능 담당 계선조직의 하나는 과학기술국이다.

첨단 과학기술 개발, 수집은 무한대로, 유출은 절대 금지로 일관하는 것이 21세기 산업보안이다. 때로는 유출은 허용하나 허위 기술, 낡은 기술을 첨단기술로 위장하는 기만 산업정보로 활용하는 산업방첩도 공작 차원에서 이루어진다. 지적산업재산권 확보와 유출방지, 기술패권주의와 독점적 산업기술 지배력 확보, 핵심 기술 인력 해외유출 방지는 갈수록 국내 보안 활동 강화가 요구되고 있다. 정부와 산업계에서 전화, 무선, 팩스, e-mail, 영상회의로 교환하는 경제 정보를 통신 회선, 회로, 암호체계에 침투하여 도청하고 인공위성으로 감청하고 영상 정보를 지상기지에 보내어 정부, 기업에 제공한다. 클린턴 대통령은 취임하면서 백악관에 경제위원회(National Economic Council)를 구성하여 국내 경제 활성화 정책 강구 외에 첨단 과학기술 개발, 유출방지에 정책 우선순위를 두고, 연방수사국은 국가위협요인으로 핵심 산업기술을 예시하며(National Security Threat List Approach of 1992), 1996년에는 경제산업방첩법(Eeconomic Espionage Act)을 공포, 시행한다. 최근 중국과 미국에서 외교문제로까지 비화된 산업보안 스파이 사건이 발생한다. 중국 출생으로 미국 시민이 된 그레그 정(Dong fan, Greg Chung, 鄭東方)은 1970년대는 로크웰(Rockwell International)에서 일하면서 항공기밀 자료를 중국에 넘긴다. 1990년대에는 근무처를 보잉사로 옮기면서 우주 왕복선 추진체인 델타 IV 로켓과 추진연로, F-15 전투기, B-52 폭격기, 치누크 헬기 등에 관련된 재원과 35만 여종의 서류를 중국에 팔아 넘겼다. 2006년 연방수사국에 체포될 당시에 캘리포니아주 오렌지 카운티 자택에서도 다량의 서류가 발견되었다 하는데 30년간 중국 요원에게서 받은 금액은 3백만 달러 정도라 하며 2010년 8월에 74세로 15년 실형을 선고 받았다.

경제규모에서 세계 10대 강국인 한국에도 산업보안에 경종이 울리고 있다. 삼성전자가 디자인한 국가초고속통신망 핵심기술, 회로가 유출되고, 중소기업에서 수년간 연구 개발한 IT 기술을 개발자가 중국 회사에 팔아넘긴 뉴스들은 간헐적으로 보도된다. 중국기업, 사이버부대나 중국에서 활동하는 북한군 전자 해킹 팀이 농업협동조합, 정부기관, 기업의 전산시스템에 악성 바이러스를 살포하거나 시스템을 마비시키고 기밀을 빼돌리는 조사 결과도 있다. 국가정보원에서는 산업보안협의회를 구성하여 기업, 정부가 공조하여 산업보안 시스템을 구축하고 운영하며, 기업 스스로도 경쟁국가 기업의 정보 수집은 물론 산업정보 유출을 차단하는 자구책을 모색, 운용한다.[48] 산업보안에는 기업경영정보, 재무제표, 인사관리, 사보, 결산보고, 경제기업 명단, 기업 인명록, 정부 경제 간행물, 정부예산, 기술제휴, 전문 인력 스카우트, 국제 입찰 정보 현황과 계약체결 내용 등 공개정보 수집에도 열중하는 상대국의 의도를 파악 분석하는 활동도 포함되어 있다. 산업보안은 정보기관이 수행하는 임무이지만 일차적 책임은 산업계, 해당 기업에게 있다고 봐야한다. 연방수사국은 산업보안 매뉴얼을 만들어 기업에도 알리고, 경제산업방첩법에는 기업이 스스로 비밀 유출을 방지하기 위해서는 조심해야 될 내용을 제시하고 있다. 기업은 자기회사 기업 기밀을 노리는 회사의 외부적 위협, 내부적 노출 요인이 있음을 항상 인식하고 상대 회사가 노리는 기밀을 예상하여 리스트를 만들어 항시 관찰, 조사할 것을 주문한다. 또한 제품 생산 기술, 설계 도안, 운용 프로그램, 사업계획, 계약, 자료 등 기업비밀을 필요로 하는 상대국, 기업, 사용처를 예상하고 정보요원이 접근하여 종업원을 포섭하고 기업 비밀을 수집하거나 파괴하는 취약점을 조치하는 예상 도상 연습을 시도할 필요가

48) Godson, Roy, Ernest R. May, and Gary Schmitt(eds.). 1995. *U.S. Intelligence at the Crossroads*. Washington, D.C: Brassey's: 염돈재. 2002b. 전게논문 서울: 박영사. 218-219쪽.

있다. 기업 비밀을 보관하고 운용하는 시설에는 출입 보안 시스템을 강구하고 기업비밀 유출 방지 방안, 비밀 사항을 취급할 때 사용하는 유무선 통신사용, 인터넷 해킹을 당했을 때 대처, 기업 비밀 유출 시에 기업에 끼치는 경제 손실액을 정확히 설명하는 직원 보안교육으로 행동위주의 보안의식을 요구하고 있다.

보안은 정보과정 전체를 정보순환시스템(intelligence cycle system) 안목으로 보는 거시적 관리가 요구된다. 정보공동체의 첩보 수집, 분석, 정보 생산과 제공, 공작, 방첩, 보안 활동 전 과정에서 적대국, 경쟁국의 정보활동에 노출되는 취약점을 세심히 살펴보아야 한다. 정보공동체의 모든 정보기관이 수행하는 각 단계, 각 단위마다의 정보활동, 그런 정보활동들이 서로 맞물려 진행되는 상호 순환과정에 상대국 정보기관, 정보요원이 인간정보, 과학기술정보, 컴퓨터 해킹 등 가능한 모든 수단을 동원하여 침투하고, 보안 방벽을 허무는 공작을 포착하고 제어해야 한다. 동시에 정보를 탈취하고 시설, 문서, 인원, 정보 자산을 공격 파괴하여 정보과정 시스템이 교란되는 것을 분쇄하는 정보순환, 정보공작 과정의 보안활동(intelligence operation security, intelligence cycle security)이 우선순위로 부상 된다.

정보과정 순환 시스템을 보호하고 정보공동체 기관들이 단독으로 수행하는 정보공작, 특수임무수행을 엄호하는 보안 업무 역시 국민의 지지를 받는 정당성이 선행되어야 한다. 국민의 지지를 받는 정당성을 기반으로 하는 보안 임무 수행에는 국민 각자, 범정부 차원의 자발적 참여, 지원이 뒤따르기 마련이다. 아인슈타인이 건의하여 루즈벨트 대통령이 승인하고 육군공병단의 그로버 장군이 관리책임자가 되어 핵물리학자 오펜하이머, 페르미 박사가 주도하여 핵폭탄을 제조한 코드명 맨하탄 프로젝트는 성공적 보안 활동의 고전적 사례이다. 국가 초특급 비밀 사업에 미국, 영국, 캐나다, 오스트레일리아, 뉴질랜드가 참여하고 미국 북부의 캐나다 온타리오 주, 미국 서부 워싱턴 주, 중부 테네시 주, 남부 뉴멕시코 주에 산재한 30개 시설, 학자, 기술자, 근로자 등 동원된 인력은 1만 2천명, 정부예산 22억 달러를 투자하고도 트루먼 부통령도 모르게 진행된 경영행정관리의 성공적 협동체계이다. 그러나 그 저변에는 소리 없이 진행된 철저한 보안이 밑받침 하고 있었다. 1945년 4월 12일 부통령이면서 상원의장인 트루먼이 사망한 루즈벨트 대통령을 승계하여 대통령으로서 백악관 집무실에서 최초로 수행한 국정업무는 유럽, 태평양 전선에서 미군장병의 사상자 현황, 유럽과 태평양 전선에서 활용하는 울트라 신호통신정보, 매직 신호통신체계에서 수집된 독일, 일본군에 관한 전투 정보를 보고 받는 것이었다. 그리고 처음으로 승인한 결재 서류는 원자폭탄 실험 상황과 일본에 투하하여 조기에 태평양 전쟁을 종식시켜야 한다는 기밀정보와 정책 결정에 관한 것이었다. "상원의장으로 무엇인가 큰일을 저지르는 국책 비밀 사업이 수행되는 낌새는 느꼈는데, 바로 이것 이었구먼," 핵폭격 작전계획서에 서명하면서 혼자 독백처럼 말한 트루먼 대통령의 언급이다. 제한된 극소수 인원만 전체 임무를 숙지하고 그 외 조직과 인원은 임무, 기능별로 구분시켜 맨하탄 프로젝트를 수행한 기술, 공작차원의 보안 활동도 성공적이었지만 전쟁 조기 종식이라는 세계적 명분, 정당성이 참여자 1만 2천명이 자발적으로 보안의식 행동화에 기여한 것으로 보아야 할 것이다.

또한 삼중경호와 삼중경비 원리를 보안 활동에 적용하는 응용력이 요청된다. 경호는 대통령, 수상에 가한 위험충격을 흡수완화 시키는 방호벽이라고 한다. 그런 경호에도 원칙과 이론이 있다. 경호기획, 정보판단, 선발대 운용, 검측, 기동, 통신, 의전, 의료 요인이 복합적으로 투사되어 대통령 안전도 도모하고 국민에게 사랑받는 대통령의 이미지를 자연스럽게 극대화시키는 종합안전 예술 작품을 창조하는 것이다. 경호에는 삼중경호 원칙이 있다. 삼중경호는 국가원수가 위치한 지역에서 가장 근거리부터 엄중한 경호를 취하는 순서로 근접경호(inner ring), 중간경호(center ring), 외곽경호(outer ring)로 나누고 그에 따른 요원의 배치와 임무가 부여된다. 근접경호, 중간경호, 외곽경호를 거시적이고 철학적인 이론으로 정립한 경우는 영국 경찰청 경호국이며, 이를 실제 기법으로 적용한 경호기관은 백악관 경호실이다. 영국의 근접경호는 수상의 신변보호 및 관저경비이며 중간경호는 수상 관저를 중심으로 한 런던 일대를 정복경관의 일상적인 경찰 행동, 교통질서정리, 관찰, 통신 등의 활동을 통해 수상의 경호를 담당하고, 외곽경호는 영국을 경호지역으로 정보분석, 항만관리, 위험인물 작성, 사건 발생소지의 사전 제거로 되어있다. 그러나 이러한 삼중경호는 경호에 임하는 경찰로서는 동일하게 비중을 두며 어떤 의미에서는 외곽경호에 더욱 비중을 두기도 한다. 영국 수상경호의 제일 큰 착안점은 경호원의 정보분석력 향상에 있는 것도 바로 이런 외곽경호에서 위험요인의 사전 제거에 있기 때문이다. 그러므로 인도 뉴델리나 남아프리카공화국의 케이프타운에서 영국식민지 통치 비판운동이 있을 경우, 경찰청 경호대의 외곽 담당 삼중 경호대는 그들의 경호영역을 뉴델리와 케이프타운까지 연장한다. 이러한 관점에서 볼 때 영국 수상경호의 삼중 경호 원칙은 수상을 중심으로 하여 거리, 지역을 고려한 것이기는 하나 정보분석 차원에서는 단순한 거리감각을 초월한 철학적 경호이론 이다. 이에 반해 백악관 경호대는 실용경호를 펴는데 근접경호는 대통령 신변, 중간경호는 백악관 건물 시설, 외곽 경호는 백악관 주위, 워싱턴 일대를 의미한다. 아울러 경호는 대통령 보호와 위험순간 격리원칙에 입각한 경호낭 논리(protective envelope philosophy through cover and evacuate)를 실제의 경호에 적용하고, 경호공간을 최소화 하여 국민에게 불편을 주지 않는 순간 경호로 발전되고 있다. 그래서 정보분석, 선발대 파견에 의한 예방경호, 근접경호대에 의한 밀착 순간경호, 공격시의 대응반, 사고 발생시에 정리와 현장보존 수습반 운영으로 대통령 경호 기법이 정밀화 되고 있다. 또한 근접경호에는 몇 가지 기본 원칙이 있다. 현장에서 근접 경호요원이 기민한 순간판단을 해야 되는 과학적인 두뇌작용, 짧은 순간에 이루지는 사고 발생을 차단하는 담당 경계지역을 총체적으로 투시하는 고도의 경계집중력, 위해요인을 제어할 수 있는 적절한 위치선정, 주변 지형지물, 시설을 최대한 활용하는 경제적 효과적 지역방어, 대통령, 대통령 주변의 다양한 보좌관, 막료의 의사소통을 보장하면서도 경호실장, 경호부장, 수행팀장으로 이어지는 고유한 경호 명령보고체계로 구축된 확실한 지휘권 단일화 원칙이 그것이다.[49] 이런 일련의 경호이론을 대통령 경호에 적용하는 조직문화 자체가 경호전문성, 경호직업 충성심으로 본다. 그러므로 영국 경호, 경비의 정보 철학적 논리와 미국 경호경비의 실용적 현실 논리를 국가마다 처한 문화, 상황에 따라 보안 정보활동에 신축적으로 발전, 응용할 필요가 있다.

---

49) 최평길. 2007. 전게서. 399-400쪽; 장기붕. 2007. 「근접경호론」. 대구: 홍익출판사. 109-120쪽.

요 약

보안: 방어적 방첩, 산업보안

- 보안: 국가안보를 저해하는 국내에서 이루어지는 외국의 정보 수집, 공작 활동은을 사전에 차단하고 통제하는 정보활동이 방어적 방첩 활동인 보안임
- 국내 기밀 사항을 수집하려는 주체, 수집 방법, 수집 목표 측면에서 보는 보안의 개념: 외국 정부가 인간정보, 신호통신, 과학기술 정보, 영상정보를 체계적으로 동원하여 국내의 전략시설물, 정부청사, 군 지휘, 무기체계 시스템, 항만, 공항, 산업시설, 국가자료, 정부통신, 중요 인물, 기업기밀, 정보 공작 등에 관한 사항을 획득, 자국 정부의 정책결정을 위한 정보 제공 정보활동, 비밀공작을 차단, 봉쇄, 저지하는 정보활동
  - 2001년 9월 11일 알카에다 테러리스트들이 자행한 뉴욕시 무역센터나 워싱턴의 국방부 청사 동시 폭파는 해외 주둔 미군, 중앙정보부, 연방수사국이 공격적 방첩 활동으로 미국에 대한 안보위해 요인을 사전에 해외에서 저지하는 공세적 방첩망을 뚫고 국내 최후 방첩 보루인 보안 장벽마저 무력화시킨 사례
- 보안은 시설, 문서, 통신, 인원, 산업보안, 공작 보안 등으로 분류

보안: 방어적 방첩, 산업보안

- 시설보안
  - 정부 건물, 기간 시설, 물자 비축창고, 유류저장고, 정보 자료 집적 시설에 비인가자, 외부 침입자, 정보공작원의 침투, 시설 파괴, 작동 중단, 시설내에서의 비밀사항 수집 거부 활동. 시설보안은 건물, 시설 설계 때부터 접근이 용이하지 않게 도안하고 건물 주위를 자연, 동물, 인공, 전기전자 방벽 등으로 보호
    - 자연 장벽: 주위 산, 숲, 호수, 도로를 친환경적으로 자연스럽게 구축한 방벽/인공 방벽: 자물쇠 채우고 철책 구축/ 동물방벽: 경비견 활용/ 전기전자 방벽: 경보, 감시카메라 작동
  - 통일 후 베를린에 세운 독일 수상실 건물은 외부에서 볼 수 없게 유리장식이 없는 원통형의 현대식 성곽으로 설계. 내부는 넓고 밝은 공간으로 정원, 각료 회의실, 집무실, 사무실, 기자회견실, 수상관저가 층별로 배치. 다양한 자동인식 보안시스템 장착, 건물 안팎의 위험 조기 발견 용이. 테러에 대비, 보안부서와 협력, 비노출로 수상실 안팎 모니터링
  - 시설보안은 정부 청사, 군 시설물, 미사일 기지, 유류 저장고 등 전략시설을 제한지역·구역, 통제구역으로 나누어 지역 단위 내의 시설물, 인원을 경비, 경호.
    - 제한지역-경비원이 출입자를 감시 관찰, 통제; 제한구역-출입이 허용되지 않은 비인가자 출입 금지, 관리책임자의 사전 허가로 시설물 출입 허가; 통제구역-관리책임자의 사전 허가로 안내를 받아 지정된 구역의 시설물과 인원 방문

보안: 방어적 방첩, 산업보안

- 문서보안
  - 정부문서, 군 작전계획, 암호와 무기체계, 정부자료, 역사유물, 지적재산, 사진, 외국에서 수집한 자료 등 인쇄 자료와 컴퓨터 저장 전자기록이 누설되지 않게 하는 조치
  - 국가의 기밀 문건을 1급~3급 비밀문건으로 분류: 1982년 레이건 대통령 행정명령 12356호로 국가문건(자료, 자산)을 top secret(1급 비밀), secret(2급 비밀), confidential(3급 비밀, 또는 대외비)로 분류
    - 세계 각국도 보안 분류 유사. 한국도 1급, 2급, 3급 비밀문건으로 분류. 비밀해제가 안된 문건(declassified document)을 공식허가 없이 공개(unauthorized disclosure)한 경우에 국가안보에 치명적 손상(exceptionally grave damage)을 주는 문건, 자료, 자산을 top secret, 1급 비밀로 분류
  - 비밀문건, 자료, 자산을 취급하는 정부공직자도 신원심사를 거쳐 1급, 2급, 3급 문건(자료, 자산)에 접근, 관리 운용하는 비밀취급 인가자로 승인
  - 정부자료의 지나친 감추기 행태는 책임회피, 복지부동 행태 야기, 정책결정 과정, 관료조직 운영에서 공세적 창발성 결여, 정부와 국민과의 소통에 동맥경화 증세 초래

보안: 방어적 방첩, 산업보안

- 통신보안
  - 유무선 통화, e-mail 교신에서 인가되지 않은 방해자, 도청자의 접근을 차단하고 송수신자간의 원활한 소통을 지속하는 노력. 기밀사항 일수록 암호 송수신, 통화내용이 정상 채널로 안전하게 전달되었는지를 확인하는 작업이 통신보안
  - 암호체계 보호, 송수신 보안, 전달과정 안전성 확보, 통신시스템의 하드웨어와 소프트웨어를 점검하는 일상적, 수시 보안 활동 상시 진행
  - 송수신 전파 지점 포착, 수신 장치 설치, 송수신 전선에서 전류 표출, 전류에서 생성되는 전자파 감지로 감청과 도청, 암호체계 파악
  - 통신보안 교육 훈련을 실전처럼 진행. 현대 정보전의 경우 과학기술 전자전이 주류를 이루어 고궤도, 중궤도 인공위성은 물론, 정지 저궤도인공위성은 지상 1-3센티미터 이동 물체도 확인, 대화내용도 실시간으로 지상관제소에 연락. 따라서 전자전 방첩 보안과 기술 보안 교육이 필수
  - 분석팀은 다른 정보기구, 관련 정부기관, 기업, NGO와 협동 네트워크로 상대국이 지향하는 내용과 의도 파악하여 네트워크에 접속하여 해킹으로 내용을 절취하고 컴퓨터 바이러스로 네트워크 시스템을 마비시키는 적극책 강구

보안: 방어적 방첩, 산업보안

- 인원보안
  - 비밀 보안 사항으로 분류된 시설, 문건, 자료, 재원, 통신, 공작을 취급하는 정부 공직자, 정보요원, 이에 준하는 인물의 신원을 관찰, 분석, 조사, 검증, 교육하는 방첩 활동(신원검증+보안교육)
  - 민감한 국가 기밀사항, 정보를 다루는 공직자, 정보요원충원 시: 체력, 정신건강, 취향, 가족, 주변인물, 학력, 도박, 주벽, 언행, 재정 취약점 등을 검증하는 신원조회 실시
  - 신원검증: 정상 근무 중 새로운 직무, 직책, 특수 임무를 부여 받을 때 마다 신원검증, 3급 대외비밀을 다루는 위치에서 2급, 1급 비밀을 다루게 되면 거짓말 탐지기 테스트 등 신뢰 여부 검증
    - 급여액에 비한 과도한 지출, 갑작스러운 호화 생활, 가족 주변 동태, 동료와의 거친 다툼, 중용과 균형이 깨지는 업무 자세, 독단적인 판단, 예측 불허의 행동, 잦은 행동이 따르지 않는 선언적인 정치 발언 등은 고위직 정보요원, 공직자에게 금기시 되는 검증 평가 항목
  - 거짓말 탐지기 테스트, 계좌추적, 정기, 부정기 신원 검증은 공직자, 정보요원 본인을 위해서 필요하고, 대통령, 정보 수장, 각료, 국가 핵심 전략지위에 있는 모든 공직자가 대상임
  - 기만 공작으로 적대국 정보 네트워크 활용과 무력화 등 공세적 보안으로 전환하는 적실성 있는 실제 상황의 보안교육 시행
  - 정보공동체의 전문성과 전문윤리성이 결여된 정치적으로 임명된 정보책임자, 정보공동체 수장이 정치적 동기, 자기 과시용으로 언론계, 학계, 사회에 민감한 정보를 발설할 경우 국가안보 저해 계기가 됨

보안: 방어적 방첩, 산업보안

- 산업보안
  - 경제방첩과 함께 세계화, 인터넷 시대에 과학기술에 관한 국부유출을 막고 산업 생산성 향상, 시장 경쟁력 유지 및 강화로 경제적 국가안보를 담보하는 정보활동
  - 21세기에는 과학기술 주도권을 거머쥔 국가나 지역경제권이 세계를 주도할 것이라는데 이견은 없음
  - 전 세계 주요 국가 기업, 정부가 국운을 걸고 첨단 과학기술을 개발, 다른 지역, 문화권, 국가, 과학기술 공동체에서 개발되고 있는 미래 전략 산업 과학기술 수집에 정보력 집중
  - 21세기 주요 국가의 국가정보기관에 과학기술국 설치: 정보수집, 방첩기능 담당 계선조직
  - 21세기 산업보안 원칙: 첨단 과학기술 개발·수집 무한대, 유출 절대 금지
  - 지적산업재산권 확보와 유출방지, 기술패권주의와 독점적 산업기술 지배력 확보, 핵심 기술 인력 해외유출 방지 위한 국내 보안 활동 강화 요구

보안: 방어적 방첩, 산업보안

- 산업보안 *Cont.*
  - 산업보안활동 사례
    - 클린턴 대통령은 백악관에 경제위원회를 두어 첨단 과학기술 개발, 유출방지에 정책 우선순위 부여. FBI는 핵심 산업기술을 국가위협요인으로 예시하였으며 1996년에 경제 산업방첩법 공포
    - 중국과 미국 간 외교문제로 비화된 산업보안 스파이 사건: 중국 출생으로 미국 시민이 된 그레그 정(Dong fan, Greg Chung, 鄭東方)의 산업스파이 행각
    - 세계 10대 경제 강국 한국도 국가초고속통신망 핵심기술과 회로, 유망 중소기업 IT 기술 유출, 북한 군 전자 해킹 팀의 농업협동조합, 정부 기관, 기업의 전산시스템에 악성 바이러스 살포, 시스템 마비, 기밀 탈취 등에 따라 민간 산업보안 공조 시스템과 기업 자구책 마련 강화
  - 산업보안은 정보기관의 임무이긴 하지만 일차적 책임은 산업계, 기업에게 있음
    - FBI는 산업보안 매뉴얼을 만들어 기업에도 알리고 자체 교육 실시하고 경제산업방첩법에는 기업이 스스로 비밀 유출을 방지하는 내용 제시
    - 상대 회사가 노리는 기밀을 예상한 리스트 작성, 항시 관찰, 조사 수행.
    - 제품 생산 기술, 설계 도안, 운용 프로그램, 사업계획, 자료를 수집하려는 상대국, 기업, 사용처를 예상하여 종업원 포섭, 기업 비밀 수집, 시설 손상의 취약점 보완 도상 연습 시도
    - 철저한 직원 보안교육: 기업비밀 유출 방지 방안, 비밀 사항의 유무선 이용 시 사용 방법, 인터넷 해킹을 당했을 때 대처, 기업 비밀 유출 시에 기업에 끼치는 경제 손실액에 대한 정확히 설명 등

보안: 방어적 방첩, 산업보안

- 삼중경호, 삼중경비 원리의 보안 활동에 응용
  - 경호는 대통령, 수상에 가한 위험충격을 흡수완화 시키는 인간 방호 시스템이고 경비는 대통령, 수상의 국정 수행 집무실, 시설, 문건, 자산 침해, 파괴 공작 저지 방호벽임
  - 삼중 경호, 경비 원칙: 경호기획, 정보 판단, 선발대 운용, 검측, 기동, 통신, 의전, 의료 등 경호 요인이 복합적으로 투사되어 대통령 안전 도모
  - 삼중경호, 경비 방법: 국가원수가 위치한 지역에서 가장 근거리부터 엄중한 경호, 경비를 취하는 순서로 근접경호·경비(inner ring), 중간경호·경비(center ring), 외곽경호·경비(outer ring)로 나눔
  - 영국 경찰청 경호국이 삼중경호, 경비에 대한 거시적이고 철학적인 이론으로 정립하였다면 백악관 경호실은 이를 실제 기법으로 적용함
    - 영국 수상경호·경비의 제일 큰 착안점은 경호원의 정보분석력 향상이며, 외곽경호에서 위험요인의 사전 제거에 주력. 영국 수상경호의 3중 경호 원칙은 수상을 중심으로 하여 거리, 지역을 고려한 것이기는 하나 정보 분석 차원에서는 단순한 거리감각을 초월한 철학적 경호, 경비 보안 이론
    - 백악관 경호대는 대통령 보호와 위험순간 격리원칙에 입각한 경호낭 논리(protective envelope philosophy through cover and evacuate)를 경호에 적용. 정보분석, 선발대 파견에 의한 예방경호, 근접경호대에 의한 밀착 순간경호, 공격시의 대응반, 사고 발생시에 정리와 현장보존 수습반 운영으로 대통령 경호 기법, 보안체계 실용 정밀화
    - 영국 경호, 경비의 정보 철학적 논리와 미국 경호경비의 실용적 현실 논리를 국가마다 처한 문화, 상황에 따라 보안 정보활동에 신축적으로 발전 응용 기대

제9장
세계의 정보기관: 대통령·수상 정보지원 시스템 혁신

1. 권력 균점형 대통령 중심제의 정보기관: 대통령 정보지원 시스템

정부체제의 통합부분(integrated part), 또는 정부 조직의 대표 행동주자(institutional actor)로서 대통령 그리고 수상은 혼자서가 아니라 제도와 팀워크로 국정을 이끌어 간다.[1] 대통령이 정치경륜과 전문 리더십을 발휘하고 헌법에 명시된 권한과 대통령이라는 권위로 임무를 수행하지만 비서실, 직속기관, 각료, 소속 정당의 지원과 팀워크 없이는 업무 수행이 불가능하다. 그래서 대통령 개인을 중심축으로 한 다양한 대통령 조직이 국정을 운영하는 제도로서의 대통령실(大統領室), 대통령직(大統領職, Presidency)이라고도 한다.[2]

건국 초기 백악관에는 대통령을 보좌하는 참모나 조직이 없어 1789년 조지 워싱턴 대통령은 의회 심의를 거쳐 최초로 국정자문역에 해당하는 국무, 재무, 전쟁부 장관을 설치하였다. 이들은 'secretary of ~'라는 명칭에서 알 수 있듯이 자문과 비서 역할을 수행했다. 독립선언문을 만들고 독립전쟁 당시 파리 대사로 프랑스를 우호 세력으로 끌어들이는데 공헌한 제퍼슨(Thomas Jefferson)이 초대 국무장관(Secretary of State)이었고, 독립전쟁 당시 워싱턴 사령관의 부관이었던 해

---

1) Edward Ⅲ, George C., John H Kessel, and Bert A. Rockman. 1993. *op cit*. p. 378.
2) *Ibid*. pp. 352-367.

밀턴(Alexander Hamilton)이 초대 재무장관(Secretary of the Treasury)이었다. 그리고 녹스(Henry Knox)는 전쟁장관(Secretary of War)으로 임명하였다. 이들은 각각의 업무에 대한 자문과 비서역할을 수행하면서 대통령을 보좌하였다.

1789년 3인의 자문 장관을 보좌기관으로 두었던 미국 대통령은 21세기 현재 대통령 행정실, 백악관 비서실, 국가안전보장회의, 경제자문회의, 정책개발실과 이보다 한 단계 낮은 환경보존위원회, 과학기술실, 통상대사실, 총무실의 보좌기관을 두고 있으며 1,000명 정도의 인원이 대통령을 보필하고 있다. 직속 행정기관으로 국가정보부, 중앙정보부, 예산관리청, 인사청을 장악하고 있어 대통령은 정보, 자금, 인력 면에서 총체적 지원을 받고 있다.[3)]

프랑스 대통령실에는 25명의 비서관이 전문 정책영역별로 대통령을 보좌하며 900명의 인원이 행정지원, 경호, 시설유지 등 대통령실을 떠받치고 있다. 영국 수상은 정규 비서업무를 수행하는 부처인 관방부의 보좌를 받고 있으며, 토니 블레어(Tony Blair) 수상이 집권하면서 수상관저에 백악관 조직기능을 그대로 옮겨와 종래의 방문객 접견, 문서 접수와 발송을 담당했던 수상 부속실을 공보, 정무, 정책, 의회, 정당 담당 보좌관실로 대폭 확대하였다.[4)] 독일 수상실은 초선 혹은 재선의원 2명이 수상 특별보좌관으로 국내, 국제문제를 담당하고 비서실장을 중심으로 정무, 외교, 사회, 사회정세분석, 경제재정, 정보수석실이 수상을 보좌하고 있다.

일본 수상실에는 3명의 초선 혹은 재선의원, 4-5명의 과장 혹은 국장급 직업공무원이 최측근으로 수상을 보좌하고, 관방장관을 중심으로 내각참사, 내정심의관, 외정심의관, 안전보장심의관, 광보관실, 정보조사실의 7개 팀이 수상비서실 역할을 수행하고 있다. 1998년 북한 미사일이 일본 영해를 지나자 관방조직에 정책대응을 관장하는 부장관보, 수상실 위기관리대응센터, 정보상황실을 신설하였으며, 내각정보조사실이 위성 1호를 발사하고 2006년 북한 핵실험 후에는 광학위성 2호를 궤도에 진입시키는 등 직접적인 정보수집, 분석, 생산 등 정보기

---

3) Davis, James W. 1995. *The American Presidency*. Westport, Connecticut: Praeger. p. 161.

4) Mendy, Yves and Andrew Knapp. 1998. *Government and Politics in Western Europe, Britain, France, Germany, Italy*. Oxford: Oxford University Press. pp. 251-252(2004년 영국수상실 방문에서 관저 비서실은 백악관 편제로 증편 운영되고 있음을 확인하였다).

능을 확대해오고 있다.

한국은 청와대 비서실에 비서실장과 정책실장을 주축으로 정무수석, 경제수석, 외교안보수석, 교육문화수석, 고용복지수석, 홍보수석, 민정수석 그리고 사회통합수석이 대통령을 보좌한다. 그리고 국가정보원은 대통령직속기관으로 국내외 정보를 제공한다.

현대의 대통령은 인공위성과 초고속 정보통신을 이용하여 자기 나라는 물론 세계 어디에고 접촉이 가능하여 신속한 정책결정을 내릴 수 있고, 하늘을 날면서 지휘를 할 수 있어 현대의 제왕이라고도 한다. 이런 신속한 결정을 내릴 수 있는 위치에 있을수록 긴박한 상황과 정치적 불안전 시기에 대통령 개인의 강한 성격에 기인한 정치적 판단 결함으로 인해 국가 손실을 가져오고 더 나아가 대량 살상무기 사용이라는 오판은 지구 전체에 치명적 위기를 가져올 수 있다. 그런 위험은 항상 도사리고 있고, 또 부분적으로 일어나고 있다. 개인이 아닌 잘 짜인 보좌기구라는 대통령 시스템으로 이런 대통령 실패를 방지·극복할 수 있다.

그러나 대통령실이라는 제도는 성공한 대통령에게는 필요조건이기는 하나 충분조건은 아니다. 충분조건은 대통령 제도를 효율적이고 전략적으로 관리하는 것이다. 그렇게해야 국민과 다음 대통령에게 위대한 유산을 남길 수 있다.

대통령은 최고 전략 경영인이다(strategic managerial presidency). 백악관 대통령은 2억 8천만 국민이 주주로 되어 있고, 연간 2조 달러 예산과 2백만 연방 공무원, 200만 군인, 30여개 정부부처, 50개 주, 3,041카운티, 19,205개 지방정부로 이루어진 미국 정부 주식회사를 이끄는 CEO이다. 대통령은 국민을 통합하는 비전을 제시하고 실현 가능한 정책 목표를 세워 각료에게 확실한 권한위임과 책임을 부여하고 비서실 참모가 그런 정책 집행과정을 모니터링하고 정책을 조정하고 갈등을 해소하도록 관리해야 한다.[5] 조직적 선거유세, 치밀한 정책선정과 인물충원, 질서있는 정권 인수, 의회와의 긴밀한 협조, 각료에게 실질적 권한과 책임부여, 비서실의 팀워크, 언론과 시민단체와의 협조 유지, 취임 일 년 내에 중요 정책을 실현하기 위한 시동 등이 대통령실의 전략 관리 요체이다.[6]

---

5) Pfiffner, James P. 1999. *The Managerial Presidency*. College Station, Texas: Texas A & M University Press. p. 6. pp. 45-48.

6) Pfiffner, James P. 1996. *The Strategic Presidency*. Lawrence, Kansas: The University of

또한 현대 대통령에게는 지구를 껴안는 범세계적인 리더십(cosmopolitan leadership)이 요구된다. 오늘날의 국경 없는 초고속 정보화 사회에서는 대통령 팀의 전략적 관리 능력만으로는 한 국가를 이끄는데 역부족이다. 국정운영의 시야를 넓혀 유럽연합, 아시아권, 북남미권, 슬랍어권, 이슬람권, 동서 국가, G7, G20, 빈곤국을 넘나들고 포용하여 전 세계를 상대로 하여 대통령실의 전략정책을 집행해야 한다. 그리하여 대통령 시스템이 세계투사(global projection), 세계화 확장(global outreach) 안목을 가지고 세계시민을 상대로 한 인터넷 영상 접촉으로 사이버정치를 펴는 시점에 와 있다. 청와대, 백악관, 다우닝 10번가, 엘리제궁은 20세기 기업가에서 21세기 사이버 기업가로 변신하여 UN, WTO, OECD, IMF 등 세계조직망에 유연히 대처하고 신뢰와 역량으로 각국 정부 정상과 전략적 제휴를 맺어 지구촌이 번영할 수 있는 상생의 세계 정치를 펼치는 데 역량을 쏟기 시작하고 있다.[7] 이런 세계화 국정관리 문화를 창조하려는 의지와 비전을 가진 세계화 대통령 팀이 정보기술과 연계하여 국민 서비스를 모니터링하고 전략정책을 동시에 추구할 때 유비쿼터스 대통령(ubiquitous presidency)이라고 부를 수 있을 것이다.

이런 변화와 도전에 대한 대응으로 저비용, 최소 희생, 최단 시일 내에 갈등·분쟁·살상·파괴를 해소하고 시민의 행복 추구를 극대화하기 위한 방안으로 정보력의 체계적 강화가 주요 국가 별로 진행되고 있다. 정보력의 체계적 강화는 지구상의 권력관리 체계인 대통령 중심제와 내각책임제의 국정관리 효율성 극대화에 초점을 맞춰 대통령, 수상을 보좌하는 정보지원시스템의 혁신과 개혁을 의미한다. 그런데 권력집중 현상이 특징인 대통령 중심제에서 대통령 권한을 삼권분립에 입각하여 입법부와 사법부가 견제하고 있다. 세계화, 정보화, 사이버 시대에 경제, 외교안보, 사회 상황에 신속히 대응하고, 대량 살상을 예견하고 저비용으로 각종 위험을 봉쇄하고 희생을 극소화하기 위한 정보력은 대통령, 수상을 위한 정보력 강화와 지원으로 표출되고, 그런 지평에서 정보지원시스템은 혁신과 함께 변화를 겪고 있다.

Kansas Press. pp. 75-77. pp. 113-120. pp. 181-190.

7) Schein, Edgar H. 1992. *Organizational Culture and Leadership*. San Francisco: Jossey-Bass Publishers. pp. 285-294. pp. 374-390.

미국을 비롯한 대통령 중심제 국가에서는 협조와 합동성 강화를 목표로 한 정보공동체 조정 등 대통령 정보지원시스템 강화가 이루어지고 있다. 동시에 대통령 정보지원시스템 관련 법률안 통과 등 의회 차원에서 대통령 정보지원시스템 강화를 지원하는 한편 의회는 대통령 정보지원시스템이 대통령에게 보고하는 내용과 동일한 정보 내용을 의회에 보고 할 것을 요구하고, 전략 정보 활동비와 민감한 정보 공작비 사용은 사전에 의회 승인을 받을 것을 규정하여 정보활동 면에서 대통령을 감시, 견제하고 있다. 따라서 미국의 경우 대통령 정보지원시스템 강화는 의회의 정보 통제강화로 이어지고 있다. 이러한 대통령과 의회간 정보에 대한 견제, 균형의 상호작용을 기반으로 한 21세기 미국 대통령제를 대통령·의회 공동 대통령제(president and congress co-presidency) 또는 권력 균점형 대통령제(power shared presidency)라고 한다.

정보과정과 정보 시스템에서 나타나는 의회와 대통령의 상호 견제와 균형, 상호협력 · 보완을 정보기관의 변화, 시스템 혁신 사례에서 살펴본다. 각국은 경제, 외교안보, 사회상황 변화, 대량살상 테러, 재스민 민주화 혁명 등에 의한 21세기 증가하는 정보 수요와 함께 정보메커니즘 혁신, 대통령 · 수상을 지원하는 정보지원시스템 재정비의 기로에 서 있다.

미국 정보조직관리시스템과 대통령 정보지원시스템의 첫 시발은 워싱턴 초대 대통령에서 기원한다. 정보수집의 중요성을 일찌감치 알았던 워싱턴[8]은 20년 후 독립군 사령관이 되었을 때 예일대학 출신 헤일(Nathan Hale)을 영국군에 침투시키고[9] 이어서 톨매쥐(Benjamin Tallmadge) 소령이 이끄는 스파이단을 조직하여 확실한 정보를 얻어 영국군을 격파하는 기습전을 벌여 승리하였다.

1차 대전 당시 윌슨 대통령은 워싱턴 주재 영국정보책임자 와이즈먼(William Wiseman)을 신임하여 그가 수집, 분석한 독일 정부와 독일군 정보에 관해 국내

8) 워싱턴은 21세 때인 식민지 시대에 영국군이 보낸 스파이로 버지니아에서 오하이오 들판 산림 지대에서 주둔하고 있는 프랑스군의 동태를 영국군에 알리는 역할을 했다. 워싱턴이 영국군에 프랑스군의 동태를 알리면 영국군은 조용히 작전을 개시했다. 그러나 그 뒤 프랑스군은 브래덕(Edward Braddock) 장군이 지휘하는 영국군의 기동을 사전정보로 파악하여 영국군을 일격에 궤멸시킨다. 이 싸움에서 워싱턴은 프랑스군이 쏜 4발의 총탄을 전투모에 맞고도 구사일생으로 살아났다.

9) 해일은 이후 체포되어 사형당한 최초의 정보원으로 기록되었다.

어느 정부기관의 정보보다 신임했다. 해군차관이었던 프랭클린 루즈벨트 대통령은 이 정보활동에 깊은 인상을 받고 자신이 대통령이 되어 2차 대전을 치를 때 인간정보와 통신감청정보 등에 매우 깊은 관심을 보였다. 후임 트루먼 대통령에 와서는 유럽 전선과 태평양 극동지역에서 활동하는 정보공작대(Office of Strategic Service: OSS)가 창설되었는데, 이는 1953년 국가안전보장법에 따라 대통령직속 중앙정보부의 모태가 되었다. 케네디 대통령은 인간정보활동에 관심을 보이면서 쿠바 피그만 상륙전 실패로 정보망확충과 정보종합상황 판단에 관심을 보여 후일 백악관에 상황실(Situation Room)을 설치하였다.[10] 아이젠하워 이후 역대 대통령들은 인간정보 외에 통신감청, 인공위성에 의한 영상정보까지 정보 활동범위를 확대하였다. 그러다가 레이건 대통령에 와서는 중앙정보부와 국방정보본부를 확대 강화하였고, 부시 대통령 때 9·11 테러 이후 정보강화의 필요성을 절실히 느끼게 되었다.

미국은 2차 대전까지는 육해공군의 군사정보, 국무부 정보 그리고 동맹국인 영국의 정보협조가 중요정보의 골간을 이루었다. 하지만 대통령의 국정운영과 정책결정에 눈과 귀가 되는 정확하고 완벽하면서 적실성 있는 정보는 결여되어 있었다. 그 이유는 너무 많은 정보기관이 산재해 효과적인 협조체계가 이루어지지 않고, 더군다나 최종적으로 협의조정되어 여과된 정보가 대통령에게 전달되는 적실성(timely)있고 정확하며(accurately) 완벽한(completely) 정보채널이 없었기 때문이다. 2차 대전 이후 미국의 국제 위상과 역할 증대로 정보기관의 조직과 임무가 대내외로 나누어 확대 심화되었다. 그런 과정에서 국가정보 조정, 취합의 요구가 커지고, 그런 요구는 대통령에게 제공하는 정보 내용을 실시간으로 진행하는 정보지원 시스템 구축, 정보 조정, 합동성을 강화하는 정보공동체 운영체계화로 귀착되었다. 그리하여 2차 대전 후 1947년 국가안전보장법(National Security Act)이 제정되어 대통령 직속으로 국가안정보장회의(National Security Council)와 중앙정보부(Central Intelligence Agency)가 만들어졌다. 중앙정보부는 대통령을 지원하는 정보 조정, 협의 기구, 정보 보고 내용과 절차, 해외 정보활동을 책임지는 국가정보기구로 활동하게 된다.

냉전 시대를 지나 21세기 현 시점에 이르기까지 해외정보, 군사정보, 국내보안

10) Andrew, Christopher. 1966. *op. cit.* pp. 6-19. pp. 20-191. pp. 212-400. pp. 434-537.

정보활동이 주축이 되어 임무, 기능별 정보조직이 확산되고, 때로는 조정 통제 기구가 출현하여 정보기구는 확산, 조정·통제의 변증법적 과정을 거쳐 왔다. 이렇게 진화한 미국 정보조직은 현재 16개 정보기관이 정보공동체라는 우산 속에서 신설된 국가정보부(Director of National Intelligence, DNI)의 조정, 통제, 협의 속에서 국익증진, 외교목표 달성을 위해 임무를 수행하고 있다.

정보공동체(intelligence community)라는 공식 명칭은 1981년 12월 4일 레이건 대통령 당시 행정명령 12333에 따라 부여되었으며, 행정명령 12333은 대통령, 국가안보회의, 국무, 국방부 등 내각부처와 필요한 기관에 생산한 정보를 제공하는 임무를 규정하고 있다. 정보공동체를 구성하는 최고위 실무 정보기관을 역사적으로 조명해 보면 독립전쟁을 거쳐 건국 이후 제일 먼저 조직된 군사 작전을 지원하는 군 정보부대가 있다. 1775년 독립전쟁 당시 워싱턴 장군이 지휘한 육군은 대륙군으로 정보부대를 심도있게 활용했다. 즉, 전투 단위 부대에 정보부대를 운영했는데 2차 대전을 거쳐 1977년에 육군정보보안사령부(Army Intelligence and Security Command: INSCOM)로 정비되었다.

대륙해군으로 독립전쟁에 참여한 미국 해군은 스페인 전쟁과 1차, 2차 세계대전을 거치면서 16개 주요 국가 해군력을 합한 것보다 많은 함선, 해군 함재기, 항공모함을 보유하며 정보기관 역시 오랜 역사와 전통을 가지고 있다. 1882년 창설된 해군정보부대(Office of Naval Intelligence: ONI), 1775년 독립전쟁 당시 해상 상륙전을 전개한 해병대가 보유한 해병정보부대(Marine Corps Intelligence Activity: MCIA)는 최전선 군사 정보, 세계 주요 지역 항만, 해상, 육상 정보를 실시간으로 각 군 부대와 정보공동체에 제공하고 있다.

공군은 육군에서 발전되어 1947년 국가안전보장법에 따라 독립되었는데, 공군정보부대는 국방부 정찰, 통신부대와 협동으로 적군의 통신감청, 암호체계 해독, 항공정찰에 주력하면서 2007년에 공군정보감시정찰실(Air Force Intelligence, Surveillance and Reconnaissance Agency: AFISRA)로 확대되었다.

육해공군, 해병대의 정보부대가 전투, 전술, 전략정보를 생산한다면 국방부 산하의 정보기관으로 1952년에 설치된 국가안보청(National Security Agency: NSA)은 항공정찰, 레이더 기지, 인공위성을 이용해서 군사외교, 국가안보관련 통신 감청, 신호 통신 정보를 수집, 분석하고 사이버테러사령부(Cyber Terror Command)를 운영하고 있다. 같은 맥락에서 최초 첩보위성인 코로나(Corona), 일명 KH(Key Hole) 위성을 발사한 것을 시발로 첩보위성을 관장하는 국가정찰실(National Reconnaissance Office: NRO)이 1960년에 창설되어 지역표적물, 대량살상무기 소재지, 무기체계의 실체를 확인하고 이동 상태를 감시하였다. 2003년에 영상정보를 관장하던 정보기구인 국가지리정보청(National Geospatial-Intelligence Agency: NGA)이 국방부 소속으로 확대 발전하여 인공위성으로 전 세계 모든 지역을 촬영하고 지형지물을 확대 분석하여 영상정보를 제공하였다. 최근에는 오사마 빈 라덴 은신처 위치와 건물 구조를 세밀히 파악하고 지역 정보원의 현지 정보와 일치하는지 확인하여 해군특수부대원의 기습공격에 길잡이 역할을 하였다.

1961년에 조직된 국방정보본부(Defense Intelligence Agency: DIA)는 국방정보 기관의 통합, 조정, 지원 기관으로 국방정보 프로그램을 조정하고 신호·영상정보 수집의 종합기능을 수행한다. 해외 국방무관을 관리하고 국방부 산하 각 군 전투, 전술, 전략정보, 국가안보 전략정보를 종합하여 국방장관, 합참의장에게 보고한다. 또한 해당 정보를 국가정보부에 제공하여 대통령 일일정보고서에 포함시키고 국무부, 재무부, 국토안보부, 에너지부, 법무부 등 정부부처에도 제공한다.

이렇듯 국방정보를 담당하는 기구는 8개로 정보공동체를 구성하는 16개 실무정보기관 중 절반을 차지하고 2009년 전체 정보예산 8백억 달러 중 절반을 차지하였다. 2010년 예산에서는 270억 달러로 축소되고 민간 정보 분야 예산이 531억 달러로 증액되었다. 그러나 이는 정찰실, 안보청, 지구지리정보청 예산이 국방정보비 항목에서 민간정보비 항목으로 이전되어 나타난 현상이며, 여전히 예산의 많은 몫은 첩보위성, 항공정찰, 신호통신, 과학기술정보에 충당된다.[11)]

정보공동체를 구성하는 민간 정보기관으로 1947년에 창설된 중앙정보부는 해외정보 수집, 해석, 전파, 정보 조정, 협조, 비밀공작, 방첩, 보안, 정보종합 기능을 주 임무로 하였다. 그리고 중앙정보부장은 대통령의 선임 정보 보좌 역할을 수행한다. 또한 중앙정보부는 대통령에게 일일정보를 보고서 형태로 제공하여 정책결정에 도움을 준다. 한편 2차 대전 직후, 같은 시기인 1947년에 정보공작대

---

11) Lowenthal, Mark M. 2003. *op cit.* pp. 33-38; Holt, Pat M. 1995. *op. cit.* p. 47: Treverton, Gregory F. 2003. *op cit.* pp. 65-66: 미 국가정보부 발표: 2009년, 2010년 정보공동체 예산 배정.

가 해체되면서 일부 요원은 중앙정보부 창설에 참여하고, 나머지 요원은 국무부에 신설된 정보조사국(Bureau of Intelligence and Analysis)에 영입되어 세계 각국 주재 미국 대사관에서 보내온 정세보고서, 관련 정보기관이 제공한 보고서를 분석하면서 외교정책 구상에 적실성 있는 정보를 생산 제공한다.

국내보안, 범죄수사, 방첩임무를 담당하는 법무부 산하 연방수사국은 1908년에 창설되어 정부전복예방, 방첩, 테러대응, 범죄수사정보 등 국내정보 수집, 해석, 전파 임무를 맡게 된다. 또한 1973년 법무부 산하에 의약품단속실(Drug Enforcement Administration)이 신설되어 점증되는 마약 범죄, 환각 약품의 조직적 밀거래, 마약 테러에 관한 정보 수집, 수사, 소탕작전을 전개하였다. 1977년 오일쇼크 이후 카터 대통령은 에너지부(Department of Energy)를 내각에 설치하고 산하에 에너지 관련 정보방첩실(Office of Intelligence and Counterintelligence)을 두어 세계 에너지추세, 에너지 공급분석, 원자력, 청정에너지 개발, 원자력 발전소 안전조치, 방사능 유출, 핵무기 확산 방지, 핵무기 테러 등에 관한 정보수집, 분석과 관련 기관의 협조로 핵테러 예방, 핵무기 확산 방지 임무를 수행하고 있다. 또한 9·11 테러 직후, 부시 대통령은 2002년 내각 부처로 국토안보부(Department of Homeland Security)를 설치하고 산하에 정보분석실(Office of Intelligence and Analysis)을 둔다. 국토안보부 정보분석실은 자체 정보와 정보공동체의 관련 정보기관 협조로 국내안전, 테러예방, 기간시설 보호, 생화학테러 대응, 도로교통, 항만 시설보호에 관한 정보를 수집하고 대응조치를 건의하는 임무를 수행하고 있다.

1790년에 창설된 해안경비대(United States Coast Guard)는 신설된 국토안보부에 소속되어 해안경비정보실(Coast Guard Intelligence)을 운영하면서 해안접근 테러, 밀수, 마약근절, 불법이민 색출, 불법 해안접근 선박 감시등에 관한 정보를 수집하고 실시간으로 대응조치를 취하고 있다. 2004년에는 재무부에 테러재정정보실(Office of Terrorism and Financial Intelligence)을 두어 위조지폐, 국제금융범죄, 테러자금 정보수집, 테러 자금줄 차단과 동결, 돈세탁, 조직범죄집단의 자금 흐름 감시, 불량국가 자산동결에 관한 정보수집, 조기경보, 대응책 강구로 연결되는 정보활동을 수행한다.

그런데 9·11 테러 이후 상원 정보위원회 청문회에서 밝혀진대로, 중앙정보부는 정부 내 다른 정보기관과 정보교류가 소원하고 계선정보조직으로 관료화되어

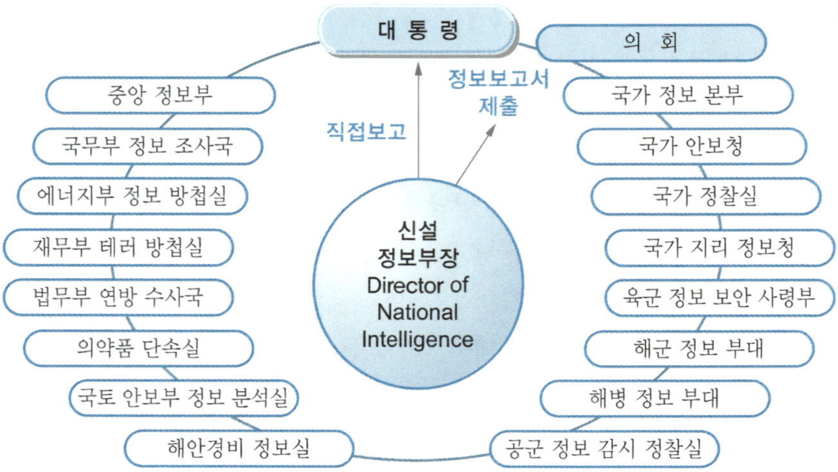

[그림 9-1] 미국 정보공동체 조직운영체계

다른 정보기관과는 벽을 쌓고 있었다. 16개 정보기관이 있으면서도 대통령의 9·11 정보판단을 위한 일관되고 정확하면서 예측 가능한 정보와 대응책이 결여되었다. 그 이유로 산재한 정보기관의 협조체계 미흡과 백악관의 대통령 정보 조정, 통제 리더십의 결여를 들 수 있다. 그리하여 의회에서 2004년 정보개혁과 테러예방법을 통과시켜, 중앙정보부는 해외정보 수집, 비밀공작에만 전념하도록 하고, 모든 정보기관을 조정, 통제, 지원하는 국가정보부(Director of National Intelligence: DNI)를 창설하였다.

21세기 미국 정보공동체는 정보기관 다원화, 자율성을 살리면서도 정보공동체를 조정, 통제, 지원하는 새로운 변증법적 과정을 거쳐 왔다. 변화하는 시대 상황에 맞게 중앙정보부의 정보통합, 조정기능은 50년 만에 새로운 정보기구에 이관된 것이다. 신설된 국가정보부장은 각료급으로 2004년 정보개혁과 테러예방법 규정에 따라 정보공동체의 각 정보기관을 조정, 통제, 지원하는 정보권, 예산 편성과 사용을 승인하는 예산권, 자체 조직의 인사관리와 중앙정보부장, 정보책임자를 기용 할 때 추천, 자문, 협의하는 인사권을 행사한다. 궁극적 목적은 각 정보기관의 조정, 통제, 지원을 통한 체계적, 경제적 정보활동으로 대통령, 각료, 합참의장, 중요정부 기관에 실시간으로 적실성 있는 정보를 제공하여 미국 국익을 증진하는데 있다.

국가정보부는 모든 정보기관이 생산하여 제출한 정보를 종합하여 순수 전문 정보 차원에서 대통령에게 매일 아침 8시 일일정보(presidential daily report)를 구두와 서면 형태로 보고하고 그 밖에 주례, 월별 종합 브리핑을 실시한다. 백악관 안보보좌관, 테러담당보좌관은 이런 정보판단을 기반으로 대통령에게 국가안전보장회의 사무처에서 마련한 전략정책의 배경을 설명하고, 대안을 제시하는 안보 브리핑을 실시하고, 대책회의를 진행한다. 국가정보부는 정보예산을 승인한 의회 정보위원회, 군사위원회에 정기적 정보활동 결과를 보고하는 임무도 겸하고 있는데 정보권은 정보기관이 예산과 연계하여 정보활동을 수행 할 때 효과가 있다. 정보기관은 3년 주기로 성안된 국가정보사업(National Intelligence Program)과 국방정보사업(Military Intelligence Program)의 틀 안에서 정보활동을 수행 하는데, 국가정보부장은 국가정보사업과 국방정보사업 기획에 협의 조정하는 정보 권한을 행사한다.

또한 정보수집, 분석, 생산, 공작, 보안, 방첩, 테러예방, 조직범죄, 마약, 대량살상무기 제거, 확산 방지에 관한 연구, 교육, 개발, 기본 준칙을 작성 시행하는 정보지원 역할도 수행한다. 중앙정보센터로서 국가정보부는 예산권을 가지는데, 국가정보부장은 정보공동체를 구성하는 16개 정보기관이 연간 예산을 편성할 할 때 조정, 협의, 관리하는 권한을 가진다. 정보공동체 예산 편성권을 가진 국가정보부장은 대통령, 정보기관을 장악하고 있는 장관, 각 정보기관장이 제시한 정보목표, 우선순위, 지침서를 참고하여 각 정보기관에 대략 3년 주기의 정보사업계획 범위 내에서 연간 정보예산 편성을 요구한다. 각 정보기관의 실무팀, 국가정보부장이 위원장으로 구성된 정보기관장회의, 정보기관 소속 장관회의를 거쳐 합의된 예산을 관리예산청장관과 협의하여 대통령의 승인으로 의회에 제출한다.

인사권은 국가정보부 인원을 채용하고, 정보기관의 인적교류를 추진하고, 특히 16개 정보기관장의 임명에 국가정보부장의 동의, 의견 개진이 필수적이다. 국방장관이 국가안보청장, 국가정보본부장, 국가정찰실장, 국가지리정보청장을 임명하거나, 국무장관이 정보연구국장, 법무장관이 연방수사국장, 대통령이 중앙정보부장을 임명할 때 국가정보부장과 협의하여야 한다. 대부분 협의 과정에서 합의를 보지만 정보 실무차원에서 합의가 안되면 대통령이 결정하게 된다. 그러나 고유한 인사관리 영역에서는 국가정보부장은 자기 부서에 대한 인사 관리권을 가질 뿐이며, 16개 정보기관의 인사이동, 승진, 임무부여에 관한 실질 인사권은 해당 정보기관장이 행사한다. 또한 중앙정보부 등 핵심 정보기관장은 긴박하고 민감한 정보 사안에 따라서는 대통령에게 직접 보고할 수 있다.

그러나 9·11 테러 이후 추진한 단일 정보기관의 창설을 우려하는 목소리가 있다. 먼저 정보황제(intelligence czar)에 대한 우려 여론이 미국 16개 정보공동체에서 조성되었다. 두번째, 각 정보기관이 수집하여 제시한 정보를 종합하는 국가정보부 같은 단일 기구는 정보를 단순히 저장하는 기능을 수행 할 가능성이 높고, 저장한 정보를 처리하여 심도 있는 정확한 정보를 우선순위 별로 결정하여 대통령에게 보고하는 데에만 3-4주가 걸려 정보정체가 발생할 것이라는 우려가 그것이다. 그렇게 되면 실시간으로 정보를 받고 대내외 국가안보정책을 추진하는 대통령은 실기(失機)하게 될 것이라고 정보실무가들은 지적하고 있다. 세번째, 정보를 종합하는 단일부서는 정보저장과 인원관리, 정보예산이나 다루는 정보 관료 기능만을 수행할 것이라는 회의적인 시각이 존재한다. 네번째, 각 정보기관은 독특하고 고유한 정보 임무를 수행하고 그들만의 다양한 정보 수혜자가 존재하는 상황 속에서 어떻게 단일 정보부서에서 모든 정보기관을 통합하고, 많은 정보기관과 일반 정부기관이 원하는 정보를 모두 제공받을 수 있는지에 대한 문제제기가 있다. 아울러 같은 내용의 정보를 여러 정보기관이 수집하는 정보력의 낭비도 빼놓을 수 없다.

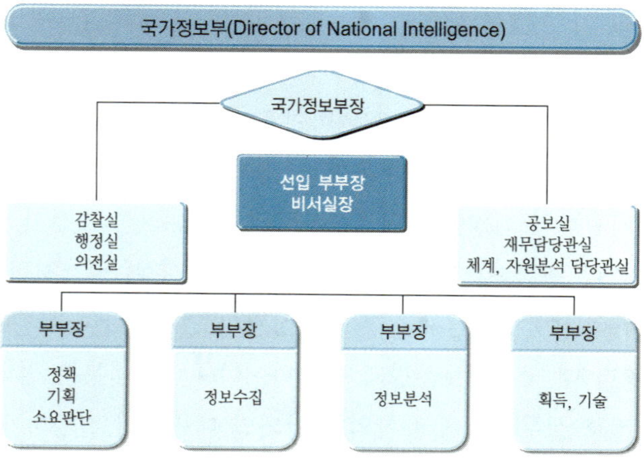

[그림 9-2] 미국 국가정보부 조직

그리하여 현실적으로 가능한 대안은 백악관에 정보수석을 두든지, 아니면 대통령 안보보좌관이 제도적으로 시스템을 강화하여 국내외 정보를 전담하는 기관의 정보를 제공받아 심도 있는 심사, 선별, 정책전략을 곁들인 엄선된 정보를 대통령에게 보고하여 효율적인 국정운영이 가능하도록 하는 과단성 있는 창의적 리더십을 발휘하는 것이다.

결론적으로 백악관에 정보조정 종합처리시스템을 제도적으로 강구하는 옵션을 전문정보기관에서는 선호하고 있다. 그러나 상·하 양원 정보위원회에는 국가정부부를 백악관 내에 설치하는 것을 반대하여 별도의 기관으로 설치하도록 했으며, 대통령에게 보고한 동일한 내용을 월별, 분기별로 의회 정보위원회에 보고하고, 정보비를 사용할 때는 반드시 의회정보위원회의 승인을 받도록 하였다. 이런 맥락에서 최대공약수로 2005년 의회에서 통과된 정보개혁테러예방법에 따라 16개 국가정보기관의 정보를 종합, 조정하고 정보 예산을 통제하며, 종합된 정보를 매일 아침 대통령에게 보고하는 국가정보부를 신설한다. 신설된 국가정보부는 부분적으로 정보감사원 기능을 수행하도록 하여 국가존립 기반이 되는 정보활동 영역을 의회와 대통령이 공동 경영하는 균점형 대통령제 형태를 띠고 있다.[12)]

다음은 프랑스 정보조직관리 체계와 대통령 정보지원 시스템을 살펴보도록 한다. 프랑스는 1959년 1월 7일 제정된 헌법규정에 따라 국가안보를 책임지는 국방위원회를 대통령실에 설치하였다. 이 국방위원회는 군사와 외교를 포함한 포괄적 국가안보에 관한 최고의 핵심 전략정책 심의결정 기구이다. 국가안보 최고 책임자인 대통령을 위원장으로 하여 국무총리, 외무, 내무, 국방, 재정경제부 장관으로 구성되며 그밖에 해외영토담당 장관, 비서실장, 행정실장 그리고 사안에 따라 외교, 군사보좌관이 참여한다. 모든 핵심 전략적 결정은 대통령의 최종 결심으로 이루어지긴 하지만 국방위원회는 실제로 1년에 1회 또는 위기 발생 시에는 수차례 회의가 소집된다. 2004년에는 7월에 1회 2003년에는 4회 회의가 열렸다. 이 회의에서 안보전략정책을 결정하고, 2003년-2008년에는 군사운용계획을 승인하고, 국방예산을 결정하였다.

---

12) 워싱턴 중국식당에서 중앙정보부 슬로보다(John Slovoda) 국장 면담(2004년 9월 27일 저녁 7시-9시).

한편 총리실 산하에 국방위원회 사무처를 두어 내각의 각 부처에서 제출한 국가 안보에 관련된 정책, 정보를 종합하여 국방위원회에 보고하고 있다. 안보부처 차관급 회의소집, 업무진행사항을 대통령실 국방위원회에 보고하는 과정에서 사전조율이 필수적이다. 대통령실의 국방위원회는 대통령이 국가 안보의 최고책임자로서 핵심전략정책을 심의 결정하는 기구이고, 이와 별도로 대통령과 국무총리의 역할분담을 고려하여 매일같이 진행되는 국가안보정책관리는 국무총리실 산하 국방위원회 사무처가 관장하고 있다. 국무총리는 국방위원회 사무처 건의사항을 참고로 대통령과 직접 중요 안보사항을 협의, 결정하고 대통령 결심에 결정적 역할을 한다.

국방위원회 사무처(Secretary General of National Defense)는 내정을 관장하는 국무총리가 국가안보관리에도 공동책임을 지고 참여하여 대통령실의 국방위원회 기능을 관리차원에서 집행하는 기구이다. 1978년 대통령 집행명령에 따라 대통령실 국방위원회의 사무관리를 전담하여 국방안보관련 내각기구의 업무조정·연결, 국가안보회의 준비, 국무총리의 국방안보정책 수행을 보좌하고 있다. 즉 안보부처간의 정책협의와 연락연계, 안보부처의 정책조정, 총체적 국가안보 전담기관으로 역할을 수행한다.

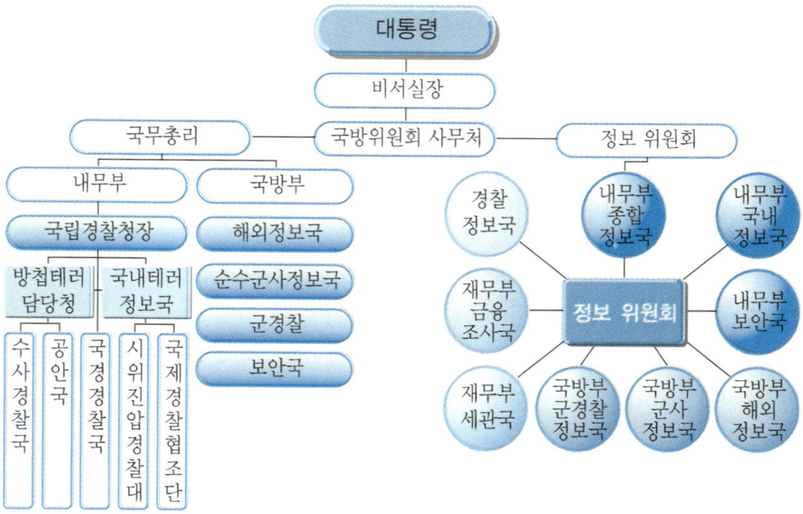

[그림 9-3] 프랑스 정보조직 운영체계

구체적으로 살펴보면 안보부처간의 정책협의 연락연계 임무에는 대통령실 국방위원회에 국가안보결정사항 보고와 지시사항 수행, 국제분쟁과 위기추적, 정보활동이 포함된다. 또한 안보부처 간 정책조정을 위해 프랑스 무기수출 통제와 대량살상무기 확산방지, 국방기밀보안 유지, 과학기술보호, 보안관리, 통신감청 장치 통제, 전국적 국가안보망 체계개발 등의 임무를 수행한다. 총체적 국가안보 전담은 정부통신체계 확립, 프랑스 해외영토 보존노력을 의미한다. 국무총리실의 국방위원회 사무처는 실장(secretary general)과 부실장(deputy secretary)을 정점으로 계선기관인 정보위원회, 국제전략국, 국가안보국, 과학기술국, 통신보안국, 행정국으로 구성된다. 또한 실장보좌기구로는 정치·법률·과학·국방 보좌팀이 있다.

총리실의 국방위원회 사무처 실장은 전문공직자로 수석차관이나 장관급에 해당하는 직책이며 현역 해군제독이 부실장 임무를 수행한다. 국방위원회 사무처 실장, 부실장, 국장은 성공적인 임무완수를 위해서는 안보부처와의 유대관계, 중요인물과의 허심탄회하고 진솔한 의견교환, 협조체계 유지에 주력한다. 국가안보관련 부서에서 파견되거나 계약직으로 임명된 전문가 200명으로 구성된 총리실 국방위원회 사무처는 총체적 국가안보의 협의조정, 안보업무전담수행 사령탑으로 자체적으로 통신감청 업무, 세계영공의 위성추적 정보활동을 하는 전문적 안보기구이다. 따라서 정치색깔이 없는 중립적 위치에서 고도의 전문성을 갖고 국가안보 업무를 수행하는 총리실 국방위원회 사무처 기능은 대통령과 국무총리가 동일정당에서 선출되지 않는 동거정권인 경우에 그 진가를 더욱 발휘한다.

구체적 사례로 보스니아 내전을 다룰 때 시라크 대통령은 보수당 출신이고 쥐페 국무총리는 사회당 출신이었지만 국방위원회 사무처가 범내각 차원에서 수집 정리한 정보와 안보정책을 정치색깔이 없는 국가안보 이익차원에서 잘 소화하고 총리의 지지 속에 대통령이 국가안보 최고책임자로 갈등 없이 잘 해결할 수 있었다고 한다. 한편 코소보사태 당시에는 같은 당 출신인 시라크 대통령과 조스팽 총리는 호흡을 같이하여 국방위원회 사무처 정보와 정책 건의를 잘 받아들여 국제분쟁에서 프랑스가 역할을 잘 수행할 수 있었다.

국방위원회 사무처에는 실장, 부실장, 국장 등 10명과 약 550명이 직원[13]이

13) 사무처 요원은 8시 30분에 일과 시작하여 보통 오후 11시에 퇴근하고, 때로는 자정 넘어 새벽까지 근무하고 토요일과 일요일에도 근무하기도 한다. 보통 일반정부 부서에서 파견된 근무자

움직이고 있다. 국방위원회 회의 준비, 정보조정, 정보모니터, 보고, 명령지시 등의 업무를 수행하는 사무처 요원은 각 정보기관의 임무 성격, 기관을 이끄는 부서장의 개성 등이 다양하여 정보판단과 정책결정에서 의견을 수렴하는데 최고의 협상력과 외교적 노력, 그리고 인간적 유대강화의 함양을 필요로 한다. 그리고 국제위기 발생 시에는 의견수렴, 각종 회의의 제공처가 되기도 한다. 실제로 미국과 영국군의 이라크 침공 당시 대통령의 결심과 상황판단에 도움을 주기 위해 매일 저녁 대통령 비서실장, 행정실장, 총리 비서실장, 대통령실 군사보좌관, 총리실 군사보좌관, 합참의장이 국방위원회 사무처 상황실에 모여 의견을 종합하고 총리에게 보고하며 최종적으로 수상, 대통령 비서실장이 대통령에게 보고하였다.

국방위원회 사무처에 설치된 정보위원회(Joint Intelligence Committee) 또한 중요한 정보업무 기관이다. 1978년 1월 대통령 행정명령으로 총리실 국방위원회 사무처에 정보위원회를 설치하고 정보위원회 사무부를 두어 대통령과 국무총리의

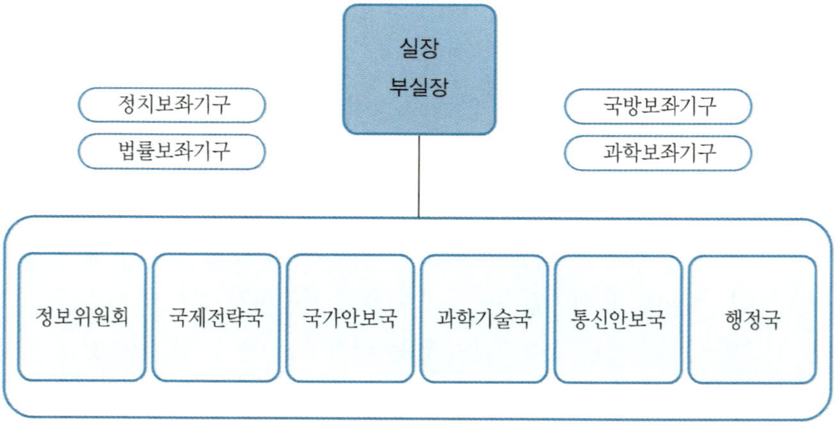

[그림 9-4] 프랑스 국방위원회 사무처 조직운영체계

(60%)와 국방부에서 온 군요원(40%), 그밖에 일부 외부 전문분야에서 충원된 요원 중 350명은 지하 상황실에서 24시간 교대 근무로 정보 상황을 체크하고 있다. 보통 근무기간은 일반직은 3년 순환보직, 고위직은 5-6년 근무하는 것이 관례로 되어 있다. 순환보직 후 원래 부서로 복귀 시에 2성 장군은 3성 장군으로 그리고 국장급 공무원은 차관급으로 승진하는 경향이 많다고 한다(2004년 8월 11일 오전 11시-12시, 제독 집무실에서 총리실 국방위원회 산하 정보위원회 사무총장 마틴빌(Edouard Scott de Martinville) 제독 면담).

지시를 받으며 국방위원회 사무처 실장이 직접 관장하고 있다. 정보위원회는 국방위원회 사무처가 수행하는 국가안보, 국방, 테러방지 업무를 뒷받침하는 정보활동을 하며 사실상 90%에 가까운 업무량이 정보수집, 해석, 심의, 전파에 있다. 각 부처에의 정보제공, 국무총리에 대한 정보정책 건의, 대통령에 대한 최종 정보보고를 국방위원회 사무처의 정보위원회가 전담하고 있다. 특히 시라크 대통령 집권 2기에 대통령실에 설치한 테러담당 국내안보위원회에 국제테러동향과 국내테러예방차원의 종합 정보를 2개월에 1회 제공하였다. 물론 국방위원회 사무처 실장은 대통령실 국내안보위원회 정규멤버이며 대통령 안보보좌관(전 파리 경찰청장 Massony)과 긴밀히 사전협의, 접촉을 유지하고 있다. 사실상 대통령, 대통령실 국방위원회, 국내안전위원회, 국무총리 그리고 유관부처의 정보판단은 총리실 국방위원회 사무처의 정보위원회가 정제한 종합정보에 의존하고 있다.

정보위원회는 국방위원회 사무처 실장 또는 부실장이 위원장으로 위원회를 운영하고 위원은 국방, 내무, 외무, 교육연구부 그리고 사안에 따라 재경부 산하 관세청, 유관정보기관 국장급 간부(군은 2성 장군, 외무는 대사급, 일반 공직의 경우에는 국장급 이상 고위급), 총리실 보좌관, 대통령실 보좌관으로 구성된다. 한편 참여기관을 구체적으로 살펴보면 내무부의 종합정보국, 내무부의 국내정보국, 내무부

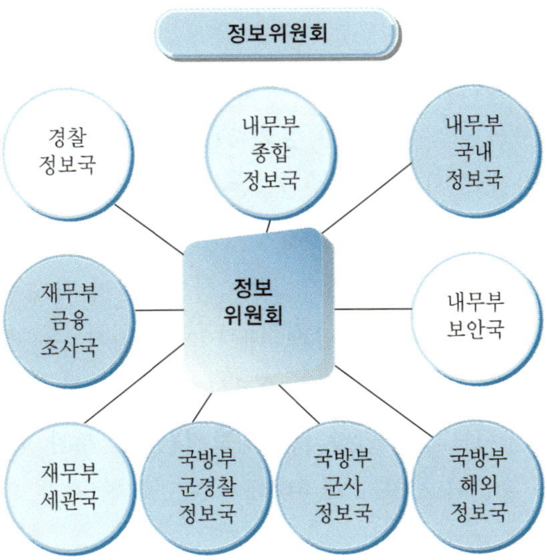

[그림 9-5] 프랑스 정보위원회 조직운영체계

의 보안국, 국방부 해외정보국, 국방부 군사정보국, 국방부 군경찰정보국, 재무부 세관국, 재무부 금융조사국, 경찰정보국의 9개 부서장이 참여하고 있다. 참여기관을 보면 내무부와 국방부 산하 정보기관이 각각 3개로 비슷한 비중을 차지하나 내무부는 국내위주, 국방부는 군사 해외정보 위주의 활동을 한다.

유관 부서 간부가 모이는 정보위원회는 매주 2회 정규회의를 가진다. 상호 정보제공, 토의, 중요 의제결정을 위해 회의가 진행되며, 중요 의제결정의 경우 사안의 중대성에 따라 투표로 결정하기도 한다. 즉, 프랑스의 방위산업체가 특정국가에 무기를 수출할 때 수출여부의 결정, 구체적 무기체계, 수량 등을 투표로 결정한다. 프랑스 영해에서 항해하는 선박 중 안보상에 의심이 가는 경우 정선 및 나포명령도 이 위원회에서 결정한다. 또한 정보위원회에서는 국가위기 발생을 감지한 경우에 다섯 단계 경보를 발동하는 권한도 갖고 있다. 제일 낮은 1단계는 초록(green), 2단계 노랑(yellow), 3단계 오렌지(orange), 4단계 적색(red), 5단계 진홍(scarlet)으로 경보체계가 구성되어 있다. 2차 대전 당시 연합군의 노르망디 상륙작전 기념행사에 각국 정상이 참석하였을 때 이라크 인질살해와 이라크 무장테러 사태를 고려하여 전쟁상태인 4단계인 적색경보를 발동하기도 했다.[14] 그리고 국방위원회 사무처 실장 주관아래 국무총리 비서실장(Head of Private Office of Prime Minister)이 좌장인 회의에서 국무총리와 대통령에게 보고할 정보내용에 대한 결정이 이루어진다.

시라크 대통령이 미국이 주관한 이라크 공격에 프랑스가 연합군으로 참여하기를 거부한 배경에는 프랑스 총리실의 정보위원회 판단도 한 몫 했다고 한다. 즉, 총리실 산하 국방위원회 사무처가 주관하는 정보위원회에서 블릭스(Hans Blix) 유엔무기 사찰단장이 이라크에 대량살상무기가 존재하지 않는다는 보고서를 발표하자 이를 참고하면서 프랑스 자체의 모든 정보기관이 자체 수집한 정보를 정보위원회에 제출하여 집중 토의한 결과, 대량살상무기가 존재하지 않는다는 결론을 내리게 된 것이다. 아울러 대통령 비서실장, 행정실장, 대통령 군사보좌관, 국무총리 비서실장, 군사보좌관, 합참의장, 정보위원회 간부가 모여서 이루어진 고위 전략회의 결과를 총리와 시라크 대통령에게 보고하자, 시라크 대통령은 총리와

14) 총리실 국방위원회 산하 정보위원회 사무총장 마틴빌(Edouard Scott de Martinville) 제독 면담(2004년 8월 11일 오전 11시-12시 제독 집무실).

논의 후 자신의 정치 철학과 국익을 고려하여 군사행동 참여를 거부한 것이다.

이렇듯 다양한 정보기관으로 의견을 수렴하고 자체 정보활동을 하는 정보위원회는 정보 분야에서 실무적, 전문적, 비정치적으로 접근하면서 협의 조정의 사령탑 역할을 한다고 볼 수 있다. 그리고 대통령보좌진도 참여한 실무그룹의 운영은 대통령의 최종 결심을 돕고 있다. 따라서 동일정당의 대통령과 총리, 상이한 정당배경의 동반정부인 대통령과 총리에 상관없이 균형 있고 정제된 최종 정보를 창출하는 전문적 정보활동으로 국가안보 정책결정에 기여하는 총리실 국방위원회 소속 정보위원회의 존재와 활동에 관심을 가질 필요가 있다.

프랑스는 1899년 국가기밀누설 간첩사건으로 세계적인 법정논쟁이 있었던 역사만큼 국가전복방지, 국가이익추구, 국가안보를 위한 정보활동의 오랜 역사를 갖고 있다. 특징적인 것은 정보수집, 분석, 전파 등 정보활동을 특정 기관이 독점하는 것을 허용하지 않고 있다. 프랑스의 정치체제는 국무총리가 내각을 이끌어 주로 내정을 담당하고, 대통령은 국정을 감독조정하고 국가안보의 최고책임자로서 역할을 하는 대통령제이다. 지방정부의 자율권이 인정되긴 하지만 전통적으로 파리 중심의 강력한 중앙집권적 대통령제로 볼 수 있다. 그러나 프랑스가 성숙된 민주체제로 운영되는 이유는 프랑스 정보기관이 단일 조직으로 운영되지 않고 조직과 기능이 분리되어 개별 정보기관의 정보독점으로 인한 왜곡된 정보생산을 방지하고 통치권자의 권력 강화 도구로도 사용되지 않기 때문이다. 그러면서 분리분산으로 운영되는 정보기관의 상호협조, 조정통제의 공식·비공식 과정을 거쳐 정제된 정확한 정보를 산출함으로써 대통령, 국무총리의 국정운영에 버팀목이 되고 있다.

프랑스의 정보조직은 내무부(Ministère de L′ Interieur)와 국방부(Ministère de la Défence)로 대별되는 부처가 장악하고 있다. 내무부는 5개 조직이 직·간접 정보와 수사 임무를 수행하고 국방부는 3개의 기관이 정보수사 활동을 수행하고 있다. 이들 8개 정보기관은 국무총리실 국방위원회 사무처와 정보위원회에 보고하고 정보위원회의 정규멤버로 참가하고 있다. 아울러 내무장관, 국방장관은 국가극비정보를 이들 정보기관에서 보고 받으면 정보위원회와 총리에게 통고하지만, 그 사안에 따라 대통령에게 직접 보고하게 되어 있다.

내무부에는 15개 청, 국이 있는데 이를 내무부장관(Ministres de L'Interieur)이 직접 장악하고 있다. 그 중에서 정보수사를 담당하는 기관은 방첩테러담당청(DST : La Direction De La Surveillance Du Territoire : Counter Intelligence and Anti-Terrorism), 경찰수사국, 공안국, 국내테러정보국, 국경수비경찰국 5개 기관이다. 좀 더 범위를 확대하면 시위진압, 국제공조경찰대도 포함된다. 그 중에서 담당영역과 기능에서 가장 규모가 크고 광범위한 정보활동을 전개하는 수석 정보기관이 방첩테러담당청이다.

방첩테러담당청은 프랑스 국가안보에 위험이 되는 대외첩보행위 저지, 테러예방과 저지, 프랑스 주요시설, 인물, 과학기술 보호, 유럽공동체 보호를 주요 임무로 하고 있다. 대량살상무기, 마피아 조직, 이슬람 과격파 테러조직 관련 정보활동을 국방, 과학, 기술 담당기관과 공조하면서 수행하고 있다. 정보활동의 2대 임무는 외국에서 정보수집을 하고 프랑스의 기밀유출을 저지하는 방첩임무를 수행하는 것이다. 그리고 본부, 파리, 5개 지방, 6개 지역, 4개 해외 지부가 설치 운영되고 있다. 내무부의 방첩테러담당청은 국방부 정보담당기관, 국무총리실 정보위원회, 내무부 내의 국내정보 안전기관과 긴밀한 협조체제를 유지하고 있다. 프랑스 국내에서 일어나는 테러를 예방·저지하는 국내테러정보국, 수사전문인 경찰수사국, 공안사범처리 담당인 공안국, 국경에서 거동수상자를 수사 체포하는 국경수비경찰국, 시위진압경찰대, 국제경찰협조단이 협조대상이 된다. 내무부 어떤 기관이 인지하든 인지한 사실을 방첩 대테러청에 알리고 동시에 국내테러정보국이 행동으로 옮기며, 경찰수사국이 수사하여 국경경찰수비대가 통로봉쇄 수색, 시가지 테러리스트 행동을 진압경찰이 저지 제압한다. 이런 과정에서 믿을만한 국가와 국제경찰 정보공조로 세계수준의 테러예방과 대량살상무기 확산방지에 전력투구한다.

냉전 이후 프랑스의 2대 정보목표가 이슬람 과격테러예방과 국경 없고 얼굴 없는 조직·기업에서 만들고 판매하는 핵무기, 화학무기, 미사일을 포함한 대량살상무기 확산저지이다. 프랑스는 이슬람 원리주의 과격단체, 과격인물이 자행하는 비타협적 테러행위를 냉전이후 새로운 세계적 위협요인으로 보고 있으며 오래 지속될 것으로 보고 있다.

국방부에는 해외정보 수집을 전담하는 해외정보국, 순수 군사정보국, 보안국이 있다. 해외정보국은 미국의 중앙정보부 기능과 한국 국정원의 기능 중 하나인

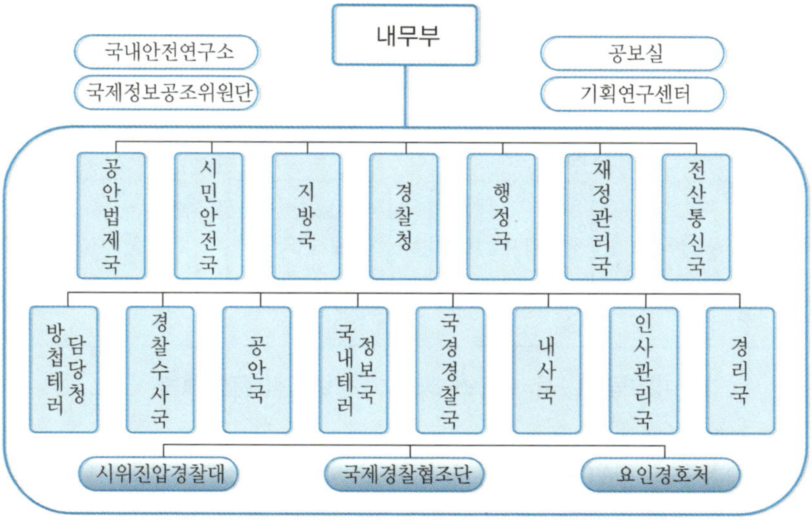

[그림 9-6] 프랑스 내무부 정보조직운영체계

해외정보 수집 기능을 담당하고 있다. 국방부 해외정보국은 정보전략 전문성과 국제정세를 고려하여 군인과 민간 전문정보가가 혼성으로 근무하고 있다. 순수 군사정보국은 현역 군인으로 조직되어 전 세계 군사첩보수집과 정보업무를 담당하고 있다. 또한 보안국은 프랑스군의 쿠데타 방지, 정보유출을 방지하고 군의 신상을 파악하는 보안업무를 담당하고 있다. 그리고 군사훈련을 받고 군인신분이나 민간경찰업무를 담당하는 군경찰(Gendarmerie)이 있다.[15] 이들 군경찰은 국내치안, 국경수비, 시위진압, 테러진압, 요인경호 임무를 순수 경찰과 합동으로 수행하고 있다. 이들은 임무 수행과정에서 자연히 습득한 정보사항을 관련 정보기관에 제공한다.[16]

러시아 정보조직 체계와 대통령 정보지원시스템은 러시아 연방의 국가정보목표 우선순위 변화에 따라 변모된다. 1990년 동독의 베를린 장벽 철거 이후 동서독 통합과 고르바초프의 페레스트로이카 개혁, 옐친에 의한 공산당 해체와 자유주의 시장 경제 체제로의 전환은 냉전종식의 표상이 되었다. 이런 냉전 종식과 국제질서의 재편에 따른 국가정보목표의 우선순위 변화와 함께 러시아 제국과

15) 군경찰은 2009년 1월 1부터 내무부 소속으로 바뀌었다.
16) 최평길. 2007. 전게서. 311-320쪽.

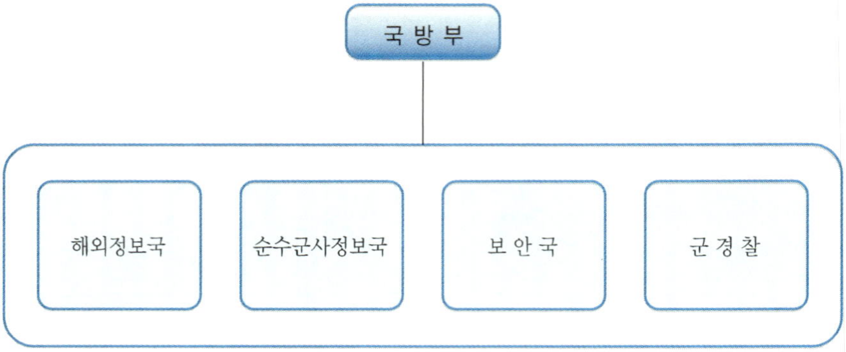

[그림 9-7] 프랑스 국방부 정보조직 운영체계

공산제국 체제수호 전위대였던 국가보안부(KGB)와 군의 전략목표에 일대 수정을 가져왔다. 이러한 전략목표의 수정에 따른 군정보기관의 정보활동목표 및 KGB의 정보방향의 수정 또한 피할 수 없었다.

세계질서와 국내여건 변화 특히 냉전종식으로 미국을 비롯한 적국이 사라진 상황에서 정보목표 우선순위 변화는 필연적인 것이다. 냉전종식 후 새로운 국가정보활동의 주요 목표는 러시아 국가 이익에 영향을 주거나 세계화 추세 속에 평화번영을 추구하는 맥락에서 형성되었다. 국가정보기관이 수집·분석·생산·전파하는 정보활동의 주요 목표 및 활동 영역은 냉전종식 후에 전개된 테러, 마약, 조직범죄, 외화밀반출, 소수민족 분규, 지역·계층 갈등으로 확대 전개되고 있다. 국내외 테러는 이슬람 과격단체의 국제테러와 체첸 등 독립을 요구하는 소수민족 분규에 기인한 국내테러가 있다. 실제로 러시아 정보당국은 정보역량의 70%를 이슬람 테러 감지, 예측, 예방 등 조기경보 활동과 진압에 쏟는다고 한다. 그리고 국제조직과 연계되어 러시아 내에 확산된 마약단속에 20-30%의 정보활동 역량을 쏟고 있고, 그 외 10%정도를 러시아 마피아 등 조직범죄에 집중한다고 한다.[17] 그리고 그동안 비대해지고 통제 불능상태까지 간 거대 국가 관료조직을 슬림화하는 행정개혁을 전개하면서 자본주의 시장경제에서 필연적으로 독버섯같이 확산되는 탈세와 외화밀반출을 행정적으로 규제, 통제하는 메커니즘을

17) 넬루빈(Victor V. Nelyubin) 해외정보부 1 차장과 면담(2004년 12월 28일 오전 10-11시 접견실).

만들고 있다. 그 밖에 탈공산화가 이루어지던 1990년대에 해외에 빠져나간 과학기술을 심각한 국력유출로 보아 과학기술 유출방지, 해외기술도입 그리고 환경분야에 까지 정보영역을 확대하고 있다. 정보목표와 활동의 다기화에 따라 러시아 연방 국가정보조직도 다원화되기 시작한다. 정보조직 다원화는 동시에 협의조정 과정의 제도화를 가져왔다.

제정러시아와 (구)소련에서도 정보기관 활동은 강력했다. 특히 스탈린은 공산독재체제를 공고히 하기 위해 거대 정보기구이자 무소불위 국가권력기구인 KGB를 구축하였다. KGB는 해외정보, 국내보안, 국경수비, 국가원수 요인경호, 기간산업시설 보호 등 총체적 체제수호 기관 역할을 하면서 정보 권력의 비대화로 현대판 정치공룡(Leviathan)이 되었다. 그러나 옐친 대통령이 집권하면서 2개 이상의 정보기관으로 분리하여 상호견제, 상호경쟁하면서 고유의 임무를 수행하는 것이 단일 거대 정보조직보다 낫다는 논리로 KGB를 해체한다. 옐친 대통령이 해체 분리한 정보기관은 푸틴 대통령에 와서 더욱 심화 발전되었다. 주요 개선은 전문성 향상, 정보자율성 보장, 지속적인 정보기관의 협의, 정보제공 원활화, 대통령에게 제공하는 정확한 정보내용 선정의 투명성 그리고 정보전달의 신속성, 시의성 등이다.

현재 러시아의 정보의 양대 축은 해외정보를 다루는 해외정보부(Foreign Intelligence Service)와 국내정보, 방첩, 보안을 책임지는 국내보안부(Domestic Counter-Intelligence Service)로 이 두기관은 대통령 직속이다. 이와 아울러 국방부 군사정보부는 위성을 통한 통신첩보와 해외군사정보를 수집하고 외무부 정보국은 해외정보를 수집한다.

외무부는 2011년 9·11테러 이전에 신도전과 위협국(Department of New Challenges and Threats)을 신설하여 테러, 마약, 조직범죄, 대규모 살상무기 확산과 핵무기 테러에 대한 국제공조차원의 정보활동을 전개하기 시작했다. 외무부는 주로 현지 대사관을 통해 정보를 입수하고, UN을 중심으로 국제협약에 따라 테러방지, 마약, 조직범죄 예방 및 소탕에 주력하고 있다. 아울러 외무부와 국내외정보부는 국제지역 조직과 연계하는데 협력대상 조직은 유럽지역의 NATO, 유럽연합, 아세아 지역포럼(Asian Regional Forum)을 통해 테러, 마약, 국제범죄조직, 외화밀반출 사전차단, 해결에 주력하고 있다.[18] 외무부, 정보부에 이어 국방부

군사정보부도 특히 체첸, 중앙아시아 등 종족분규, 이슬람 과격단체 테러에 의한 베슬란(Beslan) 지역 어린이 인질 테러 등에 정치군사적으로 개입하게 된다. 특히 1998년에 입법화된 연방테러방지 위원회가 총리 주도로 테러대책 본부역할을 하고 있다. 러시아 재무부 재정금융정보국은 러시아가 가장 고민하는 국내경제 침식의 주범으로 보는 외화 밀반출, 밀수, 마약단속에 일조하고 있다. 그 밖에 KGB에서 분리 운영되는 국경수비대가 수집하는 정보도 신속한 정보판단의 근거가 된다.

이런 정보기관 중에서도 대통령 직속기관으로 대통령에게 보고하는 정보기관이 해외정보부와 국내보안부이다. 국내보안부는 주로 해외기밀유출, 국내테러침투를 봉쇄하고 국내안전의 버팀목이 된다. 한편 해외정보부는 대통령의 핵심 정보 보좌기관으로 KGB라는 거대 통합 본부에서 분리되어 해외 정보의 수집, 분석, 제공, 비밀공작의 책임을 지는 유일한 해외 정보 담당 기관이다. 해외정보부는 냉전종식이후 변화하는 국제상황에 신축적으로 대응하고 빠른 속도로 전개되는 국내의 자유시장경제, 국제화, 정보화, 민주화의 흐름과 함께 국내외 테러에 대응하는 정보생산의 주무기관이다. 푸틴총리 자신이 해외정보부 전신인 KGB의 해외정보부 서독 파견 주재관이어서 그가 해외정보부 활동에 거는 기대는 각별하다. 해외정보부의 정보목표는 러시아 국익에 도움이 되는 모든 정보활동이다.

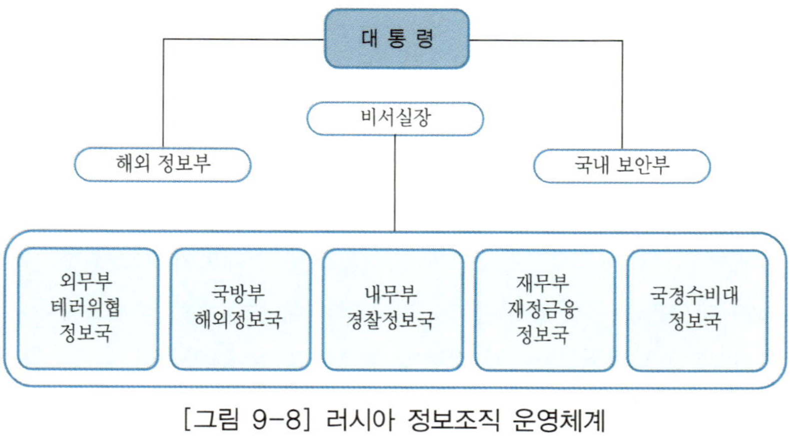

[그림 9-8] 러시아 정보조직 운영체계

18) 2004년 12월 27일 오전 10시-11시에 외무부 안드레이예브(Vladimir V. Andreyev) 신도전 위협담당 부국장을 면담하였다.

구체적으로는 탈냉전시대, 정보화, 세계화, 종족분규, 테러시대에 대비하는 정보활동 다양화에 있다. 특히 이슬람 테러, 러시아 소수민족 분리주의 과격단체 테러대응 정보활동이 가장 핵심이다. 그 다음은 러시아에 유입되는 마약을 해외에서 차단하고 암약하는 국제범죄를 분쇄하는 정보활동이다. 아울러 과학기술, 환경 등에 관한 정보와 미국을 비롯한 강대국의 안보관련 정책결정에 미치는 정보도 수집한다. 그리고 대통령이 관심을 가지거나 지시하는 정보사항, 행정 각 부처에서 요청하는 정보사항도 수집, 분석, 생산, 제공하는 역할을 부차적으로 수행하고 있다.

해외정보부 활동은 러시아뿐만 아니라 국제 정세 관련 동향을 포함한다. 예를 들면 미국, 영국이 이라크에 대량살상 무기가 테러에 사용된다는 명분으로 침공을 하려 할 때 해외정보부가 이라크에 대량살상 무기가 있는지 여부를 탐색했다고 한다. 국방부에 요청하여 인공위성과 정찰비행으로 영상·신호 통신 감청결과를 수집하고, 외무부의 현지대사관 정보 그리고 국제적으로 언론에 공개된 모든 문건을 검토하고, 해외정보부 자체의 다양한 정보 그리고 인간정보에 의거하여 독자적 정보를 수집, 분석, 생산하여 대통령과 국가안보위원회에 제출한 것이다. 이런 정보를 종합 분석하여 이라크 내에 생화학, 핵무기 등 대량살상 무기 생산 보유는 사실이 아니라는 결론을 내렸다. 물론 해외정보부 외에 핵에너지 담당청, 외무부, 국방부에서 자체조사 결과와 함께 해외 정보부의 종합 분석 결과, 이라크에는 대량살상 무기가 없다는 최종 결론을 내리고 푸틴 대통령은 미국의 군사작전에의 공조를 공식적으로 거부하게 되었다. 러시아 정부의 이라크 참전 거부 판단에 중요한 정보차원의 자료는 단연코 해외정보부 정보라 한다.[19]

해외정보부장은 장관급이지만 실제로 대통령에게 직접 보고하고 관련 부처에 알려 조기경보형태로 초동대응을 신속히 하는 역량과 위상은 장관급 이상이다. 해외정보부에는 해외정보부장과 6명의 차장이 있는데 차장은 총괄, 정보, 과학기술, 공작, 병참기술지원, 분석담당의 6개 분야로 나뉘고 산하에 국, 과를 둔다.

생산된 정보의 대통령 보고는 3쪽 이내로 만들어 매일 제출하는 일일보고와 일주일 단위로 분석하여 제공하는 주간보고로 나누어진다. 대통령에게 보고하는

---

19) 넬루빈(Victor V. Nelyubin) 해외정보부 1 차장과 그의 접견실에서 면담(2004년 12월 28일 오전 10-11시 사이).

정보보고서는 생생한 일차 자료로 정확하고 신뢰성이 있는 내용으로 되어 있다. 사안이 민감하고 신속한 대응조치가 필요한 정보사항은 정보부장이 대통령에게 직접 구두보고를 한다. 대통령에게 보고하는 것이 대부분이지만 때로는 총리, 외무, 국방, 재무, 에너지산업 장관에게 경제, 산업, 에너지 등 관련 일부 내용만 보고하며, 요청한 정보수집 내용만 제공한다. 대통령 보고에 있어서 중요한 원칙은 생생한 자료를 대통령에게 전달할 뿐이지 정책대안 제시는 관련부처, 국가안정보장회의의 몫으로 해외정보부에서는 대안제시를 하지 않는다고 한다.

특히 대통령의 국정수행을 지원하기 위한 정보생산을 위해서는 정보기관 간의 협조체계 유지가 필수적이다. 해외정보부는 90%이상이 공개 정보자료를 사용하고 10%의 비공개 정보를 수집하기 위해 국방부의 인공위성, 신호감청 통신, 영상정보, 인간정보를 입체적으로 가동한다. 이렇게 수집되어 분석과정을 거쳐 생산된 정보는 곧바로 대통령에게 전달된다. 정보의 전달체계에서 투명성과 정확성을 높이기 위해 외무부, 국방부, 해외정보부 관련 기관이 매일 회의를 하고 때로는 외무부 정보관계가 연대서명 한 정보 보고를 대통령에게 보낸다. 이라크에 미군, 영국군, 동맹군이 참전할 때부터 매일같이 관계부처 정보관 회의를 했다고 한다. 또 긴급사안 발생 시에 해외·국내보안부장, 외무장관, 국방장관이 함께 모여 수시로 회의를 하며 비공식 확대모임에는 내무장관, 재무장관, 산업에너지부 장관도 참석한다.

러시아 정보체계를 보면 영국, 프랑스, 일본같이 제도적 여과 과정인 정보위원회를 거쳐 대통령이나 수상에게 보고하는 체계는 아니다. 또한 수상실에 정보수석이 있는 독일과 달리 러시아 대통령실에는 정보수석이 없다. 그러나 사안에 따라 해외정보부, 국내보안부, 외무부, 국방부, 내무부, 재무부, 산업에너지부 등 관련 정보부처 실무자들끼리 비공식적으로 일정기간 매일 회합을 갖거나, 필요시 모임을 갖는 것이 관례가 되고 있다. 아울러 정보부장과 장관이 회합을 가지며 메드베데프(Dmitry Anatolyevich Medvedev) 대통령이 이들 정보부장과 관계 장관 그리고 총리를 불러 함께 회의를 한다. 대통령은 정보회의 후에 다시 전문가, 보좌관을 불러 특정 정보 사안에 대한 재검토와 그에 합당한 대응책을 강구한다. 이 경우에는 대통령 외교안보보좌관이 주요 역할을 한다. 그리고 해외정보부를 비롯한 정보기관에서 보내온 정보를 토대로 매주 토요일 아침 국가안전보장회의를 개최한다. 메드베데프 대통령이 참석하는 국가안전보장회의는 자체 정보수집, 분석, 생산하는 기관이 아니라 해외정보부를 주축으로 한 순수 정보제공에 따라 대응정책을 강구하는 안보전략 조정기구이다. 헌법과 법규에 명시되어 있는 국가안전보장회의 정규멤버는 22명이며, 상근 필수멤버는 대통령, 국무총리, 상하원 의장, 비서실장, 정보부장, 국내보안부장, 대통령안보보좌관, 외무장관, 국방장관, 내무장관 등 11명이다. 국가안전보장회의를 지원하는 행정부서로는 안전보장회의 사무처가 있다. 국가안전보장회의 사무처에는 처장, 3명의 부처장, 3명의 부처장보좌관, 다수의 정책보좌관, 국장, 과장 등 152명의 직원이 있다. 22명이 모이는 국가안전보장회의 전체회의는 매월 1회, 첫째 주 금요일 또는 화요일에 열린다. 짧게는 30분, 길게는 2-3시간에서 오전 한나절이 걸리기도 한다. 그리고 상근회의는 매주 토요일 9시에 개최되고 오전 내내 계속된다.

결론적으로 러시아연방공화국의 대통령 지원 정보기관은 대통령에게 직접 보고하고, 총리, 국방, 외무, 산업에너지부, 경제부처 장관 등에게는 필요한 부분만 보고한다. 보고과정에서 관련 정보기관의 실무급, 부서장급 비공식적 회의가 관례화되었고, 여기서 투명성이 중요하고, 보고시 어디까지나 정보 사실 자체만 보고한다. 국가안보에 관한 정책대응은 국가안전보장회의의 몫이다.

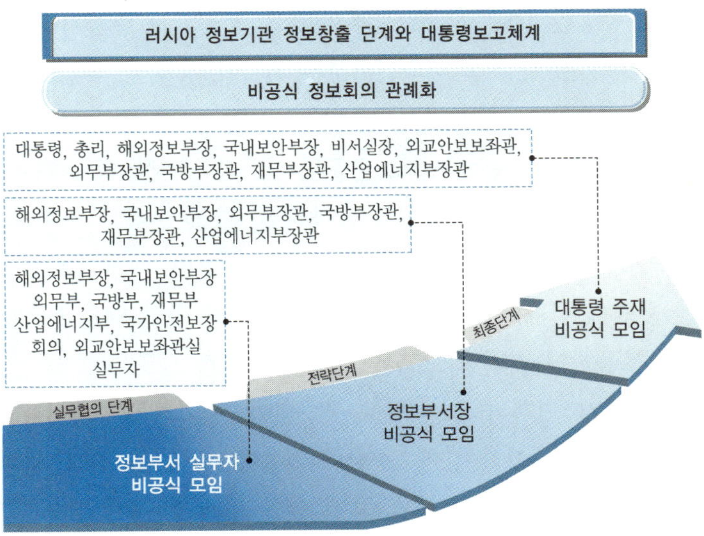

[그림 9-9] 러시아 정보기관 정보창출 단계와 대통령 보고체계

중국의 정보조직관리시스템과 주석 정보지원시스템은 국가 최고 정책결정기구인 중국공산당 중앙위원회의 정치국을 중심으로 국무원, 최고인민법원, 전국인민대표대회를 정보 차원에서 지원한다. 그리고 정책집행의 효율성을 높이기 위해 국정관리와 정책관리의 계통제(系統制)를 구축하여 조정협의과정을 통한 정책결정과 집행의 중복을 방지하고 있다. 당무계통(黨務系統), 조직계통(組織系統), 선교계통(宣教系統), 정법계통(政法系統), 재경계통(財經系統), 군사계통(軍事系統)으로 나누어 국가기관을 배열하고 기능을 조정 관리하는데 국가정보기관은 정법계통에 속한다.

중국의 국가 목표는 공산국가 주권수호, 사회체제 안정, 중국현대화로 정형화된다. 중국 정보기관은 이런 국가목표 달성에 초점을 맞추어 정보목표 우선순위를 선정하여 정보활동을 수행한다. 중국 공산정권은 국가건설 초기단계에 소련의 국가조직을 모델링하였는데 공공안전부(公共安全部)가 좋은 예이다. 초기 공공안전부는 KGB 같이 국가안전, 국내외정보수집, 방첩, 체제전복방지, 해외공작, 경찰, 국경수비, 출입국관리, 소방, 산불예방, 홍콩·마카오·대만 출입국관리 등 국내외 정보수집, 공작, 보안업무를 담당한다. 그러다가 기능이 전문화되어 오늘의 중국 개방화, 현대화, 산업화에 정보 지원 역할을 수행하고 있다.

국가정보기구는 공산당 중앙위원회 소속 대외연락부, 통일전선공작부, 국무원의 국가안전부, 공공안전부, 군 총참모부의 2, 3, 4부와 군 총정치국의 연락부로 구성되어 있다. 당 중앙위 직속 대외연락부는 러시아, 동구권, 유럽, 쿠바, 북한의 공산당, 사회당 등 형제당과의 친선, 정보교류 협조, 외교정책조정, 공작활동을 전개한다. 통일전선 공작부는 마카오, 홍콩을 비롯한 전 세계의 화교단체와 연계하여 친 중국 공산정권 세력을 규합하고 배타적, 반 공산정권 세력에 대해서는 회유와 협박으로 와해공작을 감행하고 대만을 흡수하기 위한 정보수집, 공작을 담당했다. 국무원 산하에 있는 국가안전부는 1983년 중국 대외개방화, 산업화, 시장경제화에 부응하여 대외 정보 담당 전문 정보기관으로 발족하다. 국가안전부는 임무별로 17-18여개의 국 단위로 구성되어 유럽, 미국, 러시아와 동유럽, 아프리카와 아시아, 오세아니아, 북·중남미 대륙에 걸쳐 군사안보, 과학기술, 산업금융, 저탄소배출 그린에너지 기술 등에 관한 공개·비공개 정보, 고급·중급 정보를 가리지 않고 저인망식으로 수집, 분석하고 국무원, 군, 당중앙위원회에

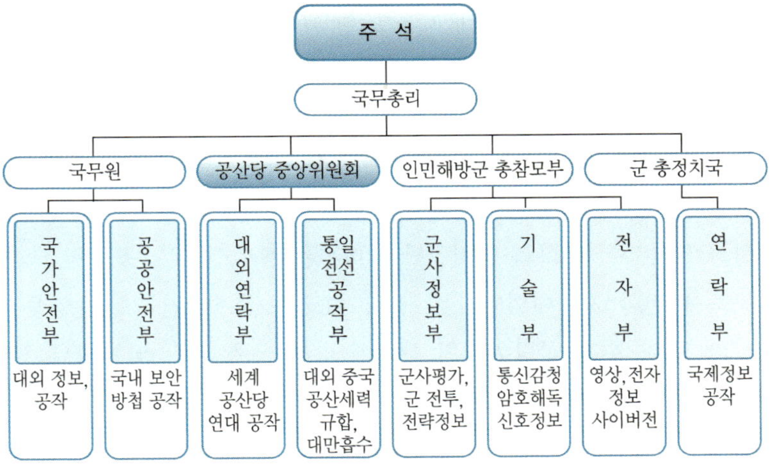

[그림 9-10] 중국 정보조직 운영체계

제공한다. 공공안전부는 대외정보 기능을 국가안전부에 이양하고 국내 보안, 방첩, 테러예방과 진압, 정부전복, 소수민족 분규 등 대내 정보, 공작활동을 전담하고 있다. 중국 인민해방군 총참모부에는 제2부 군사정보부, 제3부 기술부, 제4부 전자부가 있다. 군사정보부는 주변 군사력 평가, 군 전투, 전략정보를 수집하고 기술부는 통신감청, 암호해독, 신호정보를 담당하고 1993년에 신설된 전자부는 인공위성 영상정보, 전자정보, 사이버 정보전에 주력한다. 또한 중국군에는 군 내부를 감시하는 군보위부와 군 총정치국 산하에 연락부가 있어 국제정보를 수집한다. 이렇게 각 정보기관에서 수집, 분석된 정보는 공산당, 정부, 군을 장악한 주석에게 집중된다.

중국 정보기구의 특징은 주은래 수상이 1927년 중앙특별공작위원회 위원장으로 정보활동을 지휘한 이래 정보 책임자들이 장기 근무로 정보조직을 안정적으로 운영한다는 점이다. 장기 재임은 조직 타성과 사조직화 염려가 있긴 하나 장기적 안목에서 정보를 수집, 분석하여 안정적인 정세파악과 정확하고 구체적인 정보내용을 생산, 제공한다는 장점이 있다. 지아충왕(Zia Chungwang, 賈春旺) 국가보안부 부장은 1985년부터 1998년까지 13년을 근무하고 공공안전부장으로 이동했고, 슈용유에(Xu Yongyue, 許永躍) 부장은 1998부터 2007년까지 8년, 그리고 겡후이창(Geng Huichang, 耿惠昌) 부장은 2007년 이후 현재까지 재임 중이다.[20)]

북한정치 체제는 노동당 총비서와 국방위원장을 겸하는 북한 주석직책을 정점으로 운영되어 왔다. 김일성 생전에는 주석직이 건재 했으나 현재는 국방위원장으로 호칭되고 있다. 군부 조직 체계와 영향력으로 북한을 통치하고, 정상적이지 않은 과도기적 정치행태를 보이고 있다. 북한 역시 초기에는 소련 정보조직을 답습하고 최근에는 중국 정보기구를 가미하고 있다. 노동당 중앙위원회 대남 담당 비서국 산하에 남북한 대화와 통일공작을 다루는 통일선전부, 공작원 남파, 남한 지하당 구축을 전담하는 대외연락부, 공작원 교육, 호송, 연락소 운영을 담당하는 작전부가 있다. 한편 국방위원회 산하에 방첩, 정부전복, 남북교류 정보공작을 수행하는 국가안전보위부, 치안유지, 주민통제, 시설보호를 주 임무로 하는 인민보안부가 있다. 인민무력부 직속 인민무력부 정찰국은 군사정보 수집, 남한 침투, 도발 공작을 감행하고, 보위사령부는 군 내부 반체제 감시, 군 관련 민간 사찰을 담당한다.[21] 크게 보아 북한 정보기구는 한국을 겨냥한 남북대화교류, 공작원 남파, 지하당 조직관련 정보활동에 주력하고, 세계를 상대로 하는 대외 정보 수집, 공작활동은 무기수출, 식량 구입 관련 등 제한적으로 이루어지고 있다. 그리하여 대부분 정보공작활동은 주민통제, 노동당, 정무원, 인민군 동향파악, 정권전복, 외부세력 침투 봉쇄 등 국내 보안, 보위, 방첩에 주력하는 국내지향 보안, 방첩활동이 주류를 이룬다.

---

20) 김태호. 2002. 전게논문. 488-492쪽. 499쪽.

21) 권민웅. 2002. "북한의 정보. 보안 체계." 문정인 편저. 2002. 「국가정보론」. 서울: 박영사. 556-567쪽.; 국방부. 각연도.「국방백서」1998~2010. 서울: 국방부 정책기획관실.

2. 대통령형 내각제의 정보조직관리 시스템과 수상 정보지원 시스템

영국 정보기관은 MI 5(국내정보부), MI 6(해외정보부), DI(국방정보국) 3대 기관으로 대별하고 신호통신 정보를 담당하는 정부통신부(GCHQ)가 있다. 그리고 국가목표에 따라 전략정보 우선순위를 심의 결정하는 수상 주재 정보위원회가 있고 이를 실무면에서 밑받침하는 관방부의 실무 정보조정위원회가 있다. 수상은 정보기관별로 보고를 받으며 정보조정위원회에서 정리된 정보를 보고받는다. 그 중에서도 MI 5와 MI 6가 국내와 해외 정보의 주요 2대 기관이다.

영국은 입헌군주제로 16세기부터 대양으로 진출, 식민지를 확대하면서 해군, 육군이 전위 세력으로 현지에서 수집한 군사정보는 물론, 정치, 경제, 사회정보를 본국에 보내왔다. 식민지 주둔 현지 군대가 보내는 정보이므로 군대정보(military intelligence: MI)라 하고 순수 군대정보는 군대정보 1(military intelligence: MI 1)이라 하고, 정치정보는 군대정보 2(military intelligence: MI 2)라고 각기 명칭을 부여하여, 최대 19(MI 19) 종류의 정보를 군에서 작성 제공해 왔다. 그런 가운데 군에서 국내 정보, 현지 식민지 정세를 정리하여 보내는 정보인 군대정보 5를 작성하는 정보기구를 군정보부 5과(military intelligence 5: MI 5)라 하고, 국제·해외 정보를 작성하는 군대 기구를 군정보부 6과(military intelligence 6: MI 6)라고 하였다. 현시점에 영국군에는 그런 명칭, 조직도 없으나 영국적 전통주의에 따라 정부 정보기관으로 해외정보 조직을 MI 6, 국내보안 방첩 기구를 MI 5라고 한다[22]. 현재 MI 5 국내정보담당 기구는 내무부 소속이며 국회의원인 내무부장관의 지휘를 받는다. MI 5 국내정보부장은 생산된 정보를 내무장관을 통해 수상에게 보고하나 장관을 경유할 겨를이 없고 수상에게 먼저 보고해야만 된다고 판단되는 민감한 정보는 수상에게 직보한다. MI 5는 산하에 25개 단위 조직이 있으며 국내안보에 관한 정보수집, 분석, 전파 그리고 정부 전복예방, 해외에서 침투하는 테러분자, 위해요소를 제거하는 정보를 취급하고 있다. 현재 MI 5 국내정보부장은 경력직 직업관료 최고직위인 사무부장관급(permanent secretary)이다. 국

22) 국내 치안유지에 책임을 가진 MI 5의 공식 명칭은 국내보안부(Security Service: SS)이고, 대외 첩보기관의 MI 6의 공식명칭은 해외정보부(Secret Intelligence Service: SIS)이다.

내정보부가 영국 정보활동의 90%를 담당하고, 최근 테러예방과 진압에 필요한 정보활동에 정보력의 80%를 쏟고 있다. 광역화, 복잡 다양화되는 이슬람 테러전 등 각종 테러에 대응하기 위해 다양한 부처 전문가로 구성된 기구를 MI 5내에 만들어, 폭넓고 깊이 있는 정보해석으로 보다 정제되고 균형잡힌 정확한 정보를 제공하고 있다. 2002년 인도네시아 발리 테러 이후 영국하원의 정보안보위원회(Parliamentary Intelligence and Security Committee)의 보고서 건의 등으로 정부합동테러정보센터(JTAC: Joint Terrorism Assessment Center)가 2003년 5월 국내정보부 MI 5 내에 설치되었다.

정부합동테러정보센터(JTAC)는 MI 5, MI 6, 외무부 테러정보국, 내무부 정부홍보국, 내무부 경찰정보국, 국방부 정보국, 교통부 정보국, 세관 정보국 등 16개 정부부서와 기관에서 파견된 요원 130명으로 구성되어 있다. 독자적 정보활동을 전개하는 국내보안부(MI 5)가 수집한 정보의 정보폐쇄성, 정보경직성, 고정관념을 극복하고 다양한 배경과 전문성을 가진 각 부처의 광범위한 정보해석으로 정보의 질과 양에 새로운 지평을 열게 된 것이다. 정부합동 테러정보센터의 주요 임무는 첫째, 국내보안부에서 수집한 비노출, 노출 정보를 종합판단하고 둘째, 이슬람 테러대비 정보를 예측판단하고 셋째, 정부 각 부처에서 요청한 정보수집 평가 결과를 해당 부처에 제공하며 넷째, 정제된 정보제공으로 관련부처 스스로의 전략적 대응정책 마련을 유도하며 다섯째, 정보수집 요원에게 변화된 정보 상황을 제공함으로써 정보수집에 편의를 제공하며 여섯째, 핵심적 임무로 범정부 차원의 권위 있고 정확한 종합정보를 생산하고 제공한다.[23)]

내무부와 국내보안부(MI 5)가 국내 정보활동으로 영국체제 보위에 일차 책임이 있다면, 외무부와 산하에 있는 해외정보부(MI 6)가 대외정보 활동으로 영국안보를 책임진다. 대외정보는 수상을 보좌하는 관방부의 정보조정위원회를 정점으로 하여 외무부와 해외정보부가 해외정보를 수집하는데, 4P(present, pursue, protect, prepare)라는 원칙을 갖고 있다. 첫번째 P는 현재(present)상태에서 선후진국 상황에 따라 가능한 정보를 수집하는 것을 말하고, 두번째 P는 속행(pursue)으로 필요한 현지정보원을 채용하고 정보망을 구성하여 특히 테러분자나 테러망을 포

23) 영국 내무부, 국내보안부 정부합동테러대책 팀장 펜리스(Alan Penrith)와 그의 집무실에서 면담(2004년 9월 21일 9시 30분-11시 사이).

착 제거하는 행동추구를 말한다. 세번째 P는 보호(protect)로써 영국에 위해를 가하는 테러요인을 극소화하고 해외 영국대사관을 보호하고 안전조치를 향상시키는 기능을 말한다. 마지막 약자인 P는 예방(prepare)으로써 위기상황, 테러발생에 대비한 위기관리 대응책 마련, 즉각 대응력을 갖춘 완벽한 대응준비태세를 의미한다. 그리고 관방부가 주관하는 정보조정위원회에 연락하고 실시간으로 조정위원회에서 운영하는 관방부 상황실(Cabinet Office Briefing Room: COBR)과 항시 연락채널을 가동하고 있다.

제각기 고유한 정보 업무를 수행하는 영국정보기관들은 어느 한 기관이 국가정보를 독점 수행할 수 없다는 원칙을 세우고 있으나, 국가차원에서 수상을 보좌하기 위해 정보협조·조정이 이루어지고 있다. 분산과 협조·조정의 원칙은 오늘날 선진민주국가의 정부에서 정립된 정보원칙이고 잘 짜인 정보조직 관리체계에서 나타나고 있다. 분산된 정보기관의 정보활동을 협조 조정으로 수상에게 보고하는 통합정보체계가 수상실 정보위원회와 관방부 정보조정위원회에서 현실화되고 있다.

수집·분석·해석된 정보는 다시 기능별, 조직별, 기관별 협조 협의과정을 거쳐 단일화된 최종 정보형태로 대통령 및 수상에게 제공하는 오늘날 선진국 대부분

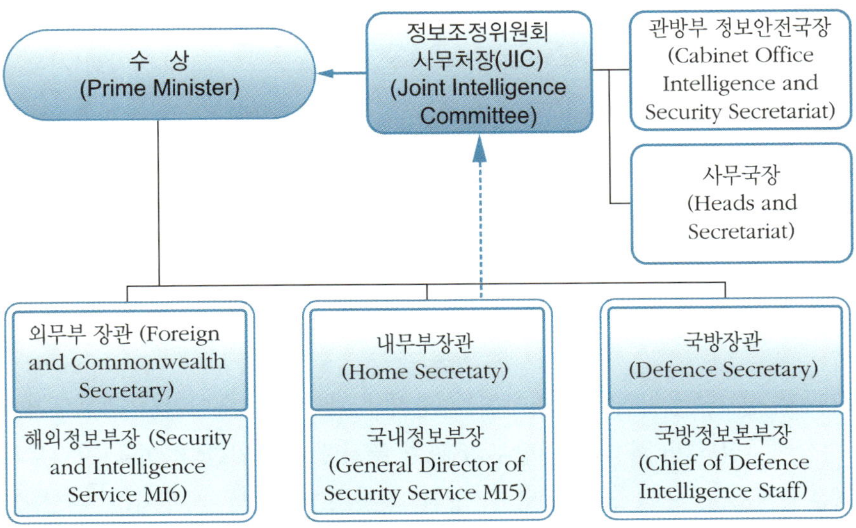

[그림 9-11] 영국 수상실 정보조직 운영체계

의 정보운영체계이다. 영국 수상, 각료나 중요 부서·인사에게 제공되는 종합 정제된 최종 정보는 정보조정위원회(Joint Intelligence Committee: JIC)에서 만들어지고, 이 최종정보는 각료급으로 구성된 수상정보위원회(Committee on Security and Intelligence: CSI)에서 수상의 국정운영과 전략정책 선택을 위해 검토된다.

정보조정위원회는 광의로는 수상실 직속기관이지만 정규부서로 수상비서실 임무를 수행하는 관방부(Cabinet Office, Duchy of Lancaster)에 소속되고 행정지원을 받는다. 정보조정위원회의 위원장은 관방부장관이고, 매일의 정보조정협의는 관방부 정보조정위원회 사무처(Cabinet Office Intelligence and Security Secretariat)가 주관하고 정보조정위원회 책임조정관인 사무처장이 지휘하고 있다. 이렇듯 단일하고 정제된 정보를 생산하여 정보위원회에 제공하는 정보조정위원회가 영국 정보생산의 최종 핵심기관이다.

정보조정위원회 사무처장은 수석사무부장관(Senior Permanent Secretary)이며 관방부장관을 보좌한다. 그가 이끄는 정보조정위원회 사무처는 여러 정보기관에서 파견된 요원으로 구성된 기관이나 정보협의조정과 정보판단, 전략정책구상을 위한 수상 주재 수상정보위원회에 회부하는 정보제공 활동은 독립적으로 이루어진다. 관방부장관, 관련정보기관 부서장과 협의하긴 하지만, 그가 이끄는 정보조정위원회 사무처의 최종 정보판단과 정제된 정보제공은 수상과 수상실 국정운영을 위한 정보활동이어서 수상에 직접 보고하는 계선조직 선상에서 운영된다. 그밖에 사무처장 지휘 하에 사무처 국장, 관방부의 정보국장이 정보위원회 사무처가 주관하는 정보조정협의에서 광의의 주무 실무부서가 된다.

정보조정위원회는 외무부 해외정보부, 내무부 국내정보부, 국방부 국방정보본부, 재무부, 통상산업부의 정보관련 국장급이 참여하는 협의체이며 매주 1회 수요일에 조정협의회를 개최한다. 최종 조정협의회를 개최하기 전 단계로 각 부처에서 파견된 정보실무자들이 정보조정위원회 사무처에서 24시간 상황근무를 한다.

그리고 정보조정위원회의 사무처는 성격상 관방부 소속이어서 정부부처차원의 수상비서실 역할을 하는 관방부의 관련 부서에서 지원한다. 이들 지원부서와 협조운영체계는 요원 30명으로 구성된 정보조정위원회 사무처의 판단국(JIC Assessment Staff), 35명의 인력을 가진 정보조정팀(Intelligence Coordination Group),

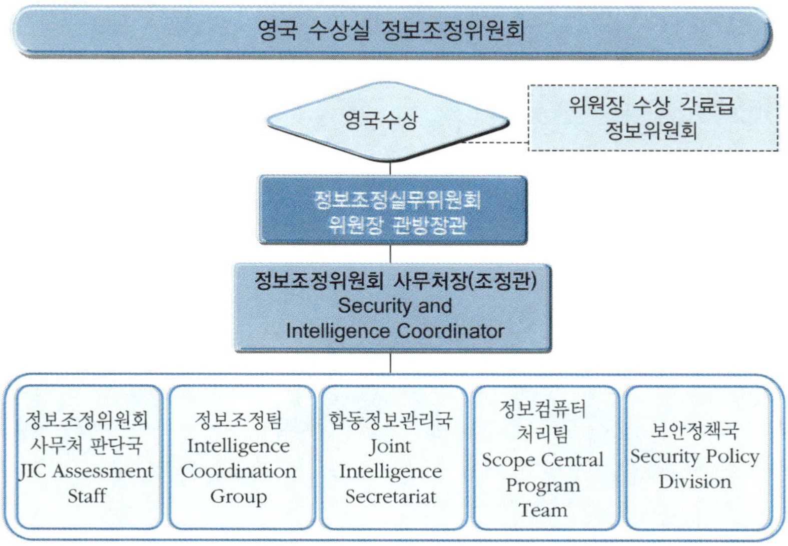

[그림 9-12] 영국 수상실 정보조정위원회 운영체계

관련 부서 정보제공이 주 임무인 합동정보관리국(Joint Intelligence Secretariat), 정보통신 컴퓨터처리팀(IT Project Security Computer Network), 그리고 보안정책국(Security Policy Division)으로 구성되어 있다.

관방부 내에서 독자적으로 활동하는 정보조정위원회와 관리주체인 사무처의 주요 임무는 정보심의판단 및 정보제공, 정보기관 내의 협조·조정, 정보 수요 우선순위 선정과 활동관찰, 동맹국가 정보연락 유지 등 크게 4가지로 대별된다. 정보조정위원회는 정보기관의 고위정보관이 매주 수요일 오후에 모여 현재 또는 중장기적 관점으로 나누어 수집·분석된 정보를 국가 이익추구, 국가외교, 국방안보차원에서 심의 판단한다. 이렇게 해서 선정된 정보는 수상, 각료, 관련 부서장에게 제공된다. 정보내용의 심의 판단 기능은 정치, 경제, 군사, 국방, 외교, 국제범죄, 국제경제, 테러에 걸쳐 영국과 세계에 위험요인을 관찰하고 수상, 각료, 관련 부서에 조기 경보차원에서 정보를 제공하기 위함이다.

부처별, 기능별로 30개의 실무반으로 편성된 각 부처에서 파견된 정보전문가들은 해당 정보기관에서 수집된 정보를 분석·해석하고 정보위원회에 회부될 보고서를 작성한다. 수상비서실인 관방부의 정보조정위원회 사무처 멤버들은 상황

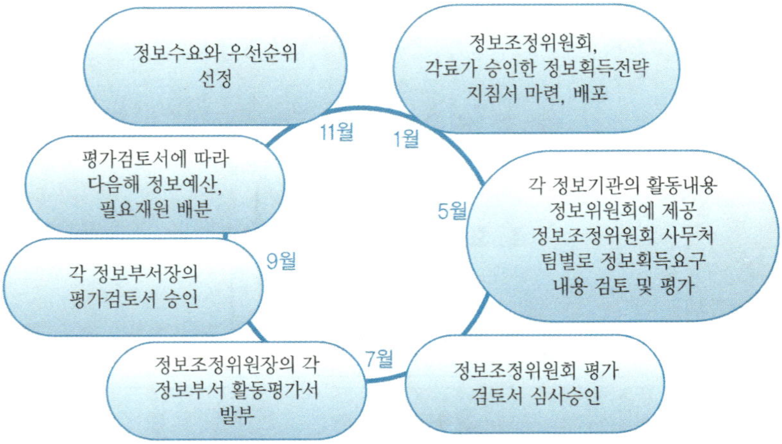

[그림 9-13] 영국 수상실 정보조정위원회 임무와 활동 평가주기

근무자를 제외하고 각 팀별로 매일 8시에 출근하여 9시 30분까지 중요 자료를 취합하고 10시에 단계별로 회의를 하며, 오후에는 모두 관련 보고서를 작성하고 필요한 부서나 단계별 분석 심사팀에 전달한다. 물론 각 정보기관에서 최초로 제공된 내용이나 자료 중에서 민감하고 중요한 정보는 실무팀, 중견실무팀, 정보조정위원회를 거치기 전이라도 직접 수상에게 보고되기도 한다. 이보다 더 민감하고 중요한 경우에는 국내·해외정보부장이 획득된 일차 자료를 수상에게 직접 보고하는 경우도 있다.[24)]

한편 정보조정위원회는 관련부처와 수상실의 정보수요를 받아 정보수요를 선정하고, 정보활동 우선순위를 선정한다. 이에 따라 정보획득 단계별로 정보보고서를 작성하는 과정을 심사 판단하여 재원배분을 한다. 이런 정보주기(Intelligence Cycle)는 1년 단위로 운영하며 대략 1월부터 4월까지는 정보관련 부서장관이 승인한 정보조정위원회의 정보전략, 예산 지침서 작성, 5월부터 6월까지는 정보기관이 수행할 정보활동 계획서와 예산 요구서 제출과 정보위원회 사무처 각 팀의 심사판단, 7월에는 정보위원회가 심사 판단한 정보활동, 예산요구서 내용 승인이 이루어진다. 그리고 9월까지는 정보위원회 위원장이 판단한 보고서를 각 관련정보부처에 제시하고 장관이 승인한다. 의회심사, 승인과정을 거쳐 11월 이후에는

24) 관방부 정부합동정보위원회 브루어(Jonathan Brewer) 실장 면담(2004년 9월 22일 10시-11시 사이).

장관이 다음 주기에 필요한 예산, 기타 정보활동에 필요한 지원내용을 결정한다.

영국 역시 기능별, 임무별로 생산된 정보, 공작활동 내용을 토대로 영국 정보공동체 정보 실무자로 구성된 관방부의 정보조정실무회의에서 검토 합의된 정보를 수상, 각료, 관련 기관에 전파하는 조정·협조시스템을 유지하고 있다. 실무자로 구성된 정보조정실무위원회에서 수렴된 정보, 공작 내용은 관방장관이 위원장인 각료로 구성된 정부합동정보위원회에서 검토된다. 그리고 최종단계인 전략정보 심의, 정보우선순위 결정, 정보예산 승인은 수상이 위원장인 정보위원회에서 이루어진다.

독일 정보조직 관리체계와 수상 정보지원시스템을 보기 위해서는 독일 정보조직을 구성하는 4개축을 살펴보아야 한다. 중앙정부 정보기관은 크게 4가지로 대별되고, 수상실의 정보수석실이 4개의 정보기관을 총괄한다. 첫 번째 정보기관으로 대외정보부가 있다. 대외정보부는 8개의 국실로 되어 있으며 대외정보를 수집, 분석, 전파하고 전략정책을 건의한다.

1국은 인간정보, 2국은 신호처리 감청국, 3국은 분석국, 4국은 행정실, 5국은 특수국으로 마약, 금융, 범죄, 테러담당 정보활동을 전개하고 있다. 6국은 기술지원국, 7국은 정보학교를 운영하는 훈련국, 8국은 안전국으로 직원의 신상, 방첩,

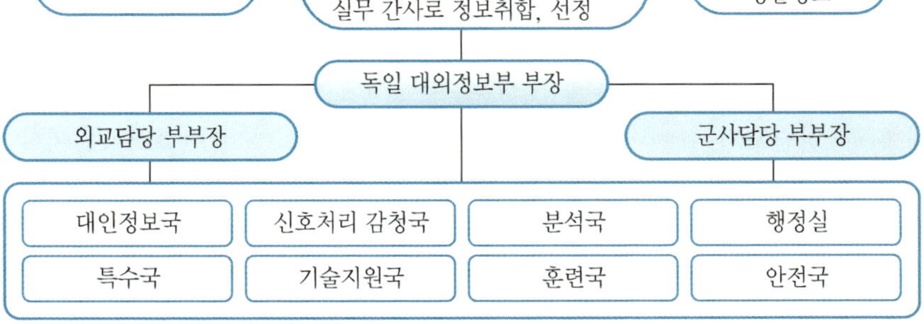

[그림 9-14] 독일 정보조직 운영체계

보안 임무를 수행하고 있다. 그리고 16개 독일 지방정부에 분실이 있다. 이들이 수집하고 처리한 정보내용은 모두 정보부장관을 겸임하고 있는 수상실 비서실장에게 보고된다. 그러나 실질적 조정통제는 수상실의 정보수석실에서 이루어진다.

두번째 정보기관은 국방부의 군사정보국이다. 순수한 군사정보 수집, 분석을 주임무로 하며 군 내부 동향파악과 외부에서 침투한 공작활동을 봉쇄하는 보안부대도 크게 군사정보기관에 포함된다. 세번째 정보기관은 경찰이다. 경찰이 수집하는 정보는 순수경찰차원의 정보이면서도 국내정보, 국내테러, 국내에서 암약하는 외국조직범죄, 대량살상무기 유입 등을 총괄하고 있다. 또한 국경경찰수비대와 협조하여 국경, 해안, 공항에서 일어나는 중요 정보를 취합한다. 독일경찰은 중앙연방경찰과 지방정부경찰로 분리되어 있고, 16개 주, 지방정부 지사, 시장이 직접 장악하는 지방경찰이 있다. 그러나 서로 필요에 의해 지방 경찰 간, 지방과 중앙간의 정보교류가 빈번하여 연방경찰의 16개 지부 파견경찰, 정보조직으로부터도 정보를 수집하고 있다. 경찰정보국장은 경찰청 차장급에 해당한다.

네번째 정보기관은 주로 국내 정보를 담당하는 연방정부의 헌법수호청으로 내무부장관의 지휘를 받으며 연방정부와 주정부에 조직되어 있다. 연방정부 헌법수호청은 정보조정기관으로 역할을 하고 지방정부 헌법수호청은 정부 전복 행위, 대테러 예방, 진압에 관한 정보, 국내질서 유지와 안정을 위한 광범위한 정보를 수집하고 있다. 헌법수호청, 경찰정보, 군사정보, 대외정보부의 정보내용은 각 정보 부서장을 거쳐 정보부장관을 겸임하고 있는 독일 수상 비서실장에게 보고된다.

4대 정보 기구에서 생산된 모든 정보보고는 수상실의 정보수석실에서 취합된다. 수상실의 정보수석실은 독일 정보기관의 각종 정보를 취합, 협의, 조정하여 정제된 형태로 수상과 각 부처에 전달하는 최고 정보조정기관이다. 정보수석실 요원은 수상이 직접 임명하거나 각 정보 부처에서 파견된 인물로 충원하고 업무량에 따라 인원수가 늘어나고 있다. 파견된 정보수석실 보좌관 요원은 대략 3-4년 근무 후 소속 부서로 돌아가며 공훈 업적에 따라 소속 부서에서 승진된다. 제일 중요한 업무로는 수상 및 각 부처가 요구하는 정보수요를 정리하여 해당 정보기관에 이첩하는 것이다. 이때 정보수석실이 자체적으로 필요하다고 판단하는 정보도 요청한다. 수상의 정치적 판단, 수석실 자체판단, 현 국제상황, 언론동향,

세계변화 등이 정보요구에 참작된다. 이렇게 수집한 정보를 분석, 해석한 결과를 통보 받은 정보수석실은 어떤 정보를 수상 또는 행정부처에 보고할지 최종 결정한다. 그러나 정보수석실은 반드시 관련 정보기관의 부부장, 외무, 법무, 국방, 내무, 경찰의 차관을 주 1회 매주 화요일 수상실에 소집하여 정보의 정확성을 검토하고 어떤 내용을 수상과 각 부처에 보고할 것인가를 확정한다. 그리고 테러 사태나 국제분쟁이 발생할 경우 실무급 정보조정위원회 검토를 거친 후 장관급 정보조정위원회 아젠다로 격상하여 위기관리에 대응한다.

특히 화요일에 소집되는 정보기관장회의는 수요일 각료회의에 보고할 정보 아젠다 선정과도 맞물려 있다. 현재 헌법수호청은 콜론(Cologne), 경찰정보국은 비스바덴(Bisbaden), 대외정보부는 뮌헨(Munchen)에 있고 대외정보부 수상연락실과 분석국은 베를린에 있다. 이들 지역에 있는 본부에서 매일 실시간으로 수상실 정보수석실에 보고하고 매주 화요일에 조정회의를 개최한다. 이와 같이 기능면에서 정보기관이 분산되어 있는 것은 독일제국, 히틀러 나치정부의 단일 정보 조직의 폐해를 방지하고 열린 시민 민주사회의 인권보장과 성숙된 사회의 정보관리를 도모하려는 취지에서 자연스럽게 도안된 것이라 한다. 분산 분리된 활동에 의해 생산된 정보는 반드시 강력하고 효율적인 조정 협의 통제과정을 거쳐야 정제되고 정확한 전략정보로 재탄생될 수 있는데, 그 기능을 수상실의 정보수석실에서 수행한다.[25]

또한 유럽통합정부(Europe Government) 차원에서 범유럽 정보협의체(Pan Europe Intelligence Service)가 창설되어 유럽 각 국의 정보를 교류 공유하여 보다 포괄적이고 완벽한 정보수집과 위기관리를 도모하려 한다. 최근 유럽 국가는 물론 독일도 유럽과 세계 도처에 파급될 이슬람 원리 과격파의 테러를 냉전이후 최대의 안보위협으로 보고 있다. 특히 독일내의 외국인 분포 중 이슬람교도인 터키인이 70%로 이들 중 잠재적 이슬람 과격 테러리스트 활동에 정보력을 쏟고 있다.

정보부처와 정보수석실은 간결한 포맷으로 정보보고서를 작성하고 특히 수상에게는 1쪽 정도로 압축 요약한 정보보고서를 제출하고 수상이 읽은 후 파생된

25) 수상 정보수석실 시만드(volker Cimander) 보좌관, 트레스코우(Rudiger von Treskow) 박사와 정보수석실 회의실에서 질의 토론, 면담(2004년 8월 18일 오후 1시 30분-3시).

토론 기록물은 즉각 파기된다. 그러나 모든 정보보고와 조정절차는 예규에 따라 제도적으로 투명성 있게 진행되며 수상실의 보고 파일 원본은 연방정부 문서보관소에 소장된다.

유럽 국가와 미국은 이슬람 과격단체 및 개인이 저지르는 테러와 동북아시아의 북한 핵무기를 21세기 국제안보질서의 최대 위협 요소로 보고 있다. 그리고 프랑스와 독일에는 모두 뉘앙스가 다르긴 해도 대통령·수상실의 정보조정위원회가 작동되고 있다. 이렇듯 어느 한 기관에 정보 독점권을 주지 않으면서 정보조직과 기능을 분산시키고 경쟁시켜, 궁극적으로 국가안보의 최종책임자인 수상실 및 대통령실이 범정부 차원의 조정과 타협으로 균형 잡힌 정보 전략 정책을 결정하는 국정운영을 하고 있다.

이탈리아 정보조직 관리체계와 수상 정보지원시스템은 수상 직속 정보보안위원회와(Interministerial Committee for Intelligence and Security)와 정보보안집행위원회(Executive Committee for Intelligence and Security), 내무부의 국내보안부(SISDE), 국방부의 해외정보부(SISMI), 경찰정보국으로 구성되어 있다. 기원전 공화정, 기원후 로마제국 당시 유럽과 아프리카, 중동, 소아시아에서 원정하던 로마군단이 보내오는 군사정보는 정치, 경제, 사회에 걸친 종합정보였다. 무역산업이 중심이었던 도시국가 시절에는 프랑스, 독일 교황으로부터 살아남기 위한 정보전이 치열하였다. 그러나 현대 정보의 역사는 1900년 창설된 군 정보부대를 시발로 1927년 법령으로 육군정보참모부가 조직되고 곧 이어 해군에도 정보참모부가 조직 운영되었다. 1943년까지 방첩임무도 수행하다가 2차 대전 후 육해공군 합동정보참모부로 확대되어 국가정보기관으로 발전하였다. 그러나 이들 군 정보기관은 각 군에 순수 군사정보참모부로 남고, 1977년에 해외정보와 국제군사정보를 전담하는 대외 정보기관인 해외정보부(SISMI)가 국방부에 설치되었다. 대외정보부는 외국 군사 침략 정보, 해외 위험 정보를 수집, 분석, 제공하는 등 국가보호 및 국가안전 보장 위한 정보활동을 수행하고 있다.

한편 1977년에는 국내테러, 방첩, 정부전복, 사회혼란, 조직범죄, 마약 등에 걸쳐 정보를 수집, 분석·생산, 제공하는 국내보안부(SISDE)가 내무부 산하에 발족하였다. 같은 시기인 1977년 10월 24일 법률 801호로 대외군사정보부와 국내보안부의 정보를 통합조정 운영하는 각료급 정보보안위원회를 설치하였다. 정보보안위원회는 수상이 의장이 되고 내각의 정보관련 장관이 국가안보의 핵심정보를 다루는 위원이 된다. 이 정보보안위원회의 정규멤버는 외무부, 내무부, 국방부, 산업부, 재무부 장관이고, 매년 2회 회합을 통해 기본 정보활동지침을 제시하고 수상의 안보전략지침을 확정 점검하며, 의회에 제출할 정보보고서를 점검한다. 다음으로 수상 주재 정보보안위원회를 실무적으로 지원하기 위해 정보보안집행위원회가 설치되었다. 정보보안집행위원회는 1년 2회 정도 열리는 수상 주재 전략정보조정회의를 지원하기 위해 매일의 국가정보를 종합, 정리 보고하는 수상 직속 실무부서이다. 정보보안집행위원회는 사무총장(General Secretary of Intelligence and Security Services)과 차장이 지휘하는 가운데 자체에 정보보안부를 두고 있다. 정보보안집행위원회는 정례회의를 하지 않으나 필요시 정보조정 실무회의를 개최하는데 정규 멤버는 실무부서장인 국방부 해외군사정보부, 내무부 국내보안부, 경찰청장, 헌병사령관, 경찰군사령관, 재무부 경제마약정보부, 외무부 사무차관, 수상비서실 차장(운영실장)이다. 집행위원회는 실무차원에서 각 부 정보활동과 상호협조, 정보취합 절차, 수상에게 보고하는 정보내용 선정기준 및 내용정리 등에 대해 토의한다.

정보보안집행위원회 사무총장은 최고위 경력직 공무원으로 장관과 차관급 사이에 위치하고 있으며, 각료급 역할을 수행한다. 현 사무총장은 경찰청 차장, 로마 도지사를 역임한 베테랑 행정가로서 집행위원회를 이끌어간다. 각 실, 국, 과 단위로 조직되어 있는 사무부서인 정보보안부는 해외군사정보부나 국내보안부, 군경찰, 재무부 마약정보기관, 산업부 산업스파이 담당, 지방정부 민원정보 부서에서 보내오는 모든 정보를 수집, 취합하고 분석한다. 수상실 정보보안부는 수상 경호실도 직접 운영하고 있다.

정보보안부는 정보의 객관성 유지, 정보의 배후의도 파악, 예방차원의 조기경보를 발동하며, 30-40건의 정보사항을 분석하여 사항별로 1페이지로 압축 정리한 내용을 매일 수상에게 보고한다. 수상에게 보고할 때는 비서실장을 경유하여 보고하며, 긴급 시에는 비서실장에게 일보를 띄우면서 수상에게 직접 보고하기도 한다. 그리고 정보보안부는 수상뿐 아니라 외무부, 내무부, 국방부, 재무부, 산업부 장관에게도 중요 정보사항을 제공하고, 종합정보는 각료에게 돌려 정책결정에 도움이 되게 한다. 물론 해외군사정보, 국내보안, 산업스파이 정보, 경찰정

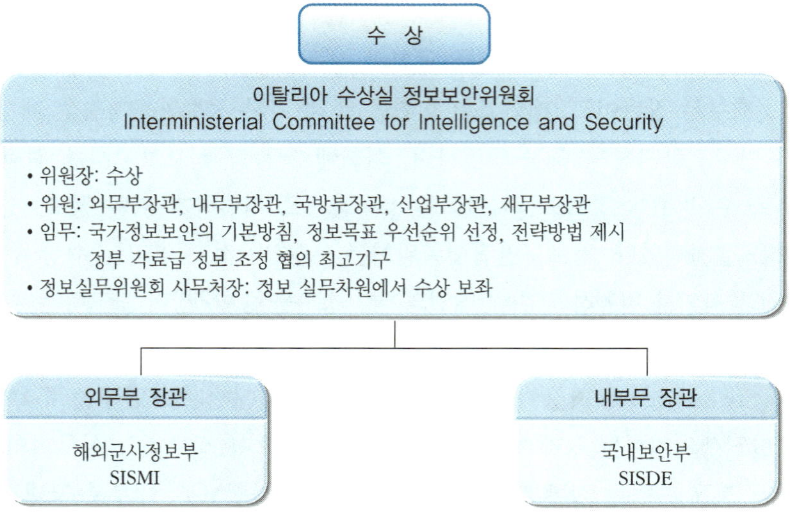

[그림 9-15] 이탈리아 정보조직운영체계

보, 외교정책정보 등을 생산한 외무부, 내무부, 국방부, 재무부, 산업부 장관 등이 수상에게 보고하기도 한다. 그러나 각 부처 정보는 법률상이나 제도적으로 혹은 필요에 의해서 수상실 정보보안위원회를 실무적으로 보좌하는 정보통합조정부처인 정보보안집행위원회 소속 정보보안부(Italian Intelligence and Security Services)로 보낸다. 그러면 정보보안부는 종합분석, 통합된 전략정보를 생산하여 수상과 각료, 해당 부처에 제공한다. 그런 정보보안 보고서에 따라 초동대응, 기민한 대응조치, 정책대응 발동과 수행은 소관 부서의 몫이다.[26]

정보보안부는 외국 정보기관과의 정보동맹, 외교적인 창구역할도 하고, 매년 2회 국회정보위원회에서 정보보안 활동 현황을 보고한다. 정보보안부 직원은 각 부처에서 파견되어 온 전문경력직 공직자도 있으나, 대부분 정보보안부 소속 전문공직자로서 정규공무원이며 65세까지 일한다. 그리고 수상을 보좌하는 최고 정보조정, 통합, 전략정보 생산 기관에서 일하는 자부심으로 사기가 높은 편이다.

최근 각 정보기관의 활동이나 수상실 정보보안부에서 쏟는 정보활동의 30%는 이슬람 과격 테러정보이다. 그리고 각 정보기관 고유활동의 자율성과 정보기관

26) 수상실 정보보안집행위원회 정보보안부 메시(Emilio Del Mese) 사무총장을 그의 집무실에서 면담(2004년 11월 17일 오전 10시-11시).

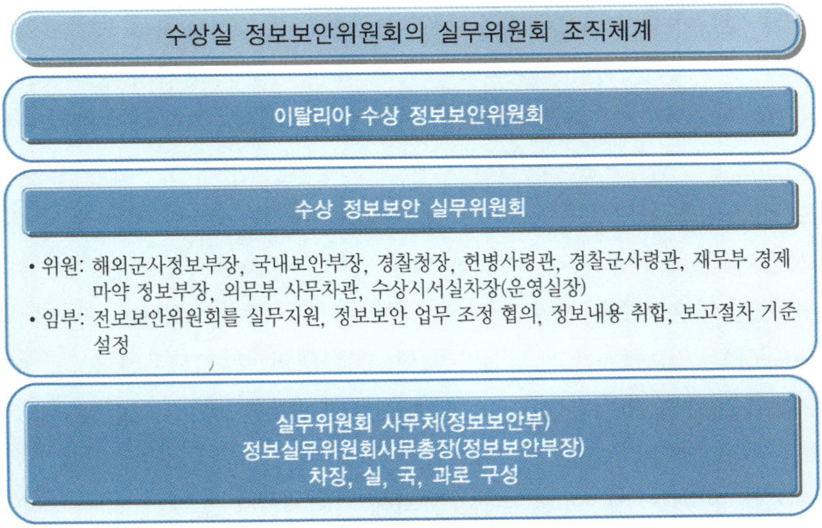

[그림 9-16] 이탈리아 수상실 정보보안위원회 실무위원회 조직체계

간의 경쟁을 장려하되 단일 정보기관에 의한 국가정보 독점은 정보권력 비대와 권력침해, 정보전문성 약화로 이어지기 때문에 거부하고 있다. 대신 정보 생산과 공작, 수상에게 보고하는 절차는 관련 정보기관이 참여하고 정보위원회, 정보보안집행위원회, 집행위원회 사무처인 정보보안부를 연계하는 정보시스템으로 해결된다. 이탈리아도 정보보고 투명성 보장과 차질 없는 정보보고 내용의 우선순위 선정을 위해 조정·협력·협동을 지향하는 정보시스템을 운영하고 있다. 이렇듯 국가원수 직속 위원회 형식의 정보부 운영은 프랑스, 영국, 독일, 이탈리아, 미국, 일본 등 주요 국가 정부에서 시행되는 공통 추세이다.

일본의 정보조직 관리체계와 총리 정보지원시스템은 21세기 안보위협환경에 대응한 총리주도 내각정보활동과 내각위기관리 강화 조치에서 발원한다. 일본은 냉전시대에 러시아, 중국, 북한을 잠재적 북방 적국으로 보고 군사정보작전을 펼쳐 나갔다. 아시아·태평양 군사작전에 5000번이라는 코드 명칭을 사용하는 미국의 군사계획에 따라 일본은 1989년 베를린 장벽이 무너지기까지 미일 공동 군사작전계획 5051번에서 극동 공군과 육군을 중심으로 한 극동 소련군과 소련태평양 함대를 주공격방어대상으로 간주하고 홋카이도에 육상부대를 집중배치하고 공군력과 해군력을 강화하였다. 그러나 탈냉전이후 서남아시아의 해로안전, 중동사태로 인한 유류 보급로와 해상 무역로 안전망 확보를 골자로 1995년에 5053 미일 군사공동작전계획이 마련되고, 2002년에는 한반도 유사시 공격당한 미군 수색구조, 미군 출격과 보급기지 지원, 항만안전 확보를 주요 내용으로 하는 군사작전계획을 수립·운영하고 있다. 특히 1995년 발생한 오사카 대지진, 동경 지하철에 옴진리교 독가스 살포, 일본 항공기 납치사건, 1996년 페루 일본 대사관 점거사건, 북한 공작선 사건, 1997년 일본 근해 선박조난으로 인한 기름유출 사건, 1998년 일본영공을 거쳐 발사된 북한 미사일 발사, 1999년 괴선박 출현, 2001년 구주(九州) 남서해의 괴선박 도주, 2005년의 북한 핵무기 실험, 2011년 지진, 해일로 인한 원자력 발전소의 파손과 방사능 유출 등으로 일본의 안보위기가 고조된다.

그리하여 1998년 행정개혁 중간보고서에서 지적한 대로 자연재해, 돌발사태, 국가안보에 심각한 타격을 주는 비상사태에 대비한 정부의 위기관리 대응기능이 강화되고 있다. 특히 핵물질로 인한 방사선 확산, 생물화학테러, 원자력 발전소와 대량수송기관 파괴행위 등 대량살상으로 인한 국민 불안, 북한 등 잠재 가상적군의 일본 상륙, 해상교통로 공격, 특수부대와 미사일, 그리고 항공기에 의한 공격 등 군사무력 공격을 탈냉전시대의 21세기 일본의 신안보위협으로 보고 있다. 지진, 해일, 홍수 등 자연재해와 함께 점증하는 이슬람 테러, 북한 핵 미사일 위협 등 신안보위협에 신속히 대응하기 위해 자위대 관련 법규와 내각법(內閣法)이 수정 보완되었다.

특히 2003년 12월부터 북한에서 날아오는 미사일을 무력공격으로 인지하여 '누가 요격지시를 하느냐' 등과 같은 기준과 절차를 포함한 미사일 방위운영지침이 입법화 되었다. 미사일 방위운영지침은 정보획득과 위기관리대응책의 핵심으로 타국 잠수함이 일본영해로 왔을 때 총리 명령 이전에 해상보안청, 해상자위대가 명령을 내릴 수 있는 기준, 시기, 방법 등을 명기한 미사일법이다. 미사일법에는 총리를 중심으로 한 전화상으로 이루어질 수 있는 각의결정 간략화, 법률상 미사일 요격, 군사행동 승인 간략화, 조치 간결화의 내용이 포함된다. 일본은 북한이 한국, 중국보다 일본을 일차 목표로 할 것으로 인식하여 북한의 핵과 미사일을 심각한 위협 요인으로 보고 있다. 그리하여 헌법상 미사일 요격과 경찰권 행사를 자위권으로 보는 법률조치를 검토했다. 일본 내각관방, 방위청, 외무부 등 안보 관련기관 책임자는 북한 등 적대국이 핵무기 미사일로 공격할 때, 일미 공동방위로 대응하고 일본이 독자적 공격능력을 갖추는 동안에 얼마 동안은 미국에 의존하는 역할분담을 해야 한다고 본다. 또 현재 일본은 미사일 공격능력을 갖출 필요는 없다고 보아, 비용효과 면을 고려하여 미국과 공동 대응하는 과정에서 미국으로부터 탄도미사일을 도입하고 공격용 방어 무기체계를 갖춘다는 것이다. 한편 징병제인 한국군의 강력한 지상군, 대북억제력을 갖춘 한국 해군·공군력은 독자 군사력이 있다고 판단하여 미국과 함께 한국을 지역안정 파트너로 하여 한·미·일 관계 속에서 한일관계를 돈독히하려 한다.

21세기 국가 안보와 국민안전을 보장하는 일본 정부의 위기관리 대응 태세에는 3가지 전략요소가 있다. 첫째 정확한 정보처리와 신속한 정보정책 판단, 둘째 사고예방과 위기극복을 위한 정부의 조직적 대응, 셋째 총리관저중심 전력화로 총리 자신이 직접 주도하는 위기관리 대응이 그것이다. 국가안보에 대한 정부의 조직적 대응은 총리비서실격인 내각관방의 관방장관, 부장관, 부장관보, 위기관리감, 내각정보조사실 정보관으로 이어지는 정보처리 기동체계와 정책판단 대응능력으로 압축된다. 최종적으로는 각료회의를 거쳐 국회동의를 얻은 후 총리가 주도하는 정부 위기관리 대응력으로 귀결된다. 관방장관 아래 3명의 부장관 중 사무담당 직업공직자 출신 관방부장관과 역시 직업공직자 출신의 안보·안전담당 내각관방 부장관보, 정보관, 위기관리감이 핵심역할을 한다. 내각관방의 안보·안전담당 부장관보, 정보관, 위기관리감, 광보관은 직급상 수석 국장이지만 실제로 차관급 역할을 하는 수석비서관이다.

조기경보에서 위기관리로 이어지는 안전보장 체계의 초석은 일본정부의 효율적 정보체계 운영에 있다. 내각관방장관의 지휘아래 있는 수석비서관실인 내각정보조사실의 실장인 정보관을 정점으로 차장을 두고 총무, 국내, 국제, 경제, 인공위성 담당으로 분야를 나누어 정보를 수집, 분석하고 총리관저 지하의 내각정보집약센터를 관리한다. 내각정보조사실은 미국, 영국, 프랑스, 한국의 정보기관처럼 해외 지부나 국내 지부가 없다. 그러나 통합정보를 다루는 내각정보조사실에 모든 정보가 집합된다. 내각정보조사실은 1998년 북한 미사일 일본영공 발사와 2005년 북한 핵실험 이후 2001년부터 2기의 광학첩보위성을 직접 연속 발사하고, 총리관저 지하 위성정보센터에서 운영하고 있다. 광학첩보위성으로부터 획득한 영상신호정보, 외무부, 국방부, 경찰, 법무부 공안청, 정부공공기관, 가스 전기회사, 원자력발전소, 지방정부, 민간기업, 언론보도, 사회조직, 동맹우호국이 정보교류차원에서에서 제공하는 정보, 필요시 현지 출장방문으로 제공받는 정보를 수집, 집약, 분석한다. 또한 내각정보조사실에는 정보화기술을 접목하여 정보기관 내 데이터베이스, 인트라넷 등 네트워크를 구축하고 있는데, 이런 정보수집망은 내각정보조사실 소수인원으로 제한된 정보력을 극대화할 수 있다. 내각정보관은 정보집약센터장으로 운영책임을 지는데, 내각정보조사실의 참사관이 일일정보 상황관리 팀장으로 실무요원 20명과 함께 4명 1개조로 5교대, 1일 평균 4.8시간을 총리관저 지하 1층 정보집약센터에서 집중적으로 정보 상황을 운영관리한다. 국내외 정보를 실시간으로 받아 총리, 내각관방장관과 간부, 기타 정부 성청에 알리고 문제발생 시 초동대응을 잘하도록 조치를 취하는 조기경보 기능도 수행한다.

백악관 상황실이 정보수집, 정리, 전파를 위한 센터라면 일본총리 관저 지하에 있는 정보집약센터는 말 그대로 내각의 정보통합, 지휘관찰 센터이며, 백악관에 없는 총리관저 위기관리센터는 천재지변, 내우외환, 대규모 군사 테러에 대응하는 총리의 지휘통제 연락센터이다. 일본은 총리관저에 정보와 지휘통제 체계를 설치하여 실시간으로 두 기능을 동시에 연계 운용하고 있다. 내각정보집약센터나 관저위기관리센터는 긴급사태가 발생할 때 총리주재의 각의 의결과 국회동의를 거쳐 총리가 정부대책 본부장으로 나설 때까지의 초동대응과 문제해결을 위한 단계별 정보제공과 지휘연락을 담당한다. 실제 긴급 국가비상사태에는 총리에게 지속적 정보제공 기능과 총리의 지휘통제연락 기능을 수행한다. 평시, 긴급재난, 국가 전시, 비상시기에 이르기까지 총리의 눈과 귀가되는 중추신경인 관찰, 지휘 통제 센터이다. 영국 수상은 비서실 기능을 수행하는 내각의 관방부 보좌를 받고, 최근 수상실에는 백악관 비서실 기능과 유사한 조직이 보강되어 백악관 이상의 강력한 국정관리시스템을 가동하고, 일본 수상실은 백악관 상황실 기능과 유사한 내각정보집약센터와 백악관이 갖고 있지 않은 수상관저 위기관리센터 등 정보 전파와 위기대응 행동센터를 동시에 운영하고 있다. 정보와 대응센터를 동시에 운영하면서 국정관리에 추진력을 가속화하는 내각제 수상실은 대통령형 내각제의 수상실 국정관리시스템으로 변모되고 있다.

내각정보관은 정제된 정보를 내각관방 산하 2명의 부장관보, 위기관리감, 광보관에게 제공하고, 관련 정부부처, 민간기업, 사회조직에도 필요한 정보를 적시에 알린다. 또한 전략정책 지평에서 관방장관과 부장관에게 보고하며, 일주일에 1회 관방장관, 부장관과 함께 총리에게 정보 브리핑을 하는 등 정보 수요에 대응하는 연속 환류과정 중심에 있다. 총리에게는 1-2쪽 정도의 서면보고 또는 구두보고를 하고 긴급 사태발생 시에는 직접 보고도 한다. 총리에게 보고할 때 약간의 정보기관 간 경쟁의식도 있으나 국가안보의 신경중추로서 정보기관의 목적의식 공유를 보고기준과 정보협조전략으로 삼아 협력 조정한다고 한다.[27] 물론 일본의 경찰공안위원회, 법무성 공안청, 자위대 정보국 등 개별 정보기관들은 자기 고유 기능상 중요하고 민감한 정보는 장관 지휘라인으로 총리에게 직접 보고한다. 일본은 고이즈미 내각 이후에도 정보권력 기관을 분산시키고 지위격상을 하지 않고 있다. 총리를 지원하는 내각관방의 2명의 부장관보, 위기관리감 등이 증편되고 안보정책조정과 정보정책판단을 다루는 부장관보에 무게가 실리는 역할 변화가 있다. 그러나 내각정보조사실장인 정보관이나 조사실 위상은 그대로이다. 위성정보센터와 총리관저 정보집약센터 운영, 직원 1,500명 정예화, 정부 내의

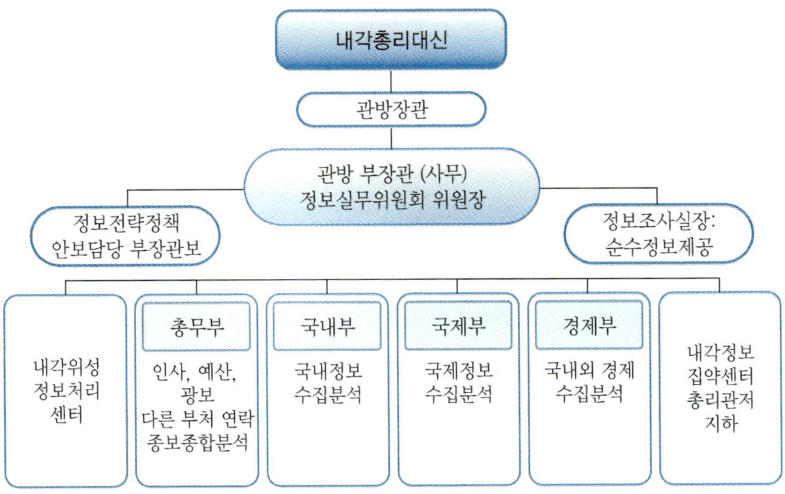

[그림 9-17] 일본 정보조직 운영체계

27) 야치 쇼타로(谷内正太郎) 내각관방 부장관보를 그의 집무실에서 면담하였는데 그는 후에 외무성 사무 부장관이 되었다(2004년 10월 7일 오전 10시-11시까지).

정보 교류·제공·협조, 민간기업의 정보협조, 증대되는 안보위협감에 국민의 내각정보조사실에 거는 기대는 매우 커서 직업관료와 특정직 정보공직자들로 된 구성원들은 매우 사기가 높다. 이들은 백악관 상황실과 국가정보부, 영국 총리관방부의 정보조정위원회, 독일의 정보수석실, 프랑스 총리실의 정보조정위원회, 러시아 대통령 정보지원 각료급 정보조정회의, 이탈리아 수상실의 정보집행위원회 정보보안부처럼 총리를 최근접 거리에서 실무적으로 보좌하는 일선 중추신경(Nerve Center) 기능을 한다.

일본 정부의 정보시스템 운영은 실무위원회와 정책위원회를 거치는 협의 조정과정을 거치면서 국가비상사태 처리와 수상 국정관리를 지원한다. 총리를 정점으로 한 정보 여과는 정보실무, 정보전략 과정을 거치면서 3단계(three layers of intelligence process)로 나누어 진행된다. 정보실무단계는 관방부가 수집, 분석한 정보를 실무정보기관의 협조과정을 통해 정리한 후 총리실 관방심의를 거치는 단계이다. 실무단계를 거친 정보는 각료회의를 거쳐 국회동의를 얻어 국내외 국가비상사태를 선포하고 총리가 대책본부장을 맡아 활동하는 정보전략 단계로 종결된다. 총리가 본부장이 되는 경우는 대규모 무력침공, 테러공격 시 군사력 운영이 필요한 때이다. 대신 지진, 홍수, 대규모 해상조난 등 일본의 자연재해 발생 시는 규모에 따라 방재담당 각료가 본부장이 될 수 있다.

정보 실무 면에서 보면 총리의 정보판단은 내각관방의 내각정보조사실 정보관이 정보를 수집, 분석, 집약하는 1단계부터 출발한다. 2단계는 집약한 정보를 수평적으로 인접 수석비서관인 위기관리감, 안전위기관리담당 부장관보, 기타 정부정보기관에 제공하고 의견을 수렴한다. 이 정보를 토대로 내각정보조사실의 주재 하에 각 정보기관 책임자가 모여 내각정보위원회, 정부합동정보위원회를 열어 정제된 정보를 취합, 종합하는 단계를 거친다. 이 과정은 관련정보기관 책임자가 이미 정보조사실에 제공한 정보이외에 추가 정보사항을 내놓고 함께 검토하고 포괄적이고 심층적인 토의를 거쳐 정제된 정보로 집약 체계화하는 단계이다. 2단계에서 합동정보회의가 일차적으로 이 임무를 수행한다. 합동정보회의는 내각관방 사무부장관이 의장이 되고 위원은 내각위기관리감, 내각정보조사실 정보관, 안전보장 위기관리 담당 부장관보, 경찰청 경비국장, 방위청 방위국장, 법무부 공안조사청 차장, 외무성 정보총괄관으로 되어있다. 격주제로 개최되는 합동정보회의는 내각관방의 정보관이 제공한 정보에 따라 사무부장관이 내각관방 주도로 정보커뮤니티에 정보교류 정보제공, 정보집약 정리, 민간공공기관에 정보제공, 내각관방장관이 주관하는 내각정보회의에서 다룰 정보내용정리, 관방장관과 총리에 보고할 중요 정보내용을 정리·요약한다. 이 회의 이후 필요하면 기자회견을 통해 회의 내용을 공개하기도 한다.

3단계는 합동정보회의에서 정리된 정보를 토대로 내각관방장관이 사태대처회의에서 자문을 구하고 자신이 의장으로 연 2회 개최하는 내각정보회의에서 심의하는 전략정보 단계이다. 사태대처 전문위원회는 2003년 8월에 신설되었는데, 안전보장회의를 개최하기 전에 내각관방장관이 위원장이 되어 내각정보조사실, 정부합동 정보위원회에서 정제된 정보를 다시 심사하는 회의이다. 사무부장관, 위기관리감, 부장관보, 정보관, 총무성 총무심의관, 소방청장관, 법무성입국관리국장, 외무성 종합외교국장, 재무성 재무관, 재무성 관세국장, 경제산업성 무역경제협력국장, 자원재생청장관, 국토교통성 국토교통 심의관, 해상보안청 장관, 경찰청차장, 방위청 방위국장, 통합막료회의 의장이 이 회의의 참여 멤버이다. 사태전문위원회는 범정부적으로 관련부처 부장관급 실무책임자가 모여 정책실무 차원에서 사태 성격 검토, 확인, 대응방침 절차 확정으로 안전보장회의 결의에 필요한 정책전문 자문기능을 수행한다. 이 회의에 이어 내각정보위원회가 연 2회 개최된다. 관방장관이 위원장으로 정보담당 각 성청의 부장관급으로 내각관방 부장관, 내각관방 안전위기관리 담당 부장관보, 내각정보조사실 정보관, 경찰청장관, 방위청 사무부장관, 공안조사청 장관, 외무성 사무부장관이 참여한다. 내각정보위원회는 국내외 정보를 전략적 차원에서 종합하고 국민의 안전, 국가안보에 관한 정보를 종합하여 총리와 각료에 보고하고, 안전보장회의, 각료회의, 국회동의과정, 국민의 국가안보 합의점 모색에 주력한다.

최종 확정된 정보 사안은 관계각료회의와 임시각료회의를 거쳐 의회의 동의를 받는다. 주로 안보와 국내재난 방재담당 각료가 모인 관계각료긴급협의를 거쳐 안전보장회의 의결이 필요할 경우 안전보장회의를 개최한다. 내각법 9조에 따라 안전보장회의는 총리를 위한 국가안보자문, 국방기본방침 결정, 방위계획 수립, 외국과의 중요 안보사태 발생 시 기본 방침 수립, 국가중요사태 대처방안 심의 등을 다룬다. 그리고 최종적으로 총리의 의견을 구하고 의결한다. 안전보장회의

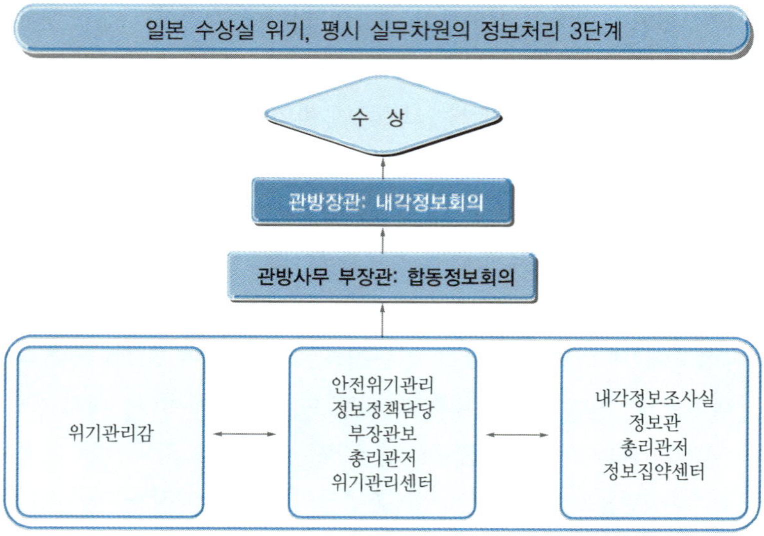

[그림 9-18] 일본 수상실의 정보처리 3단계

의장은 총리이며 참여의원은 총무, 외무, 재무, 경제, 산업, 국토교통, 내각관방, 국가공안위원회위원장, 방위청 장관으로 구성되어 있다. 안전보장회의를 거친 정보사안 중 각료회의에 회부할 안건이면 전체각료가 참여한 각료회의에서 결정된다. 아울러 국회동의가 필요하면 즉각 총리명의로 국회동의 요구서를 국회에 송부하여 국회동의를 얻는다. 의회의 동의를 받으면 국가긴급사태 발생 시 총리가 정부대책본부를 설치하고 본부장이 되어 사태를 진두지휘하는 전략정보 지원단계는 종료된다.

상황 발생에 따른 최초 정보와 총리, 의회, 안보회의를 거친 전략정보는 다시 총리관저에 있는 내각정보 집약센터와 관저위기관리센터를 거치는 정보 순환이 이루어진다.[28] 따라서 예상되는 사태의 정보판단, 위기대응의 순환 창구는 총리관저에 있는 이들 센터이다. 여기에서 제공되는 국내외 안보상황이 내각관방 사무부장관, 관방장관이 주도한 사태대처회의, 관계각료회의, 안전보장회의, 임시각의, 국회동의, 총리주도 대책본부 설치운영으로 이어지는 연속 순환 과정의 인지소통 안테나인 셈이다. 또한 총리를 중심으로 한 참모에게 정보제공, 사태 모

28) 사이에 총리실 스즈키(鈴木正規) 내각참사관을 참사관 사무실에서 면담(2004년 10월 7일 11시~12시).

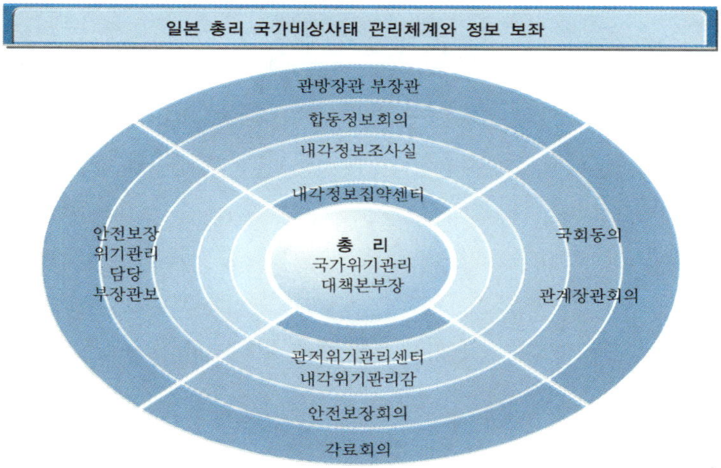

[그림 9-19] 일본 총리 국가비상사태 관리체계와 정보보좌

니터링, 긴급명령 전달, 정부기관과 민간조직과의 커뮤니케이션 역할을 이들 내각정보 집약센터와 관저위기관리센터가 수행한다.

내각정보회의와 합동정보회의, 안전보장회의, 관계각료회의, 임시각료회의, 국회동의, 대책본부설치와 대응은 일본 정보공동체의 정보협조와 지원에 따른 위기관리 대응으로 이어진다. 내각관방장관 지휘로 천재지변 등 국내 위기상황을 주로 관리하면서 외국의 군사위협에 초동 대응하는 위기관리감은 위기관리의 실무책임을 진다. 현재 위기관리감은 관저 위기관리센터에서 취합된 위기상황과 내각정보집약센터에서 보내 온 정보를 조정, 협조, 통제 모니터링하면서 실제 위기발생지역의 위기관리를 실무차원에서 총리와 내각관방장관을 보좌한다. 내각위기관리감은 총리관저의 정보집약센터의 보고, 내각조사실의 정보관이 제공하는 정보, 내각관방장관이 주도하는 정보합동조정회의에서 정제된 정보제공에 따라 즉각 총리에게 보고하고 필요한 위기관리 초동대응 태세를 취한다. 현재 위기관리감은 그런 실무운영을 경험한 경찰청 장관 출신이다. 그런데 실제 대응시 정책차원의 행동 판단에 대한 책임은 위기관리안전담당 내각관방 부장관보에게 있다. 따라서 지휘 운영상 수상실 지하 1층에 있는 내각정보집약센터는 내각정보조사실장인 정보관이 장악하고 관저위기관리센터는 부장관보가 책임을 진다. 그래서 총리, 관방장관, 사무부장관이 정치적 결단을 내리기까지 전문적 정책판단

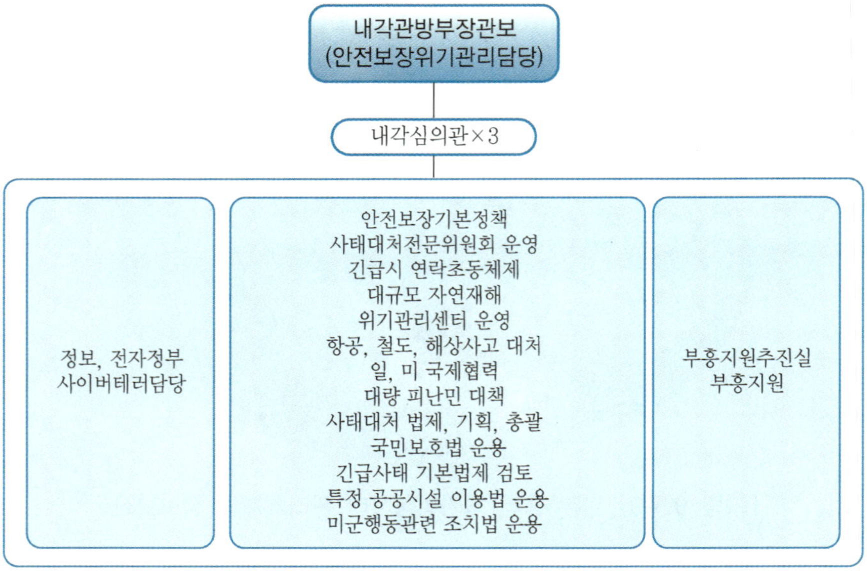

[그림 9-20] 일본의 내각관방부장관보 체계

은 위기관리안전담당 부장관보가 책임을 진다. 정보 집약센터에서 보낸 최초 위기상황과 정보에 따라 관저위기관리센터는 초동대응으로 관련 정부 성청이 필요한 조치를 취하게 한다. 이어서 합동정보회의, 내각정보회의, 관계장관 각료회의, 안전보장회의, 각료회의, 의회결정, 총리결정으로 이어지는 위기안보관리의 전문적 정책 실무관리(gate keeper)는 부장관보실에서 이루어진다.

현재 위기관리안전담당 부장관보는 방위청 고위국장에서 발탁되었으며 서열상 관방장관, 사무부장관 지휘계통에 있는 총리관저 총무관, 국내담당 부장관보, 정보관, 광보관과 동일 서열에 있으나, 정보 상황에 대한 전문 정책판단을 내린다는 관점에서 정보관, 광보관보다 기능상 다소 우위에 있다고 한다. 안전보장, 위기관리담당 내각관방 부장관보는 국장급인 3명의 심의관을 두고 휘하에 14명의 참사관, 79명의 사무관을 두어 부장관보를 포함 97명의 맘모스급 안전위기관리 정책 수석비서관 역할을 한다. 이들은 내각관방에서 경력을 쌓은 관료도 있으나 내각부, 경찰청, 총무성, 소방청, 법무부 공안청, 외무성, 재무성, 후생성, 농림수산성, 경제산업성, 국토교통성, 기상청, 해상보안청 등에서 파견된 겸임 직업관료로 혼성팀을 이루고 있다. 이들을 거느린 제1심의관은 정보, 전자정보, 사이버

테러 등을 담당하고 제2심의관은 안전보장 기본정책을 보완하며 이 취지 속에 사태대처전문위원회 운영관리, 긴급사태 초동대처, 대규모 자연재해, 위기관리센터 운용, 육해공 교통안전, 국민보호법운영, 공공기관이용, 미군행동조치법 운영 등 기획 운영 면에서 미국의 국토안보부의 기능을 수행한다. 그리고 제3심의관은 재난복구지원, 자위대 재난복구지원금 제공 등 재난지원기관 모니터링을 수행하고 있다. 조기경보를 발동하는 내각정보조사실을 비롯한 정보공동체의 정보서비스에 따라 총무관, 광보관, 위기안전보장담당 부장관보가 초동대응, 정책판단의 전문수석비서관 역할을 한다. 그리고 관방사무부장관은 이들 조직을 관장하면서 관방장관, 관계장관 회의, 안전보장회의, 각료회의, 국회동의, 총리 위기관리 본부장의 정치적 국정운영 조직사이에 미드필더 역할을 한다고 본다. 또한 정보를 총괄하는 관방장관은 내각과 의회를 연결하여 총리를 보좌하며, 총리가 국정운영의 중심에 서게 하는 정치정책의 조정자 역할을 한다.

선민의식을 가진 이스라엘은 오랜 역사만큼 정보역사 역시 오래되었다. 세계 각지에 흩어져 있던 유대인은 2차 세계대전 후 1948년 5월 14일 예루살렘에 정부를 세우고 지중해 서안 텔아비브를 거점도시로 팔레스타인 일대 정착지에서

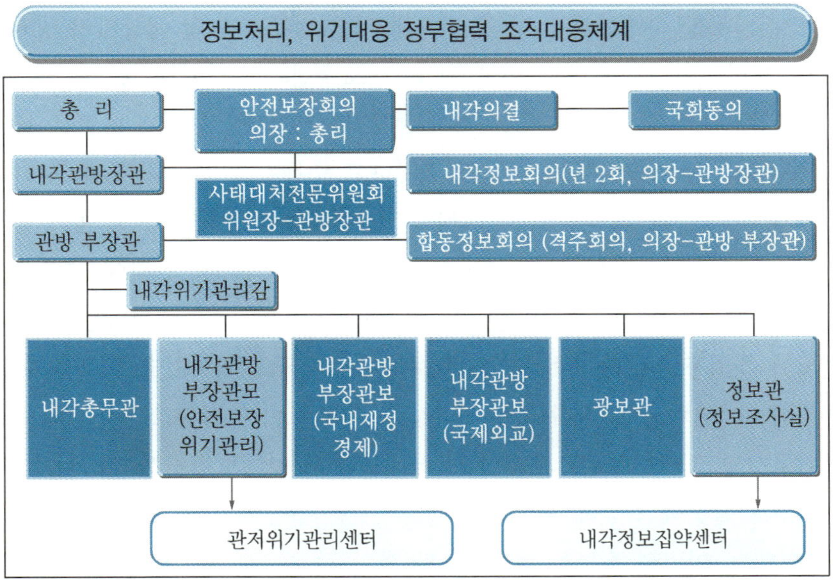

[그림 9-21] 일본의 정보처리, 위기대응 정부협력 조직대응체계

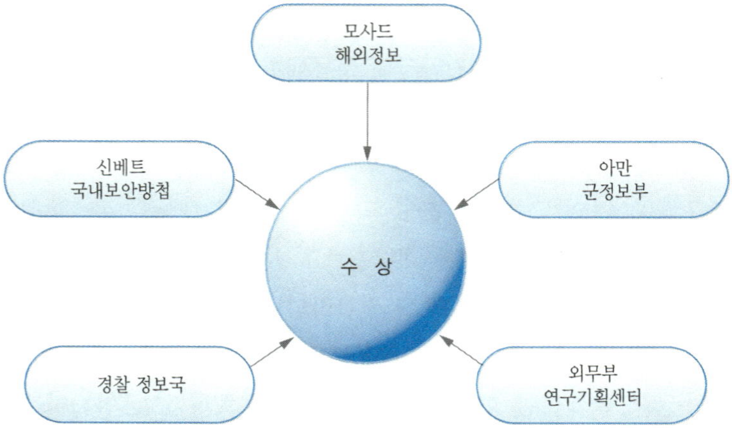

[그림 9-22] 이스라엘의 정보조직운영체계

독립을 선포한다. 이 과정에서 자발적으로 조직된 무장 세력 하가나와, 하가나의 눈과 귀가 된 정보조직 샤이가 있었다. 그리고 1951년 9월 1일 수상 직속기관으로 해외정보부 모사드와 국내보안부 신베트가 신설되었다.

모사드는 해외정보의 수집과 분석, 공작, 준군사활동, 외국정보기관과 정보협력, 이스라엘 정보기관과의 협조 조정 역할을 수행한다. 국내보안부 신베트는 보안과 방첩임무를 수행한다. 국내외 세력에 의한 정부전복 및 사보타지 방지, 요인보호, 테러 대응, 국내 주재 외국공관의 정보수집과 감시가 주요 임무이다. 또한 군 총참모부의 작전참모부 소속에서 수상직속기관으로 격상된 아만은 육해공군 정보취합, 군사정보 수집, 분석을 담당하고 중동지역 지리와 경제 정보수집, 해외무관, 국내주재 외국무관과 연락을 담당한다. 외무부에는 초기의 정치부가 폐지되면서 연구기획센터가 가동되어 미국 국무부 정책기획국 같이 재외공관이 수집하여 보낸 정보, 외교 사안을 분석 전파한다. 1960년대 중반에는 과학국이 신설되어 해외공관에 과학주재관을 파견하여 주재국의 과학기술 정보를 수집하기 시작했다. 해외정보, 국내보안, 군사정보, 외교정보, 경찰정보가 이스라엘 5대 정보기구라면, 그 중에서도 해외정보, 국내보안, 군사정보기구가 이스라엘 핵심 정보기구로 활동하고 있다. 이스라엘 정보기관은 수상이 직접 조정 통제하며, 모사드, 신베트, 아만의 정보는 정보실무가 회의, 정보부장 수준의 회의를 거쳐 정보 협조, 조율이 이루어진다.

세계의 정보기관: 대통령, 수상 정보지원 시스템 혁신

정보공동체의 조정, 협조기관 출현과 대통령, 수상 정보지원 담당

정보위원회 정보수석실, 국가정보부장 명칭으로 국가정보기관 정보조정, 협조, 합동성 강화 유지로 대통령, 수상의 국정관리를 정보 지평에서 지원

대통령.수상 지원 정보조정, 협조기관은 국정 상황에 따른 변증법 과정에서 출현

정보기구의 확산, 분화, 과도한 자율성 조직 기능 Paradigm에서 조정, 통제, 합동성 강화 조직기능 패러다임으로 정반합의 변형되어 대통령, 수상을 정보 지평에서 지원

대통령.수상 지원 정보조정기관은 대통령형 수상, 권력균점형 대통령 형성요인

내각책임제의 수상을 정보위원회, 정보수석실, 정보실무위원회 조직운영으로 정보지원, 대통령중심제의 대통령은 국가정보부의 정보지원을 받으며 상하원 의회의 정보 공유, 정보예산 사전 승인제로 대통령 · 의회 공동대통령제화 경향

세계의 정보기관: 대통령, 수상 정보지원 시스템 혁신

미국	2005년 2월 주요 정보기관 정보통합조정, 정보예산총괄권을 가진 국가정보부장 임명으로 투명성, 통합성, 정확성을 포함한 정보를 대통령에게 보고
프랑스	대통령실에 군사정보 분야 사령탑으로 국방위원회와 국내테러 방지위원회 신설, 총리실에 정보조정 실무 위원회 가동과 대통령실에 정보 협조
영국	내각 차원의 수상비서실인 관광부의 정보조정위원회 운영과 백악관 비서실 시스템 도입으로 수상의 국정관리와 정보지원 시스템 강화
독일	헌법수호청, 해외정보부, 경찰정보부, 국방정보부의 정보를 각 정보부처 책임자로 구성된 수상실 정보수석 산하 정보위원회에서 정제 후 보고
이탈리아	수상주재 정보위원회 운용과 수상실 정보위원회 사무총장 책임하의 정보 실무위원회 운영으로 정확, 객관, 투명성 있는 단일 정보를 수상에게 보고

[그림 9-23] 세계의 정보기관: 대통령·수상 정보지원 시스템 혁신

3. 한국 정보조직관리 체계와 21세기 대통령 정보지원시스템 디자인

국가 생성이후 정보·첩보활동은 한반도에서도 있었다. 그 한 예로 삼국시대 고구려 장수왕이 승려 도림을 첩자로 백제에 침투시킨 사례를 들 수 있다. 승려 도림은 바둑을 잘 두었는데, 개로왕과 바둑친구가 된 다음 개로왕으로 하여금 대규모 토목공사를 일으키게 하였다. 이로 개로왕은 백성의 원성을 사고 국력이 소모된 백제를 장수왕이 침공하여 수도 한성을 함락하고 개로왕은 죽임을 당한다. 고려 사신 문익점도 첩보 정보활동을 한 사례에 속한다. 문익점은 전략물자인 목화씨를 원나라에서 지필묵 대롱에 넣어와 고려 서민에게 값싼 옷감의 원단을 공급하였다. 문익점은 한반도 역대 국가와 정부 정보원 중에서 국가정보원이 선정한 전문 정보원의 표상으로 벤치마크 하고 있다. 그리고 조선 시대의 보부상(褓負商)은 전국 산간벽촌, 교통요지를 누비는 상단으로 전국의 기업정보망을 공유하고 중앙정부에 민생의 생활정보를 제공하는 정보원으로 기능하였다. 고종황제는 급변하는 국내외 정치, 경제, 사회상황을 조사하여 보고하는 제국익문사(帝國益聞社)를 설치하고 제국익문비보장정(帝國益聞秘報章程)이라는 정보수집전달예규를 만들었다. 이에 고종이 임명한 밀정이 영국, 미국, 프랑스, 일본, 청나라, 경성과 국내 항구에서 정보를 수집하여 보고하고 고종 친서를 은밀히 전달하는 임무도 수행하였다. 항일독립운동 시기에는 사회주의 독립동맹의 지도자인 김원봉은 의열단, 임시정부 주석 김구는 애국단을 결성하여 만주 주둔 일본 관동군의 기밀을 입수하고, 국내에 잠입하여 독립군 군자금을 모금하고, 일본 군 습격과 일본 요인 테러의 전위대가 되었다.

해방이후 한국 국가정보시스템은 미군정 시기, 정부수립 후부터 민주당 정권 시기와 박정희 정권시기부터 현재까지로 구분할 수 있다. 구분 기준은 국가목표와 안보환경 변화, 국가목표와 국내외 정세 변화에 대응하는 국가정보목표 조정과 정보기구 개편을 들 수 있다.

해방공간의 정보활동은 미군정에서 시작된다. 1945년부터 대한민국 정부 수립 직전인 1948년까지 한국에 주둔한 미군 24군단의 정보참보부(G2), 범죄수사대(CID), 헌병대(Provost Marshall), 방첩부대가 한국 주둔 미군 작전을 지원하고,

한국 내 질서 확보와 함께 북한정세 파악에 필요한 정보를 수집하였다. 그리고 동경주재 극동군 총사령관 맥아더(Douglas MacArthur) 장군, 한국 주둔군 사령관 하지(John Hodge) 장군의 지휘체계 아래 아놀드(Archbold Arnold) 장군이 식민시대의 조선을 통치한 일본 총독부를 흡수하여 미군 주도 군사정부(미군정)의 군정 장관이 되었다. 미군정은 경무, 재무, 광공, 학무, 농상공, 법무, 체신, 교통국을 두고 국장은 한국인과 미국 장교를 기용하였다. 특히 국내 치안, 정보 보안을 담당하는 경무국장에 당시 한국 민주당 발기인 조병옥 총무를 기용하고, 수도권 일대 치안을 유지하는 수도청장에는 경기 경찰청장을 역임한 장택상을 임명하였다. 한국 군대가 없던 시절에 군의 사단 편제로 각 도청에는 경찰청, 도시에는 경찰서, 읍면에는 지서를 설치하고 카빈, M1 소총, 중화기로 무장한 2만 5천명 경찰병력을 충원하였다. 이들 기관은 해방공간에 좌우익 갈등, 송진우와 여운형 등 지도자 암살, 공산당 태업, 무장군사조직 충돌, 북한 스파이 침투, 1946년 9월 전국철도파업, 10월 대구 폭동, 대한민국 정부수립기간의 선거 시행 등에 걸친 사회 불안 요인 해결과 질서 유지에 힘썼다. 또한 국내 정세와 북한 정세 수집, 남한의 남로당, 북한 노동당의 국내 교란 행위에 대응하는 보안, 방첩 활동을 전개하였다.[29]

그러나 본격적인 정보수집, 비밀공작은 미군 방첩부대가 전개하였다. 한국에 주둔한 미군 방첩부대(Counter Intelligence Corps: CIC)는 오키나와(Okinawa), 레이테(Leyte) 주둔 미군 부대에서 파견된 224방첩부대로 1945년 9월 9일 인천항에 내려 서울로 입성하였다. 하지(John Hodge) 중장이 이끄는 24군단에 배속되어 있다가 나중에는 동경주재 미극동군 방첩부대의 지원을 받으면서 서울, 의정부, 인천, 개성, 옹진, 춘천, 강릉, 대전, 청주, 전주, 광주, 대구, 부산, 제주도에 방첩부대 지부를 두었다. 224방첩부대는 한국 정치, 경제, 사회, 문화를 섭렵하고 철도 파업, 위조지폐, 요인 암살, 테러, 좌우익 살상, 마약, 북한 간첩 남파를 저지하고 한국과 미 군정체제를 보호하는 임무를 수행하였다. 일본군이 남긴 정보통신체계와 미군 통신으로 통신감청과 우편 검열을 하고 대한민국 독립에 기여할 인물 파악과 면담, 국내 정치, 경제 정세를 분석하여 워싱턴 방첩부대 본부에 보고하

29) 조병옥. 2003.「나의 회고록」. 서울: 도서출판 선진. 144-197쪽; 백선엽. 2011.「내가 물러서면 나를 쏴라. 1128일의 기억」. 서울: 중앙일보. 198-210쪽.

고 관련정보를 24군단 사령부, 미군정, 주한미군부대에 제공하였다. 한국어에 능통한 인물을 찾는 데 어려움을 겪는 가운데 에비슨[30](Gordon Avison, Jr) 소위, 휘트커(Donald P. Whitaker) 상사, 이용순은 한국어를 유창하게 구사하여 한국정세 파악하고 태업 예방 최일선에서 미군과 호흡을 맞추는 등 방첩부대에 크게 공헌하였다.

1946년 3월 미군정청 산하에 국내경비부가 발족되고 1945년 12월에 모집한 군사영어학교 출신 장교를 중심으로 이듬해에 도 단위로 연대를 구성하였는데 이것이 국군조직의 모태가 되었다. 국내경비부는 다시 통위부로 바뀌고 통위부에 정보국이 조직된다. 초대 통위부장은 미군인 프라이스(Terril Price) 대령, 후임에 유동열 장군이 역임했으며 정보국장은 미군사령으로 한국군의 김종면 소령과 위관 장교 몇 명이 정보 업무를 수행하였다. 미군정 후 정부수립기에 백선엽 대령이 통위부 정보국장으로 임명되었다. 백선엽 국장, 김안일 과장, 김점곤 과장은 경찰의 정보협조와 미군 방첩대의 재정지원을 받으며 북한정세, 북한군 전투정보, 그리고 분단된 남한의 공산세력, 군내부 공산당 조직 포착 제거 작업에 들어갔다. 예산 밑받침이 없던 정보국은 미군 방첩대의 재정지원으로 정보를 수집하고 비밀공작을 전개했다. 미군 역시 남한의 통위부 정보국에 제공할 군사예산을 따로 책정할 상황이 아니어서 대신 미군 방첩대가 사용하던 전투식량(c-ration)이 가득찬 용산의 창고 2개를 정보국에 제공했다. 당시의 시레이션 한 상자는 장교 한 달 치 봉급이었다고 한다. 전투비상식량을 밑천으로 정보를 수집하고 공작비를 조달해야 열악한 환경 속에서도 초기 정보국 요원의 사기는 높았다.[31]

같은 해 8월 15일 대한민국 정부가 수립되면서 법률 1호인 정부조직법에 따라 내무부에 국내 보안 방첩 업무를 담당하는 경찰을 설치하였다. 국방부에는 4개국을 두는데 1국은 군무, 2국 정훈, 3국 관리, 4국은 정보를 담당하였다. 1949년에는 국방부는 육군본부, 해군본부, 총참모장 직제로 바뀌고, 통위부의 정보국 조직을 그대로 이어 받은 국방부 정보국은 산하에 전투정보과, 첩보과(Higher

30) 의료선교사이며 미국공사를 역임한 알렌(Horace Allen)이 한국 최초의 서양병원 광혜원을 세운 후 광혜원은 제중원으로 개명되고 연세대 세브란스병원 초대학장인 에비슨(Oliver Avison)이 제중원을 활성화시켜 서양의사를 양성하였는데, 한국 주둔 미군 방첩대의 한국통인 에비슨 소위는 바로 에비슨 학장의 아들이었다.

31) 2011년 7월 12일 오후 2시 전쟁기념관 429호 백선엽 육군협회 회장실에서 면담하였다.

Intelligence Detachment: HID), 방첩과(Special Intelligence Section: SIS), 정보학교를 두었다.

분단된 남한에서 남로당과 남북한 통합 공산당인 노동당의 지령으로 사회 각 계층 조직에 침투하여 선동, 파괴 활동을 했는데 특히 남로당 세력이 군에 침투하여 군 내부를 교란하였다. 제주 4·3사건과 관련하여 군부대에 침투한 남로당원들이 반란을 일으켰다. 제주 주둔 11연대의 연대장 박진경 대령이 남로당 부대원에게 살해되었고, 제주도에 상륙하기 위해 여수에 집결 중이던 14연대에서는 여수, 순천 일대를 중심으로 반란이 일어났다. 그리고 15연대장 최남근 중령은 남로당원이었고, 8연대 대대장 강태무, 표무원 소령은 자기 부대를 이끌고 북한으로 월북하는 사건이 발생했다. 이 시기에 국방부 정보국은 군내부의 공산세력을 색출하는 작업을 벌려 1948년 제주 4·3사건 이후 1949년 7월 까지 반란 가담자를 제외하고도 장교, 병사 모두 합하여 4,749명을 숙군했다. 숙군된 장병은 당시 한국군 병력의 5%에 해당되며, 10%는 처형되거나 수감되었고, 90%는 불명예제대를 하였다.[32] 이 숙군 작업 과정에서 박정희 대통령이 소령시절에 남로당 간부로 있던 형님 박상희의 영향과 권유를 받았는지 남로당 군사책으로 분류되어 정보국 방첩과에서 조사를 받아 처형당할 기로에 서기도 했다. 그러나 가담하여 행동한 증거가 없고, 성실 과묵하고 작전기획에 능통한 인물이라는 군 동료의 호소로 방면되어 정보국 문관으로 근무하였다. 이후 당시 육사 8기 특기로 갓 졸업한 김종필, 이희성, 석정선, 이영근 소위가 차세대 정보장교로 충원되었는데, 6·25전쟁 중 현역 소령으로 복직된 박정희 소령은 이들과 같은 사무실을 쓰며 근무하여 후일 5·16군사 쿠데타의 인맥이 여기서 만들어졌다.[33] 국방부 정보국에는 박정희 대통령 비서실장과 중앙정보부장을 역임한 이후락 소령도 근무했다.

국방부 정보국은 육해공군의 정보참모부와 특무대로 기능별 조직분화가 이루어졌다. 1950년 6·25전쟁을 치루면서 정부전복, 군사반란, 군부동향, 대북첩보 수집 정보활동을 하던 특무부대는 1968년에 국군 보안사령부로 개칭하고 육해

32) 백선엽. 전게서. 255-268쪽

33) 당시 전투정보과장 김점곤 소령, 방첩과장 김안일 소령, 김창룡 대위가 박정희 소령의 남로당 연루와 무관함을 역설하고 군 인재 보호차원에서 백선엽 장군이 결심하여 이응준 육군참모총장이 석방을 재가하였다고 한다(2011년 7월 12일 오후 2시 전쟁기념관 429호 백선엽 육군협회 회장실에서 면담: 백선엽. 전게서. 270-289쪽).

공군 보안정보 활동을 통합하였다. 5·16 군사 혁명을 거치고 신군부가 등장하면서 1990년대에 북한 정보 수집을 주 임무로 하는 국군정보사령부, 북한 위주의 통신 감청과 암호해독 담당인 정보통신사령부, 군부 내 동향파악을 임무로 하는 국군기무사령부, 대외 군사정보를 수집하고 종합하는 국방부 정보본부가 설치, 운영 되었다. 한편 이승만 대통령의 자유당 정권이 4·19 학생혁명으로 붕괴되고 5·16으로 박정희 정권이 탄생되기까지 국내 정보, 북한 정보 수집을 내무부 정보수사과와 정보계가 담당하고, 후에 특수정보과, 내무부 치안국 정보과, 치안본부 정보과, 경찰청 보안과, 정보국으로 조직과 임무 변화를 거듭하면서 국내 치안정보, 북한정보 생산을 수행하고 있다.

그리고 5·16 이후 미국 중앙정보부의 지원으로 1961년 정보종합기구인 중앙정보부가 창설된다. 중앙정보부는 정권의 부침에 따라 국가안전기획부, 국가정보원 등 명칭이 변경되면서 대내외 정보 수집, 분석, 생산, 배포, 공작, 정부 부처 보안 점검, 정보 종합기획조정 업무를 수행하고 있다. 이밖에 정보 기구로 법무부 공안부 정보기획관, 경찰청 정보국, 통일부 정보분석국와 함께 기획재정부에 국제금융정보, 행정안전부에 민원성 정보를 담당하는 부서가 있다. 최종적으로 매일 아침 수석비서관이 참석하고 청와대 비서실장이 주재하는 일일현황 점검회의에서 국정상황실장이 이들 정보기관이 수집, 분석, 생산하여 보내온 정보를 브리핑한다. 그리고 군사안보, 북한관련 정보는 대통령 자문기관인 국가안전보장회의(NSC)의 정보관리실에 보내어 취합 정리되고 대통령에게 보고된다. 이러한 일련의 정보 과정을 국가정보시스템 운용체계라고 할 수 있을 것이다.[34)]

2차 대전 종전 후 미군정체제를 지나 1948년 대한민국 정부 수립 이래 현재까지의 국가 정보시스템을 정리하면 첫째 정보전문성 취약, 둘째 국내 지향 정보활동, 셋째 정부 정보기관의 고유성과 자율성 미숙, 넷째 21세기 국가목표와 연계한 국가정보목표의 우선순위 선정과 정보체계 혁신 결여, 다섯째 과학기술정보를 포함하여 한국 정보공동체의 정보자산 빈약성, 여섯째 대통령에게 전달되는 정보지원 시스템의 미숙으로 요약할 수 있다. 그리고 이들 문제점은 모두가 상호연계 되어 혁신의 대상이 되고 있다.

---

34) 김민수. 2005. 국가정보 시스템 운용체계와 관리에 관한 연구. 연세대학교 대학원 행정학과 석사 논문. 27쪽: 문정인 편. 2002. 전게서: 김당. 2008.「한국정보기구」. 서울: 박영사. 578쪽.

정보전문성의 취약은 정권안보 정보활동으로 인한 해외정보 활동의 전문성 결여로 연결된다. 이승만 정권의 특무부대와 경찰 사찰 정보, 박정희 정권, 전두환 정권, 노태우 신군부정권의 보안사령부와 중앙정보부는 정권 정통성 결여로 인한 정권취약성을 극복하기 위해 국내정보에 치우친 경향이 있다. 물론 국내에서 암약하는 북한 간첩 검거, 국내 과학기술 정보 유출 사전 차단, 국제 조직범죄, 마약단 검거, 테러 예방, 북한 정보 분석의 정밀성, 해외 전략정보수집에 공헌한 업적도 크다. 그러나 권위적, 강압적 정권에서 국내정보 활동은 은밀한 정보 수집, 전문적 분석이 크게 요구 되지 않는다는 점에서 백주 대낮의 고속도로 질주형, 저인망 어로 작업 정보 행위로 볼 수 있다. 따라서 은밀, 비노출이 필수적인 고도의 과학적 정보 전문성이 창의적으로 발전될 수 있는 정보환경이 성숙되지 않았다고 볼 수 있다. 권력의 태양 아래 춤추는 정보 카니발만 있을 뿐이라고 해도 과언이 아니다.

해외에서 근무하는 외교관 신분의 정보요원이나 비노출 공작요원은 근무지 국가의 대학 학부나 대학원을 졸업하거나 오랜 순환 근무로 근무지 인맥 인프라가 탄탄한 지역 전문 정보 외교관이 되어야 한다. 그러나 해외정보요원에 비해 국내정보요원에게 인사고가에서 상대적으로 더 많은 인센티브가 주어지는 경향이 짙다. 해외근무 정보요원은 근무지 언어가 능통하지 못한 상태에서 2-3년 근무 후 다른 지역으로 이동하여 해외 국가 정보수집 및 공작의 인프라가 취약한 것이 사실이다. 그러므로 한국정부의 해외 정보 요원, 외교관, 군무관이 가진 정보 경쟁력은 선진국에 비해 떨어질 수밖에 없다. 물론 9·11 테러 이후 아프간, 이라크 군사작전에 투입된 미국 중앙정보부, 해병대, 육해공군 군사정보부대 역시 현지 언어 사용 전문 정보요원이 부족하다는 자체평가가 있었다. 그러나 한국의 정권안보를 위한 국내지향 정보력 우선주의는 해외정보 활동의 전문 경쟁력을 약화시키는 연장선상에 있는 것도 사실이다. 군사정부에서 문민정부로 와서도 국내정보 우위는 변함이 없다. 대통령을 비롯한 정무직 보좌관들은 국내정보를 정치적으로 활용하다가 정치적 소용돌이가 발생하면 장막 뒤로 몸을 숨기고 국내정보요원만 희생양이 되는 경향이 높다. 정권이 교체되면 전임 정권에서 전략적 요직에서 능력을 발휘한 전문 경력직 정보실무가는 직위 고하를 불문하고 전임정권과 연계된 마피아 취급을 당하여 교육훈련 차출, 유배형 보직, 해임, 퇴직 처분을 받게 된다.

문민 대통령을 비롯한 정치 정책가들은 정보를 정책개발에 연결시키는 정책전문가 지평에 서기보다는 정권안보차원에서 필요하다면 국내 인사들의 활동을 도청한 정보기관의 보고서를 주기적으로 읽고서도 정치적 쟁점이 되면 사법처단은 정보실무자에게 떠넘기고 자기들은 모르쇠로 일관한 사례도 있다고 본다. 또한 국가정보기관은 냉전체제 해체, 민주화, 9·11 테러 이후 그 나름의 자체 혁신을 시도하였으나, 과거 권위적인 군사독재정권에서 압제에 시달린 경험이 연상되는지 문민정부, 참여정부, 열린정부, 실용정부의 대통령 누구도 국제 감각이 있고 조직 장악력이 있는 정보전문가를 국가정보기관장에 기용하지 않았다. 기껏해야 불가근불가원의 기피집단 혹은 사법 차원의 관찰감시 대상으로 보아 자기 측근이나 율사를 정보공동체 책임자로 임명하는 경향이 짙었다. 군정보기관도 정보전문성보다는 전투병과 고위 지휘관의 퇴역 통과의례 직책쯤으로 인식하고 중견무관은 귀임하면 퇴역이어서 전문성을 활용하는 무대공간이 되지 못했다. 그러다 보니 정보를 종합 기획하는 정보원, 군, 경찰 등 정보공동체 수장들은 국내외 정보를 독점하거나 대통령 입맛에 드는 정보를 진상하는 정치정보활동을 하게 되고, 정보실무가는 정보활동에 무력감을 느끼게 되었다.

현재 세계는 냉전 해체와 9·11 테러로 변화되는 상황, 힘의 근원이 군사력에서 경제력·행복추구로 이동하는 현실, 힘의 주체가 미국에서 아시아와 중국, 유럽 또는 브릭스(BRICs)로 이동하는 트렌드에 있다. 이에 세계 주요 국가는 끊임없이 정보협의조정시스템을 재설계하여 대통령·수상의 정책결정을 지원하고 국가위기상황에 대비한 조기경보를 적기에 발동하며, 체계적 협동으로 성공적 비밀공작 임무를 수행하고 있다.

이웃 일본은 내각정보조사실에서 직접 운영하는 2기의 중궤도, 정지 저궤도 첩보위성을 운영하여 한반도에 대한 24시간 영상정보, 통신감청정보를 총리관저와 유관 정부기관, 산업계에 실시간으로 제공하고 있다. 미국의 연간 정보예산이 80조인데 국가정보원을 위시한 한국 정보공동체의 예산은 줄잡아 1조 3천억 정도이다. 프랑스, 영국, 독일, 이탈리아, 미국은 24시간 대통령·수상실에 정보제공 연결 통로가 형성되어 있고, 일본 수상실 관저 지하에는 첩보위성운용센터와 정보집약상황실이 밤낮으로 수상을 근접지원하고 있다. 이에 반해 한국은 국가목표와 정보목표 우선순위 선정, 목표를 효율적으로 달성하기 위한 한국 정보공동체의 혁신과 개혁은 무풍지대에 있는 것 같다. 천안함 폭침을 알리는 정보제공 후에도 끊임없는 후속 대비 조치를 관련 실무기관에 요청하는 프로정신의 결여, 연평도 포격, 리비아 정보 공작 실패 등 국내의 비밀공작 아마추어리즘에서 민군 정보공동체의 허점, 정보전문성 미숙을 그대로 보여주고 있다.

최근 가능하면 군사력을 사용하지 않는 대신, 저비용, 신속성에서 효율적인 정보공작으로 분쟁과 갈등을 해소하려 한다. 이러한 현상 속에서 인간정보의 우수성과 과학기술 정보력은 이제 국가경쟁력을 넘어 국가 브랜드로 인식되고 있다. 21세기 국가정보 체계는 국가정보원, 군, 검찰, 경찰, 민원성 지방 정보 수집기관, 통일, 외교통상, 환경, 과학기술 분야의 정보 담당 기관이 독자적이면서 자율적으로 정보수집, 분석, 생산, 생산된 정보를 제공하는 환류 순환 과정을 가져야 할 것이다. 그리고 국가정보원은 해외 정보, 해외 과학기술, 에너지, 환경 정보, 북한정보를 다루는 대외지향 정보활동 모드로 변경 하고, 독자적인 인공위성 혹은 무인정찰기를 운용하는 착실한 계획 속에서 인간정보력 극대화에 우선순위를 두고 정보요원 전문화, 세계적 경쟁력을 갖춘 전문 인력 양성에 최우선을 두어야 한다.

전문성 강화, 국내지향에서 해외지향 정보력 증대, 정보기관의 고유 임무를 자율적으로 수행하는 경쟁체제 속에서 모색해야 될 중요한 과제는 냉전체제 종식, 9·11 테러, 세계화, 정보화 시대에 대응하는 국가정보목표 우선순위(priorities of national intelligence objectives)의 선정이다. 그에 따라 정보기관들이 수행하는 고유 임무의 독자성과 자율성은 인정하되 대통령에게 보고하는 정보우선순위는 모든 정보기관이 모여 투명성 있게 합의제로 결정하고, 그 조정중재 기관을 대통령실에 두던지 대통령 지원 종합정보시스템을 구축하는 정보시스템 디자인이 신속히 이루어져야 한다. 대통령 혹은 수상에게 정보를 지원하는 획기적 시스템 개혁은 주요 선진국에서는 냉전체제 종식이 시작된 1990년대 초반부터 9·11 테러를 거쳐 이라크 침공 전후에 수상 비서실에 정보실무위원회, 정보수석실, 국가정보부를 국회에서 여야당의 합의로 설치 운영하는데서 이미 시작되었다.

한국의 정보시스템 디자인에 가장 먼저 할 것은 한국 정보기관들의 임무와 기능 재고 조사이다(function inventory). 그런 연후에 국정목표 설정에 따른 정보목표 우선순위를 선정하고 정보 전문화, 세계적 경쟁력이 있는 국가 정보력 강화 맥락에서 국가정보기관 전체의 구조조정차원에서 조직과 임무를 재정비 할 것이 요망된다. 물론 해외정보, 북한정보, 국내 보안방첩, 국제범죄, 테러예방에 관련된 정보업무 혁신과 조직 재편이 정보 전문성과 세계적 경쟁력 지평에서 핵심과제가 되어야 한다. 마지막으로는 대통령을 보좌하는 정보기관 운영체계를 확립해야 한다. 대통령을 지원하는 정보기관들의 임무와 활동은 다원화되면서 자율성을 보장하고 경쟁을 유도하며 어느 특정 정보기관의 정보독점을 배제하는 원칙을 세워야 한다. 그리하여 대통령에게 정보를 지원하는 보고체계는 정보기관이 공동으로 참여하여 대통령에게 보고하는 정보협조체계를 유지하는데, 이때 정보내용은 간결성, 단일표준화, 객관성, 정확성, 신뢰성을 갖춰야 한다. 이런 정보조정 협조유지는 청와대 내에 정보기관 실무자들이 모인 정보합동실무위원회를 구성하던지, 동일한 임무를 수행하는 정보수석실을 두는 것도 고민해야 된다. 대통령에게 정보를 보고하는 최종 책임을 지는 정보수석비서관실이나 정보실무위원회가 있어 산하에 실시간으로 운영되는 정보 상황실이 가동되고, 이 상황실에서 청와대 수석비서관실, 정부 부처에 필요한 정보를 실시간으로 배포하는 것이다.

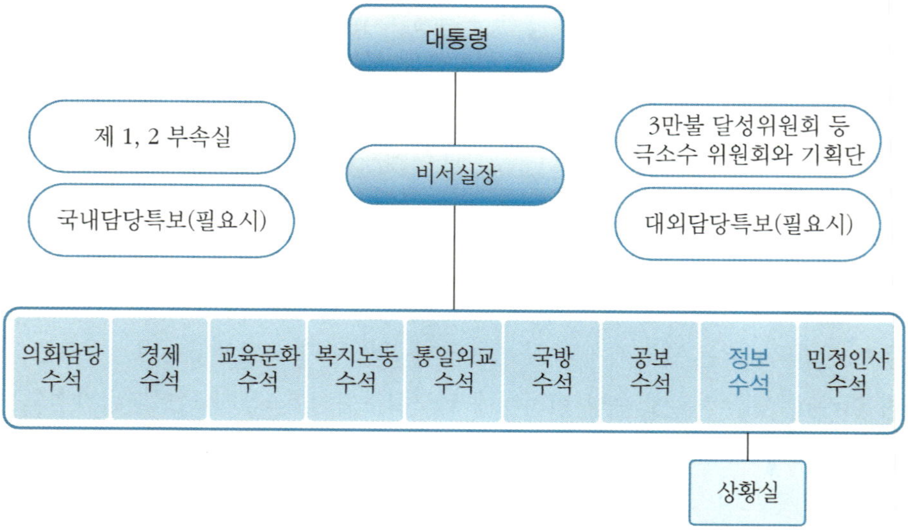

[그림 9-24] 21세기 청와대 조직운영과 정보지원시스템

미군정, 자유당, 민주당 정권의 정보조직, 박정희 정권 부터 현재 정보 시스템으로 대별.
1945-1950년대: 군 G2. SIS, CIC, HID, 헌병, 경찰 정보, 경찰 특수정보(북한), 검찰 공안, 서북청년회

1960년대: 군 정보사령부, 보안사령부, 경찰 특수정보, 검찰 공안, 중앙정보부

2000년대: 군 정보사령부, 통신 부대, 정보본부, 기무사령부, 경찰 정보, 검찰 공안, 국가정보원, 각 부처 업무사의 세계동향 분석 조직

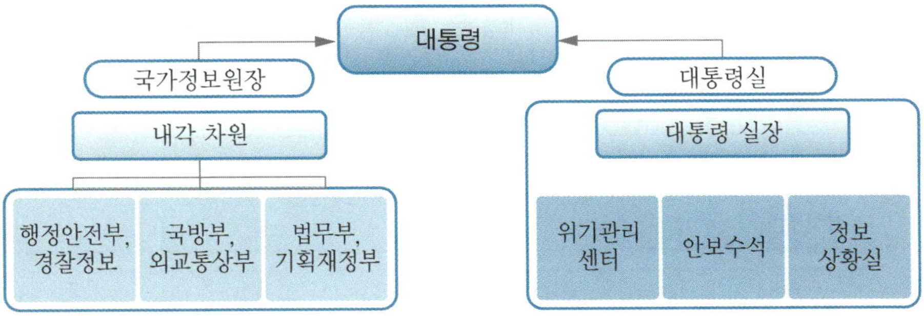

[그림 9-25] 한국 정보기관 조직운영체계

한국 정보 공동체 요원은 높은 사기, 충성심, 사명감 발휘

해방공간의 숙군작업은 미군사고문단이 제공한 전투식량(C-Ration)을 팔아 정보비로 충당하는 어려운 여건 속에서 진행. 현재의 국가정보원, 경찰, 군정보 요원은 근무시간, 개인 생활 고려 않는 과업 수행형
공직 기강 유지. 그러나 종종 정보취약성에 만연

한국 정보공동체의 취약성

1. 정보전문성 취약
2. 국내 지향 정보활동
3. 정부 정보기관의 고유성과 자율성 미숙
4. 21세기 국가목표와 연계한 국가정보목표의 우선순위 선정과 정보체계 혁신 결여
5. 과학기술정보를 포함한 한국 정보공동체의 정보자산 빈약성
6. 대통령 국정수행을 위한 정보지원 시스템 구축 미완성과 조정, 합동성 미숙

[그림 9-26] 한국 정보공동체의 근무환경과 정보취약성

이승만 장기집권, 박정희 군사정권으로 이어진 정권 정통성을 위한 정권안보 정보 활동으로 상대적 국내 정보 우선과 해외정보 활동의 무게

권위적 강압 정권의 국내정보 활동은 대낮의 고속도로 질주 형, 저인망 어로 작업 정보 행위로 은밀한 정보 수집, 전문 분석이 크게 요구되지 않음

정보 우선순위에서 비중이 낮은 해외요원은 근무지 국가의 대학, 대학원 배경이 없거나 잦은 보직이동으로 지역 국가 인맥, 전문 정보 인프라 구축이 빈약

대통령을 비롯한 정무직 보좌관은 국내정보, 해외, 북한정보를 정치적으로 활용하고 다음 정권은 능력을 발휘한 전문 경력직 정보실무가를 전임 정권과 연계한 정무직으로 간주, 퇴직, 교육훈련 차출, 유배형 보직, 해임, 퇴직으로 희생양 처리

권위주의 시대 대통령은 정보기관을 정권 안보차원에서 활용, 문민시대 대통령들은 자기들을 탄압한 기피기관으로 인식, 활동장려 대신 억제, 감시대상으로 법률 전문가, 측근위주 비정보전문가를 정보수장으로 임명 경향

문민 대통령은 한국 정보기관을 효율적으로 발전 관리하는 국제감각, 정보철학 없이 비전문 측근 정무직을 국가정보 기관장에 임용, 군 정보책임자는 전투병과 고위 지휘관 퇴역 통과의례 직책으로 인식, 무관은 귀임후 퇴역으로 전문성 활용공간은 제공되지 않음

이런 정보환경은 국가정보원, 군, 경찰, 기타 정보수집기관 책임자는 국내외 정보독점, 정보공유, 정보협조가 결여된 대통령 입맛에 드는 정보진상 정치정보 성행 경향 초래

냉전해체, 9.11 테러, 군사력에서 경제력으로 힘의 실체 변모 상황, 힘의 주체가 북미 대륙에서 아시아, 유럽, 브릭스로 전환되어 국가, 정보 목표 우선순위 재조정, 한국 정보공동체의 혁신 디자인으로 저오력 향상 요구 증대

[그림 9-27] 한국 정보공동체의 취약성 원인 규명

제10장

정보통제

1. 대통령과 정보통제

정보공동체를 구성하는 개별 정보기관이 수행하고 있는 정보수집, 분석, 해석 과정, 공작방첩활동, 예산 집행 등에서 투명성, 효율성, 인권침해, 국익손상, 열린 시민사회의 민주주의 가치 추구에 결함이 표출되었는지를 점검하고 조치를 취하는 행위를 정보통제(intelligence control and accountability)라고 할 수 있다. 통상 정보통제는 대통령, 의회, 언론, 그리고 시민단체나 시민 개인 수준에서 이루어진다.[1] 정보통제의 일차적 책임은 정보기관, 정보공동체를 지휘 운영하는 대통령에게 있다. 정보공동체나 정보기관을 겨눈 대통령의 정보통제는 대통령과 정보기관의 상호관계에서 이루어진다. 대통령은 국정운영에 적실성있는 정보가 필요하고, 정보기관은 그런 대통령의 요구에 맞는 정보를 지원하게 된다. 또한 내각부처가 정책 결정과 집행에 필요한 정보를 정보기관에 요구하고, 정보기관은 국익추구, 정책결정, 집행에 정책 참고가 되는 정보를 지속적으로 제공하게 된다. 국가목표 설정, 정보목표 우선순위선정은 상호교감 속에서 이루어진다. 대통령, 대통령과 참모, 대통령과 내각 부처 수준에서 정보공동체의 지원을 받게 되고, 그런 과정에서 정보공동체와 개별 정보기관을 통제, 조정하게 된다.

1) Holt, Pat M. 1995. *op. cit.* p. 8.

미국 대통령은 업무수행상 적절한 정보통제와 조정을 주도적으로 챙기기도 한다. 독립전쟁이 한창일 때 워싱턴 사령관은 휘하 스파이 팀이 영국군 전령에게서 탈취한 작전 기밀 서류 한통을 손에 넣게 된다. 스파이 팀은 기밀문서의 중요성을 부각시키고 군사 대응을 건의한다. 그러나 워싱턴 사령관의 반응은 다음과 같았다 한다. "기밀문서 한건에 일희일비(一喜一悲)하지 말라. 정보 해석, 판단은 사회문화 맥락에서 종합적으로 해야 한다." 1961년 중앙정보부가 주도하여 망명 쿠바인으로 결성된 카스트로 타도 공작대가 쿠바 해안 피그만에 상륙하였으나, 기다리던 쿠바 혁명군에게 궤멸되고 만다. 피그만 공작 실패로 인해 젊은 케네디 대통령은 지도력 상실이 아닌 지도력 부재라는 내외의 비판에 직면하게 된다. 피그만 공작의 실패는 공직비밀이 거사 전에 카스트로에게 새어나갔다는 점, 철저한 작전 계획, 훈련, 지원 등이 부족했다는 점에서 비롯되었다. 그러나 케네디 대통령은 반 카스트로 공작대를 배후에서 지원하는 중앙정보부 고문단, 군부대, 항공정찰대 등이 보내는 여러 전황보고, 정보보고가 여과되고 정제된 일목요연한 정보보고가 아니었고, 이러한 정보의 난립이 대통령 전황 판단에 혼란을 초래한 것이 더 큰 실패 요인이라고 꼽았다. 그리하여 케네디 대통령은 통합 정보 집약 센터가 필요하다고 결심, 백악관에 상황실을 설치하게 된다.

백악관 상황실(White House Situation Room)은 인공위성, 항공기, 레이더로 지구상의 모든 곳을 촬영 감청한 정보, 전 세계 미국 대사관, 미군 전진 기지에서 실시간으로 보내는 정보를 대통령에게 전달한다. 또한 오전, 오후로 나누어 압축 요약한 내용을 대통령에게 제공하고 정부 부처에 필요한 정보는 관련 부처에 보내어 대응 조치를 마련토록 한다.[2] 케네디 대통령이 설치한 상황실은 50년이 지난 이 시점에도 그대로 존치되어 오바마 대통령과 안보 보좌팀은 상황실에서 중앙정보부와 특수공작부대가 감행한 오사마 빈 라덴 제거 작전을 실시간 동영상으로 보게 된다. 필자 연구팀은 1995년, 1997년에 백악관을 방문하여 종합한 내용을 토대로 한국형 상황실 모델을 청와대에 도입할 것을 건의하였다. 그리고 이 건의를 바탕으로 청와대 비서실은 상황실을 설치하여 현재까지 운영하고 있

2) 1995년 5월-1997년 7월 2차에 걸쳐 필자 연구팀이 백악관 비서실장 토마스 맥라티(Thomas McLarty)를 면담하였다. 이어서 국가안전보장회의 사무차장 겸 안보수석실 비서관 앤드류 센스(Andrew Sens)의 안보회의 운영 과정 브리핑을 경청하고 백악관 지하 상황실 방문에서 상황실장 짐 리드(Jim Reed) 대령의 상황실 운영 절차 설명과 질의응답 시간을 가졌다.

다. 특히 상황실 가동 직후, 동해안에 침투한 북한의 잠수정, 북한군 정찰공작대를 제압, 섬멸하는 작전 상황을 현지 부대에서 실시간으로 대통령에게 보고하는 청와대 지휘, 조정, 통제 시스템이 처음으로 가동된다. 대통령의 행정명령으로 정보기관을 통제하기도 하는데, 카터 대통령은 살인을 제외한 어떠한 정보공작 수행도 인정하고, 레이건 대통령은 정보기관을 망라한 정보공동체 개념을 공식화 하여 정보공동체 내에서 각 정보기관은 생산한 정보를 공유해야 함을 명문화하였다. 또한 부시 대통령은 군사 작전에 중앙정보부 등 민간 정보공동체 구성원이 정보지원을 하라는 명령을 내리고, 아들 부시 대통령은 9·11 테러 이후 정보공동체의 정보, 방첩, 공작 임무의 합동성을 강조한 제도적 장치로서 국가정보부를 발족시킨다. 한편 박정희 대통령은 경찰, 중앙정보부, 군 정보부대, 청와대 비서관이 보낸 정보 보고서를 검토 할 때는 반드시 발생한 상황, 목격한 내용을 포함하는 실증성을 요구하는 증거주의를 정보 기조로 삼았다. 전두환 대통령은 정보 내용의 정확성을 높이기 위해 정보공동체 정보기관 간의 경쟁심을 조장하고, 김대중 대통령은 보고서 철자까지 따지는 습관이 있었다.[3)]

그러나 대통령의 정보통제는 주로 국가안전보장회의, 대통령해외정보자문회의(President's Foreign Intelligence Advisory Board), 통합정보공동체위원회(Joint Intelligence Community Council), 국가정보부, 감사원, 관리예산청이 각자의 고유 임무 수행 과정에서 진행된다. 국가안전보장회의는 위원장인 대통령, 부통령, 국무장관, 국방장관, 국토안보부장관, 법무부장관으로 구성되고, 간사인 대통령 안보보좌관과 테러담당 보좌관, 국가정보부장, 합동참모회의 의장이 배석위원으로 참석한다. 국가안보회의에서 정보공동체나 개별 정보기관의 정보활동, 비밀공작, 방첩활동의 방향성, 정당성, 민주책임론이 거론되면 국가안보회의 사무국의 정책조정실, 정보공작담당실, 담당 각료와 국가정보부장이 정보기관에 논의 내용을 알리고 이행 상태를 확인한다. 그리하여 국가안전보장회의는 정보지원을 받는 과정에서 정보공동체 시스템이나 개별 정보기관이 표출하는 취약점, 정보협조의 비효율성, 공작 실패의 원인규명, 인권침해 등을 점검하고 흠결을 제거하게

---

3) 국가기록원의 공개된 대통령 기록물을 열람하면 박정희 대통령은 자신이 결재한 정무, 정보 서류에 때로는 보다 구체적 사례 첨부를 요구하고 있다(정보의 질적 향상을 위한 정보통제 차원의 전두환, 김대중 대통령의 노력은 전두환 대통령 면담, 박지원 비서실장 면담).

된다.[4] 이렇게 국가안보회의는 국가안보정책을 의결하고 조정, 집행하는 과정에서 정보기관의 정보활동을 조정하고 통제하지만, 정보통제를 고유한 업무로 수행하는 기구로는 대통령해외정보자문회의와 통합정보공동체위원회가 있다. U-2 첩보정찰기가 소련 영공에서 미사일로 격추되고 조종사 게리 파워가 생포되어 미국이 후르시초프 소련 수상의 정치 공세에 휘말려 들면서, 1956년 아이젠하워 대통령은 과학기술정보를 원점에서 검토하기 위해 대통령 행정 명령 10656호로 MIT 총장 킬리안(James Killian)을 위원장으로 하는 대통령해외정보활동자문위원회(President's Board of Consultants on Foreign Intelligence Activities)를 두게 된다. 케네디 대통령은 피그만 공작 실패 후에 정보수집, 분석과정 검토, 정보실패 원인 규명 등 해외정보 전반에 관한 자문을 구하려고 자문위원회를 확대하여 대통령해외정보자문위원회(President's Foreign Intelligence Advisory Board)를 구성한다. 29개월 동안 170건의 정보개혁, 정보통제에 관한 건의안을 제시하고 125개 건의안이 실현되었다고 전한다.[5]

카터 대통령에 와서는 이 위원회를 해산시켰으나, 레이건 대통령은 이를 재조직하여 전직 텍사스 주지사 코넬리(John Connally), 주영국 대사 암스트롱(Anne Armstrong), 해군총장 무어(Thomas Mooer)를 위원으로 구성하여 활동을 강화한다. 클린턴 대통령은 전 합참의장 크로우(William Crowe), 상원정보위원으로 활동한 러드만(Warren Rudman), 하원 군사위원을 역임한 애스핀(Les Aspin) 위원으로 하여금, 러시아에서 활동 중인 미국 공작원 명단을 러시아 해외정보부에 넘겨준 중앙정보부의 러시아 방첩 담당 요원 에임스 사건을 집중적으로 다루게 한다. 부시 대통령은 대통령정보자문위원회(President's Intelligence Advisory Board: PIAB)로 명칭을 바꾸어 국내외 정보전반의 자문에 응하고, 산하에 정보감찰위원회(Intelligence Oversight Board)를 설치하여 정보수집 태세, 회계감사, 부정비리 적발을 담당하나, 정보비리 범죄 수사는 법무부의 연방 수사국이 맡게 된다. 대통령정보자문위원회는 국가이익과 정보목표의 일치, 일관성, 대통령 국정활동에 도움이 되는 정보활동의 방향성 제시에 역점을 둔다.

한편 통합정보공동체위원회(Joint Intelligence Community Council: JICC)는 국가

---

4) Lowenthal, Mark M. 2003. *op cit.* pp. 179-180.

5) Holt, Pat M. 1995. *op. cit.* pp. 202-203.

안보 정책을 수행하는 관련 행정부처 간의 정보정책 조정, 협조, 정보 예산 편성, 배분에 관한 업무를 조정하는 협의체이다. 신설된 국가정보부장이 당연직 위원장으로 국무, 국방, 법무, 국토안보, 재무, 에너지부 장관들과 대통령이 지명한 정보 관련 인사로 구성된 통합정보공동체위원회가 국가안보를 수행하는데 필수적인 종합정보정책을 수립하고, 일관성 있는 정보공작 수행을 견인하고 결과를 확인한다. 아울러 통합정보공동체위원회는 정보공동체를 구성하는 16개 정보기관의 정보예산 편성, 배분, 정보감찰, 정보활동 평가, 심사 등 정보 실무 면에서 의결, 집행하는 최고 전략 협의체이다. 관련 부처 장관, 정보책임자가 개진한 의견은 국가정보부장이 수렴하여 대통령, 국가안보회의, 정보공동체를 구성하는 정보기관에 제공한다. 논의된 의견 중 실행 가능한 제안, 방안은 정보 공작 실행으로 환류 되기도 한다. 산하에 정보기관을 두고 있는 통합정보공동체위원회의 각료들은 때로는 반대의견을 제시하며, 중요한 쟁점, 의견은 별도로 국가정보부장이 정리하여 대통령, 국가안보회의에 통보한다. 이 내용은 하원, 상원 정보위원회에 정기적으로 보고되어지기도 한다. 그러나 소관 정보기관을 거느린 각료들이 대통령을 만나 자기 소관 부처 정보활동, 공작에 관한 의견을 개진하다 최종적 조율자인 국가정보부장의 지도력 침식을 초래하는 경우도 있다. 국가정보부장의 통합 조정리더십 발휘, 안보 분야 장관의 협조와 자제력, 대통령의 조정력이 복합적으로 작용해야 미국 정보공동체가 수행하는 성공적 정보활동을 담보 할 수 있다.

한편, 정보기관별로 두고 있는 감찰실(office of inspect general)은 정보기관의 정보공작비 집행, 정보기자재 구입, 훈련개발비를 적법하게 사용하는지 여부를 조사한다. 예산국은 하딩(Warren Harding) 대통령이 공포한 1921년 예산회계법에 따라 재무부 직제로 존치 했으나, 후버(Herbert Hoover) 대통령 당시 절약과 능률에 관한 대통령위원회를 구성하여 정부업무의 총체적 혁신 지향 연구를 시도, 1, 2차 연구보고서를 작성 하였다. 일명 후버연구위원회라는 이 위원회가 발표한 1차 보고서는 증대하는 정부업무를 소화하는 대통령실의 조직 강화를 건의하고, 2차 보고서에서는 대통령실에 정부예산을 총괄 조정하는 예산청 신설을 제시한다. 이 결과, 1937년 정부재조직법(Government Reorganization Act of 1937)에 따라 대통령 직속 예산청을 신설한다. 예산청은 그 후 닉슨 대통령 당시 기업인 애쉬(Roy Ash)를 위원장으로 하는 애쉬위원회가 정부조직관리혁신 맥락에서 각료급이 이끄는 관리예산청으로 격상되었다. 예산을 적법하게 집행하는 회계차원의 감사는 감사원이 수행한다. 그러나 예산청은 정부예산을 편성, 집행하는 것은 물론, 정부 부처가 예산을 효율적으로 사용하는가를 모니터링하고 분석하는 기능도 가져야 한다는 여론에 따라, 예산청을 관리예산청(Office of Management and Budget)으로 변경한다. 명실상부하게 관리기능을 강화하며 청장을 관리예산청장관으로 임명하였다. 관리예산청장관은 국가정보부장, 상하원 정보위원회와 긴밀한 관계를 유지하면서, 국가목표, 대통령이 지향하는 전략정책, 정보목표우선순위에 충실한 정보공작 수행을 정보 예산 편성, 집행 과정에서 분석, 감독, 통제하고 있다.

한편, 영국 수상실 정보조정위원회가 내린 최종 정보판단이 때로는 비판의 대상이 되기도 하고, 견제나 감시가 필요할 때가 있다. 우선 외국과의 정보교류에서 '비록 우호 동맹국이라 할지라도 독재국가에까지 정보를 제공 할 수 있는 가'가 논쟁점이다. 그리하여 과다한 정보제공과 노출이 쟁점이 되기도 한다. 그리고 정보심사판단 과정에서 충분한 증거가 있는데도 이전에 판단한 내용을 번복하기를 주저하는 경우, 정보판단의 결과 전쟁도 감수해야 하는 경우, 너무 쉽게 판단을 번복하거나 판단을 내리는 상황에 대비한 적실성이 있는 자문 혹은 대안을 제시할 필요성이 대두되었다. 또한, 정보판단의 결과를 견제, 감독할 필요성도 제기되었다. 뿐만 아니라 정보조정위원회가 확실한 합의를 모색하는 과정에서 발생할 수 있는 논쟁과 갈등을 피하기 위해, 저강도 정보판단에 그치는 무사안일주의 상황이 발생하기도 한다. 그리고 정보요구와 우선순위에 따른 정확한 정보획득 활동을 했는지, 정보비 사용은 규정에 따라 합리적으로, 신축성 있게 사용하는지, 월권행위는 없는지, 정보활동 중에 비합법적, 위법적 방법을 사용하는지를 감시하고 개선할 필요성을 느끼게 되었다.

이런 취지에 따라 1989년 정보기관 임무를 규정한 법안(Security Service Act)이 의회를 통과하고, 뒤이어 1994년에는 외무부 산하 해외정보부, 국정홍보처 임무를 규정한 정보법(Intelligence Services Act)이 발효되었다. 그리고 1996년에는 해외정보활동 규정을 위반하면 범죄행위로 규정한 정보안전법(Security Services Act)과 2000년에는 정보활동 과정에서 시민 도청 등 위법행위를 금지하고, 감시감독 권능을 부여한 조사법(Regulation of Investigatory Power Act)이 의회에서 통과되었다. 이런 법규에 따라 의회에서 1994년에 정보안전위원회가 구성되고 이들이 정보기관 조사연구 보고서를 매년 9월 수상에게 보고한다. 그리고 2000년에는 정보감시위원단(Intelligence Service Commissioner)이 법관으로 구성되어 그 보고서를 매년 수상과 국회에 보고하며, 같은 해에 조사위원단(Investigatory Power Tribunal)이 수상이 임명하는 법관으로 구성되어 정보기관의 위법행위를 심판한다. 2004년에 개설된 통신조사단(Interception of Communication Commissioner) 역시 법관으로 구성되어 정보기관의 불법적 시민 도청, 위법적 감청 통신 활동을 감시하고 처벌하는 기능을 수행하며, 그 결과를 역시 수상과 의회에 연차보고서로 제출하고 있다. 정보획득활동은 기관별로 다원화하고, 수상에게 보고하는 최종정보는 협의과정을 거쳐서 단일화하고, 정보과정은 1년을 주기로 한다. 또한 의회정보위원회와 사법감시기관으로 불법·위법·월권 정보활동을 견제·감시하는 메커니즘 운영이 오늘날 영국수상의 정보 통제 운영체계이다. 러시아도 옐친 대통령이 취임하면서 국내보안과 해외정보를 모두 관장하던 KGB를 국내보안부와 해외정보부로 나누어 정보기능을 전문화하고 대통령 수준에서 정보를 통제하고 있다.

한국은 해방이후 현재까지 군, 경찰의 직제 변화에 따른 정보업무를 관장하는 자체 기구 변화가 있었고, 박정희 대통령이 집권하면서 미국 중앙정보부를 모델링한 중앙정보를 대통령 직속 기관으로 조직하는 정보기구의 큰 획을 그었다. 그러나 정보조정권, 보안 감사권, 수사권을 가지면서 정계, 관계, 산업계, 사회 조직에 침투하여 감시, 통제함으로써 무늬는 미국 중앙정보부 모형이나, 실제 기능은 러시아의 KGB 모델과 같다고 볼 수 있다. 전두환 대통령 집권 시 국가안전기획부로 명칭을 바꾸고, 문민정부에서는 국가정보원으로 명칭 변경을 거듭한다. 김영삼 대통령에 와서는 각 정보기관의 정보를 조정하고 대통령에게 종합정보를 제공하는 정보조정권을 정보법에서 삭제하고, 각 부처의 기밀사항을 감독하는 보안감사권도 없애, 오늘의 국가정보원으로 정보 서비스를 하는 대통령 직속기관으로 존속하게 한다. 한국의 사회문화 정서에서 오는 관행인지, 실체보다는 형식적 명분을 중시하여 중앙정보부를 안전기획부, 국가정보원으로, 방첩보안부대를 국군보안사령부, 기무사령부로 선언적으로 명칭만 변경하였을 뿐, 실체적 변화와 혁신이 주류를 이루지 못하는 감이 있다. 경찰, 검찰, 환경 감시에 이르기까지 젖어 있는 형식적 명분론에서 벗어나 실체적 변화를 지향하는 사회문화 풍토 속에서 실질적 정보시스템의 변화와 혁신이 요구된다.

요 약

대통령과 정보통제

- 정보통제: 정보기관의 정보수집, 분석, 해석과정, 공작 방첩활동, 예산집행에서 투명성과 효율성, 인권침해, 국익손상, 열린 시민사회의 민주주의 가치 추구 결함 점검과 조치 행위
- 정보통제는 대통령, 의회, 언론, 시민단체, 시민개인수준에서 이루어짐
- 정보통제의 일차적 책임은 정보기관, 정보공동체를 지휘 운영하는 대통령에게 있고, 대통령의 정보통제는 대통령과 정보기관의 상호관계에서 이루어짐
- 대통령은 국정운영에 적실성 있는 정보 필요, 정보기관은 대통령의 요구에 맞는 정보지원. 또한 내각 부처는 정책결정과 집행에 필요한 정보를 정보기관에 요구, 정보기관은 국익추구, 정책결정과 집행에 참고가 되는 정보를 지속적으로 제공
- 국가목표설정, 정보목표 우선순위 선정은 대통령, 내각부처, 정보공동체의 상호교감 속에서 이루어지고, 그런 과정에서 대통령이 정보공동체와 개별 정보기관을 통제, 조정

대통령과 정보통제

- 1961년 미국 쿠바 해안 피그만 상륙실패의 요인은 대통령실에 제공하는 정보의 난립으로 대통령의 전황 판단에 혼란 초래 → 케네디 대통령은 통합정보집약센터의 필요성을 인식하여 백악관에 상황실 설치
  - 인공위성, 항공정찰, 레이더 감청, 전 세계 미국 대사관 및 미군 기지에서 보내는 실시간 정보로 정보조정 및 통제
  - 50년이 지난 이 시점에도 존치되어 오마바 대통령과 안보 보좌팀은 상황실에서 중앙정보부와 특수공작부대가 감행한 오사마 빈 라덴 제거 작전을 실시간 동영상으로 파악
  - 한국형 상황실 모델을 청와대에 도입. 국정상황실 설치로 북한 잠수정의 동해안 침투시 제압 섬멸 작전을 현지 부대에서 실시간으로 대통령에게 보고하고 대통령이 지휘, 조정, 통제하는 시스템 가동
- 대통령의 행정명령으로 정보기관 통제
  - 카터 대통령은 살인을 제외한 어떠한 정보공작 수행도 인정
  - 레이건 대통령은 정보기관을 망라한 정보공동체 개념을 공식화하여 정보공유 명문화함
  - 부시대통령은 군사작전에 중앙정보부 등 민간 정보공동체의 정보지원 행정명령을 내림
  - 아들 부시대통령은 9.11 테러 이후 정보공동체의 정보, 방첩, 공작 임무의 합동성을 강조하여 제도적 장치로써 국가정보부 발족

대통령과 정보통제

- 대통령의 제도적 정보통제는 국가안전보장회의, 대통령 해외정보자문회의, 통합정보공동체위원회, 국가정보부, 감찰실, 관리예산청이 각자의 고유 임무 수행과정에서 진행
  - 미국 국가안전보장회의는 대통령을 위원장으로 하여, 부통령, 국무장관, 국방장관, 국토안보부장관, 법무장관으로 구성됨
    - 국가안전보장회의는 정보지원을 받는 과정에서 정보공동체시스템이나 개별 정보기관이 표출하는 취약점, 정보협조의 비효율성, 공직실패의 원인 규명, 인권침해 등을 점검하고 흠결 제거
  - 대통령정보자문위원회는 국가이익과 정보목표의 일치, 일관성, 대통령 국정활동에 도움이 되는 정보활동의 방향성 제시에 역점
  - 통합정보공동체위원회는 국가안보정책을 수행하는 관련 행정부처간의 정보정책 조정, 협조, 정보예산 편성, 배분에 관한 업무를 조정하는 협의체임
  - 종합된 의견을 대통령에게 보고하는 국가정보부장의 통합 조정 리더십 발휘, 안보분야 장관의 협조와 자제력, 대통령 조정력의 매끄러운 복합작용이 성공적 정보활동 담보
  - 정보기관별로 활동하는 감찰실은 정보기관의 정보 공작비 집행, 기자재 구입, 훈련개발비의 적법 사용 여부 조사

    관리예산청은 국가정부부실장, 상하원 정보위원회와 긴밀한 관계를 유지하여 국가목표, 대통령이 지향하는 전략정책, 정보목표 우선순위에 충실한 정보공작 수행을 정보예산 편성, 집행 과정에서 감독, 통제

대통령과 정보통제

- 영국
  - 영국수상실 정보조정위원회는 정보요구와 우선순위에 따른 정확한 정보획득 여부 확인, 정보비 사용의 규정에 따른 합리성과 신축성 심사, 월권행위 여부 조사
    - 1989년 정보기관 임무를 규정한 법안 의회 통과
    - 1994년 외무부 산하 해외정보부, 국정홍보처 임무를 규정한 정보법 발효
    - 1996년에는 해외정보활동 규정을 위반하면 범죄행위로 규정한 정보안전법, 2000년에는 정보활동에서 시민 도청 등 위법행위를 금지하고 이에 대한 감시감독 권능을 부여한 조사법 통과
    - 1994년에 의회에서 정보안전위원회를 구성하여 이들이 조사한 연구보고서를 매년 9월 수상에게 보고
    - 2000년에는 법관으로 정보감시위원단을 구성하여 보고서를 매년 수상과 국회에 제출
    - 2004년 법관으로 구성된 통신조사단이 정보기관의 불법 시민 도청, 위법 감청 통신 활동을 감시, 처벌 → 결과를 수상과 의회에서 연차 보고서로 제출
- 러시아
  - 옐친 대통령이 취임하면서 국내보안과 해외정보를 모두 관장하던 KGB를 국내보안부와 해외정보부로 나누어 정보기능을 전문화하고 대통령 수준에서 정보 통제함

대통령과 정보통제

- 한국대통령의 정보통제
  - 박정희 대통령: 경찰, 중앙정보부, 군 정보부대, 청와대 비서관이 보낸 정보보고서를 검토할 때 반드시 발생한 상황과 목격한 내용을 포함하는 증거 요구
  - 전두환 대통령: 정보내용의 정확성 함양에 정보기관 간 경쟁심 조장
  - 김대중 대통령: 보고서 철자까지 따지며 정독
- 한국 정보조직과 정보통제
  - 해방 후 현재까지 군, 경찰의 직제 변화에 따른 정보업무 관장 기구 변화가 있었음. 박정희 대통령이 집권하면서 미국 중앙정보부를 본 딴 대통령 직속기구인 중앙정보부 설립
    - 중앙정보부는 정보조정권, 보안감사권, 수사권을 가지면서 정계, 관계, 산업계, 사회조직에 침투하여 감시하고 통제하는 무늬는 미국 중앙정보부 모형이나 실제 활동은 러시아의 KGB 모델에 가까움
    - 전두환 대통령 집권시 국가안전기획부로 명칭이 변경되었다가 문민정부 때 국가정보원으로 명칭 변경됨. 김영삼 대통령은 중앙정보부의 각 정보기관 정보조정권, 대통령에 대한 종합정보 제공권도 정보법에서 삭제하고 각 부처의 기밀사항 감독인 보안감사권도 없앰. 다만 정보서비스를 수행하는 대통령 직속기관으로 존속
  - 명실상부한 대통령 주도의 정보기구, 기능개선을 위한 실체적 변화와 혁신이 이루어지지 못해 국가정보공동체는 정체의 늪에 빠진 상태
  - 국정원, 국방부, 경찰, 검찰 등 형식적 명분론에서 벗어나 실제적 변화를 지향하는 사회문화 풍토 속에서 실질적 정보시스템의 변화와 혁신 필요

2. 의회와 정보통제

대통령을 중심으로 이루어지는 정보공동체의 각 정보기관에 대한 통제는 정보활동을 수행하는 기관을 지휘, 통솔하고 지원하는 과정에서 이루어진다. 이런 정보통제는 행정부라는 영역에서 정책을 수립하여 집행하는 정책가, 정책 참고가 되는 정보를 제공하는 정보가의 상호과정에서 이루어진다. 그러나 의회의 정보통제는 대통령을 견제하고 행정부를 비판하는 지평에서 이루어진다. 의회의 정보통제는 헌법에 명시된 의회의 입법권에서 나온다. 법률제정권에 따라 의회는 다음과 같은 정보통제 메커니즘(control mechanism)을 행사하게 된다. 정보예산 심사승인, 정보활동비 감사, 정보공작비 승인, 공작내용 사전점검, 공작 보고서 접수, 정보공작 실패의 원인규명, 정보기관장 임명 승인, 조약 이행 여부를 관찰하는 정보내용 청취, 정보 청문회, 정보내용 접근과 파악, 정보 자산 획득과 시설 설치 승인 등이 이에 해당한다.[6)]

미국 의회의 정보통제는 정보 실패, 정보 스캔들을 의회차원에서 조사하는 위원회가 활동하면서 구체화 된다. 1960년대의 피그만 공작 실패, U-2 첩보기 격추, 1970년대의 워터게이트 정치공작 사건, 이란 인질구출 공작 실패, 1980년대의 중남미 좌파정권 퇴출공작, 불법 무기거래와 정보공작 자금 운용, 인권운동가 배경조사, 시민 통화 도청 행위에 대한 본격적인 의회 조사가 대표적 사례들이다. 상원과 하원에 의한 행정부 정보기관의 불법 정보 사찰 행위 조사는 정보 규제와 통제로 이어지고, 이 같은 공세는 대통령, 행정부, 정보기관으로 확대된다. 의회가 주도한 것은 아니지만 초당적 정보조사위원회가 대통령에 의해 구성된다. 닉슨 대통령과 보좌관이 전직 연방수사국, 중앙정보부 요원을 고용하여 워터게이트에 차린 민주당 선거본부에 침투시킨 정치 스캔들이 발생한다. 전직 정보요원들은 닉슨 대통령의 재선 승리에 도움이 될 만한 민주당 대통령 후보 맥거번 선거자금 기록, 선거유세일정을 수집하다가 발각되어 닉슨 대통령은 사임하게 된다. 부통령직에서 대통령직을 승계한 포드 대통령은 1975년 1월 3일 초당적인

6) Lowenthal, Mark M. 2003. op *cit. pp.* 156-160: Holt, Pat M. 1995. *op. cit.* pp. 220-229.

정보조사위원회(Blue-Ribbon Commission)를 구성하고 록펠러 부통령을 위원장으로 임명한다. 이 위원회에서 건의한 내용 중에는 대통령이 승인한 전략적 정보공작활동을 의회에 보고하는 의회의 행정부 정보공작 통제를 눈여겨 볼만하다. 그러나 본격적인 의회의 정보기관 조사는 1975년 상원 처치의원을 위원장으로 한 상원정보활동조사위원회(United States Senate Select Committee to Study Governmental Operations with Respect to Intelligence Activities)에서 시작된다. 민주, 공화 상원의원으로 구성된 정보활동조사위원회는 1975-1976년에 정보요원 면담, 정보자료 분석으로 7권의 조사보고서를 작성한다. 조사보고서에는 불법적인 시민 미행, 우편개봉, 전화 도청, 감청, 국세청의 재산정보 조사, 비밀공작 정당성에 걸친 방대한 정보 공작 내용이 정리되어 있다.

처치위원회는 상원에 정보위원회를 두어 정보기관의 정보활동을 통제하고 대통령의 정보권한을 견제하는 건의를 제시하여 1976년 처치위원회를 모태로 상원정보위원회를 두게 된다. 1976년 94차 회기에 개원한 상원은 결의안 400호에 의거 상원정보위원회(Senate Select Committee on Intelligence)를 두게 된다. 상원정보위원회는 상원 군사, 법무, 국토안보, 외교, 예산위원회와 기능, 임무, 성격상 중복된다. 따라서 이들 위원회와 상호협조로 임무를 수행 할 수밖에 없어, 각 상임위원회에서 선발된 의원이 정보위원회 위원으로 활동하게 된다. 특히 정보예산의 절반을 사용하는 국방정보비를 고려하여 상원 군사위원회 위원장, 야당 중진 군사위원회 위원은 반드시 정보위원회 위원으로 배정된다. 위원은 군사, 법사, 외교, 예산위원회 소속 민주, 공화 의원 각 1명씩 8명, 나머지 7명은 원내 다수당인 여당 4명, 야당 3명으로 15명이 정원이다. 여, 야당 원내 대표가 당연직으로 참석하나 투표권은 없다. 같은 시기에 하원도 파이크(Otis Pike) 의원을 위원장으로 하원 정보조사위원회를 구성하여 보고서를 작성한다. 특히 파이크 위원은 조사과정에서 인지한 미국정보기관을 불량 코끼리(rogue elephant)로 비유하여 포드 대통령, 키신저 국무장관, 중앙정보부, 연방수사국과 긴장관계를 조성하고, 위원회 자체 결의로 보고서 공개를 금지 했으나 곧 언론에 알려져 뉴스로 보도된다. 하원 정보조사위원회 역시 결의안 658호로 하원에 정보위원회 설치를 건의하여 1977년 하원 정보조사위원회(House Permanent Select Committee on Intelligence)를 만들어 활동하게 된다. 하원 정보위원회는 정원 20명으로 원내 다수당 12명, 야당 의원 8명으로 구성되고 하원 군사위원장, 야당 중진 군사위원회 의원이 포함된다. 하원 여야당 대표가 당연직 의원이며 투표권은 없다.

정보위원회가 정보와 연관하여 대통령, 각료, 정보기관을 통제하는 주무기는 정보비 예산 심의와 승인, 승인 과정에서 정보활동, 비밀공작, 방첩 보안 내용을 구체적으로 심사하고 확정하는 것이다. 또한 1974년 상원의원 휴우스(Harold Hughes)와 하원의원 라이언(Leo Ryan)이 공동 발의하여 통과한 휴우스-라이언 수정법(Hughes-Ryan Amendment), 1978년 10월 25일 해외정보활동법(Foreign Intelligence Surveillance Act), 1980년 정보감시법(Intelligence Oversight Act)은 국가이익 보호와 성취는 강력하고 효율적인 정보역량에 달렸음을 확인하면서 대통령과 행정부는 정보활동과 비밀공작을 수행하고 의회는 공작 내용, 계획 심사를 곁들인 정보예산을 심사 승인하는 각자의 역할을 분명히 규정하게 된다.[7] 1991년 의회에서 통과된 정보수권법(Intelligence Authorization Act)에 따라 중요한 비밀공작은 서면으로 보고하거나, 긴박한 상황인 경우 비밀공작 수행 후 48시간 내에 대통령이 상하원 군사, 예산, 정보위원회에 서면 보고서를 제출 하도록 규정하고 있다. 통과된 정보 예산도 전략적 비밀공작 예산은 사전 정보위원회의 동의를 받아야 한다.

이 경우에 비밀과 보안을 최우선으로 하는 특수 비밀공작 계획이 의회에서 사전 누설 되는 것을 우려하는 견해가 있으나, 실제로 기밀은 의회보다 행정부에서 누설 되는 경향이 짙다고 한다.[8] 지역구에는 별로 도움 되는 일이 없는 정보위원회 활동은 가끔 언론에 보도되는 정치이미지 때문에 대부분 중량감이 있는 의원과 당연직으로 여, 야당 원내대표가 참여하여 활동한다. 중량감이 있는 의원이 정치력을 발휘하기 때문에 정보위원회에서 논의되는 사안이 누설되는 일은 없으며, 만일 누설하는 의원이 있다면 다음 공천에서 탈락시킨다고 한다. 그리고 정보비 예산 심사 승인은 16개 정보기관의 예산과 정보활동 내용을 심사, 승인하는 것이어서 구체적 정보통제와 감시가 실체적으로 이루어지게 된다. 상원 정보위원회는 국가정보부장, 중앙정보부장을 임명할 때 타당성을 검증하는 청문회를 개최하고 대통령에게 임명여부를 승인하는 보고서를 채택한다. 이 청문회에서

7) Andrew, Christopher. 1996. *op. cit.* pp. 403-454.
8) Lowenthal, Mark M. 2003. *op. cit.* pp. 162-165.

정보부장은 정보철학, 정보전략정책, 비밀공작 정당성을 스스로 확인하는 계기가 되고, 의회는 국민 앞에 의회의 정보기관 통제를 공개적으로 보여주게 된다. 뿐만 아니라 정보실패, 비밀공작과 방첩보안에 취약점이 노출되거나 법규준수, 비밀공작 효율성, 재무회계 건전성을 상하원 정보위원회는 공개, 비공개 회의로 조사하게 된다. 조사청문회에는 정보부장, 정보공작과 정보분석 담당 차장, 정보실무가, 전문가를 출석시켜 의견청취, 쟁점 검토, 문제점 분석, 대안 검토를 하면서 의회의 정보기관 통제 지평을 심화, 발전시킨다.

영국의회는 1980년대에 국내 방첩보안기관 임무를 규정한 법안을, 1990년대에는 해외정보기관 업무를 다루는 법안을 제정하여 의회 차원의 정보통제 메커니즘을 마련한다. 2000년대에는 미국 의회 정보위원회에서 규정한 법규처럼 시민 우편개봉, 전화도청을 금지하는 법안을 마련한다. 영국은 의회가 법률을 만들고 법관이 조사, 감시하는 정보기관 통제 방안을 활용하는데 정보안전위원회, 정보감시위원단, 통신조사단을 법관으로 구성하여 정보기관의 불법 시민도청, 통신감청 활동을 감시하고 처벌하는 기능을 수행한다. 그 결과는 매년 의회와 수상에게 보고한다. 이스라엘 역시 모사드 해외정보부, 신베트 국내보안부, 아만 군사정보부가 인권유린, 월권행위, 정보실패를 저지른 상황이 발생하면 국회 동의로 수상이 대법관으로 조사위원회를 구성한다. 조사위원회에서 발표한 결과에 따라 정보요원, 정보기관장의 해임으로 이어지고 각료, 수상은 정치적 책임을 지고 사직하게 된다. 1973년 욤키푸르(Yom Kippur) 전쟁 초반에 이스라엘군은 기습을 당하고 전선이 돌파당한다. 이스라엘 정보기관은 이집트 주변 아랍국가의 군사력이 이스라엘을 선제공격할 정도로 준비되어 있지 않다는 그릇된 전술전투정보를 판단, 제공한다. 이런 정보판단 착오 속에 욤키푸르 유대교 절기를 맞아 방심하던 이스라엘군은 이집트 군과 주변 아랍군이 감행한 선제공격으로 초반 전쟁에서 패주하게 된다. 핵무기 사용도 불사하던 이스라엘은 아랍 동맹군을 동남북 전선에서 제압하나, 종전 후에 대법원장 아그라나트를 위원장으로 하는 아그라나트 위원회가 욤키푸르 전쟁 전말을 조사한다. 조사 결과로 인해 이스라엘 군 총참모장 엘라자르, 아만 군사정보부장 자이라, 부부장겸 연구분석국장 샬레브, 고넨 남부사령관을 해임시킨다. 뒤이어 골다 마이어 수상도 사임한다. 이스라엘 의회의 정보통제는 의회결의로 수상이 법관으로 조사위원회를 구성하여 조사한 결과에 따라, 정보기관 수장, 각료, 수상까지 책임을 지게 하는 방식을 취한다.

한국에서는 국회 국방위원회가 정보기관의 정보활동과 정보예산을 다루는 방식으로 행정부 정보기관을 통제하였다. 그러다가 1994년 국회에 정보위원회를 신설하는 법안을 마련하고, 국가정보업무에 대한 국회의 효율적인 통제와 행정부의 국가기밀보호라는 상호조화의 필요성을 인정하여 국회에 정보위원회를 설치 운영한다. 정보위원회는 국가정보원, 국방정보본부, 국군기무사령부, 경찰정보를 포함한 정보공동체 업무를 심의, 조사, 통제하는 기능을 수행한다. 중요 기능으로는 한국 정보공동체의 정보기관 예산심의, 정보청문회 개최, 비밀공작 실태, 정보실패에 관한 조사, 정보기관장 인사 검증, 정보보고서 접수, 정보브리핑 청취가 있다. 위원은 당대표, 원내 대표의 심의를 거쳐 국회의장이 임명하며 임기 2년으로 소관 상임위원회 위원이면서 정보위원회 위원을 겸직한다. 위원은 12명으로 여당 의원 8명, 야당 의원 4명으로 구성되며 여당, 야당 원내 대표는 당연직 위원으로 참여한다. 현재 겸임 위원회는 정보, 윤리, 여성위원회가 있다. 그런데 이런 중대한 기능을 행사하는 한국 국회정보위원회는 설치된지 17년이 경과한 지금, 활동 평가에는 회의적 시각이 지배적이다. 다년간 의정 활동을 해온 정보위원회의 중견 의원이 자신이 몸담고 있는 정보위원회 활동에 회의적 견해를 가지고 있다는 것이다. 회의적 시각이 지배적인 이유는 행정부의 정보기관이 중요 정보를 국회 정보위원회에 제공하면, 정보위원은 그 정보를 언론미디어나 외부에 유출하여 당리당략 차원이나 위원 개인 정치과시용으로 이용한다는 사실에서 기인한다. 그러다 보니 국가정보기관은 낮은 수준의 정보나 제공하여 의회의 행정부 정보기관 통제는 처음부터 기대하기가 힘들다는 것이다. 한국 의회가 정보기관 통제에 회의적인 요인으로는 국회 정보위원회의 내부 요인, 법제도적 요인, 정보업무 성격 요인에 기인하고, 이들 요인이 상호 복합적으로 연계되어 있다고 본다.

정보위원회 내부 요인은 의원이 소속한 정당의 당리당략 영향권에서 자유롭지 못하고 위원 개인의 정치적 이익에 얽매여 있다는 것이다. 또한 정보위원회 위원은 중량감이 있는 의원으로 선발되어 국가안보에 초당적으로 대응하는 책임의식과 개인역량이 충만해야 하는데, 일부 정보위원회 의원은 이러한 자질을 갖추지 못하였다는 견해가 높다. 더불어 당연직으로 임명된 원내대표가 정보위원회에 출석하여 정보위원장과 협조, 자기당 소속 위원이 정보기관에서 제공받은 정보를 이성적으로 관리하도록 독려하는 리더십도 부족하다는 견해도 있다. 정보위원회 위원이 언론이나 외부에 기밀을 유출하는 동기는 대부분 정략적 판단, 당리당략, 자기과시, 선전홍보에서 온다.

그러나 정보기관이 정보기밀 사항을 외부에 유출하는 정보위원을 감시하고, 정보위원장, 당연직으로 참여하는 원내대표가 이들을 경고하고 견책하는 자체 통제 장치가 없다는 것이 더 큰 문제이다. 당대표나 원내대표는 대표로 당선되는 데 공헌한 의원에게 보상하는 의미에서, 혹은 비인기 상임위원회에 배정된 의원을 위로하는 차원에서 의원을 정보위원회 위원으로 배정하게 된다. 정보위원회 위원이 되면 지역구에 직접적 도움이 되지 않으나 정보위원으로 챙기는 소득이 있기 때문이다. 또한 정보위원은 정보위원으로 국가안보를 논의하는 자부심과 존경을 얻고, 가끔 청취한 정보를 기자에게 흘려서 자신의 이름을 미디어에 알릴 수 있다. 더불어 각국 주재 대사관에서 활동하는 정보조직의 공작, 정보예산을 감사하려 해외에 나가서 대접받는 다양한 서비스와 예우를 프린지 베네핏(fringe benefit)으로 즐기고 있다. 그러므로 정보 분야에 일가견이 있거나 중량감이 있는 국회의원을 정보위원으로 선정하여, 이들이 대통령과 행정부의 정보기관이 수행하는 정보를 통제하는 의회 본연의 임무를 하리라 기대하기 어렵게 되었다. 국회 정보위원회에 보고하는 정보가 언론미디어, 소속당, 외부에 정략적으로 유출되는 현실에 정보기관은 중량감이 있는 정보 대신 낮은 수준의 경량 정보, 정제된 정밀정보가 아닌 가십거리 수준의 정보만 제공하는 보고 관행이 진행된다. 여야당의 정략적 정보유출, 정보위원 개인의 자기선전, 행정부 정보기관과 국회 정보위원회의 상호 불신이 한국국회정보위원회의 현주소이다.

기밀유출은 여야가 따로 없다. 국정원장이 정보예산 현황을 국회 정보위원회에 설명하면 즉각 정보예산 전모를 언론에 흘리는 위원이 여당 의원이었고 리비아, 인도네시아를 상대로 한 어설픈 비밀공작 실패를 정보간부가 정보위원회에 설명하는 순간, 실패전모를 규명하는 청문회 개최보다는 실패를 외부에 알리기 바쁜 위원은 야당 위원이었다. 정보위원회는 철저히 정보공작 실패의 원인을 따져 대안을 마련해야 한다. 이러한 과정을 통해 국민들로부터 정보기관의 어려움을 이해받고 성원을 이끌어 내는 계기가 될 수 있다. "북한의 김정은이 후계자라면 그가 활동하는 최근 사진을 보여 달라"라는 요구에 국가정보기관의 응답은 침묵이거나 사진 제공은 불가능하다는 응답이다. 정보위원이 열람한 후계자 김정은의 사진은 스위스 유년학교에서 학우들과 찍은 사진이 전부이고, 그 사진은 언론에 공개되어 세계시민이 모두가 아는 공개 정보이다. 정보 위원들이 김정은의 사진을 요구하면, 정보기관은 "최근 김정일 활동 근황을 촬영한 사진은 공개할 수 없다." "사진을 공개하는 경우, 촬영 각도, 위치 추적으로 촬영한 정보보조원, 정보공작요원이 노출되고 신변안전을 도모할 수 없다"는 식의 응답만 되돌려 줄 뿐이다. "회의장에서 열람하고 되돌려 주면 되지 않느냐"는 정보위원들의 끈질긴 요구에도 정보기관은 침묵만 할 뿐이다. 한국 국회 정보위원회 위원들은 김정일의 후계자인 김정은의 활동 현장 사진 한 장도 제공하지 않는 행정부의 정보기관의 대응에 아마도 그런 현장 사진을 입수할 정보능력이 없다고 생각하는 것 같다. 특히 북한 정권이 경량화 된 핵탄두를 개발하여 대포동 미사일에 탑재하여 발사하는 등, 북한 정권의 핵무기 실현 가능성이 코앞에 다가와 있는 시점에 정보위원들은 국가정보기관의 체계적 정보수집, 분석 판단 주문과 대응력에 우려와 관심을 표명하고 있다. 결국 국회 정보위원회의 위원의 역할은 정보예산의 총괄 심사, 승인과 정보기관이 제공하는 정보를 바탕으로 분석 비판하고, 그 밖에 제보자가 제공하는 정보에 신뢰가 가면 문제를 제기하는 수준의 국회의 정보기관에 대한 통제가 있을 뿐이다.

남북한 분단, 전쟁위협이 상존한 현시점에 정보위원회에서 보고되어 논의된 내용이 즉각 외부로 새어나가면, 모든 정보기관은 알맹이가 없는 정보 보고와 홍보차원의 자기과시 맞춤정보를 제공하는데 익숙해지고 만다. 국회 정보위원회에 믿음을 보이지 않는 정부기관의 실체 없는 정보보고 행위는 자연스럽게 정보위원회의 정보기관 감시 통제가 형식적으로 끝나는 정보통제의 악순환만 진행시킬 뿐이다. 정보위원회의 정보기관 감시 통제가 취약한 또 다른 내부 원인으로는 위원 임기가 2년이어서 전문성을 익혀가는 순간 교체되고, 당연직 원내대표 역시 당내 정치 분쟁으로 2년 임기 이전에 교체되는 잦은 위원 교체, 바쁜 원내일정으로 정보위원회에 자주 참석하지 못하여 정보 유출을 방지하는 리더십 발휘가 부족한 것도 꼽을 수 있다. 국회의원으로 당선되어 의정활동, 상임위원회 활동으로 경륜을 쌓거나, 의원이 되기 전 정보 분야에 일가견을 쌓은 의원이 정보위원회에 참여하여 국가안보, 산업안보를 위해 초당적으로 합심하는 정보위원회 위원의 자질 향상, 정치력 발휘가 급선무로 요망되고 있다.

정보관련 법 제도 역시 정보위원회 활동을 취약하게 묶어놓고 있다. 정보통제 대상이 구체적으로 적시되지 않아 정보위원회의 정보기관 통제는 실효성이 없다는 사실이 정보기관이 제시한 예산심사에서 나타난다. 국가정보원법 12조, 14조는 국가정보원 예산은 총액제도로 규정하여 예산 세부내역을 예산안과 함께 제출하지 않아도 된다. 그러므로 예비비, 특수 활동비 사용 내역이나 정보기관 자체감사 내용도 정보위원회에 보고 하지 않게 된다. 또한 정보예산은 정보위원회 산하 예산소위원회에서 심사하여, 정보위원회 전체회의를 거치면 예산결산위원회를 거치지 않고 예산안에 자동 포함되어 곧바로 국회 본회에 회부된다. 따라서 정보예산을 심사하는 단계에서 정보활동 영역, 주요 비밀공작 내역을 심사하지 않아 정보위원회는 정당한 통제, 합리적 감시, 견제를 제대로 할 수 없는 상황이다. 각료 임명 청문회처럼 승인을 거부해도 구속력이 없다. 그러다 보니 국정원장, 경찰, 군 정보 책임자의 자질, 정보철학, 전략정보정책, 조직관리 구상에 관한 구체적 검증공방이 치열하지 않고, 청문회는 여, 야당의 정치공방 설전장으로 변모되는 경향이 짙다. 다시 말해, 국회가 국정원 등 정보기관을 통제하는 하이라이트로 정보기관이 사용하는 정보예산 심사, 승인에서 심도 있는 검토를 하지 못하고 있는 것이다. 정보예산 심사과정에서 정보기관이 가능한 숨기려는 정보공작비 내역과 정보공작 내용을 구체적으로 밝히지 못 할 뿐 아니라, 정보목표와 공작내용이 정당성이 있는지를 검토하는 작업 역시 심도 있게 다루어지지 못한다. 이런 맥락에서 보면 1960년대 중앙정보부가 설치된 이후 변화하는 세계정세, 국내 상황에 공세적으로 대응하는 정보시스템 개혁을 의회가 주도적으로 이끌지 못하고 있다고 할 수 있다.

정보기관이 수행하는 정보임무, 기능 성격이 여야 정보위원회 위원의 정치공세에 휘말리고, 이 와중에 거론된 민감한 정보 사안은 외부로 유출되고, 당리당략적으로 재탕 삼탕 대국민 홍보용으로 처방 조제된다. 국회정보위원회에서 조성된 여야 간 정치공세공방은 정치음모 공작론으로 까지 비화된다. 그리하여 향후 선진화된 지평에서 국가정보원이나 국방정보 기관은 순수 해외정보, 북한정보, 군사정보만 다루고 국내정보, 정치정보는 국내 치안, 공안, 법무, 산업 분야행정부 기관이 분산 관리하는 법제도 정비를 중견 정보위원회 위원들은 애써 강조하고 있다. 그리고 국가정보원이 정보예산을 총액제로 정보위원회에 보고하는 관행을 지양하고 구체적 세부 정보 활동비, 공작비를 상세히 기술하고 예산결산위원회 심의를 받도록 하는 다원화 예산 통제 법안 마련도 정보위원들은 주장하고 있다. 국회 정보위원회가 체계적인 정보 통제를 할 수 없으면, 의회 차원에서 국가정보기관 활동을 지원하는 통로가 원천봉쇄 된다고도 할 수 있다. 정보위원회의 통제가 성숙되면 정보기관이 정보실패를 자초하더라도 정보위원회가 청문회를 통해 국민에게 이해를 구하는 보호막이 될 수 있고 의회의 자연스런 성원을 받을 수 있다. 정보위원회의 중견의원이 국회 정보위원회 활동에 회의적 시각을 갖는 것 자체가 정보위원회의 정보기관 통제에 자기혁신, 법규개정, 통제장치 정비, 국가정보시스템 구축에 관한 강한 개혁 입법의지의 표출 필요성을 요구하고 있는 것이다.[9] 한국 국회의 정보위원회 현주소는 대통령과 국가정보기관을 통제 감시하는 역할이 정체된 현시점에서, 공세적 통제 감시체제 구축으로 세계 수준의 의회 통제기관으로 도약하는 과도기에 있다고 볼 수 있다.

9) 국회정보위원회 위원인 중견 의원과의 면담에서 현재와 미래의 정보위원회 청사진을 조감할 수 있다(이범관의원(2011년 8월 8일 오전 10시 30분 의원회관 사무실), 황진하 의원(8월 12일 오후 3시 의원회관), 박지원 의원(8월 24일 오후 5시 30분 전화), 신학용 의원(8월 26일 오후 2시 의원회관), 권영세 의원(8월 29일 국회 정보위원장실) 면담).

〈표 10-1〉 국회 정보위원회 위원의 정보통제 의견 수렴

<table>
<tr><th>정보위원</th><th>의원 개별 의견</th><th>공통 의견</th></tr>
<tr><td>박지원</td><td>ㅇ국가정보기관의 폐쇄적, 독점적 정보운영 지양
ㅇ국회 정보위원회의 정략적 정보청취, 의견개진, 언론 공개 방지
ㅇ정보기관과 정보위원회의 상호불신 해소, 열린 마음으로 청문회 개최
ㅇ정보쟁점검토는 의회의 정보기관 지원 협력으로 발전
ㅇ정보기관의 정보 수집능력 취약 극복이 과제</td><td rowspan="5">ㅇ당리당략 차원, 위원 개인 홍보용의 정보유출 차단이 시급 과제

ㅇ국가정보기관과 국회정보 위원회의 상호 불신으로 정보기관은 낮은 수준의 정보만 제공

ㅇ보상차원의 위원 선정, 잦은 위원 교체로 정보 전문성취약으로 정보기관에 대한 국회의 감시, 감독, 통제가 미흡

ㅇ전문성과 중량감있는 정보위원 선정 필요

ㅇ총액예산제에서 전략적 정보 활동, 공작활동 내역을 검토 승인하고, 예결위도 거치는 정보예산 법규 제도개혁으로 국회의 정보통제 시스템 향상

ㅇ정보기관의 해외정보, 북한정보, 국내정보 분리운영</td></tr>
<tr><td>권영세</td><td>ㅇ국가정보원의 국내정보를 제외한 해외, 북한정보 분리운영으로 정보위원회의 정략적 정보 유출 차단
ㅇ정보기관과 정보위원회 위원 상호불신으로 낮은 수준의 정보제공, 그 결과 의회의 정보통제는 취약
ㅇ당대표, 원내대표 선출에 기여한 의원, 인기없는 상임위 배정의 보상 차원에서 임명하는 중량감이 낮은 정보위원의 임명 지양
ㅇ청취한 정보를 누설하는 위원을 통제하는 정보위원장, 당연직 위원인 원내대표의 통제 리더십 발휘</td></tr>
<tr><td>황진하</td><td>ㅇ정보위원회의 국가정보 보안의식이 당리정략개입으로 취약
ㅇ2년 마다 정보위원 교체, 여야당 내부사정으로 위원, 당연직 원내대표 수시교체로 정보전문성 취약. 이로 인한 정보기관 통제능력이 미약
ㅇ정보법규 개정으로 정보예산 총액만 심의하는 관행을 탈피하여 중요 정보활동, 전략공작 내용별 예산 심의, 예비비, 특수활동비 사용내역 자체감사 보고서 접수와 검토, 정보위원회 차원의 예산 감사, 정보활동 감사 가능 조치 필요</td></tr>
<tr><td>이범관</td><td>ㅇ정보기관이 브리핑한 정보내용을 정보위원이 당리당략, 개인 홍보용으로 언론과 대외에 유출하는 국가의식, 보안의식 결여는 국회의 정보통제에 앞선 위원 자질향상, 책임규명의 제도개선이 선행요건
ㅇ예결위에도 정보예산이 심의되고 정보예산 총액제도를 정보활동, 공직활동 등 중요 부문별로 심의</td></tr>
<tr><td>신학용</td><td>ㅇ정보예산의 총액제에서 세부 정보수집, 공작 활동, 시설비 등 중요 부문별 예산 심사 승인으로 구체적 정보통제가 가능하도록 예산, 제도 개혁 필요</td></tr>
</table>

요 약

의회와 정보통제

- 의회의 정보통제는 대통령을 견제하고 행정부를 비판하는 지평에서 이루어짐
- 의회의 정보통제는 의회의 입법권에서 나오며, 의회의 정보통제메커니즘은 정보예산 심사승인, 정보활동비 감사, 정보공작비 승인, 공작내용 사전 점검, 공작 보고서 접수, 정보공작 실패의 원인 규명, 정보기관장 임명승인, 조약 이해여부 관찰하는 정보내용 청취, 정보청문회, 정보자산 획득과 시설 설치 승인 등으로 이루어짐
- 미국 의회의 정보통제는 정보실패와 정보 스캔들을 의회차원에서 조사하는 위원회가 활동하면서 구체화됨
  - 피그만 공작 실패, U-2 첩보기 격추, 워터게이트 정치공작, 이란 인질 구출 공작 실패, 중남미 좌파정권 퇴출공작, 불법 무기거래와 정보공작 자금 운용, 시민통화 도청행위에 대한 의회 조사가 대표적 사례임
  - 정보위원회의 정보기관 통제 주 무기는 정보비 예산 심의와 승인, 승인과정에서 정보활동, 비밀 공작 및 방첩 보안 내용의 구체적 심사 승인
  - 미국 정보통제 관련법: 1978년 10월 25일 해외정보활동법, 1980년 정보감시법, 1991년 정보수권법

의회와 정보통제

- 이스라엘의 모사드, 신베트 아만이 인권유린, 월권행위, 정보실패를 저지른 경우 국회 동의로 수상이 대법관으로 조사위원회를 구성. 조사 결과에 따라 정보요원, 정보기관장의 해임, 수상은 정치적 책임을 지고 사직
  - 이스라엘 의회의 정보통제는 영국처럼 의회결의로 수상이 법관으로 조사위원회를 구성. 조사결과에 따라 정보기관 수장, 각료, 수상까지 책임을 지게 하는 방식을 취함
- 한국
  - 국방위원회가 정보기관의 정보활동과 정보예산을 다루다가 1994년 국회에 정보위원회를 신설하는 법안을 마련하여 정보위원회가 정보기관 통제
  - 정보위원회는 국가정보원, 국방정보본부, 국군기무사령부, 경찰정보를 포함한 정보공동체 업무를 심의, 조사, 통제하는 기능 수행 → 정보기관 예산 심의, 정보 청문회 개최, 비밀공작 실태 및 정보실패에 관한 조사, 정보기관장 인사 검증, 정보보고서 접수, 정보브리핑 청취, 시설 및 기자재 설치 승인
  - 정보위원회가 설치된 지 17년이 지난 지금, 정보위원회의 활동에 대해 회의적 시각이 지배적임
    - 행정부의 정보기관이 정보를 국회 정보위원회에 제공하면 정보위원은 그 정보를 언론미디어나 외부에 유출하여 당리당략 차원, 위원 개인의 정치 홍보용으로 이용
    - 의회의 정보기관 통제가 안되는 요인: 국회 정보위원회의 내부 요인, 법제도적 요인, 정부업무 성격 요인이 상호 복합적으로 연계됨
  - 대통령과 국가정보기관을 통제 감시하는 역할이 정체된 현 시점에서 국회 정보위원회의 현 주소는 공세적 감시체제 구축으로 세계 수준의 의회 통제기관으로 도약하는 과도기에 있음

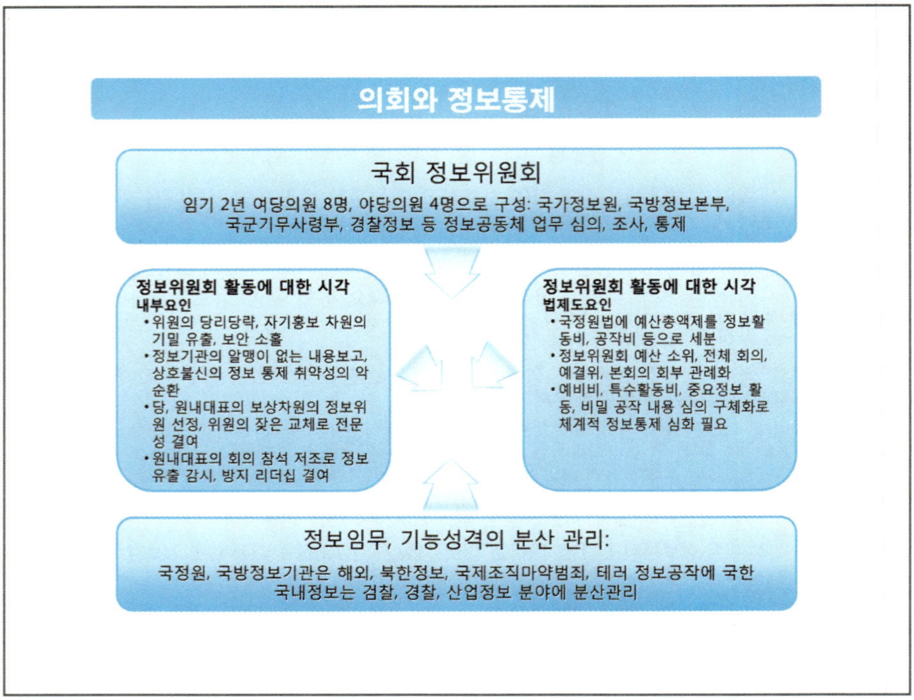

의회와 정보통제
국회 정보위원회
임기 2년 여당의원 8명, 야당의원 4명으로 구성: 국가정보원, 국방정보본부, 국군기무사령부, 경찰정보 등 정보공동체 업무 심의, 조사, 통제
정보위원회 활동에 대한 시각
내부요인
•위원의 당리당략, 자기홍보 차원의 기밀 유출, 보안 소홀
•정보기관의 알맹이 없는 내용보고, 상호불신의 정보 통제 취약성의 악순환
•당, 원내대표의 보상차원의 정보위원 선정, 위원의 잦은 교체로 전문성 결여
•원내대표의 회의 참석 저조로 정보 유출 감시, 방지 리더십 결여
정보위원회 활동에 대한 시각
법제도요인
•국정원법에 예산총액제를 정보활동비, 공작비 등으로 세분
•정보위원회 예산 소위, 전체 회의, 예결위, 본회의 회부 관례화
•예비비, 특수활동비, 중요정보 활동, 비밀 공작 내용 심의 구체화로 체계적 정보통제 심화 필요
정보임무, 기능성격의 분산 관리:
국정원, 국방정보기관은 해외, 북한정보, 국제조직마약범죄, 테러 정보공작에 국한 국내정보는 검찰, 경찰, 산업정보 분야에 분산관리

3. 언론과 정보 통제

인쇄매체인 신문, 방송매체인 라디오, TV등 대중언론매체와 정보기관과는 상극이다. 동시에 뉴스의 수요 공급 면에서는 협조 공생의 관계에 있다. 정보기관과 언론이 상극인 것은 기능상 배타적 관계에 있다는 의미이다. 기자는 공개(openess)를 원칙으로 하는 공개주의를 내걸고 자기 임무를 수행한다. 반면 정보가는 비밀(secrecy)을 원칙으로 비밀고수주의로 정보 수집, 분석, 방첩, 공작 활동을 전개한다. 기자는 자기신분이 노출되어야 정보를 제공받을 수 있는 반면 정보원은 자기 정체가 알려지는 순간 정보 유입은 중단되고 정보 레이더에서 사라지게 된다. 언론인은 의심나면 조사하고, 조사한 내용은 기사화하여 뉴스로 발표하는데 반해 정보가는 의심이 가는 순간 비밀로 하여 조사하고, 조사한 내용은 당연히 비밀로 하여 대통령, 수상, 정보를 필요로 하는 정부 정책가에게만 제공한다. 한마디로 기자는 의심이 가면 조사하여 '뉴스로 발표'하는데 반해 정보가는 의심이 가면 비밀리에 조사하여 '비밀분류'를 하게 된다.[10] 대중매체의 입장에서 보면 정보기관의 기밀사항은 신문과 방송의 기사거리로는 단연 으뜸이다. 따라서 정보기관이 가지고 있는 비밀스런 정보가 정보기관에서 한 조각이라도 새어나오면 즉각 신문기사 혹은 TV 방송, 뉴스로 보도된다. 이렇게 비밀정보가 언론 방송 매체에 전달되어 뉴스로 보도되는 순간에 비밀정보는 공개정보가 되고 관련 여론이 조성되면서 비밀정보의 소스인 국가정보기관은 지지와 찬사, 비판과 성토의 대상이 된다. 따라서 언론보도는 정보기관에 대한 언론의 통제 및 견제로 이기도 하다.

이렇듯 공개주의 언론과 비밀주의 정보기관은 성격상 상극이며 업무수행에서 갈등을 초래하고 때로는 위험, 기피 대상이 되기도 한다. 언론과 정보는 가까이 할 수도 멀리 할 수도 없는 본질적으로 불가근불가원의 관계에 있다. 그러나 현실적으로 언론과 정보는 상호 협조공생관계에 있다. 정보 공급과 언론 수요 관계에서 보면 정보를 뉴스거리로 가치가 있다고 언론이 판단하여 발표하는 정도에 따라 저강도, 중강도, 고강도의 불가근불가원 관계가 형성될 따름이다. 국가정보

10) Holt, Pat M. 1995. *op. cit.* pp. 178-179.

기관은 수행하는 정보공작 결과가 국가이익에 도움이 될 경우 혹은 우려하던 외교목표를 달성하여 국민의 불안을 해소하기 위해서 정보공작 결과를 발표할 필요를 느끼게 된다. 이로 인해 정보기관의 위상이 강화되고 국민의 사랑을 받아 국민의 협조를 얻을 수 있는 계기를 마련하기도 한다. 이런 정보성공은 대통령이나 집권당에게는 국민의 지지를 이끌어 내는 긍정적 신호로 이용되고, 이를 위해 베일에 싸여 있기를 바라는 정보기관과 정보활동은 정치시장에 공개적 상품으로 판매되게 된다. 더군다나 아무리 매력적인 정보공작 업적도 언론에서 뉴스로 발표하지 않으면 국민은 알 수 없기 때문에 다른 정부 기관과 마찬가지로 정보기관은 적극적으로 언론에 접근하여 성취한 정보공작의 배경, 내용, 효과에 흥미를 곁들여 설명함으로써, 그들의 업적이 가치 있는 상품임을 설득하기도 한다. 동시에 언론은 국민에게 제공하여 판매부수, 시청률을 높일 수 있는 뉴스거리로 가치가 있는가를 면밀히 검토하여 매력적인 뉴스로 만들기 위해 촌각을 다투게 된다.

언론의 정보기관 통제, 견제는 언론과 정보기관과의 관계를 규명하면 보다 선명하게 파악 될 수 있다. 여기서는 언론과 대통령과의 관계를 실증적으로 분석하여 대통령 직속기관인 국가정보기관과 언론과의 관계를 유추 해석해 본다. 필자와 연구팀은 2004년에 박정희 대통령 이후 역대 대통령의 공보(홍보)참모와 대통령실 출입기자를 상대로 설문조사를 실시하여 언론과 대통령과의 관계를 규명하는 실증모형을 구축해 보았다. 전·현직 청와대 공보참모와 청와대 출입기자 60명을 상대로 설문면접조사를 실시하였는데, 전체 응답자의 7할은 전·현직 청와대 출입기자이고, 3할은 역대 대통령 공보담당 참모이다.[11] 언론과 대통령의 관계 모형은 두 번의 회귀분석을 실시하여 경로계수를 측정하여 구축한다.[12] 그 결과 국민의 대통령 지지도와 대통령에 대한 편집자 시각이 대통령과 언론미디어 관계에 영향을 주는 것으로 나타난다.[13]

---

11) 최평길·백정미. 2005. “대통령과 언론: 대통령과 언론미디어의 관계 실증모형을 중심으로.” 「한국행정학보」. 제39권 제4호. 389-409쪽.

12) 국민의 대통령 지지도를 종속변수로하여 대통령 언론관, 대통령에 대한 편집자 시각, 언론사 이념성향에 대해 회귀분석을 실시한다. 그리고 재직당시 대통령과 언론미디어 관계를 종속변수로 하고, 국민의 대통령 지지도를 비롯한 대통령 언론관, 대통령에 대한 편집자 시각, 언론사 이념성향을 독립변수로 하여 회귀분석을 실시한다.

13) 〈재직당시 대통령 언론미디어 관계에 대한 회귀분석〉

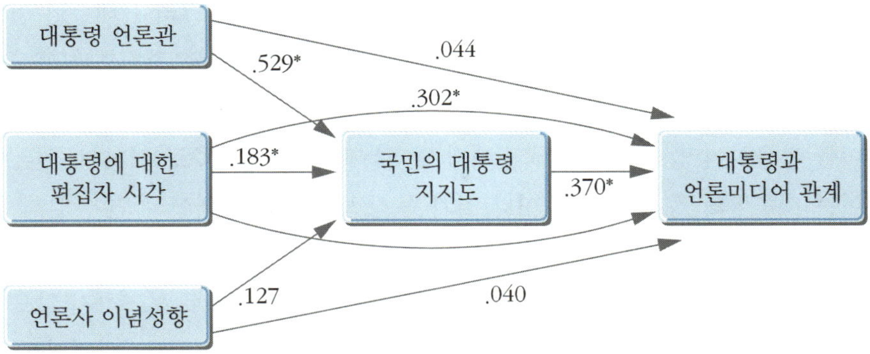

[그림 10-1] 대통령 언론미디어관계에 대한 경로모형

이상에서 도출된 경로계수로 이용하여 경로모형을 작성한 결과 대통령은 언론미디어에 직접 영향을 주지 않지만 국민의 대통령 지지도라는 매개변수를 통해 영향을 준다. 따라서 대통령이 언론미디어와 관계를 형성할 때는 주로 간접적 영향력이 커서, 대통령이 매력적인 정책서비스를 제공하면 언론미디어는 이 내용을 뉴스로 내보내고, 국민은 이에 공감하여 대통령을 지지하는 경향이 높아지게 된다. 반면에 언론미디어는 뉴스를 국민에게 직접 제공함으로써 대통령과 언론미디어의 관계 형성에 상대적으로 직접적 영향력을 행사하는 것 [그림 10-1]로 보인다.

대통령과 언론미디어 관계의 경로효과를 직접효과와 간접효과로 분해하면 편집자의 대통령에 대한 시각이 가장 큰 총효과를 보이고(.370) 있다. 다음으로는

	비표준화된 회귀계수		표준화된 회귀계수	t	Sig.
	B	Std. Error	Beta		
(상수)	.343	.789		.435	.665
대통령 언론관	3.897E-02	.122	.044	.320	.750
대통령에 대한 편집자 시각	.447	.173	.302	2.575	.013
언론사 이념성향	5.431E-02	.160	.040	.340	.735
국민의 대통령 지지도	.366	.140	.370	2.614	.012
R^2	0.304				
F	5.886 (sig=.001)				

대통령의 언론관(.240), 언론사의 이념성향(.087)의 순이다.[14] 그러나 대통령 언론관의 경우 직접효과(.044)보다 국민의 대통령 지지도에 매개된 간접효과(.196)가 훨씬 더 크게 나타난다. 결과적으로 대통령은 국민의 지지도를 등에 업고 언론미디어를 활용하여 정책 결과를 국민에게 알리는 간접효과를 주로 지니며, 언론미디어는 대통령의 정책수행과정이나 결과를 직접 뉴스로 보내어 국민이 알게 하는 직접효과를 갖고 있다.[15] 한마디로 대통령과 참모가 아무리 국민에게 자기들이 수행한 정책 효과를 알리려 해도 언론미디어가 이를 뉴스로 보도하지 않으면 큰 효과가 없는 간접효과만 가지게 된다. 이에 반해 언론미디어는 기사거리로 가치가 있다고 판단하여 뉴스로 띄우면 국민은 즉각 알게 되는 직접효과를 발휘한다. 그래서 대통령과 참모는 배경설명, 직접기고, 인간적 호소, 온갖 방법을 동원하여 언론미디어에 접근한다.

그러나 언론미디어는 단순한 홍보를 위한 수단이 아니라, 스스로의 가치관과 목표를 갖고 대통령과 정책에 대해 해석과 분석을 하게 된다. 따라서 언론미디어는 대통령이나 수상이 주장하고 정부홍보기관이 설명하는 내용을 액면 그대로 뉴스로 내보내지 않는다. 그런 확장자, 확성기 역할은 정부 홍보기관의 소관이고, 언론미디어는 정부 발표나 대통령의 국정수행에 대해 반드시 긍정적 혹은 부정적인 견해를 보이고 때로는 냉소적 시각으로 기사를 작성하게 된다. 언론미디어의 권력 견제라는 역할 및 성격과 함께 기사가 상품성이 있어야 시청자, 구독자를 매료시켜 시장경쟁에서 살아남기 때문이다. 여기에서 대통령과 언론미디어 간에 원초적 갈등관계가 생성된다.[16] 그 갈등은 적대→긴장→비판견제→협조공

14) 여기서 직접효과는 경로모형의 경로계수, 즉 다중회귀분석의 표준화된 회귀계수와 일치한다. 간접효과는 독립변수에서 매개변수로의 경로계수와 매개변수에 종속변수로의 경로계수를 곱하면 된다.

15) 〈대통령과 언론미디어 관계에 대한 경로효과의 분해표〉

독립변수	직접효과	간접효과	총효과
대통령의 언론관	.044	.529*.370=.196	.044+.196=.240
편집자의 대통령에 대한 시각	.302	.183*.370=.068	.302+.068=.370
언론사의 이념성향	.040	.127*.370=.047	.040+.047=.087

16) 대통령 기자회견은 대통령의 국민 설득 노력과 언론의 책임과 비판이라는 상반된 목적이 공존하여 기본적 갈등관계가 형성된다고 본다(Davis, James D. 1991. "Presidential Press Conference: A Critical Approach." *American Political Science Review*. Vol. 85. No. 4.

생으로 전개되는 역동적 진자관계이다. 국정운영을 둘러싼 여러 행위자들 간의 다양한 갈등관계, 상호작용관계는 현대사회의 국정관리에서 중요한 요소로 등장하고 있다. 국가정보기관과 언론미디어 관계도 순기능, 역기능으로 전개되어 적대←긴장←비판견제←협조공생의 갈등전개에서 적대→긴장→비판견제→협조공생의 갈등봉합이라는 상황에 따른 역동적 진자관계모형으로 볼 수 있다.[17] 특히 언론미디어와 국가정보기관의 적절한 관계 수준은 비판 및 견제관계를 주축으로 한 긴장관계에서 언론미디어가 적절히 국가정보기관을 통제 할 수 있을 것으로 본다. 때로는 국가정보기관의 성공한 정보공작을 국민에게 뉴스로 알려, 정보공동체가 국민의 지지를 받는 협조공생 관계를 가지면서도 원만한 긴장 및 비판견제 관계를 발전시켜 나갈 때 국가정보기관은 자생노력으로 발전할 수 있게 될 것이다.

협조공생의 관계는 정보기관이 수행하는 정보활동, 비밀공작이 국내, 국제적 정당성을 가지고 성공적으로 수행되어 지지를 받을 수 있고, 언론미디어는 기사거리로 가치가 있다고 볼 때 뉴스로 내보내게 된다. 1968년 4월 11일 태평양에 침몰한 소련 핵잠수함을 포드 대통령이 승인하여 중앙정보부가 휴즈사가 제작한 심해 광물채취용 글로머 선박의 갈고리를 이용하여 선체를 인양한다. 핵탄두 미사일, 핵어뢰, 잠수함 암호문을 수거하여 소련 해군 작전 정보를 수집하고 미국 함대, 잠수함 운용에 활용한다. 15년 후 냉전 해체 시기인 1990년대 초반에 상호 우의를 돈독히 한다는 표시로 게이트 정보부장이 모스크바를 방문하여 잠수함 선체에서 발견된 소련 해군장병 시신을 수장하는 장례의식을 담은 영상과 시신의 인적 사항을 고르바초프 소련 연방 대통령에게 건넨다. 이 사실은 잠수함 인양 후, 그리고 장례 영상 제공과 시신을 인도하는 두 번의 기회로 나뉘어 중앙정보부는 이런 사실을 언론미디어에 제공한다. 쿠바 미사일 사태 당시 후르시초프 수상의 메시지를 직접 전달하는 워싱턴 소련 대사관 정보관 포민(Alexander Fomin) 요원의 상대역으로 ABC TV기자 스칼리(John Scali)를 케네디 대통령이 임명한다. 쿠바에서 후르시초프 수상이 핵미사일을 철수 하여 사태가 해결 된 후에 스칼리 기자는 유엔 대사로 임명된다. 그러나 정보기관과 언론미디어가 견제, 긴장, 때

---

pp. 1476-1477).

17) 최평길. 2007. 전게서. 436-445쪽.

로는 적대관계로 변모되기 까지도 한다. 닉슨 대통령의 사임을 초래한 워터게이트 정치음모를 파헤친 워싱턴 포스트의 최초 특종, 카터 대통령이 승인한 이란에 억류된 외교관 구출 준군사작전 실패를 보도한 뉴욕 타임스와 CBS TV 보도, 레이건 대통령이 인지한 가운데 전개된 이란-콘트라 무기판매와 판매 대금의 공작금 사용 사건, 대량살상 무기제조 근절을 명분으로 부시 대통령의 이라크 파병 등에서 보여준 언론미디어의 현지 조사에 의거한 사실보도, 뉴스 해설은 언론미디어에 의한 국가정보기관의 비판, 견제, 통제의 적나라한 사례이다.

그러나 언론미디어가 정보기관을 비판하고 견제하는 심도 있는 수단은 일선 취재 기자의 현장 조사에서 나온 심층취재 기사와 단행본으로 발간되는 추적 보고서이다. 언론 미디어는 정보기관 요원을 찾아 조각난 단편적 정보를 얻고, 내부자 고발, 공개 사실을 하나씩 끼워 맞혀 전체 그림을 완성한다. 조각난 정보 발설자는 의도적이든 아니든, 나라마다 다르긴 해도 대통령, 보좌관, 각료, 정보기관 관리들이라고 한다.[18] 취재기자가 대통령의 묵인아래 정보부장이나 일부 보좌관이 수행한 정당성이 결여된 불법적 비밀공작을 추적, 탐색, 면담, 분석으로 정리된 단행본은 언론미디어의 정보기관에 대한 견제, 비판, 통제의 진수이다. 정보활동이나 비밀정보를 분석, 비판한 취재기자의 보고서, 단행본은 시민이 정보기관을 비판 통제하면서도 지원하는 열린사회의 민주통제라는 시민의식을 고취시키는 지식기반이 된다. 동시에 정보공동체의 정보기관이 자성하고, 자생적 개혁 발전을 도모하는 모멘텀을 제공한다. 레이건 대통령 집권기간 상하원 정보위원회와 볼란드 의원이 제안한 볼란드 수정법은 중남미 니카라과의 집권 좌파 세력인 산디니스타를 타도하려는 우파 세력 콘트라 반란군에 무기와 자금지원을 불허하는 조치를 취한다. 그러나 레이건 대통령의 묵시적 승인으로 케이시 중앙정보부장, 맥팔레인 안보보좌관, 실무요원 노스 해병 중령은 이라크와 전쟁 중인 이란에 토우 대전차 미사일 등 무기를 밀매하고 판매대금으로 우파 콘트라 반군을 지원하게 된다. 군수품을 나르는 항공기가 추락하고 산디니스타 세력과 콘트라 반군 교전이 치열히 전개되면서 이러한 사실이 언론에 알려지고 상하원 정보위원회에서 논의되어 멕팔레인, 포인덱스터, 칼루치 안보보좌관, 노스 중령은 사법조치 된다.

---

18) Holt, Pat M. 1995. *op. cit.* p. 179.

케이시 중앙정보부장은 사법조치를 받기 전 암 투병중 사망한다. 일간지 워싱턴 포스트 조사당당 편집부국장 우드워드(Bob Woodward)는 레이건 대통령 집권기간에 중앙정보부를 중심으로 벌인 비밀공작을 추적하면서, 특히 이란-콘트라 무기판매 불법공작을 집중적으로 다루게 된다. 비밀공작 수행에 관련된 인물 100명을 면담하고 문서를 분석한다. 특히 케이시 정보부장을 48회에 걸쳐 면담하고, 조지타운 대학병원 병실에서 임종을 앞두고 있는 케이시 부장에게 우드워드 기자는 마지막으로 물었다. "당신이 불법으로 이란에 무기를 판매한 대금을 니카라과 콘트라 반군에 제공한 사실을 알고 있었습니까? 그리고 윗선도 알고 있었지요?" 케이시 부장은 우드워드 기자를 뚫어지게 쳐다보면서 대답한다. "네, 그래요." 그렇게 파헤치며 정리한 내용은 중앙정보부, 백악관 안보보좌관실이 주연으로, 국무부, 국방부가 조연으로 1981년-1987년까지 6년간의 미국 비밀공작 전모라는 저서로 세상에 공개 된다.[19] 스파이 활동을 잘 할수록 거짓말, 혹은 기만 술책을 고강도로 사용하게 되어, 의회는 그럴수록 정보활동을 감시하고 언론은 비판기사를 내보내고 시민은 거센 여론을 조성한다. 그러나 이런 역풍, 비판, 견제, 통제 속에 국가정보기관은 성장하고, 의회는 지원하고 언론은 성원하고, 시민은 전문 정보기관, 정보공동체를 지지하게 된다.

한국 언론매체의 정보기관에 대한 광의의 사회통제, 정보기관 견제는 어떠한가. 정보공유 보다는 뉴스거리로 알려지는 정보를 숨기려는 정보기관 특유의 속성으로 일선 취재기자의 정보기관 접근은 어려운 게 현실이다. 정보기관 수장의 전문성 부족과 리더십 흠결, 정치적 고려, 정보기관의 정보수집능력 부족으로 인한 정보 실패를 자초한 내용이 뉴스거리로 기사화하는 움직임이 보이면 정보기관은 이를 저지하려 전력투구를 한다. 기사내용은 정보기관안보, 정보수장의 지위안보에 관한 것인데도 대통령, 국회, 국민의 비판이 두려워 국가안보라는 방패를 앞세워 기사 작성을 막는 것이다. 일선 취재기자, 편집국 간부를 모든 인맥, 혈연을 동원하여 때로는 위협하고 설득하며, 정부광고 수주, 언론매체 이권을 앞세워 사주에게 설득과 압력을 행사한다. 이리하여 기사가 뉴스로 나가기도 전에 사장되는 수도 있다. 더하여, 일선취재기자가 정보기관 활동에 관한 비판적 기사를 작성하는 뉴스 원천은 공개적으로 알려진 사실, 정보기관 내부감각이 뛰어난

19) Woodward, Bob. 1987. *op. cit.* pp. 484-490. pp. 506-507.

일선 취재기자의 추리, 정보기관 내부 제보자, 정보기관끼리 상호 견제하는 맥락에서 취재기자에게 흘린 뉴스거리인데, 정보기관의 추적, 원천차단으로 취재원 접근은 더욱 어려워지고 있다. 정보기관을 견제하는 언론의 역할은 일차적으로 정보기관을 취재하는 일선기자의 자질, 역량, 의지에 달렸고, 조직적으로는 일선기자의 취재를 지원하고 사회공기로써 언론의 정보기관 견제, 통제, 비판을 지향하는 편집국, 사주의 의식에 달렸다. 특히 각 신문사, 방송사에는 1-2명의 정보기관을 담당하는 일선 취재 기자가 활동하나 잦은 출입처 교체, 이동으로 정보기관에 대한 감각이 뛰어나고 고도의 전문성을 갖춘 기자 확보가 힘들고, 지속적으로 정보기관 활동을 취재하기는 어려운 현실이다. 가능한 정보 전문성을 높이고 정보기관 취재 전문역량을 극대화 하는 방안으로 각 신문사, 방송사의 외교안보, 정보분야의 기자들로 구성된 비공식적인 외교안보 클럽회원들이 자발적으로 4-5명, 6-7명으로 협력팀을 구성하여 국가안보, 정보 분야에서 주제별로 쟁점을 심층 분석하는 공동노력이 필요하다. 창출된 결과는 뉴스로 시민에게 알려지고, 국민들의 비판으로부터 정보기관이 자성하고 발전하는 계기를 마련하는 비판적이고 긍정적인 언론과 정보기관의 관계를 기대할 수 있을 것이다. 또한 의식 있는 언론인이 다년간에 걸친 조사, 연구를 통해 한국정보기관의 숨겨진 정보활동을 파헤쳐 들추어내고, 적나라하게 분석하여, 장막 뒤에 감추어진 역사를 정사로 바로잡는 노력을 추진해 볼 수도 있을 것이다.

요 약

언론의 정보통제

- 인쇄매체인 신문, 방송매체인 라디오와 TV 등 대중언론매체와 정보기관은 상극관계. 기자는 만사 공개주의 원칙으로 자기 임무를 수행하지만 정보가는 만사 비밀 고수주의 원칙으로 정보수집, 분석, 방첩, 공작 활동 전개
  - 기자는 의심이 가면 조사하여 '뉴스로 발표'하지만 정보가는 의심이 가면 '비밀로 분류'하여 조심스럽게 조사
- 정보기관과 언론의 협조공생관계
  - 정보기관의 정보활동, 비밀공작이 국내, 국제적 정당성을 갖고 성공적으로 수행되어 국민의 지지를 받으면 정보기관은 언론에 정보를 제공하고 언론은 기사거리고 가치가 있다고 볼 때 뉴스화
    - 1968년 태평에 침몰한 소련 핵잠수함 인양→ 냉전 해체 후 1990년대 초반에 게이트 정보부장이 모스크바 방문 당시 잠수함 선체의 소련 해군장병 시신 수장 장례식 영상과 시신 인적 사항을 고르바초프 대통령에게 전달하면서 동시에 정보부는 잠수함인양, 장례영상과 시신 인동 등 2회로 나누어 언론미디어에 제공
    - 쿠바 미사일 사태 당시 후르시초프 수상의 메시지를 직접 전달하는 워싱턴 소련 대사관 정보관 포민요원의 상대역으로 ABC TV 기자 스칼리를 케네디 대통령이 임명. 소련 핵미사일 철수로 사태 해결 후에 스칼리 기자는 유엔 대사로 임명

언론의 정보통제

- 정보기관과 언론의 적대관계
  - 예) 닉슨 대통령의 사임을 초래한 워터게이트 스캔들에 대한 기사화, 이란-콘트라 무기판매와 판매 대금의 공작금 사용 사건, 대량 살상 무기제조 근절을 명분으로 부시 대통령의 이라크 파병 등에서 보여준 언론미디어의 현지조사에 의거한 사실 보도, 뉴스 해설은 국가정보기관의 비판, 견제, 통제의 좋은 사례
- 정보기관과 언론의 협조공생관계
  - 정보기관의 정보활동, 비밀공작이 국내, 국제적 정당성을 갖고 성공적으로 수행되어 국민의 지지를 받으면 정보기관은 언론에 정보를 제공하고 언론은 기사거리고 가치가 있다고 볼 때 뉴스화
    - 1968년 태평에 침몰한 소련 핵잠수함 인양→ 냉전 해체 후 1990년대 초반에 게이트 정보부장이 모스크바 방문 당시 잠수함 선체의 소련 해군장병 시신 수장 장례식 영상과 시신 인적 사항을 고르바초프 대통령에게 전달하면서 동시에 정보부는 잠수함인양, 장례영상과 시신 인동 등 2회로 나누어 언론미디어에 제공
    - 쿠바 미사일 사태 당시 후르시초프 수상의 메시지를 직접 전달하는 워싱턴 소련 대사관 정보관 포민요원의 상대역으로 ABC TV 기자 스칼리를 케네디 대통령이 임명. 소련 핵미사일 철수로 사태 해결 후에 스칼리 기자는 유엔 대사로 임명

언론의 정보통제

- 언론과 정보는 가까이 할 수도 멀리 할 수도 없는 본질적으로 불가근불가원의 관계
- 매력적인 정보공작 업적도 언론에서 뉴스로 발표하지 않으면 국민은 알 수 없어 정보기관은 적극적으로 언론에 접근하여 성취한 정보공작의 배경, 내용, 효과에 흥미를 곁들여 설명하여 뉴스로 가치 있는 상품임을 설득. 언론은 국민에게 뉴스로 제공, 판매부수, 시청률을 높임
- 정보기관을 견제하는 언론의 역할은 일차적으로 정보기관을 취재하는 일선기자의 자질, 역량, 의지에 달렸고, 조직적으로는 일선기자의 취재를 지원하고 사회공기로서 언론의 정보기관 견제, 통제, 비판을 지향하는 편집국과 사주의 의식에 달렸음
- 의식있는 언론인이 다년간에 걸친 조사, 연구로 한국정보기관의 숨겨진 정보활동을 파헤쳐 적나라하게 분석하여 장막뒤에 감추어진 역사를 정사로 바로잡는 노력 필요
- 창출된 결과는 뉴스로 시민에게 알려지고 국민들의 비판으로부터 정보기관이 자성하고 발전하는 계기를 마련하는 비판적, 긍정적인 언론과 정보기관의 관계 설정에 사회적 지원이 요구됨

제11장

한국 국가정보 시스템 혁신

1. 거시차원 혁신

▣ 정보공작의 궁극 목표: 저비용 고효율로 상대국을 가능한 전쟁 없이 온전히 장악하고 한국의 평화행복추구 지향

국가 정보공작은 전쟁을 예견, 억제하고 전쟁이 나더라도 속전속결로 종결지어 평화 번영의 국가보위를 궁극 목표로 지향한다. 21세기의 종교와 인종 갈등, 이데올로기로 빚어지는 대량살상 테러예측과 대응, 여기에 계층, 지역, 국가 권역별 경제 산업 격차로 야기되는 갈등과 해결책, 또한 지구온난화 방지와 친환경 에너지 개발은 21세기 국가정보공동체가 적극적으로 참여하여 극복해야 될 목표들이다. 역사는 강국이나 중강국이 군사비 지출 증가로 국가경쟁력을 상실하여 국제무대에서 사라지는 흥망성쇠를 보여왔다. 이런 사실을 실감하는 미국은 국제분쟁에서 영상, 신호, 인간정보를 제공하는 대신 군사력 개입을 자제하여 반미감정을 줄이고 군사비를 절감하는 조짐을 보이는데 주의력을 기울일 필요가 있다. 미국 국내총생산은 15조 달러인데 국가 채무액은 14조7천 달러로 채무액이 국내총산의 98%에 달한다. 국방비는 연간 6,630억 달러로 2012년에는 1조 달러로 추산된다. 과도한 국가채무, 국방비와 복지비 증가, 실업률 증가, 고소득 계층 세금증액 없는 미국 경제력은 약화 일로에 있다. 세계지형이 군사력에서 경제력으로 힘의 이동이 시작되는 21세기 국제무대에서 미국의 지도력은 약화되고 있다. 그리하여 국제분쟁에 군사력 직접 개입 대신, 정보력 제공만으로 군사비도 절감하고 국제 지도력도 유지하려는 미국의 전략 수정이 이루어지고 있다. 정보력을 앞세운 새로운 전략은 중동의 리비아 사태 개입에서 여실히 보여진다.

손무의 손자병법 모공편에서 적국을 온전한 채로 장악하는 것이 최상책 용병이며, 적국을 파괴하여 점령하는 것은 차선책 용병이라는 독트린은 밀리터리 리더십 이전에 정보력, 정보공작 활동의 지향 목표를 알리는 진수이다. 적과 대립하고 싸우기 전에 적의 실력, 나와 내가 속한 조직, 국가역량을 면밀히 비교분석하는 실체적 접근, 주제파악은 국가정보의 몫이다. 국가정보 공작력으로 세계적 경제위기나 북한의 핵공세에 슬기롭게 대처하고 국내의 과학기술, 산업정보 유출을 공세적 방첩공작으로 차단하고 해외 과학기술, 산업정보는 적극 획득하는 것이 가장 경제적이며 효율적인 안보정책 수단의 하나이라는 견해에는 이견이 없을 것이다.[1)]

▣ 좌파 우파, 진보, 보수 이념, 체제를 아우르는 신축적, 포괄적 정보 지평

남북분단 이후 현재까지 한반도는 공산주의 이념체제와 자본주의 자유이념의 대립구도로 고착화 되어, 적 아니면 아군이라는 흑백논리 문화가 심화되어 왔다. 북한은 고전적 마르크스-레닌주의 줄기세포를 배양하여 주체사상, 김일성주의라는 북한판 변종 마르크스-레닌주의 문화를 만들어 낸다. 그리하여 3대에 걸친 김일성 부자세습체제까지 복제하고 체제보위를 사수하려 핵폭탄을 제조하고 핵기술이전, 미사일을 수출 주력 상품으로 하여 외화를 획득하고 있다. 한국은 문민시대에 접어들어 좌파, 우파, 진보, 보수의 개념이 정당구호, 정책에서 표출되고, 인터넷을 통해서 백화쟁명의 논리가 눈부시게 전개된다. 필자 연구팀이 1976년 이후 2005년 까지 4세대에 이르는 기간의 대학생, 국민을 전국 단위로 무작위 표본추출로 의식행동 유형 설문조사를 현지방문, 면접조사로 수행한 결과, 우리

---

1) Kennedy, Paul. 1989. *The Rise and Fall of the Great Powers*. New York: Random House. pp. 413-437. pp. 536-540 "김학주 역. 1999. 전게서. 66-67쪽: 김재하. 2001. 전게서. 83-84쪽" Sun Tzu, Cheng Lin. 1992. *op. cit.* pp. 103-104(손자병법의 삼십육계(三十六計) 중 승전계(勝戰計), 적계(敵計), 공전계(攻戰計)).

나라 대학생은 1970년대, 1980년대 대학생에 비해 1990년대, 21세기형 대학생일수록 사고와 행동에서 매우 현실적이며 실용성향이 짙은 것으로 판명되었다. 이들은 통일 후 정의로운 배분 및 형평성이 보장되고, 양당제의 구도 하에 국민들의 투표로 정당성을 인정받아 의회와 행정부를 구성하는 이념체제를 선호한다. 압축하면 경제적으로는 배분적 정의가 구현되는 진보적 사회주의를, 정치적으로는 자유비밀투표가 보장되는 정치체제를 선호한다. 즉, 시장경쟁체제를 기반으로 한 자유민주주의의 신축적 혼합 이념체제를 선호한다. 젊은 세대는 통일을 원한다. 그러나 자기세대의 희생을 요구하는 세금으로 통일비용을 충당하는 정책노선에는 반대한다.

〈표 11-1〉 한국 대학생의 북한관

	1977년	1982년	1992년	2000년
폐쇄독재사회	77.3%	46.5%	71.3%	82.5%
공산 후진국	17.5%	38.6%		
공산 개도국	2.8%	6.3%		
공산 선진국	2.4%	0.5%		
자립 민족국가		8.2%	24.5%	11.2%
이상적 공산사회			3.2%	5.1%
민주 사회			1.0%	1.1%

〈표 11-2〉 한국 대학생이 선호하는 통일이후의 체제

	1977년	1987년	1992년
남한 체제	80%	60%	50%
북한 체제	20%	10%	
절충 체제		30%	20%
새로운 이념체제			30%

〈표 11-3〉 대학생의 대학생활 관심사항의 분석결과

정치이념성향에서 실용주의 성향으로 급변(단위: %)

1978	한국의 정치사회 구조가 젊은이의 활동에 불리한 여건인가?				
	약간 인정	전적 인정	보통	약간 반대	전적 반대
	47.6	26.5	12.9	9.2	3.7

1987	학생운동의 쟁점은 무엇인가?						
	프롤레타리아 혁명과 하층계급 사회건설	반외세 민족자립	반독재 민주주의	사회부정항거	군부정치 참여배제	학내문제 개선	기타
	10.21	16.69	34.38	22.34	9.51	1.91	4.93

1993	학생운동의 쟁점은 무엇인가?						
	프롤레타리아 혁명	부정부패 항거	민주정부 수립	반외세 민족자립	환경오염	학내문제 개선	기타
	3.0	39.3	16.1	12.6	3.0	22.7	3.3

2005	대학생의 대학생활 관심사							
	전공 학과공부	이성교제	취직준비	학생운동	사회봉사	서클활동	인간관계 확대	기타
	34.5	4.2	29.5	0.9	0.7	1.4	26.2	2.7

한편 실용적이며 현실노선을 펴는 젊은 세대는 한국의 과거 역사, 현재의 주변 정세, 북한의 핵공세로 한국이 위태로운 국가안보 상황에 직면하면 단호한 체제 수호의 보수주의 태도를 보인다. 주변 국가의 비우호적, 적대적 행동, 북한 핵위협에 대응하여 한국이 핵무기를 제조하거나, 핵무기 제조기술을 확보하자는 견해에 군 장병은 98%, 대학생은 90%, 공직자는 87%, 국민은 78%가 찬성하고 있다. 북한군의 서해 포격 후에도 연평도를 지키는 해병부대에 입대하는 젊은 세대의 지원율은 높아지고 있다. 실증연구 차원에서 종합하면 자기이념성향이 온건한 중도라고 생각하는 젊은 세대나 기성세대 계층은 공통적으로 4할 정도이다. 한편 젊은 세대 중에 진보적이며 좌파성향 계층은 35%, 보수우파는 25%이며 기성세대는 보수우파 지향 계층은 35%, 진보좌파 성향은 25%이다.[2] 성숙한 열린 시민사회를 지향하는 한국사회에서 국가정보기관은 정보공작 시야, 분석시각을

2) 최평길. 2006. 「P세대」. 서울: 연세대학교 출판부.

〈표 11-4〉 국민, 공직자, 대학생, 군 장병의 핵무기 제조, 기술보유 관련 견해

핵제조나 제조기술 보유주장 장병: 98%	
· 미국의 핵우산 속에 있는 한 핵제조 불필요	23(1.3%)
· 과거 역사를 고려 핵제조 필요	849(47.5%)
· 핵제조 능력 갖추되 핵제조 보류	876(49.0%)
· 모르겠다	26(1.5%)
· 무응답	7(0.7%)
핵무기 제조 혹은 제조 기술 보유	
· 공직자	87%
· 대학생	90%
· 국민	78%

〈표 11-5〉 대학생, 기성세대 정치이념 성향

	보수 우파	온건 중도	진보 좌파
대학생	25%	40%	35%

	보수 우파	온건 중도	진보 좌파
기성세대	35%	40%	25%

좌파, 우파, 진보, 보수 성향의 국민계층을 모두 아우르는 신축적 열린 지평에 서야 할 것이다. 그런 자세는 국내 정보활동 뿐 아니라 해외 정보활동에서도 균형된 정보수집, 예측 가능한 정보 판단, 절제된 정보공작을 수행할 수 있도록 할 것이다.

▣ 군사도발 국가, 종교이념지향 극단주의자·테러리스트, 조직범죄집단, 국가기밀 누설에 대한 단호한 정보공작 대응은 세계평화와 국가수호위한 헌법정신, 준법질서의 기초

정보공작은 평시에는 국내 집단이나 개인의 국가기밀 누설, 극단적 종교 원리주의자, 테러리스트, 조직범죄집단, 불량국가의 잠재적 공세를 예의 주시하고 차

단하는 대응 조치를 취한다. 전쟁 상황에서는 적과 아군의 차별 논리에 입각하여 치열한 정보공작이 전개된다. 정보공작의 행동 기준은 국가통합, 국민보호, 행복추구, 세계평화의 정신을 포괄하고 있는 헌법정신, 준법질서 수호이다. 상황에 따른 정보공작의 구체적 행동, 절차, 규제는 의회의 법령, 대통령, 수상의 행정명령에 따라 이루어진다. 이런 헌법정신과 준법질서에 입각한 정보활동은 역사적 지평에서 국가정보공동체의 행동강령 기준이 된다. 영국의회의 국가정보규제법, 카터·레이건·부시 대통령의 정보규제법, 테러예방과 정보개혁법은 준법질서에 기초한 공작 매뉴얼의 좋은 사례이다. 한국에서도 새로운 정보시스템 개혁이 이루지면서 정보공작 행동강령이 헌법정신, 준법질서, 정보법규, 대통령 행정명령으로 체계화될 것으로 기대된다.

▣ 거시적 미래 예측 연구 생활화

국가마다 정보기관은 정보 목표를 기획하여 실행에 옮긴다. 3년 주기로 정보 목표를 디자인하는 미국 정보공동체가 있는가 하면, 연간 예산과 병행하여 정보공작 활동 목표를 설정하는 국가 정보기관도 있다. 1년 주기, 3년 주기, 5년 이상의 장기 주기로 정보 목표를 설정하여 수행하던 국가정보기관은 공개 자료, 비공개 비밀 소스, 자체 연구 분석 자료를 기반으로 장기 목표를 수립한다. 유엔 밀레니엄 프로젝트 보고서, 세계경제, 사회, 정치, 가치관 변화를 다룬 다보스 세계경제포럼 리포트, 미국 정보위원회 세계예측보고서, IBM이 작성한 세계기술혁신 변화 예측보고서, 세계 주요 대학의 연구소, 독립 연구기관이 마련한 경제, 사회, 정치 예측 보고, 아버딘이 저술한 메가트렌드 7, 미래연구회장 코니시의 2040년, 드러커의 미래사회 관리, 각국 통계청, IMF, World Bank, OECD 등의 통계자료 분석 등을 비교, 검토 하여 미래를 예측하는 정보판단 보고서를 작성한다.

필자와 연구팀은 2001년부터 2009년까지 델파이 기법으로 미래 트렌드를 정리하고, 특히 2008년부터 2009년에는 세계 각국 정부 지도자 600명, 기업 지도자 500명을 선정하여 2020년까지 지구상에 발생할 수 있는 사건, 사태를 다섯 가지 이상 기술하도록 하여 미래예측을 시도하였다. 21세기에 들어와서 미국 국가정보부와 정보위원회는 네 가지 세계예측 보고서를 내 놓았다. 미국 정보공동체의 정보전문가들이 작성한 2010년까지의 세계흐름, 미국 내 민간 정보전문가들이 발표한 2015년까지의 세계전망, 5개 대륙의 지역 국가 전문가들이 6차에 걸친 토론으로 작성한 2020년 세계전망보고서, 그리고 이들 전망보고서를 토대로 미국과 각 국가의 정부, 대학, 연구소의 전문가들의 토론을 통해 작성한 세계전망 2025년 보고서를 작성하였다. 질적인 분석, 통계예측 분석, 전문가 집단이 지혜를 모은 브레인스토밍은 종합예측 판단으로 정보 목표설정에도 도움이 되거니와 국가 정책 수립에도 기여한다.

한국 정보공동체도 산학연 도움으로 한반도, 주변국가, 세계정세 예측 연구를 지속적으로 추진하여 국가 전략정책 수립에 도움을 주고, 국가는 이러한 연구 자료를 국가정보목표 수립에 참고 지표로 활용해야 할 것이다. 거시적으로 시야를 넓게 보고 역사적 맥락, 문헌분석 등 전통방법, 중범위적으로는 질적 양적 연구방법을 혼용하고, 미시적으로는 범위를 좁혀 실증적으로 측정하는 방법론적 체계화로 장기 예측과 전략 판단 연구 보고서를 창출해야한다. 그리하여 한국 정보공동체는 거시적 안목으로 장기 예측판단, 정보지침을 마련하고, 중범위 차원에서는 장기 예측판단을 참고하면서 정보기관별, 활동 부서별로 정책을 수립하고, 미시적으로는 정보 임무별 팀 단위, 정보요원 개인 수준에서 구체적 정보공작 사업계획을 마련하고 수행하는 논리적 과정을 습관화 할 것이 요청된다.

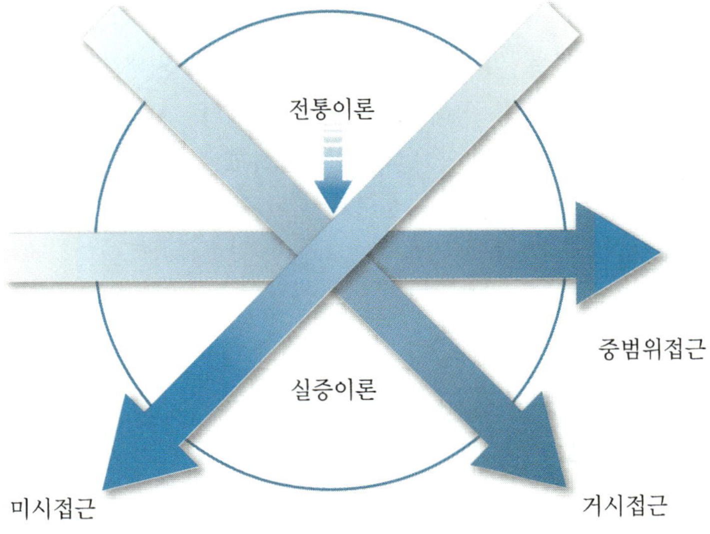

[그림 11-1] 정보 예측분석 체계

▣ 전문주의 정보정신 지향

고도로 전문화된 열린 시민사회에서 정보기관은 대통령, 정부, 기업, 연구소, 사회의 다양한 조직에게도 필요한 정보를 전달하고 국익을 위한 정보공작에 목숨을 거는 정보 공공재화창출자이며 국가수호의 전위대이다. 그런 맥락에서 정보수집분석가, 정보공작요원은 정보공동체가 가지는 고유한 정보정신, 정보품위를 유지한다. 정보정신은 객관적 진실 추구, 진실만을 말하는 전문 직업의식에 충만해야 한다. 현장 경험과 자료의 객관적 분석결과만을 제시하는 전문 직업윤리가 정보정신이다. 경력직 정보실무가는 대학 수준의 교육을 받고 일생을 헌신하여, 다른 직종이 개입 할 수 없는 전문직 공직자이다. 정치성이 배제된 정보활동으로 경력을 쌓아 온 서독의 해외정보부, 헌법수호청의 정보요원은 통일 이후에도 독일 정보공동체의 정보전문가로 계속 안정적 정보공작 임무를 수행하고 있다. 반면에 공산주의 체제보위, 정권보위의 정치동기가 짙게 물들인 동독 정보요원은 전문성에도 뒤떨어지고 열린 민주시민 사회의 정보요원 자질이 결여되어 통일된 독일 정부의 정보공동체에 적합하지 못한 인물로 분류되어 다른 일자리를 찾아 흩어졌다. 동독 출신 군 정보요원도 같은 운명에 처하기는 마찬가지이다. 통일 독일의 정보기관과 군의 사례를 기반으로, 한반도가 통일되는 상황이 오면 북한 정보요원을 어떻게 처리 할 것인가를 모색해야 할 것이다.[3)] 따라서 한국 정보공동체의 정보요원은 전문직업주의 정신을 더욱 함양해야 하며, 그런 맥락에서 대통령, 행정부, 의회정보위원회, 정보기관 수장, 사회 어떤 조직도 정보전문직업주의 자율 문화를 침해해서는 안 될 것이다. 그 길만이 대한민국 정보공동체가 국민의 지지를 받아 국가수호의 충직하고 효율적인 견인차가 되고 정보기관이 세계 각국 정보공동체 사회에서 신망을 획득하는 정도라고 본다.

---

3) 2004년 8월 18일 오후 1시 30분부터 3시까지 수상실 정보수석 보좌관 시만드, 트레츠코 박사와 면담하고 2007년 2월 9일 금요일 11-12시 외무부 집무실에서 타라프 외무부 정책기획실 부실장 면담하였다. 그는 독일 외무부를 방문하는 베를린 주재 북한 연락 사무소 외교관들이 대한민국 주도로 통일되면 북한 출신 외교관은 정치 이데올로기나 특히 전문성 차원에서 외교안보, 정보 분야에서 배제될 것을 예상하고 불안해 한다고 하였다.

2. 중범위 차원 혁신

▣ 한국 국가정보공동체가 수행하는 임무, 기능, 역할을 중심으로 정보문화(Intelligence Community Culture), 정보 정체성(Intelligence Community Identity) 정립

한국 정보공동체가 국민의 지지를 받고 국제사회의 정보공동체에서 신뢰를 받는 중범위 차원의 혁신 방안은 한국 국가정보공동체의 정보문화, 정체성을 확립하는 데 있다. 정보문화, 정체성 요소는 논리적 구조로 이해할 수 있다. 정보공동체의 정체성을 정립하는 최상위 요소는 정보공동체 존립 이념, 존재의 정당성 확립에 있다. 정보공동체의 존립 정당성은 국가수호, 국가이익 추구, 국가안전보장을 책임지는 전제조건, 전제 규약(basic underlying assumption)을 명확히 하는 것이다. 다음 하위 요건은 국가수호, 국가안보를 책임지는 존립 이념, 전제 규약을 구체화 하는 것이다. 국가정보공동체의 존립 규약을 구체화 하는 요건은 정보공동체를 구성하는 각 정보기관이 추구하는 고유한 철학, 비전, 목표, 전략(value: philosophy, goals, strategy)을 체계화 하여 실현하는 것이다. 즉, 개별 국가정보기관은 고유한 비전, 활동 목표, 전략을 임무, 기능별로 조직에 담아 조직 활동(organizational artifacts) 단계로 진입하는 것이다.[4] 임무, 기능별로 정보기구를 정비하려면 정보공작의 역사 전통이나 변화하는 21세기의 한국 상황, 국가목표를 고려해야 할 것이다. 그런 지평에서 정보기구는 북한, 국제 해외, 경제, 과학, 산업기술, 비밀공작, 연구개발, 정부부처의 영역별 정보 기능, 임무로 정보조직을 정비할 수 있다. 영역별 정보기구는 외교, 군사, 통일, 테러, 환경, 조직범죄, 계층 갈등, 시민의 행복 지수 등을 다루는 정부 부처별 정보기구로 세분화 할 수 있다.

---

4) 샤인은 조직문화의 체계적 구조를 가동하여 조직의 활동 목표를 최적단계로 구현하는 지평에서 조직의 존재 이념, 조직 가치, 조직화 단계로 조직의 정체성을 확립하려 한다(Schein, Edgar H. 1992. *op. cit.* p. 17. pp. 140-176).

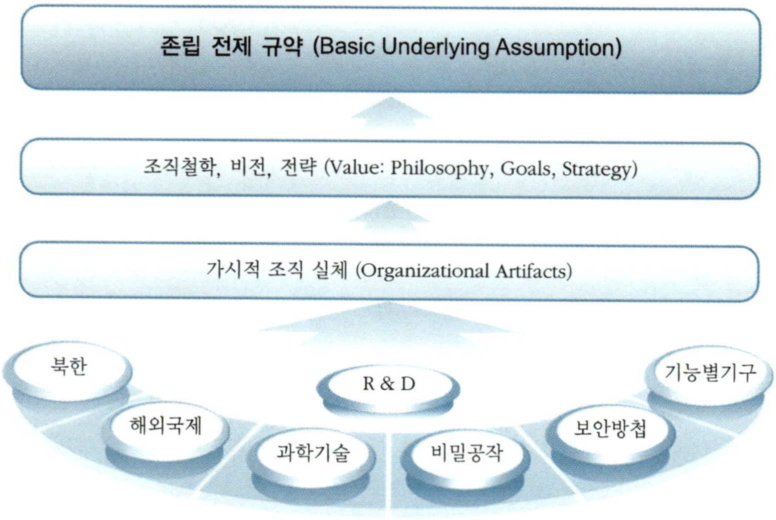

[그림 11-2] 21세기 한국 국가정보공동체 정체성 구조

▣ 한국 국가정보공동체의 정보문화, 정보 정체성을 확립하고 각 정보기관의 임무, 기능 조정과 조직관리시스템을 혁신하는 맥락에서 모든 정보기관이 수행하고 있는 기존 임무, 기능, 역할의 총체적 재고량(Inventory) 조사 실시

한국 정보기관이 국제사회에서 정보역량을 인정받기 위해서는 중범위수준의 조직, 임무, 기능면에서 효율적인 정보시스템을 정착시켜야 한다. 대한민국 건국 63년이 지난 오늘날, 냉전체제 해체, 세계화, 정보화, 한국의 G20 의장국, 세계무역 10강 수준인 한국은 변화하는 상황을 적극 수용하여 정보 차원에서 공세적으로 대응하려는 정보개혁 의지를 행동으로 표현한 적이 없다. 정보시스템 개혁의 행동화 지표는 정부 수립이후 한 번도 시도한 적이 없는 모든 정보기관의 기존 임무, 기능, 역할에 대한 총체적 재고량 조사와 업무량, 기능, 임무 조정 보완에 있다. 21세기 국가 목표를 달성하고 세계상황을 헤쳐 나가는 핵심 국가정보기관, 정부 부처별 정보수집, 분석 담당 기구들이 지향하는 이념, 목표, 전략, 임무, 기능을 분석, 점검, 보완, 정립하는 것이다. 동시에 정보 임무, 기능, 역할, 업무량 재고 조사에서 추출된 지표로 모든 국가정보기관의 조직, 인사, 예산을 효율적으로 연계하여 국가정보시스템을 기동적으로 정비, 보강해야 한다.

국가정보 인벤토리는 대통령이 주관하는 국가정보역량강화위원회를 구성하여 최단 시일 내에 임무를 완료한다. 위원회 멤버는 국가정보기관의 정예요원, 정보 전문가, 경영, 행정 전문 실무가, 철학, 계량분석 학자로 구성하여 질적, 양적분석을 병행한다. 결과물을 놓고 모든 참여자가 브레인스토밍으로 의견일치를 보는 민주적 합리적 분석, 토론으로 정보 업무, 기능, 역할을 조정, 정비하고 기동적 조직으로 정보역량을 극대화 한다. 정보업무 재고조사로 국가정보기관을 유기적 기동 정보시스템으로 혁신하는 과정에서 국정목표와 연계하여 정보목표 우선순위를 재정비하고, 정보전략 거대구상(Grand Design)도 공고히 할 수 있다. 또한 정보업무 재고량 분석으로 국가정보기관 정체성 확립, 임무 명확화, 조직정비로 정보역량을 강화하면서 궁극적으로는 대통령 정보지원시스템을 구축하여 대통령 국정과업 달성에 밑거름이 되게 하는 것이다.

긴급실행과제

국가정보기관 역량강화 위원회

4개월 정도 단기간 임무 완료

운용목적

- 정부 수립 후 정보기관 활동 63년간 국가목표, 세계상황 변화에 대응하는 정보기관의 업무량, 임무, 기능, 역할 재고 조사를 단 1회도 시행적 적이 없음
- Intelligence Inventory는 국가정보기관 정체성 확립, 임무 명확화, 조직정비, 정보역량 강화, 정보전문화, 종합 정보전략(Grand Design)과 정보혁신시스템 구축
- 대통령 국정과업 달성에 필수적인 정보지원 시스템 구축

[그림 11-3] 정보력 강화차원의 국가정보기관 업무 Inventory 실시

▣ 정보공동체를 구성하는 국가정보기관들의 고유한 임무, 자율성 확립: 국가정보원은 해외정보 공작 임무에 한정하고 국내정보 공작·방첩 임무는 국내정보 담당기구에 분산 배정

5·16 이후 형식적으로는 미국 중앙정보부 모델을 본따고, 실질적으로는 러시아의 KGB 시스템을 활용하는 중앙정보부가 발족한다. KGB는 국제정보와 국내정보를 동시에 장악하는 매머드 국가통제 정보기관이었다. 옐친 대통령이 집권하면서 정보기관에 대한 민주통제, 정보 전문화를 지향하면서 KGB는 해외정보 공작과 국내보안방첩 기관으로 분리된다. 미국은 해외정보공작은 중앙정보부, 국내방첩보안, 수사는 연방수사국이 수행한다. 9. 11 테러 이후에는 국내방첩, 테러 예방과 제압은 국가정보부의 정보 제공, 지방, 주정부, 경찰, 군의 협조체계로 국토안보부가 책임진다. 영국은 해외정보공작은 외무부 산하 외청으로 비밀정보부(MI 6)가 전담하고 국내보안방첩은 내무부 외청인 국내보안부(MI 5)의 소관이다. 이탈리아 역시 내무부 산하 국내보안부, 외무부 산하 해외정보부가 각기 국내와 해외 정보공작을 수행한다. 독일은 국내정보는 헌법수호청이, 해외정보는 수상비서실장 산하에 해외정보부가 담당한다. 전문성과 자율성, 민주통제를 지향하여 이루어진 분리 독립으로 고유 임무를 수행하게 한 것이다. 프랑스도 해외정보와 국내보안방첩으로 국가정보기관이 분리되어 있다. 일본은 관방부 산하 내각조사실이 해외정보를 담당한다. 부차적으로 해외 범죄조직 국내 침투 저지와 북한정보 수집공작을 위해 법무성 산하 공안청, 각급 경찰청과 협조한다. 그리하여 국내 정보방첩공작은 공안청, 경찰청 등으로 분산되어 수행된다.

한국의 국가정보원은 국내정보공작을 수행하는 과정에서 특정 정권과 얽혀 전문정보기관의 정체성이 훼손되고, 그 만큼 해외정보공작 수행에서도 전문성과 효율성을 충분히 발휘하지 못하였다. 따라서 세계화 시대에 국제테러, 사이버테러, 과학기술 경쟁과 관련된 정보 수집과 보안을 중시하는 안보전략의 흐름에 대비하여 고강도의 해외정보 활동 전문화와 효율화가 요망된다. 이런 해외정보 역량을 강화하기 위한 대안은 국가정보원이 북한정보와 해외정보공작에 전념하는 고유 임무 수행과 자율성 확보라고 생각된다. 그런 과정에서 국내정보, 방첩, 보안, 수사 기능은 특정 정보기관이 독점하는 것보다는 국내 테러, 경비, 보안, 범죄는 경찰, 재난관리, 지역 민원성 정보 수집은 행정안전부, 조직범죄, 마약, 정권

전복 등 전략 정보공작은 국가정보원이 분담하면서 각 정보기관의 협조체계로 수행하는 정보공동체 모델을 생각할 수 있겠다. 그리고 최종 범죄 기소는 법무부 검찰청에서 담당한다. 또한 국방부 기무사령부는 군사 기밀 누출 방지, 잠재 적국에 군 장병의 노출을 방지하는 역할에 집중하여 몸집을 줄이고 전문성을 함양하는 체질 개선이 필요하다. 대신, 정보통신부대의 신호통신 정보역량 강화, 정보사령부의 과학기술정보와 인간정보를 분리하여 전문성을 함양하는 국방정보 시스템 혁신도 동시에 검토되어야 한다. 이런 정보기관의 임무 조정 역시 정보역량강화위원회에서 충분한 토론을 거쳐 공청회도 개최하고 관련 정보기관의 충분한 협의조정, 국회정보위원회의 검토, 대통령 수준에서 행정명령으로 기능, 임무를 재조정하고 실무차원에서 운영하면서 후속적 법률 조치를 취하는 수순을 밟는 대안을 모색할 수 있을 것이다.

▣ 정보기관의 연구개발 강화

국가정보원에는 정보대학원, 경찰에는 경찰대학, 중앙경찰학교, 경찰교육원, 경찰수사연수원이 정보 교육을 담당한다. 법무부 법무연수원, 행정안전부의 공무원교육원, 군의 정보학교, 정보교육대에서 정보보안 교육 프로그램을 개발하여 정보 실무요원을 훈련시키고 있다. 한국 정보공동체는 실시하고 있는 다양한 정보 연구 교육 프로그램을 집중화하여 전략적으로 정보학을 발전, 정보역량을 강화할 필요가 있다. 9·11 테러 이후 16개 미국 정보기관은 정보 연구개발에 관심을 돌리고 중앙정보부의 전통 있는 셔만 켄트 정보분석대학원(Sherman Kent School for Intelligence Analysis at CIA University)은 정보 분석기법 개발에 주력하고 있다. 대학, 연구소, 전문가 협조로 자체 실무 분석요원이 현장 감각에서 얻은 경험과 교육 훈련과정 토의에서 얻은 결과로 실무 적용 지향 분석기법을 개발하여 각 정보기관의 요원을 훈련시킨다. 미국 국방정보본부는 영상, 신호통신 정보에서 미사일, 전투기 추적과 재원 파악, 핵무기와 화생방 무기 실험, 통신 감청으로 수집한 정보를 분석하는데 과학기술 분석기법을 개발 응용하여 분석 작업을 표준화 하려한다.

국가정보원의 정보대학원은 자체 요원을 위한 정보 교육훈련, 다른 정보기관 요원 교육을 수행하면서도 정보 분석기법 개발과 분석이론 정립에 매진할 필요가 있다. 정보 수집에 이은 정보 분석은 정성 분석과 계량기법을 접목시켜 복합적 정보 상황을 가능한 정확, 단순화 하여야 한다. 대학, 연구소, 산업계와 연계하고, 범학제간 융합 접근으로 정보 분석기법, 정보 분석이론을 개발하여 정보공동체와 학계, 산업계에도 교류 전수하는 정보 분석센터의 요람으로 거듭나야 한다. 그런 분석기법, 모형, 이론을 활용하여 도출된 시의성, 현실 적용성이 높은 분석 판단을 정부 정책가, 산업계, 학계, 관련 사회단체에 제공하여 정보연구기관의 정체성을 확립해야 할 것이다. 경찰 교육기관 역시, 수사 분야를 심도 있게 연구 개발하여 모든 정보기관 요원에게 전수하는 수사 연구 개발 센터로 발돋움해야 한다. 공무원 교육원은 정부 보안 교육 프로그램, 군 정보훈련기관은 특수전 수행, 테러 대응 정보수집과 분석 기법 등을 개발 전수하는 노력을 기울일 필요가 있다.

▣ 정보공동체의 조정기구 설치로 합동성 강화와 대통령 정보지원 시스템 확립

한국 정보공동체에는 국가정보원을 필두로 통일, 외교통상, 환경, 에너지, 과학기술, 경찰, 검찰, 군, 지방민원성 정보를 담당하는 정보기관들이 있다. 이들 정보기관은 안전, 풍요로움을 구가하면서 다원화된 열린 시민사회를 지향하는 한국을 보위하는 각기 고유한 정보 기능과 공작 활동을 전개하고 있다. 고유한 정보 임무를 수행하는 자율성은 인정하되, 특정 정보기관의 정보 독점권은 허용하지 않는 원칙을 지켜야 한다. 그리하여 정보기관들은 고유한 기능과 임무를 자율적으로 발휘하면서도 폐쇄성과 배타적인 관료 행태를 탈피하는 조직문화를 창조해야 한다. 9·11 테러에 취약성을 노출한 미국 정보공동체의 정보 행태는 바로 정보 독점과 정보 교류의 폐쇄에서 기인했다. 그리하여 전문가들은 위기에 대비한 조기 경보, 테러 예방, 사태 해결에 정보공동체는 기민하고 신속한 정보기관들의 협조, 합동성이 유기적으로 이루어지는 체계를 확립해야 한다는 데 의견의 일치를 보았다. 그 결과로 미국 상하 양원 정보위원회가 주동이 되어 테러 예방과 정보개혁법을 마련하였고 정보개혁법의 핵심은 미국 정보공동체를 이루고 있는 16개 정보기관의 합동성을 강조하고 협조를 이루어내는 구심점으로 미국 국가정보부를 창설했다. 이에 따라 국가정보부는 정보기관의 예산 배정, 정보공작

조정, 지원, 정보활동의 통제와 감독권을 구사하여 정보공동체의 구심체로 등장한다. 국가정보부는 모든 정보기관이 제출하는 전략정보를 취합하여 매일 대통령에게 일일정보보고서를 제공하고 국가정보부장은 대통령의 정보 자문 최종 상담 역할을 수행한다. 아울러 국가안보기관과 의회에도 모든 정보를 요약하여 제공하는 창구 역할을 수행한다.

한국 정보기관의 개혁방향은 기능과 임무, 업무량을 분석하여 조직과 기능을 정비하고, 정보기관의 합동성을 확립하는 최종적 조직 제도화는 대통령을 지원하는 정보기관 운영체계 확립으로 귀결된다. 모든 정보기관의 정보공작 활동을 지원하고 협동성을 이끌어 내며 투명성 있게 정보 예산을 배정하고 통제하는 정보공동체 조정 지원 기관이 필요하다. 대통령에게는 정보 상담, 시의성 있는 종합 전략정보를 제공하여 국가안보위기를 정보관리 측면에서 해결하는 최종 정보기관으로 기능을 발휘해야한다. 국회, 정부 부처, 산업, 학계, 사회단체에는 정제된 요약 정보를 전달하는 정보 공공재화 서비스 센터 창구 역할도 수행해야 할 것이다. 정보공동체를 구성하는 정보기관 간의 협조 유도, 지원, 조정, 감독, 정보종합 기구 역할, 그리고 대통령 국정운영의 정보 지원 시스템으로 활동하는 정보기구 설치는 새로운 정보 수요에 부응하는 시대적 소명이기도 하다. 기구 명칭은

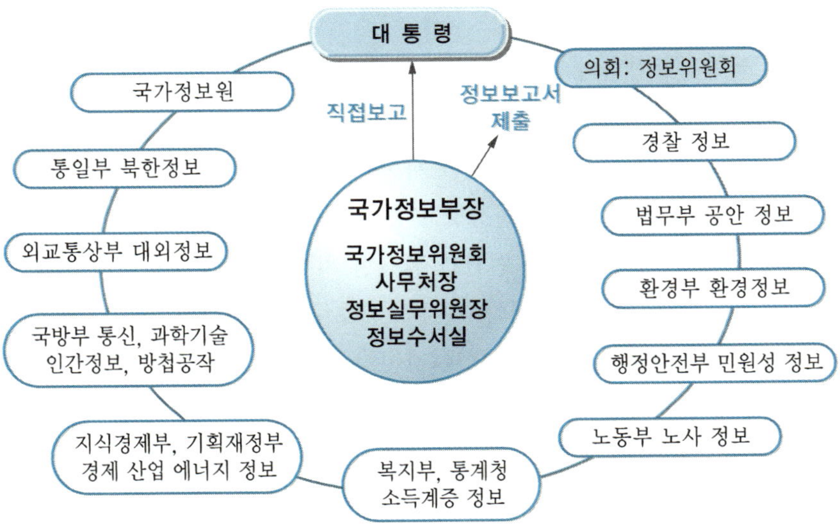

[그림 11-4] 한국 정보공동체 조직 운영체계

국가정보부, 국가정보위원회 사무처, 국가정보실무위원회, 정보수석실 등 조직의 위치, 조직운영 형태에 따라 다소 변형 될 수 있을 것이다. 미국은 국가정보부, 영국은 관방부 정보 실무위원회 사무처, 이탈리아는 수상실 정보사무처, 독일은 수상 비서실의 정보수석, 일본은 관방 정보실무위원회로 다양한 명칭, 조직 제도화로 선진 국가의 정보 공작 활동 조정 지원의 주류를 이루고 있다.

▣ 국가정보원 주도의 심도 있는 북한정보 공작 강화와 정보기관 합동성으로 국내보안방첩공작 수행

힘의 주체가 군사력에서 경제력으로 이동하고, 과학기술영상 정보, 신호통신 정보, 인간정보를 유기적으로 운용하는 통합 정보력이 군사안보력 행사의 핵심 요소로 등장하는 미래의 추세에 주의를 돌릴 필요가 있다. 특히 영상, 통신, 무인 정찰기 운용, 고도로 전문화된 인간정보 활용은 전쟁, 세계 지역 갈등, 테러에 군사력 개입과 병력 희생을 극소화 할 수 있다. 정치 불안, 경제 빈곤으로 군부, 군과 관료, 주민소요세력 등이 개입하여 북한 세습 정권이 좌초하는 상황이 발생하면 북한 정권에 의한 한국 무력 도발로 한국에 관심 돌리기, 북한 군부의 북한 내정 개입, 군부와 관료가 연대한 내정 개입, 주민소요, 주변국의 북한 개입을 예상 할 수 있다. 이런 개입을 최대한 잠재우고 북한 민주화, 안정화를 직접, 간접으로 도우는 핵심 전력은 한국 정보공동체를 구성하는 정보기구, 그중에서도 국가정보원, 국방정보기관의 장기간에 걸친 체계적이고 내밀성 있는, 북한을 겨냥한 정보공작이다. 대북한 정보공작은 북한을 장기간에 걸쳐 투사하면서 전개하는 고급 정보공작, 단시일 내에 충격을 가하는 준군사공작도 포함된다. 국가정보원은 과학기술영상정보, 신호통신정보 운용도 병행하면서 1차 대전 전후에 상트페테르부르크에서 활약한 고위 인사를 활용한 차원 높은 영국의 인간정보 침투를 타산지석으로 삼아야 할 것이다. 세계적 문호 섬머세트 모암은 공식명칭은 러시아 주재 영국 대사관 공사 겸 문화원장이었으나 실질적으로는 영국 해외정보부(MI 6) 파견 정보 요원이었다. 그는 니콜라이 황제, 세계 각국 대사를 상대로 문학예술을 논하며 황제에게 청취한 자신의 건강악화, 황제가 보는 레닌, 황제와 케렌스키 과도정부 수반과의 관계, 1차 대전 참전에 관한 황제의 유보적 태도를 취합하여 본국에 보고한다. 니콜라이 황제와 러시아 정부의 각료, 군, 경제 지도부에게서 수집한 1차 대전 전후의 러시아 정세분석 정보공작 보고서는 영국, 유럽 동맹국, 미국 지도부의 정세판단에 핵심 자료가 된다.

한국 정보공동체의 중견 정보요원, 북한과 교류하는 국내·외 저명인사, 해외에 거주하면서 북한을 전문 분야별로 지원하는 교민들로부터 수준 높은 공작 협력을 이끌어 낼 필요가 있다. 이런 전문가들을 접촉하여 설명하고 이해를 구하여 남북 경제, 정치, 문화교류, 북한 개방화를 진정으로 고민하는 현재의 북한 고위 인사들을 접촉하고, 자연스럽게 은밀한 대화 통로를 마련하게 하는 것이다. 이런 차원 높은 정치, 경제, 군사, 사회, 문화예술 분야의 통로 확보 공작은 북한 개방 가속화, 유사시의 연락, 전쟁수단이 아닌 대화, 교류로 평화통일을 구현하는 담보가 되며 공작 자체의 정당성 명분이 된다. 국가 안전보장 지평에서 시민사회의 협력을 이끌어 내어 수행하는 정보공작은 세계주요 국가 정보기관의 관행이 되어 왔다. 내각조사실 전체 요원 보다 많은 각계각층의 인물을 자문위원으로 활용하여 정보수집, 공작을 수행하는 일본 내각조사실 정보공작 모델에 주의를 돌릴 필요가 있다. 핵무기, 화생방 무기를 개발하는 불량국가, 민주화를 요구한 시민을 억압하는 후진국, 지역안정을 해치는 국가분쟁에 선전선동, 정치공작, 산업경제 공작, 준군사작전을 감행하는 미국중앙정보부 해외공작단(National Clandestine Service)의 비밀공작, 인간정보 운용도 참고할 필요가 있다.

이렇게 병력희생 극소화, 저비용 고효율을 지향하는 정보공작은 국내외 정치이념 논쟁 대상에서 벗어나 국론이 분열되는 위기, 불안정한 정세에서 자유로워질 수 있다. 특히 국내보안방첩공작은 국내정치정세와 결부되어 여·야당 정치공세, 국론분열로 국가위기와 집권세력 생존에 직접적 영향을 주기도 한다. 그래서 영국은 내무부 산하 국내보안부(MI 5)가 테러예방, 진압작전의 책임을 지고 합동성을 발휘하여 경찰, 해외정보부, 지방정부, 군과 합동으로 정보를 교환하고 최종 경찰력 투입을 결정한다. 국내보안부의 정부합동테러대책센터는 외무, 내무, 국방, 경찰, 군 기관 등에서 파견된 전문가로 구성되어 국내보안테러의 종합 분석판단과 대응책을 강구한다. 다양한 정부기관에서 파견된 요원이 북아일랜드 테러, 이슬람 테러, 극우·극좌 테러, 정부전복 기도를 위원회 형식으로 운용하고, 정치이념을 넘어선 합리성, 객관성을 유지하며 법률과 규정에 따라 처리한다. 그리하여 국내방첩 보안공작 임무를 정치 스트레스 없는 자유스런 공간에서 수행한다. 새롭게 구성될 것으로 기대하는 한국의 국가정보부, 국가정보실무위원회, 정보위원회 사무처 같은 조정 통제기구는 각기 고유한 기능과 임무를 수행하는 정보기관의 자율성을 확보하면서 합의점 모색을 극대화하여 민주성, 합동성, 신속성, 정확성을 최대한 살리는 국내정보보안공작 수행으로 정치 논쟁에서 스스로 자유로워야 한다.

▣ 국회 정보위원회 선진화와 정보통제, 정보지원

국회는 법률을 제정하는 헌법기관이다. 동시에 예산 심의와 감사로 정부기관을 감독, 통제 하는 입법권을 행사한다. 정보개혁과 관련하여 새로운 임무를 부여하고 기구를 정비하는 것은 법률 제정으로 마감한다. 영국 의회는 정보기관이 방첩공작을 수행하는 과정에서 시민 감시, 도청 행위를 제한하는 법규를 마련한다. 이란 소재 미국 대사관에 억류돼 있던 외교관을 구출하는 군사작전이 실패하자 육해공군, 해병대 통합 특수부대를 창설하는 입법 추진에 앞장선 것이 미국 의회였다. 9·11 테러 이후 모든 국가 정보기관의 정보를 종합하고 정보공작을 조정 지원하는 국가정보부를 탄생시키고, 정보공동체 개혁의 불씨를 지핀 것도 상하원 정보위원회였다. 우리 국회의 경우 국정원, 기무사, 경찰, 국방정보본부가 정보위원회에 생산된 정보를 보고하고 기밀보고서를 제출하는 순간, 언론에 뉴스로 발표되고 외부로 유출되는 행태가 빈번히 발생하고 있다. 변화하는 경제, 군사안보에 대응하는 국가정보시스템 개혁에 입법기능으로 대응하는 의회 문화가 너무 아쉬운 실정이다.

당대표, 원내대표가 선출되는 과정에서 공적을 세운 의원이나, 인기 없는 상임위원회에 배정된 의원을 보상하는 차원에서 정보위원으로 배정하는 관행은 정보위원회의 고유한 임무 수행을 저해하는 장애 요인이다. 원내대표를 당연직 정보위원회 위원으로 임명한 것은 자기 당 소속 위원을 독려하여 정보위원회 활동에서 정보기관을 감독 통제하고 정보기관이 제공한 정보 기밀을 언론이나 외부에 누설하지 않도록 조치하는 데 있으나, 다른 원내 업무로 정보위원회 참석이 저조하여 감독 독려 임무를 제대로 수행하지 못하고 있는 실정이다. 국가정보원이 정보공작 예산의 큰 테두리만 설명하고 구체적 정보공작 내역을 설명하지도 않고, 정보위원회에서 처리된 정보 예산은 예산위원회를 거치지 않고 바로 본회의에

상정된다. 그리하여 정보위원회나 국회가 정보통제나 지원을 하려 해도 현실적으로 불가능하며 따라서 이러한 법규도 개정 되어야 한다. 국가정보기관의 정보 경쟁력을 강화하고 민주통제도 시도하려는 의회 차원의 역할 의식에 충만한 중량감 있는 의원, 정보 전문가 배경을 가진 의원들이 당선되어 새로운 국회 정보위원회에 진출을 소망해 본다. 그리하여 한국 정보공동체의 혁신을 입법 활동으로 이루어야 하겠다.

3. 미시적 차원 혁신

▣ 대통령 수준

대통령은 비서실, 행정부의 지원으로 국정을 수행한다. 특히 대통령은 인사권, 예산권, 정보권을 장악하여 인력, 자금, 정보 지원을 받으며 국정효과를 극대화하려한다. 미국은 인사관리청, 관리예산청, 국가정보부가 대통령 직속 기관으로 되어 있다. 대통령이 인력, 자금, 정보를 지원받고 효율적으로 관리하면서 국정효과를 최대로 창출하도록 의회가 입법차원에서 배려하고 있다. 한국 대통령의 경우 인사권은 행정안전부, 예산권은 기획재정부를 통하여 관리 운영하고 지원을 받아 국정을 운영하고 있다. 그러나 정보권은 국가정보원을 직속기관으로 두어 정보를 제공 받고, 국군기무사령부는 국방부 소속이나 대통령에게 직접 군부동향이나 북한 정보를 보고한다. 따라서 대통령은 국가정보공동체를 구성하고 있는 국가정보원, 경찰, 검찰, 군, 행정부처의 기능별 정보 보고서를 받아 빠르게 읽고 철저히 이해하는 독파력, 이해력이 있어야 한다. 정보보고서를 소화하는 능력은 인간 생애주기 동안 갈고 닦아야 한다. 통상 주요 국가 대통령이나 수상은 하루 300쪽 분량의 정무 보고서를 읽고 소화해야 중요 정책문건을 결재하는 결정을 할 수 있다.[5] 300쪽 정무보고서 중에는 국가정보기관에서 보내온 정보보고서도 포함된다.

빠른 정보보고서 독파력, 폭넓은 이해력을 갖추어야 하는 대통령은 국가기밀정보를 유지하는 보안의식 또한 철저해야 한다. 대통령만 보아야 하는 1급 기밀을 부속실 보좌관이 읽고 요약 보고하게 하는 행태, 대통령 자신이 파기하거나 보관해야 하는 국가기밀 서류를 방치하는 행태는 국가안위에 위해요소로 즉각 시정되어야 한다. 그래서 선거기간, 당선 후 정권인수 기간에 대통령은 국가정보기관, 경호실, 군 실무 요원으로부터 국가기밀 자료 보존, 관리, 기밀 유지에 관

---

5) 필자의 연구 팀이 1980년부터 2005년까지 미국, 러시아, 프랑스 대통령실과 영국, 독일, 이탈리아, 일본의 수상실을 방문하여 비서실장, 수석비서관, 비서관을 면담하면서 발견한 공통적인 사실은 대통령 혹은 수상이 하루 동안 읽고 결재하는 서류는 300쪽 정도이고 그 중에서 150쪽은 비서실장이 요약하여 보고하는 것이다(최평길. 2007. 전게서. 52-53쪽).

한 교육을 받아야 한다. 정보보안유지 교육은 경호실 요원으로부터 브리핑 받는 경호 수칙만큼이나 중요하다. 그런데 한국은 유교 문화에 젖은 타성인지, 정부, 기업, 사회 조직 지도자에게 업무에 관련된 교육을 실시한다든가, 지도자가 교육을 받아야 하는 개념이 없다. 대통령에게 정보보안 교육을 실시한다는 것을 불경스럽게 생각하는 문화풍토는 다음 정권 이양기 부터는 사라져야 한다. 청와대 대통령 집무실에 설치한 금고는 정치자금을 넣어두는 금고가 아니다. 대통령실 금고는 대통령에게 보고되는 국가기밀 서류를 대통령이 시간을 두고 읽고, 결심을 하기 전에 또 읽어 심사숙고 하는 기간 동안 기밀서류를 보관하는 시설이다. 대통령이 취임하면서 전직 대통령이 정치자금을 보관한 금고를 발견하고 금고를 치우라고 지시를 하였다는 정치공세는 전직, 현직 대통령 모두 취임 당시 정보보안 교육을 받지 않았거나 국가안위에 관련된 1급 기밀서류를 보관하는 개념이 없다는 증거라고 보아야 한다. 박정희 대통령 시절부터 대통령 집무실에는 금고가 비치되어 있었다. 비록 대통령이 지켜야 할 보안교육을 받지 못한 박정희, 전두환, 노태우 대통령은 군 생활에서 습득한 보안교육으로 파기하거나 보관해야 하는 기밀서류를 구분정리 할 줄 알았다. 그러나 문민 시절의 대통령들은 보안교육을 받은 적이 없고, 보안 유지 개념이 희박하여 기밀서류를 부속실 비서가 개봉하게 하고, 심지어 일급 기밀 서류를 요약 보고하게 하여 대통령만 알고 있어야 할 국가기밀이 시중에 까지 전파되는 해프닝이 벌어지기도 한다.[6)]

국가기밀을 지키는 의식이 가장 강해야 하는 대통령은 정보기관을 활용하고 통제 조정하는 역량도 있어야 한다. 공직, 사회조직 활동에서 습득한 조직 리더십으로 정보기관을 장악하여 정보기관의 고유한 임무 수행을 존중하고 보호하며, 정보기관의 상호 협동 동기도 유발하고 통제도 하는 리더십을 발휘하여야 한다. 국가정보원장을 위시한 정보수장 임명에는 정보 분야에서 경력을 쌓았거나 정보 전문인으로 정보 철학, 비전을 가진 조직 장악력이 있는 인물을 선발할 것이 요망된다. 동시에 변화하는 국제정세, 국내 상황, 북한 동태를 살펴 정보기관

6) 대통령 집무실에 있는 금고는 박정희 대통령 시절부터 비치되고, 노태우 대통령이 청와대 건물을 신축하면서 대통령이 취급하는 기밀서류 보관용으로 설치했다고 당시 경호실 보안 책임자인 장기붕 박사가 언급하였다. 장기붕 박사는 정권인수 기간에 국정원, 경호실, 군정보기관이 대통령에게 국가 1급 기밀을 유지하는 보안 규칙, 경호 수칙을 교육시킬 것을 강조하였다(2011년 6월 10일 방문 면담. 2011년 10월 13일 전화 면담).

의 임무, 기능을 점검하여 업무 조정과 정비를 유도하고, 시의성이 있는 정보 분석 판단을 창출하도록 지원 독려해야 한다. 그리하여 24시간 긴장하면서 위험에 노출된 정보요원을 정보기관별로 탁월한 공적을 세웠거나, 무작위로 선발한 정보요원과 가족을 대통령이 청와대로 초청하여 조직생활 어려움, 현실 상황을 경청하고 가족을 위로하는 동기부여를 주기적으로 시도해야 할 것이다. 대통령 선거 기간에 실시하는 정책 토론에서는 후보들이 국가안보, 경제, 사회복지 분야의 전문가 패널이 전문 분야별로 구체적 정책 집행능력을 알아보는 질의응답 토론의 장을 마련해 볼 필요가 있다. 그런 실제상황에 대응하는 국가관리 능력 평가에서 대통령 당선자는 국가안보 분야의 국가정보비전과 정보공작 운용과정을 읽히게 된다. 또한 조직생활에서 터득한 보안의식이나 정권인수기간에 교육받은 정보공작, 보안에 관한 매뉴얼 파악에 더하여 경제, 국제정세, 대통령 국정수행, 국가정보에 관한 논문 몇 편이나 저서 한 두어 권은 반드시 읽고 개념을 파악하고 있어야 한다. 그래야 국가위기를 극복하고 평화시기의 번영을 구가하는 토대의 하나인 국가정보시스템을 능란하게 운용하는 대통령이 될 수 있을 것이다.

▣ 정보수장 수준

거시적으로는 넓은 국제시야를 가지고, 미시적으로는 정보조직 장악력이 있는 정보전문가를 국정원장, 경찰 정보책임자, 국방정보 수장으로 기용하는 대통령과 정보공동체의 예지가 필요하다. 최대의 이윤을 창출하여 기업 브랜드와 주식가치를 경이적으로 상승시킨 기업 총수의 지도력 특징을 국가정보공동체의 정보기관장 발탁에도 적용할 수 있다. 한국 국가정보공동체의 정보기관 총수를 조직 내부에서 충원하려면 멀리 보고 인재를 발굴 육성해야 한다. 초임시절에는 겸손하나 탁월한 업무추진력이 있는 잠재 정보 지도자들을 발굴하여 점차 협동적 자질을 가지고 조직 목표를 달성하는 조직팀 요원으로 성장시킨다. 다음 단계는 재원과 인력을 한데 엮어내는 역량을 스스로 창출하여 결정된 목표를 기어코 달성하는 승부 근성이 있는 전문 정보 팀장으로 성장시킨다. 그리하여 명확한 비전을 지향하여 정보 요원을 목표 달성에 집념을 갖고 도전하도록 유도하는 유능한 정보 간부로 양성하는 것이다. 그런 정보 간부는 종래에는 정보기관 전체 요원이 합의된 목표를 의욕을 갖고 달성하도록 능력과 인성을 결합한 평가 지표에 따라

적재적소에 인물을 배치하는 유인책을 제시한다. 그리하여 정보조직에 일할 다음 세대에 위대한 정보 업적과 유산을 남기는 역사의식이 있는 정보기관 총수로, 정보공작 성공의 영광은 조직요원에게 돌리는 겸허한 정보 사표로 오래 동안 기억 되는 것이다.[7] 정보기관 조직 밖에서 정보수장이 선발되는 외부 충원, 정치 정무적 고려로 기용된 정보기관 수장일수록 정보 철학, 이론에 밝고 조직 장악력이 있어야 하며 정치권에서 초연하고 조용히 겸허하게 업무를 수행해야 한다. 그리하여 자신은 물론 정보기관 요원을 정치 공세에서 자유로운 보호막이 되어야 한다.

정치성 배제는 인위적 정치, 지연, 학연, 성별 고려에서 자유로운 능력위주 인사관리를 실행에 옮기고 대통령 기호에 맞는 맞춤형 정보제공을 스스로 단절하

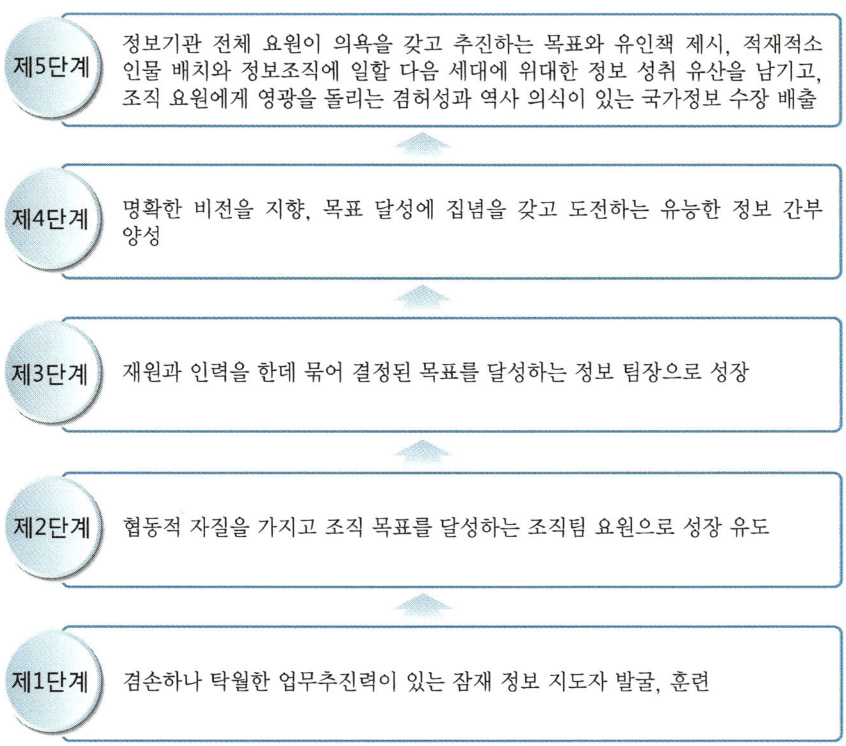

[그림 11-5] 정보 공작 요원의 조직관리 리더십 발휘 단계

7) Collins, Jim. 2001. *Good to Great*. New York: HarperCollins Publishers, Inc. pp. 20-28. pp. 180-193.

는 전문 정보 관리인이 되는 것을 의미한다. 과학기술영상, 신호통신, 인간정보 자산을 체계적으로 연계하여 정보력을 강화하고, 장기, 중기, 단기 정보공작 수행, 대북한 정보공작을 심도있게 전개해야 한다. 정보수장의 정보 리더십을 업그레이드하기 위해 과학기술영상정보, 신호통신정보를 운용하는 물리, 전자공학의 기본은 이해하고, 인간정보를 관리하는 인사조직관리, 국가정보시스템 향상에 도움이 되는 국제관계, 경제, 사회, 정책, 정보에 관한 이론서를 필독하여 전 세계 주요 국가 정보시스템 개혁 내용과 그런 시스템으로 추진하는 정보공작의 핵심목표를 감지하는 넓고 깊은 정보시야를 확보해야 한다.

▣ 정보요원 수준

젊은이들이 정보조직에 입문하면서 생애주기(career life cycle)가 시작된다. 30년 이상에 걸친 정보전문가 생애 주기는 신임 요원, 중간 관리자, 중견 요원, 정보 CEO 시기로 나누어 볼 수 있다. 초임 요원에서 중간 관리자 요원으로 성장하는 동안 정보 수집, 분석, 공작, 방첩, 보안 분야를 넘나들며 전문성을 심화시킨다. 그리고 과학기술영상정보, 신호통신정보, 인간정보 분야에서 경험을 쌓는다. 동시에 정보 실무가로서 유럽, 아시아, 미주지역으로 나누거나 동유럽, 서유럽, 중동, 아프리카, 동남아시아, 동북아시아, 북미, 중남미, 오세아니아로 세분화하여 지역 전문가로 성장하게 된다. 팀장 수준부터는 임무, 기능, 지역을 순환보직으로 전체를 조망하고 국장, 실장 수준의 중견 간부로 경험과 기량을 익히게 된다. 넓고 깊은 시야로 정보 비전을 다지며 자기발전에 충실하여 조직에 기여한 공로가 큰 중견 간부를 조직 내부에서 정보 수장으로 기용한다면, 정보 CEO 선발에 유력한 후보가 될 것이다. 내부 경력관리 생애주기는 주위 동료, 상사의 조언, 멘토링이 긍정적 작용을 하면서 정보조직이 제도적으로 관리한다. 그러나 정보요원의 생애주기 경력관리는 요원 스스로가 일차적 책임을 져야 한다. 이런 생애 주기 관리체계는 국가정보원을 중심으로 국방부의 국방정보본부, 정보사령부, 기무사령부, 통신부대, 경찰 외사정보, 검찰정보, 외교통상부의 세계정보, 통일부의 북한정보, 지식경제부의 에너지정보, 기획재정부의 경제재정, 환경부의 세계 환경, 지구온난화 정보팀에게도 정도의 차이는 있으나 공통적으로 적용된다.

정보 생애주기를 성공적으로 관리하는 정보요원은 초임시절부터 정보활동, 지역 전문가로 성장하면서 개인적 정보자산, 정보능력을 쌓아간다. 제일 중요한 정보능력, 자산은 외국어 구사력이라고 본다. 초고속 인터넷, 스마트폰 사용 시대에 영어는 기본이고 최소한 하나의 지역 언어는 구사 할 수 있어야 지역 전문 정보가로 활동할 수 있을 것이다. 그러기 위해서는 한국 정보공동체의 정보기관들은 국내의 고등학교 졸업생들부터 장학생으로 선발하여 유럽의 영국, 프랑스, 독일, 이탈리아, 스페인, 아프리카와 중동 국가, 중앙아시아, 러시아, 중국, 호주와 뉴질랜드, 미주 지역의 미국, 캐나다, 중남미 국가의 주요 대학 학부에 유학시키는 구상을 해볼 만하다. 이미 세계 각국 대학에서 수학하고 있는 대학생도 졸업 후에 선발, 기용할 수 있을 것이다. 학부 수준부터 지역 국가에서 수학하는 동안 지역 국가 대학생을 동료로 만들어 자연스럽게 인간 유대 망을 구축하여 미래의 지역 전문가 정보 요원으로 활동하는 토대를 구축하게 된다. 석사와 박사 과정 수학도 권장하고 연구원, 전문가, 기업가로 지역에서 활동한다면 더욱 권장할만하다. 선발된 장학생이 외국 대학에서 학부, 대학원 과정을 성공적으로 이수한 후에 국가정보기관에서 근무하는지 여부는 전적으로 장학생의 자유의사에 맡기도록 한다. 다만 국가정보기관에서는 외국 유학 장학생을 정보기관에 일하도록 선의로 설득하는 유인책을 강구하고, 정보장학생이 귀국 후 국가정보기관에서 근무하는데 자부심과 명예를 갖도록 제도적 장치를 마련해야 할 것이다. 또한 정보기관에 근무 하지 않고 다른 정부 기관, 기업, 학계, 언론계 등에 취업해도 그들은 정보장학금(intelligence scholarship)으로 수학한 만큼 외부에서 정보기관을 자문해주고 지원하는 전문지식인 네트워크로 정보기관의 외연적 지원세력이 될 것이다. 다양한 분야에서 일하는 만큼, 일본 내각정보조사실을 자문하는 일본 사회 각계의 다양한 전문직 종사자들 못지않게 광역 정보지원 역량을 발휘 할 것이다.

정보기관 종사자들은 24시간을 긴장하면서 생활해야 하는 만큼 심신의 휴식, 자기 성찰의 시간이 요구된다. 최초 근무한 날로부터 6년이 경과하거나 10년이 경과한 요원에게는 근무평가 후에 1년 정도의 안식년 휴가를 배려해야 한다. 6년 이상 10년을 근속하면 정보수집, 분석, 공작, 보안, 지역 분야에서 잠재 실무 팀장 수준으로 미래를 향한 자기성찰, 조직생활에 대한 반성의 시간이 주어질 필요가 있다. 국내와 해외 연구기관, 대학, 해외 정보기관 연구소 등에서 자유롭게 전문 분야 연구를 하고 가족과 즐기는 미래를 향한 자기충전은 건강한 정보 판단에 필수적이다. 철저한 보안으로 자기 분야 외에는 스스로 사회와 단절된 정보 수도원 생활에서 벗어나서 다양한 사회인사와 접촉하고, 원하는 지식 탐구도 하여 시야를 넓혀 정보조직 전문 지도자로 역량을 넓혀 가야 한다. 또한 국내외 중장단기 교육, 어학연수 등 다양한 직무교육, 소양교육도 병행해야 할 것이다.

정보요원은 보안에 민감하여 음지 작업으로 인한 폐쇄성이 짙다. 그러는 동안 넓은 시야 확장보다는 스스로 활동 반경을 제한하면서 협동성이 저하되는 조직 생활을 영위하게 된다. 조직생활에서 체득하고 발휘하는 리더십 요소로는 조직을 이끌어가는 비전 제시, 목표 명확화, 기획능력, 문제 해결능력, 조직원 인간관계 발전역량, 정치협상, 조정력, 자신감, 결단력, 긍정적 낙관적 사고 행동, 전문지식과 강인한 체력, 도덕성 등이 거론된다. 이런 리더십 지표들은 국가정보 지도자로 부상하려는 정보요원 모두에게 필요하다. 그러나 특히 정보요원에게 필요한 리더십 덕목으로 협동성, 팀워크, 합의점을 모색하는 협상력, 전문지식과 강인한 체력이다. 협동성, 팀워크, 합의점을 유도하는 협상력은 동료에게 공적을 돌리는 팀워크의 일원으로서 가지는 겸허성, 위험을 스스로 감수하는 자기희생을 전제로 한다. 협동성, 팀워크, 풍요로운 사회관계 형성은 조직내 교육이나 국내외 리더십 교육기관 프로그램 연수를 통해서, 자기성찰로 성숙, 발전시킬 수 있을 것이다.

마지막으로 능력 있는 전형적 정보요원 모델은 전문지식과 강인한 체력 보유자이다. 체력이 좋으면 지적 역량을 축적하려는 의욕도 증가한다. 체력은 나이와 관계없이 인생주기 전 과정에서 (체력단련, 자기관리를 하면서) 지속적으로 유지될 수 있다. 강건하고 지구력이 있는 체력은 지적 능력을 함양시키고 긍정적, 낙관적 사고로 조직에 기여한다. 동료, 상사, 부하를 인격적으로 존중하며 조직원을 조직목표 달성에 몰입시키는 즐기는 리더십을 발휘한다. 또한 세계 수준의 정보요원 표상은 몸에 베인 탁월한 정보공작 수행능력, 해박한 전문 정보이론 응용은 물론 심도 있는 지식 교양으로 누구와도 대화할 수 있는 인물이다. 그러기위해서는 다른 어떤 직종 종사자보다 넓고 깊게 고전을 읽어 지혜의 지평을 넓히고 깊은 역사의식을 지녀야 할 것이다. 문호 섬머세트 모암이 영국 대사관 정보 총책으로 러시아 니콜라이 황제나 전 세계 주요 국가에서 파견된 대사와 문화 예술을 논하는 자연스런 대화과정에서 전략 정보를 수집한 사례를 생각해 보자. 정치, 경제, 사회, 철학, 문학, 예술, 스포츠에 걸친 시대별 고전을 선별 독파할 것이 요구된다. 호머의 오디세이, 손무의 손자병법, 마키아벨리의 군주론, 셰익스피어의 햄릿, 두마의 몬테크리스토 백작, 콘래드의 비밀공작원, 카프카의 성벽, 홉스의 국가형성론인 리바이어던, 루소의 사회계약론, 몬테스큐의 법의 정신, 존 로크의 정부론, 마르크스의 공산당 선언, 자본론, 레닌의 국가와 혁명론, 코크의 정치사상사, 롤스의 정의론, 스미스의 국부론, 말터스, 리카르도, 프리드만, 스티글리츠에 이르는 경제이론사 등을 소화해두어야 할 것이다. 풍요로운 고전을 배경으로 한 폭넓은 대화내용은 어떤 회합에서도 자유스런 만남, 스스럼없는 교제의 폭을 넓혀 정보 수집과 공작 전개의 실마리를 풀 수 있을 것이다.

정보요원은 국가목표와 정보목표우선순위에 따라 사전에 계획된 정보공작 활동을 치밀하게 수행한다. 그러나 한순간의 역사를 창조하고 국가 운명을 결정짓는 정보공작 행위는 결국 정보 최전선에 서있는 국가정보요원 한 사람의 상황판단에 따른 행동에 달렸다. 정보생애주기에 따라 형성된 깊은 역사의식에 갈고닦은 교양, 강인한 체력의 소유자인 전문 정보요원 양성은 중요한 국가 정보 자산이다. 과학기술 정보, 신호통신정보, 인간정보 자산이 융합되어 저비용 고효율의 정보공작을 전개함으로서 역사의 물꼬를 트는 정보력은 21세기 정보시대의 국가브랜드이다.

참고문헌

곽승준·유승훈·신철오. 2001. "해양산업의 전망과 정책과제: 델파이 접근방법." 「해양정책연구」. 제17권 제2호.

국가정보포럼. 2006. 「국가정보학」. 서울: 박영사.

국방부. 각년도. 「국방백서」 1998~2010. 서울: 국방부 정책기획관실.

국토개발연구원. 1991. 「2020년을 향한 국토의 미래상 변화 전문가 조사」. 서울: 국토개발 연구원.

권민웅. 2002. "북한의 정보. 보안 체계." 문정인 편저. 2002. 「국가정보론」. 서울: 박영사.

김 당. 2008. 「한국정보기구」. 서울: 박영사.

김민수. 2005. 국가정보 시스템 운용체계와 관리에 관한 연구. 연세대학교 대학원 행정학과 석사 논문.

김윤덕. 2006. 「국가정보학-이론과 실제」. 서울: 박영사.

김재하. 2001. 「손자병법」. 서울: 태을출판사.

김태호. 2002. "중국의 정보. 보안체계." 문정인 편저. 「국가정보론」. 서울: 박영사.

김학주 역. 1999. 「손자(孫子), 오자(吳子)」. 서울: 명문당.

노태준. 2007. 「손자병법」. 서울: 홍신문화사.

등예쥔(東野君). 황보경 옮김. 2003. 「옹정원전 치국(擁正元典 治國)」. 서울: 시아출판사.

문정인. 2002. 「국가정보론」. 서울: 박영사.

미야자키 이치사다. 「궁기시정(宮崎市定)」. 1950. 동경: 암파서점(岩波書店).
미야자키 이치사다. 차혜원 옮김. 2001. 「옹정제(擁正帝)-중국의 독재군주」. 서울: 이산.
박영숙·제롬 글렌·테드 고든. 2007. 「전략적 사고를 위한 미래예측」. 서울: 교보문고.
백선엽. 2011. 「내가 물러서면 나를 쏴라. 1128일의 기억」. 서울: 중앙일보.
석재왕. 2004. 안보문화와 정보정책-이스라엘의 정보실패를 중심으로. 성균관대학교 대학원 국제정치전공 박사학위 논문.
손무(孫武) 지음. 유동환 옮김. 1999. 「손자병법」. 서울: 슬기샘.
송복. 2007. 「서애 류성룡, 위대한 만남」. 서울: 지식마당.
시내암(施耐庵). 1990. 「수호지(水滸誌). 신역 2권」. 서울: 도서출판 청년사. 40-45쪽.
시바 료타로(司馬遼太郎). 권순만 옮김. 2005. 「도요토미 히데요시」. 서울: 에디터.
야마오카 소하지(山岡莊八) 원저. 이길진 옮김. 2007. 「오다 노부나가」. 서울: 솔 펴냄.
야마오카 소하지(山岡莊八). 박재희 옮김. 2005. 「대망-도쿠가와 이에야스」. 서울: 동서문화사.
염돈재. 2002a. "정보의 순환과정과 첩보." 문정인 편. 「국가정보론」. 서울: 박영사.
염돈재. 2002b. "첩보수집론." 문정인 편. 「국가정보론」. 서울: 박영사.
오영섭. 2009. "상해임정내 이승만 통신원들의 활동." 유영익 외 지음. 「이승만과 대한민국임시정부」. 서울: 연세대학교 출판부.
이국진 편찬. 2007. 「아가페 큰글 성경」. 서울: 아가페출판사.
이순신(李舜臣). 이은상 역주해 1969. 「난중일기(亂中日記)」. 서울: 현암사.
장기붕. 2007. 「근접경호론」. 대구: 홍익출판사.
정영철. 2002. "비밀공작론." 문정인편. 2002. 「국가정보론」. 서울: 박영사.
정정길·최종원·이시원·정준금. 2003. 「정책학원론」. 서울: 대명출판사.
제롬글렌 외. 2007. "Real-time delphi를 이용한 2030년 교육의 변화 예측과 정책의 대응전략 모색" 대통령자문교육혁신위원회.
조병옥. 2003. 「나의 회고록」. 서울: 도서출판 선진.
조홍식. 2009. "프랑스 대통령 임기 5년제 개헌: 부분적 개헌의 성공 사례." 「정치학회보」. 제 43집 제 3호.
주성재. 1999. "델파이조사를 통해 본 국토미래상 전망." 「국토연구」. 제 28권.
최운도. 2002. "외사·방첩론." 문정인 편저. 「국가정보론」. 서울: 박영사.

최평길. 1993.「미리보는 코리아 2000」. 서울: 도서출판 장원.

______. 2006.「P 세대」. 서울: 연세대학교 출판부.

______. 2007.「대통령학」. 서울: 박영사.

최평길·백정미. 2005. "대통령과 언론: 대통령과 언론미디어의 관계 실증모형을 중심으로."「한국행정학보」. 제 39권 제 4호.

허준 엮음·해설. 2005.「1시간 만에 읽는 손자병법과 병법 36계」. 서울: 카푸치노 문고.

Allison, Graham. 1971. *Essence of Decision: Explaining the Cuban Missile Crisis*. Boston, Massachusetss: Little Brown.

Almond, Gabriel and Bingham Powell. Jr. 1966. *Comparative Politics*. Boston, Massachusetts: Little, Brown & Co.

American Enterprise Institute Public Opinion Study. 2008. *America and the War on Terror*. Washinton, D.C.: AEI.

Andrew, Christopher. 1986. *Secret Service: The Making of British Intelligence Community*. London: Sceptre Edition.

__________________. 1996. *For the president.'s Eyes Only. Secret Intelligence and American Presidency from Washington to Bush*. New York: HarperCollins Publishers Inc.

Andrew, Christopher and Oleg Gordievsky. 1990. *KGB: The Inside Story of its Foreign Operations from Lenin to Gorbatchev*. London: Hodder and Stoughton.

Appleby, Paul. 1945. *Big Democracy*. New York: Alfred A. Knopf, Inc.

Ayer, Alfred J. (ed). 1959. *Logical Positivism*. New York: The Free press.

Baker, G. P. and Hacker, P. M. S. 2009. *Wittgenstein: Understanding and Meaning*. Hoboken, New Jersey: John Wiley-Blackwell.

Bamford, James. 2002. *Body of Secrets*. New York: Anchor.

Bar-Joseph, Uri. 1995. *Intelligence Intervention in the Politics of Democratic States: The Unites States, Israel, and Britain. University Park*, Pennsylvania: The Pennsylvania State University press.

Barnard, Chester I. 1938. *The Functions of Executive*. Boston, Massachusetts: The Harvard University Press.

Bell, David E. and Howard Raiffa, Amos Tversky. *Decision Making: Descriptive, Normative, and Prescriptive Interactions*. New York: Cambridge University Press.

Bendix, Rinehard. 1969. *Nation-Building and Citizenship*. New York: The Free Press.

Bentley, F. Arthur. 1995. *The process of Government*. Chicago: The University of Chicago Press.

Berelson, Richard. 1952. *Content Analysis in Communication Research*. New York: The Free Press.

Berkowitz, Bruce D. and Allen E. Goodman. 1989. *Intelligence and Collection*. New Jersey, Princeton: Princeton University Press.

______________________________. 1991. *Strategic Intelligence for American National Security*. Princeton, New Jersey: Princeton University Press.

Beschloss, Michael R and Strobe Talbott. 1993. *At the Highest Levels: The Inside story of the End of the Cold War*. Boston: Little, Brown & Co.

Binder, Leonard. James S. Coleman, Joseph LaPalombara, Lucian Pye, Sidney Verba, and Myron Weiner. 1971. *Crisis and Sequences in Political Development*. Princeton, New Jersey: Princeton University Press.

Birkland, Thomas A. 2001. *An Introduction to the Policy Process*. Armon, New York: M.E. Sharpe.

Black, Ian and Benny Morris. 1991. *Israel's Secret Wars: A History of Israel's Intelligence Services*. New York. Groves Press.

Blackmore, John T. 1972. *Mach: His Life, Work, and Influence*. Berkeley, California: The University of California, Berkeley Press.

Brandt, Richard B. 1992. *Morality, Utilitarianism, and Rights*. Cambridge, UK: University of Cambridge Press.

Bryman, Alan. 1988. *Quantity and Quality in Social Research*. Boston, Massachusetts: Unwin Hyman.

Burleson, Clyde W. 1997. *The Jennifer Project*. Texas, College Station: The Texas A & M University press.

Carl, Leo D. 1990. *International Dictionary of Intelligence*. McLean, Virginia: International Defense Consultant Services, Inc.

__________. 1996. *CIA Insider's Dictionary of US and Foreign Intelligence. Counter-intelligence & Tradecraft*. Washington, D.C.

Chernus, Ira. 2002. *General Eisenhower. Ideology and Discourse. East Lansing*, Michigan: Michigan State University Press.

CIA. 2000. *CIA 2000 Report*. Washington, D.C.: National Security Archives.

Clements, Kendericks A. 2004. *Woodrow Wilson and World War 1. Presidential Science Quarterly*. Vol. 34. No. 1.

Cloninger, C. Robert. 2004. *Feeling Good: The Science of Well-Being*. New York: Oxford University Press.

Cole, Dave and James X. Dempsey. 2002. *Terrorism and Constitution: Sacrificing Civil Liberties in the Name of National Security*. New York: W. W. Norton & Co.

Collins, Jim. 2001. *Good to Great*. New York: HarperCollins Publishers, Inc.

Conway, Maura. 2003. "Terrorism and IT: Cyberterrorism and Terrorist Organizations Online." Howard Russell D. and Reid L. Sawyer. (ed). 2004. *Terrorism and Counterterrorism*. Guilford, Connecticut.

Cooper, Helene. May 1. 2011. "Obama Announces Killing of Osama bin Laden." *New York Times*.

Cunningham, Stanley, B. 2002. *The Idea of Propaganda: A Reconstruction*. Westport, Connecticut: Praeger.

Cynthia, Kelly. 2005. *Oppenheimer and the Manhattan Project: Insights into J Robert Oppenheimer, Father of the Atomic Bomb*. New Jersey: World Scientific.

Dalkey, N. Rourke, D. L. Lewis, R. and Snyder, D. 1973. *Studies in the Quality of*

Life: Delphi and Decision Making. Lexington: D. C. Helath & Co.

Davidson, Roger H. 1997. "Presidential-Congressional Relations." in James P. Pfiffner and Roger H. Davidson. (eds). *Understanding Presidency*. New York: Addison-Wesley Educational Publishers Inc.

Davis, James D. 1991. "Presidential Press Conference: A Critical Approach." *American Political Science Review*. Vol. 85. No. 4.

Davis, James W. 1995. *The American Presidency*. Westport, Connecticut: Praeger.

De Arcangelis, Mario. 1985. *Electronic Warfare: From the Battle of Tsushima to the Falklands*. Poole, Dorset, UK: Blandford.

Dilanian, Ken. May 2. 2011. "CIA led U.S, special forces mission against Osama bin Laden." *LA Times*.

Dobbs, Michael. 2008. *One Minute to Midnight: Kennedy, khrushcheve, and Castro on the Brink of Nuclear War*. New York: Alfred Knopf.

Dogan, Mattei and Dominique Pelassy. 1984. *How to Compare Nations: Strategies in Comparative Politics*. New Jersey, Chatham: Chatham House Publisher's, Inc.

Easton, David. 1965. *A Systems Analysis of Political Life*. New York: John Wiley & Sons.

Encyclopedia Britannica. 1990. *The New Encyclopedia Britannica*. 15th (ed). London. Vol. 12.

Engels, Frederic. (ed). 1893. *Karl Marx. Capital* Vol. 2. New York: International Publishers.

______________________. 1867. *Karl Marx, Friedrich Engels, Vladimir Lenin. The Essential Left. Four Classic Texts on the Principles of Socialism*. London: George Allen & Unwin.

Federal Reserve Bank of Minneapolis Report. 2010. *Consumer price Index. Minneapolis*, Minnesota: Federal reserve Bank of Minneapolis.

Finer, Herman. 1932. *Theory and Practice of Modern Governmen*. London: Methuen & Co. Ltd.

Finer, Herman. 1956. *The Governments of Great European Powers*. London: Methuen & Co. Ltd.

Forrester, Jay W. 1961. *Industrial Dynamics*. Waltham, Massachusetts: Pegasus Communications.

Fuchida, Mitsuo and Misatake Okumiya, Clarke H. Kawakami ed. 1955. *Midway: The Battle that Doomed Japan, the Japanese Navy's Story*. Annapolis, MD: United States Naval Institute.

Gadamer, Hans-Georg. Trans by J. Weinsheimer and D. G. Marshall. 2004. *Truth and Method*. New York: Crossroad.

Gelter, Doron. 2009. *Inside Israel Secret Service. A History of its Growth and Mission*. Jerusalem: Jewish Agency for Israel(Abstract of Doron Gelter's Book).

Gerth, H. H. and C. Wright Mills. 1946. *From Max Weber: Essays in Sociology*. New York: Oxford University Press.

Godson, Roy, Ernest R. May, and Gary Schmitt. (eds). 1995. *U.S. Intelligence at the Crossroads*. Washington, D.C: Brassey's.

Gordievsky, Oleg and Christopher Andrew. 1990. *KGB: The Inside Story*. London: Hodder & Stoughton.

Gordon, T and Pease, A. 2006. "RT Delphi: An efficient, 'roundless' almost real time Delphi method." *Technological Forecasting and Social Change*. Vol. 73.

Groves, Leslie. 1962. *Now it Can be Told: The Story of the Manhattan Project*. New York: Harper.

Hammond, John S., Ralph L. Keeney, and Howard Raiffa. 2001. "The Hidden Traps in Decision Making." *Harvard Business Review*. June 1.

______________________________. 2002. *Smart Choices: A Practical Guide to Making Better Decisions*. Portland, Oregon: Broadway Books.

Hampshire, Stuart. 1993. *The Age of Reason*. New York: A Meridian Book.

Hempel, Carl G. 1965. *Aspects of Scientific Explanation and Other Essays in the*

Philosophy of Science. New York: Free Press.

Herman, Michael. 2001. *Intelligence Service in the Information Age. Theory and Practice*. London: Frank Cass.

Herzog, Chaim. 2003. *The War of Atonement: The Inside Story of the Yom Kippur War*. London: Greenhill Books.

Hiro, Dilip. 1992. *Desert Shield to Desert Storm: Second Gulf War*. New York: Routledge.

Hobbes, Thomas. 1968. *Leviathan. Michael Oakeshott*. ed. New York: Collier-Macmillan Company.

Holt, Robert T. and Robert W. van de Velde. 1960. *Strategic Psychological Operations and American Foreign Policy*. Chicago, Illinois: The University of Chicago Press.

Homer, David B. Monro and Thomas W. Allen. 1920. 1978. *Homeri Opera*. Oxford: Oxford University Press.

Hugh, Bicheno. 2001. *Midway*. London: Orion Publishing Group.

Huntington, Samuel. 1957. *The Soldier and the State: The Theory and Politics of Civil-Military Relations*. Cambridge, Massachusetts: The Belinda Press of Harvard University.

__________________. 1968. *Political Order in Changing Society*. New Haven, Connecticut: Yale University Press.

__________________. 1996. *The Clash of Civilizations and the Remaking of World Order*. New York: Simon & Schuster.

James, Bamford. 2008. *The Shadow Factory: The Ultra-Secret NSA from 9/11 to the Eavesdropping on America*. New York: Doubleday.

Johnson, Loch K. (ed). 2010. *The Oxford Handbook of National Security Intelligence*. New York & London: Oxford University Press.

Jones, Charles O. 1984. *An Introduction to the Study of Public Policy*. Monterey, California: Brooks/Cole Publishing Company.

Jowett, Garth S. and O'Donnell, Victoria. 2006. *Propaganda and Persuasion*.

Thousand Oaks, California: Sage Publications, Inc.

Kaplan, Abraham. 2004. Fourth Printing. *The Conduct of Inquiry: Methodology for Behavioral Science*, New Brunswick, New Jersey: Transaction Publishers.

Kean, Thomas. 2003. *National commission on Terrorist Attacks Upon the United States*. Washington, D.C.: Federal Archives.

Keat, Russell and John Urry. 1975. *Social Theory as Science*. London: Routledge & Kegan Paul.

Kennan, George F. 1954. *Realities of American Foreign Policy*. Princeton, New Jersey: Princeton University Press.

________________. 1996. *At a Century's Ending: Reflections 1982 - 1995*. New York: W. W. Norton & Company.

Kennedy, Paul. 1989. *The Rise and Fall of the Great Powers*. New York: Random House.

Kent, Sherman. (ed). 1965. *Strategic Intelligence for American World Policy*. Princeton, New Jersey: Princeton University press.

Kissinger, Henry. 1979. *White House Years*. New York: Little, Brown and Company.

Knightly, Phillip. 2003. *Philby: KGB Mastery*. London: Andre Deutsch Ltd.

Kurt, Mueller-Vollmer. (ed). 1988. *The Hermeneutics Reader*. New York: Continuum.

Kurzman, Charles. 2004. *The Unthinkable Revolution in Iran*. Cambridge, Massachusetts: Harvard University Press.

Kyle, James Colonel. 1990. *The Guts to Try*. New York: Orion.

Lamont-Brown, Raymond. 1998. *Kempeitai: Japan's Dreaded Military Police*. Stroud, UK: Sutton Publishing.

Lasswell, Harold D. 1975. "Research in Policy Analysis: The Intelligence and Appraisal Functions." Greenstein, Fred I. and Nelson W. Polsby. ed. *Handbook of Political Science*. Vol. 6. Ch. 1.

Lattimore, Richmond. (Trans). 1951. 1976. *The Iliad of Homer. The Odyssey of Homer*. 1958-1959. 1973-1974. Chicago: The University of Chicago Press.

Lerner, Daniel. 1971. *Psychological Warfare Against Nazi Germany: The Sykewar Campaign, D-Day to VE-Day*. Cambridge, Massachusetts: The MIT Press.

Levy, Joel. 2004. *Secret History*. London: Satin Publications.

Lipset, Seymour Martin. 1960. *Political Man*. New York: Anchor Books.

Lloyd, Mark. 1994. *The Guinness Book of Espionage. Middlesex*, England: Guinness Publishing Ltd.

Lowenthal, Mark. 2003. *Intelligence from Secret to Policy*. Washington, D.C.: CQ Press.

Lynn, William J. III. 2010. "Defending a New Domain: The Pentagon's Cyberstrategy." *Foreign Affairs*. Sept/Oct.

Mach, Ernst. 1976. *Knowledge and Error*. Dordrecht, Netherlands: D. Reidel Publishing Company.

Machiavelli, Niccolo. 1950. *The Prince and the Discourses: With An Introduction By Max Lerner*. New York: The Modern Library, Random House.

Magstadt, Thomas M. 1994. *Nations and Government, Comparative Politics in Regional Perspectives*. New York: St. Martin's Press.

Makinen, Gail. 2008. *The Economic Effects of 9/11: A Retrospective Assessment*. Washington, D.C.: Congressional Services, Library of Congress.

Manheim, Jarol B and Richard C. Rich. 1981. *Empirical Political Analysis. Research Methods in Political Science*. Englewood Cliffs, New Jersey: Prentice-Hall, Inc.

Marcuse, Herbert. 1964. *One Dimensional Man*. Boston, Massachusetts: Beacon Press.

Marcuse, Herbert. 1978. *The Aesthethic Dimension*. Boston, Massachusetts: Beacon Press.

Mark Lloyd. 1994. *The Guinness Book of Espionage*. Middlesex. UK: Guinness Publishing LTD.

Marx, Karl, Friedrich Engels, and Lenin. 1981. *The Essential Left: Four Classic Texts on the Principles of Socialism*. London: George Allen & Unwin Ltd.

Mazzetti, Mark, Helene Cooper. May 2. 2011. "Detective Work on Courier led to Breakthrough on Bin Laden." *New York Times.*

Meese Ⅲ, Edwin. 1992. *With Reagan, The Inside Story*. Washington, D.C.: Regnery Publishing, Inc.

Mendy, Yves and Andrew Knapp. 1998. *Government and Politics in Western Europe, Britain, France, Germany, Italy*. Oxford: Oxford University Press.

Merritt, Richard L. 1966. *Symbol of American Community 1735-1775*. New Haven, Connecticut: Yale University Press.

Mill, John Stuart. *Consideration on Representative Government. Currin V. Shields.* New York: The Bobbs-Merrill Company, Inc.

Miller, Greg. May 5. 2011. "CIA spied on bin Laden from safe house." *The Washington Post.*

Mintzberg, Henry. 1994. *The Rise and Fall of Strategic Planning*. New York: The Free Press.

Mintzberg, Henry, Duru Raisinghani, Andre Theoret. 1976. "The Structure of Unstructured Decision Processes." *Administrative Science Quarterly*. Vol. 21.

Morecroft, John. 2007. *Strategic Modelling and Business Dynamics: A Feedback Systems Approach*. Hoboken, New Jersey: John Wiley & Sons.

Moses. BC 1450-1440. *The Numbers. Old Testament, Holy Bible. 1988 version.* Wichita, Kansas: DeVore & Sons, Inc.

New York Times. 1971. *Pentagon Papers*. New York: Bantam Books.

Nixon, Richard. 1994. *The Memoirs of Richard Nixon*. Miami, Florida: Buccaneer publishing Company.

North, Oliver. 1992. *Under Fire*. New York: HarperCollins.

North, Robert C. (ed). 1963. *Content analysis in International Crisis*. Evanston, Illinois: Northwestern University Press.

Nye, Joseph. 1990. *Bound to Lead: The Changing Nature of American Power*. New York: Basic Books.

__________. 2004. *Soft Power: The Means to Success in World Politics*. New York:

Public Affairs.

__________. 2008. *The Powers to Lead*. New York: Oxford University Press.

O'Connell, Edward. 2008. *Counterinsurgency in Iraq: 2003-2006*. Santa Monica, CA: Rand.

Osgood, Charles E. 1959. "The Representational Model and Relevant Research Method." Ithiel de Sola Pool ed. *Trend in Content Analysis*. Urbana, Illinois: The University of Illinois press.

Owen, David. 2002. *Hidden Secrets: A Complete History of Espionage and the Technology Used to Support I*. New York: Fairefly Book.

Pappas, Aris A and James M. Simon, Jr. 2002. "The Intelligence Community: 2001-2015. Daunting Challenges, Hard Decisions." *The Studies in Intelligence*. Vol. 46, No. 1.

Parshall, Jonathan and Anthony Tully. 2005. *Shattered Sword:. The Untold story of the Battle of Midway*. New York: Barnes & Noble.

Pat M, Holt. 1995. *Intelligence and Public Policy*. Washington, D.C.: CQ Press.

Pero, Mario del. 2003. "The Role of Covert Operation in the US Cold War Foreign Policy." Bungert, Heike, Jan G. Heitman, Michael Wala. (ed). *Secret Intelligence in the Twentieth Century*. London: Frank Cass.

Pfiffner, James P. 1996. *The Strategic Presidency*. Lawrence, Kansas: The University of Kansas Press.

__________. 1999. *The Managerial Presidency*. College Station, Texas: Texas A & M University Press.

Philby, Kim. 2002. *My Silent War*. New York: Modern Library.

Pillar. Paul R. 2001. *Terrorism and U.S. Foreign Policy*. Washington, D.C.: The Brookings Institution Press.

Pocock, Chris. 2005. *50 Years of the U-2: The Complete Illustrated History of Lockheed Legendary Dragon Lady*. Atglen, PA: Schiffer Publications, Ltd.

Pollack, Kenneth. 2002. *Arabs at war, Military Effectiveness, 1948-1991*. Lincoln, Nebraska: The University of Nebraska Press.

Pool, Ithiel de Sol. (ed). 1967. *Contemporary Political Science toward Empirical Theory*. New York: McGraw-Hill Book Company.

Popper, Karl R. 1979. *Objective Knowledge, An Evolutionary Approach*. Oxford, UK: Clarendon Press.

Potter, E. B. 1976. *Nimitz*. Annapolis, MD: The Naval Institute Press.

Prange, Gordon W., Donald M. Goldstein, Catherine V. Dillon. 1983. *Miracle at Midway*. London: Penguin Book.

Pratt, John W., Howard Raiffa, Robert Schlaifer. 1965. *Introduction to Statistical Decision Theory*, Preliminary edition. Cambridge, Massachusetts: MIT Press.

Pyung-Gil Chay. 1975. The Nation-Building Process and Administrative Development in North Korea. Dissertation. Syracuse, New York: Maxwell Graduate School of Citizenship and Public Affairs, Syracuse University.

Quandt, William B. 1976. *Soviet Policy in October 1973 War. Santa Monica*, CA: Rand Corporation.

Rabinovich, Abraham. 2005. *The Yom Kippur War: The Epic Encounter That Transformed the Middle East*. New York: Stocken Books.

Rawls, John. 1991. *A Theory of Justice. Cambridge*. Massachusetts. Harvard university Press.

Reich, Walter. 1990. *Origins of Terrorism*. Washington, D.C.: Woodrow Wilson Center Press.

Reuter. 2005. *Getting Amputees back on their feet* . Washington Post. Oct. 25.

Richard, Aldrich J. 2010. *GCHQ: The Uncensored Story of Britain's Most Secret Intelligence Agency*. New York: HarperCollins.

Richelson, Jeffrey T. 1988. *Foreign Intelligence Organization*. Cambridge, Massachusetts: Ballinger Publishing Company.

Richter, Rudwig. 2003. "Military and Civil Intelligence Services in Germany from World War 1 to the End of the Weimar Republic." Bungert, Heike, Jan G. Heitman, and Michael Wala. ed. *Secret Intelligence in the Twentieth Century*. London: Frank Cass.

Ridings, Jr. William J. and Stuart B, McIVER. 1997. *Rating The Presidents: A Ranking of U.S. Leaders, From the Great and Honorable to the Dishonest and Incompetent*. Kensington Books.

Rose, Alexander. 2006. *Washington's Spies: The Story of America's First Spy Ring*. New York: Random House.

Rosenau, William. 2003. *Coalition Scud-Hunting in Iraq. Monograph*. Santa Monica, California: Rand Corporation.

Rosenau, William. 2001. *Special Operations Forces and Elusive Enemy Ground Targets. Lessons form Vietnam and the Persian Gulf War*. Santa Monica, California: Rand Corporation.

Rousseau, Jean Jacques. 1950. *G.D.H. Cole. Introduction*. New York: E. P. Dutton and Company, Inc.

Russell, D. Howard and Reid L. Sawyer. (ed). 2004. *Terrorism and Counterterrorism*. Guilford, Connecticut.

Schein, Edgar H. 1992. *Organizational Culture and Leadership*. San Francisco: Jossey-Bass Publishers.

Schleiermacher, Friedrich D. E. 1988. *Foundations: General Theory and Art of Interpretation*.

Schleiermacher, Friedrich, Andrew Bowiew. (trans). 1998. *Hermeneutics and Criticism and Other Writings*. Cambridge, UK: Cambridge University Press.

Seligman, Martin E .P. 2002. *Authentic Happiness*, New York: Free Press.

Shabtai. Teveth. 2005. *Ben-Gurion's Spy: The Story of Political Scandal that Shaped Modern Israel*. New York: The Columbia University press.

Shills, Edward and Henry Finch. 1997. *Max Weber and the Methodology of Social Sciences*. New York: Free Press.

Shulsky, Abram. 2000. *Deterrence Theory and Chinese Behavior*. Santa Monica, California: The Rand Corporation.

Shulsky, Abram and Gary J. Schmitt. 2002. *Silent Warfare: Understanding the World of Intelligence*. Dulles, Virginia: Potomac Books, Inc.

Sims, Jennifer. 1993. *What is Intelligence?* Washington, D.C: Consortium for the Study of Intelligence.

Simon, Herbert A. 1983. *Reason in Human Affairs*. Stanford, California: Stanford University Press.

Smith, Jean Edward. 1992. *George Bush's War*. New York: Henry Holt.

Stanik, Joseph. 2003. *El Dorado Canyon: Reagans's Undeclared War With Qaddafi*. Annapolis, MD: Naval Institute Press.

Sterman, John D. 2000. *Business Dynamics: Systems Thinking and Modeling for a Complex World*. New York: McGraw Hill.

Stone, Philip J. ed. 1966. *General Inquirer: A Computer Approach to Content Analysis*. Cambridge, Massachusetts: MIT Press.

Strauss, H. J., and Zeigler, H. 1974. *Delphi, Political Philosophy and the Future*. Institute of Policy Studies, University of Oregon.

__________________________. 1982. "The Delphi Technique and Its Uses in Social Science Research". in Bingham, R. D., and Ethridge, M. E. (eds). *Reaching Decision in Public Policy and Administration: Methods and Applications*. New York: Longman.

Sullivan, Robert. (ed). 2002. *Mobsters and Gangsters: Organized Crime in America, from Al Capone to Tony Soprano*. New York: Life Books.

Sun Tzu, Cheng Lin. 1992. *the Art of War*. Taipei: Li Ming Cultural Enterprise Co. Ltd.

Super, Robert H. (ed). 1960-1977. *The Complete Prose Works of Matthew Arnold*. Ann Arbor, Michigan: The University of Michigan Press.

Swaine, Michael D. 1998. *The Role of the Chinese Military in National Security Policy Making*. Santa Monica, CA: Rand Corporation.

Thabi Books. 2001. *Ronald reagan: An American Hero*. New York: Dorling Kindersley.

Thomas, Gordon. 2007. *Gideon's Spies. The Secret History of Mossad*. New York: St. Martin's Griffin/Thomas Dunne Books.

______________. 2009. *Secret Wars: One Hundred Years of British Intelligence Inside MI 5 and MI 6*. Thomas Dunne Books.

Thwaites, Norman. 1932. *Valvet and Vinegar*. London: Grayson.

Totman, Conrad. 1967. *Politics in the Tokugawa Bakufu 1600-1843*. Cambridge, Mass: The Harvard University Press.

______________. 1993. *Early Modern Japanese History*. Berkely, CA: The University of California Press.

Treverton, Gregory. 2003. *Reshaping National Intelligence for An age of Information*. Cambridge, UK: Syndicate of the University of Cambridge.

Truman, David. 1951. *The Governmental Process: Political Interests and Public Opinion*. New York: Alfred Knopf.

Truman, Harry S. 1956. *Truman Memoir: Years of Decisions. Garden City*, New York: Doubleday.

______________. 1957. *Truman Memoir: Years of Trial and Hope*. Garden City, New York: Doubleday.

Tumulty, Joseph P. 1921. *Woodrow Wilson as I know Him*. N.Y.: The Country Life Press.

United States Senate Report. 1975. *Covert Action in Chile*, 1963-1973. U.S. Government Printing Office Washington. D.C.

Varner, Roy D. and Wayne Collier 1978. *A Matter of Risk: The Incredible Inside Story of CIA's Hughes Glomar Explorer Mission to Raise a Russian Submarine*. New York: Random House.

Vibert, Conor. 2004. *Competitive Intelligence-Framework for Web-Based Analysis and Decision Making*. Thomson Mason, Ohio: Thomson.

Volkman, Ernest. 1994. *The Secret Agents Who Changed the Course of History*. New York: John Wiley & Sons.

Voslensky, Michael. 1984. *Nomenklatura: The Soviet Ruling Class*. New York: Doubleday.

Waldo, Dwight. 1980. *The Enterprise of Public Administration. Novato*. CA:

Chandler & Sharp Publishers, Inc.

Wark, Wesley K. "Canada and the Intelligence Revolution." in Heike, Bungert, Jan G. Heitman, Michael Wada. (ed). 2003. *Secret Intelligence in the Twentieth Century*. London: Frank Casa.

Weinberger, Caspar. *Fighting for Peace: Seven Critical Years in Pentagon*. New York: Grand Central Publishing.

West, Nigel. 1979. *British Secret Intelligence in the Second World War*. New York: Cambridge University press.

Wheeler, Harvey. 1975. "Constitutionalism." Fred I. Greenstein and Nelson W. Polsby. (ed). *Handbook of Political Science*. Vol. 6. Ch. 1. Reading, Massachusetts: Addison-Wesley Publishing Company.

White, Leonard D. 1926. *An Introduction to the Study of Public Administration*. New York: Macmillan.

Wildavsky, Aaron. 1975 ed. *The Politics of Budgetary Process*. Boston, Massachusetts: Little, Brown and Company.

Williamson, James A. 1965. *The Age of Drake*. 15th ed. London: Adam & Charles Black.

Winterbotham, Frederick William. 1974. *The Ultra Secret*. New York: Harper & Row.

Woodward, Bob. 1987. *Veil: The Secret Wars of CIA*. New York: Simon and Schuster.

BBC-History-The Cambridge Spies. BBC. 2008-02-17.

Church Committee. 1976. Final Report. Book Ⅱ. Conclusions.

Encyclopedia Britannica. 2009. Encyclopedia Britannica Online. 30 Oct. 2009 ("Ultra.").

(http://www.britannica.com/EBchecked/topic/613385/Ultra).

Google, Chinese Intelligence. 2009(http://www.fas.org/irp/world/china/mss/org).

Jewish Virtual Library.

National Defense Authorization Act for 2001.

The Department of Defense Dictionary of Military and Associated Terms (Joint Publication JP1-02).

U.S-China Economic and Security Review Commission, FBI Director William Webster 발표자료.

http://www.globalsecurity.org/intell/world/china/mss.htm.

www.israeli-weapons.com/.../Desert_Storm.html.

색 인

나

바

사

아

타

파

하

• 저자 약력 •

연세대학교 사회과학대학 행정학과 및 동 대학원 졸업
미국 시라큐스 대학 맥스웰대학원 행정학 석사, 박사
연세대학교 행정학과 교수
연세대학교 연구처장
연세대학교 국제학대학원장
현 연세대학교 명예교수

주요 저서

「대통령을 보면 나라가 보인다, 대통령학(Global Presidency)」. 서울 : 박영사, 2007
「미리 보는 코리아 2000」. 서울 : 도서출판 장원, 1993
「신세대가 몰려온다」. 서울 : 고려원, 1996
「21세기 동북아 정세예측과 한국의 전략적 대응방안」. 서울 : 집문당, 1996
「P세대(실용주의 세대)」. 연세대학교 출판부, 2006

국가정보학 — 정보력은 국가브랜드

2012년 2월 15일 초판인쇄
2012년 2월 25일 초판발행

저 자 최 평 길
발행인 안 종 만
발행처 (주) 박영사
서울특별시 종로구 평동 13-31번지
전화 (733)6771 FAX (736)4818
등록 1959. 3. 11. 제300-1959-1호(倫)

www.pybook.co.kr e-mail: pys@pybook.co.kr

정 가 35,000원 ISBN 978-89-6454-224-8